国家科学技术学术著作出版基金资助出版

功能核酸

Functional Nucleic Acids

许文涛　著

中国轻工业出版社

图书在版编目（CIP）数据

功能核酸／许文涛著. -- 北京：中国轻工业出版社，2024. 8
ISBN 978-7-5184-4665-0

Ⅰ. ①功… Ⅱ. ①许… Ⅲ. ①核酸—研究 Ⅳ. ①Q52

中国国家版本馆 CIP 数据核字（2024）第 047797 号

责任编辑：马　妍　武艺雪
策划编辑：马　妍　　责任终审：李建华　　封面设计：锋尚设计
版式设计：砚祥志远　　责任校对：朱燕春　　责任监印：张京华

出版发行：中国轻工业出版社（北京鲁谷东街 5 号，邮编：100040）
印　　刷：艺堂印刷（天津）有限公司
经　　销：各地新华书店
版　　次：2024 年 8 月第 1 版第 1 次印刷
开　　本：787×1092　1/16　印张：35. 5　插页：8
字　　数：820 千字
书　　号：ISBN 978-7-5184-4665-0　定价：280. 00 元
邮购电话：010-85119873
发行电话：010-85119832　010-85119912
网　　址：http://www. chlip. com. cn
Email：club@ chlip. com. cn

230429K1X101ZBW

前言

核酸是组成生命体的基本物质之一，具有重要的存储信息和传递遗传信息的功能。核酸因为生物化学中的“中心法则”而被大家所广泛熟知，并被用于揭示生命的诸多现象和本质，其本来的意义已经很宏大且足够重要了。对于“功能核酸”一词，很多人感觉既熟悉又陌生，只听说核酸有功能，却没听说过核酸有那么多五花八门的奇特功能。从事核酸相关研究 10 余年，在科研的路上边学习边总结，2016 年，本人出版了英文版专著 *Functional Nucleic Acids Detection in Food Safety*：*Theories and Applications*，这本书里主要按关键节点、关键技术进行编写。2018 年，恩师罗云波教授又出版了英文版专著 *Functional Nucleic Acids Biosensors for Food Safety Detection*，这本书主要针对食品安全各类风险因子及标志物靶标进行分类。2020 年，本人出版了专著《功能核酸生物传感器——理论篇》，这本书对功能核酸的类型及其在生物传感器方面的应用进行阐述。然而，随着对核酸各种功能的深入了解，本人感觉到“功能核酸”一词的强大魅力所在，对“功能核酸”也有了更加深刻的认识。功能核酸的功能很多、应用很广，也是生物传感器领域中发展最为迅速的领域。学术交流时也感受到越来越多的青年科学家的研究扩展到功能核酸领域，感受到了大家高涨的科研热情。为了对本人近几年的学习及研究进行总结，也为做功能核酸研究的同行提供一些参考，再次编写《功能核酸》一书。

本书从科学概念的内涵与外延出发，对“功能核酸”这一概念的属性、具体范畴、类别、特点进行明确界定和归纳性概述。将内容系统划分为五部分：第一部分介绍功能核酸的内涵，第二部分介绍功能核酸的共性技术，第三部分介绍功能核酸的外延，第四部分介绍特殊存在的功能核酸，第五部分介绍功能核酸文献数据库。

从事核酸相关研究的 19 年里，从 PCR 克隆到核酸传感、从定性到定量、从单重到通用引物多重、从液相扩增到纸基快检、从电泳条带到现场显色、从 2h 扩增到 2min 超速扩增、从聚合酶扩增到链替代扩增、从有酶扩增到非酶扩增、从核酸检测到非核酸检测、从引物到适配体、从无形液体到有形核酸水凝胶、从荧光标记到发光核酸、从大样本到单细胞、从基因到表观遗传、从文献阅读到功能核酸文献数据库、从一个人前行到一群人互帮互助，这样一路风雨、一路感动地从核酸走到功能核酸这一站。感谢跟随我这么多年从事功能核酸方法学开发的数届毕业或在读的学生，感谢本书出版过程中老师及学生们的帮助（人员包括：庞国芳院士、任发政院士、罗云波教授、黄昆仑教授、朱龙佼副教授、褚华硕、田晶晶、张洋子、杜再慧、杨文平、王佳、李舒婷、粟元、刘洋儿、杨敏、陈可仁、兰欣悦、李洁、林晟豪、吴一凡、黎雪英等）。

由于本书涉及内容广泛，书中尚存不足之处，恳请前辈、同行及广大读者指正。

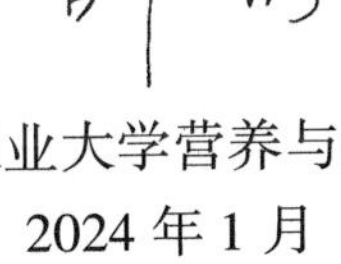

中国农业大学营养与健康系

2024 年 1 月

目录 | Contents

1

绪论

2

功能核酸概念的内涵

3

功能核酸的筛选

4 功能核酸表征

5 核酸的修饰

6
核酸的固定化

7
功能核酸裁剪

8
功能核酸分子对接

9
核酸适配体

10
功能核酸酶

11
核糖开关

12 发光功能核酸

13 四链体核酸

14 三螺旋核酸

15
功能核酸自组装

16
功能核酸材料

17
核酸药物

18
核酸补充剂

19
DNA 存储技术

20
功能核酸纸基生物传感器

21 功能核酸细胞体系生物传感器

22 功能核酸文献数据库

1

绪　论

从核酸的发现到其结构的解析，再到各种生化功能的探索，这一过程中，涌现出了许多杰出的科学家，如 Watson 和 Crick 等，他们的贡献被广泛认可。随着技术的不断进步，核酸越来越多的功能被揭示，为深入探索生命的奥秘奠定了重要的基础。同时，这些功能核酸也为医学和生物技术领域的发展带来了巨大的推动力。因此，功能核酸的研究将会成为生命科学领域的热点之一，具有重要的科学意义和应用前景。基于此，有必要厘清功能核酸概念的内涵与外延，深入理解这一概念在生物学和生物技术领域的重要意义。

1.1 核酸的结构与组成

相信很多人都听说过“核酸”一词，无论是什么专业。“种瓜得瓜、种豆得豆”，千百年来的实践证明，生命个体的特点是可以遗传给后代的。蛋白质一度被认为是遗传物质，瑞士化学家 Miescher 于 1868 年发现“核酸”，直到 70 余年后，1944 年 Avery 肺炎球菌转化实验证实核酸的遗传功能，核酸才被认识到是生命传承的载体。“龙生九子、九子各异”也是我国劳动人民千百年来对于遗传变异的直观感知描述，这些是因为核酸的丰富度及多样性与物种进化历程密切相关。人类在不断进化的同时，基因也在发生改变。科学家们指出：食物中除了含有碳水化合物、蛋白质、脂肪之外，还有一些微量元素，比如维生素和矿物质。这些营养元素及其分解后的产物，就可以影响基因的表达。比如，肉类和鱼类中含有丰富的甲硫氨酸，它就能够通过影响基因的途径对人体内细胞的生长和分裂产生影响。此外，其他环境等后天因素，比如，行为、压力、孕期营养、情绪等也会对子女一代产生影响。

1953 年 Watson 和 Crick 发现 DNA 双螺旋结构；1981 年 Gilbert 和 Baltimore 建立 DNA 测序方法；1985 年 Mullis 发明聚合酶链式反应（PCR）技术；2001 年英美等国宣布完成人类基因组技术基本框架；2022 年 3 月 31 日，名为“端粒到端粒联盟”的研究团队在 *Science* 期刊发表论文，正式发布人类基因组完整图谱，历经万难“真正、完整地”完成人类基因组测序是一项了不起的科学成就，令人“首次”一览人类“DNA 蓝图”全貌。近几年社会上频繁出现的核酸疾病筛查、核酸过敏原筛查、核酸性格测试、核酸亲子鉴定等新鲜名词都给“核酸”一词平添了些许神秘的色彩，“核酸”既是万能的，又是神秘的；既是熟悉的，又是陌生的，很难明其就里。

核酸分为脱氧核糖核酸（DNA）和核糖核酸（RNA），在一切生命体的生长发育以及繁殖中发挥着重要的作用。DNA 是由碱基［鸟嘌呤（G）、胞嘧啶（C）、腺嘌呤（A）和胸腺嘧啶（T）］组成的多核苷酸，它们通过单磷酸化脱氧核糖相互连接。RNA 同样由四种碱基构成，但与 DNA 不同的是，RNA 的碱基中不含胸腺嘧啶，而是含有尿嘧啶（U）。此外，构成 RNA 的核苷酸为核糖核苷酸。聚合物链中核苷酸（nucleotide，NT）的数量和序列编码了核酸的结构和功能信息。基于经典的 Waston-Crick 碱基配对相互作用，即 A 与 T 配对，以及 G 与 C 配对，当它们的序列（部分）互补时，单链 DNA（ssDNA）分子可以杂交形成螺旋双链或更复杂的基序。虽然核苷酸的种类不多，但核苷酸的数量、种类、排序以及长度不同就构成了很多结构不同、功能各异、数量庞大的核酸。

Watson 和 Crick 将 DNA 分子描述为右手螺旋，由通过氢键连接在一起的嘌呤和嘧啶内核组成，糖-磷酸骨架从这些配对碱基延伸。随着研究进一步深入，Shakked 等确定了双螺旋的两种变体，A 型和 B 型，其中 B 型 DNA 最常见（Shakked 等，1983）。这两种构象具有不同的脱氧核糖位置，因此，核苷酸碱基之间的间距也不同（Dickerson 等，1982）。20 世纪 70 年代，在某些实验室条件下观察到 Z-DNA，即左旋双链体（Mitsui 等，1970）。这一发现使人们意识到 DNA 可以有不同的结构。单链

DNA 分子主链上的化学键受到碱基互补配对作用以及环境作用，如离子强度、pH 等，可以发生一定的变化从而呈现出不同的二级结构，如发夹、十字形、三螺旋（H-DNA）、G-四链体（G4s）以及 I-基序（i-motifs）结构等。其中，三螺旋核酸的第三链与 Watson-Crick 配对的双链在后者的大沟中形成 Hoogsteen 碱基对（Harvey 等，1988；Htun 等，1988）。G4s 和 i-motifs 结构分别由堆叠的鸟嘌呤或胞嘧啶核苷酸四分体形成，它们可以出现在两条 DNA 单链中，并且两条或四条链组装在一起（Lyamichev 等，1985）。在 G4s 中，四条链通过 Hoogsteen 碱基配对连接（Kang 等，1992；Sundquist 等，1989）。然而，由于 i-motifs 结构的形成还需要胞嘧啶的质子化，因此，i-motifs 在酸性 pH 下更容易形成。这些特殊的二级结构在人体内扮演着重要的角色。富含 G4s 的端粒重复序列的发现表明其与端粒酶介导的端粒延伸存在机制联系（Sen 等，1988）。i-motifs 序列普遍存在于启动子区域，包括那些癌基因。这些具有特殊二级结构的核酸在细胞生长发育阶段发挥着重要作用，因此近年来也被用于治疗。G4s 配体，如 pyridostatin 和 RHPS4 会导致癌细胞中的 DNA 双链断裂并激活 DNA 修复途径（Rodriguez 等，2012；Salvati 等，2010）。修复途径受损的癌细胞对 G4s 配体敏感。例如，缺乏 BRCA2［同源重组（HR）修复途径的重要组成部分］的癌细胞对吡啶他汀衍生物和 RHPS4 敏感（McLuckie 等，2013；Zimmer 等，2016）。同样，在细胞和异种移植模型中，非同源末端连接（NHEJ）修复途径的关键调节因子 PARP1 的敲低使 RHPS4 抑制癌症生长（Salvati，2010）。因为 i-motifs 的发现晚于 G4s，所以最近才被用作治疗的潜在靶标。

早期，RNA 的功能被认为仅限于将遗传信息从 DNA 转移到蛋白质。然而，核酶的发现、“RNA 世界”假说的提出打破了 RNA 的固有印象，表明了 RNA 不仅可以作为遗传信息载体，还发挥非编码 RNA（ncRNA）的多种调控作用，广泛参与细胞调控过程，如蛋白质合成、催化反应、基因表达等（Benner 等，1989；Gilbert，1986；Hirao 等，1995；Kruger 等，1982）。RNA 在整个生物过程中至关重要，一系列细胞机制作用于它以仔细调节和细化基因表达（Eddy，2001）。但 RNA 分子的结构相对单一，绝大部分都呈现出线状的单链结构。但其某些区域也可以通过碱基互补配对进行回折，从而形成局部的双螺旋结构。RNA 的双螺旋结构中除了标准的碱基互补配对外，还存在着非标准配对，如 G 和 U 配对。由非编码 RNA 形成的特定二级结构对其调控和功能至关重要（Ganot 等，1997；Glotz 等，1981；Holley 等，1965）。还有研究发现，mRNA 二级结构影响基因转录、翻译和衰变（Sun 等，2019）。许多 RNA 病毒的二级结构也具有重要的功能。例如，黄病毒的 3′UTR 产生高度结构化的非编码 RNA，它们对宿主核酸酶具有抗性（Pijlman 等，2008）。RNA 分子与蛋白质一样，折叠成定义明确的三维（3D）结构，以执行广泛的细胞功能，例如，催化反应、调节基因表达、调节先天免疫和感知小分子（Cech 等，2014）。在适当的条件下，结构化 RNA 分子会转变为三维（3D）折叠，其中螺旋和未配对区域在空间中精确组织，但这种折叠过程通常取决于二价离子（如镁离子）的存在以及温度。核糖开关（riboswitch）作为一个仅有 20 余年研究史的 RNA 调控元件，其发现及命名过程是迅速且具有突破性意义的。1997 年，Tang 等将核酸适配体（aptamer）与自切割锤头状核酶表达平台相结合，构造了第一个人工合成核糖开关（Tang 等，1997）。实验结果进一步证实 mRNA 能够感知代谢物从而控制基因表达。2002 年，Winkler 等在大肠杆菌（*Escherichia coli*）中发现了一种基于 mRNA 的胞内维生素衍生传感器，并将这种 mRNA 命名为“核糖开关”（Winkler 等，2002）。

综上可知，无论是 DNA 还是 RNA 都具有千变万化的结构，不同的结构承载的不同的功能。对于核酸自身而言，每个核苷酸亚基的长度为 0.34nm，宽度为 2nm，呈现出纳米级尺寸，因此，可以看到 DNA 结构和纳米材料的“碰撞”。自 Seeman 合成分枝 DNA 纳米结构以来（Seeman 等，1983），具有不同结构的 DNA 纳米材料如雨后春笋般涌现，包括 DNA 折纸（DNA origami）、DNA 瓦片（DNA tile）、三棱柱、四面体、多面体等。自 1953 年发现双螺旋结构以来，核酸已从天然遗传密码发展为广泛的生物技术和材料科学中的功能构件（Aldaye 等，2008；Jones 等，2015；Seeman，2003；Seeman，2010）。Watson-Crick 碱基配对的精确性质开启了通过设计构建复杂纳米结构的可能性。从机制上讲，DNA 纳米结构主要通过基于瓦片的组装、支架 DNA 折纸和 DNA 线框来实现。碱基互补配对是核酸链识别的基础，然而，核酸还可以通过各种力的作用，如非共价键、氢键作用、范德华力、静电作用、π-π 堆积和疏水相互作用等与其他物质进行高特异性的结合。核酸的这种分子识别特性在适配体上体现得淋漓尽致。通过筛选可以获得和蛋白质、金属离子、小分子物质、细胞等物质具有高特异性的核酸适配体，进而应用于生物传感、环境监测以及生物医学等领域（Chen 等，2022；Wang 等，2020；Yang 等，2021）。作为生物体内用于存储、传递和翻译遗传信息的分子，核酸还可以用于治疗，以干扰特定核酸的功能或结合特定蛋白质从而实现高度特异性、持久的治疗效果（Paterson 等，1977）。Nie 等成功制备并表征了具有自加速钠释放的新型可解锁核壳纳米复合物（Hep@PGEA）（Nie 等，2018）。Hep@PGEA 能有效地将 miR-499（抑制心肌细胞凋亡）和 pVEGF（促进血管生成）递送入心脏，抑制心肌细胞死亡，促进心脏修复。分阶段基因治疗策略在恢复心脏功能、减少心脏纤维化和心肌肥大方面取得了效果。

核酸或核酸复合物还具有类似于天然酶的催化活性。传统意义上的酶，一般指的是一类具有催化作用的蛋白质。然而，随着对核酸结构与功能的研究深入，核酸的酶学特性也逐渐被挖掘出来，从而打破了酶是蛋白质的传统观念。例如，有些核酸可以通过自身二级结构与其他分子（如金属离子）相互作用，产生具有类似于蛋白质酶的催化活性（Achenbach 等，2004），并且还可以依赖核酸序列的碱基排布和空间构象调控酶活性。核酸或者核苷酸可以和金属离子或者有机配体通过配位作用结合，并在一定条件下形成具有类酶活性的核酸复合纳米材料，主要包括核酸功能化的金属纳米团簇以及核苷酸与金属离子配位形成的金属有机骨架（MOF）。其表现的模拟酶活性也多种多样，如过氧化物酶活性（Wang 等，2015）、超氧化物歧化酶活性（Cho 等，2013；Wu 等，2008）、天然漆酶（Liang 等，2017）等。相比于天然酶，这些纳米酶表现出更优越的酶活性，如在相当宽的 pH 范围内显示出高催化活性、更好的热稳定性和储存稳定性。更重要的是，催化活性可以通过核酸序列和结构来调控。除此之外，DNA 还能够和传统存储介质一样进行信息的编码和解码、写入、保护、读取、擦除以及重写。DNA 存储的实验验证在 20 世纪末就已展开，近几年更是进入高速发展期。理论上 DNA

的存储密度可高达4. 55×10^8TB/g，是主流存储设备的10^6倍（Extance，2016；Organick等，2020）。

利用核酸作用功能元件具有很多优势，例如，迄今为止，基于简单的四字母表，具有任意序列或长度的DNA可以很容易地通过自动化方法合成，并通过PCR以相对较低的速度进行高质量和大量扩增，从而大幅度降低实验成本。此外，通过巧妙的有机合成，官能团（硫醇、炔烃、叠氮化物等）修饰的核苷酸可以随意插入DNA链中，赋予其额外的特性，从而使功能化DNA以前所未有的效率应用于各种领域（Fischler等，2007；Timper等，2012）。例如，Buff等在环区域合成了带有笼状核碱基的分子信标，它们在目标RNA存在下可以保持无荧光，但可以完全被光（366nm或405nm）激活（Buff等，2010）。这些笼组修饰的核苷酸不能再形成Watson-Crick碱基对，直到它们被光照射重新激活（Joshi等，2012）。为了达到更好的闭合/打开效率，该团队还利用其他光裂解基团，如一系列香豆素类基团，对核酸碱基进行修饰，以达到调节核酸构象和影响核酸链之间的相互作用（Grebenovsky等，2020）。另一方面，在复合材料中，核酸的可编程性以及分子识别特性可以赋予材料更多吸引人的特性。最近，DNA已被证明可以充当构建抗菌纳米复合材料的桥梁。核酸本身并没有明显的抗菌特性，但是核酸的加入，却可以使抗菌材料更具有优势（Wang等，2018）。例如，利用核酸适配体的靶向功能，可以实现靶向抗菌，有目的地杀死特定菌株，从而实现精准抗菌（Ucak等，2020）。此外，适配体还可以通过“捕捉”靶细菌，在一定程度上提高抗菌效果。核酸杂化纳米材料是与有机或无机材料复合或功能化的核酸纳米系统。随着抗生素耐药性的出现以及与抗生素耐药性相关的复杂因素的相互作用，核酸杂交体的优势逐渐显现出来，它可以提供针对耐药病原体的抗菌剂并靶向控制毒性或耐药性的特定基因，因此对于抗菌治疗非常有吸引力（Rabiee等，2020）。更重要的是，核酸是天然存在的，且作为生物上亿年筛选后的遗传物质，具有良好的生物相容性和生物降解性，并且对细胞及组织无毒副作用，因此可以广泛应用于各种生物材料。

1.2 功能核酸的概念

随着以核酸为主题的科学研究的深入开展，人们发现核酸除了最为熟知的遗传功能外，人类这套遗传密码中还潜藏着非遗传功能，这些具有特殊功能的核酸及核苷酸称为“功能核酸（functional nucleic acids，FNAs）”。到目前为止，利用其特异性识别、信号转换、信号放大、材料组装等功能，功能核酸已被成功并广泛地应用于包括生物成像、生物传感、生物医学在内的诸多领域。

截至目前，许多国内外的研究团队已经对各种功能核酸的结构、性质及应用进行了深入而细致的研究。在笔者2020年出版的《功能核酸生物传感器——理论篇》一书中，对“功能核酸”一词进行了定义，即功能核酸是一类具有特殊结构功能、执行特定生物功能的核酸分子及核酸类似物的统称。但在对“功能核酸”这一领域工作的梳理与总结方面还有需要进一步阐明的部分：尚未对“功能核酸”这一概念的具体范畴、类别、特点进行明确的界定和归纳性的概述；对功能核酸的裁剪（包括劈裂、剪短、增长、替换、融合）部分有待上升到功能性质为导向、分子对接助力的裁剪；对于功能核酸的自组装及功能核酸纳米材料的形成与应用方面有待进一步从其基本特性出发的详细的介绍与说明。对于计算机及数据库飞速发达的今天，具有强大指导意义的核酸分子对接部分这一次独立成章、崭露头角，此外发光功能核酸、核糖开关、核酶都在本书中成体系地阐明了其分类、构效及应用。因此，为了进一步丰富和完善“功能核酸”的理论体系，笔者在 10 余年来对“功能核酸”探究及实践的基础上，从内涵和外延两个方面对“功能核酸”进行归纳和总结。科学概念的内涵，就是它所反映的对象的本质属性，科学概念的外延，就是具有概念所反映的特有属性的对象，通常称为概念的适用范围。这些概念的内涵和外延也不是一成不变的，后续会随着认识的深入发展及事物本身的发展变化而不断丰富和完善。对于功能核酸这一概念，从内涵来看，它是对具有特殊结构功能、执行特定生物功能的核酸及核苷酸分子的统称；从外延来看，它包括核酸适配体、功能核酸酶、核糖开关、发光核酸、四链体核酸、三螺旋核酸、功能核酸组装、功能核酸材料、核酸药物、核酸补充剂（图 1.1）。功能核酸同样遵守大家所熟知的“序列—结构—性质—功能—用途”逐级决定的大自然规律，其丰富多彩的结构成就了具有“全能性”的功能核酸。本书总结了功能核酸的各种属性，包括可编程性、可剪裁性、易修饰性、生物相容性、特异识别性、刺激响应性、组装

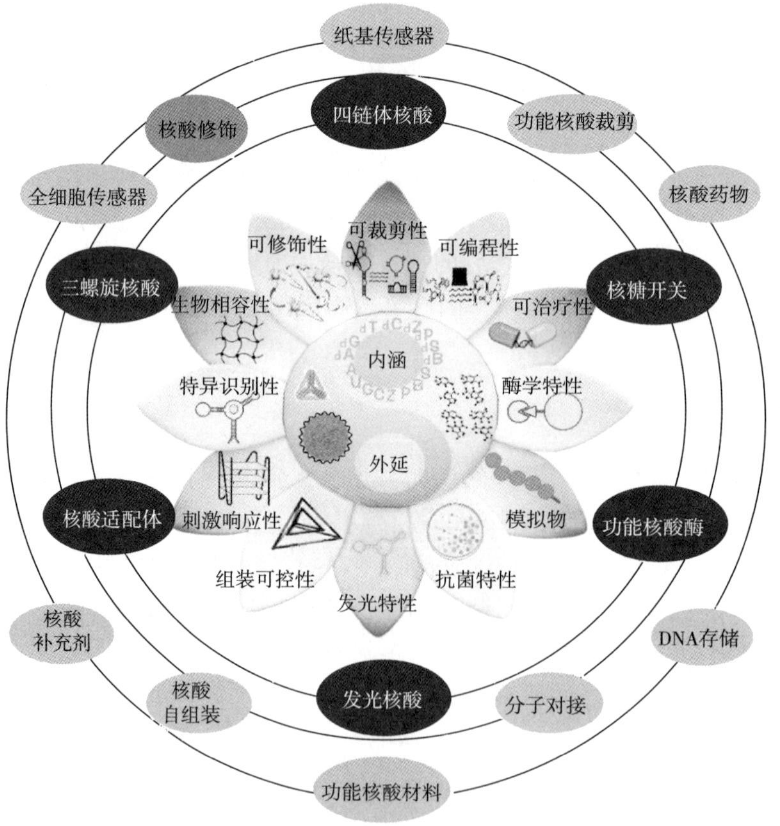

图 1.1　功能核酸的内涵与外延

可控性、发光特性、抗菌特性、模拟物、酶学特性以及可治疗性，并对各种类型的“功能核酸”进行概念的定义、发展历史的阐述、特点及应用价值的归纳总结，以期梳理完善功能核酸的基本概念，促进该领域的进一步发展。

1.3 本书范围

除绪论外，本书将内容系统地分为五个部分，第一部分（第 2 章）介绍功能核酸的内涵，第二部分（第 3~8 章）介绍功能核酸的共性技术，第三部分（第 9~19 章）介绍功能核酸的外延，第四部分（第 20~21 章）介绍特殊存在的功能核酸。第五部分（第 22 章）介绍功能核酸文献数据库。

全书共 22 个章节，第 1 章绪论；第 2 章主要对功能核酸的内涵进行分类总结，并对其各自的属性、特点进行阐述；第 3 章对功能核酸筛选的基本原则及合理设计进行了详细的介绍；第 4 章介绍了目前对功能核酸表征的手段，包括性质、微观结构、构象以及界面表征；第 5 章对核酸的修饰进行分类总结；第 6 章对核酸固定化的策略，包括化学偶联、亲和力交联以及主客体相互作用在内的偶联方式进行总结归纳；第 7 章对功能核酸的裁剪艺术进行分类概述；第 8 章简要介绍了分子对接的概念以及 DNA 核酸适配体的结构建模，并针对目前常用的 DNA 适配体二级结构及三级结构预测的软件进行了介绍；第 9 章介绍了核酸适配体，对其筛选的策略以及应用范围进行总结；第 10 章对功能核酸酶进行全面总结、分类介绍，对其筛选策略、亲和力的表征、酶活调控的规律以及应用进行了归纳；第 11 章介绍了核糖开关的结构、性质以及应用；第 12 章围绕发光核酸，对发光适配体以及发光核酸金属纳米团簇进行了重点介绍；第 13 章对四链体核酸的类型、结构特点以及应用进行了详细的介绍；第 14 章总结了三螺旋核酸的类型，对其在生物传感器中的应用也进行了详细的介绍；第 15 章针对核酸的自组装，详细介绍了非酶核酸自组装技术和酶催化的核酸自组装技术，并且对典型的核酸自组装纳米材料也进行分类总结；第 16 章对功能核酸复合材料的杂化策略进行归纳总结；第 17 章针对核酸药物的类型和应用进行了详细总结；第 18 章对核酸补充剂的应用进行了归纳；第 19 章对新兴技术核酸的数据存储进行了介绍；第 20 章对功能核酸纸基生物传感器目前的研究进行了概述；第 21 章介绍了功能核酸全细胞传感器的研究进展；第 22 章介绍功能核酸文献数据库。

参考文献

Achenbach J, Chiuman W, Cruz R, et al. DNAzymes: from creation *in vitro* to application *in vivo* [J]. Curr Pharm Biotechnol, 2004, 5 (4): 321-336.

Aldaye FA, Palmer AL, Sleiman HF. Assembling materials with DNA as the guide [J]. Science, 2008, 321 (5897): 1795-1799.

Benner SA, Ellington AD, Tauer A. Modern metabolism as a palimpsest of the RNA world [J]. P Natl Acad Sci USA, 1989, 86 (18): 7054-7058.

Buff M, Schafer F, Wulffen B, et al. Dependence of aptamer activity on opposed terminal extensions: Improvement of light-regulation efficiency [J]. Nucleic Acids Res, 2010, 38 (6): 2111-2118.

Cech TR, Steitz JA. The noncoding rna revolution—trashing old rules to forge new ones [J]. Cell,

2014, 157 (1): 77-94.

Chen X, Chen K, Du Z, et al. Fusion of binary split allosteric aptasensor for the ultra-sensitive and super-rapid detection of malachite green [J]. J Hazard Mater, 2022, 425: 127976.

Cho SK, Pedram A, Levin ER, et al. Acid-degradable core-shell nanoparticles for reversed tamoxifen-resistance in breast cancer by silencing manganese superoxide dismutase (MNSOD) [J]. Biomaterials, 2013, 34 (38): 10228-10237.

Dickerson RE, Drew HR, Conner BN, et al. The anatomy of a-DNA, b-DNA, and z-DNA [J]. Science, 1982, 216 (4545): 475-485.

Eddy SR. Non-coding RNA genes and the modern RNA world [J]. Nat Rev Genet, 2001, 2 (12): 919-929.

Extance A. How DNA could store all the world's data [J]. Nature, 2016, 537 (7618): 22-24.

Fischler M, Simon U, Nir H, et al. Formation of bimetallic ag-au nanowires by metallization of artificial DNA duplexes [J]. Small, 2007, 3 (6): 1049-1055.

Ganot P, Caizergues-Ferrer M, Kiss T. The family of box ACA small nucleolar RNAs is defined by an evolutionarily conserved secondary structure and ubiquitous sequence elements essential for RNA accumulation [J]. Genes Dev, 1997, 11 (7): 941-956.

Gilbert W. Origin of life: The RNA world [J]. Nature, 1986, 319 (6055): 618.

Glotz C, Zwieb C, Brimacombe R, et al. Secondary structure of the large subunit ribosomal rna from escherichia coli, zea mays chloroplast, and human and mouse mitochondrial ribosomes [J]. Nucleic Acids Res, 1981, 9 (14): 3287-3306.

Grebenovsky N, Hermanns V, Heckel A. Photoswitchable 2-phenyldiazenyl-purines and their influence on DNA hybridization [J]. ChemPhotoChem, 2020, 4 (11): 5245-5248.

Harvey SC, Luo J, Lavery R. DNA stem-loop structures in oligopurine-oligopyrimidine triplexes [J]. Nucleic Acids Res, 1988, 16 (24): 11795-11809.

Hirao I, Ellington AD. Recreating the RNA world [J]. Curr Biol, 1995, 5 (9): 1017-1022.

Holley RW, Apgar J, Everett GA, et al. Structure of a ribonucleic acid [J]. Science, 1965, 147 (3664): 1462-1465.

Htun H, Dahlberg JE. Single strands, triple strands, and kinks in H-DNA [J]. Science, 1988, 241 (4874): 1791-1796.

Jones MR, Seeman NC, Mirkin CA, et al. Nanomaterials. Programmable materials and the nature of the DNA bond [J]. Science, 2015, 347: 1260901.

Joshi K, Vlachos A, Mikat V, et al. Light-activatable molecular beacons with a caged loop sequence [J]. ChCom, 2012, 48 (22): 2746-2748.

Kang C, Zhang X, Ratliff R, et al. Crystal structure of four-stranded oxytricha telomeric DNA [J]. Nature, 1992, 356 (6365): 126-131.

Kruger K, Grabowski PJ, Zaug AJ, et al. Self-splicing RNA-auto-excision and auto-cyclization of the ribosomal-RNA intervening sequence of tetrahymena [J]. Cell, 1982, 31 (1): 147-157.

Liang H, Lin F, Zhang Z, et al. Multicopper laccase mimicking nanozymes with nucleotides as ligands. ACS Appl Mater Inter, 2017, 9 (2): 1352-1360.

Lyamichev VI, Mirkin SM, Frank-Kamenetskii MD. A pH-dependent structural transition in the homopurine-homopyrimidine tract in superhelical DNA [J]. J Biomol Struct Dyn, 1985, 3 (2): 327-338.

McLuckie KIE, Antonio M Di, Zecchini H, et al. G-quadruplex DNA as a molecular target for induced synthetic lethality in cancer cells [J]. J Am Chem Soc, 2013, 135 (26): 9640-9643.

Mitsui Y, Langridge R, Shortle BE, et al. Physical and enzymatic studies on poly d (i-c). Poly d (i-c), an unusual double-helical DNA [J]. Nature, 1970, 228 (5277): 1166-1169.

Nie JJ, Qiao B, Duan S, et al. Unlockable nanocomplexes with self-accelerating nucleic acid release for effective staged gene therapy of cardiovascular diseases [J]. Adv Mater, 2018, 30 (31): 1801570.

Organick L, Chen YJ, Dumas Ang S, et al. Probing the physical limits of reliable DNA data retrieval [J]. Nat Commun, 2020, 11 (1): 1-7.

Paterson BM, Roberts BE, Kuff EL. Structural gene identification and mapping by DNA-mRNA hybrid-arrested cell-free translation [J]. P Natl A Sci, 1977, 74 (10): 4370-4374.

Pijlman GP, Funk A, Kondratieva N, et al. A highly structured, nuclease-resistant, noncoding rna produced by flaviviruses is required for pathogenicity [J]. Cell Host Microbe, 2008, 4 (6): 579-591.

Rabiee N, Ahmadi S, Arab Z, et al. Aptamer hybrid nanocomplexes as targeting components for antibiotic/gene delivery systems and diagnostics: A review [J]. Int J Nanomed, 2020, 15: 4237.

Rodriguez R, Miller KM, Forment JV, et al. Small - molecule - induced DNA damage identifies alternative DNA structures in human genes [J]. Nat Chem Biol, 2012, 8 (3): 301-310.

Salvati E, Scarsella M, Porru M, et al. Parp1 is activated at telomeres upon G4 stabilization: Possible target for telomere-based therapy [J]. Oncogene, 2010, 29 (47): 6280-6293.

Seeman NC. DNA in a material world [J]. Nature, 2003, 421 (6921): 427-431.

Seeman NC, Kallenbach NR. Design of immobile nucleic acid junctions [J]. Biophys J, 1983, 44 (2): 201-209.

Seeman NC. Nanomaterials based on DNA [J]. Annu Rev Biochem, 2010, 79: 65-87.

Sen D, W Gilbert. Formation of parallel four-stranded complexes by guanine-rich motifs in DNA and its implications for meiosis [J]. Nature, 1988, 334 (6180): 364-366.

Shakked Z, Rabinovich D, Kennard O, et al. Sequence-dependent conformation of an A-DNA double helix. The crystal structure of the octamer d (G-G-T-A-T-A-C-C) [J]. 1983, 166 (2): 183-201.

Sun L, Fazal FM, Li P, et al. RNA structure maps across mammalian cellular compartments [J]. Nat Struct Mol Biol, 2019, 26 (4): 322-330.

Sundquist WI, Klug A. Telomeric DNA dimerizes by formation of guanine tetrads between hairpin loops [J]. Nature, 1989, 342 (6251): 825-829.

Tang J, Breaker RR. Rational design of allosteric Ribozymes [J]. Chem Biol, 1997, 4 (6): 453-459.

Timper J, Gutsmiedl K, Wirges C, et al. Surface "click" reaction of DNA followed by directed metalization for the construction of contactable conducting nanostructures [J]. Angew Chem Int Ed Engl, 2012, 51 (30): 7586-7588.

Ucak S, Sudagidan M, Borsa BA, et al. Inhibitory effects of aptamer targeted teicoplanin encapsulated plga nanoparticles for staphylococcus aureus strains [J]. World J Microb Biot, 2020, 36 (5): 1-9.

Wang GL, Jin LY, Wu XM, et al. Label-free colorimetric sensor for mercury (Ⅱ) and DNA on the basis of mercury (Ⅱ) switched-on the oxidase-mimicking activity of silver nanoclusters [J]. Anal Chim Acta, 2015, 871: 1-8.

Wang S, Mao B, Wu M, et al. Influence of aptamer - targeted antibiofilm agents for treatment of pseudomonas aeruginosa biofilms [J]. Antonie Van Leeuwenhoek, 2018, 111 (2): 199-208.

Wang W, Xu Y, Cheng N, et al. Dual-recognition aptazyme-driven DNA nanomachine for two-in-one electrochemical detection of pesticides and heavy metal ions [J]. Sensor Actuat B - Chemi, 2020, 321: 128598.

Winkler W, Nahvi A, Breaker RR. Thiamine derivatives bind messenger rnas directly to regulate bacterial gene expression [J]. Nature, 2002, 419 (6910): 952-956.

Wu Y, Phillips JA, Liu H, et al. Carbon nanotubes protect DNA strands during cellular delivery [J]. ACS Nano, 2008, 2 (10): 2023-2028.

Yang M, Chen X, Zhu L, et al, Aptamer-functionalized DNA-silver nanocluster nanofilm for visual detection and elimination of bacteria [J]. ACS Appl Mater Inter, 2021, 13 (32): 38647-38655.

Zimmer J, Tacconi EMC, Folio C, et al. Targeting BRCA1 and BRCA2 deficiencies with G-quadruplex-interacting compounds [J]. Mol Cell, 2016, 61 (3): 449-460.

2

功能核酸概念的内涵

自DNA双螺旋结构的提出，人们对核酸的研究不再止步于遗传生物学，而是逐渐提升到分子层次。千变万化的核酸碱基排序决定着其结构，结构进一步决定其功能。随着科学技术的发展，核酸的结构被逐渐解析，其各种功能也逐渐为人所知，因此功能核酸的概念也应运而生。功能核酸是一类具有特殊结构功能、执行特定生物功能的核酸分子及核酸类似物的统称。功能核酸的内涵反映了其特有的属性。功能核酸最重要的特征是全能性，它具有许多独特的属性，包括可编程性、可裁剪性、可修饰性、生物相容性、分子识别特异性、刺激响应性、组装尺度可控性、发光特性、抗菌特性、模拟物特性、酶学特性以及可治疗性。本章对以上功能核酸的内涵分别进行了详细介绍，并对其本质从源头进行了阐述，为进一步拓宽功能核酸的应用提供理论基础及指导。

2.1 概述

核酸作为细胞最基本的成分之一，携带着地球上所有生物的基因蓝图。在机体的生长、发育和繁殖过程中扮演着举足轻重的角色。老子在《道德经》中提到："道生一，一生二，二生三，三生万物。"该句说明了天下万物的由来。即，万物是由"道"演变而来。但是，万物不论如何演化，其中都存有最原始的"道"。也就是说，道是当今一切万物存在以及运行的根本。在遗传生物学中，核酸是一切生物体发育和正常运作的保障。万物皆有灵，但生命的密码"A""T""G""C"让所有的生物"同"并"相联"。人类与花草、苍蝇、老鼠、猴子、猩猩等的基因组都有共同之处。人类与万物都共有一个本源，万物生长，灵动不拘。

1953 年，DNA 双螺旋结构的提出，开启了分子生物学时代。在 DNA 双螺旋结构中，碱基之间存在一一对应的关系，即碱基互补配对原则。DNA 不仅有双螺旋结构（或称 B 构型）。随着研究的深入，科学家又在活细胞内发现了另外两种天然存在的结构：G-四链体（G4s）和 I-基序（i-motifs）。G4s 是由同一条 DNA 单链上的 4 个 G 碱基，相邻之间成氢键形成的 G 四合体平面。这样的四合体平面反复出现，就会形成 G-4s。在平面的中间，通常还会存在一个阳离子（多为钾离子），帮助稳定结构。i-motifs 同样存在于端粒和一些基因的启动子中。i-motifs 的生物学功能，有待进一步研究。除了 G4s DNA 和 i-motifs 之外，计算机模拟和体外实验还发现了其他的 DNA 结构，包括十字架形 DNA（cruciform DNA）和三链螺旋 DNA（triplex DNA）。

核酸的结构决定着其功能，当核酸的各种结构逐渐为人所知时，其呈现出来的功能也更加丰富。例如，DNA 酶可以催化特定位点上 RNA 底物链的断裂或连接，而适配体，即单链寡核苷酸，可以与不同类型的靶分子特异结合。核糖开关具有多功能特性，使他们成为合成生物学广泛应用的理想调节元件。通过与配体特异性结合，导致适配体域构象改变，将变化信号传递到表达平台域，进而调节基因表达。Watson-Crick 碱基配对的精确性质开启了通过设计构建复杂纳米结构的可能性。随着巨大的结构进步，DNA 纳米结构越来越多地被考虑用于药物输送等应用。核酸药物则可以通过引入功能性基因拷贝来治疗导致基因产物功能障碍的遗传性疾病。诸如此类的核酸功能被逐渐挖掘出来时，"功能核酸"的概念也应运而生。故下面对功能核酸的诸多属性逐一介绍，梳理完善功能核酸的基本概念，以促进该领域的进一步发展。

2.2 可编程性

可编程性是核酸最突出的特点之一，核酸的可编程性是指核酸分子基于经典的 Watson-Crick 碱基配对相互作用，杂交形成螺旋双链或更复杂的基序的特性。该"编程"指的是碱基互补配对的过程，所创建的"程序"是具有可定制功能和精确寻址能力的纳米结构。DNA 是纳米生物技术最有前途的材料之一，其本身即表现出纳米级尺寸，完整的 10 碱基螺旋转角长度为 3.4nm，双链 DNA 直径为 2nm。自 1953 年发现双螺旋结构以来，核酸已从天然遗传密码发展为广泛的生物技术和材料科学中的功能构件（Aldaye 等，2008；Jones 等，2015；Seeman，2003；Seeman，2010）。Watson-Crick 碱基配对的精确性质开启了通过设计构建复杂纳米结构的可能性。从机制上讲，DNA 纳米结构主要通过基于瓦片的组装、支架 DNA 折纸和 DNA 线框来实现。基于瓦片的策略源于最初由 Seeman 小组在 1982 年设计的固定 Holliday 结（Seeman，1982），它由两个带有交叉的 DNA 双链体组成。通过增加分频器的数量，包括双重（Fu 等，1993）、三重（LaBean 等，2000）和偏瘫分频器（Hu 等，2018），可以生成更多刚性瓦片并进一步组装成一维（1D）到三维（3D）结构（Ding 等，2004；He 等，2010；Yan 等，2003）。DNA 折纸由 Rothemund 于 2006 年首次展示（Rothemund，2006），其中长单链基因组 DNA（支架）在多个短 DNA 序列（订书钉）的帮助下折叠成不同的二维（2D）形状。通过将多个折纸堆叠在一起，可以在几乎任意控制形态的情况下形成不同的 3D 结构（Ke 等，2009）。目前，基于碱基互补配对原则，核酸能够定制设计几乎任何规定的从 1D 到 3D，从对称到不对称，从静态到动态的纳米结构（He 等，2005；Ke 等，2012；Lulu 等，2006；Xing 等，2011）。通过开发“自下而上”的自组装策略，研究人员设计了各种大小和形状各异的精致纳米结构，包括三棱柱、四面体、多面体、DNA 瓦片和 DNA 折纸（2009；He 等，2010；He 等，2008；Hong 等，2017）。这些经过设计的自组装功能核酸纳米结构继承了核酸体积小、可编程性高、具有高寻址能力等多种功能优势以及出色的生物相容性，同时这些 DNA 纳米结构还可以通过构建空间有组织的分子网络来促进化学和生物系统中分子相互作用的研究。

与其他传统的纳米材料相比，由核酸“编织”的纳米材料具有显著优势。第一，许多纳米粒子系统都可能引起令人担忧的副作用，但核酸本质上是生物相容的、可生物降解的和无细胞毒性的（Fischer 等，2008；Khanna 等，2015；Ye 等，2015）；第二，核酸，尤其是 DNA 折纸可以组装成定义明确但几乎任意的大小和形状，从而提供一种调整其生物可用性和活性的方法（Douglas 等，2009；Dietz 等，2009）；第三，它们的表面可以以高度精确的精确控制方式进行修饰。对于 DNA 折纸尤其如此，它基于通过与一组短链杂交将长的单链 DNA 支架折叠成所需的纳米级形状。这些“订书钉”中的每一个都有一个独特的序列，因此可以精确地修饰以携带不同的实体，例如，染料分子、蛋白质、纳米颗粒和药物（Keller 等，2020）。通过这种方式，可以在 DNA 折纸的内外表面上以纳米精度排列数十种不同的功能物质。

2.3 可剪裁性

作为应用广泛的功能分子，核酸碱基序列决定其空间构象，进而影响其功能。核酸的可裁剪性指的是对于某些功能核酸而言，如适配体、DNA 核酶（DNAzyme）、非经典的核酸（引物和探针）等，可对核酸序列进行适当的裁剪重新设计其构象，以增强与靶标的结合能力。核酸具有可裁剪性的原因在于，对于功能核酸而言，其序列中的核苷酸并非都具有结合、形成或者维持核酸结构的作用（Tao 等，2010）。因此，经过裁剪来人为控制核酸的结构，可以降低成本。重要的是，经裁剪后的核苷酸可以避免形成不必要的二级结构，从而破坏靶标结合构象（Lyu 等，2016）。此外，裁剪获得的核酸具有小尺寸的优势，方便大批量合成并且还可以提高组织穿透率，从而利于诊断或治疗（Padlan 等，2014；Manimala 等，2004）。在实际应用中，由于对核酸结构与功能之间的关系研究不足，核酸与靶标的结合难免会存在稳定性差的情况，因此，在裁剪核酸时，应精确预测空间结构。结构预测越准确，裁剪就越有效。

核酸的裁剪策略通过拆分、删除、添加、替换或融合几个核苷酸来创建新的核酸序列，以增强其与靶标的结合能力，从而优化靶标检测、靶标定向、信号生成或放大、生物传感器构建或药物输送。适配体的拆分策略由 Stojanovic 等首次创建（Stojanovic 等，2000），完整的核酸适配体被分裂成两个片段，在配体存在的情况下特异性地形成三元复合物。截断序列通常是将全长适配体部分片段化，然后选择对目标具有高亲和力的片段，当采用截断策略时，首先要确定适配体与靶标的结合位点。结合区域很可能位于环和凸起中，例如，可卡因和茶碱的适配体（Stojanovic 等，2001）。还有一些结合区域则位于茎中，即三磷酸腺苷（ATP）（Stojanovic 等，2000）和β-雌二醇（Liu 等，2014）。然而，大多数适配体的结合位点尚未可知，因此可以进行蛋白质足迹（Padlan，2014）、核磁共振（NMOL/LR）（Manimala，2004）和分子对接模拟（Yuan 等，2015）等以确定适配体的结合位点。许多情况下，在精心设计的核酸序列中添加间隔序列，既可以提供连接位点，又能避免核酸与载体连接时的吸附。除了人为添加核苷酸外，通过点击化学反应以及末端脱氧核苷酸转移酶（terminal deoxynucleotidyl transferase，TdT）（Chen 等，2018）也可以延长序列。在核酸序列中添加不同数量和种类的核苷酸会产生不同的效果，也可以在不同的位置增加核苷酸，如序列的 3′端、5′端、两端或插入在序列中（Guo 等，2017）。功能核酸的融合不仅意味着不同个体核酸序列的组装、剪接或延伸，同时还表明它们的二级结构可以被进一步调整以产生更多的结合位点，甚至影响它们的功能。

2.4 可修饰性

核酸的可修饰性就是核酸可以在核苷酸上（包括磷酸骨架、碱基、核糖/脱氧核糖）进行修饰或交联一些功能基团。核酸在自然环境许多实际应用中的作用效率，往往受到内在因素的限制。这些因素包括内切酶和核酸酶容易降解、与靶标亲和力差以及能够介导结合或催化作用的官能团缺乏，尤其是与蛋白质对应物相比。因此，通过在核酸的支架上引入额外的化学修饰，不仅可以丰富其结构和功能，而且可以提高核酸的稳定性，增强其与靶标分子的相互作用，甚至赋予核酸催化的功能，从而大大拓宽了核酸的应用范围。核酸由磷酸骨架、五碳糖，以及碱基构成，这种特殊的结构，使其成为修饰化学的理想目标，从而激发了各种功能性合成寡核苷酸的设计和创造。此外，核酸序列和结构的多样性也使其更具有修饰价值，因为通过简单的修饰就可以实现核酸功能的多样化。非连接氧修饰是对磷酸基团最常见的修饰方法，并且硫代磷酸酯（phosphorothioate，PS）修饰最易实现，除此之外，还有与磷酸基团发生偶联、连接氧的替换、磷酸二酯键的替换、C^5 的修饰。与磷酸基团的修饰相比，核糖上的官能团修饰对碱基配对和空间结构的形成都具有一定程度的影响（Altmann 等，1996）。呋喃核糖的修饰包括 C^2、C^3、C^4 上羟基的修饰或 O^4 上基团的取代。而核酸碱基的修饰主要在胞嘧啶的 N^4、嘧啶的 O^2 和 N^3、嘌呤的 N^6、N^2、N^1 和 C^8 上，并且涉及各种官能团（Carell 等，2012；McCown 等，2020）。

对磷酸骨架的修饰或者偶联不仅可以降低核酸链对核酸酶的敏感性，还可以改变核酸分子的带电性。Iwamoto 等开发了一种利用迭代封端和硫化技术立体控制寡核苷酸合成（stereocontrolled oligonucleotide synthesis with iterative capping and sulfurization，SOSICS）的方法来控制硫代磷酸寡核苷酸的立体化学结果，每个核苷酸间连接键是可编程的，并发现硫代磷酸寡核苷酸增加了反义寡核苷酸在体外的亲脂性和稳定性（Iwamoto 等，2017）。对核糖/脱氧核糖的修饰可以引起核酸局部或整体结构的变化，从而提高稳定性和特异性。如 C^3 的修饰可以阻止扩增过程中 3′端的延伸，从而终止核酸链的扩增。抗病毒核苷酸药物 AZT 是指 C^3-叠氮基取代的胸苷，具有较高的抗人类免疫缺陷病毒（HIV）活性（Colin B. Reese，1994；De Clercq 等，1989；Nasr 等，1990）。对碱基的化学修饰主要是为了增加结构和功能的多样性。Braun 等首先将戊二醛和 α，β-不饱和醛聚合物修饰到腺苷和鸟嘌呤的环外氨基，与 DNA 链中核酸碱基（A，G）的伯胺基团反应（Keren 等，2004；Keren 等，2003；Keren 等，2002）。随着醛基的还原性，被吸引到带负电荷的磷酸基团上的带正电荷的银离子可以进一步被还原（Tollen 反应）。作为腺苷受体激动剂，修饰腺苷 N^6 的 3-碘苄基可以提高配体对腺苷受体的选择性。此外，对核碱基修饰，糖-磷酸骨架的改变也可以促进催化功能。Taylor 等用产生的 2′-FANA、CeNA 和 HNA 序列用四种替代化学结构取代糖环，这些序列能够催化 RNA 连接酶和核酸内切酶反应（Taylor 等，2015）。

2.5 生物相容性

生物相容性是指生物材料在医学治疗方面发挥其所需功能的能力，不会在该治疗的接受者或受益者中引起任何不良的局部或全身效应，但会在该特定治疗中产生最适当的有益细胞或组织反应情况，并优化该疗法的临床相关性能。核酸作为细胞最基本的组成成分之一，具有很好的细胞亲和性和组织相容性，还可以直接进入细胞，因此被广泛应用于生物医学材料中。自从“灵丹妙药”概念化以来，即在不伤害身体的情况下治愈疾病的治疗剂，将治疗剂输送到目标组织已被认为是改善治疗窗口并最终改善患者健康质量和寿命的主要手段（Anselmo 等，2014；Liu 等，2016）。药物输送系统（drug delivery systems，DDS）改变了药物的内在物理化学和生物学特性，并可能导致装载药物的药代动力学和生物分布曲线完全不同（Patra 等，2018；Singh 等，2009）。理想的 DDS 应该能够与负载可调的药物结合，并在接近目标之前保持稳定，实现时空控制的药物释放（Alvarez-Lorenzo 等，2014；Utreja 等，2010）。同时，DDS 本身应表现出低毒性和非免疫原性，对人体无长期不良影响（Hossen 等，2019）。

核酸是一种高亲水性和带负电荷的天然生物聚合物，并不是作为 DDS 材料的首选。

未经修饰的核酸完全无法进入细胞，并且会受到快速核酸酶切割和肾脏/肝脏清除（Juliano，2016）。无论是基因表达敲低、mRNA 剪接改变、转录和表观遗传调控，还是基因组编辑，在任何作用机制之前，通常需要特定的细胞内定位（例如，细胞质或细胞核）。此外，某些核酸基序即使在低浓度下也能引起先天免疫系统的强烈激活，例如，某些 RNA 序列（5′-UGUGU-3′等）和含有未甲基化胞嘧啶-磷酸-鸟苷（CpG）基序的 DNA 序列（Krieg，2002；Marques 等，2005）。这些基序正在被探索为有效的疫苗佐剂（Bode 等，2011；Meng 等，2017）。鉴于这些限制，过去核酸主要被开发用于治疗源自肝脏（Sehgal 等，2013）或可通过局部注射治疗的组织（例如，眼睛或脊髓）（Shen 等，2018）的罕见疾病的药物。然而，随着对 DNA 纳米技术和其他核酸结构研究的蓬勃发展，核酸结构的新功能和不同寻常的理化/生物学特性已经出现，这激发了人们对利用核酸作为替代 DDS 的新一轮兴趣。随着最近基于核酸的 DDS 激增，这些 DDS 能够应对诸如体内递送和蛋白质生物制剂的组织特异性激活等难题。最近，围绕核酸的三个主要发展领域，DNA/RNA 纳米技术、多价核酸纳米结构和核酸适配体，分别提供了设计具有无与伦比的结构控制水平的纳米结构的能力，完全逆转线性/环状核酸的某些生物学特性，并使用全核酸构建体实现抗体水平靶向。因此可以肯定地说，核酸是一类非常有用的 DDS 材料，并且它们的特性、潜力和局限性应该为未来几年更深入的探索提供空间。

2.6 特异识别性

核酸的特异识别性指的是核酸可以通过各种非共价键，如氢键作用、范德华力、静电作用、π-π 堆积和疏水相互作用等与核酸或其他物质进行高特异性的结合。早些年，各种具有独特性质的有机分子引起了研究人员的注意，以实现对不同目标的识别（Gellman，1997；Silva 等，1997）。自从发现 DNA 的双螺旋结构以来（Watson 等，1953），核酸则成为靶标识别的最有潜力的候选者。根据序列的不同，核酸的结构也呈现出千变万化的姿态，而分子识别机制强烈依赖于其结构的灵活性，并且根据目标的特性有很大差异。核酸与核酸之间的识别，除了最典型的 Watson-Crick 氢键形成的双链核酸外，还包括由 Hoogsteen 氢键介导的核酸三链体。核酸或者核苷酸与金属离子之前的识别则依赖于含氮碱基，并且呈现出碱基依赖的趋势，不同碱基与不同金属离子的结合亲和力也不同。此外，得益于核酸适配体的出现，核酸还可以特异性识别从离子、小分子，到蛋白质，再到细胞和组织的各种靶标。适配体是通过称为指数富集配体系统进化（systematic evolution of ligands by exponential enrichment，SELEX）的过程在体外选择的寡核苷酸，用于结合不同的靶标（Chai 等，2011；Ellington 等，1990）。因此，随着适配体的出现，核酸在分子识别方面的应用向前迈进了一大步（Famulok 等，2007）。

分子特异性识别是传感器和开关设计以及临床诊断工具和治疗方式开发的关键。目前，基于核酸的特异性识别特性开发了各种生物传感器和诊断方法，并且纳米材料的发展为核酸作为分子识别工具提供了更大的灵活性。Raducanu 等通过在富含鸟嘌呤的 DNA 适配体中嵌入一个信号传感器来绕过外源报告基因，该信号传感器直接测量金属离子结合后的 DNA 构象变化（Raducanu 等，2020）。在这项研究中，首先使用已知的钾响应适配体证明了嵌入式信号传感器方法的适用性。接下来，还通过设计一种适配体传感器来展示这种方法的多功能性，该传感器可以检测含量在低微摩尔级别的钾离子，并对包括钠在内的多种离子具有高选择性。该适配体准确测量了各种水和生物测试样品中的钾离子浓度［图 2.1（a）］。Xu 等开发了一种核酸外切酶Ⅲ（Exo Ⅲ）辅助催化发夹组件的自荧光适配体传感器（self-fluorescence aptasensor，SFA），用于快速、灵敏地定量检测农药分子（Xu 等，2022）。所提出的策略结合了适配体、循环扩增和在没有额外猝灭剂的情况下“开启”荧光的优势。该 SFA 的特点包括组装序列设计的简单性、生物传感器制造的灵活性和最小化的背景噪声［图 2.1（b）］。Chen 等使用等温滚环技术组装了负载有大蒜素的功能化 adipo-8 适配体，以形成用于治疗肥胖症的协同脂肪细胞靶向二元药物递送系统，该系统对多余的能量积累表现出强大的调节作用［图 2.1（c）］（Chen 等，2021）。Geng 等通过简单且细胞相容的酰胺化过程描述了适配体与细菌表面的结合，该过程可以显著促进全身给药后细菌在肿瘤部位的定位（Geng 等，2021）。适配体结合的减毒沙门氏菌显示出增强的抗肿瘤功效，以及肿瘤内高度激活的免疫反应。并且适配体的表面密度可以很容易地通过改变进料比来调节，此外，共轭能够增加锚定适配体的稳定性。

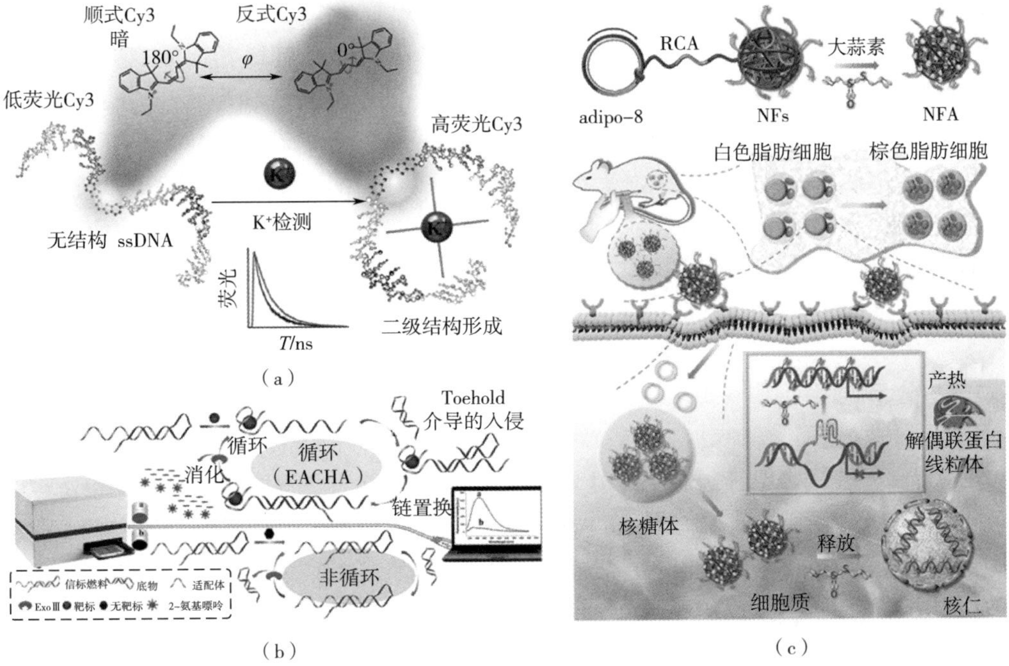

图 2.1 核酸的特异识别性

（a）适配体传感器用于检测含量在低微摩尔级别的金属离子 （b）Exo Ⅲ 辅助催化发夹组件的自荧光适配体传感器用于检测农药分子 （c）负载有大蒜素的功能化 adipo-8 适配体用于治疗肥胖症

2.7 刺激响应性

基于大量的组装机制和功能单元，功能核酸可以对各种刺激作出反应。核酸的刺激响应性指的是当存在特定刺激时，核酸的组装单元可以对刺激产生响应从而发生结构变化或者实现某种功能。金属离子、pH、光或添加的核酸燃料链等外部刺激作为触发子能够可逆地转换核酸结构。核酸的部分高级结构对 pH 的变化很敏感，如在弱酸性条件下富含胞嘧啶的序列可以形成 i-motifs 四链体结构。还有许多核酸结构的形成，依赖于特定的金属离子，金属离子 DNAzyme 是最典型的例子。金属离子 DNAzyme 可以在某些金属离子存在的条件下，快速切割底物链。此外，G-四链体的折叠也依赖于金属离子。例如，Ca^{2+}可以把反平行的 G-四链体变成平行的 G-四链体。某些金属离子还可以使核酸链桥联，如 C-Ag-C 和 T-Hg-T。当温度上升到 80~90℃时，由于支持互补碱基配对的氢键断裂，核酸的结构可被破坏。当温度下降时，结构可以重新形成，因此可以通过调节温度来改变核酸的状态。

核酸碱基的化学性质组成以及外部触发因素驱动的 DNA 结构的动态和可重构特性非常适合用于开发刺激响应材料（Simmel 等，2019）。目前，信号触发的寡核苷酸结构已广泛应用于开发可转换的 DNA 纳米结构和 DNA 机器，并且这些刺激响应的组件为快速发展的 DNA 纳米技术领域提供了功能支架。刺激响应水凝胶在遭受信号触发时的凝胶-溶胶转变或信号控制的刚性变化的特性使得其可以作为功能性基质应用于药物输送、可转换机械性能的材料、致动器、传感和信息处理智能材料等领域。Yang 的团队将目标响应水凝胶与便携式仪器相结合，开发了一系列便携式传感器，用于检测铀离子、可卡因、OTA 和二价铅离子等一系列物质（Huang 等，2016；Liu 等，2017；Wei 等，2015）。He 等使用氰尿酸（CA）将含有聚腺苷酸尾链的 Y-DNA 组装成水凝胶，并证实该水凝胶能够封装荧光分子、阿霉素、纳米颗粒制剂等（He 等，2020）。随着时间的推移，包裹在药物中的物质可以逐渐释放，表明水凝胶可以用于药物的装载和缓慢释放。

2.8 组装可控性

纳米工程利用纳米尺度材料的相互作用来创建功能性纳米结构，它依靠纳米材料的精确组织来实现独特的功能。核酸的组装可控性指的是核酸可以利用 Watson-Crick 碱基互补配对实现对纳米材料的可控精确组装的性能。DNA/RNA 碱基对的无限组合及其卓越的分子识别能力可以产生有趣的纳米结构，这些纳米结构仅受人们想象的限制。尽管 RNA 分子在化学上更不稳定，但其结构成分与 DNA 非常相似。此外，大多数 RNA 是具有复杂纳米级基序的单链分子，可介导立体化学精确以及分子内和分子间的三级相互作用（Leontis，2003；Westhof 等，1996）。更重要的是，这两种分子都具有显著的序列识别能力，可以方便地合成几乎无限数量的序列。所有这些独特的特性使 DNA 和 RNA 成为纳米工程的有趣构件。在过去的几年中，核酸的创造性组装已经形成了大量具有精确控制尺寸、形状和空间功能化的二维和三维纳米结构。尽管 DNA 似乎是化学家梦寐以求的理想纳米材料，但构建复杂 DNA 纳米结构的实践远非易事。

由于线性 DNA 缺乏纳米结构所需的复杂性和灵活性，因此可以设计构建称为瓦片的小构件，它们带有三个（Ma 等，1986）、四个（Petrillo 等，1988）或更多双螺旋臂（Wang 等，1991），一个单一的焦点辐射，一旦配备了匹配的黏性末端，多个瓦片可以相互关联以形成更大的复合体。折纸组装策略也被用于复杂三维纳米结构的工程设计。Shih 等（Douglas 等，2009；Douglas 等，2009）开发了一种通用方法，将 DNA 折纸卷成一系列离散的三维结构。该方法包括用短链折叠支架链以创建蜂窝晶格。用这种方法合理设计了具有不同形态的三维物体，如独石、方螺母、栏杆桥、开槽十字架和堆叠十字架。除了具有刚性边缘的折纸外，还可以制作扭曲和弯曲的三维折纸结构。尽管化学结构与 DNA 相似，但 RNA 通常采用比 DNA 对应物更复杂的二维和三维构象。对快速增长的 RNA 结构和序列数据库的分析揭示了新的 RNA 结构基序和 RNA-RNA 相互作用，例如，环-受体相互作用基序、RNA 环-环相互作用、三向连接和 K 转角基序（Ban 等，2000；Carter 等，2000；Wimberly 等，2000）。这些发现促使科学家们追求基于 RNA 的纳米工程。目前，已经设计了各种模块化 RNA 基序，例如，RNA 二聚体（Liu 等，2004）、H 形和方形 RNA 单元（Jaeger 等，2000）。此外，核酸独特的序列和空间寻址能力允许精确定位具有亚 10nm 特征的蛋白质（Williams 等，2007）、金属和其他纳米材料（Pal 等，2010）。

尽管核酸纳米工程的全部潜力仍有待探索，但它无疑是革命性的。科学家们已经将 DNA-RNA 分子从其先入为主的生物学角色中剥离出来，并创造了令人惊叹的一维、二维和三维纳米结构。这些纳米结构可进一步用于图案化生物分子、纳米颗粒、纳米管、过渡金属和许多其他功能材料。能够在原子水平上精确操纵材料的位置和方向意义非凡，它可能会促进大量新材料和产品的开发，从而影响纳米电子学、航空航天和纳米医学。

2.9 发光特性

核酸的光学特性只反映在紫外区的吸收上，因此，具有荧光的核酸是核酸分析的一个里程碑。核酸的发光特性指的是核酸自身或核酸复合物在一定波长激发下，具有荧光发射的特性。自 20 世纪末以来，人们就不断地合成非天然荧光碱基来研究 DNA/RNA 的结构，这些荧光碱基类似物可以作为天然碱基形成氢键并成为 DNA/RNA 的一部分。与核酸染料相比，它们更加稳定并具有结构依赖性的荧光特性。而与化学修饰的荧光团相比，修饰的碱基类似物和修饰的核碱基的位置更加灵活，天然碱基与人工碱基之间的相互作用可以提供有关核酸结构的详细信息。后来，随着人们对核酸研究的逐渐深入，具有荧光特性的核酸和核酸复合物越来越多地被开发利用。根据核酸和配体的不同形式，荧光功能核酸可分为八种类型：荧光核苷酸碱基类似物和修饰的核碱基、无碱基位点（AP 位点）结合分子型发光核酸、适配体-荧光团复合物、G4s-荧光团复合体、核酸模板化的贵金属纳米簇、具有聚吡啶基配体的钌（Ⅱ）络合物、

DNA 敏感的镧系元素（Ln）和传统的发光核酸（Wang 等，2021）。

基于化学结构的不同，荧光碱基类似物可以分为三种类型，分为嘌呤类似物、嘧啶类似物和多环芳烃（Rist 等，2002）。根据修饰方法，荧光碱基类似物也可以分为三种类型：直接修饰的、间接修饰的和同构的碱基类似物（Seio 等，2018）。荧光碱基类似物的荧光受到溶剂黏度的影响，并且是结构响应性的，当存在于不同的构象和缓冲条件下时，其量子产率可以相差超过 100 倍。DNA 双链体中的 AP 位点可以为一些小的有机分子提供疏水性和低极性的结合口袋，这些小分子在进入口袋时会产生荧光响应，其荧光强度依赖于对面的碱基。当与 AP 位点相对的碱基为 C 时，非瑟酮（AMND）的荧光猝灭最为显著（Xu 等，2011）。当相对碱基为 T 时，核黄素的荧光猝灭最为显著（Sato 等，2012）。此外，AP 位点的侧翼碱基也会对结合特性以及荧光发射峰产生影响。

适配体-荧光复合物包括 RNA 发光适配体和 DNA 发光适配体，当与靶标结合时，可以实现荧光增强。如孔雀石绿与其适配体结合后可以使荧光增强 2300 倍。G4s 与小分子配体结合时也会实现荧光的变化。目前 G4s 的荧光配体可分为三类：第一类是信号开启探针，与 G4s 结合后荧光增强，如几种花菁染料、三苯甲烷染料、咔唑、卟啉、金属配合物等；第二类是信号关闭探针，其种类较少，如亚甲基蓝、吖啶染料（原黄素和吖啶黄）、带有中性/阳离子核的杂环配体、苝二酰亚胺衍生物、蒽环类和金属配合物等；第三类是永久性探针，通过与 G4s 的结合而不显示荧光变化，但与 G4 有特异性结合，如硼二吡啶亚甲基（BODIPY）染料、大环 7OTD 和吡啶他汀的炔基衍生物（Largy 等，2012）。以核酸为模板合成的金属纳米团簇（如金、银、铜）具有更加迷人的光学性质。核酸可以和金、银、铜离子通过配位作用相互结合，然后在还原剂下还原为金属原子，并进一步生长为金属纳米团簇。由于不同的碱基与不同的金属离子的亲和力不一样，所以金属纳米团簇的荧光发射可由核酸调控，特别是 DNA 模板化的银纳米团簇（DNA-AgNCs），荧光发射范围可从蓝色到近红外区域。多吡啶配体钌（Ⅱ）配合物水溶液在室温下不表现出荧光，但与核酸链结合后可以表现出较强的光致发光。与其结合的核酸链除了单链 DNA 和双链 DNA 外，还包括 G4s DNA 和三链 RNA 。镧系金属离子，尤其是 Tb^{3+} 和 Eu^{3+}，本身就具有发光特性，但却难以直接激发，导致其发射强度较低（Chen 等，1999；Labrador-Páez 等，2019；Supkowski 等，2002）。因此，利用核酸或者核苷酸，如最常用的鸟嘌呤，作为配体，可以实现荧光增强。传统的发光核酸分别是荧光染料嵌入的核酸链和荧光分子标记的核酸链。最常用的四种荧光染料为：溴化乙锭（EB）和 SYBR 系列荧光染料（SYBR Green Ⅰ、SYBR Green Ⅱ 以及 SYBR Gold）。荧光基团标记的传统的发光功能核酸（FFNAs）包括：TaqMan 探针、荧光杂交探针、分子信标、蝎型探针以及自猝灭探针等。

2.10 抗菌特性

传统的抗生素疗法经常受到药物在感染部位渗透/累积不良的挑战，并对公共卫生造成重大负担。为实现有效杀菌，研究人员已经设计和制备了多种不同的材料。通常，为了达到良好的杀菌效率，可以将不同特性的材料互补结合。最近，DNA 已被证明可以充当构建此类抗菌纳米复合材料的桥梁。核酸本身并没有明显的抗菌特性，但是核酸的加入，却可以使抗菌材料更具有优势。例如，利用核酸适配体的靶向功能，可以实现靶向抗菌，有目的地杀死特定菌株，从而实现精准抗菌。此外，适配体还可以通过“捕捉”靶细菌，在一定程度上提高抗菌效果。核酸杂化纳米材料是与有机或无机材料复合或功能化的核酸纳米系统。随着抗生素耐药性的出现以及与抗生素耐药性相关的复杂因素的相互作用，核酸杂交体的优势逐渐显现出来，它可以提供针对耐药病原体的抗菌剂并靶向控制毒力或耐药性的特定基因，因此对于抗菌治疗非常有吸引力。按照核酸纳米抗菌材料的用途，可分为三类，分别是增强细胞摄取的核酸纳米抗菌材料、用于控制或维持抗微生物药物递送的核酸纳米抗菌材料以及增强与细菌细胞结合的核酸纳米抗菌材料。按照核酸纳米抗菌材料的种类来分，可包括核酸-有机纳米材料、核酸-无机纳米材料以及核酸纳米材料。

2021 年，作者研究团队利用金黄色葡萄球菌适配体功能化合成了 DNA 模板化的银纳米簇，并在此基础上制备了负载 AgNC 的静电纺丝纳米膜，该研究表明，适配体的存在促进了 DNA-AgNCs 对金黄色葡萄球菌的杀灭作用［图 2.2（a）］（Yang 等，2021）。Ocsoy 等（Ocsoy 等，2013）利用氧化石墨烯（graphene oxide，GO）和 DNA 之间的非共价 π 堆叠相互作用，提供一种简单的途径来产生具有可控粒径和形状的 GO-银异质结构。研究中使用的 GO 不仅可以作为稳定剂防止银纳米粒子团聚，还可以增强抗菌效果游离银纳米粒子。由于带负电荷的 DNA，纳米复合材料还具有更强的吸附性能，这可以增加复合材料与细菌细胞膜之间的黏附性。Zhang 等（Zhang 等，2020）将反义寡核苷酸（ASO）挂在四面体骨架核酸（tFNAs）的顶点上（ASOs-tFNAs）。在这项研究中，该团队设计了一个带有磷酸化 DNA 和 2′O-Me RNA 修饰的反义序列，以提供额外的稳定性，靶向 *gtfB*、*gtfC*、*gtfD*、*gbpB* 和 *ftf* 基因的高度保守的启动子区域，它可以结合与 VicK 一起在生物膜形成和遗传发育的早期阶段调节细胞外多糖（EPS）的分泌，从而干扰了变形链球菌形成生物膜的能力［图 2.2（b）］。Yang 等（Yang 等，2018）使用分支 DNA 作为支架来调控银纳米团簇（super-AgNC）的形成，其中空间结构被精确设计和构建。实现了具有可调形状和臂长的超级 AgNCs，包括 Y 形、X 形和（Y-X）形超级 AgNCs，所制备的超级 AgNCs 表现出优异的抗菌性能。tFNAs 在复杂条件下具有优异的可编辑性和相对生物稳定性，因此可以用于微生物的多药耐药性和靶向抗菌治疗［图 2.2（c）］。Sun 等（Sun 等，2020）自合成 tFNAs 作为载药平台输送氨苄青霉素来抵抗耐甲氧西林金黄色葡萄球菌（MRSA）感染。tFNAs-氨苄青霉素对 MRSA 的亲和力比游离氨苄青霉素更好，更容易被 MRSA 细胞吸收。此外，tFNAs-氨苄青霉素比游离氨苄青霉素具有更好的抗菌效果和更低的耐药性。与细菌细胞壁合成相关的基因（*murA* 和 *murZ*）的下调和与抗生素敏感性相关的基因（*PBP2*）的上调是 tFNAs-氨苄青霉素对 MRSA 的杀伤作用增强的原因［图 2.2（d）］。CTX-M（CefoTaXimase from Munich）型 β-内酰胺酶（Extended-spectrum β-lactamase，ESBL）是一类对第三代的头孢噻肟具有强水解能力的酶。Reasman 等设计了一种自组装无毒 DNA 四面体纳米颗粒载体（Readman 等，2017），该载体包含靶向抗 blaCTX-M-group

1 反义肽核酸（PNA4），用于穿透细菌细胞壁。在 DNA 四面体载体（40μmol/L）携带的 PNA4 存在下，含有携带 blaCTX-M-3 质粒的大肠杆菌现场分离物的最低抑制浓度（对 CTX）从 35mg/L 降至 16mg/L，单独存在 PNA4 时，最小抑菌浓度（minimum inhibitory concentration，MIC）没有降低。此外，该研究结果还表明，单独的 DNA 四面体载体对细菌没有生长抑制作用。

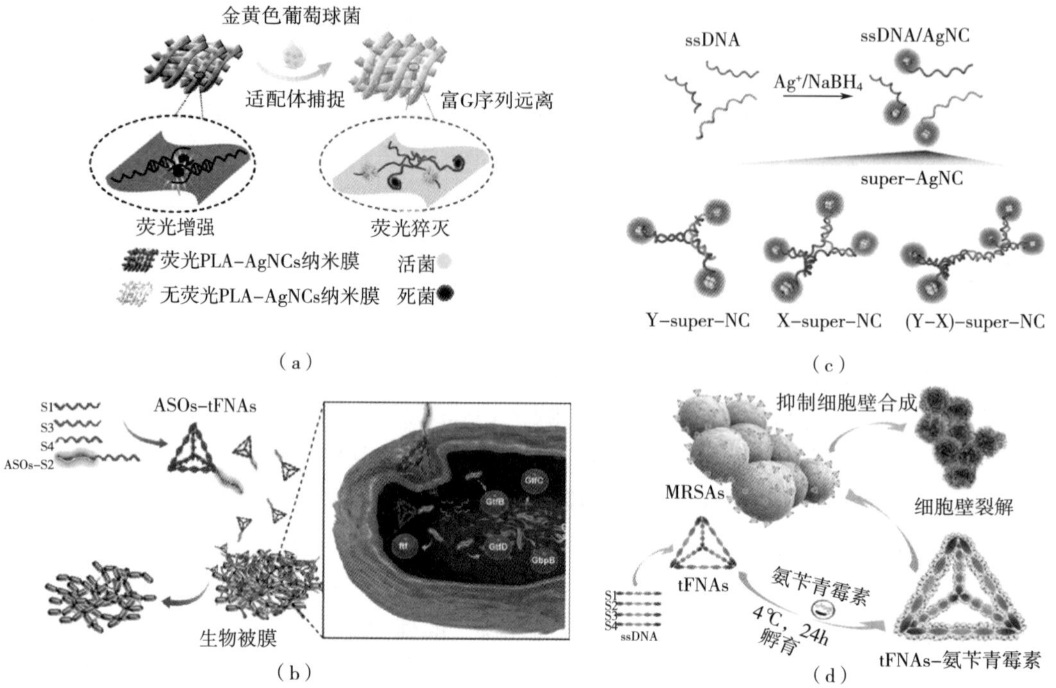

图 2.2 核酸的抗菌特性

（a）多功能 DNA-AgNCs 静电纺丝纳米膜设计原理图 （b）分支 DNA 制备超级 AgNCs （c）FNA 携带的多靶向反义核苷酸序列用于对抗细菌生物膜 （d）tFNAs 作为载药平台输送氨苄青霉素对抗 MRSA 感染

2.11 模拟物

开发模拟天然蛋白质生物活性的合成替代品作为更安全和更有效的治疗剂具有很广阔的前景。核酸是设计模拟物的理想分子，无论是结构性模拟物、功能性模拟物还是两者兼而有之。与重组蛋白相比，核酸适配体具有高度的热稳定性，并且它们的热变性是可逆的（Nimjee 等，2010）。更重要的是，核酸还能够以简单、快速和经济高效的方式合成。此外，由于核酸的结构具有分子识别特性和可编程性，所以，人们可以合理地设计出各种模拟物的核酸适配体（Ueki 等，2019）。目前，通过 SELEX 方法已经筛选出与生长因子、病毒、激素、酶等蛋白活性物质具有高亲和性的核酸适配体。这些核酸适配体可以特异性地和受体、抗原或其他分子进行结合，触发细胞内信号转导事件或转录变化，从而调节各种细胞功能。

受体因子模拟物包括肝细胞受体因子模拟物、成纤维细胞生长因子模拟物、血管内皮生长因子受体的激动适配体等。这些 DNA 适配体可以再现受体诱导的细胞行为，包括迁移、增殖以及引发微调受体信号来调节治疗相关的细胞活动。Ueki 等（Ueki 等，2017）开发了一种有效的双特异性适配体开关，用来诱导肝细胞生长因子（HGF）的同源受体 Met 受体的活化，从而促进上皮细胞的迁移［图 2.3（a)］。Kamatkar 等（Kamatkar 等，2019）在开发了特异于成纤维细胞生长因子受体（FGFR）的 RNA 适配体 iR3 作为潜在的治疗剂，它以单体形式作为 FGFR3 的抑制剂，在二聚化时作为激动剂（aR3)。Liu 等开发了寡核苷酸适配体，其中包含专门针对 SARS-CoV-2 刺突的受体结合域（S/RBD）的保守序列基序（Liu 等，2021)。合成适配体对 S/RBD 包被的病毒模拟物具有高结合亲和力（$K_D \approx 7$nmol/L)，并且还阻断 S/RBD 与血管紧张素转换酶 2（ACE2）受体的相互作用（$IC_{50} \approx 5$nmol/L)。重要的是，适配体能够中和表达 S 蛋白的病毒颗粒并防止宿主细胞感染，该方法有希望应用于 COVID-19 的治疗［图 2.3（b)］。Ren 等针对 RNA 病毒最重要的受体之一 RIG-I，从一组修饰的 DNA 适配体中筛选出具有高亲和力的 RIG-I 拮抗剂，并对其结构进行了详细的解析，该研究为免疫调节提供了有价值的新策略［图 2.3（c)］（Ren 等，2021)。适配体还有可能通过模拟特定的蛋白质-蛋白质相互作用而充当功能激动剂。Yuun 等将胰岛素受体（IR）作为开发适配体激动剂的靶受体，筛选出了能够特异性调节胰岛素信号通路（即代谢超过有丝分裂活性）的 DNA 适配体（Yunn 等，2015)。该适配体不仅优先刺激 IR 激酶结构域中的 Y1150 磷酸化，而且还具有偏向 IRS-AKT S473 途径的活性，刺激葡萄糖摄取而不是激活 MAPK 途径和随后的细胞增殖。

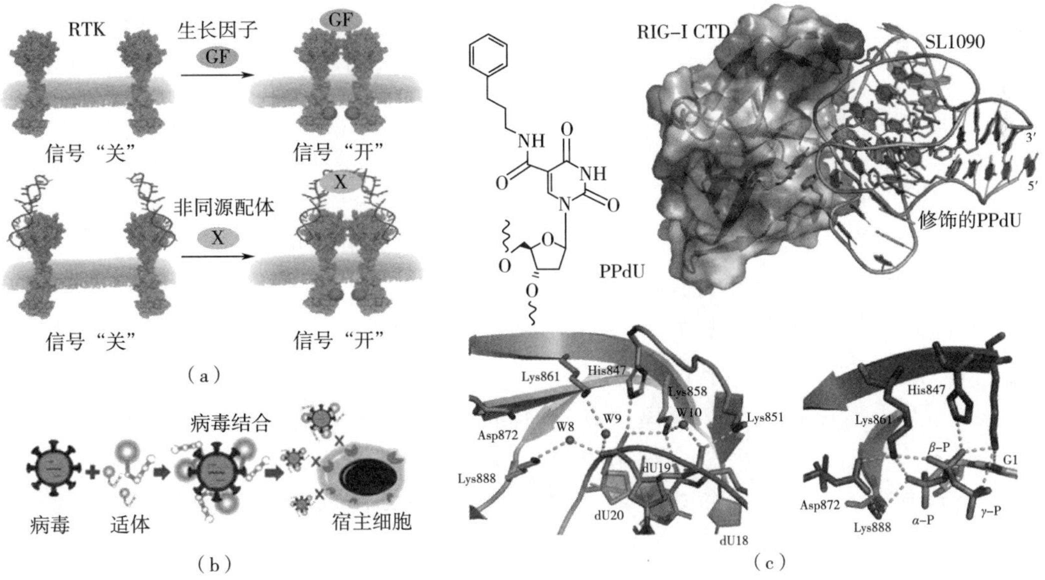

图 2.3　核酸模拟物

（a）双特异性适配体开关用于诱导 HGF 的同源受体 Met 受体的活化　（b）对 S/RBD 具有高亲和力的寡核苷酸适配体　（c）对 RNA 病毒受体 RIG-I 具有高亲和力的 DNA 适配体拮抗剂

2.12 酶学特性

核酸的酶学特性指的是核酸或核酸复合物具有切割、连接、链接、显色、发光等催化作用。传统意义上的酶，一般指的是一类具有催化作用的蛋白质。然而，随着对核酸结构与功能的研究深入，核酸的酶学特性也逐渐被挖掘出来，打破了酶是蛋白质的传统观念。例如，有些核酸可以通过自身二级结构与其他分子（如金属离子）相互作用，产生具有类似于蛋白质酶的催化活性（Achenbach 等，2004），并且还可以依赖核酸序列的碱基排布和空间构象调控酶活力。RNA 核酶的作用底物可以是不同的分子，有些作用底物就是同一 RNA 分子中的某些部位。核酶的功能很多，有的能够切割 RNA，有的能够切割 DNA，有些还具有 RNA 连接酶、磷酸酶等活性。Gerald Joyce 和 Ronald Breaker 于 1994 年发明了一种基于 DNA 的酶，这无疑是一个重大突破，主要原因有两个：首先，以往在自然系统中从未发现过基于 DNA 的酶。其次，与蛋白质和 RNA 相比，DNA 本身具有的化学功能较少，蛋白质和 RNA 都是被大自然选择来构建强大的酶从而保障生命活动的正常进行。

最初的 DNAzyme 指的是一种具有 RNA 切割活性的 DNAzyme，可以催化 RNA 磷酸二酯键的酯交换反应，并促使该位点的磷酸二酯键发生断裂。后来，科学家们报道了大量具有催化活性的人工 DNA 序列，这种人造的具有催化活性的 DNA 序列被称为 DNAzyme。此外，DNAzyme 的功能也更加丰富，包括 DNA 切割、RNA 连接、DNA 磷酸化、DNA 连接等。DNAzyme 由于其具有辅因子依赖性的催化特性已广泛应用于金属离子检测、生物成像和基因诊断领域。Yi 等报告了一种酶可激活 DNAzyme 传感器技术的设计（Yi 等，2021），该技术不仅可以在体外和体内区分肿瘤细胞与正常细胞中的金属离子信号，而且还可以通过酶激活途径实现癌细胞选择性传感和金属离子成像。Wang 等通过脂肪量和肥胖相关蛋白（FTO）的去甲基化作用特异性激活 DNAzyme，用于精确的细胞内成像，并且指导相应的基因调控［图 2.4（a）］（Wang 等，2021）。Wang 等利用此策略，报道了一种基于“修复和激活”脱氧核糖核酸酶（RADzyme）的传感器（Wang 等，2021），首先 RADzyme 的催化活性被甲基化修饰而抑制，可以通过酶介导（MGMT 或者 ALKBH2）的 DNA 去甲基化来恢复，可以有效监测对 O6MeG 病变或者 3MeC 病变的修复［图 2.4（b）］。此外，G4s DNA 与某些配体结合后，还具有催化过氧化氢分解以及增强显色的功能。

核酸或者核苷酸可以和金属离子或者有机配体通过配位作用结合，并在一定条件下形成具有类酶活性的核酸复合纳米材料，例如，核酸功能化的金属纳米团簇以及核苷酸与金属离子配位形成配位聚合物。其所表现的模拟酶活性也多种多样，如过氧化物酶活性（Wang 等，2015），超氧化物歧化酶活性（Cho 等，2013；Wu 等，2008），天然漆酶活性（Liang 等，2017）等。相比于天然酶，核酸纳米酶表现出更优越的酶活性，如在相当宽的 pH 范围内显示出高催化活性，并且还表现出更好的热稳定性和储存稳定性。更重要的是，核酸纳米酶的催化活性可以通过核酸序列和结构来调控。自 2007 年 HRP 纳米酶报道以来，纳米酶的研究迅速崛起，研究的涉及面也逐渐广泛，已经包括材料科学、物理、化学、生物、医学和环境等不同领域，而核酸纳米酶则提供了更加广阔的应用价值。由于核酸的多功能性，核酸的参与导致纳米酶产生更丰富的界面效应，赋予其更多吸引人的特性，从而形成了所谓的“功能性纳米酶”。例如，Ouyang 等引入了适配体酶的概念，其中序列特异性适配体链与纳米多相催化剂结合，作为增强纳米酶催化活性的一种手段（Ouyang 等，2021）。Chen 等发现当沉积在二氧化硅（MS）上时，ssDNA 和铂前体竞争形成纳米颗粒（Chen 等，2018）。竞争现象引起的空间位阻与 ssDNA 的非共价力协同作用，结合 Pt 离子前体活性位点形成掩蔽。前体活性位点掩蔽作用达到“关闭”酶活性的目的，从而实现了基于靶核酸的可控酶活性，该方法对目标浓度的线性响应宽至 5～100nmol/L，检出限（Limit of detection，LOD）为 2.6nmol/L，即使只有一个碱基错配，也能灵敏识别［图 2.4（c）］。Chen 等利用适配体功能化的铂纳米酶（Apt-PtNZ）和葡萄糖氧化酶（GOX）被共笼在透明质酸（HA）壳中，并应用于糖尿病伤口细菌感染的治疗中，适配体介导的靶向在杀死细菌方面发挥了重要作用［图 2.4（d）］（Chen 等，2021）。

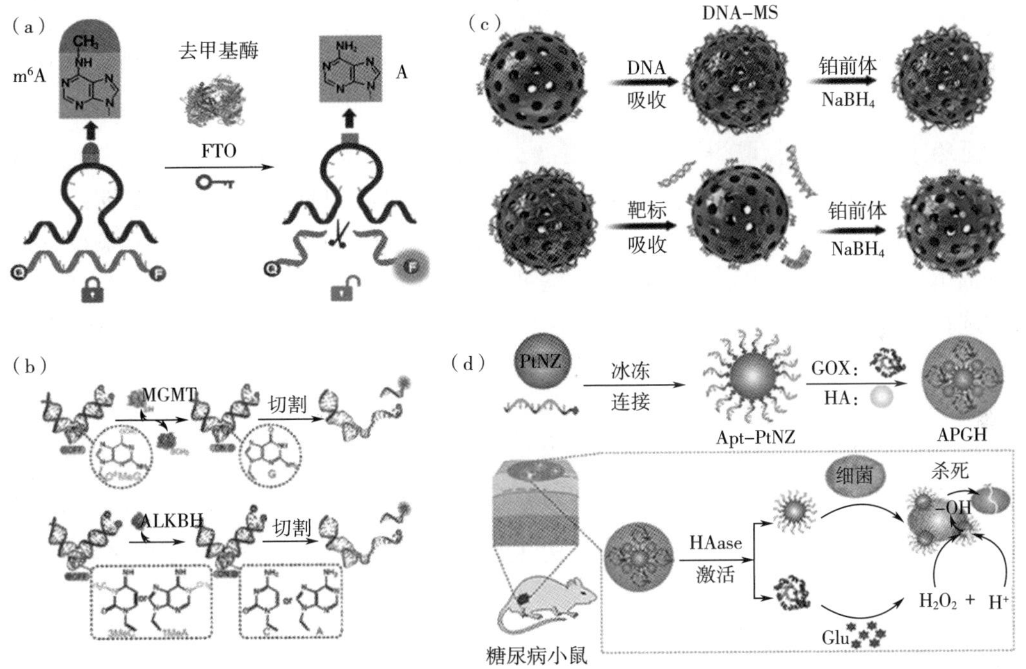

图 2.4 核酸的催化特性

（a）DNAzyme 用于精确的细胞内成像及基因调控 （b）RADzyme 对基因病变的监测及修复

（c）核酸纳米酶对靶核酸的检测示意图 （d）适配体功能化的铂纳米酶应用于糖尿病伤口细菌感染的治疗

2.13 可治疗性

基于基因的疗法可以高效地调节编码和非编码靶基因，具有高特异性，对包括癌症、病毒感染、遗传疾病在内的多种人类疾病具有广泛的治疗前景。通过使用外源性核酸可以改变基因表达的观点源自 Paterson 等的研究（Paterson 等，1977）。他在 1977 年首次使用单链 DNA 在无细胞系统中抑制互补 RNA 的翻译。次年，Zamecnik 和 Stephenson 表明，与 Rous 反义的短（13-mer）DNA 寡脱氧核苷酸肉瘤病毒可以抑制培养中的病毒复制（Stephenson 等，1978）。在这项工作的基础上，Zamecnik 和 Stephenson 因首次提出反义核酸的治疗用途而广受赞誉。在 20 世纪 80 年代中期，天然存在的反义 RNA 及其在调节基因表达中的作用也被揭示（Mizuno 等，1984；Simons 等，1983）。这些开创性的研究结果，极大促进了使用核酸来操纵基因表达技术的发展。核酸药物包括 DNA 药物和 RNA 药物，其中 DNA 药物包括反义寡核苷酸和 DNA 适配体，RNA 类核酸药物包括小干扰 RNA（short interfering RNAs，siRNAs）、微 RNA（micro RNA，miRNA）、RNA 适配体、核糖酶以及环状 RNA（circular RNAs，circRNA）等。尽管核酸药物的种类繁多，但它们的作用机制却是类似的，即通过 Watson-Crick 碱基互补配对机制特异性识别内源性核酸序列，从而发挥作用。除基因治疗以外，用于治疗的核酸还可通过抑制 DNA 或 RNA 的表达，从而抑制与疾病相关的异常蛋白表达，且不影响其他蛋白的表达。与抗体药物相比，核酸药物表现出超过抗体药物的功效和安全性。并且其相对较小的分子质量，适合医药企业的批量生产。因此，核酸药物有望应用于以前难以治疗的癌症和遗传性疾病，以及流感等病毒感染引起的疾病。

近年来，核酸药物取得了长足的发展，例如致力于研发 mRNA 疗法的，拥有丰富的研发管线的 BioNTech AG，目前有 1 项进入临床Ⅰ期，11 项进入临床Ⅱ期。2020 年 *Nature Reviews Drug Discovery* 期刊“RNA therapeutics on the rise”中分析了来自 Informa Pharma Intelligence′s Biomedtracker 的核酸药物数据，有 431 个核酸药物在研项目。在这些候选核酸药物中，63%处于早期非临床阶段，32%处于临床早期阶段（临床Ⅰ期或Ⅱ期阶段），3%处于临床Ⅲ期，还有 5 个品种［Viltolarsen、Casimersen（SRP-4045）、Volanesorsen、Lumasiran、Inclisiran］处于新药注册阶段，目前这 5 个品种均已被美国食品与药物管理局（FDA）批准上市。其中，Inclisiran 已于 2020 年 12 月 11 日在欧盟上市，是一种 siRNAs 类药物，用于治疗成人高胆固醇血症及混合性血脂异常。它可以与肝脏中 PCSK9 蛋白的 mRNA 结合，通过 RNA 干扰作用，降低 mRNA 的水平，抑制肝脏中 PCSK9 蛋白的表达，进而增强肝脏清除血液中低密度脂蛋白胆固醇的能力。Inclisiran 在中国注册申请的临床试验已经获批并开展，适应证是高胆固醇血症。国际核酸药物研发领域已如火如荼，截至 2021 年 8 月，国际上已有 14 个核酸药物上市。国内也出现了多家开展核酸药物研发的制药企业，其中杭州天龙研发治疗肝细胞癌的核酸药 CT102 处于临床Ⅰ期阶段。

虽然获批或在研的核酸药物或核酸疗法已经获得了阶段性成果，但具有相对完整药代动力学（ADME）数据的核酸药物相对较少。核酸药物的药代动力学性质很大程度上取决于核酸磷酸主链及核糖的化学修饰类型，因其化学修饰策略将直接影响核酸药物生物稳定性及与血浆蛋白的结合能力。例如，硫代磷酸化修饰可促使核酸与血浆蛋白的非特异性结合，从而对血液清除、生物分布和细胞摄取产生有益效果。另外，核糖 2′ 端修饰可以增强核酸对核酸外切酶的抗降解能力，延长药物在体内的半衰期。

由于口服核酸药物的胃肠吸收效率较低，大部分核酸药物均通过肠外途径给药，如静脉滴注、皮下注射或局部给药。硫代磷酸化核酸药物与血浆蛋白结合率超过 90%，其半衰期为 1~2h。核酸药物组织聚集主要发生在肾脏、肝脏、脾、淋巴结、脂肪细胞和骨髓。然而，对于未被包被的硫代磷酸化 siRNAs 在给药几分钟后便会消失，组织中无法检测到相应的 siRNAs，这是 siRNAs 被认为是体内生物利用度较差，需要对其传递系统和修饰进行优化设计的最重要的原因。其他研究报道，锁核酸（locked nucleic acids，LNA）修饰的 anti-miR-122 可通过腹腔注射或静脉注射被肝细胞有效吸收。代谢未修饰的寡核苷酸的主要代谢产物是在 3′ 端缺失一个碱基的寡核苷酸，这些寡核苷酸将进一步降解为缺失两个或两个以上碱基的寡核苷酸。在引入第二代化学修饰技术，如 2′ 端甲氧基化修饰后，其降解产物则是较短的内切酶剪切产物。核酸药物的大多数代谢物最终通过尿液排出，少量通过胆道清除。

参考文献

Achenbach J, Chiuman W, Cruz R, et al. DNAzymes: from creation *in vitro* to application *in vivo* [J]. Curr Pharm Biotechnol, 2004, 5 (4): 321-336.

Aldaye FA, Palmer AL, Sleiman HF. Assembling materials with DNA as the guide [J]. Science, 2008, 321 (5897): 1795-1799.

Altmann KH, Fabbro D, Dean NM, et al. Second-generation antisense oligonucleotides: Structure-activity relationships and the design of improved signal-transduction inhibitors [J]. Biochem Soc Trans, 1996, 24 (3): 630-637.

Alvarez-Lorenzo C, Concheiro A. Smart drug delivery systems: from fundamentals to the clinic [J]. Chem Commun, 2014, 50 (58): 7743-7765.

Anselmo AC, Mitragotri S. An overview of clinical and commercial impact of drug delivery systems [J]. J Contrd Release, 2014, 190: 15-28.

Ban N, Nissen P, Hansen J, et al. The complete atomic structure of the large ribosomal subunit at 2.4 angstrom resolution [J]. Science, 2000, 289 (5481): 905-920.

Bode C, Zhao G, Steinhagen F, et al. Cpg DNA as a vaccine adjuvant [J]. Expert Rev Vaccines, 2011, 10 (4): 499-511.

Carell T, Brandmayr C, Hienzsch A, et al. Structure and function of noncanonical nucleobases [J]. Angew Chem Int Ed Engl, 2012, 51 (29): 7110-7131.

Carter AP, Clemons WM, Brodersen DE, et al. Functional insights from the structure of the 30s ribosomal subunit and its interactions with antibiotics [J]. Nature, 2000, 407 (6802): 340-348.

Chai C, Xie Z, Grotewold E. SELEX (systematic evolution of ligands by exponential enrichment), as a powerful tool for deciphering the protein-DNA interaction space [J]. Methods Mol Biol, 2011, 754: 249-258.

Chen J, Selvin PR. Thiol-reactive luminescent chelates of terbium and europium [J]. Bioconiug Chem, 1999, 10 (2): 311-315.

Chen L, Xing S, Lei Y, et al. A glucose-powered activatable nanozyme breaking pH and H_2O_2 limitations for treating diabetic infections [J]. Angew Chem Int Ed Engl, 2021, 60 (44): 23534-23539.

Chen WW, Fang XE, Ye X, et al. Colorimetric DNA assay by exploiting the DNA-controlled peroxidase mimicking activity of mesoporous silica loaded with platinum nanoparticles [J]. Microchim Acta, 2018, 185 (12): 1-10.

Chen X, He XY, Gao RX, et al. Aptamer-functionalized binary-drug delivery system for synergetic obesity therapy [J]. ACS Nano, 2021, 16 (1): 1036-1050.

Clercq ED, Aerschot AV, Herdewijn P, et al. Anti-HIV-1 activity of 2′, 3′-dideoxinucleoside analogues: Structure-activity relationship [J]. Nucleosides and Nucleotides, 1989, 8 (5): 659-671.

Cho SK, Pedram A, Levin ER, et al. Acid-degradable core-shell nanoparticles for reversed tamoxifen-resistance in breast cancer by silencing manganese superoxide dismutase (mnsod) [J]. Biomaterials, 2013, 34 (38): 10228-10237.

CHEN YD, Cui YX, Li XY, et al. Terminal deoxynucleotidyl transferase and T7 exonuclease-aided amplification strategy for ultrasensitive detection of uracil-DNA glycosylase [J]. Anal Chem, 2018, 90 (14): 8629-8634.

Dietz H, Douglas SM, Shih WM. Folding DNA into twisted and curved nanoscale shapes [J]. Science, 2009, 325 (5941): 725-730.

Ding BQ, Sha RJ, Seeman NC. Pseudohexagonal 2D DNA crystals from double crossover cohesion [J]. J Am Chem Soc, 2004, 126 (33): 10230-10231.

Douglas SM, Dietz H, Liedl T, et al. Self-assembly of DNA into nanoscale three-dimensional shapes [J]. Nature, 2009, 459 (7245): 414-418.

Douglas SM, Marblestone AH, Teerapittayanon S, et al. Rapid prototyping of 3D DNA-origami shapes with cadnano [J]. Nucleic Acids Res, 2009, 37 (15): 5001-5006.

Ellington AD, Szostak JW. *In vitro* selection of RNA molecules that bind specific ligands [J]. Nature, 1990, 346 (6287): 818-822.

Famulok M, Hartig JS, Mayer G. Functional aptamers and aptazymes in biotechnology, diagnostics, and therapy [J]. Chem Rev, 2007, 107 (9): 3715-3743.

Fischer HC, Chan WC. Nanotoxicity: the growing need for *in vivo* study [J]. Curr Opin Biotechnol, 2008, 18 (6): 565-571.

Fu TJ, Seeman NC. DNA double-crossover molecules [J]. Biochemistry, 1993, 32 (13): 3211-3220.

Gellman SH. Introduction: molecular recognition [J]. Chem Rev, 1997, 97 (5): 1231-1232.

Geng ZM, Cao ZP, Liu R, et al. Aptamer-assisted tumor localization of bacteria for enhanced biotherapy [J]. Nat Commun, 2021, 12 (1): 1-12.

Guo Y, Chen J, Cheng M, et al. A thermophilic tetramolecular G-quadruplex/hemin DNAzyme [J]. Angew Chem Int Ed Engl, 2017, 129 (52): 16863-16867.

He MH, Nandu N, Uyar TB, et al. Small molecule-induced DNA hydrogel with encapsulation and release properties [J]. Chem Commun, 2020, 56 (53): 7313-7316.

He Y, Chen Y, Liu HP, et al. Self-assembly of hexagonal DNA two-dimensional (2D) arrays [J]. J Am Chem Soc, 2005, 127 (35): 12202-12203.

He Y, Su M, Fang PA, et al. On the chirality of self-assembled DNA octahedra [J]. Angew Chem Int Ed Engl, 2010, 49 (4): 748-751.

He Y, Tian Y, Chen Y, et al. Sequence symmetry as a tool for designing DNA nanostructures [J]. Angew Chem Int Ed Engl, 2010, 117 (41): 6852-6854.

He Y, Ye T, Su M, et al. Hierarchical self-assembly of DNA into symmetric supramolecular polyhedra [J]. Nature, 2008, 452 (7184): 198-201.

Hong F, Zhang F, Liu Y, et al. DNA origami: scaffolds for creating higher order structures [J]. Chem Rev, 2017, 117 (20): 12584-12640.

Hossen S, Hossain MK, Basher MK, et al. Smart nanocarrier-based drug delivery systems for cancer therapy and toxicity studies: A review [J]. J Adv Res, 2019, 15: 1-18.

Hu Q, Li H, Wang L, et al. DNA nanotechnology-enabled drug delivery systems [J]. Chem Rev, 2108, 119 (10): 6459-6506.

Huang YS, Fang LT, Zhu Z, et al. Design and synthesis of target-responsive hydrogel for portable visual quantitative detection of uranium with a microfluidic distance-based readout device [J]. Biosens Bioelectron, 2016, 85: 496-502.

Iwamoto N, Butler DCD, Svrzikapa N, et al. Control of phosphorothioate stereochemistry substantially increases the efficacy of antisense oligonucleotides [J]. Nat Biotechnol, 2017, 35 (9): 845-851.

Jaeger L, Leontis NB. Tecto-RNA: one-dimensional self-assembly through tertiary interactions [J]. Angew Chem Int Ed Engl, 2000, 39 (14): 2521-2524.

Jones MR, Seeman NC, Mirkin CA. Nanomaterials. Programmable materials and the nature of the DNA bond [J]. Science, 2015, 347 (6224): 1260901.

Juliano RL. The delivery of therapeutic oligonucleotides [J]. Nucleic Acids Res, 2016, 44 (14): 6518-6548.

Kamatkar N, Levy M, Hebert JM. Development of a monomeric inhibitory RNA aptamer specific for fgfr3 that acts as an activator when dimerized [J]. Mol Thera-Nucl Acids, 2019, 17: 530-539.

Ke YG, Douglas SM, Liu MH, et al. Multilayer DNA origami packed on a square lattice [J]. J Am Chem Soc, 2009, 131 (43): 15903-15908.

Ke YG, Ong LL, Shih WM, et al. Three-dimensional structures self-assembled from DNA bricks [J]. Science, 2012, 338 (6111): 1177-1183.

Keller A, Linko V. Challenges and perspectives of DNA nanostructures in biomedicine [J]. Angew Chem-Inter Edit, 2020, 59 (37): 15818-15833.

Keren K, Berman RS, Braun E. Patterned DNA metallization by sequence-specific localization of a reducing agent [J]. Nano Lett, 2004, 4 (2): 323-326.

Keren K, Berman RS, Buchstab E, et al. DNA-templated carbon nanotube field-effect transistor [J]. Science, 2003, 302 (5649): 1380-1382.

Keren K, Krueger M, Gilad R, et al. Sequence-specific molecular lithography on single DNA molecules [J]. Science, 2002, 297 (5578): 72-75.

Khanna P, Ong C, Bay BH, et al. Nanotoxicity: An interplay of oxidative stress, inflammation and cell death [J]. Nanomaterials, 2015, 5 (3): 1163-1180.

Krieg AM. Cpg motifs in bacterial DNA and their immune effects [J]. Annu Rev Immunol, 2002, 20 (1): 709-760.

LaBean TH, Yan H, Kopatsch J, et al. Construction, analysis, ligation, and self-assembly of DNA triple crossover complexes [J]. J Am Chem Soc, 2000, 122 (9): 1848-1860.

Labrador-Páez L, Mingoes C, Jaque F, et al. pH dependence of water anomaly temperature investigated by eu (Ⅲ) cryptate luminescence [J]. Anal Bioanal Chem, 2019, 412 (1): 73-80.

Largy E, Granzhan A, Hamon F, et al. Visualizing the quadruplex: from fluorescent ligands to light-up probes [J]. Top Curr Chem, 2012, 330 (8): 111-177.

Leontis NB, Westhof E. Analysis of RNA motifs [J]. Curr Opin Struc Biol, 2003, 13 (3): 300-308.

Liang H, Lin F, Zhang Z, et al. Multicopper laccase mimicking nanozymes with nucleotides as ligands [J]. ACS Appl Mater Inter, 2017, 9 (2): 1352-1360.

Liu B, Baudrey S, Jaeger L, et al. Characterization of tectorna assembly with cationic conjugated polymers [J]. J Am Chem Soc, 2004, 126 (13): 4076-4077.

Liu D, Jia SS, Zhang HM, et al. Integrating target-responsive hydrogel with pressuremeter readout enables simple, sensitive, user-friendly, quantitative point-of-care testing [J]. ACS Appl Mater Inter, 2017, 9 (27): 22252-22258.

Liu D, Yang F, Xiong F, et al. The smart drug delivery system and its clinical potential [J]. Theranostics, 2016, 6 (9): 1306-1323.

Liu J, Bai W, Niu S, et al. Highly sensitive colorimetric detection of 17 β-estradiol using split DNA aptamers immobilized on unmodified gold nanoparticles [J]. Sci Rep, 2014, 4: 7571.

Liu X, Wang YL, Wu J, et al. Neutralizing aptamers block s/rbd-ace2 interactions and prevent host cell infection [J]. Angew Chem Int Ed Engl, 2021, 60 (18): 10273-10278.

Lyu YF, Chen G, Shangguan D, et al. Generating cell targeting aptamers for nanotheranostics using cell-SELEX [J]. Theranostics, 2016, 6 (9): 1440-1452.

Ma RI, Kallenbach NR, Sheardy RD, et al. Three-arm nucleic acid junctions are flexible [J]. Nucleic Acids Res, 1986, 14 (24): 9745-9753.

Manimala JC, Wiskur SL, Ellington AD, et al. Tuning the specificity of a synthetic receptor using a selected nucleic acid receptor [J]. J Am Chem Soc, 2004, 126 (50): 16515-16519.

Marques JT, Williams BRG. Activation of the mammalian immune system by siRNAs [J]. Nat Biotechnol, 2005, 23 (11): 1399-1405.

McCown PJ, Ruszkowska A, Kunkler CN, et al. Naturally occurring modified ribonucleosides [J]. Wiley Interdiscip Rev RNA, 2020, 11 (5): e1595.

Meng Z, Lu M. RNA interference - induced innate immunity, off - target effect, or immune adjuvant? [J]. Front Immunol, 2017, 8: 331.

Mizuno T, Chou MY, Inouye M. A unique mechanism regulating gene - expression - translational inhibition by a complementary RNA transcript (micRNA) [J]. P Natl A Sci of the United States of America-Biological Sciences, 1984, 81 (7): 1966-1970.

Nasr M, Litterst C, Mcgowan J. Computer-assisted structure-activity correlations of dideoxynucleoside analogs as potential anti-HIV drugs [J]. Antiviral Res, 1990, 14 (3): 125-148.

Nimjee SM, White RR, Becker RC, et al. Aptamers as therapeutics [J]. Annu Rev Pharmacol Toxicol, 2017, 57: 61-79.

Ocsoy I, Gulbakan B, Chen T, et al. DNA-guided metal-nanoparticle formation on graphene oxide surface [J]. Adv Mater, 2013, 25 (16): 2319-2325.

Ouyang Y, Biniuri Y, Fadeev M, et al. Aptamer-modified Cu^{2+}-functionalized C-dots: versatile means to improve nanozyme activities- "aptananozymes" [J]. J Am Chem Soc, 2021, 143 (30): 11510-11519.

Padlan CS, Malashkevish VN, Almo SC, et al. An RNA aptamer possessing a novel monovalent cation-mediated fold inhibits lysozyme catalysis by inhibiting the binding of long natural substrates [J]. RAN, 2014, 20 (4): 447-461.

Pal S, Deng Z, Ding B, et al. DNA-origami-directed self-assembly of discrete silver-nanoparticle architectures [J]. Angew Chem Int Ed Engl, 2010, 122 (15): 2760-2764.

Paterson BM, Roberts BE, Kuff EL. Structural gene identification and mapping by DNA-mRNA hybrid-arrested cell-free translation [J]. Proc Natl Acad Sci USA, 1977, 74 (10): 4370-4374.

Patra JK, Das G, Fraceto LF, et al. Nano based drug delivery systems: Recent developments and future prospects [J]. J Nanobiotechnol, 2018, 16 (1): 1-33.

Petrillo ML, Newton CJ, Cunningham RP, et al. The ligation and flexibility of four - arm DNA junctions [J]. Biopolymers, 1988, 27 (9): 1337-1352.

Qian LL, Wang Y, Zhang Z. Analogic china map constructed by DNA [J]. Chinese Sci Bull, 2006, 51 (24): 2973-2976.

Raducanu VS, Rashid F, Zaher MS, et al. A direct fluorescent signal transducer embedded in a DNA aptamer paves the way for versatile metal-ion detection [J]. Sensor Actuat B-Chem, 2020, 304: 127376.

Readman JB, Dickson G, Coldham NG. Tetrahedral DNA nanoparticle vector for intracellular delivery of targeted peptide nucleic acid antisense agents to restore antibiotic sensitivity in cefotaxime-resistant escherichia coli [J]. Nucleic Acid Ther, 2017, 27 (3): 176-181.

Reese CB, Varaprasad CVNS. Synthesis of some 2′, 3′-didehydro-2′, 3′dideoxynucleosides derived from modified pyrimidine bases [J]. J Chem Soc Perk Trans. 1, 1994, 1 (2): 189-195.

Ren XM, Gelinas AD, Linehan M, et al. Evolving a rig-i antagonist: A modified DNA aptamer mimics viral RNA [J]. J Mol Biol, 2021, 433 (21): 167227.

Rist MJ, Marino JP. Fluorescent nucleotide base analogs as probes of nucleic acid structure, dynamics and interactions [J]. Curr Org Chem, 2002, 6 (9): 775-793.

Rothemund PWK. Folding DNA to create nanoscale shapes and patterns [J]. Nature, 2006, 440 (7082): 297-302.

Sato Y, Zhang Y, Nishizawa S, et al. Competitive assay for theophylline based on anabasic site - containing DNA duplex aptamer and a fluorescent ligand [J]. Chemistry-A European Journal, 2012, 18 (40): 12719-12724.

Seeman NC. Nucleic-acid junctions and lattices [J]. J Theor Biol, 1982, 99 (2): 237-247.

Seeman NC. DNA in a material world [J]. Nature, 2003, 421 (6921): 427–431.

Seeman NC. Nanomaterials based on DNA [J]. Annu Rev Biochem, 2010, 79: 65–87.

Sehgal A, Vaishnaw A, Fitzgerald K. Liver as a target for oligonucleotide therapeutics [J]. J Hepatol, 2013, 59 (6): 1354–1359.

Seio K, Kanamori T, Masaki Y. Solvent – and environment – dependent fluorescence of modified nucleobases [J] . Tetrahedron Lett, 2018, 59 (21): 1977–1985.

Shen XL, Corey DR. Chemistry, mechanism and clinical status of antisense oligonucleotides and duplex RNAs [J]. Nucleic Acids Res, 2018, 46 (4): 1584–1600.

Silva AD, Gunaratne H, Gunnlaugsson T, et al. Signaling recognition events with fluorescent sensors and switches [J]. Chem Rev, 1997, 97 (5): 1515–1566.

Simmel FC, Yurke B, Singh HR. Principles and applications of nucleic acid strand displacement reactions [J]. Chem Rev, 2019, 119 (10): 6326–6369.

Simons RW, Kleckner N. Translational control of is 10 transposition [J]. Cell, 1983, 34 (2): 683–691.

Singh R, Lillard JW. Nanoparticle–based targeted drug delivery [J]. Exp Mol Pathol, 2009, 86 (3): 215–223.

Stephenson ML, Zamecnik PC. Inhibition of rous sarcoma viral RNA translation by a specific oligodeoxyribonucleotide [J]. Proc Natl Acad Sci USA, 1978, 75 (1): 285–288.

Stojanovic MN, de Prada P, Landry DW. Fluorescent sensors based on aptamer self–assembly [J]. J Am Chem Soc, 2000, 122 (46): 11547–11548.

Stojanovic MN, de Prada P, Landry DW. Aptamer–based folding fluorescent sensor for cocaine [J]. J Am Chem Soc, 2001, 123 (21): 4928–4931.

Sun Y, Li SH, Zhang YX, et al. Tetrahedral framework nucleic acids loading ampicillin improve the drug susceptibility against methicillin–resistant staphylococcus aureus [J]. ACS Appl Mater Inter, 2020, 12 (33): 36957–36966.

Supkowski RM, Horrocks WD. On the determination of the number of water molecules, q, coordinated to europium (Ⅲ) ions in solution from luminescence decay lifetimes [J]. Inorg Chim Acta, 2002, 340: 44–48.

Tao B, Yang X, Mei H, et al. Conservative secondary structure motif of streptavidin–binding aptamers generated by different laboratories [J]. Bioorg Med Chem, 2010, 18 (5): 1798–1805.

Taylor AI, Pinheiro VB, Smola MJ, et al. Catalysts from synthetic genetic polymers [J]. Nature, 2015, 518 (7539): 427–430.

Ueki R, Atsuta S, Ueki A, et al. DNA aptamer assemblies as fibroblast growth factor mimics and their application in stem cell culture [J] . Chem Commun, 2019, 55 (18): 2672–2675.

Ueki R, Atsuta S, Ueki A, et al. Nongenetic reprogramming of the ligand specificity of growth factor receptors by bispecific DNA aptamers [J]. J Am Chem Soc, 2017, 139 (19): 6554–6557.

Utreja P, Jain S, Tiwary AK. Novel drug delivery systems for sustained and targeted delivery of anti–cancer drugs: Current status and future prospects [J]. Curr Drug Deliv, 2010, 7 (2): 152–161.

Wang GL, Jin LY, Wu XM, et al. Label–free colorimetric sensor for mercury (Ⅱ) and DNA on the basis of mercury (Ⅱ) switched–on the oxidase–mimicking activity of silver nanoclusters [J]. Anal Chim Acta, 2015, 871: 1–8.

Wang Q, Tan KY, Wang H, et al. Orthogonal demethylase–activated deoxyribozyme for intracellular imaging and gene regulation [J]. J Am Chem Soc, 2021, 143 (18): 6895–6904.

Wang X, Yi X, Huang Z, et al. "Repaired and activated" DNAzyme enables the monitoring of DNA alkylation repair in live cells [J]. Angew Chem Int Ed Engl, 2021, 60 (36): 19889–19896.

Wang XX, Zhu LJ, Li ST, et al. Fluorescent functional nucleic acid: principles, properties and applications in bioanalyzing [J]. Trac–Trend Anal Chem, 2021, 141: 116292.

Wang Y, Mueller JE, Kemper B, et al. Assembly and characterization of five–arm and six–arm DNA branched junctions [J]. Biochemistry, 1991, 30 (23): 5667–5674.

Watson JD, Crick FH. Molecular Structure of nucleic acids: a structure for deoxyribose nucleic acid [J]. Nature, 1953, 171 (4356): 737-738.

Wei XF, Tian T, Jia SS, et al. Target-responsive DNA hydrogel mediated "stop-flow" microfluidic paper-based analytic device for rapid, portable and visual detection of multiple targets [J]. Anal Chem, 2015, 87 (8): 4275-4282.

Westhof E, Masquida B, Jaeger L. RNA tectonics: Towards RNA design [J] . Folding & Design, 1996, 1 (4): R78-R88.

Williams BA, Lund K, Liu Y, et al. Self-assembled peptide nanoarrays: an approach to studying protein-protein interactions [J]. Angew Chem Int Ed Engl, 2007, 46 (17): 3051-3054.

Wimberly BT, Brodersen DE, Clemons WM, et al. Structure of the 30S ribosomal subunit [J]. Nature, 2000, 407 (6802): 327-339.

Wu Y, Phillips JA, Liu H, et al. Carbon nanotubes protect DNA strands during cellular delivery [J]. ACS Nano, 2008, 2 (10): 2023-2028.

Xing YZ, Yang ZQ, Liu DS. A responsive hidden toehold to enable controllable DNA strand displacement reactions [J]. Angew Chem-Inter Edit, 2011, 50 (50): 11934-11936.

Xu S, Shao Y, Ma K, et al. Fluorescence light-up recognition of DNA nucleotide based on selective abasic site binding of an excited-state intramolecular proton transfer probe [J]. Analyst, 2011, 136 (21): 4480-4485.

Xu Y, Cheng N, Luo Y, et al. An exo Ⅲ-assisted catalytic hairpin assembly-based self-fluorescence aptasensor for pesticide detection [J]. Sensor Actuat B-Chem, 2022, 358: 131441.

Yan H, Park SH, Finkelstein G, et al. DNA-templated self-assembly of protein arrays and highly conductive nanowires [J]. Science, 2003, 301 (5641): 1882-1884.

Yang L, Yao C, Li F, et al. Synthesis of branched DNA scaffolded super-nanoclusters with enhanced antibacterial performance [J]. Small, 2018, 14 (16): e1800185.

Yang M, Chen X, Zhu L, et al. Aptamer-functionalized DNA-silver nanocluster nanofilm for visual detection and elimination of bacteria [J]. ACS Appl Mater Interfaces, 13 (32): 38647-38655.

Ye W, Santos A, Evdokiou A, et al. An overview of nanotoxicity and nanomedicine research: principles, progress and implications for cancer therapy [J]. J Mater Chem B, 2015, 3 (36): 7153-7172.

Yi D, Zhao J, Li L. An enzyme-activatable engineered dnazyme sensor for cell-selective imaging of metal ions [J]. Angew Chem Int Ed Engl, 2021, 60 (12): 6300-6304.

Yuan SF, Zhang NR, Singh K, et al. Cross-protection of influenza a virus infection by a DNA aptamer targeting the PA endonuclease domain [J]. Antimicrob Agents Ch, 2015, 59 (7): 4082-4093.

Yunn NO, Koh A, Han S, et al. Agonistic aptamer to the insulin receptor leads to biased signaling and functional selectivity through allosteric modulation [J]. Nucleic Acids Res, 2015, 43 (16): 7688-7701.

Zhang YX, Xie XP, Ma WJ, et al. Multi-targeted antisense oligonucleotide delivery by a framework nucleic acid for inhibiting biofilm formation and virulence [J]. Nano-Micro Letters, 2020, 12 (1): 1-13.

3

功能核酸的筛选

功能核酸的体外筛选是基础，是开发各种应用和功能的前提，其主要是通过 SELEX 策略执行的。然而，作为一种典型的多学科交叉的程序，SELEX 往往费时费力，涉及复杂的实验操作，且筛选成功率和获得的序列的性能无法保证。要想应用 SELEX 的获得高性能的功能核酸元件，有必要全面研究协议中的每个重要步骤和相关技术。本章通过关注 SELEX 的关键步骤，包括 FNAs 文库的合理设计、序列分析策略的选择、PCR 反应和 PCR 偏倚的影响、次级文库的有效制备以及功能核酸结合性能的表征策略，全面介绍了研究者在确保与靶标的结合亲和力方面做出的努力，同时介绍了环形适配体、DNAzyme 以及核糖开关在筛选过程中的独特要求，例如，文库环化、裂解活性和结构转换能力。理性地讨论和分析功能核酸筛选领域收获的知识和经验教训，为研究人员针对不同应用开发量身定制的 SELEX 协议提供助力。

3.1 概述

功能核酸是一类具有特殊结构、执行特定功能的核酸分子及核酸类似物的统称，包括 DNA 核酶（McConnell 等，2021）、适配体、核糖开关（Boussebayle 等，2019）和 DNA 折纸（Douglas 等，2009）以及其他形式的非常规核酸（Xiao 等，2019；Xu 等，2021）。它们具备识别、转化、催化、显色、发光、电子传递、封闭、运输等功能，在环境检测、医学诊断和靶向治疗等领域发挥着越来越重要的作用。

功能核酸主要是通过体外指数富集的配体系统进化技术筛选获得（Zhang 等，2010）。众所周知，功能核酸的体外筛选是基础，是后续开发各种应用和功能的前提，所以对于筛选过程中涉及的种种巧妙策略和需要特别注意的细节进行归纳和整理是十分有必要的。而在功能核酸筛选过程中，所得核酸序列与配体的亲和力是首要关注的对象（图 3.1）。适配体能够以类似于抗体的方式识别并结合特定的靶标分子，才能被应用于生物传感、药物递送和生物治疗当中（Khan 等，2018）。在此基础上，DNAzyme 的活性高度依赖于给定的化学或生物刺激，当体系中存在靶物质时，DNAzyme 才能够切割指定位置的核糖核苷酸，产生两个短片段（McConnell 等，2021）。核糖开关作为一个仅有 20 余年研究史的 RNA 调控元件，指的是 mRNA 上可结合小分子配体的操控元件，与配体结合的核糖开关通过改变二级结构或高级结构而改变其与下游 mRNA 的相互作用状态，从而实现调节 mRNA 转录的功能。其是由识别配体的适配体域和调控基因表达的表达平台组成（Tang 等，1997）。综上可知，亲和力是功能核酸体外筛选工程中首先需要保证的条件，继而需要满足切割活性和结构转换能力等特殊要求。故本章以适配体为例，介绍如何操纵 SELEX，以获得高性能的功能核酸元件，为核酸应用奠定基础。

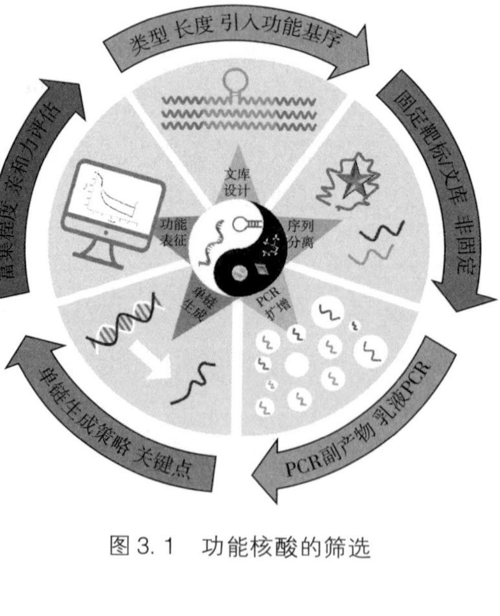

图 3.1　功能核酸的筛选

3.2 通用协议

适配体首次于1990年引入（Tuerk等，1990）。理论上讲，可以筛选得到任何靶标的特异性适配体（Zhao等，2015），包括金属离子、化学化合物、蛋白质、细胞和整个微生物。作为一类亲和分子，适配体显示出优于传统抗体的一些优点，例如，保质期长、批次间差异小，低的/无免疫原性等优势，能够自由地进行化学修饰以增强稳定性和靶向能力（Wang等，2015）。因此，在过去的几十年中，适配体被广泛应用于治疗、药物输送、诊断、功能基因组学和生物传感等领域。其通常是通过一个非常明确的迭代过程在体外开发的，称为指数富集配体的系统进化（SELEX）。然而，最初报告的SELEX程序是费时费力的。在过去的30年里，通过适应和整合材料科学和分析技术的进步，人们报道了各种SELEX变体，试图减少筛选时间，如CE-SELEX（Yang等，2013）、Flu-Mag-SELEX（Stoltenburg等，2005）和*in silico*-SELEX（Rabal等，2016）；生成具有新颖设计和功能的适配体，如μFFE-SELEX（Jing等，2011）、Capture-SELEX（Lyu等，2021）；或增加筛选通量，如Sweep-CE-SELEX（Okhonin等，2004）。

SELEX是一个典型的多学科程序，涉及不同领域，如分子生物学、核酸化学、材料科学和生物信息学，以开发针对各种靶标的亲和配体（Blind等，2015）。因此，可能不存在适用于所有实验设置的标准SELEX协议。为了识别特定目标的适配体，需要设计具有各种因素的SELEX协议，例如，所选SELEX协议的时间和成本效率、初始库的类型、仪器的可访问性等。实际上，要操纵SELEX，有必要全面研究每一个关键步骤和相关技术。在本章中，没有详细描述单独的SELEX程序，而是通过关注SELEX的关键步骤，并理性地讨论和分析过去30年来收获的知识和经验教训，为研究人员针对不同应用开发量身定制的SELEX协议提供助力。

如图3.2所示，SELEX技术主要包括：①初始核酸库设计：合成序列数高达10^{13}~10^{15}的随机文库，其中每个寡核苷酸的两端均包含固定引物序列，用于后续进行PCR扩增；②序列筛选分离、靶标制备：将靶标分子加入随机文库，并在结合缓冲液中孵育。待“潜在适配体”与靶标完全结合后，洗脱未结合的寡核苷酸以获得靶标-寡核苷酸复合物，然后洗脱并收集与靶标物质结合的核苷酸序列，这是筛选过程中最关键的步骤；③PCR优化：使用洗脱的核苷酸序列作为模板进行PCR扩增，以形成用于下一轮筛选循环的富集文库。高特异性和高亲和力的适配体链通常是在6~20个筛选周期后获得。如果是RNA适配体的话，在PCR扩增之前需要进行逆转录；④次级文库制备：单链DNA的生成（对于DNA适配体）和转录（对于RNA适配体）；⑤高通量测序后，进行序列比对和同源性分析，并经过系列的亲和力和特异性表征，最终获得特异性结合靶标分子的适配体。只有熟知SELEX技术的各个关键步骤，才有可能实现复杂体系中功能核酸的高效筛选，为后续的应用提供识别元件。

值得一提的是，DNAzyme筛选的原理是在DNA分子池中加入阳性选择靶标孵育后，潜在的DNAzyme序列激发显著的裂解活性，通过变性聚丙烯酰胺凝胶电泳

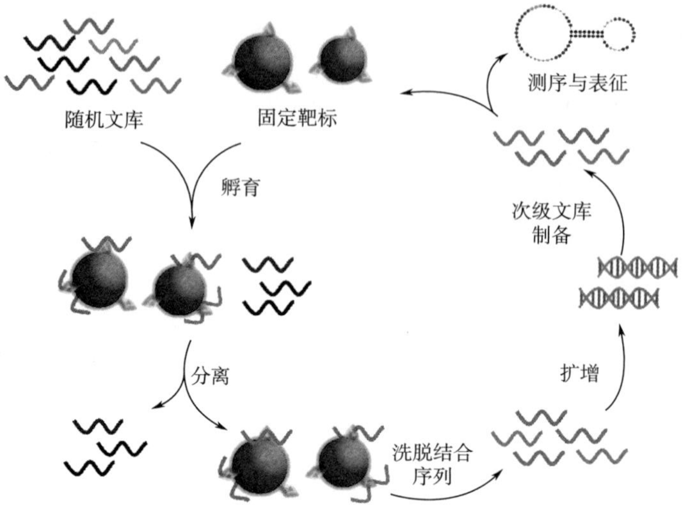

图 3.2　典型 SELEX 协议的关键步骤图示

(PAGE) 分离后切胶回收较短的裂解后条带。所以经过 PCR 扩增和单链生成步骤制备出来的单链中不含底物链，需要对其进行磷酸化，并在连接模板的作用下使其与底物链连接并进行下一轮的筛选（图 3.3）。同样的，在环状适配体的筛选过程中，需要在单链文库再生后进行环化以进行下一轮的筛选（图 3.4）。

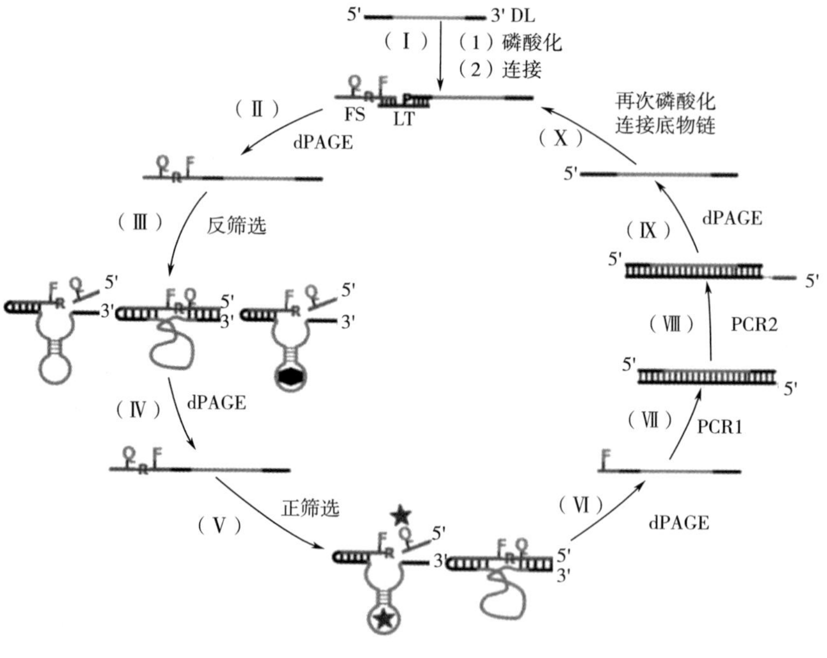

图 3.3　DNAzyme 筛选示意图
F—荧光基团　Q—猝灭基团　R—RNA 切割位点

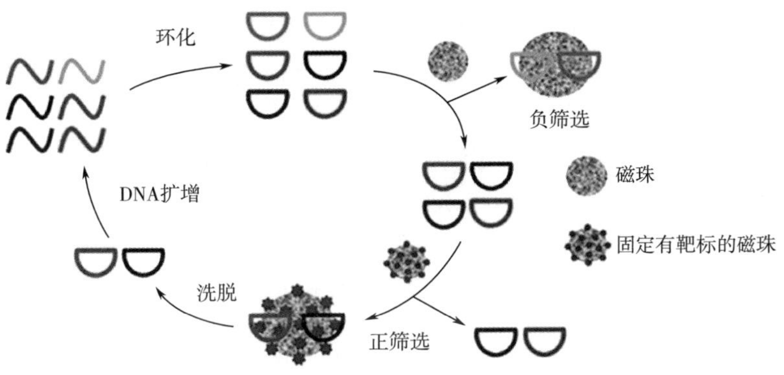

图 3.4 环形适配体筛选示意图

3.3 FNAs 文库的合理设计

初始核酸文库为 SELEX 提供了一个关键的起点，在适配体、DNAzyme 和核糖开关的筛选中并无实质性的区别，因此一并讨论。在本节中，总结和讨论了文库类型、恒定区域的优化、引物结合位点的影响、文库长度的选择和功能基序的引入策略，以呈现 SELEX 文库设计的全面情况。

3.3.1 文库类型

尽管自适配体开发的早期阶段就已经成功地将 DNA 文库用于 SELEX（Ellington 等，1992），但基于 RNA 可以折叠成更多功能基序并产生更高亲和力的认知，大多数早期 SELEX 方案都优先使用 RNA 文库（Cheng 等，2001）。但是，越来越多的证据表明，ssDNA 与 RNA 相比具有形成复杂的三级结构的倾向，且 DNA 在化学和生物学上更加稳定，这使得筛选和应用都更加容易，同时不需要 RNA-SELEX 必需的额外逆转录步骤，更具成本和时间效益。从商业化的角度看，DNA 比 RNA 更容易合成且保质期更长。因此，在最近的 SELEX 研究中更频繁地使用 DNA 文库。但 RNA 文库同样值得关注，由于 RNA，尤其是非编码 RNA，在基因调控中发挥着重要作用，在基因组-SELEX 和核糖开关的筛选中绝大多数使用 RNA 文库（Boussebayle 等，2019；Jang 等，2017）。

3.3.2 文库恒定区域

3.3.2.1 引物结合位点

（1）引物结合位点如何影响 SELEX 进程　一个经典的 SELEX 文库包含随机区域，两侧为固定的引物结合序列，可通过 PCR 扩增富集的序列。大多数已发布的 SELEX 研究均使用这种模式的文库。理想情况下，靶标只与适配体的随机序列区域折叠成的三级构象结合，但实际情况中，引物固定序列也不可避免地参加反应。已经有研究证实了这种现象，其引物结合位点参与了适配体的功能结构的形成（Shui 等，2012）。考虑到 SELEX 文库中含有大量的引物结合位点，它们会严重影响筛选得到的适配体。这是因为，理论上其结构利用恒定引物结合区的功能性基序可能在富集池中更为普遍，并在筛选过程中占主导地位。遵循该逻辑，引物结合位点将参与许多适配体的开发，并且在截短适配体和进行额外的最小化研究时，不能通过简单地删除引物结合位点以最小化序列的长度。

同时，越来越多的证据表明，预先设计的恒定序列可以显著改善 SELEX 库的结合倾向，这表明恒定区域的影响不容忽视。另一种解释声称，引物结合位点可能只能参与有限数量的结构基序，因为它们位于文库序列的末端（Cowperthwaite 等，2008）。然而，没有证据支持这种解释，还需要进一步研究恒定区在 5′端和 3′端位置的影响及其与文库随机区域的相互作用。

作为 SELEX 的重要组成部分，PCR 扩增始于引物与引物结合位点的结合。序列的随机区域如果显示与引物结合位点具有强相互作用（竞争引物与引物结合位点的结合），可能会显示出引物结合和后续扩增的选择性劣势（Coleman 等，2005）。在多轮筛选和扩增中，这种选择性劣势可能会超过任何由随机区域形成的功能基序的选择优势。相比之下，随机区域与恒定引物结合位点没有相互作用的序列更适合 PCR 程序（不影响引物和引物结合位点识别），更有可能在 PCR 产物池中占优势（Coleman 等，2005）。基于这一解释，所选择的适配体主动避免引物结合位点的干扰。事实上引物结合位点在整个适配体结构中并不显著，而且不可能充分预测引物结合位点与文库中随机区域（包括多达 10^{15} 个序列种类）之间的相互作用，这使得文库引物结合位点的设计得到简化。理论上，任何适合 PCR 的引物序列都适用于 SELEX 筛选。

（2）最小化引物结合位点　最终获得的适配体上没有引物结合位点并不意味着这些位点不会影响 SELEX 进程。如图 3.3 所示，它可以通过减少随机区域中编码的功能基序的数量进而对适配体筛选产生不利的影响。已经研制了相关策略以最小化由引物结合位点引起的有害影响。其中优化随机区域长度是最常用的方法。理论上，长度为 28nt 的随机区域可以达到理论文库多样性（Pobanz 等，2016）。实际上，利用短适配体文库具有各种优点，包括：①其化学合成的便利性和低成本；②减少 PCR 副产物形成的可能性；③便于随后的序列截短和应用。然而，正如使用各种文库长度的比较研究所表明的那样，从具有短随机序列库的文库中获得的适配体在结构和功能上更多地依赖于引物结合位点（Lozupone 等，2003）。这是可以理解的，为了与常见的 PCR 聚合酶兼容，SELEX 引物通常设计为约 20nt。随机区域较短的文库所显示的不相称的结构肯定会对 SELEX 过程产生更大的影响。因此，随机区域为 20～60nt 的文库是首选（Vorobyeva 等，2018）。

消除引物结合位点影响的最终策略是通过使用无引物（或最小引物）文库（Tsao 等，2017）。然而，使用无引物文库存在额外的复杂性。首先，必须考虑通过引入限制酶和连接酶的额外成本和时间。其次，连接反应的效率通常为 30%～50%，引入该步骤可能会导致潜在适配体的大量损失，并影响实施此类策略的优势（Wang 等，2019）。最后，与纯化和分离相关的其他步骤会给本已十分复杂的 SELEX 程序带来不确定性和复杂性。因此，这种策略很难比传统的方法有优势，并且在当前的 SELEX 实践中很少使用。

3.3.2.2 其他

除了引物结合位点，在已发布的SELEX库中也可以观察到其他类型的恒定区。一个示例是部分随机化（掺杂）的库或分段文库，这种文库的特征是不完全随机化。采用这类文库的目的是通过引入精心设计的恒定区来确定和改进现有适配体的结合区，或用于内源性寡核苷酸的功能分析（Santosh等，2014）。在另一种情况下，捕获-SELEX所采用的文库中的恒定区是为了实现文库的捕获和固定。这种筛选方法通过连接在固相上的捕获探针和文库中恒定序列的碱基互补配对，将文库序列固定在固相上，最初设计是为了针对一些无法固定的小分子靶标（如ATP、GTP和金属离子）开发适配体。重要的是，对于这两个部分随机的文库，应格外注意引物结合位点的设计，保证引物结合位点不与已知恒定区的折叠或可及性冲突。

3.3.3 文库随机区域的长度选择

随机区域被认为是靶标的主要结合区域，其决定了文库的丰度（如果随机区域中的核苷酸数量为N，则文库中包含的单独序列的总数约为4^N）（McKeague等，2015）。换言之，长的随机区域决定了更高的多样性，理论上可以允许核酸链折叠成更多样化的结构，这是适配体特异性识别靶标的基础。然而，文库中序列的重复性相应减少（Pobanz等，2016）。这将导致SELEX程序需要更长的富集期。相比之下，具有短随机区域的文库虽然牺牲了结构多样性，但其也具有一些优点。例如，这种类型的文库能够确保初始孵育池中完全覆盖所有可能的预期序列。此外，由于池中序列的高度可重复性，SELEX的执行周期得以缩短，能够提高效率且减小PCR副产物形成的可能性。在之前的研究中，随机序列短至15nt的文库已被成功使用（Kupakuwana等，2011）。但如3.3.2.1所述，短随机序列长度的文库更容易受到引物结合位点的影响。

鉴于此，优化随机区域的长度有助于高性能适配体的进化。然而，随机区域长度的选择往往取决于经验。Yang等成功地从一个随机区域为8nt的小文库中筛选出针对四种类固醇的适配体（Yang等，2012）。几年后，该团队还从随机区域中含22个核苷酸的文库中获得了亲和力和特异性大大提高的适配体。结果证实，从小文库（全长48nt）中获得的适配体的亲和力和特异性是有限的。总的来讲，即使分离获得的适配体序列短至8个核苷酸且长达228个核苷酸（Li等，1996），大多数筛选实验往往采用20~60nt的随机区域（Vorobyeva等，2018）。

3.3.4 引入功能基序设计高质量的文库

虽然SELEX技术已经取得了很大发展，但本质上仍然是一个盲目的过程。报道称SELEX的成功率仅为30%（Wang等，2019）。成功率低的主要原因在于适配体需要特定的结构基序作为结合靶标的基础，而文库中的许多序列显示出简单和不稳定的基序。通过引入有利于识别的功能性核酸基序，可大大提高获得高质量适配体的成功率。

3.3.4.1 设计预结构化的文库

预结构化的文库是通过引入可折叠成特定二级结构的功能基序［如G-四链体（Oh等，2013），茎环（Yang等，2014），三向连接（Yu等，2018）和双向连接等］而形成的文库（图3.5）。SELEX中预结构文库的高相关性有助于分离具有特定结构、功能和结合域的适配体。容易产生针对倾向于结合特定结构域的靶标的适配体，从而减少SELEX的盲目性并改善适配体的结合性能。例如，Xiao课题组设计了一个具有三向连接结构的预结构文库，并成功地分离出3,4-亚甲二氧基吡咯戊酮的含有三向连接结构域的适配体（Yu等，2018）。由于该适配体固有的染料替代功能，可直接用于构建无标记生物传感器。近年，广泛传播的新型冠状病毒给经济和社会生活带来了巨大的负担。为了产生针对SARS-Cov-2的高质量适配体并增加其在快速检测中的应用潜力，Li等从预选构建的随机文库中获得了两种针对SARS-Cov-2刺突蛋白S1亚基的高质量适配体（Li等，2021）。由于侧翼恒定区形成稳定的碱基互补配对，具有发夹结构的序列在预结构文库中占主导地位。结果证明，与先前报道的针对SARS-Cov-2的适配体相比，从该文库获得的适配体亲和力提高了7倍。该文库提供了大多数报道的适配体样结构的发夹结构，增加了寻找高质量适配体的机会。此外，它还限制了引物区域在适配体结构中的作用，有利于适配体的裁剪和优化。

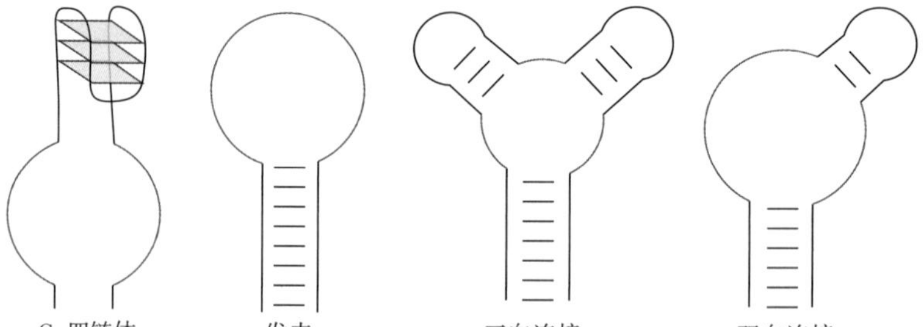

图3.5 设计预结构化文库的示意图

3.3.4.2 掺杂文库

通过单个SELEX难以直接产生具有所需亲和力和特异性的高质量适配体。掺杂-SELEX技术通过使用掺杂文库进行几轮额外的进化，是在初始SELEX之后衍生高性能适配体的潜在策略。该技术也被认为是第二代成熟的适配体筛选技术。掺杂文库是部分随机化文库，通过随机化先前获得的亲本适配体的部分序列构建。具体而言，将一定比例的突变（具有四种碱基的均等混合物的突变）引入已知的适配体中以形成掺杂文库，然后按照常规SELEX程序进行再次进化。例如，Quang等基于先前报道的抗膜联蛋白A2适配体（ACE4）设计了掺杂文库（Quang等，2018）。经过几轮进化后，ACE4变体的亲和力得以提高。然而，在已知亲和力的适配体序列中随机引入突变通常导致在提高适配体亲和力方面受到限制，并且成功率根据适配体和靶标而异（Vorobyeva等，2018）。值得注意的是，由于引入已知序列，在掺杂文库设计时应更多地关注引物结合区域，否则，引物结合区可能会干扰已知序列的功能（如已知序列与引物结合区的杂交不利于与靶标的结合）。

3.3.4.3 化学修饰扩大核酸库的多样性

可以通过多种方式将化学修饰引入核酸库，增加天然 DNA 和 RNA 的化学多样性。由于产生了额外的二级和三级结构以及促进适配体-靶标复合物形成的各种化学基团，化学修饰文库可以生成具有高亲和力的适配体。此外，化学修饰的遗传聚合物还提供了额外的化学空间来扩展 SELEX 文库的功能基序。如 Rohloff 等的研究证明，化学修饰的文库，尤其是含有疏水特性的文库，可以生成对使用传统文库反复失败的蛋白质具有纳摩尔甚至皮摩尔级别亲和力的适配体（Rohloff 等，2014）。借助现有的大量工具包，可以将化学修饰引入核酸的不同部分，例如，碱基（5-甲基尿苷、假尿苷和二氢尿苷等），糖环［2′-*O*-甲基（2′-OMe）、2′-氟代（2′-F）、2′-氟代阿拉伯核酸和锁核酸等］，或磷酸骨架（吗啉代、肽核酸、硫代磷酸酯和硼磷酸盐等），都已得到了广泛地开发（Ni 等，2017；Pinheiro Vitor 等，2012；Veedu 等，2010）。目前，唯一批准的适配体药物 Macugen，是通过 2′-氟和 2′-*O*-甲基取代修饰获得的（Wang 等，2017）。此外，通过化学修饰文库进行筛选可以直接获得具有高结合性能的适配体，而不需要进行烦琐的 SELEX 后修饰。同时，修饰的核苷酸还提高了生物利用度和安全性，使开发的适配体为各种治疗和诊断应用做好了准备。

3.4 选择筛选策略以操纵适配体的结合性能

根据与靶标结合的核酸链与未和靶标结合的核酸链的分离方式，将 SELEX 分为固定靶标、固定文库、游离状态下分离三种模式。固定靶标方法的固体基质包括磁珠（magnetic beads，MBs）载体、琼脂糖凝珠载体、复合树脂载体、微流控芯片和载玻片等。固定文库序列提供最少的非特异性结合，包括 Capture-SELEX、纳米筛选和 Non-SELEX 珠基筛选等。电泳方法（包括电泳迁移率转移分析、毛细管电泳法等）能够使靶标/文库在游离状态下孵育分离。各种方法的优缺点和适用范围在本节进行详细的讨论（表 3.1）。

表 3.1 SELEX 过程中靶标与结合/非结合序列的分离方法

方法	优点	局限
无基质条件下孵育靶标和文库序列		
硝酸纤维素膜过滤	· 易处理	· 只适用于蛋白为靶标的筛选； · 核酸与膜具有非特异性结合，筛选效率低
电泳迁移率变动分析	· 易处理； · 无需复杂仪器，可适用于大多实验室； · 可实时监控筛选过程； · 最小化非特异性结合	· 只适用于蛋白为靶标的筛选； · 天然凝胶电泳分辨率低； · 难以保持稳定的筛选条件

续表

方法	优点	局限
毛细管电泳	·可实现单轮选择的高分辨率筛选； ·适用于广泛的靶标，尤其是小分子； ·可开发具有预定义属性的智能型适配体； ·最小化分特异性结合	·需要复杂的仪器； ·相对有限的文库输入； ·难以优化某些蛋白质的分离条件
将靶标固定在固相上		
珠子、柱或盖玻片	·易处理； ·适用于广泛的靶标； ·可适用于大多实验室； ·可实现高通量筛选	·与固定机制的非特异性结合； ·可能会影响靶标的天然结构
使用缓冲液对具有优选特性的序列进行洗脱	·方法简单，价格低廉； ·可开发具有首选特性的适配体	·可靠性有待验证
将文库固定在固相上		
捕获 SELEX	·适用于开发针对无法固定的小分子的适配体； ·最小化非特异性结合和筛选轮数； ·可选择结合时结构转换的适配体	·只适用于开发结合时结构转换的适配体； ·对接序列引入额外的变异机会
纳米筛选	·最小化非特异性结合； ·单轮适配体筛选； ·可以通过原子力显微镜收集候选适配体	·将目标分子固定在盖玻片上会影响目标的天然结构； ·每个珠子上只有一个寡合苷酸序列拷贝，PCR 可能会导致序列信息丢失； ·需要依赖复杂的设备
基于微珠的非 SELEX 的筛选	·最小化非特异性结合； ·可实现单轮适配体筛选； ·通过在每个微珠上附加相同序列的多个副本，最大限度减少序列信息的丢失	·可能会影响靶标的天然结构

3.4.1 靶标固定化

与靶标结合的文库序列和未结合的文库序列的有效分离，在很大程度上决定了 SELEX 的成功与否。在第一份筛选适配体的 SELEX 工作中，通过硝酸纤维素膜对蛋白质分子进行固定，以实现结合和未结合序列的分离（Tuerk 等，1990），首先，靶标蛋白和文库在溶液中孵育，混合物经过硝化纤维素膜过滤，利用硝酸纤维素对氨基酸的非特异性吸附，靶标蛋白和与结合序列被固定在硝化纤维素膜上，未结合序列随溶液流出。在目前的 SELEX 过程中，为了实现有效的结合/非结合序列分离，在靶标与文库孵育前，通常通过固体基质固定靶标，如磁珠（Bruno，1997）、琼脂糖（Soldevilla 等，

2017)、琼脂糖树脂（Kowalska 等，2014）、微流体芯片（Olsen 等，2016）或盖玻片（Lauridsen 等，2012）。在这些固相中，磁珠的应用最为广泛。1997 年首次出现将靶标固定在磁珠上，通过磁分离实现靶标与结合序列和非结合序列的分离（Bruno，1997）。重要的是，采用这种基于磁珠的方法，不仅可以通过基于荧光的方法［在正向引物的 5′端引入荧光标记如异硫氰酸荧光素（FITC），以创建具有荧光标记的次级文库，或在正向引物的 5′端引入其他分子，如生物素，并通过荧光标记的抗体检测这些分子］，还可以通过更准确的校准图（FluMag-SELEX）（Lauridsen 等，2012）、流式细胞仪（Wang 等，2009）或 ELISA（Wang 等，2015）的方式监测筛选进程。事实上，对 SELEX 中磁性利用的研究已经推进了各种 SELEX 策略的发展，包括磁性辅助快速适配体选择（MARAS）和一些自动 SELEX 平台，如基于微流控的 SELEX 平台（Lou 等，2009）和基于连续流动磁激活芯片的 SELEX（Blind 等，2015）。

这种靶标固定化方法的效率可能会受到两个因素的影响：首先，在孵育过程中，非结合序列与固定基质的非特异性结合。为了解决这个问题，通常需要在孵育前，用基质本身或与阴性对照靶标来进行负筛选或反筛选（Mercier 等，2017）。然而，依靠负筛选或反筛选来排除不需要的适配体，很少能够达到预期效果。例如，序列可能被基质表面非特异性捕获或非特异性静电吸附（Szeto 等，2014）。在这些情况下，负筛选或反筛选是无效的，因为文库中的所有序列都可以与基质结合，机会均等。第二个问题在于将靶标固定在基质上需要进行化学改性。在许多情况下，固定化的靶标可能显示出与其原生状态不同的结构。因此，所产生的适配体与天然状态下的靶标的结合亲和力可能会受到影响。

3.4.2 靶/库在游离状态下孵育、分离

电泳迁移率转移分析（electrophoretic mobility shift assay，EMSA）是分离蛋白质结合序列和非结合序列的经典方法，该方法提出了一种最小化非特异性寡核苷酸结合的分离策略（Wang 等，2012）。首先将靶标蛋白与文库在溶液中一起孵育，然后将混合物加入天然 PAGE 或琼脂糖凝胶电泳分离。与靶点结合的寡核苷酸的总分子质量比游离寡核苷酸大，且运动较慢。对含有靶标-寡合苷酸复合物的凝胶进行切胶分离，并洗脱适配体序列。根据经验，凝胶在电泳条件下非特异性捕获文库序列的可能性降低。然而，这种方法也有一些局限：首先，该方法仅适用于靶标为蛋白质的情况；其次，与变性凝胶中发生的情况不同，靶标蛋白、靶标-寡合苷酸复合物和游离寡合苷酸的流动性不仅取决于分子质量，还取决于单个分子的电荷和形状。蛋白质靶点在与不同的寡核苷酸序列结合后会具有不同的构象变化，并导致凝胶分辨率较低（Zhang 等，2017）。此外，在凝胶电泳过程中，很难控制温度、盐浓度等一些关键的选择条件（McKeague 2017），因此，这种方法并不常用。

通过紫外发光二极管（UV-LEDIF）检测和高分辨率分离技术，毛细管电泳 SELEX（CE-SELEX）能够通过无凝胶的电泳方式消除 EMSA-SELEX 显示的许多缺点（Yang 等，2013）。与凝胶电泳法类似，在 CE-SELEX 程序中，靶标和初始文库在溶液中孵育。之后在严格控制的条件下，在溶液中连续进行结合/非结合序列分离。通过在

溶液中进行整体选择，这种方法增加了适配体开发可行靶点（包括比适配体本身小的靶标）的数量和类型。除了高分离分辨率外，CE-SELEX 还提供了通过改变靶标浓度、分离参数和收集窗口时间来操纵筛选的灵活性（Riley 等，2015）。目前，通过新的 CE-SELEX 策略，如 ECEEM-SELEX（Drabovich 等，2005）和 Sweep-CE-SELEX（Okhonin 等，2004），已开发了具有预定义平衡解离常数（K_d）、解离速率常数（K_{off}）和结合速率常数（K_{on}）的各种智能型适配体。这不仅扩展了适配体-靶点复杂相互作用的了解，而且有利于开发用于治疗和诊断的智能药物。此外，CE-SELEX 的高分辨率分离大大减少了适配体筛选所需的筛选轮数（Yang 等，2013）。近年来，出现了很多基于 CE-SELEX 的单轮选择的报道（Eaton 等，2015）。重要的是，作为一个有前途的单/有限轮数 SELEX 平台，CE-SELEX 中对非天然核酸兼容酶促反应的要求可以大大降低，使其非常适合化学修饰/合成的非天然核酸库。

3.4.3 固定文库序列提供最少的非特异性结合

虽然固体基质介导的靶标固定化往往会导致文库序列的非特异性结合，但如果将文库序列附着在固体基质上时，则是另一种完全不同的情况。之前讨论的捕获 SELEX 就是典型的示例。如前所述，捕获 SELEX 的特点是将文库序列固定在固相上。由于只有与靶标相互作用并发生结构变化的序列才能从固体基质中洗脱出来，这种方法为消除 SELEX 过程中的非特异性结合提供了一个很好的解决办法。另一方面，捕获 SELEX 的实施有助于开发新的核糖开关（Boussebayle 等，2019）。因为其同时满足了核糖开关适配体域的高结合亲和力和构象转换的要求，这种 SELEX 策略标志着核糖开关开发的突破。

Martin 等介绍的纳米筛选是另一个具有创造性的想法，可以尽量减少文库序列与靶标的非特异性结合（Peng 等，2007）。简单地说，将每个珠子与单一序列的寡核苷酸连接，创建一个珠的文库。然后，珠文库在盖玻片上固定的靶标分子上流动。洗涤后，通过原子力显微镜（AFM）/荧光显微镜识别含有靶标特异性适配体的珠子，并通过 AFM 尖端以接触模式从盖玻片上提取。在大尺寸的珠子上共轭文库序列可以准确识别和提取基质中感兴趣的序列。然而，在这种方法中，每个珠子上只有一个寡核苷酸序列的拷贝，这给 PCR 扩增和随后的测序带来了挑战。序列信息的损失几乎是不可避免的。此外，这种方法所使用的设备复杂，使其难以被推广。

最近，通过引入基于微珠的非 SELEX 的筛选（Lam 等，2015），上述方法得到了显著改善。将相同序列的多个拷贝缀合至各个珠子以产生总共 10^9 个序列的文库。然后将靶标固定在磁珠上而不是盖玻片上，简化了筛选过程。在具有改进的化学修饰文库的推动下，该方法允许研究人员开发具有高结合亲和力靶向小分子或蛋白质的适配体。且与纳米筛选不同，每个珠仅缀合一个序列，在同一珠中具有多达 10^5 个相同序列，降低了在 PCR 扩增和测序期间丢失序列信息的可能。

3.5 PCR 反应和 PCR 偏倚

3.5.1 PCR 扩增

在 SELEX 的过程中，最初高度多样化的寡核苷酸文库减少到相对较少但非常丰富的核酸序列。这是根据两个一般原则实现的：在筛选步骤中去除非结合物，以及在扩增步骤中富集结合序列。理论上，以高亲和力与靶标结合的适配体比弱或非特异性结合的序列更可能在选择步骤中被保留。因此，高亲和力适配体将在扩增池中存在更多拷贝，并且将比弱或非特异性结合物进行更大程度的富集。因此，进行尽可能多的 PCR 循环以实现结合适配体的最佳富集似乎是合适的。然而在实践中，这样的策略往往会降低 SELEX 的成功机会。

3.5.2 PCR 偏倚问题

SELEX 的成功取决于每轮筛选后结合序列的有效富集。因此，PCR 起着非常关键的作用，并直接影响 SELEX 的结果。随机 DNA 文库中存在各种寡核苷酸具有复杂稳定的二级茎环结构，可能会阻碍 PCR 扩增，造成不均匀的扩增导致产率下降或者产生缩短的产物（Kalle 等，2014；Svobodová 等，2012）。因此，建议使用减少二级结构形成的试剂添加到 PCR 反应中，以提高 PCR 扩增产率。已知 1mol/L 甜菜碱和 5%二甲基亚砜（DMSO）的组合可改善 SELEX 期间的 PCR 扩增，并且还显著提高全长产物的比例（Kang 等，2005）。除此之外，随机 DNA 文库（具有约 10^{15} 个独特序列的异质混合物）的扩增与同源 DNA 模板扩增的扩增完全不同。在同源模板的 PCR 扩增中，产物形成会在引物耗尽时停止，副产物主要是由引物-引物杂交（引物间或引物内二聚体）形成，这些副产物往往短于预期的扩增子（Fraser 等，2015）。但是，在扩增随机 DNA 文库时，即使引物过量，产物的积累也会停止。发生这种情况的原因是引物-产物和产物-产物副产物都可以很容易地形成，因为单链序列有机会结合随机区域中的互补碱基。然后这些产物被聚合酶延伸，通常导致形成比预期的扩增子大小更长的副产物。虽然关于这种副产物形成机制的报道很少，在一项研究中，Ellington 等报道了分子“寄生虫”（副产物）的形成比亲本序列更长，并且它在一系列等温扩增循环中不断富集（Marshall 等，1999）。Tolle 等提出了形成这种副产物的两种机制，并将它们命名为梯型和非梯型（Tolle 等，2014）。当随机序列的 3′末端与另一条链的互补部分（连接体）退火并作为该链延伸的引物，最终形成的副产物为梯型副产物。在随后的 PCR 循环中，该副产物本身充当形成具有多个反向引物结合位点拷贝的新生链的模板。这些反向引物结合位点允许 DNA 的有效退火，从而形成更长的副产物，最终主导 PCR 产物库（Tolle 等，2014）。当这种 PCR 产物在电泳凝胶上电泳时，清晰可见梯状条带。当初始引发时间开始于 DNA 文库随机区域的中间时，由此产生的副产物具有随机间隙，防止其进行后续副产物的增长，因此形成非梯型副产物。

3.5.3 乳液 PCR 是解决 PCR 偏倚问题的有效方法

基于3.5.2中所展示的研究，优化 PCR 条件以获得最大收益是十分有必要的。PCR 优化不仅可以最大程度地减少副产物的扩增，而且可以避免过度扩增，从而避免了在额外的 PCR 循环中会增加的非结合剂的扩增。据报告表明，增加 Taq DNA 聚合酶的量可以减少副产物的形成（Mencin 等，2014）。最近，乳液 PCR（emulsion PCR，ePCR）成为克服上述副产物形成的有效方法。Shao 等提出，如果将 PCR 反应混合物分成小液滴，则可以轻松避免产物间杂交（Shao 等，2011）。这些液滴通过油包水乳液形成，油相由矿物油中的 Span-80、Tween-20 和 Triton X-100 组成，将冰冷的 PCR 反应混合物逐渐加入油相中成油包水乳液。因此，制备的 ePCR 复合物含有数百万个细胞样区室，每个区室设计为含有单个 PCR 模板以及 PCR 混合物，且与相邻液滴通过物理分离，彼此之间不允许材料交换。ePCR 被认为是单分子 PCR，是避免副产物形成的好方法。在最近的一项研究中，ePCR 与平衡混合物的非平衡毛细管电泳相结合，以分离针对 ABH2 蛋白的 DNA 适配体（Yufa 等，2015）。

3.6 FNAs 次级文库的有效制备

SELEX 是体外获得 FNAs 的一种通用且有效的方法。在筛选过程中，与靶标特异性结合的核酸经过 PCR 扩增富集后成为 dsDNA，然而对于下一轮 SELEX 筛选，需要一个高质量的 ssDNA 次级文库，可以折叠成特定的 2D 和 3D 结构，以结合其同源目标。事实上，除了单轮筛选协议外，从双链 PCR 产物生成高质量的 ssDNA 次级文库对于功能核酸的成功筛选至关重要（Svobodová 等，2012）。在过去的 30 年里，SELEX 已经发展到了一个新的水平，如何制备高质量的 ssDNA 也已得到全面的研究（表 3.2）。

表 3.2　不同单链 DNA 制备技术的比较

方法	优点	局限	备注
不对称 PCR	·低成本	·需要进行天然凝胶分离和洗脱的复杂步骤； ·耗时、效率低； ·容易造成序列信息的大量丢失	·通过添加不等摩尔比的正向和反向引物，优先扩增亲本 DNA 的一条链
使用链霉亲和素包被的磁珠进行磁性分离	·速度快，需要约 20min	·链霉亲和素与珠子解离影响 ssDNA 池质量，且引入了额外的 SELEX 目标； ·倾向于积累 PCR 副产物； ·需要额外的成本纯化 PCR 产物	·最常用的策略； ·与不需要的序列相对应的引物的生物酰化，以促进基于链霉亲和素的分离
核酸外切酶消化	·操作简单，易于实现	·需消除核酸外切酶，可能会影响最终产量； ·酶促反应不足会导致池产物质量差； ·倾向于积累 PCR 副产物	·将 5′磷酸基团引入与不需要的 DNA 链相对应的引物中，以允许外切核酸酶消化； ·需要额外小心控制 PCR 副产物的产生

续表

方法	优点	局限	备注
变性尿素-PAGE 分离	·ssDNA 产物质量好； ·分离分辨率高； ·PCR 产物可以直接加载到凝胶中； ·PCR 副产物的积累最少	·使用传统的压碎和浸泡方法，从凝胶中回收 ssDNA 非常耗时	·在一个引物中加入多核苷酸，得到两条不同长度的 PCR 产物链； ·通过电洗脱，整个过程可以得到简化
RCA 扩增后酶切	·无需 PCR 扩增； ·等温反应，不需要控温仪器	·制备较长的 ssDNA 时，有报道显示在 RCA 过程中，Phi29 DNA 聚合酶容易发生跳跃，导致最终产物多为 dsDNA，需加入 ssDNA 结合蛋白才能提升 ssDNA 的产率	·以环状 DNA 为模板，可复制扩增出几千至上万个碱基长度的含多个重复单元的长 ssDNA，在经过限制性内切酶或具水解特性的脱氧核酶的作用下，重复的 ssDNA 可被切割成目的 ssDNA 的单体

3.6.1 转录为 RNA

对于 RNA 适配体、核糖开关以及基因组-SELEX 来说，需要先逆转录为 ssDNA，然后 PCR 扩增后的 dsDNA 池通常使用 RNA 聚合酶转化为 RNA。在此过程中应解决一些技术问题，例如，较短的 DNA 片段转录为 RNA 的效率更高，错误更少。在体外进化过程中，观察到 RNA 文库对腺嘌呤核苷酸偏倚，并且这种偏倚被证明与靶标无关（Thiel 等，2011）。这意味着，一些富含 GC 序列的 RNA 文库的富集不等同于与靶标结合序列的富集。

3.6.2 基于扩增的方法生成 ssDNA

3.6.2.1 不对称 PCR

不对称 PCR 是最早使用的次级文库生成方法，1992 年为了开发第一个 DNA 适配体，Ellington 等利用不对称 PCR 技术制备了 ssDNA（Ellington 等，1992）。通过添加物质的量不等比的正向和反向引物，当浓度较低的限制性引物耗尽时，浓度较高的引物可以在每个周期合成过量的 ssDNA。理论上，不对称 PCR 是一种十分简单且经济的 ssDNA 制备方法。但由于引物碱基组成不同，不能确保每次扩增都成功。研究表明通过对引物比例、退火温度、模板 DNA 数量和 Mg^{2+}浓度等扩增条件的彻底优化，可以实现高效的 ssDNA 制备（He 等，2013）。但其优化结果并不普遍适用，扩增反应总是需要在个案基础上进行优化。此外，利用不对称 PCR 技术，非特性扩增的概率会增加，电泳时常可见弥散条带（Gyllensten 等，1988）。针对这些不足，越来越多的生物科学家致力于不对称 PCR 技术的改进。通过了解非特异性扩增的背景，研究者开发了一种改良的不对称 PCR 方法，即指数后线性（LATE）-PCR（Sanchez 等，2004）。根据最邻近热力学模型，任何引物的熔化温度（T_m）随着引物浓度的降低而降低。LATE-

PCR 的开发者考虑到了这一现象，论证了限制性引物的浓度调节 T_m 至少要与过剩引物的浓度调节 T_m 一样高，以减少非特异性的扩增。特殊的封闭寡核苷酸也被使用以减少 PCR 副产物的形成，在反应混合物中加入 3′-磷酸化的限制性引物，在等物质的量浓度下保持过量和限制性引物，既减少了 PCR 副产物的产生，又阻断了不需要的反义 DNA 链的生成（Tolnai 等，2019）。此外，开发了金纳米颗粒介导的不对称 PCR 方法，利用金纳米颗粒的高热效率和热传导，以及其与 ssDNA 的非特异性吸附，起到抑制非特异扩增的作用（孟祥贤等，2010）。

需要注意的是，不对称 PCR 的最终产物不仅包括生成的目标单链，还包括 dsDNA 以及自由引物序列。其中 dsDNA 的污染最为严重，因为其可能抑制适配体的性能，并且可能会非特异地结合靶标分子。因此，在最佳条件的选择过程中，确保较低量的 dsDNA 最为重要（Heiat 等，2017）。单单通过不对称 PCR 完全去除 dsDNA 是不可能的，因此不对称 PCR 通常与其他分离技术联合使用，例如，凝胶纯化（Ellington 等，1992）或酶消化（Svobodová 等，2012）。不对称 PCR 产物通过非变性 PAGE 来分离不同分子质量的 dsDNA、ssDNA 和引物，然后进行洗脱步骤，从凝胶中提取预期的 ssDNA（Ellington 等，1992），可以排除 dsDNA 的干扰，同时很大程度上避免了 PCR 副产物的影响。但这一额外步骤，特别是在凝胶洗脱 ssDNA 时使用的传统压碎和浸泡方法，使得该方法不仅耗时，而且效率低下，损失大量序列信息（Citartan 等，2012）。如果反向链包含生物素标记，还可以使用链霉亲和素包被的磁珠去除不对称 PCR 的 dsDNA 产物（Zhang 等，2015）。

值得一提的是，也存在最终的不对称 PCR 产物直接与靶标一起温育而无需进一步纯化的情况。在针对致病真菌曲霉菌的 1,3-β-D-葡聚糖和 Asp f1 过敏原的 DNA 适配体产生中，不对称 PCR 产物直接用于这些靶标而没有任何预先纯化步骤（Low 等，2009），但这在 SELEX 进程中是不推荐的。因为反义链会杂交结合并使潜在的适配体失去结合活性（Avci-Adali 等，2009）。

3.6.2.2 RCA 后酶切

滚环扩增（rolling circle amplification，RCA）主要存在于环状 DNA（如质粒）的复制过程中，它以环状 DNA 为模板，可复制扩增出几千至上万个碱基长度的含多个重复单元的长单链 DNA，在限制性内切酶或具水解特性的脱氧核酶的作用下，重复的 ssDNA 可被切割成目的 ssDNA 的单体。RCA 后酶切方法已成功应用于功能核酸次级文库的生成当中。

Song 等将聚乙二醇和壳聚糖功能化复合物与互补环介导的滚环扩增（complementary ring mediated-RCA，CRM-RCA）相结合，建立了一种全新的 Cell-SELEX 策略，用于筛选副溶血性弧菌的适配体（Song 等，2019）。如图 3.6 所示，建立了一种新的 CRM-RCA 方法来代替 PCR 扩增 ssDNA 序列。细胞结合适配子候选物（cell-binding aptamer cadidates，CACs）模板在与模板序列两端互补的连接模板 1 的帮助下通过 T_4 DNA 连接酶环化。然后使用 phi29 DNA 聚合酶进行滚环复制（RCR）程序。该酶的链置换活性使得由 CACs 互补链串联单元组成的长 ssDNA 得以形成（Larsson 等，2004）。之后用

Nb. BbvCI 消化产物，并通过环化线性前体产生互补环（complementary rings，CRs）。然后使用 DNA 聚合酶以 CRs 为模板进行另一个 RCA 反应，Nt. BbvCI 酶切产生单体 CACs 用于下一轮的筛选。适量的 Nt. BbvCI 可以促进 RCA 产物的积累，避免了 dsDNA 的产生（Song 等，2019）。

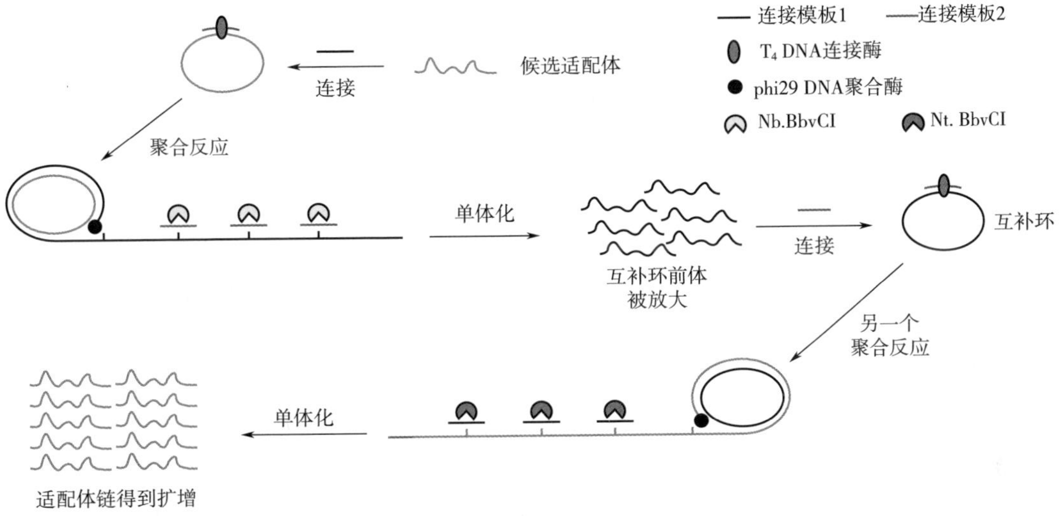

图 3.6　CRM-RCA 产生单链产物的原理图

利用 RCA 后酶切的方法可以保持 CACs 的完整形式，避免 PCR 产物所需的单链转换。由于 RCA 的等温特性，CRM-RCA 的整个过程可以在水浴或普通加热块中进行，无需依赖昂贵精密的设备和热稳定性的聚合酶。这一特性将大大扩展该策略在普通实验室和基层检验机构的应用。但这种方法需要探究扩增时间、三磷酸脱氧核糖核苷酸（dNTPs）、酶及引物的浓度等因素对扩增效果的影响。探针设计、连接酶以及聚合酶的成本较高。酶切之前需要纯化，步骤较为烦琐。同时，恒温反应不是常温反应，依然需要控制反应温度。研究者应根据自己的需要判断是否选用这种方法。

3.6.3　基于核酸外切酶消化

3.6.3.1　基于 Lambda 核酸外切酶消化

DNA 外切酶通常沿着 5′→3′或 3′→5′方向从末端开始降解双链 DNA。如果能够有效控制 DNA 外切酶只作用于双链 DNA 中的一条链，那降解完成后即可获得 ssDNA。Lambda（λ）核酸外切酶是 λ 噬菌体的一种酶，它选择性地消化双链 DNA 5′→3′末端的磷酸化链。事实上，Lambda 核酸外切酶对磷酸化 5′末端的亲和力是对羟基化 5′末端的 20 倍，因此可消化得到非磷酸化的 ssDNA（Citartan 等，2010）。这种方法的基本原理为使用 5′磷酸化标记的反向引物和普通的正向引物进行 PCR 扩增筛选文库池，之后使用 Lambda 核酸外切酶消化反义链，之后进 DNA 纯化即可获得目标单链作为次级文库。

利用Lambda核酸外切酶消化法快速、高效地获得高质量、高产量的ssDNA是可能的。在最近的研究中，来自SELEX的PCR产物的Lambda核酸外切酶消化和随后通过苯酚/氯仿提取纯化ssDNA在60~68min内完成。这大大减少了在一个SELEX循环上花费的时间。虽然苯酚/氯仿提取会导致一些ssDNA的丢失，但这一步骤消除了可能为SELEX添加额外靶标的Lambda核酸外切酶。Bibby等利用磷酸化PCR产物的Lambda核酸外切酶消化，产生了针对朊蛋白的DNA适配子PrPc（Bibby等，2008）。尽管Lambda核酸外切酶消化是有效的，但由于购买酶的相关成本高，这种方法并不流行。并且，这种酶也能缓慢降解ssDNA和非磷酸化底物，导致次级文库产物量的减少。此外，在制造过程中必须确保引物磷酸化到最高程度以解决不完全消化的问题。合成完成后，在整个寡核苷酸合成过程中暂时保护磷酸基团的封闭基团必须完全去除。否则，磷酸化dsPCR产物的不完全消化会导致dsDNA在反应混合物中积累（Citartan等，2010）。酚氯仿萃取法从不完全消化的混合物中选择性纯化ssDNA具有挑战性，因为该方法无法区分ssDNA和dsDNA。由于ssDNA和dsDNA迁移速率几乎相同，因此不能使用变性尿素PAGE进行选择性纯化。另一方面，天然PAGE纯化导致Lambda核酸外切酶消化产物的ssDNA最终产量非常低。由于三维结构的不同构象，ssDNA在非变性PAGE上的模糊外观使得ssDNA的选择性切除具有挑战性（Nakabayashi等，1996）。

为了确定Lambda核酸外切酶在双链PCR产物上的消化进度，可以在SELEX实验的初始步骤之前进行一次Lambda核酸外切酶消化的时间过程分析。这可以确定酶和底物的最佳培养期。此外，低浓度的外切核酸酶可能导致消化不足，而高浓度可以非特异性消化DNA。因此，优化酶浓度和孵育时间是生产高质量ssDNA的关键（Matsuura等，2001）。此外，Lambda核酸外切酶还可以通过其副活性破坏有义非磷酸化DNA链（Subramanian等，2003），通过在其5′末端掺入Cy3或Cy5荧光标记，可以保护有义DNA链免于在外切酶处理期间降解（Komarova等，2018）。

3.6.3.2 基于T_7 Gene 6核酸外切酶消化

通常在PCR获取dsDNA时，可在要保留的目的链对应的引物末端进行一定的化学修饰，阻碍外切酶的起始识别作用，从而实现外切酶消化掉互补链，留下目的ssDNA。T_7 Gene 6核酸外切酶能够沿5′→3′方向非持续地水解非编码的反义链，而正义链的引物5′端带有几个硫代磷酸酯修饰，可防止酶的水解活性（Nadal等，2012）。Nikiforov等（Nikiforov等，1994）研究了硫代磷酸键对T_7 Gene 6外切酶水解活性的影响。发现在5′末端含有一个硫代磷酸酯残基的dsDNA底物与未修饰的dsDNA一样有效地被该酶水解。然而，酶活性在四种硫代磷酸酯的存在下完全抑制。在这些结果的基础上，开发了一种将双链PCR产物转化为全长ssDNA片段的方法。在该方法中，其中一个PCR引物在其5′末端含有四个硫代磷酸酯，而另一条引物则未经修饰。放大后，双链产物用T_7 Gene 6核酸外切酶处理。硫代磷酸化的链不受该酶的作用，而互补链被水解。酶降解法成本比较高，并且由于某些特定的核酸序列（如G4s等）可能会阻碍酶的活性，也存在降解不彻底导致的产率低下、产物不纯等问题。核酸外切酶法操作不便，单链得率依赖于外切酶的活性。

3.6.4 链霉亲和素包被珠的磁分离

最广泛使用的 FNAs 次级文库制备方法是基于链霉亲和素包被珠的磁分离。在扩增过程中使用生物素修饰反向引物，产生生物素化 dsDNA，然后被链霉亲和素包被的磁珠捕获，并进行碱/热变性，其中非生物素化的目的链释放到上清液中并被洗脱。该方法操作简单，通常只需要 20min，主要产物是 ssDNA，其以高产率生产（约 30%）（Kohlberger 等，2021）。链霉亲和素和生物素之间的结合是最强的非共价生物相互作用，解离常数 K_d 为 40fmol/L。

生物素-链霉亲和素结合是从生物素化 PCR 产物衍生 ssDNA 的核心。但是，这种结合作用在低盐条件下容易脱落。所以洗脱时如果只用 20mmol/L NaOH 容易导致生物素化链的脱落（Paul 等，2009）。有人提出基于链霉亲和素包被磁珠的方法可能不适合 SELEX，因为会释放干扰的链霉亲和素和生物素修饰的 DNA 链。研究者将碱变性方法与已知能够释放大量链霉亲和素蛋白和生物素化 DNA 的热处理方法（90℃处理 2min）进行比较。结果表明，在碱变性方法中会释放出痕量的链霉亲和素和生物素化的 DNA，可以通过在 NaOH 水溶液中预处理珠子来减少该 DNA 含量（Wilson 2011）。但是，通过碱变性，会导致 ssDNA 三级结构的丢失，而这对于 ssDNA 与目标分子的结合是必不可少的。Sefah 等还报告链霉亲和素以其他方式干扰细胞-SELEX。这种干扰的机制是链霉亲和素与某些细胞（如血小板）表面的受体结合。这种结合的链霉亲和素促进细胞的交联，并作为适配体筛选的另一目标（Sefah 等，2010）。所以当靶细胞显示其受体与链霉亲和素结合并且不能使用反选择步骤时，应探索生成 ssDNA 的替代方法。然而，在大多数情况下，没有理由放弃基于链霉亲和素修饰磁珠的 ssDNA 制备方法，转而采用更耗时、更昂贵的方法，例如，基于 Lambda 核酸外切酶的方法（Avci-Adali 等，2009）。

3.6.5 借助固相介质分离

3.6.5.1 基于变性尿素-聚丙烯酰胺凝胶的 ssDNA 分离

使用变性 PAGE 生成单链次级文库，往往是通过对产生的长度不等的 PCR 产物进行凝胶电泳实现分离回收。在 FNAs 的筛选过程中通常有七种策略：

①使用含有间隔子作为延伸终止区（如六甘醇、PEG 修饰等）和多核苷酸尾巴的引物进行 PCR，以产生长度不同的链。PCR 后，通过变性凝胶电泳分离不等长的 dsDNA。所需的 ssDNA 链从聚丙烯酰胺凝胶中洗脱回收。在 DNAzyme 的筛选过程中，经常采用这种方式生成目标单链。例如，通过体外筛选艰难梭菌的 DNAzyme 时，反向引物 5′端包含三甘醇间隔子和多聚腺嘌呤（poly-A）20 尾巴，间隔子可以防止 poly-A 尾巴被扩增，从而使非 DNAzyme 编码链比编码链长 20 个核苷酸，这允许通过 10% dPAGE 将两条链分开（Shen 等，2016）。这种策略被证明可以确保更好地回收 ssDNA（同时能够及时清除 PCR 副产物），但 PEG 修饰的引物成本高昂，并且在 PCR 中表现不佳（Damase 等，2017）。

②有研究直接设计富含 CG 的多核苷酸尾部的反向引物以形成强大的茎环结构，起到阻碍延伸的作用。这种创新的引物设计由 Cao 等于 2009 年报道（Cao 等，2009），其中反向引物由两段序列组成：富含 5′-GC 的反向重复序列，能够部分形成茎环结构；模板链的 3′互补序列。由于 GC 含量高导致反向引物的 T_m 升高，当 Taq DNA 聚合酶在 55~65℃温度范围内发挥作用时，反向引物的高级结构仍然保留，从而防止正义链的延伸。因此，PCR 产物在变性凝胶电泳中呈现出两条迁移率不同的条带，较低的条带位于单链模板的同一水平位置，较高的条带是反向互补序列，其比模板链长 38nt。

③反向引物也可以用丙烯酸改性以将反义链固定在凝胶中，而 DNA 编码的正义链则在电泳期间迁移（Damase 等，2017）。使用市售的丙烯酸亚磷酰胺单体（acrylic phosphoramidite，5′-acrydite）修饰的 DNA 引物将 PCR 产物的一条链固定在聚丙烯酰胺基质中。电泳将未交联的 DNA 转移到凝胶中，以回收所需大小的单链产物。结果表明，这种方法可以产生高产量的纯 ssDNA（Damase 等，2017）。与其他方法相比，这种方法要便宜得多，只需要一个纯化步骤，可以去除不需要的互补链。这种方法的另一个吸引人之处在于，它允许直接将原始 PCR 产物装载到凝胶中，从而使最小化 ssDNA 序列丢失。

④使用生物素化引物，在这种情况下，需要在凝胶分离前添加链霉亲和素。引入生物素化和非生物素化的引物进行 PCR 扩增，之后通过链霉亲和素诱导的电泳迁移率变化分离获得目标 ssDNA（Pagratis，1996）。将生物素化序列的分配和非生物素化序列的条带纯化结合在一个步骤中，从而以更少的工作量获得更高的产量。

⑤分离 ssDNA 的另一种创新方法利用了核糖键遇碱易水解的性质。使用腺嘌呤核糖核苷酸（rA）或任何其他核糖核苷酸修饰在反向引物末端，并且优选用 FITC、FAM（羧基荧光素）或任何其他荧光团标记正向引物（Navani 等，2009）。这里 ssDNA 分两步制备。首先，用 rA 和 FITC 标记的引物进行 PCR 反应，然后进行 NaOH 处理。碱处理能够高效水解核糖键，水解嵌入非编码链中的 RNA 键并使该链短于正义链（即为适配体目标链）。之后，通过变性 PAGE 实现 DNA 链的有效分离。

⑥Walder 等用化学合成的引物扩增了富集的适配体序列（Walder 等，1993）。设计在引物结合区域和随机区域的交界处含有核糖残基的反向引物，其可被核糖核酸酶裂解，导致引物结合区域的截断。因此，所得混合物中包含两条长度不相同的链，可以根据它们的迁移率差异在变性 PAGE 上轻松解析。

⑦Keefe 等在其中一个引物的 3′端添加了一个 pH 敏感碱基，这个碱基可以被碱性处理消化，从而产生两条不同长度的 DNA 链（Keefe 等，2010）。通过变性 PAGE 将适配体序列与其互补链分离，从凝胶中识别并提取适配体序列。

使用变性尿素 PAGE，可以抑制适配体结构对迁移速度的影响，根据其大小分离正反义链。凝胶上还可以看到其他成分，如副产物和突变序列。通过仅提取所需尺寸的条带，可以在 SELEX 的每个周期中去除不需要的产品。该方法的缺点包括总 ssDNA 仅回收约 30%以及培养时间通常长达 12h。这两个问题都可以通过使用电洗脱的方法来解决，该方法最近才应用于 DNA 适配体的筛选（Wang 等，2019）。

3.6.5.2 基于变性高效液相色谱的 ssDNA 分离

在通过 PCR 扩增形成 dsDNA 时，如果在其中的一条引物末端标记上疏水性较强的基团（如 Biotin 或 6-FAM）时，在经历高温或碱性环境等变性条件后，两条互补链在变性高效液相色谱（high performance liquid chromatography，HPLC）中的保留时间不同，从而实现将 dsDNA 分离纯化成两条 ssDNA。由于有 1 条 PCR 引物被生物素标记，其 PCR 扩增链在变性 HPLC 时会与另一条普通链分开（Dickman 等，2000），该方法可以在 15min 内直接从双链 PCR 产物中获得所需的单链，但需要昂贵的仪器，难以普及。因为 HPLC 的大柱体积需要大量样品，并且生产纯化产品会造成严重损失。标签可以是赋予双链之一额外疏水特性的任何部分，从而促进在变性条件下 ssDNA 的分离。诸如包含带正电荷的侧基的标签也可以使用，这些侧基会影响 ssDNA 的保留时间，因此将目的序列从“未标记的”链中分辨出来。在进行功能核酸的体外筛选时，快速分离出高产率的纯 ssDNA 是必不可少的步骤。使用变性 DNA 色谱法分离 ssDNA 也有助于质谱法的直接分析（Limbach 等，1995）。

综上可知，这些方法在成本、产品质量和操作简单性方面各不相同。形形色色的次级文库再生方法的开发主要是为了获得最大的产品产量、更低廉的价格和更少的时间投入。到目前为止，尚未开发出兼顾所有方面的单链生成策略。例如，PEG 修饰的引物在 PCR 中可能表现不佳；Lambda 核酸外切酶会缓慢消化 ssDNA 和非磷酸化底物，导致产物量的下降等。因此，需要根据自己的需求和实验条件选择合适的次级文库生成策略。可以确定的是，如果正确执行，它们中的每一个都可以在 SELEX 中成功使用（Komarova 等，2019）。

3.7 筛选过程中功能核酸表征

早期的体外筛选工作大多数是由生物化学家完成的，报道的功能核酸元件经过严格的生化表征，例如，结合亲和力测定、二级结构分析、关键核苷酸的突变以及密切相关的靶标类似物的结合。SELEX 虽然步骤复杂且所需的储备知识和技能要求较高，但所需的仪器、耗材等十分容易实现，大多数实验室都可以使用 PCR 热循环仪。在过去成功案例的鼓舞下，越来越多的研究人员进行了适配体筛选，以解决各自领域的问题。迄今为止，已经发表了数百种适配体。然而，虽然遵循 SELEX 程序总能产生 DNA 序列，但获得的序列不一定是真正的适配体。适配体结合的评估是一项具有挑战性的任务（McKeague 等，2015）。如果没有适当的控制，非适配体序列可能会显示假阳性结合结果，进而影响该适配体后续在生物传感、生物成像等方面的应用。

3.7.1 SELEX 期间池富集程度表征

监测 SELEX 过程以确定具有所需结合特性的适配体是否在轮次之间富集，最常见的做法是对添加靶标后收集到的文库分子进行量化。在靶标固定化的 SELEX 过程中，通常使用加热、尿素和 EDTA 的组合将捕获固定在靶标固体载体上的文库分子洗脱到溶液中（Rosenthal 等，2019）。通过使用先前用荧光素或^{32}P 等分子标记的文库，或使用化学标记的引物进行 PCR 来实现定量检测。在极少数情况下，目标物的荧光特性在与文库结合后会发生变化，荧光增强程度可用来监测文库的富集（Dey 等，2022）。此外，可以对未标记的文库进行凝胶电泳，然后用 DNA 结合染料染色来量化文库。收集到的文库单链可以再次通过用荧光素、^{32}P（Gu 等，2015）、增强靶标的荧光（Li 等，2019）或进行凝胶电泳和 DNA 结合染料染色再次定量（Yang 等，2016），前后两次的结果用来衡量每轮筛选过后与靶标结合核酸链的富集程度。

3.7.2 功能核酸表征

在最终文库的选择和测序之后，通常使用生物化学测定来表征获得的序列。Huizenga 和 Szostak（Huizenga 等，1995）于 1995 年首次分离经典 ATP 适配体，以此为例说明了 FNAs 表征所需的相关步骤。对文库进行测序后，第一步是进行序列比对。Sanger 测序后的克隆通常产生少于 100 个序列。如果获得的序列根本无法比对，则最终文库不太可能与目标分子特异性结合，因为 DNA 不可能有多种与靶标分子结合的不同方式。目前，使用深度测序技术对 PCR 产物进行直接测序可以轻松产生超过 30000 条序列。然而，仍然需要进行类似的序列比对方法。

结合测定对于表征适配体至关重要（Daems 等，2021；Yu 等，2021）。突变研究保守区域可以调研每个核苷酸的重要性。如果所有核苷酸都可以突变并且仍然可以测量到与靶标的结合，那么结合测定方法可能无法探测特异性结合，或者序列并不是适配体，或两者兼而有之。这种非活配性突变体对于传感器设计的确认也非常有用，因为基于非活性突变体的传感器不应提供与适配体相同的信号。此外，突变研究也有助于构建二级结构。

然而，这些步骤中的许多步骤并不是对所有选定的适配体都一致地执行；跳过这些步骤可能导致非适配体序列被报告为适配体。对于分析化学家来说，查看以前是否已经完成了此类表征工作也很重要。如果不是，那么控制实验将更加重要，例如使用非结合突变体，以及独立结合分析的性能。

3.7.3 亲和力评估策略

前文提到结合亲和力是功能核酸元件发挥作用的基础。SELEX 程序的核心是所得序列与靶标的结合亲和力及对干扰物的特异性。在此，首先将综述基于专业仪器的方法，然后集中讨论更适合筛选的较为简单的基于“竞争”的策略。常见亲和力评估技术的优点和局限性的总结见表 3.3。

表 3.3　功能核酸亲和力的表征方法对比

方法	优点	局限
ITC	· 液相结合； · 无标签； · 提供结合动力学和化学计量	· 需要高浓度的适配体和配体

续表

方法	优点	局限
SPR	· 提供动力学指标，例如 K_{on} 和 K_{off}	· 需要固定配体或靶标
MST	· 适用于复杂矩阵	· 配体必须能够产生荧光，或者适配体需要荧光标记
QCM	· 灵敏度高； · 亲和力测定结果准确	· 适配体的表面固定可能对结合亲和力的测定产生负面影响
荧光偏振	· 液相结合	· 配体必须能够产生荧光，或者适配体需要荧光标记； · 需要优化标记的位置； · 标记能够改变结合亲和力
滤膜结合分析	· 方法快速简单； · 所需样本量小； · 实现多样本分析	· 易受适配体在硝化纤维素膜表面的非特异性吸附的影响
珠测定	· 操作简单，无需专门的仪器设备	· 与珠子的非特异性结合会导致假阳性； · 亲和力会受到共轭的影响
链置换	· 操作简单，无需专门的仪器设备	· 仅适用于含有茎环结构的适配体； · 需要荧光标记

3.7.3.1 使用专门仪器测定适配体的结合亲和力

这些方法需要专门的仪器，但可以提供有关结合热力学方面的深入信息，例如，结合的亲和力、焓和熵，以及动力学参数，例如，K_{on} 和 K_{off}。

（1）等温滴定量热法（isothermal titration calorimetry，ITC） ITC 可以提供 nmol/L 到 μmol/L 范围内的适配体 K_d 以及配体结合的化学计量、焓和熵的详细信息。ITC 用于研究靶标与适配体相互作用的历史可以追溯到 21 世纪初（Cowan 等，2000）。从那时起，这种方法已经被常规使用。小分子配体被装入注射器中，并通过一系列的微量注射滴定到加载在等温池中的适配体，两个分子溶解在相同的缓冲液中。通过量热计测量注射过程中每次结合事件吸收或释放的热量。进行滴定直至适配体饱和，这表现为注入滴定剂时的最小热量变化。将热量相对于时间积分，所得数据与配体和适配体的物质的量之比作图。该等温线可以用结合多项式进行拟合，以获得适配体-配体结合的化学计量、K_d 和其他热力学常数。有利的是，这些测定可以在各种温度（2~80℃）下进行，可灵活调整缓冲液的 pH 和组成。同时，只需要一次实验就能获得多个结合参数，而且不需要对适配体进行标记、工程化或固定化。但是，ITC 仪器的成本一般在 10 万美元以上，这使得该方法对于临时用户来说相当昂贵。实验所需的大量试剂和该方法的低通量性质也限制其用于功能核酸结合特性的深入分析。

（2）表面等离子共振（surface plasmon resonance，SPR） SPR 是确定适配体结合参数的另一种标准方法。该方法的优点是它不仅能够表征结合亲和力和化学计量，还能表征动力学指标，如 K_{on} 和 K_{off}（Hendrix 等，1997）。分子吸附到金属表面后，测量不同角度下薄金膜反射的光强度的变化。适配体或靶标必须通过金-硫键、羧基-氨基作用或环氧化学固定在金芯片表面。然后结合对象流过芯片表面，适配体-配体结合导致共振角的变化，这是由于金属表面折射率的改变。一旦共振角停止变化（即非结合受体和靶标结合受体之间达到平衡），用缓冲液洗去非固定化的结合物，这使折射率返回初始值。由此产生的共振角时间图可用于拟合确定 K_{on} 和 K_{off}，并计算 K_d。通过使用不同浓度的后添加结合物进行 SPR 实验，并将平衡时的共振角与结合物浓度作图，用结合多项式拟合等温线，可以实现对结合亲和力的更准确测量。然而，使用 SPR 方法对小分子靶标的适配体的表征是有挑战的。通常情况下，适配体被固定在芯片上，但是小分子与适配体的结合导致折射率的细微变化很难进行可靠的测量。可以选择靶标固定在芯片上，这样适配体-靶标结合后就会发生较大的 SPR 变化（Win 等，2006），但这种方法有几个缺点。首先并非所有小分子都具有适合共价连接到传感器表面的官能团。其次，小分子靶标的固定可能阻碍与适配体结合。因此，通过该策略获得的结合参数不一定等同于适配体和靶标在溶液中游离相互作用的结合参数。最近，Chang 等开发了一种通用的基于 SPR 的适配体表征方法，该方法避免了与适配体/靶标固定相关的挑战，同时实现了高灵敏度（Chang 等，2014）。他们通过连接在传感器芯片表面的 poly-T 序列捕获带有 poly-A 尾巴的适配体，以避免空间位阻并减轻固定化带来的负面影响。为了实现对结合事件的更灵敏检测，他们使用了高密度羧甲基 CM5 传感器芯片，该芯片可以支持比以前芯片更高的适配体表面密度。因此，更多的小分子可以黏附在表面上，从而产生更强的信号。应用该策略，可以确定各种具有亚微摩尔至微摩尔级别 K_d 的小分子结合适配体的结合动力学和亲和力，这是传统 SPR 固定方法无法实现的。

（3）微量热涌动法（microscale thermophoresis，MST） MST 是一种相对较新的技术，已成为表征适配体 K_d 的流行技术。该技术利用了这样的原理，即结合状态下的适配体或配体在溶液中具有与其游离对应物不同（通常较低）的扩散速率，且这些差异可以通过热泳法测量。为了进行测定，适配体需要进行荧光标记，或者靶标分子能够激发荧光，以便它们可以在空间上被跟踪。已经研发了特定的进行 MST 测定的仪器。通常，将含有恒定浓度的靶标和不同浓度的适配体的 12~16 个样品分别加入微毛细管中。连续监测每个毛细管特定区域的荧光，在靶标和适配体平衡后，用红外激光快速加热监测区域。这使被加热区域中的荧光分子扩散离开，导致荧光下降。这种荧光下降的程度与适配体-靶标结合的程度有关。通过绘制加热前后的荧光与适配体浓度的比率可以得到结合等温线，用结合多项式拟合曲线以确定 K_d（Entzian 等，2016）。Baaske 等首次展示了 MST 用于探究被充分研究的 ATP 适配体的结合亲和力（Baaske 等，2010）。结果发现，该适配体与 ATP 及一磷酸腺苷（AMP）的结合具备相似的微摩尔级的亲和力。Rangel 等报道了使用 MST 来确定赭曲霉毒素 A 适配体的结合亲和力（Rangel 等，2018）。MST 的一大关键优势在于可以在复杂的样品中确定 K_d，如 Rangel 等在研究人血清中赭曲霉毒素 A 结合适配体时所证明的那样（Rangel 等，2018）。

（4）石英晶体微天平（quartz crystal microbalance，QCM） 石英晶体微天平是一种

灵敏的质量响应技术，可测量由于晶体表面质量沉积的变化而引起的石英盘振荡频率的变化。将适配体探针固定在电极表面，通过测量在较高靶标浓度下平台表面上分子质量增加导致的共振频率变化，通过所得数据进行曲线拟合来确定适配体的 K_d。Challier 等应用 QCM 测定表面固定化的 L-酪氨酸酰胺结合适配体的亲和力，得到的 K_d 低至 3μmol/L（Challier 等，2016）。Hu 等利用 QCM 集成的 SELEX 来筛选和测量适配体对丙烯酰胺的结合强度，获得纳摩尔水平的亲和力（Hu 等，2018）。QCM 能够提供准确且无标记的亲和力测定，但容易受到表面固定造成的不利影响，如在与不依赖适配体表面功能化的替代测定法比较时，QCM 方法表现出较低的结合亲和力（Challier 等，2016）。

3.7.3.2 使用常规仪器测定适配体的结合亲和力

（1）基于适配体-靶标结合的方法　主要有以下三种方法。

①基于结合诱导的靶标荧光变化的表征：对于某些特殊的靶标，可以通过测量其与适配体结合前后的荧光差异来研究适配体亲和力和特异性。通过记录靶标的荧光变化与适配体浓度的关系，可以生成结合等温线。通常使用这种策略研究染料分子的适配体（Tan 等，2017）。然而，对于一小部分非染料小分子，它们的荧光发射强度在适配体结合时也会发生改变。例如，Samokhvalov 等证明可以利用赭曲霉毒素 A 的固有荧光确定其对适配体的亲和力（Samokhvalov 等，2018）。尽管这种方法无标记且操作非常简单，但其通用性非常有限，因为靶标与适配体结合在大多数情况下对靶标的光学性质没有影响。

②荧光偏振方法：荧光偏振是另一种测量溶液中适配体-靶标结合亲和力的方法。基于受体-配体结合导致任一结合单元自由度降低的原理，可以通过测量其荧光偏振来检测。当靶标能够激发荧光时，这种方法尤其有用（Holeman 等，1998）。例如，Okazawa 等使用荧光偏振法来研究卟啉适配体的亲和力，因为卟啉本身是荧光的（Okazawa 等，2000）。如果靶标不能够激发荧光，则需要荧光团标记靶标或适配体以进行分析。然而，如前所述，对于小分子的标记具有挑战性的，并可能改变其结合特性。另一方面，荧光标记的适配体在靶标结合后可能并不会表现出可检测的自由度变化。因此，该方法不能被普遍应用。

③硝酸纤维素滤膜结合分析：滤膜结合实验使用硝酸纤维素膜保留适配体-靶标复合物，可以进一步定量以评估适配体的结合亲和力。该技术采用超滤的概念，使用压力、真空或离心力等外力的干预来拉动或推动分析物通过高级过滤膜（Pinger 等，2017）。常用的硝酸纤维素膜的孔径为 0.2~0.45μm，其允许核酸链移动通过，但有效地保留小至 2kDa 的蛋白质/靶标分子。在典型的过滤器结合实验中，与靶标结合的适配体分子保留在膜上，而未结合的适配体作为滤液分离。保留的适配体-蛋白质复合物与靶标分开，并通过从标签测量的信号强度进一步量化。滤膜结合方法最灵敏的策略是基于适配体的放射性标记 ^{32}P，可以使用闪烁/盖革计数器或通过放射自显影法检测（Citartan 等，2014；Prabu 等，2020）。该技术提供了一种快速简单的分析方式，适用于多样品的检测。

硝酸纤维素膜方法的主要问题是适配体与膜表面的吸附或非特异性结合，可能会导致无效过滤以及 K_d 的高估。这种适配体的非特异性结合可以通过使用对照组来扣除背景信号或通过使用高盐溶液或 KOH 处理膜来减轻（McEntee 等，1980）。由于蛋白质的靶标在膜表面的保留是由疏水相互作用促进的，因此，监测溶液的 pH 等参数非常重要，避免疏水性程度的变化并确保膜的最佳靶标保留（Jiang 等，2015）。这种方法的另一个显著缺点是不适用于评估小分子靶向适配体的结合亲和力，因为这些靶标容易滑过膜孔。

（2）基于竞争的方法　主要有以下四种方法。

①基于珠的结合测定：有研究者开发了基于珠子的凝胶洗脱测定法，用于表征适配体亲和力和特异性，其与通过文库固定化 SELEX 获得的适配体兼容（Yu 等，2018）。简而言之，适配体通过生物素化的互补链固定在链霉生物素包被的琼脂糖珠上。适配体-靶标的结合会从珠子释放适配体，然后对释放的适配体进行定量以计算池子的 K_d。虽然这种技术主要应用于研究适配体文库，但研究者相信其也可以应用于表征单个适配体的结合特性。

②基于金纳米粒子（gold nanoparticles，AuNPs）的检测：利用 AuNPs 的测定提供了用于筛选适配体与特定分子结合的简单且快速的手段。靶标与适配体的结合可以使用未修饰的 AuNPs 转化为比色信号。在没有靶标的情况下，DNA/RNA 链强烈吸附在 AuNPs 上，阻止了金的聚集，体系呈现红色。靶标与适配体的结合使其从 AuNPs 表面解离，使 AuNPs 不稳定并在盐离子环境中聚集，溶液变为蓝色（Derbyshire 等，2012）。Derbyshire 等使用基于 AuNPs 的测定来检查三种氨基糖苷抗生素的适配体与八种不同的氨基糖苷的交叉反应性（Derbyshire 等，2012）。Mckeague 等同样报道了使用 AuNPs 比色法来评估七种不同的小分子结合适配体的结合能力（McKeague 等，2015）。事实上，AuNPs 可以用作定性方法来快速筛选相对大量的适配体-靶标对，这种策略的主要缺点是它们容易产生错误的结果。这是因为 AuNPs 聚集可以由与适配体-靶标结合无关的几个因素非特异性触发，例如，靶标的性质、缓冲液组成和适配体的结构。因此，在解释基于 AuNP 的测定结果时应该非常谨慎。

③链置换法：链置换测定是测量适配体的靶结合亲和力和特异性的可靠方法。该方法的原理是，与适配体部分杂交的互补 DNA 链（cDNA）被靶标竞争置换。要确定与靶标结合适配体的 K_d，必须确定适配体和 cDNA（K_{d1}）以及配体和适配体-cDNA 复合物（K_{d2}）之间的亲和力。K_{d1} 是通过适配体滴定不同浓度的 cDNA 来确定的，而 K_{d2} 通过针对固定浓度的适配体-cDNA 复合物滴定不同浓度的配体并测量链置换的程度来确定，K_d 为 K_{d1} 与 K_{d2} 之比（Yang 等，2014）。这种通用范式首先由 Easley 和 Hu 建立，他们使用微流控芯片电泳确定了适配体的配合状态（Hu 等，2011）。链置换分析具有几个优点，包括简单、准确度高、试剂要求低以及能够在溶液中提供结合参数（Nakatsuka 等，2018）。然而，这种方法的成功执行需要一些试错法来选择合适的 cDNA 序列，并需要加入对照组以说明配体可能对荧光团和猝灭剂的光学特性（例如荧光增强/猝灭）的影响。

④染料置换测定：染料置换分析代表了一种筛选适配体-靶标结合亲和力和特异性

的替代方法。一些适配体显示出在其靶结合区域内或附近结合某些染料的能力。在靶标存在的情况下，染料从适配体上置换出来，从而导致染料的光学性质发生变化。染料置换方法操作简单，不需要任何适配体工程化或靶标结合域的先验知识。然而，并非所有适配体都能以配体结合依赖性方式结合并释放染料。

3.8 总结与展望

功能核酸元件在生物传感、生物成像、治疗诊断等广泛领域取得了令人瞩目的成就，充分展示了其无限的魅力和潜力。SELEX 协议的设计对功能核酸的成功开发做出了重大贡献，为功能核酸元件众多固有优势（如可编程性、高化学稳定性、易于合成和广泛的靶标等）的发挥奠定了基础。

作为一个包含层层迭代程序以处理各种靶标的综合程序，应当注意的是，没有一个标准的 SELEX 协议适用于所有应用程序。需要通过仔细研究每个特定案例，为 SELEX 的各个步骤选择合适的技术，并辅以合理的功能核酸裁剪策略。本章重点讨论了文库设计、分离策略、PCR 扩增以及筛选过程的功能核酸性能表征，筛选的步骤是任何 SELEX 实验中不可分割的一部分，最终决定了筛选实验的成功。我们相信，基于对 SELEX 关键步骤的深入理解而设计的个性化 SELEX 协议将有助于研究人员解决当前功能核酸体外筛选所面临的障碍。

如今，功能核酸开发工具包不断增长，新技术正在不断提高筛选效率并减少获得新核酸元件所需的努力。但是要实现功能核酸的功能优势并促进其在实际应用中的推广，仍存在巨大的研究差距，需要克服未来研究中的一些挑战。①SELEX 技术通常是劳动密集型、耗时、盲目的“黑箱”操作。因此，智能文库和自动筛选系统的开发可以提供有效的解决方案。通过建立基于计算生物学技术的“文库-靶标”拟合模型，能够在很大程度上减轻 SELEX 过程的盲目性。具有机器人液体处理系统的自动化 SELEX 协议，例如基于高度集成的微流控芯片的高通量智能选择平台，最近引起了研究人员的关注。因为其能够显著缩短 SELEX 所耗时间，并可以同时执行多项筛选任务。②大多数直接从 SELEX 中分离得到的功能核酸元件往往很难满足实际应用的需要，因此，功能核酸裁剪技术在获得高质量核酸元件的过程中发挥了重要作用。包括截断、突变、修饰、融合、延长等常规方法和新兴的工程方法，以提高核酸元件的质量。③合适匹配的工作微环境是功能核酸元件发挥其优异性能的前提。这也被认为是阻碍其实际应用的主要因素。因此，开发对微环境不敏感的元件具有重要意义。④测量结合亲和力的策略的联用将指数级地提高整体结果的准确性，提供高通量分析并缩短分析时间。

参考文献

Avci-Adali M, Paul A, Wilhelm N, et al. Upgrading selex technology by using lambda exonuclease digestion for single-stranded DNA generation [J]. Molecules, 2009, 15 (1): 1-11.

Baaske P, Wienken CJ, Reineck P, et al. Quantifizierung der puffer-abhängigkeit von aptamer-bindungsreaktionen mit optischer thermophorese [J]. Angewandte Chemie, 2010, 122 (12): 2238-2241.

Bibby DF, Gill AC, Kirby L, et al. Application of a novel *in vitro* selection technique to isolate and characterise high affinity DNA aptamers binding mammalian prion proteins [J]. J Virol Methods, 2008, 151 (1): 107-115.

Blind M, Blank M. Aptamer selection technology and recent advances [J]. Mol Ther-Nucl Acids, 2015, 4: e223.

Boussebayle A, Torka D, Ollivaud S, et al. Next-level riboswitch development—implementation of capture-selex facilitates identification of a new synthetic riboswitch [J]. Nucleic Acids Res, 2019, 47 (9): 4883-4895.

Bruno JG. *In vitro* selection of DNA to chloroaromatics using magnetic microbead-based affinity separation and fluorescence detection [J]. Biochem Bioph Res Co, 1997, 234 (1): 117-120.

Cao X, Li S, Chen L, et al. Combining use of a panel of ssDNA aptamers in the detection of *Staphylococcus aureus* [J]. Nucleic Acids Res, 2009, 37 (14): 4621-4628.

Challier L, Miranda-Castro R, Barbe B, et al. Multianalytical study of the binding between a small chiral molecule and a DNA aptamer: evidence for asymmetric steric effect upon 3′- versus 5′-end sequence modification [J]. Anal Chem, 2016, 88 (23): 11963-11971.

Chang AL, McKeague M, Liang JC, et al. Kinetic and equilibrium binding characterization of aptamers to small molecules using a label-free, sensitive, and scalable platform [J]. Anal Chem, 2014, 86 (7): 3273-3278.

Cheng AC, Calabro V, Frankel AD. Design of RNA-binding proteins and ligands [J]. Curr Opinn Struc Biol, 2001, 11 (4): 478-484.

Citartan M, Gopinath SCB, Tang TH. Generation of RNA aptamer against rhuepo-α by SELEX [J]. Asian Pacific Journal of Tropical Disease, 2014, 4 (3): 224.

Citartan M, Tang TH, Tan SC, et al. Conditions optimized for the preparation of single-stranded DNA (ssDNA) employing lambda exonuclease digestion in generating DNA aptamer [J]. World J Microb Biot, 2010, 27 (5): 1167-1173.

Citartan M, Tang TH, Tan SC, et al. Asymmetric PCR for good quality ssDNA generation towards DNA aptamer production [J]. Songklanakarin Journal of Science & Technology, 2012, 34 (2): 125-131.

Coleman TM, Huang F. Optimal random libraries for the isolation of catalytic RNA [J]. RNA Biology, 2005, 2 (4): 129-136.

Cowan JA, Ohyama T, Wang D, et al. Recognition of a cognate RNA aptamer by neomycin b: Quantitative evaluation of hydrogen bonding and electrostatic interactions [J]. Nucleic Acids Res, 2000, 28 (15): 2935-2942.

Cowperthwaite MC, Ellington AD. Bioinformatic analysis of the contribution of primer sequences to aptamer structures [J]. J Mol Evol, 2008, 67 (1): 95-102.

Daems E, Moro G, Campos R, et al. Mapping the gaps in chemical analysis for the characterisation of aptamer-target interactions [J]. TrAC-Trend Anal Chem, 2021, 142: 116311.

Damase TR, Ellington AD, Allen PB. Purification of single-stranded DNA by co-polymerization with acrylamide and electrophoresis [J]. BioTechniques, 2017, 62 (6): 275-282.

Derbyshire N, White SJ, Bunka DHJ, et al. Toggled RNA aptamers against aminoglycosides allowing facile detection of antibiotics using gold nanoparticle assays [J]. Anal Chem, 2012, 84 (15): 6595-6602.

Dey SK, Filonov GS, Olarerin-George AO, et al. Publisher correction: repurposing an adenine riboswitch into a fluorogenic imaging and sensing tag [J]. Nat Chem Biol, 2022, 18 (2): 236.

Dickman M, Hornby DP. Isolation of single-stranded DNA using denaturing DNA chromatography [J]. Anal Biochem, 2000, 284 (1): 164-167.

Douglas SM, Marblestone AH, Teerapittayanon S, et al. Rapid prototyping of 3D DNA-origami shapes with cadnano [J]. Nucleic Acids Res, 2009, 37 (15): 5001-5006.

Drabovich A, Berezovski M, Krylov SN. Selection of smart aptamers by equilibrium capillary electrophoresis of equilibrium mixtures (ECEEM) [J]. J Am Chem Soc, 2005, 127 (32): 11224-11225.

Eaton RM, Shallcross JA, Mael LE, et al. Selection of DNA aptamers for ovarian cancer biomarker he4 using ce－selex and high－throughput sequencing [J]. Analytical and Bio Anal Chem, 2015, 407 (23): 6965－6973.

Ellington AD, Szostak JW. Selection *in vitro* of single－stranded DNA molecules that fold into specific ligand－binding structures [J]. Nature, 1992, 355 (6363): 850－852.

Entzian C, Schubert T. Studying small molecule－aptamer interactions using microscale thermophoresis (MST) [J]. Methods, 2016, 97: 27－34.

Fraser LA, Kinghorn AB, Tang MSL, et al. Oligonucleotide functionalised microbeads: Indispensable tools for high－throughput aptamer selection [J]. Molecules, 2015, 20 (12): 21298－21312.

Gu C, Lan T, Shi H, et al. Portable detection of melamine in milk using a personal glucose meter based on an *in vitro* selected structure－switching aptamer [J]. Anal Chem, 2015, 87 (15): 7676－7682.

Gyllensten UB, Erlich HA. Generation of single－stranded DNA by the polymerase chain reaction and its application to direct sequencing of the HLA－DQA locus [J]. P Natl A Sci, 1988, 85 (20): 7652－7656.

He CZ, Zhang KH, Wang T, et al. Single－primer－limited amplification: A method to generate random single－stranded DNA sub－library for aptamer selection [J]. Anal Biochem, 2013, 440 (1): 63－70.

Heiat M, Ranjbar R, Latifi AM, et al. Essential strategies to optimize asymmetric PCR conditions as a reliable method to generate large amount of ssDNA aptamers [J]. Biotechnol and Appl Bioc, 2017, 64 (4): 541－548.

Hendrix M, Priestley ES, Joyce GF, et al. Direct observation of aminoglycoside－RNA interactions by surface plasmon resonance [J]. J Am Chem Soc, 1997, 119 (16): 3641－3648.

Holeman LA, Robinson SL, Szostak JW, et al. Isolation and characterization of fluorophore－binding RNA aptamers [J]. Folding and Design, 1998, 3 (6): 423－431.

Hu J, Easley CJ. A simple and rapid approach for measurement of dissociation constants of DNA aptamers against proteins and small molecules via automated microchip electrophoresis [J]. Analyst, 2011, 136 (17): 3461－3468.

Hu Q, Wang R, Wang H, et al. Selection of acrylamide－specific aptamers by a quartz crystal microbalance combined SELEX method and their application in rapid and specific detection of acrylamide [J]. Sensor Actuat B－Chem, 2018, 273: 220－227.

Huizenga DE, Szostak JW. A DNA aptamer that binds adenosine and ATP [J]. Biochemistry, 1995, 34 (2): 656－665.

Jang S, Jang S, Xiu Y, et al. Development of artificial riboswitches for monitoring of naringenin *in vivo* [J]. ACS Synth Biol, 2017, 6 (11): 2077－2085.

Jiang L, Wang Z, Li Y, et al. Relationship between surface hydrophobicity and structure of soy protein isolate subjected to different ionic strength [J]. Int J Food Prop, 2015, 18 (5): 1059－1074.

Jing M, Bowser MT. Isolation of DNA aptamers using micro free flow electrophoresis [J]. Lab on a Chip, 2011, 11 (21): 3703－3709.

Kalle E, Kubista M, Rensing C. Multi－template polymerase chain reaction [J]. Biomolecular Detection and Quantification, 2014, 2: 11－29.

Kang J, Lee MS, Gorenstein DG. The enhancement of pcr amplification of a random sequence DNA library by DMSO and betaine: application to *in vitro* combinatorial selection of aptamers [J]. J Biochem Bioph Meth, 2005, 64 (2): 147－151.

Keefe AD, Pai S, Ellington A. Aptamers as therapeutics [J]. Nat Rev Drug Discov, 2010, 9 (7): 537－550.

Khan NI, Maddaus AG, Song E. A low－cost inkjet－printed aptamer－based electrochemical biosensor for the selective detection of lysozyme [J]. Biosensors, 2018, 8 (1): 7.

Kohlberger M, Gadermaier G. SELEX: critical factors and optimization strategies for successful aptamer selection [J]. Biotechnol Appl Bioc, 2021, 69 (5): 1771－1792.

Komarova N, Kuznetsov A. Inside the black box: what makes SELEX better? [J]. Molecules, 2019, 24 (19): 3598.

Komarova NV, Glukhov SI, Andrianova MS, et al. Use of the CY3 and CY5 fluorescent labels to protect a DNA strand from degradation under λ exonuclease treatment [J]. Mosc Univ Chem Bull, 2018, 73 (1): 19-26.

Kowalska E, Bartnicki F, Pels K, et al. The impact of immobilized metal affinity chromatography (IMAC) resins on DNA aptamer selection [J]. Anal and Bioanal Chem, 2014, 406 (22): 5495-5499.

Kupakuwana GV, Crill JE 2nd, McPike MP, et al. Acyclic identification of aptamers for human alpha-thrombin using over-represented libraries and deep sequencing [J]. PLoS One, 2011, 6 (5): e19395.

Lam CH, Ward NE, Englehardt J. Non-SELEX bead-based x-aptamer selection [J]. Mol Ther, 2015, 23: S57.

Larsson C, Koch J, Nygren A, et al. In situ genotyping individual DNA molecules by target-primed rolling-circle amplification of padlock probes [J]. Nat Methods, 2004, 1 (3): 227-232.

Lauridsen LH, Shamaileh HA, Edwards SL, et al. Rapid one-step selection method for generating nucleic acid aptamers: development of a DNA aptamer against α-bungarotoxin [J]. PLoS One, 2012, 7 (7): e41702.

Li J, Zhang Z, Gu J, et al. Diverse high-affinity DNA aptamers for wild-type and B. 1. 1. 7 SARS-CoV-2 spike proteins from a pre-structured DNA library [J]. Nucleic Acids Res, 2021, 49 (13): 7267-7279.

Li W, Luo Y, Gao T, et al. *In vitro* selection of DNA aptamers for a small-molecule porphyrin by gold nanoparticle-based SELEX [J]. J Mol Evol, 2019, 87 (7): 231-239.

Li Y, Geyer R, Sen D. Recognition of anionic porphyrins by DNA aptamers [J]. Biochemistry, 1996, 35 (21): 6911-6922.

Limbach PA, Crain PF, McCloskey JA. Characterization of oligonucleotides and nucleic acids by mass spectrometry [J]. Curr Opin Biotechnol, 1995, 6 (1): 96-102.

Lou X, Qian J, Xiao Y, et al. Micromagnetic selection of aptamers in microfluidic channels [J]. P Natl A Sci, 2009, 106 (9): 2989-2994.

Low SY, Hill JE, Peccia J. DNA aptamers bind specifically and selectively to (1 → 3) -β-D-glucans [J]. Biochem Biophys Res Commun, 2009, 378 (4): 701-705.

Lozupone C, Changayil S, Majerfeld I, et al. Selection of the simplest RNA that binds isoleucine [J]. RNA, 2003, 9 (11): 1315-1322.

Lyu C, Khan IM, Wang Z. Capture-SELEX for aptamer selection: A short review [J]. Talanta, 2021, 229: 122274.

Marshall KA, Ellington AD. Molecular parasites that evolve longer genomes [J]. J Mol Evol, 1999, 49 (5): 656-663.

Matsuura S, Komatsu J, Hirano K, et al. Real-time observation of a single DNA digestion by λ exonuclease under a fluorescence microscope field [J]. Nucleic Acids Res, 2001, 29 (16): e79.

McConnell EM, Cozma I, Mou Q, et al. Biosensing with DNAzymes [J]. Chem Soc Rev, 2021, 50 (16): 8954-8994.

McEntee K, Weinstock GM, Lehman IR. Reca protein-catalyzed strand assimilation: stimulation by *Escherichia coli* single-stranded DNA-binding protein [J]. P Natl A Sci, 1980, 77 (2): 857-861.

McKeague M. Aptamers for DNA damage and repair [J]. Int J Mol Sci, 2017, 18 (10): 2212.

McKeague M, De Girolamo A, Valenzano S, et al. Comprehensive analytical comparison of strategies used for small molecule aptamer evaluation [J]. Anal Chem, 2015, 87 (17): 8608-8612.

McKeague M, McConnell EM, Cruz-Toledo J, et al. Analysis of *in vitro* aptamer selection parameters [J]. J Mol Evol, 2015, 81 (5): 150-161.

Mencin N, Šmuc T, Vraničar M, et al. Optimization of SELEX: Comparison of different methods for monitoring the progress of *in vitro* selection of aptamers [J]. J Pharmaceuti Biomed Analysis, 2014, 91: 151-159.

Mercier MC, Dontenwill M, Choulier L. Selection of nucleic acid aptamers targeting tumor cell-surface protein biomarkers [J]. Cancers, 2017, 9 (6): 69.

Nadal P, Pinto A, Svobodova M, et al. DNA aptamers against the lup an 1 food allergen [J]. PLoS

One, 2012, 7 (4): e35253.

Nakabayashi Y, Nishigaki K. Single-strand conformation polymorphism (SSCP) can be explained by semistable conformation dynamics of single-stranded DNA1 [J]. The Journal of Biochemistry, 1996, 120 (2): 320-325.

Nakatsuka N, Yang KA, Abendroth JM, et al. Aptamer-field-effect transistors overcomedebye length limitations for small-molecule sensing [J]. Science, 2018, 362 (6412): 319-324.

Navani NK, Mok WK, Li YF. *In vitro* selection of protein-binding DNA aptamers as ligands for biosensing applications [J]. Methods Mol Biol, 2009, 504: 399-415.

Nguyen Quang N, Bouvier C, Henriques A, et al. Time-lapse imaging of molecular evolution by high-throughput sequencing [J]. Nucleic Acids Res, 2018, 46 (15): 7480-7494.

Ni S, Yao H, Wang L, et al. Chemical modifications of nucleic acid aptamers for therapeutic purposes [J]. Int J Mol Sci, 2017, 18 (8): 1683.

Nikiforov TT, Rendle RB, Kotewicz ML, et al. The use of phosphorothioate primers and exonuclease hydrolysis for the preparation of single-stranded pcr products and their detection by solid-phase hybridization [J]. PCR Methods Appl, 1994, 3 (5): 285-291.

Oh SS, Plakos K, Xiao Y, et al. *In vitro* selection of shape-changing DNA nanostructures capable of binding-induced cargo release [J]. ACS Nano, 2013, 7 (11): 9675-9683.

Okazawa A, Maeda H, Fukusaki E, et al. *In vitro* selection of hematoporphyrin binding DNA aptamers [J]. Bioorg Med Chem Lett, 2000, 10 (23): 2653-2656.

Okhonin V, Berezovski M, Krylov SN. Sweeping capillary electrophoresis: a non-stopped-flow method for measuring bimolecular rate constant of complex formation between protein and DNA [J]. J Am Chem Soc, 2004, 126 (23): 7166-7167.

Olsen T, Zhu J, Kim J, et al. An integrated microfluidic SELEX approach using combined electrokinetic and hydrodynamic manipulation [J]. SLAS Technol, 2016, 22 (1): 63-72.

Pagratis NC. Rapid preparation of single stranded DNA from PCR products by streptavidin induced electrophoretic mobility shift [J]. Nucleic Acids Res, 1996, 24 (18): 3645-3646.

Paul A, Avci-Adali M, Ziemer G, et al. Streptavidin-coated magnetic beads for DNA strand separation implicate a multitude of problems during cell-SELEX [J]. Oligonucleotides, 2009, 19 (3): 243-254.

Peng L, Stephens BJ, Bonin K, et al. A combined atomic force/fluorescence microscopy technique to select aptamers in a single cycle from a small pool of random oligonucleotides [J]. Microsc Res Techniq, 2007, 70 (4): 372-381.

Pinger CW, Heller AA, Spence DM. A printed equilibrium dialysis device with integrated membranes for improved binding affinity measurements [J]. Anal Chem, 2017, 89 (14): 7302-7306.

Pinheiro VB, Taylor AI, Cozens C, et al. Synthetic genetic polymers capable of heredity and evolution [J]. Science, 2012, 336 (6079): 341-344.

Pobanz K, Lupták A. Improving the odds: Influence of starting pools on *in vitro* selection outcomes [J]. Methods, 2016, 106: 14-20.

Prabu SS, Ch'ng ES, Woon PY, et al. Unravelling the diagnostic and therapeutic potentialities of a novel RNA aptamer isolated against human pituitary tumour transforming gene 1 (PTTG1) protein [J]. Anal Chim Acta, 2020, 1138: 181-190.

Rabal O, Pastor F, Villanueva H, et al. *In silico* aptamer docking studies: from a retrospective validation to a prospective case study-TIM3 aptamers binding [J]. Mol Ther Nucleic Acids, 2016, 5: e376.

Rangel AE, Chen Z, Ayele TM, et al. *In vitro* selection of an XNA aptamer capable of small-molecule recognition [J]. Nucleic Acids Res, 2018, 46 (16): 8057-8068.

Riley KR, Gagliano J, Xiao J, et al. Combining capillary electrophoresis and next-generation sequencing for aptamer selection [J]. Anal BioAnal Chem, 2015, 407 (6): 1527-1532.

Rohloff JC, Gelinas AD, Jarvis TC, et al. Nucleic acid ligands with protein-like side chains: Modified aptamers and their use as diagnostic and therapeutic agents [J]. Mol Ther Nucleic Acids, 2014, 3: e201.

Rosenthal M, Pfeiffer F, Mayer G. A receptor-guided design strategy for ligand identification [J].

Angew Chem Int Edit, 2019, 58 (31): 10752-10755.

Samokhvalov AV, Safenkova IV, Zherdev AV, et al. The registration of aptamer-ligand (ochratoxin a) interactions based on ligand fluorescence changes [J]. Biochem and Biophys Res Commun, 2018, 505 (2): 536-541.

Sanchez JA, Pierce KE, Rice JE, et al. Linear-after-the-exponential (LATE) -PCR: an advanced method of asymmetric PCR and its uses in quantitative real-time analysis [J]. P Natl A Sci, 2004, 101 (7): 1933-1938.

Santosh B, Yadava PK. Nucleic acid aptamers: research tools in disease diagnostics and therapeutics [J]. BioMed Res Int, 2014: 540451.

Sefah K, Shangguan D, Xiong X, et al. Development of DNA aptamers using cell-SELEX [J]. Nat Protoc, 2010, 5 (6): 1169-1185.

Shao K, Ding W, Wang F, et al. Emulsion PCR: a high efficient way of PCR amplification of random DNA libraries in aptamer selection [J]. PLoS One, 2011, 6 (9): e24910.

Shen Z, Wu Z, Chang D, et al. A catalytic DNA activated by a specific strain of bacterial pathogen [J]. Angew Chem Int Ed Engl, 2016, 55 (7): 2431-2434.

Shui B, Ozer A, Zipfel W, et al. RNA aptamers that functionally interact with green fluorescent protein and its derivatives [J]. Nucleic Acids Res, 2012, 40 (5): e39.

Soldevilla MM, Hervas S, Villanueva H, et al. Identification of LAG3 high affinity aptamers by HT-SELEX and conserved motif accumulation (CMA) [J] . PLoS One, 2017, 12 (9): e0185169.

Song S, Wang X, Xu K, et al. Selection of highly specific aptamers to *Vibrio parahaemolyticus* using cell-SELEX powered by functionalized graphene oxide and rolling circle amplification [J]. Anal Chim Acta, 2019, 1052: 153-162.

Stoltenburg R, Reinemann C, Strehlitz B. Flumag-SELEX as an advantageous method for DNA aptamer selection [J]. Anal BioAnal Chem, 2005, 383 (1): 83-91.

Subramanian K, Rutvisuttinunt W, Scott W, et al. The enzymatic basis of processivity in λ exonuclease [J]. Nucleic Acids Res, 2003, 31 (6): 1585-1596.

Svobodová M, Pinto A, Nadal P, et al. Comparison of different methods for generation of single-stranded DNA for SELEX processes [J]. Anal BioAnal Chem, 2012, 404 (3): 835-842.

Szeto K, Craighead HG. Devices and approaches for generating specific high-affinity nucleic acid aptamers [J]. Appl Phys Res, 2014, 1 (3): 031103.

Tan X, Constantin TP, Sloane KL, et al. Fluoromodules consisting of a promiscuous RNA aptamer and red or blue fluorogenic cyanine dyes: selection, characterization, and bioimaging [J]. J Am Chem Soc, 2017, 139 (26): 9001-9009.

Tang J, Breaker RR. Rational design of allosteric Ribozymes [J]. Chem Biol, 1997, 4 (6): 453-459.

Thiel WH, Bair T, Wyatt Thiel K, et al. Nucleotide bias observed with a short SELEX RNA aptamer library [J]. Nucleic Acid Ther, 2011, 21 (4): 253-263.

Tolle F, Wilke J, Wengel J, et al. By-product formation in repetitive PCR amplification of DNA libraries during SELEX [J]. PLoS One, 2014, 9 (12): e114693.

Tolnai Z, Harkai Á, Szeitner Z, et al. A simple modification increases specificity and efficiency of asymmetric PCR [J]. Anal Chim Acta, 2019, 1047: 225-230.

Tsao SM, Lai JC, Horng HE, et al. Generation of aptamers from a primer-free randomized ssDNA library using magnetic-assisted rapid aptamer selection [J]. Sci Rep, 2017, 7 (1): 45478.

Tuerk C, Gold L. Systematic evolution of ligands by exponential enrichment: RNA ligands to bacteriophage T4 DNA polymerase [J]. Science, 1990, 249 (4968): 505-510.

Veedu RN, Wengel J. Locked nucleic acids: Promising nucleic acid analogs for therapeutic applications [J]. Chem Biodivers, 2010, 7 (3): 536-542.

Vorobyeva MA, Davydova AS, Vorobjev PE, et al. Key aspects of nucleic acid library design for *in vitro* selection [J]. Int J Mol Sci, 2018, 19 (2): 470.

Walder RY, Hayes JR, Walder JA. Use of PCR primers containing a 3′ terminal ribose residuce to prevent cross-contamination of amplified sequences [J]. Nucleic Acids Res, 1993, 21 (18): 4339-4343.

Wang C, Yang G, Luo Z, et al. *In vitro* selection of high-affinity DNA aptamers for streptavidin [J]. Acta Bioch Bioph Sin, 2009, 41 (4): 335-340.

Wang MS, Reed SM. Direct visualization of electrophoretic mobility shift assays using nanoparticle-aptamer conjugates [J]. Electrophoresis, 2012, 33 (2): 348-351.

Wang S, Zhang L, Wan S, et al. Aptasensor with expanded nucleotide using DNA nanotetrahedra for electrochemical detection of cancerous exosomes [J]. ACS Nano, 2017, 11 (4): 3943-3949.

Wang T, Chen C, Larcher LM, et al. Three decades of nucleic acid aptamer technologies: lessons learned, progress and opportunities on aptamer development [J]. Biotechnol Adv, 2019, 37 (1): 28-50.

Wang T, Gantier MP, Xiang D, et al. Epcam aptamer-mediated survivin silencing sensitized cancer stem cells to doxorubicin in a breast cancer model [J]. Theranostics, 2015, 5 (12): 1456-1472.

Wang T, Yin W, AlShamaileh H, et al. A detailed protein-SELEX protocol allowing visual assessments of individual steps for a high success rate [J]. Hum Gene Ther Method, 2019, 30 (1): 1-16.

Wilson R. Preparation of single-stranded DNA from PCR products with streptavidin magnetic beads [J]. Nucleic Acid Ther, 2011, 21 (6): 437-440.

Win MN, Klein JS, Smolke CD. Codeine-binding RNA aptamers and rapid determination of their binding constants using a direct coupling surface plasmon resonance assay [J]. Nucleic Acids Res, 2006, 34 (19): 5670-5682.

Xiao X, Zhu L, He W, et al. Functional nucleic acids tailoring and its application [J]. TrAC-Trend Anal Chem, 2019, 118: 138-157.

Xu W, He W, Du Z, et al. Functional nucleic acid nanomaterials: development, properties, and applications [J]. Angew Chem Int Edit, 2021, 60 (13): 6890-6918.

Yang J, Bowser MT. Capillary electrophoresis-SELEX selection of catalytic DNA aptamers for a small-molecule porphyrin target [J]. Anal Chem, 2013, 85 (3): 1525-1530.

Yang KA, Barbu M, Halim M, et al. Recognition and sensing of low-epitope targets via ternary complexes with oligonucleotides and synthetic receptors [J]. Nat Chem, 2014, 6 (11): 1003-1008.

Yang KA, Pei R, Stefanovic D, et al. Optimizing cross-reactivity with evolutionary search for sensors [J]. J Am Chem Soc, 2012, 134 (3): 1642-1647.

Yang KA, Pei R, Stojanovic MN. *In vitro* selection and amplification protocols for isolation of aptameric sensors for small molecules [J]. Methods, 2016, 106: 58-65.

Yu H, Alkhamis O, Canoura J, et al. Advances and challenges in small-molecule DNA aptamer isolation, characterization, and sensor development [J]. Angew Chem Int Edit, 2021, 60 (31): 16800-16823.

Yu H, Yang W, Alkhamis O, et al. *In vitro* isolation of small-molecule-binding aptamers with intrinsic dye-displacement functionality [J]. Nucleic Acids Res, 2018, 46 (8): e43.

Yufa R, Krylova SM, Bruce C, et al. Emulsion PCR significantly improves nonequilibrium capillary electrophoresis of equilibrium mixtures-based aptamer selection: allowing for efficient and rapid selection of aptamer to unmodified ABH2 protein [J]. Anal Chem, 2015, 87 (2): 1411-1419.

Zhang J, Lau MW, Ferré-D′Amaré AR. Ribozymes and riboswitches: modulation of RNA function by small molecules [J]. Biochemistry, 2010, 49 (43): 9123-9131.

Zhang Y, Xu H, Zhou H, et al. Indirect purification method provides high yield and quality ssDNA sublibrary for potential aptamer selection [J]. Anal Biochem, 2015, 476: 84-90.

Zhang Z, Oni O, Liu J. New insights into a classic aptamer: Binding sites, cooperativity and more sensitive adenosine detection [J]. Nucleic Acids Res, 2017, 45 (13): 7593-7601.

Zhao Y, Chen F, Li Q, et al. Isothermal amplification of nucleic acids [J]. Chem Rev, 2015, 115 (22): 12491-12545.

孟祥贤，羊小海，王柯敏，等. 金纳米颗粒介导不对称 PCR：制备单链核酸的新方法 [J]. 化学学报，2010，68 (09)：917-920.

4

功能核酸表征

功能核酸包括适配体、DNAzyme、核酶（Ribozyme）、核糖开关、反义寡核苷酸、异种核酸（xeno nucleic acid，XNAs）、碱基错配DNA和点击化学连接核酸等，是一类具有高亲和力或高催化活性的分子识别元件。FNAs通常自身折叠成特殊结构以发挥特异性识别或催化功能。此外，FNAs还能通过自组装或与其他材料复合形成高分子纳米结构，应用于药物递送、疾病治疗和生物传感等领域。FNAs的电荷性质和在体系中的有效浓度决定了反应是否正常进行。总的来讲，FNAs的基本性质对其功能发挥、应用场景适应性和实际效果高度相关，性质决定功能。因此，本章总结了FNAs各方面性质（亲和力、机械强度、浓度、催化活性、结构、电学特性）的表征方法，以期为FNAs的高效应用提供有益参考。

4.1 概述

核酸是生物体内的重要分子，它承载着遗传信息，参与了生物体的遗传信息传递和表达。对核酸进行表征是深入了解其结构和功能的重要手段，也是生物学和生物技术研究中的基础工作。FNAs 的性质表征是指通过一系列实验和技术手段来了解核酸的结构、功能和相互作用（图 4.1）。

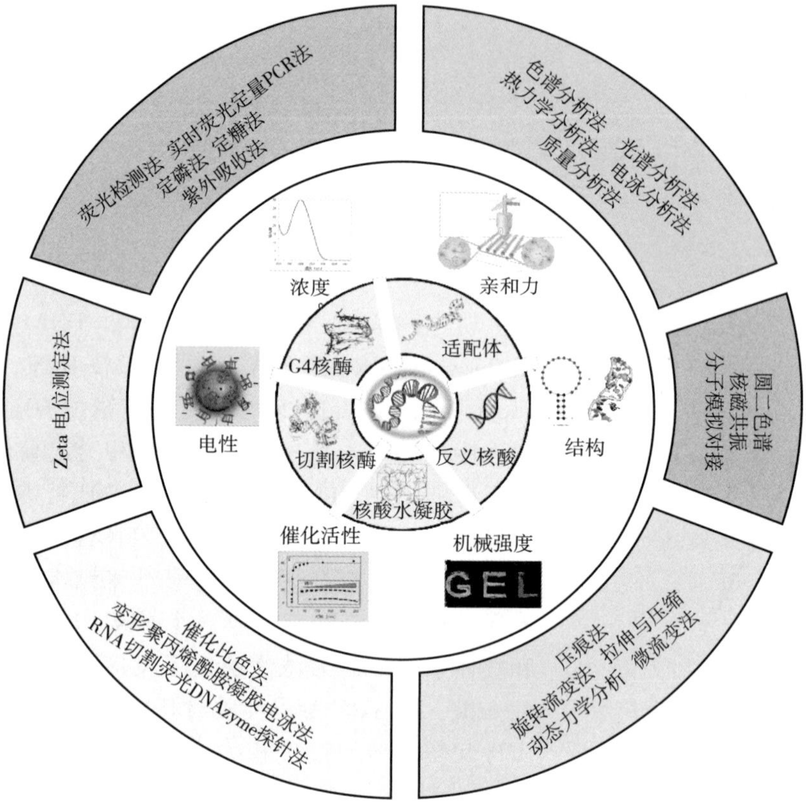

图 4.1 功能核酸的表征

FNAs 的性质表征是评估其在药物递送、疾病治疗和生物传感等领域应用潜力的关键步骤。通过表征分析，可以了解核酸的序列、构象和特性，从而揭示其在生物体内的作用机制。核酸的表征也为生物技术研究提供了重要依据。在基因工程、分子诊断等领域，对核酸进行表征可以为相关研究提供重要数据支持。此外，核酸的表征也为新药研发提供了重要参考，有助于了解药物与核酸的相互作用机制。

在实际应用中，核酸的表征也有着广泛的用途。在医学领域，核酸的表征可以用于疾病诊断和治疗，例如通过对病毒核酸的表征可以进行病毒性疾病的检测和监测。在农业领域，对植物基因组的表征可以为杂交育种和基因编辑提供重要信息。在环境监测中，对微生物核酸的表征可以用于环境微生物的种类和数量分析。可以说，核酸的表征在各个领域都有着重要的应用价值。

综合分析这些性质的表征结果，可以更全面地了解 FNAs 的特性，为其在药物递送、疾病治疗和生物传感等领域的高效应用提供有力支持。因此，对 FNAs 的全面性质表征是促进其在生物医学领域应用的重要步骤，也是未来研究的重要方向。希望本章能为相关领域的研究人员提供一些启发和帮助，推动核酸表征领域的进一步发展。

4.2 亲和力表征

亲和力是分子识别元件的“心脏”，是驱动所有反应的能量来源。量化 FNAs 的亲和力能够评估下游应用的性能。目前，常用于 FNAs 亲和力表征的方法可分为五类：色谱分析法、光谱分析法、热力学分析法、电泳分析法和质量分析法。需要注意的是，不同表征方法测得的 FNAs 结合亲和力是不同的，因此，建议使用多种方法测试结合亲和力，以获得相对精确 K_d。此外，所选择的方法可模拟下游 FNAs 的应用场景，使得测定的 K_d 能在一定程度上准确地反映应用中的 K_d。

4.2.1 色谱分析法

1990 年，Ellington 和 Szostak 首次将亲和层析（affinity chromatography，AC）用于适配体筛选和亲和力鉴定，获得了能特异性识别有机染料的适配体，并通过 AC 法进一步分析了它们的结合亲和力。该方法将目标染料附着在琼脂糖上组装染料柱，RNA 适配体流过柱体并被部分保留在柱子上，以柱上结合 RNA 的浓度乘以柱体积（减去空隙体积），其与洗脱体积（减去空隙体积）的比率为粗略的 K_d（Szostak 等，1990）。Istamboulie 等（Istamboulie 等，2017）使用 Capture-SELEX 法筛选青霉素 G（penicillin G，PG）特异性适配体，将候选适配体固定在琼脂糖凝胶上，然后注入一定量的靶标 PG，使用商品化免疫试剂盒测定洗脱液中的 PG 以间接测得柱上 PG 的保留容量，以此来表示该适配体与靶标的结合亲和力。在基于 AC 的色谱分析法中，靶标或适配体的固定通常是不可避免的，固定的方法可能会产生空间位阻或占据重要的结合位点，从而导致结合亲和力的测定不准确。

4.2.2 光谱分析法

光谱分析法利用光学材料或监测光学性质变化的分析方法来评价核酸适配体与靶标之间的结合亲和力。现有的方法主要包括比色法、荧光分析法、表面等离子体共振法（surface plasma resonance，SPR）、生物膜干涉技术（bio-layer interferometry，BLI）和背向散射干涉法（backscattering interferometry，BSI）。基于金纳米颗粒的吸附和解吸现象是一种简单易操作的比色方法，常用于通过测量溶液的吸光度比来粗略观察候选适配体的结合亲和力和特异性。辣根过氧化物酶（horseradish peroxidase，HRP）催化显色反应是另一种典型的比色方法，其灵敏度较高，可测定低纳摩尔水平的 K_d。在荧光分析法中，通常使用荧光基团标记候选适配体，然后将一系列梯度浓度的适配体加入到一定的靶标中，孵育反应后分离，收集结合的适配体，测量荧光强度，以荧光信号和对应适配体浓度拟合非线性饱和曲线来计算 K_d。除了这种需要烦琐的孵化、洗涤和分离步骤的非均相反应外，荧光共振能量转移（fluorescence resonance energy transfer，FRET）和荧光各向异性（fluorescence anisotropy，FA）是两种操作简单的荧光均相反应。Chen 等建立了靶标诱导的“turn on”FRET 法来评估核酸适配体的结合亲和力，将标记 Dabcyl 猝灭基团的互补链与 FAM 标记的适配体链杂交，加入不同浓度的靶标与适配体结合从而诱导双链解离，体系荧光强度随着靶标浓度的增加而增加，直至饱和，将荧光信号变化值与靶标浓度拟合非线性回归曲线，测得两条 Pb^{2+} 候选适配体的 K_d 分别为（1.60±0.16）μmol/L 和（0.76±0.18）μmol/L（Chen 等，2018）。GO-FRET 法利用 GO 对 ssDNA 的吸附性，当加入靶标后，靶标结合诱导适配体构象变化从 GO 上解吸，从而导致荧光信号恢复，将荧光的百分比变化与靶标浓度拟合，以测定适配体亲和力。该方法常在 GO-SELEX 筛选后用于评估候选适配体的亲和力。在 FA 法中，靶标分子（通常用荧光基团标记）与适配体的结合改变了荧光基团的旋转速度，进而改变了荧光各向异性。Samokhvalov 等为消除标记荧光基团对核酸适配体与靶标结合亲和力的影响，提出了一种竞争性 FA 法，使用标记靶标和非标记靶标同时竞争结合适配体，基于 FA 滴定曲线计算出适配体与天然靶标的 K_d 为（63±18）nmol/L，与标记靶标的 K_d［OTA-Flu，（226±24）nmol/L］，二者亲和力表现出明显差异（Samokhvalov 等，2018）。目前，比色法和荧光法已广泛应用于不同类型靶标-适配体的结合亲和力测定中。

SPR 法需要通过化学键将靶标或适配体固定在金芯片上，芯片表面的分子识别和相互作用引起折射率变化，进而导致 SRP 角的变化。Díaz-Fernández 等同时使用 SPR 和计时安培检测的电化学结合分析测定了靶向前列腺特异性抗原（prostate-specific antigen，PSA）糖链部分的适配体（Díaz-Fernandez 等，2019）。SPR 法测得 K_d 为（177±65）nmol/L，电化学法测得 K_d 为（357±42）nmol/L。结果表明，核酸适配体在不同的分析方法中表现出的结合亲和力不同。尽管受到固定化的影响，SPR 仍然是一种高灵敏度的表征策略。该方法已被广泛用于测定核酸适配体与大分子、小分子的结合亲和力。

BLI 法是基于干涉光谱图的位移变化来检测生物分子间相互作用的一种实验方法。将适配体结合到传感器表面形成一层生物膜，当一束可见光从光谱仪射出后，在传感器末端的光学膜层的两个界面会发生透射和反射，并形成干涉光波。任何由于分子结合而导致的膜层厚度及密度变化，都能够通过干涉光谱的位移值体现，从而可以检测结合到传感器表面分子数量的变化。通过 BLI 技术可提供实时的、非标记的分子相互作用及含量检测信息，并计算出分子之间的 K_d、K_{on}、K_{off} 等重要数据。Cui 等将茶碱适配体通过链霉亲和素-生物素连接到传感器表面，并加入系列梯度浓度的茶碱分子进行反应，测得该适配体的亲和力为 1.29μmol/L（Cui 等，2020）。

BSI 法是利用背向散射光测量分子相互作用过程中介质折射率变化从而表征分子间结合亲和力的技术。该方法在半圆形毛细管或微流控通道中填充具有不同折射率的溶液，从而影响光相互作用或光散射。当光源照射这些半圆形通道时，在通道/毛细管内以不同角度发生折射和光波反射，使得光线以展开的图案散射回来。由此输出条纹状干涉图案的图像，通道内溶液折射率的变化会改变条纹状干涉图案的空间位置。适配体和靶标的结合会直接影响或诱导介质的折射率发生变化，进而产生具有不同空间位移（条纹位移）的独特条纹图案，结合电荷耦合器件图像传感器（charge coupled device，CCD）阵列和傅里叶红外分析测量条纹位移，并与靶标浓度拟合，由非线性回归曲线可计算适配体 K_d。该方法已用于测定适配体与蛋白质和抗生素间的亲和力表征，表明该方法对不同靶标具有广泛适用性。BSI 是一种无需标记和固定的方法，可以测定 pmol/L 到 mmol/L 范围内的结合亲和力。

以上方法大多需要在固相界面对适配体或靶标进行固定，随后与液相溶液中的分析物进行反应。在所有的固液界面中，非特异性结合是不可避免且普遍存在的，这种现象可能会不同程度地导致反应测定结果出现偏差或错误。非特异性结合有两种类型，一类是指溶液中的分析物结合到空白传感器上；另一类是分析物缓冲液中的组分结合到传感器上的固化物，其通常是由于静电相互作用、非共价作用（范德华力和疏水相互作用）、分析物与固化物间的生物相似性或杂质的作用导致的。改善或消除非特异性结合有以下几种途径：①优化分析物和配体的最佳浓度；②优化反应缓冲液，包括合适的 pH 条件、盐离子浓度，增加表面活性剂浓度，非离子型如聚山梨醇酯（Tween-20），最高至 0.05%；③增加封闭步骤，在反应缓冲液中加入牛血清白蛋白（BSA），质量浓度 10~20g/L；如果 BSA 有干扰，可以用酪蛋白、PEG、明胶或脱脂乳粉替代，或采用其他商品化的封闭缓冲液；④尽可能去除分析物中的杂质，可以对样品进行高速离心处理，尽可能提高分析物的纯度和缓冲试剂的质量；⑤在分析处理数据时，合理设计对照组，进行非特异信号的扣除。

4.2.3 热力学分析法

等温滴定量热法（isothermal titration calorimetry，ITC）是一种无需标记，无需固定的方法，其通过测量适配体与靶标结合时吸收或释放的热量来定量分子间的相互作用。固定靶标或适配体的浓度，使用梯度浓度的配体进行滴定，量热仪自动记录靶标-适配体复合物在溶液中形成时的热量变化，并绘制成与物质的量之比的函数关系图，形成滴定曲线。从该曲线中，可以获得多个热力学参数，包括 K_d、焓变和化学计量结合等。目前，基于 ITC 法，已精确测定了核酸适配体与 25-羟基维生素 D_3、阿特拉津、精胺、上皮细胞黏附分子和 AML1 蛋白等不同靶标间的结合亲和力，证明了该方法的广泛适用性。使用 ITC 法测得的 K_d 一般在低 nmol/L 范围内，该方法简便快速，但通常需要使用高浓度的靶标和适配体进行反应，成本较高。

微量热泳动技术（microscale thermophoresis，MST）通过测定微量温度梯度下，分子的固有荧光或标记荧光的分布变化规律进行分子间相互作用分析。热泳动的影响因素包括分子的大小、电荷和水化层，这些因素均与分子间相互作用直接相关。因此，可以用 MST 法表征核酸适配体与靶标的结合亲和力。通常，将适配体标记荧光基团，与梯度浓度的靶标分子混合后导入毛细管中，在红外激光照射下，毛细管中部分溶液被加热，从而产生温度梯度，荧光分子从热的区域泳动到冷的区域，荧光分布发生变化，由于适配体与靶标分子结合前后分子大小、电荷等因素均发生变化，泳动速率发生变化。因此，不同结合态的荧光强度均不相同，将荧光强度归一化并与靶标浓度拟合成结合曲线，以此推算出适配体的 K_d。Skouridou 等使用 MST 法测定了睾酮适配体的亲和力，在恒定浓度 Cy5 标记的适配体中加入梯度浓度的靶标，测得 K_d 为 5.7nmol/L（Skouridou 等，2017）。该方法无需固定化，操作简单，快速，不受分子大小限制，具有极高的灵敏度。

4.2.4 电泳分析法

毛细管电泳（CE）和平衡混合物的非平衡毛细管电泳（NECEEM）法不仅可以用于适配体的高效筛选，还能用于适配体和靶标的亲和力测定。自 2004 年以来，Mendonsa 的团队一直使用 CE 方法进行适配体筛选和表征。在结合亲和力测定方面，通常使用荧光基团标记适配体，并与不同浓度的靶标孵育，通过收集电泳图中未结合适配体峰的高度（荧光强度）以获得结合适配体的比例，然后用非线性回归分析绘制比值与靶标浓度的函数关系，以计算 K_d（Mendonsa 等，2004）。Krylova 等将荧光基团标记的适配体与靶标混合以制备 NECEEM 的平衡混合物，基于电泳图谱中的一些信息（比峰面积和迁移时间），利用特定的方程即可得出 K_d（Krylova 等，2011）。研究者们使用 NECEEM 法成功测定了 AlkB 蛋白、ABH2 蛋白和 H-Thr 适配体的结合亲和力，表明该方法具有广泛适用性。

4.2.5 质量分析法

石英晶体微天平（quartz crystal microbalance，QCM）可以测定由于分子间相互作用引起的晶体表面质量变化导致的石英晶体共振频率的变化，该技术能够测量到纳克级别的质量变化。在适配体亲和力测定中，通常将靶标固定在石英晶体修饰的金电极上，并与不同浓度的适配体孵育，测量由靶标与适配体结合导致的共振频率的平均变化，并绘制相应适配体浓度的函数图，根据 $Y=B_{max}X/(K_d+X)$ 方程计算 K_d。Li 的团队发表了两项使用 QCM 法进行适配体筛选和表征的研究，将靶标（沙门氏菌或丙烯酰胺）共价固定在金电极上以捕获特定的 ssDNA，未结合的 ssDNA 被洗脱，晶体共振频率随之降低。该方法提供了实时监控 ssDNA 文库亲和力的可能。随后，基于上述原理对筛选得到的候选适配体进行了亲和力表征（Wang 等，2017）。QCM 法不仅可用于适配体的高效筛选，还能实现其亲和力的准确表征。

4.3 机械强度表征

随着 DNA 纳米技术的发展，一系列子学科相继出现并蓬勃发展，其中影响较为深远的是生物材料科学方向。20 世纪 80 年代初，Seeman 的开创性研究为 DNA 纳米技术奠定了坚实的基础，它基于 DNA 的分子特性构建了新型可控的纳米结构和机制（Seeman，1982）。自此，DNA 不仅被视为生命的蓝图，也成为创造纳米结构和材料的通用元素。1996 年，Nagahara 等利用寡核苷酸与乙烯聚合物杂交首次合成了 DNA 复合水凝胶（Nagahara 等，1996）。2006 年，Um 等基于酶催化成功开发了纯 DNA 水凝胶

(Um 等，2006)。DNA 的多功能性，例如，强大的亲水性、生物相容性、结构可编程性、可控的生物降解性、营养渗透性、可调节的机械性能、抗蛋白酶的稳定性、自我修复能力和对水凝胶的刺激响应性，极大地激发了科研工作者们对水凝胶设计研发的兴趣。目前，构成 DNA 水凝胶的功能模块包括功能核酸、聚合物和纳米材料，它们通过物理或化学交联，自组装形成水凝胶结构，具有稳定性、灵活性、可精确编程性、可控的机械性能、刺激响应性、易于合成和修饰等显著优势。其中，功能核酸，包括适配体、DNAzyme、G4s、i-motifs、三螺旋核酸、异种核酸、siRNAs 和 CpG 寡核苷酸等，为水凝胶提供了额外的分子识别、催化活性和治疗潜力，使它们在生物分析和生物医学应用中发挥关键作用。到目前为止，基于 FNAs 的水凝胶已被广泛应用于多个领域，包括生物传感、环境分析、药物控制释放、细胞黏附和靶向癌症治疗。

水凝胶是一类具有 3D 交联结构的亲水性聚合物，由于能吸收大量水而呈现很好的溶胀性。一般情况下，组成水凝胶的聚合物在交联之前，呈无定型的状态溶解在水中；交联成水凝胶之后，可以保持类固体的 3D 结构，当溶剂含量较高时，凝胶又会产生类似流体的特性。水凝胶的性质取决于交联类型、交联程度以及构成水凝胶的聚合物性质。通常来说，水凝胶不是简单的弹性体，高分子的尺寸往往导致其具有黏弹性行为。具有不同刚性和柔韧性的 DNA 链为 DNA 水凝胶提供了弹性、黏性和其他机械特性，这些特性由组装条件决定和调节，如 DNA 链的浓度、长度和柔性，以及各组分的比例。此外，FNAs 在特定条件下形成的不同 DNA 纳米结构对水凝胶的机械性能也有显著影响。因此，通过对传统 ssDNA、dsDNA 和独特的 DNA 纳米结构进行选择使得可以根据不同应用场景（例如，药物递送和组织工程）对 DNA 水凝胶的机械强度进行适当调整。

目前，对 DNA 水凝胶机械性能的表征主要依赖于旋转流变法。G'（储能模量）和 G''（损耗模量）是流变学分析中非常重要的两个指标。储能模量 G' 又称为弹性模量，是指材料在发生形变时，由于弹性（可逆）形变而储存能量的大小，反映材料弹性大小；损耗模量 G'' 又称黏性模量，是指材料在发生形变时，由于黏性形变（不可逆）而损耗的能量大小，反映材料黏性大小；损耗与储能模量的比值称为损耗因子（$\tan\delta = G''/G'$），通常用来表示黏性与弹性的相对关系，并判定样品的状态。当 $\tan\delta > 1$ 时，黏性部分占主导，样品为流体；当 $\tan\delta < 1$ 时，弹性部分占主导，样品为凝胶；当 $\tan\delta = 1$ 时，样品处于凝胶-流体的转变状态。储能模量远大于损耗模量时，材料主要发生弹性形变，所以材料呈固态；损耗模量远大于储能模量时，材料主要发生黏性形变，所以材料呈液态；储能模量和损耗模量相当时，材料为半固态，凝胶即是一种典型半固态物质。对于 DNA 水凝胶样品，G' 稍大于 G''。当对样品施加的应力在一定范围内，其应变能够完全恢复，内部结构没有被破坏，产生的行为为线性黏弹响应，对应的区间称为线性黏弹区。超出这一范围后，样品内部结构发生了不可逆的变化，表现出非线性行为。

除了旋转流变法外，对于水凝胶材料机械性能表征的常用检测手段有如下几种：拉伸测试、压缩测试（包含侧限压缩）、压痕测试、动态力学分析和微流变法。下面将对这些方法原理和操作进行简要介绍，以提供有益参考。

4.3.1 旋转流变法

流变学对材料的流动与变形进行研究。常见的流变测试系统是在两个圆形的平行板或其他相似几何形状板（如锥板或杯和转子系统）之间设定距离，加载适量样品。当在上平板施加一个扭矩时，就会在样品材料上施加剪切应力，并测得所形成的剪切应变或剪切速率。对于样品的流动特性，通过上板（转子）不停进行单向转动，在恒定的剪切速率下，可以测定样品的黏度；对于样品的变形特性，通过转子进行往复振荡，施加正弦的应力（或应变），可以测定样品的剪切模量；旋转流变法也可以进行蠕变和应力松弛测试。此外，流变测试系统还有同轴圆筒、双间隙同轴圆筒、锯齿板等，可以用于测量低黏度或容易滑移的样品。结合流变仪的控温装置，可以在不同温度下对样品进行表征。由于旋转流变法既可以测试黏弹性固体，也可以测试黏弹性液体，所以可以用旋转流变法来对成胶过程进行检测。

使用旋转流变法测定时加样过程中应注意以下几点：①样品需要保持均匀性；②样品中尽量避免含有气泡，如果有气泡，需提前脱泡，再加样测试；③样品加载过程中，均需要缓慢装填样品，不破坏样品结构，同时样品需要充满转子夹具间隙；④一般样品通过上转子下压，均会有部分从间隙中挤出，需要用刮刀刮边。如果样品具有较大弹性，在下压过程中需要设置下压速度或者法向力控制，以免快速下压过程中产生较大的内应力，影响测试结果；⑤测试样品需要加载在控温平台上的测试下板中，避免在进行刮边时破坏控温平台。

使用旋转流变仪进行动态测试时，根据实验需求，可选用不同的测试模式，常用的主要包括以下几种模式：①时间扫描模式：测定样品在固定时间范围内 G' 和 G'' 的变化；②应变扫描模式：测定样品在固定应变范围内 G' 和 G'' 的变化；③温度扫描模式：测定样品在一定温度范围内 G' 和 G'' 的变化；④振幅扫描模式：测定样品在一定剪切应变振幅范围内 G' 和 G'' 的变化，从而确定样品的线性黏弹区；⑤频率扫描模式：测定样品在一定振荡频率范围内 G' 和 G'' 的变化，从而得到样品的黏弹性谱图。

Li 等分别利用 3 种流变学分析模式：振幅扫描、应变扫描和时间扫描，对所合成的多肽-DNA 水凝胶进行机械性能的分析（Li 等，2015）。时间扫描实验证明 $G'>G''$，说明 4%（质量分数）多肽-DNA 水凝胶的形成；对不同质量分数（0.5%、1%、2%、3%、4%和 5%）的 DNA 水凝胶的 G' 进行比较，结果表明即使质量分数低至 0.5%，也形成了凝胶态；在应力扫描中，将扫描范围设为 0.1～1000Pa，发现当应力<20Pa 时，G' 与 G'' 保持不变；当应力>20Pa 时，G' 快速下降而 G'' 升高；当应力=250Pa 时，G' 与 G'' 产生交点，说明发生了胶态-液态的转变，即凝胶状态受到破坏形成准液态；将 4%的多肽-DNA 水凝胶置于 0.7Pa 和 1000Pa 交替的应力扫描环境中，进一步证明大振幅的应力会使 G' 速降，从高于 G'' 变为低于 G''，而当应力恢复到原始值 0.7Pa 时，G' 和 G'' 也迅速恢复到初始的状态，说明该水凝胶具有很好的触变性。此外，在进行 DNA 水凝胶的流变学分析时还需注意，由于 DNA 水凝胶样品中的 DNA 成本较高，因此，为了节约成本，在进行流变学测试时应选择上样量小的流变仪，如 Malvern Kinexus Pro+ 流变仪。

4.3.2 拉伸与压缩

大多数拉伸测试是单轴的，将样品置于夹具中，以固定速率拉伸样品，检测应力，直到样品完全破裂。载荷-位移曲线可以转化为应力-应变曲线，并由此得到样品的弹性模量和断裂强度。通过压缩测试也可以得到类似的数据。由于水凝胶具有黏弹性，其性质与应变速率有关，因此需要在不同的应变速率下进行测试。此外，还可以在固定应力下对样品进行蠕变测试；在固定应变下对样品进行应力松弛测试。在水凝胶的拉伸测试中，一个关键问题是要保证夹具能够稳定抓取样品，这可以通过使用胶带、胶水等方法来帮助解决。另一个问题是要防止应力在夹具附近集中，从而使样品从此处断开。常见的做法是将样品制成哑铃形，保证拉伸测试时样品最终从中间断开。对于水凝胶体系，其内部结构中的不均匀和缺陷也会影响具体的断裂位置。Cao 等使用 Instron 3342 万能试验机在室温下（25℃）对 DNA-PAAm/BIS 水凝胶进行了单轴拉伸实验，首先在聚四氟乙烯模具中制备了尺寸为 20mm×5mm×1mm 的条状水凝胶样品，然后将样品小心地附着在聚对苯二甲酸乙二醇酯（PET）片材上，并用夹具固定在测试机器上，夹具之间的起始距离为 10mm，以 20mm/min 的应变速率对样品进行拉伸实验（Cao 等，2020）。在加载/卸载循环测试中，样品在每个循环中分别拉伸至 12mm、15mm、20mm 和 40mm。测试结果显示 DNA-PAAm/BIS 水凝胶的断裂伸长约为 1100%。在随后的拉伸回复测试中，设置速率为 20mm/min，结果显示双网络水凝胶的拉伸回复曲线出现了明显的滞回环，这种现象在大应变下尤为明显。拉伸测试证明了 DNA-PAAm/BIS 水凝胶成功形成了互穿结构，使双网络水凝胶在被拉伸时呈现出比单网络水凝胶更好的力学性质和稳定性。

4.3.3 压痕法

压痕法适用于表征一些难以制备成规则几何形状或者不易固定的水凝胶样品的机械性能。该方法将探针与水凝胶材料表面直接接触，压入材料中然后抬起，通过检测压痕，记录并分析载荷、深度与时间的关系，可以获取样品的力学信息。压痕法检测所需样品量较小，并可以检测样品的局部性质以及不均匀性。原子力显微镜（atomic force microscope，AFM）常用于水凝胶的压痕测试。Ahn 等利用 AFM 纳米级压痕测试法分析了柔软和水合 RNA 水凝胶样品的弹性模量，结果显示 48h 后弹性模量随时间增加了约 10.93kPa（Ahn 等，2022）。

4.3.4 动态力学分析

动态力学分析（dynamic mechanical analysis，DMA）适用于固体高分子材料的力学分析。该方法通过测定材料在周期性应力下的响应，获得其流变性和黏弹性的定量信息。DMA 测试中，通常将样品制备成特定形状，如截面均匀的细条或圆柱形等，随后调节测试模式，从样品一端施加周期性应力（如剪切、压缩、拉伸），在另一端以应变传感器检测样品的长度变化。DMA 分析中样品舱的温度是可控的，并且可以对不同参数进行扫描测试。常见的是频域扫描，输出复数模量与频率的关系。在一定频率范围内，不同温度下进行测试，再通过时温等效的原理来构建全频率上的曲线，可以得到样品完整的黏弹性行为。Um 等使用 DMA 法分析了 3 种分支 DNA 水凝胶的拉伸模量，测试样品为直径 7mm、高 3mm 圆柱形水凝胶，结果显示相对于 Y 形 DNA（Y-DNA）和 T 形 DNA（T-DNA）水凝胶，X 形 DNA（X-DNA）水凝胶具有最高的拉伸模量（Um 等，2006）。

4.3.5 微流变法

微流变学（microrheology）是一类新型的机械性能表征方法，其克服了传统流变学分析在测试频率或样品模量范围方面的限制。“微”表示该类方法可以在小应力和小样品体积下进行，通常小于 100μL；所使用的探针也很小，通常是微米级的粒子。微流变分为主动微流变和被动微流变，主动微流变通过引入可控外力（如磁力）作为应力，而被动微流变的应力来源是热扰动或弱的作用力。通过应力的作用引起嵌入探针颗粒的运动来确定样品的流变特性。微流变学提供了更宽的频率范围（10^{-1} ~ 10^{6}Hz）和研究样品异质性的潜力；能够对低黏度、低弹性、非常规形状的样品进行测试。常见的微流变测试方法包括动态光散射（dynamic light scattering，DLS）、扩散波光谱（diffusive wave spectroscopy，DWS）、粒子追踪显微镜（particle tracking microscopy，PTM），均为被动微流变法。DLS 测试通过样品中探针颗粒的单散射光信号来获取透明介质的黏度和弹性模量等数据，时间相关的函数可以转化为应力松弛的结果。DWS 则利用多重散射强度的时间相关函数来提取信息，可以对浑浊体系进行测量。PTM 则是通过显微镜来记录探针颗粒的轨迹并进行分析。对于黏弹性流体，根据颗粒运动轨迹，基于 Stokes-Einstein 方程进行分析，可以得到样品的黏弹性信息。Xing 等使用 DWS 法进行微流变学测量，研究了由 Y-DNA 纳米星制成的水凝胶在各种频率和温度下的黏弹性行为，观察到在 Y-DNA 相互结合的熔解温度区域内有一个清晰的液体到凝胶的转变，测试结果揭示了 $G'(\omega)$ 和 $G''(\omega)$ 在 DNA 组件的熔解温度 T_m 附近的交叉（Xing 等，2018）。

4.4 浓度表征

功能核酸的本质为核酸，例如，适配体、DNAzyme 通常为 DNA 序列，少数适配体为 RNA，Ribozyme、核糖开关等则为 RNA，因此，适用于核酸的浓度测定方法均适用于功能核酸（异种核酸除外）。常见的核酸定量方法有以下几种：紫外吸收法、荧光检测法、qPCR 法、定磷法和定糖法。其中，紫外吸收法是核酸定量中最常用的方法，具有简便快速的优势。下面将对这些方法的检测原理和操作步骤进行简要介绍。

4.4.1 紫外吸收法

在核酸、核苷酸、碱基及其衍生物的组成成分中都含有嘌呤、嘧啶碱基，这些碱基都具有共轭双键，它能强烈吸收 250~280nm 波段的紫外光，例如，腺嘌呤的最大紫外线吸收值为 260.5nm，胞嘧啶为 267nm，鸟嘌呤为 276nm，胸腺嘧啶为 264.5nm，尿嘧啶为259nm。这些碱基与戊糖、磷酸形成核苷酸后，其最大吸收峰不会改变。核酸（DNA 和 RNA）的最大特征吸收峰在 260nm 处，吸收谷在 230nm。根据朗伯-比尔定律，$A=\varepsilon bc$，其中 ε 为核酸的摩尔消光系数（吸收系数），b 为吸收层厚度，c 为核酸浓度，A 为吸光度，通过测定核酸溶液最大吸收峰处的吸光度可对其浓度进行定量测定。

在不同 pH 溶液中嘌呤、嘧啶碱基互变异构的情况不同，紫外吸收光也随之表现出明显的差异，它们的摩尔消光系数也随之不同。所以，在测定核酸物质时均应在 pH 固定的溶液中进行。核酸的吸收系数通常以 ε（P）来表示，即 1mol/L 的核酸溶液在 260nm 波长处的吸光度（即 A）。核酸的吸收系数不是一个常数，而是根据材料的前处理、溶液的 pH 和离子强度的不同而发生变化的。表 4.1 为 pH 7.0 时 DNA 和 RNA 的摩尔消光系数和对应的吸光度。

表 4.1　核酸摩尔消光系数及相应吸光度

组分	ε（P）	含磷量/%	A_{260}（1μg/mL）
DNA 钠盐（小牛胸腺）	7700~7800	9.5	0.022~0.024
RNA	6600	9.2	0.020

紫外吸收法简便、迅速、灵敏度高，不消耗样品，对于含有微量蛋白质的核酸样品，测定误差较小。RNA 在 260nm 与 280nm 处的吸光度之比在 2.0 以上；DNA 在 260nm 和 280nm 处的吸光度之比在 1.9 左右，当样品中蛋白质含量较高时，吸光度之比下降。若样品内混杂大量的核苷酸或蛋白质等能吸收紫外光的物质，则测定误差较大，应先除去。

使用紫外吸收法进行核酸定量时，对于常量样品中核酸含量的测定，通常使用少量蒸馏水调成糊状，再加入适量的水，用5%~6%的氨水助溶并调节 pH 至 7。检测时，对照组加入钼酸铵-过氯酸试剂沉淀大分子核酸以除去核苷酸等小分子物质对吸光度的干扰，以进行准确定量。而在分子生物学实验中，功能核酸样本通常是微量甚至超微量的。那么，对于微量样品中核酸含量的测定，可选用以下两种方式：①若样品中核酸含量较高，可使用 TE 缓冲液将样品稀释至一定体积，选用微量石英比色皿，在紫外分光光度计上，以 TE 缓冲液为空白对照，分别测定 260nm 和 280nm 处的吸光度 A_{260} 和 A_{280}。以 A_{260} 结合换算系数（表 4.2）进行快速核酸定量，以 A_{260}/A_{280} 的值判定核酸的纯度。②使用超微量紫外可见分光光度计（Nanodrop）进行快速定量测定，测定前根据核酸类型选择对应测定模式（ssDNA、dsDNA、ssRNA），无需样品制备，直接在设备基座上点样 1μL，轻轻放下检测臂，即可在几秒内直接读取核酸的浓度和纯度信息，具有简便、快速、高效、灵敏的优势，是分子生物学实验中最常用的核酸定量方式。

表 4.2　不同类型核酸吸光度与质量浓度换算系数

核酸类型	dsDNA	ssDNA	ssRNA
对应质量浓度/(μg / mL)	50	33	40

注：表中为 $A_{260}=1$ 对应的质量浓度。

功能核酸浓度表征中，除核酸浓度外，分光光度计上通常会同时显示几个重要的比值，如 A_{260}/A_{280}，A_{260}/A_{230}，用于评估样品的纯度并判断可能存在的污染物。A_{260} 是核酸最大吸收波长处的吸光度，其读数必须大于 0.1 才能保证有效和可靠的测定结果，因为样品中的杂质和颗粒通常会对光有一定吸收，其值小于 0.1。A_{280} 是蛋白质（芳香族）最大吸收波长处的吸光度，A_{260}/A_{280} 可评估核酸样品纯度：纯 DNA 的 A_{260}/A_{280} 大于 1.8，纯 RNA 为 2.0。如果比值降低，表示受到蛋白质的污染，需要纯化样品。$A_{260}/A_{280}=1.5$ 相当于 50% 蛋白质/DNA 溶液。A_{230} 是碳水化合物在最大吸收波长处的吸光度，A_{260}/A_{230} 可进行核酸样品纯度评估：纯 DNA 和 RNA 的 A_{260}/A_{230} 为 2.5。若比值小于 2.0 表明样品被碳水化合物（糖类）、盐类或有机溶剂污染，需要纯化样品。A_{230} 产生负值可能是由于在低核酸浓度的溶液中存在一些干扰，降低样品稀释度可校正。A_{320} 或 A_{340} 通常用来检测溶液样品的浊度和其他干扰因子，该值应该接近 0。如果不是，表明溶液中有悬浮物，需要纯化样品。

核酸的吸光度不仅受 pH 影响，还与缓冲液离子强度相关。只有在一定的 pH 和低离子浓度的条件下，才能得到精确的检测结果。水的 pH 不稳定，可能导致检测误差；一些缓冲液在紫外范围内存在自身吸收，也应规避。在 DNA 样品的测定中，一些平行测定的样品会表现出测定浓度的变化，其可能原因为：①DNA 样品的 A_{260} 是否大于 0.1；②待测样品需经过充分的混匀，这样才能保证测定值的均一；③待测样品中有相当含量的杂质。A_{260}/A_{280} 和 A_{260}/A_{230} 是 DNA 纯度的指示值，纯度好的 DNA，在 pH7~8.5 下其比值应该在 2.0 或 2.5。

4.4.2 荧光检测法

DNA 和 RNA 本身无荧光，但部分荧光染料能嵌入核酸碱基平面中，在一定波长的激发光照射下，发出强烈的荧光，该荧光强度与核酸浓度呈正相关。首先使用一系列已知浓度的核酸溶液与荧光染料混合孵育，测定不同浓度核酸溶液的荧光值，并基于此拟合标准曲线，得到检测限和线性范围。在相同反应条件下，测定未知核酸溶液的荧光强度，即能根据标准曲线计算出该溶液的核酸浓度。由于荧光信号强度高，易于分辨，相比于紫外可见吸收法，该方法具有较高的灵敏度，低至 pg/mL 水平，特别适用于浓度较低的核酸样品检测；该方法具有特异性，能对 ssDNA、dsDNA、和 RNA 进行选择性测定；并且，该方法不受样品中污染物的干扰，能准确地检测靶标核酸分子。此外，部分核酸染料的荧光强度也受到核酸链长度影响，在相同浓度下，核酸链越长，荧光强度越强；因此，在浓度测定中要保证待测核酸分子与建立标准曲线核酸分子的长度一致。常见的核酸荧光染料有以下几种：

（1）溴化乙锭（ethidium bromide，EB） 溴化乙锭是一种基于菲啶的小分子荧光染料，其菲啶基团的三环平面可以嵌入 DNA 堆积碱基之间，在高离子强度的饱和溶液中，大约每 2.5 个碱基嵌入 1 个 EB 分子。EB 嵌入核酸中后，其平面基团与核酸螺旋的轴线垂直并通过范德华力与上下碱基相互作用，在紫外光激发下，DNA 吸收 254nm 处的辐射并传递给染料，由于染料本身可吸收 302nm 和 366nm 的光辐射，因此，被吸收的能量在可见光谱红橙区的 590nm 处发射出来，结合态染料发出较强荧光信号，相比游离态染料其荧光产率高出20~30倍。EB与核酸的结合几乎没有特异性，它可以用来检测任意单链或双链核酸（DNA或RNA）。但是染料对单链核酸的亲和力相对较小，所以其荧光产率也相对较低。事实上，大多数对ssDNA或RNA染色的荧光是通过染料结合到分子内形成较短的链内螺旋产生的。此外，EB是一种强的诱变剂，可致癌或致畸，在使用时要注意实验操作安全。

（2）SYBR系列染料　SYBR系列染料属于非对称花菁类染料，在分子生物学中常用作核酸染料，常见的包括SYBR Green Ⅰ（SG Ⅰ）、SYBR Green Ⅱ（SG Ⅱ）和SYBR Gold三种。SG Ⅰ可与dsDNA双螺旋小沟区域结合，生成的DNA-染料复合物能吸收蓝光（λ_{max} = 497nm）并发出绿光（λ_{max} = 520nm）。该染料优先与dsDNA结合，对ssDNA的染色性能较低，SG Ⅰ-ssDNA的荧光至少比SG Ⅰ-dsDNA低11倍。结合态SG Ⅰ的荧光信号强度与dsDNA的数量和长度相关，可根据其荧光信号检测dsDNA的浓度。对于ssDNA和RNA，可用SG Ⅱ进行含量测定，该染料结合核酸后，其最大激发波长在497nm处，次激发波长在245nm附近，发射波长在520nm处。

SYBR Gold可用作dsDNA、ssDNA和RNA的染色剂，它能嵌入在两个平面碱基或DNA碱基对之间。SYBR Gold与DNA结合后有两个最大激发波长，分别为300nm和495nm处，最大发射在537nm处。其荧光强度随着与DNA结合的染料分子质量线性增加。SYBR Gold是SYBR系列染料中最灵敏的核酸荧光染料，可以检测低至25pg的DNA。这是由于SYBR Gold染料与核酸的复合物具有较高的荧光量子产率（0.6~0.7），且染料与核酸结合后其荧光信号大大增强（约1000倍）。

（3）吖啶橙（acridine orange，AO）　吖啶橙是一种三环芳香类阳离子型的碱性荧光染料，它能够通过嵌入DNA碱基对之间，或与RNA的负电磷酸基团发生静电吸引而与核酸发生分子相互作用，染料结合核酸后会产生显著的荧光信号增强。AO与DNA作用时，最大激发波长为502nm，发出525nm的绿色荧光。当与RNA作用时，其最大激发波长移动到460nm，发出650nm的红色荧光。可用于区分和定量同一体系中的DNA和RNA。市售的Gold View染料实际上就是AO染料。

（4）硫磺素T（thioflavin T，ThT）　硫黄素T分子由一个苄胺环和一个苯硫醚环组成，这两个环可以围绕C—C键自由旋转，导致ThT荧光很低。当这种旋转受到某些特殊结构的限制时，ThT的荧光就会被增强。近年来，研究发现ThT能够特异性结合G4s，使其荧光得以增强。在过量ThT存在时，G4s/ThT复合物的荧光强度随G4s含量的变化呈正相关，基于此可用于G4s结构核酸的定量测定。需要注意的是，G4s/ThT体系荧光发射强度容易受到溶液中一价阳离子浓度的影响，通常有K^+条件下，其荧光强度较强，在高浓度Na^+条件下，荧光强度较弱。

4.4.3 实时荧光定量PCR法

实时荧光定量PCR（quantitative real-time PCR，qPCR），是一种通过特定荧光染料或荧光探针实时监测整个PCR扩增进程，再结合计算机软件对荧光信号和扩增循环数进行分析拟合，以实现样本中痕量核酸浓度准确定量的分子生物学技术。在PCR扩增过程中，qPCR仪每经过一个循环收集一次荧光信号，随着扩增产物的不断产生，荧光信号强度也随之增强，最终得到荧光强度随 PCR 循环数变化的曲线。理论上，PCR 扩增呈指数级增长，在相同反应条件下，样本 DNA 含量与扩增产物的对数成正比，荧光强度与扩增产物量也成正比，因此，通过检测荧光强度就可以确定样本的核酸量。最后根据循环阈值（cycle threshold，Ct 值）和标准曲线可以对样本的起始浓度进行准确定量。

一般来说，qPCR 的荧光扩增曲线可以分为 3 个阶段：荧光背景信号阶段、荧光信号指数扩增阶段和平台期。在荧光背景信号阶段，PCR 扩增产生的荧光信号较小，被背景荧光掩盖，无法判断产物量的变化。而在平台期，扩增产物不再呈现指数级增加，PCR 的终产物量与起始模板之间不存在线性关系，因此无法用终产物量计算出起始 DNA 模板的量。只有在荧光信号指数扩增阶段，PCR 产物量的对数值与起始 DNA 模板量之间存在线性关系，可进行定量分析。在 qPCR 中有几个重要的概念：基线（baseline）、荧光阈值（threshold）、Ct 值、扩增曲线（primary curve）和熔解曲线（melting curve）。基线是指在 PCR 扩增的最初几个循环中，荧光信号变化不大，接近一条直线，即为基线，基线范围的定义是从 3 个循环开始起到 Ct 值前的第 3 个循环止，一般默认为 3~15 个循环的信号值。荧光阈值默认设置为 PCR 扩增 3~15 个循环荧光信号标准偏差的 10 倍。Ct 值表示每个 PCR 反应管内的荧光信号达到设定的阈值时所经历的循环次数，Ct 值与起始模板量的对数存在线性关系，起始浓度越高，Ct 值越低。扩增曲线是在 PCR 过程中，以循环次数为横坐标，实时荧光强度为纵坐标拟合的曲线。熔解曲线是指随温度升高 DNA 双螺旋结构降解程度的曲线，可用于确定不同反应产物，对 PCR 的特异性进行鉴定。

目前，在 qPCR 体系中加入的荧光基团主要有 2 种类型，分别为非特异性荧光染料和特异性荧光探针。前者是利用嵌入型荧光染料如 SYBR Green Ⅰ与 PCR 扩增产生的 dsDNA 结合发出荧光，进行核酸定量，该染料可与扩增体系中所有 dsDNA 结合，是一种非特异性的检测方法。后者使用具有特定序列的 TaqMan 探针和分子信标探针等，由于该探针能与模板序列特异性识别结合，具有较好的选择性。下面将对各方法的原理和优缺点进行详细介绍。

（1）荧光染料法　在 PCR 反应体系中加入过量的 SYBR Green Ⅰ荧光染料，游离状态下，该染料仅发出微弱的荧光，一旦与 dsDNA 扩增子小沟部位结合后其荧光强度大大增强，为游离态的 800~1000 倍。该染料的最大吸收波长约为 497nm，最大发射波长约为 520nm，通过在特定波长激发，收集到的发射荧光信号可用于 dsDNA 含量的表征。荧光染料法价格低廉，通用性高，可监测实时信号；但该方法特异性差，不能区分特异性扩增和非特异性扩增，对非特异性扩增产物或引物二聚体也会产生荧光。该方法通常需要测定 PCR 产物的熔解曲线，以表征 PCR 产物的单一性。

（2）TaqMan 探针法　TaqMan 探针中间主体部分是根据待测靶标序列设计的一段 ssDNA 片段，随后在 5′端和 3′端分别标记荧光报告基团（reporter，R）和荧光猝灭基团（quencher，Q）。探针结构完整时，荧光基团和猝灭基团受到中间核酸片段的约束，距离较近，发生荧光共振能量转移，荧光基团的发射光被猝灭基团吸收，体系中检测不到该探针荧光基团发出的荧光。在 PCR 扩增反应过程中，体系中的模板变性退火，使得引物和 TaqMan 探针同时与模板结合，随后在引物介导下，Taq DNA 聚合酶以引物的 3′端为起点沿模板合成 DNA，并延伸至探针结合处，由于 Taq DNA 聚合酶具有依赖于聚合作用的 5′→3′外切酶活性，因此结合的探针被逐步降解，使得 5′端的荧光基团 R 与 3′端的猝灭基团 Q 在空间上远离，无 FRET 反应，体系检测到荧光基团发出的荧光。随着 PCR 扩增的进行，荧光信号随着 PCR 产物的累积逐步增强，并呈现相关性。该方法具有较强的特异性，并且通过标记不同发射波长的荧光分子，可实现多重靶标检测；但该探针设计相对复杂，合成价格高昂，仅适用于定量精度要求高的研究。

（3）分子信标法　分子信标与 TaqMan 探针的相似之处在于二者组成部分相同，区别在于分子信标的主体部分是由茎环结构的 DNA 序列构成。在游离状态下，茎环结构的互补序列拉近了 5′端和 3′端的荧光基团和猝灭基团的距离，发生 FRET 反应，使得荧光猝灭，PCR 体系中检测不到荧光。而在 DNA 变性过程中，DNA 双链解开与分子信标探针互补杂交，导致探针 5′端和 3′端分离，FRET 反应停止，体系产生荧光。到延伸阶段后，分子信标又从模板上解离，重新形成茎环结构，荧光消失。随着扩增产物的产物，其荧光强度逐渐增强，该方法可表征每轮扩增末期扩增产物的量。

综上，qPCR 法具有灵敏度高，特异性强，重复性好，定量快速准确，可实现多通道检测，反应全封闭、无污染、不需后期处理等优点。

4.4.4 定磷法

核酸是由许多单核苷酸通过磷酸二酯键缩合而成的长链状分子，每个单核苷酸分子由一个含氮碱基（嘌呤或嘧啶）、一分子戊糖（核糖或脱氧核糖）和一分子磷酸组成。因此在核酸大分子里，含氮碱基、戊糖和磷酸几乎以等分子数存在，所以只要测定三者中的任一种成分，就可推算出核酸的含量。紫外吸收法测定核酸的特征吸收（碱基），定糖法测定戊糖反应后生成有色化合物的吸光度，定磷法则是测定磷酸骨架中磷原子的含量。RNA 含磷量约为 9.5%，DNA 含磷量约为 9.2%，采用定磷法可准确测出磷含量，进而折算出样品中核酸含量。

用强酸使核酸分子中的有机磷消化成无机磷，钼酸铵以钼酸的形式与磷酸结合生成磷钼酸，当还原剂（如抗坏血酸、氯化亚锡等）存在时，磷钼酸立即转变为蓝色的还原产物——钼蓝，化学反应原理如式（4.1）至式（4.3）所示。

$$(NH_4)_2MoO_4 + H_2SO_4 \longrightarrow H_2MoO_4 + (NH_4)_2SO_4 \tag{4.1}$$

$$H_3PO_4 + 12H_2MoO_4 \longrightarrow H_3P(Mo_3O_{10})_4 + 12H_2O \tag{4.2}$$

$$\text{还原剂：} H_3P(MoO_{10})_4 \longrightarrow Mo_2O_3 \cdot MoO_3 \text{（钼蓝）} \tag{4.3}$$

钼蓝的最大光吸收在 660nm 波长处，先测定系列已知浓度的无机磷溶液的吸光度，拟合标准曲线，即可根据测得的未知核酸溶液中磷含量折算出核酸含量。钼蓝反应极为灵敏，微量杂质的磷（如体系中的蛋白质与核苷酸）、硅酸盐、铁离子以及酸度偏高或偏低都会影响测定结果。因此，该方法适用于测定纯度较高的核酸溶液，且实验中使用的器皿需要特别清洁，所用试剂最好用重蒸馏水配制。

4.4.5 定糖法

核糖中的戊糖可在浓盐酸或者浓硫酸作用下脱水生成醛类化合物，该类化合物可与某些成色剂缩合成有色化合物，通过比色法或者分光光度法测定其溶液的吸收值，在一定的浓度范围内，溶液的吸收值与核酸的含量成正比。

（1）DNA浓度的测定　DNA中的脱氧核糖在酸性条件下，脱水生成ω-羟基-γ-酮基戊醛，与二苯胺试剂共热会产生蓝色化合物，如式（4.4）所示，该蓝色产物在595nm处有最大光吸收。该方法的测定范围在20~250μg。

$$\text{DNA} \xrightarrow{\text{酸性条件}} C_5H_{10}O \xrightarrow[\text{二苯胺}]{\text{加热}} \text{蓝色化合物} \tag{4.4}$$

（2）RNA浓度的测定　RNA与浓盐酸共热时发生降解，产生的核糖又可转变为糠醛，在$FeCl_3$或$CuCl_2$催化下，糠醛与3,5-二羟基甲苯（苔黑酚）反应形成绿色复合物，如式（4.5）所示，该绿色产物在670nm处有最大光吸收。该方法的测定范围在20~250μg。

$$\text{RNA} \xrightarrow{\text{浓盐酸}} C_4H_3OCHO \xrightarrow[\text{3,5-二羟基甲苯}]{FeCl_3/CuCl_2} \text{绿色化合物} \tag{4.5}$$

定糖法具有较高的灵敏度，但特异性较差，对含有戊糖的物质均有反应。

4.5 催化活性表征

长期以来，科学界一直认为所有的酶都是蛋白质，直到Guerriertakada和Kruger发现了Ribozyme，使这一观点发生了革命性的变化（Guerriertakada等，1983；Kruger等，1982）。到目前为止，天然核酶仅催化少数几个反应，包括核糖体中的RNA切割、剪接和肽键的形成。另一方面，体外筛选技术的发展获得了更多的人造核酶，这些核酶可以催化各种各样的反应，如RNA切割和连接、卟啉金属化、酰基转移、氨基酰化，以及酰胺、尿素和其他小分子的合成。虽然DNAzyme的发现相比Ribozyme晚了10多年，但其催化活性依然十分丰富多样，包括RNA切割，DNA切割，RNA连接，DNA连接，RNA分支和套索RNA形成，DNA磷酸化、去糖基化，切割磷酸酯键，模拟过氧化物酶活性。与Ribozyme相比，DNAzyme具有更好的稳定性和较低的成本，因此，目前的研究大多集中在DNAzyme，特别是具有RNA切割活性的DNAzyme（RNA-cleaving DNAzyme），这种酶在生物传感、细胞成像、靶向递送以及DNA纳米技术等领域具有广泛应用。

4.5.1 RNA切割DNAzyme

RNA切割DNAzyme的二级结构包括具有3D结合口袋的酶链和含有核糖腺苷（rA）碱基切割位点的底物链。酶链与靶标（辅因子）结合后，激活了催化活性，进行底物链切割反应，其基本原理为：易断裂的磷酸二酯旁边的2′-OH基团作为亲核试剂取代磷酸二酯中的5′-O，产生两个切割片段，分别为带有一个2′-3′环状磷酸末端和一个5′-OH末端的片段（图4.2）。

通常用表观速率常数（K_{obs}）来表征DNAzyme的催化活性。对于RNA切割DNAzyme，将其底物链用荧光素或放射性同位素标记，与酶链混合退火，然后加入系

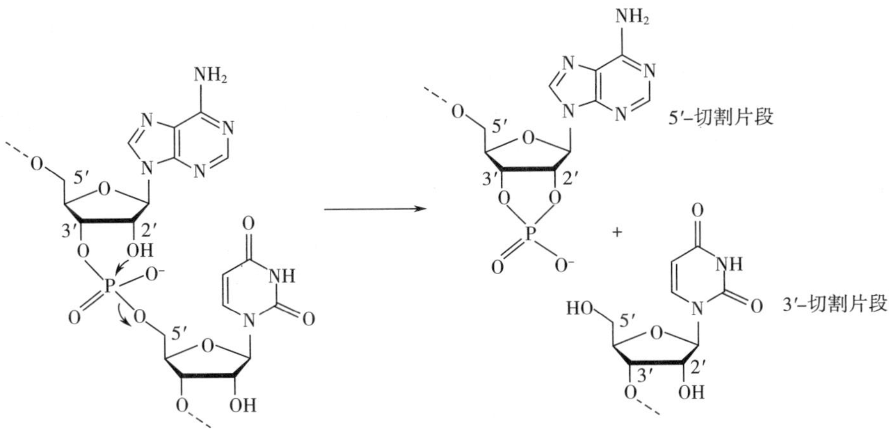

图 4.2 RNA 切割 DNAzyme 反应原理

列浓度的靶标启动 RNA 切割反应。反应完成后，使用 dPAGE 对反应产物进行分离，通过测量凝胶条带的强度进行催化活性分析。DNAzyme 的 K_{obs} 使用一级速率方程计算得知，$Y_t=Y_0+a\ (1-e^{-kx})$ 计算，其中，Y_t 和 Y_0 分别是给定反应时间 t 和 0 时的裂解分数，a 为反应物起始浓度，x 为反应物浓度，k 是速率常数。Saran 等将 0.4μmol/L FAM 标记的底物链和 1.2μmol/L 酶链退火孵育，在体系中加入 0.05~200μmol/L Ag^+启动催化切割反应，在不同反应时间使用 dPAGE 分离反应条带并进行分析（Saran 等，2016）。在 pH 7.5，200mmol/L $NaNO_3$ 条件下，10μmol/L Ag^+存在时，其反应速率为 0.41mol/（L·min）。Ce^{3+}（Huang 等，2014）、Na^+（Torabi 等，2015）、Ca^{2+}和 Mg^{2+}（Zhou 等，2016）、Ni^{2+}（Ren 等，2020）等金属离子特异性 DNAzyme 的催化活性均是基于以上 dPAGE 法测得。

此外，Rothenbroker 的团队开发了一种新型的 RNA 切割荧光 DNAzyme 探针（RNA-cleaving fluorogenic DNAzyme probe，RFD probe）（Rothenbroker 等，2021）。RFD 探针是在序列中插入了一个 RNA 碱基的 DNA 链，该 RNA 碱基两侧是用荧光基团和猝灭基团标记的核苷酸，RFD 可以在与特定靶标结合后折叠成 RNA 切割 DNAzyme 构象，从而使荧光基团与猝灭基团分离并产生荧光信号。RFD 催化活性的表征是基于其本身结合靶标诱导 RNA 切割反应导致的 FRET 现象，通过测定荧光信号来获得。通常使用 $[Probe]_{1/2}$（$P_{1/2}$）来估计 RFD 的催化活性，其定义为在一定量靶标存在时引起最大荧光强度恢复一半时的 RFD 探针的浓度。He 等（He 等，2015）在固定浓度的细胞裂解液中加入了系列浓度的乳腺肿瘤 RFD（AAI2-5 RFD）探针，20min 后测定体系荧光信号，并根据 $F_{ob}=F_{max}\ [Probe]\ /\ (P_{1/2}+\ [Probe]\ )$ 方程进行催化活力定量（F_{ob} 为不同浓度探针观测到的相对荧光强度，由 $F_{ob}=F-F_0$ 计算，其中 F 是特定探针浓度下的荧光强度，F_0 是 0nmol/L 探针浓度下的荧光强度，F_{max} 是探针过量时的 F_{ob}。），测得该乳腺肿瘤 RFD 探针的 $P_{1/2}$ 为（28.0±3.3）nmol/L。

4.5.2 DNA 连接 DNAzyme

DNA 连接 DNAzyme 可以在无蛋白酶的情况下，催化形成 3′,5′-磷酸二酯键，实现

DNA 序列的共价连接。该 DNA 连接系统为两步法反应，由两个催化 DNA 组成，分别为 ATP 依赖性自腺苷酸 DNAzyme（ATP-dependent self-adenylating deoxyribozyme，AppDNA）和自连接 DNAzyme。首先，DNAzyme 消耗单个 ATP 分子催化形成 5′,5′-焦磷酸键，这种高能磷酸酐结构（AppDNA）与 T_4 DNA 连接酶催化产生的结构相同，随后 AppDNA 在反应中靶向连接，在受体和供体 DNA 分子之间形成 3′,5′-磷酸二酯键，实现 DNA 序列的共价偶联（Sreedhara 等，2004），如图 4.3 所示。

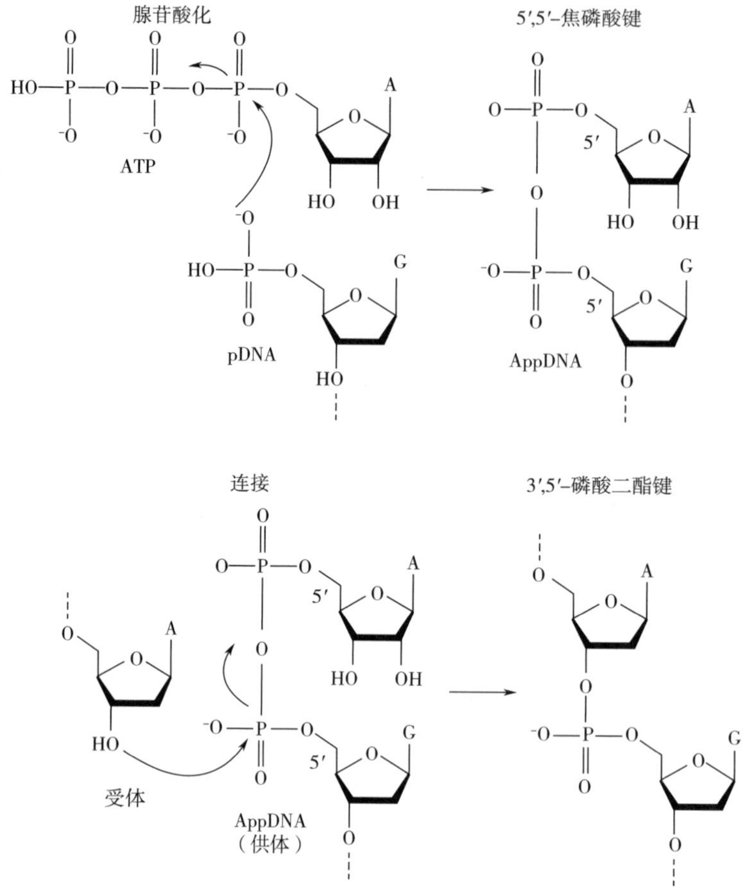

图 4.3　DNA 连接 DNAzyme 反应原理

DNA 连接 DNAzyme 的催化活性以 K_{obs} 表征。在一定浓度 AppDNA 和辅因子 Mn^{2+} 存在的条件下，使用放射性同位素标记 DNAzyme，使用 dPAGE 法分离不同时间连接和未连接的 DNA 片段，拟合 ln（未连接 DNA 部分的浓度）和时间的线性回归方程，通过测定斜率即可获得 K_{obs}。

4.5.3　G4s/血红素 DNAzyme

G4 是一种经典的核酸结构，通过 Hoogsteen 氢键组装形成了堆叠的 G4s 结构。当 G4s 特异性结合血红素（Fe^{3+}-原卟啉Ⅸ），形成 G4s/血红素 DNAzyme，该复合物有效地模拟了辣根过氧化物（HRP）酶的催化特性。G4s/血红素 DNAzyme 复合物中，血红素处于 G4s 的结合口袋中，并通过 $\pi-\pi$ 堆叠与可接触的 G4s 和周围的碱基交织在一起。作为一种有良好应用前景的 HRP 酶模拟候选物，G4s/血红素 DNAzyme 复合物具有体积小、易于合成、可通过变构控制进行合理设计等优点，在生物分析和生物医学领域具有广泛应用潜力。

G4s/血红素 DNAzyme 的催化活力由初始速率（V_0）表征。以催化显色底物 2,2′-联氮-双-3-乙基苯并噻唑啉-6-磺酸（ABTS）的反应为例，退火后的 G4s 首先与血红素孵育形成 DNAzyme 复合物，随后加入 H_2O_2 和底物 ABTS 进行催化氧化反应，使用分光光度计测定催化动力学曲线，在 418nm 下反应 120s。催化氧化反应的初始速率［V_0，nmol/(L·s) 由产物自由基浓度随时间增加的线性部分（15s）的斜率计算（Li 等，2016）。

4.6 结构表征

FNAs 的结构表征可以获得大量关于 FNAs 分子识别机制和靶标识别位点的信息，对于 FNAs 的结构裁剪优化和下游应用设计具有重要指导意义。圆二色光谱学（circular dichroism spectroscopy，CD）是一种简便、常用的结构表征方法，其通常用于 G4s 结构核酸的表征，通过特征峰位置即可确定 G4s 的平行/反平行结构。核磁共振光谱学（nuclear magnetic resonance spectroscopy，NMR）表征法需要对 FNAs 碱基进行同位素标记，结合 NMR 测定，可判定其构象和靶标结合位点，但该类方法操作复杂，且成本极高。分子对接模拟（molecular docking simulation）也是重要的结构分析方法，通过获取核酸分子和靶标分子的结构信息，进行能量最小化处理，随后通过特定软件进行分子模拟对接，现有的软件包括 AutoDock、SYBYL 等，该方法通过计算机算法模拟 FNAs 与靶标分子的结合状态，能有效预测二者结合位点。此外，一些网站也能提供在线 FNAs 结构预测，二级结构预测网站包括 UNAfold 和 Nucleic Acid Package 网站；三级结构预测网站包括 MC-Fold 和 RNA Composer。然而，计算机模拟软件和网站预测很难考虑到真实结合反应中涉及的所有复杂因素，例如，pH 和离子浓度。因此，同一 FNAs 在不同网站中可能会产生不同预测结构或多个结构（Xiao 等，2019）。

4.7 电学特性表征

FNAs 能通过自组装或与其他材料复合形成高分子纳米结构，应用于生物传感和药物递送等领域。纳米材料的成功合成和体系稳定性对于下游应用至关重要，因此，可通过对材料的电学特性 ζ 电位进行表征，即可获得纳米材料的结构信息。由于大多数核酸分子（除含有中性骨架的异种核酸外）均带负电荷，因此，基于 FNAs 的纳米材料 ζ 电位通常为负值。ζ 电位的大小表示分散体系中相邻的、类似带电粒子之间的静电排斥程度。ζ 电位的绝对值越高，粒子间的静电斥力越大，体系稳定性越好；当 ζ 电位绝对值很小时，吸引力可能会超过排斥力，使得分散体系趋于凝结或凝聚。ζ 电位的变化还能用于表征核酸分子在纳米材料表面的组装效果，负值越小，表明组装成功的核酸分子越多（Alsager 等，2014）。ζ 电位的测定简单快速，且无损样品，常见的测定仪器如 Malvern Zetasizer Nano 和 Zetasize Advance 系列的纳米粒度电位仪均可实现快速准确的 ζ 电位测定。

4.8 总结与展望

本章对 FNAs 各方面性质的表征方法进行了系统全面的总结，包括亲和力表征、机械强度表征、浓度表征、催化活性表征、结构表征和电学特性表征。性质决定功能，高效简便的表征方法对于 FNAs 的应用具有重大指导意义。FNAs 的表征方法在未来还需要进行深入探索，以下是几点可能的研究方向：

①规范和统一亲和力表征方法：FNAs 亲和力表征中，不同表征方法灵敏度不同，测得的 FNAs 亲和力均不同，无法对 FNAs 在下游的应用提供准确的预测。目前，FNAs 亲和力表征方法很多，缺乏标准，因此，未来的研究可着力于亲和力表征方法的规范和统一。

②优化亲和力表征方法：FNAs 亲和力表征方法大多需要进行信号分子修饰、表面修饰，或依赖于大型仪器，耗材成本普遍较高，未来的研究可着力于建立简便、快速、低成本的表征方法。

③计算机模拟软件优化升级：通过计算机分子模拟对接可对 FNAs 与靶标分子的结合进行有效预测，无需合成序列进行优化实验，即可获得最优结果，有效降低了时间和金钱成本。然而，目前的分子模拟对接软件和结构预测网站还无法完全模拟真实反应中的复杂环境条件，如 pH 和离子强度等，且不同软件获得的结果可能不同。因此，未来的研究可着力于计算机模拟软件的优化升级，以实现高效、准确、快速的结构预测。

④准确表征核酸结构：FNAs 的结构是发挥功能的前提，核酸结构的准确表征是目前和未来都值得深入探索的课题。现有的表征方法暂时无法直接获取 FNAs 的准确结构，而冷冻电镜是一种直观有效的结构表征手段，因此，未来可在核酸结晶和冷冻电镜表征方面进行深入探索，以获取 FNAs 的精确结构。

参考文献

Ahn SY, Kim J, Vellampatti S, et al. Protein - encoding free - standing RNA hydrogel for sub - compartmentalized translation [J]. Adv Mater, 2022, 34 (18): e2110424.

Alsager OA, Kumar S, Willmott GR, et al. Small molecule detection in solution via the size contraction response of aptamer functionalized nanoparticles [J]. Biosens Bioelectron, 2014, 57: 262-268.

Cao TY, Jia HY, Dong YC, et al. In situ formation of covalent second network in a DNA supramolecular hydrogel and its application for 3D cell imaging [J]. Acs Appl Mater Inter, 2020, 12 (4): 4185-4192.

Chen Y, Li HH, Gao T, et al. Selection of DNA aptamers for the development of light-up biosensor to detect pb (ii) [J]. Sensor Actuat B-Chem, 2018, 254: 214-221.

Cui XL, Song MH, Liu Y, et al. Identifying conformational changes of aptamer binding to theophylline: a combined biolayer interferometry, surface - enhanced Raman spectroscopy, and molecular dynamics study [J]. Talanta, 2020, 217: 121073.

Diaz-Fernandez A, Miranda-Castro R, de-los-Santos-Alvarez N, et al. Focusing aptamer selection on the glycan structure of prostate-specific antigen: toward more specific detection of prostate cancer [J]. Biosens Bioelectron, 2019, 128: 83-90.

Guerrier-Takada C, Gardiner K, Marsh T, et al. The RNA moiety of ribonuclease P is the catalytic subunit of the enzyme [J]. Cell, 1983, 35 (3): 849-857.

He SN, Qu L, Shen ZF, et al. Highly specific recognition of breast tumors by an RNA-cleaving fluorogenic DNAzyme probe [J]. Anal Chem, 2015, 87 (1): 569-577.

Huang PJJ, Lin J, Cao J, et al. Ultrasensitive dnazyme beacon for lanthanides and metal speciation. Anal Chem, 2014, 86 (3): 1816-1821.

Istamboulie NPG, Triki A, Lozano C, et al. Selection of DNA aptamers against penicillin G using capture-SELEX for the development of an impedimetric sensor [J]. Talanta, 2017, 162: 232-240.

Kruger K, Grabowski P J, Zaug AJ, et al. Self-splicing RNA: autoexcision and autocyclization of the ribosomal RNA intervening sequence of tetrahymena [J]. Cell, 1982, 31 (1): 147-157.

Krylova SM, Dove PM, Kanoatov M, et al. Slow-dissociation and slow-recombination assumptions in nonequilibrium capillary electrophoresis of equilibrium mixtures [J]. Anal Chem, 2011, 83 (19): 7582-7585.

Li C, Chen P, Shao Y, et al. A writable polypeptide-DNA hydrogel with rationally designed multi-modification sites [J]. Small, 2015, 11 (9-10): 1138-1143.

Li W, Li Y, Liu ZL, et al. Insight into G-quadruplex-hemin DNAzyme/RNAzyme: adjacent adenine as the intramolecular species for remarkable enhancement of enzymatic activity [J]. Nucleic Acids Res, 2016, 44 (15): 7373-7384.

Mendonsa SD, Bowser MT. *In vitro* selection of high-affinity DNA ligands for humanige using capillary electrophoresis [J]. Anal Chem, 2004, 76 (18): 5387-5392.

Nagahara S, Matsuda T. Hydrogel formation via hybridization of oligonucleotides derivatized in water-soluble vinyl polymers [J]. Polym Gels Netw, 1996, 4 (2): 111-127.

Ren W, Huang PJJ, de Rochambeau D, et al. Selection of a metal ligand modified DNAzyme for detecting Ni^{2+} [J]. Biosens Bioelectron, 2020, 165: 112285.

Rothenbroker M, McConnell EM, Gu J, et al. Selection and characterization ofan RNA-cleaving DNAzyme activated by *Legionella pneumophila* [J]. Angew Chem Int Edit, 2021, 60 (9): 4782-4788.

Samokhvalov AV, Safenkova IV, Eremin SA, et al. Measurement of (aptamer-small target) K_D using the competition between fluorescently labeled and unlabeled targets and the detection of fluorescence anisotropy [J]. Anal Chem, 2018, 90 (15): 9189-9198.

Saran R, Liu JW. A silver DNAzyme [J]. Anal Chem, 2016, 88 (7): 4014-4020.

Seeman NC. Nucleic-acid junctions and lattices [J]. J Theor Biol, 1982, 99 (2): 237-247.

Skouridou V, Jauset-Rubio M, Ballester P, et al. Selection and characterization of DNA aptamers against the steroid testosterone [J]. Microchim Acta, 2017, 184 (6): 1631-1639.

Sreedhara A, Li YF, Breaker RR. Ligating DNA with DNA [J]. J Am Chem Soc, 2004, 126 (11): 3454-3460.

Szostak ADEJW. *In vitro* selection of RNA molecules that bind specific ligands [J]. Nature, 1990, 346 (6287): 818-822.

Torabi SF, Wu PW, McGhee CE, et al. *In vitro* selection of a sodium-specific DNAzyme and its application in intracellular sensing [J]. P Natl Acad Sci USA, 2015, 112 (19): 5903-5908.

Um SH, Lee JB, Park N, et al. Enzyme-catalysed assembly of DNA hydrogel [J]. Nat Mater, 2006, 5 (10): 797-801.

Wang LJ, Wang RH, Chen F, et al. QCM-based aptamer selection and detection of *Salmonella typhimurium* [J]. Food Chem, 2017, 221: 776-782.

Xiao XN, Zhu LJ, He WC, et al. Functional nucleic acids tailoring and its application [J]. Trac-Trend Anal Chem, 2019, 118: 138-157.

Xing ZY, Caciagli A, Cao TY, et al. Microrheology of DNA hydrogels [J]. P Natl Acad Sci USA, 2018, 115 (32): 8137-8142.

Zhou WH, Zhang YP, Ding JS, et al. *In vitro* selection in serum: RNA-cleaving DNAzymes for measuring Ca^{2+} and Mg^{2+} [J]. ACS Sensors, 2016, 1 (5): 600-606.

5

核酸的修饰

由于核酸出色的生物可识别性、生物可编程性和生物相容性，它们在生物传感、生物成像、疾病诊断、药物输送和纳米技术领域的应用逐渐成为研究热点。核酸的生物学功能很大程度上取决于它们的结构多样性、稳定性和特异性。然而，典型核酸的有限组成和结构对其功能和性质施加了限制，从而限制了它们在许多领域的应用。受到通过在氨基酸侧链上添加官能团可以扩大蛋白质化学多样性的想法的启发，核苷酸和核酸的功能和特性也可以通过修饰来改善。将一些修饰或交联基团引入核苷酸和核酸，可以丰富它们的功能并增强它们与靶标的相互作用。

本章从修饰策略、修饰种类和功能应用等方面讨论了核酸修饰与功能化应用之间的关系，主要从核苷酸组成结构与特性之间的关联提出了修饰的一般策略和方向。其次，根据核苷酸的组成概述了核酸修饰的类型，修饰主要分为磷酸骨架修饰、（脱氧）核糖修饰、嘌呤碱基修饰、嘧啶碱基修饰以及人工核酸五种。对核酸修饰的应用进行了介绍，提出了核酸修饰在合成、机制探究以及理性设计方面的挑战，旨在为核酸的功能化修饰提供系统的理解。

5.1 概述

核酸是生命的基本分子，携带着地球上所有生物的遗传蓝图。经过数十亿年的进化，它们在复杂性和优雅性之间达到了理想的平衡，是形式和功能的完美结合。它们的主要功能包括遗传信息的可靠存储和传输。1953 年，Franklin、Wilkins、Watson 和 Crick 首次揭示了这些功能背后的结构基础，他们强调了 DNA 的双螺旋性质。明确定义的氢键模式结合疏水和堆积力使 DNA 保持在这种标志性的双链螺旋结构中。在 RNA 中，由这种生物聚合物承担的功能多样性反映在覆盖许多二级和三级构象的重要结构可塑性上。

核酸的高度可编程性，通常也会使其明显偏离天然功能。例如，这些生物聚合物可以作为方便的瓦片，用于构建具有新的内在特性的纳米材料、复杂的功能生物芯片、有效的催化剂和用于数据存储应用的介质。尽管如此，核酸仍有容易被内切和外切核酸酶降解、快速的肾清除和不良的药代动力学性质、对更复杂的功能模式的有限可及性以及缺乏能够介导结合或催化的官能团等缺点，尤其是与蛋白质对应物相比时。自然界通过在核酸支架中引入额外的化学修饰来弥补其中的一些缺点，这些修饰主要是在核碱基水平上（Flamme 等，2019）。例如，所有 RNA 都含有修饰的核碱基，主要是在 tRNA 中，平均每个分子有 13 个修饰的核苷酸。这些修饰承担了多种功能，包括增加局部结构的稳定性或帮助形成功能性二级和三级结构。不过也有一些修饰的核苷酸如 5-羧甲基胞苷或 N1-甲基腺苷仅对典型核碱基的支架进行了微小的改变（Hienzsch 等，2013；Nainyté 等，2019）。

受大自然的启发，已经制备了无数核苷和寡核苷酸的合成类似物，以增强其性质并进一步减轻上述缺点。核酸修饰（图 5.1）作为一种丰富核酸功能的有效手段，具有巨大的发展潜力。使用修饰的方法，从改善核酸的结构特性和电荷特性入手，对核酸分子的遗传表达、亲和力、稳定性、延伸扩增性、化学交联性、荧光特征、还原性和裂解能力进行改进和调整，克服了天然核酸低亲和力，不稳定，化学反应活性低，载药能力差等缺点。核酸（RNA 和 DNA）通常带有化学修饰，RNA 的修饰比 DNA 的修饰数量更多。结构决定性质和构象，性质和构象决定其功能。因此，核酸修饰可以丰富核酸分子的功能，实现功能性核酸的广泛应用。核苷酸的分子结构决定了其修饰位点的多样性。一般来说，主要包括磷酸基团、核糖、碱基的修饰以及人工核酸。不同的修饰位点有不同的用途，需要根据具体要求选择合适的修饰位点和修饰基团。例如，*N*-乙酰半乳糖胺（triantennary *N*-acetylagalactosamine，GalNAc）残基与 siRNA 的结合，这极大地改善了它们向肝细胞的靶向递送，并最终获得了药物 Patisiran 的监管批准。考虑到核酸化学修饰的重要性，本章全面的介绍了核酸的修饰策略、种类以及应用，并且对其当前面临的挑战以及未来的发展趋势进行了展望。

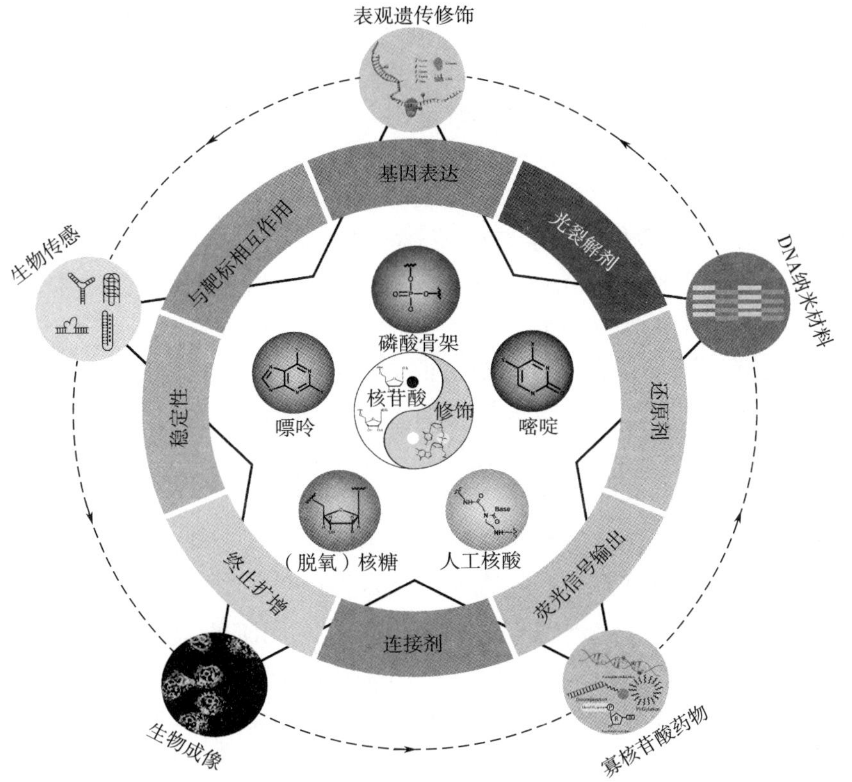

图 5.1 核酸修饰

5.2 核酸及其修饰策略

核酸由（脱氧）核糖、磷酸基团和碱基组成。核酸碱基可分为两类：嘌呤和嘧啶碱基。嘌呤碱基由六元杂环和咪唑环融合形成，包括腺嘌呤和鸟嘌呤。而嘧啶碱基则由六元杂环组成，包括胞嘧啶、胸腺和尿嘧啶。从核苷酸和核酸的化学结构可以看出，磷酸核糖骨架带负电荷，所有碱基都被氮化。核苷酸这种特殊的化学结构使它们成为许多修饰的理想前体，其结构和序列的多样性赋予它们极大的修饰潜力。可以在核酸上的许多位点进行修饰以改善核酸的性质和功能，例如，对磷酸二酯键、糖环、碱基和核酸链末端的修饰。但是如何选择修饰位点和基团呢？

通常，核苷酸上的不同位点具有不同的修饰和目的。根据核苷酸结构各部分的化学特性，可以选择不同的修饰来达到不同的目的。核糖磷酸骨架的稳定性通常决定了核酸链的稳定性。对核糖和磷酸基团的修饰可以提高核酸链对核酶水解的抗性。磷酸二酯键的修饰，例如，用硫原子或其他基团取代一个或两个非桥接氧原子，由于立体构象的变化，可以显著增加热力学和生物稳定性。取代和修饰磷酸基团的桥接氧，如P—C 键或 P—N 键等，也可以提高核酸的稳定性。而对（脱氧）核糖残基的修饰，主要涉及 2′-位的吸电子基团的修饰，如 2′-*O*-甲基，可使核糖形成更稳定的构象，从而提高其稳定性（Wan 等，2016）。碱基修饰通常会影响核酸链之间的互补杂交能力。用烷烃或芳环修饰核酸碱基上的活性氮原子或氧原子，可以增加碱基之间的堆叠效应，从而增加碱基的互补配对，提高杂化链的亲和力和稳定性。相比之下，使用一些封闭基团修饰氢键形成位点可以抑制碱基互补配对。此外，核酸丰富的化学结构和反应活性位点为修饰提供了极大的方便，通过巧妙的有机合成在核酸上修饰多种功能基团以赋予核酸位点特异性的功能化从而实现核酸不同的用途。例如，在碱基上修饰还原基团，可使 DNA 作为还原模板沉积金属离子。核酸碱基上杂环基团的修饰不仅可以增加碱基堆积效应，还可以作为荧光信号输出。一些中性亲脂性分子交联在磷酸基团上，以提高核酸的电荷特性和膜穿透能力。

原则上，功能化修饰不能改变核酸的序列识别特性，而是改变其生化和物理性质，最终调节功能。在对核苷酸和核酸进行修饰之前，需要设计和优化修饰位点和修饰基团，可以根据前面所述的位点和功能的关系来选择修饰位点。人工修饰的核酸通常是通过有机合成来掺入修饰基团，修饰基团的选择除了要符合目的外，还应具有易合成、稳定性好等特点。除此之外，还要注意修饰在提高核酸稳定性的同时应较少地降低识别和功能活性。用于体内时对正常细胞的细胞毒性应尽量减少，对血浆蛋白等非靶标蛋白的亲和力应较低以保证较好的特异性。功能化修饰的方向是改变或扩展核苷酸和核酸的组成和构象，从而引入某些新的分子内相互作用并丰富它们的特性和功能。这些修饰极大地促进了核苷酸和核酸的功能多样性，其中组成和结构的微小变化可以带来其功能的显著变化。例如，磷酸二酯键、核糖部分的 2′或 3′位点和碱基的修饰可以改变它们的构象以及与靶分子的相互作用，从而增强寡核苷酸的类药特性，包括血浆稳定性和结合亲和力。核苷酸和核酸修饰的未来旨在实现简单、无毒和绿色的合成，同时保持改进的功能和特性。

5.3 核酸修饰的类型

5.3.1 磷酸骨架的修饰

生物体以磷酸基团为主。磷酸二酯键是由一个核糖上 3′位点的—OH 与下一个核苷酸的磷酸基团上的—OH 之间发生酯化反应形成的。它将 DNA 或 RNA 链中相邻的核苷连接起来，通过水解或合成重新利用核苷酸。由于细胞是由带负电荷的磷脂双分子层组成，因此充当了大分子物质不可渗透的屏障。核酸的磷酸骨架带负电荷，所以被保留在细胞膜内。此外，磷酸骨架的聚阴离子性质可防止单链核酸折叠，从而促进 DNA 或 RNA 延伸成为模板。然而，磷酸二酯键很容易被核酶水解，核酶水解磷酸二酯键 3′位的酯键，产生 3′末端有—OH 和 5′末端有磷酸基团的片段。因此，先前为克服这一缺点做出的努力，包括修饰或替换磷酸骨架以减少整体负电荷并增强对核酸酶的抗性。一般来说，用硫（甲基）取代 PO 接头的非桥接氧原子或用电中性连接键替换整个磷酸二酯键可以改变磷酸二酯键并减少负电荷以稳定磷酸骨架。开发与各种生物分子（如脂质和维生素 E）结合的核酸可以促进细胞内摄取或靶向特定细胞/组织的核酸。

此外，寡核苷酸还可以在5′-C原子处修饰连接剂以衍生出各种分子。总之，对磷酸骨架进行修饰或交联可以降低核酸链对核酶降解的敏感性，改变核酸分子的带电性，并调节靶分子在体内的亲和力和吸收率。

5.3.1.1 非连接氧修饰

取代一个或两个非桥接氧是磷酸基团常见的修饰策略。硫代磷酸酯（phosphorothioate，PS）修饰是磷酸骨架的重要且普遍存在的修饰，其中非桥接氧原子被硫原子取代，PS骨架可以高效、廉价且容易地实现，并且不会影响碱基之间的氢键。由于硫原子的质量是氧原子的两倍，因此P—S键的电荷分布、键角和伸长率与P—O键有很大的不同（Baraniak等，1988）。核酶裂解位点的硫代磷酸酯修饰改变了磷酸二酯键的结构，用P—S键取代P—O键，降低了对核酶水解的敏感性。Uppuladinne等在对PS-DNA/RNA的双链模拟中发现，S原子指向小沟槽方向，而RNase H酶通常与DNA/RNA杂交双链的小沟槽结合，并切割RNA链，因此P—S修饰可能改变杂化双链与酶的相互作用（Uppuladinne等，2019）。PS-DNA代表了一种具有与正常磷酸二酯DNA相似的聚阴离子特性的修饰，这种类型的修饰在治疗的应用中引起了相当大的关注，因为它具有对核酸酶的高抗性和药代动力学特性的提高。PS取代将P原子处转化为手性中心，产生两种非对映异构体，即*Sp*和*Rp*，已知每个非对映异构体具有不同的物理、化学和不同的药理特性（Islam等，2020）。这种非对映异构体现象会带来数百或数千种类似但不同的化合物的作用效果，而每一种化合物可能以略微不同的方式与靶标相互作用，用化学合成法合成具有确定立体化学的核苷酸连接键是一项非常艰巨的任务。Iwamoto等开发了一种SOSICS方法来控制硫代磷酸寡核苷酸的立体化学结构，每个核苷酸间连接键是可编程的，并发现*Sp*取代增加了反义寡核苷酸在体外的亲脂性和稳定性（Iwamoto等，2017）。硫取代基可以分散电荷，使磷酸基团更亲脂，并有利于蛋白质的结合，一般来说，如果ASO与蛋白质完全结合，所需PS的数量至少为10（Crooke等，2020）。PS对核酸药物的最大影响是硫原子的疏水性，可以增加药物与血浆蛋白的结合力，从而大大改善核酸的药代动力学特性。然而，硫代磷酸酯键对寡核苷酸链的杂交动力学有轻微的不稳定影响。增加寡核苷酸中硫代磷酸酯的量往往会降低寡核苷酸与其互补链的解链温度。因此，在设计PS修饰的寡核苷酸链时，必须仔细平衡对核酶水解的抗性和杂交双链的结合稳定性之间的关系。

此外，*Sp/Rp*非对映异构体的问题也可以通过引入非手性二硫代磷酸酯单元来克服，即用硫原子替换两个非桥接氧原子。与硫代磷酸酯键不同，二硫代磷酸酯键是非手性的，这就排除了手性P取代寡核苷酸的潜在缺点。与RNA的天然磷酸二酯键一样，二硫代磷酸酯取代的RNA类似物是与天然RNA密切相关的模拟物，因此，具有与RNA的磷酸二酯键相似的生化和生物物理特性。由于疏水作用和硫原子的更高极化，这有利于范德华力相互作用，硫代磷酸核酸能够以高亲和力结合蛋白质靶标。此外，与硫代磷酸酯寡核苷酸相比，二硫代磷酸酯siRNAs对核酸酶和碱性物质的降解具有更强的保护作用。Abeydeera等报道了在RNA适配体的单个核苷酸上使用二硫代磷酸酯取代可使亲和力显著提高约1000倍（Abeydeera等，2016）。Yang等合成了一系列含有二硫代磷酸酯取代的 siRNAs，修饰后的 siRNAs 显示出明显高于天然 siRNAs 的活性。将二硫代磷酸酯取代并入 siRNAs 双链体可以增加其血清稳定性（Yang 等，2012）。

由于硫代磷酸酯寡核苷酸已成为新一代合理设计的治疗剂，因此，在新型寡核苷酸类似物领域的积极研究工作仍在继续。与正常氧寡核苷酸密切相关的修饰有硼烷基团修饰。硼烷基团与氧和硫等电子，硼烷磷酸酯修饰的核苷酸像普通寡核苷酸一样带负电。硼烷基团与甲基膦酸酯修饰的寡核苷酸也是等电子的和同构象的，它们都具有核酸酶抗性。此外，由于硼烷基团比普通氧疏水性强得多，因此它比不含修饰的寡核苷酸具有更大的膜渗透性。与硫代磷酸酯修饰类似，硼烷基团的引入在 P 原子处引入了一个手性中心，与 *Rp* 寡聚体不同，*Sp* 寡聚体仍保留 RNase H 活性。由于硫代磷酸修饰可以增强反义寡核苷酸（antisense oligonucleotide，ASO）与血浆蛋白的相互作用，对机体有一定的毒性。为了提高 ASO 的安全性，使用中性磷酸骨架代替硫代磷酸键。例如，甲基膦酸酯和甲氧基丙基膦酸酯被引入到 ASO 的 5′末端附近。蛋白质与 ASO 的结合位点趋向于 5′端，这大大降低了 ASO 的毒性（Migawa 等，2019）。而甲基膦酸酯键不带电荷，非离子型甲基膦酸酯修饰的寡核苷酸降低了与其互补核酸链之间的静电斥力，因此甲基膦酸酯-寡核苷酸可以很好地与聚阴离子的寡核苷酸杂交，但是在对核酸酶有抗性的同时也降低了寡核苷酸在水中的溶解度。这种修饰也会产生 *Rp* 和 *Sp* 非对映异构体的外消旋混合物。分离的非对映异构体的分子动力学、核磁共振光谱和晶体学表明，*Sp* 甲基通过推动脱氧核糖环和碱基来阻碍碱基堆积，而 *Rp* 甲基远离脱氧核糖环和碱基，这可以解释全 *Rp* 甲基膦酸酯 DNA 表现出更强的杂交和更好的水溶性（Wickstrom 2015）。硼烷磷酸 dNTP 可用于直接 PCR 测序，因为硼烷磷酸键对 Exo Ⅲ具有很强的抗性，并且发现硼烷磷酸修饰的 siRNAs 比它们的天然和硫代磷酸 siRNAs 更有效地进行基因沉默（Li 等，2007）。

非桥接氧的取代修饰可以改变寡核苷酸链的整体化学性质，赋予寡核苷酸链对核酸酶切割的抗性。用甲基等电中性基团取代氧原子，形成非离子化合物，从而提高亲酯性，使其更适用于研究。这种修饰在反义寡核苷酸中非常有用，可以提高其体内稳定性。但是，这种修饰的引入也可能会限制其功能，因为引入的非连接氧修饰可能会在每个键上产生 *Sp* 或 *Rp* 构象手性中心，最终在合成过程中会产生各种异构体。相应地，这些异构体也会影响其性质和功能。因此，有必要仔细定位修饰或一起使用额外的修饰，以减少对寡核苷酸链的异构效应。

5.3.1.2 与磷酸基团的生物偶联

除了取代和修饰非桥接氧外，还可以将各种官能团与桥接氧偶联，以增加寡核苷酸链的稳定性和亲脂性。作为一种核酸药物，RNA 干扰（RNA interference，RNAi）在沉默致病基因方面具有相当大的潜力，而通过 RNAi 技术实现体内基因沉默的主要障碍是递送。可以通过偶联靶向特定细胞/组织以及促进细胞摄取的各种基团来增强反义寡核苷酸和 siRNAs 的效果。胆固醇等衍生物可以通过 TEG 接头偶联到 siRNAs 分子正义链的末端，这可以通过受体介导的机制或通过增加带负电荷的 RNA 的膜渗透性来增强 siRNAs 的摄取。一类由合成化合物和配体组成的受体介导的 siRNAs 载体，如三触角

GalNAc、载脂蛋白 A-I（分别靶向肝细胞上的去唾液酸糖蛋白受体和 B 类清道夫受体）（Kim 等，2007；Nair 等，2017）和狂犬病病毒糖蛋白配体（靶向神经元上的乙酰胆碱受体）（Kumar 等，2007），可以提高 siRNAs 的作用效率和对体内靶细胞的特异性。除了使用胆固醇外，其他亲脂性基团也可用于修饰核酸，如维生素 E 和长脂肪链。维生素 E 对靶向组织细胞至关重要，但不能在细胞内合成，维生素 E 是唯一在高剂量下也无毒的维生素。Nishina 等将 α-生育酚直接与 siRNAs 反义链的 5′末端结合，并在不干扰 siRNAs 活性的情况下检测小鼠肝脏中的反义链（Nishina 等，2008）。目前，普遍采用聚乙二醇（polyethylene glycol，PEG）修饰 ASO，PEG 可以改变 ASO 的理化性质，包括构象、静电结合、疏水性等。PEG 修饰可以延长 ASO 在体内的半衰期，增加寡核苷酸药物的分子质量和体积，降低肾脏的清除率，延长其在体内的循环时间。此外，PEG 会在水溶液中形成保护膜，从而屏蔽核酸分子表面的负电荷，有利于寡核苷酸药物的摄取（Haruta 等，2017）。在桥接氧上不仅可以连接促进核酸链的吸收和分布的分子，也可以偶联一些交联剂以丰富核酸链的功能。伯氨基可用于将各种修饰剂连接到寡核苷酸或将寡核苷酸连接到固体表面。在 5′端修饰 C^6—NH_2 和 C^{12}—NH_2，它们可以用来连接一些修饰基团。其中，C^6—NH_2 可以用来连接一些即使靠近寡核苷酸也不会影响其功能的化合物，而 C^{12}—NH_2 可以用来连接一些不能太靠近 DNA 链的基团。类似于伯氨基，C^9—COOH、—CHO、叠氮基、炔基、二苯基环辛炔、马来酰亚胺、二硫醇和二茂铁等在非连接氧上修饰均可用作连接子。最后，一些 siRNAs 生物偶联物采用可裂解键，使生物偶联物能够摆脱配体以有效适应 RNA 诱导沉默复合体（RNA-induced silencing complex，RISC）。例如，酸不稳定键在酸性内体/溶酶体区室中被裂解，以及二硫键在胞质空间的还原环境中被切割（Tai 等，2019）。

将一些促进细胞吸收的基团与磷酸基团的非连接氧进行生物偶联，不仅可以增加寡核苷酸链的体积，降低体内清除率，延长寡核苷酸药物的半衰期，还可以增加其膜穿透能力。寡核苷酸药物偶联物可促进偶联物与其对应的细胞表面受体蛋白相互作用，并通过受体介导的内吞作用将其内化，从而将药物靶向递送至特定组织或特定类型的细胞。

5.3.1.3 桥接氧的替换

除了非桥接氧修饰外，还可以实现对桥接氧的取代修饰（图 5.2）。P—C 键是 P—O 键的稳定取代，因为没有已知的天然酶能够裂解 P—C 键，并且它在生理条件下不易受到磷酸酶的水解作用的影响。其中，5′-亚甲基膦酸酯包含一个 P—C 单键，而不是在天然磷酸基中发现的桥接 P—O 键。但是亚甲基膦酸酯和天然磷酸酯之间存在构象/立体电子差异，这可能会降低体内 5′-亚甲基膦酸酯修饰的单链 siRNAs（ss-siRNAs）的效力。5′-亚甲基膦酸酯的类似物是代谢稳定的一种磷酸酯模拟物，5′-（*E*）-乙烯基膦酸酯，在 5′-C 和 6′-C 之间具有反式构型的双键，产生与 5′-磷酸酯相似的结构。具体而言，5′-（*E*）-乙烯基膦酸酯可以增加组织中 siRNAs 的积累，延长沉默时间并保护 siRNAs 免受外切核酸酶的影响。并且 5′-（*E*）-乙烯基膦酸酯修饰的 GalNAc-siRNAs 偶联物与其亲本偶联物相比显示出优异的 RNAi 活性，而 *cis*-5′-（*Z*）-乙烯基膦酸酯是一种较差的 siRNAs 磷酸酯模拟物（Parmar 等，2018）。

寡核苷酸 $N^3 \rightarrow P^5$ 氨基磷酸酯的结构不同于天然化合物，其中 2′-脱氧核糖环的 3′-氧被 3′-氨基取代。与磷酸二酯寡聚物类似，寡核苷酸 $N^3 \rightarrow P^5$ 氨基磷酸酯在中性 pH 下被电离并带负电荷。$N^3 \rightarrow P^5$ 氨基磷酸脱氧核酸采用类似 RNA 的 C^3-内式（C^3-endo）或 *N*-型核苷糖环构象，因此可用作稳定的 RNA 模拟物。这些化合物可以与互补的 RNA 和 DNA 链形成非常稳定的双链体，以及在特定的寡嘌呤-寡嘧啶序列处与大沟结合的 DNA 双链体形成稳定的三链体，除此之外它们对核酸酶的水解也具有抗性。寡核苷酸 $N^3 \rightarrow P^5$ 硫代磷酰胺体现了寡核苷酸氨基磷酸酯和硫代磷酸酯的最佳特性，显示出增加的酸稳定性并且不改变 RNA 的结合特性。Ozawa 等证明抗端粒酶剂 GRN163，一种 13 聚体寡核苷酸 $N^3 \rightarrow P^5$ 硫代磷酰胺，可以在体内抑制胶质母细胞瘤的生长，表现出良好的脑内肿瘤摄取特性，并防止脑内肿瘤的生长（Ozawa 等，2004）。

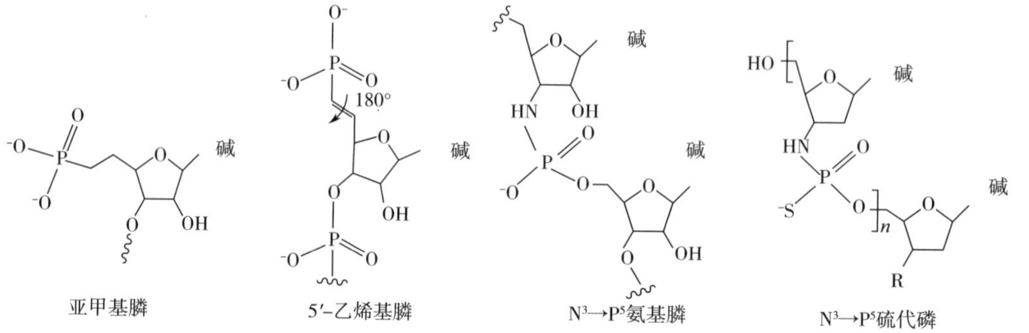

图 5.2 桥接氧修饰

取代和修饰磷酸基团的连接氧，形成代谢稳定的磷酸模拟物，可增强寡核苷酸的代谢稳定性，提高对核酸酶水解的抗性，提升其体内效果。由于改性后仍保留了磷酸基团原有的电子结构，保留了水溶性，且改性原子的亲脂性大于 O 原子，因此在一定程度上提高了其亲脂性。

5.3.1.4 替换整个磷酸二酯键

寡核苷酸中的磷酸二酯键可以被酰胺键完全取代，产生与 RNA 靶标结合的嵌合分子。酰胺键的替换可以降低核酸链的电负性，并且天然磷酸二酯键的—O—O^3—O 原子之间的邻位交叉效应消失，得到 C^3-endo 构象。与正常 DNA 相比，这些静电相互作用和化学诱导的结构修饰提供了更大的稳定性。研究表明，当与作为反义寡核苷酸的 RNA 杂交时，酰胺键使脱氧寡核苷酸中每个修饰的热稳定性提高 0.4℃。构象转变改变了 3′-和 5′-磷酸二酯部分之间的距离，使寡聚体具有更高的结合亲和力（Wan 等，2016）。

此外，使用甲缩醛和 3′-硫代甲缩醛连接作为寡脱氧核苷酸（oligodeoxynucleotides，ODN）中的磷酸二酯骨架类似物，通过热变性分析显示出 ODN/ssRNA 双链体的 T_m 增强。作为中性和非手性骨架接头，3′-硫代甲缩醛修饰将相邻残基的糖褶皱驱动为更多

的 C^3-endo 构象，并导致相关扭曲角和螺旋上升的扭曲，这为改善双链的热稳定性提供了结构基础（Cross 等，1997）。3′-硫代甲缩醛和甲缩醛 ODN 的三螺旋形成特性通过印迹和限制性酶抑制实验确定，其中，ODN 以序列特异性方式与 dsDNA 结合形成三螺旋，并有可能在 DNA 水平抑制转录或复制（Jones 等，1993）。

5.3.1.5 对 C^5 的修饰

据报道，在 3′,5′-磷酸二酯键的 C^5 处引入甲基极大地增加了对核酸酶降解的抵抗力，并且相比于（*R*）-异构体，具有各种 2′-取代基的（*S*）-异构体提供了更大的对核酸外切酶降解的抗性（Kel′in 等，2016）。由于（脱氧）核糖 C^5 的伯醇羟基比其他位置的羟基具有高反应性，因此该位置的不同修饰会导致特定性质的明显变化。例如，Jiang 等将卟啉衍生物引入核糖的 C^5，具有潜在的抗 HIV 活性（Jiang 等，1996）。Gentle 等合成了一系列 C^5-尿苷衍生物，如 5′-氨基酰尿苷和 5′-羧基末端类似物，据报道，对细菌细胞壁有一定的破坏作用（Gentle 等，1999）。

除此之外，某些基团，如对 C^5 的胺和巯基修饰，可以作为接头共价结合各种功能基团，以丰富核酸的功能。例如，核酸末端处 C^5 修饰氨基的适配体可以通过 C^6 间隔臂连接到磺基或 *N*-γ-马来酰亚胺基丁酰-氧琥珀酰亚胺酯（GMBS）修饰的二氧化硅纳米粒子上，从而作为纳米阀有效地靶向释放药物或其他分子（Hernandez 等，2014；Ozalp 等，2011）。两个适配体 5′端的 C^5-SH 修饰有助于共价连接到包裹有金纳米壳的脂质体表面，使药物快速释放，该纳米系统具有良好的生物相容性和均匀的尺寸（Zhao 等，2017）。

在 C^5 处引入修饰基团会对磷酸二酯键的构象产生空间效应，从而调节寡核苷酸链的稳定性。通过引入氨基和甲基等反应基团，为引入各种官能团提供了附着位点，可用于制备功能化的寡核苷酸。

5.3.2 （脱氧）核糖修饰

呋喃核糖的修饰是一种广泛应用的控制核酸活性的方法。对核糖进行的化学修饰引发了核酸的局部和整体结构的变化，有利于提高分子的稳定性、识别结合能力和酶活性。例如，4′-硫修饰的 DNA 对 3′-核酸外切酶具有较高的抵抗能力；2′-位点取代通过静电、水合作用、疏水相互作用和各种立体电子效应来调节 RNA 的亲和力和核酸酶抗性。此外，对 3′-脱氧核苷酸的修饰得到双脱氧核苷酸在传统 DNA 测序方法中起到链终止剂的作用；在化学合成寡核酸链过程中，对呋喃糖上 C^3-OH 和 C^5-OH 的修饰可以有效保护其免受化学反应的伤害。与磷酸二酯键的修饰相比，核糖 C^2 上的官能团修饰对碱基配对和正常 DNA 空间结构会产生一些影响。因此，对核糖和脱氧核糖的修饰进行大量研究具有重要意义。

核糖及其衍生的脱氧核糖均呈现相同的 β-D 构型，但构象多样，主要分为两类：信封折叠构象和扭曲折叠构象。呋喃糖由戊糖环（包括 C^1、C^2、C^3、C^4 和 O^4）组成。在完整核苷酸的构型中，其一侧通过异头 C^1 碳与位于内表面的核酸碱基连接以组成核苷，C^5 氧和 C^3 氧，在其另一侧通过磷酸二酯键与磷酸基团连接，使糖平面平行于核酸骨架。因此，DNA 双链体中的糖取代基主要分布在骨架上、大沟中或小沟中。本节讨论呋喃核糖的修饰，特别是 C^2、C^3、C^4 上羟基的修饰或 O^4 上基团的取代。同时，关注修饰对呋喃核糖不同位点的性质影响。

5.3.2.1 C^2 和 C^3 的修饰

糖环中 C^2 位置的取代基是氢原子或羟基是 DNA 和 RNA 构型的关键区别，已发现其构型发生变化。完全用羟基修饰的双链体，典型的 RNA，采用刚性 C^3-内式褶皱，形成 A 型螺旋，而更具可塑性的 DNA 采用具有高灵活性的 C^2-内式褶皱。因此，DNA/RNA 杂交体同时表现出 A 型和 B 型特征，但其构型倾向于显示 A 型双链体。相比之下，通过内源性细胞过程或通过环境因素将单个或分离的核糖核苷酸掺入 DNA 将导致整体 B 型结构。因此，已经证明修饰的数量可以导致不同的构象变化（Evich 等，2017）。核磁共振结果表明，DNA 双链体中单个核糖核苷酸的存在会影响局部核糖的构象，具有序列依赖性（Evich 等，2016）。

由于对核酸的空间结构的影响相对较小，因此在 C^2 或 C^3 处引入羟基主要负责保护性修饰。除羟基外，C^2 或 C^3 上修饰其他基团也可以发挥一定的特定功能。例如，由于电负性和极性与氢相似，卤素取代基通过连接在 C^2 上来切换糖褶皱构象，例如，合成的 C^2-F 取代基表现出对 C^3-endo 构象的强烈偏好，其聚合物的性质更类似于 RNA 链，并且 RNA 聚合酶掺入 C^2-F 取代的核苷酸的效率与核糖核苷酸相当（Wohlrab 等，1978）。通过对 2′-F RNA 和 2′-F/2′-OH RNA 双链进行研究发现，2′-F 修饰带来的稳定性增加的原因在于焓的有利变化。2′-F 取代会引起双链核酸的水合作用减少，从而影响核酸链的摄取、展开和与靶标蛋白的相互作用。相比于天然的 2′-OH，氟较强的电负性可以增加修饰后双链的 Watson-Crick 氢键配对作用，改善碱基堆积作用，从而增强双链稳定性。F，由于其体积小，电负性高，且 2′-F 修饰对核酸的螺旋结构影响较小，因此，2′-F 修饰的核酸药物除了抗降解和延长半衰期外，免疫刺激效应也较低，已广泛应用于治疗领域。

此外，对 C^2 位点的修饰可以增加核酸链的稳定性和亲和力。第一代反义寡核苷酸药物使用 PS 骨架修饰，可以降低寡核苷酸的亲水性，增加对核酸酶降解的抗性。寡核苷酸的稳定性增加，但核酸分子碱基配位的亲和力降低。为此，第一代 ASO 药物需要大剂量重复给药，因此需要进行其他修饰。RNA 分子中糖环的 2′位是羟基，而 DNA 的 2′位是氢。早在 20 世纪 50 年代，人们就发现自然界中存在微量的 2′位带有甲氧基的核酸分子。这表明 2′位点可能能够耐受化学修饰。RNA 的 2′-OH 位点非常重要，它可参与各种化学反应，并影响化学稳定性。例如，它是碱性试剂和核糖核酸酶催化过程中反应第一步的亲核位点，是 RNA 相互作用的重要识别元件。同时，2′-OH 也影响 RNA 的构象。它可以作为供体与 O^4 形成链内氢键，稳定双链 RNA 的 A 型构象。此外，2′-OH 参与各种分子内和分子间氢键的形成，可作为氢供体和氢受体，对 RNA 二级结构的稳定性具有重要意义。第二代寡核苷酸药物用 2′-甲氧基（2′-OMe）、2′-*O*-甲氧乙基（2′-MOE）、2′-氟（2′F）、2′-氨氧乙基、2′-*O*-（2-二甲氨氧乙基）等取代核糖 2′位点的羟基。它们不仅可以增强 ASOs 的核酸酶抗性，延长 siRNAs 的半衰期，促进细胞和动物的治疗潜力（Wan 等，2016），还可以提高与互补 RNA 链的杂交亲和力。其中，2′-OMe 修饰使核糖折叠构象偏向 C^3-endo，这种构象的偏移是由于 2′-OMe、3′-磷酸基团以及 2′-C 之间的空间排斥力引起的。该修饰可以导致双链形成时的熵减少，从而增加双链核酸的稳定性（约 0.2kcal/mol 每个修饰，1kcal = 4.186kJ），近年的研究也表明由于 2′-OMe 修饰可以使呋喃核糖采取 C^3-endo 构象，而双链核酸主要以 C^3-endo 构象为主，因此，2′-OMe 修饰可以改变 RNA 的二级构象组成，增加激发态 RNA 的寿命和含量（Assi 等，2020）。此外，2′-OMe 对单链 RNase 的抗性较高，对 DNase 的抗性较低。由于这种修饰引起的 C^3-endo 构象和甲基的疏水作用，2′-OMe 修饰的寡核苷酸链表现出良好的热稳定性和更快的杂交动力学。因此，2′-OMe 已被广泛应用于核酸药物中。除了增加核酸链的稳定性外，C^2 位点的修饰也可以作为接头。例如，2′-*O*-氨基连接剂和 2′-*O*-硫醇基连接剂修饰可以作为各种官能团（如胆固醇）的亲核位点（Manoharan，1999）。

C^3 的修饰可以阻止扩增过程中 3′端的延伸，从而终止核酸链的扩增。抗病毒核苷酸药物 AZT 是指 C^3-叠氮基取代的胸苷，具有较高的抗 HIV 活性（Reese 等，1994）。总之，很明显，对 C^2 和 C^3 的修饰是通用的，可以满足具体应用和需求。

5.3.2.2 4′-环氧的置换

戊糖环上原子的灵活性，尤其是环氧，可被硫和硒取代以产生 4′-硫代和 4′-硒代核苷酸，赋予核苷酸化合物独特的性质，例如，亲水性、亲脂性、亲和力和稳定性。这些应用于 PCR 技术、RNA 适配体后修饰、抗病毒和反义药物筛选、辅助定相 X 射线晶体学是具有吸引力和优越性的。事实上，几个主要因素对 4′-环氧的置换有影响，例如，选择位点、修饰程度、核酸链的类型。在 Boggon 等的研究中，每条链包含两个连续 4′-硫代 DNA 胸腺嘧啶残基的 Dickerson-Dodecamer 双链体表现出局部构象变化，这可能具有稳定或去稳定作用以及不同的核酸酶抗性。同样，从 DNA 双链体中分离出的 4′-硫代 DNA 核苷酸可能导致热稳定性的降低或增加，伴随着不同的内切酶抗性。核磁共振验证进一步表明，硫与氧具有疏水性差异，前者破坏了水合作用，提供了脱水环境（Boggon 等，1996）。因此，这种构象开关倾向于使药物与 RNA 的沟槽相结合，提高对核酸酶抗性并优先与 RNA 链杂交。对于 4′-硫代 RNA 修饰，即使没有足够的结构数据，圆二色谱和热熔解研究的结果表明它们的行为类似于核糖核苷酸。4′-环氧取代后，核苷的种类以及各种适用的化合物都得到了极大的丰富。除了用其他原子替换 O^4 之外，还可以直接去除醚氧原子以生成刚性核糖替代物。例如，*N*-亚甲基卡巴（*N*-methanocarba）环用于代替呋喃核糖，该系统可以保持核糖 C^2-外环扭曲构象（即 C^3-endo 构象）。结合 5′-*N*-甲基甲酰胺基修饰，可提高与靶蛋白的亲和力（Tchilibon 等，2005）。

核糖修饰的主要类型包括引入杂原子、构型改变、无环核苷（见第 5.2.4 部分）。主要目的是调节核酸的稳定性和亲和力。目前，大部分核糖修饰位点都集中在 C^2 上，该位点的修饰可以改变核酸链的空间构型，从而调节核酸链的稳定性。C^3 位点的修饰影响 3′,5′-磷酸二酯键的形成，从而调节核酸链的扩增。O^4 位点的取代修饰还可以提高核酸链的稳定性和杂交亲和力。

5.3.3 碱基修饰

核酸碱基常被用作官能团的引入位点，碱基修饰一般不能改变其携带的遗传信息。核酸由DNA和RNA组成。DNA由四个经典碱基A、C、G、T组成，RNA由A、G、C、U组成。这些碱基可分为两类：嘌呤和嘧啶。由C、T和U组成的嘧啶以六元杂环构型为特征，而由A和G组成的嘌呤具有与咪唑环稠合的嘧啶的杂环构型。核酸碱基通过嘧啶的N^1和嘌呤碱基的N^9连接到（脱氧）核糖部分。腺嘌呤和胸腺嘧啶（尿嘧啶）、胞嘧啶和鸟嘌呤之间的特定氢键键合，称为Watson-Crick碱基配对，这是DNA和RNA之间相互作用的基础（图5.3）。核酸碱基在核酸的功能中起重要作用。碱基互补配对一方面影响核酸的高级结构，另一方面参与核酸与靶分子的相互作用。除了碱基互补配对相互作用外，广泛使用的核酸碱基修饰显然是为了增加其化学和结构多样性并扩大核酸的功能范围。受蛋白质丰富的官能团启发，碱基修饰位点的多样性也为各种活性官能团的引入提供了选择，这也是优化核酸功能的重要方法。在核酸碱基上选择特定位置进行修饰时要考虑许多因素。例如，氢键形成位点的修饰可以调节碱基互补配对的结合力，而沟槽处的修饰会影响核酸与靶分子的结合力。如果只是修饰了一些功能基团，如接头，并且修饰尽量不影响碱基互补配对，那么修饰位点应选择在不涉及碱基互补配对的位点。研究表明，对去氮杂嘌呤中第7位和嘧啶中第5位的修饰保留了互补核苷酸的典型Watson-Crick几何学（Lapa等，2016）。嘧啶C^5位和嘌呤C^2位的修饰可以被聚合酶接受。此外，作为众多修饰的前体，核酸碱基修饰主要集中在胞嘧啶的N^4、嘧啶的O^2和N^3、嘌呤的N^6、N^2、N^1和C^5上，涵盖了无数的化学基团。本节主要根据碱基的基本结构对嘌呤和嘧啶进行修饰，并介绍各类碱基的常见修饰位点和修饰基团。

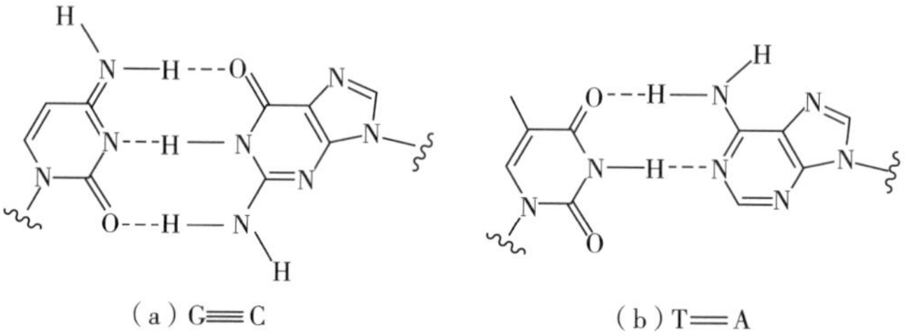

（a）G≡C （b）T═A

图5.3 碱基相互作用示意图

5.3.3.1 嘌呤修饰

（1）环外氨基（N^6和N^2）修饰 嘌呤碱基的环外氨可以与互补碱基形成氢键，在碱基互补配对相互作用中起着非常重要的作用。环外氨的修饰可以调节碱基互补配对的强度，从而调节双链核酸的稳定性。最常见的修饰是甲基化，例如N^6-和N^2-甲基嘌呤。N^6-甲基腺苷（m^6A）是修饰核苷酸研究中最广泛的领域之一，它最初于1974

年在 mRNA 中被发现。N^6-甲基腺嘌呤修饰是真核信使 RNA 上最丰富的化学修饰之一。越来越多的证据表明，m^6A 修饰在生物体中发挥着重要的生物学功能。m^6A 修饰可影响基因表达，并与多种疾病的调控有关。对 N^6 位置的各种修饰很普遍，例如 N^6-乙酰基、氨基酸和异戊二烯等（Carell 等，2012）。除了 N^6-甲基化腺苷外，许多其他天然存在的甲基化碱基，如 N^6,N^6-二甲基腺苷（m_2^6A）、N^1,N^2-甲基化和 N^2,N^2-二甲基化（m_2^2G）鸟嘌呤，也有被发现（Flamme 等，2019）。二氨基嘌呤碱基是在腺苷的 C^2 上修饰了一个氨基，再加上一个氨基，可以为胸腺嘧啶提供第三个氢键，增强双链热稳定性，类似于 GC 碱基对。同样，鸟嘌呤的 N^2-咪唑基丙基和 N^2-氨基丙基类似物也可以增强双链热稳定性，因为氨基可以作为阳离子基团，可以与大沟中的磷酸骨架接触（Wan 等，2016）。

由于核酸碱基上的反应基团具有良好的反应性，它们需要一些保护基团，以免在核酸合成过程中被破坏，尤其是核酸碱基上的环外亲核氨基。例如，使用酰基衍生物（乙酰基、苯甲酰基和异丁酰基）作为对天然碱基腺苷和鸟嘌呤的环外氨基的额外保护。对于鸟嘌呤核酸碱基，还提出了另一种保护基团模式，例如，N^2（双-［叔丁氧羰基］）（N^2-Boc2）（Flamme 等，2019）。

相反，有时需要利用环外氨的反应性，来修饰核酸上的一些基团，丰富核酸的功能。腺苷和鸟嘌呤的伯胺基团是亲核的，它们涉及各种化学反应，可用于 DNA 编程的纳米级电子学。Keren 等首先将戊二醛和 α,β-不饱和醛聚合物修饰到腺苷和鸟嘌呤的环外氨基，与 DNA 链中核酸碱基（A，G）的伯胺基团反应（Keren 等，2004）。随着醛基的还原性，被吸引到带负电荷的磷酸基团上的带正电荷的银离子可以进一步被还原（Tollen 反应）。作为腺苷受体激动剂，修饰腺苷 N^6 位点的 3-碘苄基可以提高配体对腺苷受体的选择性。此外，研究表明烷硫基修饰可以增加对受体蛋白的亲和力。因此，同时在腺嘌呤的 C^2 位进行 2-硫醚取代可以提高配体对腺苷受体的亲和力，从而增加腺嘌呤受体的亲和力和腺苷的作用（Suresh 等，2021）。

嘌呤碱基环外氨的修饰可以改变氢键的互补配对力，从而调节与互补靶链的杂交强度。嘌呤碱基上的天然环外氨基为各种官能团的引入提供了活性反应位点，是优化功能核酸的重要工具。

（2）N^7 修饰　对嘌呤 N^7 的修饰使修饰残基朝向双螺旋的大沟。由于靶分子主要在沟中与核酸结合，因此，修饰嘌呤的 N^7 位点（图 5.4）可以调节核酸与靶标的亲和力。例如，7-甲基鸟嘌呤核苷酸在 mRNA 中形成 5′-帽结构，在翻译的起始阶段促进核糖体结合。通过用更大的苄基取代基取代甲基，反义寡核苷酸对真核翻译起始因子 4E（eukaryotic translation initiation factor 4E，eIF4E）的结合亲和力增加。除了直接在 N^7 位修饰外，N 原子也可以直接被 C 取代。7-氮杂嘌呤用碳原子代替 N^7 原子使五元环更富电子，从而更容易在 C^7 位置吸附额外的基团（Perlikova 等，2017）。1952 年，Walker 和 Kilpatrick 发现了 tRNA 环中的 C^7-脒鸟嘌呤，它对稳定 tRNA 很重要（Gregson 等，1993）。此外，Q 核苷酸也位于 tRNA 反密码子环中的摆动位置，它在 7 位带有碳原子而不是氮，环戊烯二醇部分连接到 C^7 位，通过甲胺基连接（Carell 等，2012）。取代的 7-脱氮杂嘌呤核苷类似于天然嘌呤核苷，可以干扰 RNA 和 DNA 的合成，从而发挥广谱的生物学效应。Hocek 等报道了一系列的 6-取代的 7-呋喃基或乙炔基-脱氮嘌呤核糖核苷（Naus 等，2014）、苯并、萘并、噻吩基、呋喃、甲基吡咯并、吡啶并和苯并噻吩融合的脱氮嘌呤核糖核苷衍生物，具有抗病毒和抗肿瘤活性（Yang 等，2020）。

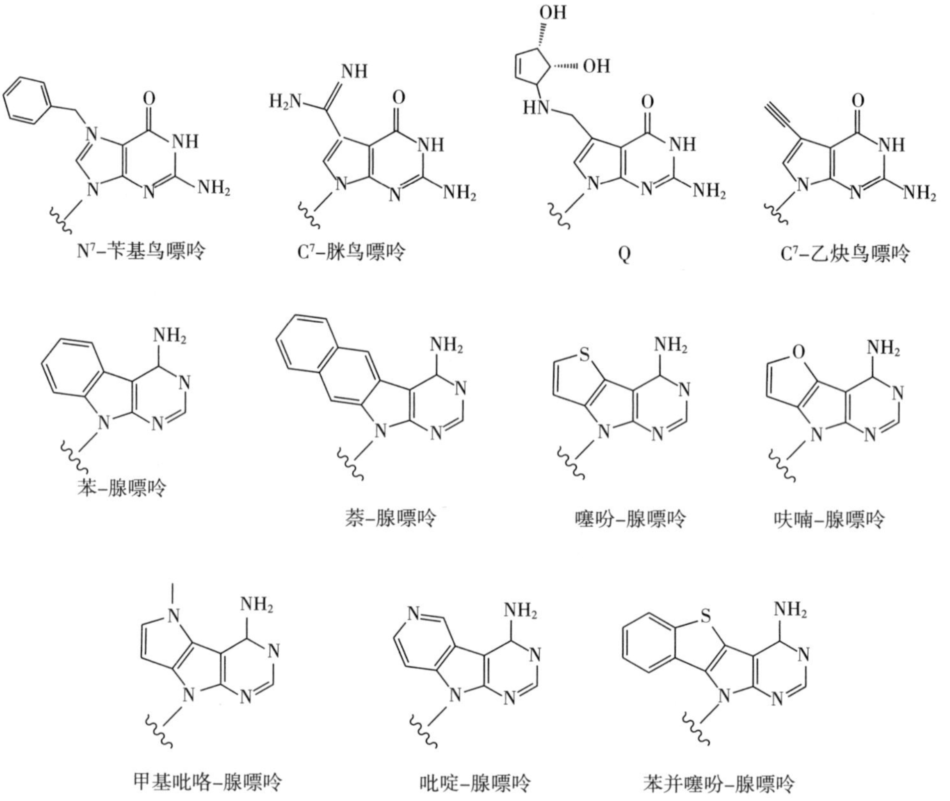

图 5.4　N^7 位点的修饰

嘌呤碱的 N^7 原子可以作为氢键受体、广义碱或作为金属离子的配体。因此，N^7 位点的修饰和杂环的引入会影响寡核苷酸链与靶蛋白之间的相互作用。同时，它也影响碱基的积累和核酸的生物学功能。

（3）C^5 位点修饰　C^5-甲基腺苷可以通过甲基转移酶 Cfr 来完成，这使得相应的核糖体对以肽基转移酶为靶点的五类抗生素具有很强的抵抗力。并且还合成了几种在 5 位含有修饰的脱氧腺苷。Lam 等设计并合成了一系列含咪唑的 5-氨基修饰脱氧腺苷，产生了含有咪唑和胺基的 DNAzyme，咪唑类可以促进一般的酸碱催化，胺类提供静电稳定（Lam 等，2008）。嘌呤碱基的 C^5 位点常作为官能团的引入位点，可影响糖苷键的构型。在 C^5 位点引入具有形成氢键能力的咪唑基团，可使得到的寡核苷酸链的构象优化，提高核酸链的化学活性。

除了上述修饰外，N^1-甲基修饰的腺嘌呤也在基因表达中发挥重要作用。细胞内 DNA 的氧化应激会产生 5-*O*-^{7}H-鸟嘌呤（5-oxo-7-hydrodeoxyguanine），目前，也有公司可以合成这种核苷酸用于研究。

5.3.3.2 嘧啶修饰

（1）位点 4 修饰　除了 tRNA 和 rRNA 中含有大量天然修饰的核苷酸外，mRNA 也含有丰富的天然修饰核苷酸，如 5-甲基胞嘧啶、5-羟甲基胞嘧啶和 N^4-乙酰化胞嘧啶（ac^4C）。其中，5-甲基胞嘧啶和 5-羟甲基胞嘧啶修饰可调节 RNA 的功能，N^4-乙酰化胞嘧啶修饰可在人体内被 *N*-乙酰转移酶催化。这种修饰是在真核生物中发现的第一个酰化 RNA 修饰，它富含编码序列。胞嘧啶的 N^4 位点参与碱基配对的形成，N^4-乙酰化修饰可以增加与鸟苷碱基配对的热稳定性，从而调节蛋白质合成中的编码准确性。研究表明，它在调节 mRNA 稳定性和 mRNA 翻译过程中也起着举足轻重的作用，ac^4C 主要出现在编码序列中，通过提高 mRNA 的稳定性和翻译来促进目标基因的表达（Zhang 等，2021）。

此外，核苷酸修饰还可用于核酸测序和表达动力学研究。4-硫尿嘧啶（s^4U）是研究 RNA 表达动力学最广泛使用的核苷酸类似物。它可以迅速被细胞吸收并整合到 RNA 中。例如，4-硫尿苷标记的 RNA 被开发用于硫尿苷-胞苷测序方法，以研究各种类型 RNA 的细胞动力学（Riml 等，2017）。由于 N^4 位点参与碱基互补配对的形成，N^4 位点位阻基团的修饰可以阻止这种相互作用。例如，光不稳定的邻硝基苯乙基（Joshi 等，2012）、香豆素基（Furuta 等，2007）、2-吡啶基脲（Mao 等，2021）和偶氮苯基团连接到胞嘧啶的 N^4 或腺苷的 N^6,6-硝基哌酰氧基甲基（Young 等，2010）连接到胸腺嘧啶的 N^3 上以形成带有核碱基笼状环的分子信标。并且这些基团在照射之前阻止形成正常的核碱基相互作用，从而实现碱基配对的光调节。除上述修饰外，N^4-（芳基）烷氧基亚氨基修饰的含有 α、β-亚甲基桥的 CTP 显著提高了嘌呤能 p2y6 受体（P2Y6R）蛋白的选择性和活化（Oliva 等，2021）。

嘧啶碱基 4 位点的—NH_2 或 O 参与碱基互补配对的形成。因此，其取代修饰会影响其氢键形成能力，调节双链互补杂交的稳定性。具有较大修饰空间的杂环基团可以阻止互补碱基配对的形成，从而实现单链和双链核酸的转换。

（2）C^2 位点修饰　胸腺嘧啶的 2 位点参与凹槽的形成，因此，对 O^2 的修饰可以调节结合蛋白的活性。2-硫代 dT（2S-dT）的位点特异性掺入可以提高 ASOs 治疗亨廷顿病的等位基因选择性，这会导致与 RNase H1 催化位点附近的关键氨基酸侧链发生空间冲突，从而影响 RNase H 的切割模式（Wan 等，2016）。tRNA 的经典功能是参与蛋白质合成，而 tRNA 的精确解码对于该功能至关重要。在细胞中，通过转录直接产生的 tRNA 前体不能直接发挥其功能，需要经过一系列的剪接和修饰才能形成成熟的 tRNA。tRNA 反密码子上的第一个摆动位置通常会影响 tRNA 对密码子的精确识别。对第一个（摆动）位置的胞苷的 C^2 位置进行一些修饰可以重新编程编码潜力。Mandal 和 Ikeuchi 等（Ikeuchi 等，2010；Mandal 等，2010）在古细菌的 AUA 编码的 tRNA 的摆动位置发现了胍丁胺（脱羧-精氨酸）修饰（agm^2C）。液相色谱-质谱联用（LC-MS）分析表明，丁胺酸通过仲胺键取代了 C^2-氧代基团（Mandal 等，2010）。与胍丁胺修饰相似，赖氨酸（k^2C）修饰也位于反密码的第一个位置，但仅氨基酸不同，并且两个修饰的 C 碱基优先与 A 配对而不是 G（Muramatsu 等，1988）。这些修饰对于密码子 AUA 的特定识别是必不可少的。

（3）C^5 位点修饰（图 5.5） 简单的修饰，甲基化或羟甲基化，例如，C^5 甲基化（m^5C）和羟甲基化胞嘧啶（hm^5C）和尿嘧啶很常见。其中，5-甲基胞嘧啶和 5-羟甲基胞嘧啶被认为是 DNA 的第五和第六个碱基。它们调节生物通路，与许多疾病，特别是癌症等重大疾病有关。5-甲基修饰导致 DNA 某些区域的构象发生变化，从而影响蛋白质与 DNA 的相互作用。当甲基化达到一定程度时，就会引起从常规 B 型 DNA（B-DNA）到 Z 型 DNA（Z-DNA）的转变。由于 Z-DNA 的结构收缩，许多蛋白质收缩到大沟中，不利于转录的启动，导致基因失活。5-甲基胞嘧啶主要位于基因的启动子和外显子区域，在基因表达的调控中起重要作用。

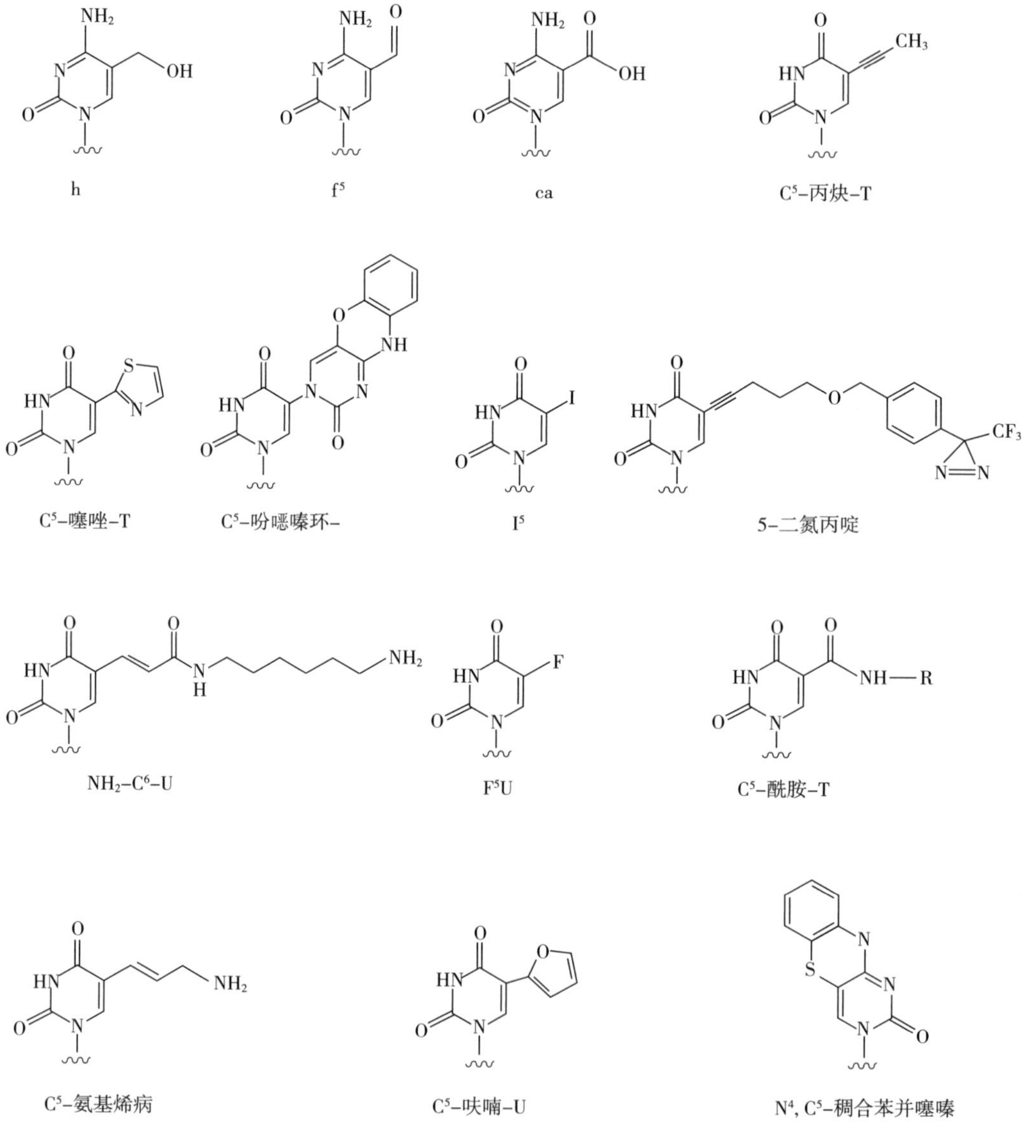

图 5.5　C^5 位点的修饰

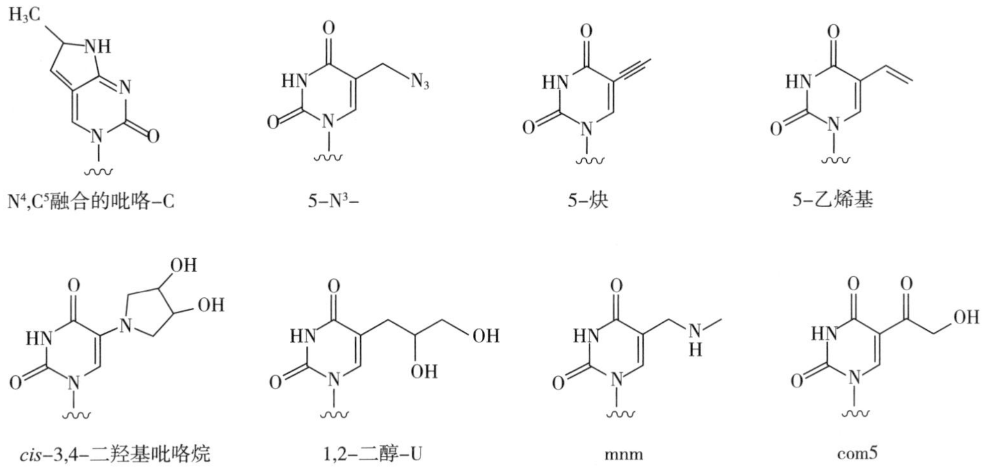

图 5.5 C^5 位点的修饰（续）

5-羟甲基胞嘧啶是 m^5C 的一种氧化衍生物，在基因表达中也起着重要作用，它是许多疾病，尤其是癌症的征兆。并且 hm^5C 可以进一步氧化形成 5-甲酰胞嘧啶（f^5C）和 5-羧基胞嘧啶（ca^5C）。这两种高度氧化形式的胞嘧啶参与 DNA 去甲基化过程，并在基因表达控制和细胞发育中发挥关键作用。因此，5-甲酰基胞嘧啶和 5-羧基胞嘧啶被认为是基因组中的第七和第八个碱基。研究表明，这两种修饰通过处理包含完全对称的 f^5C 和 ca^5C dsDNA 十聚体的两种高分辨率结构，诱导 DNA 小沟的几何变化，从而影响生物学功能（Fu 等，2019）。此外，5-甲基取代可以制备许多类似物。在嘧啶核碱基的 C^5 位引入丙炔基、噻唑和吩噁嗪环可以促进大沟内平面核碱基之间的有效碱基堆积，提高 ASO 对互补 RNA 的亲和力（Wan 等，2016）。

对嘧啶 C^5 的修饰赋予寡核苷酸多种功能。例如，将 5-碘尿苷（I^5U）（Walunj 等，2018）、含 5-二氮丙啶尿苷（Smith 等，2014）和 NH_2-C^6 胸苷引入 RNA 寡核苷酸可作为交联剂，可用于分析 RNA 基序并阐明 RNA 的作用和功能。此外，5-氟尿苷（F^5U）可以成功有效地组装成 DNA 和 RNA 纳米凝胶，作为有效的药物递送系统，具有精确的载药率（Ma 等，2018）。此外，氨基修饰还可以作为连接体提供用于引入官能团的反应位点。例如，在 5 位用酰胺和氨基烯丙基修饰（Kabza 等，2017；Vaught 等，2004）的尿苷衍生物在寡核苷酸内产生正电荷以促进它们抵抗酸性环境。此外，荧光团也可以在五元嘧啶的 5 位掺入以形成响应性荧光核苷类似物，例如 5-呋喃-尿嘧啶、N^4、C^5-稠合苯并噻嗪（Srivatsan 等，2007；Stengel 等，2010）和 N^4、C^5 融合的吡咯-胞嘧啶。

由于 C^5 位点易于修饰，因此可以通过修饰 C^5 位点的一些高反应性基团来将官能团连接到碱基上。例如，一系列 5-叠氮化物（5-N^3）、炔烃和乙烯基修饰的尿苷核苷酸类似物通过使用点击反应或 Diels-Alder 反应（IEDDA）为各种生物物理标签的化学功能化提供了方便的工具。除了嘌呤环上的环外氨基可以与还原剂反应还原金属离子外，还发现嘧啶环上的 5 位是最容易进行炔烃修饰的位点，也可以进一步功能化。通

过 Cu^+催化的 Huisgen 1,3-环加成反应使用适当的醛叠氮化物标签。Fischler 等通过 DNA 聚合酶将乙炔报告基团转化为 5 位修饰的嘧啶，醛叠氮化物通过点击反应进一步参与 DNA 链（Fischler 等，2007）。通过这种衍生化过程，可以在选定的带有醛功能的序列上实现 DNA 金属化。除此之外，研究小组还制备了具有顺式 3,4-二羟基吡咯烷单元和开链 1,2-二醇部分的嘧啶环的 5 位点（图 5.5），可相应地转化为二醛和单醛基团（Wirges 等，2009）。结合炔烃和二醇修饰，DNA 模板被设计为具有固定化和金属化序列的双功能分子（Timper 等，2012）。

除上述外，多种 $C^{5'}$-修饰的尿苷，如 5-甲基氨基甲基尿苷（mnm^5U）（Murphy 等，2004）和 5-氧乙酸尿苷（com^5U，图 5.5）（Weixlbaumer 等，2007）的修饰对 tRNA 摆动碱基配对的性质也有很强的影响。这两种修饰可以通过空间相互作用和氢键实现 UG 配对，扩展 tRNA 的解码能力。

在 C^5 位点修饰的嘧啶碱基在自然界中已经存在，并参与体内基因表达。由于 C^5 位点的高反应性，便于向其引入各种功能基团，参与功能核酸的生物学功能。

（4）C^2 和 C^5 的修饰　第一个报道的具有磺酸基团的修饰核苷是 5-牛磺酸甲基尿苷（Γm^5U）和 5-牛磺酸甲基-2-硫尿苷（Γm^5s^2U），它们是从哺乳动物线粒体（mt）tRNA 中检测到的（Carell 等，2012；Suzuki 等，2001）。硒与氧和硫来自同一个元素族（ⅥA），具有密切相关的化学和电子特性。硒原子可以通过 2-硒尿苷合酶在修饰的尿苷的 C^2 处引入。与 Γm^5s^2U 一样，修饰也可以以组合方式在核苷的多个位点发生，例如 5-［（甲基氨基）甲基］-2-硒尿苷。

5.3.4 人工核酸

人工核酸（artificial nucleic acids，ANAs）是具有特定用途的人工修饰的核酸模拟物，结构见图 5.6，具有易于化学合成和对核酸酶介导的切割的抵抗力，并且可以与天然核酸形成稳定的双链体。各种 ANAs 已被报道并成功应用于生物技术、医学和纳米技术。ANAs 可分为三类：第一类具有中性骨架，是中性的而不是自然带电的；第二类具有受限制的核糖结构，其比天然核苷酸更具刚性；第三类将无环碱基替代物掺入到 DNA 骨架上以增加水溶性、柔韧性和稳定性。人工修饰主要集中在减少单链核酸（ssNAs）相互结合时的能量补偿。

肽核酸（peptide nucleic acids，PNA）是典型的 ANA，它具有中性肽骨架而不是带负电荷的磷酸二酯骨架，因此不带电荷。它在 DNA 水平的治疗和基因表达调节方面显示出巨大的潜力。设计原理的灵感来自于 dsDNA 形成过程中持续充满活力的“拔河”：带负电荷的骨架试图分裂双链体，而核酸碱基提供的氢键和碱基对堆积相互作用试图将它们结合在一起。因此，带负电荷的骨架被中性酰胺骨架取代，以减少排斥并增加结合亲和力。结果表明，PNA/DNA 双链体比 dsDNA 双链体更稳定，T_m 显著增加。此外，PNA 还可以侵入 dsDNA，形成 $(PNA)_2$-DNA 三重杂交体。然而，PNA 固有的中性特性显著降低了亲水性和溶解性，将其长度限制在 12 个碱基以下，GC 含量低（<60%）（Nielsen 等，1999）。吗啉核酸（MNA）是另一种典型的中性 ANAs（Stirchak 等，1989），它以吗啉环取代（脱氧）核糖核苷酸环而得名。由于不带电荷的磷二酰胺

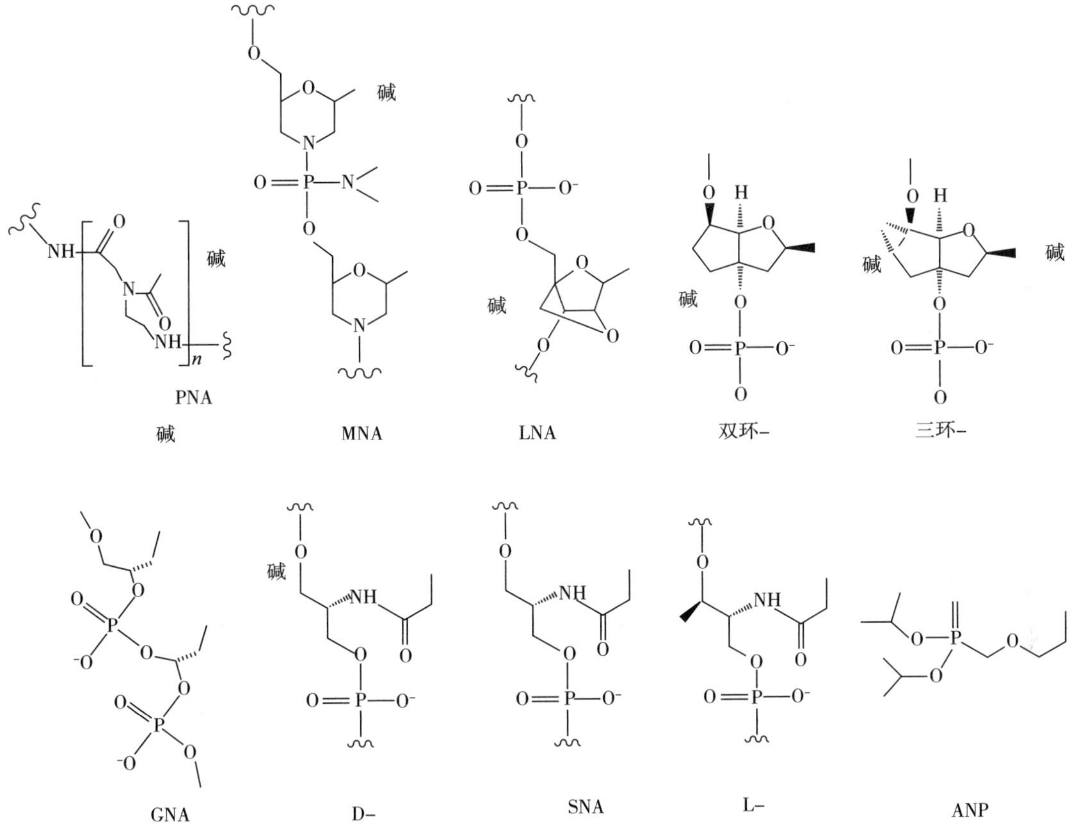

图 5.6 人工核酸结构示意图

亚基取代了核酸中的阴离子磷酸二酯，碱基与吗啉环相连，吗啉核苷酸结构的变化使整个分子不带电荷。因此，不能被核酸酶识别来抵抗核酸酶的裂解，提高核酸链的稳定性。吗啉反义寡核苷酸作为一种新型的反义寡核苷酸，与靶序列互补结合后可阻碍 mRNA 在细胞内的剪接过程，抑制基因表达。

天然寡核苷酸中的可旋转单键使其结构具有固有的灵活性。已经设计了一些具有受限构象的 ANA，如 LNA。LNA 的“锁式”是指 D-核糖的 2′-O 和 4′-C 之间的亚甲基键将糖褶锁定为 3′-内式构象，从而使糖环变成单一构象状态刚性结构。LNA 的锁式结构使其在双链体形成时降低了熵损失，从而形成对 RNA 的高亲和力。LNA 最重要的特征之一是它能够增加 DNA 和 RNA 中嵌合双链的稳定性。研究表明，每添加一个 LNA 核苷酸，DNA 双链的解链温度可提高 10℃（McTigue 等，2004）。在核酸链的 5′端和 3′端包含三个 LNA 足以增加核苷酸的半衰期（Ferreira 等，2021）。带有强硬的含氧杂核糖支架的 ANA 已被设计为进一步刚性化连接键和核酸的糖部分，该修饰可以降低双链形成过程中的熵损失，且对 3′-核酸外切酶具有极高的稳定性，其稳定性甚至高于硫代磷酸酯修饰的对应物。其他具有双环或三环主链的 ANAs，如三环 DNA 也有报道。三环 DNA 有一个稠环系统，它使扭转角 γ 和 δ 变硬，相对于天然寡核苷酸，允许与 RNA 以高亲和力结合（Steffens 等，1999）。LNA 除了具有明显的优势外，在设计核酸探针时也应考虑到一些劣势。首先，由于其高亲和力，一些非特异性结合是不可避免的。因此，LNA 通常用作天然 DNA 寡聚体中的替代核苷酸，而不是“仅 LNA”寡聚体。由于 LNA 的热稳定性增强，同型二聚体很容易形成且难以破坏。

此外，研究人员将修饰的核酸碱基合并到 DNA 或 RNA 中以获得更多的 ANA。核酸碱基已被纳入柔性丙二醇接头以合成柔性 ANA。去除核糖的 2′和 3′碳之间的键以开发未锁定的 ANAs。一般而言，这些 ANA 的灵活性有所增加，但双链体的稳定性已严重降低。有趣的是，由核酸碱基通过无环 C^2 接头合成的甘油核酸（glycerol nucleic acids，GNAs）具有相对灵活的结构和磷酸二酯键，其寡聚体可以高度亲和力地与其互补的 GNA 寡聚体结合，形成高度稳定的双链（Schlegel 等，2009），结果表明，稳定的双链体形成不需要环状核糖。受此启发，开发了几种非环状 ANA，无环 D-苏氨醇核酸（D-threoninol nucleic acids，D-aTNA）、丝氨醇核酸（serinol nucleic acids，SNA）和无环 L-苏氨醇核酸（acyclic L-threoninol nucleic acids，L-aTNA）是三种结构相似、性质独特的典型无环 ANAs。SNA 是通过将核酸碱基引入丝氨醇骨架而合成的（Murayama 等，2013），它可以与 DNA 和 RNA 形成稳定的双链体，并显示出独特的手性。D-aTNA 是通过使用 D-苏氨醇作为连接天然核碱基的接头，与天然核酸高度正交。L-aTNA 是 D-aTNA 的对映异构体，对互补 DNA 和 RNA 的亲和力最高（Murayama 等，2015）。无环 ANA 的显著优点是高度水溶性，因为它保留了磷酸二酯键。低合成成本和容易进行化学修饰，使得具有新颖结构的 ANA 易于制备并得到广泛应用。无环核苷膦酸酯（acyclic nucleoside phosphonates，ANP）是化学和代谢稳定的核苷酸类似物，由磷酸基团、脂肪链和碱基组成。ANPs 具有良好的抗病毒和抗癌活性。脂肪链的修饰可以提高 ANPs 的稳定性，因此可以广泛应用于抗病毒领域（Kalcic 等，2021）。

5.4 修饰核酸的应用

5.4.1 表观遗传修饰

表观遗传学是在基因的核苷酸序列不变的情况下基因表达的可遗传变化，生物体内的 RNA 修饰是其中的重要组成部分。自 1951 年假尿苷被认为是第五种核糖核苷酸以来，细胞中的天然 RNA 修饰引起了研究人员的极大兴趣。除了假尿嘧啶修饰外，肌苷是另一种丰富的 RNA 修饰，可通过腺苷脱氨作用获得。RNA 修饰的研究主要集中在 tRNA、rRNA、小核 RNA（snRNA）和 mRNA。这些修饰在 RNA 的功能中起着重要作用。

tRNA 参与细胞蛋白质合成。它是所有 RNA 物种中修饰类型最多的 RNA 分子。tRNA 的第 34 个碱基位于摆动碱基的位置，这个位点有很多修饰，如 2′-*O*-甲基化、二氢尿苷、1-甲基腺嘌呤、N^3-甲基化胞嘧啶修饰等，这些修饰对 mRNA 密码子的精确鉴定非常重要，可以提高翻译效率。mRNA 是信使 RNA，在基因表达的调控中起着至关重要的作用。它不仅携带遗传信息，还包括多种化学修饰，如 N^6-甲基鸟嘌呤修饰可以调节 mRNA 的代谢，如 mRNA 的折叠、成熟、翻译和衰变等。此外，mRNA 还含有

大量的 N^6-甲基腺嘌呤、N^6,2′-*O*-二甲基腺苷、N^1-甲基腺嘌呤、5-甲基胞嘧啶、5-羟基甲基胞嘧啶、N^4-乙酰胞苷、N^7-甲基鸟苷等修饰。rRNA 是细胞中最丰富的 RNA 类型，它与蛋白质结合形成核糖体。在 mRNA 的引导下，氨基酸被合成为肽链。rRNA 中的大部分修饰都集中在功能位点，包括解码位点和肽基转移中心。2′-*O*-甲基化是最常见的 rRNA 修饰。它存在于 100 多个已知的人类 rRNA 位点中，对核糖体进行翻译的正常功能具有重要影响。此外，rRNA 上也有 m^5C 修饰，rRNA 甲基化修饰对 mRNA 翻译、线粒体转录和细菌耐药机制具有潜在的调控作用。snRNA 是真核生物转录后加工中 RNA 剪接体的主要成分，存在于细胞核中。snRNA 上 U^1、U^2、U^4、U^5 和 U^6 的成熟需要多种甲基化形式的参与。在细胞核中，snRNA 前体 5′末端的 m^7G 甲基帽会被高甲基化，形成 N^2,N^2,7-三甲基鸟嘌呤核苷酸（m^3G）帽和三个甲基，形成成熟的 snRNA（Cheng 等，2020）。同样，snRNA 上也有许多 2′-*O*-甲基化修饰。

在上述众多修饰中，一些 RNA 修饰对基因表达有直接的功能影响。许多研究表明，RNA 表观遗传通路的紊乱与人类疾病包括癌症的发病机制有关，如 N^6-甲基腺苷、5-甲基胞嘧啶、tRNA 的 N^1-甲基腺苷、7-甲基鸟苷、RNA 的假尿苷、RNA 腺苷转化为肌苷，以及 tRNA 的 U34 修饰。这些修饰会影响 RNA 的结构和稳定性，癌细胞使用 RNA 修饰酶来维持细胞增殖。因此，RNA 修饰酶可用作癌症的潜在药物靶点。与 RNA 修饰类似，DNA 也有多种修饰，如 5-甲基胞嘧啶、5-羟甲基胞嘧啶修饰等，这些修饰涉及 RNA 和 DNA 代谢的各个方面，对调控基因表达和生物体中某些疾病的发生有影响。

5.4.2 生物传感

核酸作为一种天然生物高分子，具有良好的可编程性和生物相容性，并具有一定的分子识别能力，因此可广泛应用于生物传感领域。核酸分子的修饰可以提高核酸分子的识别能力和稳定性，赋予其新的化学性质和生物学功能。因此，修饰后的核酸分子具有实现高灵敏度、高特异性传感的巨大潜力，可用于生化过程的实时检测。本部分将从适配体、G4s、核酶、三螺旋核酸和发光功能核酸等方面介绍修饰的功能核酸分子在生物传感领域的应用。

适配体的修饰可以丰富它们的化学结构并提高它们的稳定性，从而延长它们的体内寿命。筛选化学修饰适配体的方法主要有两种：第一种是筛选后修饰，直接在特定位点对选定的适配体进行修饰。这种方法的优点是核酸文库易于合成。但缺点是筛选后的修饰可能会影响适配体与靶点的亲和力；第二种筛选方法是预筛选修饰，即在筛选过程中将修饰的核苷酸引入核酸文库，可以避免上述问题。一般来说，化学修饰核酸适配体的筛选需要同时结合以上两种方法。修饰位点主要集中在核糖的 2′位、磷酸基团的 α 位和嘧啶基环的 5 位。修饰核糖和磷酸基团的目的是提高核酸链的稳定性，例如，2′-氨基（2′-NH_2）、2′-F 和 2′-OMe 修饰，以及硫代磷酸酯和硼烷磷酸酯修饰。当然，还有一些具有特殊结构的核苷酸也可以增加核酸链的稳定性，比如锁定核酸、解锁核酸等。修饰嘧啶碱基的 C^5 位点可以增加核苷酸的化学和结构多样性，如一些疏水基团、酸性/碱性基团等。核酸适配体的修饰可以调节适配体的稳定性或改变其空间构象，以提高其与靶标的结合稳定性。例如，凝血酶适配体的 PS 修饰和 2′-OMe 修饰可以提高适配体的稳定性和对凝血酶的亲和力。5′-NH_2 和 5′-SH 修饰的核酸适配体可用作连接体以固定适配体以制备电化学传感器（Nan 等，2021）。

由于 G4s 的紧密折叠，内部核酸链受到保护，环和链末端是核酸酶攻击的主要位置，从而成为主要的修饰位点。G4s 的化学修饰可以增加其热稳定性，增强对目标物质的亲和力和特异性。例如，修饰 5′端的疏水基团可以促进 G4s 的折叠并增强适配体和蛋白质的相互作用（Doluca 等，2013）。

对核酶修饰，尤其是碱基修饰，对 5-17 脱氧核酶、10-23 脱氧核酶等发夹核酶的催化性能有明显的调节作用（Li 等，2017）。研究表明，除二价金属离子外，催化中心的碱也参与反应。对碱基的修饰或碱基突变可以确定参与催化反应的碱基位点，深入探索核酶的催化机制。同时，修饰催化域的碱基可以调节碱基的平面堆积和氢键相互作用。引入具有质子转移能力和氢键能力的官能团来优化核酶的催化活性，为脱氧核酶在生物技术和传感器的应用提供指导。

三螺旋核酸在生物传感中的应用仍存在结构稳定性不足、易被核酸酶降解等缺点。特别是，由一或两个嘧啶碱基分隔的嘌呤序列通常会显著降低三联体的稳定性。对核酸骨架的修饰可以调节三螺旋核酸对核酸酶的抵抗力，从而稳定结构，如 DNA 链的 2′-OMe 修饰，比纯 DNA 和 RNA-DNA-DNA 三联体更稳定，还可以抵抗核酸酶降解。此外，可以通过替换中性基团或碱基类似物来修饰磷酸骨架，以稳定三螺旋核酸的构象（Robles 等，2002）。

在发光功能性核酸的碱基上修饰一些还原基团，如醛基（Keren 等，2004）、羟基（Wirges 等，2009）、磷酸基上硼基的修饰（Roy 等，2012），有助于形成粒径均匀的金属纳米粒子和可控的形态。碱基类似物是一种化学物质，其分子结构与 DNA 碱基相似，可以取代整个碱基而引起 DNA 碱基突变。它可以通过相邻碱基的叠加来猝灭荧光，通过荧光信号输出实现物质的检测，如 2-氨基嘌呤（Li 等，2009）和吡咯脱氧胞苷修饰（Zhang 等，2009）。

5.4.3 生物成像

生物成像是研究生物体内生物分子内部结构和功能最直接、最有效的工具，是高效获取生命研究信息的关键技术。核酸荧光探针可根据碱基互补配对的原理，特异性识别目的基因序列，将生物信息学转化为荧光信号。核酸荧光探针具有靶向性强、易于合成和功能修饰、免疫原性低等优点。因此，它们被广泛应用于生物成像领域，为该领域的发展提供了性能优异的分子工具。

将光化学活化与修饰的寡核苷酸相结合，可以实现对目标核酸的时空检测。使用光不稳定基团来控制 Watson-Crick 或大沟位点的核碱基位点会干扰碱基配对，从而控制核酸的功能活性。Buff 等在环区域合成了带有笼状核碱基的分子信标，它们在目标 RNA 存在下可以保持无荧光，但可以完全被光（366nm 或 405nm）激活（Buff 等，2010）。笼状基团是指暂时失活的功能分子，它们通过光不稳定基团连接到核碱基的关键位置，例如，光不稳定的 *O*-硝基苯乙基和邻硝基苯丙基。这些笼组修饰的核苷酸不能再形成 Watson-Crick 碱基对，直到它们被光照射重新激活（Joshi 等，2012）。为了达到更好的闭合/打开效率，该团队还利用其他光裂解基团，如一系列香豆素类基团（Grebenovsky 等，2020），对核酸碱基进行修饰，以达到调节核酸构象和影响核酸链之间的相互作用。此外，整个核苷酸的取代也可用于信号读出。通过使用黏度敏感染料作为核碱基替代物（Ebrahimi 等，2019），在 Hg^{2+} 存在下采用发夹状结构的适配体序列中夹在两个 T 之间的碱基被染料取代。因此，染料在金属-碱基对之间的强制嵌入将开启其荧光。该研究表明，这种类型的适配体可以减少通常与基于荧光团猝灭剂的系统相关的假阳性信号，提供高达 15 倍的信噪比，在数量上优于基于 FRET 的探针，并允许在复杂介质中快速和高度灵敏的目标检测（nmol/L 范围），如人体血清。

此外，还可以通过在核酸上引入基团进行加成反应来获得核酸荧光探针。例如，合成 5-炔基、5-叠氮基和 5-碘修饰的 dUTP，然后利用铜催化的叠氮-炔环加成（CuAAC）反应或 Suzuki-Miyaura 反应引入荧光标记，形成荧光标记的核酸探针。它们已成功应用于体内核酸的检测和成像（Walunj 等，2018）。此外，Zhang 等修饰了适配体末端的胆固醇分子，并利用胆固醇自组装形成的疏水腔与磷脂分子之间的强相互作用将适配体锚定在聚集诱导发光量子点（aggregation-induced emission quantum dots，AIEdots）上。利用适配体的特异性识别能力和 AIE 材料的高发光效率，构建了具有分子识别能力的 AIE 智能探针，成功实现了癌细胞的靶向成像（Zhang 等，2018）。

5.4.4 寡核苷酸药物

1995 年，Andrew Fire 和 Craig Mello 发现 dsRNA 是导致线虫转录后基因沉默（PTGS）的原因，这种现象被称为 RNA 干扰（RNAi）。此后，它引发了生物学领域的一场革命，极大地激发了研究人员对寡核苷酸药物的兴趣。截至目前，已有 10 余种寡核苷酸药物获批上市，但寡核苷酸药物的广泛应用仍面临重大挑战：寡核苷酸药物治疗途径的研究尚不成熟。体内的不稳定性、脱靶、给药系统和安全性仍需要持续研究。

化学修饰是增强寡核苷酸药物递送最有效的方法之一，包括对核糖、磷酸骨架、碱基和核酸链末端的修饰。第一代寡核苷酸药物主要采用 PS 修饰，基本不影响核酸药物的活性，可减少核酸酶的降解，增强其与血浆蛋白的亲和力，降低肾脏清除率，增加半衰期。然而，PS 修饰降低了寡核苷酸药物对靶标的亲和力，因此开发了第二代寡核苷酸药物。第二代寡核苷酸药物的修饰位点主要集中在核糖部分，如常见的 2′-OMe、2′-MOE 和 2′-F 修饰，可以改变核糖的折叠构象，提高寡核苷酸链的稳定性并增强与靶链的亲和力。第三代寡核苷酸药物主要集中在核糖五元环的修饰上，包括 LNA、PNA 和 PMO。这些修饰可以进一步增强核酸药物对核酸酶的抵抗力，提高亲和力和特异性。除了上述可用于提高寡核苷酸链稳定性的修饰外，还可在寡核苷酸的 3′末端修饰倒置的 dT 和 dG，从而产生 3′-3′连接。这种修饰可以抑制 3′核酸外切酶的降解和 DNA 聚合酶的延伸，增强寡核苷酸链的稳定性。此外，寡核苷酸链的末端也可以进行交联修饰，如 PEG、脂质、GalNAc、多肽、抗体等，可调节寡核苷酸的免疫原性，增加体积，降低肾脏清除率，增强靶细胞的靶向和摄取能力。

一些修饰的核苷酸也可以作为核苷或核苷酸类似物，抑制复制或翻译，从而实现癌症治疗或抗病毒治疗。Golojuch 等研究了一系列色胺与 7-甲基鸟苷 5′-单磷酸（m^7GMP）和 5′-二磷酸（m^7GDP）类似物的偶联物作为将这些核苷酸递送到活细胞中以高亲和力结合真核翻译起始因子 4E（eIF4E）的潜在工具，并且硫代磷酸酯修饰可以稳定该核苷酸与 eIF4E 的相互作用，提高作用效果（Golojuch 等，2020）。eIF4E 是翻译起始复合物的一部分，在翻译起始过程中直接与 7-甲基鸟苷的 5′帽端相互作用，从而抑制癌细胞中的翻译。Meier 等报道了对单磷酸、二磷酸和三磷酸核苷类似物的研究，其中 α-硝酸、β-硝酸、γ-磷酸分别被可生物降解的单元共价修饰，例如，*Cyclo*Sal-NMOL/LP（Balzarini 等，2000）、SATE-NMOL/LP（Gouy 等，2009）、BisPOM-NMOL/LP（Clercq 等，2010）、DiPPro-NDP（Meier，2002）和 TriPPPro-NTP（Jia 等，2020）。这些核苷类似物包含掺入 DNA 的前体药物，可用作病毒复制链延长的终止剂。除了磷酸骨架修饰外，嘌呤碱基的取代还可以发挥细胞毒、抗病毒或抗寄生虫活性。Yang 等设计并开发了一系列（Yang 等，2020）稠合的 7-脱氮杂嘌呤的两个异构系列的合成核苷具有显著的 DNA 损伤能力和抗 HCV 活性。含有苯并噻吩融合的 7-脱氮腺嘌呤碱基的寡 2′-脱氧核糖核苷酸成功地用于酶促合成荧光标记 DNA，其环境敏感性较弱。

利用修饰改善寡核苷酸的类药物特性是增强寡核苷酸药物递送的有效途径。修饰可以调节寡核苷酸的极性和带电特性，有助于寡核苷酸药物在体内稳定存在并穿透细胞膜进入靶细胞发挥作用。

5.4.5 DNA 纳米材料

DNA 具有可设计性和大小可控性，因此非常适合作为合成纳米材料的模板。DNA 链上还原基团的修饰被证明可以有效地对金属化过程进行编程，并且还原基团是多种多样的。Barbieri 等报道了用戊二醛或 α,β-不饱和醛衍生核碱基的胺基团，以定位 DNA 链内的还原基团。此外，利用 RecA 蛋白的同源重组，可以实现以特定方式用金属包覆 DNA（Barbieri 等，2020）。Timper 等将一种带有炔基的修饰胞嘧啶衍生物结合到人工 DNA 链上，这些炔烃可以使用叠氮化糖通过 Cu^+催化的 Huisgen 1,3-环加成点击反应进行功能化，该反应可以作为可寻址的金属结合位点（Timper 等，2012）。由于硼烷基团是一种还原剂，硼烷膦酸酯 DNA（非桥接氧之一被硼烷基团取代）为金属离子的原位还原提供了前所未有的机会。此外，其他还原性基团修饰的配体，如半乳糖衍生的萘二亚胺可以通过穿插与双链 DNA 结合（Komizo 等，2014）。

5.5 总结与展望

目前，功能化修饰的核酸不仅可用于体外的生物分析检测，也可用于体内的成像传递，并在疾病治疗和调控中发挥着重要的作用。随着生物体内天然修饰核酸出现，越来越多的研究开始关注修饰核酸在体内外的应用。它们已被用于探索表观遗传修饰、生物传感、生物成像、核酸药物和核酸纳米材料的研究。尽管核酸修饰的发展取得了很大进展，但其发展仍然是不均衡的，修饰核苷酸和核酸在生物学和医学领域的可靠应用仍存在一些挑战，相应地，这些挑战也为我们研发修饰核酸的合成、机制研究和功能应用提供了新的机遇，核酸的功能化修饰任重道远。

①修饰核酸的合成方法和效率，周围环境对修饰的影响以及修饰之间的互作等机制方面还有待提高。目前，大多数修饰核酸的合成过程都比较复杂，主要包括酶法合成和化学合成。修饰核酸的酶促合成对合成酶的特异性要求高，合成效率低。虽然化学合成可以实现位点特异性修饰，但仅限于短寡核苷酸链（50~100 个核苷酸）的合成。合成过程复杂，且需要考虑构象变化。此外，该过程伴随着大量副产物，位点选择性也较差。因此，修饰核酸的合成方法需要不断创新。未来首先需要不断探索新的合成酶，设计有活性的突变聚合酶。其次，有必要不断开发选择性好和高效的化学功能化方法，使核酸分子成为传感、成像、医学等领域必不可少的工具。再次，还要考虑周围环境对修饰核酸结构的影响，并且不同修饰对核酸的协同或抑制作用也需要不断探索。由于修饰核酸在溶液中的结构是非刚性的，缓冲液 pH、离子组成和盐浓度均会影响核酸链之间的相互作用，因此很难准确地解释其构象变化。例如，金属离子的类型和浓度对修饰核酸折叠构象和电荷性质的影响机制有待进一步探索。Assi 等发现 Mg^{2+}浓度可能影响 2′-OMe 修饰核酸构象交换的动力学和热力学（Assi 等，2020）。这些结构知识的缺乏限制了对修饰核酸作用机制的解释。此外，同一个位点的联合修饰可以产生协同效应，不同位点的修饰之间是否会产生相互作用也需要深入探讨。因此，对核酸修饰的机制研究需要不断地深入。在如此多的核酸修饰中，每个修饰之间的相互作用对核酸修饰位点和类型的选择具有指导作用，还应考虑周围环境的影响。功能化修饰核酸的进一步发展在一定程度上也取决于结构研究技术的突破，未来需要不断探索每种修饰的内在机制。这对核酸的实际应用非常重要。

②修饰核酸的生物学效应以及机制还需不断探索，修饰核酸在生物医药领域的应用在未来呈现井喷之势，但是其体内代谢以及生理作用的研究还尚未完全清楚。虽然一些修饰的寡核苷酸药物的临床前研究，如 GalNAc 修饰的 siRNAs，已被证明是有效的，但是将寡核苷酸药物靶向到特定的器官或组织涉及到特定的化学修饰模式，且这些修饰的核酸药物的药代动力学和药效学特征以及作用机制都需要不断验证。此外，如果要在体内使用修饰的寡核苷酸药物，其安全性也不容忽视。例如，一些交联配体和其他大分子可能具有潜在的免疫原性，会对身体造成免疫刺激。因此，寡核苷酸药物的修饰在体内应用仍需持续研究。从体内应用的角度来看，修饰核酸的靶向性和副作用也需要不断研究，核酸药物也是目前生物医学领域的热点。

③核酸的刺激响应修饰也是未来的发展方向。核酸的核糖-磷酸骨架以及碱基将结构和功能信息引入了核酸链中，响应性裂解基团的修饰可以为核酸尤其是核酸纳米结构提供触发条件，在一些外部刺激如 pH、光照、金属离子存在等条件下触发“开关”，实现响应型转换核酸结构，为快速发展的核酸纳米技术领域提供了功能支架。目前，已实现在碱基和磷酸骨架上标记光裂解或者光诱导的构象转换基团，实现了光刺激的核酸断裂和构象转换。此外，核酸的刺激响应修饰也可用于体内递送药物。如利用可激活的细胞穿透肽（CPP）于寡核苷酸药物共价偶联，当到达所需的作用位置时，CPP 被激活，细胞内的酶或者酸性环境导致复合物裂解释放药物（Rozema 等，2007）。在

未来，刺激响应修饰的核酸的应用必将越来越广泛。

④核酸修饰的理性设计还需不断优化。以目的为导向，选择相应的修饰，实现对修饰位点和基团的预判，如电荷性质、功能活性的提高需要什么样的修饰等，以达到修饰与功能之间的平衡，这可能涉及人工智能和计算机模拟的应用，依靠分子模拟等实验预测分子之间的相互作用，以达到更优的修饰选择。对功能核酸的修饰进行预判，改变或提升其性状，如活性、功能性等，从而将其更好地应用于体外的生物传感以及体内的成像和药物递送。在未来，建立核酸功能化修饰的数据库是具有指导意义的，为核酸在生物医学领域的应用提供一定的参考和借鉴。最后，从工业生产的角度来看，发展绿色、安全的修饰核酸生产也是其广泛应用的必然趋势。

参考文献

Abeydeera N, Egli M, Cox N, et al. Evoking picomolar binding in RNA by a single phosphorodithioate linkage [J]. Nucleic Acids Res, 2016, 44 (17): 8052-8064.

Assi H, Rangadurai A, Shi H, et al. 2′-O-methylation can increase the abundance and lifetime of alternative RNA conformational states [J]. Nucleic Acids Res, 2020, 48 (21): 12365-12379.

Balzarini J, Aquaro S, Knispel T, et al. Cyclosaligenyl-2′, 3′-didehydro-2′, 3′-dideoxythymidine monophosphate: efficient intracellular delivery of d4TMP [J]. Mol Pharmacol, 2000, 58 (5): 928-935.

Baraniak J, Frey P. Effect of ion-pairing on bond order and charge localization in alkyl phosphorothioates [J]. J Am Chem Soc, 1988, 110 (12): 4059-4060.

Barbieri I, Kouzarides T. Role of RNA modifications in cancer [J]. Nat Rev Cancer, 2020, 20 (6): 303-322.

Boggon T, Hancox E, McAuley-Hecht K, et al. The crystal structure analysis of d (CGCGAASSCGCG) 2, a synthetic DNA dodecamer duplex containing four, 4′-thio-2′-deoxythymidine nucleotides [J]. Nucleic Acids Res, 1996, 24 (5): 951-961.

Buff M, Schafer F, Wulffen B, et al. Dependence of aptamer activity on opposed terminal extensions: improvement of light-regulation efficiency [J]. Nucleic Acids Res, 2010, 38 (6): 2111-2118.

Carell T, Brandmayr C, Hienzsch A, et al. Structure and function of noncanonical nucleobases [J]. Angew Chem Int Ed Engl, 2012, 51 (29): 7110-7131.

Cheng L, Zhang Y, Zhang Y, et al. Loss of the RNA trimethylguanosine cap is compatible with nuclear accumulation of spliceosomal snRNAs, but not pre-mRNA splicing or snRNA processing during animal development [J]. PLoS Genet, 2020, 16 (10): e1009098.

Clercq E, Herdewijn P. Strategies in the design of antiviral drugs [J]. Nate Rev Drug Discov, 2010, 1 (1): 13-25.

Crooke S, Vickers T, Liang X. Phosphorothioate modified oligonucleotide-protein interactions [J]. Nucleic Acids Res, 2020, 48 (10): 5235-5253.

Cross C, Rice J, Gao X. Solution structure of an RNA x DNA hybrid duplex containing a 3′-thioformacetal linker and an RNA A-tract [J]. Biochemistry, 1997, 36 (14): 4096-4107.

Doluca O, Withers J, Filichev V, Molecular engineering of guanine-rich sequences: Z-DNA, DNA triplexes, and G-quadruplexes [J]. Chem Rev, 2013, 113 (5): 3044-3083.

Ebrahimi S, Samanta D, Cheng H, et al. Forced intercalation (FIT) -aptamers [J]. J Am Chem Soc, 2019, 141 (35): 13744-13748.

Evich M, Spring-Connell A, Germann M. Impact of modified ribose sugars on nucleic acid conformation and function [J]. Heterocycl Commun, 2017, 23 (3): 155-165.

Evich M, Spring-Connell A, Storici F, et al. Structural impact of single ribonucleotide residues in DNA [J]. Chembiochem, 2016, 17 (20): 1968-1977.

Ferreira I, Slott S, Astakhova K, et al. Complete mesoscopic parameterization of single LNA modifications in DNA applied to oncogene probe design [J]. J Chem Inf Model, 2021, 61 (7): 3615-3624.

Fischler M, Simon U, Nir H, et al. Formation of bimetallic Ag-Au nanowires by metallization of artificial DNA duplexes [J]. Small, 2007, 3 (6): 1049-1055.

Flamme M, McKenzie L, Sarac I, et al. Chemical methods for the modification of RNA [J]. Methods, 2019, 161: 64-82.

Fu T, Liu L, Yang Q, et al. Thymine DNA glycosylase recognizes the geometry alteration of minor grooves induced by, 5-formylcytosine and 5-carboxylcytosine [J]. Chem Sci, 2019, 10 (31): 7407-7417.

Furuta T, Watanabe T, Tanabe S, et al. Phototriggers for nucleobases with improved photochemical properties [J]. Org Lett, 2007, 9 (23): 4717-4720.

Gentle C, Harrison S, Inukai M, et al. Structure-function studies on nucleoside antibiotic mureidomycin A: synthesis of 5′-functionalised uridine models [J]. J Chem Soc Perk T, 1999, 1: 1287-1294.

Golojuch S, Kopcial M, Strzelecka D, et al. Exploring tryptamine conjugates as pronucleotides of phosphate-modified 7-methylguanine nucleotides targeting cap-dependent translation [J]. Bioorg Med Chem, 2020, 28 (13): 115523.

Gouy M, Jordheim L, Lefebvre I, et al. Special feature of mixed phosphotriester derivatives of cytarabine [J]. Bioorg Med Chem, 2009, 17 (17): 6340-6347.

Grebenovsky N, Hermanns V, Heckel A, Photoswitchable 2-phenyldiazenyl-purines and their influence on DNA hybridization [J]. Chem Photo Chem, 2020, 4 (11): 5245-5248.

Gregson J, Crain P, Edmonds C, et al. Structure of the archaeal transfer RNA nucleoside G*-15 (2-amino-4, 7-dihydro- 4-oxo-7-beta-D-ribofuranosyl-1H-pyrrolo [2, 3-d] pyrimidine-5-carboximi dam ide (archaeosine)) [J]. J Bio Chem, 1993, 268 (14): 10076-10086.

Haruta K, Otaki N, Nagamine M, et al. A novel pegylation method for improving the pharmacokinetic properties of anti-interleukin-17a RNA aptamers [J]. Nucleic Acid Ther, 2017, 27 (1): 36-44.

Hernandez F, Hernandez L, Kavruk M, et al. Nanokeepers: stimuli responsive nanocapsules for programmed specific targeting and drug delivery [J]. Ch Com, 2014, 50 (67): 9489-9492.

Hienzsch A, Deiml C, Reiter V, et al. Total synthesis of the hypermodified RNA bases wybutosine and hydroxywybutosine and their quantification together with other modified RNA bases in plant materials [J]. Chemistry, 2013, 19 (13): 4424-4248.

Ikeuchi Y, Kimura S, Numata T, et al. Agmatine-conjugated cytidine in a tRNA anticodon is essential for AUA decoding in archaea [J]. Nat Chem Biol, 2010, 6 (4): 277-282.

Islam M, Fujisaka A, Kawakami J, et al. Different reactivity of sP and rP isomers of phosphorothioate-modified oligonucleotides in a duplex structure [J]. Bioorg Med Chem Lett, 2020, 30 (14): 127166.

Iwamoto N, Butler D, Svrzikapa N, et al. Control of phosphorothioate stereochemistry substantially increases the efficacy of antisense oligonucleotides [J]. Nat Biotechnol, 2017, 35 (9): 845-851.

Jia X, Schols D, C Meier, Anti-HIV-active nucleoside triphosphate prodrugs [J]. J Med Chem, 2020, 63 (11): 6003-6027.

Jiang X, Pandey R, Smith K, Nucleoside adducts of vinylporphyrins and vinylchlorins [J]. J Chemical Soc Perkin Trans, 1996, 13 (13): 1607-1615.

Jones R, Lin K, Milligan J, et al. Synthesis and binding-properties of pyrimidine oligodeoxynucleoside analogs containing neutral phosphodiester replacements-the formacetal and 3′-thioformacetal internucleoside linkages [J]. J Org Chem, 1993, 58 (11): 2983-2991.

Joshi K, Vlachos A, Mikat V, et al. Light-activatable molecular beacons with a caged loop sequence [J]. Ch Com, 2012, 48 (22): 2746-2748.

Kabza A, Sczepanski J, An l-RNA aptamer with expanded chemical functionality that inhibits microRNA biogenesis [J]. Chembiochem, 2017, 18 (18): 1824-1827.

Kalcic F, Dracinsky M, Janeba Z. Diverse synthetic approaches towards C1′-branched acyclic nucleoside phosphonates [J]. Org Biomol Chem, 2021, 19 (32): 6958-6963.

Kel′in A, Zlatev I, Harp J, et al. Structural basis of duplex thermodynamic stability and enhanced nuclease resistance of 5′-C-methyl pyrimidine-modified oligonucleotides [J]. J Org Chem, 2016, 81 (6): 2261-2279.

Keren K, Berman R, Braun E, Patterned DNA metallization by sequence-specific localization of a reducing agent [J]. Nano Lett, 2004, 4 (2): 323-326.

Kim S, Shin D, Choi T, et al. Systemic and specific delivery of small interfering RNAs to the liver mediated by apolipoprotein A-I [J]. Mol Ther, 2007, 15 (6): 1145-1152.

Komizo K, Ikedo H, Sato S, et al. Metallization of double-stranded DNA triggered by bound galactose-modified naphthalene diimide [J]. Bioconj Chem, 2014, 25 (8): 1547-1555.

Kumar P, Wu H, McBride J, et al. Transvascular delivery of small interfering RNA to the central nervous system [J]. Nature, 2007, 448 (7149): 39-43.

Kwon PS, Ren S, Kwon SJ, et al. Designer DNA architecture offers precise and multivalent spatial pattern-recognition for viral sensing and inhibition [J]. Nat Chem, 2020, 12 (1): 26-35.

Lacroix A, Vengut-Climent E, de Rochambeau D, et al. Uptake and fate of fluorescently labeled DNA nanostructures in cellular environments: A cautionary tale [J]. ACS Cent Sci, 2019, 5 (5): 882-891.

Lam C, Hipolito C, Perrin D. Synthesis and enzymatic incorporation of modified deoxyadenosine triphosphates [J]. Eur J Org Chem, 2008, (29): 4915-4923.

Lapa S, Chudinov A, Timofeev E. The toolbox for modified aptamers [J]. Mol Biotechnol, 2016, 58 (2): 79-92.

Li M, Sato Y, Nishizawa S, et al. 2-aminopurine-modified abasic-site-containing duplex DNA for highly selective detection of theophylline [J]. J Am Chem Soc, 2009, 131 (7): 2448-2449.

Li P, Li Z, Q Wang. Studies on the combinatorial modifications with two amino groups on the catalytic core of 10-23 DNAzyme [J]. Journal Of Chinese Pharmaceutical Sciences, 2017, 26 (12): 851-857.

Li P, Sergueeva Z, Dobrikov M, et al. Nucleoside and oligonucleoside boranophosphates: chemistry and properties [J]. Chem Rev, 2007, 107 (11): 4746-4796.

Ma Y, Liu H, Mou Q, et al. Floxuridine-containing nucleic acid nanogels for anticancer drug delivery [J]. Nanoscale, 2018, 10 (18): 8367-8371.

Mandal D, Kohrer C, Su D, et al. Agmatidine, a modified cytidine in the anticodon of archaeal tRNA (ile), base pairs with adenosine, but not with guanosine [J]. P Natl A Sci, 2010, 107 (7): 2872-2877.

Manoharan M. 2P-carbohydrate modifications in antisense oligonucleotide therapy: importance of conformation, configuration and conjugation [J]. AcBB, 1999, 1489 (1): 117-130.

Mao S, Chang Z, Zheng Y, et al. DNA functionality with photoswitchable hydrazone cytidine [J]. Chemistry (Easton), 2021, 27 (32): 8372-8379.

McTigue P, Peterson R, Kahn J. Sequence-dependent thermodynamic parameters; for locked nucleic acid (LNA) -DNA duplex formation [J]. Biochemistry, 2004, 43 (18): 5388-5405.

Meier C. cycloSal-pronucleotides design of chemical trojan horses [J]. Mini Rev Med Chem, 2002, 2 (3): 219-234.

Migawa M, Shen W, Wan W, et al. Site-specific replacement of phosphorothioate with alkyl phosphonate linkages enhances the therapeutic profile of gapmer ASOs by modulating interactions with cellular proteins [J]. Nucleic Acids Res, 2019, 47 (11): 5465-5479.

Muramatsu T, Nishikawa K, Nemoto F, et al. Codon and amino-acid specificities of a transfer-RNA are both converted by a single post-transcriptional modification [J]. Nature, 1988, 336 (6195): 179-181.

Murayama K, Kashida H, Asanuma H. Acyclic L-threoninol nucleic acid (L-aTNA) with suitable structural rigidity cross-pairs with DNA and RNA [J]. Ch Com, 2015, 51 (30): 6500-6503.

Murayama K, Tanaka Y, Toda T, et al. Highly stable duplex formation by artificial nucleic acids acyclic threoninol nucleic acid (ATNA) and serinol nucleic acid (SNA) with acyclic scaffolds [J]. Chemistry (Easton), 2013, 19 (42): 14151-14158.

Murphy F, Ramakrishnan V, Malkiewicz A, et al. The role of modifications in codon discrimination by tRNA (Lys) UUU [J]. Nat Struct Mol Biol, 2004, 11 (12): 1186-1191.

Nainytė M, T Amatov, T Carell. Synthesis of an acp^3U phosphoramidite and incorporation of the hypermodified base into RNA [J]. Chem Commun (Camb), 2019, 55 (81): 12216-12218.

Nair J, Attarwala H, Sehgal A, et al. Impact of enhanced metabolic stability on pharmacokinetics and pharmacodynamics of galnac-siRNA conjugates [J]. Nucleic Acids Res, 2017, 45 (19): 10969-10977.

Nan M, Bi Y, Xue H, et al. Modification performance and electrochemical characteristics of different groups of modified aptamers applied for label-free electrochemical impedimetric sensors [J]. Food Chem, 2021, 337: 127761.

Naus P, Caletkova O, Konecny P, et al. Synthesis, cytostatic, antimicrobial, and anti-HCV activity of 6-substituted 7-(het) aryl-7-deazapurine ribonucleosides [J]. J Med Chem, 2014, 57 (3): 1097-1110.

Nielsen P, Egholm M. An introduction to peptide nucleic acid [J]. Curr Issues Mol Biol, 1999, 1 (1-2): 89-104.

Nishina K, Unno T, Uno Y, et al. Efficient *in vivo* delivery of siRNA to the liver by conjugation of α-tocopherol [J]. Mol Ther, 2008, 16 (4): 734-740.

Oliva P, Scortichini M, Dobelmann C, et al. Structure-activity relationships of pyrimidine nucleotides containing a $5'$-α,β-methylene diphosphonate at the P_2Y_6 receptor [J]. Bioorg Med Chem Lett, 2021, 45: 128137.

Ozalp V, Schafer T. Aptamer-based switchable nanovalves for stimuli-responsive drug delivery [J]. Chemistry (Easton), 2011, 17 (36): 9893-9896.

Ozawa T, Gryaznov S, Hu L, et al. Antitumor effects of specific telomerase inhibitor GRN163 in human glioblastoma xenografts [J]. Neuro Oncol, 2004, 6 (3): 218-226.

Parmar R, Brown C, Matsuda S, et al. Facile synthesis, geometry, and 2′-substituent-dependent *in vivo* activity of 5′-(E)-and 5′-(Z)-vinylphosphonate-modified siRNA conjugates [J]. J Med Chem, 2018, 61 (3): 734-744.

Perlikova P, Hocek M. Pyrrolo [2,3-d] pyrimidine (7-deazapurine) as a privileged scaffold in design of antitumor and antiviral nucleosides [J]. Med Res Rev, 2017, 37 (6): 1429-1460.

Reese C, Varaprasad C. Synthesis of some 2′,3′-didehydro-2′,3′dideoxynucleosides derived from modified pyrimidine bases [J]. J Chem Soc Perk T, 1, 1994, 1, (2): 189-195.

Riml C, Amort T, Rieder D, et al. Osmium-mediated transformation of 4-thiouridine to cytidine as key to study RNA dynamics by sequencing [J]. Angew Chem Int Ed Engl, 2017, 56 (43): 13479-13483.

Robles J, Grandas A, Pedroso E, et al. Nucleic acid triple helices: Stability effects of nucleobase modifications [J]. Curr Org Chem, 2002, 6 (14): 1333-1368.

Roy S, Olesiak M, Padar P, et al. Reduction of metal ions by boranephosphonate DNA [J]. Org Biomol Chem, 2012, 10 (46): 9130-9133.

Rozema D, Lewis D, Wakefield D, et al. Dynamic polyconjugates for targeted *in vivo* delivery of siRNA to hepatocytes [J]. P Natl A Sci, 2007, 104 (32): 12982-12987.

Schlegel M, Xie X, Zhang L, et al. Insight into the high duplex stability of the simplified nucleic acid GNA [J]. Angew Chem Int Ed Engl, 2009, 48 (5): 960-963.

Smith C, Hollenstein M, Leumann C. The synthesis and application of a diazirine-modified uridine analogue for investigating RNA-protein interactions [J]. RSC Advances, 2014, 4 (89): 48228-48235.

Srivatsan S, Tor Y. Fluorescent pyrimidine ribonucleotide: synthesis, enzymatic incorporation, and utilization [J]. J Am Chem Soc, 2007, 129 (7): 2044-2053.

Steffens R, Leumann C. Synthesis and thermodynamic and biophysical properties of tricyclo-DNA [J]. J Am Chem Soc, 1999, 121 (14): 3249-3255.

Stengel G, Urban M, Purse B, et al. Incorporation of the fluorescent ribonucleotide analogue tctp by T7 RNA polymerase [J]. Ana Ch, 2010, 82 (3): 1082-1089.

Stirchak E, Summerton J, Weller D. Uncharged stereoregular nucleic acid analogs: 2. Morpbolino nudeoside oligomers with carbamate internucleoside linkages [J]. Nucleic Acids Res, 1989, 17 (15): 6129-6141.

Suresh R, Poe R, Lin B, et al. Convergent synthesis of 2-thioether-substituted (*N*) -methanocarbaadenosines as purine receptor agonists [J]. RSC Advances, 2021, 11 (44): 27369-27380.

Suzuki T, Suzuki T, Wada T, et al. Novel taurine-containing uridine derivatives and mitochondrial human diseases [J]. Nucleic Acids Res Supplement, 2001 (1): 257-258.

Tai W. Current aspects of siRNA bioconjugate for *in vitro* and *in vivo* delivery [J]. Molecules, 2019, 24 (12): 2211.

Tchilibon S, Joshi BV., Kim S, et al. (*N*) -methanocarba 2, N6-disubstituted adenine nucleosides as highly potent and selective A3 adenosine receptor agonists [J]. J Med Chem, 2005, 48 (6): 1745-1758.

Timper J, Gutsmiedl K, Wirges C, et al. Surface "click" reaction of DNA followed by directed metalization for the construction of contactable conducting nanostructures [J]. Angew Chem Int Ed Engl, 2012, 51 (30): 7586-7588.

Uppuladinne M, Sonavane U, Deka R, et al. Structural insight into antisense gapmer-RNA oligomer duplexes through molecular dynamics simulations [J]. J Biomol Struct Dyn, 2019, 37 (11): 2823-2836.

Vaught J, Dewey T, Eaton B. T7 RNA polymerase transcription with 5-position modified utp derivatives [J]. J Am Chem Soc, 2004, 126 (36): 11231-11237.

Walunj M, Tanpure A, Srivatsan S. Post-transcriptional labeling by using suzuki-miyaura cross-coupling generates functional RNA probes [J]. Nucleic Acids Res, 2018, 46 (11): e65.

Wan W, Seth P. The medicinal chemistry of therapeutic oligonucleotides [J]. J Med Chem, 2016, 59 (21): 9645-9667.

Weixlbaumer A, Murphy F, Dziergowska A, et al. Mechanism for expanding the decoding capacity of transfer RNAs by modification of uridines [J]. Nat Struct Mol Biol, 2007, 14 (6): 498-502.

Wickstrom E. DNA and RNA derivatives to optimize distribution and delivery [J]. Adv Drug Del Rev, 2015, 87: 25-34.

Wirges C, Timper J, Fischler M, et al. Controlled nucleation of DNA metallization [J]. Angew Chem Int Ed Engl, 2009, 48 (1): 219-223.

Wohlrab F, Haertlé T, Trichtinger T, et al. 2′-deoxy-2′-fluorouridine-5′-phosphate: an alternative substrate for thymidylate synthetase from *Escherichia coli* K12 [J]. Nucleic Acids Res, 1978, 5 (12): 4753-4759.

Yang C, Pohl R, Tichy M, et al. Synthesis, photophysical properties, and biological profiling of benzothieno-fused 7-deazapurine ribonucleosides [J]. J Org Chem, 2020, 85 (12): 8085-8101.

Yang X, Sierant M, Janicka M, et al. Gene silencing activity of siRNA molecules containing phosphorodithioate substitutions [J]. ACS Chem Biol, 2012, 7 (7): 1214-1220.

Young D, Lively M, Deiters A, Activation and deactivation of DNAzyme and antisense function with light for the photochemical regulation of gene expression in mammalian cells [J]. J Am Chem Soc, 2010, 132 (17): 6183-6193.

Zhang P, Zhao Z, Li C, et al. Aptamer-decorated self-assembled aggregation-induced emission organic dots for cancer cell targeting and imaging [J]. Ana Ch, 2018, 90 (2): 1063-1067.

Zhang X, Wadkins R. DNA hairpins containing the cytidine analog pyrrolo-dC: structural, thermodynamic, and spectroscopic studies [J]. Biophys J, 2009, 96 (5): 1884-1891.

Zhang Y, Jing Y, Wang Y, et al. NAT10 promotes gastric cancer metastasis via N4-acetylated COL5A1 [J]. Signal Transduct Target Ther, 2021, 6 (1): 173.

Zhao F, Zhou J, Su X, et al. A smart responsive dual aptamers-targeted bubble-generating nanosystem for cancer triplex therapy and ultrasound imaging [J]. Small, 2017, 13 (20).

6

核酸的固定化

核酸的固定化在核酸化学、分子遗传学及生物工程的研究中有着不可替代的重要作用。无论是特定核酸片段的杂交检测、特定基因片段的回收，还是基因探针、反义核酸药物的合成以及基因测序、定点突变及基因功能的研究等，都与核酸的固定化密切相关。核酸的固定化方法主要包括点击反应、酰胺化反应、硫醇金属界面偶联等共价偶联、生物素-亲和素亲和系统、金-腺嘌呤作用等亲和交联以及主客体相互作用等。

本章对目前应用较广泛的几种核酸固定化技术的基本特性进行介绍，概述寡核苷酸链上标记功能基团以触发共价偶联、亲和交联以及主客体相互作用的方法，综述这些固定化技术介导的功能核酸生物传感器，并讨论相关功能核酸检测技术在应用研究中的实际意义、存在的问题及其发展前景。

6.1 概述

核酸的修饰与固定化在核酸化学、分子遗传学及生物工程的研究中被广泛采用，相关方法多种多样，且日趋简单、快速、方便，修饰后既能提升界面灵敏度，也更易于互补杂交、扩增反应以及表征与信号输出，因此核酸的修饰与固定化在核酸研究中具有重要的科学意义和实用价值。核酸的修饰与固定化方法主要包括吸附法、共价结合（偶联）法、亲和交联法以及主客体相互作用等。传统吸附法主要依靠疏水相互作用以及经典相互作用，是核酸吸附于纤维膜、乳胶及微量滴定板等固相载体上，多用于检测特定序列的基因片段。吸附法虽然操作简单，但不利于后续分子杂交，因此，现在多通过共价结合、亲和交联以及主客体相互作用获得稳定的修饰与固定，同时便于后续分子杂交。其中，点击化学（click chemistry）又译为链接化学，自 2001 年由化学家 Sharpless，Kolb 及 Finn 首次提出以来受到越来越多的关注，其目的是开发一系列强大，高度可靠，具有选择性和模块化，并通过碳-杂原子键（C—X—C）的连接能够快速合成有用的新化合物和组合化学库的反应。点击反应的特点主要包括反应的起始原料和试剂易获取；反应条件简单温和，对氧、水不敏感；只产生无害副产物（或者可以通过非色谱方法去除）等。此外，点击反应的实现需要依靠高热力学驱动力（>20kcal/mol），这也是用于识别点击反应的一大特征。目前，以点击反应为代表的共价偶联方法、以生物素-链霉亲和素系统为代表的亲和交联方法以及以环糊精-核酸为代表的主客体相互作用已实现了生物标记、物质表面功能化、生物分子的固定等多种应用，并在药物化学、材料科学、高分子科学等学科得到了快速发展（图 6.1）。

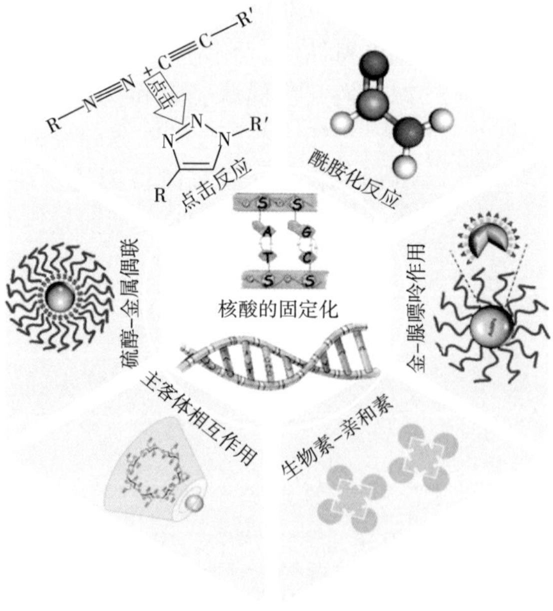

图 6.1 核酸的固定化

6.2 点击化学

6.2.1 叠氮化物-炔烃环加成反应

6.2.1.1 叠氮化物-炔烃环加成反应特性

Cu^+催化的叠氮化物-炔烃环加成［Cu^+ catalyzed azide-alkyne cycloaddition，CuAAC］过程已经成为点击化学的重要例子。官能团有机叠氮化物在有机合成中具有能量高、选择性强的优势，其与烯烃和烷基的偶极环加成反应符合“点击”标准。但叠氮化物-炔烃环加成反应存在反应速率低的问题，限制了其使用（Hein 等，2010）。在 2002 年，Meldal M 团队（Tornøe 等，2002）与 Sharpless KB 团队（Rostovtsev 等，2002）同时分别报道了以铜作为催化剂的叠氮化物-炔烃环加成反应，将有机叠氮基团和末端炔烃完全转化为相应的 1,4-二取代 1,2,3-三唑；而对于非催化的反应则需要更高的温度，并产生 1,4-和 1,5-三唑异构体的混合物。

Cu^+催化的叠氮化物-炔烃环加成反应不受连接于叠氮化物和炔中心基团的空间和电子性质的显著影响，这是官能团间转换使用最广泛的反应，因而能轻松地引入伯、仲，甚至叔，缺电子和富电子，脂肪族、芳香族和杂芳香族叠氮化物（Segura 等，2019）。该反应可在许多质子和非质子溶剂（包括水）中进行，并且不受大多数有机和无机官能团的影响，因此，几乎不需要保护化学基团。产物 1,2,3-三唑杂环具有高化学稳定性（通常耐受水解、氧化和还原条件，即使在高温下也是惰性的）、强偶极矩（4.8~5.6 德拜）、芳香性和氢键接受能力等优点（Pereira 等，2022）。

Hein 等指出 Cu^+的独特催化能力是因为其具有可以与末端炔烃发生 σ-、π-相互作用进行偶然结合的能力以及形成的配体和其他配体之间在配位域内（特别是在水环境中）的快速交换能力（Hein，2010）。当有机叠氮化物是配体时，炔烃的协同亲核活化和叠氮化物的亲电活化驱动第一个 C—H 键的形成。

在 2005 年，环戊二烯基钌（Ru）配合物被发现可以催化叠氮化物和末端炔烃形成互补的 1,5-二取代三唑。与 CuAAC 相比，钌催化叠氮化物炔烃环加成（RuAAC）反应过程中不形成金属-乙炔化物加合物，这一特性适用于 Ru 催化 π-π 共轭在环加成反应中引入内部炔烃。由于与 CuAAC 相容的质子溶剂（例如，水、乙酸乙酯、甲醇、异丙醇、己烷和乙醚）会显著降低反应产率，因此，RuAAC 对溶剂和叠氮化物取代基的空间需求更敏感（Fantoni 等，2021）。除了 Cu^+催化的叠氮化物-炔烃环加成反应外，还有无金属催化的叠氮基的［3+2］环加成反应，包括叠氮基与取代环辛炔反应｛链引发的叠氮化物-炔烃［3+2］环加成（Strain-promoted azide-alkyne［3+2］cycloaddition，SPAAC）｝、叠氮基与活化炔基的反应、叠氮基与缺电子炔基的反应等（Liu 等，2021）。

6.2.1.2 功能基团在寡核苷酸链上的修饰

在开发快速有效的叠氮化物-炔烃环加成之前，寡核苷酸链上的化学修饰主要通过酰胺反应来实现，但偶联的活性酯很容易水解。反之，有机叠氮化物和炔烃具有高化学稳定性，因此将其修饰在寡核酸链上是高效构建叠氮化物-炔烃环加成反应介导的功能核酸生物传感器的重要部分。一般可通过商业合成或者固相合成路线将点击功能组件引入核酸支架，例如，有炔烃基（—C≡CH）的二苯基环锌炔（DBCO）和叠氮基（—N ═N ═N）（Chen 等，2019；Liu，2021）。

寡核苷酸链有多个位置可供炔烃或叠氮部分修饰，其中磷酸基团上 5′、3′位置，核糖上 2′-OH 位置以及嘧啶碱基的 C^5 位点或 7-脱氮嘌呤上的 C^7 位点是常用的标记位置。例如，Willner 等通过酰胺反应在修饰了氨基的核酸链的 5′末端修饰上活性酯（NHS）修饰的 DBCO。随后 DBCO 功能化核酸链可通过点击反应桥接叠氮基团偶联的金属有机骨架（Fantoni，2021）。另外，能用于固相合成的生物公司包括上海生工生物工程股份有限公司、大连 Takara 生物技术有限公司、日本 Tsukuba 公司和美国 IDT 公司等（Fan 等，2018；Rouhanifard 等，2019；Takahara 等，2017）。

炔烃和叠氮化物修饰的核苷不仅通过化学偶联用来直接增加功能基团，还能用于酶促反应中。Paredes 等分别用合成的 5′-叠氮鸟苷或市售的 3′-叠氮-2′,3′-二脱氧腺苷与 T_7 RNA 聚合酶结合，对 RNA 的 5′和 3′端进行修饰。然后将叠氮标记的 RNA 用于模板化和非模板化的点击连接，生成两种不同的人工 RNA 骨架（Paredes 等，2011）。Samanta 等使用市售的 dU°pG 二核苷酸或 C-2′叠氮修饰核苷酸对 RNA 的 5′和 3′端进行标记。其中 dU°pG 可以通过固相合成制备并可被噬菌体 RNA 聚合酶进行定量掺入（Samanta 等，2014）。此外，C-2′叠氮修饰的核苷酸可以通过 RNA 聚合酶掺入 RNA 的 3′端。在这两种策略中，点击标签不仅能标记在核碱基上，还能标记在核糖环的 C-2′位点。因此，标记后的 5′和 3′-OH 基团还可用于进一步的酶促反应，例如，夹板链连接于其他核酸序列，或添加在 poly-A 尾巴上。能对酶促结合位点进行特异性标记的策略也已用于 pre-miRNA 发夹环探针的合成。

6.2.1.3 CuAAC 反应介导的功能核酸生物传感器

CuAAC 点击反应具有反应速度快、产物收率高、反应条件温和等优势，因此有大量的研究者将其用于传感器的构建。对于 CuAAC 点击反应介导的功能核酸生物传感器，大部分研究者倾向于在核酸链的末端修饰上有叠氮基或炔基，利用还原剂（如抗坏血酸钠）将 Cu^{2+}还原为 Cu^{+}，再通过 Cu^{+}催化叠氮基和炔基形成三唑，将两条核酸链连在一起发挥特定的功能，进而实现对 Cu^{2+}或其他靶物质的检测（Zhao 等，2016）。或者在核酸链的末端修饰上炔基或叠氮基通过 CuAAC 反应固定在介质上（Winz 等，2018；Zhu 等，2018），或与小分子物质（荧光染料等）相连（Walter 等，2017）来构建荧光、电化学（Colombo 等，2020）、比色（Li 等，2017；Mou 等，2019）以及侧流层析（Hironaka 等，2021）传感器等。

基于荧光的 CuAAC 反应策略可分为三大类。①通过点击反应，功能增强和猝灭的基团引导靶标信号转换；②使用标记的 DNA 通过点击反应改变其结构，从而导致荧光增强或猝灭；③基于可聚集材料的诱导发射的应用。由于荧光团的光学特性对局部环境和各种结构变化很敏感。点击化学可以直接修改现有的支架，并且在选择性荧光传感方面具有巨大潜力。Hanna 等报告了一种使用天线效应增强炔官能化镧系元素-DOTA 配合物荧光的 CuAAC 点击反应（Hanna 等，2017）。在特定 Cu^{+}存在的情况下，叠氮化物如香豆素或喹诺酮 124 衍生物与 Eu^{3+}-DOTA 偶联成复合物，实现了最大 82 倍增强的信号并可以作为不可逆的“turn-on”催化传感器，用于检测配体结合的 Cu^{+}。Balogh 等（Balogh 等，2015）应用 DNAzyme 封盖的介孔 SiO_2 纳米粒子 MP SiO_2 NPs 作为刺激响应性容器用于程序性合成反应。他们通过向纳米粒子孔中加载用不同基团修饰的荧光染料：Cy3-DBCO、Cy5-N_3 和 Cy7-N_3，并分别用 Mg^{2+}、Zn^{2+}和组氨酸依赖的 DNAzyme 序列封盖 SiO_2 制备三种类型的 MP SiO_2 NPs。当同时存在 Mg^{2+}和 Zn^{2+}作为触发剂的情况下，各 DNAzyme 封盖的纳米粒子被解锁，产生点击反应产物 Cy3-Cy5。反过来，当存在 Mg^{2+}离子和组氨酸作为触发剂的情况下，第二组 DNAzyme 封盖的纳米粒子被解锁，形成 Cy3-Cy7 缀合的产物。Cy3-Cy5 和 Cy3-Cy7 产物对内部会发生荧光共振能量转移，通过观察荧光强度随时间的变化可判断产物的时间依赖性形成情况。在基于功能核酸的荧光传感器中，点击化学的作用就是辅助创建三唑基环连接两条模板链。例如，Qin 等提出利用核酸外切酶对 DNA 链的剪切（Qin 等，2020）。用叠氮基和炔基修饰哑铃形 DNA，使链末端在点击反应之前可被核酸酶切割，使得链水解成小部分。而在 Cu^{2+}存在下，通过 Cu^{2+}诱导的点击反应后，探针两端封闭导致环闭合，从而抑制催化水解。dsDNA 可以在其中添加荧光信号标签 SYBR Green，从而打开荧光信号。该方法在 30min 内实现 Cu^{2+}的检测，LOD 为 39nmol/L。Yang 等通过点击化学将靶向核的 hoechst 单元与萘酰亚胺连接形成复合物 Hoe-NI，利用复合物与 dsDNA 结合可导致荧光的变化开发出比率荧光传感器用于监测核 DNA 损伤（Yang 等，2017）。2017 年，Walter 等通过延伸和修饰所选择的短链，将 ATP 的劈裂适配体作为识别单元嵌入到纳米机器 DNA 折纸构建体的两个杠杆中，再分别在两条适配体的茎部通过 CuAAC 点击反应修饰上两种不同的花菁-苯乙烯基染料（Walter，2017）。当两个 ATP 分子作为靶标分子结合到识别单元时，触发 DNA 折纸形状变化，使两种染料靠近，发生荧光共振能量转移产生从绿色到红色的荧光颜色变化。可根据荧光颜色比率的变化，或在原子力显微镜下观察 DNA 折纸单元形状的变化实现 ATP 分子的测定分析。2018 年，Chen 等首次通过 CuAAC 点击反应将修饰有炔烃基的寡核酸链固定在叠氮基修饰的介孔二氧化硅纳米粒子上，并用适配体封闭孔洞构建了荧光生物传感器来定量检测凝血酶（Chen 等，2018）。Zhou 等将 5′-炔烃和 3′-叠氮基团分别标记在两个寡核苷酸探针上，在靶标 DNA 诱导的 CuAAC 点击反应下产生具有三唑骨架（磷酸二酯键模拟物）的新 DNA 链，利用毛细管凝胶电泳与激光诱导荧光检测实现多重单核苷酸多态性检测（Zhou 等，2018）。Zhu 等设计了一种基于 DNA walker 触发的荧光点超灵敏检测核酸的像素计数策略（Zhu 等，2018）。以 sDNA——摆动链为 DNAzyme 与两种通过 CuAAC 点击反应共价修饰在玻片上的 cDNA——捕获 DNA 进行杂交来构建二维 DNA walker，如图 6.2（d）。

对于比色生物传感器，2019 年，Li 等提出了细菌指导点击化学的比色策略，用于基于 CuAAC 的 AuNPs 即时微生物传感（Mou 等，2019）。如图 6.2（a）所示，病原菌可以通过利用其代谢过程来捕获外源性 Cu^{2+}并将其还原成 Cu^{+}，产生的 Cu^{+}随后作为催化剂触发叠氮点击分子与炔烃-AuNPs之间的点击反应，由此介导纳米粒子的聚集，溶液的颜色从红色变为蓝色。另外，该比色策略的建立可以在磁分离过程的帮助下在1h内选择性地检测大肠杆菌，实现了对复杂人工败血症血液样本中微量浓度的高灵敏度。2017年，Li等开发了一种功能核酸生物传感器用于比色检测人血清中的Cu^{2+}（Li等，2017）。他们通过抗坏血酸盐将靶标Cu^{2+}还原为Cu^{+}，利用Cu^{+}催化的点击反应介导Mg^{2+}依赖性DNA酶的形成并循环切割含有富G序列的发卡DNA，产生大量游离的富G序列。富G序列与hemin作用形成具有过氧化物酶催化活性的复合物，使体系发生明显的颜色变化用于Cu^{2+}比色测定［图6.2（b）］。

在电化学传感器构建方面，Huang等设计了一种灵敏且特异的电化学发光（electrochemiluminescence，ECL）生物传感器，该传感器结合了高特异性Cu^{+}催化的CuAAC和高效链式杂交反应（hybridization chain reaction，HCR）（Huang等，2020）。如图6.2（c）所示，Cu^{2+}首先与PPi络合形成配位络合物（PPi/Cu^{2+}）。由于焦磷酸酶可以水解PPi，从PPi/Cu^{2+}中释放Cu^{2+}，游离的Cu^{2+}被抗坏血酸钠还原为Cu^{+}，从而催化末端有炔基和叠氮基修饰的两条ssDNA的点击化学反应，形成新的长ssDNA（long ssDNA，T-ssDNA）。T-ssDNA作为触发器启动HCR扩增，形成具有5′突起末端的长dsDNA扩增产物。在金电极表面用Au-S键修饰的捕获探针可以与长dsDNA的5′突起端杂交。当扩增产物dsDNA被捕获到电极表面后，可嵌入高效稳定的$Ru(phen)_3^{2+}$分子信标作为ECL探针。因此，该生物传感器的ECL信号与电极表面的分子信标$Ru(phen)_3^{2+}$的积累量成正比。2018年，Zheng等发现在生物传感界面构建中应用点击化学可以有效地提高免疫传感器的性能（Zheng等，2018），基于此，开发了一种夹心型安培免疫传感器，用于糖类抗原242（CA 242）的超灵敏检测。在本实验中，使用与检测抗体缀合的pH响应性Cu^{2+}负载的聚多巴胺颗粒作为标记，其可通过调节pH释放Cu^{2+}离子。在抗坏血酸（还原剂）存在下，Cu^{2+}被还原成Cu^{+}。通过Cu^{+}催化的叠氮化物-炔烃环加成反应将作为信号增强剂的叠氮化物官能化的dsDNA固定在基质上。在点击反应的帮助下，靶标引起的ΔI显著升高，导致免疫传感器的灵敏度提高，检测限低至20.74μU/mL。将点击化学反应应用于构建侧流层析生物传感器来进行靶标物质的检测的研究相对较少。2021年，Ebara等通过原位点击反应将抗体与温度响应性聚合物聚（*N*-异丙基丙烯酰胺）［Poly（*N*-isopropylacrylamide），PNIPAAm］结合，以实现生物标志物富集（Hironaka等，2021）。如图6.2（d），炔基偶联的PNIPAAm与固定在硝酸纤维素纸表面的叠氮基-IgG在室温下通过叠氮基和炔烃之间的1,3-偶极环加成反应形成三唑环。最后，热沉淀法能够使得IgG-聚合物通过抗原-抗体反应富集并捕获>5倍数量的抗原，极大地提高了侧流免疫测定法的灵敏度。

对于荧光生物传感器的构建，Oishi等在核酸链末端修饰DBCO和叠氮基，基于CuAAC点击反应连接辅助的核酸杂交和磁珠上的链式杂交反应开发了一种无酶和恒温的超灵敏miRNA荧光检测方法，检测限低至0.55fmol/L（Oishi等，2015）。在2017年，Chen等介绍了使用无Cu^{+}催化的叠氮基-炔烃环加成点击反应将pH或金属离子响应性核酸修饰在金属-有机骨架纳米粒子（metal-organic framework nanoparticles，NMOFs）上的通用方法（Chen等，2017）。将荧光染料或阿霉素抗癌药物包封在

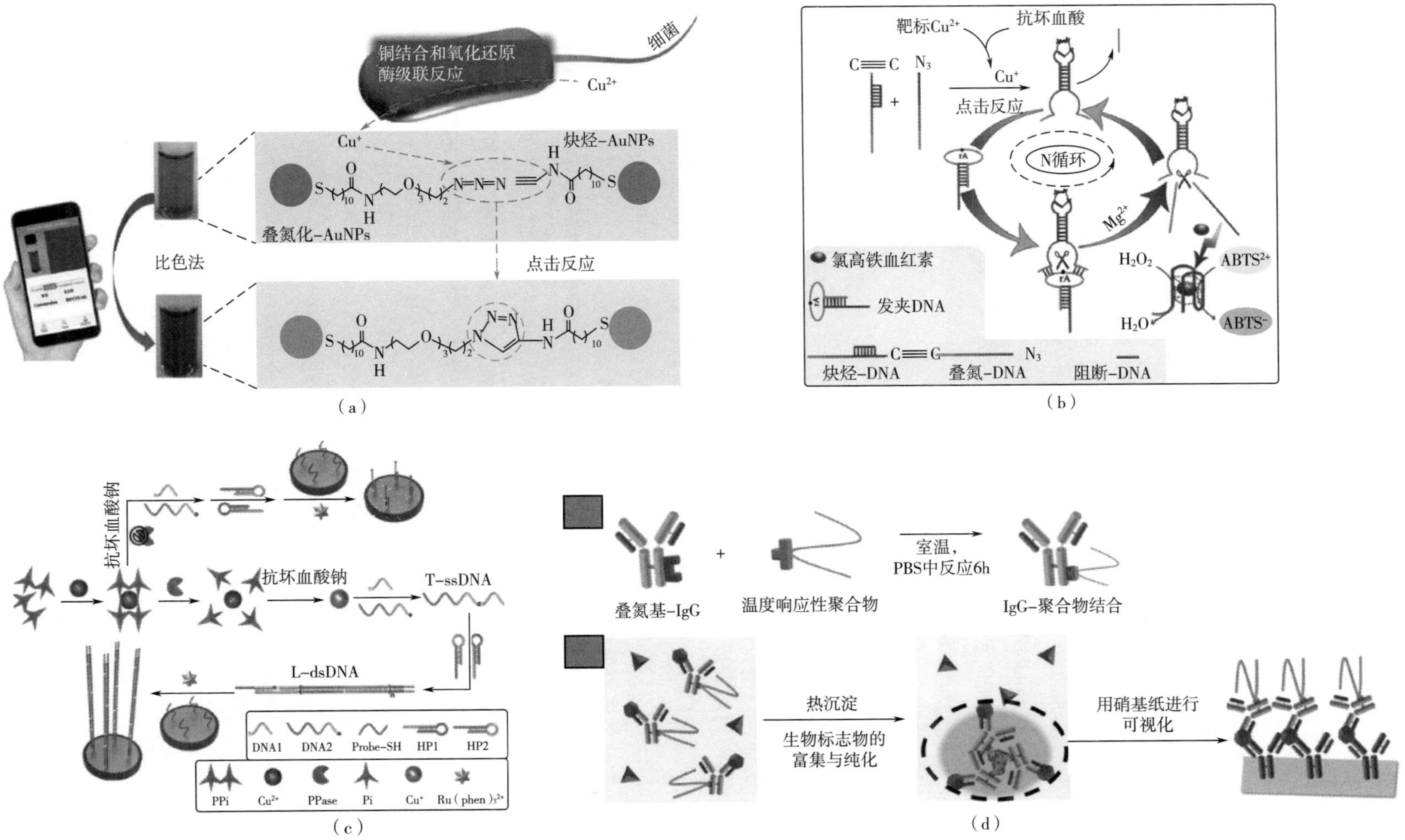

图6.2 点击化学介导的生物传感器

(a) 基于CuAAC检测靶标微生物的比色传感器示意图 (b) 点击化学介导的Mg^{2+}依赖性DNA核酶的循环裂解用于灵敏比色检测Cu^{2+}的示意图 (c) 一种用于检测焦磷酸酶活性的电化学发光生物传感器原理图 (d) 基于点击反应的侧流免疫层析法用于检测生物标志物的传感原理图无Cu(Ⅰ)催化的叠氮基-炔烃环加成反应介导的功能核酸生物传感器

NMOFs 可用于靶向药物递送和多重离子传感。2018 年该课题组用相同的方法通过点击反应将寡核苷酸片段修饰在 NMOFs 上合成了一种刺激响应性核酸/聚丙烯酰胺水凝胶包裹，加载了荧光染料或药物的 NMOFs，用于 ATP 的定量测定或靶向药物递送（Chen 等，2018）。同样，Qi 等在 2017 年将多功能流式细胞术与完全无酶信号放大机制相结合用于灵敏检测 miRNA。这一新的策略将叠氮基-炔烃环加成点击反应介导的连接链式反应与 HCR 整合在 MBs 上进行无酶信号扩增，最后通过流式细胞仪对磁珠进行荧光读数。这一方法可将 Let-7a miRNA 的检测限降低到飞摩尔级（Qi 等，2017）。随后该团队通过将靶标为模板的点击核酸连接和磁珠末端 TdT 酶促 DNA 聚合偶联构建了通用流式细胞术策略检测植物 miRNA（Fan，2018）。对于电化学传感器，上海大学生命科学学院 Li 等提出了 toehold 链置换反应介导的双电化学信号的放大和输出（Li 等，2019）。抗体交联的 toehold 链可以识别与免疫磁珠连接的细胞，因此其在细胞界面上可以介导链置换反应的发生。靶向肿瘤细胞的适配体链通过合成 N_3，在无铜催化的条件下固定在电极表面，因此肿瘤细胞数量与双信号的变化密切相关。

6.2.2 巯基-烯基反应

6.2.2.1 巯基-烯基反应特性

2007 年，Gress 等首次将巯基-烯基反应定义为点击化学反应，报道了 2-（3-丁烯基）-2-噁唑啉的首次合成及阳离子异构化聚合（Gress 等，2007）。将硫醇通过自由基加成到聚［2-（3-丁烯基）-2-噁唑啉］均聚物和共聚物上，具有点击反应的特征，该反应可在［RSH］/［CdC］= 1.2～1.5，无过渡金属添加剂和温和的条件下进行（在室温下用紫外光照射原位生成自由基），并在 1d 内完成。

硫醇与烯烃的反应如图 6.3（a）所示，首先，硫醇通过夺得的氢分解为硫基自由基，一般可借助光引发或热引发剂。其次，硫基自由基攻击双键并添加到烯烃中。最后，发生链转移。来自以碳为中心的自由基的未配对电子转移到另一个硫醇基团，并产生另一个硫自由基，重新启动循环。因此，硫醇-烯聚合反应围绕烯官能团之间的硫基自由基传播和链转移反应之间的交替展开。无论是通过自由基（称为硫醇-烯反应）还是通过阴离子链（称为硫醇-迈克尔加成）进行，都具有点击反应的诸多特性。包括实现定量产率，仅需要小浓度的相对良性催化剂，反应速率快，对环境氧气或水不敏感，产生单一的特定选择性产物，以及硫醇和烯易获取等。硫醇的化学性质，无论是自由基介导的还是催化介导的，都受到硫醇基本结构的影响。在文献中常见的主要硫醇类型包括四种：烷基硫醇、硫酚、丙酸硫醇和乙醇硫醇（Hong 等，2019）。

任何非空间位阻的末端烯都能参与自由基介导的硫代烯过程，富电子（乙烯基醚）和/或链烯（非苯）的反应比缺电子烯快。尽管硫醇-烯反应主要是由光引发的，但该反应是一个自由基介导的过程；因此，任何在常规聚合反应中可生成自由基的技术也适用于光引发反应。对于硫醇-迈克尔加成，一个附加条件为烯是缺电子的，例如，（甲基）丙烯酸酯、马来酰亚胺、α-不饱和酮、β-不饱和酮、富马酸酯、丙烯腈、肉桂酸酯和巴豆酸酯等（Hong，2019）。各种催化剂被用来启动硫醇-迈克尔加成反应，包括强碱、有机金属和路易斯酸等［图 6.3（b）］（Sun 等，2018）。在强亲核催化剂的作用下，巯基-迈克尔加成反应的效率也很高，而这些加成反应被认为是通过阴离子链反应进行的，这种反应很少或根本没有终止反应，否则会降低反应的效率和速率。

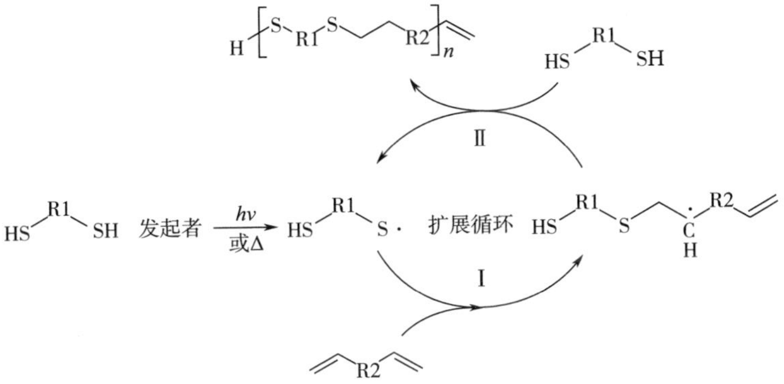

（a）

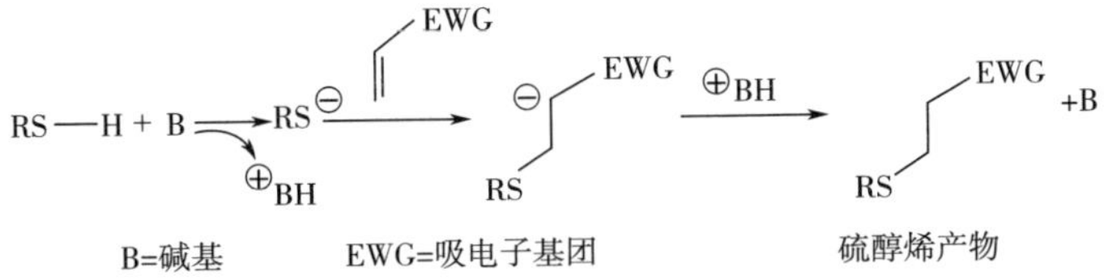

（b）

图 6.3　硫醇与烯烃的反应流程图

（a）自由基硫-烯反应　（b）碱催化的硫醇迈克尔加成反应（在这两种理想反应中，单一的硫醇和单一烯反应生成产物）

6.2.2.2　功能基团在寡核苷酸链上的修饰

巯基和烯烃基是触发巯基-烯基点击反应的基础。引物合成公司一般都可直接合成和纯化巯基修饰的寡核苷酸链，例如，上海生工生物工程股份有限公司、宁波康贝生化有限公司、北京睿博兴科生物技术有限公司等。很少有研究者自己在核酸链末端修饰巯基用于实验。Zhang 等实验采用的 5′端丙烯酸酯标记的 DNA 链在意大利 FASMAC 有限公司直接合成和纯化（Zhang 等，2017）。

6.2.2.3　巯基-烯基反应介导的功能核酸生物传感器

相较于叠氮基-炔烃环加成反应介导的功能核酸生物传感器，利用巯基-烯基点击反应来构建功能核酸生物传感器的研究相对较少，但这种硫基-烯点击反应的一个显著特点是通过自由基光引发系统或通过光敏剂在光的照射下启动反应的能力。由于这些特性硫基-烯光点击水凝胶已被用于各种组织工程、药物输送和控制释放的应用。2017 年，Bañuls 等通过硫醇-烯点击化学锚定多个探针提高 DNA 微阵列多重杂交的性能

(Bañuls 等，2017)。根据标准亚磷酰胺化学，从核苷开始在 DNA 合成仪上获得单硫醇或多硫醇化寡核苷酸。这种新的附着策略建立在有机硅烷材料（玻璃）表面的烯基化。靶向沙门氏菌寡核苷酸探针的多点连接显著提高了固定密度，通过与地高辛沙门氏菌标记 PCR 产物杂交直接进行比色检测。由此可见，巯基–烯基反应能有效介导功能核酸生物传感器的探针固定。随后该团队又继续在微阵列中将具有硫醇基团（或可活化的二硫键）的蛋白质和用该官能团衍生的寡核苷酸通过硫醇–烯光化学锚定在玻璃或硅基板上，用于抗体 hIgG 无标记检测（Banuls 等，2019)。2017 年，Zhang 等通过结合双正交点击化学和核酸杂交，巧妙地设计了具有用于蛋白质捕获和释放的 DNA 适配体的聚乙二醇 PEG 水凝胶（Zhang 等，2017)。首先，将四臂硫醇和四臂马来酰亚胺官能化的 PEG 混合，通过硫醇–迈克尔加成点击反应以形成 PEG 水凝胶；然后将 PEG 水凝胶浸入丙烯酸酯标记的 DNA 适配体缓冲液中以达到溶胀平衡，通过紫外光引发的丙烯酸酯和硫醇基团之间的硫醇–烯点击反应将丙烯酸酯–适配体嵌入水凝胶中；由于适配体和蛋白质之间的特异性相互作用，嵌入了适配体的水凝胶可以吸附和捕获靶标蛋白质，通过引入适配体的互补 DNA 链，互补 DNA 链与适配体互补配对实现蛋白质的可控释放。当在丙烯酸酯修饰的适配体链的末端标记上 TAMRA 荧光基团，互补 DNA 链标记上 DABCYL 猝灭基团，当适配体与互补 DNA 链完全杂交时，由于 FRET 效应，TAMRA 标记的适配体的荧光被猝灭。可以通过荧光显微镜来观察靶标蛋白质的捕获和释放情况。

6.2.3 Staudinger 反应

6.2.3.1 Staudinger 反应特性

在 1919 年，Staudinger 和 Meyer 发现并提出了 Staudinger 反应（Staudinger reaction)：有机叠氮化物与三烷基或三苯基膦反应生成叠氮膦中间产物，随后叠氮膦失去一分子氮气得到膦亚胺（Staudinger 等，1919)。在 2000 年，改进的 Staudinger 反应被报道，称为 Staudinger 连接（Staudinger ligation)，是有机叠氮化物与膦在室温和水溶液等温和的条件下直接发生的一类点击反应，该反应可以选择性地生成酰胺键（Saxon 等，2000）[图 6.4（a)（b)]。其中，膦是一类磷化氢分子（PH_3）中的 H 原子部分或全部被烃基取代所生成的化合物。Staudinger 连接具有生物正交性，即可在生命系统中能够在不干扰生物自身生化过程的前提下进行（Carroll 等，2013)。随后，在 2006 年，在 Staudinger 连接的基础上科学家又进一步的改进，提出无痕 Staudinger 连接（traceless Staudinger ligation)，因为该反应生成的连接产物中不含有残留原子（Nilsson 等，2000；Saxon 等，2000)。

6.2.3.2 功能基团在寡核苷酸链上的修饰

在 Staudinger 反应介导的功能核酸生物传感器中，基本采用化学反应将三苯基膦（TPP）或修饰有叠氮基的有机物通过酰胺键修饰在核酸链末端。Yu 等采用琥珀酰亚胺 EDC–NHS 偶联法分别在寡核酸链的 5′端和 3′端通过酰胺键修饰上叠氮化香豆素和 TPP

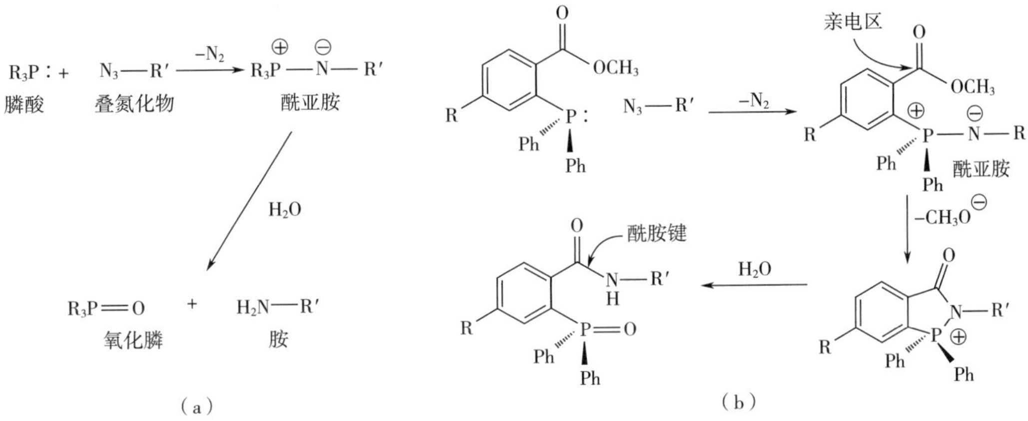

图 6.4　Staudinger 连接反应

（a）经典的 Staudinger 连接反应　（b）改进的 Staudinger 连接反应

可触发 Staudinger 反应（Yu 等，2018）。Franzini 等利用 5′-氨基修饰的标准寡核苷酸来制备 TPP 修饰的核酸探针（Franzini 等，2008）。首先，使用脱保护试剂（30g/L 三氯乙酸的二氯甲烷）和二氯甲烷交替循环在合成仪上除去单甲氧基-三苯甲基保护基团，然后将固体载体加入到含有 4-（二苯基膦基）苯甲酸（0.1mol/L）、1-乙基-3-（3-二甲基氨基丙基）碳二亚胺盐酸盐（0.1mol/L）和二异丙基乙胺（0.2mol/L）的 *N*，*N*-二甲基甲酰胺（DMF）溶液中，将混合物置于真空下并用氩气回填以除去捕获在固体支持物中的空气，并在 37℃ 下孵育 2.5h。将 DMF 轻轻倒出，用 MeCN 洗涤树脂两次，并分散在含有氧清除剂三-（2-羧乙基）膦（4mg）的 $NH_4OH/MeNH_2$ 脱保护/裂解溶液（1mL）中，并在 55℃ 下孵育 2h。通过过滤除去珠子，通过反相 HPLC 得到纯化的 TPP-DNA，并在-78℃ 下储存。Abe 等将 135μL 93mmol/L 四硼酸钠（pH 8.5）中的 50nmol 5′-氨基修饰的寡核苷酸在室温下与在 115μL 二甲基甲酰胺中的 2μmol TPP-NHS 酯一起摇动反应 5h，通过乙醇沉淀收集反应的产物。然后通过反相 HPLC（0~50%乙腈/50mmol/L 三乙铵乙酸酯梯度）纯化收集的产物（Abe 等，2008）；Su 等在合成富 G 的电中性 N+TG4T 脱氧寡核酸链时，其中所有的磷酸盐都被 4-（三甲基铵）丁基磺酰亚磷酸酯基（N+）取代（Su 等，2020）。在亚磷酰胺固相寡核苷酸合成过程中，通过 Staudinger 反应，3′,5′-二核苷 β-氰乙基亚磷酸盐用设计的磺酰叠氮化物代替标准碘/吡啶氧化步骤。每个带负电荷的氨基磷酸酯被带正电的季铵基团中和，提供两性离子磷酸盐模拟物。对于这种 N+修饰的 G4s，观察到抗酶降解性，更高的热稳定性以及与离子强度无关的更高的关联速度。Brown 等在吗啉环状寡核苷酸上设计了一个 *p*-叠氮苄基接头（Brown 等，2022）。当暴露于膦触发器后，接头经历 Staudinger 还原，形成对氨基苄中间体并通过 1,6-消除和随后的脱羧作用快速自我切割，随后干预基因表达。

6.2.3.3　Staudinger 反应介导的功能核酸生物传感器

Staudinger 反应介导的功能核酸生物传感器基本上均为“turn-on”型荧光生物传感

器，利用 Staudinger 反应将无荧光物质转化为荧光产物，或通过该反应使猝灭基团从探针脱离让荧光恢复，实现靶标物质的检测。2017 年，Velema 等提出了一种通用探针用于模板荧光激活，即猝灭 Staudinger 反应触发 α-叠氮基醚并释放探针（Velema 等，2017）。为获得更高的信号放大，他们采用双重模板化反应：其中靶标序列作为一级模板进行化学连接，该反应产生的连接 DNA 反过来作为二级模板用于 Staudinger 还原反应触发的猝灭基团释放，荧光信号增强，进而实现靶标灵敏检测。2018 年，Yu 等报道了小分子诱导的链间 Staudinger 反应可用于 ATP 的高选择性检测（Yu 等，2018）。他们将一段 ATP 的劈裂适配体嵌入模板 DNA，另一段适配体连接无荧光的叠氮化香豆素衍生物作为探针，只有 ATP 存在的情况下才能利用适配体与 ATP 的相互作用形成三明治结构将叠氮化香豆素衍生物与还原剂 TPP 靠近触发 Staudinger 反应，产生 7-氨基香豆素发出荧光，从而实现 ATP 的痕量测定。

基于该点击反应的聚集性，Xian 等利用杂交介导的 Staudinger 还原（hybridization-mediated Staudinger reduction，HMSR）设计了一种用于 microRNA 检测的荧光响应策略（Xian 等，2019）。HMSR 探针由 1，8-萘甲酰亚胺衍生物（DNA-NPAC）和 3-（二苯基膦）丙酸（DNA-DPPA）组成，用于识别目标 microRNA 并与之杂交。它将叠氮基和二苯基膦分子的反应位点限制在一个紧凑的空间中，使萘酰亚胺荧光团恢复荧光。Staudinger 系统中水分子的存在会导致 HMSR 探针在生理环境中的分离，同时伴随 miRNA 的重新释放和循环。基于 Staudinger 反应开发的 HMSR 探针检测限为 1.3×10^{-15}mol/L，并显示出比 CuAAC 反应更高的灵敏度，能应用于活细胞、小鼠组织切片和临床病人血清样品中的 miRNA-24 分析。

6.2.4 Diels-Alder 环加成反应

6.2.4.1 Diels-Alder 环加成反应特性

Diels-Alder 反应由 Otto Paul Hermann Diels 和 Kurt Alder 于 1928 年首次提出，又称双烯加成，是由共轭双烯和烯烃或炔烃生成六元环的反应（图 6.5）。该反应只需要很少的能量，因此即使在室温下也能成功发生。在 Diels-Alder 反应中 C—C 键的形成和破坏是同时发生的。与共轭双烯作用的烯烃或炔烃称为亲双烯体，亲双烯体上的亲电取代基（如羰基、氰基、硝基、羧基等）和共轭双烯上的给电子取代基都有使反应加速的作用。双烯体上带有吸电子基和亲双烯体上带有给电子基的该类反应称为反电子需求的 Diels-Alder 反应，具有良好的化学选择性、水相容性，温和条件下高产，没有

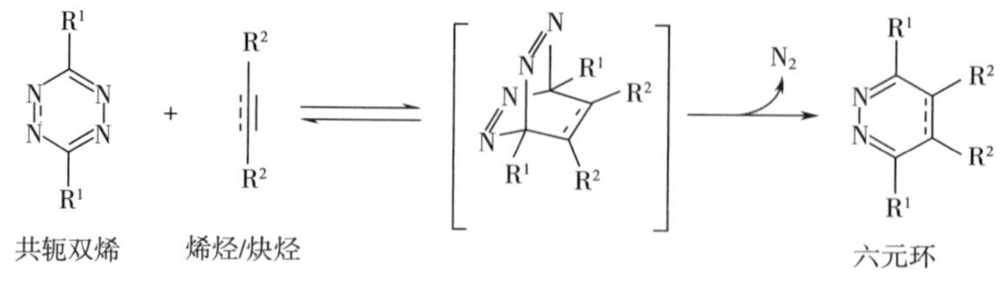

图 6.5 Diels-Alder 反应

可检测的副反应，除二烯和亲二烯体试剂外不使用其他试剂等优点（Kozma 等，2017）；此外，亲二烯体试剂是可商购的，包括荧光团或亲和标记物标记的马来酰亚胺衍生物（Borsenberger 等，2009）。

6.2.4.2 功能基团在寡核苷酸链上的修饰

Diels-Alder 反应所需的二烯或亲双烯体在寡核酸链上进行标记，研究者倾向于通过化学反应将含有生物正交的基团修饰在碱基上，通过 DNA 链延伸将基团引入 DNA 链；或在 DNA 链的末端修饰上氨基，通过酰胺键将含有特定官能团的有机分子连在 DNA 链上。

在固相合成过程中，采用标准氨基连接剂对寡核苷酸的 5′端进行功能化，然后用这种胺与羧酸呋喃衍生物（由丁二酸酐与呋喃胺加成得到）形成酰胺键；改性后，固相载体上的寡核苷酸被裂解，保护基团被氨加热去除，最后以呋喃残基作为二烯（Graham 等，2003）。El-Sagheer 等采用 5′-氨基连接亚磷酰胺单体，使用标准酸催化的脱三苯甲基、偶联、封端和碘氧化的亚磷酰胺循环合成修饰有氨基的寡核酸链（El-Sagheer 等，2011）。随后氨基修饰的寡核苷酸与 3（2-呋喃基）丙酸 NHS 酯或 6-马来酰亚胺基己酸 NHS 酯反应在核酸链的 5′-或 3′-末端修饰上呋喃（双烯）或马来酰亚胺（亲双烯体）。Zhang 等（Zhang 等，2013）在 SBS 基因科技有限公司直接合成 5′端带有氨基的寡核酸链，将链与事先 EDC 活化的山梨酸或顺丁烯二酸溶液混合反应，即可得到山梨酸或顺丁烯二酸标记的 DNA。同样，Wilks 等直接合成 5′端修饰有氨基（S0-NH_2）或甲基丙烯酰胺基团的 DNA 链，以 S0-NH_2 DNA 和丙烯酸/含酸的冰片烯为原料，EDCI 和 HOBt 为偶联剂合成了丙烯酰胺功能化 DNA 或冰片烯官能化的 DNA（Wilks 等，2016）。Tona 等在氧化步骤中使用 I_2/吡啶/水通过标准自动寡核苷酸合成将 1,3-丁二烯结构单元掺入寡核苷酸中形成发卡 DNA 模拟物（图 6.6），其可以通过 Diels-Alder 反应与携带不同侧基的马来酰亚胺亲双烯体进一步衍生（Tona 等，2004）。也有研究者在固相合成期间将冰片烯作为亲双烯体引入寡核苷酸中，然后将脱保护的低聚物与水稳定的四嗪二烯缀合（Schoch 等，2010）。

许多核苷酸衍生物在嘧啶碱基的第五位或在脱氮尿嘧啶类似物的第七位带有人工标记，因为酶在这些位点可耐受非生物取代（Tasara 等，2003）。Borsenberger 等采用两步法合成了一种脱氧尿苷三磷酸衍生物，该衍生物在嘧啶碱基的第五位含有二烯（Borsenberger 等，2009）。在以 DNA 为模板，聚合酶作用下，该衍生物可与正常的 dNTP 一样参与 DNA 链延伸，合成链中修饰有二烯的 DNA 链，可调节模板 DNA 中腺嘌呤的个数调节 DNA 链上二烯的含量。Winz 等首次使用 TdT 酶和修饰的核苷酸，在核酸链的 3′端引入一系列经过修饰（例如：炔烃基、叠氮基、烯烃基等）的核苷酸（Winz 等，2015）；在 TdT 酶作用后，利用连接或引物延伸，可得到内部修饰的寡核苷酸链，实现多重标记。Merkel 等利用有机反应在 2′-脱氧尿苷三磷酸的第五位引入生物正交反应基团：四嗪、四唑或环丙烯基合成新的核苷酸衍生物；再在 DNA 聚合酶的作用下进行引物延伸，产生特异性标记的双链 DNA 用于后续点击反应标记（Merkel 等，2016）。

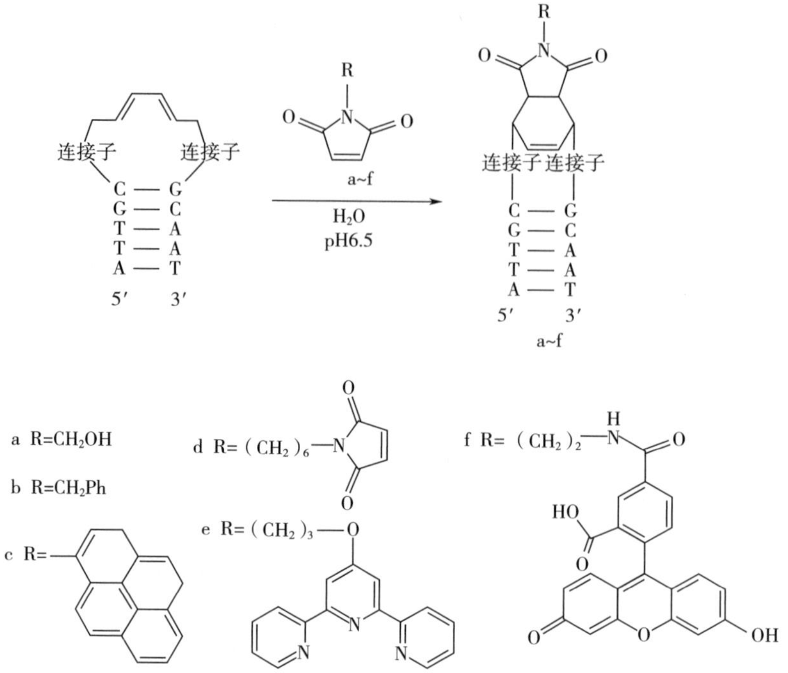

图 6.6 1,3-丁二烯发夹模拟物 2 与取代马来酰亚胺的 Diels-Alder 反应

6.2.4.3 Diels-Alder 环加成介导的功能核酸生物传感器

基于 Diels-Alder 环加成介导的功能核酸生物传感器研究较少。2016 年，Buggenum 等构建了一个免疫-PCR 策略用于敏感地检测蛋白质（van Buggenum 等，2016）。首先用化学可裂解的 NHS-s-s-四嗪功能化抗体，然后通过酶促添加 N_3-dATP 并与反式环辛烯-PEG_{12}-二苯并环辛炔偶联，合成 TCO 官能化双链 DNA。最后，通过以 1：2 的低摩尔比混合功能化抗体和 dsDNA，利用反电子需求的 Diels-Alder 反应快速且有效地获得缀合物。该缀合物可靶向靶标抗原，在强还原剂 DTT 作用下，二硫键断裂，DNA 释放，通过定量 PCR 进行分析。最近，Park 等开发了一种用于检测 25-羟基维生素 D_3（25-hydroxy vitamin D_3，25OHVD_3）的夹心式电化学适体传感器（Park 等，2022）。其中信号放大元件选择了亚甲蓝标记的 1，2，4-三唑-3,5-二酮（MB-TAD），MB 作为氧化还原介质，负责电子的产生，TAD 可以与维生素结合。通过 Diels-Alder 反应，25OHVD_3 与 MB-TAD 结合，然后形成 25OHVD_3/MB-TAD 复合物。当复合物与传感器中的适配体相互作用时，在传感电极上通过差分脉冲伏安法反应监测结合。

6.2.5 腙化反应

6.2.5.1 腙化反应特性

肼与醛或酮发生反应生成腙也是很重要的一类点击反应（图 6.7）。肼和醛/酮在很大程度上是生物正交的，且反应条件温和，具有高的化学选择性和反应活性（Lee 等，2014）。这种化学过程被认为是稳定的、不可逆的、易于使用、不受非特异性结合的影响。而相较于非催化型腙化反应，苯胺及其相关化合物作为催化剂能显著提高该反应产物的生成速率（Crisalli 等，2013）。腙化反应是近年来发展起来的一种生物正交的方法，可将各种标记修饰到感兴趣的分子上，即使在细胞条件下也是如此。腙和肟在室温下在用于杂交实验的生物学相关 pH 中是稳定的，并且在用于动力学实验的 pH 4.5 下也是稳定的（Crisalli 等，2012）。

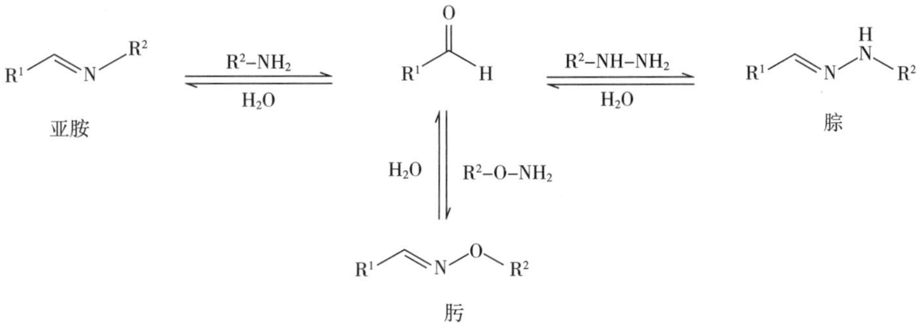

图 6.7 亚胺、腙和肟的形成反应（Lee 等，2014）

6.2.5.2 功能基团在寡核苷酸链上的修饰

大部分研究者采用亚磷酸酰胺法固相自动合成修饰有特定基团的寡核苷酸链，再通过后续的氧化和去保护得到修饰有醛基或肼基的寡核苷酸链用于腙化反应。

可利用酒石酸酰胺基在固相上功能化寡核苷酸，经过温和的周期性氧化，酒石酸酰胺基可以在溶液中有效地转化为乙醛基（Ollivier 等，2002）。有研究者先制备 1mmol/L 溶于 1×PBS、pH 7.4 的氨基修饰的 DNA 溶液和 100mmol/L 的对甲酰基苯甲酸-*N*-羟基琥珀酰亚胺酯（NHS 酯）的储备液。在 0.45mmol/L DNA 和 6.09mmol/L NHS 酯的终浓度下反应过夜，并使用 PD-10 凝胶渗透柱纯化，可得到含有醛基标记的 DNA（Prasuhn 等，2009）。Varela 等直接在 IDT 公司合成含有单个胞嘧啶的寡核苷酸链，利用“合成后修饰”的方法将核酸链与亚硫酸氢盐和肼进行反应，生成含有单个 N^4-氨基胞苷残基（dC^*，含肼基）的核酸链（Varela 等，2016）。对于含有尿嘧啶的 DNA，可在尿嘧啶 DNA 糖基化酶 UDG 的作用下形成 AP 位点（含醛基），通过腙化学反应即可形成 DNA-DNA 交联复合物，交联复合物的产率高达 90%。也可在 IDT 公司直接合成 5′端修饰有酰肼基或 3′端修饰有苯胺催化剂的 DNA 链（Domaille 等，2014），Crisalli 等提出通过序列杂交将苯胺衍生物锚定在靠近酰基肼的位置，当有机催化剂苯胺衍生物靠近，激活亲核酰基肼以形成苯胺席夫碱中间体，该中间体被 DNA-酰基肼快速攻击。完成转氨反应会产生 DNA-*N*-酰基腙。也可利用 3-甲酰基吲哚亚磷酰胺、酰肼亚磷酰胺、甲氧基亚磷酰胺在 DNA 合成仪上采用亚磷酰胺法合成 5′端含有醛基或保护基团保护的氨氧基、酰肼基 DNA，然后通过化学反应去除保护基团即可得到游离氨氧基、酰肼基修饰的 DNA 用于后续腙或肟化学反应连接小分子有机物（Crisalli，2012）。

对于 3′端修饰醛基和肼基，Achilles 等采用改性的亚磷酰胺，通过固相自动合成方法产生 5′-（4,4′-二甲氧三苯甲基）保护的 3′肼修饰的寡核苷酸链和 3′-二醇修饰的寡核苷酸链（作为 3′-醛基的前体物）（Achilles 等，2005）。后续通过高碘酸钠氧化产生的醛基，去保护产生的酰肼基。对于 5′端修饰肼基的寡核苷酸链，同样用含有保护酰肼或酰肼前体物的亚磷酰胺合成长链，乙酸处理除去保护基团得到肼基。在没有保护的芳香族醛和不可烯醇化的脂族醛的情况下制备结构单元可直接获得 5′修饰醛基的寡核苷酸链。由 5′-缩醛或 5′-羰基保护的二醇作为前体制备，缩醛用乙酸进行裂解，用氢氧化锂/三乙胺在甲醇中进行脱保护可获得 5′端二醇修饰的寡核苷酸链，再进一步氧化可得到醛基。

6.2.5.3 腙化反应介导的功能核酸生物传感器

2020 年，Xue 等报道了用于脂多糖（lipopolysaccharide，LPS）检测的腙化学辅助 DNA walker，全长链分为支持链（supporting strand，SS）和作用链（action strand，AS）（Xue 等，2020）。LPS 适配体/AS（LPSA/AS）形成过程中产生的空间位阻效应不仅可以抑制化学选择性连接反应，还可以阻止切口酶对报告单元的催化裂解。LPS 可以与其适配体竞争性结合，使其从杂交的 LPSA/AS 中释放 AS。释放出来的 AS 进入 DNA walker 反应体系，通过与 SS 的腙反应固定在 MB 表面，从而触发 DNA walker 沿球形核酸轨迹运动并使荧光探针离开溶液。基于高效的腙连接可以提高 DNAzyme 步行纳米机的性能，该团队随后又通过与 CRISPR-Cas12a 合用于脂多糖分析（Wang 等，2021）。AS 被分为两个分裂片段，即 AS Ⅰ 和 AS Ⅱ，分别由肼基和醛标记，并通过腙反应连接。其中 AS Ⅱ 是由 LPS 适配体锁定的 DNAzym 链。LPS 与其适配体的竞争性结合会导致 AS Ⅱ 的释放，从而触发 DNAzyme Walker 纳米机器。DNAzyme Walker 纳米机器的产物可以激活 Cas12a 的反式切割活性并触发进一步的信号放大。该策略通过腙连接 DNAzyme 与 CRISPR-Cas12a 相结合，可定量检测靶标 LPS。针对该传感策略的通用性，该团队又通过设计劈裂 DNAzyme 用于检测双重目标——5-羟甲基糠醛（5-hydroxymethylfurfural，HMF）和 LPS（Sheng 等，2020）。该设计涉及的 DNAzyme 第一个片段末端带有肼基，而第二个片段带有醛基。在标准条件下，两个片段分别修饰相应的腙键（Debiais 等，2020）。在 Mg^{2+} 离子和用荧光探针和猝灭剂标记的分子信标底物链存在下，能观察到强烈的荧光发射，因此表明修饰的腙键不会显著影响 DNAzyme 的催化活性。仅在 HMF 存在的情况下，结构中存在的醛基会抑制 DNAzyme 的形成，从而抑制底物的切割，导致无荧光发射。LPS 的存在通过用 LPS 适配体和与适配体杂交的荧光探针链功能化的磁珠进行可视化，从而使荧光被猝灭。LPS 与其适配体结合所引起的构象变化诱发了探针链的释放，从而发射荧光。因此，在只有 LPS 存在的情况下，可以观察到 DNAzyme 裂解的底物和从适配体释放的探针链的荧光。在 HMF 和 LPS 同时存在的情况下，DNAzyme 的形成和分子信标底物的裂解被抑制，因此只观察到探针链的荧光。经评估，在 0.01~5μmol/L 的浓度范围内，HMF 的检测限为 0.04μmol/L，而在 0.08~2000ng/mL 的质量浓度范围内，LPS 的检测限为 0.08ng/mL。

6.2.6 肟化反应

6.2.6.1 肟化反应特性

肟点击化学是氨氧基与醛或酮之间发生的一类反应。该反应速度快，生物正交性好，副产物只有水，不需要催化剂（Grover 等，2012）。肟化反应比其他点击反应（如：CuAAC）受到的关注要少，最可能的原因是合成、操作和储存含有醛或氨氧基的改性生物分子较困难（Ulrich，2014）。醛类可自发氧化或与其他亲核试剂或自身进行偶联；氨氧基可与亲电试剂（如活化的酯类）发生反应，或与微量含羰基的溶剂发生反应（Foillard 等，2008）。与三唑衍生物不同的是，肟在水介质中可能表现出一些水解不稳定性，类似于其他缩合产物（亚胺、腙）（Ulrich，2014）。但是，肟比相应的亚胺更稳定，肟交换很缓慢，特别是在中性 pH 下，而且需要如热、酸和亲核试剂等的催化（Perry，1932）。中性 pH 和亚毫摩尔级的浓度是肟化反应必需的，在弱酸性 pH 和高于毫摩尔级浓度时，肟键的形成速度可加快，此外，亲核试剂可以用来催化反应（Noël 等，2019）。

6.2.6.2 功能基团在寡核苷酸链上的修饰

与腙化反应类似，对于醛基和氨氧基在寡核苷酸链上的标记，一般采用亚磷酰胺法，通过固相合成在 DNA 链中引入功能基团。

Pujari 等使用市售的 5′-甲酰基脱氧胞苷亚磷酰胺，通过固相合成（磷酰胺化学方法）制备含有位点特异性 5′-甲酰基-dC 的 12 个核苷酸的 DNA，并与含有非天然含氧赖氨酸的多肽或蛋白质通过苯胺催化的肟化连接进行交联形成 DNA-蛋白质复合物（Pujari 等，2018）。也利用类似的方法通过肟化连接将含有位点特异性 7-脱氮-7-（2-氧代乙基）-dG 的 DNA 与含有含氧赖氨酸的肽之间进行缀合。首先，通过固相方法将 7-脱氮-7-（2,3-二氢丙-1-基）-dG 引入 DNA 中，将活性醛掩蔽为邻位二醇。鸟嘌呤的 N^7 氮被碳取代以防止自发脱嘌呤。含有 7-脱氮-7-（2,3-二氢丙-1-基）-dG 的 DNA 用 $NaIO_4$ 氧化，即可得到相应的含 7-脱氮-7-（2-氧代乙基）-dG 的 DNA。Edupuganti 等根据标准的 β-氰乙基亚磷酰胺化学，通过自动 DNA 合成制备 3′-和 5′-双官能化的十一聚体 d（5′XCGCACACACGCY3′），其中 X 代表 5′-二醇接头，Y 代表 3′-二醇接头（Edupuganti 等，2004）。以高碘酸钠为氧化剂进一步氧化，制得在 3′-和 5′-末端具有醛官能团的寡核苷酸链。同样，根据标准的 β-氰乙基亚磷酰胺化学通过自动 DNA 合成制备 3′-和 5′-双功能化的寡核苷酸链 d（5′XCGCACACACGCY3′），其中 X 代表 5′-三苯甲基保护的氨氧基连接基，Y 代表 3′-二醇连接基。在使用标准方法从支持物分离和碱基去保护后，通过反相 HPLC 纯化得到双功能化的 3′-二醇、5′-三苯甲基保护的氨氧基寡核苷酸。同样可利用高碘酸钠将二醇转化为醛基，或将三苯甲基去除得到 3′端修饰有醛基，5′端修饰有氨氧基的寡核苷酸链，通过肟化反应与修饰有氨氧基或醛基的分子进行偶联。

6.2.6.3 肟化反应介导的功能核酸生物传感器

与脲化学辅助 DNA walker 类似，肟化学辅助 DNA walker 用于蛋白质分析的可行性已被证实。AS 与凝血酶适配体（THBA）结合形成双链体（THBA/AS）。由于空间效应，该双链体会阻碍化学选择性连接反应和随后报告单元的裂解。添加凝血酶可通过靶诱导链释放导致链 AS 从 THBA/AS 双链体中释放。释放的 AS 通过与 SS 的肟反应，激活 DNA walker 在 MB 表面运行。随着凝血酶浓度从 0 增加到 150nmol/L，荧光强度逐步增加。此外，荧光强度在 0.5~100nmol/L 范围内随凝血酶浓度的对数值线性增加（Xue 等，2020）。

6.2.7 Aza-Wittig 反应

Aza-Wittig 反应是磷腈与不同的化合物如醛类、酮类、酯类、硫代酯类、酰胺类、酸酐类或亚胺类等发生的分子间或分子内的反应。1919 年，Staudinger 和 Meyer 制备了 $PhN{\equiv}PPh_3$，这是一种 Wittig 试剂的氮类似物（图 6.8），是 Aza-Wittig 试剂的第一个例子（Staudinger 等，1919）。磷腈在 20 世纪初首次被制备出来，直到 30 多年后，Wittig 的研究成果才被人们所接受，并已成为有机合成策略中用于构建非环状或环状化合物的有力工具。该反应可在没有催化剂的情况下在中性溶剂中进行，一般反应温度温和、产率高。磷腈的氮原子上取代基会发生差异变化，磷腈的合成多功能性有待进一步研究。最常用的取代的磷基团是三苯基亚膦基，但可被其他三取代的亚正膦基取代，使得磷腈部分的亲核性或其他效应增加或降低，进而影响反应速率。磷腈与羰基化合物反应，是一种提供 C ═N 双键的优异方法（Palacios 等，2007）。最初的报道是在 *N*-苯基三苯基膦腈与二苯基乙烯酮和二氧化碳的反应中（Staudinger 等，1919），后来扩展到与醛、酮、二硫化碳和异氰酸酯的反应。

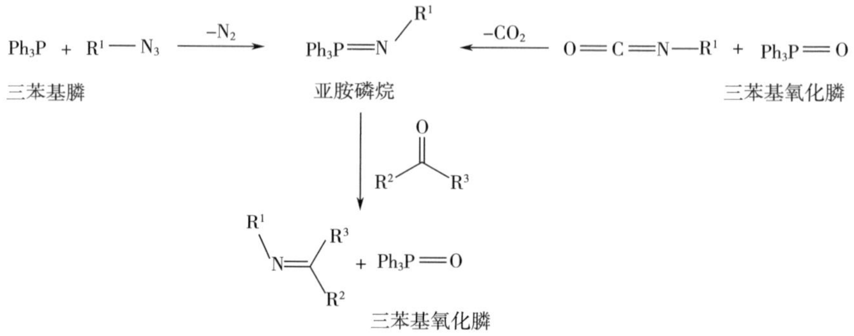

图 6.8 Aza-Wittig 反应

6.3 其他化学偶联

6.3.1 酰胺化反应

酰胺合成的反应是有机合成中一类重要的反应，酰胺键广泛存在于医药中间体和生化物质中，它构成了重要的生物肽和蛋白质的骨架（Ghose 等，1999）。酰胺的合成有多种方法，如酸胺缩合、胺酯交换、与酰氯或者酸酐反应等，酰胺键不仅是蛋白质之间关键的化学连接，也是一些用途最广的合成聚合物的基础。其形成的化学反应是有机化学中执行最多的转化之一。对于合成酰胺键的基本方法是先活化羧基，将其制备成酰氯、酯、酸酐、叠氮化物等，然后再与胺反应形成酰胺键。

羧酸与胺的直接缩合是合成酰胺的方法之一，该反应是一个可逆反应。传统的酰胺合成依靠偶联剂将非活性羧酸转化为活性羧酸盐，再与胺反应生成酰胺。在没有偶联剂的情况下，由于酰胺形成反应在热力学上不利，羧酸和胺只形成羧酸铵盐，而不是酰胺产物。尽管如此，在没有偶联剂即不添加任何活化试剂的情况下由羧酸和胺直接酰胺化反应，可以利用在催化剂作用下缩合形成酰胺。这种方法可以避免使用活化试剂带来的诸多缺陷，是合成酰胺的理想的绿色途径（Ishihara，2009；Ishihara 等，1996；Marcelli，2010；Pattabiraman 等，2011；Schafer 等，2012），例如，金属盐类、硼化合物、离子液体以及氟偶联剂等可作为催化剂催化酰胺键的形成。另外酰卤与氨或胺反应合成酰胺是最简便的方法。酰卤可分为酰氟、酰氯、酰溴和酰碘，其中酰氯是最为常用的酰化试剂。酰氯的制备有多种方法，一般情况下 $SOCl_2$、$POCl_3$、PCl_5 等试剂被用来与相应的羧酸作用形成酰氯。酸在二氯亚砜回流数小时后，蒸掉过量的二氯亚砜及溶剂后，加入甲苯带走残余的二氯亚砜即可用于下步反应。酰氯与胺的反应需要在冰水浴下进行，有些反应需要加入 DMAP 或者 DMF 来催化，此外为防止反应产生的卤化氢与胺成盐，需要加入碱，如三乙胺、吡啶、Na_2CO_3、$NaHCO_3$、K_2CO_3、NaOH、KOH 等，来去除卤化氢。用胺替代物酰胺化也是一种行之有效的方法，异腈已被证明与羧酸反应生成甲酸-羧酸混合酸酐（Li 等，2008），酸酐能发生氨解反应，且易与胺、醇以及硫醇等亲核试剂反应，该反应可被酸催化，常用的催化剂为硫酸、过氧酸等。另外酰卤与氨或胺反应合成酰胺是最简便的方法。将醇与胺等直接催化缩合得到酰胺是一种非常好的酰胺生成方式。从反应机制上说，此类反应以过渡金属 Ru 和 Au 的催化最为常见。Nordstrom（Nordstrom，2008）、Maki（Maki，2009）、Gunanathan 等（Gunanathan，2007）分别用不同配体与 Ru 配位得到配合物，实现了催化醇与胺的酰胺化反应，反应多是首先将醇氧化为醛，然后与胺缩合得酰胺。炔也可以直接实现酰胺化，此类方法原子利用率高、绿色环保、经济，是一类很有潜力的酰胺化方法，利用 Mn 金属配合物和氧化剂催化氧化苯乙炔和铵反应生成酰胺，收率较高且脂肪炔也可参与反应，但该反应却只能用于一级酰胺的合成；若反应以 $NaHCO_3$ 代替碳酸氢铵则会有酸生成，该方法炔首先在 Mn 金属配合物和氧化剂的催化氧化作用下生成烯酮，进一步反应得到酰胺。对于酰胺的合成方法不只局限于原有方法、原有基团。新型催化剂的开发研究使用，使传统酰胺合成方法越来越趋于简单化、绿色化。由醛或半缩醛、醇、醚、炔、α-溴代硝基等新的官能团直接转化为酰胺的方法得到很好的发展，使酰胺的合成越来越简捷高效。在这些方法中，过渡金属、稀土金属盐或配合物的催化起到重要作用。而且有机小分子的催化在酰胺键形成方法中也崭露头角，从生理生化的角度出发，模拟生化反应，设计新型酰胺合成反应也将会对酰胺的合成方法研究具有一定意义。微波、超声等现代技术的使用也促使酰胺的合成，并能大大缩短成键的反应时间。

2009年，Yan等利用酰胺化反应实现自组装捕获探针在磁珠上的形成，并进一步开发了一种新的灵敏的化学发光（CL）适体传感器，用于靶标分析，例如，以腺苷为模型靶标（Yan等，2009）。这项工作展示了基于磁分离和3,4,5-三甲氧基苯乙醛（TMPG）作为信号分子的信号检测的信号机制，TMPG是一种特殊的CL试剂，它与腺苷结合适配子链上的G瞬间发生反应，将氨基功能的捕获DNA序列利用酰胺化固定在羧基修饰的磁珠表面，具体操作是通过用0.1mol/L咪唑缓冲液（pH 6.0）洗涤羧基磁珠3次，再悬浮在含有0.1mol/L EDC的0.1mol/L咪唑缓冲液中，轻轻摇晃30min。将活化后的磁珠与60pmol/L捕获探针混合，轻轻摇晃，孵育1h，温度3~7℃。捕获珠子的探针被磁性分离，上清液被吸入并丢弃。这样就形成了磁珠上的自组装捕获探针。然后加入100g/L牛血清白蛋白作为封闭剂，在37℃下轻轻摇晃1h，以使非特异性吸附降至最低。然后与无标记的富含G（包括15个鸟嘌呤核苷酸碱基）的腺苷结合适配子链杂交，形成CL适配子传感器。在引入腺苷后，触发磁珠表面的适配子以使结构转换为腺苷/适配子复合物。因此，富含G的适配子链被迫从磁珠传感界面解离，导致化学发光信号减弱，峰值信号的衰减与腺苷的含量成正比，化学发光强度与腺苷浓度呈良好的线性关系，化学发光检测方法简单易行，为今后的靶标/适配子分析提供了良好的应用前景。

同样，Tang等利用酰胺化使得带有羧基修饰的上转换纳米粒子（UCNPs）偶联有氨基的DNA孵育形成报告探针和羧基修饰的MBS与捕获DNA孵育构建捕获探针，根据互补碱基配对原理，将报告探针和捕获探针与HIV DNA结合，形成UCNPs-DNA-MBS纳米复合物（Tang等，2021）。在磁分离之后，只能检测到夹层结构中的UCNPs，UCNPs-DNA-MBS纳米复合物的上转换发光强度与目标HIV DNA的浓度有关，基于上转换发光全内反射（TIR）成像平台，通过荧光光谱分析和定量图像分析对检测方法进行研究。该方法仅需10μL样品，分析时间约为0.1s，将定量图像分析与磁分离技术相结合，具有背景干扰小、分离效率高的特点，可应用于生物学领域。酰胺反应介导的功能核酸生物传感器是使用磁珠或者其他功能材料表面修饰氨基或者羧基，使得带有羧基或者氨基的核酸适配体或者核酶等能够偶联在材料的表面，以进一步开发传感器。

6.3.2 硫醇-金属界面偶联

硫醇-金属界面的偶联是由于硫醇对贵金属和硬币金属表面的高亲和力使其有可能生成有机表面，并且在暴露的界面上显示出有用的和高度可变的化学功能（Love等，2005）。其表面偶联研究最为广泛的是吸附在金属（金、银、铜、钯、铂和汞）表面形成自组装膜。自组装膜技术首先起源于20世纪40年代，通过氢键、静电、范德华力或疏水亲脂等弱作用形成的有序自组织膜。自组装单分子膜（SAMs）是构成膜的分子通过分子间及其与基底材料间的物理和化学作用而自发形成的一种热力学稳定、排列规则的单层或多层分子膜（Fujihira等，2001）。金质地柔软，有良好的生物相容性，作为基片容易进行预处理，所以在金表面制备硫醇自组装膜是较早制备的一类自组装膜体系。由于S—Au键的结合强度高，反应条件易于控制，金表面硫醇自组装膜稳定性高，而且形成的表面自组装膜高度有序，使得这一体系得到了广泛的应用与研究。硫醇在金表面可以通过 S—Au 键自发形成自组装膜（Camillone 等，1993；Vericat 等，2010），硫醇在金表面形成自组装膜主要经过两个步骤：先是当金浸入硫醇溶液中时，硫醇分子平铺在基底表面；之后基底表面平铺达到饱和时，平铺分子通过侧压诱导重新排列成沿表面法线方向，最终形成单分子膜。硫醇在金表面成自组装膜有较高的稳定性和有序性，可以通过引入不同的顶端活性基团来制造具有不同性能的表面膜，从而应用到生物技术、化学传感等更加广泛的领域中。铜金属有较高的热导率和电导率，抗张强度大，可塑性、延展性较好，广泛应用于生产与生活中。关于硫醇在铜表面自组装成膜，有 Laibinis 等对金属铜表面 *n* 烷基硫醇的自组装膜结构特点和润湿性的研究，并且报道了将自组装膜技术应用于铜腐蚀的防护（Laibinis 等，1991）。将硫醇溶解于乙醇等介质，硫醇在铜表面能够自发成键形成自组装膜（Rhinow 等，2012）。金属铜表面烷基硫醇自组装膜是通过铜、硫原子成键，化学吸附在铜表面，由于硫醇类化合物能够通过较强的化学键与铜表面结合，1~3nm 厚度的自组装膜的碳链层就可以比较有效地防止铜金属表面的腐蚀。另外，金属银和金相似，有良好的柔韧性和延展性，导电性和传热性高，被广泛应用在感光材料、电材料和医疗器械等领域。在银表面塑造硫醇自组装膜有着较高的理论与应用价值，硫醇在银表面也可以通过 S—Ag 键自发形成自组装膜。SAMs 将化学功能和热力学稳定性添加到相对简单的无机纳米结构（量子点、超顺磁性粒子、纳米线）的表面，并使其能够连接到更复杂的系统，如开发生物传感器、构建生物系统等。近几十年来，在金属表面进行硫醇自组装技术迅速发展，已经取得了较为显著的成就，通过引入不同的末端基团、表面自组装膜刻蚀等手段，可以对表面硫醇自组装膜进行多功能改性等操作取得了较大进展，并且随着关于金属表面硫醇自组装膜研究的不断深入，量子力学、分子力学等的理论分析不断应用于硫醇在金属表面的成膜结构和机制研究，未来有关硫醇在金属表面自组装膜的研究无论在基础理论还是在实践应用上都将会取得突破性进展。

硫醇-金属界面偶联介导的功能核酸传感器使用最为广泛的是利用 Au—S 高亲和力偶联核酸适配体进行开发，首先，无论是作为薄膜还是作为载体，金可以直接通过物理气相沉积、溅射或电沉积来制备金薄膜。其次，金是一种相当惰性的金属，它不会在低于熔点的温度下氧化，不会与大气中的氧气反应，不会与大多数化学物质反应，这些特性使得在大气条件下而不是在特高压下处理和操纵样品成为可能，例如，微细加工（在洁净室环境之外）和细胞生物学。金以高亲和力结合硫醇，并且不会与硫醇发生任何不寻常的反应，由于硫醇对金有很高的亲和力，它们也很容易将不确定的物质从表面置换出来。金与细胞是相容的，也就是说，细胞可以在没有毒性的情况下在金表面黏附并发挥作用。并且当与细胞研究所需的复杂液体介质接触时，由金上的硫醇形成的 SAMs 在几天到几周的时间内都是稳定的。

Liu 等制备了 Au@ Fe_3O_4 纳米复合材料，并利用 Au—S 的高亲和力实现对核酸的吸附构建传感器，也就是用富含 T 碱基的巯基化适配子修饰 Au@ Fe_3O_4 纳米复合材料，其中 Au@ Fe_3O_4-适配子的制备是通过 pH 辅助的方法进行的，用去离子水溶解得到了浓度为 15.5μmol/L 的核酸适体溶液（Liu 等，2020）。在适配子溶液中加入三（2-羧乙基）膦（TCEP）处理适体 1h，再将 Au@ Fe_3O_4 溶液（含 0.15mgNPs）加入适体溶液中。然后，将柠檬酸盐酸盐缓冲液（500mmol/L，pH 3）和 5g/L 十二烷基硫酸钠溶液快速加入到旋涡较强的混合物中。将该混合物在 37℃下孵育 2h。另外，在培养的第一个小时内逐步加入 5mol/L NaCl，最终 NaCl 浓度为 0.5mol/L，产物经磁力分离后用去离子水洗涤多次。最后，将其重新悬浮在去离子水中，并储存在 4℃下供进一步使用。Au@ Fe_3O_4-适配子能够选择性地与 Hg^{2+} 结合并形成 T-Hg^{2+}-T 碱基对。样品中 Hg^{2+} 的存在会使 Au@ Fe_3O_4-适配子 NPs 通过 T-Hg^{2+}-T 碱基对聚集。复杂纳米粒子的这种状态变化会导致局部不均匀磁场的形成，导致周围水质子的 T_2 值发生变化，这种变化依赖于靶子的数量，可以作为 Hg^{2+} 定量分析的磁信号。此外，Hg^{2+} 诱导的 Au@ Fe_3O_4-适配子 NPs 的聚集同时使 AuNPs 的分散状态发生变化，使检测液的颜色发生肉眼可见的变化。

因此，该双模传感器既具有比色检测的便捷性，又具有磁弛豫（magnetic relaxation switch，MRS）的灵敏分析能力，为金属离子的化学和环境检测提供了一条途径。2013 年，Chung 等将富含 G 的 DNA 序列和富含 T 的 DNA 适体序列在 Au—S 键位的作用下固定在金纳米颗粒上，用于同时检测人血清中的 Pb^{2+} 和 Hg^{2+} 的含量（Chung 等，2013）。与其他有机猝灭剂相比，金纳米颗粒在广泛的波长范围内具有更高的荧光猝灭效率。此外，金纳米颗粒对固定化 DNA 具有稳定作用，使其比游离 DNA 更能抵抗核酸酶的降解。因此，即使在 DNA 核酶存在的情况下，也能够在 10min 内同时检测到血清中的 Pb^{2+} 和 Hg^{2+}：对于 Pb^{2+} 的检测，选择的 Pb^{2+} 特异性适配子与 AuNPs 偶联，并将标记有 Cy5.5™ 的部分互补链与适配子杂交。在没有 Pb^{2+} 的情况下，由于荧光从荧光团转移到 AuNPs（当荧光团非常接近时），荧光可以忽略不计。在 Pb^{2+} 的存在下，适体与 Pb^{2+} 的结合形成 G4s，导致荧光标记链的位移，增加了和位移的荧光团之间的距离，从而使 AuNPs 变得足够大，以防止荧光猝灭。对于 Hg^{2+} 的检测，富 T 的 DNA 序列可以通过形成链内 T-Hg^{2+}-T 复合物而转变为发夹结构。这种复合物的形成使得荧光标记的互补链从 AuNPs 中释放出来，从而使得 AuNPs 离荧光团标记距离增加，无法有效地猝灭荧光，荧光信号增加。鉴于金纳米粒子的多色荧光猝灭能力和开发用于检测其他金属离子的功能核酸的可能性，研究可以将寡核苷酸的应用扩展到用于检测体液中多种有害金属离子的点式检测系统。

6.4 亲和交联

6.4.1 生物素-亲和素系统

6.4.1.1 原理与反应历程

生物素（biotin）又称维生素 H，是一种小分子，发现于 20 世纪 60 年代，广泛分布于动植物组织中，一般从含量较高的卵黄和肝组织中提取（Diamandis 等，1991），生物素结构为含硫的尿基环并戊酸侧链，其中含有 3 个手性碳原子，对应 8 种立体异构体，但只有 D-（+）-生物素才具有生物活性，其理化特性是不易被酸碱溶解，微溶于水和乙醇。亲和素（avidin）又称抗生素蛋白，是最早从蛋清中提取出的一种碱性糖蛋白（Kramer 等，2000），由 4 个相同的亚基组成，每个亚基含有 128 个氨基酸。链霉亲和素（streptavidin，SA）是由阿维丁链霉菌分泌的一种蛋白质，和来源于蛋清的亲和素生化特性相似，能与生物素产生极强的亲和作用（Green，1990），其亲和力比抗原抗体高百万倍。链霉亲和素不含糖基，等电点（p*I* 5~6）比蛋白（p*I* 10）低得多，这两个特性大大减少了与其他分子非特异性结合的数量（Hermanson 等，2013）。

亲和素通过其结构中的色氨酸残基与生物素中的咪唑酮环反应结合，二者以 1：4 的比例共价结合，结合位点的氨基酸酪氨酸和色氨酸既能与生物素形成氢键，也能提高形成疏水性配体所需的疏水环境，提供了高亲和力的条件，其解离常数为 10^{14}~10^{15}mol/L（Laitinen 等，2006），且酸、碱、变性剂、高温、蛋白溶解酶以及有机溶剂对其结合均不产生干扰。对链霉亲和素 X 射线晶体学分析表明，在生物素不存在时，环 3,4 是“无序”的，在生物素结合后，环变得“有序”，关闭活性位点，并保护配体不受溶剂影响，据此认为，环 3,4 作为桶中封闭生物素的盖子存在。因而，该环对 SA/Biotin 系统的高亲和力有重要作用（Schmidt 等，1996）。当生物素的戊酸侧链通过酰胺键与其他分子相连后，其脲基环仍保持与亲和素转移结合的能力，因此，生物素-亲和素（biotin-avidin ststem，BSA）被广泛应用于定量检测及定位观察等新技术中。

6.4.1.2 核酸中的应用

基于磁珠的 SELEX 是一种常用的适配体筛选方法，在磁珠表面进行修饰，以固定相关配体，从而更好地分离和富集复杂样品中的分析物。Duan 等在筛选多巴胺的适配体时，通过生物素与亲和素的特异性作用，将 ssDNA 文库固定在亲和素包被的磁珠上（Duan 等，2017）。当多巴胺被引入固定化 ssDNA 文库时，结合的 ssDNA 折叠成三维构象，打破了 ssDNA 与生物素-P1 之间的氢键，导致结合的 ssDNA 从磁珠中释放。经磁分离后，收集含有靶结合序列的上清液，进行 PCR 扩增用于下一轮筛选。通过反复筛选，丰富了高亲和力和高选择性的适配子。Wang 等将生物素标记的靶标连接到链霉亲和素标记的磁珠上，通过序列构造 SELEX，得到了 Globo H 的适配子（Wang 等，2014）。

随着科技发展，核酸分子探针形式多样，灵敏度也进一步提高，自从合成了生物素化的脱氧三磷酸脲苷（dUTP）和 UTP 等核苷酸单抗以来，以生物素化多核苷酸为探针的核酸杂交技术有了很大发展，Zhao 等（Zhao 等，2022）用生物素化的 dUTP 与链霉亲和素的 HRP 的结合研制了一种快速灵敏检测卡那霉素（KAN）的比色生物传感器。在缺少 KAN 的情况下，适配子识别 MBS-KAN，TdT 可以将寡核苷酸扩增到 3-OH 端，然后通过使用生物素-dUTP 将生物素位点引入 TdT 产生的长 ssDNA，该 ssDNA 与 SA-HRP 特异性反应，随后产生用于定量分析的比色信号。除了用生物素的 dUTP 与 SA-HRP 结合外，Zhan 等巧妙地开发了一种结合辣根过氧化物酶的滚环扩增竞争性适配子传感器，用于比色检测李斯特菌（Zhan 等，2020）。生物素探针 1（BP1）与适体（BP1~A）通过生物素与链霉亲和素（SA~BP1~A）之间的连接固定，适配体与细菌结合后，释放 BP1 与 RCA 探针进行 RCA 反应，形成环化单链 DNA（cssDNA）的拷贝，生物素探针 3 与 cssDNA 结合形成 BP~cssDNA，重复此过程形成 cssDNA 的多个拷贝。加入辣根过氧化物酶标记的链霉亲和素，形成 SA-HRP~BP3~cssDNA 复合物，加入酶底物时，HRP 产生负责吸收信号的发色团用于食品中单核细胞增生李斯特菌的检测。

链霉亲和素可以直接逆吸附到 Au、Ag、Pt 等电极表面，Lee 等利用链霉亲和素这一特性，成功在金电极表面电化学共沉积了一层链霉亲和素，通过链霉亲和素和生物素之间的静电吸引来固定 FITC 标记的生物素化 DNA 探针，通过 SNOM 成像结果表明 FITC 标记的生物素化 DNA 探针在 SA 修饰的金电极上的覆盖率很高（Lee 等，2004）。在固体表面有效固定适配体是各个领域的重要课题，Wu 等设计了一种确定性横向位移（DLD）的微流控芯片，通过等离子清洗机在芯片基底（PDMS）上修饰羟基，之后通过 N-羟基磺基琥珀酸亚胺偶联剂和 N-γ-马来酰亚胺基丁酰-氧琥珀酰亚胺酯（GMBS）将链霉亲和素固定于金电极表面，将白细胞膜通过快速有效的生物素化脂质自插入策略进行生物素化（Wu 等，2020）。经过机械破碎和超速离心纯化后，通过纳米孔挤压机挤压生物素化白细胞（B 白细胞）的膜片段形成纳米微囊。纳米微囊继承了源细胞的表面蛋白和生物素分子，适配体通过底部的胆固醇修饰进入纳米微囊内。功能化的纳米微囊就可以通过生物素-链霉亲和素之间的相互作用连接，在其表面形成了一个柔性界面，用来捕获靶标，减少靶标与界面碰撞而造成的损伤。纸的相容性良好，成本低，可降解，无需外力驱动即可实现液体流动。在设计基于核酸的纸基生物荧光生物传感器时，首先需要将核酸或功能核酸与纸基材料稳固地结合，并保持其功能活性。Su 等报道了一种将 DNA 适配体包埋在微凝胶中的方法（Su 等，2008）。该方法首先将链霉亲和素与羧基修饰的聚 N-异丙基丙烯酰胺（pNIPAM）微凝胶结合。结合了生物素的适配体与链霉亲和素的亲合性较高，适配体可以容易地被固定在微凝胶中，形成 DNA 适配体微凝胶，并可以被打印到纸张上，在检测过程中，DNA 适配体被稳固在微凝胶中，识别能力保持完好。

6.4.2 金-腺嘌呤的作用

6.4.2.1 原理与反应历程

单价 DNA-金纳米粒子（mDNA-AuNP）具有广泛的应用前景，将各种 DNA 片段附着在金表面具有相当重要的实际意义，特别是在构建定义明确的分子状纳米系统方面具有广阔的应用前景。DNA 在 AuNPs 上的固定主要基于共价作用，包括 Au—S 键（Alivisatos 等，1996；Elghanian 等，1997；Mirkin 等，1996）、Au—N 键（Tang 等，2011）、Au—C（Laurentius 等，2011）键等，最常见的方法是利用 Au—S 相互作用将含巯基的 ssDNA 固定在 AuNPs 表面，然后通过 DNA 与小分子硫醇的混合自组装或后期利用小分子硫醇的取代反应，控制 AuNPs 表面的 DNA 密度，但对 AuNPs 上固定的 DNA 密度的精准调控依然是研究的难点。研究表明，核苷酸与金之间亲和力顺序为 A>G≈C，腺嘌呤核苷酸与金之间有异常强烈的相互作用。聚腺嘌呤优先吸附到具有高亲和力的 Au 表面，其亲和力甚至与 Au—S 的化学键相当，可以作为与 AuNP 表面有限结合的有效锚定块。为了探究核苷酸与金之间的相互作用，Erdmann 等使用单分子剪切粘贴方法，表明 DNA 末端碱基上的伯胺与金表面结合，除胸腺嘧啶无伯胺外，其他碱基都有伯胺基团（Erdmann 等，2010）。一项关于 DNA 核苷酸与金纳米离子在水中配位化学的表面增强拉曼光谱（Surface Enhanced Raman Spectroscopy，SERS）研究表明，腺嘌呤核苷酸与金之间存在一个相对紧密的构型，与一个特殊的表面腺嘌呤复合物相对应，这些结果表明，腺嘌呤与金之间有一个复杂的配位结构。其中咪唑环的氮原子与金结合，外部氨基参与了表面过程（Bano 等，2015；Carnerero 等，2020）。

6.4.2.2 核酸中的应用

研究人员（Liang 等，2018）发现，DNA walker 及其纳米器件的性能高度依赖于 AuNP 表面的 DNA 密度，而且很难通过 Au—S 键精准控制 DNA 链的总数、方向和距离，从而限制了 3D 轨迹、杂交效率和目标检测的灵敏度。为了应对上述挑战，有研究者使用 poly-A 连接 AuNP 来构建可控的 3D 轨道（Pei 等，2012），首先制备了一系列具有不同长度 poly-A 块的纳米偶联物，测试其杂交效率。与静电的基于硫醇化寡核苷酸的纳米缀合物相比，杂交能力显著提高。其次多聚腺嘌呤片段被吸附，而其余序列的碱基会在低 pH 下质子化，从而保持直立构象。

Yang 等基于此建立了一种基于 3D DNA walker 的 SERS 技术，用于鼠伤寒沙门氏菌的定量检测，在鼠伤寒沙门氏菌存在下，从 apt@ capt 的 dsDNA 中取代了 apt，与 capt 互补的序列通过底端的 poly-A 吸附在金纳米颗粒上形成 AuMNPs，游离的 capt 触发核酸内切酶介导的 DNA walker（Yang 等，2021）。AuMNPs 表面的 DNA 残基可以通过碱基互补配对与 SERS 标签结合，并通过外加磁场将“AuMNPs@ SERS Tag”的复合物从流体中分离出来进行 SERS 分析。Li 等利用多聚腺嘌呤锚定的捕获探针来构建可编程的自组装单分子膜，用于“夹心式”电化学传感器，在靶 DNA 存在的情况下，捕获探针和生物素标记的信号探针在金电极表面形成三明治结构，生物素标记的信号探针捕获亲和素 HRP，产生定量比色信号，并且通过简单地调整 poly-A 的长度就可以对探针的密度进行修饰（Li 等，2018）。Liu 等基于双功能 ssDNA 的结合序列聚腺嘌呤和识别序列适配体修饰 AuNP，利用靶刺激响应组装技术，研制了一种超灵敏、选择性光散射前列腺特异性抗原（PSA）适体传感器（Liu 等，2019）。聚腺嘌呤作为一种有效的锚定单元制备了连接 PSA 适配体的金纳米颗粒（PA-apt-Au-NPs），由于在高浓度 NaCl 溶液中存在良好的分散状态，其呈现“关闭”状态显示出低光散射信号，当加入靶标 PSA 后，PSA 适配复合物的形成诱导了适体在金纳米粒子表面的构象转变，缩短了金纳米粒子的距离，导致金纳米颗粒的目标刺激响应聚集，从而产生更大的散射粒子。Shi 等将磁珠/适配子/聚腺嘌呤 DNA 的三明治复合物与金叉指电极灵敏检测平台结合在多通道串联压电石英晶体（Au IDE-MSPQC）系统上，开发了一种选择性检测铜绿假单胞菌的新方法。磁珠被用作固定假单胞杆菌适体的载体，poly-A DNA 通过互补链配对与适体结合，当样品溶液中存在铜绿假单胞菌时，由于铜绿假单胞菌与其适配体之间的特异性相互作用，poly-A DNA 被铜绿假单胞杆菌所取代，由于腺嘌呤与金之间的强相互作用，检测溶液中释放的聚腺嘌呤化 DNA 链可以被吸附到金 IDE 表面，并导致 MSPQC 的频移响应（Shi 等，2019）。

6.5 主客体相互作用

6.5.1 原理与反应过程

美国化学家 Charles J. Pedersen、Donald James Cram 和法国化学家 Jean-Marie Lehn 三人因先后发现了一类具有特殊结构和性质的环状化合物共同获得了 1987 年的诺贝尔化学奖，这开启了超分子化学和主客体化学发展的大门。主客体化学是超分子化学研究的核心之一，其通常与识别相联系，是主体分子通过非共价键相互作用对特定客体的选择性结合并由此产生特定功能的过程。在主客体化学中，主体通常为具有较大疏水空腔结构的分子，代表性物质包括环糊精（cyclodextrins，CD）（Assaf 等，2016）、葫芦脲（cucurbiturils，CB）（Yang 等，2013）、杯芳烃（calixarenes）（Kim 等，2012）、冠醚（crown ether）（Duan 等，2021）等（图 6.9）。这些分子的内部空腔可以通过疏水相互作用、氢键、静电相互作用、特定形状匹配等方式与不同的客体分子进行结合，因此，决定了主客体形状尺寸是否相配的主体分子空腔大小，以及促进各类分子相互之间利用效率的主体分子电负性对于主客体分子识别是十分重要的。

在核酸作为客体的研究中，具有疏水内腔和亲水外表面的环糊精是最常见的大环主体。它是 1891 年由法国科学家从淀粉的细菌消化物中分离出来的，具有成本低、水溶性好和易于修饰的优点（Loftsson 等，2007）。环糊精有 α-、β-和 γ-三种类型，其中由 7 个 D-吡喃葡萄糖构成的 β-环糊精及其衍生物最常用于核酸固定化（Zhou 等，2018）。Alves 等通过光镊进行单分子拉伸实验对天然的中性 β-环糊精与 DNA 分子的相互作用进行了表征，发现低浓度的环糊精和高浓度的环糊精分别通过两种不同的机制与 DNA 进行结合（Alves 等，2015）。当环糊精的浓度小于 6mmol/L 时，会形成平均分子数为 15 的团簇，这些团簇以较小的平衡结合常数与 DNA 的双螺旋保持连接，增加 CD-DNA 复合物的局部持久性长度。而当环糊精浓度处于 6~16mmol/L 时，由于团簇浓度较高，DNA 的碱基可以与环糊精团簇形成氢键，通常碱基和团簇的连接中包括 1~2 个碱基对，从而保持这种连接的稳定性。

杯芳烃也是核酸固定中一种常见的大环主体，它是苯酚和甲醛在碱性条件下缩合得到的环状低聚物。由亚甲基间位连接的重复单元使杯芳烃呈现杯状结构，这也是其名字的来源。杯芳烃结构特殊，其上缘的苯环对位取代基和下缘的酚羟基均能引入官能团，得到具有磺酸盐、磷酸盐、铵盐、胍和伯胺等多种官能团和高度选择性的主体分子（Giuliani 等，2015）。核酸的磷酸二酯主链上的高浓度负电荷和碱基上的氢键受体基团是其与修饰的多价杯芳烃进行结合的重要位点。例如，胍离子修饰的杯芳烃可以通过静电作用和氢键与核酸进行相互作用（Hu 等，2012）。

葫芦脲是另一种可以与核酸进行结合的重要大环主体，尽管 1905 年它就通过酸诱导尿素、乙二醛和甲醛缩合被制得，但是直到 1981 年葫芦脲才进行了全面的表征，其

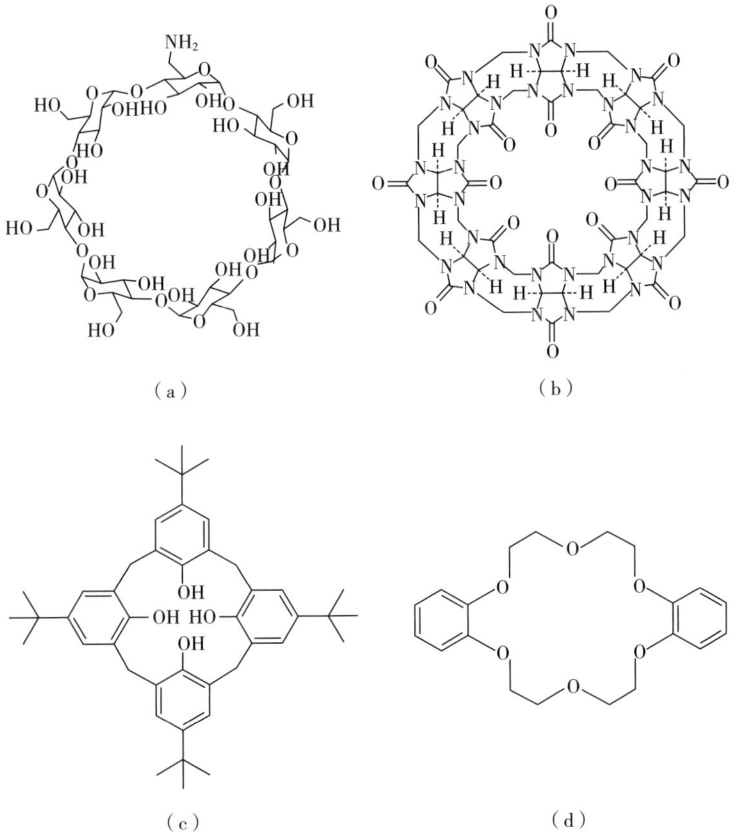

图 6.9 代表性主体分子

（a）环糊精 （b）葫芦脲 （c）杯芳烃 （d）冠醚

化学结构和性质由此为人所知。虽然 21 世纪之前受到合成和分离困难的影响，葫芦脲的发展一直较为缓慢，但是葫芦脲可以同时结合两个客体分子的独特性质还是得到了研究者的高度关注。自 2010 年开始，葫芦脲作为大环宿主与核酸进行结合的研究呈现爆炸式增长（Chernikova 等，2020）。葫芦脲具有两个亲水的羰基化边缘和一个能够容纳客体分子的非极性的疏水空腔，因此其空腔可以封装中性分子，羰基化的边缘可以通过离子偶极相互作用与带正电荷的物质结合。

除了以上的三种大环物质，冠醚、柱芳烃、环烷烃等多种大环物质与核酸的相互作用尽管不太常见但也被研究过。

6.5.2 核酸中的应用

大环物质和核酸物质的主客体相互作用在医学、材料和能源领域都得到了应用，尤其是在药物递送和传感器开发方面得到了较多的研究。

利用多价主客体相互作用合成纳米凝胶用于药物的递送是常见的方法（Pottanam Chali 等，2021）。Varghese 团队利用多价主客体相互作用制备了一种尺寸可控的 DNA

纳米凝胶用于抗癌药物阿霉素的递送（Thelu 等，2017）。在该方法中β-环糊精的功能化分支 DNA 纳米结构首先进行自组装形成 X-DNA 和 Y-DNA，并在接下来的过程中充当宿主 DNA，与充当客体的星状多价 PEG 聚合物进行自组装形成纳米凝胶。这种通过多价主客体相互作用形成的纳米凝胶可以对疏水性药物阿霉素进行包埋，并有效地穿透细胞，将包裹的药物释放造成癌细胞死亡。此外，谭蔚泓院士团队利用β-环糊精修饰的环状二价适配体通过主客体相互作用实现了疏水药物的有效递送，也证明了 DNA-宿主结合物可以应用于小分子和大分子蛋白的靶向递送，实现癌症的治疗（Jiang 等，2018）。

当主客体相互作用用于检测传感器开发时，电化学传感器最为常见（Chen 等，2014）。云南大学屈庆团队提出了一种基于水溶性柱状芳烃稳定的钯纳米颗粒结合还原的氧化石墨烯（WP5-Pd/RGO）材料的三明治式 DNA 传感器（Qian 等，2020）。通过主客体相互作用，亚甲基蓝标记的 DNA 探针被固定在 WP5-Pd/RGO 修饰电极的表面，这种基于主客体识别的 DNA 固定有利于探针之间保持一定的距离进行随后的杂交。当靶标核酸出现时，通过碱基互补配对，具有优异电催化性能的 HP5-Au/CoS-aDNA 被连接至电极表面，实现了对乙肝病毒的检测。东南大学刘松琴团队也用相似的策略开发了用于肿瘤治疗靶点 PARP-1 检测的可再生电化学传感器（Zhou 等，2020）。在识别反式偶氮苯标记 DNA 的单-（6-巯基-6-脱氧）-β-环糊精修饰在电极表面，当 PARP-1 存在时，产生富含 PO_4^{3-} 的 PAR 并与 MoO_4^{2-} 反应产生强电流，实现了检测信号的输出。

在过去的 10 余年中，利用核酸和大环物质的主客体相互作用进行新应用探索的研究不断增加。未来，随着人们对大环物质的不断探索，对关于核酸的主客体相互作用认识的不断加深，越来越多的基于主客体相互作用固定核酸将用于构建进行药物递送的多功能纳米载体，开发可以按需求开启的超分子催化剂，开发用于检测的传感器和可以控制蛋白质活性的合成传感器。

6.6 总结与展望

核酸固定化的研究及应用已受到广泛关注，且随着固定化方法与实验手段的不断发展、完善，修饰与固定过程更加简单方便，获得的修饰产物更加稳定，并且响应灵敏度有所提高，也更易于杂交、再生。然而，目前虽然核酸固定化方法种类繁多，但在生物传感、生物成像等实际应用中，仍然以较为突出的代表性反应为主，如点击反应介导的功能核酸生物传感器大多是根据 Cu^+催化叠氮化物与炔之间的环加成反应进行设计，且主要集中于荧光、比色传感器的构建，电化学、侧流层析等其他类型相对较少。此外，同样是 CuAAC 这一反应，纯化后的产物中，铜的量仍然保持在 mg/L 的水平，这极大地限制了 CuAAC 在细胞与体内成像等生物领域中的应用。因此，未来核酸固定化的研究与应用的方向将集中于以下几个方面：①优化与发展现有核酸固定化方法：如提升反应效率、提升固定化产物稳定性、缩减纯化步骤、减小细胞与体内毒性，提高生物相容性；②拓展生物分析的种类：在优化各种固定化方法的基础上，参考发展与应用较为成熟的反应，尝试将现阶段应用较少的固定化手段引入多种生物传感器中，打破核酸固定化应用单一的局面，进一步拓宽其应用范围；③新型核酸纳米复合材料的功能化开发：功能核酸与纳米材料的结合如今已成为交叉学科领域的研究热点，除了传统的化学偶联手段，生物偶联以及本章节中提及的核酸固定化方法在新型材料的开发与功能化拓展上都具有较大的发展前景。总之，积极总结并优化现有的核酸固定化方法，并在此基础上开发新型可持续发展、可广泛应用的合成及修饰手段，从根本上解决核酸固定化与修饰中的瓶颈，将极大地推动核酸在生物分析、生物医学以及生物材料领域的发展。

参考文献

Abe H, Wang J, Furukawa K, et al. A reduction－triggered fluorescence probe for sensing nucleic acids [H]. Bioconjugate chemistry, 2008, 19 (6): 1219-1226.

Achilles K, Kiedrowski G. Kinetic model studies on the chemical ligation of oligonucleotides via hydrazone formation [H]. Bioorganic & medicinal chemistry letters, 2005, 15 (4): 1229-1233.

Alivisatos AP, Johnsson KP, Peng XG, et al. Organization of 'nanocrystal molecules' using DNA [H]. Nature, 1996, 382 (6592): 609-611.

Alves PS, Mesquita ON, Rocha MS, Controlling cooperativity in beta－cyclodextrin－DNA binding reactions [J]. J Phys Chem Lett, 2015, 6 (18): 3549-3554.

Assaf KI, Gabel D, Zimmermann W, et al. High－affinity host－guest chemistry of large－ring cyclodextrins [J]. Org Biomol Chem, 2016, 14 (32): 7702-7706.

Balogh D, Aleman Garcia MA, Albada HB, et al. Programmed synthesis by stimuli-responsive DNAzyme-modified mesoporous SiO_2 nanoparticles [J]. Angewandte Chemie, 2015, 127 (40): 11818-11822.

Bano F, Sluysmans D, Wislez A, et al. Unraveling the complexity of the interactions of DNA nucleotides with gold by single molecule force spectroscopy [J]. Nanoscale, 2015, 7 (46): 19528-19533.

Banuls MJ, M Á González－Martínez, Sabek J, et al. Thiol－click photochemistry for surface functionalization applied to optical biosensing [J]. Anal Chim Acta, 2019, 1060: 103-113.

Bañuls MJ, Jiménez-Meneses P, Meyer A, et al. Improved performance of DNA microarray multiplex hybridization using probes anchored at several points by thiol－ene or thiol－yne coupling chemistry [J]. Bioconjugate Chem, 2017, 28 (2): 496-506.

Borsenberger V, Howorka S. Diene-modified nucleotides for the Diels-Alder-mediated functional tagging of DNA [J]. Nucleic Acids Res, 2009, 37 (5): 1477-1485.

Brown W, A Bardhan, K Darrah, et al. Optical control of microRNA function in zebrafish embryos [J]. J Am Chem Soc, 144 (37): 16819-16826.

Camillone N, Chidsey CED, Liu GY, et al. Substrate dependence of the surface structure and chain packing of docosyl mercaptan self－assembled on the (111), (110), and (100) faces of single crystal gold [J]. J Chem Phys, 1993, 98 (5): 4234-4245.

Carnerero JM, Sanchez-Coronilla A, Jimenez-Ruiz A, et al. Factors that control the gold nanoparticles' aggregation induced by adenine molecules: new insights through a combined experimental and theoretical study [J]. J Mol Liq, 2020, 310: 113136.

Carroll L, Evans HL, Aboagye EO, et al. Bioorthogonal chemistry for pre-targeted molecular imaging-progress and prospects [J]. Org Biomol Chem, 2013, 11 (35): 5772-5781.

Chen Q, Chen H, Zhao Y, et al. A label－free electrochemiluminescence aptasensor for thrombin detection based on host-guest recognition between tris (bipyridine) ruthenium (Ⅱ) -β-cyclodextrin and aptamer [J]. Biosens Bioelectron, 2014, 54: 547-552.

Chen WH, Yu X, Cecconello A, et al. Stimuli－responsive nucleic acid－functionalized metal－organic framework nanoparticles using pH-and metal－ion－dependent DNAzymes as locks [J]. Chem Sci, 2017, 8

(8): 5769-5780.

Chen WH, Liao WC, Sohn YS, et al. Stimuli-responsive nucleic acid-based polyacrylamide hydrogel-coated metal-organic framework nanoparticles for controlled drug release [J]. Adv Funct Mater, 2018, 28 (8): 1705137.

Chen WH, Luo GF, Sohn YS, et al. Enzyme-driven release of loads from nucleic acid-capped metal-organic framework nanoparticles [J]. Adv Funct Mater, 2019, 29 (5): 1805341.

Chen Z, Sun M, Luo F, et al. Stimulus-response click chemistry based aptamer-functionalized mesoporous silica nanoparticles for fluorescence detection of thrombin [J]. Talanta, 2018, 178: 563-568.

Chernikova EY, Berdnikova DV, Cucurbiturils in Nucleic Acids Res [J]. Chem Commun (Camb), 2020, 56 (98): 15360-15376.

Chung CH, Kim JH, Jung J, et al. Nuclease-resistant DNA aptamer on gold nanoparticles for the simultaneous detection of Pb^{2+} and Hg^{2+} in human serum [J]. Biosens Bioelectron, 2013, 41: 827-832.

Colombo RN, Gonçales VR, Gautam S, et al. Spatially localized electrodeposition of multiple metals via light-activated electrochemistry for surface enhanced Raman spectroscopy applications [J]. Chem Commun, 2020, 56 (43): 5831-5834.

Crisalli P, Hernández AR, Kool ET, Fluorescence quenchers for hydrazone and oxime orthogonal bioconjugation [J]. Bioconjugate Chem, 2012, 23 (9): 1969-1980.

Crisalli P, Kool ET, Importance of ortho proton donors in catalysis of hydrazone formation [J]. Organic letters, 2013, 15 (7): 1646-1649.

Debiais M, Lelievre A, Smietana M, et al. Splitting aptamers and nucleic acid enzymes for the development of advanced biosensors [J]. Nucleic Acids Res, 2020, 48 (7): 3400-3422.

Diamandis EP, Christopoulos TK. The biotin- (strept) avidin system: principles and applications in biotechnology [J]. Clin Chem, 1991, 37 (5): 625-636.

Domaille DW, Cha JN. Aniline-terminated DNA catalyzes rapid DNA-hydrazone formation at physiological pH [J]. Chem Commun, 2014, 50 (29): 3831-3833.

Duan N, Gong W, Wu S, et al. An ssDNA library immobilized SELEX technique for selection of an aptamer against ractopamine [J]. Anal Chim Acta, 2017, 961: 100-105.

Duan Z, Xu F, Huang X, et al. Crown ether-based supramolecular polymers: from synthesis to self-assembly [J]. Macromol Rapid Commun: 2021, e2100775.

Edupuganti OP, Renaudet O, Defrancq E, et al. The oxime bond formation as an efficient chemical tool for the preparation of 3′,5′-bifunctionalised oligodeoxyribonucleotides [J]. Bioorg Med Chem Lett, 2004, 14 (11): 2839-2842.

El-Sagheer AH, Cheong VV, Brown T. Rapid chemical ligation of oligonucleotides by the Diels-Alder reaction [J]. Org Biomol Chem, 2011, 9 (1): 232-235.

Elghanian R, Storhoff JJ, Mucic RC, et al. Selective colorimetric detection of polynucleotides based on the distance-dependent optical properties of gold nanoparticles [J]. Science, 1997, 277 (5329): 1078-1081.

Erdmann M, David R, Fornof AR, et al. Electrically induced bonding of DNA to gold [J]. Nat Chem, 2010, 2 (9): 745-749.

Fan W, Qi Y, Qiu L, et al. Click chemical ligation-initiated on-bead DNA polymerization for the sensitive flow cytometric detection of 3′-terminal 2′-O-methylated plant microRNA [J]. Anal Chem, 2018, 90 (8): 5390-5397.

FantoniN Z, El-Sagheer AH, Brown T. A hitchhiker's guide to click-chemistry with nucleic acids [J]. Chem Rev, 2021, 121 (12): 7122-7154.

Foillard S, Rasmussen MO, Razkin J, et al. 1-ethoxyethylidene, a new group for the stepwise SPPS of aminooxyacetic acid containing peptides [J]. J Org Chem, 2008, 73 (3): 983-991.

Franzini RM, Kool ET, 7-azidomethoxy-coumarins as profluorophores for templated nucleic acid detection [J]. ChemBioChem, 2008, 9 (18): 2981-2988.

Fujihira M, Tani Y, Furugori M, et al. Chemical force microscopy of self-assembled monolayers on sputtered gold films patterned by phase separation [J]. Ultramicroscopy, 2001, 86 (1-2): 63-73.

Gamboa Varela J, Gates KS, Simple, high-yield syntheses of DNA duplexes containing interstrand DNA-DNA cross-links between an N 4-aminocytidine residue and an abasic site [J]. Curr Prot Nucleic Acid Chem, 2016, 65 (1): 5. 16. 1-15. 16. 15.

Ghose AK, Viswanadhan VN, Wendoloski JJ. A knowledge-based approach in designing combinatorial or medicinal chemistry libraries for drug discovery. 1. A qualitative and quantitative characterization of known drug databases [J]. J Comb Chem, 1999, 1 (1): 55-68.

Giuliani M, Morbioli I, Sansone F, et al. Moulding calixarenes for targeting biomacromolecules [J]. Chem Commun 2015, (75): 14140-14159.

Graham D, Fruk L, Smith WE. Detection of DNA probes using Diels - Alder cycloaddition and SERRS [J]. Analyst, 2003, 128 (6): 692-699.

Green NM. Avidin and streptavidin [J]. Method Enzymol, 1990, 184: 51-67.

Gress A, Völkel A, Schlaad H. Thio-click modification of poly [2- (3-butenyl) -2-oxazoline] [J]. Macromolecules, 2007, 40 (22): 7928-7933.

Grover GN, Lam J, Nguyen TH, et al. Biocompatible hydrogels by oxime click chemistry [J]. Biomacromolecules, 2012, 13 (10): 3013-3017.

Hanna JR, Allan C, Lawrence C, et al. Optimizing the readout of lanthanide-dota complexes for the detection of ligand-bound copper (i) [J] . Molecules, 2017, 22 (5): 802.

HeinJ E, Fokin VV. Copper-catalyzed azide-alkyne cycloaddition (CUAAC) and beyond: New reactivity of copper (i) acetylides [J]. Chem Soc Rev, 2010, 39 (4): 1302-1315.

Hermanson GT. (strept) avidin-biotin systems [M] //Hermanson GT. Bioconjugate Techniques (3rd edition). Pittsburgh: Academic Press, 2013: 465-505.

Hironaka K, Yoshihara E, Nabil A, et al. Conjugation of antibody with temperature-responsive polymer via in situ click reaction to enable biomarker enrichment for increased diagnostic sensitivity [J]. Biomate Sci-UK, 2021, 9 (14): 4870-4879.

Hong T, Liu W, Li M, et al. Click chemistry at the microscale [J]. Analyst, 2019, 144 (5): 1492-1512.

Hu W, Blecking C, Kralj M, et al. Dimeric calixarenes: a new family of major-groove binders [J]. Chemistry, 2012, 18 (12): 3589-3597.

Huang X, Jia J, Lin Y, et al. A highly sensitive electrochemiluminescence biosensor for pyrophosphatase detection based on click chemistry-triggered hybridization chain reaction in homogeneous solution [J]. ACS Appl Mater Inter, 2020, 12 (31): 34716-34722.

Ishihara K. Dehydrative condensation catalyses [J]. Tetrahedron, 2009, 65 (6): 1085-1109.

Ishihara K, Ohara S, Yamamoto H. 3,4,5-trifluorobenzeneboronic acid as an extremely active amidation catalyst [J]. J Org Chem, 1996, 1996, 27 (13): 4196-4197.

Jiang Y, Pan X, Chang J, et al. Supramolecularly engineered circular bivalent aptamer for enhanced functional protein delivery [J]. J Am Chem Soc, 2018, 140 (22): 6780-6784.

KimH J, Lee MH, Mutihac L, et al. Host-guest sensing by calixarenes on the surfaces [J]. Chem Soc Rev, 2012, 41 (3): 1173-1190.

Kozma E, Demeter O, P Kele, Bio-orthogonal fluorescent labelling of biopolymers through inverse-electron-demand Diels-Alder reactions [J]. Chem Bio Chem, 2017, 18 (6): 486-501.

Kramer KJ, Morgan TD, Throne JE, et al. Transgenic avidin maize is resistant to storage insect pests [J]. Nat Biotechnol, 2000, 18 (6): 670-674.

Laibinis PE, Whitesides GM, Allara DL, et al. Comparison of the structures and wetting properties of self-assembled monolayers of N-alkanethiols on the coinage metal surfaces, copper, silver, and gold [J]. J Am Chem Soc, 1991, 113 (19): 7152-7167.

Laitinen OH, Hytoenen VP, Nordlund HR, et al. Genetically engineered avidins and streptavidins [J]. Cell Mol Life Sci, 2006, 63 (24): 2992-3017.

Laurentius L, Stoyanov SR, Gusarov S, et al. Diazonium-derived aryl films on gold nanoparticles:

Evidence for a carbon-gold covalent bond [J]. Acs Nano, 2011, 5 (5): 4219-4227.

Lee HY, Park JW, Jung HS, et al. Electrochemical assay of nonlabeled DNA chip and snom imaging by using streptavidin-biotin interaction [J]. J Nanosci Nanotechno, 2004, 4 (7): 882-885.

Lee JH, Domaille DW, Noh H, et al. High-yielding and photolabile approaches to the covalent attachment of biomolecules to surfaces via hydrazone chemistry [J]. Langmuir, 2014, 30 (28): 8452-8460.

Li D, Xie J, Zhou W, et al. Click chemistry-mediated cyclic cleavage of metal ion-dependent dnazymes for amplified and colorimetric detection of human serum copper (Ⅱ) [J]. Anal BioAnal Chem, 2017, 409 (27): 6421-6427.

Li L, Wang L, Xu Q, et al. Bacterial analysis using an electrochemical DNA biosensor with poly-adenine-mediated DNA self-assembly [J]. ACS Appl Mater Inter, 2018, 10 (8): 6895-6903.

Li X, Danishefsky SJ, New chemistry with old functional groups: On the reaction of isonitriles with carboxylic acids--a route to various amide types [J]. J Am Chem Soc, 2008, 130 (16): 5446-5448.

Li Y, Chen H, Dai Y, et al. Cellular interface supported toehold strand displacement cascade for amplified dual-electrochemical signal and its application for tumor cell analysis [J]. Anal Chim Acta, 2019, 1064: 25-32.

Liang P, Canoura J, Yu H, et al. Dithiothreitol-regulated coverage of oligonucleotide-modified gold nanoparticles to achieve optimized biosensor performance [J]. ACS Appl Mater Inter, 2018, 10 (4): 4233-4242.

Liu G, Feng DQ, Li Z, et al. Target-activatable gold nanoparticle-based aptasensing for protein biomarkers using stimuli-responsive aggregation [J]. Talanta, 2019, 192: 112-117.

Liu X, Camilleri ET, Li L, et al. Injectable catalyst-free "click" organic-inorganic nanohybrid (click-on) cement for minimally invasive *in vivo* bone repair [J]. Biomaterials, 2021, 276: 121014.

Liu Y, Cai Z, Sheng L, et al. A magnetic relaxation switching and visual dual-mode sensor for selective detection of Hg^{2+} based on aptamers modified Au@Fe_3O_4 nanoparticles [J]. J Hazard Mater, 2020, 388: 121728.

Loftsson T, Duchene D. Cyclodextrins and their pharmaceutical applications [J]. Int J Pharm, 2007, 329 (1-2): 1-11.

Love JC, Estroff LA, Kriebel JK, et al. Self-assembled monolayers of thiolates on metals as a form of nanotechnology [J]. Chem Rev, 2005, 105 (4): 1103-1169.

Marcelli T. Mechanistic insights into direct amide bond formation catalyzed by boronic acids: Halogens as Lewis bases [J]. Angew Chem Int Ed Engl, 2010, 49 (38): 6840-6843.

Merkel M, Arndt S, Ploschik D, et al. Scope and limitations of typical copper-free bioorthogonal reactions with DNA: reactive, 2′-deoxyuridine triphosphates for postsynthetic labeling [J]. J Org Chem, 2016, 81 (17): 7527-7538.

Mirkin CA, Letsinger RL, Mucic RC, et al. A DNA-based method for rationally assembling nanoparticles into macroscopic materials [J]. Nature, 1996, 382 (6592): 607-609.

Mou XZ, Chen XY, Wang J, et al. Bacteria-instructed click chemistry between functionalized gold nanoparticles for point-of-care microbial detection [J]. ACS Appl Mater Inter, 2019, 11 (26): 23093-23101.

Nilsson BL, Kiessling LL, Raines RT. Staudinger ligation: a peptide from a thioester and azide [J]. Org Let, 2000, 2 (13): 1939-1941.

Noël M, Clément-Blanc C, Meyer A, et al. Solid supports for the synthesis of 3′-aminooxy deoxy-or ribo-oligonucleotides and their 3′-conjugation by oxime ligation [J]. J Org Chem, 2019, 84 (22): 14854-14860.

Oishi M. Enzyme-free and isothermal detection of microrna based on click-chemical ligation-assisted hybridization coupled with hybridization chain reaction signal amplification [J]. Anal BioAnal Chem, 2015, 407 (14): 4165-4172.

Ollivier N, Olivier C, Gouyette C, et al. Synthesis of oligonucleotide-peptide conjugates using hydrazone chemical ligation [J]. Tetrahedron Lett, 2002, 43 (6): 997-999.

Palacios F, Alonso C, Aparicio D, et al. The aza-wittig reaction: an efficient tool for the construction of carbon-nitrogen double bonds [J]. Tetrahedron, 2007, 63 (3): 523-575.

Paredes E, Das SR. Click chemistry for rapid labeling and ligation of RNA [J]. Chem Bio Chem, 2011, 12 (1): 125-131.

Park J, Kim M, Kim W, et al. Ultrasensitive detection of 25-hydroxy vitamin D_3 in real saliva using sandwich-type electrochemical aptasensor [J]. Sensor Actuator B-Chem, 2022, 355: 131239.

Pattabiraman VR, Bode JW, Rethinking amide bond synthesis [J]. Nature, 2011, 480 (7378): 471-479.

Pei H, Li F, Wan Y, et al. Designed diblock oligonucleotide for the synthesis of spatially isolated and highly hybridizable functionalization of DNA-gold nanoparticle nanoconjugates [J]. J Am Chem Soc, 2012, 134 (29): 11876-11879.

Pereira D, Pinto M, Correia-da-Silva M, et al. Recent advances in bioactive flavonoid hybrids linked by 1,2,3-triazole ring obtained by click chemistry [J]. Molecules, 2022, 27 (1): 230.

Perry D. The number of structural isomers of certain homologs of methane and methanol [J]. J Am Chem Soc, 1932, 54 (7): 2918-2920.

Pottanam Chali S, Huwel S, Rentmeister A, et al. Self-assembled cationic polypeptide supramolecular nanogels for intracellular DNA delivery [J]. Chemistry, 2021, 27 (47): 12198-12206.

Prasuhn DE, Blanco - Canosa JB, Vora GJ, et al. Multivalent display of DNA conjugates on semiconductor quantum dots utilizing a novel conjugation method [C] //Conference on Colloidal Quantum Dots for Biomedical Applications, 2009.

Pujari SS, Zhang Y, Ji S, et al. Site-specific cross-linking of proteins to DNA via a new bioorthogonal approach employing oxime ligation [J]. Chem Commun, 2018, 54 (49): 6296-6299.

Qi Y, Qiu L, Fan W, et al. An enzyme-free flow cytometric bead assay for the sensitive detection of microRNAs based on click nucleic acid ligation-mediated signal amplification [J]. Analyst, 2017, 142 (16): 2967-2973.

Qian X, Tan S, Li Z, et al. A robust host-guest interaction controlled probe immobilization strategy for the ultrasensitive detection of HBV DNA using hollow HP5-Au/CoS nanobox as biosensing platform [J]. Biosens Bioelectron, 2020, 153: 112051.

Qin Y, Li M, Yang Y, et al. A unimolecular DNA fluorescent probe for determination of copper ions based on click chemistry [J]. RSC Advances, 2020, 10 (10): 6017-6021.

Rhinow D, Hampp NA, Patterned self-assembled monolayers of alkanethiols on copper nanomembranes by submerged laser ablation [J]. Applied Physics A, 2012, 107 (4): 755-759.

Rostovtsev VV, Green LG, Fokin VV, et al. A stepwise huisgen cycloaddition process: copper (i) -catalyzed regioselective "ligation" of azides and terminal alkynes [J]. Angewandte Chemie, 2002, 114 (14): 2708-2711.

Rouhanifard SH, Mellis IA, Dunagin M, et al. Clampfish detects individual nucleic acid molecules using click chemistry-based amplification [J]. Nat Biotechnol, 2019, 37 (1): 84-89.

Samanta A, Krause A, Jäschke A, A modified dinucleotide for site-specific RNA-labelling by transcription priming and click chemistry [J]. Chem Commun, 2014, 50 (11): 1313-1316.

Saxon E, Armstrong JI, Bertozzi CR, A "traceless" Staudinger ligation for the chemoselective synthesis of amide bonds [J]. Org let, 2000, 2 (14): 2141-2143.

Saxon E, Bertozzi CR. Cell surface engineering by a modified staudinger reaction [J]. Science, 2000, 287 (5460): 2007-2010.

Schafer G, Matthey C, Bode JW. Facile synthesis of sterically hindered and electron-deficient secondary amides from isocyanates [J]. Angew Chem Int Ed Engl, 2012, 51 (36): 9173-9175.

Schmidt TGM, Koepke J, Frank R, et al. Molecular interaction between the strep-tag affinity peptide and its cognate target, streptavidin [J]. J Mol Biol, 1996, 255 (5): 753-766.

Schoch J, Wiessler M, Jäschke A, Post-synthetic modification of DNA by inverse-electron-demand Diels-Alder reaction [J]. J Am Chem Soc, 2010, 132 (26): 8846-8847.

Segura JL, Royuela S, Ramos MM, Post-synthetic modification of covalent organic frameworks [J]. Chem Soc Rev, 2019, 48 (14): 3903-3945.

Sheng A, Su L, Jalalah M, et al. Hydrazone chemistry assisted dnazyme for the analysis of double targets [J]. Chem Commun, 2020, 56 (5): 695-698.

Shi X, Zhang J, He F. A new aptamer/polyadenylated DNA interdigitated gold electrode piezoelectric sensor for rapid detection of pseudomonas aeruginosa [J]. Biosens Bioelectron, 2019, 132: 224-229.

Staudinger H, Meyer J. On new organic phosphorus bonding iii phosphine methylene derivatives and phosphinimine [J]. Helv Chim Acta, 1919 (2): 635-646.

Staudinger H, Meyer J. Ueber neue organische phosphorverbindungen Ⅱ. Phosphazine [J]. Helv Chim Acta, 1919, 2 (1): 619-635.

Su S, Ali M, Filipe CDM, et al. Microgel-based inks for paper-supported biosensing applications [J]. Biomacromolecules, 2008, 9 (3): 935-941.

Su Y, Bayarjargal M, Hale TK, et al. DNA with zwitterionic and negatively charged phosphate modifications: Formation of DNA triplexes, duplexes and cell permeability studies [J]. Beilstein Archives, 2020 (1): 138.

Sun Y, Liu H, Cheng L, et al. Thiol michael addition reaction: a facile tool for introducing peptides into polymer-based gene delivery systems [J]. Polym Int, 2018, 67 (1): 25-31.

Takahara M, Wakabayashi R, Minamihata K, et al. Primary amine-clustered DNA aptamer for DNA-protein conjugation catalyzed by microbial transglutaminase [J]. Bioconjugate Chem, 2017, 28 (12): 2954-2961.

Tang D, Tang J, Su B, et al. Gold nanoparticles-decorated amine-terminated poly (amidoamine) dendrimer for sensitive electrochemical immunoassay of brevetoxins in food samples [J]. Biosens Bioelectron, 2011, 26 (5): 2090-2096.

Tang W, Mi R, Wang L, et al. Quantitative image analysis for sensing HIV DNAs based on NaGdF, 4 : Yb, 4 upconversion luminescent probe and magnetic beads [J]. Sensor Actuat B-Chemical, 2021, 129969.

Tasara T, Angerer B, Damond M, et al. Incorporation of reporter molecule-labeled nucleotides by DNA polymerases Ⅱ. High-density labeling of natural DNA [J]. Nucleic Acids Res, 2003, 31 (10): 2636-2646.

Thelu HVP, Albert SK, Golla M, et al. Size controllable DNA nanogels from the self-assembly of DNA nanostructures through multivalent host-guest interactions [J]. Nanoscale, 2017, 10 (1): 222-230.

Tona R, Häner R. Functionalisation of a diene-modified hairpin mimic via the Diels-Alder reaction [J]. Chem Commun, 2004, (17): 1908-1909.

Tornøe CW, Christensen C, Meldal M. Peptidotriazoles on solid phase: [1,2,3]-triazoles by regiospecific copper (Ⅰ)-catalyzed 1,3-dipolar cycloadditions of terminal alkynes to azides [J]. The J Org Chem, 2002, 67 (9): 3057-3064.

Ulrich S, Boturyn D, Marra A, et al. Oxime ligation: a chemoselective click-type reaction for accessing multifunctional biomolecular constructs [J]. Chemistry-A European Journal, 2014, 20 (1): 34-41.

Van Buggenum JA, Gerlach JP, Eising S, et al. A covalent and cleavable antibody-DNA conjugation strategy for sensitive protein detection via immuno-PCR [J]. Sci Rep, 2016, 6 (1): 1-12.

Velema WA, Kool ET. Fluorogenic templated reaction cascades for RNA detection [J]. J Am Chem Soc, 2017, 139 (15): 5405-5411.

Vericat C, Vela ME, Benitez G, et al. Self-assembled monolayers of thiols and dithiols on gold: new challenges for a well-known system [J]. Chem Soc Rev, 2010, 39 (5): 1805-1834.

Walter HK, Bauer J, Steinmeyer J, et al. "DNA origami traffic lights" with a split aptamer sensor for a bicolor fluorescence readout [J]. Nano Lett, 2017, 17 (4): 2467-2472.

Wang CY, Wu CY, Hung TC, et al. Sequence-constructive SELEX: a new strategy for screening DNA aptamer binding to globo H [J]. Biochem Bioph Res Co, 2014, 452 (3): 484-489.

Wang P, Liu Y, Yu Y, et al. Hydrazone ligation assisted DNAzyme walking nanomachine coupled with

CRISPR-Cas12a for lipopolysaccharide analysis [J]. Anal Chim Acta, 2021, 1174: 338747.

Wilks TR, O'Reilly RK. Efficient DNA-polymer coupling in organic solvents: a survey of amide coupling, thiol-ene and tetrazine-norbornene chemistries applied to conjugation of poly (N-isopropylacrylamide) [J]. Sci Rep, 2016, 6 (1): 1-11.

Winz ML, Linder EC, André T, et al. Nucleotidyl transferase assisted DNA labeling with different click chemistries [J]. Nucleic Acids Res, 2015, 43 (17): e110.

Winz ML, Linder EC, Becker J, et al. Site-specific one-pot triple click labeling for DNA and RNA [J]. Chem Commun, 2018, 54 (83): 11781-11784.

Wu L, Ding H, Qu X, et al. Fluidic multivalent membrane nanointerface enables synergetic enrichment of circulating tumor cells with high efficiency and viability [J]. J Am Chem Soc, 2020, 142 (10): 4800-4806.

Xian L, Xu F, Liu J, et al. MicroRNA detection with turnover amplification via hybridization-mediated Staudinger reduction for pancreatic cancer diagnosis [J]. J Am Chem Soc, 2019, 141 (51): 20490-20497.

Xue T, Yue X, Wang J, et al. Self-assembly of DNA walker with biosensing application assisted by chemoselective ligation [J]. Sensor Actuat B-Chemi, 2020, 321: 128537.

Yan X, Cao Z, Kai M, et al. Label-free aptamer-based chemiluminescence detection of adenosine [J]. Talanta, 2009, 79 (2): 383-387.

Yang E, Li D, Yin P, et al. A novel surface-enhanced Raman scattering (SERS) strategy for ultrasensitive detection of bacteria based on three-dimensional (3D) DNA walker [J]. Biosens Bioelectron, 2021, 172: 112758.

Yang F, Wang C, Wang L, et al. Hoechst-naphthalimide dyad with dual emissions as specific and ratiometric sensor for nucleus DNA damage [J]. Chinese Chem Lett, 2017, 28 (10): 2019-2022.

Yang H, Liu Y, Liu K, et al. Rational adjustment of multicolor emissions by cucurbiturils-based host-guest chemistry and photochemistry [J]. Langmuir, 2013, 29 (42): 12909-12914.

Yu H, Zheng J, Yang S, et al. Use of a small molecule as an initiator for interchain Staudinger reaction: a new ATP sensing platform using product fluorescence [J]. Talanta, 2018, 178: 282-286.

Zhan ZX, Li H, Liu J, et al. A competitive enzyme linked aptasensor with rolling circle amplification (elarca) assay for colorimetric detection of [J]. Food Control, 2020, 107: 106806-106812.

Zhang H, Fan Y, H Zhong, Construction of DNA-templated nanoparticle assemblies using click DNA ligation [J]. Biosens Bioelectron, 2013, 41: 884-888.

Zhang Z, Du J, Li Y, et al. An aptamer-patterned hydrogel for the controlled capture and release of proteins via biorthogonal click chemistry and DNA hybridization [J]. J Mater Chem B, 2017, 5 (30): 5974-5982.

Zhao M, Guo Y, Wang L, et al. A sensitive fluorescence biosensor for alkaline phosphatase activity based on the Cu (Ⅱ) -dependent DNAzyme [J]. Anal Chim Acta, 2016, 948: 98-103.

Zhao T, Chen Q, Wen Y, et al. A competitive colorimetric aptasensor for simple and sensitive detection of kanamycin based on terminal deoxynucleotidyl transferase-mediated signal amplification strategy [J]. Food Chem, 2022, 377: 132072.

Zheng Y, Zhao L, Ma Z. pH responsive label-assisted click chemistry triggered sensitivity amplification for ultrasensitive electrochemical detection of carbohydrate antigen 24-2 [J]. Biosens Bioelectron, 2018, 115: 30-36.

Zhou QY, Yuan F, Zhang XH, et al. Simultaneous multiple single nucleotide polymorphism detection based on click chemistry combined with DNA-encoded probes [J]. Chem Sci, 2018, 9 (13): 3335-3340.

Zhou X, Pathak P, Jayawickramarajah J. Design, synthesis, and applications of DNA-macrocyclic host conjugates [J]. Chem Commun (Cambridge, England), 2018, 54: 11668-11680.

Zhou X, Wang C, Wang Z, et al. Renewable electrochemical sensor for PARP-1 activity detection based on host-guest recognition [J]. Biosens Bioelectron, 2020, 148: 111810.

Zhu L, Liu Q, Yang B, et al. Pixel counting of fluorescence spots triggered by DNA walkers for ultrasensitive quantification of nucleic acid [J]. Anal Chem, 2018, 90 (11): 6357-6361.

7

功能核酸裁剪

功能核酸裁剪是指核酸借助于成熟的体外化学合成技术，对其碱基的组成、核酸链的长短进行改变，进一步提升核酸链的功能性即功能核酸的亲和特性、酶学特性、光学特性、构象转换特性等，有助于核酸多元功能的发挥，多场景、多范围应用的拓展，助力精准检测和诊疗行业的发展。因此，本章首先讨论了生物信息学理论手段与实验科学相互佐证和指导的重要意义。随后，主要从剪短、替换、劈裂、融合和增长五个方面讨论了功能核酸传统裁剪策略。并以此为基础，提出了功能核酸高内涵裁剪策略，该策略有利于功能核酸的功能进一步提升与开发，如亲和力提升、特异性增强、光学性能提升、药效增强、刺激响应性增强以及功能叠加等。最后，还总结了功能核酸裁剪领域的发展现状，讨论、展望了功能核酸传统裁剪及高内涵裁剪的优势、面临的挑战及应用前景。

7.1 概述

量体裁衣可针对不同身材的人体既精准估算出所需的布料量，也能够通过粉笔的平面勾画出心中立体的得体服饰。裁剪自古以来被视为一门技艺，功能核酸裁剪与此有异曲同工之妙，同样需要工匠精神，好比漂亮的衣服来源于裁缝精心的设计，只有通过适当的裁剪和修饰，功能核酸才有可能实现复杂的结构变化，得到漂亮的3D图案或实现更加多元、高效的生理功能。通常，并非功能核酸序列中的每个核苷酸都需要用来形成或维持功能核酸结构，只有少数核苷酸与靶物质结合并诱导构象改变（Bing等，2010）。功能核酸裁剪具有诸多优点，例如，高产量和稳定性、低成本，且极大程度上提升了核酸的功能性，因此，可以得到更加合理化和功能化的适配体或DNAzyme（Lyu等，2016）。并且，核酸的小尺寸对于诊断或治疗也是极其有利的，因为它们更容易大量合成，还能增加组织穿透率（Manimala等，2004；Padlan等，2014）。功能核酸的特殊性质导致其能够被大规模裁剪：①功能核酸具有可编程特性。目前大多数功能核酸由体外人工合成，腺嘌呤、鸟嘌呤、胞嘧啶和胸腺嘧啶核苷酸可以随机组合、排列成不同长度和序列的核酸产物。丰富的多变性使不同核酸的功能呈现异质性，例如，单碱基突变即能引起镰刀型细胞贫血和癌症等严重疾病发生；②功能核酸的不同基团极易被修饰，主要包括碱基修饰、磷酸基团修饰、核糖修饰以及核酸骨架修饰等修饰策略；③功能核酸具有特异性分子识别能力和刺激响应性。靶标和环境因子等可以使功能核酸产生不同构象，发生结构转变。基于此，利用不同策略对功能核酸进行裁剪是可行的。

之前，我们提出了“功能核酸第一代裁剪策略”，主要通过核酸的剪短、替换、劈裂、融合和增长手段，以结合亲和力提升为导向，对功能核酸的序列及结构进行裁剪和改造，常见于对功能核酸的劈裂及对核酸适配体冗余序列的去除。在此基础上，我们又提出了“功能核酸第二代裁剪策略”。除了常见的亲和力提升，进阶的高内涵裁剪策略还有助于功能核酸的特异性、酶活特性、光学性能、药效性、封闭性和刺激响应性的增强以及功能叠加。此外，第二代裁剪策略还借助生物信息学手段（如分子对接与分子动力学模拟）辅助、指导功能核酸的获得与裁剪过程，核酸的功能验证实验又能反过来影响分子对接与模拟结果，实现了理论科学与实验科学的融合，理论与实践相互佐证指导。

总而言之，本章对功能核酸第一代和第二代裁剪策略进行了重点阐释，并针对其在精准检测及疾病诊疗等方面的应用进行了详细介绍，还总结了该领域的发展现状，讨论、展望了功能核酸传统裁剪及高内涵裁剪的优势、面临的挑战及应用前景。

7.2 功能核酸高级结构的生物信息分析

在实际应用中，功能核酸的抗酶解能力差、结构不稳定，与配体的结合情况极易受反应环境（缓冲液pH、离子组成和盐浓度等）影响，核酸链间易发生相互作用。目前，功能核酸的作用机制研究尚不充足，作用体系的物理特征仍不明晰，功能核酸的序列优化设计问题尚待解决，这在一定程度上限制了功能核酸的应用前景。功能核酸的空间结构预测是复杂的，适合研究功能核酸结构的表征手段也并不丰富。无论是核磁共振、晶体衍射（柔性较大、不易结晶，以多种构象存在），或是冷冻电镜技术（核酸适配体分子较小），都不太适合用来研究功能核酸的结构。当功能核酸的性质发生改变时，很难从结构上给出确切的解释，这既阻碍了功能核酸在复杂溶液体系中构象变化的精准预测以及功能核酸结构的模拟计算，同时也限制了对功能核酸作用机制的解释。尤其对于功能核酸裁剪过程，核酸的高级结构预测越准确，其剪裁效率就越高。

随着计算机和信息技术高速发展，已有许多计算机辅助天然药物筛选的例子，同时也有越来越多的研究者发现，通过计算机辅助能提升功能核酸的开发及裁剪优化效率。在功能核酸裁剪及优化过程中，功能核酸高级结构的生物信息分析能够通过预测、对接裁剪前后的核酸构象及其与配体相互作用关系的变化实现裁剪效果的初步评估，为裁剪策略及结果提供理论参考。基于生物计算机手段的分析大大节省了功能核酸裁剪过程中的实验工作量、成本和时间，为功能核酸的发展提供了强有力的技术手段支撑。目前，随着功能核酸在生物传感、生物医药及材料化学等领域的飞速发展，出现了包括 Mfold（Gopinath 等，2017），Analyzer 和 NUPACK browsers（Zadeh 等，2011）等核酸结构预测网站，以及如 AutoDock（Goodsell 等，1996）、Hex（Ritchie，2003）、ZDOCK（Chen 等，2003）、AutoDock Vina（Trott 等，2010）和 NPDOCK（Tuszynska 等，2015）等几款比较适合于核酸与配体分子对接的软件。基于此，一些发光核酸与荧光团的结合机制已通过生物信息学手段逐渐被揭示（图 7.1）（Truong 等，2022）。

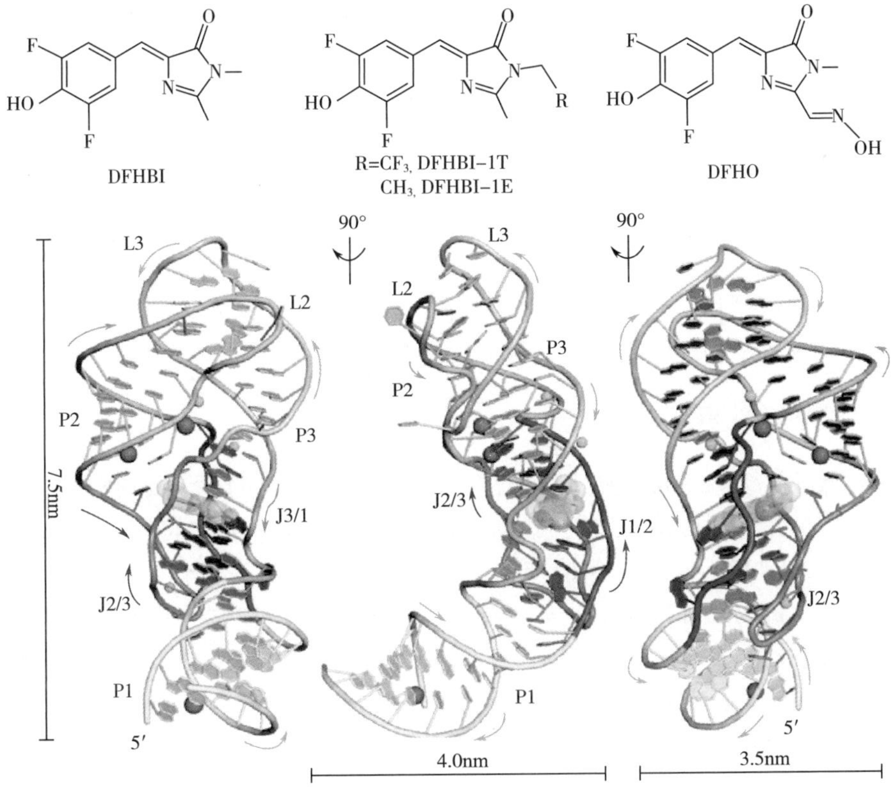

图 7.1 功能核酸的生物信息学分析

这些预测网站能够根据碱基配对性质分析来预测一个或多个核酸链的高级结构或其与对应配体的相互作用方式。但就目前来看，核酸高级结构预测的精确度很难被保证，并且现有软件不能充分考虑到复杂环境体系对于核酸构象折叠的影响。因此，为了保证核酸结构预测的准确性，确保分子对接能够提供精确的机制参考，研究人员还需继续深入解决该领域的技术限制，这将能极大程度上促进功能核酸在生物化学等领域的发展。

7.3 功能核酸的传统裁剪策略及其应用

将整个传统剪裁策略以太极图的形式概括总结。其中，中心圆分为黑、白两部分，分别代表“阴”（静）和“阳”（动），功能核酸的基本组成元素——不同种类的核苷酸构成了“阴”的部分，其中，嘌呤（A 或 G）通过氢键与嘧啶（C、T 或 U）相连接时，碱基对就形成了，Steven Benner 研究团队已经将两个合成核苷酸（Z-P 碱基对结合到 DNA 中），S-B 碱基对是新增的，I 为次黄嘌呤核苷，这些核苷酸元素是固定的。但功能核酸的构象是多样性的，因此这些由“阳”的部分代表，包括寡核苷酸链、双链、三链、三接头和四联体等构象。“阴阳”运动创造了五个基本要素，即金、木、水、火、土，这五个要素对应作者提出的功能核酸传统裁剪策略中的劈裂、增长、剪短、替换和融合（图 7.2）。具体地，除了删除非必要核苷酸的裁剪策略，劈裂功能核酸在生物传感领域的应用性极强，例如，可以直接检测小分子，由于两个独立的核苷酸链缺乏适体-靶标复合物的二级结构，它们不会产生假阳性或非特异性信号（Toh 等，2015；Yang 等，2015）。增长功能核酸的策略有助于特异性识别和多元功能的复合。替换功能核酸中的核苷酸或对其进行修饰，可以增加功能核酸的稳定性，确定结合位点，增强适体-靶标的亲和力及荧光适配体的荧光强度等。此外，将多个功能核酸融合在一起可以增加结合位点数量并提高检测效率等。总而言之，功能核酸传统裁剪策略可通过劈裂、剪短、增长、替换和融合手段得到新的核酸序列，增强与靶标的结合能力，实现稳定结构、目标检测、目标定向、信号产生或放大的效果，可用于构建新的生物传感器或药物靶向递送，从多个方面促进了功能核酸的应用和发展。

7.3.1 功能核酸的劈裂

功能核酸的劈裂策略常应用于适配体、G4s 等功能元件的优化及功能改善。研究表明，一些完整的核酸适配体可以被分割成两个片段，而不影响它们与配体的结合能力。劈裂适配体组装的基本原理是保持结合区域核苷酸序列的完整性。当靶物质存在时，劈裂适配体有足够的互补碱基对来容纳靶物质，在没有靶物质的情况下，游离的核酸链不会结合在一起（Neves 等，2010）。目前，已报道了大量小分子物质的适配体，但只有少数适配体能成功构建成劈裂适配体。其中，大多数劈裂适配体是从完整适配体的较中间位点拆分的，这种情况经常发生在一些二级结构比较简单、核酸序列较短的发夹结构上，如 ATP（Li 等，2018；Liu 等，2010）、外泌体（Chen 等，2018）、溶菌酶（Liu 等，2018）和凝血酶（Chen 等，2013）。核酸适配体的二级结构是一个典型的

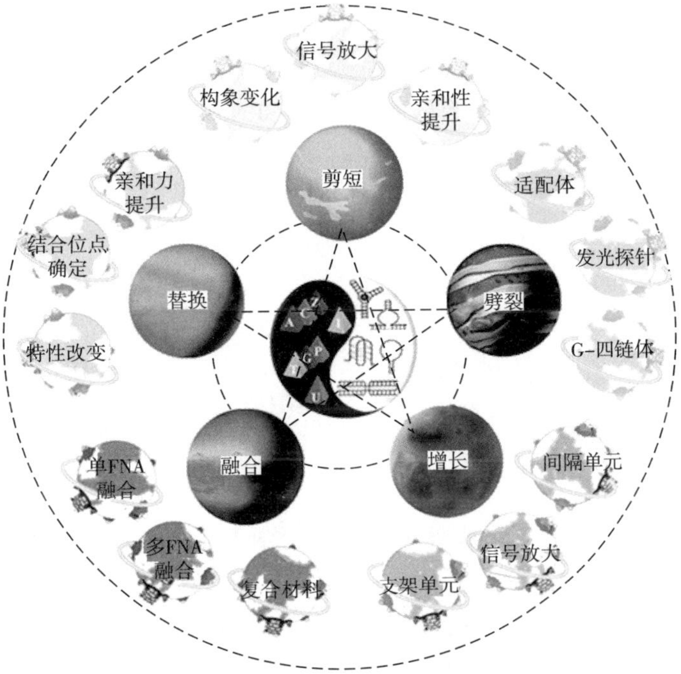

图 7.2 根据中国古代哲学构建出的裁剪策略“太极图”

“三接头”结构，它的中间有一个可与靶物质结合的亲脂性的腔。由于“三接头”中负电荷和疏水面的累积，所以它需要有足够的长度和互补性来稳定结构。对于这种结构的适配体，通常先去掉一个环，主要是去掉顶端不互补的少数碱基，然后在不破坏结合位点的情况下，减少茎区域的碱基对数量（Kent 等，2013），这样的适配体有可卡因（Zhang 等，2008）、肿瘤细胞（Yuan 等，2016）、孔雀石绿（MG）（Kolpashchikov，2005）和四种类固醇（Kent，2013）等。除 DNA 适配体的劈裂外，RNA 适配体也可以被劈裂，如茶碱（Jiang 等，2015）。某些适配体不仅可以被劈裂成两部分（DFA），还可以劈裂成三部分（TFA）。Zou 等首先报道了一种可被劈裂成三片段的可卡因适配体，与 DFA 相比，TFA 有两个更开放的终端可用于标记，同时还具有在二维结构组装中作为三向接头的潜力，这将为探针的设计和优化提供更多的可能（Zou 等，2012）。

目前，将功能核酸劈裂的实例越来越多。其中，ATP 劈裂适配体得到了广泛的研究，并应用于开发各种检测生物传感器中。以下根据输出信号的不同类型介绍一些关于劈裂适配体生物传感器的应用。金纳米颗粒具有距离依赖性的光学特性和较大的消光系数，因此被广泛应用于比色生物传感器中检测多种靶标（Peng 等，2013）。ATP 劈裂适配体用于形成“三明治”结构的试纸条上，通过与金纳米显色反应检测 ATP（Zhu 等，2016），检出限为 0.5μmol/L~5mmol/L［图 7.3（a）］。另一种显色反应是通过监测 3,3′,5,5′-四甲基联苯胺（TMB）-H_2O_2 颜色变化，基于劈裂适配体和石墨烯氧化物-铂/金纳米颗粒平台的比色法高效检测 ATP，该实验的最低检测限为 0.2nmol/L

(Zhang 等, 2015)。

对于荧光生物传感器，一种灵敏的局部表面等离子体共振（LSPR）方法可用于检测 ATP（Park 等，2015）。该传感器利用两条劈裂 ATP 适配体，一个劈裂片段（受体）通过共价键连接在金纳米棒（GNR）表面，另一个劈裂片段（探针）标记 DNA 序列和 TAMRA 染料。在 ATP 存在的情况下，两端劈裂适配体可以组装成完整的折叠结构，减小了金纳米棒表面与 TAMRA 染料之间的距离，同时影响了 LSPR 的相关波长。He 等（He 等，2013）在硅包覆的光子上转化纳米颗粒（Si@UCNPs）上标记两个劈裂的 ATP 适配体片段，荧光猝灭基团（BHQ1）分别标记在一个片段的 3′端和另一个片段的 5′端，当靶物质 ATP 出现时，这两个劈裂片段与 ATP 结合形成夹层复合物，当 Si@UCNPs 与荧光猝灭基团 BHQ1 距离变近时，发生 FRET 反应。ATP 劈裂适配体和 DNA 三角棱柱（TP）的 DNA 纳米探针可检测活细胞中的 ATP（Zheng 等，2017）。

电化学方法灵敏度较好，但会耗费大量的时间、稳定性较差。有学者成功构建了一系列基于劈裂适配体的电子逻辑门（OR、AND、NOR、NAND），用于同步监测 ATP 和凝血酶。该系统是基于劈裂适配体片段的靶诱导自组装，利用构象变化设计的电化学发光（ECL）方法。也有学者利用可嵌入 dsDNA 的 Ru（phen）$_3^{2+}$ 作为 ECL 探针（Liu，2010），开发了一种靶向诱导劈裂适配体片段反应的无标记“三明治型”电化学发光传感系统，选取 ATP 作为靶物质，验证了目前基于电化学发光生物传感器检测方法的原理。还有研究报道一种灵敏的 DNA 纳米结构电化学传感器，利用四面体 DNA 纳米结构（TDNs）作为界面探针，逐步检测小分子靶物质（Li，2018）。

此外，Sharma 等报道了一种应用广泛的夹心酶联免疫吸附法（ELISA）用于检测可卡因，该实验利用可卡因劈裂适配体，仅在目标小分子存在的情况下进行组装（Sharma 等，2012）。这种生物传感器在缓冲液中检测可卡因的浓度范围达 0.1~100μmol/L，在人血清中的检测浓度范围为 1~100μmol/L。液晶生物传感器相对少见，该类型传感器可基于劈裂适配体的组装实现 ATP 检测（Wu，2013）。

7.3.2 功能核酸的剪短

自然界中的一些核酸只有在被天然酶裁剪后才能被功能化，例如，22nt 的 microRNA，只有在把原始 70~90nt 长的茎环 RNA 结构进行裁剪后才有转录调节 mRNA 的功能（Lu 等，2008）。将功能核酸优化裁剪至最小的紧凑结构，保持适配体活性或适配体-靶标复合物结构的稳定性是必需的。截短序列通常是选择在片段化完整适配体后，对靶标最具有高亲和性的序列片段，这已经成为裁剪优化的趋势。使用剪裁策略，最重要的是确定结合位点，部分靶标结合区域可能是环结构，例如，可卡因和茶碱（Jiang 等，2015）的适配体，也有结合域位于茎中，如 ATP（Stojanovic 等，2000）和 17β-雌二醇（Liu 等，2014），然而，大多数适配体的结合位点仍然是未知的，可以使用分子对接预测以及相关实验验证方法确定适配体的边界和结合位点（Manimala 等，2004）。同时，一些学者结合 SELEX 和核酸高级结构预测网站来推测靶标结合域（Shi 等，2013），在对分离的文库进行几轮选择和深度测序后，几乎所有单链 DNA 适配体候选者中都存在一段保守序列，推测这段序列与靶标结合是有一定关联的（He 等，

2011；Song 等，2011）。

在生物医药领域，剪短策略有助于药物的靶向精准递送。序列截短通常是提高结合亲和力、降低空间位阻的有效方法之一（Hasegawa 等，2016）。同一家族的不同截短序列通常具有相似的二级结构，但 K_d 不同。急性淋巴细胞白血病 T 淋巴细胞（以下简称 T 细胞）的两个适配体序列 Sga16（K_d = 5nmol/L）和 Sgc8（K_d = 0.8nmol/L）仅有两个碱基不同。有研究认为错配碱基对导致 Sga16 环-茎结构的稳定性较低，这表明这种环-茎结构对靶标结合至关重要。为了证实该假设，合成了四个截短的 Sgc8 序列（Sgc8a、Sgc8b、Sgc8c 和 Sgc8d）并测定其 K_d。发现仅具有单个环-茎结构的序列 Sgc8c 具有非常接近全长 Sgc8 的 K_d（约 0.78nmol/L）。基于这些结果，序列 Sgc8c 被认为代表强靶标结合所需的最小适配体序列。随后，Sgc8c 被设计用于细胞亚型的特异性识别和精准递送 siRNAs（Ren 等，2016），表明了截短的功能核酸可用作靶向分子并且体现了裁剪后的功能核酸在细胞或体内具有更高的生物医学价值。

此外，在生物传感领域，裁剪策略常用于获得具有最大配体结合力的适配体。Qi 等（Qi 等，2013）使用亲和层析 SELEX 方案筛选玉米素 DNA 适配体时，通过比较预测的二级结构，在大多数序列中都发现了保守的发夹结构，在保留这个发夹结构的基础上，进行截短和突变获得与玉米素最强亲和力的适配体 tZ5-2，推测发卡的茎区不仅稳定了适配体结构，而且还以某种方式参与了与靶物质结合。

功能核酸的剪短还能助力传感信号放大以及防止纳米材料吸附。Roncancio 等（Roncancio 等，2014）通过删除原始可卡因适配体 MNS-4.1 的三对碱基和替换茎 1 上的三个特定碱基对，得到的新荧光生物传感器与靶标的亲和力比原适配体高 2.5 倍，并降低了背景信号。此外，可通过体外选择得到许多 DNA 酶，它们具有许多功能如催化卟啉金属化和 Diels-Alder 反应，然而，大多数 DNA 酶都用来切割或连接磷酸二酯键。金属核酶可以将功能核酸裁剪成两个片段，这一特性对于设计一系列生物传感器非常有利（杜再慧等，2018）。此外，功能核酸序列长度可能还会影响其与纳米材料间的吸附作用。序列的不同长度可影响金纳米颗粒的聚沉，这个特性可用于设计新的生物传感器。当与靶标结合的功能核酸从金纳米粒子表面解离时可触发聚沉，如图 7.3（b）所示，Alsager 等（Alsager 等，2015）证明了把功能核酸序列中过量的侧翼核苷酸删除，用裁剪后较短的功能核酸实现了金纳米颗粒的聚沉。原 75nt 的适配体（K_d = 25nmol/L）仅通过去除内核两侧的核苷酸，产生新的 35nt（K_d = 14nmol/L）和 22nt（K_d = 11nmol/L）适配体改善了对其他甾体分子的区分能力，并且与 75nt 原适配体相比，检测灵敏度提高了 25 倍。目前，完整序列与裁剪后序列实验的对比，说明了过量的侧翼核苷酸可能会使与靶标结合的功能核酸黏附于金纳米粒子上，从而抑制了信号转导。也说明了如果要防止金纳米粒子的聚沉聚集，可用长链的功能核酸抑制靶结合信号。

7.3.3 功能核酸的增长

在功能核酸序列中人工添加核苷酸序列可以为适配体提供连接位点，同时能减小载体材料对较短核酸链的吸附可能性（Chen 等，2017）。而添加的核苷酸数量、种类以及位置都可能对原始序列产生不同的影响（Guo 等，2017）。通常，除了人工添加核苷酸外，通过点击化学反应等方法也能达到功能核酸序列增长的目的。一些特殊的聚合酶，如末端脱氧核苷酸转移酶（TdT）（Du 等，2018），可以从裸露的 3′端伸延伸。此外，核苷酸的数量和种类、增加的位置都可能对原始序列产生不同的影响（Guo 等，2017）。以下介绍基于不同增长方式衍生的功能核酸多类型应用。

在适配体序列中添加碱基，创建多个结合位点可以在一定程度上增强适配体的亲和力。Plourde 等设计了两种适配体 Coop-Doxapt 和 Poly-Doxapt（Plourde 等，2017）。Coop-Doxapt 是通过增加碱基使结合区域碱基重复两次的适配体，而 Poly-Doxapt 则由两个原始适配体序列融合得到，两者都具有两个结合位点。虽然序列组成不同，但亲和力都得到了提高。Zhang 等通过增加碱基分别得到了三个和四个结合位点的新 ATP 适配体，与靶标结合常数减小，结合力增强（Zhang 等，2017）。

功能核酸的增长还能促进特殊高级结构的形成。Serrano-Santos 等（Serrano-Santos 等，2012）首次通过增加碱基，创建了生物素功能化的 AMP 适配体发夹结构。AMP 的结合适配体有 27nt，是一种具有错配核苷酸的螺旋结构。当两个 AMP 分子与之结合时，整体分子构象仅略微有所改变，然而，通过在 3′末端添加 7 个核苷酸，AMP 适配体可转变成碱基互补的发夹结构。定性测试显示，原始适配体和改造后的核酸序列分别与配体结合时经历了不同的结构重排，并且与 AMP 相互作用时，改造适配体的发夹结构中发生的构象排列比原始适配体大得多。这种发夹结构的 AMP 适配体适合用作荧光或电化学探针。靶标的出现将导致适配体的结构发生变化，这种情况可应用于纳米阀门，它们允许通过分子刺激来触发纳米孔的渗透性，而不再依赖于外界环境刺激，如 pH 或温度，这是智能纳米器件设计的重大进步。

另外，设计间隔序列可避免两个相邻的核酸结构在形成时彼此影响。Mun 等基于化学发光能量共振转移（CRET）设计了单链 DNA 酶-适配体生物传感器来检测均质中的靶标（Mun 等，2014）。当靶标存在时，适配体序列折叠导致氯高铁血红素（hemin）/DNA 酶与猝灭基团之间的距离缩短。为了探究单链 DNA 酶-适配体生物传感器的可行性和在 CRET 系统中化学荧光的猝灭效率，他们设计了 0nt、5nt、10nt 和 20nt 的接头 DNA。结果显示，10nt 长的间隔序列能得到最佳猝灭效率，而最佳猝灭效率取决于供体和受体之间的距离［图 7.3（c）］。

7.3.4 功能核酸的替换

一般来说，核苷酸的取代是指用一个或多个核苷酸去取代。通常，可通过替换方式改变目标位点的核苷酸种类，或者通过核苷酸修饰的方式赋予原有功能核酸序列以特定性质，例如，亲和力增强、抗酶解能力增加等。然而，用作取代的物质也可以不是核苷酸，如 AP 位点或蛋白质（Yu 等，2018；Yu 等，2017）。功能核酸的替换可以改变双螺旋结构之间的作用力，还能用于检测单碱基突变位点或特定结合位点。

改变碱基的互补配对可以改变双螺旋结构之间的结合力。如上所述，Bing 等（Bing 等，2014）报道了构建融合的变构适体（FAA），其中 St-2-1 的茎 I 被 ATP 劈裂适配体替换。为了增强融合适配体的结合能力，除了在其末端添加两个碱基对（T-A，A-T），还用 A-T 替换错配的 T-T 碱基对，该裁剪增加了异聚双链的稳定性。还有将互补的碱基对替换为不互补配对的碱基，在一个称为“proxHCR”的新方法中，PH1和PH2之间有两个碱基错配，虽然降低了PH1-PH2复合物的稳定性，但防止了触发子与PH2结合，也防止H1和H2与触发子结合，还降低了背景值（Koos等，2015）[图7.3（d）]。Song等筛选了卡那霉素的适配体，发现几乎所有的ssDNA适配体候选物中都存在T-GG-A保守序列（Song等，2011）。这个保守序列显示出类似发卡的折叠模式，因此研究人员通过裁剪Kana2获得了21nt的Ky2。为了识别Ky2适配体上的卡那霉素结合区，在Ky2基础上设计了几个突变体：环中的G-G序列突变为A-A，茎中的A-T序列突变为G-C，利用金纳米聚沉反应设计了一个新的生物传感器，茎突变的DNA适配体与Ky2原始适配体都能使金纳米粒子溶液颜色改变，而在环突变的DNA适配体中没有显著的颜色变化。因此，推断卡那霉素与Ky2适配体的结合区域在环区域。

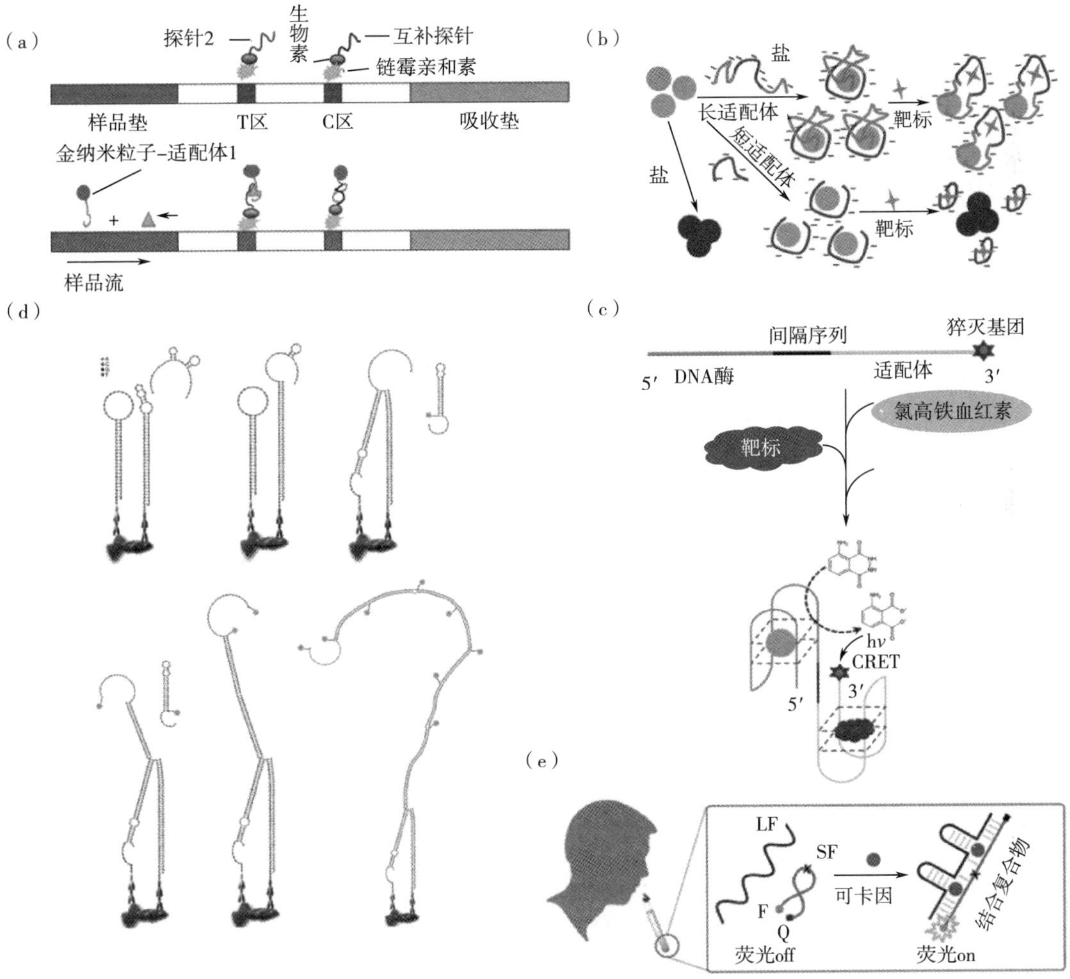

图7.3 功能核酸的传统裁剪策略及其应用

（a）劈裂 （b）剪短 （c）增长 （d）替换 （e）融合

7.3.5 功能核酸的融合

功能核酸融合一般常见于相同或不同功能核酸间的串联融合或核酸与其他物质的多元复合。通过融合策略可以一定程度上改善核酸序列的功能性，提升适配体的结合亲和性与识别选择性。

适配体的结合位点数量与其亲和力之间相互影响。在研究中，核磁共振结果显示在 27nt DNA 适配体中有两个相同的结合位点，每个结合位点与一个 AMP 分子结合。Zhang 等研究了结合位点数量与结合能力之间的关系，使用几种剪裁策略来研究其突变体（Zhang 等，2017）。发现单结合位点适配体也可以具有相似的结合亲和力和特异性。但多结合位点适配体不是对所有的情况都是有利的。例如，在设计递送药物到癌细胞中的功能核酸时，除了考虑药物高搭载量，还要考虑药物释放和治疗活性的有效性。如上所述，Plourde 等设计了一系列多柔比星的 DNA 适配体序列，他们假设调整适体的亲和力会影响药物从脂质体的负载和释放速率（Plourde 等，2017）。原 Coop-Doxapt 是 Simon 等报道的一种含有两个结合位点放入适配体（Simon 等，2014），Plourde 等通过组装两个适配体，创造了他们自己的 Poly-Doxapt。与 Doxapt-28 和 Doxapt-30 相比，Poly-Doxapt 和 Coop-Doxapt 都展示出与靶标更强的结合力，但由于它们的茎环较长，导致脂质复合物包封率低。

多数量的功能核酸融合的方法包括适配体与 siRNAs 的连接，因为适配体对细胞的特异性识别，所以可用于靶向递送治疗性寡核苷酸（Kruspe 等，2017）。如图 7.3（e）所示，2017 年，Yu 等首先创建了一种可卡因组装适配体，通过协同结合增强了靶标结合亲和力（Yu 等，2017）。他们表示，与原始可卡因适配体的劈裂适配体相比，含有两个结合域的协同劈裂适配体展现出更强的响应性。第二年，Yu 等又开发出类似的协同劈裂适配体，此时的靶物质换作了脱氢异雄甾酮-3-硫酸酯（DIS），并使用另一种基于酶辅助靶循环扩增荧光的表征技术检测（Yu 等，2018）。该方法放大了荧光信号还提高了检测灵敏度。

除了融合多个功能核酸以设计新的生物传感器之外，功能核酸还可以与各种荧光基团、猝灭基团、蛋白质或一些小分子药物联合，这些有效连接使核酸世界变得可视化。将 DNA 与纳米材料结合已经成为许多药物的有效递送工具。紫杉醇是最常用于治疗癌症化疗的一线药物之一。Li 等开发了一种高度水溶性的核仁蛋白适配体-紫杉醇结合物（NucA-PTX），通过将肿瘤细胞的核仁蛋白适配体连接到紫杉醇的 2′位置的活性羟基，选择性地将紫杉醇递送到肿瘤部位（Li 等，2017）。一旦进入细胞内，由于组织蛋白酶 B 对二肽键敏感，NucA-PTX 的二肽键被切割，然后释放连接的紫杉醇。核仁蛋白适配体连接紫杉醇有助于让药物在卵巢肿瘤组织而不是正常组织中选择性积累，从而显著地改善抗肿瘤活性并降低细胞毒性。

7.4 功能核酸的高内涵裁剪策略及其应用

功能核酸最重要的特征是全能性，它具有许多独特的属性，包括可编程性、可裁剪性、可修饰性、生物相容性、分子识别特异性、刺激响应性和组装尺度可控性等；此外，核酸来源于多种天然核苷酸及核苷酸类似物，易于合成，合成成本逐年降低；核酸结构具有多样性，可以与各种靶标高度兼容，包括无机分子（如金属离子和农药分子）、无机纳米材料（如石墨烯）、生物分子（如蛋白质和脂质）、生物系统（如微生物和培养细胞）和生物材料（如磁性体、脂质体和外显子）。目前，许多功能核酸已经被合理裁剪，以更好地发挥其特定功能。基于前期的研究基础，作者提出了“功能核酸的高内涵裁剪”。这种裁剪策略以功能核酸的五种传统裁剪方法——劈裂、剪短、增长、替换和融合为技术手段，以功能核酸的全能性为目的导向，进行高内涵裁剪，以充分发挥核酸的功能特性，放大、拓展其在不同领域的多元应用。

如图 7.4 所示，将新提出的功能核酸高内涵剪裁策略以“五行八卦图”的形式概括总结。在传统裁剪策略“太极图”的基础上，于五行外围提出了八种要素，意为通过劈裂、增长、剪短、替换和融合五种传统裁剪方法实现功能核酸八种功能的提升，这八种功能分别为亲和力、酶活力特性、特异性、光学性能、药效性、封闭性和刺激响应性的提升以及功能融合。本节将主要就功能核酸高内涵裁剪策略及其应用进行详细介绍和阐述。

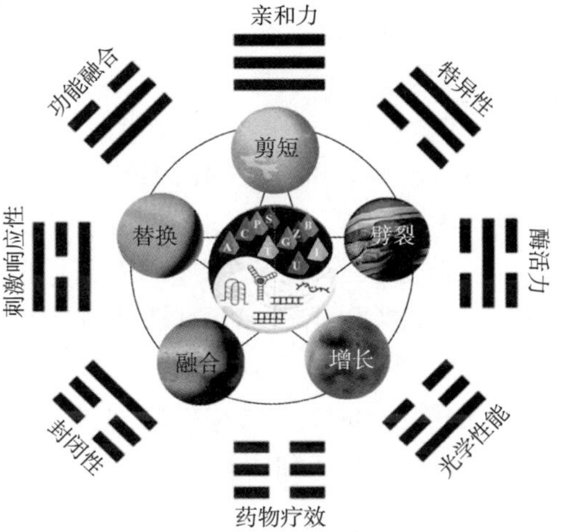

图 7.4 根据中国古代哲学构建出的高内涵裁剪策略“五行八卦图”

7.4.1 功能核酸的亲和力增强

目前，对核酸适配体进行裁剪多以亲和力为目标导向。理想的亲和力能够增加适配体及其靶标的结合强度，实现灵敏的生物传感及精准的药物靶向递送。Shoji 等（Shoji 等，2007）预测了筛选得到的镇静剂沙利度胺核酸适配体 T5（108nt）的二级结构，发现有 3 个茎环部分组成三叶草状结构，截取原长适配体的 3 条茎环进行分析，2 条茎环未检测到亲和力，而另一条 31nt 的茎环结构 K_d 从原长适配体的 113nmol/L 降低至 1.0μmol/L，亲和力明显提高，由此推测这部分茎环区域可能是目标物的结合位点。此外，Kwon 等对筛选得到的 5 条土霉素适配体序列（76nt）进行同源性分析、比较，发现它们的随机区从第 8 个到第 15 个碱基的序列具有高度保守性（Kwon 等，2014）。据此研究人员设计了 A1 和 A2 两条长度仅为 8 个碱基的截短序列进行分析，结果表明两条剪短适配体的亲和力均高于原长适配体，且 A2 亲和性优于 A1，具有较好的应用前景。血管内皮生长因子（VEGF）可在癌细胞中过表达，它包含两个主要的结合域，即受体结合域和肝素结合域。Kaur 等试图通过将它的原始适配体进行不同程度的截短并筛选出对 VEGF165 蛋白表现出高结合亲和力的特定序列（Kaur 等，2012）。然后用表面等离子共振光谱分析结合亲和力，发现截短的某个适配体显示对肝素结合结构域的结合亲和力增强了 200 倍。

在实际的生物传感应用中，Jia 等对全长双酚 A 适配体（63nt）进行了三轮截短，首先截取原长适配体的两个茎环结构并消除侧翼序列，以保留原长适配体与目标物的假定结合区域，得到 38nt 的截短适配体（Jia 等，2020）。在第二轮和第三轮截短中，分别保留两个不同的茎环结构，得到 12nt 和 23nt 的短链适配体。研究将裁剪后的适配体用于基于金纳米颗粒的无标记比色检测实验，结果显示，38nt 和 12nt 的截短适配体检测限分别为 7.60pmol/L 和 14.31pmol/L，比原长适配体降低了 265 倍和 140 倍，且加标回收实验结果表明该研究的截短适配体在食品安全控制和环境监测中具有很大的应用前景。近年来，核酸适配体序列截短已逐渐成为该领域的研究热点。近年，在新冠肺炎疫情全球流行的大背景下，Zhang 等将 MSA1T 和 MSA5T 适配体融合，得到了亲和力较高的 DSA1N5 二聚体适配体（Zhang 等，2021）。并基于 DSA1N5 适配体开发了电化学检测传感器，能够实现对唾液的精准、快速检测。研究表明，评估 36 例阳性和 37 例阴性患者唾液样本，传感器显示了 80.5%的临床敏感性和 100%的特异性，且能够区分 SARS-CoV-2 的野生型及其突变体。

在药物递送领域，亲和力强的适配体在靶向递送方面作用显著，可以促进药物在靶部位的富集，降低药物的生物毒性和成本。上官棣华等利用一种相对简单的方法来确定核酸适配体与靶标结合的关键区域，并在不影响亲和力的情况下使序列最小化（Shangguan 等，2007）。他们从 Cell-SELEX 筛选得到的核酸适配体序列中发现，同一家族的序列尽管在结构上非常相似，但亲和力存在明显差异。Sgc8 环 1 和环 2 之间箭头指向部分是一对互补碱基“A-T”，而 Sgc16 同一位置是一对错配碱基“G-A”，这对错配碱基造成 Sgc16 的环茎结构不稳定，使其亲和力（K_d = 5.0nmol/L）不如 Sgc8（K_d = 0.80nmol/L）。此外，他们以环 1 为保留区域，不断将原序列截短，得到 Sgc8a、Sgc8b、Sgc8c、Sgc8d 四条链，通过 K_d 的测定发现截短后的核酸适配体 Sgc8c 亲和力最高。血管破坏制剂是一类干扰肿瘤组织血管生成的有效药物，可以介导肿瘤细胞凋亡，康布雷他汀是血管破坏制剂的代表性药物之一。2020 年，Wang 等应用层层自组装策略实现了 DNA 八面体的构建，并在其上搭载了康布雷他汀药物及 Sgc8c 适配体（Wang 等，2020）。该纳米结构具有较好的血清稳定性和深度渗透能力，亲和性适配体 Sgc8c 助力药物系统在肿瘤部位的累积，在体内和体外实验中显示出良好的治疗效果及生物安全性。

2012 年，有研究人员利用 Cell-SELEX 方法筛选得到了 3T3-L1 脂肪细胞的适配体 Adipo-8，其亲和力为（17.8±5.1）nmol/L（Liu 等，2012）。在后续的工作中，该团队将 Adipo-8 适配体从 87nt 剪短至 71nt，使其靶标亲和力得到提升。并且，该研究确定了 Adipo-8 能够特异性结合脂肪细胞膜相关蛋白（APMAP）（Zhong 等，2020）。Chen 等基于滚环扩增技术（rolling circle amplification，RCA）实现了核酸纳米载体自组装和天然产物负载。如图 7-5（a）所示，其中具有脂肪细胞靶向以及减脂效果的 Adipo-8 适配体和大蒜素的双药物递送系统助力纳米材料实现良好的体内靶向特性和减脂效果，且副作用小、安全性高，在肥胖治疗方面极具应用潜力（Chen 等，2022）。

7.4.2 功能核酸的酶活力特性增强

许多功能核酸都具有催化活性，例如，G4s、核酶、CRISPR/Cas 系统等。通过合理化设计及改造，功能核酸的催化活性及相关生理功能可以被定向调控，其中的构效机制近年来也被越来越充分地挖掘和研究。

G4s/血红素 DNAzyme 目前已广泛应用于生物分析和生物医药领域。当 G4s 特异性结合血红素时，该复合物能够模拟 HRP 的催化性质。作为 HRP 的代替物，该 DNAzyme 具有尺寸小、易合成和操作的优势，可通过变构调节来合理控制其活性。尽管 G4s/血红素 DNAzyme 的优势比较突出，但其相对较低的催化效率依然是个挑战。如图 7.5（b）所示，基于前期研究结果，通过邻近组装，即嫁接在血红素上的 DNA 与 G4s 上互补序列的杂交，Li 等提出了邻近增强的辅因子组装策略用于形成拉链式 G4s/血红素 DNAzyme（Z-G4s/H），它能模拟蛋白酶辅因子与脱辅酶的紧密复合结构（Li 等，2021）。为进一步研究 Z-G4s/H 的催化能力和机制，研究团队组装了一系列 Z-G4s/H 变体，发现 G4s 的拓扑结构对催化作用的贡献甚微，而 G4s 与血红素-DNA 复合物相邻位置的 dA 碱基补充修饰对催化活性的影响较大。并且，Z-G4s/H 的催化活性与碱基修饰类型有关，仅 dA 碱基和 dC 碱基能促进催化，dT 碱基则效果甚微。另外，血红素在 G4s 结合位点中的堆积方式和位置对 DNAzyme 的催化作用非常重要，血红素更倾向于末端堆积而不是插入至 G4s 中。在该研究中，Li 等又基于邻近增强的辅因子组装策略开发了近距识别传感器，可用于基因重组的灵敏检测和细胞表面人表皮生长因子受体 2（HER 2）蛋白二聚体的成像，为生物分析和诊断应用提供强大的视觉或成像报告器。另外，还有研究人员将 β-乳球蛋白的原富 G 适配体序列 org-G4s 进行碱基试探、扩环研究、优势整合等高内涵裁剪，得到了类 HRP 催化活性和靶标亲和力均提高的富 G 序列。并且基于 β-乳球蛋白生物传感器序列在引入检测靶标前后发生构象变化，对 G4s/血红素 DNAzyme 的过氧化氢酶活力产生影响，进而实现 β-乳球蛋白的检测。G4s 序列响应靶标浓度，使得其催化 TMB 显色后呈现出相应的颜色梯度，最终实现了 β-乳球蛋白简便、快速、低成本、超灵敏的比色检测［图 7.5（c）］。

功能核酸裁剪策略能助力核酶切割活性的提升。Li 等分离出 RFD-EC1，它是一种全长 DNA 酶，在大肠杆菌细胞外基质环境中才能实现特异的底物切割作用（Ali 等，2011）。随后，2013 年，该团队对 RFD-EC1 酶的构效关系进行了深入解析。他们首先去除了 RFD-EC1 结构域侧翼的两段固定序列，发现 DNA 酶的催化性能并未发生显著变化。裁剪后的 DNA 酶，命名为 EC1T，实验证明它检测模型细菌大肠杆菌比 EC1 要活跃得多。作为对照，研究人员还测试了从 EC1T 突变了 10 个核苷酸的突变序列（EC1TM），这些突变使得 EC1TM 在 CEM-EC 存在下完全失活，说明了这种突变破坏了结合域（Aguirre 等，2013）。

CRISPR 系统由 Cas 蛋白和引导 RNA（guide RNA，gRNA）组成。与蛋白质工程的限制不同，所有靶向基因都在相同的调节范围内，gRNA 的修饰及结构调控可以有效地影响 CRISPR/Cas 活性，进而特异性调控基因表达过程（Ferry 等，2017；Kundert 等，2019；Tang 等，2017）。2017 年，有研究人员设计了一种用于在哺乳动物细胞中实现基于 CRISPR 控制的转录调节过程的模块化和多功能框架。在研究中，在 gRNA 的 5′端引入了间隔阻断发夹结构，该结构能够阻碍 CRISPR 转录激活剂的功能。将发夹结构替换为配体调控的 RNA 切割单元则可激活 gRNA 的功能。该研究通过对 gRNA 的结构进行编程调控，实现了 CRISPR/Cas 系统的功能掩蔽与触发（Ferry，2017）。此外，Lin 等提出了一种自组装诱导的 RNA 回路，可以直接在内源性基因之间建立调节连接（Lin 等，2021）。受 CRISPR/Cas9 复合体中 gRNA 的自然组装过程启发，这种设计采用了独立的触发 RNA 链来诱导形成三元引导 RNA 组装，以实现对 CRISPR/Cas9 的功能控制。研究通过改变 gRNA 的结构状态实现了 CRISPR/Cas9 活性的调控。基于该原理，内源性基因的表达调控可以通过可激活的 CRISPR/Cas9 功能在大肠杆菌中由完全独立的内源性小 RNA 和 mRNA 控制。

7.4.3 功能核酸的特异性增强

特异性是核酸适配体的一个重要性质。高特异性的适配体能够区分不同亚型的全细胞靶标物，也可以鉴定小分子或大分子靶标及其结构类似物，这在应用中极大程度上提高了检测精准度，推动精准医疗和精准营养概念的发展。但就目前的发展现状而言，核酸适配体的裁剪目的主要集中于亲和性的提升，对于影响适配体选择性的机制还需进一步探究。

膝沟藻毒素是一种强效的海洋神经毒素，对人体健康有重大影响。2016 年，Gao 等成功筛选得到了膝沟藻毒素 GTX1/4 的核酸适配体 GO18（K_d=62nmol/L），并对其进行了序列优化，剪短后的 GO18-T-d 仅有 25 个核苷酸，但其亲和力（K_d=21.9nmol/L）和特异性均得到明显增强（Gao 等，2016）。此外，自从发现三聚氰胺掺假食品会导致严重的肾脏损伤以来，牛乳和其他食物中的三聚氰胺检测即引起了大量关注。2015 年，Gu 等分离得到了三聚氰胺适配体（Rd29C33，88nt），并根据该适配体搭建了便携式三聚氰胺传感器，检测限为 0.33μmol/L（Gu 等，2015）。第二年，Gu 等将三聚氰胺的 88nt 适配体 Rd29C33 在多个位点进行截短，发现其中一个 34nt 的适配体序列 Rd29C33-T7 不仅保持原有的亲和力，且其选择性优于 Rd29C33，并利用截短后的 Rd29C33-T7 实现了三聚氰胺的免标记检测，检测限低至 0.12μmol/L［图 7.5（d）］（Gu 等，2016）。

7.4.4 功能核酸的光学性能提升

发光核酸是一类重要的功能核酸，主要包括适配体发光功能核酸、金属纳米粒子发光功能核酸、标记型发光功能核酸、碱基类似物发光功能核酸等。对发光功能核酸进行裁剪及性质优化能够极大促进核酸探针的开发以及生物传感、成像等领域的进步。

利用 RNA 工具实现体内成像和传感是一个极具挑战性的过程，数年来 Samie R. Jaffrey 课题组在该领域的成果及贡献突出。他们先后提出了菠菜（Paige 等，2011）、西蓝花（Filonov 等，2014）、玉米（Warner 等，2017）等 RNA 荧光适配体，其能结合并激发不同荧光小分子产生荧光，目前已常用于体内传感领域（Kellenberger 等，2013；Li 等，2020）。2015 年，Samie R. Jaffrey 将 F30 RNA 支架与西蓝花适配体融合，发现 F30 支架显著促进了适配体的高级结构折叠并产生了显著增强的荧光信号（Filonov 等，2015）。近年，该课题组又成功将腺嘌呤核糖开关通过进化筛选和点突变的方式改造为“南瓜适配体”，该适配体可以激发小分子产生荧光。在其研究中，将南瓜 RNA 荧光适配体与腺苷甲硫氨酸适配体、F30 支架和西蓝花适配体等功能核酸单元融合，成功搭建了腺苷甲硫氨酸的生物传感平台，可用于多种细胞模型中腺苷甲硫氨酸的代谢路径及含量异质性监测（Truong 等，2022）。

基于适配体的探针已成为体内监测的有效工具。然而，传统的基于适配体的传感策略反应速度较慢、存在假阳性信号，且大多情况不适用于复杂体系。基于此，Chad A. Mirkin 团队引入了强制插入适配体的概念，将黏敏染料（如噻唑橙）作为碱基替代物，靶标结合导致适配体结构变化，最终染料在核酸-碱基对之间强制插层，从而开启荧光（Ebrahimi 等，2021）。他们以类固醇为模型适配体，成功验证适配体变构对荧光信号的显著影响，显示了适配体作为荧光分子探针的潜能［图 7.5（e）］。赭曲霉毒素 A（OTA）适配体是一种富含鸟嘌呤的 DNA 寡核苷酸，其与靶标结合时会折叠成反平行 G4s 结构。2017 年，有研究人员将荧光核苷类似物插入适配体鸟苷酸的不同位点。结果表明，修饰后的适配体与 OTA 结合时，其荧光信号显著增强。该研究为食品或环境中 OTA 的体外检测提供了新的想法（Fadock 等，2017）。此外，荧光适配体的裁剪优化对其激发的靶标范围也存在一定影响。2016 年，一种能够激发特定染料产生荧光的 DAP-10-42 适配体被报道（Kato 等，2016）。2021 年，Connelly 等将该适配体劈裂后发现其可响应多种荧光染料，包括硫黄素 T 和芳甲烷染料等，劈裂后的适配体荧光性能显著提升，展现了其作为不同染料激发分子的强大光学潜能（Connelly 等，2021）。

dsDNA 碱基的排列组合能够选择性调控 DNA 模板化金属纳米颗粒的形成，如铜纳米颗粒的荧光强度及寿命会随着碱基数量与种类的变化而改变。与随机序列相比，A-T 序列模板具有较强的荧光特性，而其他特定序列（包括 G-C 序列）无法诱导铜纳米荧光颗粒的形成（Song 等，2015）。Javani 等探讨了银纳米荧光粒子在革兰氏阳性菌和革兰氏阴性菌中的抗菌性能（Javani 等，2016）。在测试了 9 种具有不同序列和长度的寡核苷酸后，研究人员发现抗菌活性与所用的寡核苷酸序列相关。不同的序列模板能够使银纳米粒子产生不同颜色的荧光，如蓝色、黄色和红色。值得注意的是，蓝色荧光的银纳米粒子的抗菌活性较差，而黄色和红色发光体则具有与硝酸银相似的活性。

7.4.5 功能核酸的药效性增强

在生物医药领域，功能核酸能够基于自组装技术实现药物递送载体的构建，并且基于适配体的识别功能实现药物的精准靶向递送，大大提高递送系统的生物安全性及治疗效果的同时，显著降低了体内副作用及治疗成本。此外，核酸本身也是一种功能性药物，用于调控生物标志物的相关生理学功能。对核酸药物进行合理化裁剪和改造，能够极大程度上提高药物的治疗功效，进而促进其临床应用及产业化潜力。

基于核酸适配体的细胞因子模拟物由于其突出的生理功能以及药物疗效在研究中也受到了广泛关注。Ueki 等首次将 DNA 适配体应用于诱导多能干细胞的维护（Ueki 等，2019）。研究人员针对成纤维细胞生长因子受体（fibroblast growth factor receptor，FGFR）筛选了 DNA 适配体（84nt），并对该适配体进行了剪短、替换、串联等多个方面的功能化裁剪。首先，研究人员将完整的 FGFR 适配体进行剪短优化，得到 SL38 适配体，其亲和力得到了显著提升，但无法抵抗核酸酶降解。将 SL38 适配体的茎部碱基对进行选择性替换，得到了包含 G4s 结构域的高亲和、稳定的 FGFR 适配体。随后对 SL38.2 进行多种方式串联，最有效的适配体组合为 TD0，其仅由 76nt 的 DNA 单链组成。结果表明，优化后的 FGFR 适配体能够更好地作为干细胞因子模拟物，激活 FGFR 二聚化，进而发挥其下游的有效生理功能，能够支持诱导多能干细胞的自我更新和多能性。在另一项研究中，为了解决化学疗法导致的严重副作用和耐药性，Yang 等提出了一种分子工程策略，他们通过丙烯酰胺聚合反应将多个丙烯酰胺基修饰的核酸适配体与报告分子共价连接成高亲和聚合识别探针，并利用该探针实现了耐药癌细胞的选择性杀伤，为药物系统设计和药物递送提出了新的想法［图 7.5（f）］（Yang 等，2011）。

核酸修饰对于功能核酸的高级结构折叠情况以及体内半衰期均有影响。近年来，由于核酸纳米技术以及核酸药物的迅猛发展，不同修饰策略常用于核酸适配体药物的稳定性增强，进而提升其治疗效果。功能核酸作为药物具有极高的经济价值，但其抗酶解能力较差，若用于体内则需进行特定结构修饰，以提高其在血液循环中的稳定性，修饰方法常见 2′-F、2′-OMe、3′,3′-dT 盖帽修饰以及 5′-PEG 修饰或镜像化处理等策略（Stull 等，1995）。

Pegaptanib 是目前唯一获 FDA 批准的核酸适配体药物，用于治疗湿性年龄相关性黄斑变性（Bressler 等，1988）。血管内皮生长因子是一种高度特异性的促血管内皮细胞生长因子，具有促进血管通透性增加，血管内皮细胞迁移、增殖和血管形成等作用。VEGF 有不同的异构形式，其中 VEGF165 促血管生成活性最高（Ferrara，2012）。Pegaptanib 还可以作为与 VEGF165 特异性结合的适体，从而抑制病理性眼部血管生成（Apte，2008）。1998 年，Ruckman 等首先在体外筛选得到了与 VEGF 结合力较强的部分位点 2′-F 修饰的核酸适配体，随后将先前筛选得到的三类核酸适配体在保证其亲和力的前提下进行截短，并对裁剪序列进行了 2′-OMe 修饰（Ruckman 等，1998）。结果表明，改造后的序列与 VEGF164、VEGF165 结合良好，而且不与 VEGF121 结合，其 K_d 为 40~130pmol/L，能显著抑制 VEGF 与人 VEGF 受体的相互结合，且修饰后的适配体的耐酶能力被显著提升。为了进一步提高该适配体的稳定性和生理活性，在后续研究中，研究人员利用40kDa分枝状PEG和3′,3′-dT分别对适配体5′末端和3′末端进行修饰。虽然PEG的引入使得适配体的亲和力从50pmol/L降至200pmol/L，但适配体的体内稳定性被显著增强，更长的体内留存时间及半衰期致使该适配体的体内生理活性提升了近一倍。在临床试验中，Pegaptanib较好地减缓AMD的病变发展进程（Ng等，2006）。

抑制血小板源生长因子BB（platelet-derived growth factor-BB，PDGF-BB）会导致周皮细胞的严重损伤，进而使底层内皮细胞易受VEGF阻断的影响。ARC126是PDGF-BB的DNA适配体，其长度为30nt，与靶标结合的K_d为100pmol/L。研究表明，通过对ARC126的部分位点进行2′-F及2′-OMe修饰，以及对3′端进行3′,3′-dT修饰，其抵抗核酸内切酶和核酸外切酶降解的能力被显著提升，体内稳定性被大大增强，体外血清半衰期高达250h。研究人员对ARC126适配体进一步裁剪得到ARC127序列，在其5′端缀合了一个40kDa分支状PEG以降低体内肾清除效应，延长其体内循环半衰期（由43h提高到98h）。并且，ARC127与PDGF-BB的亲和力无显著变化，其体内稳定性的提升助力了其药效提升（Akiyama等，2006）。

血管性血友病因子（von Willebrand factor，vWF）相关的血小板附着和聚集会导致血管和内皮细胞损伤。vWF的核酸适配体ARC1779能结合活化的vWF蛋白A1域，并且抑制其与血小板上糖蛋白受体的相互作用，进而阻碍vWF介导的相关活化通路，能够一定程度上抑制病理性血栓的形成。其中，ARC1779是长度位40nt的核酸适配体，能与人vWF的A1域复合，阻碍vWF与其受体的相互作用和下游功能的激活。ARC1779被成功筛选后，Diener等于2009年利用核苷酸修饰策略对原始序列进行部分位点的改造，优化后最终选定26个位点进行了2′-OMe修饰，其中所有的脱氧胸苷都被替换成了2′-OMe修饰的尿苷。第20和21位之间加入硫代磷酸修饰，显著增强了该序列与靶标蛋白的亲和力，裁剪后的适配体与vWF蛋白A1域的K_d低至2nmol/L。接着，研究人员又通过采用3′,3′-dT盖帽修饰序列3′端，显著增强了适配体的3′-核酸外切酶抵抗能力。此外，在其5′端以氨基偶联法缀合了20kDa PEG，减少了适配体在体内循环中的肾清除。ARC1779的功能化裁剪过程大大提升了适配体的药物功效（Diener等，2009）。

发展相对成熟的RNA干扰（RNA interference，RNAi）疗法具有特异性、靶向性强的治疗优点，但同时其体内稳定性较差、穿膜能力有待提高。在应用中，经常基于化学修饰和功能融合等策略实现RNAi药物的有效递送。化学修饰能够提高药物的血液循环半衰期及稳定性，主要包括碱基修饰（Fitzgerald等，2017）、磷酸基团修饰（Yang等，2016）、核糖修饰（Kouranova等，2016），以及核酸骨架修饰（Singh等，2016）等修饰策略。此外，由于材料相似性，核酸适配体极易与核酸药物复合，实现基因药物的靶向递送。有研究人员将两种siRNAs药物分别结合至A10适配体的3′末端形成偶联物，成功地将复合物递送至癌细胞内。研究表明，该适配体-药物在体内水平能够显著抑制小鼠前列腺移植瘤的生长，是一个癌症治疗的理想平台（McNamara等，2006）。通过交联穿膜肽、脂溶性分子等小分子物质提升RNAi药物的穿膜能力也是一种有效策略（黄新新，2021）。

7.4.6 功能核酸的封闭性增强

根据现有的研究基础，功能核酸的封闭性主要体现在其对酶类物质活性的影响。功能核酸可以作为配体与酶类物质相互作用，进而掩蔽其酶活力。最典型的为凝血酶与其融合适配体互作后提升对靶标酶活的抑制。

凝血酶是一种多功能丝氨酸蛋白酶，是凝血级联过程中的关键酶。凝血酶抑制剂通过与凝血酶结合并使其失活而干扰人体产生血栓的能力，近年来在心脑血管疾病和癌症的预防及治疗中展现了极大的应用潜力。凝血酶适配体是一个含 15 个核苷酸的分子，对凝血酶具有高特异性和高亲和性结合能力，且具有抑制凝血酶的功能，展现了其作为凝血酶抑制剂的临床应用潜力（Bock 等，1992；Griffin 等，1993）。为了提升凝血酶适配体的抗凝血能力，拓宽其在生物医学领域的应用价值，需对该适配体实现进一步的优化和性能提升。

1992 年，Bock 等首次报道了人凝血酶的核酸适配体（Bock 等，1992）。截至目前，已报道了 2 种与凝血酶不同位点相结合的适配体，其一结合于纤维蛋白原位点，包含 15 个核苷酸（5′-GGTTGGTGTGGTTGG-3′），K_d 为 25~200nmol/L，另一与肝素结合位点相连，包含 29 个核苷酸（5′-AGTCCGTGGTAGGGCAGGTTGGGGTGACT-3′），K_d 为 0.5nmol/L（Ellington 等，1990；Tasset 等，1997）。两种凝血酶适配体均可在与凝血酶结合的触发下形成稳定的分子内 G4s 结构。并且二者的结合位点和亲和力差异较大，一定程度上助力了两种适配体的融合应用。2007 年，Müller 等设计了同时靶向胰岛素两个不同位点的人凝血酶适配体并对其进行了功能表征（Müller 等，2007）。与串联前相比，二价适配体具有更好的活性且其抗凝活性提高了数十倍，展现了融合适配体在临床医疗中的意义［图 7.5（g）］。第二年，该研究团队又将凝血酶的核酸适配体通过 poly-A 序列连接，构建了一种新的具有高亲和力的二价异源配体（TBA15-dA15-TBA29），其对凝血酶的封闭作用比单价核酸适配体高 30 倍左右（Müller 等，2008）。同年，Kim 等通过亚磷酰胺将凝血酶的两条核酸适配体连接，多价适配体的凝血抑制效率比单价核酸适配体高 16.6 倍，且改变了相互作用的动力学参数，其 K_{off} 提高至 1/50 左右（Kim 等，2008）。

目前，功能核酸的封闭性大多体现在裁剪后的适配体对酶类物质的活性封闭作用增强。已有大量研究证明了病毒适配体可以抗病毒复制，阻碍疾病感染过程，但该领域的核酸裁剪策略还未被广泛应用。在未来，众多基于功能核酸裁剪的掩蔽策略被期待开发，例如，对毒素毒性的掩蔽，或封闭大蒜素、辣椒素等物质的刺激性，使功能核酸的应用逐渐多元化和精准化。

7.4.7 功能核酸的刺激响应性增强

功能核酸具有刺激响应特性，通常其可响应体内和体外不同刺激因素以实现自身结构变化，常出现于适配体识别、核糖开关的变构等过程中，在生物传感、药物递送和材料科学领域具有可观的应用潜力。目前，用于改善刺激响应能力的裁剪策略常针对适配体、核糖开关或核酶等进行优化，刺激响应因子多见于特异性配体或蛋白等体内信号以及温度等体外因素。

功能核酸具有特异性识别的作用，因此特异性小分子、蛋白或核酸适配体能够作为刺激响应因子对相关生理过程实现调控。近期，随着核糖开关的高级结构得到了较深入的研究，它们能够与具有体外选择性的荧光适配体组合用于代谢物成像或基于RNA的荧光生物传感器检测。这种荧光生物传感器主要原理是适配体与靶标的结合诱导了核糖开关构象变化，允许与染料结合，出现“turn-on”的现象，这样，生物传感器仅在目标代谢物存在的情况下产生荧光信号（Truong等，2018）。此外，2022年，Samie R. Jaffrey团队将腺嘌呤核糖开关通过数轮进化筛选改造为能够结合并激发荧光分子的RNA荧光适配体（Dey等，2022）。该适配体被称为“南瓜适配体”，能够作为分子标签用于胞内成像。该研究创新性地将荧光适配体元件与靶标识别元件（适配体）融合后进行传感器的定向筛选，通过改变核苷酸种类，传感器序列长度等方式定向优化出了可用于多种细胞内腺苷甲硫氨酸传感新型生物组件。在CRISPR/Cas领域，对gRNA的空间结构及序列进行合理化改造也可实现刺激响应性的基因表达调控。例如，Tang等（Tang，2017）和Kundert等（Kundert，2019）分别将配体响应性自裂解催化RNA序列与RNA适配体融合至gRNA中，实现了小分子配体依赖性的转录调控。

表观修饰的动态变化也能调控相关生理过程。DNAzyme作为一种核酶，在调控基因表达的研究和应用中，普遍要求其具有可编程、可控的性质。目前常用的一些刺激响应方式如基于外源辅因子、共价化学修饰或非共价重组，经常导致DNAzyme的酶活性衰减或产生信号泄露。N^6-腺苷酸甲基化（m^6A）是一种重要的表观遗传现象，其在mRNA成熟、翻译和降解中具有关键作用。目前已知的两种m^6A“擦除”蛋白分别为FTO和ALKBH5蛋白，它们可以通过调控m^6A过程实现活细胞中的基因动态表达。其中，FTO为脂肪组织和肥胖相关蛋白，该蛋白与癌症和多种代谢疾病相关，且在大多数癌细胞中过表达。基于此背景，如图7.5（h）所示，Wang等设计了一种去甲基酶激活的脱氧核酶，可用于细胞内成像和基因调控（Wang等，2021）。在DNAzyme的特定位点上进行m^6A修饰，此时DNAzyme活性被掩蔽。FTO存在时，其去甲基化酶性质可消除m^6A修饰，DNAzyme活性被激活，能够特异性切割标记荧光基团的底物，进而实现胞内成像。此外，将底物设计为靶向FTO mRNA的核酸药物，DNAzyme活性被激活后能够切割底物，释放核酸药物，对靶基因表达过程实现调控。

温度作为一种体外刺激响应信号，对于核酸构象有着特殊影响。Tang等将能特异性识别肿瘤细胞CCRF-CEM的Sgc8c适配体在其环部第27和第28个碱基（5′→3′）处进行劈裂，得到了一对劈裂型核酸适配体（Sgc8c-3a/Sgc8c-2b）（Tang等，2016）。Sgc8c与靶标孵育结合时间<45min，而劈裂后的适配体需要与靶细胞孵育90min才能稳定结合。随后研究人员对适配体进行了温度依赖性结合评估，发现随着温度的升高，劈裂适配体结合靶细胞的荧光信号逐渐降低。当温度到达37℃时，劈裂适配体几乎完全失去了识别活性，释放细胞，而原适配体可以在42℃下维持良好结合。该研究通过温和的温度调控（4~37℃）成功实现了靶细胞的可控捕获与释放。

7.4.8 功能核酸的功能叠加

功能核酸具有全能性，不同性质之间的融合极大程度上拓展了其功能的多元性及应用的广泛性。核糖开关就是一类典型的功能核酸融合平台，其由表达平台和信号输出平台构成，能够实现可见的基因表达检测。核酸发光元件也可以对适配体-靶标结合过程进行信号输出，该策略常用于生物传感器的开发中。2018 年，Sun 等开发了一种用于无标记检测肿瘤细胞的双功能劈裂适配体荧光检测方法，通过融合肿瘤结合适配体 ZY11 和 ThT 的适配体 ThT. 2 得到了这种双功能劈裂适配体（Sun 等，2018）。Chen 等于 2022 年报道了基于劈裂孔雀石绿适配体和劈裂 G4s 的无标记适配体传感器，根据 ThT 与 G4s 作用，产生荧光，而加入孔雀石绿后实现劈裂传感器核酸高级结构的变化，进而减弱荧光，实现孔雀石绿简便、快速、低成本、超灵敏的检测［图 7.5（i）］（Chen 等，2022）。在 Samie R. Jaffrey 团队的研究中，将进化出的南瓜适配体与腺苷甲硫氨酸适配体序列、西蓝花适配体等具有识别、信号输出功能的不同单元融合，实现了腺苷甲硫氨酸比例型传感器平台的组建，能够用于分析胞内腺苷甲硫氨酸的含量、代谢途径等重要生理过程（Dey，2022）。

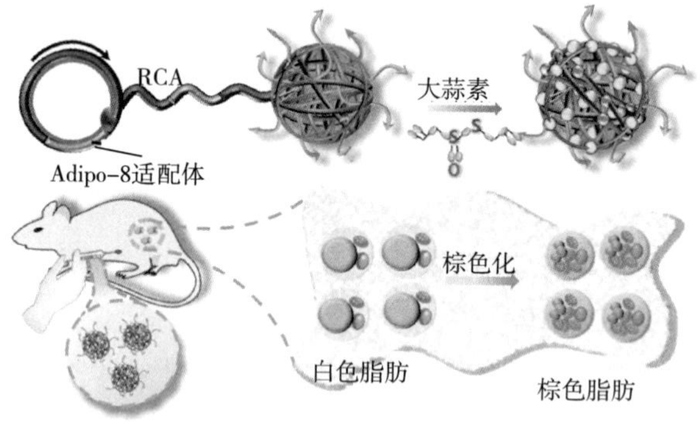

（a）

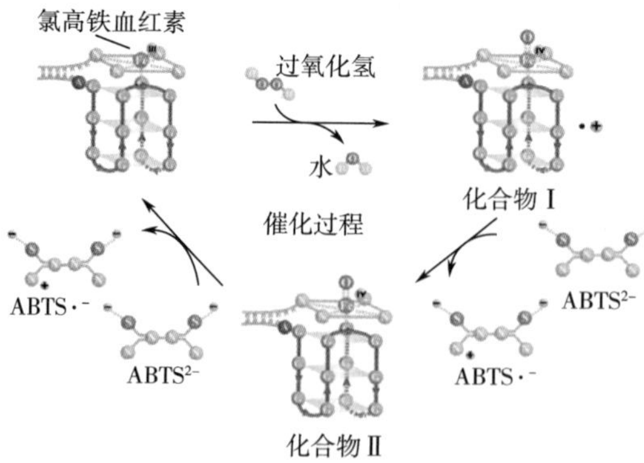

（b）

图 7.5 功能核酸的高内涵裁剪策略及其应用

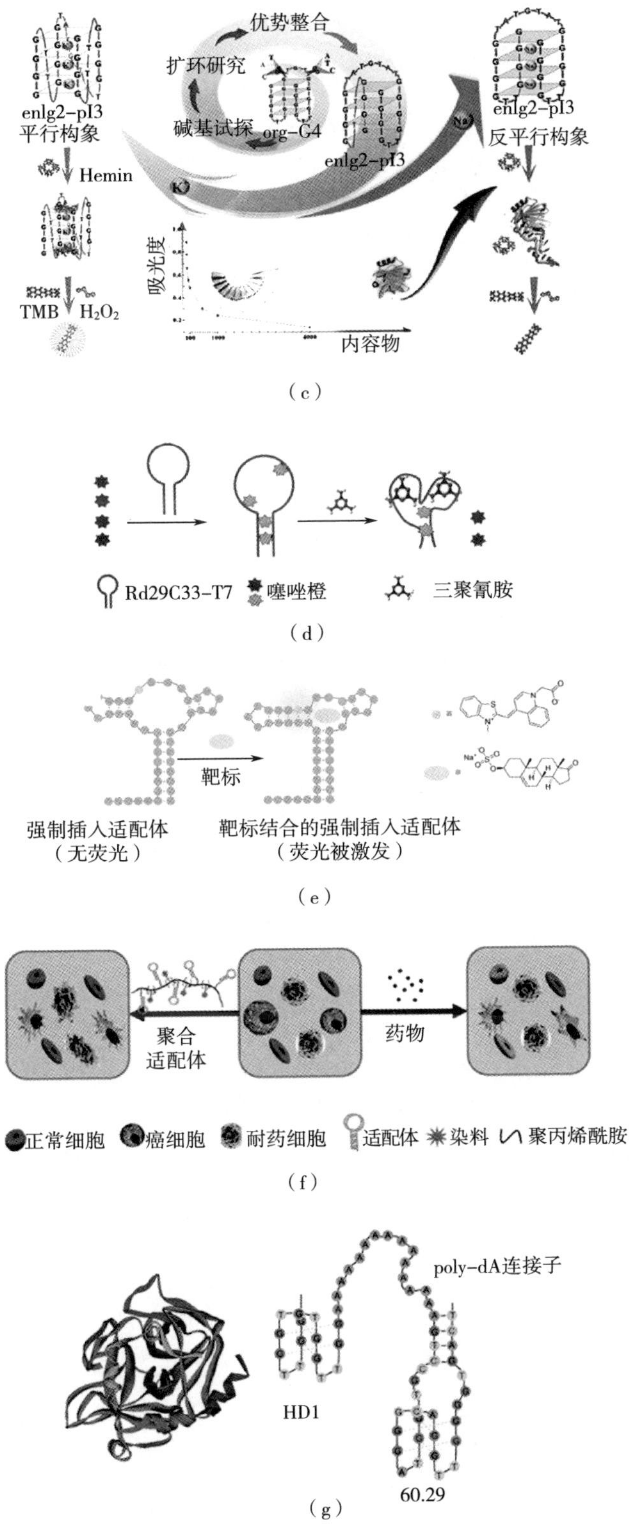

图 7.5　功能核酸的高内涵裁剪策略及其应用（续）

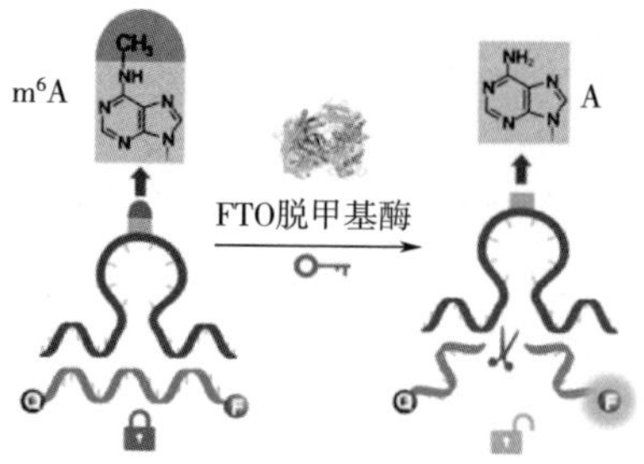

(h)

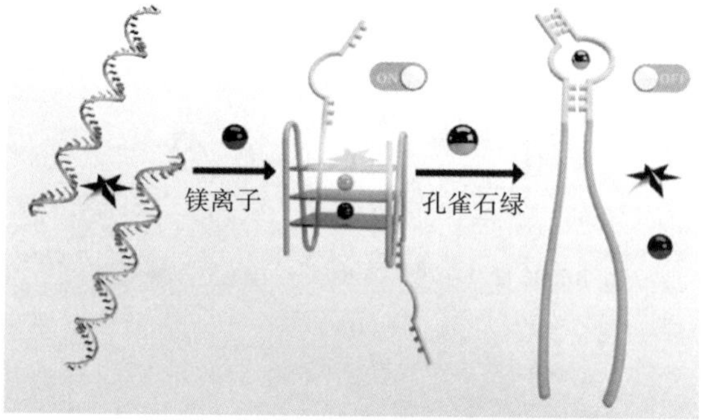

(i)

图 7.5　功能核酸的高内涵裁剪策略及其应用（续）
(a) 亲和力增强　(b)(c) 酶活力特性增强　(d) 特异性增强　(e) 荧光增强
(f) 药效增强　(g) 封闭性增强　(h) 刺激响应性　(i) 功能叠加

7.5　总结与展望

功能核酸的剪裁策略在未来有很大的发展潜力，序列决定结构，结构决定功能，因此，裁剪后功能核酸的结构转化可以增强与靶标的结合能力，并实现检测、定向靶物质，产生或扩大信号输出，构建生物传感器和递送药物等目的，还能克服输出信号弱、结合亲和力低或药物负载能力差等缺点。功能核酸的传统裁剪方式为裁剪提供了基本工具及策略指导，在过去十数年中已经有了相对充分的研究和应用。在此基础上，以传统裁剪方式为工具，以功能性为导向，我们提出了功能核酸的“高内涵裁剪”。目前，该领域已经具备一定的研究基础，并显示出巨大的应用前景。

功能核酸的裁剪使其在各领域的应用更加广泛，效果更加理想。功能核酸的裁剪助力了高亲和力及特异性的适配体开发，为食品安全、环境污染和医学监测领域的生物传感器提供了理想的识别元件。此外，功能核酸的裁剪极大程度上优化了核酸元件的发光特性，可在生物成像或生物传感领域实现多元信号输出及信号放大效果。并且，通过特定修饰能够实现核酸疫苗、适配体等药物的稳定性，提高抗酶解能力，延长其在血液中的循环时间，助力核酸药物的发展；最后，功能核酸已经在纳米材料领域体现了巨大的应用前景，裁剪过程有利于纳米材料的功能化，如封闭材料气味、掩蔽毒性等；或与纳米材料联合，赋予药物递送载体刺激响应能力，实现药物的可控释放。

在未来，对于广泛应用的功能核酸裁剪策略，特定结合区域的确定仍然是完善生物传感器设计的重要挑战。如果将适配体和靶物质之间的各种作用力参数以及环境体系的影响引入模拟系统中，这些数据无疑将有助于提高预测功能核酸高级结构的准确性。功能核酸裁剪策略的另一个主要挑战是探究功能核酸的构效机制，这将有利于更好的裁剪效果和下游的应用发展。核酸构象复杂，在不同缓冲环境中构象不一，通过裁剪探究构象与外在条件（缓冲液、温度、孵育时间等）的关系，总结出功能核酸序列对于其功能与结构的影响机制就显得十分重要。最后，在生物医学领域，理想的核酸药物及不同药物的递送载体仍有待进一步发掘。改造后的功能核酸与可穿戴设备有机结合，实现特定生理指标的实时监测也是未来发展的一大趋势。相信核酸的裁剪策略在今后会得到更广泛的研究与应用。

参考文献

Aguirre SD, Ali MM, Salena BJ, et al. A sensitive DNA enzyme-based fluorescent assay for bacterial detection [J]. Biomolecules, 2013, 3 (3): 563-577.

Akiyama H, Kachi S, Silva RL, et al. Intraocular injection of an aptamer that binds PDGF-B: a potential treatment for proliferative retinopathies [J]. J Cell Physiol, 2006, 207 (2): 407-412.

Ali MM, Aguirre SD, Lazim H, et al. Fluorogenic DNAzyme probes as bacterial indicators [J]. Angew Chem Int Ed Engl, 2011, 50 (16): 3751-3754.

Alsager OA, Kumar S, Zhu B, et al. Ultrasensitive colorimetric detection of 17β-estradiol: The effect of shortening DNA aptamer sequences [J]. Anal Chem, 2015, 87 (8): 4201-4209.

Apte RS. Pegaptanib sodium for the treatment of age-related macular degeneration [J]. Expert Opin Pharmaco, 2008, 9 (3): 499-508.

Bing T, Mei H, Zhang N, et al. Exact tailoring of an ATP controlled streptavidin binding aptamer [J]. RSC Advances, 2014, 4 (29): 15111-15114.

Bing T, Yang X, Mei H, et al. Conservative secondary structure motif of streptavidin-binding aptamers generated by different laboratories [J]. Bioorgan Med Chem, 2010, 18 (5): 1798-1805.

Bock LC, Griffin LC, Latham JA, et al. Selection of single-stranded DNA molecules that bind and inhibit human thrombin [J]. Nature, 1992, 355 (6360): 564-566.

Bock LC, Griffin LC, Latham JA, et al. Selection of single-stranded DNA molecules that bind and inhibit human thrombin [J]. Nature, 1992, 355 (6360): 564-566.

Bressler NM, Bressler SB, Fine SL. Age-related macular degeneration [J]. Surv Ophthalmol, 1988, 32 (6): 375-413.

Chen J, Zeng L, Enzyme-amplified electronic logic gates based on split/intact aptamers [J]. Biosens Bioelectron, 2013, 42: 93-99.

Chen L, Chao J, Qu X, et al. Probing cellular molecules with polyA-based engineered aptamer nanobeacon [J]. ACS Appl Mater Inter, 2017, 9 (9): 8014-8020.

Chen R, Li L, Weng Z. Zdock: an initial-stage protein-docking algorithm [J]. Proteins: Structure, Function, and Bioinformatics, 2003, 52 (1): 80-87.

Chen X, Chen K, Du Z, et al. Fusion of binary split allosteric aptasensor for the ultra-sensitive and super-rapid detection of malachite green [J]. J Hazard Mater, 2022, 425: 127976.

Chen X, He X, Gao R, et al. Aptamer-functionalized binary-drug delivery system for synergetic obesity therapy [J]. ACS Nano, 2022, 16 (1): 1036-1050.

Chen X, Lan J, Liu Y, et al. A paper-supported aptasensor based on upconversion luminescence resonance energy transfer for the accessible determination of exosomes [J]. Biosens Bioelectron, 2018, 102: 582-588.

Connelly RP, Madalozzo PF, Mordeson JE, et al. Promiscuous dye binding by a light-up aptamer: application for label-free multi-wavelength biosensing [J]. Chem Commun (Cambridge, England), 2021, 57 (30): 3672-3675.

Dey SK, Filonov GS, Olarerin-George AO, et al. Repurposing an adenine riboswitch into a fluorogenic imaging and sensing tag [J]. Nat Chem Biol, 2022, 18 (2): 180-190.

Diener JL, Daniel Lagassé HA, Duerschmied D, et al. Inhibition of von Willebrand factor-mediated platelet activation and thrombosis by the anti-von Willebrand factor A1-domain aptamer ARC1779 [J]. J Thromb Haemost, 2009, 7 (7): 1155-1162.

Du YC, Cui YX, Li XY, et al. Terminal deoxynucleotidyl transferase and T7 exonuclease-aided amplification strategy for ultrasensitive detection of uracil-DNA glycosylase [J]. Anal Chem, 2018, 90 (14): 8629-8634.

Ebrahimi SB, Samanta D, Partridge BE, et al. Programming fluorogenic DNA probes for rapid detection of steroids [J]. Angew Chem Int Ed Engl, 2021, 60 (28): 15260-15265.

Ellington AD, Szostak JW. *In vitro* selection of RNA molecules that bind specific ligands [J]. Nature, 1990, 346 (6287): 818-822.

Fadock KL, Manderville RA, DNA aptamer-target binding motif revealed using a fluorescent guanine probe: implications for food toxin detection [J]. ACS Omega, 2017, 2 (8): 4955-4963.

Ferrara N. Reprint of "pituitary follicular cells secrete a novel heparin-binding growth factor specific for vascular endothelial cells" [J]. Biochem Bioph Res Co, 2012, 425 (3): 540-547.

Ferry QR, Lyutova R, Fulga TA, Rational design of inducible CRISPR guide RNAs for de novo assembly of transcriptional programs [J]. Nat Commun, 2017, 8: 14633.

Filonov GS, Kam CW, Song W, et al. In-gel imaging of RNA processing using broccoli reveals optimal aptamer expression strategies [J]. Chem Biol, 2015, 22 (5): 649-660.

Filonov GS, Moon JD, Svensen N, et al. Broccoli: Rapid selection of an RNA mimic of green fluorescent protein by fluorescence-based selection and directed evolution [J]. J Am Chem Soc, 2014, 136 (46): 16299-16308.

Fitzgerald K, White S, Borodovsky A, et al. A highly durable RNAi therapeutic inhibitor of PCSK9 [J]. N Engl J Med, 2017, 376 (1): 41-51.

Gao S, Hu B, Zheng X, et al. Gonyautoxin 1/4 aptamers with high-affinity and high-specificity: from efficient selection to aptasensor application [J]. Biosens Bioelectron, 2016, 79: 938-944.

Goodsell DS, Morris GM, Olson AJ. Automated docking of flexible ligands: applications of autodock [J]. J Mol Recognit, 1996, 9 (1): 1-5.

Gopinath SCB, Lakshmipriya T, Md Arshad MK, et al. Shortening full-length aptamer by crawling base deletion-assisted by Mfold web server application [J]. Journal of the Association of Arab Universities for Basic and Applied Sciences, 2017, 23: 37-42.

Griffin LC, Tidmarsh GF, Bock LC, et al. *In vivo* anticoagulant properties of a novel nucleotide-based thrombin inhibitor and demonstration of regional anticoagulation in extracorporeal circuits [J]. Blood, 1993, 81 (12): 3271-3276.

Gu C, Lan T, Shi H, et al. Portable detection of melamine in milk using a personal glucose meter based on an *in vitro* selected structure-switching aptamer [J]. Anal Chem, 2015, 87 (15): 7676-7682.

Gu C, Xiang Y, Guo H, et al. Label-free fluorescence detection of melamine with a truncated aptamer [J]. The Analyst, 2016, 141 (14): 4511-4517.

Guo Y, Chen J, Cheng M, et al. A thermophilic tetramolecular G-quadruplex/hemin DNAzyme [J]. Angew Chem Int Ed Engl, 2017, 56 (52): 16636-16640.

Hasegawa H, Savory N, Abe K, et al. Methods for improving aptamer binding affinity [J]. Molecules (Basel, Switzerland), 2016, 21 (4): 421.

He J, Liu Y, Fan M, et al. Isolation and identification of the DNA aptamer target to acetamiprid [J]. J

Agric Food Chem, 2011, 59 (5): 1582-1586.

He X, Li Z, Jia X, et al. A highly selective sandwich-type FRET assay for ATP detection based on silica coated photon upconverting nanoparticles and split aptamer [J]. Talanta, 2013, 111: 105-110.

Javani S, Lorca R, Latorre A, et al. Antibacterial activity of DNA-stabilized silver nanoclusters tuned by oligonucleotide sequence [J]. ACS Appl Mater Interfaces, 2016, 8 (16): 10147-10154.

Jia M, Sha J, Li Z, et al. High affinity truncated aptamers for ultra-sensitive colorimetric detection of bisphenol A with label-free aptasensor [J]. Food Chem, 2020, 317: 126459.

Jiang H, Ling K, Tao X, et al. Theophylline detection in serum using a self-assembling RNA aptamer-based gold nanoparticle sensor [J]. Biosens Bioelectron, 2015, 70: 299-303.

Kato T, Shimada I, Kimura R, et al. Light-up fluorophore-DNA aptamer pair for label-free turn-on aptamer sensors [J]. Chem Commun (Cambridge, England), 2016, 52 (21): 4041-4044.

Kaur H, Yung LY. Probing high affinity sequences of DNA aptamer against VEGF165 [J]. PloS One, 2012, 7 (2): e31196.

Kellenberger CA, Wilson SC, Sales-Lee J, et al. RNA-based fluorescent biosensors for live cell imaging of second messengers cyclic di-GMP and cyclic AMP-GMP [J]. J Am Chem Soc, 2013, 135 (13): 4906-4909.

Kent AD, Spiropulos NG, Heemstra JM. General approach for engineering small-molecule-binding DNA split aptamers [J]. Anal Chem, 2013, 85 (20): 9916-9923.

Kim Y, Cao Z, W Tan, Molecular assembly for high-performance bivalent nucleic acid inhibitor [J]. Proc Natl Acad Sci U S A, 2008, 105 (15): 5664-5669.

Kolpashchikov DM. Binary malachite green aptamer for fluorescent detection of nucleic acids [J]. J Am Chem Soc, 2005, 127 (36): 12442-12443.

Koos B, Cane G, Grannas K, et al. Proximity-dependent initiation of hybridization chain reaction [J]. Nat Commun, 2015, 6: 7294.

Kouranova E, Forbes K, Zhao G, et al. CRISPRs for optimal targeting: delivery of crispr components as DNA, RNA, and protein into cultured cells and single-cell embryos [J]. Human gene therapy, 2016, 27 (6): 464-475.

Kruspe S, Giangrande PH. Aptamer-siRNA chimeras: discovery, progress, and future prospects [J]. Biomedicines, 2017, 5 (3): 45.

Kundert K, Lucas JE, Watters KE, et al. Controlling CRISPR-Cas9 with ligand-activated and ligand-deactivated sgRNAs [J]. Nat Commun, 2019, 10 (1): 2127.

Kwon YS, Ahmad Raston NH, Gu MB. An ultra-sensitive colorimetric detection of tetracyclines using the shortest aptamer with highly enhanced affinity [J]. Chem Commun (Cambridge, England), 2014, 50 (1): 40-42.

Li C, Hu X, Lu J, et al. Design of DNA nanostructure-based interfacial probes for the electrochemical detection of nucleic acids directly in whole blood [J]. Chem Sci, 2018, 9 (4): 979-984.

Li F, Lu J, Liu J, et al. A water-soluble nucleolin aptamer-paclitaxel conjugate for tumor-specific targeting in ovarian cancer [J]. Nat Commun, 2017, 8 (1): 1390.

Li J, Wu H, Yan Y, et al. Zippered G-quadruplex/Hemin DNAzyme: exceptional catalyst for universal bioanalytical applications [J]. Nucleic Acids Res, 2021, 49 (22): 13031-13044.

Li X, Mo L, Litke JL, et al. Imaging intracellular S-adenosyl methionine dynamics in live mammalian cells with a genetically encoded red fluorescent RNA-based sensor [J]. J Am Chem Soc, 2020, 142 (33): 14117-14124.

Lin J, Wang WJ, Wang Y, et al. Building endogenous gene connections through RNA self-assembly controlled CRISPR/Cas9 function [J]. J Am Chem Soc, 2021, 143 (47): 19834-19843.

Liu J, Bai W, Niu S, et al. Highly sensitive colorimetric detection of, 17β-estradiol using split DNA aptamers immobilized on unmodified gold nanoparticles [J]. Sci Rep, 2014, 4 (1): 7571.

Liu J, Liu H, Sefah K, et al. Selection of aptamers specific for adipose tissue [J]. PloS One, 2012, 7 (5): e37789.

Liu X, Li X, Lu Y, et al. A split aptamer－based imaging solution for the visualization of latent fingerprints [J]. Anal Methods, 2018, 10 (19): 2281-2286.

Liu Z, Zhang W, Hu L, et al. Label-free and signal-on electrochemiluminescence aptasensor for ATP based on target-induced linkage of split aptamer fragments by using [Ru (phen)$_3$]$^{2+}$ intercalated into double-strand DNA as a probe [J]. Chemistry (Weinheim an der Bergstrasse, Germany), 2010, 16 (45): 13356-13359.

Lu J, Shen Y, Wu Q, et al. The birth and death of microrna genes in drosophila [J]. Nature genetics, 2008, 40 (3): 351-355.

Lyu Y, Chen G, Shangguan D, et al. Generating cell targeting aptamers for nanotheranostics using cell-SELEX [J]. Theranostics, 2016, 6 (9): 1440-1452.

Manimala JC, Wiskur SL, Ellington AD, et al. Tuning the specificity of a synthetic receptor using a selected nucleic acid receptor [J]. J Am Chem Soc, 2004, 126 (50): 16515-16519.

McNamara JO, Andrechek ER, Wang Y, et al. Cell type－specific delivery of siRNAs with aptamer－siRNA chimeras [J]. Nat Biotechnol, 2006, 24 (8): 1005-1015.

Müller J, Freitag D, Mayer G, et al. Anticoagulant characteristics of HD1-22, a bivalent aptamer that specifically inhibits thrombin and prothrombinase [J]. J Thromb Haemost, 2008, 6 (12): 2105-2112.

Müller J, Wulffen B, Pötzsch B, et al. Multidomain targeting generates a high－affinity thrombin－inhibiting bivalent aptamer [J]. Chembiochem: a European journal of chemical biology, 2007, 8 (18): 2223-2226.

Mun H, Jo EJ, Li T, et al. Homogeneous assay of target molecules based on chemiluminescence resonance energy transfer (CRET) using DNAzyme-linked aptamers [J]. Biosens bioelectron, 2014, 58: 308-313.

Neves MAD, Reinstein O, Saad M, et al. Defining the secondary structural requirements of a cocaine-binding aptamer by a thermodynamic and mutation study [J]. Biophys Chem, 2010, 153 (1): 9-16.

Ng EW, Shima DT, Calias P, et al. Pegaptanib, a targeted anti－VEGF aptamer for ocular vascular disease [J]. Nat Rev Drug Discov, 2006, 5 (2): 123-132.

Padlan CS, Malashkevich VN, Almo SC, et al. An RNA aptamer possessing a novel monovalent cation-mediated fold inhibits lysozyme catalysis by inhibiting the binding of long natural substrates [J]. RNA (New York, NY), 2014, 20 (4): 447-461.

Paige JS, Wu KY, Jaffrey SR. RNA mimics of green fluorescent protein [J]. Science, 2011, 333 (6042): 642-646.

Park JH, Byun JY, Shim WB, et al. High-sensitivity detection of ATP using a localized surface plasmon resonance (LSPR) sensor and split aptamers [J]. Biosens bioelectron, 2015, 73: 26-31.

Peng Y, Li L, Mu X, et al. Aptamer－gold nanoparticle－based colorimetric assay for the sensitive detection of thrombin [J]. Sensor Actuat B-Chem, 2013, 177: 818-825.

Plourde K, Derbali RM, Desrosiers A, et al. Aptamer-based liposomes improve specific drug loading and release [J]. J Control Release, 2017, 251: 82-91.

Qi C, Bing T, Mei H, et al. G－quadruplex DNA aptamers for zeatin recognizing [J]. Biosens Bioelectron, 2013, 41: 157-162.

Ren K, Liu Y, Wu J, et al. A DNA dual lock－and－key strategy for cell－subtype－specific siRNA delivery [J]. Nat Commun, 2016, 7: 13580.

Ritchie DW. Evaluation of protein docking predictions using Hex 3. 1 in CAPRI rounds 1 and 2 [J]. Proteins: Structure, Function, and Bioinformatics, 2003, 52 (1): 98-106.

Roncancio D, Yu H, Xu X, et al. A label-free aptamer-fluorophore assembly for rapid and specific detection of cocaine in biofluids [J]. Anal Chem, 2014, 86 (22): 11100-11106.

Ruckman J, Green LS, Beeson J, et al. 2′-fluoropyrimidine RNA-based aptamers to the 165-amino acid form of vascular endothelial growth factor (VEGF165): Inhibition of receptor binding and VEGF－induced vascular permeability through interactions requiring the exon 7-encoded domain* [J]. J Biol Chem, 1998, 273 (32): 20556-20567.

Serrano-Santos MB, Llobet E, Özalp VC, et al. Characterization of structural changes in aptamer films for controlled release nanodevices [J]. Chem Commun (Cambridge, England), 2012, 48 (81): 10087-10089.

Shangguan D, Tang Z, Mallikaratchy P, et al. Optimization and modifications of aptamers selected from live cancer cell lines [J]. Chembiochem : a European journal of chemical biology, 2007, 8 (6): 603-606.

Sharma AK, Kent AD, Heemstra JM. Enzyme-linked small-molecule detection using split aptamer ligation [J]. Anal Chem, 2012, 84 (14): 6104-6109.

Shi H, Zhao G, Liu M, et al. Aptamer-based colorimetric sensing of acetamiprid in soil samples: sensitivity, selectivity and mechanism [J]. J Hazard Mater, 2013, 260: 754-761.

Shoji A, Kuwahara M, Ozaki H, et al. Modified DNA aptamer that binds the (R) -isomer of a thalidomide derivative with high enantioselectivity [J]. J Am Chem Soc, 2007, 129 (5): 1456-1464.

Simon AJ, Vallée-Bélisle A, Ricci F, et al. Intrinsic disorder as a generalizable strategy for the rational design of highly responsive, allosterically cooperative receptors [J]. Proc Natl Acad Sci USA, 2014, 111 (42): 15048-15053.

Singh D, Sternberg SH, Fei J, et al. Real-time observation of DNA recognition and rejection by the RNA-guided endonuclease cas9 [J] . Nat Commun, 2016, 7: 12778.

Song KM, Cho M, Jo H, et al. Gold nanoparticle-based colorimetric detection of kanamycin using a DNA aptamer [J]. Anal Biochem, 2011, 415 (2): 175-181.

Song Q, Shi Y, He D, et al. Sequence-dependent dsDNA-templated formation of fluorescent copper nanoparticles [J]. Chemistry (Weinheim an der Bergstrasse, Germany), 2015, 21 (6): 2417-2422.

Stojanovic MN, de Prada P, Landry DW. Fluorescent sensors based on aptamer self-assembly [J]. J Am Chem Soc, 2000, 122 (46): 11547-11548.

Stull RA, Szoka JFC. Antigene, ribozyme and aptamer nucleic acid drugs: progress and prospects [J]. Pharm Res, 1995, 12 (4): 465-483.

Sun Y, Yuan B, Deng M, et al. A light-up fluorescence assay for tumor cell detection based on bifunctional split aptamers [J]. The Analyst, 2018, 143 (15): 3579-3585.

Tang J, Shi H, He X, et al. Tumor cell-specific split aptamers: target-driven and temperature-controlled self-assembly on the living cell surface [J]. Chem Commun (Cambridge, England), 2016, 52 (7): 1482-1485.

Tang W, Hu JH, Liu DR, Aptazyme-embedded guide RNAs enable ligand-responsive genome editing and transcriptional activation [J]. Nat Commun, 2017, 8: 15939.

Tasset DM, Kubik MF, Steiner W. Oligonucleotide inhibitors of human thrombin that bind distinct epitopes [J]. J Mol Bio, 1997, 272 (5): 688-698.

Toh SY, Citartan M, Gopinath SC, et al. Aptamers as a replacement for antibodies in enzyme-linked immunosorbent assay [J]. Biosens bioelectron, 2015, 64: 392-403.

Trott O, Olson AJ. Autodock vina: improving the speed and accuracy of docking with a new scoring function, efficient optimization, and multithreading [J]. J Comput Chem, 2010, 31 (2): 455-461.

Truong J, Hsieh YF, Truong L, et al. Designing fluorescent biosensors using circular permutations of riboswitches [J]. Methods (San Diego, Calif), 2018, 143: 102-109.

Truong L, Kooshapur H, Dey SK, et al. The fluorescent aptamer squash extensively repurposes the adenine riboswitch fold [J]. Nat Chem Bio, 2022, 18 (2): 191-198.

Tuszynska I, Magnus M, Jonak K, et al. Npdock: A web server for protein-nucleic acid docking [J]. Nucleic Acids Res, 2015, 43 (W1): W425-430.

Ueki R, Atsuta S, Ueki A, et al. DNA aptamer assemblies as fibroblast growth factor mimics and their application in stem cell culture [J]. Chem Commun (Cambridge, England), 2019, 55 (18): 2672-2675.

Wang D, Peng R, Peng Y, et al. Hierarchical fabrication of DNA wireframe nanoarchitectures for efficient cancer imaging and targeted therapy [J]. ACS Nano, 2020, 14 (12): 17365-17375.

Wang Q, Tan K, Wang H, et al. Orthogonal demethylase-activated deoxyribozyme for intracellular imaging and gene regulation [J]. J Am Chem Soc, 2021, 143 (18): 6895-6904.

Warner KD, Sjekloća L, Song W, et al. A homodimer interface without base pairs in an RNA mimic of red fluorescent protein [J]. Nat Chem Bio, 2017, 13 (11): 1195-1201.

Wu C, Yang S, Wu E, et al. Split aptamer-based liquid crystal biosensor for ATP assay [J]. Acta Chimica Sinica, 2013, 71 (03): 367-370.

Yang C, Spinelli N, Perrier S, et al. Macrocyclic host - dye reporter for sensitive sandwich - type fluorescent aptamer sensor [J]. Anal Chem, 2015, 87 (6): 3139-3143.

Yang L, Meng L, Zhang X, et al. Engineering polymeric aptamers for selective cytotoxicity [J]. J Am Chem Soc, 2011, 133 (34): 13380-13386.

Yang Y, Wang L, Bell P, et al. A dual AAV system enables the Cas9-mediated correction of a metabolic liver disease in newborn mice [J]. Nat Biotechnol, 2016, 34 (3): 334-338.

Yu H, Canoura J, Guntupalli B, et al. Sensitive detection of small-molecule targets using cooperative binding split aptamers and enzyme-assisted target recycling [J]. Anal Chem, 2018, 90 (3): 1748-1758.

Yu H, Canoura J, Guntupalli B, et al. A cooperative-binding split aptamer assay for rapid, specific and ultra-sensitive fluorescence detection of cocaine in saliva [J]. Chem Sci, 2017, 8 (1): 131-141.

Yuan B, Zhou Y, Guo Q, et al. A signal-on split aptasensor for highly sensitive and specific detection of tumor cells based on FRET [J]. Chem Commun (Cambridge, England), 2016, 52 (8): 1590-1593.

Zadeh JN, Steenberg CD, Bois JS, et al. Nupack: analysis and design of nucleic acid systems [J]. J Comput Chem, 2011, 32 (1): 170-173.

Zhang J, Wang L, Pan D, et al. Visual cocaine detection with gold nanoparticles and rationally engineered aptamer structures [J]. Small, 2008, 4 (8): 1196-1200.

Zhang S, Wang K, Li J, et al. Highly efficient colorimetric detection of ATP utilizing a split aptamer target binding strategy and superior catalytic activity of graphene oxide-platinum/gold nanoparticles [J]. RSC Advances, 2015, 5 (92): 75746-75752.

Zhang Z, Oni O, Liu J. New insights into a classic aptamer: binding sites, cooperativity and more sensitive adenosine detection [J]. Nucleic Acids Res, 2017, 45 (13): 7593-7601.

Zhang Z, Pandey R, Li J, et al. High-affinity dimeric aptamers enable the rapid electrochemical detection of wild-type and b. 1. 1. 7 SARS-Cov-2 in unprocessed saliva [J]. Angew Chem Int Ed Engl, 2021, 60 (45): 24266-24274.

Zheng X, Peng R, Jiang X, et al. Fluorescence resonance energy transfer-based DNA nanoprism with a split aptamer for adenosine triphosphate sensing in living cells [J]. Anal Chem, 2017, 89 (20): 10941-10947.

Zhong W, Zhang Y, Tan W, et al. Adipose specific aptamer adipo-8 recognizes and interacts with APMAP to ameliorates fat deposition *in vitro* and *in vivo* [J]. Life Sciences, 2020, 251: 117609.

Zhu C, Zhao Y, Yan M, et al. A sandwich dipstick assay for ATP detection based on split aptamer fragments [J]. Anal Bioanal Chem, 2016, 408 (15): 4151-4158.

Zou R, Lou X, Ou H, et al. Highly specific triple-fragment aptamer for optical detection of cocaine [J]. RSC Advances, 2012, 2 (11): 4636-4638.

杜再慧，李相阳，田晶晶，等．功能核酸生物传感器检测金属离子的研究进展 [J]. 分析化学，2018，46 (7)：10.

黄新新. RNAi 药物研究进展 [J] . 中国处方药，2021，19 (9)：2.

8

功能核酸分子对接

从 20 世纪 90 年代起，随着计算机技术的迅速发展以及药物化学、分子生物学和计算化学的发展，计算机辅助药物设计（computer aided drug design，CADD）也快速发展成为一门新兴研究领域。关于 CADD 的理论，很多教科书和专著已经进行了大量介绍，本章将重点阐述 CADD 的技术在功能核酸领域的研究和应用。

本章包含了分子对接的简介、DNA 核酸适配体的结构建模和分子对接，并重点对目前常用的 DNA 适配体二级结构及三级结构预测的软件进行了介绍，并以 OTA 为模型进行了分子对接实践演示。最后对基于计算机模拟的核酸适配体分子对接技术的局限性与未来发展进行了探讨。

8.1 概述

近些年来，由于 X 射线晶体结构衍射方法及核磁共振（nuclear magnetic resonance，NMOL/LR）方法的进步，越来越多蛋白质和核酸的 3D 结构被解析出来。然而，生物大分子与其底物复合物结构却很难得到，这使得对生物大分子及其相应底物的结合模式预测显得尤为重要。目前，生物大分子与其底物结合模式的确定有时候可以依靠实验手段，如光偶联法、突变法等。虽然实验方法能够比较有效地测定生物大分子与相应底物的结合模式，但是由于其耗时、高成本，往往令许多实力较弱的实验室望而却步。更为重要的是，这些方法无法直接反映出生物大分子与其底物的具体结合模式，而只能给出一个较模糊的信息。鉴于此，就需要有一种快捷、简便且准确的方法来对生物大分子与其底物之间的相互作用进行预测。分子对接正是这样一种方法（图 8.1）。

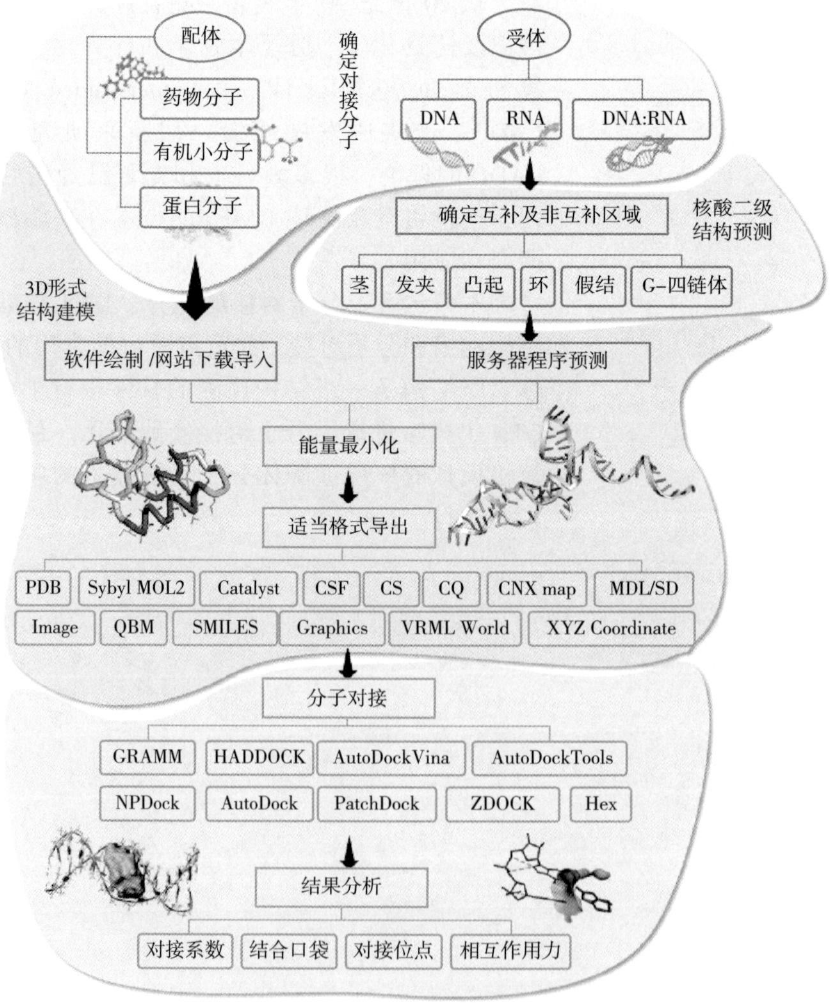

图 8.1 功能核酸分子对接

分子对接计算是把配体分子放在受体活性位点的位置，然后按照几何互补、能量互补以及化学环境互补的原则，实时评价配体与受体相互作用好坏，并找到两个分子之间最佳的结合模式。分子对接是从整体上考虑配体与受体结合的效果，能较好地避免其他方法中容易出现的局部作用较好而整体结合欠佳的情况。

功能核酸种类很多，依据其二级结构的形成特点大致可划分为两类：一类能够基于碱基互补配对形成空间构象；另一类，也是最重要的一类，即以靶标亲和识别为核心诱导形成空间构象，这包含适配体、切割核酶以及核糖开关。本章功能核酸分子对接就以适配体为例来进行讲解其要义，其规律同样适用于探究其他功能核酸与适配体的分子对接。

核酸适配体是 ssDNA 或 RNA 寡核苷酸，基于其独特的三级结构构象，能够以高亲和力和特异性与目标分子结合（Savory 等，2014）。通过 SELEX 对适配体进行系统进化，在体外从随机寡核苷酸文库中选择适配体（Ellington 等，1990；Tuerk 等，1990）。迄今为止，已经针对多种目标选择了数千种适配体，如金属离子、激素、抗生素、维生素、毒素、蛋白质、细胞、组织、细菌和病毒（Chiu 等，2018；Kwon 等，2020；Li 等，2019；Raducanu 等，2020；Song 等，2017；Stoltenburg 等，2016；Su 等，2020；Wang 等，2019；Ye 等，2019；Zhang 等，2020）。核酸适配体优于抗体，因为它具有尺寸更小、分子质量更低、结构更灵活、免疫原性低、保质期更长、可逆变且可重复使用、无批次间差异、生产成本更低和更容易合成等优点（Breaker，1997；Kruspe 等，2014；Mairal 等，2008；Wang 等，2015；Zhang 等，2019；Zhou 等，2017）。此外，适配体可以选择性地区分结构非常相似的生物分子，如咖啡因和茶碱，它们之间只有一个甲基不同（Cha 等，2014）。由于其优越的性质，适配体在诊断治疗、靶向药物递送和生物传感等众多应用中受到了广泛关注（AlShamaileh 等，2017；Citartan 等，2019；Khan 等，2018；Shigdar 等，2013）。

核酸适配体与靶标的亲和力强弱和结合作用位点是适配体研究的重点，分子对接技术具有十分重要的意义。在核酸适配体与靶标结合过程研究中，首先需要两个分子充分接近，采取合适的取向，使两者在必要的部位相互契合，发生相互作用，继而通过适当的构象调整，得到一个稳定的复合物构象。

本节将概述 DNA 适配体开发中的对接方法，包括 DNA 二级结构预测、DNA 三级结构测定及分子对接的相关步骤，重点介绍可用于分析 DNA 适配体-靶标复合体的不同分子对接程序。

8.2 DNA 适配体的分子对接

由于 RNA 适配体的非 Watson-Crick 碱基配对和 2′羟基的存在，它们通常被认为会折叠成更加多样化的 3D 结构（Wang 等，2019）。然而，1992 年分离得到了第一个 DNA 适配体，是一种结合并抑制人类凝血酶功能的 15nt 核苷酸 ssDNA，证明 DNA 适配体也可以发挥与 RNA 适配体相似的结合特性（Bock 等，1992）。事实上，与 RNA 适配体相比，DNA 适配体更具优势（Wang 等，2019）。首先，它们比 RNA 适配体更稳定，因为脱氧核糖的 2′位没有羟基（Zhu 等，2015）。其次，DNA SELEX 不需要 RNA SELEX 所必需的额外反转录步骤，这使得选择和扩增过程更容易（Lakhin 等，2013）。再次，DNA 适配体的合成更简单、成本更低廉（Savory 等，2010）。此外，DNA 适配体可稳定储存的时间比 RNA 适配体更长（Lakhin，2013）。在任何典型 DNA SELEX 程序中，体外后 SELEX 方法（post-SELEX），例如适配体-靶复合物的结合验证、结合位点测定，都非常昂贵、费力和耗时。为了解决这些局限性，人们越来越多地采用 *in silico* 对接方法和体外 SELEX 程序来开发 DNA 适配体（Yarizadeh 等，2019）。

8.3 *in silico* 分子对接的目的

In silico 分子对接是一种策略，涉及使用基于计算机建模来模拟核酸-靶标相互作用。大多数分子对接方法都集中在基于计算的适配体候选结合验证和适配体靶结合位点的确定上。体外 SELEX 是对某一轮 SELEX 进行的，并对产生的核酸池进行测序。然后对产生的各种序列类别进行分子对接，以确定每个核酸序列对同源靶的结合强度，选择与靶标结合最强的核酸作为潜在的适配体。例如，Zhang 等在 8 轮 SELEX 后成功地选择了 ssDNA 适配体 Z100 结合玉米赤霉烯酮（Zearalene，ZEN），并使用 AutoDock Vina 开源程序（version. 1. 1. 2）进行了分子对接辅助研究，以研究 ZEN 和 Z100 之间的结合机制，其结合自由能约为-9. 6kcal/mol（Zhang 等，2018）。除此之外，分子对接还用于确定生成的适配体与特定靶点的结合位点。例如，Jokar 等使用 ssDNA 适配体和啶虫脒进行了分子对接集成实验。啶虫脒适配体的 AutoDock 结果显示结合能为（6. 812±0. 533）kcal/mol。至于结合位点，对接结果还显示 SS2-55 和 SS454 环是适配体的活性位点，并证实了适配体-啶虫脒复合物的形成（Jokar 等，2016）。

8.4 结构建模

深入了解 DNA 二级和三级结构是理解适配体-靶标相互作用机制的必要条件（Laing 等，2011）。因此，在选择候选寡核苷酸后，结构建模是分子对接研究的下一步。

结构建模是指在分子对接之前确定所选单链寡核苷酸序列的二级和三级结构。DNA 二级和三级结构是基于氢键的分子内碱基配对，从 ssDNA 序列中衍生出来的（Curtale 等，2013；Patel 等，1997）。适配体框架的脱氧核糖磷酸二酯主链有高度灵活性，并且具有可变扭转角，允许形成多种二级和三级结构（Gelinas 等，2016）。

8.5 DNA 二级结构预测

DNA 二级结构预测是确定其三级结构的先决条件。DNA 二级结构最常见的形式是茎、发夹（hairpin）、环、假结（pseudoknot）、凸起（bulge）和 G-四链体，它们是将适配体锚定到目标蛋白质表面表位的接触点（Hoinka 等，2012；Zhou，2017）。一些物理化学性质（亲水性、疏水性、熵、焓、熔融温度）和构象性质（弯曲、上升、滑动、移位、倾斜）可以通过 DNA 二级结构确定（Boniecki 等，2016；Hira 等，2015）。

确定 ssDNA 二级结构应用最广泛的生物信息学工具是 Mfold 网站（Zuker，2003）。Mfold 服务器根据自由能最小化算法和基于热力学的方法（如特纳热力学表）预测 ssDNA 的二级结构、杂交和熔化温度。确定的碱基配对类型仅为规范配对（Xia 等，1998；Zuker，2003）。Mfold 服务器配备了 DNA 堆叠、单次错配、悬挂端、终端堆叠和循环参数（Xia，1998；Zuker，2003）。Mfold 服务器在确定 ssDNA 的二级结构时，可以设定模拟盐浓度（Na^+，Mg^{2+}）和温度等实验条件。DNA 折叠的温度可以在 0~100℃ 的任何温度下进行调整。离子条件，如不同浓度的 NaCl，也可以改变 DNA 折叠。此外，web 服务器（Baig 等，2015）中还提供了默认参数设置选项。通常，Mfold 会进行单序列分析，然后对单序列的所有可能结构进行组合，从而得出自由能值最小的结构（Antunes 等，2018）。用户通常会选择具有最低吉布斯自由能（ΔG）的热力学最稳定结构（Wang，2019；Zuker，1989）。此外，Mfold 输出可以以多种文件格式下载（.ct、.png、点括号等），这使得它可以用于下游分析，尤其是预测 3D 结构。许多研究已经证明了 Mfold 软件包可以用于 DNA 二级结构测定（Antunes，2018；Baig，2015；Yarizadeh，2019）。

8.6 DNA 三级结构预测

DNA 序列的三级结构是根据其相应的二级结构来预测的（Chen 等，2015）。预测 ssDNA 序列的三级结构有助于在分子水平上深入了解单链寡核苷酸系统的结构和动力学，以辅助适配体筛选（Mortimer 等，2014）。

受到 3D 结构预测计算工具的开发限制，目前分析较多的是以单链序列为基础的，自身构象有互补形成双链潜力的 DNA 结构模型（Schlick，2010），而缺乏分析形成其他非双链二级结构的单链及双链 DNA 的能力（Jeddi 等，2017）。

由于缺乏可用于 DNA 三级结构直接建模的计算工具，最近，一些集成管道被用于使用基于 RNA 的程序预测 DNA 三级结构（Heiat 等，2016；Jeddi，2017）。事实上，一些研究证明，RNA 和 DNA 的原子组成非常相似（Wang 等，2006；Zuker，2003），证实了使用 RNA 驱动的程序来确定 ssDNA 三级结构的有效性。Jeddi 和 Saiz 的研究表明，DNA 和 RNA 分子 *in silico* 的结构转换得到了几乎相同的发夹结构。第一步，将 ssDNA 的二级结构输入可用的 3D ssRNA 建模软件。第二步，产生的 ssRNA 的 3D 结构被转换为等效的 ssDNA 3D 结构（Jeddi，2017）。将 ssDNA 二级结构转换为 RNA 三级模型最常用的生物信息学工具是 RNA Composer（Heiat，2016；Wang，2019；Yarizadeh，2019）。

8.6.1 使用 RNA Composer 预测 RNA 三级结构

RNA Composer 服务器是一个免费提供的工具，用于自动预测 RNA 三级结构（Heiat，2016；Yarizadeh，2019）。RNA Composer 服务器使用 RNA FRABASE 数据库运

行，这是一个搜索引擎，允许从该数据库中搜索 RNA 结构中的 3D 片段（Wang，2019）。除此之外，它还采用了基于 motif 模板的方法来预测复杂结构，如多分支环和伪打结环（Popenda 等，2012；Sun 等，2017）。通常，从 Mfold 分析中获得的点括号表示法（维也纳格式，Vienna）的 DNA 二级结构被用作 RNA Composer web 服务器的输入。点括号表示法由括号和点符号组成，分别反映成对和非成对碱基的位置。随后，RNA Composer 会自动识别输入序列中的胸腺嘧啶，并用尿嘧啶替换胸腺嘧啶。最后，产生的 RNA 三级结构可以以蛋白质数据库（PDB）文件格式下载。这一过程需要几秒钟的时间，具体取决于要分析的原子数。由此产生的三级结构包含尿嘧啶和核糖的 20 个碳原子上的额外羟基（Heiat，2016；Yarizadeh，2019）。例如，Yarizadeh 等使用 Mfold 生成 DNA 二级结构，通过 RNA Composer web 服务器生成 DNA 三级结构，最终得到了癌胚抗原（CEA）的 DNA 适配体 G3S1.5（Yarizadeh，2019）。

8.6.2 RNA 三级结构向 DNA 三级结构的转化

RNA 三级结构可以通过修改糖残基（2-OH 到 2-H）、碱基（尿嘧啶到胸腺嘧啶）和糖骨架（核糖到脱氧核糖）转化为相应的 DNA 三级结构（Heiat，2016；Jeddi，2017）。转换后，需要使用 HyperChem（Dolati 等，2018；Heiat，2016；Sadeghi 等，2018；Torabi 等，2016）和 AutoIMD VMD plugin（Zhang，2018）等软件对预测结构的能量最小化进行细化。这一步的目的是评估分子的最佳局部能量。HyperChem 软件因其界面对用户友好，使用率较高。例如，Yarizadeh 等使用 Discovery Studio visualizer（软件版本 3.5）将 RNA 的三级结构转换为 DNA 的三级结构，并使用 HyperChem（软件版本 8.0.3）进一步优化结构（Yarizadeh 等，2019）。另一方面，Zhang 等通过使用 AutoPSF VMD 插件将优化后的的三级 RNA 模型转化为三级 DNA 形式。他们使用 Molefacture VMD 插件在每个尿嘧啶残基的 H5 处添加了一个甲基，使用 AutoPSF VMD 插件将核糖-糖骨架替换为脱氧核糖。最后，DNA 适配体的三级结构通过 AutoIMD VMD 插件进行能量最小化（Zhang 等，2019）。与此研究操作类似的软件是 Write program。在 Wang 等进行的一项研究中，将从 RNA Composer 服务器获得的 RNA 三级结构输入到 Write program，然后，去除核糖 2′碳原子上的 O，并在所有尿嘧啶碱基的 5′碳原子上添加甲基，将 RNA 三级结构转变为 DNA 三级结构。最后，使用 MOE 软件，通过最速下降能量最小化法（steepest descent energy minimization）优化 DNA 三级结构（Wang，2019）。

8.7 分子对接工具

确定了 ssDNA 的三级结构后，下一步是将这些结构进行分子对接。

随着生物信息学工具的进步，利用对接程序对 ssDNA 适配体进行结构表征已成为研究人员极为感兴趣的课题。分子对接是一种基于最低 ΔG 结合能预测适配体-靶复合物形成的计算方法（Sabri 等，2019；Sabri 等，2019）。一旦 DNA 三级结构被预测出来，就可以确定适配体-蛋白质复合物的对接位点，即适配体和靶标之间的界面。大多数情况下，靶标的三维结构是从 PDB 获得的。此外，分子对接还有助于根据原子模拟确定适配体与靶标的结合强度（Sherman 等，2018）。

对接算法可以分为两大类，机器学习算法和基于模板的算法。机器学习算法使用两种不同的方法预测分子间的相互作用，包括基于序列的信息和基于结构的信息。基于模板的算法通过利用适配体和目标分子已知晶体结构的信息来预测相互作用（Si 等，2015）。除了确定潜在的结合位点，还可以确定受体和靶标之间存在的结合模式（Cai 等，2018）。

适配体-靶标相互作用的强度取决于目标分子和适配体的结构性质（Deng 等，2014）。如前所述，适配体可以形成多种结构基序，如发夹、凸起、假结和 G-四链体（Riccitelli 等，2010）。基于这些构象，适配体可以通过氢键、静电相互作用、疏水相互作用、π-π 堆积、范德华力或这些力的组合与目标结合（Tan 等，2016）。除了这些不同类型的相互作用外，适配体的延展性，无论适配体是刚性的还是柔性的，都会影响适配体与其相应靶标的结合。当假定适配体是刚性的时，适配体与目标表位结合而不发生任何结构变化，其过程类似于锁钥模型。然而，当假定适配体是柔性的时候，适配体可以改变其结构以适应目标表位（Hayashi 等，2014）。综上所述，分子对接提供了对适配体-靶相互作用的更深入理解，这有助于优化和合理设计 DNA 适配体（Hermann 等，2000；Tereshko 等，2003）。

表 8.1 列举了各种可靠的分子对接模拟程序，如 GRAMM（Bruno 等，2011）、Hex（Hu 等，2019）、ZDOCK（Yarizadeh，2019）、HADDOCK（Khan 等，2019）、PatchDock（Bruno，2019）、NPDock（Kakoti 等，2017）、AutoDockTools（Mousivand 等，2020）、AutoDock（Jokar 等，2017）和 AutoDock Vina（Zavyalova 等，2020）。大多数对接程序都是基于互联网的服务器，或者是学术机构方便下载的程序。

表 8.1　分子对接程序总结

对接程序	简单描述	参考文献
GRAMM	几何学采用基于相关技术和傅里叶变换的算法，在六维分子表面互补方法中评估可能的相互作用位点	Katchalski-Katzir 等，1992；Tovchigrechko 等，2006
Hex	基于球面极性傅里叶相关法的分子对接算法	Ritchie 等，2000；Ritchie 等，2010
ZDOCK	基于快速傅里叶变换方法的刚体对接算法，采用空间自由度的三维网格搜索	Pierce 等，2014；Wang 等，2019
HADDOCK	基于生物化学和生物物理信息驱动对接方法的高模糊度驱动对接，可执行刚体对接和半柔性优化	de Vries 等，2010；van Dijk 等，2006
PatchDock	基于几何的分子对接算法，采用形状互补原理和局部特征匹配	Schneidman-Duhovny 等，2005
NPDock	基于统计势的分子对接算法	Tuszynska 等，2015
AutoDockTools	基于网格的对接算法	Forli 等，2016
AutoDock	基于经典分子力学力场的分子对接算法	Cosconati 等，2010；Tanchuk 等，2016

续表

对接程序	简单描述	参考文献
AutoDock Vina	采用基于知识的势函数和经验评分函数的分子对接算法	Cosconati，2010；Tanchuk，2016；Trott 等，2010
HDOCK	基于模板建模和自由对接的混合对接算法	Yan 等，2017

8.7.1 GRAMM

Katchalski-Katzir 及其同事率先将 GRAMM 引入分子对接研究，这也是最早开发的分子对接软件。多年来，GRAMM 程序的可下载版本，一直可以与各种平台（如 Linux 和 Windows）兼容（Tovchigrechko，2006）。GRAMM 是一种基于几何的算法，它采用相关技术（correlation technique）和傅里叶变换（Fourier transformation）的刚性对接方法，以六维分子表面互补方法评估可能的相互作用位点（Katchalski-Katzir，1992）。刚性对接通过将 DNA 视为单个静止分子，同时通过旋转和平移变换改变整体坐标，从而假定 3D DNA 序列与目标结合（Gabb 等，1997）。GRAMM 对接算法应用了一个自动化系统，包括原子坐标、基于傅里叶变换的计算和三维分子定向扫描导出的三维适配体-目标复合体的数字表示。除此之外，默认参数也随时可用，每次对接不需要重新调整。GRAMM 的另一个重要亮点是，计算时间与 $k\ln(k)$ 近似成正比，其中 k 是络合物中的原子数。因此，GRAMM 提供了一系列相关值，这些值基于使用统计电位的评分和排名，指示适配体和配体之间的几何匹配程度（Katchalski-Katzir，1992）。界面和安装的简单性，以及它在 Windows 平台上的可用性，是研究人员广泛应用 GRAMM 开发 DNA 适配体的主要原因。Phan 等应用 GRAMM 程序将 93del 二聚体 DNA 四链体与其目标四聚体 HIV-1 整合酶对接。他们的结果证明，二聚体 DNA 四链体可以靶向 HIV-1 整合酶二聚体亚单位间界面的通道（Phan Anh 等，2005）。GRAMM 还被用于将 CTx 2R-2h 适配体与其靶标-人类 I 型骨胶原蛋白的氨基酸 C 端肽（C-telopeptide，CTx）对接（Bruno，2011）。

8.7.2 Hex

与使用快速傅里叶变换（fast Fourier transformation，FFT）的 GRAMM 算法相比，在 Hex 对接中使用球面极性傅里叶相关法（spherical polar Fourier correlation method）大大加快了计算速度（Ritchie，2000）。此外，借助 Hex 网站上提供的刚体（rigid-body）对接服务器，即使是非常大的高分子复合物，也可以进行 *in silico* 对接预测（Ritchie，2003；Ritchie，2010）。最佳适配体-靶标对接复合物的决定因素是根据 Hex 评分函数选择能量最低的构象。例如，Hu 等开发了 DNA 适配体 Pe18S2，可通过 SELEX 以 0.93nmol/L 的 K_d 与孢粉毒素（PTX）结合。然后，他们使用 Hex 程序进行分子对接，以探索 Pe18S2 和 PTX 之间的结合机制。DNA Pe18S2 和 PTX 之间的相互作用能和空间互补结合分数分别测定为-509.9kcal/mol 和-453.4kcal/mol。这些值表明，与其他 SELEX 生成的 DNA 序列相比，Pe18S2 和 PTX 的组合非常稳定（Hu 等，2019）。另一方面，Hex 软件也被用于识别富含鸟嘌呤的四链 DNA 适配体和 HIV-1 整合酶之间的电荷互补性，以得到抗 HIV 适配体（Sgobba 等，2012）。然而，Hex 程序不包含诸如 ZDOCK 软件中的原子成对势项（atomic pairwise potential terms）。

8.7.3 ZDOCK

Chen 和 Weng 在 2002 年将 ZDOCK 开发为一个基于 rigid-body 对接算法的用户友好、界面简单的对接服务器，预测蛋白质复合物结构（Chen 等，2002）。自开发以来，ZDOCK 服务器已经进行了重大改造，以提高其对接效率，其中包括对接算法、对接精度、运行时间、用户界面的升级，以及在分析结果期间对结构和描述的综合查看（Pierce，2014）。目前，ZDOCK 软件是一个自动工具，可以在 DNA 适配体和目标分子之间的平移和旋转空间中搜索所有可能的结合模式。ZDOCK 利用与 GRAMM 类似的快速傅里叶变换算法，对适配体和目标之间的空间自由度进行三维网格搜索（Pierce，2014）。同时，Accelrys Discovery Studio 4.1 软件还提供 ZDOCK 模拟功能（Hsieh 等，2017）。然而，考虑到静电相互作用，它也会对每一对的静电相互作用进行评估。一般来说，ZDOCK 得分最高的对接 pose 是最好的核酸-靶标复合体；ZDOCK 分数越高，表示核酸对靶标的结合亲和力越高（Wang，2019）。

Heiat 等使用 SELEX 分离抗血管紧张素Ⅱ（Ang Ⅱ）的 ssDNA 适配体。然后，使用 ZDOCK 软件分子对接方法确定适配体结构内的结合区域。选择结合 ZDOCK 得分最高为 1311.611 的适配体 FLC112。研究表明，结合作用发生在 FLC112 的中部，而 Ang Ⅱ在适配体的 3D 结构中被明显地包裹起来（Heiat 等，2016）。Hsieh 等使用 ZDOCK 服务器进一步研究了 DNA 适配体与其靶蛋白前列腺特异性抗原之间的相互作用。根据 ZDOCK 评分 42.64 和最小结合自由能-4.1kcal/mol 的结果，适配体 PSAG28 被选为最佳适配体（Hsieh 等，2017）。Vu 等证明 ZDOCK 服务器能够确定 DNA 适配体与来自血小板的生长因子受体 β 的结合位点位于 DNA 适配体的 loop 1 和 loop 3（Vu 等，2018）。除此之外，Yarizadeh 等使用 ZDOCK 服务器模拟了 12 个已报道的针对 CEA 的 DNA 适配体复合物。适配体 G3S1.5 因具有最高的 ZDOCK 评分而被选为检测 CEA 生物标记物的最佳适配体（Yarizadeh 等，2019）。

8.7.4 HADDOCK

HADDOCK（high ambiguity driven docking，HADDOCK）是一种信息驱动的对接方法，具有用户友好的 web 界面。它允许基于生物化学和生物物理信息进行对接，特别引入了模糊交互限制（ambiguous interaction restraints）（Dominguez 等，2003）。它同时执行 rigid-body 对接和半柔性优化（semi-flexible refinement）（van Dijk，2006）。HADDOCK 得分最高的集群被列为每个对接的输出代表。HADDOCK 分数基于分子间能量项的加权总和，如静电作用（electrostatic，Elec）、范德华力（van der Waals，vdW）、去溶剂化（desolvation，Dsolv）和模糊相互作用约束（ambiguous interaction restraints，AIR）能量（van Dijk，2006），计算如式（8.1）所示。

$$\text{HADDOCK 分数} = 1.0\times Elec + 1.0\times vdW + 1.0\times Dsolv + 1.0\times AIR \tag{8.1}$$

最初，HADDOCK 服务器仅用于蛋白质-蛋白质对接。如今，HADDOCK 软件还允许将 DNA 序列用作输入分子（Dominguez，2003）。与 GRAMM、PatchDock 和 Hex 不同，HADDOCK 对接协议由三个主要步骤组成，包括刚体能量最小化、扭角空间（torsion angle space）中的半柔性优化、直接溶剂（explicit solvent）中的最终优化（de Vries，2010）。HADDOCK 被证明有助于在对接期间识别和定位交互界面（van Dijk 等，2010）。使用 HADDOCK 也有一些缺点：尽管 HADDOCK 的半柔性优化阶段是有效的，但它很难预测因带负电碱基逐步滑动（step sliding）而促进的 DNA 沟扩展（DNA groove expansion）（van Dijk，2010）。此外，HADDOCK 需要一个 Unix 环境，包含一个晶体和 NMR 系统作为其结构计算引擎。此外，HADDOCK 过程非常耗时，因为运行可能需要数百个 CPU 小时，需要大型计算机运行（de Vries，2010）。

有许多研究使用 HADDOCK 算法开发 DNA 适配体。Baig 等使用 HADDOCK 将几个 DNA 适配体与结核分枝杆菌（*Mycobacterium tuberculosis*）乙酰羟基酸合酶催化亚基的两个不同活性位点（Mtb-AHAS，除草剂结合位点和 ThDP 结合位点）对接。对接计算的结果表明，DNA 适配体 Mtb-Apt6 和 MtbApt1 在两个结合位点上获得了最佳对接分数。然而，与 Mtb-Apt1 相比，Mtb-Apt6 对 Mtb-AHAS 的亲和力更高（Baig 等，2015）。此外，Khan 等使用 HADDOCK 软件包将 10-mer ssDNA 适配体对接到其靶标——蜡样芽孢杆菌（*Bacillus cereus*）5/B/6 金属-β-内酰胺酶（5/B/6 MBL）上，DNA 适配体与 5/B/6 MBL 上独特的变构结合位点结合（Khan 等，2019）。Moore 等在使用 HADDOCK 开展了 80-mer ssDNA 适配体 M6-2 与其靶蛋白——诺如病毒 GII. 4 悉尼株（noruvirus GII. 4 Sydney，SYV）衣壳蛋白的分子对接。对接模拟显示，M6-2 在病毒衣壳的 N 端 P1 和 P2 结构域有多个结合区，其中一些残基接近受体结合残基（Moore 等，2016）。另一方面，HADDOCK 也被用于将 DNA 适配体与 HER2 蛋白对接，得到的最佳适配体 H7 的最好平均 HADDOCK 评分为 -64.9 ± 5.2（Niazi 等，2018）。Torabi 等利用 HADDOCK 程序预测视黄醇结合蛋白 4（RBP4）与其适配体之间的相互作用模式，适配体 RBA-a 和 RBA-b 的得分分别为-53. 4 和 22. 2。根据得分，可以推测这两种适配体与靶标表现出不同的相互作用模式（Torabi 等，2016）。

8. 7. 5 PatchDock

PatchDock 是一个基于几何学的 Web 服务器。与 GRAMM 对接算法不同，PatchDock 服务器使用局部特征匹配而不是六维变换拟合（six-dimentional transformation fitting），来更高效地确定相互作用位点（Schneidman - Duhovny，2005）。此外，PatchDock 服务器采用高科技数据结构和空间模式检测技术，如几何哈希（geometric hashing）和姿势聚类（poses clustering），以加快计算处理时间，从而可以进行大规模对接实验。一旦 DNA 和目标的 3D 结构以 PDB 格式提交给服务器，PatchDock 就会开始对接过程。接下来，该算法将分子的康诺利点表面（connolly dot surface presentation）划分为凹面（concave patches）、凸面（convex patches）和平面（flat patches）。然后，将互补 patches 进行匹配以生成适配体-靶标复合物。随后，基于几何适配（geometric fit）和原子去溶剂能（atomic desolvation energy）对每个适配体-靶标复合物进行评估打分。最后，应用均方根偏差（RMSD）聚类法确定得分最高的适配体-靶标复合物。最后，用户将收到一封电子邮件，含有一个链接指向一个显示对接结果的网页。在该网页中，用户可以获取得分最高的适配体-靶标复合体的几何分数（geometric score）、去溶剂化能（desolvation energy）、互作区域面积大小和实际刚性转化（actural rigid transformation）。PatchDock 被用于测定人类大脑利钠肽（BNP）与 DNA 适配体的三明治复合物结合特性。Bruno 使用 PatchDock 对接算法将 BNP 对接到 25cF 捕获适配体。然后，基于形状互补性，将捕获适配体 BNP 复合物与 2F 报告适配体对接，形成三明治复合物。25cF 和 2F DNA 适配体均与 BNP 靶点结合，该靶点由不同表位的 32 个氨基酸序列组成（Bruno，2019）。

8.7.6 NPDock

核酸-蛋白质对接（nucleic acid-protein docking，NPDock）是另一种基于网络的核酸-蛋白质复合物分子对接（Tuszynska，2015）。NPDock 服务器使用特定的蛋白质-核酸统计电位（statistical potentials）来评分和选择模拟复合物。NPDock 的计算工作流程包括对接、姿势评分、最佳评分模型的聚类以及最有希望的解决方案的优化。除此之外，NPDock 服务器还提供了用户友好的界面和结果的三维可视化。通过使用 NPDock，Kakoti 和 Goswami 成功得到了人类脂肪酸结合蛋白（FABP3）的特异性 DNA 适配体 N13 和 N53，解离常数分别为（0.0743±0.0142）μmol/L，（0.3337±0.1485）μmol/L。N13 和 N53 DNA 适配体是首次报道的针对人类 FABP3 的适配体（Kakoti 等，2017）。

8.7.7 AutoDockTools

AutoDockTools（ADT）是一个基于网格（grid）的配体-受体对接程序，用于了解配体-受体的结合机制。对接协议由四个主要步骤组成，包括配体和靶标的准备、对接和评分参数的设置、使用图形界面或命令行界面终端运行对接程序、对结果的分析/评估（El-Hachem 等，2017）。输出基于结合能（binding energy）、抑制常数（inhibitory constant，K_i）和有利的相互作用类型（如氢键、疏水和静电相互作用）。除此之外，ADT 还发挥着设置和运行 AutoDock 和 AutoDock Vina 的图形前端作用。ADT 将极性氢原子添加到蛋白质中，然后为 AutoDock Vina 生成对接输入文件。Sadeghi 等使用 ADT 将 Flu-Mag-SELEX 方法产生的适配体-125 与靶标氟苯尼考 FF（Florfenicol FF）对接（Sadeghi 等，2018）。ADT 也被用于预测黄曲霉毒素 B_1（AFB_1）与其 DNA 适配体 F20 之间的结合能、结合位点和相互作用模式，在该研究中，F20 与 AFB_1 结合，对接能量为 7.14kcal/mol，对接模拟显示，AFB_1 的呋喃环（furan ring）、香豆素（coumarin）和羰基通过小凹槽（minor groove）与 F20 相互作用。此外，适配体 F20 的结合位点位于环区和茎区，根据预测，适配体通过氢键和疏水作用与 AFB_1 相互作用（Mousivand，2020）。

8.7.8 AutoDock 与 AutoDock Vina

与刚性对接（rigid docking）不同，AutoDock 和 AutoDock Vina 程序在一个确定的

结合口袋中实现柔性对接。两个程序共享相同的 PDB 文件输入格式。已知结构的结合位点信息是 AutoDock 和 AutoDock Vina 对接程序输入时的先决条件。AutoDock 是一款分子对接软件，可用于 DNA 适配体-靶标对接（Cosconati，2010；Tanchuk，2016）。它提供了自由能预测的精度，标准偏差为 2~3kcal/mol（Huey 等，2007）。AutoDock 评分功能基于 AMBER 力场和 Lamarckian 遗传算法。然而，AutoDock 的使用需要编程方面的知识。

AutoDock Vina 是一个开源分子对接工具，主要由基于知识的势函数（potentials）和经验评分函数组成（Tanchuk，2016）。AutoDock Vina 优于 AutoDock 的特性，主要是提高了对接速度、精度和性能。与 AutoDock 不同，AutoDock Vina 计算栅格贴图（grid map）和簇（clusters）以快速自动生成结果。此外，通过在多核（multi-core）机器上执行多线程（multithreading），AutoDock Vina 可以进一步加快对接过程（Trott，2010）。此外，AutoDock Vina 还确定了适配体-靶标复合物的经验评分函数和亲和力测量。使用该软件时，输入文件必须为 pdbqt 格式（包含原子电荷、原子类型定义和配体的附加拓扑信息，如可旋转键）。为了评估评分功能，将去除水分子。在蛋白质表位（epitope）周围设置一个带有尺寸点（dimensional points）的网格框（grid box）是进行对接的必要条件。筛选排名最佳的分子对接结果，以选择适配体-目标复合物的最适初始结构。然而，AutoDock 和 AutoDock Vina 的评分功能差异很大。AutoDock 评分函数基于经典分子力学力场，而 AutoDock Vina 评分函数基于“机器学习”形式，而不是任何物理模型。就对接能力而言，AutoDock Vina 是所有对接方法中最好的（Gaillard，2018）。由于 AutoDock 和 AutoDock Vina 的优势，它们被广泛用于针对多种靶标的 DNA 适配体研究，例如，HIV-1 gp120 糖蛋白、二嗪农、L-精氨酸酰胺、啶虫脒、肝细胞生长因子的 C-Met 蛋白、荧光团修饰的三磷酸腺苷、野生型表皮生长因子受体（EGFR）、EGFRvⅢ、玉米赤霉烯酮、对氧磷、c-MYC Pu22 G-四链体、抗神经兴奋肽、德克萨斯红荧光素、内分泌干扰物（如双酚 A、17-β-雌二醇、多氯联苯 72）。与所有对接程序相比，AutoDock 是 DNA 适配体开发中最受欢迎的程序。

8.7.9 HDOCK

HDOCK 是基于模板建模和自由对接的混合对接算法的新型 web 服务器。该服务器支持蛋白质-蛋白质和蛋白质-DNA/RNA 对接，并接受蛋白质的序列和结构输入。对接过程很快，一次对接运行需要 10~20min。截至 2022 年，在 pubmed 上引用 HDOCK 服务器的文献多达 126 篇。

8.8 DNA 适配体对接实例

模拟靶标：赭曲霉毒素 OTA

操作系统：Windows 10

适配体序列：（5′-3′）GAT CGG GTG TGG GTG GCG TAA AGG GAG CAT CGG ACA

本地软件：Chemoffice；Discovery Studio 2021

分子对接服务器：HDOCK

浏览器：Firefox 或者 Opera（当页面无法正常显示时，可自行咨询网络建议）

对接流程：参考 Heiat，*et al.*，2016 的方法并做了一些修改

8.8.1 OTA 3D 结构构建

打开 Chemoffice 软件的 Chem3D 模块，从主菜单中，进入“online”，选择“Find Structure from Name at ChemACX. com”，输入“Ochratoin A”，在联网状态下即可得到 OTA 的 3D 结构，如图 8.2（a）所示。

然后进行能量最小化，从主菜单中选择“calculation”，选择“MM2 - Mininize Energy”，得到如图 8.2（b）所示 OTA 3D 结构，及如图 8.2（c）所示能量结构最小化数据。将文件保存为 PDB 格式；至此，得到了 OTA 的 3D 结构，接下来进行 OTA 适配体的建模。

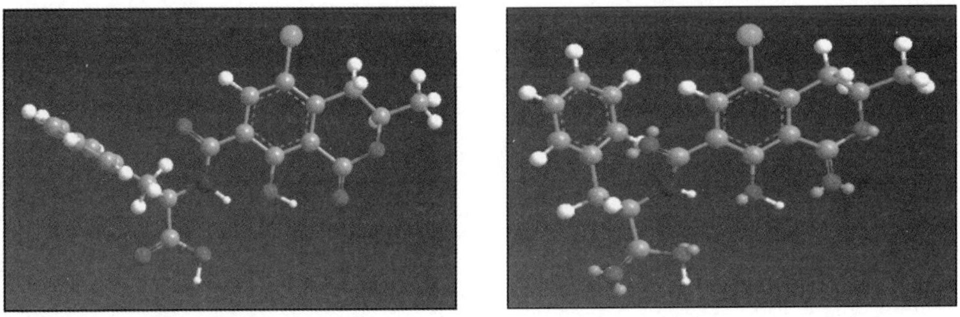

（a）　　　　（b）

Stretch:	2.6858
Bend:	9.5951
Stretch-Bend:	0.1784
Torsion:	-5.7508
Non-1,4 VDW:	-13.5185
1,4 VDW:	22.4713
Dipole/Dipole:	-3.4499
Total Energy:	12.2115kcal/mol
Calculation ended	

（c）

图 8.2　OTA 3D 结构构建

（a）OTA 的 3D 结构　（b）OTA 能量最小化后 3D 结构　（c）结构能量最小化数据

8.8.2 OTA 适配体建模过程

8.8.2.1 适配体二级结构预测

打开 Mfold 网站，因为要对 DNA 形式的适配体进行建模，所以选择 DNA Folding

Form。

输入序列的名称：OTAaptamer 和适配体序列（DNA），选择“Format Sequence”，得到如图 8.3（a）所示界面。

在设置参数时，参数选择可以根据实验需要进行调整。本节操作全部选择默认，如图 8.3（b）所示。最后在页面最下方，选择“Fold DNA”；在新弹出的图 8.2（c）所示界面中，一共得到了 5 个二级结构预测结果。选择 ΔG 最小的 Structure 1，如图 8.3（d）所示，可将不同格式的文件下载，选择 .png 观察。将此二级结构的 Vienna 文件保存到本地（该文件后缀为 .b）。

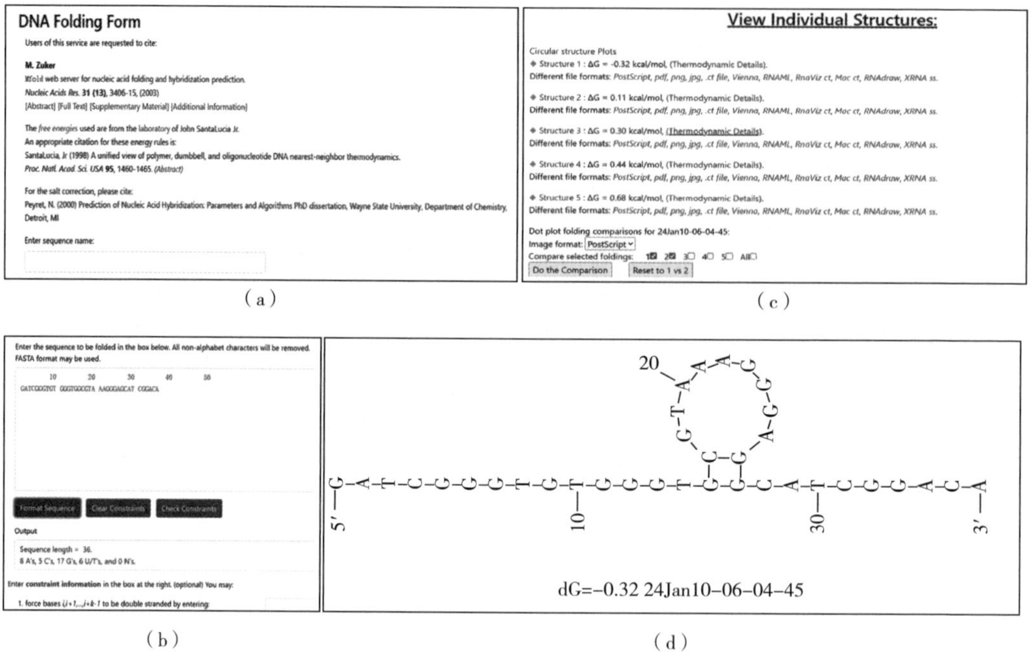

图 8.3 适配体二级结构预测

（a）预测初始界面 （b）参数设置界面 （c）结果输出界面 （d）OTA 二级结构预览界面

8.8.2.2 适配体 RNA 形式 3D 建模

打开 RNA Composer 网站，点击网站左侧“Tools”栏，如图 8.4（a）所示。

在“Input：secondary structure in CT format”中选择“Upload file”，从本地文件中选择上一步得到的 .b 后缀文件（Vienna 文件），即可得到该适配体的点括号格式，如图 8.4（b）所示，在 RNA Composer 网站中，点击“Home”按钮回到主界面，如图 8.4（c）所示。

在对话框中，有三个示例输入格式，在本示例中，选择第一种格式，并将适配体序列中所有的“T”手动更改为“U”；二级结构预测方法选择“RNAfold”；最后输入个人的邮箱（必须）接收 RNA 建模结果，如图 8.4（d）所示。

输入个人邮箱后，点击“Compose”，RNA Composer 服务器开始自动进行 RNA 格式的 3D 模型预测，此过程一般不超过 1min；本次得到了 1 个模型，结果如图 8.4（e）所示。

将页面最下方的“OTAaptamer. pdb”文件下载为本地文件。此步即完成了 OTA 适配体的 RNA 形式 3D 模型构建，下面进行适配体 RNA 形式 3D 模型的能量最小化，在 Discovery Studio Client 中，打开“OTAaptamer. pdb”文件，在“Tools”菜单下选择“Minimization”，进入如图 8.4（f）所示界面。

在“Algorithm”中选择“Powell”，Max Steps 选择 30000；其他均为默认参数，点击“Run”，如图 8.4（g）所示选择“Yes”；软件自动开始进行能量最小化处理。

至此，得到了能量最小化之后的适配体 RNA 形式 3D 模型。

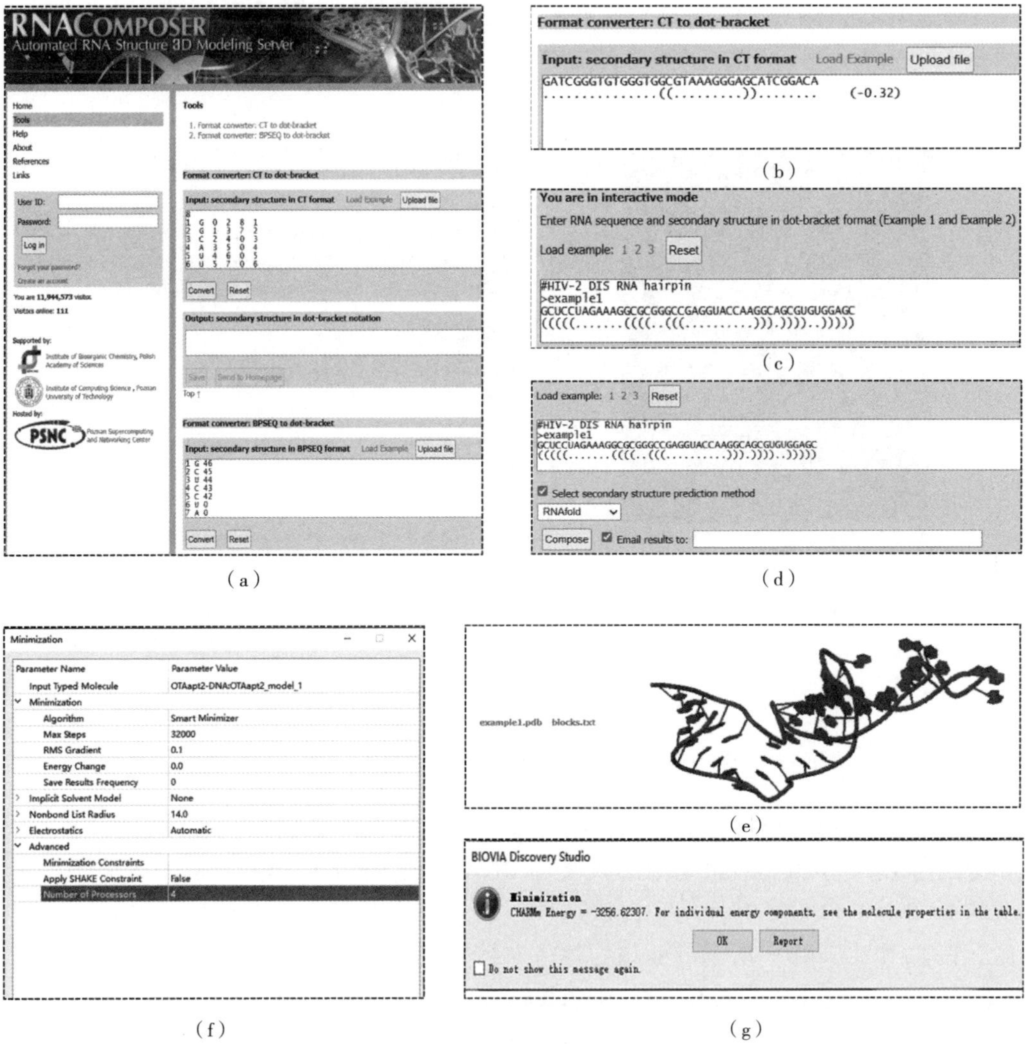

图 8.4 适配体 RNA 形式 3D 建模

（a）网站初始界面 （b）序列点括号形式结果界面 （c）主界面 （d）参数设置界面
（e）模型输出界面 （f）Minimization 结果界面 （g）Yes 选择界面

8.8.2.3　适配体 RNA 形式 3D 模型转变为 DNA 形式 3D 模型

在 Discovery Studio（以下简称 DS）中，将适配体 RNA 格式的 3D 分子结构修改为 ssDNA；具体步骤包括：

①在 DS 中，单独打开该 PDB 格式文件，选择所有核糖的 2′碳原子上的氧原子）并全部替换为氢原子；

②将所有的尿嘧啶转为胸腺嘧啶：所有的尿嘧啶的 5-碳原子上创建甲基取代，以便用碳原子取代所有 U 的 5-氢（附在尿嘧啶嘧啶环的 5-碳原子上的氢），并在新生成的碳上加上 3 个氢原子；

③保存修改后的 PDB 格式文件，该文件即为 ssDNA 3D 结构文件；

④结构优化：使用 Powell 算法，步数 32000，进行能量最小化。

最终得到的适配体 DNA 形式 3D 模型及能量最小化结果如图 8.5 所示。

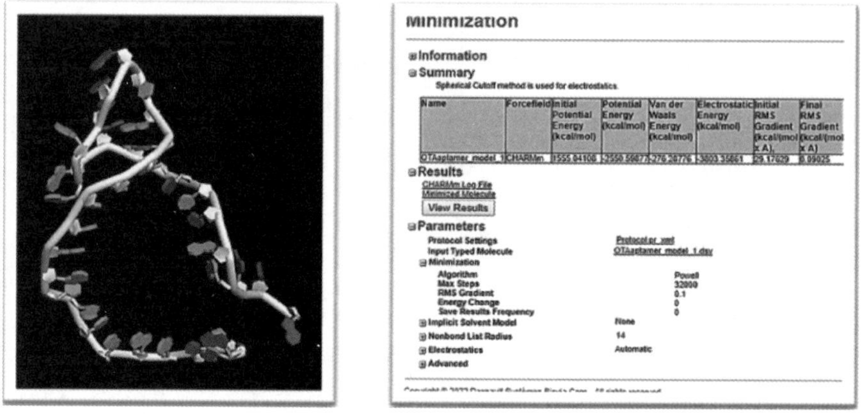

（a）　　（b）

图 8.5　适配体 RNA 形式 3D 模型转变为 DNA 形式 3D 模型
（a）适配体 DNA 形式 3D 模型　（b）能量最小化结果

8.8.2.4　使用 HDOCK 服务器进行 OTA 与适配体的分子对接

打开 HDOCK 服务器，如图 8.6（a）所示。

分别将 OTA 作为 Ligand 分子，适配体 DNA 形式 3D 文件作为 Receptor 分子，上传相应的 PDB 格式文件。其他均为默认选项；输入个人邮箱以便接收对接结果。对接开始后，在如图 8.6（b）所示界面耐心等待对接完成。

对接完成后出现如图 8.6（c）所示界面。

点击“All the results in a package”下载所有的对接结果（解压缩之前不要更改压缩包的名称，否则无法正常显示压缩包里的内容）；HDOCK 默认会给出排名前 100 的对接结果。在 HDOCK 网页界面可以通过调整“style”“color”等选项调整观察结果；本书操作时，选中了排名前 10 的 model；Receptor Style 选择“Surface”；Ligand Style 选择“Licorice”，得到如图 8.6（d）所示结果。

将从压缩包得到的 100 个对接结果，取前 10 名，在 DS 软件中打开，得到如图 8.6（e）所示示意图。

通过 DS 软件分析，可以看出参与 OTA 与适配体对接的相互作用力的种类和相应基团，如图 8.6（f）所示。

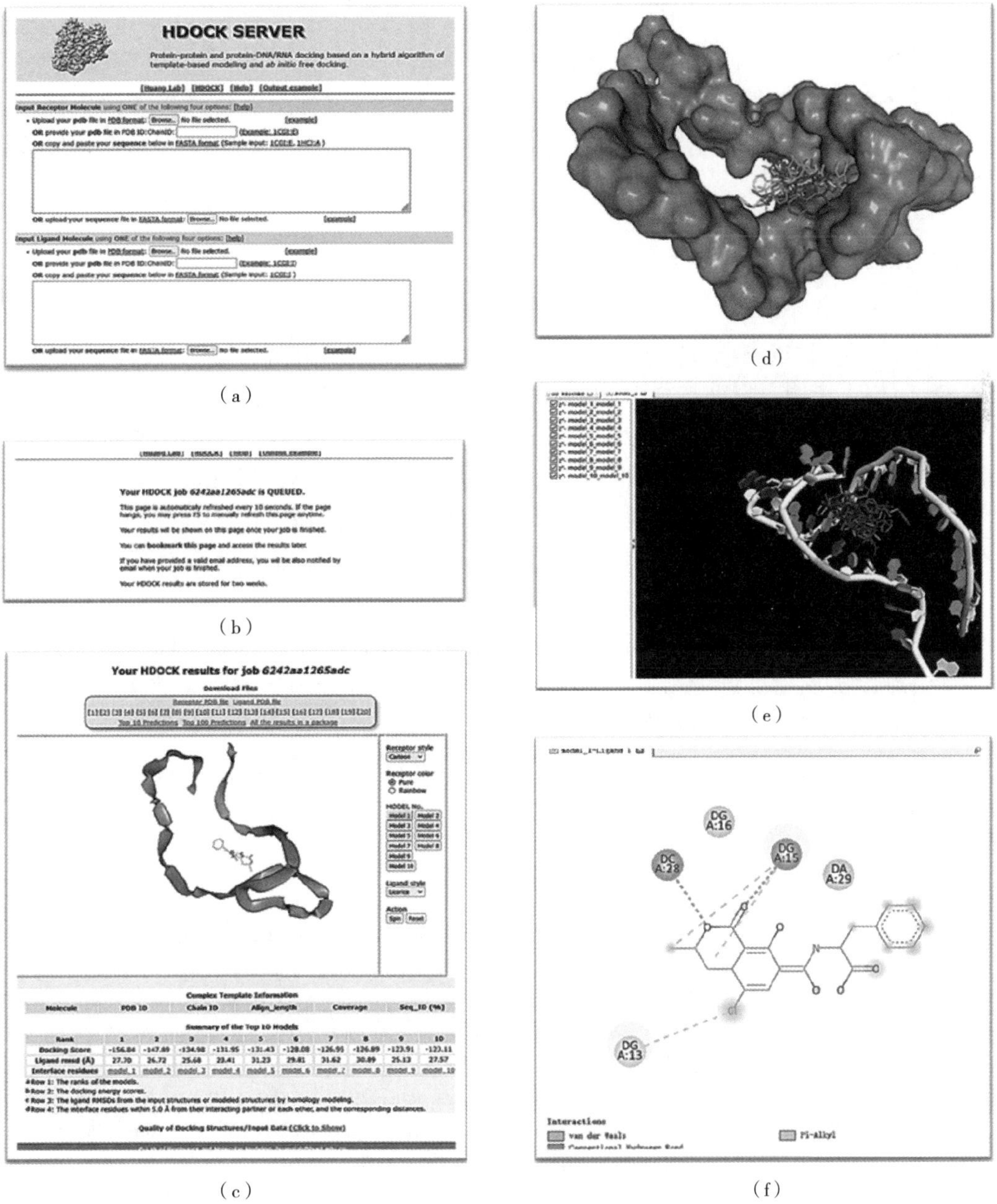

图 8.6　分子对接演示

（a）HDOCK 服务器原始界面　（b）对接结果等待界面　（c）对接结果展示界面

（d）适配体-配体对接位点展示界面　（e）对接结果在 DS 软件中展示界面　（f）相互作用力分析 2D 展示结果

8.9 *in silico* 技术应用于 DNA 适配体开发的局限性

计算机对接方法也受到一些限制。首先，DNA 适配体开发缺乏计算资源，因为几乎所有开发的软件都是针对 RNA 适配体的。其次，使用计算机方法生成 DNA 适配体的能力仅依赖于先前选择的良好表征的 DNA 适配体作为起始模板。鉴于当前的 DNA 适配体数据库仍然有限，这是不切实际的。第三，模拟高度复杂的 SELEX 条件，例如，金属离子浓度、温度和各种生物流体的组成，仍然是计算机对接的挑战。此外，计算机对接方法主要缺点在于硬件的计算能力。尽管存在局限性，但计算机方法仍然是扩展对 DNA 适配体-靶标相互作用知识的有力方法，并且代表了未来 DNA 适配体开发的非常有前景的策略。

8.10 总结与展望

DNA 适配体生成中的计算机方法正在成为一种方便的策略，可以更深入地了解适配体-靶标相互作用。目前，大多数可用的分子对接程序更适合 RNA 适配体生成，适用于 DNA 适配体对接的软件有待进一步开发。此外，还应开发一种方法来选择合适的“原始候选者”用于适配体生成而不依赖于预先存在的适配体，以促进计算机辅助的全过程 SELEX 程序。近年，机器学习方法（例如贝叶斯优化和强化学习）加速了抗体和药物筛选（Chandak 等，2020；Magar 等，2020）。同样，也希望机器学习方法也可以加速 DNA 适配体领域的发展。另外，目前在功能核酸领域，G4s、i-motifs 以及劈裂适配体、双链适配体和双靶标竞争适配体的复杂结构很难预测。并且，现有的计算机软件工具仍难以实现精准的核酸二级结构预测，且无法综合考虑复杂的环境因素影响，如温度、pH、离子种类及浓度等。在实验中，计算机辅助的分子对接预测还应当与相应的实验验证手段相结合，如圆二色光谱、核磁共振波谱等，理论与实践相互佐证与指导，助力功能核酸多能性的发展并促进其进一步的广泛应用。

参考文献

AlShamaileh H, Wang T, Xiang D, et al. Aptamer-mediated survivin RNAi enables 5-fluorouracil to eliminate colorectal cancer stem cells [J]. Sci Rep, 2017, 7 (1): 5898.

Antunes D, Jorge NAN, Caffarena ER, et al. Using RNA sequence and structure for the prediction of riboswitch aptamer: a comprehensive review of available software and tools [J]. Front Genet, 2018, 8: 231.

Baig IA, Moon JY, Lee SC, et al. Development of ssDNA aptamers as potent inhibitors of mycobacterium tuberculosis acetohydroxyacid synthase [J]. Biochim Biophys acta, 2015, 1854 (10 Pt A): 1338-1350.

Bock LC, Griffin LC, Latham JA, et al. Selection of single-stranded DNA molecules that bind and inhibit human thrombin [J]. Nature, 1992, 355 (6360): 564-566.

Boniecki MJ, Lach G, Dawson WK, et al. SimRNA: a coarse-grained method for RNA folding simulations and, 3D structure prediction [J]. Nucleic Acids Res, 2016, 44 (7): e63.

Breaker RR. DNA aptamers and DNA enzymes [J]. Curr Opin Chem Biol, 1997, 1 (1): 26-31.

Bruno JG. Integration of multiple computer modeling software programs for characterization of a brain natriuretic peptide sandwich DNA aptamer complex [J]. J Mol Recognit, 2019, 32 (12): e2809.

Bruno JG, Carrillo MP, Phillips T, et al. DNA aptamer beacon assay for C-telopeptide and handheld fluorometer to monitor bone resorption [J]. J Fluoresc, 2011, 21 (5): 2021.

Cai S, Yan J, Xiong H, et al. Investigations on the interface of nucleic acid aptamers and binding targets [J]. The Analyst, 2018, 143 (22): 5317-5338.

Cha GW, Cho JE, Ju YR, et al. Comparison of four serological tests for detecting antibodies to Japanese encephalitis virus after vaccination in children [J]. Osong Public Health and Research Perspectives, 2014, 5 (5): 286-291.

Chandak T, Mayginnes JP, Mayes H, et al. Using machine learning to improve ensemble docking for drug discovery [J]. Proteins: Structure, Function, and Bioinformatics, 2020, 88 (10): 1263-1270.

Chen JL, Bellaousov S, Tubbs JD, et al. Nmr-assisted prediction of secondary structure for RNA: incorporation of direction-dependent chemical shift constraints [J]. Biochemistry, 2015, 54 (45): 6769-6782.

Chen R, Weng Z. Docking unbound proteins using shape complementarity, desolvation, and electrostatics [J]. Proteins, 2002, 47 (3): 281-294.

Chiu A, Sankarapani V, Drabek R, et al. Inhibition of vitamin C oxidation by DNA aptamers [J]. Aptamers, 2018, 2: 28-35.

Citartan M, Kaur H, Presela R, et al. Aptamers as the chaperones (aptachaperones) of drugs-from siRNAs to DNA nanorobots [J]. Int J Pharmaceut, 2019, 567: 118483.

Cosconati S, Forli S, Perryman AL, et al. Virtual screening with autodock: theory and practice [J]. Expert Opin Drug Dis, 2010, 5 (6): 597-607.

Curtale G, Citarella F. Dynamic nature of noncoding RNA regulation of adaptive immune response [J]. Int J Mol Sci, 2013, 14 (9): 17347-17377.

de Vries SJ, van Dijk M, Bonvin AM. The HADDOCK web server for data-driven biomolecular docking [J]. Nat Protoc, 2010, 5 (5): 883-897.

Deng B, Lin Y, Wang C, et al. Aptamer binding assays for proteins: the thrombin example—a review [J]. Anal Chim Acta, 2014, 837: 1-15.

Dolati S, Ramezani M, Nabavinia MS, et al. Selection of specific aptamer against enrofloxacin and fabrication of graphene oxide based label-free fluorescent assay [J]. Anal Biochem, 2018, 549: 124-129.

Dominguez C, Boelens R, Bonvin AM. HADDOCK: a protein-protein docking approach based on biochemical or biophysical information [J]. J Am Chem Soc, 2003, 125 (7): 1731-1737.

El-Hachem N, Haibe-Kains B, Khalil A, et al. AutoDock and AutoDockTools for protein-ligand docking: beta-site amyloid precursor protein cleaving enzyme, 1 (BACE1) as a case study [J]. Methods Mol Biol, 2017, 1598: 391-403.

Ellington AD, Szostak JW. *In vitro* selection of RNA molecules that bind specific ligands. Nature, 1990, 346 (6287): 818-822.

Forli S, Huey R, Pique ME, et al. Computational protein-ligand docking and virtual drug screening with the autodock suite [J]. Nat Protoc, 2016, 11 (5): 905-919.

Gabb HA, Jackson RM, Sternberg MJE. Modelling protein docking using shape complementarity, electrostatics and biochemical information [J]. J Mol Biol, 1997, 272 (1): 106-120.

Gaillard T. Evaluation of AutoDock and AutoDock Vina on the CASF-2013 benchmark [J]. J Chem Inf Model, 2018, 58 (8): 1697-1706.

Gelinas AD, Davies DR, Janjic N. Embracing proteins: Structural themes in aptamer-protein complexes [J]. Curr Opin Struc Biol, 2016, 36: 122-132.

Hayashi T, Oshima H, Mashima T, et al. Binding of an RNA aptamer and a partial peptide of a prion protein: crucial importance of water entropy in molecular recognition [J]. Nucleic Acids Res, 2014, 42 (11): 6861-6875.

Heiat M, Najafi A, Ranjbar R, et al. Computational approach to analyze isolated ssDNA aptamers against angiotensin ii [J]. J Biotechnol, 2016, 230: 34-39.

Hermann T, Patel DJ. Adaptive recognition by nucleic acid aptamers [J]. Science, 2000, 287

(5454): 820–825.

Hira ZM, Gillies DF. A review of feature selection and feature extraction methods applied on microarray data [J]. Adv Bioinformatics, 2015, 2015: 198363.

Hoinka J, Zotenko E, Friedman A, et al. Identification of sequence–structure RNA binding motifs for SELEX–derived aptamers [J]. Bioinformatics, 2012, 28 (12): i215–i223.

Hsieh PC, Lin HT, Chen WY, et al. The combination of computational and biosensing technologies for selecting aptamer against prostate specific antigen [J]. BioMed Res Int, 2017, 2017: 5041683.

Hu B, Zhou R, Li Z, et al. Study of the binding mechanism of aptamer to palytoxin by docking and molecular simulation [J]. Sci Rep, 2019, 9 (1): 15494.

Huey R, Morris GM, Olson AJ, et al. A semiempirical free energy force field with charge – based desolvation [J]. J Comput Chem, 2007, 28 (6): 1145–1152.

Jeddi I, Saiz L. Three – dimensional modeling of single stranded DNA hairpins for aptamer – based biosensors [J]. Sci Rep, 2017, 7 (1): 1178.

Jokar M, Safaralizadeh MH, Hadizadeh F, et al. Design and evaluation of an apta–nano–sensor to detect acetamiprid in vitro and *in silico* [J]. J Biomol Struct Dyn, 2016, 34 (11): 2505–2517.

Jokar M, Safaralizadeh MH, Hadizadeh F, et al. Apta–nanosensor preparation and *in vitro* assay for rapid diazinon detection using a computational molecular approach [J]. Journal of Biomolecular Structure and Dynamics, 2017, 35 (2): 343–353.

Kakoti A, Goswami P. Multifaceted analyses of the interactions between human heart type fatty acid binding protein and its specific aptamers [J]. Biochim Biophys Acta, 2017, 1861 (1 Pt A): 3289–3299.

Katchalski–Katzir E, Shariv I, Eisenstein M, et al. Molecular surface recognition: determination of geometric fit between proteins and their ligands by correlation techniques [J]. P Natl A Sci, 1992, 89 (6): 2195–2199.

Khan NH, Bui AA, Xiao Y, et al. A DNA aptamer reveals an allosteric site for inhibition in metallo–beta–lactamases [J]. PLoS One, 2019, 14 (4): e0214440.

Khan NI, Maddaus AG, Song E. A low–cost inkjet–printed aptamer–based electrochemical biosensor for the selective detection of lysozyme [J]. Biosensors, 2018, 8 (1): 7.

Kruspe S, Mittelberger F, Szameit K, et al. Aptamers as drug delivery vehicles [J]. Chem Med Chem, 2014, 9 (9): 1998–2011.

Kwon J, Lee Y, Lee T, et al. Aptamer–based field–effect transistor for detection of avian influenza virus in chicken serum [J]. Anal Chem, 2020, 92 (7): 5524–5531.

Laing C, Schlick T. Computational approaches to RNA structure prediction, analysis, and design [J]. Curr Opin in Struc Biol, 2011, 21 (3): 306–318.

Lakhin AV, Tarantul VZ, Gening LV, Aptamers: problems, solutions and prospects [J]. Acta Naturae, 2013, 5 (4): 34–43.

Li WM, Wang S, Zhou LL, et al. An ssDNA aptamer selected by cell–SELEX for the targeted imaging of poorly differentiated gastric cancer tissue [J]. Talanta, 2019, 199: 634–642.

Magar R, Yadav P, Farimani AB. Potential neutralizing antibodies discovered for novel corona virus using machine learning [J]. Sci Rep, 2020, 11 (1): 5261.

Mairal T, Ozalp VC, Lozano Sanchez P, et al. Aptamers: molecular tools for analytical applications [J]. Anal Bioanal Chem, 2008, 390 (4): 989–1007.

Moore MD, Bobay BG, Mertens B, et al. Human norovirus aptamer exhibits high degree of target conformation–dependent binding similar to that of receptors and discriminates particle functionality [J]. Am Soc Microbil, 2016, 1 (6): 1–15.

Mortimer SA, Kidwell MA, Doudna JA. Insights into RNA structure and function from genome – wide studies [J]. Nat Rev Genet, 2014, 15 (7): 469–479.

Mousivand M, Anfossi L, Bagherzadeh K, et al. *In silico* maturation of affinity and selectivity of DNA aptamers against aflatoxin B1 for biosensor development [J]. Anal Chim Acta, 2020, 1105: 178–186.

Niazi S, Purohit M, Sonawani A, et al. Revealing the molecular interactions of aptamers that specifically bind to the extracellular domain of HER2 cancer biomarker protein: an *in silico* assessment. J Mol Graph Model, 2018, 83: 112-121.

Patel DJ, Suri AK, Jiang F, et al. Structure, recognition and adaptive binding in RNA aptamer complexes [J]. J Mol Biol, 1997, 272 (5): 645-664.

Phan Anh T, Kuryavyi V, Ma JB, et al. An interlocked dimeric parallel-stranded DNA quadruplex: A potent inhibitor of HIV-1 integrase [J]. P Natl A Sci, 2005, 102 (3): 634-639.

Pierce BG, Wiehe K, Hwang H, et al. Zdock server: Interactive docking prediction of protein-protein complexes and symmetric multimers [J]. Bioinformatics, 2014, 30 (12): 1771-1773.

Popenda M, Szachniuk M, Antczak M, et al. Automated 3D structure composition for large RNAs [J]. Nucleic Acids Res, 2012, 40 (14): e112.

Raducanu VS, Rashid F, Zaher MS, et al. A direct fluorescent signal transducer embedded in a DNA aptamer paves the way for versatile metal-ion detection [J]. Sens Actuator, 2020, 304 (Feb.): 127376. 1-127376. 11.

Riccitelli NJ, Lupták A. Computational discovery of folded RNA domains in genomes and *in vitro* selected libraries [J]. Methods, 2010, 52 (2): 133-140.

Ritchie DW. Evaluation of protein docking predictions using Hex 3. 1 in capri rounds 1 and 2 [J]. Proteins, 2003, 52 (1): 98-106.

Ritchie DW, Kemp GJL. Protein docking using spherical polar fourier correlations [J]. Proteins, 2000, 39 (2): 178-194.

Ritchie DW, Venkatraman V. Ultra-fast fft protein docking on graphics processors [J]. Bioinformatics, 2010, 26 (19): 2398-2405.

Sabri MZ, Abdul Hamid AA, Sayed Hitam SM, et al. *In silico* screening of aptamers configuration against hepatitis B surface antigen [J]. Adv Bioinformatics, 2019, 2019: 6912914.

Sabri MZ, Abdul Hamid AA, Sayed Hitam SM, et al. *In-silico* selection of aptamer: a review on the revolutionary approach to understand the aptamer design and interaction through computational chemistry [J]. Mater Today-Proc, 2019, 19: 1572-1581.

Sadeghi AS, Mohsenzadeh M, Abnous K, et al. Development and characterization of DNA aptamers against florfenicol: fabrication of a sensitive fluorescent aptasensor for specific detection of florfenicol in milk [J]. Talanta, 2018, 182: 193-201.

Savory N, Abe K, Sode K, et al. Selection of DNA aptamer against prostate specific antigen using a genetic algorithm and application to sensing [J]. Biosens Bioelectron, 2010, 26 (4): 1386-1391.

Savory N, Takahashi Y, Tsukakoshi K, et al. Simultaneous improvement of specificity and affinity of aptamers against streptococcus mutans by *in silico* maturation for biosensor development [J]. Biotechnol Bioeng, 2014, 111 (3): 454-461.

Schlick T. Molecular modeling and simulation: an interdisciplinary guide [M]. 2nd edition. New York: Springer, 2010, 21: 1-723.

Schneidman-Duhovny D, Inbar Y, Nussinov R, et al. Patchdock and symmdock: servers for rigid and symmetric docking [J]. Nucleic Acids Res, 2005, 33 (suppl_2): W363-W367.

Sgobba M, Olubiyi O, Ke S, et al. Molecular dynamics of HIV1-integrase in complex with, 93del-a structural perspective on the mechanism of inhibition [J]. J Biomol Struc Dyn, 2012, 29 (5): 863-877.

Sherman M, Contreras L. Computational approaches in design of nucleic acid-based therapeutics [J]. Curr Opin Biotechnol, 2018, 53: 232-239.

Shigdar S, Macdonald J, Connor M, et al. Aptamers as theranostic agents: modifications, serum stability and functionalisation [J]. Sensors-Basel, 2013, 13 (10): 13624-13637.

Si J, Cui J, Cheng J, et al. Computational prediction of RNA-binding proteins and binding sites [J]. Int J Mol Sci, 2015, 16 (11): 26303-26317.

Song C, Chen CT, Che XC, et al. Detection of plant hormone abscisic acid (ABA) using an optical aptamer-based sensor with a microfluidics capillary interface [J]. Proc Ieee Micr Elect: 2017, 370-373.

Stoltenburg R, Krafcikova P, Viglasky V, et al. G-quadruplex aptamer targeting protein A and its capability to detect *Staphylococcus aureus* demonstrated by ELONA [J]. Sci Rep, 2016, 6: 33812.

Su CH, Tsai MH, Lin CY, et al. Dual aptamer assay for detection of *acinetobacter baumannii* on an electromagnetically-driven microfluidic platform [J]. Biosens Bioelectron, 2020, 159: 112148.

Sun LZ, Zhang D, Chen SJ, Theory and modeling of RNA structure and interactions with metal ions and small molecules [J]. Annu Rev Biophy, 2017, 46 (1): 227-246.

Tan SY, Acquah C, Sidhu A, et al. SELEX modifications and bioanalytical techniques for aptamer-target binding characterization [J]. Critical Reviews in Anal Chem, 2016, 46 (6): 521-537.

Tanchuk VY, Tanin VO, Vovk AI, et al. A new, improved hybrid scoring function for molecular docking and scoring based on AutoDock and AutoDock Vina [J]. Chem Biol Drug Des, 2016, 87 (4): 618-625.

Tereshko V, Skripkin E, Patel DJ. Encapsulating streptomycin within a small 40-mer RNA [J]. Chem Biol, 2003, 10 (2): 175-187.

Torabi R, Bagherzadeh K, Ghourchian H, et al. An investigation on the interaction modes of a single-strand DNA aptamer and RBP4 protein: A molecular dynamic simulations approach [J]. Org Biomol Chem, 2016, 14 (34): 8141-8153.

Tovchigrechko A, Vakser IA. GRAMM-X public web server for protein-protein docking [J]. Nucleic Acids Res, 2006, 34 (suppl_2): W310-W314.

Trott O, Olson AJ. AutoDock Vina: Improving the speed and accuracy of docking with a new scoring function, efficient optimization, and multithreading [J]. J Comput Chem, 2010, 31 (2): 455-461.

Tuerk C, Gold L. Systematic evolution of ligands by exponential enrichment - RNA ligands to bacteriophage-T4 DNA-polymerase [J]. Science, 1990, 249 (4968): 505-510.

Tuszynska I, Magnus M, Jonak K, et al. NPDock: A web server for protein-nucleic acid docking [J]. Nucleic Acids Res, 2015, 43 (W1): W425-W430.

van Dijk M, Bonvin AM. Pushing the limits of what is achievable in protein - DNA docking: Benchmarking HADDOCK's performance [J]. Nucleic Acids Res, 2010, 38 (17): 5634-5647.

van Dijk M, van Dijk AD, Hsu V, et al. Information-driven protein-DNA docking using HADDOCK: it is a matter of flexibility [J]. Nucleic Acids Res, 2006, 34 (11): 3317-3325.

Vu CQ, Rotkrua P, Soontornworajit B, et al. Effect of PDGF - B aptamer on PDGFR β/PDGF - B interaction: molecular dynamics study [J]. J Mol Graph Model, 2018, 82: 145-156.

Wang JN, Gao T, Luo Y, et al. *In vitro* selection of a DNA aptamer by cell-SELEX as a molecular probe for cervical cancer recognition and imaging [J]. J Mol Evol, 2019, I87 (2-3): 72-82.

Wang L, Brown SJ. Bindn: A web-based tool for efficient prediction of DNA and RNA binding sites in amino acid sequences [J]. Nucleic Acids Res, 2006, 34 (Web Server issue): W243-248.

Wang QL, Cui HF, Du JF, et al. *In silico* post-SELEX screening and experimental characterizations for acquisition of high affinity DNA aptamers against carcinoembryonic antigen [J]. RSC Adv, 2019, 9 (11): 6328-6334.

Wang T, Chen C, Larcher LM, et al. Three decades of nucleic acid aptamer technologies: lessons learned, progress and opportunities on aptamer development [J]. Biotechnol Adv, 2019, 37 (1): 28-50.

Wang T, Gantier MP, Xiang D, et al. Epcam aptamer-mediated survivin silencing sensitized cancer stem cells to doxorubicin in a breast cancer model [J]. Theranostics, 2015, 5 (12): 1456-1472.

Xia T, SantaLucia J, Burkard ME, et al. Thermodynamic parameters for an expanded nearest-neighbor model for formation of RNA duplexes with Watson-Crick base pairs [J]. Biochemistry, 1998, 37 (42): 14719-14735.

Yan Y, Zhang D, Zhou P, et al. Hdock: A web server for protein-protein and protein-DNA/RNA docking based on a hybrid strategy [J]. Nucleic Acids Res, 2017, 45 (W1): W365-W373.

Yarizadeh K, Behbahani M, Mohabatkar H, et al. Computational analysis and optimization of carcinoembryonic antigen aptamers and experimental evaluation [J]. J Biotechnol, 2019, 306: 1-8.

Ye W, Liu T, Zhang W, et al. Marine toxins detection by biosensors based on aptamers [J]. Toxins (Basel), 2019, 12 (1): 1.

Zavyalova E, Turashev A, Novoseltseva A, et al. Pyrene-modified DNA aptamers with high affinity to wild-type EGFR and EGFRvⅢ [J]. Nucleic Acid Ther, 2020, 30 (3): 175-187.

Zhang WW, Yang FX, Ou DJ, et al. Prediction, docking study and molecular simulation of 3D DNA aptamers to their targets of endocrine disrupting chemicals [J]. J Biomol Struct Dyn, 2019, 37 (16): 4274-4282.

Zhang Y, Lu T, Wang Y, et al. Selection of a DNA aptamer against zearalenone and docking analysis for highly sensitive rapid visual detection with label-free aptasensor [J]. J Agric Food Chem, 2018, 66 (45): 12102-12110.

Zhang ZP, Tian Y, Huang PC, et al. Using target-specific aptamers to enhance the peroxidase-like activity of gold nanoclusters for colorimetric detection of tetracycline antibiotics [J]. Talanta, 2020, 208: 120342.

Zhou JH, Rossi J. Aptamers as targeted therapeutics: Current potential and challenges [J]. Nat Rev Drug Discov, 2017, 16 (3): 181-202.

Zhu Q, Liu G, Kai M. DNA aptamers in the diagnosis and treatment of human diseases [J]. Molecules, 2015, 20 (12): 20979-20997.

Zuker M. On finding all suboptimal foldings of an RNA molecule [J]. Science, 1989, 244 (4900): 48-52.

Zuker M. Mfold web server for nucleic acid folding and hybridization prediction [J]. Nucleic Acids Res, 2003, 31 (13): 3406-3415.

9

核酸适配体

SELEX 过程就像拆“盲盒”，如意或不如意，不断促使研究人员一次又一次地尝试。本章总结了适配体筛选策略、步骤、表征方法、分子模拟技术、裁剪技术和应用前景。重点总结了大分子、小分子和细胞适配体的筛选策略和步骤；总结了 12 种表征方法；分别简单介绍了分子模拟技术和裁剪技术，简要阐述了适配体的应用现状，包括在食品、医疗诊断、分子成像、靶向递送和药物开发等方面的应用。最后，对适配体的性能和功能的优化提出了展望。本章为适配体筛选提供了全面参考。

9.1 概述

自然选择是进化的基本机制之一，由达尔文在150多年前提出。然而，人工体外选择的重要性在很久以后才得到认可。适配体是体外选择的功能分子的一个很好的例子。1990年，两个研究小组独立开发了体外选择和扩增技术，用于分离能够特异性结合靶分子的RNA序列（Ellington等，1990；Tuerk等，1990）。这些功能性RNA寡核苷酸被称为适配体，源自拉丁语“aptus”，意思是“适合”（Jayasena，1999）。后来，还发现了基于DNA的适配体（Ellington等，1992）。适配体是短的单链寡核苷酸（DNA或RNA），通过折叠成三级结构与靶标结合，具有高亲和力和特异性。自发现以来，适配体技术在科学界和工业界受到了极大的关注。经过近20年的努力，DNA和RNA适配体已被确定为与广泛的靶标（例如蛋白质、肽、氨基酸、药物、金属离子甚至整个细胞）紧密结合，特别是随着快速、自动化选择技术的发展（Tombelli等，2007）。适配体通常对其靶标具有高亲和力，这源于它们在与靶分子结合时的折叠能力（即它们可以将小分子掺入其核酸结构中或整合到大分子（例如蛋白质）。

适配体具有许多独特的功能，使其成为比抗体更有效的选择。首先，可以通过体外过程针对合成文库筛选适配体，从而可以靶向任何分子，克服了必须使用细胞系或动物的限制，而抗体则需要使用细胞系或动物。其次，适配体一旦被选中，可以通过聚合酶链反应进行后续扩增，产生大量高纯度的产品。第三，适配体的化学结构简单，易于根据不同目的用官能团进行进一步修饰。最后，适配体比抗体更稳定，使其适用于需要恶劣条件（例如高温或极端pH）的应用。与单克隆抗体类似，适配体可以特异性识别并结合其靶标（Liu等，2021）。因此，在分离后，适配体可用于其靶标的分子识别。因此，适配体具有许多诊断和治疗应用，例如生物传感器和靶向抑制剂。由于制备简单、易于修饰和稳定性，适配体已被用于分子生物学、生物技术和生物医学等多个领域。本章对核酸适配体的筛选、裁剪以及应用进行了全面的介绍（图9.1）。

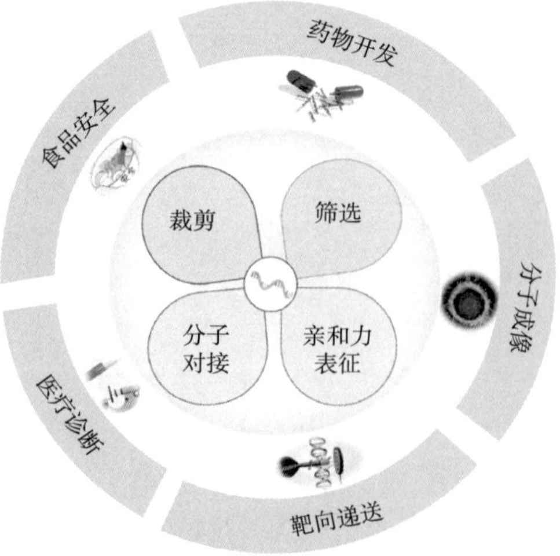

图9.1 核酸适配体

9.2 核酸适配体简介

核酸适配体指的是能够与相应配体，包括但不限于小分子、大分子和细胞，特异性紧密结合的DNA或RNA，由SELEX技术筛选得到。追根溯源，适配体是在仿生学的基础上发展应用的，如RNA适配体，其实质是对非编码RNA的一种模仿。核酸适配体作为一种新型的识别分子，既可以是天然的生物大分子，又可以通过化学合成方法获得。

9.2.1 核酸适配体的筛选

目前，用于适配体的筛选技术有很多，如全细胞SELEX（whole cell-SELEX）、磁珠-SELEX、氧化石墨烯-SELEX、亲和层析SELEX、毛细管电泳SELEX等。根据筛选过程中是否有序列扩增富集，可以将现有的筛选技术分为SELEX筛选和Non-SELEX筛选两大类（Berezovski等，2006；Darmostuk等，2015；Zhuo等，2017）。

大多数的适配体筛选技术属于SELEX，主要包括建立文库、与靶物质孵育、洗脱分离、扩增富集、测序分析等步骤。适配体的筛选文库一般由含有15~40个随机碱基的序列组成，容量为10^{13}~10^{15}，两端为固定序列，便于PCR扩增。在适配体文库与靶标孵育阶段，研究者会根据靶标的特点选用合适的结合缓冲液、清洗缓冲液，这也是筛选过程中需要优化的条件之一。Non-SELEX技术是相较于SELEX技术提出的，传统的SELEX技术在经过洗脱分离步骤后，要使用PCR等技术富集能与靶标结合的核酸序列，扩增出的产物将进入下一轮阳性筛选过程，从而提高适配体序列在核酸序列文库中所占有的比例，最终筛选出解离常数低的适配体序列。与SELEX不同的是，Non-SELEX无需进行PCR等核酸序列扩增步骤，经过2~3次分离、分析筛选步骤后直接得到适配体序列（Ashley等，2012；Yufa等，2015）。

9.2.2 适配体的特点

适配体作为“化学抗体”，其分子质量为5~25kDa，与抗体等检测元件相比，适配体具有以下四个显著的特点。

①筛选周期短：筛选适配体不需要进行动物实验，在体外即可获得目标序列。最常见的适配体筛选技术通常在8~15轮的筛选后得到与靶标结合亲和性和特异性良好的适配体序列，整个周期在1~2个月。而最近诞生的Non-SELEX技术筛选周期更短，与毛细管电泳仪共同使用时可将筛选周期控制在1d左右。

②高亲和性和高特异性：适配体是在容量为10^{13}~10^{15}的核酸文库中进行5~13轮的阳性筛选，最终得到的适配体与靶标共同孵育时，其解离常数可达nmol/L甚至pmol/L水平。由此可见，适配体与靶标的结合能力极强。同时，适配体也具有高特异性，以食源性致病菌为例，研究者通常会选择菌上某个特异性组分，如标志性蛋白、致病毒素等作为筛选靶标，从根本上保证了筛选出的适配体具有特异性，当靶标是全菌时，研究者会在阳性筛选结束后选择3~5种与该菌结构或致病性相似的菌种进行阴

性筛选，使筛选出的适配体具有极高的特异性。

③适用范围广：由于适配体包含 15~40 个随机碱基序列，用于筛选适配体的文库容量极大，因此几乎所有的靶标都能从文库中找到能与其特异性结合的适配体序列（Catuogno 等，2017；Dunn 等，2017）。随着研究者的不断探索，适配体已经应用于食品中危害因子检测、医学药物研发、疾病诊断和治疗等众多研究领域。以检测食品中的危害因子为例，适配体在重金属、农药残留、兽药残留以及食源性致病菌等的检测中都有突出作用。

④对检测环境要求低：作为核酸类物质，适配体能耐高温、耐酸碱性，并且易于储存。与常规检测方法相比，适配体在使用时对检测环境要求低。再者，适配体具有标记稳定性，可在序列末端标记巯基、生物素等基团，因而广泛用于各类生物传感器的搭建。

9.3 核酸适配体的筛选策略

9.3.1 小分子适配体的筛选策略

小分子物质指那些相对分子质量小于 500 的物质，如重金属、抗生素、毒素和激素，这些物质往往可以引起不易察觉但是后果严重的食品安全问题，因此，其痕量检测在食品安全、医疗诊断、环境检测方面具有重要的意义。然而，这些物质的检测通常会涉及到大型仪器的操作，并且需要配备操作熟练的专业人员，例如，重金属的主要检测方法有原子吸收光谱、紫外可见分光光度法、试剂比色检测法等；毒素、抗生素和激素则主要涉及高效液相色谱联用和免疫分析检测技术。适配体特异性强、灵敏度高、货架期长等特点受到了研究者的关注，近年来在小分子检测和传感分析等领域内的发展十分迅速。

由于小分子物质相对分子质量小，所以相较于蛋白质、多糖、细胞和微生物等大分子适配体的筛选难度更大。故而在文库设计、筛选策略、固定分离方法和亲和力测定方面都与细胞和大分子靶标物质有所不同。目前，针对小分子适配体的筛选方法包括但不限于基于氧化石墨烯（graphene oxide，GO）、琼脂糖微球（agarose microspheres）、磁珠（magnetic bead，MB）、微柱（microcolumn）等改进后的 SELEX 方法。表 9.1 对常见的小分子靶标适配体及其筛选策略进行了总结。从概念上讲，这些方法都基于相同的基本筛选原理，包含 7 个步骤，靶标制备、文库建立、靶标与文库序列结合、分离、洗脱、扩增富集和测序分析，其中分离环节是不同靶标分子相差较大的部分。

表 9.1　常见的小分子靶标适配体序列汇总

类型	靶标分子	适配体类型	筛选方法	参考文献
毒素	蛤蚌毒素	DNA	GO-SELEX	Ha 等，2019
		DNA	蛋白偶联毒素-SELEX	Handy 等，2013
		DNA	MRGO-SELEX	Gu，2018

续表

类型	靶标分子	适配体类型	筛选方法	参考文献
毒素	大田软海绵酸	DNA	GO-SELEX	Gu 等，2016
		DNA	agarose beads-SELEX	Eissa 等，2013
	赭曲霉毒素	DNA	agarose beads-SELEX	McKeague 等，2014
		DNA	MB-SELEX	刘继红等，2015
	黄曲霉毒素 B_1	DNA	immunoaffinity column-SELEX	Setlem 等，2016
	黄曲霉毒素 B_2	DNA	magnetic nanoparticles-SELEX	Ma 等，2015
	伏马毒素 B_1	DNA	GO-SELEX	周妍等，2018
	河豚毒素	DNA	MRGO-SELEX	Gu，2018
	软骨藻酸	DNA	MRGO-SELEX	Gu，2018
	α-鹅膏［蕈］毒环肽	DNA	agarose beads-SELEX	汪颖等，2016
		DNA	agarose beads-SELEX	Muszynska 等，2017
重金属	镉	DNA	文库固定法	Wu 等，2014
	铜	DNA	结构切换粒子显示	Qu 等，2016
	汞	DNA	结构切换粒子显示	Qu，2016
抗生素	氯霉素	DNA	MB-SELEX	Jaytry 等，2011
	四环素	DNA	Toggle SELEX 与 Flu-Mag SELEX	Niazi 等，2008
	青霉素 G	DNA	Flu-Mag-SELEX	Paniel 等，2017
	磺胺二甲氧嘧啶	DNA	MB-SELEX	Song 等，2012
其他	ATP	XNA	agarose beads-SELEX	Zhang，2020
	脱落酸激素	DNA	MB SELEX	Grozio 等，2013

针对靶标制备，小分子不同于大分子物质复杂的获得方式，由于小分子物质是结构简单的单体物质，其制备起来也更加简单，一般可以直接从试剂公司采购获得。在文库设计方面，RNA 库和 ssDNA 库都十分常见，两者各有优缺点，前者需要增加反转录及逆转录环节，对环境要求较高，但是 RNA 比 DNA 更加柔韧，而后者筛选步骤相对少，且良好的稳定性使其易于合成和纯化，对于体外各种各样生物传感器的搭建来说更有利。靶标与文库结合需要合适的温度、离子浓度、pH 等。McKeague 等对 492 篇文献中的 SELEX 实验条件进行了分析，认为在众多的反应条件中，温度是最重要的影响因素，37℃下筛选的适配体显示出更高的亲和力（McKeague 等，2015）。在扩增富集阶段，通常采用 PCR 对靶标结合的序列进行扩增，在扩增中，使用生物素标记的下游引物和无标记的上游引物，碱变性使双链解螺旋并利用链霉亲和素标记的磁珠分离生物素修饰的序列。小分子适配体的筛选中无论是经典传统的 SELEX 还是改进的新型 SELEX，结合与不结合靶标，核酸文库的分离都是其中的关键。对于蛋白质、细胞、

微生物等大分子靶标而言，不需要对靶标进行化学修饰，采用离心法、细胞分选法、贴壁细胞洗涤法等便可实现分离。而小分子靶标的分离则无法通过上述方法实现，获得与自由态靶标亲和的适配体实属不易，因此需要对靶标或者文库进行固定（刘洪美等，2017）。固定载体可以是琼脂糖亲和色谱柱、磁珠、微孔板、载玻片溶胶-凝胶。小分子物质常见的 SELEX 方法有以下几种。

（1）Microcolumn-SELEX　这种方法是将靶标直接固定在微柱内，或将交联了靶标的琼脂糖凝胶或亲和层析树脂填充在微柱中，制成含有靶标的亲和层析柱。该亲和柱可吸附靶标结合的核酸，与未结合或弱结合的核酸分离。微柱-SELEX 法可将亲和树脂及核酸库用量最小化，使非特异性结合分离的死体积达到最小值。Zhang 等利用 7-脱氮-7-苯基鸟嘌呤取代了标准鸟嘌呤，合成了 TNA 文库，并利用琼脂糖亲和色谱 SELEX 筛选得到了 ATP 的 TNA 适配体（Zhang 等，2020）。

（2）GO-SELEX　GO-SELEX 是一种新的筛选技术，在正筛阶段，靶标与目标核酸结合使其无法结合到 GO 表面，而与靶标无亲和力或者亲和力弱的序列会吸附在其表面，通过离心即可得到所需要的核酸适配体序列，在负筛阶段，当负筛靶标与 GO 表面的核酸接近时，目标序列发生构象变化打破其与 GO 表面的 $\pi-\pi$ 堆叠作用和疏水相互作用，从而导致核酸从 GO 表面释放（Gao 等，2016）。2012 年，Park 等首次使用这种方法筛选得到了 Nampt 蛋白质的适配体（Park 等，2012）。

（3）MB-SELEX　磁珠是近几年来广泛使用的固相载体，其分离操作更加简便快捷，并且表面修饰种类多，靶物质用量少。该方法是将靶标与磁珠固定，利用磁分离技术，将可与靶标结合的寡核苷酸序列在外加磁场的作用下和未与靶标结合的序列分开，该方法适用于大多数靶标。利用这种方法，Wang 的团队同时完成了对蛤蚌毒素、抗软骨藻酸和河豚毒素的适配体筛选（Gu 等，2018）。

（4）Modified-SELEX　通过化学修饰可以增加核酸序列对核酸酶的耐受性，延长其血液半衰期，减慢肾脏滤过，提升热稳定性。然而，筛选后的适配体序列修饰可能因为其结构变化，导致对靶标亲和力和特异性的降低，故一般在 SELEX 时直接使用修饰的核酸库进行筛选，常见的修饰包括氨基、氟基等基团对戊糖 2′位羟基的取代和磷酸骨架的修饰（王子健等，2020），等等。核酸类似物肽核酸、锁核酸（Briones 等，2012）、人工核酸（Sefah 等，2013）的应用也有利于形成特定的靶标亲和性结构等。偶氮苯是一种光敏异构物质，在特定波长光的照射下，反式构型的偶氮苯会转变为顺式构型，有利于进行可控型生物传感元件的构建。Liu 等用偶氮苯修饰的腺苷酸取代全部腺苷酸 RNA 库，经过 8 轮筛选得到在可见光照射下与血红素结合而在紫外光照下与血红素解离的光敏 RNA 适配体（Liu 等，2010）。

（5）固定文库-SELEX　与将靶标进行固定的方法不同，文库固定法是将随机文库利用一小段互补序列固定，常用的界面也是磁珠、琼脂糖微球等载体的表面，当文库中的核酸序列与靶标物质结合时，核酸的二级结构发生变化，与互补序列解杂交，脱离载体表面。随后通过磁场或者亲和层析可以将结合靶标与未结合靶标的序列分离。这种方法对于分子质量过小固定困难的靶标适配体筛选十分有利。

9.3.2 大分子适配体的筛选策略

大分子物质是指相对分子质量在5000以上的物质，通常包括蛋白质（如癌细胞表面蛋白、病毒表面蛋白、病毒特异性酶），多糖（如肽聚糖、脂多糖、荚膜多糖），外泌体等。由于它们通常作为细菌、细胞、病毒表面物质呈现出独特的结构和表达量，因此在医疗诊断、疾病治疗、体内成像等方面具有独特的优势，所以也常作为靶标物质用于适配体的筛选。其中，蛋白质是生命物质的基础，是人体一切细胞、组织的重要组成部分，许多人类疾病都与细胞表面蛋白质的改变有关，因此，蛋白质成为了被研究最多的靶标，在适配体的筛选中超过一半的适配体都是以蛋白质为靶标物质。近年来，已报道的蛋白质适配体主要包括酶、细胞表面受体、细菌表面蛋白质成分等。1990年首个被筛选的适配体就是 T_4 DNA 聚合酶适配体（Tuerk 等，1990）。1992年，Bock 等筛选获得具有抑制人凝血酶催化作用的首个 DNA 适配体（Bock 等，1992）。2004年首个获得美国 FDA 批准的适配体药物 Pegaptanib 也是蛋白质适配体（Nimjee 等，2017）。2020年新冠肺炎疫情期间，南开大学张立云团队首次筛选了靶向 COVID-19 核衣壳蛋白的 DNA 适配体（Zhang 等，2020）。外泌体是直径为30~120nm 的小膜囊泡，作为一种新的遗传信息载体，在癌症的进展和转移中起到重要的作用，因此可被作为癌症诊断和治疗的潜在工具。可以与适配体结合的外泌体通常可以分为靶向外泌体标志物和靶向特定的肿瘤标志物，前一种捕获总外泌体，后一种捕获肿瘤来源的外泌体特定亚群（Yi 等，2021）。Esposito 等筛选了一种可以特异性识别乳腺癌外泌体的适配体，为乳腺癌的检测和治疗提供了新工具（Esposito 等，2021）。由于细胞膜和细胞壁上具有丰富的糖类物质如肽聚糖、脂多糖等，因此这些物质也被作为适配体筛选的靶标物质用于细菌检测（Ferreira 等，2014）。

利用大分子特异性组分作为靶标物质进行筛选相较于用整个致病菌或者毒素为靶物质，具有以下的优势：①可不做或少做阴性筛选，实验周期得到缩短；②以整个细菌/病毒作为筛选靶物质污染操作环境的可能性较大，可能带来一定的安全隐患，而选择某个组分为靶物质则大大降低了这种风险；③以某个特异性部分为靶物质筛选出的适配体可用于整个致病菌/病毒的检测，且清楚地了解适配体的结合位点，对生物传感器的搭建十分有利。当然大分子适配体筛选中也面临着许多挑战：①作为靶标物质的大分子物质的表达和纯化仍然较为困难；②筛选获得的适配体相较于识别整个细胞的适配体存在亲和力不高、特异性不好等问题。

近年来，针对大分子适配体开发了许多方法，包括但不限于 MB-SELEX、毛细管电泳（CE）SELEX、原子力显微镜（FAM）SEELX、计算机辅助（*in silico*）SELEX、差分（EXO）SELEX 等。表9.2对常见的大分子靶标适配体及其筛选策略进行了总结。与其他靶标物质相似，所有这些方法都基于相同的基本筛选原理，包含7个步骤，靶标制备、文库建立、靶标与文库序列结合、分离、洗脱、扩增富集和测序。

一个可靠稳定的靶标是成功筛选适配体的保障，除了直接在试剂公司购买相应靶标物质外，蛋白的获得通常采用质粒转化然后表达所需蛋白的方法获得，外泌体的获得多利用差速离心、免疫磁珠、超滤、沉淀或者试剂盒等，而多糖和肽聚糖等通常是对相应的细胞培养后进行提取和纯化。为了确保靶标的可靠程度，应当对其纯度、稳定性、荷电性、保存条件等进行评价和表征。可使用的方法主要包括凝胶电泳、免疫印迹、高效液相色谱、透射电镜、纳米粒径分析等方法进行验证。

表 9.2　　常见的大分子靶标适配体序列汇总

类型	靶标分子	适配体类型	筛选方法	参考文献
蛋白质	新型冠状病毒刺突蛋白	DNA	SELEX	Schmitz 等，2021
	凝血酶	DNA	FAM-SELEX	Miyachi，2010
	结核分枝杆菌分泌蛋白 MPT64	DNA	硝化纤维素膜过滤法	Sypabekova 等，2017
	HIV-1 整合酶	RNA	硝化纤维素膜过滤法	Rose，2019
	EV-A71 VP1 蛋白	RNA	immunomagnetic beads-SELEX	Zou，2021
	乳腺癌细胞上皮黏附因子	RNA	*In silico*-SELEX	Bavi，2019
	肌红蛋白	DNA	molecularly imprinted polymers-SELEX	Ma 等，2020
	低密度脂蛋白受体	DNA	competitive-SELEX	Wang 等，2020
	MCF7 表面蛋白	DNA	SELEX	Zhang 等，2019
	CD44 蛋白	RNA	SELEX	Ababneh 等，2013
	间日疟原虫乳酸脱氢酶	DNA	modified-SELEX	Cheung，2020
	脱铁转铁蛋白	DNA	CE-SELEX	杨歌等，2020
外泌体	CD63	DNA	competitive-SELEX	Song 等，2020
	B16-BL6 小鼠黑色素瘤细胞外泌体	RNA	SELEX	Yamashita T 等，2017
	BC 外泌体	RNA	EXO-SELEX	Esposito，2021
	VCaP 前列腺癌细胞外泌体	DNA	自适应动态人工多配体靶向	Hornung 等，2020
多糖	脂酰氨基甘露聚糖	DNA	SELEX	Pan 等，2014
	帕拉霉素	DNA	SELEX	Kim 等，2020
	Vi 荚膜多糖	DNA	plate-based-SELEX	Pathania 等，2018
肽聚糖	金黄色葡萄球菌肽聚糖	DNA	SELEX	Ferreira，2014
	大肠杆菌葡聚糖	DNA	SELEX	Ferreira，2014

合适的筛选文库，是大分子物质适配体筛选成功的前提。不同长度的核酸库可同时用于大分子靶标的适配体筛选。Lee 等采用双库策略［double library（DL）SELEX］，将不同长度的两个核酸库（16nt 与 20nt）同时用于筛选 VEGF16 的 ssDNA 适配体。两个核酸库的部分碱基序列互补。通过 DL-SELEX，获得一对可结合在蛋白不同位点上的适配体。此外，也可对次级库的核酸长度进行裁剪，缩短次级库长度以简化适配体

序列并提高其亲和力。He 等通过截短（Truncation）SELEX 方法筛选了人红细胞生成素 α 的核酸适配体 In27（He 等，2017）。经首轮筛选得到次级核酸库后，对此次级库进行截短，以构建由所有可能的核苷酸序列截短组成的渐进式文库，重复以上步骤，直至获得具有更高亲和力的最短适配体序列。所获得的适配体 In27 没有原始的茎环部分，但仍保留了对靶标的亲和力。

蛋白质等大分子物质结构复杂，筛选过程中的环境对于筛选结果十分重要。在靶标与文库结合的环节，孵育温度、pH、离子浓度、靶标和文库浓度都会对结合的效率产生影响，因此需要针对不同靶标，对这些条件进行优化。此外，由于金属阳离子可以屏蔽 DNA 骨架的负电荷、影响核酸二级结构、影响靶标的电荷并且可能导致某些蛋白质的聚集，从而影响靶标和核酸之间的结合作用，因此也可能对 SELEX 产生影响，其中 Mg^{2+}浓度可能产生较大的影响。另外，在富集和测序阶段大分子靶标的 SELEX 与其他物质基本无异。由于大分子物质的适配体 SELEX 研究较多，因此也产生了许多不同的方法。

（1）基于硝化纤维素过滤的 SELEX　该方法主要用于蛋白质靶标的适配体筛选，硝化纤维素膜可以将大于其孔径的物质留在膜上，小于孔径的则直接流出。因此，合适的孔径可以使游离的核酸流出，而与靶标结合的核酸序列留在膜上。Rose 等利用硝化纤维素膜过滤的方法筛选得到了 HIV-1 逆转录酶的 1′-脱氧-2′-氟阿拉伯酸核酸适配体（Rose 等，2019）。

（2）MB-SELEX　MB-SELEX 在大分子靶标适配体筛选中同样适用，Zou 的团队在文库与肠道病毒 EV-A71 VP1 蛋白孵育后，再与 HIS 标记的磁珠进行孵育，通过磁分离获得结合序列，经过 9 轮筛选后测序，得到了 3 条高亲和力和高特异性的适配体，并搭建了化学发光适配体传感器证实了适配体抗病毒的效果（Zou 等，2021）。

（3）CE-SELEX　2004 年毛细管电泳开始应用于适配体筛选，该方法是利用核酸与靶标结合后的复合物与游离核酸在大小上的差异，以高压电场为驱动力，以毛细管作为分离通道，无需洗脱即可进入下一轮筛选的方法。因此该方法更适合与核酸在分子质量上存在较大差异的大分子物质使用。利用该方法，北京理工大学屈锋团队完成了对 40 种靶蛋白与初始核酸库结合的电泳图谱特征、K_d、逐轮筛选时序列的亲和力和特异性进化效率的评价，将蛋白靶标归属为高、中、低亲和力三类，建立了不同靶蛋白的筛选策略（Zhu 等，2019）。

（4）FAM-SEELX　原子力显微镜是一种使用悬臂梁探针扫描不可感知样品表面的方法，可以检测样品表面和探针之间的微弱作用力，并拍摄样品表面的照片。因此，可以利用原子力显微镜进行适配体筛选。Miyachi 团队利用原子力显微镜仅经过 3 轮就完成了凝血酶高亲和力适配体的筛选（Miyachi 等，2010）。

（5）*in silico*-SELEX　*in silico* 适配体筛选是指进行生物活性筛选之前，利用计算机对所需的环境进行模拟，得到靶分子和配体在该环境下最有可能的结构，再利用分子对接软件模拟目标靶点与候选分子之间的相互作用，计算其结合能并评估结合程度，以此来筛选出高亲和力的适配体。为了帮助这类 SELEX 技术从海量的序列中高效地筛选出具有潜力的序列，2014 年 Jiang 等开发了一种全新的软件 MPBind，并将这类新的统计框架用于预测筛选出的适配体的结合潜力（Jiang 等，2014）。Bavi 团队利用计算机辅助通过生成虚拟序列库、建模 3D 结构、分子对接和分子动力学等一系列方法筛选得到了人乳腺癌细胞上皮黏附因子的 RNA 适配体（Bavi 等，2019）。

（6）toggle-SELELX　蛋白质-适配体相互作用的复杂性使对目标蛋白质具有高度特异性的适配体的产生。例如，适配体能够区分具有高度同源性的蛋白激酶 C 的亚型，但有时在动物模型中对分子的临床前评估中需要物种交叉反应性。一些在体外表现出优异功效的潜在治疗分子可能由于在动物实验中缺乏令人信服的功效而无法进入临床实验。对于针对人类蛋白质靶标产生的治疗性分子，在适当的动物模型中对同源蛋白质的亲和力降低可能是缺乏体内功效的一个原因。因此，White 等开发了允许通过交替周期选择相关靶标来分离具有更广泛特异性的适配体 toggle-SELEX（White 等，2002）。

（7）photo-SELEX　在光交联 SELEX 中，光激活的修饰核苷酸被掺入随机文库代替天然碱基，该方法中常被使用的修饰核苷酸是 5-溴-2′-脱氧尿苷，该核苷酸发色团可以吸收 310nm 内的紫外光，而天然核酸和蛋白质的发色团在此吸收较弱或者不吸收。2000 年，Golden 等利用 5-溴-2′-脱氧尿苷取代胸苷的随机文库，筛选得到了重组人碱性成纤维细胞生长因子 155 的适配体（Golden 等，2000）。

（8）modified-SELEX　利用修饰后的核酸文库进行适配体筛选在大分子中的应用也十分普遍，Julian 团队在筛选阶段就利用立方烷对碱基进行修饰，成功得到了首个可以对高度同源的恶行疟原虫乳酸脱氢酶和间日疟原虫乳酸脱氢酶进行区分的 DNA 适配体（Cheung，2020）。

在洗脱操作中硝化纤维素膜方法由于操作简单、无需特殊仪器，在蛋白质中广泛使用，这种方法是将靶物质固定在硝化纤维素膜上，随后通过分子印迹分析得到能与靶物质结合的随机单链。适配体概念的提出者、SELEX 方法的创始者 Tuerk 最早应用硝化纤维素膜筛选得到噬菌体 T_4 DNA 聚合酶的适配体，使得该方法在适配体筛选，特别是蛋白类靶物质的筛选中得到广泛应用（Tuerk，1990）。Savory 等在筛选小鼠肝脏上某种蛋白的适配体时，借助硝化纤维素膜完成适配体的洗脱分离步骤，该研究建立了复杂机制中靶物质的适配体筛选模型（Savory 等，2013）。此外，对于靶标-核酸复合物进行热变性后离心也是常用的方法。

9.3.3　细胞适配体的筛选策略

利用全细胞作为靶点进行适配体的筛选已被开发为一种有效的手段，即 whole cell-SELEX。1998 年，Morris 等首次使用人红细胞膜制剂代替纯化的膜蛋白，分离出多个对不同细胞膜靶点具有高亲和力的 ssDNA 分子，为开发整个活细胞 SELEX 开辟了道路（Morris 等，1998）。目前，whole cell-SELEX 主要涉及微生物细胞、癌细胞、炎症细胞、正常体细胞、感染细胞等（Chen 等，2016；Zhong 等，2020）。

whole cell-SELEX 具有四方面的优势，①相对于表面成分，whole cell-SELEX 无需分离和提纯结构分子等生物标志物，简化了筛选步骤；②直接以细胞为靶标，提高了适配体与天然形式靶标结合的机会；③在 whole cell-SELEX 中，不需要将细胞固定在固体载体上；④在一定程度上挖掘了适配体作为生物传感和分子识别探针，准确诊断疾病，开发个性化药物的潜力。当然，whole cell-SELEX 仍然存在某些技术挑战：①对于细菌细胞，由于有的细菌存在细胞壁和荚膜结构，适配体很难直接与菌体表面特异性的蛋白质或多糖接触；②不同温度、时间、培养基等条件下培养的细菌的状态会存在差异，筛选重复性差；③与其他 SELEX 相比，whole cell-SELEX 需要进行较多轮的筛选，耗时且成本高。

近年来，为了提高适配体筛选的效率和富集度，whole cell-SELEX 得到了不断的更新和发展，除了传统全细胞筛选，出现了许多变体技术，包括等基因细胞 SELEX（Icell SELEX）、荧光激活细胞分选（fluorescence-activated cell sorting，FACS）SELEX、交叉 SELEX、配体引导选择（ligand-guided selection，LIGS）、3D-SELEX、细胞内化 SELEX，基于微流控的细胞 SELEX 等。不同的 SELEX 方法使用不同的技术和工具来选择适配体，但从概念上讲，所有这些方法都基于相同的基本原理，即反复选择和扩增，以获得具有高亲和力、高特异性的寡核苷酸。

（1）whole cell-SELEX　该技术在微生物细胞适配体的筛选中应用最广泛，尤其是细菌，主要分为 5 个步骤，第一步是将体外合成 DNA/RNA 随机文库（也有研究将随机文库进行化学修饰）和细菌各组分一起孵育；第二步是分离寡核苷酸/细菌细胞复合物和未结合的寡核苷酸。目前，分离技术主要分为 3 种，分别是离心技术、磁分离技术和洗涤技术；第三步是洗脱已经与细菌细胞结合的核酸序列；第四步是将洗脱的核酸序列进行 PCR/逆转录 PCR（reverse transcription PCR，RT-PCR）富集并制备单链，其作为新的文库用于下一轮的筛选；最后一步是将占据序列库 90%以上，与靶标细菌有强亲和力的适配体进行测序分析，从而进一步对其进行优化和应用（Bitaraf 等，2016）。细菌细胞主要分为活菌和死菌，目前，在筛选细菌适配体的研究中，随机文库与细菌孵育之前，研究者大多通过平板计数或吸光度测定对活菌进行定量，筛选时所使用的细菌的 A_{600} 为 0.3~1.3，或取对数期生长的活菌。Suh 等首次对比不同生长期的单核细胞增生李斯特菌对筛选得到的适配体的影响，结果表明，取 6h 和 12h 生长阶段的细菌筛选得到的适配体具有较高的亲和力和特异性（Suh 等，2014）。另外，有研究利用三个不同的培养阶段，将迟缓期（$A_{600}=0.3$）、对数期（$A_{600}=0.7$）和稳定期（$A_{600}>1$）以 1∶1∶1 的比例混合来筛选适配体，得到了两条针对存活但不可培养的创伤弧菌的适配体，V8 和 V13，促进了细菌适配体领域相关技术和研究的发展（Liu 等，2020）。有研究以大肠杆菌为靶标，首次筛选了对于不同生长阶段，分别是 $A_{600}=0.1$，$A_{600}=0.5$ 以及 $A_{600}=1.3$，都具有较高亲和力的适配体，扩大了靶标范围，提高了实际样本检测的准确性（Zou 等，2018）。对于死菌，灭活的方式主要分为三种，即加热处理、乙醇处理和甲醛处理。靶标使用灭活的细菌具有两方面的优势，首先，灭活的细菌可以一次大量制备而保存备用，便于满足后续多轮筛选的需要；其次，同一批制备的细菌有利于减小实验误差。在一些研究中，灭活的菌体被作为反筛靶标来增加筛选压力，从而得到亲和力较高的适配体。例如，研究筛选了 *V. alginolyticus* 的适配体，结果表明 Aptamer #8 具有能够同时识别死活 *V. alginolyticus* 的能力，而 Aptamer #7 和 Aptamer #23 不识别活菌（Zheng 等，2015）。

（2）Icell SELEX　该方法针对已知靶点分离适配体，使用在其表面上过表达所需靶蛋白的细胞进行筛选，把正向筛选和不表达靶蛋白细胞的负向筛选相互交替。Kim等通过逆转录病毒介导的感染，在 HepG2 细胞中过表达上皮细胞黏附分子，再将其作为正筛细胞，普通 HepG2 细胞作为负筛细胞，筛选出的适配体可用于干细胞和癌症中的研究（Kim 等，2014）。Ohuchi 等筛选了专一识别转化生长因子-βⅢ型受体（TGF-βRⅢ）的适配体，以体外表达 TGF-βRⅢ的中国仓鼠卵巢细胞为靶细胞，分离出一种具有良好解离常数的 RNA 适配体，能够有效识别细胞表面受体。适配体还能够在体外抑制TGF-βRⅡ和 TGF-β2 配体之间的相互作用，显示出作为研究受体功能的工具和治疗剂的潜在适用性（Ohuchi 等，2006）。在 HEK293 细胞中，整合素 αⅤ是一种几乎在所有细胞系中表达的跨膜受体，Takahashi 等通过在反选择步骤中缺失或在正选择步骤中过度表达的方式分离出几个抗整合素 αⅤ适配体（Takahashi 等，2016）。

（3）FACS-SELX　运用 FACS，通过流式细胞仪根据细胞不同的光散射特性或将细胞用可渗透染料酶促转化成荧光，将活细胞和死细胞分开，能够使得筛选更有效，且周期较短。在这种策略中，一旦荧光标记的适配体库在靶细胞上孵育，细胞分选装置用于分化和分离与适配体结合或未结合的细胞亚群。Raddatz 等运用 FACS 在选择过程中实施了死细胞的分离步骤，筛选 $CD19^+$ Burkitt 淋巴瘤的适配体，证明了 FACS-SELEX 方法适用于细胞亚群的有效靶向（Raddatz 等，2008）。Kim 等成功地应用了FACS-SELEX 策略，针对大多数腺癌和癌症干细胞表面过度表达的跨膜蛋白 EpCAM 筛选了适配体 EP166，其可将表达 EpCAM 的细胞与阴性对照细胞区分开来，并可与小鼠胚胎干细胞系 J1ES 结合，从而提供一种新型干细胞探针（Kim 等，2014）。

（4）交叉 SELEX　在交叉 SELEX 中，纯化的蛋白质和全细胞都作为靶标，Hicke等首先提出和应用这样的方式，从恶性胶质瘤细胞 U251 和纯化的 tenascin-C 蛋白中筛选了 tenascin-C 蛋白的特异性 RNA 适配体。与之对应，还存在反向交叉 SELEX，即先在蛋白质上进行筛选，再在活细胞上筛选。但交叉 SELEX 由于涉及其他的筛选方式，所以会相对耗时（Hicke 等，2001）。

（5）LIGS　LIGS 是针对已知的感兴趣的表位筛选适配体的技术，基于使用预先确定好的天然存在的更强和高度特异性的二价结合剂，例如，单克隆抗体，其可与结合的适配体竞争，取代它们并允许其洗脱。研究者首次利用该方法成功获得分别针对 B淋巴细胞（以下简称 B 细胞）淋巴瘤和 T 细胞白血病的两个标记物 IgM 和 CD_3 的适配体。LIGS 方法扩展了 cell-SELEX 的功能，引入了一种非常简单的方法来选择性洗脱结合的适配体。然而，其用途仅限于筛选已知的具有高亲和力二级配体的标记物（Zumrut 等，2016；Zumrut 等，2016）。

（6）3D-SELEX　3D-SELEX 是运用基于磁悬浮技术的磁化噬菌体水凝胶来进行3D 细胞培养后再与 cell-SELEX 相结合的方法，与 2D 培养模型相比，3D 细胞培养的优势在于它模拟了自然状态下的细胞环境（Nelissen 等，2021）。Souza 等对 PC-3 前列腺癌细胞系进行 3D 培养，形成球形细胞模拟肿瘤微环境，结合 cell-SELEX 筛选出了 8个 PC-3 特异性 RNA 适配体（Souza 等，2016）。

（7）细胞内化 SELEX　在与靶标结合后，适配体可以快速内化，这样的适配体介导的 siRNAs 和药物的递送对于癌症等疾病的治疗具有重要意义。Zhu 等开发了一种内化 SELEX 的变体，来自 U87MG 细胞上 13 轮差异细胞 SELEX 的文库再经过 2 轮基于蛋白酶 K 处理的细胞内化 SELEX 方案，以去除表面结合的适配体。该策略旨在保持胶质瘤的特异性，并将一组序列快速内化到 GBM 靶细胞中。通过这种方法，分离出一种新的内化适配体 GL53，其被证明可以靶向胰岛素受体（Guizhi 等，2017）。有人提出使用 RNA 酶混合物去除表面结合适配体并恢复细胞内化适配体（Ray 等，2017）。

9.4 核酸适配体亲和力的表征

通过可利用的化学或物理方法，可以研究适配体-靶标结合之前和结合之后的信号或性质变化，目前，研究主要集中在随着靶标浓度的变化引起的量化指标，在基于热力学平衡的适配体传感器中，适配体、靶标以及结合形成的适配体-靶标复合物是平衡的，游离适配体与靶标浓度的乘积与适配体-靶标复合物的平衡浓度的比值定义了 K_d，也表示处于结合或未结合状态的适配体的总量，目前，测定 K_d 的方法种类多样，主要有以下几种。

（1）流式细胞术　流式细胞术是一种基于激光表征分子的物理和化学性质的方法，具有高重现性和准确性。因此，流式细胞术已经成为在表征适配体结合亲和性方面最常用的方法之一，一股单细胞悬浊液依次通过检测装置，来检测细胞群中被标记的细胞。结合相互作用是由标记细胞的荧光强度决定，其荧光强度表明适配体与靶标细胞的结合能力。因此，强度越高，与细胞结合能力越高。直方图和点状图是流式细胞仪的两个主要输出方式，其中点状图可同时显示不同适配体与不同类型细胞结合的比较情况。目前，已经有一些研究利用流式细胞术，对适配体的结合力进行表征，这些适配体是利用不同靶标筛选得到的，如大肠杆菌 O157：H7、鼠伤寒沙门氏菌、副溶血弧菌、空肠弯曲杆菌、嗜酸乳杆菌等（Alfavian 等，2016；Dwivedi 等，2010；Hamula 等，2008）。

（2）紫外-可见光吸收法（UV-Vis）　UV-Vis 是对适配体及其靶标结合特性进行表征的常用方法。由于其易于购买且无需标记，这种方法被广泛应用。通过同浓度适配体下，不同浓度靶标吸光度的改变，来估算 K_d，目前，此方法应用较少。

（3）荧光分光光度法　可以通过对标记荧光基团的适配体与适配体结合荧光强度的检测，绘制解离曲线，以此来获得 K_d。由于荧光分光光度计使用较广泛，该方法得到广泛使用，在沙门氏菌、金黄色葡萄球菌等均有应用。

（4）毛细管电泳（CE）　自 1981 年 Jorgenson 首次报道 CE 以来，其已成为一种多功能技术，具有速度快、分辨率高、灵敏度高、试剂用量少和运行成本低等特点。研究者首次开发了一种基于空肠弯曲杆菌适配体筛选的 CE 分析方法，通过针对空肠弯曲杆菌的适配体与其他常见食源性病原体（大肠杆菌 O157：H7 和鼠伤寒沙门氏菌）的结合亲和力研究，证明了该方法的有效性。结果表明，适配体在与空肠弯曲杆菌靶点结合时表现出明显的迁移率变化，而对其他两个病原体靶点的迁移率和范围变化更小。

（5）表面等离子共振（SPR）　SPR 技术是一种高通量、无标记的实时技术，用于表征适配体与其靶标的结合亲和力。Ahn 等利用表面等离子共振技术对筛选获得的副溶血弧菌适配体的亲和性进行表征。生物素标记的适配体通过与链霉亲和素（streptomyces avidinii，SA）偶合的方式，修饰到SA芯片上，加入副溶血弧菌后，检测SPR信号强度来衡量亲和力（Ahn等，2018）。

（6）石英晶体微量天平（QCM） QCM是一种用于高灵敏称量待测物质量变化的技术，原理是基于石英晶体的压电效应，通过石英晶体电极表面质量变化转化为频率变化输出，石英晶体上待测物质量与频率变化呈现反比。通过测量在适配体固定和随后在更高靶标浓度下结合期间由于平台表面上的分子质量增加引起的频率变化，可以确定适配体的 K_d（Thevendran等，2022）。Liu等描述了一种具有高亲和力和特异性的ssDNA适配体，用于选择活 *E. coli* O157：H7，通过测量随机文库孵育前后基线的差异，计算适配体结合引起的频率变化（ΔF），最终确定适配体S1的 K_d 为10.30nmol/L（Liu等，2022）。

（7）高效液相色谱（HPLC） HPLC可以定性和定量地分析适配体与靶标的结合，其原理是先将适配体固定在吸附柱上，在加压条件下，使液体溶剂流通吸附柱，色谱图显示分析物浓度及保留时间，根据适配体、靶标、适配体-靶标复合物的平衡分布来估算 K_d。

（8）热力学表征 等温滴定量热法（ITC）和微量热涌动都是与热力学相关的技术，适用于表征适配体与其靶标之间的亲和力。ITC中，指定浓度的适配体或靶标作为滴定标准液，加入不同浓度的互补分子中，此互补分子为分析物。当三元复合物形成是唯一需要放热的过程时，细胞温度与对照细胞温度保持一致，并避开所有放热源。利用ITC，基于相对于细胞的能量变化，对适配体-靶标结合进行表征，能量变化与结合量成正比。

（9）qPCR qPCR技术是指在PCR反应体系中加入荧光染料或加入荧光探针，利用荧光信号的变化实时监测整个PCR进程中每一个循环扩增产物量的变化，最后通过Ct值和标准曲线对起始模板进行定量分析。在对每一轮SELEX产物的亲和性表征时，利用qPCR技术，通过对Ct值大小的比较，来间接衡量适配体与靶标间的亲和力。

（10）酶联分析 类似于传统的、用于特定的物质检测的酶联免疫吸附法，可以将适配体偶联到酶联分析中，以确定其结合亲和力。1996年Drolet首次报道，这种方法可以作为一种分析适配体结合力的具有高灵敏度的定量工具。因此，酶联分析也被专门用来表征基于cell-SELEX方法获得的适配体结合亲和力，并应用于研究全细胞、细胞裂解液或细胞分泌物及分泌物裂解物（Drolet等，1996）。

（11）放射性闪烁计数 闪烁计数对放射性标记的样品检测具有高灵敏度，这使得闪烁计数成为检测适配体与其靶标细胞结合反应的有力工具。为准确测量适配体结合亲和性，分离结合靶标与未结合靶标的适配体是必不可少的，分离过程可以通过过滤或离心实现。基于闪烁计数的适配体结合分析被应用于 ^{32}P 标记的RNA适配体，此适配体特异结合由伤寒血清型沙门氏菌的pil操纵子编码的IVB型菌毛，需要通过一个硝化纤维过滤器对结合反应物过滤，再通过硝化纤维过滤器进行闪烁计数。基于闪烁计数法对 ^{32}P 标记的DNA适配体与金黄色葡萄球菌细胞的结合力进行考察，结果显示，与靶标结合的适配体通过闪烁计数方法被量化。

（12）荧光和共聚焦显微镜　虽然不是半定量，但共聚焦显微镜和荧光显微镜是用来监测适配体与细胞结合的最常用工具，它可以从视觉上直观显示适配体与其靶标细胞的特异性。同时，荧光和共聚焦显微镜在荧光信号激发和发射的原理上是相似的，但共聚焦显微镜具有视野深度控制的能力，减少背景，并可以获得连续光学切片。目前，已经应用荧光和共聚焦显微镜来表征一些适配体的结合亲和性和特异性，如甲型副伤寒沙门氏菌、空肠弯曲杆菌、鼠伤寒沙门氏菌等。活细胞和染色细胞均可用于荧光和共聚焦显微镜，而荧光信号的获得，可以直接在适配体上引入荧光标记，或间接地利用荧光标记抗体靶向一个在适配体上的特定标签。荧光图像通常显示一个细胞可结合多个适配体，如金黄色葡萄球菌。

9.5　核酸适配体的分子模拟

核酸适配体自发现以来被大量报道，其与靶标的结合来源于其自身形成的空间结构，独特的结构可通过碱基堆积作用、静电作用、氢键作用、范德华力、疏水作用和形状匹配等分子间作用力与靶标特异结合。然而，其与多类靶标的识别位点研究却相对不足，适配体-靶标作用体系的物理特征仍不明晰，核酸适配体的序列优化设计问题尚待解决，这在一定程度上限制了核酸适配体性能的提高。近年来，利用 X 光晶体衍射、核磁共振等技术分析了一些适配体的空间结构，并成功解析了多种适配体与靶分子间的作用机制，为后续各种生物信息学工具奠定了理论基础。与此同时，随着计算机和信息技术高速发展，已有许多计算机辅助天然药物筛选的例子，同时也有越来越多的研究者发现，通过计算机辅助能提升适配体筛选及裁剪效率，辅助适配体亲和力的提升。例如，一些核酸适配体具有特殊的二级结构，如发夹、茎环、假结、G4s 等，使适配体可以折叠形成复杂的三级结构，进而与靶物质高特异结合。图 9.2 展示了这些特殊结构的二级结构和三级结构（邓博文等，2022）。在未来，生物信息学很可能对适配体筛选及裁剪全过程产生巨大影响。

分子模拟技术是一种计算模拟方法，通过运用一些模拟软件，将实验得到的原始结构数据化，将数据导入软件构建物质模型，验证其合理性后确定物质微观结构（Schneider 等，1999）。在核酸适配体领域，分子模拟技术可以在文库序列评估、适配体结构分析和分子对接等多个方面辅助适配体的筛选及裁剪。分子模拟可以辅助随机文库序列的设计、解析适配体的高级结构、明晰其与靶标的结合位点及机制；还能在筛选后根据对接结果助力核酸适配体的裁剪优化。首先，研究者们可以通过设计算法程序对大量适配体序列进行打分，评价其富集的程度及与靶标结合的潜力；随后，折叠出其中的高分序列最有可能形成的高级结构；最后，利用多种软件预测该高分序列的三级结构，用于之后的对接验证。相比于适配体文库评估和结构分析，分子对接是一种更直接的辅助筛选策略，其基于分子对接手段对适配体-靶标的相互作用位点、机制及亲和力进行研究和预测。早期，大多分子对接的靶标都集中于分析蛋白质及其配体的相互作用，但随着核酸适配体的飞速发展，适配体也出现了如 AutoDock、Hex、ZDOCK、AutoDock Vina 和 NPDOCK 等几款比较适合于分析核酸适配体对接的软件。

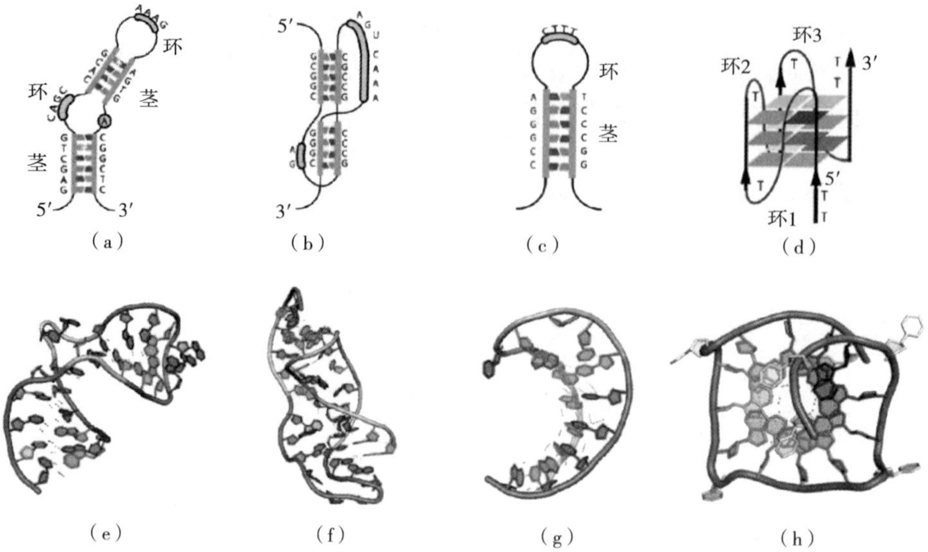

图 9.2 茎环、假结、发夹和 G-四链体的二级结构及三级结构

(a) 茎环 (b) 假结 (c) 发夹 (d) G-四链体 (e) 茎环三级结构

(f) 假结三级结构 (g) 发夹三级结构 (h) G-四链体三级结构

分子模拟有助于探究适配体的筛选，首先，在筛选时，能够通过分子对接得到与靶标更具有结合潜力的高亲和力序列，再用于后续的实验验证评价，大大节省了时间和成本。此外，在筛选后，针对小分子靶标，可通过分子对接预测适配体与靶标的作用位点与结合机制，辅助后续的优化、裁剪过程。如图 9.3 所示，将未裁剪的多巴胺适配体序列与裁剪优化后的序列分别与多巴胺进行分子对接。结果表明，裁剪前后的适配体序列与多巴胺的结合位点基本相同，一定程度上说明了裁剪策略的可行性。当然，该技术在预测精准度和复杂体系适应性上也存在一些不足。一方面，分子对接的精确度很大程度上取决于适配体高级结构预测的精确度，但是适配体的三级结构精准解析目前仍较困难。另一方面，适配体-靶标之间的实际构象易受反应环境（缓冲液

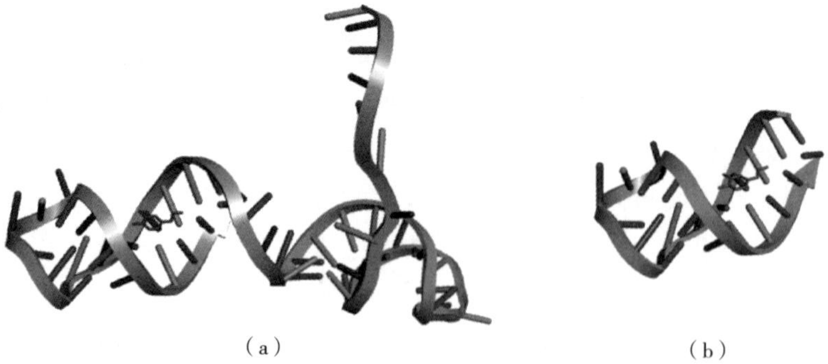

图 9.3 多巴胺适配体与多巴胺的分子对接

(a) 未裁剪适配体 (b) 裁剪后适配体

pH、离子组成和盐浓度）影响，对于不同复杂筛选环境的适配体来说，分子模拟技术并不能十分智能地考虑到复杂体系带来的影响，因此对接结果可靠性也仍是一大挑战。

9.6 核酸适配体的裁剪

核酸适配体具有低成本、易于大规模生产和修饰、特异性好、亲和性高等诸多优点，但适配体也暴露出一些限制其发展应用的缺点，例如，稳定性较差、空间位阻大等。并且，其体现出的亲和性及特异性更是需要在现有基础上得到更进一步的提升。通过对核酸适配体进行裁剪，可以极大程度上提升其抗酶解能力、识别选择性以及与靶标的结合强度，拓展了适配体在生物传感、成像及医学等领域的应用前景。

9.6.1 核酸适配体的传统裁剪

（1）核酸适配体的劈裂　研究表明，一些完整的核酸适配体可以被分割成两个片段，而不影响它们与配体的结合能力。劈裂适配体组装的基本原理是保持结合区域核苷酸序列的完整性。当靶物质存在时，劈裂适配体有足够的互补碱基对来容纳靶物质，在没有靶物质的情况下，游离的核酸链不会结合在一起。

（2）核酸适配体的剪短　将核酸适配体优化裁剪至最小的紧凑结构，保持适配体活性或适配体-靶标复合物结构的稳定性是必需的。截短序列通常是选择在片段化完整适配体后，对靶标最具有高亲和性的序列片段，这已经成为裁剪优化的趋势。

（3）核酸适配体的增长　在核酸适配体序列中人工添加核苷酸序列可以为适配体提供连接位点，同时能减小载体材料对较短适配体的吸附可能性。而添加的核苷酸数量、种类以及位置都可能对原始序列产生不同的影响。通常，除了人工添加核苷酸外，还能通过点击化学反应等方法达到适配体序列增长的目的。

（4）核酸适配体的替换　一般来说，核苷酸的取代是指用一个或多个碱基取代原有适配体碱基。通常，可通过替换方式改变目标位点的核苷酸种类，或者通过核苷酸修饰的方式赋予原有适配体特定性质，例如，亲和力增强、抗酶解能力增加等。

（5）核酸适配体的融合　适配体融合一般常见于单一适配体的串联融合及多种适配体的多元复合，通过该策略可以一定程度上改善核酸适配体的结合亲和性与识别选择性。2017 年，Yu 等创建了一种可卡因组装适配体，通过协同结合增强了靶标结合亲和力（Yu 等，2017）。与原始可卡因适配体的劈裂适配体相比，含有两个结合域的协同劈裂适配体展现出更强的响应性。

9.6.2 核酸适配体的功能化裁剪

现如今，核酸适配体的多元功能不断被探索和研究，越来越多的研究人员以功能特性为导向对核酸适配体进行裁剪优化，这成为了当今核酸化学领域的一大趋势。除了常规的亲和性、特异性增强，借助传统的裁剪方式改造核酸适配体还能有利于其药效增强、封闭性和发光性能等方面的提升。有些核酸适配体还被证明具有一定的药物功效，2019 年，Ueki 等针对碱性成纤维细胞生长因子受体（FGFR）筛选了 DNA 适配体，并对该适配体进行了串联、截短、G4 结构域调控三个方面的功能化裁剪，结果表明改造后的适配体能够更好地激活 FGFR，使其发生二聚化（Ueki 等，2019）。凝血酶适配体具有封闭凝血酶酶活的功能，该适配体是含 15 个核苷酸的分子，对凝血酶具有高特异性和高亲和性结合能力（Bock 等，1992；Griffin 等，1993）。为了更好地实现其抗凝血功能的应用价值，研究学者们对该适配体进行了性能优化和结构研究（Bai 等，2017；Müller 等，2008）。

9.7 核酸适配体的应用

9.7.1 食品安全

食品在种植、养殖、加工、运输、贮藏、销售过程中容易被各种风险因子污染，检测食品中的有害物质具有重要意义，并将继续成为一项重大挑战。针对各类风险因子的检测方法主要分为传统检测方法、核酸扩增方法、免疫学方法、大型仪器方法等，这些方法检测结果较准确，但耗时、成本昂贵、操作复杂，需要专业人员，且不适合现场检测。基于核酸适配体的生物传感器因其检测限低、选择性好、稳定性高等优点而受到广泛关注，并被开发用于现场快速检测。

在食品安全领域中，利用适配体识别的靶标包括但不限于细菌、真菌、农兽药残留、重金属离子、抗生素、食品中过敏原、非法添加物、食品包装材料迁入物质等。常见的细菌有大肠杆菌、沙门氏菌、副溶血弧菌、金黄色葡萄球菌、单核增生李斯特菌、志贺菌、溶藻弧菌、空肠弯曲杆菌、幽门螺杆菌和链球菌等；常见的真菌毒素有黄曲霉毒素 B_1、赭曲霉毒素 A、伏马毒素、玉米赤霉烯酮及 T-2 毒素等；常见的重金属有铅、铜、汞、铬等；常见的抗生素如四环素、卡那霉素。常见的过敏原如 β-乳球蛋白；常见的非法添加物如三聚氰胺。根据不同的设计原理，应用于食品安全领域中的适配体生物传感器可分为电化学传感器、光学传感器、机械传感器等；光学传感器包含比色传感器、荧光传感器、化学发光传感器、表面等离子共振传感器等；电化学传感器根据产生的各种电信号分为阻抗法、电化学发光法、电流法和电导法等。随着快速、简单和灵敏的 point-of-care 检测需求，机械传感器的开发已是大势所趋。

为了直接检测大肠杆菌 O111，利用 Luo 等筛选的大肠埃希氏菌脂多糖的适配体构建了一种基于靶诱导适配体置换的灵敏、特异的电化学生物传感器。其原理是将适配体与固定在电极表面的捕获探针杂交，在存在靶标的情况下，由于适配体的识别作用，其从捕获探针-适配体双链体分离，捕获探针可与生物素化检测探针杂交，并与链霉亲和素碱性磷酸酶标记，进行酶催化电化学反应。该传感器具有良好的特异性和灵敏度，检测限为 112 CFU/mL，且用于牛乳中进行实际样品的检测（Luo 等，2012）。

抗生素被广泛用于杀死或抑制食品中的微生物，以维持食品质量或延长保质期，而滥用抗生素会对人体产生各种副作用，甚至出现对相关抗生素具有耐受性的超级细菌。Song 等利用适配体探针对卡那霉素进行了基于金纳米颗粒的比色测定，适配体组装在 AuNPs 表面，防止盐引入时聚集。在卡那霉素存在的情况下，适配子从 AuNPs 中分离，会诱导 AuNPs 聚集，并呈现从红色到紫色或蓝色的颜色变化。三聚氰胺被非法添加到乳制品中来提高检测的蛋白质含量，在消化过程中，三聚氰胺会与三聚氰酸结合，诱导形成不溶性晶体，进而导致肾结石和婴幼儿肾衰竭（Song 等，2011）。为此，Liang 等开发了一种高度敏感的适配体 AuNPs 催化共振散射光谱法测定三聚氰胺，适配体被用来标记 AuNPs 作为三聚氰胺的识别探针（Liang 等，2011）。

利用电化学氧化还原标记的亚甲基蓝（MB）和金纳米粒子来构建电化学传感器被广泛应用。Catanante 等利用电化学探针 MB 的氧化还原电流与溶液中 OTA 的量成正比的原理，检测了实际葡萄酒样品中的 OTA（Catanante 等，2016）。Yuan 等利用在 Pb^{2+} 存在的情况下，亚甲基蓝将电子转移到金电极，然后产生电信号的原理构建了重金属适配体传感器（Yuan 等，2022）。

另外，Qi 等筛选出 β-乳球蛋白适配体后，利用表面增强拉曼散射技术和荧光高效、灵敏地检测乳制品中的过敏原 β-乳球蛋白，检测范围为 10～5000ng/mL，检测限为 0.05ng/mL（Qi 等，2021）。

9.7.2 医疗诊断

癌症、病毒和寄生虫是对全人类生命健康的重大威胁，目前常用的诊疗方法多在疾病发生后才能确诊，无法实现早期诊断，尤其是在癌症诊断方面，早期发现后，绝大多数治愈率在 90%以上，其对疾病的预防和治疗起着重要作用。核酸适配体作为一种分子探针，在癌症诊断、病毒感染和寄生虫感染等方面提供了可能，特别是对癌症，核酸适配体在结构相似或差异不大的蛋白质之间进行探测，可区分肿瘤细胞和非肿瘤细胞。当核酸适配体与靶位结合时，构象所发生的改变，这是抗体所达不到的。目前，适配体已经在肺癌、胃癌、结直肠癌、胰腺癌、前列腺癌、乳腺癌、脑癌等癌症方面有了很广泛的应用，可分为癌症相关生物标记物和与肿瘤相关的可溶性生物标记物，生物标记物包括多种肿瘤相关蛋白，如循环肿瘤细胞（circulating tumor cell，CTC）、黏蛋白 1（MUC1）、人类表皮生长因子受体 2（HER2）、雌激素受体、MCF-7 乳腺癌细胞和白血病 CCRF-CEM 细胞。可溶性生物标记物包括癌胚抗原（CEA）、前列腺特异性抗原（PSA）等。CTC 是液体活检的良好靶点，当 CTC 浓度较低时，在癌症早期准确有效地检测 CTC 将有助于监测患者的病情和癌症进展。然而，CTC 检测是一个极具挑战性的领域，因为与绝大多数血细胞相比，血液中的癌细胞非常少。通过结合不同的信号报告技术，例如荧光、比色、磁性和电化学技术，一系列基于适配体的分析方法已被应用于 CTC 检测。Zhao 等开发了一个平台，使用包含重复黏附适配体结构域的 DNA 网络来分离和捕获 CTC（Zhao 等，2012）。Affinito 等指出胶质母细胞瘤（GBM）是成人中最具侵袭性的原发性脑肿瘤，并且在外科和内科神经肿瘤学方面研究进展缓慢，GBM 患者的预后仍然令人沮丧，中位生存期仅为 14～15 个月。这是由于残留的 GBM 干细胞（GSCS）导致肿瘤复发和化疗耐药，因为识别和靶向 GSCS 的策略不成功，这些研究人员首次开发了一种 RNA 适配体 A40s，它可以选择性地结合 GSCS 与未分化的 GBM 细胞，并迅速被细胞内化。从而能够递送 microRNA miR-34c 和抗 microRNA miR-10b，表明这些适配体可以作为治疗的选择性载体（Affinito 等，2019）。

对于病毒感染诊断，适配体已经应用于乙型肝炎病毒、单纯疱疹病毒、人类免疫缺陷病毒、丙型肝炎病毒、严重急性呼吸综合征（SARS）冠状病毒和流感病毒；对于寄生虫检测，已应用于疟原虫、锥虫、利什曼原虫、微小隐孢子虫等。

9.7.3 分子成像

1999年，分子影像学被提出，其在临床上对检测、监测各种疾病，以及评估药物疗效等方面具有重要意义。尤其在肿瘤医学领域，随着高精准度的肿瘤诊疗技术的发展，分子影像技术无需在分析前移除细胞或组织，可在肿瘤发生解剖形态学改变前检测出病变基因或蛋白水平的异常，在肿瘤的超早期诊断方面具有独特的优势。成像技术可分为光学成像、放射性核素成像、核磁共振成像（MRI）、计算机断层扫描成像、光声成像、超声成像，其发展在很大程度上取决于分子成像探针，由靶向性配体、转运体和对比剂三部分组成，分子成像探针一旦进入活体，其位置就可以被成像系统监控。探针通常是静脉注射，但也可以使用其他给药途径，注射后，探针分布在受试者全身。然后，预期探针的一部分将与其分子靶结合，而其余部分则从组织中清除。

第一批分子成像探针来自参与新陈代谢的天然分子，然而，现在对开发新型分子成像探针的需求越来越大，将适配体作为分子成像探针用于活体层面靶肿瘤诊断的研究也不断开展起来。将适配体用于体内成像的第一份报告是使用TN-C适配体，使用纯化形式的TN-C开发的TTA1适配体经过修饰以赋予血清稳定性，并用氨基标记作为放射性核素加载的缀合位点。

利用核酸适配体和靶标之间的高特异性、高结合亲和力的特点，将核酸适配体与纳米颗粒、荧光技术、微流控技术等结合，能简单、快速、灵敏地捕获肿瘤相关标志物。目前，适配体介导的成像技术有荧光成像、MRI、放射性成像，放射性成像包括有放射性核素的正电子发射断层扫描（PET）和单光子发射计算机断层扫描（SPECT）、多模式成像。

荧光成像利用具有特异性的荧光分子探针标记特定的分子或细胞，对正常或异常的生物过程进行空间和时间上的视觉描述，可分为活体显微成像、平面成像和断层成像。荧光分子探针可分为直接成像型和间接成像型。直接成像型包括非特异性荧光分子探针和特异性荧光分子探针，非特异性荧光分子探针通常是一些小分子有机荧光染料，特异性荧光分子探针是一种可以与特定受体或酶结合的亲和配体；间接成像型荧光分子探针是指某些报告基因表达的荧光蛋白。荧光分子成像技术具有非电离低能量照射、无需放射试剂、成像速度快、灵敏度高、费用低廉以及时间分辨率高等优点，但容易被猝灭。荧光标记的适配体通常是非特异性的荧光分子探针，具有显示转移性肿瘤组织的高检出率，IRD800CW标记的CD30适配体用于淋巴瘤的活体成像，Cy5标记的胰腺癌特异性适配体用于胰腺癌的活体成像，它们都具有快速特异的肿瘤靶向性、高信号强度比和良好的药代动力学特性。

MRI的原理是所释放的能量在物质内部不同结构环境中不同的衰减，通过外加梯度磁场检测所发射出的电磁波，可构成这一物体原子核的位置和种类，据此可以绘制成物体内部的结构图像。常用的探针可分为以钆、锰元素为基础的顺磁性对比剂和含有或包裹氧化铁的超顺磁性对比剂。MRI 电离辐射，软组织对比度高，可以进行任意方位成像、多参数扫描，在医学影像学中用途非常广泛。适配体可以与磁珠结合以达到增强作用（Mi 等，2011）。血管内皮生长因子受体 2（VEGFR2）适配体与其结合用于脑胶质瘤 MRI 成像（Kim 等，2013）；表皮黏附分子（EpCAM）适配体与其结合，用于胃癌的 MRI 成像，等等。这些应用都显著提高了肿瘤靶向成像能力、敏感性和生物相容性，进一步提高了 MRI 的临床应用潜力。Yang 等设计了一种磁性探针，其适配体靶向肿瘤血管内皮细胞中过度表达的细胞表面 CD105。通过共价键将适配子与甲基化壳聚糖包被的对比剂 Fe_3O_4 结合，壳聚糖表面为适配子提供了一个结合位点，以富集 Fe_3O_4 外丰富的适配子。因此，这种设计提高了磁性探针在体内肿瘤成像中的可靠性和特异性（Yang 等，2011）。

放射性成像使用放射性标记的分子成像探针，这些探针通常被称为“放射性示踪剂”或“放射性药物”。一旦注射到受试者体内，外部探测器就会检测到这种探头发出的辐射，该信号用于重建图像，从而在注射后的不同时间对探针定位进行定量测量。通过 SPECT 进行的 2D 闪烁扫描或 3D 成像使用 β 发射器（如 ^{99m}Tc、^{123}I 或 ^{111}In），由外部探测器直接检测到。相比之下，PET 使用正电子发射（$\beta+$）放射性核素（如 ^{11}C、^{18}F、^{68}Ga 或 ^{64}Cu），这些放射性核素首先需要被一个电子湮灭，以释放两条 γ 射线，其发射角度约为 180°（Gijs 等，2016；Kim 等，2019）。Charlton 等于 1997 年进行了第一次在分子成像中测试适配体的实验（Charlton 等，1997），使用了一种与中性粒细胞弹性蛋白酶结合的 DNA 适配体 NX21909，这是一种炎症期间中性粒细胞分泌的丝氨酸蛋白酶。NX21909 用 ^{99m}Tc 进行放射性标记，并静脉注射到前肢有诱导炎症的大鼠体内。通过闪烁扫描测量适配体的生物分布。Hicke 等在 2006 年进一步评估了针对 tenascin C（TN-C）选择的适配体 TTA1，TN-C 是一种在许多肿瘤中过度表达的细胞外基质蛋白。该适配体使用 SPECT 进行癌症成像（Hicke 等，2006），TTA1 是一种 2′氟嘧啶 RNA 低聚物。因此，该适配子的每一嘧啶在核糖的 2′位含有一个氟基，这种化学修饰可以提供更强的抗核酸酶降解的能力。

每种成像方式各有优缺点。因此，越来越多的混合仪器提供了组合多种成像模式的可能性。类似地，基于纳米颗粒的多模成像探针也正在开发中，以通过不同的成像模式进行检测。Li 等将抗核仁素适配体与荧光金纳米粒子结合，可通过 X 射线 CT 和荧光成像检测到，这种双模式成像探针在静脉注射荷瘤小鼠皮下异种移植物 30min 后通过 CT 成像在肿瘤中检测到（Li 等，2015）。

9.7.4 靶向递送

药物的靶向递送能够显著提高药物疗效，降低严重副作用且节约用药成本。肿瘤部位存在的高通透性和滞留效应能够使药物被动靶向至肿瘤部位，然而，通过主动的靶向过程药物能被高选择性和特异性地递送至目标组织部位，减少对正常组织的毒性。目前，有三种修饰方式常用于药物的靶向递送，分别为核酸适配体、蛋白质抗体以及小分子配基。核酸适配体因具有易于修饰、生物相容性强、易于制备、高特异性识别能力以及靶标广泛等重要特性而常被应用于药物靶向递送。目前，适配体实现递送的方式有两种，一是直接与药物偶联；二是与纳米材料结合，从而实现药物递送载体的功能化，进而引导药物送至其作用部位。所涉及的药物可分为三类，化疗药物、核酸药物和蛋白质药物。

适配体和不同药物可直接通过化学偶联复合。首先，在癌症治疗中，化疗是最有效且常用的治疗手段，但其引发的严重副作用以及对正常组织的不可逆损伤仍是亟待解决的问题。适配体能够与化疗药物复合偶联，助力化疗药物靶向至癌症组织，以减小药物的生理毒性，形成的偶联物可用于体内水平的靶向药物递送。2019 年，以紫杉醇、喜树碱、康布他汀和达沙替尼作为模型药物，设计了一种二价适配体-药物偶联物，用于肿瘤的复合治疗。该系统不仅具有高的稳定性、可特异性识别、良好的细胞摄取和酯酶触发释放等优点，而且其中的药物比例也可以被精确调整，从而在不需要复杂化学过程的情况下让单个药物具有更好的协同作用。其次，在核酸药物方面，由于材料相似性，核酸适配体极易与核酸药物复合，实现共同递送。有研究人员将两种 siRNAs 药物分别结合至 A10 适配体的 3′末端形成偶联物，成功地将复合物递送至癌细胞内。研究表明，该适配体-药物在体内水平能够显著抑制小鼠前列腺移植瘤的生长，是一个癌症治疗的理想平台（McNamara 等，2006）。最后，蛋白质药物在临床的应用潜力巨大，利用 DEC205 适配体选择性靶向树突状细胞的特性，使其与抗原偶联，并将卵清蛋白肽（OVA）作为模型抗原肽特异性地靶向至树突状细胞，细胞实验表明，适配体-OVA 偶联物引发的免疫应答能够显著抑制 B16 肿瘤细胞的生长。

除此之外，核酸适配体还常用于药物纳米载体的功能化，尤其在肿瘤靶向治疗中作用突出。在化疗药物方面，将阿霉素高效搭载至 DNA 折纸纳米载体中，并将金纳米棒修饰在载体表面。被共价整合至载体上的适配体介导了药物系统在肿瘤部位富集，在近红外激光的照射下，该系统实现了化疗和光热治疗的协同效应。在核酸药物方面，近年来，基因药物的强大功能不断被研究和探索。在 RNA 干扰技术的应用中，滚环转录技术（rolling circle transcription，RCT）通常被用于产生大量 siRNAs 纳米载体的制备。2018 年，Cheng 等利用 siRNAs 前体重复片段组成的 RCT 产物设计了具有核仁素靶向功能的 RNAi 纳米花，以特异性地沉默 Bcl-2 基因的表达（Cheng 等，2018）。在蛋白质药物方面，Li 等利用 DNA 折纸技术组装了可编程机器人，偶联的 AS1411 适配体可将凝血酶靶向至肿瘤部位，随后被暴露的凝血酶通过促进肿瘤部位凝血实现有效的癌症治疗（Li 等，2018）。

9.7.5 药物开发

在生物医药领域，核酸适配体除了助力药物靶向递送外，其本身也是一种功能性药物，能够调节生物标志物的相关生理学功能。核酸适配体药物可以是 DNA 或 RNA，通常由 20~70 个核苷酸构成，为单链结构，其特异性和亲和力较为理想，且其免疫原性低、生产成本低、批次间差异小、具有高温稳定性等优势。核酸适配体作为药物具有极高的经济价值，但其抗酶解能力较差，若用于体内则需进行特定结构修饰，以提高其在血液循环中的稳定性。提高稳定性的方法通常包括 2′-F 和 2′-OMe 修饰、3′端尾加脱氧胸苷终端帽、5′端聚乙二醇修饰或镜像化处理等。与 ASO、siRNAs、miRNA

等核酸药物作用机制不同，核酸适配体通过其三维结构与对应的蛋白质、多肽、小分子等靶标特异性结合，抑制或激活靶标下游生物学功能，影响其活性，进而达到治疗疾病目的（Stull 等，1995）。核酸药物具有广泛的前景，也面临着众多的挑战，根据研发情况，适配体药物可分为两类，一是进入临床试验的药物，二是具有药物功效及潜力的药物。目前，已有十多种核酸适配体药物进入临床试验，主要应用于眼科疾病、肿瘤、血液疾病、病毒性疾病、心血管等领域。

2004 年，第一个核酸适配体药物 Pegaptanib 获得美国 FDA 批准。截至 2024 年初，也只有它获批。其由美国 Eyetech 和 Pfizer 公司联合开发，共有 28 个核苷酸，通过玻璃体腔内注射局部给药。Pegaptanib 于 2004 年获得 FDA 批准，其后分别于 2006 年 1 月和 2008 年 7 月获得 EMA 和 PMDA 的批准并上市。Pegaptanib 通过空间结构与血管内皮生长因子（vascular endothelial growth factor，VEGF）结合抑制血管生成达到治疗效果，用于治疗湿性年龄相关性黄斑变性。老年性黄斑变性（age-related macular degeneration，AMD）是一种常见的慢性进行性疾病，可分为干式和湿式两种，其中湿式 AMD 是造成视力严重丧失的主要原因，而引起湿式 AMD 的主要原因是脉络膜新生血管的形成（Bressler 等，1988）。VEGF 是一种特异性针对血管内皮细胞的诱导因子，能促进新血管的形成，在脉络膜新生血管的形成中起重要作用。VEGF 有 VEGF121、VEGF145、VEGF165 等多种异构形式，其中 VEGF165 促血管生成活性最高（Ferrara，2012）。Pegaptanib 能够特异性结合 VEGF165，阻止眼部 VEGF 受体被激活，从而抑制脉络膜新生血管的生成（Apte，2008）。

除此之外，有些核酸适配体在科学研究中也显现了一定的药物功效及潜力。2012 年，有研究人员利用 Cell-SELEX 方法成功筛选得到脂肪细胞的核酸适配体 Adipo-8，其亲和力为 17.8±9.1nmol/L（Liu 等，2012）。2020 年，该团队确定了 Adipo-8 核酸适配体的靶点为脂肪细胞膜相关蛋白（APMAP），且其在体外和体内实验中都显现出了改善脂肪沉积的作用。Adipo-8 可显著降低肥胖小鼠的体重和血液中甘油三酯含量，且无明显肝肾毒性。该研究证明了 Adipo-8 能够特异性识别其靶标蛋白位点并且改善脂肪沉积，有望成为治疗肥胖及其相关代谢疾病的有效、安全的靶向药物（Zhong 等，2020）。并且，基于核酸适配体的细胞因子模拟物由于其突出的生理功能以及药物疗效在研究中也受到了广泛关注。2012 年，Orava 等筛选得到了长度为 25nt 的肿瘤坏死因子 α（tumor necrosis factor α，TNF-α）的 DNA 适配体 VR11，其亲和力为（7.0±2.1）nmol/L，且该适配体具有理想的特异性，与 TNF-α 亲和性极强而不与 TNF-β 结合（Orava 等，2013）。研究证明了 VR11 能够预防 TNF-α 诱导的细胞凋亡，且能在 24h 内降低培养细胞的一氧化氮含量。随后，2019 年，Ueki 等针对 FGFR 筛选了 DNA 适配体，并对该适配体进行了串联、截短、G4 结构域调控三个方面的功能化裁剪，结果表明该适配体可以作为干细胞因子模拟物，能够激活 FGFR 的二聚化，进而发挥其下游的生理功能（Ueki，2019）。

9.8 总结与展望

迄今为止，适配体在深度和广度上仍在不断发展，在许多方面还具有广阔的发展前景。首先，在适配体的性能上，随着技术的进步应用需求化，适配体筛选方法越来越多样化，但随之而来的挑战也越来越多，尤其是在适配体的亲和力、特异性和结合位点等方面，通过对比各种不同的实验条件，发现针对孵育、分离、清洗、洗脱、扩增等各步骤需要进行更细致、更全面、更深入的研究来进行优化，通过裁剪技术使适配体的性能更加完善，实际应用性更强。其次，在适配体的功能上，核酸适配体作为传感器搭建、诊断、成像、靶向递送和药物等方面的元件，从实验室的基础研究走向临床应用还需克服一系列技术难题，核酸适配体相对分子质量和体积均较小，极易被降解，在体内易被肾脏过滤掉，影响其在靶向过程中的快速分布，从而导致其应用受限。需要对核酸适配体进行修饰、升级和改造，在保证不影响其性能的前提下，尽可能使其稳定性更强，且目前对其毒性研究较少，需对其在细胞、体内等方面的毒性深入研究，实现多手段、多层面、多方法的联合应用，发挥核酸适配体更加重要的作用。

参考文献

Ababneh N, Alshaer W, Allozi O, et al. *In vitro* selection of modified RNA aptamers against CD44 cancer stem cell marker [J]. Nucleic Acid Ther, 2013, 23 (6): 401-407.

Affinito A, Quintavalle C, Esposito CL, et al. The discovery of RNA aptamers that selectively bind glioblastoma stem cells [J]. Molecular Therapy-Nucleic Acids, 2019, 18: 99-109.

Ahn JY, Lee KA, Lee MJ, et al. Surface plasmon resonance aptamer biosensor for discriminating pathogenic bacteria *Vibrio parahaemolyticus* [J]. J Nanosci Nanotechnol, 2018, 18 (3): 1599-1605.

Alfavian H, Gargari SM, Rasoulinejad S, et al. Development of a DNA aptamer that binds to group A *Streptococcus* serotype M3 [J] . Can J Microbiol, 2016, 63 (2): 160-168.

Apte RS. Pegaptanib sodium for the treatment of age-related macular degeneration [J]. Expert Opin Pharmaco, 2008, 9 (3): 499-508.

Ashley J, Ji K, Li SF, Selection of bovine catalase aptamers using non-SELEX [J]. Electrophoresis, 2012, 33 (17): 2783-2789.

Bai Y, Li Y, Zhang D, et al. Enhancing the affinity of anti-human α-thrombin 15-mer DNA aptamer and anti-immunoglobulin E aptamer by polyt extension [J]. Anal Chem, 2017, 89 (17): 9467-9473.

Bavi R, Liu Z, Han Z, et al. *In silico* designed RNA aptamer against epithelial cell adhesion molecule for cancer cell imaging [J]. Biochem Biophys Res Commun, 2019, 509 (4): 937-942.

Berezovski M, Musheev M, Drabovich A, et al. Non-SELEX selection of aptamers [J]. J Am Chem Soc, 2006, 128 (5): 1410-1411.

Bitaraf FS, Rasooli I, Mousavi Gargari S. DNA aptamers for the detection of Haemophilus influenzae type b by cell-SELEX [J]. Eur J Clin Microbiol Infect Dis, 2016, 35 (3): 503-510.

Bock LC, Griffin LC, Latham JA, et al. Selection of single-stranded DNA molecules that bind and inhibit human thrombin [J]. Nature, 1992, 355 (6360): 564-566.

Bressler NM, Bressler SB, Fine SL. Age-related macular degeneration [J]. Surv Ophthalmol, 1988, 32 (6): 375-413.

Briones C, Moreno M. Applications of peptide nucleic acids (PNAs) and locked nucleic acids (LNAs) in biosensor development [J]. Anal Bioanal Chem, 2012, 402 (10): 3071-3089.

Catanante G, Mishra RK, Hayat A, et al. Sensitive analytical performance of folding based biosensor using methylene blue tagged aptamers [J]. Talanta, 2016, 153: 138-144.

Catuogno S, Esposito CL. Aptamer cell-based selection: overview and advances [J]. Biomedicines, 2017, 5 (3): 49.

Charlton J, Sennello J, Smith D. *In vivo* imaging of inflammation using an aptamer inhibitor of human neutrophil elastase [J]. Chem Biol, 1997, 4 (11): 809-816.

Chen B, Wang Z, Hu D, et al. Determination of nanomolar levels of mercury (Ⅱ) by exploiting the silver stain enhancement of the aggregation of aptamer-functionalized gold nanoparticles [J]. Ana Lett, 2014, 47 (5): 795-806.

Chen M, Yu Y, Jiang F, et al. Development of cell-SELEX technology and its application in cancer diagnosis and therapy [J]. In J Mol Sci, 2016, 17 (12): 2079.

Chen X, He X, Gao R, et al. Aptamer-functionalized binary-drug delivery system for synergetic obesity therapy [J]. ACS Nano, 2022, 16 (1): 1036-1050.

Cheng H, Hong S, Wang Z, et al. Self-assembled RNAi nanoflowers via rolling circle transcription for aptamer-targeted siRNA delivery [J]. J Mater Chem B, 2018, 6 (28): 4638-4644.

Cheung YW, Rothlisberger P, Mechaly AE, et al. Evolution of abiotic cubane chemistries in a nucleic acid aptamer allows selective recognition of a malaria biomarker [J]. Proc Natl Acad Sci USA, 2020, 117 (29): 16790-16798.

Darmostuk M, Rimpelova S, Gbelcova H, et al. Current approaches in SELEX: an update to aptamer selection technology [J]. Biotechnol Adv, 2015, 33 (6): 1141-1161.

Drolet DW, Moon-McDermott L, Romig TS. An enzyme-linked oligonucleotide assay [J]. Nat Biotechnol, 1996, 14 (8): 1021-1025.

Dunn MR, Jimenez RM, Chaput JC. Analysis of aptamer discovery and technology [J]. Nat Rev Chemistry, 2017, 1 (10): 1-16.

Dwivedi HP, Smiley RD, Jaykus LA. Selection and characterization of DNA aptamers with binding selectivity to campylobacter jejuni using whole-cell SELEX [J]. Appl Microbiol Biotechnol, 2010, 87 (6): 2323-2334.

Eissa S, Ng A, Siaj M, et al. Selection and identification of DNA aptamers against okadaic acid for biosensing application [J]. Anal Chem, 2013, 85 (24): 11794-11801.

Ellington AD, Szostak JW. *In vitro* selection of RNA molecules that bind specific ligands [J]. Nature, 1990, 346 (6287): 818-822.

Ellington AD, Szostak JW. Selection *in vitro* of single-stranded DNA molecules that fold into specific ligand-binding structures [J]. Nature, 1992, 355 (6363): 850-852.

Esposito CL, Quintavalle C, Ingenito F, et al. Identification of a novel RNA aptamer that selectively targets breast cancer exosomes [J]. Mol Ther Nucleic Acids, 2021, 23: 982-994.

Ferrara N. Reprint of "pituitary follicular cells secrete a novel heparin-binding growth factor specific for vascular endothelial cells" [J]. Biochem Bioph Res Co, 2012, 425 (3): 540-547.

Ferreira IM, de Souza Lacerda CM, de Faria LS, et al. Selection of peptidoglycan-specific aptamers for bacterial cells identification [J]. Appl Biochem Biotechnol, 2014, 174 (7): 2548-2556.

Gao S, Hu B, Zheng X, et al. Gonyautoxin 1/4 aptamers with high-affinity and high-specificity: from efficient selection to aptasensor application [J]. Biosens Bioelectron, 2016, 79: 938-944.

Gijs M, Aerts A, Impens N, et al. Aptamers as radiopharmaceuticals for nuclear imaging and therapy [J]. Nucl Med Biol, 2016, 43 (4): 253-271.

Griffin LC, Tidmarsh GF, Bock LC, et al. *In vivo* anticoagulant properties of a novel nucleotide-based thrombin inhibitor and demonstration of regional anticoagulation in extracorporeal circuits [J]. Blood, 1993, 81 (12): 3271-3276.

Grozio A, Gonzalez VM, Millo E, et al. Selection and characterization of single stranded DNA aptamers for the hormone abscisic acid [J]. Nucleic Acid Ther, 2013, 23 (5): 322-331.

Gu H, Duan N, Wu S, et al. Graphene oxide-assisted non-immobilized SELEX of okdaic acid aptamer and the analytical application of aptasensor [J]. Sci Rep, 2016, 6: 21665.

Gu H, Duan N, Xia Y, et al. Magnetic separation-based multiple SELEX for effectively selecting aptamers against saxitoxin, domoic acid, and tetrodotoxin [J]. J Agric Food Chem, 2018, 66 (37): 9801-9809.

Ha SJ, Park JH, Lee B, et al. Label-free direct detection of saxitoxin based on a localized surface plasmon resonance aptasensor [J]. Toxins (Basel), 2019, 11 (5): 274.

Hamula CL, Zhang H, Guan LL, et al. Selection of aptamers against live bacterial cells [J]. Anal Chem, 2008, 80 (20): 7812-7819.

Handy SM, Yakes BJ, Degrasse JA, et al. First report of the use of a saxitoxin-protein conjugate to develop a DNA aptamer to a small molecule toxin [J] . Toxicon, 2013, 61 (1): 30-37.

He XQ, Guo L, He JL, et al. Stepping library-based post-selex strategy approaching to the minimized aptamer in spr [J]. Anal Chem, 2017, 89 (12): 6559-6566.

Hicke BJ, Marion C, Chang YF, et al. Tenascin-C aptamers are generated using tumor cells and purified protein [J]. J Biol Chem, 2001, 276 (52): 48644-48654.

Hicke BJ, Stephens AW, Gould T, et al. Tumor targeting by an aptamer [J]. J Nucl Med, 2006, 47 (4): 668-678.

Hornung T, O'Neill HA, Logie SC, et al. ADAPT identifies an ESCRT complex composition that discriminates VCaP from LNCaP prostate cancer cell exosomes [J]. Nucleic Acids Res, 2020, 48 (8): 4013-4027.

Jayasena SD. Aptamers: An emerging class of molecules that rival antibodies in diagnostics [J]. Clin Chem, 1999, 45 (9): 1628-1650.

Jiang P, Meyer S, Hou Z, et al. Mpbind: A meta-motif-based statistical framework and pipeline to predict binding potential of SELEX-derived aptamers [J]. Bioinformatics, 2014, 30 (18): 2665-2667.

Kim B, Yang J, Hwang M, et al. Aptamer-modified magnetic nanoprobe for molecular MR imaging of vegfr2 on angiogenic vasculature [J]. Nanoscale Res Lett, 2013, 8 (1): 399.

Kim EY, Kim JW, Kim WK, et al. Selection of aptamers for mature white adipocytes by cell SELEX using flow cytometry [J]. Plos One, 2014, 9 (5): e97747.

Kim HJ, Park JY, Lee TS, et al. Pet imaging of HER2 expression with an 18F-fluoride labeled aptamer [J]. Plos One, 2019, 14 (1): e0211047.

Kim JW, Kim EY, Kim SY, et al. Identification of DNA aptamers toward epithelial cell adhesion molecule via cell-SELEX [J]. Mol Cells, 2014, 37 (10): 742-746.

Kim JY, Oh JJ, Kim DH, et al. Rapid and accurate quantification of paramylon produced from euglena gracilis using an ssDNA aptamer [J]. J Agric Food Chem, 2020, 68 (1): 402-408.

Li CH, Kuo TR, Su HJ, et al. Fluorescence-guided probes of aptamer-targeted gold nanoparticles with computed tomography imaging accesses for *in vivo* tumor resection [J]. Sci Rep, 2015, 5: 15675.

Li S, Jiang Q, Liu S, et al. A DNA nanorobot functions as a cancer therapeutic in response to a molecular trigger *in vivo* [J]. Nat Biotechnol, 2018, 36 (3): 258-264.

Liang A, Zhou L, Qin H, et al. A highly sensitive aptamer-nanogold catalytic resonance scattering spectral assay for melamine [J]. J Fluoresc, 2011, 21 (5): 1907-1912.

Liu D, Hu B, Peng D, et al. Isolation ssDNA aptamers specific for both live and viable but nonculturable state vibrio vulnificus using whole bacteria-SEILEX technology [J]. RSC Advances, 2020, 10 (27): 15997-16008.

Liu J, Liu H, Sefah K, et al. Selection of aptamers specific for adipose tissue [J]. PloS One, 2012, 7 (5): e37789.

Liu L, Han Z, An F, et al. Aptamer-based biosensors for the diagnosis of sepsis [J]. J Nanobiotechnology, 2021, 19 (1): 216.

Liu M, Jinmei H, Abe H, et al. *In vitro* selection of a photoresponsive RNA aptamer to hemin [J]. Bioorg Med Chem Lett, 2010, 20 (9): 2964-2967.

Liu MY, Yue FL, Kong QQ, et al. Aptamers against pathogenic bacteria: selection strategies and apta-assay laptasensor application for food safety [J]. J Agric Food Chem, 2022, 70 (18): 5477-5498.

Luo C, Lei Y, Yan L, et al. A rapid and sensitive aptamer-based electrochemical biosensor for direct detection of *Escherichia coli* O111 [J]. Electroanalysis, 2012, 24 (5): 1186-1191.

Ma X, Wang W, Chen X, et al. Selection, characterization and application of aptamers targeted to aflatoxin B2 [J]. Food Control, 2015, 47: 545-551.

Ma Y, Li W, Xing R, et al. Epitope-imprinted magnetic nanoparticles as a general platform for efficient *in vitro* evolution of protein-binding aptamers [J]. ACS Sens, 2020, 5 (8): 2537-2544.

Golden MC, Collins BD, Willis MC, et al. Diagnostic potential of PhotoSELEX - evolved ssDNA aptamers [J]. J Biotechnol, 2000, 81 (2-3): 167-178.

McKeague M, McConnell EM, Cruz - Toledo J, et al. Analysis of *in vitro* aptamer selection parameters [J]. J Mol Evol, 2015, 81 (5-6): 150-161.

McKeague M, Velu R, Hill K, et al. Selection and characterization of a novel DNA aptamer for label-free fluorescence biosensing of ochratoxin a [J]. Toxins (Basel), 2014, 6 (8): 2435-2452.

McNamara JO, Andrechek ER, Wang Y, et al. Cell type-specific delivery of siRNAs with aptamer-siRNA chimeras [J]. Nat Biotechnol, 2006, 24 (8): 1005-1015.

Mehta J, Van Dorst B, Rouah-Martin E, et al. *In vitro* selection and characterization of DNA aptamers recognizing chloramphenicol [J]. J Biotechnol, 2011, 155 (4): 361-369.

Mi KY, Kim D, Lee IH, et al. Image-guided prostate cancer therapy using aptamer-functionalized thermally cross-linked superparamagnetic iron oxide nanoparticles [J]. Small, 2011, 7 (15): 2241-2249.

Miyachi Y, Shimizu N, Ogino C, et al. Selection of DNA aptamers using atomic force microscopy [J]. Nucleic Acids Res, 2010, 38 (4): e21.

Morris KN, Jensen KB, Julin CM, et al. High affinity ligands from *in vitro* selection: complex targets [J]. Proc Natl Acad Sci USA, 1998, 95 (6): 2902-2907.

Müller J, Freitag D, Mayer G, et al. Anticoagulant characteristics of HD1-22, a bivalent aptamer that specifically inhibits thrombin and prothrombinase [J]. J Thromb Haemost, 2008, 6 (12): 2105-2112.

Muszynska K, Ostrowska D, Bartnicki F, et al. Selection and analysis of a DNA aptamer binding alpha-amanitin from amanita phalloides [J]. Acta Biochim Pol, 2017, 64 (3): 401-406.

Nelissen F, Peeters W, Roelofs TP, et al. Improving breast cancer treatment specificity using aptamers obtained by 3D cell-SELEX [J]. Pharmaceuticals, 2021, 14 (4): 349.

Niazi JH, Lee SJ, Gu MB. Single-stranded DNA aptamers specific for antibiotics tetracyclines [J]. Bioorg Med Chem, 2008, 16 (15): 7245-7253.

Nimjee SM, White RR, Becker RC, et al. Aptamers as therapeutics [J]. Annu Rev Pharmacol Toxicol, 2017, 57: 61-79.

Ohuchi SP, Ohtsu T, Nakamura Y. Selection of RNA aptamers against recombinant transforming growth factor-beta type Ⅲ receptor displayed on cell surface [J]. Biochimie, 2006, 88 (7): 897-904.

Orava EW, Jarvik N, Shek YL, et al. A short DNA aptamer that recognizes TNF-α and blocks its activity *in vitro* [J]. ACS Chemi Biol, 2013, 8 (1): 170-178.

Pan Q, Wang Q, Sun X, et al. Aptamer against mannose-capped lipoarabinomannan inhibits virulent *Mycobacterium tuberculosis* infection in mice and rhesus monkeys [J]. Mol Ther, 2014, 22 (5): 940-951.

Paniel N, Istamboulie G, Triki A, et al. Selection of DNA aptamers against penicillin G using capture-SELEX for the development of an impedimetric sensor [J]. Talanta, 2017, 162: 232-240.

Park JW, Tatavarty R, Kim DW, et al. Immobilization-free screening of aptamers assisted by graphene oxide [J]. Chem Commun, 2012, 48 (15): 2071-2073.

Pathania PK, Saini JK, Vij S, et al. Aptamer functionalized MoS_2-rGO nanocomposite based biosensor for the detection of Vi antigen [J]. Biosens Bioelectron, 2018, 122: 121-126.

Qi S, Duan N, Sun Y, et al. High-affinity aptamer of allergen β-lactoglobulin: selection, recognition mechanism and application [J]. Sensors Actuat B-Chem, 2021, 340: 129956.

Qu H, Csordas AT, Wang J, et al. Rapid and label-free strategy to isolate aptamers for metal ions [J]. ACS Nano, 2016, 10 (8): 7558-7565.

Raddatz MSL, Dolf A, Endl E, et al. Enrichment of cell-targeting and population-specific aptamers by fluorescence-activated cell sorting [J]. Angew Chem Int Edit, 2008, 47 (28): 5190-5193.

Ray P, White RR. Cell-SELEX identifies a "sticky" RNA aptamer sequence [J]. J Nucleic Acids, 2017, 2017 (6): 9.

Rose KM, Alves Ferreira-Bravo I, Li M, et al. Selection of, 2′-deoxy-2′-fluoroarabino nucleic acid (fana) aptamers that bind HIV-1 integrase with picomolar affinity [J]. ACS Chem Biol, 2019, 14 (10): 2166-2175.

Savory N, Goto S, Yoshida W, et al. Two-dimensional electrophoresis-based selection of aptamers against an unidentified protein in a tissue sample [J]. Anal Lett, 2013, 46 (18): 2954-2963.

Schmitz A, Weber A, Bayin M, et al. A SARS-Cov-2 spike binding DNA aptamer that inhibits pseudovirus infection by an RBD-independent mechanism* [J]. Angew Chem Int Ed Engl, 2021, 60 (18): 10279-10285.

Schneider C, Sühnel J. A molecular dynamics simulation of the flavin mononucleotide-RNA aptamer complex [J]. Biopolymers, 1999, 50 (3): 287-302.

Sefah K, Yang Z, Bradley KM, et al. *In vitro* selection with artificial expanded genetic information systems [J]. P Natl A Sci, 2013, 111 (4): 1449-1454.

Setlem K, Mondal B, Ramlal S, et al. Immuno affinity SELEX for simple, rapid, and cost-effective aptamer enrichment and identification against aflatoxin B1 [J]. Front Microbiol, 2016, 7: 1909.

Song KM, Cho M, Jo H, et al. Gold nanoparticle-based colorimetric detection of kanamycin using a DNA aptamer [J]. Anal Biochem, 2011, 415 (2): 175-181.

Song KM, Jeong E, Jeon W, et al. A coordination polymer nanobelt (CPNB) -based aptasensor for sulfadimethoxine [J]. Biosens Bioelectron, 2012, 33 (1): 113-119.

Song Z, Mao J, Barrero RA, et al. Development of a CD63 aptamer for efficient cancer immunochemistry and immunoaffinity-based exosome isolation [J]. Molecules, 2020, 25 (23): 5585.

Souza AG, Marangoni K, Fujimura PT, et al. 3D cell-SELEX: development of RNA aptamers as molecular probes for PC-3 tumor cell line [J]. Exp Cell Res, 2016, 341 (2): 147-156.

Stull RA, Szoka JFC. Antigene, ribozyme and aptamer nucleic acid drugs: progress and prospects [J]. Pharm Res Dordr, 1995, 12 (4): 465-483.

Suh SH, Dwivedi HP, Choi SJ, et al. Selection and characterization of DNA aptamers specific for listeria species [J]. Anal Biochem, 2014, 459: 39-45.

Sypabekova M, Bekmurzayeva A, Wang R, et al. Selection, characterization, and application of DNA aptamers for detection of *Mycobacterium tuberculosis* secreted protein MPT64 [J]. Tuberculosis (Edinb), 2017, 104: 70-78.

Takahashi M, Sakota E, Nakamura Y. The efficient cell-SELEX strategy, icell-SELEX, using isogenic cell lines for selection and counter-selection to generate RNA aptamers to cell surface proteins [J]. Biochimie, 2016, 131: 77-84.

Thevendran R, Citartan M. Assays to estimate the binding affinity of aptamers [J]. Talanta, 2022, 238: 122971.

Tombelli S, Minunni M, Mascini M. Aptamers-based assays for diagnostics, environmental and food analysis [J]. Biomol Eng, 2007, 24 (2): 191-200.

Tuerk C, Gold L. Systematic evolution of ligands by exponential enrichment: RNA ligands to bacteriophage T4 DNA polymerase [J]. Science, 1990, 249 (4968): 505-510.

Ueki R, Atsuta S, Ueki A, et al. DNA aptamer assemblies as fibroblast growth factor mimics and their application in stem cell culture [J]. Chem Commun (Cambridge, England), 2019, 55 (18): 2672-2675.

Wang T, Rahimizadeh K, Veedu RN. Development of a novel DNA oligonucleotide targeting low-density lipoprotein receptor [J]. Mol Ther Nucleic Acids, 2020, 19: 190-198.

White R, Rusconi CP, Scardino E, et al. Generation of species cross-reactive aptamers using "toggle" SELEX [J]. Mol Ther, 2002, 4 (6): 567-573.

Wu Y, Zhan S, Wang L, et al. Selection of a DNA aptamer for cadmium detection based on cationic polymer mediated aggregation of gold nanoparticles [J]. Analyst, 2014, 139 (6): 1550-1561.

Yamashita T, Shinotsuka H, Takahashi Y, et al. SELEX-based screening of exosome-tropic RNA [J]. Biol Pharm Bull, 2017, 40 (12): 2140-2145.

Yang L, Zhang X, Ye M, et al. Aptamer-conjugated nanomaterials and their applications [J]. Adv Drug Deliv Rev, 2011, 63 (14-15): 1361-1370.

Yi K, Rong Y, Huang L, et al. Aptamer-exosomes for tumor theranostics [J]. ACS Sens, 2021, 6 (4): 1418-1429.

Yu H, Canoura J, Guntupalli B, et al. A cooperative-binding split aptamer assay for rapid, specific and ultra-sensitive fluorescence detection of cocaine in saliva [J]. Chem Sci, 2017, 8 (1): 131-141.

Yuan M, Qian S, Cao H, et al. An ultra - sensitive electrochemical aptasensor for simultaneous quantitative detection of Pb^{2+} and Cd^{2+} in fruit and vegetable [J]. Food Chem: 2022, 132173.

Yufa R, Krylova SM, Bruce C, et al. Emulsion PCR significantly improves nonequilibrium capillary electrophoresis of equilibrium mixtures-based aptamer selection: allowing for efficient and rapid selection of aptamer to unmodified ABH2 protein [J]. Anal Chem, 2015, 87 (2): 1411-1419.

Zhang L, Chaput JC. *In vitro* selection of an ATP-binding TNA aptamer [J]. Molecules, 2020, 25 (18): 4194.

Zhang L, Fang X, Liu X, et al. Discovery of sandwich type COVID-19 nucleocapsid protein DNA aptamers [J]. Chem Commun (Camb), 2020, 56 (70): 10235-10238.

Zhang WY, Chen HL, Chen QC. *In vitro* selection of aptamer S1 against MCF-7 human breast cancer cells [J]. Bioorg Med Chem Lett, 2019, 29 (16): 2393-2397.

Zhao W, Cui CH, Bose S, et al. Bioinspired multivalent DNA network for capture and release of cells [J]. Proc Natl Acad Sci USA, 2012, 109 (48): 19626-19631.

Zheng J, Tang X, Wu R, et al. Identification and characteristics of aptamers against inactivated *Vibrio alginolyticus* [J]. LWT-Food Sci Technol, 2015, 64 (2): 1138-1142.

Zhong W, Zhang Y, Tan W, et al. Adipose specific aptamer adipo-8 recognizes and interacts with apmap to ameliorates fat deposition *in vitro* and *in vivo* [J]. Life Sci, 2020, 251: 117609.

Zhong Y, Zhao J, Li J, et al. Advances of aptamers screened by cell-SELEX in selection procedure, cancer diagnostics and therapeutics [J]. Anal Biochem, 2020, 598: 113620.

Zhu C, Yang G, Ghulam M, et al. Evolution of multi-functional capillary electrophoresis for high-efficiency selection of aptamers [J]. Biotechnol Adv, 2019, 37 (8): 107432.

Zhu G, Zhang H, Jacobson O, et al. Combinatorial screening of DNA aptamers for molecular imaging of HER2 in cancer [J]. Bioconjug Chem, 2017, 28 (4): 1068-1075.

Zhuo Z, Yu Y, Wang M, et al. Recent advances in SELEX technology and aptamer applications in biomedicine [J]. Int J Mol Sci, 2017, 18 (10): 2142.

Zou X, Wu J, Gu J, et al. DNA aptamer against EV-A71 VP1 protein: selection and application [J]. Virol J, 2021, 18 (1): 164.

Zou Y, Duan N, Wu S, et al. Selection, identification, and binding mechanism studies of an ssDNA aptamer targeted to different stages of *E. coli* O157 : H7 [J]. J Agric Food Chem, 2018, 66 (22): 5677-5682.

Zumrut HE, Ara MN, Fraile M, et al. Ligand-guided selection of target-specific aptamers: A screening technology for identifying specific aptamers against cell-surface proteins [J]. Nuclc Acid Therapeutics: 2016, 190.

Zumrut HE, Ara MN, Maio GE, et al. Ligand-guided selection of aptamers against T-cell receptor-cluster of differentiation 3 (TCR-CD3) expressed on Jurkat. E6 cells [J]. Anal Biochem, 2016, 512: 1-7.

邓博文，高思懿，肖博懿，等. 计算机辅助筛选核酸适配体技术 [J]. 生物工程学报，2022，38 (2): 13.

刘洪美，栾云霞，陆安祥，等. 核酸适配体在小分子目标物快速检测中的应用 [J]. 食品安全质量检测学报，2017，8 (08): 2957-2965.

刘继红，胡颖，洪慧杰，等. 赭曲霉毒素 A 核酸适配体筛选 [J]. 食品安全质量检测学报，2015，6 (09): 3543-3550.

汪颖，乔璞，宋玉竹，等. A-鹅膏 [蕈] 毒环肽核酸适配体的筛选和结构分析 [J]. 中国生物化学与分子生物学报，2016，32 (12): 1341-1346.

王子健，陈尔凝，杨歌，等. 小分子靶标的核酸适配体筛选研究进展 [J]. 分析化学，2020，48 (05): 573-592.

杨歌，赵毅，韩诗邈，等．毛细管电泳法筛选脱铁转铁蛋白的核酸适配体及筛选影响因素分析［J］．分析化学，2020，48（05）：632-641.

周妍，刁晨曦，张圆圆，等．伏马毒素 B_1 适配体的筛选及其快速定量检测方法的建立［J］．动物营养学报，2018，30（9）：3740-3750.

10

功能核酸酶

化学转化的催化作用通常被认为是由有机小分子、过渡金属络合物或蛋白质酶介导的。然而，自我剪接内含子的 RNA 核酶的开创性发现证明了核酸也能促进催化作用，其效率可与蛋白酶相媲美。1994 年，脱氧核酶的发现进一步拓宽了人们对核酸催化功能的认识。除此之外，有些核酸介导的纳米材料也具有模拟天然酶活性的功能。核酸催化功能的发现，不仅打破了核酸仅仅是遗传物质的传统认知，还将核酸的作用延伸至模拟人工酶领域。本章将以上具有催化功能的核酸定义为功能核酸酶，功能核酸酶（functional nucleic acid enzymes，FNAzymes）是具有特殊结构和催化功能的核酸或核酸复合物。本章还介绍了功能核酸酶的 8 种类型：RNA 核酶、DNA 切割酶、DNA 错配链接酶、适配体切割酶、G-四链体过氧化物酶、DNA 复合纳米酶、DNA 金属化纳米酶以及 DNA 配位酶。此外，对以上各种酶的应用进行了归纳总结，最后对功能核酸酶未来发展的趋势和应用前景进行展望。

10.1 概述

在生物学领域，酶是一类具有生物催化功能的大分子物质。只有在合适的温度和酸碱条件下，酶才能通过调节生物体的代谢途径（例如，信号转导、基因表达、基因沉默等）或者通过获得新的生物学性状或去除某些生物性状来改变生物体的生理状态（Singh 等，2021；Zeng 等，2021）。1982 年，Thomas Cech 和 Sidney Altman 发现 RNA 具有催化活性，将其命名为“核酶”并获得诺贝尔奖。这一发现打破了酶是蛋白质、核酸只是遗传信息存储和传递物质的认知，并引起广泛关注。

天然酶在遇到非生理条件时会失去活性，酶的制备过程复杂且昂贵（Wei 等，2013；Xiong 等，2019）。因此，在过去的几十年里，科学家们一直在寻求通过化学或物理方法合成具有与酶活性相似的性质的化合物。这些化合物稳定、经济，能够适应非生理条件，以解决实际应用中的问题（Breslow，1995；Breslow 等，1970）。对外部环境具有较强耐受性的纳米颗粒（NPs）表现出双重特性，包括生物特性和材料化学性质，这些 NPs 被称为“纳米酶”，有望取代天然酶（Dutta 等，2014；Huang 等，2019）。2007 年，Yan 的团队首次报道 Fe_3O_4 纳米颗粒催化剂显示出与过氧化物酶相似的性质（Gao 等，2007）。这项工作改变了无机纳米材料是生物惰性物质的传统观念，揭示了纳米材料固有的生物效应和新特征。纳米酶具有较大的比表面积和高的表面能，可与多种配体结合以实现多功能性。核酸具有特定的自组装特性和独特的分子识别机制（Ma 等，2020）。具体而言，核碱基可以提供孤对的氮和氧电子，而核碱基是核酸磷酸骨架的重要结构。因此，核酸可以充当多齿有机配体，与金属离子、金属氧化物、金属有机框架和碳碱界面相互作用形成功能纳米酶（Lu 等，2016；Sigel 等，2005）。功能核酸酶的种类和作用如图 10.1 所示。

随着科学技术的发展，人们发现了越来越多的具有催化活性的核酸或者核酸复合物，因此，本章对目前发现的各种基于核酸的酶进行介绍，主要包括 RNA 核酶、DNA 切割酶、DNA 错配链接酶、适配体切割酶、G-四链体脱氧核酶、DNA 复合纳米酶、DNA 金属化纳米酶以及核酸配位酶（图 10.1）。在本章中，对以上八种功能核酸酶分别进行了定义以及详细的介绍。在章节最后还总结了功能核酸酶目前的缺陷并展望了其未来的发展趋势，希望通过本节内容，使功能核酸酶受到更多读者的关注，拓展其应用领域。

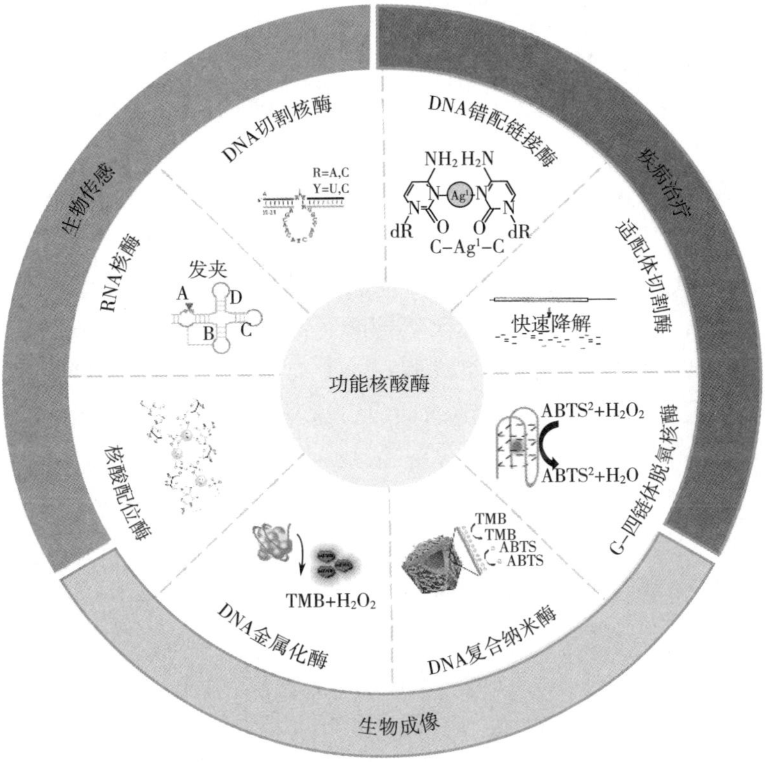

图 10.1 功能核酸酶的种类和作用

10.2 RNA 核酶

RNA 核酶是能够催化生化反应的功能性 RNA 分子，可以自然折叠成多种尺寸和形态来操纵生物系统（Geary 等，2011）。20 世纪 80 年代，作为 RNA 分子的核酶同时提供了遗传构型和催化功能，推动了早期“RNA 世界”假说。

10.2.1 RNA 核酶的发展历史

1982 年，Thomas Cech 及其同事在研究原生动物嗜热四膜虫核糖体 RNA 基因中内含子的切除工作中提出，RNA 的内含子序列部分可以修改和自我拼接磷酸二酯键（Kruger 等，1982）。1983 年，耶鲁大学 Sidney Altmanv 发现大肠杆菌的 RNase P 也具有催化活性。该团队指出 RNase P 由一分子蛋白质和一分子单链 RNA 组成，且分离出的 RNA 可以进行与全酶相同的反式加工反应，即活化前体 tRNA，并在多次周转后不被改变（Guerrier-Takada 等，1983）。1986 年，有研究工作者报告了其他的内含子自切割类型——Ⅱ组内含子，它们存在于真菌线粒体、藻类和细菌中（Bass 等，1896；Zaug 等，1986）。同年，两种新型核酶在小型环状植物病原体 RNA 中被发现，由于该系列核酶都有一个发卡状或锤头状的活性中心，后被称为锤头核酶和发夹核酶（Pley 等，1994；Walbot 等，1988）。1988 年最早报道了能进行自切割的哺乳动物基因组致病性 RNA，即人细胞质多聚腺苷酸元件结合蛋白 3（CPEB3），其本质上是依赖于丁型肝炎病毒（HDV）进行复制的卫星 RNA（SALEHI-ASHTIANI 等，2006）。HDV 在其基因组中含有两种结构相关的自切割核酶，一种在基因组中，一种在互补的反基因组链中，像其他小型自切割核酶一样，通过形成一个假结结构来催化自切割。

除了从人类基因组文库中体外筛选 HDV 样核酶，核酶二级结构的生物信息学搜索使更多自切割核酶被发现。目前，已经可以人工筛选出具有理想催化功能的核酶，1990 年 Robertson 和 Joyce 从随机文库中筛选出与 T_4 DNA 聚合酶相互作用的 RNA，自此体外 SELEX 开始广泛用于筛选催化天然核酶无法进行的生化反应的人工核酶。1993 年，Bartel 和 Szostak 筛选出新型功能核酶——Ⅰ类连接酶核酶（BARTEL 等，1993）。它可以催化 RNA 底物中的磷酸二酯键的形成，这与需要 ATP 进行 RNA 连接的蛋白酶不同。该连接酶核酶在没有 ATP 的情况下使用核酶的三磷酸盐将底物 RNA 共价连接到自己的 5′末端。随后，2005 年，Li 等设计筛选了一种利用辅酶 A 催化氨基酰胺化的核酶（Li 等，2005）。该反应参与体内氧化脱羧、脂肪酸氧化以及氨基酸分解代谢过程，因此，核酶的发展有望成为控制相关代谢过程的有用工具。

10.2.2 RNA 核酶的分类

核酶可以分为小核酶和大核酶，其中小核酶的大小为 40~154nt，大核酶有几百个到几千碱基。大核酶由Ⅰ组内含子、Ⅱ组内含子和核糖核酸酶 P（RNase P）组成（Adams 等，2004；Toor 等，2008）。Ⅰ组内含子的晶体结构表明，其催化核心是保守的，并通过与不同的外周元素的长程相互作用来保持稳定（Adams，2004）。相比于大核酶，小核酶是目前最简单和最常见的催化 RNA 分子，通过酯交换反应对特定磷酸二酯键进行裂解或连接。其中核酶上的 2′-羟基用于切割，5′-羟基用于连接。裂解反应中，活化的 2′-羟基对相邻的磷原子发起亲核攻击，使得磷原子形成五配位中间体的过渡形式。待其捕获质子后，中间体上的 5′-氧原子解离，最终形成环 2′,3′-磷酸基团（Jimenez 等，2015）。连接是裂解的逆反应，过程包括：①碱基对 5′-羟基的活化；②环 2′,3′-磷酸基团对 5′-羟基的攻击和连接；③2′-羟基的游离和质子化（Fedor，1999）。此外，RNA 分子的天然折叠通常需要生理浓度镁离子的存在，镁离子是否主动或间接参与催化反应仍然是一个在争论中的问题。天然存在的九类小核酶包括 Varkud 卫星核酶（VS 核酶）、发卡核酶、HDV 核酶、锤头状核酶、GlmS、twister、twister sister、斧头和手枪核酶（Park 等，2019；Webb 等，2011）。早期参与催化反应的核酶见表 10.1。另外，核酶活性在一些植物病原体 RNA 基因组的复制过程中是有必要的，可以见得核酶的生物功能是多样的，使其在 tRNA 成熟，内含子剪接，RNA 病毒或类病毒的复制，mRNA 稳定性调节等生命进化的早期阶段发挥了核心作用。

表 10.1　　核酶催化反应相关的 RNAs

核酶存在位点	生物学作用	被切割产物位点	核苷酸辅因子	催化机制
RNase P	处理 tRNA 前体	5′-P，3′-OH	×	水解反应

续表

核酶存在位点	生物学作用	被切割产物位点	核苷酸辅因子	催化机制
Ⅰ组内含子	核糖体内含子的自我剪接	5′-P，3′-OH	√	酯交换反应
Ⅱ组内含子	细胞器内含子的自剪接	5′-P，3′-OH	×	酯交换反应
三种植物类病毒、四种环状（类病毒）和四种线性卫星 RNA	寡聚前体的裂解	5′-OH，2′,3′-环状磷酸酯	×	酯交换反应
HDV RNA	寡聚前体的裂解	5′-OH，2′,3′-环状磷酸酯	×	酯交换反应
蝾螈基因组	尚不清楚	5′-OH，2′,3′-环状磷酸酯	×	酯交换反应
脉孢菌线粒体质粒转录本 VS RNA	滚环复制过程中间体自切割	5′-OH，2′,3′-环状磷酸酯	×	酯交换反应

10.2.3 RNA 核酶的应用

由于能够直接识别生物靶标（如小分子和蛋白质）从而直接产生信号（例如，使用荧光团标记底物），核酶已经广泛用于生物传感器的开发（Kennedy 等，2014；Roßmanith 等，2016；Townshend 等，2021）。2017 年，Zhang 等报道了用于检测小分子茶碱的反馈性核酶（Zhang 等，2017）。哺乳动物细胞中的茶碱分子可以操纵细胞自杀系统，主要调节单纯疱疹病毒-胸腺苷激酶和更昔洛韦（HSV-TK/GCV）的表达。在茶碱的存在下，核酶通过自裂解去抑制 HSV-TK 基因的表达。因而细胞毒性分子的产生也受到抑制，导致高细胞活力。为了检测 HSV-TK 基因的表达，将绿色荧光蛋白（GFP）基因、HSV-TK 基因与茶碱依赖性核酶序列结合，通过绿色荧光监测到含茶碱的序列比不含茶碱的序列表达低 4.1 倍，也证实了机体本身 HSV-TK 蛋白的表达水平较低。类似于合成生物学的方法还有将新霉素依赖性锤头核酶引入细菌细胞中，通过调节转录因子 Gal4 的表达灵敏测定新霉素（Klauser 等，2015）。除了识别小分子生物靶标，蛋白质特异性适配体和自裂解核酶的组合拓宽了基于核酶生物传感器的应用。2014 年，Smolke 的研究小组设计了 MS2 蛋白控制裂解活性的核酶，就是将 sTRSVc 锤头核酶的茎Ⅰ或Ⅱ用 MS2 蛋白的高亲和力适配体取代（Kennedy，2014）。在酵母和哺乳动物细胞中，基于修饰的核酶的检测系统可以作为基因开启/关闭开关，激活或抑制 GFP 在 MS2 蛋白水平上的表达。使用基因开启模式时，GFP 的荧光强度从 20%增加到 97%，而转换为基因关闭时，GFP 的荧光强度从 55%降低到 13%。

除了上述的真实靶标，环境变化，如温度，也可以被基于核酶的细胞检测系统捕捉到，用于控制细胞功能。例如，2016 年，Rossmanith 等将锤头状核酶与 RNA 温度计结合用作热传感系统（Rossmanith 等，2016）。RNA 温度计在过去被开发作为阻断 SD 区域的发卡链，因为它可以响应温度变化——发夹链在低温下与 SD 区域形成双链，而高温变性导致链发生平移。Narberhaus 和同事利用茶碱依赖性核酶和 RNA 温度计来控制翻译，该传感器取决于温度和茶碱分子。他们制备了两种不同的基因表达开关：第一个开关需要茶碱和高温（37℃）来启动翻译；第二个开关不需要茶碱分子，但需要高温。在低温（25℃）下，两个开关都允许 RNA 温度计锁住 SD 区域。两种开关既可以用作热传感器也可以用作热输入逻辑门。与该方法不同，Saragliadis 等研究了一种热控制切割功能的核酶（Saragliadis 等，2013），将温度依赖性发夹序列插入锤头状核酶的茎Ⅲ区域，并观察到富含 U 的发夹结构的热依赖性变性与核酶的催化活性密切相关。由于茎Ⅲ内的发夹结构不能在高温（42℃）下形成，核酶被抑制进行切割反应，保留了封闭的 SD 区域。而低温（19℃）允许形成发夹结构，这导致催化裂解和随后解锁 SD 区域，从而启动翻译过程。

核酶是具有酶促链切割活性的 RNA 分子，由于它们可以切割致病基因或者修复突变细胞中的 RNA，其在临床上的潜力是巨大的。具体来说，核酶在与其靶标 RNA 分子通过碱基对形成特异性双链体复合物后，开始催化并随后水解核苷酸中的不反应性磷酸二酯键，这导致靶标 RNA 的链裂解，使其无法继续作为蛋白质翻译的模板。不断筛选进化的人工核酶已被广泛研究，包括早期获得的抗 HER-2 锤头状核酶和抗血管内皮生长因子受体 1 核酶（Suzuk 等，2000）。HER-2 编码一种跨膜受体蛋白 p185，它在 20%~30%的腺癌中过度表达，与乳腺癌有很高的相关性。He 等使用 HER-7 特异性锤头核酶逆转乳腺癌细胞系 MCF-2 的恶性表型（He 等，2010）。分析表明，HER-2 mRNA、p185 以及癌基因 *K-ras* 在核酶转染细胞中显著下调，而癌抑制基因 *p53* 上调。此外，RZ1 稳定转染的 MCF-7 细胞的致瘤性在裸鼠中显著降低。因此，使用抗 HER-2 核酶可能是乳腺癌基因治疗的有益策略。

10.3 DNA 切割酶

DNA 切割酶是指通过指数富集配体的系统进化技术筛选出来的具有催化切割活性的多聚脱氧核糖核苷酸。通常在金属离子存在的条件下，能够催化核糖核酸或脱氧核糖核酸磷酸酯的切割。一般 DNA 切割酶由突起的环和臂两部分构成，环为其催化部位，臂为结合部位。图 10.2 展示了主要 DNA 切割酶的发展图谱，根据催化功能的不同，可将 DNA 切割酶主要分为两大类：RNA 切割活性的 DNA 切割酶和 DNA 切割活性的 DNA 切割酶。其中 RNA 切割活性的 DNA 酶更具有生物学意义，研究更为广泛，不仅能催化 RNA 特定部位的切割反应，而且能从 mRNA 水平对基因进行灭活，从而调控蛋白的表达。

10.3.1 RNA 切割活性的 DNA 切割酶

这类 DNA 切割酶是发现最早，也是研究得最深入的一类 DNA 切割酶。1994 年，Breaker 等通过 SELEX 筛选出一种以单链 DNA 为基础成分的核酸酶，当 Pb^{2+} 存在时，其具有 RNA 水解酶的活性，能特异性水解 RNA 特定位置的磷酸二酯键，且效率相对较高（>10/min），成为首个报道的 DNA 切割酶，并命名为 GR-5（Breaker 等，1994）。类似地，1997 年 Santoro 等筛选出了 Pb^{2+} 和 Mg^{2+} 依赖性 DNA 切割酶：8-17 DNA 酶和

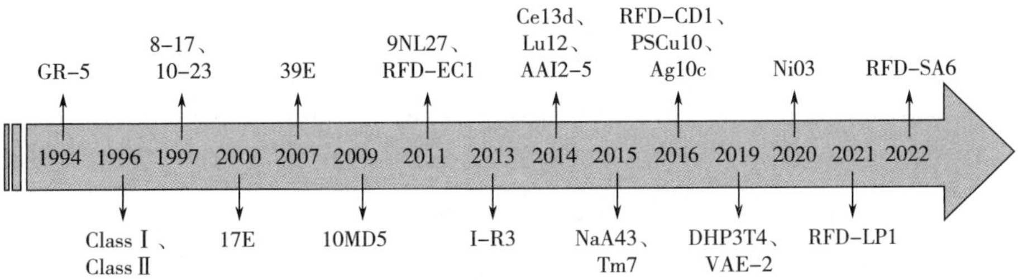

图 10.2 主要切割 DNA 切割酶发展图谱（1994—2022 年）

10-23 DNA 酶（图 10.3），能高效水解所有靶 RNA。10-23 DNA 酶两端为 8 碱基的结构识别域，中间为 15 个碱基的催化活性域，在接近生理条件下（如 2mmol/L $MgCl_2$，150mmol/L KCl，pH 7.5，37℃）能够通过碱基互补配对识别 RNA 结构，水解游离嘌呤与配对嘧啶之间的磷酸二酯键（Santoro 等，1997）。1999 年，Sugimoto 等（Sugimoto 等，1999）在 10-23 DNA 酶的基础上又发展了一种更短的 Ca^{2+}依赖的 DNA 酶。它的催化结构域只有 11 个碱基（dGGCTACAACGA），特异水解 rA 和 rU 之间的 RNA 键，水解活性与 10-23 DNA 酶在 Ca^{2+}条件下相似。2000 年，Li 等（Li 等，2000）又获得了一组高效的 Zn^{2+}依赖的 RNA 裂解 DNA 切割酶，名为 17E。它与 8-17 DNA 酶具有相同的结构域，这个共同的结构域可以有效水解任何含 rNG 的 RNA 和 RNA/DNA 嵌合底物（其中 rN 是任一种核糖核苷酸碱基，G 可以是鸟嘌呤核糖核苷酸或脱氧核糖核苷酸。

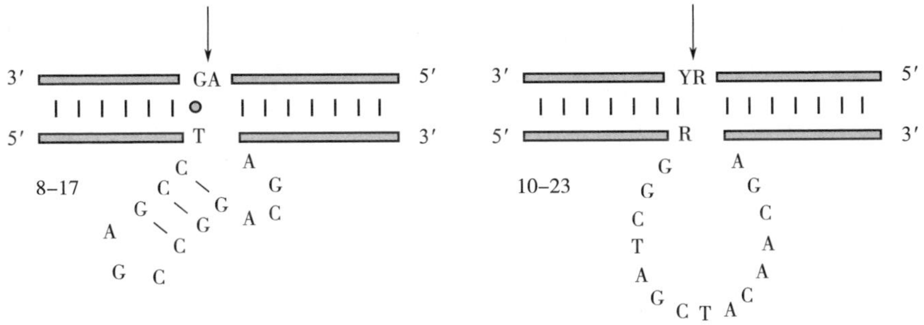

图 10.3 8-17 和 10-23 催化基序的组成［DNA 酶（底部链）通过 Watson-Crick 配对结合 RNA 底物（顶部链），切割发生在箭头所示的位置，R=A 或 G；Y=U 或 C］

Lu 团队长期致力于金属离子激活的 RNA 切割 DNA 酶的研究，2007 年报道了被有毒金属离子 UO_2^{2+} 激活的 RNA 裂解 DNA 酶 39E，对 UO_2^{2+} 有极高的选择性（Liu 等，2007）。在 2015 年他们还发现了一种非常有趣的 Na^+依赖 RNA 切割 DNA 酶，NaA43（Torabi 等，2015），在 20℃，400mmol/L Na^+存在的条件下，其切割速率可达 0.11/min，具有异常的 Na^+特异性。NaA43 是一个令人惊讶的发现，因为先前的研究认为核酸很难为一价金属离子提供特定的结合位点。2014 年，Liu 团队筛选得到了 Ce^{4+}的 RNA 切割 DNA 酶 Ce13d（Huang 等，2014）。NaA43 与 Ce13d 具有很高的序列相似性。同年，Liu 团队以重镧系金属离子 Lu^{3+}为辅助因子进行了体外筛选，获得了单独依赖于镧系金属而不需要其他二价金属离子的新 RNA 切割 DNA 酶 Lu12（Huang 等，2014）。Lu12 与 Ce13d 二级结构明显不同。然而，Lu12 在更轻的镧系金属离子下活性更高，随离子增大活性降低，尤其是在筛选的靶标 Lu^{3+}（镧系中最大的离子）中活性最低。2015 年，Liu 团队进一步使用 Ho^{3+}、Er^{3+}和 Tm^{3+}三种重镧系离子分别作为辅助因子进行筛选，获得了 Tm7（Huang 等，2015）。Tm7 只被 7 种重镧系金属离子（Tb^{3+}、Dy^{3+}、Ho^{3+}、Er^{3+}、Tm^{3+}、Yb^{3+}、Lu^{3+}）激活发生切割反应。在这 7 种离子中，Tm7 对 Dy^{3+}响应速度最快，并且具有浓度剂量效应，因而被用来构建检测 Dy^{3+}的传感器。接着在 2016 年，Liu 团队从硫代磷酸酯 RNA 文库中分离得到了对 Cu^{2+}特异性响应的 RNA 切割 DNA 酶（PSCu10），PSCu10 对 Cu^{+}和 Cu^{2+}都有强烈响应。此外，Liu 团队还报道了第一种一价的，过渡金属依赖的 DNA 酶：Ag10c（Saran 等，2016）。

另外，为了能够开发一种 RNA 切割 DNA 酶，其可通过在接触源自病原体的粗制生物混合物时产生可检测信号来报告特定细菌病原体的存在。Li 团队开发了一种体外选择方法，能够搜索特殊的 RNA 切割 DNA 酶，这些 DNA 酶只对特定的细菌有反应。该筛选方法可确保所选 DNA 酶在复杂生物样品中能够发挥功能且具有识别特异性。该方法已经成功筛选出两种不同的细菌，大肠杆菌（*E. coli*）和艰难梭菌（*C. difficile*）的 RNA 切割 DNA 酶：RFD-EC1（Ali 等，2011）和 RFD-CD1（Shen 等，2016）。RFD-EC1 对大肠杆菌的细胞外粗提物（CEM）具有很高的活性，但对枯草芽孢杆菌和许多其他细菌的 CEM 活性很低。RFD-CD1 对 *C. difficile* 的 BI/027-H 株特有的转录因子 TcdC 的一个截短版本具有非常特异性的响应。这种筛选方法也被其应用于哺乳动物细胞，例如，一种高选择性 RNA 切割 DNA 酶（AAI2-5）被开发用于乳腺癌细胞 MDA-MB-231 的检测（He 等，2014）。近几年，其他致病菌的 RNA 切割 DNA 酶也被科学家们陆续筛选出来，包括幽门螺杆菌（DHP3T4）（Ali 等，2019）、鳗弧菌（VAE-2）（Gu 等，2019）、嗜肺军团菌（RFD-LP1）（Rothenbroker 等，2021）、金黄色葡萄球菌（RFD-SA6）（Ali 等，2022）。

10.3.2 DNA 切割活性的 DNA 切割酶

DNA 切割酶不仅对 RNA 有活性，在一定条件下也可以完成 DNA 的切割。对于有 DNA 切割活性的 DNA 酶，较早发现的是 Class Ⅰ、Class Ⅱ这两种，它们主要通过氧化裂解方式对底物 DNA 中的磷酸二酯键进行切割。Class Ⅰ是在 Cu^{2+}和抗坏血酸盐的辅助下进行催化，而 Class Ⅱ则只需要 Cu^{2+}的辅助就可以进行催化，催化 DNA 氧化裂解的速度比未催化的 DNA 裂解速率快 100 万倍以上（Breaker，1996）。最小化的 46 个核苷酸的 Cu^{2+} DNA 酶形成双链体和三链体亚结构，位于高度保守的催化核心两侧（Carmi 等，2001）。此外，还有催化 Zn^{2+}的 DNA 切割活性 DNA 酶，例如，10MD5，其需要两种不同的二价金属离子 Mn^{2+} 和 Zn^{2+} 共同来催化 DNA 磷酸二酯键的序列特异性断裂（Chandra 等，2009）。Ying 等（Ying 等，2011）对 10MD5 中两个核苷酸进行了突变，实现了将 DNA 酶对金属离子的依赖从异双金属（Zn^{2+}和 Mn^{2+}）转变为严格的单金属（Zn^{2+}），该突变的 Zn^{2+}依赖性 DNA 酶被称为 9NL27。DNA 酶 I-R3 也是 Zn^{2+}依赖性的，能耐受水解位点 5′端核苷酸的单核苷酸变化，可以短而高效地切割 DNA（Gu 等，

2013）。

10.3.3 DNA 切割酶的筛选

目前所报道的金属离子切割酶基本都是通过 SELEX 技术分离出来的，为了理解这个过程，这里简要介绍了一个体外选择切割 RNA 的 DNA 酶的例子（图 10.4）（Breaker，1994）。初始选择文库包含一个 60 个核苷酸的随机区，两侧有两个用于 PCR 引物结合的恒定区。一个典型的文库包含 10^{10}～10^{14} 个随机 DNA 序列，该文库还包含至少一个核糖核苷酸作为假定的切割位点。在这个特定的例子中，使用了核糖腺嘌呤（rA），比脱氧核糖核苷酸容易切割 10^{-6} 倍。为了将文库固定在链霉亲和素柱上，在 DNA 的 5′端标记生物素。在金属离子存在的情况下，库中可折叠成活性结构的一小部分在 rA 位点被裂解并从柱中释放。切割后的产物通过两轮 PCR 扩增，以作为下一轮的筛选文库。PCR1 用于产生全长文库，PCR2 用于引入 rA 裂解位点和生物素标签。筛选过程通常重复 5～10 轮，直到 DNA 池的活性达到平台，然后对文库进行测序，以确定最活跃的序列。体外筛选的一个关键优势是，DNA 酶可以在生理条件下进行分离，甚至可以直接使用生物液体来确保其在预期用途中的活性。高温或低 pH 等极端条件可用于其他定制应用。此外，可以设计选择库来微调 DNA 酶。与理性设计相比，体外筛选的另一个优势是能够使用负筛选或反筛选来提高 DNA 酶对类似竞争靶标的选择性。还可以通过定制筛选的每个步骤来微调靶标结合亲和力和 DNA 酶活性率，例如，在不同浓度的靶标存在下孵育不同时长的选择池。

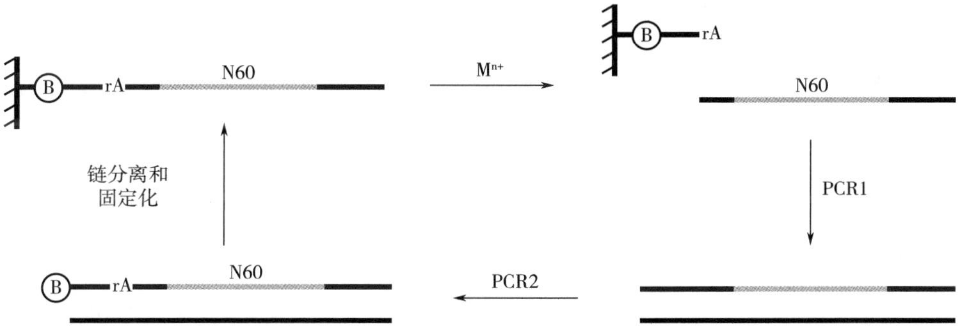

图 10.4 DNA 切割酶的筛选

10.3.4 DNA 切割酶的应用

DNA 金属离子切割酶作为一种具有催化功能的单链 DNA 片段，具有高效的催化活性和结构识别能力，因其分子质量小、合成成本低、易于设计和标记、易于与其他核酸扩增技术结合等方面的优势，现已被广泛应用于生物传感、医学分析等领域，且其应用前景仍不断被挖掘。

基于 DNA 切割酶的传感器已被用于检测复杂基质中的许多金属离子，例如，Pb^{2+}、UO_2^{2+}、Hg^{2+}、Tl^{3+}、Cd^{2+}、Cr^{3+}、Cr^{6+}、Ag^{+}、Cu^{2+}、Ca^{2+}、Mg^{2+}和 Na^{+}等（表 10.2）。如

前所述，DNA 酶的活性通常需要金属离子作为辅助因子，这一特性已在检测金属和非金属分析物的各种策略中得到利用。Li 等首先进行了相关报道，他们使用 8-17 DNA 酶检测 Pb^{2+}（Li 等，2000）。在细胞内金属检测中，将 DNA 酶固定在 AuNPs 表面是非常有吸引力的，因为它具有很高的荧光猝灭效率和进入细胞的能力。Li 等（Li 等，2015）将两种 DNA 酶吸附在同一纳米颗粒上，用于活细胞中 Zn^{2+} 和 Cu^{2+} 的同时成像，可以检测低于 2μmol/L 的金属离子浓度。除了细胞内传感，血液和血清还提供了诊断应用的另一个重要生物基质。血清主要含有 Ca^{2+}、Mg^{2+}、Na^{+} 和 K^{+} 四种金属。这些金属的浓度受到严格控制，任何偏差都是生理紊乱的迹象。因此，它们的浓度监测在医学上很重要。DNA 酶可以在血清中稳定工作，降解程度较低。

表 10.2　DNA 酶生物传感器检测复杂基体中金属离子汇总

靶标	传感类型	LOD/(nmol/L)	样品	参考文献
Pb^{2+}	比色	0.032、0.05；0.059、0.1	水、油	Huang 等，2019；Wang 等，2018
Pb^{2+}	荧光	0.05、0.16；0.5	水	Pan 等，2019；Wu 等，2019
Pb^{2+}	光学测量	2.12、10	水	Jiang 等，2020；Wang 等，2020
Pb^{2+}	电化学	4.8×10^{-6}；1.74×10^{-5}，2.9×10^{-4}	水	Cai 等，2018；Liao 等，2018；Zhou 等，2017
Pb^{2+}	电化学发光	2×10^{-4}、3×10^{-3}；4.73×10^{-3}、0.14	水、油	Adeoye 等，2019；Zhang 等，2020
Pb^{2+}	光寻址电位传感器	0.048	水	Huang 等，2019
Pb^{2+}	共振瑞利散射	0.5	水	Jia 等，2018
Pb^{2+}	表面增强拉曼光谱	7×10^{-5}	水	Tian 等，2017
Hg^{2+}	比色、荧光、电化学	4.2×10^{-6}；2.3×10^{-5}；5×10^{-3}；0.03；0.033	水	Cai 等，2017；El-Seedi 等，2019
UO_2^{2+}	比色、荧光、表面增强拉曼光谱	7.2×10^{-5}；1×10^{-4}，20；190；330；0.30	水	Huang 等，2018；Yun 等，2018；Zhang 等，2017
Ca^{2+}	荧光	1.1×10^{4}；1.7×10^{4}	牛乳	Yu 等，2018；Zhou 等，2017
Mg^{2+}	荧光	0.3	水	Wang 等，2018
Ni^{2+}	荧光、电化学发光	0.129；3.1	水	Huang 等，2019；Ren 等，2020
Na^{+}	荧光	4×10^{5}	水	Zhou 等，2016

续表

靶标	传感类型	LOD/(nmol/L)	样品	参考文献
Zn^{2+}	比色	3.5	水	Zhu 等，2020
Cu^{2+}	荧光、电化学	5×10^{-5}；3.3×10^{-4}，0.457；1.31；5；8	水	Park 等，2017；Wu 等，2017；Zhu 等，2017
Pb^{2+}，Ag^{+}，Hg^{2+}	荧光	Pb^{2+}：0.48；Ag^{+}：0.23；Hg^{2+}：0.17	水	Deng 等，2018

由于 DNA 酶具有很高的生物相容性，因此，基于 DNA 酶活性的荧光传感器还被用于细胞内金属离子的成像。例如，将光老化的 DNA 酶与掺有镧的 UCNP 结合，用于活体斑马鱼的成像（Yang 等，2018）。这些 UCNP 可被穿透深层组织的 980nm NIR 光所激发以发射波长更短的光。利用这一策略，开发了一个平台，可用于时空控制的 Zn^{2+} 分布成像，从而深入了解细胞内和活体斑马鱼胚胎模型中 Zn^{2+} 的动态分布。和其他基于核酸的诊断和治疗一样，DNA 酶在体内传递方面也面临着相当大的挑战。为了在体内成功应用，需要解决两个主要问题：稳定性和细胞内渗透。DNA 酶是核酸，易于被核酸内切酶和核酸外切酶消化。此外，由于细胞表面的静电排斥作用，带负电荷的磷酸盐骨架是细胞摄取的主要屏障。在开发 DNA 酶体内传递策略方面已经取得了许多进展，这些策略既可以保护 DNA 酶不被降解，也可以促进 DNA 酶在细胞内的吸收。为了提高 DNA 酶的稳定性，一种有效的解决方案是化学改性。已经证明，硫代磷酸酯 DNA、2′-OMe-RNA 修饰和 3′-3′倒位核苷酸可显著增强 DNA 酶对酶降解的抵抗力，而不会影响其催化活性。还报道了 DNA 酶与多胺和肽的结合，N3′-P5′磷酸酰胺键的末端修饰可增强稳定性。

10.4 DNA 错配链接酶

DNA 错配链接酶是指改变了 G-C 和 A-T 配对的传统规则，且具有增强链与链之间错配碱基高亲和力连接的核酸复合物，如 T-Hg^{2+}-T、C-Ag^{+}-C、G-Ag^{+}-G 等。

具有 G-C 和 A-T Watson-Crick 碱基配对（以下简称 WC 配对）的 DNA 双股螺旋是遗传信息储存、表达和稳定传递的重要载体。这一特异性配对方式有利于核酸结构的稳定，大沟小沟中官能团的分布有利于蛋白酶、金属离子以及具有生物功能的金属配合物与 DNA 的作用。已有研究很好地证明了各种金属离子能够特殊地桥接核苷或配体苷，从而形成稳定的金属离子配位碱基对，金属配位键取代氢键。这是一种在 DNA 双链中仅使用自然存在的碱基生成金属离子介导的碱基对的良好方法。具有金属碱基对的 DNA 双链具有比天然氢键 DNA 更高的热稳定性。可以利用金属介导的碱基对构建或诱导其他高阶结构，或构建金属响应功能 DNA 分子。

10.4.1 T-Hg^{2+}-T 链接

Hg^{2+}可与 DNA 双链中 T-T 碱基对选择性结合，形成 T-Hg^{2+}-T 交联，作用位点是

胸腺嘧啶的 N^3 氮原子（Miyake 等，2006）。由于 T-T 碱基对与 Hg^{2+} 的结合很强且具有高度选择性，因此含有 T-T 碱基对的双链体在 Hg^{2+} 的存在下是热稳定的。Hg^{2+} 介导的 T-Hg^{2+}-T 错配对比 WC 配对的 A-T 碱基对更稳定。Ag^+、Cu^{2+}、Ni^{2+}、Pd^{2+}、Co^{2+}、Mn^{2+}、Zn^{2+}、Pb^{2+}、Cd^{2+}、Mg^{2+}、Ca^{2+}、Fe^{2+}、Fe^{3+} 和 Ru^{2+} 等金属离子对双链体的稳定性没有显著影响。Hg^{2+} 对 T-T 错配对的稳定作用超过了其他金属的作用，并且具有高度特异性。一项在不同 pH 下的研究表明，在测试的整个 pH 范围内，添加 Hg^{2+} 可以稳定双链体的形成（Miyake，2006）。

10.4.2 C-Ag^+-C 链接

C-C 错配可对 Ag^+ 离子进行选择性捕获，从而在 DNA 双链体中形成 C-Ag^+-C 碱基对。Ag^+ 可与胞嘧啶的 O^2 羰基氧作用形成 O^2（C）-Ag-O^2（C）。且 C-Ag^+-C 的配位态要比水合态更稳定（Sugiyama 等，2005）。Ag^+ 的加入并不会改变含有 A-T 和 G-C 碱基对的正常双链结构。其他已知与核酸结合的金属，如 Hg^{2+}、Cu^{2+}、Ni^{2+}、Pd^{2+}、Co^{2+}、Mn^{2+}、Zn^{2+}、Pb^{2+}、Cd^{2+}、Mg^{2+}、Ca^{2+}、Fe^{2+}、Fe^{3+} 和 Ru^{2+} 也没有显著影响。值得注意的是，Hg^{2+} 在含有 T-T 错配对的 DNA 双链中表现出显著的稳定作用，但对 C-C 错配对也没有影响。另外，在 pH 5~9 下，Ag^+ 的存在显著稳定了 C-Ag^+-C 错配双链结构，但在这个范围之外，不管 Ag^+ 的含量如何，它都不稳定。在没有 Ag^+ 的情况下，C-C 错配双链体在 pH 5 附近特别稳定，可能是由于酸性溶液中胞嘧啶碱基的质子化和正电荷的产生，从而稳定了双链的形成。在 Ag^+ 存在下，由于 C-Ag^+-C 复合物的形成，这种特性的 pH 效应减弱（Ono 等，2008）。

10.4.3 其他类型的链接

除了上述两种应用最为广泛的 DNA 错配链接之外，还存在其他的一些 DNA 错配。在平面 Hx-Ag^+-Hx 碱基对中，嘌呤通过 N^7 氮原子，即通过其 Hoogsteen 面与 Ag^+ 离子配位。该结构基于复合物［Ag（9-甲基次黄嘌呤）$_2$］ClO_4 · H_2O（Belanger-Gariepy 等，1980），已被提议作为先前报道的 2∶1 聚肌苷和 Ag^+ 复合物的模型（Shin 等，1980），杂配络合物［Ag（1-甲基胞嘧啶）（9-甲基腺嘌呤）（OH_2）］NO_3（Menzer 等，1992）。该复合物代表金属介导的碱基对，涉及两个不同的核碱基，即 A-Ag^+-C。这种金属介导的碱基对存在额外的水配体，从而使 N^7-Ag^+-N^3 键角显著偏离线性（165.8（1）°）。在 A-Ag^+-C 碱基对的结构中，甲基化的氮原子以转体方式定向，就掺入 DNA 双链体而言，这可能与 B-DNA 结构不相容，而是需要具有反向 Hoogsteen 碱基配对模式的双链体。Ag^+ 具有在寡核苷酸中去质子化胸腺嘧啶的能力，并与去质子化胸腺嘧啶的 N^3 原子结合，形成不带任何电荷的 Ag^+-胸腺嘧啶复合物。研究发现，在 Ag^+ 存在的情况下，C-Ag^+-T 碱基对表现出与 C-Ag^+-C 碱基对相当的稳定性（Urata 等，2011）。并且研究证明，在有 Ag^+ 存在的情况下，KF 聚合酶不会将胞嘧啶引入模板链中与 C 碱基配对，而是将腺嘌呤与 C 碱基相对，形成 Ag^+ 介导的 C-Ag^+-A 错配碱基对（Funai 等，2012）。Ag^+ 还可介导 G-G 碱基的错配形成 G-Ag^+-G（Swasey 等，2015）。在混合碱基中，具有足够长的连续 C 或 G 碱基的双链 DNA，加入足够的 Ag^+ 可以重新配置 WC 配对，使其成为更稳定的 Ag^+ 介导的碱基配对。在 DNA 双链体中还可以形成 C-Hg^{2+}-T 碱基对（Kondo 等，2017）。C-Hg^{2+}-T 对侧翼的鸟嘌呤碱基略微向汞离子倾斜，这意味着可能通过鸟嘌呤 O^6 和金属离子之间形成弱配位键来进一步稳定（O^6…Hg，0.29nm）。

在一项关于各种阳离子和金属配合物与 RNA 双链体结合的系统结晶学研究中，观察到了金介导的碱基对 G-Au^{3+}-C（Ennifar 等，2003）。此外，也有报道称在 RNA 中形成了 U-Hg^{2+}-U 碱基对（Johannsen 等，2008）。5-羟基尿嘧啶（U^{OH}）是一种新型的双面配体碱基，它既能形成氢键碱基对（U^{OH}-A），又能形成金属介导的碱基对（U^{OH}-M-U^{OH}）。U^{OH}-M-U^{OH} 碱基对可在镧系离子如 Gd^{3+} 存在下定量形成（Takezawa 等，2015）。U^{OH}-U^{OH} 还能和 Zn^{2+} 形成错配碱基对。当 Zn^{2+} 存在时，含 U^{OH}-U^{OH} 的双链产物在较高的 pH 下稳定，而含 U^{OH}-A 的双链产物则不稳定。这种含有 U^{OH} 碱基的金属 DNA 结构的 pH 依赖是 Zn^{2+} 特有的（Nishiyama 等，2016）。还有一些非典型的金属离子介导的核酸错配连接碱基对，例如，一种修饰 U 碱基——5-羧基尿嘧啶（caU）不仅可以在没有金属离子存在的条件下与碱基 A 通过氢键进行互补配对，还可以通过 Cu^{2+} 介导与自身和 G 碱基配对，通过 Ag^+ 与 C 碱基配对，通过 Hg^{2+} 与 T 碱基配对（Takezawa 等，2020）。

10.4.4 DNA 错配链接酶的应用

金属离子在环境科学、生物科学和医学等诸多领域的重要作用，使金属离子的传感和成像受到了科学家和工程师的广泛关注。金属离子如 Hg^{2+} 和 Ag^+ 可以选择性地结合某些 DNA 碱基，形成强的金属-碱基配合物。这种复合物反过来可以稳定 DNA 双链中的 DNA 错配。基于这一现象，利用荧光、比色和电化学等多种信号转导机制，开发了多种基于 DNA 错配的金属离子生物传感器。

Ono 等报告了一种基于 T-T 错配的 Hg^{2+} 荧光传感器。当 Hg^{2+} 与 DNA 结合时，DNA 折叠起来使一对猝灭剂和荧光团足够接近，引起荧光共振能量转移，实现对 Hg^{2+} 的荧光检测（Ono 等，2004）。Kuzuya 等设计了功能性的纳米机械 DNA 折纸设备，可以用作“单分子信标”，利用 C-Ag^+-C 错配连接，通过折纸装置的形状转换，在原子力显微镜下可以对 Ag^+ 进行直观检测（Kuzuya 等，2011）。与基于 DNA 的传感器进行体外金属离子检测相比，生物系统中金属离子的检测和成像对于医学和生物学研究具有重要意义。Yu 等报告了一种新的基于基因编码 RNA 的传感器，以成像活细菌细胞中的 Ag^+。该传感器是通过将 C-Ag^+-C 金属碱基对引入荧光 RNA 适配体西蓝花而设计的（Yu 等，2019）。在缺乏 Ag^+ 的情况下，C-C 错配阻止西蓝花折叠；而当 Ag^+ 存在时，C-Ag^+-C 的形成使西蓝花整体结构重新折叠并激活 DFHBI-1T 荧光信号，用于细胞内 Ag^+ 浓度的测量和细胞成像。这种传感器可以通过基因编码产生所需的核酸序列，无需细胞外递送。

DNA 错配链接也可用于药物递送纳米材料的门控系统。在门控系统中，富 C 的 DNA 被嫁接在介孔 SiO_2 纳米粒子孔出口上，并通过形成 C-Ag^+-C 结构相互杂交，从而阻断纳米通道。在硫醇基团的存在下，由于 Ag^+ 与含硫醇分子的亲和力比 Ag^+ 与胞嘧啶碱基错配的结合更紧密，从而发生竞争反应，导致孔打开，客体分子释放出来。硫醇分子处理后，再生错配的C-C结构可以与Ag^+重新结合。因此，DNA开关的关闭和打开状态可以通过交替添加Ag^+和含硫醇分子来介导。该系统可以通过内吞作用进入细胞，即使在高浓度（200μg/mL）下处理也显示出低细胞毒性（He等，2012）。

10.5 适配体切割酶

适配体切割酶是一类具有核酸切割功能的适配体的统称。目前，该领域仍在发展过程中，对于推动生物传感、成像和纳米递送的发展具有重要意义。

1990年，Jay和Keshishian开发了生色团辅助激光失活（chromophore-assisted laser inactivation，CALI）技术。该技术能够借助染料标记的抗体，在定点激光的施加辅助下，实现特定蛋白质精准变性失活过程，而不会对活细胞中的其他组分造成严重损伤（Jay等，1990）。

MG是一种人工合成的三苯甲烷类染料。虽然MG具有严重的致癌、致畸、致突变毒性，但由于其出色的抗菌、抗寄生虫特性，已被广泛应用于水产领域（Meyer等，1983；Fernandes等，1991；Rao，1995；Chen等，2022）。MG作为一种染料，具有独特的光学特性。在特定波长（630nm左右）的高强度激光照射下，MG能产生寿命短但具有高度破坏性的羟基自由基。因此，当MG标记的抗体被施加激光后，产生的自由基会使其临近的抗体及靶标失活。通过调整激光施加的位置和时间，即可在特定时间或亚细胞的特定位置实现可控的生物物质活性调节。基于这项技术实现的一系列应用已经突破了传统遗传学方法的限制，获得了许多蛋白质功能的详细信息（Grate等，1999；Liao等，1994）。

但是，基于MG染料实现的CALI过程也存在着限制。首先，非中和抗体必须可用于靶蛋白，且需适量内化至每个目标细胞中。此外，MG标记的抗体探针以基因表达的蛋白产物为靶标，因此无法在RNA水平上进行基因调控过程。为了克服这些限制，Grate和Wilson于1998年通过SELEX技术筛选了长度为38nt的MG RNA适配体。研究发现，MG能与其RNA适配体特异性结合（K_d=0.117μmol/L），使自身的荧光强度增加2000多倍（Babendure等，2003）。重要的是，该适配体可诱导实现MG介导的RNA-CALI过程（图10.5）。与对照RNA相比，该适配体在激光照射下可辅助切割RNA的特异性位点，实现了RNA水平上具有高度时空分辨特性的基因调控，该过程对于基础生物学相关研究的发展具有重要意义（Grate，1999）。由此可见，MG/RNA适配体复合物可算作一种独特的适配体切割酶。

截至目前，适配体切割酶还在不断发展中。在今后的研究中，还需进一步开发更加通用和高效的适配体切割酶。此外，发展可控的适配体切割酶并提升体内外刺激响应方式的多元性也是该领域的一个研究重点。并且，为了实现更好的体内应用，适配体切割酶及其相关配体的生物相容性及安全性也需被谨慎关注，其还能够与无机纳米材料及有机配体复合使用，以增强其在分析检测、疾病治疗和纳米递送等领域的应用。

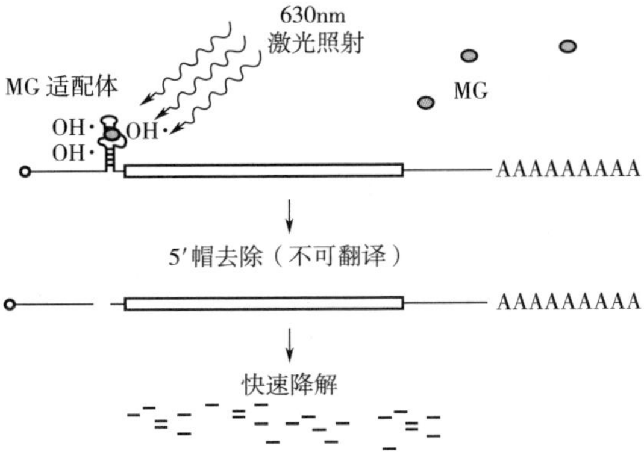

图 10.5 MG 介导的 RNA-CALI（Grate，1999）

10.6 G-四链体脱氧核酶

G-四链体 DNA 是一种由连续的富含鸟嘌呤的 DNA 序列形成的四重螺旋结构。其基本结构单元是 G-四分体片层结构，它是通过 π-π 相互作用由平面 G-四元组堆叠而成，每个 G-四元组由单个平面中的四个鸟嘌呤残基组成。G-四重结构由 N^1H 和 O^6，N^2H 和 N^7 之间的 Hoogsteen 型碱基对氢键维持。G-四元组的中心具有由鸟嘌呤残基的 O^6 形成的阴离子空间，其可以配位各种金属。近年来的新证据证实 G4s DNA 结构存在于无细胞系统和细胞系统中，并在不同疾病中发挥作用，尤其是在各种癌症、衰老、神经系统疾病中，并被认为是药物设计的新靶点。随着 G4s DNA 结合配体的研究深入并不断发现：G4s DNA 不仅可作为一类靶标核酸分子被研究，同时也可作为一种功能性寡核苷酸与金属阳离子、生物小分子及生物大分子结合。

G4s 脱氧核酶指的是 G4s DNA 与某些配体通过末端堆叠模式结合后形成的新型脱氧核酶，通常具有催化 H_2O_2 分解以及增强发光的特征。因此，按照功能来分，G4s 脱氧核酶可分为催化显色型、增强荧光型以及增强化学发光型。

10.6.1 催化显色型

G4s/氯高铁血红素脱氧核酶（G4s/hemin DNAzyme）是典型的具有催化活性的 G4s 脱氧核酶，其中，血红素与 G4s 平面通过 π-π 堆叠结合。G4/hemin DNAzyme 有三个主要功能属性：①疏水性血红素结合位点，由 G4s 口袋提供；②四重排列的鸟嘌呤碱基，作为血红素的近端轴向配体，与 HRP 中的组氨酸残基相当；③远端配体，承担一般酸碱催化功能，HRP 中组氨酸的附加重要功能。G4s/hemin DNAzyme 已被用于促进 H_2O_2 介导的许多底物的氧化，包括 2,2′-连氮基-双（3-乙基苯并噻唑啉-6-磺酸）(ABTS)、鲁米诺、β-烟酰胺腺嘌呤二核苷酸（NADH）、多巴胺等。过去几年获得的大量数据证实了 G4s/hemin DNAzyme 是多用途的生物催化剂，但也揭示了脱氧核酶的催化效率与天然蛋白质酶相比仍然较低。

为了提高 G4s/hemin DNAzyme 的催化活性，人们做了很多努力。经优化和修饰的辅因子血红素被报道可显著提高催化活性。如，Ju 团队提出的嗜热 G4s/hemin DNAzyme 具有较高的热稳定性，并能在高温下保持较高的催化活性（Guo 等，2017）。不同形式的 G4s 的拓扑结构与 G4s/hemin DNAzyme 的催化活性密切相关，其在血红素结合亲和力和过氧化物酶样活力方面有所不同（Cheng 等，2009）。与反平行结构相比，平行和混合结构对血红素具有更强的结合亲和力和更高的酶活力。平行的 G4s 结构允许更多的血红素积累，因此催化活性高于其他结构。混合和平行 G4s 结构的 PS2. M 和 EAD［C（TG_3）$_4$A］检测到的速率常数（K_{obs}）分别为（1. 11±0. 011）/s 和（3. 62±0. 28）/s，而对于含有反平行 G4s 结构的 DNA 酶凝血酶适配体 K_{obs} 只有（0. 045±0. 009）/s（Cheng，2009）。Chang 等的研究证明位于 G4s 核心序列的两端 d（CCC）侧翼序列可以通过增强 G4s 与血红素的结合亲和力，显著增强其酶活性（Chang 等，2016）。此外，具有 d（CCC）侧翼序列的酶对 pH 变化表现出较强的耐受性，这使其更适合于需要宽 pH 条件的应用。Li 等短寡核苷酸的杂交诱导 DNA 移植血红素（DGH）与互补 G4s 序列（cG4s）的邻近组装，模拟蛋白酶辅因子和脱辅酶的紧密构型，并且进一步证实了 Z-G4s/H 比经典的 G4s/hemin DNAzyme（C-G4s/H）具有更高的活性、更快的催化速率和更高的环境耐受性（Li 等，2021）。

除了 hemin，G4s DNA 还可以和金属离子结合形成催化显色型脱氧核酶 。Yu 等提出，Ce^{3+}可以与人端粒 G4s（htG4s）结合形成 G4s-Ce^{3+}，催化 H_2O_2 进而氧化 TMB（Yu 等，2020）。

10. 6. 2 增强荧光型

G4 脱氧核酶可以和荧光配体，如卟啉、荧光染料等特异性结合，使其荧光增强。卟啉具有平面芳香结构，有些可以通过 π-π 堆积与 G4s 相互作用。阳离子卟啉，例如，5，10，15，20-四（*N*-甲基-4-吡啶基）卟啉（TMPyP4），很容易与带负电荷的 G4s 结合。阴离子卟啉也能够与 G4s DNA 结合，具有两个羧基的 *N*-甲基卟啉二丙酸Ⅸ（NMM）为具有代表性的阴离子卟啉。NMM 的荧光非常弱，1998 年，Arthanari 等发现，G4s-DNA 可以极大地增强 NMM 的荧光（Arthanari 等，1998）。有研究报道，NMM 可以与多种 G4s 形式相互作用，其中 d［G_3（T_4G_3）$_3$］给出最佳的荧光增强（Hu 等，2010）。NMM 在与 G4s DNA 结构（激发和发射波长分别集中在 399nm 和 608nm）相互作用时显示出 20 倍的荧光增强（Zhao 等，2013）。

G4s 还可以结合一些染料来增加它们的荧光，如噻唑橙（TO）、黄连素、硫黄素 T（ThT）、ThT-NE（ThT 的衍生物）、结晶紫（CV）、一些 Ir^{3+}配位化合物、类似红色荧光蛋白的发色团等。由于 ThT 对 G4s 具有高度选择性并且可以稳定 G4 结构，因此十分常用。ThT 由苯并噻唑和二甲基苯胺组成。这两个部分可以围绕 C—C 键旋转，这不利于发射荧光。Mohanty 等发现，G4s DNA 与 ThT 的结合可显著增强 ThT 的荧光信号（增加 1500 倍以上）（Mohanty 等，2013）。近年来，Jing 等发现，2 个串联 PW17（一种已知的 G4 DNA）序列可以折叠成稳定的 G4s 二聚体，使 ThT 的荧光强度显著增强（Jing 等，2020）。G4s 二聚体-ThT 的荧光强度大约是相应的 G4s-ThT 的 9 倍；同时与普通的 G4s-ThT 体系相比，G4s 二聚体/ThT 在不同浓度 Na^+ 和 K^+ 的介质中表现出更稳定的荧光发射。

此外，苝、花菁、联苯乙烯和 BODIPY 衍生物也可以作为 G4s 配体。Hu 等报道了一种名为 PDI 的苝化合物，其具有 π 共轭苝部分和两个带正电荷的咪唑环。PDI 可以通过 $\pi-\pi$ 堆积和静电相互作用包裹 G4s 以增强荧光（Hu 等，2012）。Xie 等研究了 G4s 与阳离子二苯乙烯基染料 2,4-双（4-二甲基氨基苯乙烯基）-1-甲基吡啶鎓及其具有季氨基烷基链的衍生物之间的相互作用（Xie 等，2013）。这些染料对 G4s 比对双链 DNA 具有更好的亲和力，并且在与人端粒 G4s（22AG）结合后可以使荧光增加 80~100 倍。

10.6.3　增强化学发光型

来自鲁米诺的光发射是最常见的化学发光反应之一，其发光机制涉及到：①鲁米诺氧合生成化学发光团；②化学激发步骤；③发光体的生成（Giussani 等，2019）。G4s/hemin DNAzyme 可以通过催化 H_2O_2 氧化鲁米诺作为产生化学发光的催化剂。鲁米诺的氧化反应在碱性缓冲液中进行，在过氧化物酶及活性氧存在下，生成激发态中间体，当其回到基态时发光，其波长为 425nm。除此之外，DNAzyme 刺激的化学发光还可以通过共振能量转移（CRET）作为量子点的内部光源，引起量子点的发光。

10.6.4　G-四链体脱氧核酶的应用

近年来，这种新型的脱氧核酶——G-四链体脱氧核酶逐渐应用于生物传感新策略和医学检测新方法等领域。Zhu 等基于 G4s/hemin DNAzyme 催化的鲁米诺与 H_2O_2 的化学发光反应，建立了检测 H_2O_2 和 Ag^+ 的化学发光新方法（Zhu 等，2022）。Ag^+ 与 G4s/hemin DNAzyme 反应，导致 G4s/hemin DNAzyme 的分解和催化活性的损失。在最佳条件下，化学发光强度与 H_2O_2/Ag^+ 浓度呈良好的线性关系。对 H_2O_2 和 Ag^+ 的检测极限分别为 0.03μmol/L 和 3.33nmol/L。Kouzegaran 等开发了一种简单的“关-开”荧光测定方法，用于选择性检测微摩尔数量级的人类端粒 G4 DNA（H-Telo），该方法基于荧光铈基金属有机框架（Ce-MOF），该框架与氯化血红素共轭形成传感探针 Hemin@ Ce-MOF（Kouzegaran 等，2021）。Ce-MOF 的溶剂热合成利用了 5-氨基间苯二甲酸（5AIPA）作为有机桥配体 $Ce_2(5AIPA)_3(DMF)_2$。H-Telo 的检测和定量是通过在 Ce-MOF 的孔和表面上吸附/结合氯化血红素分子，导致系统的荧光猝灭，随后在添加 H-Telo 时恢复荧光，这可能是由于 H-Telo 和 Ce-MOF 之间竞争结合氯化血红素。在优化的条件下，开发的探针检测限为 665pmol/L。

在 G4s DNA 结构形成过程中，金属离子发挥着重要的作用。根据金属离子的大小，金属离子可以与 G-四链体平面中或两个平面之间的羰基氧键合，例如，Na^+、K^+、Rb^+、Pb^{2+}、Ba^{2+} 和 Sr^{3+}，并且这种配位可以稳定 G4 结构。然而，据报道，Li^+ 的配位会“破坏”G4s 结构。因此，目前开发出很多用于金属离子检测的 G4s DNAzyme。Ma 等提出了一种具有高灵敏度和高选择性的自清洁电化学传感器，用于循环检测 Pb^{2+} 离子（图 10.6）（Ma 等，2022）。具有过氧化物酶活性的二维 Cu-TCPP MOF 呈现出褶皱的纳米膜，可以作为载体支撑由 4 条单链 DNA 组成的“亚稳态 G4s”，为 H_2O_2 的还原提供大量活性位点。在 Pb^{2+} 存在下，“亚稳态 G4s” 转变为“稳态 G4s”，与血红素结合后对 H_2O_2 具有很强的催化活性。通过不断补充 DNA 链 f1 和 f2 燃料，驱动 G4s 实现“完全解离-结合”循环，从而实现电极表面的自清洁和 Pb^{2+} 的循环检测。该方法对 Pb^{2+} 的检测具有优异的选择性和灵敏度，更新后的电极具有良好的功能恢复和抗污染能力。简单的清洗步骤和功能界面的重现性证明了其在实际样品检测中的应用潜力。

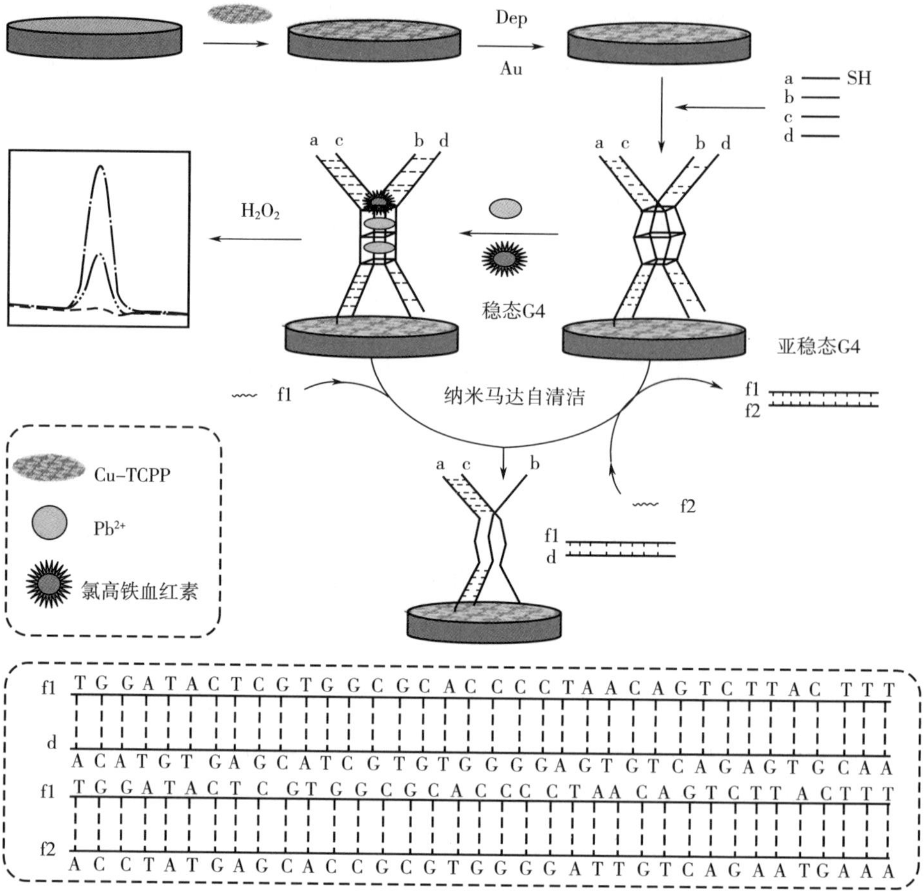

图 10.6　基于铜卟啉 MOF、Pb^{2+} 稳定的 G-四链体 DNA 酶和 DNA 纳米马达的自清洁 Pb^{2+} 电化学传感示意图

10.7　核酸复合纳米酶

核酸复合纳米酶指的是功能核酸通过疏水力、范德华力、静电力、氢键、芳环堆积、络合、螯合及修饰与纳米酶组装后形成的核酸复合材料，实现了对原有无机纳米酶的活性调控，靶向赋能，有序组装。

纳米材料通常是指尺寸（至少在一个维度上）为 1~100nm 的材料。20 世纪 90 年代，科学家发现一些纳米材料表现出类似酶的活性，Scrimin 及其同事在 2004 年创造了术语“纳米酶”。2007 年，Gao 等证实了 Fe_3O_4 纳米粒子固有的过氧化物酶样活性（Gao，2007）。从那时起，纳米酶在各个领域受到越来越多的关注，到目前为止，已经探索了多种基于纳米材料的纳米酶，如金属、金属氧化物、碳基纳米材料和金属纳米复合材料，作为模拟葡萄糖氧化酶、过氧化氢酶、超氧化物歧化酶，和过氧化物酶的催化剂（Yang 等，2021）。核碱基是核酸磷酸骨架的重要结构，可以提供孤对氮和氧电子。因此，核酸作为多齿有机配体，与纳米酶的金属离子、金属氧化物、金属有机骨架和碳碱基相互作用，转移电子形成核酸复合纳米酶。

10.7.1 核酸复合纳米酶的活性调控

DNA 分子的多样性和多功能性使核酸纳米酶也具有多样性和多功能性。研究表明，DNA 像一个活性层，不同序列、长度、结构的 DNA 的微小变化使其与纳米酶的相互作用发生改变，从而使纳米酶活性的变化。除此之外，反应条件如 pH、缓冲液的类型、浓度也会影响核酸对纳米酶的调控能力。

最初，许多研究报道纳米酶的活性被核酸抑制。随着研究的深入，一些小组证明了核酸也可以提高纳米酶的活性。一般来说，吸附的 ssDNA 会阻塞表面活性位点或诱导纳米酶的聚集，从而减少纳米酶上的结合位点，导致活性降低。不同类型的核苷酸对纳米酶活性的抑制能力不同。对 $MnCo_2O_4$ 抑制作用的大小顺序纳米酶活性为：A>G>C>T（Huang 等，2018）。理论上，较长的 ssDNA 将具有更多与纳米酶结合的位点，并表现出更好的抑制效果。纳米酶的形状也影响 ssDNA 和纳米酶的相互作用。例如，与其他形状的 Mn_3O_4 纳米颗粒（即花状、多面体、尖晶石）相比，八面体 Mn_3O_4 纳米酶由于具有更规则的表面可以与 ssDNA 相互作用，导致 ssDNA 对氧化酶样活性的显著抑制（Wang 等，2020）。此外，Wang 等（Wang 等，2018）发现 dsDNA 不能抑制混合价态铈基金属-有机框架（MVC-MOF）的氧化酶样活性。ssDNA 和 dsDNA 能力的差异可归因于 MVC-MOF 对 ssDNA 的选择性吸附（Wang 等，2014）。ssDNA 具有柔性结构，这有助于在 ssDNA 和 MOF 的碱基之间形成强 π-π 堆积相互作用。相反，dsDNA 具有僵硬的双螺旋结构，不能有效地包裹纳米材料（Liu 等，2020），导致 dsDNA 和纳米材料之间的亲和力低。然而，当 dsDNA 的量远大于 ssDNA 的量时，前者的抑制作用相当于或超过后者（Wang 等，2021）。

另一方面，由于 TMB 和 ssDNA 之间的静电引力和 π-π 堆积相互作用，纳米酶表面的 ssDNA 可以在纳米酶周围吸附更多的底物，例如，TMB，进一步加速电子从 TMB 转移到目标传感分子并增强纳米酶活性（Liu 等，2015）。因此，影响 ssDNA-纳米材料和 ssDNA-TMB 亲和力的因素对于 ssDNA 增强纳米酶活性很重要。纳米酶活性的通常趋势是随着 ssDNA 浓度的增加先增加后减少（Zhang 等，2019）。20bp 同型 ssDNA（A20、C20、G20 和 T20）修饰的 MoS_2 纳米酶的类过氧化物酶活性遵循 G20≈T20>A20>C20>无 DNA 的趋势。在 pH 4.0 的缓冲液中质子化的胞嘧啶核苷酸增加了胞嘧啶和带正电的 TMB 之间的静电排斥，导致 MoS_2 纳米酶的亲和力降低（Zhao 等，2020）。Zeng 等对两种典型的纳米酶（Fe_3O_4 和 AuNPs）与不同结构的 DNA [例如 ssDNA、双链 DNA、发夹 DNA（H-DNA）] 之间的相互作用进行了系统而全面的研究（Zeng 等，

2018）。结果表明，由于弱相互作用，刚性 dsDNA 处理的纳米粒子仅显示出可忽略不计的催化增强。纳米颗粒上无规卷曲状 ssDNA 和茎环 H-DNA 的吸收导致纳米酶的催化活性适度增加。HCR 产物处理的纳米粒子表现出最高的催化增强作用，因为长 dsDNA 磷酸盐骨架中的负电荷数量最多。

10.7.2 核酸复合纳米酶的应用

在外部化学刺激触发下，例如，互补的核酸链、金属离子、缓冲液 pH、小分子或蛋白质等，DNA 构象可以在随机卷曲的链和双螺旋、发夹或多折叠二级结构之间进行转换。因此，通过对 DNA 的设计，可以高精度地调节纳米酶对底物氧化的催化行为，并进一步赋予核酸纳米酶更多的功能，在食品安全检测、环境污染物分析、医学疾病诊治等方面发挥重要作用。

Yang 等基于血红素功能化还原氧化石墨烯（hemin-rGO）的过氧化物酶样活性，开发了一种简便的无标记比色适体传感器，用于啶虫脒检测（Yang 等，2015）。吸附在 hemin-rGO 表面的适体具有增加单个 hemin-rGO 静电排斥并阻碍 hemin-rGO 在盐存在下凝固的能力。此后，上清液中的所有 hemin-rGO 在 H_2O_2 存在下催化 TMB 产生蓝色。然而，啶虫脒的存在导致啶虫脒-适体复合物的形成，阻止了适体吸附到 hemin-rGO 上。因此，在盐胁迫条件下 hemin-rGO 聚集，离心后上清液中几乎没有 hemin-rGO。因此，上清液的颜色没有改变。在优化条件下，LOD 达到 40nmol/L。Zhang 等（Zhang 等，2021）基于针对适配体修饰的 Fe_3O_4-Au 纳米复合材料的过氧化物酶样活性的靶诱导屏蔽，开发了金黄色葡萄球菌的一步比色检测，颜色从深蓝色到浅蓝色的变化与金黄色葡萄球菌的浓度成正比。这种比色法能够在 12min 内通过肉眼检测出 10CFU/mL 的金黄色葡萄球菌。该方法在五个真实样品（自来水、南湖水、工业废水、尿液样品和牛乳）中的可行性进行了验证，回收率在 86.5% ~ 122.3%。MOF 是由过渡金属离子和有机配体组成的配位网络，其中过渡金属本身可以充当类芬顿反应的仿生催化剂，例如 ZIF、UiO 和 MIL MOF。Liu 等开发了一种与磷酸末端 DNA 适配体偶联的 ZrMOF NP 猝灭剂，基于四（4-羧基苯基）卟啉的靶向诱导生物成像和光动力治疗（PDT）（Liu 等，2018）。通过精心设计 MOF 结构，治疗性核酸还可以在特定器官中释放。Zhao 等（Zhao 等，2020）设计了一种基于 MIL-88A 和小环 DNA 的基因传递系统，旨在实现高效的抗 CD_3/抗 EpCAM 双特异性 T 细胞接合剂（BiTE）免疫治疗。编码 BiTE 的 MinicircleDNA 通过金属磷酸键和静电相互作用加载到 MIL-88A 上，并诱导 T 细胞介导的对人卵巢癌 SKOV3 细胞的细胞毒性。

10.8 DNA 金属化酶

核酸金属化酶主要是指具有天然酶模拟活性的以 DNA 为模板合成的金属纳米团簇（如，Au、Ag、Pt 等）。结构丰富多样的核酸是金属离子（纳米酶的金属前体离子）的优良反应模板。由于金属前体离子与核酸之间的非共价相互作用，所获得的纳米酶表现出可控的形态、化学和物理性质以及刺激响应性，以实现金属离子核酸的更精确定位和组装（Zhao 等，2019）。

以核酸为模板通过化学还原的方法制备的金属纳米团簇，是一类独特的材料，通常小于 2nm，由几个到几百个原子组成。金属纳米团簇不再具有集体等离子体共振效应；相反，它们显示出离散的电子结构和类似分子的特性。由于其超小尺寸、独特的结构（例如，金属纳米团簇中的原子堆积模式不再是面心立方）、类分子的离散能级、丰富的不饱和活性位点以及各种其他特征，金属纳米团簇表现出与其较大的纳米颗粒对应物不同的物理化学性质。通常，尺寸越小，比表面积越大，催化活性越高，原子利用率越有效。因此，对超小纳米催化剂（例如< 2nm）的需求、催化反应机制的探索和经济考虑都促使科学家开发更小尺寸的纳米催化剂。

10. 8. 1 DNA 金属化酶的活性调控

Zhou 等发现尽管受不同 DNA 模板保护的银纳米团簇（DNA-AgNCs）具有不同的荧光特性，但它们的催化活性却出乎意料地相似。从富含 C 的 DNA 模板的 5′或 3′端延伸的冗余碱基会阻碍 DNA-AgNCs 与反应物之间的接触，从而抑制催化活性（Zhou 等，2019）。Zhou 等首先报道了 DNA-AgNCs 的催化活性，发现模板上延伸的 poly-A 和 poly-T 序列可以抑制催化活性（Zhou 等，2019）。Guo 等进一步研究了 DNA 序列对 DNA-AgNCs 催化活性的可逆调控（Guo 等，2021）。对于四种 DNA 均聚物，poly-A 具有最显著的抑制作用，因为它对 DNA-AgNCs 具有很强的结合亲和力，阻碍了 DNA-AgNCs 的活性位点。此外，抑制作用还取决于碱基长度。最近，DNA-AgNCs 的催化反应被用于构建串联逻辑电路。受 DNA 结构的影响，逻辑平台的催化状态从“关闭”切换到“开启”（Guo 等，2022）。

富含鸟嘌呤和胞嘧啶的寡核苷酸可以作为 PtNCs 生长的成核模板，所制备的杂化纳米材料具有拟过氧物酶活性（Mertig 等，2002）。Borghei 等以 DNA（poly-T）为模板合成的 CuNCs，不仅具有绿色荧光还表现出过氧化物酶活性（Borghei 等，2018）。Li 等以小分子核苷为模板，盐酸羟胺为还原剂合成了铜纳米团簇（CuNCs）（Li 等，2022）。不同种类的核苷可以调节 CuNCs 的催化活性，其中，胸腺嘧啶核苷模板的铜纳米团簇（T-CuNCs）具有最高的催化活性，受到表面成分的显著影响。双金属 Ag/PtNPs 比它们的对应物显示出高得多的催化活性（Zheng 等，2014）。Zheng 等利用富含 C 的 DNA 模板成功合成了 Ag/Pt 双金属纳米簇，其具有与天然过氧化物酶相似的内在酶模拟活性（Zheng 等，2014）。Zhou 等制备了 DNA 模板的 Ag-Pd、Ag-Au 和 Ag-Pt 双金属簇，所有的双金属簇都实现了比 DNA-AgNCs 显著增强的催化活性（Zhou，2019）。

10. 8. 2 DNA 金属化酶的应用

DNA 金属化的纳米团簇的性质受到周围模板 DNA 结构微环境的调节。在这种情况下，通过使用由两段组成的 DNA 模板，通过 DNA 金属化制备了各种传感器，其中一个用作纳米团簇的成核位点，另一个用于识别目标分析物。结合靶分子后，模板 DNA 的结构发生变化，从而导致纳米团簇的催化特性发生变化。

Fu 等合成了粒径超小、分布均匀的 DNA-Ag/Pt 纳米晶。所获得的纳米簇表现出内在的过氧化物酶模拟活性（Fu 等，2016）。基于此，利用血管内皮生长因子的核酸适体构建了一种无标记电化学生物传感器，用于检测靶向血管内皮生长因子。所提出的适配体传感器可以检测低至 4.6pmol/L 的 VEGF，并表现出高分辨能力。此外，该传感器能够直接检测乳腺癌患者的人血清样品中的 VEGF 浓度。Wu 等报道了 L-半胱氨酸能显著抑制 DNA-Ag/Pt 纳米簇的过氧化物酶样活性（Wu 等，2016）。基于这一发现，开发了一种高灵敏度和选择性的 L-半胱氨酸比色检测方法，其检测限为 2.0nmol/L，线性范围为 5.0~500nmol/L。Borghei 等利用 CuNCs 的过氧化物酶活性，在 miRNA 与 DNA-CuNCs 探针杂交并形成双链体后，CuNCs 催化亚甲基蓝底物的氧化，该底物可以很容易地与 DNA/miR-155 异源双链体相互作用（Borghei，2018）。MB 的吸光度随着目标 miRNA-155 的增加而降低，动态范围为 1.0~10.0nmol/L，检测限为 0.6pmol/L。

10.9 核酸配位酶

金属离子在化学、生物和环境过程中发挥着关键作用。各种生物分子具有与金属离子配位并形成各种材料的能力，其方式类似于金属-有机框架，称为配位聚合物（CPs），因为它们大多是非结晶的（He 等，2019；Zhou 等，2015）。核碱基、核苷和核苷酸作为 DNA 的基本成分，已成为构建功能性纳米材料的有用构件。由于它们具有多官能团的多样化结构、丰富的金属结合位点、高生物相容性和手性，它们开启了使用天然生物分子而不是合成配体作为构建单元设计功能材料的可能性。

金属配位的核苷酸作为生物催化剂已经吸引了越来越多的兴趣。核酸配位酶是指核苷酸/核酸与金属离子通过配位作用而形成的具有模拟天然酶活性的配位聚合物。核苷由核碱基和脱氧核糖环组成，当连接至少一个磷酸单元时，它们变成核苷酸。对于核苷酸，它们的磷酸基团倾向于结合硬金属离子（Berti 等，2008）。对于 AMP，在 pH 4~9 时，N^1 和 N^7 位置都是配位点。在嘌呤核苷酸中，金属离子与磷酸基团以及嘌呤残基中的 N^7 相互作用，因为 N^7 朝向磷酸基团 。胞苷一磷酸（CMP）中的 N^3 和磷酸基团都是潜在的金属配位点。

Liang 等采用 AMP 和 Fe^{3+}在 Fe_3O_4 纳米颗粒上合成配位聚合物包覆的核壳纳米结构，这些纳米结构表现出内在的过氧化物酶样活性（Liang 等，2016）。Liang 等发现由于 GMP 诱导 Cu^{2+}还原为 Cu^+，Cu^{2+}配位的 GMP 表现出与天然漆酶相当的酶活性，可转化多种含酚底物，例如，对苯二酚、萘酚、儿茶酚和肾上腺素（Liang 等，2017）。进一步的研究表明该活性来源于鸟苷配位而不是 GMP 中的磷酸盐结合。Cu^{2+}是必需的，不能被其他金属离子取代。Zou 等使用七种核苷酸，分别包括 GTP、GDP、GMP、IMP、AMP、CMP 和 TMP，充当电子供体和稳定剂构建高度分散的钯纳米催化剂（Zou 等，2019）。GTP-钯配合物在 $NaBH_4$ 辅助下对硝基苯酚的加氢还原反应中具有很高的活性，所制备的核苷酸-钯配合物也可用于有机染料的降解。四种天然核苷酸包括 5′-CMP、5′-TMP、GMP 和 5′-AMP 可以调节 $PtCl_4^{2-}$ 的配位环境和价态（Wang 等，2019）。Pt-核苷酸纳米酶的尺寸分布和电荷状态都随着核苷酸的化学结构而变化，从而有助于产生不同的酶样活性，通过采用 Pt-CMP 作为信号放大器，建立了用于葡萄糖定量测定的光度测定法。该测定基于葡萄糖氧化酶对葡萄糖的氧化，通过 Pt-CMP 催化的 3,3′,5,5′-四甲基联苯胺与 H_2O_2 的氧化，在 652nm 处检测到氧化产物（H_2O_2）。响应在 5～100μmol/L 葡萄糖浓度范围内呈线性，当信号值与背景值之比（*S/N*）为 3 时，检测限为 0.12μmol/L。

10.10 总结与展望

目前，功能核酸酶这一领域取得了巨大进展，已成功应用于环境监测、食品安全、生物医学成像和医学诊断等方面。然而，为了进一步推进该领域发展并充分发挥功能核酸酶的潜力，仍需迎接几个挑战。首先，核酶是一类引人入胜的生物大分子，20 多年来一直是 RNA 研究的重点。对它们的天然特性和催化机制进行了深入研究，并且已经获得了大多数已知核酶的晶体结构。可以在多重转换过程中切割靶分子的核酶的产生为使用核酶作为调节预期基因表达的工具开辟了道路，然而，期待已久的临床试验突破尚未实现。其次，在脱氧核酶方面，虽然已经获得了针对多种金属离子的脱氧核糖核酸酶传感器，但仍有相当多的金属离子，特别是一价金属离子，尚未获得脱氧核糖核酸酶。最后，核酸对纳米酶的调控仍处于初级阶段，在目前报道的研究中，关于核酸调控的纳米酶存在相互矛盾的结论。可能不同研究中纳米酶的形态和组成存在差异，或者有其他原因造成差异，因此需要深入研究。此外，大多数功能性纳米酶都需要溶液体系进行反应。因此，将反应扩展到固相系统（如纸基系统）中构建廉价、便携的集成设备仍然是一个巨大的挑战。报道的纳米酶多为金属氧化物（如氧化铁、氧化锰、氧化铜、氧化铈等）或金属（如银、铂、铜等）。它们可以在体内降解和代谢，释放的金属离子具有细胞毒性。因此，有必要研究生物大分子与纳米酶的调控机制，以解决纳米酶在生物医学领域的生物相容性、靶向性和安全性问题。

参考文献

Adams PL, Stahley MR, Kosek AB, et al. Crystal structure of a self-splicing group I intron with both exons [J]. Nature, 2004, 43 (6995): 45-50.

Adeoye RI, Osalaye DS, Ralebitso-Sr. TK, et al. Catalytic activities of multimeric G-quadruplex DNAzymes [J]. Catalysts, 2019, 9 (7).

Ali MM, Aguirre SD, Lazim H, et al. Fluorogenic DNAzyme probes as bacterial indicators [J]. Angew Chem Int Ed, 2011, 50 (16): 3751-3754.

Ali MM, Silva R, White D, et al. A lateral flow test for *Staphylococcus aureus* in nasal mucus using a new DNAzyme as the recognition element [J]. Angew Chem Int Ed, 2022, 61 (3): e202112346.

Ali MM, Wolfe M, Tram K, et al. A DNAzyme-based colorimetric paper sensor for *Helicobacter pylori* [J]. Angew Chem, 2019, 131 (29): 10012-10016.

Arthanari H, Basu S, Kawano TL, et al. Fluorescent dyes specific for quadruplex DNA [J]. Nucleic Acids Res, 1998, 26 (16): 3724-3728.

Babendure JR, Adams SR, Tsien YR. Aptamers switch on fluorescence of triphenylmethane dyes [J]. J Am Chem Soc, 2003, 125 (48): 14716-14717.

Bartel DP, Szostak JW. Isolation of new ribozymes from a large pool of random sequences. Science,

1993, 261 (5127): 1411-1418.

Bass BL, Cech TR. Deoxyguanosine and dideoxyguanosine are competitive inhibitors of self-splicing of the tetrahymena ribosomal ribonucleic acid precursor [J]. Biochemistry, 1986, 25 (16): 4473-4478.

Belanger-Gariepy F, Beauchamp AL. Crystal structure of bis (9-methylhypoxanthine) silver (Ⅰ) perchlorate monohydrate, a model complex for the silver-poly (Ⅰ) system [J]. J Am Chem Soc, 1980, 102 (10): 3461-3464.

Berti L, Burley GA. Nucleic acid and nucleotide-mediated synthesis of inorganic nanoparticles. Nat Nanotechnol, 2008, 3 (2): 81-87.

Borghei YS, Hosseini M, Ganjali MR. Visual detection of miRNA using peroxidase-like catalytic activity of DNA-cuncs and methylene blue as indicator [J]. Clin Chim Acta, 2018, 483: 119-125.

Breaker RR, Joyce GF. A DNA enzyme that cleaves RNA [J]. Chem Biol, 1994, 1 (4): 223-229.

Carmi R, Shultz LA, Breaker RR. *In vitro* selection of self-cleaving DNAs [J]. Chem Biol, 1996, 3 (12): 1039-1046.

Breslow R. Biomimetic chemistry and artificial enzymes: Catalysis by design [J]. Acc Chem Res, 1995, 28 (3): 146-153.

Breslow R, Overman LE. "Artificial enzyme" combining a metal catalytic group and a hydrophobic binding cavity [J]. J Am Chem Soc, 1970, 92 (4): 1075-1077.

Cai W, Xie S, Zhang J, et al. An electrochemical impedance biosensor for Hg^{2+} detection based on DNA hydrogel by coupling with DNAzyme-assisted target recycling and hybridization chain reaction [J]. Biosens Bioelectron, 2017, 98: 466-472.

Cai W, Xie S, Zhang J, et al. Immobilized-free miniaturized electrochemical sensing system for Pb^{2+} detection based on dual Pb^{2+}-DNAzyme assistant feedback amplification strategy [J]. Biosens Bioelectron, 2018, 117: 312-318.

Carmi N, Breaker RR. Characterization of a DNA-cleaving deoxyribozyme [J]. Biorg Med Chem, 2001, 9 (10): 2589-2600.

Chandra M, Sachdeva A, Silverman SK. DNA-catalyzed sequence-specific hydrolysis of DNA [J]. Nat Chem Biol, 2009, 5 (10): 718-720.

Chang T, Gong H, Ding P, et al. Activity enhancement of G-quadruplex/hemin DNAzyme by flanking d (CCC) [J]. Chem A European J, 2016, 22 (12): 4015-4021.

Chen X, Chen K, Du Z, et al. Fusion of binary split allosteric aptasensor for the ultra-sensitive and super-rapid detection of malachite green [J]. J Hazard Mater, 2022, 425: 127976.

Cheng X, Liu X, Bing T, et al. General peroxidase activity of G-quadruplex-hemin complexes and its application in ligand screening [J]. Biochemistry, 2009, 48 (33): 7817-7823.

Deng Y, Chen Y, Zhou X, Simultaneous sensitive detection of lead (Ⅱ), mercury (Ⅱ) and silver ions using a new nucleic acid-based fluorescence sensor [J]. Acta Chimica Slovenica, 2018, 65 (2): 271-277.

Dutta AK, Das S, Samanta PK, et al. Non-enzymatic amperometric sensing of hydrogen peroxide at a cus modified electrode for the determination of urine H_2O_2 [J]. Electrochim Acta, 2014, 144: 282-287.

El-Seedi HR, El-Shabasy RM, Khalifa S, et al. Metal nanoparticles fabricated by green chemistry using natural extracts: biosynthesis, mechanisms, and applications [J]. RSC Adv, 2019, 9 (42): 24539-24559.

Ennifar E, Walter P, Dumas P. A crystallographic study of the binding of 13 metal ions to two related RNA duplexes [J]. Nucleic Acids Res, 2003, 31 (10): 2671-2682.

Fedor MJ. Tertiary structure stabilization promotes hairpin ribozyme ligation [J]. Biochemistry, 1999, 38 (34): 11040-11050.

Fernandes C, Lalitha VS, Rao VKK. Enhancing effect of malachite green on the development of hepatic pre-neoplastic lesions induced by N-nitrosodiethylamine in rats [J]. Carcinogenesis, 1991, 12 (5): 839-845.

Fu XM, Liu ZJ, Cai SX, et al. Electrochemical aptasensor for the detection of vascular endothelial growth factor (VEGF) based on DNA-templated Ag/Pt bimetallic nanoclusters [J]. Chinese Chem Lett, 2016, 27 (6): 920-926.

Funai T, Miyazaki Y, Aotani M, et al. Ag (Ⅰ) ion mediated formation of a C-A mispair by DNA polymerases [J]. Angew Chem Int Ed, 2012, 51 (26): 6464-6466.

Gao L, Zhuang J, Nie L, et al. Intrinsic peroxidase-like activity of ferromagnetic nanoparticles [J]. Nat Nanotechnol, 2007, 2 (9): 577-583.

Geary C, Chworos A, Jaeger L, Promoting RNA helical stacking via A-minor junctions [J]. Nucleic Acids Res, 2011, 39 (3): 1066-1080.

Giussani A, Farahani P, Martínez-Muñoz D, et al. Molecular basis of the chemiluminescence mechanism of luminol [J]. Chemistry, 2019, 25 (20): 5202-5213.

Grate D, Wilson C. Laser-mediated, site-specific inactivation of RNA transcripts [J]. Proc Natl Acad Sci of USA, 1999, 96 (11): 6131-6136.

Gu H, Furukawa K, Weinberg Z, et al. Small, highly active DNAs that hydrolyze DNA [J]. J Am Chem Soc, 2013, 135 (24): 9121-9129.

Gu L, Yan W, Wu H, et al. Selection of DNAzymes for sensing aquatic bacteria: *Vibrio anguillarum* [J]. Anal Chem, 2019, 91 (12): 7887-7893.

Guerrier-Takada C, Gardiner K, Marsh T, et al. The RNA moiety of ribonuclease P is the catalytic subunit of the enzyme [J]. Cell, 1983, 35 (3): 849-857.

Guo Y, Chen J, Cheng M, et al. A thermophilic tetramolecular G-quadruplex/hemin DNAzyme [J]. Angew Chem-Inter Edit, 2017, 56 (52): 16636-16640.

Guo Y, Lv M, Ren J, et al. Regulating catalytic activity of DNA-templated silver nanoclusters based on their differential interactions with DNA structures and stimuli-responsive structural transition [J]. Small, 2021, 17 (3): e2006553.

Guo Y, Ren J, Wang E. Implementation of logic operations and bioanalysis based on DNA allostery-regulated nanometallic catalysis [J]. Nano Today, 2022, 44: 101476.

He D, He X, Wang K, et al. Reversible stimuli-responsive controlled release using mesoporous silica nanoparticles functionalized with a smart DNA molecule-gated switch [J]. J Mater Chem, 2012, 22 (29): 14715-14721.

He P, Zhu D, Hu JJ, et al. PcDNA3. 1 (-) -mediated ribozyme targeting of HER-2 suppresses breast cancer tumor growth [J]. Mol Biol Rep, 2010, 37 (3): 1597-1604.

He S, Qu L, Shen Z, et al. Highly specific recognition of breast tumors by an RNA-cleaving fluorogenic DNAzyme probe [J]. Anal Chem, 2014, 87 (1): 569-577.

He Y, Lopez A, Zhang Z, et al. Nucleotide and DNA coordinated lanthanides: from fundamentals to applications [J]. Coordin Chem Rev, 2019, 387: 235-248.

Hu D, Pu F, Huang Z, et al. A quadruplex-based, label-free, and real-time fluorescence assay for RNase H activity and inhibition [J]. Chemisty, 2010, 16 (8): 2605-2610.

Hu Y, Han D, Zhang Q, et al. Perylene ligand wrapping G-quadruplex DNA for label-free fluorescence potassium recognition [J]. Biosens Bioelectron, 2012, 38 (1): 396-401.

Huang C, Fan X, Yuan Q, et al. Colorimetric determination of uranyl (UO_2^{2+}) in seawater via DNAzyme-modulated photosensitization [J]. Talanta, 2018, 185: 258-263.

Huang L, Chen K, Zhang W, et al. SsDNA-tailorable oxidase-mimicking activity of spinel $MnCO_2O_4$ for sensitive biomolecular detection in food sample [J]. Sensor Actuat B-Chemical, 2018, 269: 79-87.

Huang PJ, Lin J, Cao J, et al. Ultrasensitive DNAzyme beacon for lanthanides and metal speciation [J]. Anal Chem, 2014, 86 (3): 1816-1821.

Huang P, Mahsa V, Żaneta M, et al. A new heavy lanthanide-dependent DNAzyme displaying strong metal cooperativity and unrescuable phosphorothioate effect [J]. Nuclc Acids Res, 2015, (1): 1.

Huang P, Vazin M, Liu J. *In vitro* selection of a new lanthanide-dependent DNAzyme for ratiometric sensing lanthanides [J]. Anal Chem, 2014, 86 (19): 9993-9999.

Huang Y, Li L, Zhang Y, et al. Auto-cleaning paper-based electrochemiluminescence biosensor coupled with binary catalysis of cubic Cu_2O - Au and polyethyleneimine for quantification of Ni^{2+} and Hg^{2+} [J]. Biosens Bioelectron, 2019, 126: 339-345.

Huang Y, Lin C, Luo F, et al. Ultrasensitive and portable assay for lead (Ⅱ) ions by electronic balance as a readout [J]. Acs Sensors, 2019, 4 (9): 2465-2470.

Huang Y, Ren J, Qu X. Nanozymes: classification, catalytic mechanisms, activity regulation, and applications [J]. Chem Rev, 2019, 119 (6): 4357-4412.

Huang Z, Chen J, Luo Z, et al. Label-free and enzyme-free colorimetric detection of Pb^{2+} based on RNA cleavage and annealing-accelerated hybridization chain reaction [J]. Anal Chem, 2019, 91 (7): 4806-4813.

Jay DG, Keshishian H. Laser inactivation of fasciclin I disrupts axon adhesion of grasshopper pioneer neurons [J]. Nature, 1990, 348 (6301): 548-550.

Jia Y, Li F. Studies of functional nucleic acids modified light addressable potentiometric sensors: X-ray photoelectron spectroscopy, biochemical assay, and simulation [J]. Anal Chem, 2018, 90 (8): 5153-5161.

Jiang C, Li Y, Wang H, et al. A portable visual capillary sensor based on functional DNA crosslinked hydrogel for point-of-care detection of lead ion [J]. Sensors and Actuators, 2020, 307 (Mar.): 127625. 1-127625. 8.

Jimenez RM, Polanco JA, Lupták A. Chemistry and biology of self-cleaving ribozymes [J]. Trends Biochem Sci, 2015, 40 (11): 648-661.

Jing S, Liu Q, Jin Y, et al. Dimeric G-quadruplex: An effective nucleic acid scaffold for lighting up thioflavin T [J]. Anal Chem, 2020, 93 (3): 1333-1341.

Johannsen S, Paulus S, Düpre N, et al. Using *in vitro* transcription to construct scaffolds for one-dimensional arrays of mercuric ions [J]. J Inorg Biochem, 2008, 102 (5-6): 1141-1151.

Kennedy AB, Vowles JV, d'Espaux L, et al. Protein-responsive ribozyme switches in eukaryotic cells [J]. Nucleic Acids Res, 2014, 42 (19): 12306-12321.

Klauser B, Atanasov J, Siewert LK, et al. Ribozyme-based aminoglycoside switches of gene expression engineered by genetic selection in *S. cerevisiae* [J]. ACS Synth Biol, 2015, 4 (5): 516-525.

Kondo J, Sugawara T, Saneyoshi H, et al. Crystal structure of a DNA duplex containing four Ag (Ⅰ) ions in consecutive dinuclear Ag (Ⅰ) -mediated base pairs: 4-thiothymine-2Ag (Ⅰ) -4-thiothymine [J]. Chem Commun (Camb), 2017, 53 (86): 11747-11750.

Kouzegaran VJ, Farhadi K, Forough M, et al. Highly-sensitive and fast detection of human telomeric G-quadruplex DNA based on a hemin-conjugated fluorescent metal-organic framework platform [J]. Biosens Bioelectron, 2021, 178: 112999.

Kruger K, Grabowski PJ, Zaug AJ, et al. Self-splicing RNA: Autoexcision and autocyclization of the ribosomal RNA intervening sequence of tetrahymena [J]. Cell, 1982, 31 (1): 147-157.

Kuzuya A, Sakai Y, Yamazaki T, et al. Nanomechanical DNA origami 'single-molecule beacons' directly imaged by atomic force microscopy [J]. Nat Commun, 2011, 2 (1): 1-8.

Li J, Lu Y, A highly sensitive and selective catalytic DNA biosensor for lead ions [J]. J Am Chem Soc, 2000, 122 (42): 10466-10467.

Li J, Wu H, Yan Y, et al. Zippered G-quadruplex/hemin DNAzyme: Exceptional catalyst for universal bioanalytical applications [J]. Nucleic Acid Res, 2021, 49 (22): 13031-13044.

Li J, Zheng WC, Kwon AH, et al. *In vitro* selection and characterization of a highly efficient zn (Ⅱ) -dependent RNA-cleaving deoxyribozyme [J]. Nucleic Acids Res, 2000, 28 (2): 481-488.

Li L, Feng J, Fan Y, et al. Simultaneous imaging of Zn^{2+} and Cu^{2+} in living cells based on DNAzyme modified gold nanoparticle [J]. Anal Chem, 2015, 87 (9): 4829-4835.

Li N, Huang F, Ribozyme-catalyzed aminoacylation from CoA thioesters [J]. Biochemistry, 2005, 44 (11): 4582-4590.

Li S, Zeng Z, Zhao C, et al. Nucleoside-regulated catalytic activity of copper nanoclusters and their application for mercury ion detection [J]. New J Chem, 2022, 46 (10): 4687-4692.

Liang H, Lin F, Zhang Z, et al. Multicopper laccase mimicking nanozymes with nucleotides as ligands [J]. ACS Appl Mater Inter, 2017, 9 (2): 1352-1360.

Liang H, Liu B, Yuan Q, et al. Magnetic iron oxide nanoparticle seeded growth of nucleotide coordinated polymers [J]. ACS Appl Mater Inter, 2016, 8 (24): 15615-15622.

Liao JC, Roider J, Jay DG. Chromophore-assisted laser inactivation of proteins is mediated by the photogeneration of free radicals [J]. Proc Natl Acad Sci USA, 1994, 91 (7): 2659-2663.

Liao X, Luo J, Wu J, et al. A sensitive DNAzyme-based electrochemical sensor for Pb^{2+} detection with platinum nanoparticles decorated TiO_2/alpha-Fe_2O_3 nanocomposite as signal labels [J]. J Electro Anal Chem, 2018, 829: 129-137.

Liu B, Liu J. Accelerating peroxidase mimicking nanozymes using DNA [J]. Nanoscale, 2015, 7 (33): 13831-13835.

Liu J, Brown AK, Meng X, et al. A catalytic beacon sensor for uranium with parts-per-trillion sensitivity and millionfold selectivity [J]. Proc Natl Acad Sci USA, 2007, 104 (7): 2056-2061.

Liu S, Yang M, Guo W. Programmable and reversible regulation of catalytic hemin@MOFs activities with DNA structures [J]. Chem Res Chinese U, 2020, 36 (2): 301-306.

Liu Y, Hou W, Xia L, et al. ZrMOF nanoparticles as quenchers to conjugate DNA aptamers for target-induced bioimaging and photodynamic therapy [J]. Chem Sci, 2018, 9 (38): 7505-7509.

Lu CH, Cecconello A, Willner I. Recent advances in the synthesis and functions of reconfigurable interlocked DNA nanostructures [J]. J Am Chem Soc, 2016, 138 (16): 5172-5185.

Ma J, Bai W, Zheng JJB, et al. A novel self-cleaning electrochemical biosensor integrating copper porphyrin-derived metal-organic framework nanofilms, G-quadruplex, and DNA nanomotors for achieving cyclic detection of lead ions [J]. Biosens Bioelectron, 2022, 197: 113801.

Ma J, Qiu J, Wang S. Nanozymes for catalytic cancer immunotherapy [J]. ACS Appl Nano Mater, 2020, 3 (6): 4925-4943.

Menzer S, Sabat M, Lippert B. Ag (Ⅰ) modified base pairs involving complementary (G, C) and noncomplementary (A, C) nucleobases. On the possible structural role of aqua ligands in metal-modified nucleobase pairs [J]. J Am Chem Soc, 1992, 114 (12): 4644-4649.

Mertig M, Colombi Ciacchi L, Seidel R, et al. DNA as a selective metallization template [J]. Nano Lett, 2002, 2 (8): 841-844.

Meyer FP, Jorgenson TA. Teratological and other effects of malachite green on development of rainbow trout and rabbits [J]. T Am Fish Soc, 1983, 112 (6): 818-824.

Miyake Y, Togashi H, Tashiro M, et al. Mercury Ⅱ-mediated formation of thymine-Hg Ⅱ-thymine base pairs in DNA duplexes [J]. J Am Chem Soc, 2006, 128 (7): 2172-2173.

Mohanty J, Barooah N, Dhamodharan V, et al. Thioflavin T as an efficient inducer and selective fluorescent sensor for the human telomeric G-quadruplex DNA [J]. J Am Chem Soc, 2013, 135 (1): 367-376.

Nishiyama K, Takezawa Y, Shionoya M. PH-dependence of the thermal stability of metallo-DNA duplexes containing ligand-type 5-hydroxyuracil nucleobases [J]. Inorg Chim Acta, 2016, 452: 176-180.

Ono A, Cao S, Togashi H, et al. Specific interactions between silver (Ⅰ) ions and cytosine-cytosine pairs in DNA duplexes [J]. Chem Commun, 2008, (39): 4825-4827.

Ono A, Togashi H. Highly selective oligonucleotide-based sensor for mercury (Ⅱ) in aqueous solutions [J]. Angew Chem, 2004, 116 (33): 4400-4402.

Pan J, Li Q, Zhou D, et al. Label-free and highly sensitive fluorescence detection of lead (Ⅱ) based on DNAzyme and exonuclease iii-assisted cascade signal amplification [J]. New J Chem, 2019, 43 (15): 5857-5862.

Park SV, Yang JS, Jo H, et al. Catalytic RNA, ribozyme, and its applications in synthetic biology [J]. Biotechnol Adv, 2019, 37 (8): 107452.

Park Y, Lee CY, Park KS, et al. Enzyme-free colorimetric detection of Cu^{2+} by utilizing target-triggered DNAzymes and toehold-mediated DNA strand displacement events [J]. Chem A European J, 2017, 23

(68): 17379-17383.

Pley HW, Flaherty KM, McKay DB. Three-dimensional structure of a hammerhead ribozyme [J]. Nature, 1994, 372 (6501): 68-74.

Rao KVK. Inhibition of DNA synthesis in primary rat hepatocyte cultures by malachite green: A new liver tumor promoter [J]. Toxicol Lett, 1995, 81 (2-3): 107-113.

Ren W, Huang PJJ, de Rochambeau D, et al. Selection of a metal ligand modified DNAzyme for detecting Ni^{2+} [J]. Biosens Bioelectron, 2020, 165: 112285.

Roßmanith J, Narberhaus F. Exploring the modular nature of riboswitches and RNA thermometers [J]. Nucleic Acids Res, 2016, 44 (11): 5410-5423.

Rothenbroker M, McConnell EM, Gu J, et al. Selection and characterization of an RNA-cleaving DNAzyme activated by *Legionella pneumophila* [J]. Angew Chem Int Ed, 2021, 60 (9): 4782-4788.

Salehi-Ashtiani K, Lupták A, Litovchicak A, et al. A genomewide search for ribozymes reveals an HDV-like sequence in the human CPEB3 gene [J]. Science, 2006, 313 (5794): 1788-1792.

Santoro SW, Joyce GF. A general purpose RNA-cleaving DNA enzyme [J]. Proc Natl Acad Sci U S A, 1997, 94 (9): 4262-4266.

Saragliadis A, Krajewski SS, Rehm C, et al. Thermozymes: Synthetic RNA thermometers based on ribozyme activity. RNA biology, 2013, 10 (6): 1010-1016.

Saran R, Liu J. A silver DNAzyme [J]. Anal Chem, 2016, 88 (7): 4014-4020.

Shen Z, Wu Z, Chang D, et al. A catalytic DNA activated by a specific strain of bacterial pathogen [J]. Angew Chem Int Ed Engl, 2016, 55 (7): 2431-2434.

Shin Y, Eichhorn G. Induction of helicity inpolyuridylic acid and polyinosinic acid by silver ions [J]. Biopolymers, 1980, 19 (3): 539-556.

Sigel H, Griesser R. Nucleoside 5′-triphosphates: Self-association, acid-base, and metal ion-binding properties in solution [J]. Chem Soc Rev, 2005, 34 (10): 875-900.

Singh N, NaveenKumar SK, Geethika M, et al. A cerium vanadate nanozyme with specific superoxide dismutase activity regulates mitochondrial function and ATP synthesis in neuronal cells [J]. Angew Chem Int Edit, 2021, 60 (6): 3121-3130.

Sugimoto N, Okumoto Y. Development of a short Ca^{2+}-dependent deoxyribozyme with RNA cleavage activity [J]. Nucleic Acids Symp Ser, 1999, (42): 281-282.

Sugiyama H, Adachi N, Kawauchi S, et al. Computational evaluation of the specific interaction between cation and mismatch base pair [J]. Nucleic Acids Symposium Series, 2005, 49 (1): 215-216.

Suzuk T, Anderegg B, Ohkawa T, et al. Adenovirus-mediated ribozyme targeting of HER-2/neu inhibits *in vivo* growth of breast cancer cells [J]. Gene Therapy, 2000, 7 (3): 241-248.

Swasey SM, Leal LE, Lopez-Acevedo O, et al. Silver (Ⅰ) as DNA glue: Ag^{+}-mediated guanine pairing revealed by removing Watson-Crick constraints [J]. Sci Rep, 2015, 5 (1): 1-9.

Takezawa Y, Nishiyama K, Mashima T, et al. Bifacial base-pairing behaviors of 5-hydroxyuracil DNA bases through hydrogen bonding and metal coordination. Chemistry, 2015, 21 (42): 14713-14716.

Takezawa Y, Suzuki A, Nakaya M, et al. Metal-dependent DNA base pairing of 5-carboxyuracil with itself and all four canonical nucleobases [J]. J Am Chem Soc, 2020, 142 (52): 21640-21644.

Tian A, Liu Y, Gao J. Sensitive SERS detection of lead ions via DNAzyme based quadratic signal amplification [J]. Talanta, 2017, 171: 185-189.

Toor N, Keating K S, Taylor SD, et al. Crystal structure of a self-spliced group Ⅱ intron [J]. Science, 2008, 320 (58722): 77-82.

Torabi SF, Wu P, McGhee CE, et al. *In vitro* selection of a sodium-specific DNAzyme and its application in intracellular sensing [J]. Proc Natl Acad Sci USA, 2015, 112 (19): 5903-5908.

Townshend B, Xiang JS, Manzanarez G, et al. A multiplexed, automated evolution pipeline enables scalable discovery and characterization of biosensors [J]. Nat Commun, 2021, 12 (1): 1-15.

Urata H, Yamaguchi E, Nakamura Y, et al. Pyrimidine-pyrimidine base pairs stabilized by silver (Ⅰ) ions [J]. Chem Commun, 2011, 47 (3): 941-943.

Walbot V, Bruening G. Plant development and ribozymes for pathogens [J]. Nature, 1988, 334 (6179): 196-197.

Wang C, Tang G, Tan H. Colorimetric determination of mercury (Ⅱ) via the inhibition by ssDNA of the oxidase-like activity of a mixed valence state cerium-based metal-organic framework [J]. Microchim Acta, 2018, 185 (10): 1-8.

Wang GY, Song C, Kong DM, et al. Two luminescent metal-organic frameworks for the sensing of nitroaromatic explosives and DNA strands [J]. J Mater Chem A, 2014, 2 (7): 2213-2220.

Wang G, Chu LT, Hartanto H, et al. Microfluidic particle dam for visual and quantitative detection of lead ions [J]. Acs Sensors, 2020, 5 (1): 19-23.

Wang G, Feng L, Li W, et al. In-situ generation of nanozymes by natural nucleotides: A biocatalytic label for quantitative determination of hydrogen peroxide and glucose [J]. Microchim Acta, 2019, 186 (8): 1-9.

Wang HB, Ma LH, Fang BY, et al. Graphene oxide-assisted Au nanoparticle strip biosensor based on GR-5 DNAzyme for rapid lead ion detection [J]. Colloid Surfaces B, 2018, 169: 305-312.

Wang J, Wang J, Zhou P, et al. Oligonucleotide-induced regulation of the oxidase-mimicking activity of octahedral Mn_3O_4 nanoparticles for colorimetric detection of heavy metals [J]. Microchim Acta, 2020, 187 (2): 1-11.

Wang J, Wang X, Tang H, et al. A ratiometric magnesium sensor using DNAzyme-templated CdTe quantum dots and CY5 [J]. Sensors and Actuators B-Chemical, 2018, 272: 146-150.

Wang L, Liao T, Zhou H, et al. Colorimetric method for *Salmonella spp*. Detection based on peroxidase-like activity of Cu (Ⅱ) -rgo nanoparticles and PCR [J]. Anal Biochem, 2021, 615: 114068.

Webb CHT, Lupták A. HDV-like self-cleaving ribozymes [J]. RNA biology, 2011, 8 (5): 719-727.

Wei H, Wang E. Nanomaterials with enzyme-like characteristics (nanozymes): next-generation artificial enzymes [J]. Chem Soc Rev, 2013, 42 (14): 6060-6093.

Wu J, Lu Y, Ren N, et al. DNAzyme-functionalized R-phycoerythrin as a cost-effective and environment-friendly fluorescent biosensor for aqueous Pb^{2+} detection. Sensors, 2019, 19 (12): 2732.

Wu J, Yu Y, Wei S, et al. A DNAzyme-based electrochemical impedance biosensor for highly sensitive detection of Cu^{2+} ions in aqueous solution [J]. Int J Electrochem Sci, 2017, 12 (12): 11666-11676.

Wu LL, Wang LY, Xie ZJ, et al. Colorimetric assay of l-cysteine based on peroxidase-mimicking DNA-Ag/Pt nanoclusters [J]. Sensor Actuat B-Chem, 2016, 235: 110-116.

Xie X, Choi B, Largy E, et al. Asymmetric distyrylpyridinium dyes as red-emitting fluorescent probes for quadruplex DNA [J]. Chemistry, 2013, 19 (4): 1214-1226.

Xiong X, Huang Y, Lin C, et al. Recent advances in nanoparticulate biomimetic catalysts for combating bacteria and biofilms [J]. Nanoscale, 2019, 11 (46): 22206-22215.

Yang W, Yang X, Zhu L, et al. Nanozymes: activity origin, catalytic mechanism, and biological application [J]. Coordin Chem Rev, 2021, 448: 214170.

Yang Z, Loh KY, Chu YT, et al. Optical control of metal ion probes in cells and zebrafish using highly selective DNAzymes conjugated to upconversion nanoparticles [J]. J Am Chem Soc, 2018, 140 (50): 17656-17665.

Yang Z, Qian J, Yang X, et al. A facile label-free colorimetric aptasensor for acetamiprid based on the peroxidase-like activity of hemin-functionalized reduced graphene oxide [J]. Biosens Bioelectron, 2015, 65: 39-46.

Ying X, Allen EC, Silverman SK. Merely two mutations switch a DNA-hydrolyzing deoxyribozyme from heterobimetallic (Zn^{2+}/Mn^{2+}) to monometallic (Zn^{2+}-only) behavior [J]. Chem Commun, 2011, 47 (6): 1749-1751.

Yu Q, Shi J, Mudiyanselage APK, et al. Genetically encoded RNA-based sensors for intracellular imaging of silver ions [J]. Chem Commun, 2019, 55 (5): 707-710.

Yu T, Zhou W, Liu J, Screening of DNAzyme mutants for highly sensitive and selective detection of calcium in milk [J]. Anal Meth, 2018, 10 (15): 1740-1746.

Yu YL, Zhang QQ, Gao H, et al. Metalloenzyme-mimic innate G-quadruplex DNAzymes using directly coordinated metal ions as active anters [J]. Dalton T, 2020, 49 (37): 13160-13166.

Yun W, Wu H, Liu X, et al. Ultra-sensitive fluorescent and colorimetric detection of UO_2^{2+} based on dual enzyme-free amplification strategies [J]. Sensor Actuat B-Chem, 2018, 255: 1920-1926.

Zaug JA, Been MD, Cech TR. The tetrahymena ribozyme acts like an RNA restriction endonuclease [J]. Nature, 1986, 324 (6096): 429-433.

Zeng C, Lu N, Wen Y, et al. Engineering nanozymes using DNA for catalytic regulation [J]. ACS Appl Mater Inter, 2018, 11 (2): 1790-1799.

Zeng Z, Zhang C, Li J, et al. Activatable polymer nanoenzymes for photodynamic immunometabolic cancer therapy [J]. Adv Mater, 2021, 33 (4): 2007247.

Zhang H, Cheng X, Chen L, et al. Magnetic beads - based DNA hybridization chain reaction amplification and DNAzyme recognition for colorimetric detection of uranyl ion in seafood [J]. Anal Chim Acta, 2017, 956: 63-69.

Zhang H, Yao S, Song X, et al. One-step colorimetric detection of *Staphylococcus aureus* based on target-induced shielding against the peroxidase mimicking activity of aptamer-functionalized gold-coated iron oxide nanocomposites [J]. Talanta, 2021, 232: 122448.

Zhang L, Qi Z, Zou Y, et al. Engineering DNA-nanozyme interfaces for rapid detection of dental bacteria [J]. ACS Appl Mater Inter, 2019, 11 (34): 30640-30647.

Zhang Y, Wang J, Cheng H, et al. Conditional control of suicide gene expression in tumor cells with theophylline-responsive ribozyme [J]. Gene Therapy, 2017, 24 (2): 84-91.

Zhang Y, Xu J, Zhou S, et al. DNAzyme-triggered visual and ratiometric electrochemiluminescence dual-readout assay for Pb (Ⅱ) based on an assembled paper device [J]. Anal Chem, 2020, 92 (5): 3874-3881.

Zhao J, Chen C, Zhang L, et al. A Hg^{2+}-mediated label-free fluorescent sensing strategy based on G-quadruplex formation for selective detection of glutathione and cysteine [J]. Analyst, 2013, 138 (6): 1713-1718.

Zhao J, Lu D, Moya S, et al. Bispecific T-cell engager (BiTE) immunotherapy of ovarian cancer based on MIL-88A MOF/MC gene delivery system [J]. Appl Mater Today, 2020, 20: 100701.

Zhao L, Wang J, Su D, et al. The DNA controllable peroxidase mimetic activity of mos, 2 nanosheets for constructing a robust colorimetric biosensor [J]. Nanoscale, 2020, 12 (37): 19420-19428.

Zhao Y, Dai X, Wang F, et al. Nanofabrication based on DNA nanotechnology [J]. Nano Today, 2019, 26: 123-148.

Zheng C, Zheng AX, Liu B, et al. One-pot synthesized DNA-templated Ag/Pt bimetallic nanoclusters as peroxidase mimics for colorimetric detection of thrombin [J]. Chem Commun, 2014, 50 (86): 13103-13106.

Zhou P, Shi R, Yao JF, et al. Supramolecular self-assembly of nucleotide-metal coordination complexes: from simple molecules to nanomaterials [J]. Coordin Chem Rev, 2015, 292: 107-143.

Zhou W, Ding J, Liu J. A highly specific sodium aptamer probed by 2-aminopurine for robust Na^+ sensing [J]. Nucleic Acids Res, 2016, 44 (21): 10377-10385.

Zhou W, Fang Y, Ren J, et al. DNA-templated silver and silver-based bimetallic clusters with remarkable and sequence-related catalytic activity toward 4-nitrophenol reduction [J]. Chem Commun (Camb), 2019, 55 (3): 373-376.

Zhou W, Saran R, Huang PJJ, et al. An exceptionally selective DNA cooperatively binding two Ca^{2+} ions [J]. Chembiochem, 2017, 18 (6): 518-522.

Zhou Y, Zhang J, Tang L, et al. A label-free GR-5DNAzyme sensor for lead ions detection based on nanoporous gold and anionic intercalator [J]. Talanta, 2017, 165: 274-281.

Zhu L, Li G, Shao X, et al. A colorimetric zinc (Ⅱ) assay based on the use of hairpin DNAzyme recycling and a hemin/G-quadruplex lighted DNA nanoladder [J]. Microchim Acta, 2020, 187 (1).

Zhu P, Shang Y, Tian W, et al. Ultra-sensitive and absolute quantitative detection of Cu^{2+} based on

DNAzyme and digital PCR in water and drink samples [J]. Food Chem, 2017, 221: 1770-1777.

Zhu Q, Tian D, Guo W, et al. Determination of hydrogen peroxide and silver ions using G-quadruplex/hemin catalyzed luminol chemiluminescence [J]. Ana Lett, 2022, 55 (8): 1179-1191.

Zou T, Han Y, Li X, et al. Unexpected catalytic activity of Pd (Ⅱ) -coordinated nucleotides in hydrogenation reduction [J]. Colloid Surface A, 2019, 560: 344-351.

11

核糖开关

核糖开关（riboswitch）广泛存在于多个物种中，且具有简单的调节机制，是理想的调节元件。由于多样的功能性，核糖开关被广泛应用于合成生物学中，如构建高效的生物传感器、代谢工程以及基因治疗等。本章全面而系统地介绍了理性设计的人工核糖开关概念，其主要特点是将计算机模拟和实验方法相结合，重点分为三个步骤：核糖开关文库的理性设计、核糖开关的理性高通量筛选、核糖开关的理性裁剪。此外，还介绍了核糖开关的调控机制，以及其在分子检测、生物成像、基因治疗以及代谢工程等方面的应用。最后，对理性设计理想的核糖开关的未来发展进行了展望，旨在为核糖开关的全面理性构建提出一种全新的思路，促进人工核糖开关的发展和应用。

11.1 概述

核糖开关作为一个仅有20余年研究史的RNA调控元件，其发现及命名过程是迅速且具有突破性意义的（图11.1）。早期，RNA的功能被认为仅限于将遗传信息从DNA转移到蛋白质。然而，核酶的发现、“RNA世界”假说的提出打破了RNA固有印象，表明了RNA不仅可以作为遗传信息载体，还发挥非编码RNA的多种调控作用，广泛参与细胞调控过程，如蛋白质合成、催化反应、基因表达等（Benner等，1989；Gilbert，1986；Hirao等，1995；Kruger等，1982）。随后1997年，Tang等将ATP结合适配体与一个自切割锤头状核酶表达平台相结合，成功构造了第一个人工合成核糖开关（Tang等，1997）。进一步证实mRNA能够感知代谢物从而控制基因表达的第一个实验性证据，是于2002年由Winkler等在大肠杆菌（*Escherichia coli*）中发现这一类型mRNA，其中编码大肠杆菌中参与维生素B_1生物合成酶的mRNA，可以与硫氨酸或其焦磷酸衍生物结合，而不需要蛋白质参与，由此，将该mRNA命名为“核糖开关”（Winkler等，2002）。核糖开关被发现并命名至今已有20余年的历程，它仍然是一个充满活力的新兴领域。

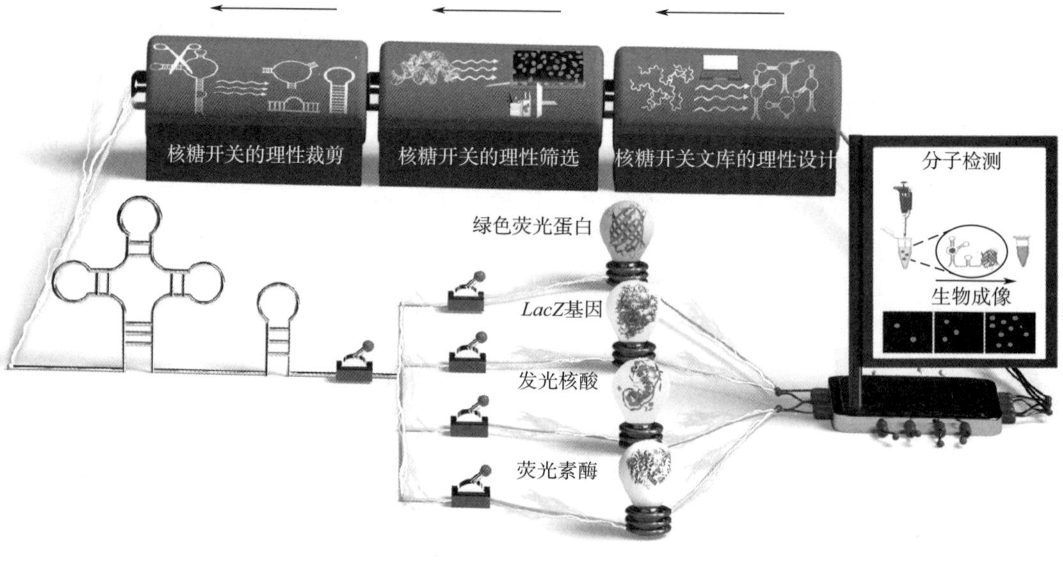

图11.1 核糖开关

核糖开关具有多功能特性，它的简单作用机制和种类的多样性使他们成为合成生物学广泛应用的理想调节元件。它作为一种34~200bp的结构化的非编码核酸，位于mRNA的5′非编码区（5′UTR）或3′非编码区（3′UTR），通过与配体特异性结合，使适配体域构象改变，将变化信号传递给表达平台域，进而调节基因表达（Blouin等，2009；Breaker，2012）。截至2017年，已经发现了40多种不同类型的细菌核糖开关，广泛应用于生物传感、生物合成等多种领域，但仍存在大量未被发现的核糖开关，需要进一步大规模筛选与探索（McCown 等，2017）。核糖开关的传统筛选、构建方法存在耗时、劳动密集、成本高等劣势。为了最大限度地发挥其效用，则需要通过各种方法从头构建新的核糖开关或对现有的核糖开关进行改造与优化，以满足特定的需求。

近年来，伴随着计算机及生物信息的发展，结构预测、算法模拟、高通量筛选等技术已经逐步应用到核糖开关的理想筛选与构建，基于计算机辅助的理性设计势必将成为核糖开关的筛选和人工核糖开关合成的一个突破的新方向。

11.2 核糖开关的调控机制

核糖开关的调控机制通常有以下三种：转录水平调控、翻译水平调控以及自身剪切作用调控。在转录水平，转录终止的调节是核糖开关最常见的作用机制之一可以分为内源终止子介导的转录调控和依赖 Rho 因子介导的转录调控（Bastet 等，2017）[图 11.2（a）]。对于内源终止子介导的转录调控，是由一个茎和一系列尿苷残基构成了一个内在的转录终止子，导致 RNA 聚合酶转录停止并释放 DNA 模板和 RNA 产物。而配体与适配体的结合则会导致终止子或抗终止子的形成，从而控制转录的进行（Barrick 等，2007；Jones 等，2017）。而 Rho 因子介导的转录调控，则是依赖于 Rho 与 rut 位点结合，借助水解 ATP 获得能量推动其沿着 RNA 链移动，但移动速度慢于 RNA 聚合酶，当 RNA 聚合酶遇到终止子便发生暂停，Rho 因子得以移至 RNA 聚合酶的暂停位置（Chauvier 等，2017；Nadiras 等，2018）。

在翻译水平，核糖开关的调控机制通常可以分为直接调节翻译起始和间接调控蛋白质的生成（Breaker，2018）。对于直接调节翻译起始，核糖开关可以通过互斥的碱基配对结构控制核糖体进入核糖体结合位点 RBS 或 SD（Shine-Dalgarno）序列，激活或者终止翻译的进行（Breaker，2012），见图 11.2（b）。RBS 序列通常是由富含嘌呤的约 6 个核苷酸片段组成，位于起始密码子上游，普遍存在于细菌编码蛋白质的 mRNA 中（Ludwig 等，2018）。当 16*S* 核糖体结合到 SD 序列上，则进行翻译；若适配体与配体结合，阻止核糖体与 SD 序列结合，则翻译终止（Bastet 等，2018；Omotajo 等，2015）。

对于蛋白质形成的间接调控，核糖开关则是通过改变 mRNA 稳定性和选择性剪接 mRNA 一级序列进行翻译水平的基因调控，这其中涉及到核酶的切割活性［图 11.2（c）］。谷氨酰胺-果糖-6-磷酸氨基转移酶（GlmS）核糖开关作为其中的一种核酶，其配体为葡糖胺-6-磷酸（GlcN6P）。当 GlcN6P 与核糖开关结合后，激活核酶活性，启动降解，从而使基因的 mRNA 可进行快速破坏（Bingaman 等，2017）。

在真核生物中，翻译调控机制多数为间接调控蛋白质的生成，主要包括核糖体的扫描、核糖体的分流调节以及 pre-mRNA 的裁剪等（Groher 等，2014）。存在于真核生物中的硫胺素焦磷酸（thiamine pyrophosphate，TPP）核糖开关，当 TPP 浓度处于较低水平时，内含子结构重排，从而通过促进剪接位点完全去除内含子，产生全长蛋白质产物；当 TPP 存在较高浓度时，翻译过程则会因为内含子的不完全去除而提前终止（Li 等，2013）。此外，在真核生物中，核糖开关还可以设计与内部核糖体进入位点

IRES 结合实现在翻译水平上的调控，使其在真核细胞中发挥良好的功能（Ogawa 等，2017）。

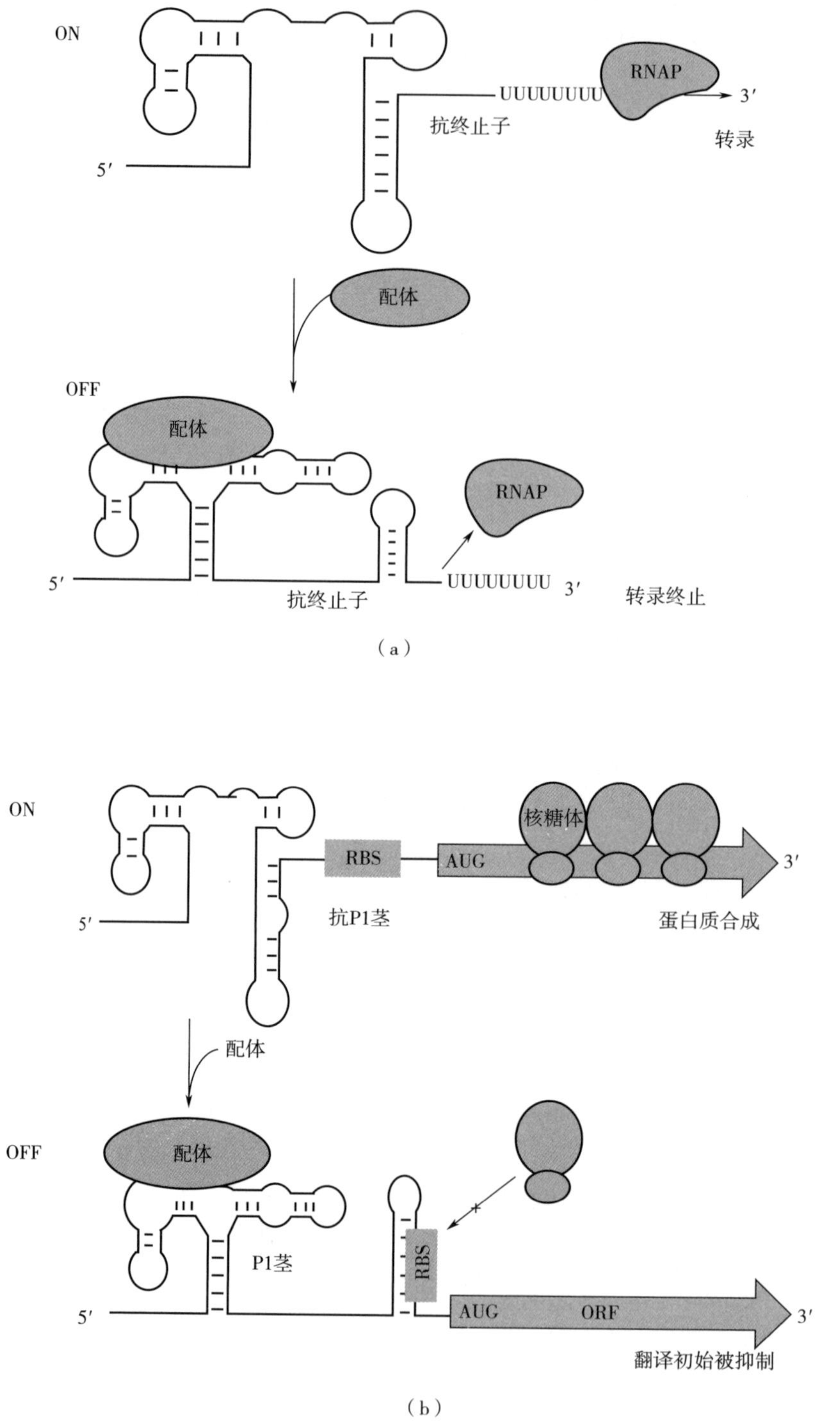

图 11.2 核糖开关的调控机制（Bedard 等，2020）

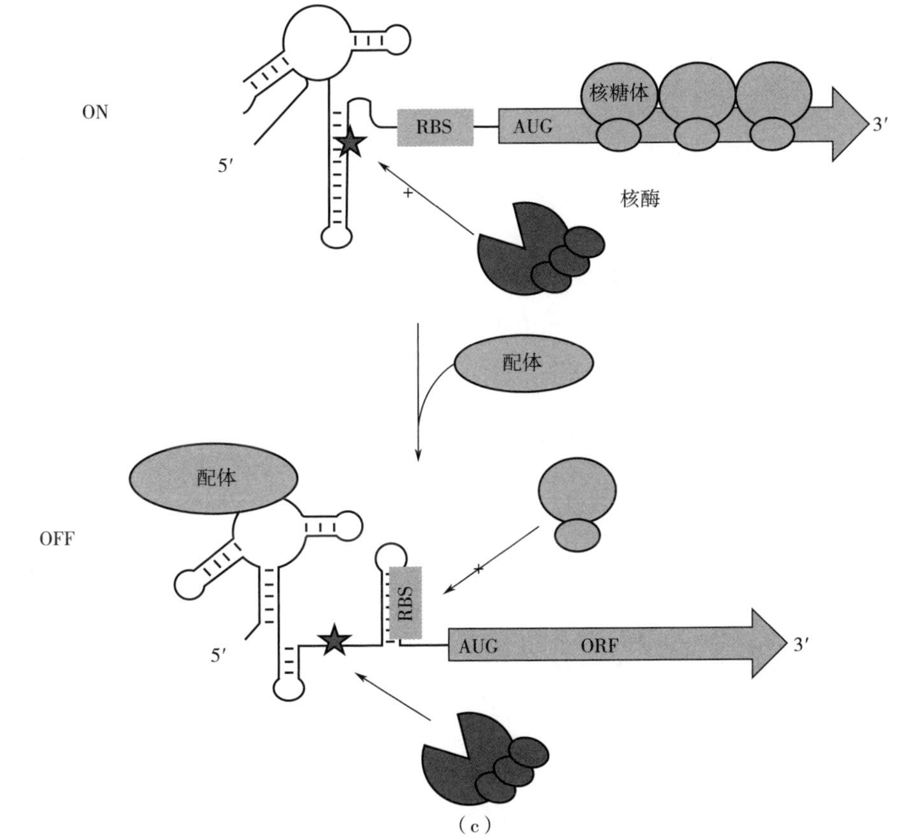

图 11.2 核糖开关的调控机制（Bedard 等，2020）（续）
（a）转录水平 （b）翻译水平 （c）自身剪切水平

11.3 天然核糖开关的筛选

追溯到 1990 年，Ellington 等通过体外筛选出与各种有机染料可以特异性结合的随机序列 RNA 分子，并将其命名为“适配体”（Ellington 等，1990）。大约每 1010 个随机序列的 RNA 分子中存在一个可以与某种小分子配体进行特异性结合的位点。体外筛选核糖开关通常以适配体作为核心组件，利用 SELEX 筛选获得（Wittmann 等，2012）。SELEX 体外筛选技术主要包括建立文库、与靶标物质孵育、洗脱分离、扩增富集等步骤（Murata 等，2014）。迄今为止，已存在很多适配体通过 SELEX 方法筛选获得。这一成熟的适配体体外筛选方法同样适用于人工适配体的核糖开关设计与筛选，拥有开发出与多种小分子靶标结合的核糖开关的潜力。

理论上这些适配体也与天然核糖开关中的适配体同样具有高度亲和力和特异性结合的性质（Findeiss 等，2017）。然而，仅有有限数量的适配体最终可以进行核糖开关开发，如茶碱适配体（Reynoso 等，2012；Wachsmuth 等，2013）、四环素结合适配体（Hanson 等，2005；Weigand 等，2007；Xiao 等，2008）。这是由于体外筛选得到的适配体无法保证体内功能（Link 等，2009）。

与体外筛选系统相比，体内筛选系统能够基于细胞复杂的生理环境，对进入细胞的化合物进行筛选。大多数经过体外筛选得到的核糖开关需要进一步经过体内遗传筛选后，才能够得到具有所需功能的核糖开关（Sinha 等，2014；Weigand 等，2008）。遗传筛选可以通过细胞表型鉴定细胞中生物分子功能。Nomura 等基于大肠杆菌，通过双重遗传选择，从 75000 个克隆中成功筛选出功能性 TPP 核糖开关，它可以在 TPP 作用下调控下游基因 *tet A* 的表达（Nomura 等，2007）。当 *tet A* 基因在大肠杆菌中被有效表达，大肠杆菌对四环素具有耐性，但对氯化镍敏感；反之，当 *tet A* 基因不表达，则大肠杆菌对四环素敏感，但对氯化镍具有耐性。

传统的遗传筛选方法虽然可以成功地筛选出具有功能性的核糖开关，但仍存背景表达水平高、激活指数不理想等多种问题。因此，体内遗传筛选办法需要进一步优化。Lynch 等提出了一种自动化的高通量筛选方法，该方法可以鉴定合成的核糖开关的生物活性（Lynch 等，2007）。在缺乏所需配体的情况下，这些核糖开关显示出极低的基因表达背景水平，而在有配体存在的情况下，这些核糖开关的表达显著增加。Kirchner 等利用一种高通量体内筛选系统，检测 1280 个大型文库中的来自炭疽杆菌的鸟嘌呤核糖开关，并鉴定出影响核糖开关介导的基因调控的配体化合物（Kirchner 等，2017）。

11.4 人工核糖开关的理性设计

11.4.1 核糖开关筛选文库的理性设计

核糖开关文库理性设计是模块化的，各模块之间相互连接，有机统一。在结构上，核糖开关由两个部分组成，进化保守的适配体结构域和可变表达平台。适配体结构域高度保守，以高度亲和力和特异性结合多种配体，如辅酶、金属阳离子、阴离子、核苷酸及其衍生物、氨基酸、磷酸化糖等。表达平台则调节下游编码序列，控制基因表达。而适配体结构域和表达平台之间的连接方式对于核糖开关的功能性也具有举足轻重的影响。

11.4.1.1 适体结构域的理性设计

文库中随机序列的长度和碱基的分布是影响文库二级结构复杂性和多样性的两个重要因素。传统上，体外筛选核糖开关通常是从随机的文库中进行筛选。这种传统的随机文库经过研究表明倾向于生成大量的简单茎环结构，复杂程度较低，缺乏多样的高级结构（Gevertz 等，2005；Riccitelli 等，2010）。然而，天然的核糖开关通常存在高级结构，例如，SAM-Ⅵ核糖开关的二级结构由三个茎 P1、P2、P3 通过一个中心的三通路连接组成（Sun 等，2019）［图 11.3（a）］；谷氨酰胺-Ⅱ核糖开关包括三个同轴螺旋，中心是具有三重特性的假结结构（Huang 等，2019）［图 11.3（b）］。因此，此种设计方法筛选的成功率较低，极大地增加了筛选的劳动力与时间成本。伴随着生物信息学和计算机技术的发展，可对筛选的初始随机文库进行理性设计，增加初始文库中形成的适配体域结构的复杂性与多样性，减少文库中具有简单结构的序列，有助于增强适配体与靶标分子的亲和力，从而大大增加筛选的效率（Buglak 等，2020；

Komarova 等，2019）。

（a）　　　　　　　　　　　　（b）

图 11.3　核糖开关的二级和三级结构

（a）SAM-Ⅵ核糖开关　（b）谷氨酰胺-Ⅱ核糖开关

随机序列的长度对初始文库复杂性和多样性具有关键性影响。随机序列的长度需要综合各方面因素，选取合适的长度，不宜过长或过短，通常控制在 20～100nt 内（Pobanz 等，2016；Sabeti 等，1997），30～50nt 最佳（Cowperthwaite 等，2008）。一方面，长度越长，折叠所形成的结构越复杂，筛选出目标核糖开关的可能性越小；而另一方面，序列长度过长的文库无法使多样性最大化，通常超过一定限度可能会产生抑制作用，同时，其合成成本、扩增过程中的精确性以及应用的方便性都会随之受到一定程度上的挑战（Vorobyeva 等，2018）。

经过计算机预测的方法有效调整筛选文库的碱基组成有助于降低初始筛选文库候选序列的数量，大大提高筛选的效率和成功率。过去人们普遍认为在文库设计过程中，四种类型的核苷酸均匀分布可以丰富适配体结构域序列的多样性，增加筛选效率（Takahashi 等，2016；Wang 等，2019）。然而，随后的多种研究表明，功能 RNA 中嘌呤的含量通常高于嘧啶含量（Schultes 等，1997），GC 富集模式更有助于形成更加复杂的高级结构，在后续筛选过程中获得选择性优势（Mann 等，2010）。Knight 等研究表明，含有 U25%、C15%、A20%和 G40%的初始筛选文库仅包含 6.23×10^9 个序列，相较于完全随机的文库数量降低了 10000 倍，使得其识别目标适配体序列的概率可以达到 99%（Knight 等，2005）。此外，筛选文库的引物结合位点、固定序列等也会对筛选的效率与成功率产生一定的影响（Wang，2019）。

RNA 的结构决定其生物学功能，而适配体域的结构更是核糖开关介导基因调控过程中的必要前提（Alaidi 等，2020）。近 10 年来，计算机的迅猛发展，多种利用计算机优化适配体结构域文库设计的方法不断被开发。对于 RNA 的结构预测主要基于二级结构（表 11.1）和三级结构两个方面。二级结构决定了三级结构，多数方法是通过输入二级结构输出其对应的三级结构。核糖开关适配体结构域的三级结构对于适配体结构域功能特性的全面理解起到至关重要的作用。核糖开关的二级结构则是在适配体结构域的亲和性中占有重要的地位，是核糖开关功能性表征的关键（Gong 等，2017）。二级结构基序的引进对于后续筛选起到重要的影响。目前，已有多篇综述总结了多种可用于 RNA 二级结构和三级结构预测的计算机软件和 Web 服务器等（Antunes 等，2017；Emami 等，2020），这些计算机方法可以有效弥补传统实验方法所带来的局限性。Davis 等（Davis 等，2002）从完全随机和部分包含稳定茎环结构的结构化文库中进行筛选与 GTP 结合的适配体，最终产生了数量十分庞大的二级结构，其中包括 7 个高亲和性的适配体，这表明二级结构基序的引入有助于增加初始文库中复杂结构的丰度。近年来，Chizzolini 等设计了 10 个引进二级结构基序的筛选文库和 1 个完全随机的筛选文库，对文库中每个 RNA 序列的最小折叠自由能进行预测，计算分析表明含有功能基序的 RNA 文库增加了二级结构的含量，增强了初始随机文库的表型潜力（Chizzolini 等，2020）。初始文库的表型潜力对于后续筛选的成功率至关重要（图 11.4）。

表 11.1　RNA 二级结构预测网站

名称	简介
UNAFold/Mfold	UNAFold 网络服务器目前是由 mfold 和 DINAMelt 两个现有网络服务器合并而来。该网站旨在整合现有服务器，通过开发算法和软件向科学界提供新的服务并进行扩展
RNAfold	RNAfold 可预测单链 RNA 或 DNA 序列的二级结构。目前，其分配函数计算的极限是 7500nt，仅用于最小自由能（MFE）预测的极限是 10000nt
RNA structure	RNA structure 结合了四种独立的预测和分析算法：计算分配函数、预测最小自由能结构、寻找具有最大预期精度的结构以及假结结构预测。该服务器获取一个序列（RNA 或 DNA），并创建一个高度可信的、带有概率注释的二级结构组。该二级结构组从最低的自由能结构开始，包括其他具有不同正确性概率的结构
Sfold/Srna	Sfold 是一个核酸折叠和设计软件包，自 2003 年以来，科学界可通过 Web 服务器访问该软件包。Srna 使用工具和采样统计来分析 RNA 的二级结构

续表

名称	简介
RNAalifold	RNAalifold 可预测一组相似序列的共有二级结构。进行比对的限制是 3000nt 和 300 序列
Ipknot	Ipknot 可供预测 RNA 二级结构，包括一类广泛的假结结构。当给定 RNA 序列进行多重比对时，Ipknot 还可以预测共有二级结构。Ipknot 运行速度快，使用带阈值切割的整数规划（IP）预测最大预期精度（MEA）结构

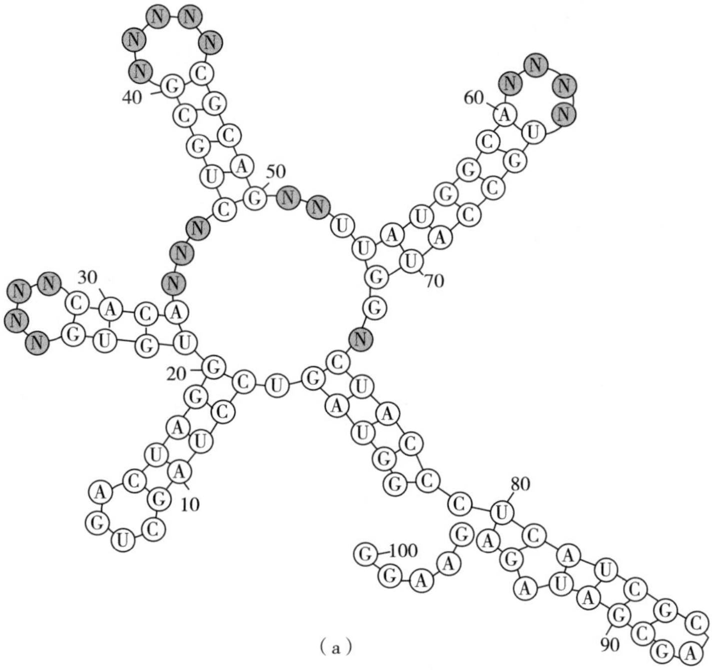

（a）

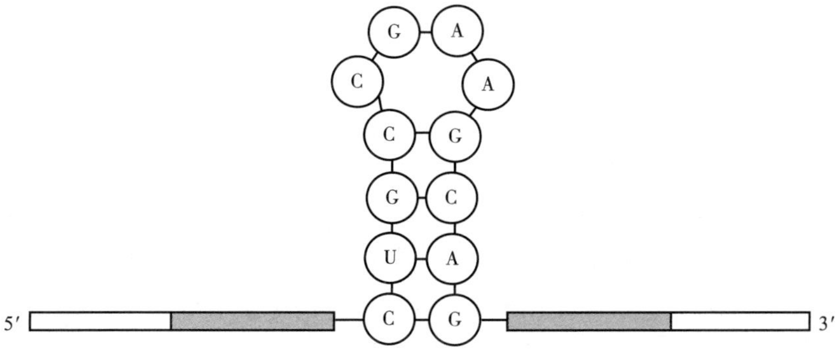

（b）

图 11.4　部分结构化的筛选文库

（a）高度结构化的核糖开关筛选文库可以产生更多的高级结构（Luo 等，2010）

（b）核糖开关初始文库含有一个茎环结构在序列中间（Davis 等，2002）

综上所述，核糖开关初始文库的理性设计可以丰富文库的复杂结构，有效预测文库的二级结构，有助于高效地选择高亲和性的核糖开关。

11.4.1.2 表达平台的理性选择

核糖开关表达平台的理性选择需要考虑多重方面的影响因素，涉及到表达机制、物种类型以及体内外生活环境等，其中表达机制对于核糖开关调控响应占据重要位置。选择合适的表达平台有助于提高核糖开关调控基因表达水平。在确定适配体序列后，核糖开关选择的第一步则是在适配体序列和 RBS 之间结合随机表达平台。表达平台通常是由完全随机的 12~30 个碱基组成（Domin 等，2017）。

正是由于核糖开关模块化的特点，一个适配体域可以在不同的表达平台中工作。不同表达平台的选择和设计受多种因素影响，包括物种类型、生活方式、体内外生长环境、适配体结构域以及表达机制等（Arnvig，2019）。例如，细胞膜的渗透性对于表达，平台的选择具有一定的偏好性。革兰氏阳性细胞膜因其相较于革兰氏阴性细胞膜缺少一层外膜，故革兰氏阳性细胞膜渗透性更佳，更有利于细胞外配体分子的跨膜运输，可以更快地升高细胞内配体分子的浓度，以此来促进转录表达平台的调控（Wickiser 等，2005）。

目前，已有部分研究利用热力学和动力学建模进行不同表达平台的核糖开关的计算机辅助的理性设计。对于核糖开关的表达平台的模块化设计存在以下两个方面的原则：其一，所设计的表达平台需与适配体结构域相互独立，不得重叠；其二，无论是在体内或是体外发挥作用，需迅速响应，发挥功能性作用。Borujeni 等通过统计热力学模型，对激活基因表达的翻译调节核糖开关的序列-结构-功能关系进行了预测，并利用该模型对 62 个合成核糖开关进行了自动计算设计（Borujeni 等，2016）。在转录水平上，终止子发夹结构的稳定性和折叠陷阱是理性设计核糖开关的关键性影响因素（Wachsmuth 等，2015）。因此，优化发夹的稳定性、无终止子折叠陷阱是得到具有功能性的核糖开关的有效设计策略。此外，内源 Rho 非依赖性转录终止子的 RNA 序列因其机制更清晰，更易于理性设计。Ceres 等设计了两个模块化转录“ON”核糖开关表达平台，它们也能够承载外来适配体，可以方便地生成人工嵌合核糖开关，能够在体外和体内强有力地调节转录（Ceres 等，2013）。在翻译水平上，相较于转录水平核糖开关的表达，平台序列更易于合理设计，通常是在不存在或是存在同配体情况下通过掩蔽或者暴露 SD 序列来进行基因表达。Born 等合成茶碱依赖性翻译核糖开关，在茶碱配体存在的情况下，可以通过 SD 和起始密码子暴露进行翻译水平的基因调控（Born 等，2021）。这些模块化表达平台的选择与设计对于使用基于核糖开关的生物传感器的各种合成生物应用具有巨大的实用价值。

11.4.1.3 适体与表达平台之间的伸缩连接

在理性设计核糖开关的过程中，核糖开关在体内的功能性在很大程度上取决于适配体和表达平台的连接方式，因此，适配体结构域和表达平台的连接是构建具有功能性的人工核糖开关重要的一步（Drogalis 等，2020）。在许多天然核糖开关中，适配体结构域和表达平台之间存在不同的连接方式。部分核糖开关的适配体结构域和表达平台域之间具有重叠［图 11.5（a)］、相互嵌入的区域［图 11.5（b)］或是具有复杂的假结结构［图 11.5（c)］，较难进行理性设计（He 等，2020；Hsu 等，2021；Johnson 等，2012；Nelson 等，2013)，而另一部分核糖开关在适配体结构与表达平台之间存在独立的闭合螺旋 P1 结构（Ceres 等，2013)，例如，嘌呤（Di Palma 等，2013)、SAM-Ⅰ（Huang 等，2020)、赖氨酸核糖开关（Ariza-Mateos 等，2021）中均存在此种结构，其不与特定的配体相互作用，可借助生物信息学分析较易得到与适配体结构域的边界碱基对，具有稳定适配体结构的作用，是最适合用于计算机辅助的理性设计的连接方式（Trausch 等，2015）［图 11.5（d）~（f)］。因此，在对核糖开关进行理性设计时，不可简单地将表达平台与适配体结构域进行融合，如何将这两个域偶合起来以此实现它们之间的高效通信，是人工核糖开关模块化理性构建所要面临的一大障碍。

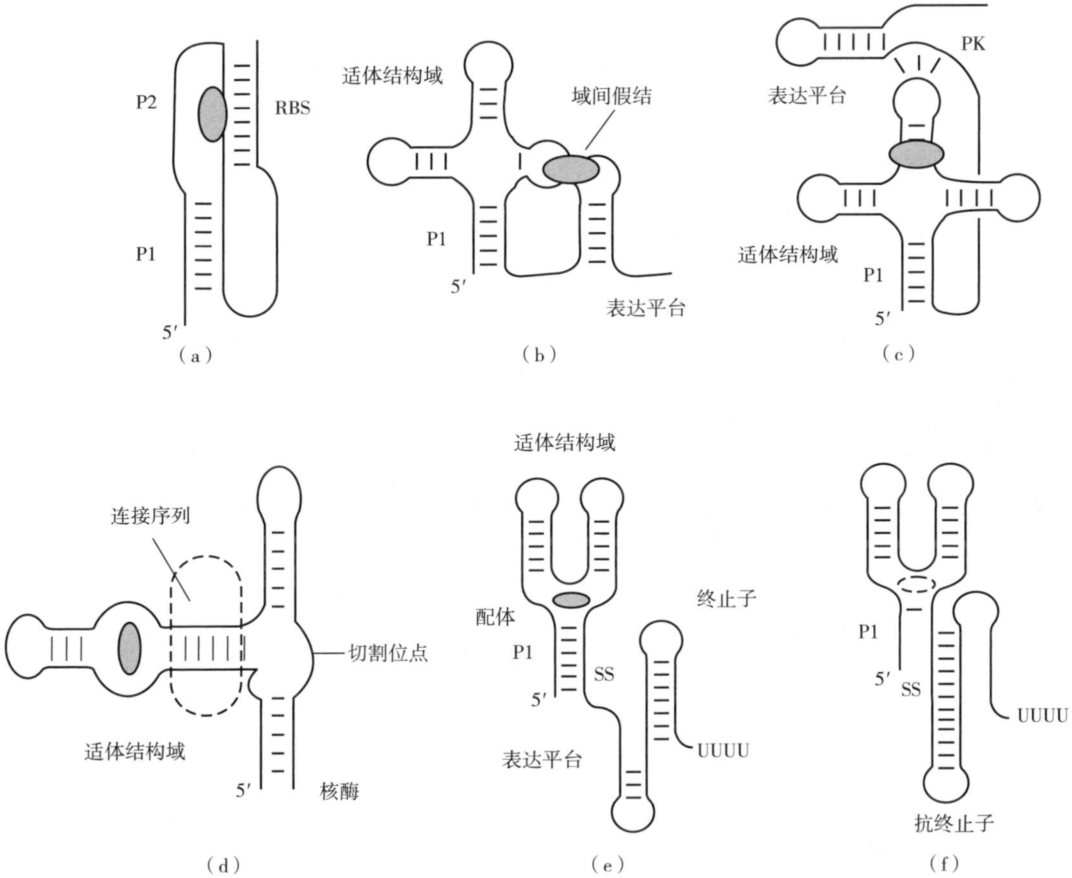

图 11.5　核糖开关适配体结构域与表达平台之间不同类型的连接序列

(a）核糖开关的适配体域和表达平台整合到一个结构单元中

(b）核糖开关的适配子域和表达平台相互嵌入，形成域间假结

(c）核糖开关的适配体结构域和表达平台通过假结连接

(d）~（f）核糖开关的适配体结构域和表达平台具有一个简单而独立的螺旋偶联

适配体结构域和表达平台之间连接域的序列和长度的优化对于核糖开关的理性设计具有重要的影响作用。P1 螺旋作为最适的连接方式，通过对其进行突变或是调整其长度，从而系统改变其相对稳定性，成功实现适配体结构域和表达平台的偶合（Aboul-ela 等，2015）。Ceres 等通过对 P1 螺旋 5′端引入一组突变和改变其序列长度，从而调节核糖开关的稳定性，防止其因为过稳定而导致显示出对配体的低动态范围变化，成功设计并优化一个人工核糖开关（Ceres，2013）。同样，通过这种办法，对于不同的适配体结构域可以进行无论是翻译水平抑或是转录水平的不同表达平台的理性设计，合成理想的功能性核糖开关。

11.4.2 核糖开关的理性高通量筛选

核糖开关的理性高通量筛选由虚拟高通量筛选和实验高通量筛选两步构成，是一个从理论走向实践，再由实践到理论的往复式前进过程。虚拟高通量筛选是基于对核糖开关的结构预测，以初步选择与靶标结合的适配体，从而减少实验筛选的工作量（Wehler 等，2017）。实验高通量筛选则是基于核糖开关功能性的筛选，以得到能进行基因调控的理想核糖开关。两者的有效结合有助于提高研究效率。

11.4.2.1 虚拟高通量筛选

目前，有研究已开发出一系列用于虚拟高通量筛选的方法与标准，这其中涉及 RNA 3D 结构预测和分子对接等软件的使用，以此实现对文库中具有高亲和力、高特异性的核糖开关序列的初步选择，从而进一步降低后续实验筛选的时间和成本（Wu 等，2019）。核糖开关 3D 结构对其功能的理解具有关键性影响作用，很大程度上决定了核糖开关与其他离子或分子的相互作用（Gong，2017）。目前存在多种预测 RNA 3D 结构的软件。通常，RNA 3D 结构的预测主要是通过 RNA 二级结构的输入，经过分段算法后，实现二级结构元素的片段化（Gan 等，2003），随后根据二级结构元素从数据库中选取 3D 结构元素，接着各 3D 结构元素依据碱基配对进行堆叠形成初始的 RNA 3D 结构，最终根据扭转角空间以及笛卡尔原子坐标空间对初始 RNA 3D 结构进行能量最小化，实现 RNA 3D 结构的优化（Purzycka 等，2015）。RNA Composer 作为一种基于二级结构的 RNA 3D 结构自动预测软件，其主要通过基于 RNA FRABASE 数据库的专用词典进行传输，实现 3D 结构的预测（Biesiada 等，2016；Purzycka，2015）。伴随着专用词典容量的逐步扩大，预测所得到的 RNA 3D 结构的准确性也逐渐得以提升，对于大于 500nt 的 RNA 同样具有适用性（Popenda 等，2012）。目前，RNA Composer 已被用于精确预测黄素单核苷酸（FMN）、嘌呤、TPP 等多种复杂核糖开关的 3D 结构（Wang 等，2017）。此外，还存在其他多种不同适用范围的 RNA 3D 结构预测软件，如基于完全原子细化的 RNA 片段组装的 RNA 3D 结构预测方法 FARFAR（Cheng 等，2015）、iFoldRNA（Krokhotin 等，2015）、RAGTOP（Kim 等，2015）等。有研究者对核糖开关三级结构预测的软件和网站服务器进行了详细的综述（表 11.2）（Antunes 等，2018）。

表 11.2 RNA 三级结构预测网站

名称	简介
MC-Sym	MC-Sym 是一个从一级序列和二级结构预测全原子 RNA 三级结构的计算机程序。最近升级到 MC-Sym，现在使用核苷酸环基序（NCM）
iFoldRNA	iFoldRNA 是一个基于物理模拟的自动化 RNA 结构预测网络服务器，旨在根据数百个核苷酸的可用序列预测 3D RNA 结构。它允许自动纳入两类约束：碱基配对和核苷酸溶剂可及性。碱基配对信息的来源可以通过序列协变分析或使用几种化学探测技术来生成
ModeRNA	ModeRNA 是一个用于 RNA 3D 结构比较建模的程序。通过全自动或基于脚本的方法，需要成对的序列比对和结构模板来生成目标 RNA 序列的 3D 结构模型。ModeRNA 能够处理 115 种不同的核苷酸修饰，并使用大量片段库中的片段填补空白
MacroMoleculeBuilder（MMB；原 RNA Builder）	MMB 以前为 RNA Builder，可以用于处理 RNA 和 DNA 以及蛋白质。MMB 可用于变形、同源性建模、折叠、重新设计复合物、拟合低分辨率密度图、预测突变时的局部重排以及许多其他应用
FARNA/FARFAR	FARNA/FARFAR 采用全原子细化的 RNA 片段组装在物理上符合实际的能量函数以及混合技术的背景下优化了 RNA 构象，混合技术利用实验数据为计算建模提供信息。Rosetta 分子建模软件允许以一致的亚螺旋（约 1nmol/L）分辨率对 100～300nt 核苷酸大小范围内的 RNA 进行建模
Vfold Model	Vfold 用于根据 2D 结构预测复杂的 RNA 三级结构。将 AMBER 能量最小化和基于 PDB 的碎片搜索相结合来预测全原子结构
RNA Composer	RNA Composer 能够以全自动的方式预测大型 RNA 3D 结构，其工作模式有两种：交互模式（< 500nt）和批量处理模式（> 500nt）。它依赖于机器翻译原理，并对 RNA FRABASE 数据库进行操作，该数据库充当将 RNA 二级结构和三级结构元素关联起来的字典
3dRNA	3dRNA 基于序列和二级结构自动、高精度地预测 3D RNA 结构。3D 结构由库中不同二级结构片段的模板构建，并通过模拟蒙特卡罗方法进行优化
SimRNA	SimRNA 是一种带有可选约束的 RNA 三级结构建模方法。SimRNA 使用粗粒度表示，依赖蒙特卡罗方法对构象空间进行采样，并使用统计势来近似能量并识别对应于生物相关结构的构象

在完成对筛选文库中核糖开关三级结构的预测后，需要进一步借助计算机计算，初步筛选出与配体小分子结合，具有高特异性和高亲和力的核糖开关。分子对接是一种基于计算机辅助对小分子配体在其目标结合位点的结合模式及其亲和力进行预测的一种方法，可以进一步用于基于结构的虚拟筛选，预先筛选出与配体小分子具有高亲和力和高特异性的候选核糖开关文库（Rognan，2011；Tessaro 等，2020）。分子对接通常包括以下两个步骤：①产生几种与配体不同结合模式的构象搜索；②应用评分函数对产生的结合模式估计相应的结合能并进行排序，以此选择最佳的结合模式（Luo 等，

2019)。虽然早期多数对接方法均是应用于蛋白质，但近年来分子对接的功能也逐步扩展到 RNA-小分子的对接（Manigrasso 等，2021）。然而，在进行 RNA-小分子对接过程中仍然存在一定的挑战性，其一，RNA 分子呈现高电荷，在与配体结合过程时，涉及到水分子和 Mg^{2+}等离子的参与（Thomas 等，2008）；其二，RNA 结构灵活性高，具有多种结合构象，影响配体结合的亲和力（Sun 等，2020），对于 RNA 结构预测具有负面影响；其三，由于目前实验所得的 RNA-配体复合物的结构数据较少，因此基于物理的方法成为一种替代基于知识的最适方法（Zhou 等，2022）。Sun 等通过 RLDOCK，成功将 FMN 对接到 FMN 核糖开关（Sun 等，2020）。RLDOCK 作为一个新的计算工具，能够以接近天然结合模式来准确预测 RNA-配体之间的相互作用，具有较大的应用潜力，但仍存在一定的局限性，如计算效率低、RNA 分子构象灵活影响亲和性等。

11.4.2.2 实验高通量筛选

为了得到在体内能够有效进行基因调控的功能性核糖开关，在经过基于结构的虚拟筛选后，还需要进一步进行基于功能的实验筛选。然而，传统的体内筛选方法虽然可以成功地筛选出具有功能性的核糖开关，但仍存时间成本高、背景表达水平高、激活指数不理想等多种问题。因此，筛选办法需要进一步优化。高通量筛选为有效筛选功能性核糖开关提供了一条高效的实验路线。目前，已存在多种体外和体内的高通量筛选方法，多数主要基于荧光信号输出，实现高度自动化（Penchovsky 等，2013）。最初，针对核糖开关高通量测序的方法是 Blount 等报告了一种基于 FRET 的 GlmS 核酶裂解高通量分析方法，通过此种方法筛选得到结合并激活 GlmS 核酶切割的化合物（Blount 等，2006）。深度测序技术可以凭借较低的成本实现对百万核糖开关序列进行测序，以此高效且全面了解序列-功能关系，提供深度学习的框架（Valeri 等，2020）。Kobori 等通过对 16384 个鸟嘌呤核酶核糖开关突变体进行深度测序，对广泛的序列功能数据进行详细的分析，最终得到一个新的功能性鸟嘌呤核酶核糖开关序列数据库（Kobori 等，2017）。然而，功能性核糖开关理性设计的一个挑战是，适配体必须在体内表达平台的环境中发挥作用，才能进行基因调控（Kirchner，2017）。大多数产生核糖开关的方法需要在体内筛选调节功能，然后才能获得理想的核糖开关。体内筛选通常需要考虑细胞毒性、渗透性以及细胞内环境中复杂体系之间的相互作用（Lee 等，2015）。Perkins 等开发了一种基于 ZTP 核糖开关的强大荧光报告系统，可以识别多种叶酸生物合成抑制剂，具有高灵敏度和高精度，借助该系统通过对 128310 种化合物进行高通量筛选，最终确定了 78 种目标化合物（Perkins 等，2019）。流式细胞分选荧光分选技术（FACS）能够快速有效地对核糖开关序列的大型文库进行筛选，识别出具有功能性的核糖开关（Page 等，2018）。Cai 等在草木樨链球菌中使用基于 btuB 基因元件的核糖开关，开发了一种高效的流式细胞分选高通量筛选系统，成功高效筛选出高产维生素 B_{12} 菌株（Cai 等，2018）。此外，体内筛选时，启动子的选择和优化也成为影响基因表达水平的一个重要的影响因素（Hwang 等，2021）。

11.4.3 核糖开关的理性裁剪

核糖开关的理性裁剪是变化多样、精细高效的，可以通过采用突变、剪接、随机序列优化等多种方式，辅以计算机模拟、结构预测技术，从亲和性、特异性以及功能性三个主要方面进一步提高筛选所得到核糖开关的功能。计算机的精准结构预测以及动力学模拟是进行最优理性裁剪的不可或缺的前提条件。

11.4.3.1 提高核糖开关的亲和性、特异性

核糖开关亲和性和特异性的提高主要集中在对于其适配体结构域的优化。目前对于适配体的裁剪策略主要包括五个方面：拆分、删除、延长、替换和融合（Xiao 等，2019）。而应用于核糖开关的裁剪策略主要以替换、删除为主，获得新的适配体结构域序列，借助于计算机结构预测、分子动力学模拟等技术，进一步比较结合自由能，优化获得高亲和性、高特异性的适配体结构域序列（Gunzel 等，2021）。核糖开关的特异性主要是由于序列和结构特征在整个进化树中守恒，往往特异性的改变会涉及到与配体结合的氢键模式的改变（Lai，2003）。在已发现的核糖开关中，鸟嘌呤作为第一个证明了碱基替换的可能性的核糖开关，通过将结合口袋区域中的 U^{74} 突变为 C^{74}，使其特异性改变，更倾向于与腺嘌呤结合（Gilbert 等，2009；Kim 等，2007；Mandal 等，2004）。Chyzy 等（Chyzy 等，2021）通过对新霉素核糖开关顶端环中 A^{17} 突变为 G，破坏了核苷酸之间强氢键，从而导致核糖开关的亲和力和表达效率降低 6 倍。Bose 等（Bose 等，2016）通过对 c-di-GMP 核糖开关结合口袋中与配体直接接触的两个碱基进行诱变，G103A 的突变导致氢键的形成，核糖开关的结合亲和力增加了 10 倍以上。此外，已有研究表明部分经过筛选所得的核糖开关存在冗余序列，可以在不影响基因调控的前提下进行删除（Boussebayle 等，2019）。现阶段对于核糖开关的裁剪策略较为单一，以对结合口袋区域的单碱基突变为主，多数处于半理性水平，未来对于核糖开关的裁剪方式可以借助于计算机算法模拟、机器学习等，逐步丰富。

11.4.3.2 提高核糖开关的功能性

目前，核糖开关的人工合成具有较高的成功率，但仍然存在背景值高，活性低等缺陷，因此需要对已经人工合成所得到的核糖开关进行优化（Stoddard 等，2013）。不同核糖开关可以根据其应用的场景侧重，对其主要功能进行优化，如耐药性、蛋白质表达量、新功能的产生等。核糖开关功能性的提高可以通过优化适配体序列和与表达平台之间的连接序列、对天然核糖开关进行突变、优化 RBS 序列、起始密码子等方式设计得到，赖氨酸核糖开关通过进行位于结合口袋周围的内在突变，破坏了关键的三级结构的相互作用，降低了 RNA 折叠成活性结构的速率，增加了对 AEC 的抗性，减轻其毒性作用（Garst 等，2008）。

11.5 核糖开关的应用

核糖开关生物传感器是一种具有多种应用前景的合成生物学工具，目前已经广泛应用于生物传感等多个领域，并逐渐向实际应用发展，发挥着至关重要的作用。

11.5.1 基于核糖开关生物传感器的分子检测

核糖开关生物传感器具备精湛的分子检测能力，不仅可以检测细胞内抗生素、营养素等小分子的浓度（Boussebayle，2019），同样还可以检测环境中金属离子（Wedekind 等，2017）、负阴离子等小分子浓度（Thavarajah 等，2020）。核糖开关除了可以响应单一的小分子，还可以通过多个核糖开关串联排列构建一个多输入的布尔逻辑门，产生一个更加复杂的调控模式，揭示了核糖开关具有形成复杂生物计算逻辑电路的巨大潜力（Sharma 等，2008；Welz 等，2007）。串联核糖开关之间存在协同作用（Babina 等，2017；Torgerson 等，2020）或是独立多重调控作用（Welz，2007）。基于此，核糖开关借助逻辑门的设计进一步拓展其应用范围，例如，双重筛选等（Sharma，2008），降低阳性信号水平，提高调控的灵敏度和实现更大的基因调控动态范围（Klauser 等，2012；Sudarsan 等，2006；Win 等，2008）。在实际应用中，核糖开关生物传感器可进一步分为全细胞核糖开关生物传感器和无细胞核糖生物传感器。

11.5.1.1 全细胞核糖开关生物传感器

随着 21 世纪合成生物学的快速发展，全细胞生物传感器逐渐显露其多种优势，例如，高度通用、成本低、信号读取简便、稳定性好、环境适应性强等（Kylilis 等，2019；Moraskie 等，2021）。全细胞生物传感器是将整个微生物细胞视为生物传感元件，识别待测物质，并转化为可量化的输出信号（Berepiki 等，2020）。而核糖开关可以作为全细胞生物传感器的输入区域进行识别、传导，基于核糖开关的基因电路设计和组装促进了全细胞生物传感器的发展，推动了其在现场检测中的应用（Guo 等，2021）。在检测细胞内代谢物这一方面，以大肠杆菌为例的多种细菌均是通过腺苷钴胺（AdoCbl）核糖开关对维生素 B_{12} 进行调控，由此可以构建基于腺苷钴胺核糖开关的全细胞生物传感器。由于细胞膜对于维生素 B_{12} 的主动导入，因此相较于无细胞传感器，它具有较高的灵敏度，可以检测人血清样本中的维生素 B_{12}，经过冻干后，可以用于现场检测（McNerney 等，2020）[图 11.6（a）]。同样，基于核糖开关的全细胞生物传感器也可以用于检测细胞内的金属离子浓度变化，Wang 等构建了 Co^{2+}/Ni^{2+} 特异性核糖开关全细胞生物传感器，与 mCherry 荧光蛋白连接从而实现高灵敏度和高特异性的检测（Wang 等，2021），如图 11.6（b）。然而基于核糖开关的全细胞生物传感器时仍存在一定的局限性，如在细胞内环境中核糖开关亲和力和特异性降低，检测的配体分子具有细胞毒性或是缺乏细胞通透性，生物安全性存在风险等（Muranaka 等，2009）。

11.5.1.2 无细胞核糖开关生物传感器

无细胞生物传感器是伴随着合成生物学发展而兴起的一个重要领域，它可以基于细胞环境之外的细胞提取物进行基因编码（Pardee，2018）。相较于全细胞生物传感器，无细胞系统的灵活性和可操作性赋予无细胞生物传感器诸多优势（Copeland 等，2021），例如，易于开发、安全性好、检测所需样本量小、无细胞膜的干扰、存储方便、响应时间快等，提供了一个开放、易于调节的传感平台（Zhang 等，2020）。此外，无细胞传感器还可以通过冷冻干燥，嵌入多孔基质，如纸张等，构建纸基生物传感器，进一步扩大其优势。构建基于核糖开关的无细胞生物传感器具有广阔的应用前景。目前，已有实验室构建了一个基于氟离子核糖开关的无细胞传感器，通过酶比色报告元件，检测水中氟离子浓度，检出限可达 50μmol/L。该氟离子核糖开关生物传感器可以经过冻干后长期储存，嵌入纸基反应，以此满足现场检测的条件（Thavarajah 等，2020）[图 11.6（c）]。最近，有研究将无细胞传感器与可穿戴设备进行结合，在复水后，通过比色法或荧光法，进而实现对小分子、毒素和核酸的检测，可用于手镯等服饰（Nguyen 等，2021）[图 11.6（d）~（e）]。

11.5.2 生物成像

核糖开关生物传感器应用于生物成像领域，通常是选择荧光信号作为输出信号，可以实时响应，定量追踪细胞内的变化。Weiss 等通过构建基于黄色荧光蛋白的 c-di-GMP 核糖开关生物传感器，进行活细胞成像，监测代谢产物的相对丰度（Weiss 等，2021）。然而，荧光蛋白的荧光需要氧气的参与，不适合厌氧情况（Heim 等，1994）。相较于荧光蛋白作为报告元件，基于荧光 RNA 适配体的核糖开关生物传感器具有实时响应、无需氧气、可以在厌氧环境中输出荧光信号等优势（Sharma，2008）。荧光 RNA 适配体通过取代核糖开关中表达平台，与核糖开关适配体结构域偶联，当配体小分子与核糖开关适配体结构域结合后，触发发光适配体构象折叠以结合对应染料分子，从而产生荧光（Manna 等，2021）。例如，有研究表明一种基于菠菜适配体的 c-di-GMP 核糖开关生物传感器无论是在需氧抑或是厌氧条件下，均具有功能性，可以选择性响应控制细胞运动和生物膜形成的第二信使 c-di-GMP（Wang 等，2016）

11.5.3 抗菌药物靶点

抗生素的耐药性已经成为全球公共卫生迫在眉睫，急需解决的威胁（Chelkeba 等，2021）。伴随着致病菌的进化，现有的抗生素将会逐渐无法抵抗严重的细菌感染，而那时将会因为细菌的抗药性导致大量的人员死亡。因此，解决细菌的抗药性，研发新型抗生素药物是现阶段急需探索的工作。而有研究表明核糖开关广泛存在于细菌中，积极参与氨基酸及机体代谢物的生物合成过程，因此可以作为一种抗菌药物的潜在靶点（Rekand 等，2017）。当某种核糖开关广泛存在多种细菌中，其具有开发成为广谱抗生素的潜力；而当核糖开关仅存在于少数细菌中，则可以作为窄谱抗生素的潜在靶点，降低抗生素对其他微生物的有害风险（Warner 等，2018）。与此同时，核糖开关还需要在这些致病菌中作为“OFF”开关，发挥抑制基因表达的作用。此外，作为抗生素潜在靶点的核糖开关还需要一个能够结合高亲和力药物类似物的配体结合口袋。目前，已有研究发现多种重要的核糖开关有望作为抗菌药物的新靶点，包括嘌呤核糖开关、赖氨酸核糖开关、c-di-GMP 核糖开关、GlmS 核糖开关、TPP 核糖开关以及 FMN 核糖开关等（Mehdizadeh Aghdam 等，2016）。其中，TPP 核糖开关作为最普遍且极其丰富的一种核糖开关，存在于 48 种人类病原体中，它可以在转录和翻译水平上通过多种方式抑制 TPP 的基因表达。Pavlova 等基于生物信息学分析，根据核糖开关作为抗菌药物

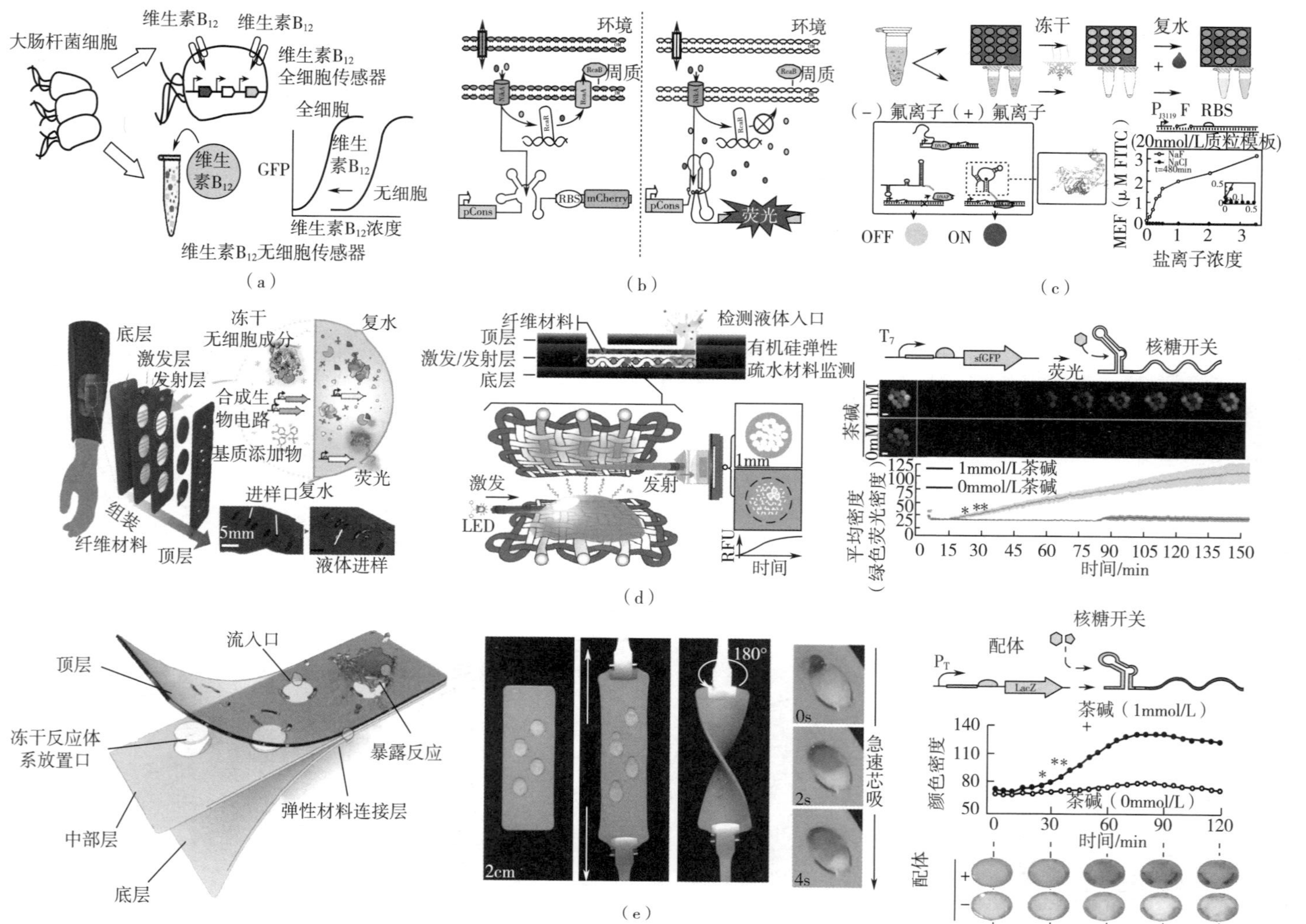

图11.6　核糖开关生物传感器的应用

（a）基于腺苷钴胺核糖开关的全细胞生物传感器经冻干后可用于现场检测，灵敏度更高 （b）利用高灵敏度、高选择性的Co^{2+}/ Ni^{2+}核糖开关生物传感器验证了Co^{2+}/Ni^{2+}在大肠杆菌中的耐药系统 （c）基于氟核糖开关的无细胞传感器，使用酶比色报告元件 （d）~（e）将基于核糖开关的无细胞生物传感器与可穿戴设备相结合靶点的适宜性对其进行分组，研究得到TPP可作为抗菌药物靶点，抑制TPP核糖开关将阻碍某些致病菌的生长，因此TPP核糖开关极具广谱抗生素靶点的潜力（Pavlova等，2019）。

11.5.4 基因治疗

目前，人类基因治疗面对的主要挑战便是如何将遗传物质安全且高效地运输到指定的组织或细胞中。其中，腺相关病毒（AAV）载体便是克服这一挑战，在人体内进行基因传递的有力工具，尤其是针对需要全身给药、具有组织靶向性的治疗（Balakrishnan等，2014）。AAV是一种无自主复制能力的微小病毒，需要辅助病毒参与方能进行复制。其结构简单，仅含有一条DNA单链，具有极高的转导效率（Bucher等，2021）。与此同时，它具有低毒性、免疫反应弱、安全性高、宿主应用范围广等诸多优势。然而，AVV载体介导的基因治疗仍存在一定的局限性和风险，如包装载体能力有限等。因此，核糖开关作为一种具有较小基因组和非免疫原性的RNA元件，是成为优化AVV载体介导的基因治疗一种极具潜力的候选物。迄今为止，已有较多研究表明，基于核酶的人工核糖开关在人体和动物体内有助于改进AVV载体介导的基因治疗水平和调节效率（Takahashi等，2019）。此种核糖开关是通过将一个RNA适配体和一个自切割核酶融合相连所得，其中RNA适配体可以通过与相应配体结合诱导核糖开关整体的构象改变，从而自催化核酶进行自切割，诱导mRNA降解和抑制基因表达。Strobel等利用一种基于四环素适配体的锤头核酶核糖开关，即K19开关，控制小分子药物的递送，从而实现剂量依赖性地诱导AVV介导的基因表达，首次证明了临床中多器官功能等关键功能有效调节的可行性，为未来进一步开发基于核糖开关的基因治疗提供更安全、更广泛的支持（Strobel等，2020）。未来还需要进一步对核糖开关进行优化设计，从而实现在临床基因治疗中的有效调节。

11.5.5 代谢工程

代谢工程主要是利用基因重组技术，改变细胞代谢途径，控制细胞代谢网络以及相关酶的转录和翻译，从而构造新的代谢途径，获得高产菌株或酶。核糖开关参与多种维生素、赖氨酸、嘌呤的生物合成或代谢途径，调节相关化合物的表达，是成为代谢工程中极具潜力的工具（Hallberg等，2017）。目前，已有很多研究表明，核糖开关在代谢工程中可被用于控制代谢通量，从而进一步提高目标产物的产量。Zhou等研究表明，赖氨酸核糖开关可以通过控制柠檬酸合成酶（gltA）的表达，从而控制三羧酸循环的代谢通量（Zhou等，2015）。随后他们利用大肠杆菌和枯草芽孢杆菌中的赖氨酸核糖开关控制谷氨酸棒杆菌的三羧酸循环的活性，这是一种工业上用于生产赖氨酸的菌株，结果表明，赖氨酸的产量分别提高了63%和38%。除此之外，核糖开关还可以在代谢工程中作为传感器，筛选高产菌株或酶。Xiu等通过设计了一种基于核糖开关的双荧光报告生物传感器，它可以响应柚皮素，在与之结合后，荧光信号增加，以此检测体内柚皮素的生产，可供用于代谢工程中进行高通量筛选过量生产柚皮素的大肠杆菌菌株（Xiu等，2017）。类似地，Jang等也开发了一种响应柚皮素的人工核糖开关，对柚皮素具有高响应性，可激活基因表达高达2.91倍，是微生物代谢工程中筛选生产黄酮类化合物的高产菌株的有力工具（Jang等，2017）。

11.6 总结与展望

11.6.1 基于自动化高通量筛选及理性设计探索更多的核糖开关

目前，所发现的多数天然核糖开关主要存在于细菌中，迄今为止，已经发现了40多种不同类型的细菌核糖开关。此外，植物和真菌等真核生物中也存在少数核糖开关，主要以硫胺素焦磷酸核糖开关为主，但哺乳动物中尚未发现核糖开关。据目前研究推测，仍存在数千种核糖开关有待发现，其中包括许多较为罕见的核糖开关。新类别核糖开关的发现往往象征着一种新的结构或功能的发现，这有助于对核糖开关的功能深入理解，丰富核糖开关功能的多样性。因此，需要进一步探索更多的方法发现新的核糖开关并揭示它们的结构与功能。近年来，生物信息学的发展为当下新核糖开关的发现提供了一条具有应用前景的道路。

11.6.2 基于计算机辅助理性设计核糖开关方法的完善

基于计算机的结构预测、电子模拟技术等与传统生物传感器相结合有助于实现复杂电路的结构模块化、独立元件优化组合，从而理性构建更多的核糖开关生物传感器，扩大其应用范围。但目前研究表明，核糖开关生物传感器并非简单的元件模块化串联，各模块之间存在一定的局部相互作用。此外，现阶段对于高度复杂的RNA的3D结构预测还未能借助现有预测软件得以实现。未来为了达到最适的组合方式，构建最优的核糖开关生物传感器，还需要建立更加精确的RNA 3D模型，且对于模块化理性设计核糖开关生物传感器的计算方法仍需要进一步优化，以实现建立计算机辅助理性设计核糖开关生物传感器方法的通用性和高效性。

11.6.3 丰富核糖开关生物传感器的报告元件系统

目前，基于核糖开关生物传感器的信号输出主要以荧光信号为主，但荧光信号存在一定的局限性，例如，以荧光蛋白作为报告元件的核糖开关生物传感器，无法在厌氧环境下产生荧光信号，且检测时间较长，无法满足实时现场检测的要求；对于发光核酸适配体作为报告元件而言，其存在荧光信号较弱，且荧光适配体较易与核糖开关序列发生错误折叠，通用性较低。因此，未来需要开发更多基于不同类型的信号输出元件的核糖开关生物传感器，从而实现适用于多种应用场景的高效响应。

11.6.4 构建无细胞生物传感器用于即时检测领域

目前已有研究表明，无细胞传感器使得核糖开关小分子靶标的出入细胞器不受限制，具有极易调节反应环境的关键优势，同时具备便携、低成本、操作简便、可以长期储存等特性，这对于未来针对小分子靶标的快速现场检测具有极大的应用潜力。与此同时，伴随着5G的到来，信息技术、智能材料以及电子设备的高速发展为生物传感器的构建提供了新颖且令人兴奋的潜在应用的可能性，这将会使得基于核糖开关的无细胞生物传感器成为一种便携化、生活化、具有实际应用价值的新型分析工具。目前，已有研究将基于核糖开关的无细胞传感器与专门设计的柔性纺织材料有机结合，成功构建基于各种小分子靶标检测的可传感无细胞核糖开关生物传感器。

参考文献

Aboul-ela F, Huang W, Elrahman MA, et al. Linking aptamer-ligand binding and expression platform folding in riboswitches: prospects for mechanistic modeling and design [J]. Wires RNA, 2015, 6 (6): 631-650.

Alaidi O, Aboul-Ela F. Statistical mechanical prediction of ligand perturbation to RNA secondary structure and application to riboswitches [J]. J Comput Chem, 2020, 41 (16): 1521-1537.

Antunes D, Jorge NAN, Caffarena ER, et al. Using RNA sequence and structure for the prediction of riboswitch aptamer: A comprehensive review of available software and tools [J]. Front Genet, 2018, 8: 231.

Ariza-Mateos A, Nuthanakanti A, Serganov A. Riboswitch mechanisms: new tricks for an old dog [J]. Biochemistry (Mosc), 2021, 86 (8): 962-975.

Arnvig KB. Riboswitches: choosing the best platform [J]. Biochem Soc T, 2019, 47: 1091-1099.

Babina AM, Lea NE, Meyer MM. *In vivo* behavior of the tandem glycine riboswitch in *Bacillus subtilis*. mBio, 2017, 8 (5): e01602-e01617.

Balakrishnan B, Jayandharan GR. Basic biology of adeno-associated virus (AAV) vectors used in gene therapy [J]. Curr Gene Ther, 2014, 14 (2): 86-100.

Barrick JE, Breaker RR. The distributions, mechanisms, and structures of metabolite-binding riboswitches [J]. Genome Biol, 2007, 8 (11): R239.

Bastet L, Chauvier A, Singh N, et al. Translational control and Rho-dependent transcription termination are intimately linked in riboswitch regulation [J]. Nucleic Acids Res, 2017, 45 (12): 7474-7486.

Bastet L, Turcotte P, Wade JT, et al. Maestro of regulation: Riboswitches orchestrate gene expression at the levels of translation, transcription and mRNA decay [J]. RNA Biology, 2018, 15 (6): 679-682.

Bedard ASV, Hien EDM, Lafontaine DA. Riboswitch regulation mechanisms: RNA, metabolites and regulatory proteins [J]. Bba-Gene Regul Mech, 2020, 1863 (3).

Benner SA, Ellington AD, Tauer A. Modern metabolism as a palimpsest of the RNA world [J]. Proc Natl Acad Sci USA, 1989, 86 (18): 7054-7058.

Berepiki A, Kent R, Machado LFM, et al. Development of high-performance whole cell biosensors aided by statistical modeling [J]. Acs Synth Biol, 2020, 9 (3): 576-589.

Biesiada M, Purzycka KJ, Szachniuk M, et al. Automated RNA 3D structure prediction with RNAcomposer [J]. Methods Mol Biol, 2016, 1490: 199-215.

Bingaman JL, Zhang S, Stevens DR, et al. The GlcN6P cofactor plays multiple catalytic roles in the glmS ribozyme [J]. Nat Chem Biol, 2017, 13 (4): 439-445.

Blouin S, Mulhbacher J, Penedo JC, et al. Riboswitches: ancient and promising genetic regulators [J]. Chembiochem, 2009, 10 (3): 400-416.

Blount K, Puskarz I, Penchovsky R, et al. Development and application of a high-throughput assay for glms riboswitch activators [J]. RNA Biol, 2006, 3 (2): 77-81.

Born J, Weitzel K, Suess B, et al. A synthetic riboswitch to regulate haloarchaeal gene expression [J]. Front Microbiol, 2021, 12: 696181.

Bose D, Su YC, Marcus A, et al. An RNA-based fluorescent biosensor for high-throughput analysis of the cGAS-cGAMP-STING pathway [J]. Cell Chem Biol, 2016, 23 (12): 1539-1549.

Boussebayle A, Torka D, Ollivaud S, et al. Next-level riboswitch development-implementation of capture-SELEX facilitates identification of a new synthetic riboswitch [J]. Nucleic Acids Res, 2019, 47

(9): 4883-4895.

Breaker RR. Riboswitches and the RNA world [J]. Cold Spring Harb Perspect Biol, 2012, 4 (2): a003566.

Breaker RR. Riboswitches and translation control [J]. Csh Perspect Biol, 2018, 10 (11): a032797.

Bucher K, Rodriguez-Bocanegra E, Dauletbekov D, et al. Immune responses to retinal gene therapy using adeno-associated viral vectors - implications for treatment success and safety [J]. Prog Retin Eye Res, 2021, 83: 100915.

Buglak AA, Samokhvalov AV, Zherdev AV, et al. Methods and applications of *in silico* aptamer design and modeling [J]. Int J Mol Sci, 2020, 21 (22): 8420.

Cai Y, Xia M, Dong H, et al. Engineering a vitamin B_{12} high-throughput screening system by riboswitch sensor in sinorhizobium meliloti [J]. BMC Biotechnol, 2018, 18 (1): 27.

Ceres P, Garst AD, Marcano-Velazquez JG, et al. Modularity of select riboswitch expression platforms enables facile engineering of novel genetic regulatory devices [J]. Acs Synth Biol, 2013, 2 (8): 463-472.

Ceres P, Trausch JJ, Batey RT. Engineering modular 'on' RNA switches using biological components [J]. Nucleic Acids Res, 2013, 41 (22): 10449-10461.

Chauvier A, Picard-Jean F, Berger-Dancause JC, et al. Transcriptional pausing at the translation start site operates as a critical checkpoint for riboswitch regulation [J]. Nat Commun, 2017, 8: 13892.

Chelkeba L, Melaku T. Epidemiology of staphylococci species and their antimicrobial-resistance among patients with wound infection in ethiopia: A systematic review and meta-analysis [J]. J Glob Antimicrob Resist, 2021, 29: 483-498.

Cheng CY, Chou FC, Das R. Modeling complex RNA tertiary folds with rosetta [J]. Computational Methods for Understanding Riboswitches, 2015, 553: 35-64.

Chizzolini F, Passalacqua LFM, Oumais M, et al. Large phenotypic enhancement of structured random RNA pools. J Am Chem Soc, 2020, 142 (4): 1941-1951.

Chyzy P, Kulik M, Re SY, et al. Mutations of N1 riboswitch affect its dynamics and recognition by neomycin through conformational selection [J]. Front Mol Biosci, 2021, 8: 633130.

Copeland CE, Langlois A, Kim J, et al. The cell-free system: A new apparatus for affordable, sensitive, and portable healthcare [J]. Biochem Eng J, 2021, 175: 108124.

Cowperthwaite MC, Ellington AD. Bioinformatic analysis of the contribution of primer sequences to aptamer structures [J]. J Mol Evol, 2008, 67 (1): 95-102.

Davis JH, Szostak JW. Isolation of high - affinity GTP aptamers from partially structured RNA libraries [J]. P Natl Acad Sci USA, 2002, 99 (18): 11616-11621.

Di Palma F, Colizzi F, Bussi G. Ligand-induced stabilization of the aptamer terminal helix in the add adenine riboswitch [J]. RNA, 2013, 19 (11): 1517-1524.

Domin G, Findeiss S, Wachsmuth M, et al. Applicability of a computational design approach for synthetic riboswitches [J]. Nucleic Acids Res, 2017, 45 (7): 4108-4119.

Drogalis LK, Batey RT. Requirements for efficient ligand-gated co-transcriptional switching in designed variants of the *B. subtilis* pbue adenine - responsive riboswitch in *E. coli* [J]. PLoS One, 2020, 15 (12): e0243155.

Ellington AD, Szostak JW. *In vitro* selection of RNA molecules that bind specific ligands [J]. Nature, 1990, 346 (6287): 818-822.

Emami N, Pakchin PS, Ferdousi R. Computational predictive approaches for interaction and structure of aptamers [J]. J Theor Biol, 2020, 497: 110268.

Espah Borujeni A, Mishler DM, Wang J, et al. Automated physics-based design of synthetic riboswitches from diverse RNA aptamers [J]. Nucleic Acids Res, 2016, 44 (1): 1-13.

Findeiss S, Etzel M, Will S, et al. Design of artificial riboswitches as biosensors [J]. Sensors-Basel, 2017, 17 (9): 1990.

Gan HH, Pasquali S, Schlick T. Exploring the repertoire of RNA secondary motifs using graph theory; implications for RNA design [J]. Nucleic Acids Res, 2003, 31 (11): 2926-2943.

Garst AD, Heroux A, Rambo RP, et al. Crystal structure of the lysine riboswitch regulatory mRNA element [J]. J Biol Chem, 2008, 283 (33): 22347-22351.

Gevertz J, Gan HH, Schilick T. *In vitro* RNA random pools are not structurally diverse: A computational analysis [J]. RNA, 2005, 11 (6): 853-863.

Gilbert SD, Reyes FE, Edwards AL, et al. Adaptive ligand binding by the purine riboswitch in the recognition of guanine and adenine analogs [J]. Structure, 2009, 17 (6): 857-868.

Gilbert W. Origin of life-the RNA world [J]. Nature, 1986, 319 (6055): 618-618.

Gong S, Wang Y, Wang Z, et al. Computational methods for modeling aptamers and designing riboswitches [J]. Int J Mol Sci, 2017, 18 (11): 2442.

Groher F, Suess B. Synthetic riboswitches-a tool comes of age [J]. Bba-Gene Regul Mech, 2014, 1839 (10): 964-973.

Gunzel C, Kuhnl F, Arnold K, et al. Beyond plug and pray: context sensitivity and *in silico* design of artificial neomycin riboswitches [J]. RNA Biology, 2021, 18 (4): 457-467.

Guo MZ, Huang KL, Xu WT. Third generation whole-cell sensing systems: synthetic biology inside, nanomaterial outside [J]. Trends Biotechnol, 2021, 39 (6): 550-559.

Hallberg ZF, Su YC, Kitto RZ, et al. Engineering and *in vivo* applications of riboswitches [J]. Annu Rev Biochem, 2017, 86: 515-539.

Hanson S, Bauer G, Fink B, et al. Molecular analysis of a synthetic tetracycline - binding riboswitch [J]. RNA, 2005, 11 (4): 503-511.

He J, Yin W, Galperin MY, et al. Cyclic di-AMP, a second messenger of primary importance: tertiary structures and binding mechanisms [J]. Nucleic Acids Res, 2020, 48 (6): 2807-2829.

Heim R, Prasher DC, Tsien RY. Wavelength mutations and posttranslational autoxidation of green fluorescent protein [J]. Proc Natl Acad Sci USA, 1994, 91 (26): 12501-12504.

Hirao I, Ellington AD. Recreating the RNA world [J]. Curr Biol, 1995, 5 (9): 1017-1022.

Hsu CF, Chang KC, Chen YL, et al. Formation of frameshift-stimulating RNA pseudoknots is facilitated by remodeling of their folding intermediates [J]. Nucleic Acids Res, 2021, 49 (12): 6941-6957.

Huang L, Liao TW, Wang J, et al. Crystal structure and ligand-induced folding of the SAM/SAH riboswitch [J]. Nucleic Acids Res, 2020, 48 (13): 7545-7556.

Huang L, Wang J, Watkins AM, et al. Structure and ligand binding of the glutamine - Ⅱ riboswitch [J]. Nucleic Acids Res, 2019, 47 (14): 7666-7675.

Hwang HG, Noh MH, Koffas MAG, et al. Multi-level rebalancing of the naringenin pathway using riboswitch-guided high-throughput screening [J]. Metab Eng, 2021, 67: 417-427.

Jang S, Jang S, Xiu Y, et al. Development of artificial riboswitches for monitoring of naringenin *in vivo* [J]. Acs Synth Biol, 2017, 6 (11): 2077-2085.

Johnson JE Jr., Reyes FE, Polaski JT, et al. B_{12} cofactors directly stabilize an mRNA regulatory switch [J]. Nature, 2012, 492 (7427): 133-137.

Jones CP, Ferre-D'Amare AR. Long-range interactions in riboswitch control of gene expression [J]. Annu Rev Biophys, 2017, 46: 455-481.

Kim JN, Roth A, Breaker RR. Guanine riboswitch variants from mesoplasma florum selectively recognize 2'-deoxyguanosine [J]. P Natl Acad Sci USA, 2007, 104 (41): 16092-16097.

Kim N, Zahran M, Schlick T. Computational prediction of riboswitch tertiary structures including pseudoknots by ragtop: A hierarchical graph sampling approach [J]. Computational Methods for Understanding Riboswitches, 2015, 553: 115-135.

Kirchner M, Schorpp K, Hadian K, et al. An *in vivo* high-throughput screening for riboswitch ligands using a reverse reporter gene system [J]. Sci Rep, 2017, 7 (1): 7732.

Klauser B, Saragliadis A, Auslander S, et al. Post-transcriptional Boolean computation by combining aptazymes controlling mRNA translation initiation and tRNA activation [J]. Mol Biosyst, 2012, 8 (9): 2242-2248.

Knight R, De Sterck H, Markel R, et al. Abundance of correctly folded RNA motifs in sequence space, calculated on computational grids [J]. Nucleic Acids Res, 2005, 33 (18): 5924-5935.

Kobori S, Takahashi K, Yokobayashi Y. Deep sequencing analysis of aptazyme variants based on a pistol ribozyme [J]. Acs Synth Biol, 2017, 6 (7): 1283-1288.

Komarova N, Kuznetsov A. Inside the black box: what makes SELEX better? [J] Molecules, 2019, 24 (19): 3598.

Krokhotin A, Dokholyan NV. Computational methods toward accurate RNA structure prediction using coarse-grained and all-atom models [J]. Computational Methods for Understanding Riboswitches, 2015, 553: 65-89.

Kruger K, Grabowski PJ, Zaug AJ, et al. Self-splicing RNA - auto-excision and auto-cyclization of the ribosomal-RNA intervening sequence of tetrahymena [J]. Cell, 1982, 31 (1): 147-157.

Kylilis N, Riangrungroj P, Lai HE, et al. Whole-cell biosensor with tunable limit of detection enables low-cost agglutination assays for medical diagnostic applications [J]. Acs Sensors, 2019, 4 (2): 370-378.

Lai EC. RNA sensors and riboswitches: Self-regulating messages [J]. Curr Biol, 2003, 13 (7): R285-R291.

Lee SW, Oh MK. A synthetic suicide riboswitch for the high-throughput screening of metabolite production in *Saccharomyces cerevisiae* [J]. Metab Eng, 2015, 28: 143-150.

Li SS, Breaker RR. Eukaryotic TPP riboswitch regulation of alternative splicing involving long-distance base pairing [J]. Nucleic Acids Res, 2013, 41 (5): 3022-3031.

Link KH, Breaker RR. Engineering ligand-responsive gene-control elements: lessons learned from natural riboswitches [J]. Gene Ther, 2009, 16 (10): 1189-1201.

Ludwig P, Huber M, Lehr M, et al. Non-canonical *Escherichia coli* transcripts lacking a Shine-Dalgarno motif have very different translational efficiencies and do not form a coherent group [J]. Microbiol-Sgm, 2018, 164 (4): 646-658.

Luo JY, Wei WL, Waldispuhl J, et al. Challenges and current status of computational methods for docking small molecules to nucleic acids [J]. Eur J Med Chem, 2019, 168: 414-425.

Luo XM, McKeague M, Pitre S, et al. Computational approaches toward the design of pools for the *in vitro* selection of complex aptamers [J]. RNA, 2010, 16 (11): 2252-2262.

Lynch SA, Desai SK, Sajja HK, et al. A high-throughput screen for synthetic riboswitches reveals mechanistic insights into their function [J]. Chem Biol, 2007, 14 (2): 173-184.

Mandal M, Breaker RR. Adenine riboswitches and gene activation by disruption of a transcription terminator [J]. Nat Struct Mol Biol, 2004, 11 (1): 29-35.

Manigrasso J, Marcia M, De Vivo M. Computer-aided design of RNA-targeted small molecules: A growing need in drug discovery [J]. Chem-Us, 2021, 7 (11): 2965-2988.

Mann S, Chen YP. Bacterial genomic G+C composition-eliciting environmental adaptation [J]. Genomics, 2010, 95 (1): 7-15.

Manna S, Kellenberger CA, Hallberg ZF, et al. Live cell imaging using riboswitch-spinach tRNA fusions as metabolite-sensing fluorescent biosensors [J]. RNA Scaffolds, 2021, 2323: 121-140.

McCown PJ, Corbino KA, Stav S, et al. Riboswitch diversity and distribution [J]. RNA, 2017, 23 (7): 995-1011.

McNerney MP, Piorino F, Michel CL, et al. Active analyte import improves the dynamic range and sensitivity of a vitamin B^{12} biosensor [J]. Acs Synth Biol, 2020, 9 (2): 402-411.

Mehdizadeh Aghdam E, Hejazi MS, Barzegar A. Riboswitches: from living biosensors to novel targets of antibiotics. Gene, 2016, 592 (2): 244-259.

Moraskie M, Roshid MHO, O'Connor G, et al. Microbial whole-cell biosensors: current applications, challenges, and future perspectives [J]. Biosens Bioelectron, 2021, 191: 113359.

Muranaka N, Sharma V, Nomura Y, et al. Efficient design strategy for whole-cell and cell-free biosensors based on engineered riboswitches [J]. Anal Lett, 2009, 42 (1): 108-122.

Murata A, Sato S. *In vitro* selection of RNA aptamers for a small-molecule dye [J]. Methods Mol Biol, 2014, 1111: 17-28.

Nadiras C, Eveno E, Schwartz A, et al. A multivariate prediction model for Rho-dependent termination of transcription [J]. Nucleic Acids Res, 2018, 46 (16): 8245-8260.

Nelson JW, Sudarsan N, Furukawa K, et al. Riboswitches in eubacteria sense the second messenger c-di-AMP [J]. Nat Chem Biol, 2013, 9 (12): 834-839.

Nguyen QP, Soenksen LR, Donghia NM, et al. Wearable materials with embedded synthetic biology sensors for biomolecule detection [J]. Nat Biotechnol, 2021, 39 (11): 1366-1374.

Nomura Y, Yokobayashi Y. Reengineering a natural riboswitch by dual genetic selection [J]. J Am Chem Soc, 2007, 129 (45): 13814-13815.

Ogawa A, Masuoka H, Ota T. Artificial off-riboswitches that downregulate internal ribosome entry without hybridization switches in a eukaryotic cell-free translation system [J]. Acs Synth Biol, 2017, 6 (9): 1656-1662.

Omotajo D, Tate T, Cho H, et al. Distribution and diversity of ribosome binding sites in prokaryotic genomes [J]. BMC Genomics, 2015, 16: 604.

Page K, Shaffer J, Lin S, et al. Engineering riboswitches *in vivo* using dual genetic selection and fluorescence-activated cell sorting [J]. Acs Synth Biol, 2018, 7 (9): 2000-2006.

Pardee K. Perspective: solidifying the impact of cell-free synthetic biology through lyophilization [J]. Biochem Eng J, 2018, 138: 91-97.

Pavlova N, Penchovsky R. Genome-wide bioinformatics analysis of FMN, SAM-I, glmS, TPP, lysine, purine, cobalamin, and SAH riboswitches for their applications as allosteric antibacterial drug targets in human pathogenic bacteria [J]. Expert Opin Ther Tar, 2019, 23 (7): 631-643.

Penchovsky R, Stoilova CC. Riboswitch-based antibacterial drug discovery using high-throughput screening methods [J]. Expert Opin Drug Discov, 2013, 8 (1): 65-82.

Perkins KR, Atilho RM, Moon MH, et al. Employing a ZTP riboswitch to detect bacterial folate biosynthesis inhibitors in a small molecule high-throughput screen [J]. Acs Chem Biol, 2019, 14 (12): 2841-2850.

Pobanz K, Luptak A. Improving the odds: influence of starting pools on *in vitro* selection outcomes [J]. Methods, 2016, 106: 14-20.

Popenda M, Szachniuk M, Antczak M, et al. Automated 3D structure composition for large RNAs [J]. Nucleic Acids Res, 2012, 40 (14): e112.

Purzycka KJ, Popenda M, Szachniuk M, et al. Automated 3D RNA structure prediction using the RNAcomposer method for riboswitches [J]. Computational Methods for Understanding Riboswitches, 2015, 553: 3-34.

Rekand IH, Brenk R. Ligand design for riboswitches, an emerging target class for novel antibiotics [J]. Future Med Chem, 2017, 9 (14): 1649-1663.

Reynoso CM, Miller MA, Bina JE, et al. Riboswitches for intracellular study of genes involved in francisella pathogenesis [J]. mBio, 2012, 3 (6): e00253-12.

Riccitelli NJ, Luptak A. Computational discovery of folded RNA domains in genomes and *in vitro* selected libraries [J]. Methods, 2010, 52 (2): 133-140.

Rognan D. Docking methods for virtual screening: principles and recent advances [J]. Meth Prin Med Chem, 2011, 48: 153-176.

Sabeti PC, Unrau PJ, Bartel DP. Accessing rare activities from random RNA sequences: the importance of the length of molecules in the starting pool [J]. Chem Biol, 1997, 4 (10): 767-774.

Schultes E, Hraber PT, LaBean TH. Global similarities in nucleotide base composition among disparate functional classes of single-stranded RNA imply adaptive evolutionary convergence [J]. RNA, 1997, 3 (7): 792-806.

Sharma V, Nomura Y, Yokobayashi Y. Engineering complex riboswitch regulation by dual genetic selection [J]. J Am Chem Soc, 2008, 130 (48): 16310-16315.

Sinha J, Reyes S, Gallivan JP. Reprogramming bacteria to seek and destroy an herbicide [J]. Nat Chem Biol, 2014, 10 (3): 239-239.

Stoddard CD, Widmann J, Trausch JJ, et al. Nucleotides adjacent to the ligand-binding pocket are linked to activity tuning in the purine riboswitch [J]. J Mol Biol, 2013, 425 (10): 1596-1611.

Strobel B, Duchs MJ, Blazevic D, et al. A small-molecule-responsive riboswitch enables conditional induction of viral vector-mediated gene expression in mice [J]. Acs Synth Biol, 2020, 9 (6): 1292-1305.

Strobel B, Sporing M, Klein H, et al. High-throughput identification of synthetic riboswitches by barcode-free amplicon-sequencing in human cells [J]. Nat Commun, 2020, 11 (1): 714.

Sudarsan N, Hammond MC, Block KF, et al. Tandem riboswitch architectures exhibit complex gene control functions [J]. Science, 2006, 314 (5797): 300-304.

Sun AA, Gasser C, Li FD, et al. SAM-Ⅵ riboswitch structure and signature for ligand discrimination [J]. Nat Commun, 2019, 10 (1): 5728.

Sun LZ, Jiang YW, Zhou YZ, et al. Rldock: A new method for predicting RNA-ligand interactions [J]. J Chem Theory Comput, 2020, 16 (11): 7173-7183.

Takahashi K, Yokobayashi Y. Reversible gene regulation in mammalian cells using riboswitch-engineered vesicular stomatitis virus vector [J]. Acs Synth Biol, 2019, 8 (9): 1976-1982.

Takahashi M, Wu X, Ho M, et al. High throughput sequencing analysis of RNA libraries reveals the influences of initial library and PCR methods on SELEX efficiency [J]. Sci Rep, 2016, 6: 33697.

Tang J, Breaker RR. Rational design of allosteric ribozymes [J]. Chem Biol, 1997, 4 (6): 453-459.

Tessaro F, Scapozza L. How 'protein-docking' translates into the new emerging field of docking small molecules to nucleic acids? [J] Molecules, 2020, 25 (12): 2749.

Thavarajah W, Silverman AD, Verosloff MS, et al. Point-of-use detection of environmental fluoride via a cell-free riboswitch-based biosensor [J]. ACS Synth Biol, 2020, 9 (1): 10-18.

Thomas JR, Hergenrother PJ. Targeting RNA with small molecules [J]. Chem Rev, 2008, 108 (4): 1171-1224.

Torgerson CD, Hiller DA, Strobel SA. The asymmetry and cooperativity of tandem glycine riboswitch aptamers [J]. RNA, 2020, 26 (5): 564-580.

Trausch JJ, Batey RT. Design of modular "plug-and-play" expression platforms derived from natural riboswitches for engineering novel genetically encodable RNA regulatory devices [J]. Method Enzymol, 2015, 550: 41-71.

Valeri JA, Collins KM, Ramesh P, et al. Sequence-to-function deep learning frameworks for engineered riboregulators [J]. Nat Commun, 2020, 11 (1): 5058.

Vorobyeva MA, Davydova AS, Vorobjev PE, et al. Key aspects of nucleic acid library design for *in vitro* selection [J]. Int J Mol Sci, 2018, 19 (2): 470.

Wachsmuth M, Domin G, Lorenz R, et al. Design criteria for synthetic riboswitches acting on transcription [J]. RNA Biol, 2015, 12 (2): 221-231.

Wachsmuth M, Findeiss S, Weissheimer N, et al. De novo design of a synthetic riboswitch that regulates transcription termination [J]. Nucleic Acids Res, 2013, 41 (4): 2541-2551.

Wang J, Mao KK, Zhao YJ, et al. Optimization of RNA 3D structure prediction using evolutionary restraints of nucleotide-nucleotide interactions from direct coupling analysis [J]. Nucleic Acids Res, 2017, 45 (11): 6299-6309.

Wang T, Chen C, Larcher LM, et al. Three decades of nucleic acid aptamer technologies: lessons learned, progress and opportunities on aptamer development [J]. Biotechnol Adv, 2019, 37 (1): 28-50.

Wang XC, Wilson SC, Hammond MC, Next-generation RNA-based fluorescent biosensors enable anaerobic detection of cyclic di-GMP [J]. Nucleic Acids Res, 2016, 44 (17): e139.

Wang XY, Wei W, Zhao J. Using a riboswitch sensor to detect Co^{2+}/Ni^{2+} transport in *E. coli* [J]. Front Chem, 2021, 9: 631909.

Warner KD, Hajdin CE, Weeks KM. Principles for targeting RNA with drug-like small molecules [J]. Nat Rev Drug Discov, 2018, 17 (8): 547-558.

Wedekind JE, Dutta D, Belashov IA, et al. Metalloriboswitches: RNA-based inorganic ion sensors that regulate genes [J]. J Biol Chem, 2017, 292 (23): 9441-9450.

Wehler T, Brenk R. Structure - based discovery of small molecules binding to RNA [J]. RNA therapeutics, 2017, 47-77.

Weigand JE, Sanchez M, Gunnesch EB, et al. Screening for engineered neomycin riboswitches that control translation initiation [J]. RNA, 2008, 14 (1): 89-97.

Weigand EJ, Suess B. Tetracycline aptamer-controlled regulation of pre-mRNA splicing in yeast [J]. Nucleic Acids Res, 2007, 35 (12): 4179-4185.

Weiss CA, Winkler WC. Riboswitch - mediated detection of metabolite fluctuations during live cell imaging of bacteria [J]. RNA Scaffolds, 2021, 2323: 153-170.

Welz R, Breaker RR. Ligand binding and gene control characteristics of tandem riboswitches in *Bacillus anthracis* [J]. RNA, 2007, 13 (4): 573-582.

Wickiser JK, Winkler WC, Breaker RR, et al. The speed of RNA transcription and metabolite binding kinetics operate an FMN riboswitch [J]. Mol Cell, 2005, 18 (1): 49-60.

Win MN, Smolke CD. Higher-order cellular information processing with synthetic RNA devices [J]. Science, 2008, 322 (5900): 456-460.

Winkler W, Nahvi A, Breaker RR. Thiamine derivatives bind messenger RNAs directly to regulate bacterial gene expression [J]. Nature, 2002, 419 (6910): 952-956.

Wittmann A, Suess B. Engineered riboswitches: expanding researchers' toolbox with synthetic RNA regulators [J]. FEBS Lett, 2012, 586 (15): 2076-2083.

Wu MJ, Andreasson JOL, Kladwang W, et al. Automated design of diverse stand - alone riboswitches [J]. Acs Synth Biol, 2019, 8 (8): 1838-1846.

Xiao H, Edwards TE, Ferre - D'Amare AR. Structural basis for specific, high - affinity tetracycline binding by an *in vitro* evolved aptamer and artificial riboswitch [J]. Chem Biol, 2008, 15 (10): 1125-1137.

Xiao XN, Zhu LJ, He WC, et al. Functional nucleic acids tailoring and its application [J]. Trac-Trend Anal Chem, 2019, 118: 138-157.

Xiu Y, Jang S, Jones JA, et al. Naringenin-responsive riboswitch-based fluorescent biosensor module for *Escherichia coli* co-cultures [J]. Biotechnol Bioeng, 2017, 114 (10): 2235-2244.

Zhang LY, Guo W, Lu Y. Advances in cell - free biosensors: Principle, mechanism, and applications [J]. Biotechnol J, 2020, 15 (9): e2000187.

Zhou LB, Zeng AP. Exploring lysine riboswitch for metabolic flux control and improvement of l-lysine synthesis in corynebacterium glutamicum [J]. Acs Synth Biol, 2015, 4 (6): 729-734.

Zhou YZ, Jiang YW, Chen SJ. RNA-ligand molecular docking: advances and challenges [J]. Wiley Interdiscip Comput Mol Sci, 2022, 12 (3): e1571.

12

发光功能核酸

具有荧光性质的功能核酸是生物分子分析和生物纳米材料研究的有力工具。本章收集了来自不同领域的有趣的发光功能核酸（FFNAs），并提出了 FFNAs 的概念。FFNAs 包括八种类型：荧光核苷酸碱基类似物、脱碱基（AP）位点结合分子、发光适配体-荧光团复合物、G4s-荧光团复合物、DNA 模板的贵金属纳米团簇、Ru^{2+}多吡啶基复合物、DNA 敏化镧系元素和传统的 FFNAs。本章重点讨论了它们的光物理性质、核酸对它们的影响以及相互作用机制的最新研究进展。此外，还介绍了基于核酸和配体的 FFNAs 筛选方法。最后，介绍了 FFNAs 在生物传感和生物成像方面的应用进展。希望本章能为不同领域的研究人员提供指导，进一步打破不同学科之间的壁垒，激发 FFNAs 在科学领域的潜力。

12.1 概述

基于荧光的光学分析方法是人类科学研究中检测技术的重要组成部分。这种经典而先进的方法结合了灵敏度、选择性和易用性。随着检测方法和设备的发展，其也可以集成到新的平台和技术中，成为一种强大的信号转导工具。与早期开发的化学分析和紫外-可见光谱分析相比，其具有更高的灵敏度。与电子探针法、质谱法、其他光谱法（如红外光谱法、原子光谱法等）、极谱法等相比，其对操作人员的技术要求较低，应用更为广泛。此外，用于荧光分析的仪器成本比质谱仪、极谱仪、原子力显微镜、电子显微镜等更低。并且，随着日常生活各个领域对检测技术的需求不断提高，也出现了许多简单便携的荧光分析平台，如可视化荧光仪、手持便携式荧光检测仪、光纤光谱仪、微流控芯片荧光检测仪等。同样，在科学研究领域，除了荧光强度，还有基于其他荧光信号策略的分析方法，例如，各种荧光物质的相互作用［FRET 和聚集诱导发射（AIE）］、荧光偏振、荧光时间分辨等也得到了研究和发展。

除了在体外应用，荧光分析在体内的应用也同样重要。绿色荧光蛋白（GFP）于 1962 年被发现并于 1992 年被克隆。下村修、马丁·沙尔菲和钱永健因发现和研究 GFP 而获得 2008 年诺贝尔化学奖。此后，生命科学研究进入了一个新的时代，基于荧光蛋白的体内研究方法也在近几十年得到了广泛的应用。蛋白质和核酸都是生命系统中最重要的分子，早期核酸研究的进展滞后于蛋白质研究，直到 20 世纪中叶，核酸的基础理论研究取得重大突破：DNA 的双螺旋结构模型和半保留复制原理（1953 年）、“中心法则” 和 “操纵子” 理论（1958）。核酸的分子生物学研究已进入基因工程技术领域。

核酸的光学性质只反映在对紫外区的吸收上，这使得核酸发光成为核酸分析的一个里程碑，这是需要 FFNAs 的第一个原因。1977 年发明的第一种 DNA 测序方法 Sanger 测序是基于发光元素修饰。1986 年，Leroy Hood 和他的同事首次用荧光法取代了辐射法，使测序结果被激光器和计算机自动读取，这是自动化 DNA 序列分析的基础。1985 年，Mullis 发明了 PCR 技术，其发展至今不仅是基因工程技术的基础之一，而且越来越多的基于 PCR 的检测方法（如转基因生物的检测）也被写入检测标准。两种 PCR 信号输出方法（凝胶电泳和实时荧光定量）均基于荧光分析。因此，核酸分析领域自诞生以来，就与荧光分析技术密切相关。随着非编码核酸的重要性逐渐被揭示，核酸分析方法需要更高的灵敏度、准确性、特异性和高通量，这些都可以通过新型发光功能核酸来提高。

需要 FFNAs 的第二个原因是核酸可以作为生物传感和生物成像的功能元件。核酸不仅是重要的天然生物大分子，还可以人工合成作为检测探针或药物。得益于荧光蛋白（GFP、RFP、BFP）的早期发现和应用，实时追踪蛋白质成为现实。对于不具有天然荧光的核酸，核酸结合蛋白曾作为连接体用于标记荧光蛋白。随着人工筛选的发光适配体与小荧光团结合形成荧光复合物的诞生，核酸获得了自己的荧光标签。此外，适配体作为一种新的识别结构域，具有成本低、稳定性好、易于制备等优点。将其应用于荧光生物传感器的开发中，可产生各种具有独特特征的发光核酸信号元件，如劈裂适配体、快速形成的金属纳米团簇、发射峰窄及斯托克斯位移大的镧系金属-核酸配合物等。

需要 FFNAs 的第三个原因是核酸可以作为生物材料。人类对纳米粒子（纳米科学）的研究始于 20 世纪中叶。自其发展以来，该学科不仅涵盖了物理、化学等领域，而且还涉及到许多在该领域引起广泛关注的纳米级生物材料。例如，构成生命元素之一的核糖核酸和蛋白质复合物的线性度在 15~20nmol/L，生物体中各种病毒的大小也在纳米范围内。核酸是生命系统中最重要的大分子之一，其灵活的结构、易修饰的官能团、稳定性、生物相容性和可编程性使其成为生物纳米材料研究的热点。一些研究侧重于现有纳米材料和功能核酸的复合材料及其相互作用机制。一些则研究核酸的自组装，并利用 DNA 折纸构建纳米尺度的几何结构。其他研究则专注于核酸的凝胶化特性，利用高浓度的核酸或核酸复合物组装形成黏弹性水凝胶。核酸水凝胶具有良好的生物相容性、可变形性和柔韧性，在生物医学领域具有广阔的应用和研究价值。从这个层面来看，无论是在构建具有发光功能的复合纳米材料，还是希望在研究过程中利用荧光技术作为一种低成本、多样化的表征工具，使核酸发光具有深远的影响和意义。

FFNAs 是一种核酸或核酸复合物，通过与非核酸配体（通常是小分子或金属离子/共轭物）的共价修饰或非共价相互作用赋予其荧光特性。根据核酸的特性，包括碱基、序列、结构，以及特殊金属离子、钌（Ru）系和镧（Ln）系元素与核酸序列之间的结合方式和亲和力，可将 FFNAs 分为八种（图 12.1）：①荧光核苷酸碱基类似物和修饰的碱基（碱基自发荧光）；②基于脱碱基位点（AP 位点）结合分子的 FFNAs（核酸序列中的 AP 位点与小分子结合后发荧光）；③适配体-荧光团复合物（特定核酸序列与配体结合后发荧光）；④G4s-荧光团复合物（富 G 序列与配体结合形成 G4s 配合物发荧光）；⑤核酸模板化的贵金属纳米团簇（金属离子利用核酸作为模板形成 DNA-纳米团簇发荧光）；⑥多吡啶基配体 Ru^{2+} 配合物（Ru 多吡啶配合物与核酸相互作用发荧光）；⑦DNA 敏化的镧系元素（Ln 与核苷酸或核酸链相互作用发荧光）；⑧传统 FFNAs（核酸序列嵌入荧光染料或标记荧光团以发荧光）。本章首先介绍了 FFNAs 的筛选方法，然后介绍了八种 FFNAs，重点介绍了它们的光物理性质、核酸对它们的影响以及相互作用机制的研究进展。最后描述了 FFNAs 在生物传感和生物成像方面的应用进展。

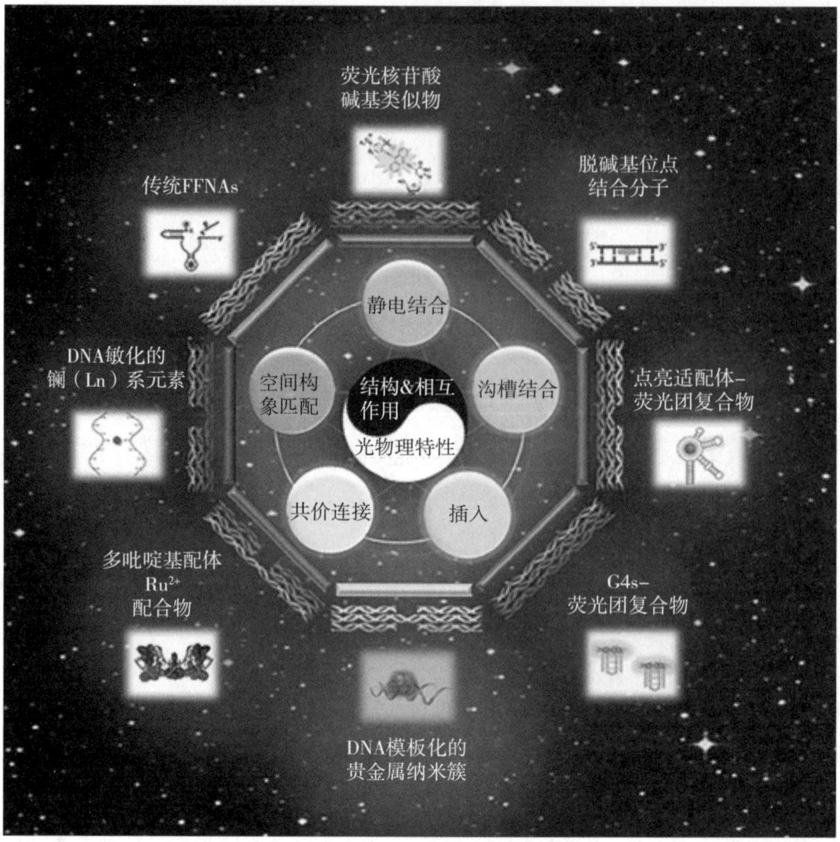

图 12.1 FFNAs 分类

根据中国古代哲学，在八卦、五行、阴阳太极中表现出八种 FFNAs：不同的 FFNAs 具有不同的光物理性质，其背后是核酸和配体的多样性以及它们之间的相互作用。这两个是 FFNAs 的本质特征，就像太极的阴和阳（核心的黑白两面）。五种相互作用（静电结合、沟槽结合、插入、共价连接、空间构象匹配）分别表现在五行上，即金、木、水、火、土（第二层的五个彩色圆球）。外层是八卦，正好代表了八种 FFNAs

12.2 FFNAs 的筛选

从定义可以看出，FFNAs 的两个核心成分是核酸及其配体。所以，当涉及到筛选时，最基本的策略也分为两种：一种是基于核酸的选择和进化；另一种是基于配体的分子修饰与设计。在本书的第 3 章已经详细介绍了功能核酸的筛选，在本节主要强调 FFNAs 筛选的特殊之处。

12.2.1 基于核酸的 FFNAs 筛选策略

基于核酸的 FFNAs 筛选策略主要包括 SELEX、荧光激活的细胞分选（FACS），以及直接合成和系统突变（DSSM）。第一个和第三个在体外进行，第二个过程部分在细胞中进行（通常是大肠杆菌）。

12.2.1.1 SELEX

SELEX 是筛选大部分 FFNAs（发光适配体-荧光团复合物）的方法。在核酸文库设计上，固定引物区域之间的随机区域长度在 30~60nt，这在很大程度上决定了最终适配体的长度。为了获得性能理想的适配体，研究人员还开发了其他筛选策略，如负选择、反向筛选或核酸库的预设计。例如，在 dapoxyl 磺酰乙二胺（SEDA）适配体筛选过程中，第 1、5、8 轮均为负筛选，其余 6 轮均为正向筛选。选择出的 DNA 适配体与 dapoxyl SEDA 之间的 K_d 被测定为低至 nmol/L 数量级（Kato 等，2016）[图 12.2（a）]。在 Mango 的筛选中，采用了反向筛选法。在所有的洗涤步骤中都加入了游离的噻唑橙（TO1），以竞争不稳定结合的 RNA 分子，这些 RNA 分子往往会从 TO1-生物素中瞬间分离。这是因为 TO1 是一种核酸染料，新筛选的适配体预计会结合 TO1-生物素而不是 TO1（Dolgosheina 等，2014）。

核酸文库也可以被设计。在筛选 FFNAs 方面，目前最经典的文库设计是引入一个固定的序列，可以是人工设计的茎环结构，也可以是现有的适配体序列。Spinach 的筛选就是一个典型的例子（Paige 等，2012）。该文库包含一个中央高度稳定的茎环（12nt）结构，该结构由一个四碱基对的茎和一个稳定的 UUCG 四碱基环组成，位于随机区域的中间，作为传感器设计的位点 [图 12.2（b）]。事实证明，这种策略非常有效。该固定位点 [图 12.2（c）] 通过融合其他适配体成功应用于传感器的构建。Gotrik 等（Gotrik 等，2018）设计了一个结构化的 RNA 文库来重新筛选孔雀石绿（MG）的适配体（MGA）。在结构化文库中，有一个不稳定的基序，即报道的 37nt 孔雀石绿适配体，其两侧由 15 个随机碱基包围，而再两侧为恒定的引物区域 [图 12.2（d）]。所产生的适配体 MG-D3 的荧光增强约为之前 MGA 的 1.6 倍。

在常见的适配体筛选过程中，靶标分子通常被固定在琼脂糖珠、磁珠或柱上。然而，Pei 教授团队通过固定 DNA 文库而不是靶标分子来筛选 DNA 发光适配体（Wang 等，2016）[图 12.2（e）]。简单地说，生物素化的捕获寡核苷酸被固定在链霉亲和素包被的小珠上。退火后，捕获的寡核苷酸与初始 ssDNA 池的 5′端杂交。这种方法宜用于不适合固定在固体表面上的靶标分子。

12.2.1.2 FACS

FACS 是为了解决 SELEX 适配体在活细胞中应用时的缺陷而开发的。许多体外选择的 RNA 适配体在细胞或体内可能不能正确和有效地折叠。FACS 是基于 SELEX 并在细胞中进行选择的过程。该方法最初依赖于标准的 SELEX，使用与荧光团结合的珠子进行适配体筛选，但随后转换到通过大肠杆菌（*E. coli*）的 RNAs 表达来进行筛选，然后进行荧光激活细胞分选（FACS）。这使得适配体的选择不仅是为了激活荧光团的荧光，而且也是为了它们在细胞条件下发挥作用。通过这种方法，有研究者开发了一个与 DFHBI-1T 结合的 49nt 长的适配体（Broccoli）[图 12.2（e）]。体外的 Broccoli 具有与 Spinach2 相似的高折叠效率，但其热稳定性更高，对镁的依赖性更低。此外，

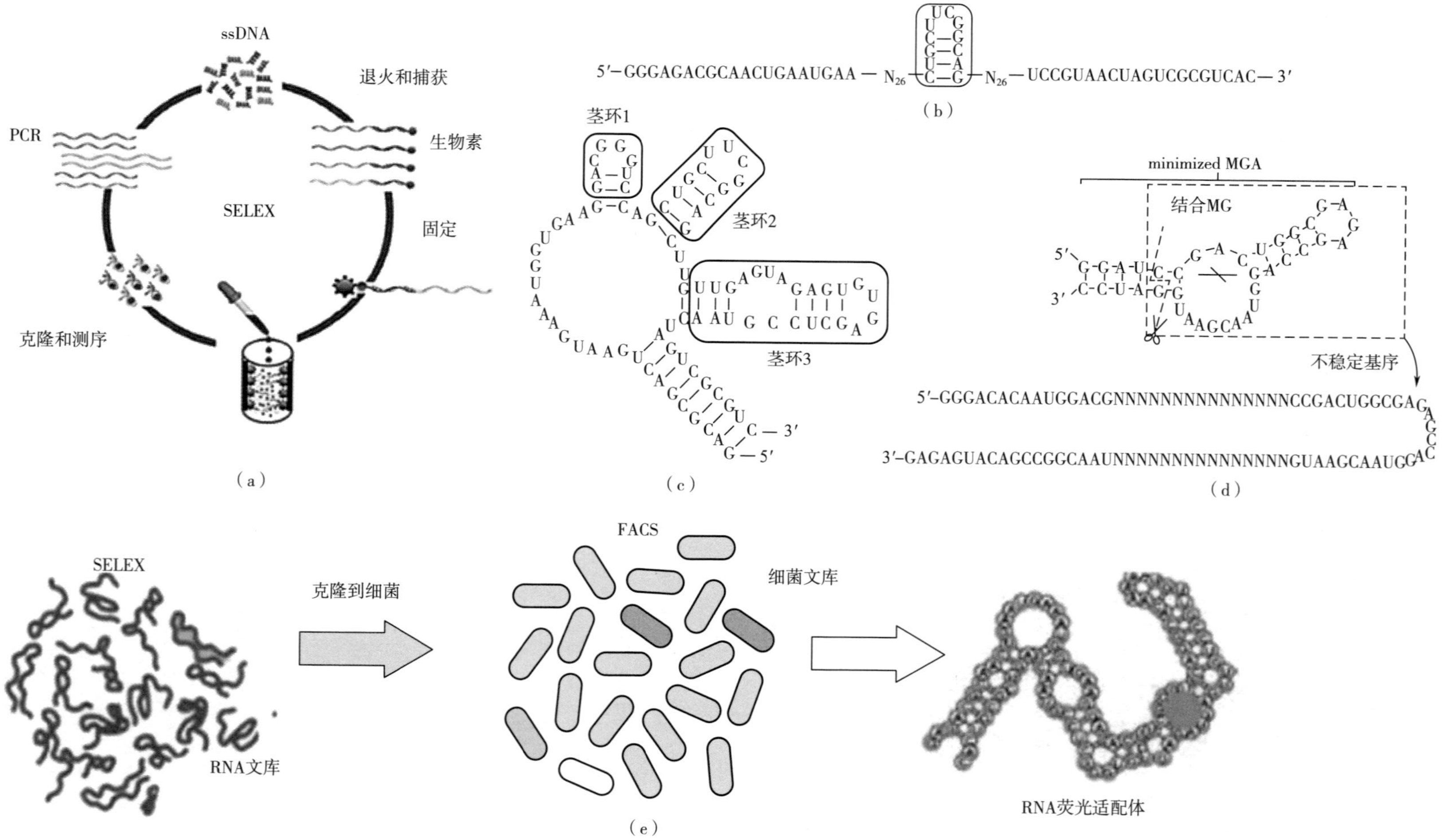

图12.2 基于核酸的FFNAs筛选及适配体设计

(a) SEDA DNA适配体筛选的SELEX过程 (b) Spinach筛选的RNA文库 (c) 茎环2是Spinach的固定功能位点 (d) 用于孔雀石绿适配体重新筛选的结构化RNA文库 (e) Broccoli筛选的FACS过程

Broccoli 不需要 tRNA 支架来促进其折叠和维持其在细胞中的结构（Filonov 等，2014）。在体外用 SELEX 随后在大肠杆菌中用 FACS 筛选得到猝灭的磺基罗丹明类似物（ASR）的 RNA 适配体。所获得的适配体可以结合 ASR，并产生最大的荧光增强，量子产率增加 135 倍以上。

12.2.1.3　DSSM

DSSM 与上述 SELEX 和 FACS 方法不同，直接合成和系统突变的核酸序列是已知的和系统设计的，而不是随机序列。DSSM 主要用于以下情况：第一种是金属或其衍生物作为配体的 FFNAs 使用 DSSM 进行筛选。例如，以核酸为支架的 Ag 和 Cu 纳米团簇与核苷酸的种类、长度和组合密切相关。因此，用于筛选的核酸一般都是按照一定的突变原则合成的。其次，基于 AP 位点结合分子的 FFNAs 也依赖于与核苷酸的结合。在筛选过程中，通常会系统地改变 AP 位点的相对或侧翼碱基，以测定最优的核酸序列。三是基于 G4s-荧光团复合物的 FFNAs 的筛选。G4s 是一种特殊的结构，其多样性依赖于序列组合规则。各种 G4s 包括平行或反平行的 G4s，具有不同的碱基和环的 G4s，可以直接合成以选择最合适的配体分子的 G4s 结构。第四种是基于 FFNAs 重新构建选定的适配体-荧光团复合体，是一种二次筛选或定向突变。例如，由于 DFHBI-Spinach 复合体的晶体结构已被解析，Ketterer 等通过在微流控大规模集成芯片平台上对单点和双点突变进行系统筛选，将第一代 Spinach 转化为 87nt 长的 RNA（Ketterer 等，2015）。这也是一种改进荧光 RNA 适配体的定向而非进化方法。

12.2.2　基于配体的分子修饰和设计

分子设计是通过衍生各种配体（靶标分子）来满足筛选的目的。一般来说，分子设计有三种效果。

分子设计的第一种效果是降低靶标分子与核酸的非特异性亲和力。许多配体（大多数 G4s 探针和 DNA/RNA 适配体的配体）具有带正电的取代基，它们不可避免地与带负电的核酸磷酸盐骨架相互作用。已经证明，带有负电荷取代基的修饰配体可以抑制与 DNA 的非特异性相互作用。TO 对特定的核酸类型没有显著的选择性。二甲基吲哚红（DIR）是 TO 的一种衍生物，与 TO 相比，它有一个庞大的二甲基吲哚杂环和阴离子丙基磺酸盐取代基。由于庞大的二甲基吲哚带来的空间效应，基于二甲基吲哚杂环的染料已被证明可以抑制 DNA/RNA 碱基对中的 $\pi-\pi$ 堆积。喹啉环上的阴离子丙基磺酸盐取代基进一步抑制了 DIR 与 DNA 的负磷酸骨架之间的非特异性静电作用（Constantin 等，2008）。

分子设计的第二种效果是改变靶标分子对某些核酸的特异性。2015 年，通过利用带有结构修饰的组合设计，制备了一个包含 250 个 Hoechst33258 类似物的多样化配体库。结果表明，这些类似物的分子相互作用和结合亲和力因其中心核的不同而不同。脂肪族哌嗪基环（氢键的供体）和可旋转键是最理想的 DNA 结合所必需的。因此，二元取代和三元取代的苯基类似物由于富含氢键供体，对富含 AATT 的 DNA 序列具有良好的识别能力。具有苯并噁唑、苯并噻唑和吡啶取代的苯并咪唑的类似物更倾向于富含 GGCC 的 DNA，而不是富含 CCGG、AATT 和 TTAA 的 DNA（Wang 等，2021）。

分子设计的第三种效果是改变 FFNAs 的荧光特性或亲和力。为了开发新的 G4s 荧光探针，Sun 等制备了一种新型的具有乙基的 ThT 衍生物（ThT-E），可以在探针和 G4s 结构之间提供更大的空间效应（Sun 等，2017）。此外，极化率的降低也会削弱 ThT-E 诱导 G4s 形成的能力，这种诱导作用不利于 ThT-E 的形成。4-羟基苯亚甲基咪唑啉酮（HBI）是 GFP 的核心。化学合成的 HBI 是无荧光的，没有折叠的 GFP 蛋白包裹，其著名的衍生物 DFHBI 是 Spinach 的配体。Spinach 的优化版 Spinach2 也能结合 DFHBI，但其蓝绿色荧光不适合荧光显微镜中常用的滤光片。为了解决这一问题，Song 等根据 Spinach2-DFHBI 复合物的结构信息和结合位点制备了 DFHBI 的其他 4 个衍生物（Song 等，2014）。其中，DFHBI-1T 表现最好，激发峰从 350nm 红移至 505nm，发射峰略有红移，整体亮度增加。HBI 的另一个衍生物 3,5-二甲氧基-4-羟基苄亚基咪唑啉酮（DMHBI）被制备用于降低细胞条件下的背景噪声，其荧光不会被细胞内的细胞非相关成分诱导。然后，几个选定的适配体结合 DMHBI 表现出不同的光谱特性，包括淡蓝色、黄绿色和黄色荧光。为了进一步扩展其光谱特性，该团队合成了另外两个类似 GFP 的荧光团，4-二甲基氨基苯亚甲基咪唑啉酮（DMABI）和 2-羟基苯亚甲基咪唑啉酮（2-HBI）。筛选出的 DMABI 的适配体显示出绿色荧光，而 2-HBI 的适配体显示橘红色荧光。因此，通过使用修饰的配体和体外筛选，可以生成一系列横跨可见光谱的 RNA-荧光团复合物。

12.3 八种 FFNAs

功能核酸（FNAs）是具有非遗传功能的核酸/核酸类似物分子的总称。FNAs 包括 DNA 酶、适配体、DNA 瓦片和 DNA 折纸，以及其他类型的非常规核酸。它们具有独立的结构功能，可以替代传统的蛋白酶和抗体，发挥非遗传和特异性的生物学功能。

本书提出的 FFNAs 是指 FNAs 中具有荧光特性的部分。它主要是由不同形式的核酸及其配体形成的复合体。接下来，将分别阐述这八种 FFNAs 的荧光性质、核酸对其的影响以及相互作用机制的研究进展（表 12.1）。

表 12.1　八种 FFNAs 的核酸结构、配体及特性

FFNAs	核酸结构	配体	特性
荧光核苷酸碱基类似物和修饰的碱基	dsDNA/RNA	碱基类似物、修饰的核苷酸	荧光是溶剂（黏度、pH）依赖和结构响应的
AP 位点结合分子的 FFNAs	带有 AP 位点的 dsDNA	生物碱类小分子	非共价的探针，荧光响应强烈依赖于对侧碱基、侧翼碱基和 DNA 高级结构
选择性发光适配体-荧光团 FFNAs	由 ssDNA/RNA 形成的不规则构型	小分子	荧光强烈依赖于核酸序列的活性口袋，适配体序列可以被裁剪

续表

FFNAs	核酸结构	配体	特性
兼容的 G4s-荧光团 FFNAs	各种 G4s	小分子、Tb^{3+}/Tb 复合物	荧光响应与 G4s 结构相关，特异性依赖于分子结构，与 G4s 的结合位点因分子不同而不同
贵金属纳米团簇 FFNAs	ssDNA/RNA	Ag、Cu 和 Au 原子的纳米级团簇	<2nm，荧光响应是序列依赖的，温和的合成条件，良好的活细胞相容性
多吡啶基配体 Ru^{2+} 配合物 FFNAs	dsDNA、三链的 DNA/RNA	多吡啶基配体 Ru^{2+} 配合物	结合能力取决于配体，辅助配体影响光物理性质
DNA 敏化的 Ln FFNAs	ssDNA、G4、dsDNA、核苷酸	Tb^{3+}、Eu^{3+}、Tb/Eu 络合物	结合亲和力与发光增强能力无关，富 G 单链具有敏化作用，磷酸盐和碱基对敏化发光都是必需的
传统的 FFNAs	所有构型的核酸	有机染料	荧光染料嵌入或荧光团标记

12.3.1 荧光核苷酸碱基类似物和修饰的碱基

自 20 世纪末以来，研究人员不断合成非天然荧光碱基用于 DNA/RNA 结构研究，因为主要的核苷酸碱基是非荧光的。最大的优点之一是它们可以作为天然碱基形成氢键并成为 DNA/RNA 的一部分。与核酸染料相比，它们更加稳定并具有结构依赖的荧光特性。而与化学修饰的荧光团相比，修饰的碱基类似物和修饰的核碱基的位置更加灵活，天然碱基与人工碱基之间的相互作用可以提供有关核酸结构的详细信息。换句话说，这种类型的 FFNAs 可以用来探测核酸的二级结构。

根据化学结构，荧光碱基类似物可分为三类：嘌呤类似物、嘧啶类似物和多环芳烃。根据修饰方法，荧光碱基类似物也可分为三种类型：直接修饰型、间接修饰型和同构碱基类似物（Wang，2021）。早期的研究多集中在嘌呤类似物上，2002 年发表的一篇综述总结了嘌呤类似物的结构和荧光性质。近年来，对嘧啶碱基类似物的研究越来越多。化学修饰天然碱基是获得碱基类似物的主要途径之一。嘌呤碱基常见的修饰位点为 7 位和 8 位，而嘧啶碱基常见的修饰位点为 5 位［图 12.3（a）］。修饰方法包括直接修饰和间接修饰，直接修饰相当于引入一个基团，直接取代前体中的一个氢原子［图 12.3（c）①④］。间接修饰一般采用乙烯或乙炔作为连接剂［图 12.3（c）②③］。引入的基团一般为芳香或杂环化合物，可形成大的共轭体系。如果被引入的基团与前体上的两个位点结合，它将再次形成环。多环芳烃或同构的碱基类似物［图 12.3（d）］不是通过修饰合成的。顾名思义，这种类型的碱基类似物具有与碱基相似的分子性质和大小，但不具有典型的核酸碱基杂环结构。还有少数修饰不属于上述位点，例如，修饰发生在糖苷的五碳糖环上。这种碱基类似物的局限性在于，当并入核酸链时，只能在末端，因为形成磷酸二酯键的位点已被用于修饰。

荧光核苷酸碱基类似物的荧光是溶剂依赖性的。一方面受溶剂黏度的影响，苯并呋喃修饰的2′-脱氧尿苷（dU）在黏性甘油中荧光最强。另一种呋喃衍生物（U类似物）在黏性甘油中的荧光量子产率（$\Phi F=0.46$）比在水和甲醇中的荧光量子产率（$\Phi F=0.04$）更强，这是因为它具有类似分子转子的性质。另一方面，荧光随溶液极性的变化而变化。噻吩修饰的U类似物在有机溶剂中如二氧六环（$\Phi F=0.80$）比在水中（$\Phi F=0.20$）表现出较强的荧光（Sinkeldam等，2012）。此外，某些类似物对溶剂pH也很敏感。Saito等合成的荧光脱氧尿苷衍生物仅在pH 3.1~7.2，pKa为6.1时表现出较强的荧光（Saito等，2012）。该化合物引入了一个含苯胺基团的蒽发色团。因此，荧光开关可能依赖于从苯胺基到蒽发色团的光诱导电子转移（PET）。

荧光核苷酸碱基类似物的荧光是环境依赖的，即在结构上具有响应性。最具代表性的例子是游离态和核酸链之间的差异。以第一个被识别的荧光碱基类似物2-氨基嘌呤（2-AP）[图12.3（b）①] 为例，当存在于不同的构象和缓冲条件下时，其量子产率可相差100倍以上。2-AP的详细英文综述已经发表（Katilius等，2006）。作者课题组基于2-AP构建了自荧光适配体传感器用于农药的检测，利用2-AP分子的荧光可通过与分子信标中邻近碱基的堆叠作用而猝灭，可使传感器实现零背景的分析，进一步提高了检测灵敏度（Xu等，2022）。4-氨基-6-甲基蝶啶（6MAP）、3-甲基异黄蝶啶（3MI）[图12.3（b）②]、6-甲基异黄蝶啶（6MI）、吡咯并吲哚-dC（PdC）等与2-AP具有相似的性质。当在水溶液中，它们是高度荧光的；而在疏水环境中（通常是堆叠在dsDNA中），它们的荧光几乎完全猝灭 [图12.3（e）]。此外，一些碱基类似物也对高级的三链体结构和四链体结构作出反应。Kanamori等（Kanamori等，2015）通过将2′-dU偶联到5位的2-噻吩基-3-羟基色酮合成Ura^{MBF}。Ura^{MBF}可作为DNA大沟的外部标记，通过将TCU整合到DNA三链体中，开发了一种基于三链体的RNA检测方法 [图12.3（f）]。8-噻吩基-2′-脱氧鸟苷（ThdG）是一种荧光G类似物。当ThdG与G-四链体堆叠时，其发射会变得更亮，因此，ThdG在G-四链体上可以提供荧光发光信号 [图12.3（g）]。除此之外，一些荧光碱基类似物在特殊的核酸结构如AP位点也会发生荧光变化。

12.3.2 基于AP位点结合分子的FFNAs

脱碱基位点是DNA损伤最常见的一种形式，在细胞切除过程中自然发生。DNA AP位点在体内通过受损碱基的酶切产生，然后留下一个空隙，并在空间上受到一个不成对的相对碱基和两个侧翼碱基的限制 [图12.4（a）]。DNA AP位点的识别在DNA损伤识别和抗癌药物筛选等方面具有潜在的应用价值。DNA双链中的AP位点可以为一些小的有机分子提供一个疏水性和低极性的结合口袋，这些有机分子在进入口袋后产生荧光响应。与其他探针方法相比，通过非共价探针对AP位点进行荧光读出更省力、成本更低。四氢呋喃残基（dSpacer）和丙烯残基（Spacer C3）是两种常用的AP位点模拟物。根据荧光变化，这些分子可分为信号关闭探针 [图12.4（b）] 和信号开启探针 [图12.4（c）]。但在识别和检测方面，考虑到背景噪声，信号开启探针更好。

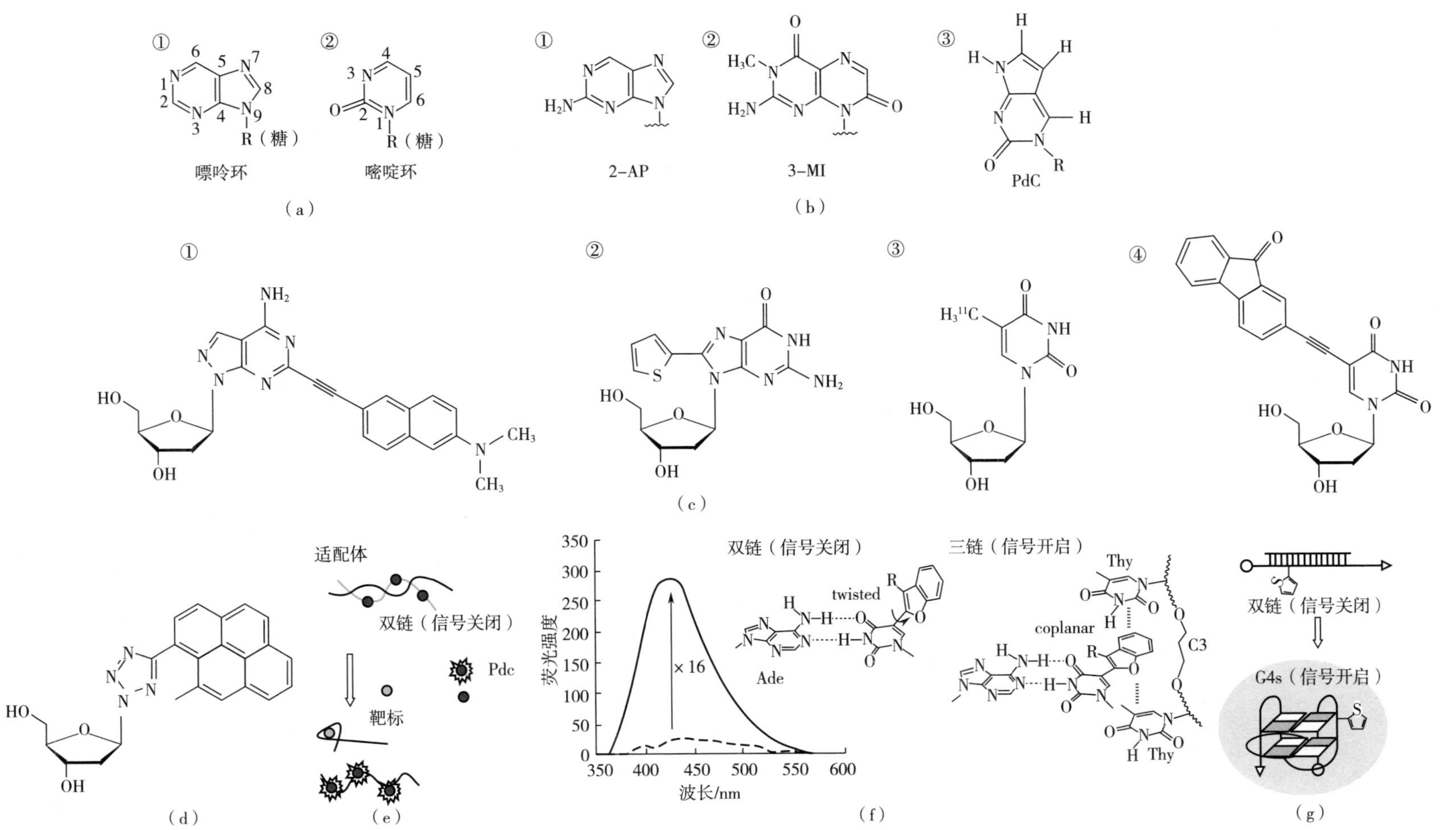

图12.3　荧光核苷酸碱基类似物和修饰碱基的结构和荧光反应

（a）常见的碱基修饰位点：①嘌呤碱基是7位和8位、②嘧啶碱基是5位　（b）碱基类似物：①2-AP（腺嘌呤的典型荧光类似物）、②3MI（鸟嘌呤的类似物）、③PdC（胞嘧啶的典型类似物）　（c）修饰的荧光碱基类似物：①间接修饰的脱氧尿苷衍生物U^{FO}（含有2-乙炔基芴酮）、②直接修饰的脱氧鸟嘌呤ThdG、③^{12}C直接标记的胸腺嘧啶类似物［^{12}C］叠氮胸苷、④*N*, *N*-二甲胺取代衍生物　（d）多环芳烃（同构碱类似物）的一个例子：一种非天然的四唑基芘核苷（TPyBDo）　（e）单链DNA中的PdC具有荧光性，而dsDNA是猝灭的　（f）Ura^{MBF}的微环境和构象　（g）ThdG是一种荧光G类似物，其荧光是G4s响应的因此，研究人员探索了非瑟酮、杨梅素（Myr）、9号双氰基菊糖醇（DCVJ）、一些异喹啉生物碱包括巴马汀（PAL）、黄连素、表小檗碱、药根碱、黄连碱（COP）等用于信号开启识别的新物质（Wang，2021）。

这些分子停留在AP位点口袋中，与AP位点相对的碱基氢键结合，荧光响应强烈依赖于相对的碱基。例如，与嘌呤（G和A）相比，非瑟酮的发射更倾向于嘧啶（C和T）对立碱基［图12.4（d）］。DCVJ还选择性地靶向AP位点，当对端碱基是嘧啶时。从现有的研究结果来看，这些分子在结合行为上对嘧啶的偏好可能是由尺寸效应引起的。嘧啶相对比嘌呤小，所以当相对的碱基是嘧啶时，AP的纳米腔可以更大。此外，还有一种有趣的生物碱AP位点探针称作黄连碱（COP），它的发光颜色随相对碱基（Y）的不同而不同。当Y为C/T时，为橙黄色，当Y为A/G时，为绿色［图12.4（e）］。

AP位点的侧翼碱基（R碱基）也会影响其结合性质。G被认为是最易氧化的碱基，它可以作为一个电子供体，通过电子转移来猝灭结合荧光团的激发态。对于信号关闭探针，利用G侧翼的AP位点是有益的。核黄素的荧光猝灭最显著时AP位点被G侧翼包围，但这一特征不利于信号开启探针，对荧光增强产生不利影响。非瑟酮对T对立和侧翼的AP位点表现出选择性亲和力，非瑟酮与G侧翼的AP位点的荧光增强远小于与T的荧光增强。Myr的荧光响应与非瑟酮相似［图12.4（f）］。即使Myr的氧化性很强，使用汞电极的循环伏安法无法检测到它的还原峰，但当R基为G时，Myr的荧光仍然很弱。但与非瑟酮相比，它似乎更好，因为Myr的强氧化阻碍了电子从邻近G向Myr激发态（电子受体）的转移。相比之下，DCVJ的荧光只有在R基为G时才显著增强。研究表明，由于驱动力较小，激发态DCVJ与侧翼G之间的电子转移不应发生，但因为相似的能级，它们之间存在着一个较强的电子耦合［图12.4（g）］。

也有AP位点分子探针可以响应DNA的高级结构。BIFS是一种荧光苯并［e］吲哚探针，在水溶液中不发荧光。只有当第三条链与包含AP位点的dsDNA结合时，BIFS才能被AP位点激活。正是这种三链体结合阻碍了激发态BIFS的非辐射扭曲弛豫，导致荧光增强。因此，荧光响应的影响因素大多来自对三链体DNA结构形成的影响。例如，pH通过影响三链体DNA的形成来影响荧光增强。Ag^+有利于三链体的形成，可以进一步增强BIFS的荧光［图12.4（h）］。

选择性靶向AP位点不仅依赖于DNA序列，而且与有机分子结构有关。AP位点结合最有可能使这些分子远离水诱导的荧光猝灭。AP位结合的分子通常是芳香族化合物。除荧光强度外，AP位点的结合还会导致发射峰的移动和荧光寿命的变化。双链DNA的熔解温度（T_m）通常会因结合的发生而升高，这也可以作为分子与AP位点口袋相互作用强度的指标。

12.3.3 选择性发光适配体-荧光团

适配体是短ssDNA/RNAs（范围在15~150nt，最好是20~40nt），以高亲和力（K_d数量级在μmol/L~pmol/L）和特异性结合靶标。自1990年通过SELEX在体外筛选出

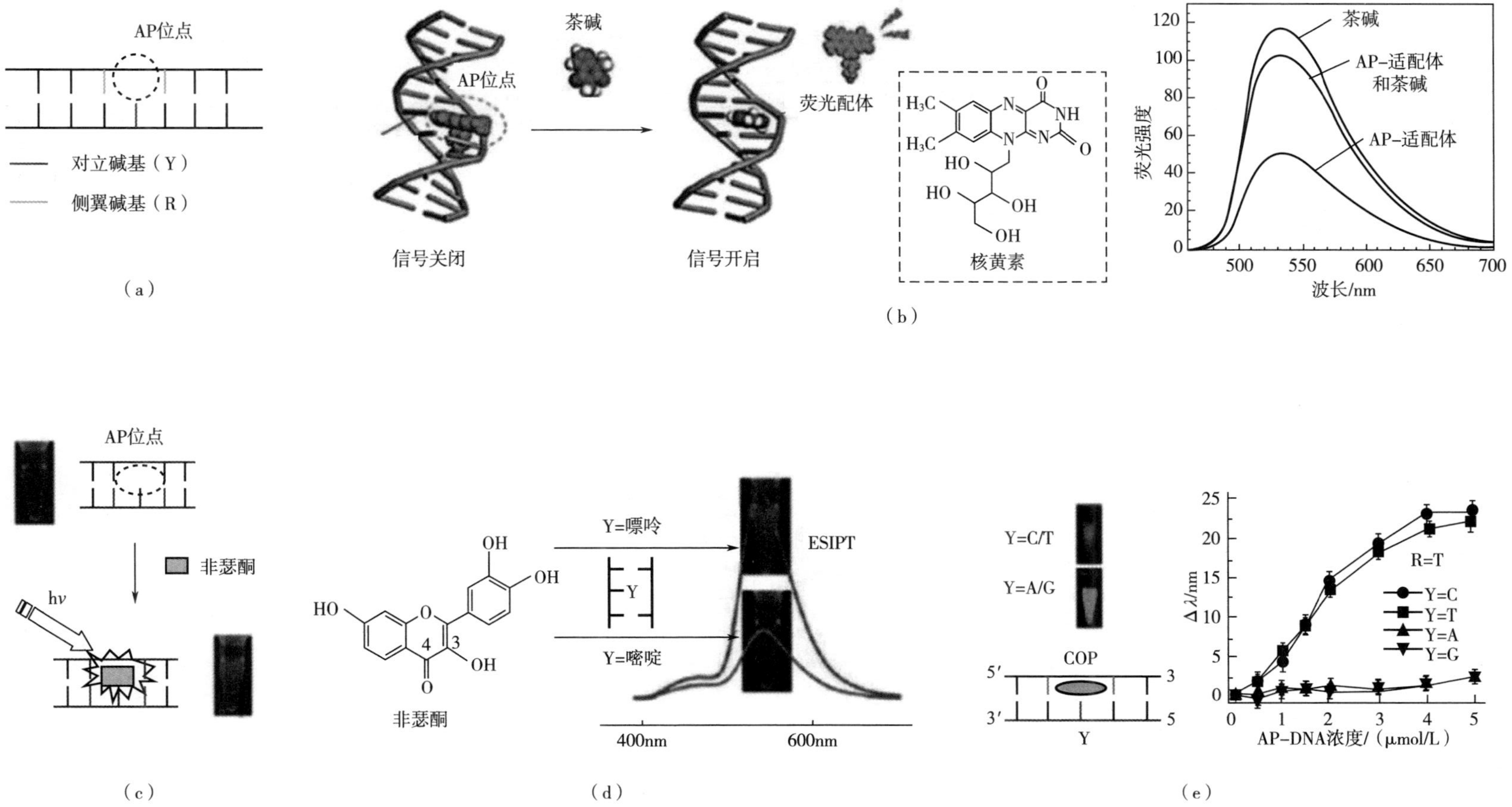

图12.4 基于碱性缺失位点结合分子的FFNAs的荧光反应

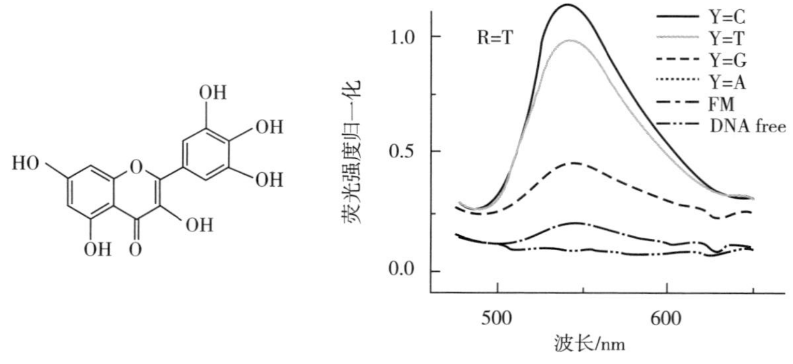

（f）

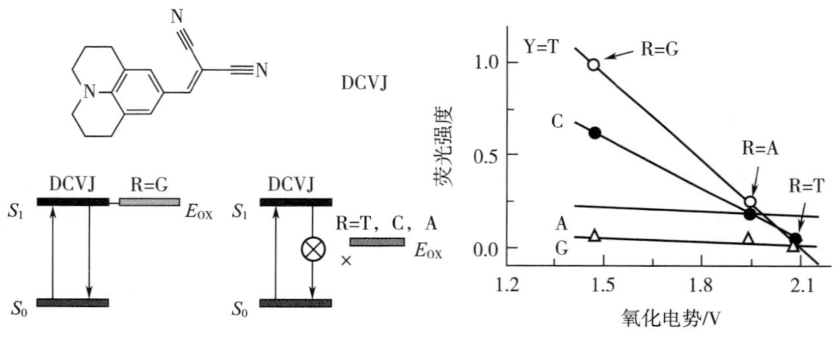

（g）

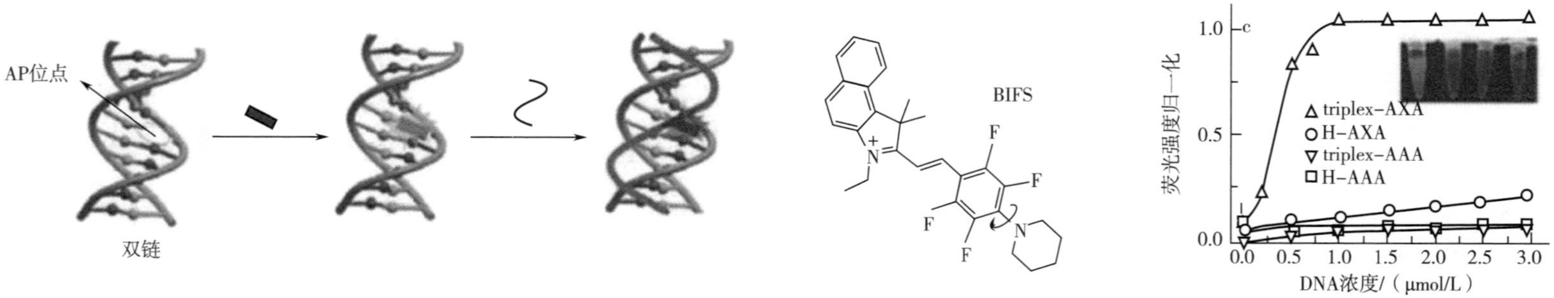

（h）

图12.4　基于碱性缺失位点结合分子的FFNAs的荧光反应（续）

（a）AP位点机制　（b）信号关闭探针示例：核黄素　（c）信号开启探针示例：非瑟酮　（d）非瑟酮荧光响应的对立碱基Y的依赖性　（e）COP的发光颜色因对立碱基Y的不同而不同　（f）Myr荧光响应的侧翼碱基R的依赖性　（g）当侧翼碱基为G时，DCVJ的荧光明显增强　（h）三链体响应的AP位点结合分子BIFS

第一个适配体以来，大量的适配体被筛选出来。因此，适配体通常在生物传感和生物成像中作为分子识别元件。在适配体的配体中，有些（大部分为荧光团）与适配体特异性结合后可获得显著的荧光增强。

DNA 适配体在生物液体分析和细胞外分子成像中有很大的需求，与 RNA 适配体相比，它们具有更优的化学和生物稳定性（Kato，2016）。然而，在 RNA 发光适配体发展的早期，小分子或蛋白质生物传感器中基于 DNA 发光适配体的信号模块报道较少。2007 年首次报道了 DNA 发光适配体，其配体是一种 Hoechst 衍生物。随后，2015—2018 年，又有 6 个 DNA 发光适配体被筛选出来，其中 5 个是 Pei 教授团队完成的（Wang，2021）。作者课题组将 RNA 孔雀石绿适配体（MGA）成功转化为 DNA MGA，其具有相当的亲和力和更高的稳定性，克服了 RNA 稳定性差和费用高的局限性。并将 DNA MGA 劈裂，将其连接到富含 G 的 DNA 序列的 5′和 3′端上，构建了二元劈裂变构适配体传感器，实现了 MG 的超灵敏、超快速检测（Chen 等，2022）。

在细胞传感中使用的荧光团与一般的荧光团略有不同。它不仅需要更强的荧光强度和增强的细胞通透性，还需要更低的生物毒性。独特的性质，例如，条件发光，是发光适配体之间的共性和它们发光的必要条件。条件发光可以降低细胞复杂系统中的高背景值。一般来说，当一个分子被光子激发时，原子核周围的电子就会跃入一个高能量轨道。然而，高能轨道是不稳定的，导致电子回到基态，能量以光的形式散失。然而，是否将电子跃迁产生的所有能量都用于发光是值得考虑的。

通常，由于溶解作用，聚集诱导发射、荧光团（特别是分子转子荧光团，如 MG）在相对分散的无机相（如水相）中表现出极低的荧光强度（或无荧光）。它们的荧光强度只有在荧光团聚集时才能获得。这种荧光团或结晶固体的聚集在刚性环境中受到限制，会削弱它们自身的振动，从而在构象受限的激发态中提高光致发光水平。因此，了解如何为荧光团建立一个刚性的空间约束来提高荧光强度是非常必要的。例如，GFP 的桶状结构可以为其荧光团创造疏水封闭的环境，而发光适配体也可以通过构象变化为荧光团创造特定的限制空间，从而诱导发光。

在本节中，选择目前研究的荧光团的组成作为分类条件，总结其分子结构的共性。此外，还探讨了这些共同结构与发光适配体高级构象之间的相互作用。结果表明，所有能够实现荧光增强的荧光团都含有不少于一个苯环或苯环衍生物结构，这些结构与发光适配体通过 π-π 堆积、范德华力和氢键非共价结合（表 12.2）（Wang，2021）。

12.3.4 G4s-荧光团

含有 G 碱基重复序列的单链核酸可以组装成二级结构 G4s。这种特殊的结构自然存在，并被认为是调控多种生物过程如复制、同源重组、修复和转录的阻碍。1997 年发表了小分子识别 G4s 结构的开创性研究，首次将蒽醌衍生物作为 G4s DNA 的靶标（Sun 等，1997）。此后，为了寻找能够在生物学背景下探究 G4s 形成的小分子，并帮助了解其生物学功能，这一领域的研究进展迅速。因此，能够靶向 G4s 的荧光化合物的化学研究得到了广泛的发展。

表 12.2　适配体-荧光团发光系统的荧光特性

分类	荧光团	适配体	SELEX 方法	荧光发射波长/激发波长/nm	K_d	亮度	机制	相互作用
三苯甲烷	孔雀石绿	MG	基于靶标结合触发释放的 SELEX	630/650	117	2360[1]	电荷不均匀分布	VDW
	结晶紫	CV30S	基于靶标结合触发释放的 SELEX	580/640	490	—	—	—
氧杂蒽	磺酰罗丹明 B	SRB-2	亲和色谱法 SELEX	572/591	310	—	电荷不均匀分布	VDW
	Gemini-561	o-Coral	微流体辅助体外区室化-SELEX	560/600	73	3.07[2]	—	—
	苯胺取代的磺基罗丹明	Apt10L	亲和色谱法 SELEX	555/610	39.1	88[4]	—	—
GFP 荧光团衍生物	DFHBI	Spinach 1	亲和色谱法 SELEX	469/501	537	0.65[2]	分子内运动的限制	VDW、氢键、π-π 堆叠
		Spinach 2	亲和色谱法 SELEX	447/505	430	1.03[3]	分子内运动的限制	VDW、氢键、π-π 堆叠
	DFHBI-1T	Broccoli	FACS-SELEX	472/507	360	1.04[2]	分子内运动的限制	VDW、氢键、π-π 堆叠
	DHFO	Corn	FACS-SELEX	505/545	70	100[4]	分子内运动的限制	氢键（主要的）
	HBC	Pepper	亲和色谱法 SELEX	485/530	3.5	3595[4]	分子内运动的限制	—
青色素	噻唑橙 1	Mango	基于磁珠的 SELEX	510/535	3.2	1100[4]	分子内运动的限制	疏水作用
	二甲基吲哚红	DIR2-1	基于靶标结合触发释放的 SELEX	602/650	650	140[4]	—	—
苯并芘染料	Hoechst 衍生物 7d	Apt class I-1-mini	基于磁珠的 SELEX	345/460	—	191[4]	极性变化	—
	Hoechst la	Apt II mini3-4	基于磁珠的 SELEX	345/470	35	56.2[4]	极性变化	—
	黄连素	BBR4S3	基于靶标结合触发释放的 SELEX	360/530	5.93	80[4]	—	—
	硫黄素 T	ThT.2-2	基于靶标结合触发释放的 SELEX	425/487	4170	191[4]	—	—
	赭曲霉素 A	OTABA	亲和色谱法 SELEX	375/430	50	—	能量传递（ET）	π-π 堆叠
多氧磺酰基乙二胺	多氧磺酰基乙二胺	DAP-10-42	亲和色谱法 SELEX	400/540	7.6	722[4]	分子内运动受限、极性变化	—

注：与荧光团本身相比；与 GFP（HBI）相比；与 Spinach 1/2 相比。VDW 表示范德华力。

在2013年发表的一篇综述中，将G4s的荧光配体分为三类。第一类是信号开启探针，如几种花菁染料、三苯甲烷染料、咔唑、卟啉、天然和合成化合物、金属配合物等。这些探针与G4s结合后荧光增强。第二类是信号关闭探针，其数量比信号开启探针少。它还包括某些经典的有机染料，如亚甲基蓝、吖啶染料（原黄素和吖啶黄）、带有中性/阳离子核的杂环配体、苝二酰亚胺衍生物、蒽环类和金属配合物。第三类是永久性探针，通过与G4s结合而不显示荧光变化，但与G4s有特异性结合，如硼二吡啶亚甲基（BODIPY）染料、大环7OTD和吡啶他汀的炔基衍生物。一般来说，有很多物质可以结合到G4s上并产生荧光反应（主要是荧光增强）。这意味着G4s是这些分子的兼容探针。作者课题组基于RCA反应的DNA水凝胶有利于收集和提高与劈裂G4s探针结合的ThT的局部浓度，构建了无标记荧光开启生物传感器。该方法操作简单，无需精密仪器或复杂程序，可在恒温条件下进行，满足现场microRNA检测的要求（Song等，2020）。

荧光复合物的性能取决于几个因素并受其影响。首先，荧光响应与G4s结构有关。G4s有平行型、反平行型和混合型三种构象（表12.3）。其次，特异性与分子结构有关。一些典型的荧光探针与G4s结合后具有良好的信号响应，但往往缺乏信号特异性。第三，不同分子与G4s的结合位点不同，荧光响应机制也不同。根据折叠拓扑结构，G4s可以识别凹槽中的分子，将其堆叠在顶部/底部的四重体上，或者允许在G4s平面之间插入。在这些构象中，最佳结构的稳定来自静电、范德华力、氢键、π-π堆积和其他非共价相互作用（Jyotirmayee等，2013）。大多数G4s配体含有一个平面芳香核，通过π-π堆积作用与G4s结合。第四，缓冲条件影响G4s与其小分子配体的结合。金属离子浓度的影响很大，因为阳离子在决定G4s的二级结构中起着重要作用。在K^+离子存在下，胺基功能化阳离子染料的荧光增强达到200倍；而在含Na^+的溶液中，增强效果较低（约150倍）。值得注意的是，在没有任何金属离子的情况下，染料本身的荧光增强仍可达150倍，这可能表明该染料有诱导HTG-21 DNA链形成G4s结构的潜力。

表12.3　G4s的三种类型

G4s类型	名称
平行G4s	EAD、c-myc、c-kit2、bcl-2、c-kit1、Kras、93del、J19、T95、T95-2T、Pu24T
反平行G4s	TBA、22AG（Na^+缓冲液中）、Hras、HTG-21、Telo21、Oxy
混合G4s	22AG（K^+缓冲液中）、HT 22

12.3.5 贵金属纳米簇

贵金属（Ag、Cu、Au等）纳米团簇（MNCs）是一种含有几个到几百个金属原子的超小颗粒（<2nmol/L）。在这个尺寸范围内，电子的强量子约束被分解成离散的能级，显示出分子尺度的离散能级和独特的特性。它们优异的光致发光性、活细胞相容性、高催化活性和良好的稳定性，弥补了传统荧光探针如有机荧光染料、荧光蛋白和

荧光量子点等的不足，近年来吸引了大量的研究（Zheng 等，2007）。

然而，原子团簇往往相互作用和聚集，这通常导致更大的纳米颗粒和荧光衰减。因此，需要一种合适的稳定剂来调控荧光超小纳米颗粒的合成。迄今为止，各种稳定剂（或配体）已陆续开发用于荧光纳米材料的合成，包括无机小分子和生物大分子。其中，DNA 由于其丰富的官能团，是合成各种荧光纳米材料的优良配体。所有的碱基和 DNA 骨架都带负电荷，通过静电或配位作用为金属离子提供结合位点。例如，每个核苷酸都有一个金属结合位点（即腺嘌呤和鸟嘌呤的 N^7 原子以及胞嘧啶和胸腺嘧啶的 N3 原子）。一般来说，产生荧光纳米材料的第一步是金属离子和 DNA 的结合。加入还原剂后，金属离子成核的 DNA 将转化为纳米粒子。当 DNA-金属离子相互作用或完整的 DNA 模板被破坏时，纳米颗粒的状态会发生改变，产生可观察到的光信号。

12.3.5.1 AgNCs

以 DNA 为模板的银纳米簇（DNA-AgNCs）作为一种新型荧光纳米材料由 Petty 首次报道，它是银原子的棒状组装体。这促进了对 DNA-AgNCs 的持续研究。以往的研究表明，DNA-AgNCs 具有以下特点：体积小、量子产率高、荧光发射可调、抗菌能力强、生物相容性好。

用于构建 AgNCs 的 DNA 支架类型包括 ssDNA、dsDNA、tsDNA 以及 DNA 纳米结构。一些研究也报道了使用更灵活的 RNA 来合成 AgNCs（Shah 等，2014）。通常，在 ssDNA 上制备 AgNCs 因其更大的灵活性而被广泛应用。作者课题组将 ssDNA-AgNCs 与细菌适配体结合，实现了一种新的可视化检测和有效清除细菌的方法。DNA 适配体充当了一座“桥梁”，巧妙地将 DNA-AgNCs 的光学和抗菌特性结合起来。此外，利用静电纺丝技术制备了生物可降解的 DNA-AgNC 抗菌纳米膜，这种新型纳米膜在活性包装和生物医学工程方面具有广阔的应用前景（Yang 等，2021）。

DNA-AgNCs 的合成需要 Ag 盐、富 C 的寡核苷酸序列和还原剂，并且通过将微摩尔量级的上述反应物以适当的比例混合来合成。对于给定的 ssDNA 支架，Ag^+ 与 DNA 比例影响荧光团的数量。最广泛应用的比例是 6∶1 或更高，但不要太高，因为过量的 Ag^+ 可能促进等离子体纳米粒子的形成。在大多数情况下，虽然一个 $NaBH_4$ 分子可以提供多达 8 个电子来还原 Ag^+，但仍采用等比 $NaBH_4$ 和 Ag^+ 来生成发射荧光的 $AgNC^+$。由于 DNA 模板的类型、Ag-DNA 的亲和力，甚至温度的不同，还原步骤后的孵育时间从几分钟到两天不等。

荧光 DNA-AgNCs 包含阳离子和中性银原子，银阳离子介导了与碱基的结合。过渡金属往往对 DNA 碱基具有更高的亲和力，金属阳离子优先与 GC 区结合，而不是 AT 区。据报道，与磷酸盐残基相比，银离子与碱基的结合亲和力更高（Zikich 等，2010）。支持簇和碱基结合的直接证据是 C 和 T 的 N^3 质子化抑制簇的形成。此外，已有研究表明，鸟嘌呤的 N^7 位点也被认为是金属相互作用的重要位点。Ag^+ 通过双键内环胺与碱基结合，即嘌呤的 N^7 和嘧啶的 N^3，其亲和顺序为 C>G>A>T（Petty 等，2004）。C 和 Ag^+ 复合物的 X 射线衍射分析表明，在晶体中，每两个 C 碱基与两个 Ag^+

相连，Ag^+与 C 碱基的 N^3 和 O^2 原子相连。这也可以通过在裸 DNA 中加入 Ag^+后对 UV、CD 峰的重塑来证实。在另一篇报道中，胞嘧啶和胸腺嘧啶的 N^3 去质子化和质子化不会影响单个碱基和簇的相互作用（Sengupta 等，2009）。AgNCs 的研究大多基于 DNA，因为它比 RNA 更稳定，更容易处理。一个有趣的发现是，短 RNA 序列（poly [rC_n]，n=6~12）可以作为嵌入发射型 AgNCs 的良好模板，这是因为 RNA 具有灵活的骨架使其能够在链内胞嘧啶之间相互缠绕靠近（Malyshev 等，2014）。随后，Ag^+的加入诱导 C-Ag-C 的形成，从而促进 AgNCs 的形成。

DNA-AgNCs 是一种荧光材料，具有良好的量子产率、可调发射和高的光稳定性。尽管能量从最初的紫外激发态转移到可见（或红外）发射态的具体机制尚未确定，但无论发射颜色如何，荧光 DNA-AgNCs 普遍通过 DNA 碱基被激发。以往的研究表明，DNA-AgNCs 的荧光性质取决于多个变量，如 DNA 的序列和结构、氧化态和环境因素。

第一，纳米簇的类型根据序列碱基不同而不同，因为与 DNA 相关的 AgNCs 是通过两者的相互作用完成的。利用不同的 DNA 可以生成具有蓝色、绿色、黄色、红色和红外发射的 DNA-AgNCs。通过 DNA 序列调制可见和近红外光谱范围内的峰值发射波长（表 12.4）。可以看出，发射颜色与 DNA 序列之间没有明显的相关性。然而，Li 等发现了某些 DNA 碱基模式，或称“基序”，与具有类似荧光光谱的银团簇相关 Li（Li 等，2011）。第二，i-motifs、发夹和 G4s 等二级结构对 AgNCs 的光学性质也有影响。发夹型 AgNCs 的荧光发射光谱在 570nm 和 646nm 处有峰，而 G4s 型 AgNCs 在 570nm 处只有强峰，i-motifs 型 AgNCs 在 570nm 和 646nm 处均有弱峰。因此，结构的变化可以显著影响 AgNCs 的光谱行为。第三个影响因素是 AgNCs 的氧化水平。据报道，与 dC12 结合的 Ag^+在还原后会形成多种颜色（蓝色、绿色和红色）发光体。此外，质谱显示有 1~7 个原子与 DNA 结合，因此，纳米团簇的大小可能有不同的组合。第四，溶液 pH、离子组成和 DNA 浓度对 AgNCs 的生成也很重要。

表 12.4　　不同 DNA 模板纳米簇的物理化学性质

DNA 序列（5′→3′/3′→5′）	（$\lambda_{激发}$/nm）/（$\lambda_{发射}$/nm）	发光颜色
AgNCs		
TTCCCACCCACCCCGGCCC	561/640	红色
CCTCCTTCCTCCACCGCAGGGAGCGGATGACTTAGCGAC/GTCGC TAAGTCATCCGCAGGGAGC GGTGGAGGAAGGAGG（dsDNA）	545/640	红色
CCCCCCCCCCCC	560/630	红色
CCCTTAATCCCCTTGATC GAATGTTTTCATTCG ATCAAGGGT GGGGTGGGGTGGGG	575/620 575/620 575/620	红色
C12CCAGATACTCACCGG	560/630	红色
CCCTTAATCCCC	480/572	黄色

续表

DNA 序列（5′→3′/3′→5′）	（$\lambda_{激发}$/nm）/（$\lambda_{发射}$/nm)	发光颜色
GGGTGGGTCCCCCCACCCACCC	512/582	黄色
GGGTTAGGGTCCCCCCACCCTTACCC	494/570	黄色
ACCTCAGTGTGTCCCCCCCCCC CCC	426/530	橙色-黄色
CCCTTTAACCCC	340/485	蓝色
TTTTCCCCTTTT	370/475	蓝色
TATCCGTCCCCCCCCCACGGATA	405/525	绿色
TTTTTTTTTTTT	350/540	绿色
CCCACCCACCCTCCCA	750/810	近红外
CCCACCCACCCGCCCA	720/770	近红外
CCCACCCACCCACCCG	840/870	近红外
CuNCs		
TTTTTTTTTTTTTTTTTTTTTTTTTTTTTT	615/340	红色
TTTTTTTTTTTTTTT	630/345	红色
ATATATATATATATATATATATAT/TATATATATATATATATATATATA（dsDNA）	594/340	红色
GCACCATATATATATATATATGTG/CGTGGTATATATATATATATACAC（dsDNA）	597/340	红色
AuNCs		
GAGGCGCTGCCCCCACCATGAGC	725/467	红色
AAAAAAAAAAAAAAAAAAAAAAAAAAAAAA	350/490	蓝色
CCCCCCCCCCCCCCCCCCCCCCCCCCCCCC	360/445	蓝色

12.3.5.2 CuNCs

在以 DNA 为模板的金属纳米粒子中，以 DNA 为模板的铜纳米粒子（DNA-CuNPs）是一种新的替代物。胸腺嘧啶的 N^3 位与 Cu^{2+}之间存在强而特异性的配位，已被用于构建荧光 DNA 模板铜纳米簇（DNA-CuNCs）。此外，Cu^{2+}和胸腺嘧啶的结合需要在高 pH 条件下对 N^3 氮进行去质子化。在制备 CuNCs 的过程中，单链和双链富 T 序列可作为 CuNCs 的模板，dsDNA 是形成荧光 CuNPs 最有效的模板。同时，必须指出，DNA-CuNCs 具有独特的特性：①合成速度快，可以在几分钟内完成；②模板 DNA 浓度很低（nmol/L）；③CuNCs 的 MegaStokes 位移（约 260nm）可以降低复杂样品的背景信号；④由于 Cu 是所有生物不可或缺的微量元素，CuNCs 的应用应该比其他金属纳米材料更安全。除了使用单一的铜元素，当其他金属与铜混合时，它们也会产生不同的发光颜色。DNA 碱基与 Cu 的相互作用强度将在确定 CuNCs 发射中起关键作用。此外，DNA 结构和环境因素也会影响其荧光。与随机序列相比，AT 序列是高荧光 CuNCs 更好的模板。荧光强度高度依赖于聚合度和 poly（AT-TA）的长度（Qing 等，2014），ssDNA-CuNCs 的形成高度依赖于胸腺嘧啶。另外，环境因素可以通过影响碱基与 Cu^{2+} 的亲和力来调控 DNA-CuNCs 的荧光。一般情况下，酸性条件不利于荧光 CuNCs 的形成，而弱碱性（pH 7.0 ~ 9.8）有利；中等的离子强度和较低的温度会产生较高的荧光，反应可以在几分钟内完成。作者课题组基于 DNA-CuNCs 的诸多优势，以单链或双链 DNA 形成的 CuNCs 作为荧光信号和可视化输出的方式，并结合等温或变温扩增方法构建了多种生物传感器用于靶标物质的灵敏检测（Du 等，2022；Shan 等，2022；Tian 等，2020）。

12.3.5.3 AuNCs

与成功合成的以 DNA 为模板的 AgNCs 和 CuNPs 相比，以 DNA 为模板的金纳米簇（AuNCs）的研究相对较新。多晶金膜上碱基的相对亲和力顺序为 A>C≥G> T（Kimura-Suda 等，2003）。DNA 碱基和 Au 簇之间的键合是通过将 Au 原子锚定到碱基 N6 上来实现的。由于带负电荷的 DNA 与常用的前体 $AuCl_4^-$ 之间的关联较弱，利用 DNA 模板合成 AuNCs 的报道较少。DNA 序列、浓度、pH 和温度等因素对荧光 AuNCs 的形成和强度有很大的影响，也有一些研究通过改变反应缓冲液来调节 AuNCs 的荧光颜色。

12.3.6 多吡啶配体钌离子配合物

较早发现的钌配合物 DNA 光开关为 $Ru(phen)_3^{2+}$（phen 为 1，10 邻二氮杂菲）（Barton 等，1984），可与双螺旋 DNA 结合，这是由于嵌入引起的发光增加。然而，游离形式的背景发光和与 DNA 的相对较弱的结合是它的明显缺点。因此，研究人员开发了一种多吡啶钌配合物 $[Ru(bpy)_2(dppz)]^{2+}$ ｛bpy 为 2,2′-联吡啶，dppz 为双吡啶骈［3,2a：2′,3′-c］吩嗪｝。室温下其在水溶液中不表现出光致发光，但在双螺旋 DNA 存在下表现出较强的光致发光。为了了解其发光机制，研究人员应用各种技术进行研究，并不断加深对 Ru-dppz 光开关发光性质的认识。除了双配位 dppz 配体外，Ru 中心的四个配位点仍然可以用作所谓的辅助配体。辅助配体影响 Ru 配合物的电子结构，从而对其光物理性质产生完全不同的影响。钌配合物除了可以与单链 DNA 和双链 DNA 结合外，还可以与 G-四链体和三链 RNA 结合。钌配合物通过静电吸引和 $\pi-\pi$ 堆积作用诱导 G-四链体的形成，并稳定 G-四链体的结构，提高 G-四链体的熔融温度，从而提高 G-四链体的稳定性。诱导的 G-四链体可以有平行、反平行和混合构型。

12.3.7 DNA 敏化的 Ln：铽离子（Tb^{3+}）和铕离子（Eu^{3+}）

Ln 离子，尤其是 Tb^{3+} 和 Eu^{3+}，因其固有的发光特性而引起了研究者们的极大关注。但由于它们的低消光系数和非辐射失活，特别是水等周围介质的—OH 基团振动的猝灭效应，使其难以直接激发，导致其发射强度较低。其他配体基团（包括酰胺或胺的

—NH 或醇的—OH）也会导致非辐射猝灭效应。为了敏化 Ln^{3+} 在水溶液中的发光，需要取代 Ln^{3+} 球体的主配位水。因此，需要适当的配体（通常是有机发色团）来选择性地敏化它们的发光，同时需要形成具有镧系螯合物和氮杂穴醚双核金属配合物等多种结构的 Ln^{3+} 络合物。因此，有效的光吸收截面可以增强。配体与中心 Ln^{3+} 之间的相互作用被称为天线效应，由 Weissman 在 1942 年提出（Weissman，1942），其中，Ln^{3+} 为受体，天线为能量供体。天线通常是配体，可以用紫外光照射并吸收它达到单重态，然后转变为三重态。如果配体的能级与 Ln^{3+} 的共振能级相匹配，则可以发生能量转移。回归基态后，Ln^{3+} 可以产生强烈的内在发光，Tb^{3+} 发出亮绿色，Eu^{3+} 发出红色。通常，Ln 配合物具有大幅飙升的发射带、大斯托克位移和极长的寿命（从微秒到毫秒）的光物理特性（Ramesh 等，2018）。一个有效的配体或敏化剂不仅要有高的吸收系数，高的热力学和动力学稳定性，还应具有较小的单重态和三重态之间的能隙。

核酸是一种典型的能量传递天线。对于 Tb^{3+} 和 Eu^{3+}，由于它们的共振能级与核酸配体和蛋白质在紫外线照射下的三重态能量重叠。该特性使得无法进行有效的能量转移。DNA 直接与 Ln^{3+} 相互作用，磷酸盐和碱基都提供了结合位点，这是金属结合的正常位点。碱基具有芳香杂环，提供氮，氧电子给体。而含有氧阴离子的磷酸基团通过路易斯酸/碱相互作用与金属离子相互作用。此外，基于库仑相互作用或静电效应，聚阴离子磷酸骨架可以吸引 Tb^{3+} 和 Eu^{3+}。然而，为了改善光学性质，碱基是非常重要的。通常，鸟嘌呤的 N7 和 O6 基团参与协调。鸟嘌呤是配体，也是能量供体。因此，鸟嘌呤是一种很好的增敏 Ln^{3+} 发光的发色团。但鸟嘌呤的化学修饰会抑制其增强 Tb^{3+} 荧光的能力。至于磷酸盐，其单独存在不足以使其敏化。但对于 DNA 敏化，无论以共价或非共价结合的方式，它都是不可或缺的，有助于更有效的能量转移。综上所述，碱基与磷酸盐之间存在一定的协同作用。与其他 FFNAs 不同，Ln^{3+} 不仅能被核酸链致敏，还能被核苷酸致敏。作者课题组通过简单地将亮绿色 GMP-Tb 和蓝色发光鲁米诺混合形成球形纳米粒子（LGT），其在不同的激发波长下呈现出两种固有的输出信号颜色。在微尺度 LGT 中引入 Ag^{+} 可以使其纳米结构更加聚集，调控其发光，Tb^{3+} 的发光明显增强，鲁米诺的信号几乎不变或略有减弱。利用此特点实现了水溶液中 Ag^{+} 的实时、现场可视化定量检测（Liu 等，2021）。

12.3.8 传统的 FFNAs

传统的 FFNAs 主要包括两种类型。一是荧光染料在游离态时荧光相对较低，与核酸相互作用后荧光明显增强；另一种是用荧光分子标记核酸链来作为探针，通过 FRET 或 PET 等机制实现“开启”或“关闭”荧光转换。由于只需要简单温和的物理方法（光激发和检测），荧光染料已成为分子生物学中最常用的示踪和分析工具之一，尤其是核酸。有多种类型的荧光染料对 ssDNA、dsDNA 或 RNA 具有不同的特异性。最常用的四种荧光染料为：溴化乙锭（EB）和 SYBR 系列荧光染料（SYBR Green Ⅰ、SYBR Green Ⅱ以及 SYBR Gold）。荧光基团标记的传统的 FFNAs 包括：TaqMan 探针、荧光杂交探针、分子信标、蝎型探针以及自猝灭探针等。作者课题组基于传统发光功能核酸［包括 TaqMan 探针（Niu 等，2018；Xiao 等，2020）、分子信标（Xu 等，2016）、

GO/AuNPs 与荧光探针之间的相互作用（He 等，2019；Li 等，2022）]，也构建了一系列灵敏且特异的生物传感器。

12.4 发光功能核酸的应用

在生物分析领域，FFNAs 的靶标首先可以是其自身的配体，这是最直接的应用。例如，G4s 的荧光探针可以直接作为 G4s 生物传感器的识别和信号转导元件。这同样适用于基于适配体的 FFNAs。MG 是有毒的，经常被非法添加到水产养殖渔业的水中。G4s 及其 RNA 适配体和 DNA 适配体可作为 MG 的体外识别和信号转导元件。基于 AP 位点结合分子的 FFNAs 可以通过人工合成的 AP 位点口袋检测特定的生物碱（其配体），也可以在已知生物碱量的情况下检测天然 DNA 中 AP 位点的含量。

其次，FFNAs 可以单独作为信号转导元件，与其他核酸识别元件结合，共同构建生物传感器系统。这种生物传感器系统可用于检测核酸靶标和非核酸靶标。对于直接荧光法，靶标本身需要具有荧光特性，限制了其应用范围。然而，在 FFNAs 的帮助下，荧光法也可以检测到非荧光物质。此外，新型 FFNAs 是免标记的，简化了生物传感器系统的构建，降低了成本。需要特别指出的是，上述 FFNAs 不仅在体外也在体内得到了广泛的应用，但在不同的应用环境中都有各自的优点和局限性。

12.4.1 FFNAs 在生物传感中的应用

（1）核酸　G4s 探针是一种应用广泛的生物传感器转导元件。基于 *N*-甲基中卟啉Ⅸ（NMOL/LM）-G4s 的荧光生物传感器被构建用于检测单链 DNA。有一项研究将 ThT-G4s 作为信号元件检测 T790M 单核苷酸多态性（SNPs）（JoonáLee，2016）。也可采用 RCA 生成重复 G4s 作为信号转换器。大多数基于适配体的 FFNAs 都是 RNA。因此，要想利用 RNA 适配体作为信号转导元件，就需要结合体外转录技术。FFNAs 除可作为检测方法中的信号转导元件外，还可作为表征高级核酸结构的有效手段。其中，DNA/RNA 折纸是一种纳米制备方法。

（2）蛋白质　除了检测核酸物质外，基于 FFNAs 的生物传感器还可用于检测蛋白质、小分子和金属离子等非核酸物质。基于适配体和 G4s 的 toehold 链置换驱动循环组装（TSDA），研制了一种用于凝血酶荧光检测的酶免标记生物传感器。靶标凝血酶结合到探针的适配体部分并释放一个单链 DNA，该单链 DNA 可以触发两个含有 G4s 的发夹的 TSDA，然后引入 NMOL/LM，得到明显的荧光增强。对于核酸相关蛋白酶的分析，可以利用其核酸酶的特性与发光适配体建立连接，进而结合核酸扩增技术进行信号扩增。基于抗体的识别元件也与基于发光适配体的转导信号兼容。一种基于抗体和荧光 RNA 适配体方法被建立用于分析血清 PSA。

（3）小分子　对于小分子来说，它们通常是通过结合它们的适配体作为识别元素来检测的。Zhao 等设计了一种多用途腺苷适配体，其中腺苷适配体作为识别部分，MG 适配体作为信号转导部分（Zhao 等，2015）。四环素的适配体为不与四环素结合的 G4s 结构，有研究者利用该适配体构建了一种基于 FFNAs 的无标记四环素荧光生物传感器。

适配体与四环素的结合导致适配体从 G4s 结构到发夹结构的构象变化，使 G4s 结合分子 TO 的荧光猝灭。此外，无细胞核酸诊断技术正在发展，以检测复杂基质中的物质。Jung 等报道了一种无细胞体外转录系统，该系统使用配体诱导激活的 RNA 输出传感器来检测水中的污染物（Jung 等，2020）。

（4）金属离子　金属离子和小分子染料对 G4s 的亲和力不同，可用于构建金属离子生物传感器。基于 ThT 和 Tb^{3+} 介导的 G4s 结构转换，提出了一种用于 Tb^{3+} 检测的荧光生物传感器。ThT 可以与 K^+ 稳定的平行 G4s 结合，从而产生高荧光强度。Tb^{3+} 可以与 G4s 竞争性结合并诱导其结构变化，导致荧光降低，在 1. 0pmol/L~10. 0μmol/L 范围内对 Tb^{3+} 浓度显示出良好的线性响应，LOD 为 0. 55pmol/L。已经合成了以 DNA 为模板的铜/银纳米簇（DNA-Cu/AgNCs）荧光探针以选择性地检测 S^{2-}。合成的 DNA-Cu/AgNCs 探针在 500nm 激发下在 568nm 处显示出强烈的荧光发射。S^{2-} 的存在使探针的结构发生了变化，因为 S^{2-} 与 Ag 和 Cu 原子具有很强的亲和力，可以显著猝灭 DNA-Cu/AgNCs 的荧光。DNA 敏化的 Tb（DNA/Tb）用于构建无标记且多功能的“化学鼻/舌”，作为用于大规模混合和测量分析的模式识别系统。识别系统包括三个对 Tb 发光敏感的富含 G/T 的 DNA（由于天线效应）。金属离子和 DNA 之间的相互作用可以不同程度地改变 DNA 对 Tb 的天线效应，从而产生智能模式响应信号。盲测结果表明，该系统成功地鉴别了 49 种分析物，包括碱金属、碱土金属、过渡/后过渡金属和镧系离子（Yao 等，2013）。

12. 4. 2　FFNAs 在生物成像中的应用

（1）细胞成像　通过直接细胞成像对生物分子和肿瘤细胞进行定位和动力学研究，有助于了解它们的功能，并在单细胞分辨率下揭示新的机制。在核酸（DNA/RNA）成像中，FFNAs 不仅可以作为识别域，还可以作为信号转换器。此外，成像探针通过与细胞表面标记物的适配体的结合，可获得更高的特异性。例如，有研究者构建了一种双功能劈裂适配体，并成功地应用于 20% 人血清样本中肿瘤细胞的无标记检测。RNA 适配体 DIR2s-Apt 结合并激活 DIR 和 OTB，产生两种分辨良好的发射颜色。

（2）特殊 DNA 结构成像　G4s 是一种具有高级结构的天然核酸，被认为在基因调控中发挥着重要作用。因此，开展对 G4s 选择和灵敏的分析，探索其生物学功能，设计新颖有效的抗癌药物是十分重要的。G4s-探针可以承担细胞内成像的作用。事实证明，与其他类型的核酸相比，新合成的咔唑衍生物（CZ-BT）更倾向于与 G4s DNA 结合。DNA-AgNCs 也是一种很有前途的免标记荧光标签，可用于生物成像。与有机染料或半导体量子点相比，它们具有吸引人的优势，例如，超小尺寸、低毒性、易于合成、可调荧光和易于组装。典型的例子是通过将靶向癌细胞的适配体整合到用于 AgNC 形成的模板中而开发的荧光 AgNCs-适配体探针。此外，也有报道表明，DNA-AgNCs 被引入细胞后，端粒富含 G 的序列可激活其荧光（Wang，2021）。

（3）非编码 RNA 成像　有研究者使用 Spinach 2 探索了含有毒性 CGG 重复序列的 RNA（与脆性 X 相关震颤/共济失调综合征相关）的定位和动力学。荧光成像结果显示，这些 RNA 呈现动态定位，可以很容易地通过细胞分裂和小分子改变。研究人员通过 RNA 传感器与 GFP 的共表达构建了双发射比率度量成像，用于定量分析活细胞中的 miRNA。一个质粒包含两个独立的启动子：一个用于表达 RNA 传感器，另一个用于表达 GFP。转染、在细胞内转录和翻译后，可以观察和检测到 RNA 传感器响应靶标 miRNA 发出的橙色荧光信号，而 GFP 的绿色荧光独立于靶标，作为内部参考（Wang，2021）。

（4）mRNA 成像　发光适配体-配体系统虽然能够对高丰度的非编码 RNA（tRNAs、RNAs 等）进行成像，但由于亮度较低，对 mRNA 的成像效果较差。此外，适配体-荧光团系统是否会干扰 RNA 的固有特性，还需要在 RNA 翻译、转录和降解水平上进行系统研究。为了增加荧光适配体-配体系统的亮度，Zhang 等开发了包含多个 Spinach 适配体的阵列，使活细胞中大肠杆菌中发光适配体标记的 mRNA 亮度增强约 17 倍（Zhang 等，2015）。此外，根据 Spinach 的转录融合结果，该平台对 mRNA 的转录、翻译或降解没有影响。在 Wang 等的研究中，利用劈裂的 Broccoli 对 mRNA 进行成像（Wang 等，2018）。Guzmán-Zapata 等设计了一个携带 Spinach 的载体，并将其转录融合到莱茵衣藻叶绿体中的 aphA-6 基因上（Guzmán-Zapata 等，2017）。用 DFHBI 孵育后，在表达 aphA-6/菠菜 mRNA 的系中，荧光以离散点的形式定位在叶绿体中。

（5）RNA 转录调控　RNA 转录的调节对细胞功能至关重要，因为基因表达的变化驱动分化和细胞对损伤等事件的反应。RNA 运输对蛋白质表达及其定位也有很大影响。因此，在活细胞中实时可视化 RNA 转录和运输的能力是一个难以实现的有价值的目标。Alam 等利用两种真核细胞类型（酵母和哺乳动物），研究了两个发光适配体（MG 适配体和 Spinach）作为体内 RNA 表达报告基因的可行性（Alam 等，2017）。Alam 等提出了二元“劈裂-Spinach”系统作为一个独立的 RNA 逻辑门，并作为一个在体内和体外监测 RNA 杂交的装置。

（6）细胞内代谢产物成像和病毒感染跟踪　环状二核苷酸是一类重要的信号分子，可调节细菌的各种致病反应。然而，缺乏用于监测其体内调节的工具。Kellenberger 等将 Spinach 适配体与天然的 GEMM-I 核糖开关的变体融合，构建了一种基于 FFNAs 的生物传感器，用于在体内检测环状 di-GMP 和环状 AMP-GMP（Kellenberger 等，2013）。有研究者构建了一种封装分段的 Spinach 适配体的病毒样颗粒（VLP），用于在病毒粒子组装和运输过程中对病毒基因组进行协同包装成像。在 VLP 组装过程中，通过减少荧光团对适配体的接触和/或通过扭曲配体结合口袋，可以干扰适配体-配体复合物的荧光发射。

（7）药物传输信号　除了对细胞内 RNA 进行成像外，FFNAs 还可以作为核酸药物递送系统的信号灯。用于细胞递送 siRNAs（<15kDa，19~21nt/链）的模块化纳米结构被构建。纳米结构由一个细胞内化适配体（靶向模块）和一个大的功能性 RNA（负载和信号模块）组成，嵌入在含有两个 Broccoli 适配体的稳定三向连接结构的两个臂内。该纳米结构被证明成功地内化到白血病 B 细胞系中，并在核内体中保持共定位，其荧光可以持续超过 2h 以上（Wang，2021）。

12.5 总结与展望

FFNAs 的出现是核酸检测技术领域的里程碑之一，也是生物传感领域的宿命。在生物传感器的发展过程中，由于蛋白质科学的早期发展，基于蛋白质的生物传感器在研究和应用中占据了主要的地位。随着人们对核酸性质和多样性认识的逐渐加深，以及对非编码核酸的生物学功能和认知的需求，发光核酸应运而生。并且由于核酸合成技术的成熟和广泛的商业化，FFNAs 工具的使用不仅限于核酸物质的传感和成像，还迅速扩展到非核酸物质的检测领域。

总之，FFNAs 在不同领域的应用已经得到了广泛的研究，但要实现 FFNAs 在广泛领域的稳定、有效应用还有很长的路要走。以下几点是未来 FFNAs 研究的重点：①需要从生物学、化学、工程学、药学和临床医学等领域进行更多的跨学科努力；②有必要进一步探索更有效的面向应用的筛选方法和分子设计；③荧光事件的内部原理，如能量转移机制、FNAs 与其配体之间的作用力、荧光衰减的原因等，需要深入研究，特别是 DNA 模板的贵金属纳米团簇；④涉及影响 FFNAs 的化学、光物理和生物相容性的因素需要进行更多的研究，这涉及到 FFNAs 的可调性和在不同生物基质中的应用；⑤纳米材料的结合可以诱导 FFNAs 的多功能性，同时对其性能仍有影响。因此，需要进一步研究如何避免或加强这一过程；⑥目前，绿色荧光蛋白基因在无细胞传感系统中常用作报告基因，开发基于 FFNAs 的无细胞生物传感器也是一个很好的选择；⑦需要进一步评价新开发的 FFNAs 的生物安全性。

参考文献

Alam KK, Tawiah KD, Lichte MF, et al. A fluorescent split aptamer for visualizing RNA-RNA assembly *in vivo* [J]. ACS Synth Biol, 2017, 6 (9): 1710-1721.

Barton JK, Danishefsky A, Goldberg J. Tris (phenanthroline) ruthenium (Ⅱ): stereoselectivity in binding to DNA [J]. J Am Chem Soc, 1984, 106 (7): 2172-2176.

Chen X, Chen K, Du Z, et al. Fusion of binary split allosteric aptasensor for the ultra-sensitive and super-rapid detection of malachite green [J]. J Hazard Mater, 2022, 425.

Constantin TP, Silva GL, Robertson KL, et al. Synthesis of new fluorogenic cyanine dyes and incorporation into RNA fluoromodules [J]. Organic letters, 2008, 10 (8): 1561-1564.

Dolgosheina EV, Jeng SC, Panchapakesan SSS, et al. RNA mango aptamer-fluorophore: A bright, high-affinity complex for RNA labeling and tracking [J]. ACS Chem Biol, 2014, 9 (10): 2412-2420.

Du Z, Zhu L, Xu W. Visualization of copper nanoclusters for SARS-CoV-2 delta variant detection based on rational primers design [J]. Talanta, 2022, 241: 123266.

Filonov GS, Moon JD, Svensen N, et al. Broccoli: rapid selection of an RNA mimic of green fluorescent protein by fluorescence-based selection and directed evolution [J]. J Am Chem Soc, 2014, 136 (46): 16299-16308.

Gotrik M, Sekhon G, Saurabh S, et al. Direct selection of fluorescence-enhancing RNA aptamers [J]. J Am Chem Soc, 2018, 140 (10): 3583-3591.

Guzmán-Zapata D, Domínguez-Anaya Y, Macedo-Osorio KS, et al. MRNA imaging in the chloroplast of chlamydomonas reinhardtii using the light-up aptamer spinach [J]. J Biotech, 2017, 251: 186-188.

He W, Li S, Wang L, et al. Aunps-DNAzyme molecular motor biosensor mediated by neighborhood click chemistry reactions for the ultrasensitive detection of microRNA-155 [J]. Sensor Actuat B-Chem,

2019, 290: 503-511.

JoonáLee I Label/quencher - free detection of single - nucleotide changes in DNA using isothermal amplification and G-quadruplexes [J]. Analyst, 2016, 141 (24): 6503-6506.

Jung JK, Alam KK, Verosloff MS, et al. Cell - free biosensors for rapid detection of water contaminants [J]. Nat Biotechnol, 2020, 38 (12).

Jyotirmayee, Mohanty, Nilotpal, et al. Thioflavin T as an efficient inducer and selective fluorescent sensor for the human telomeric G-quadruplex DNA [J]. J Am Chem Soc, 2013, 135 (1): 367-376.

Kanamori T, Ohzeki H, Masaki Y, et al. Controlling the fluorescence of benzofuran-modified uracil residues in oligonucleotides by triple-helix formation [J]. Chem Bio Chem, 2015, 16 (1): 167-176.

Katilius E, Katiliene Z, Woodbury NW. Signaling aptamers created using fluorescent nucleotide analogues [J]. Anal Chem, 2006, 78 (18): 6484-6489.

Kato T, Shimada I, Kimura R, et al. Light-up fluorophore-DNA aptamer pair for label-free turn-on aptamer sensors [J]. Chem Commun, 2016, 52 (21): 4041-4044.

Kellenberger CA, Wilson SC, Sales-Lee J, et al. RNA-based fluorescent biosensors for live cell imaging of second messengers cyclic di-GMP and cyclic AMP-GMP [J]. J Am Chem Soc, 2013, 135 (13): 4906-4909.

Ketterer S, Fuchs D, Weber W, et al. Systematic reconstruction of binding and stability landscapes of the fluorogenic aptamer spinach [J]. Nucleic Acids Res, 2015, 43 (19): 9564-9572.

Kimura-Suda H, Petrovykh DY, Tarlov MJ, et al. Base-dependent competitive adsorption of single-stranded DNA on gold [J]. J Am Chem Soc, 2003, 125 (30): 9014-9015.

Li K, Lei Z, Zhang C, et al. Graphene oxide nanosheet-mediated fluorescent RPA "turn-on" biosensor for rapid RNAi transgenic plant detection [J]. Anal Chim Acta, 2022, 1189: 339222.

Li T, Zhang L, Ai J, et al. Ion-tuned DNA/Ag fluorescent nanoclusters as versatile logic device [J]. ACS Nano, 2011, 5 (8): 6334-6338.

Liu S, Tian J, Zhu L, et al. A rapid fluorescent ratiometric Ag^+ sensor based on synthesis of a dual-emission ternary nucleotide/terbium complex probe [J]. Microchem J, 2021, 170: 106658.

Malyshev DA, Dhami K, Lavergne T, et al. A semi-synthetic organism with an expanded genetic alphabet [J]. Nature, 2014, 509 (7500): 385-388.

Niu C, Xu Y, Zhang C, et al. Ultrasensitive single fluorescence-labeled probe-mediated single universal primer-multiplex-droplet digital polymerase chain reaction for high-throughput genetically modified organism screening [J]. Anal Chem, 2018, 90 (9): 5586-5593.

Paige JS, Nguyenduc T, Song W, et al. Fluorescence imaging of cellular metabolites with RNA [J]. Science, 2012, 335 (6073): 1194.

Petty JT, Zheng J, Hud NV, et al. DNA-templated Ag nanocluster formation [J]. J Am Chem Soc, 2004, 126 (16): 5207-5212.

Qing T, Qing Z, Mao Z, et al. DsDNA-templated fluorescent copper nanoparticles: Poly (AT-TA) - dependent formation [J]. RSC Advanas, 2014, 4 (105): 61092-61095.

Ramesh B, Dillip G, Rambabu B, et al. Structural studies of a green-emitting terbium doped calcium zinc phosphate phosphor [J]. J Mol Struct, 2018, 1155: 568-572.

Saito Y, Miyamoto S, Suzuki A, et al. Fluorescent nucleosides with 'on-off' switching function, pH-responsive fluorescent uridine derivatives [J]. Bioorg Med Chem Lett, 2012, 22 (8): 2753-2756.

Sengupta B, Springer K, Buckman JG, et al. DNA templates for fluorescent silver clusters and i-motif folding [J]. The Journal of Physical Chemistry C, 2009, 113 (45): 19518-19524.

Shah P, Thulstrup PW, Cho SK, et al. DNA-RNA chimera indicates the flexibility of the backbone influences the encapsulation of fluorescent agnc emitters [J]. Chem Commun (Camb), 2014, 50 (88): 13592-13595.

Shan W, Sun J, Liu R, et al. Duplexed aptamer-isothermal amplification-based nucleic acid-templated copper nanoparticles for fluorescent detection of okadaic acid [J]. Sensors and Actuators B-Chemical, 2022, 352.

Sinkeldam RW, Hopkins PA, Tor Y. Modified, 6-AZA uridines: Highly emissive pH-sensitive fluorescent nucleosides [J]. Chem Phys Chem, 2012, 13 (14): 3350-3356.

Song H, Zhang Y, Wang S, et al. Label-free polygonal-plate fluorescent-hydrogel biosensor for ultrasensitive microRNA detection [J]. Sensor Actuat B-Chem, 2020, 306: 127554.

Song W, Strack RL, Svensen N, et al. Plug-and-play fluorophores extend the spectral properties of spinach [J]. J Am Chem Soc, 2014, 136 (4): 1198-1201.

Sun D, Thompson B, Cathers BE, et al. Inhibition of human telomerase by a G-quadruplex-interactive compound [J]. J Med Chem, 1997, 40 (14): 2113-2116.

Sun X, Li Q, Xiang J, et al. Novel fluorescent cationic benzothiazole dye that responds to G-quadruplex aptamer as a novel K^+ sensor [J]. Analyst, 2017, 142 (18): 3352-3355.

Tian J, Du Z, Zhu L, et al. Fluorescent detection of Cu (Ⅱ) ions based on DNAzymatic cascaded cyclic amplification [J]. Microchim Acta, 2020, 187 (8): 443.

Wang H, Wang J, Sun N, et al. Selection and characterization of malachite green aptamers for the development of light-up probes [J]. Chemistry Select, 2016, 1 (8): 1571-1574.

Wang XX, Zhu LJ, Li ST, et al. Fluorescent functional nucleic acid: principles, properties and applications in bioanalyzing [J]. Trac-Trends in Anal Chem, 2021, 141.

Wang Z, Luo Y, Xie X, et al. In situ spatial complementation of aptamer-mediated recognition enables live-cell imaging of native RNA transcripts in real time [J]. Angewandte Chemie, 2018, 130 (4): 984-988.

Weissman SI. Intramolecular energy transfer the fluorescence of complexes of europium [J]. J Chem Phys, 1942, 10 (4): 214-217.

Xiao B, Niu C, Shang Y, et al. A 'turn-on' ultra-sensitive multiplex real-time fluorescent quantitative biosensor mediated by a universal primer and probe for the detection of genetically modified organisms [J]. Food Chem, 2020, 330: 127247.

Xu W, Wang C, Zhu P, et al. Real-time quantitative nicking endonuclease-mediated isothermal amplification with small molecular beacons [J]. Analyst, 2016, 141 (8): 2542-2552.

Xu Y, Cheng N, Luo Y, et al. An exo Ⅲ-assisted catalytic hairpin assembly-based self-fluorescence aptasensor for pesticide detection [J]. Sensor Actua B-Chem, 2022, 358: 131441.

Yang M, Chen X, Zhu L, et al. Aptamer-functionalized DNA-silver nanocluster nanofilm for visual detection and elimination of bacteria [J]. ACS Appl Mater Inter, 2021, 13 (32): 38647-38655.

Yao J, Gao X, Sun W, et al. $[Ru\ (bpy)^2dppz\text{-}idzo]^{2+}$: A colorimetric molecular "light switch" and powerful stabilizer for G-quadruplex DNA [J]. Dalton Transactions, 2013, 42 (16): 5661-5672.

Zhang J, Fei J, Leslie BJ, et al. Tandem spinach array for mRNA imaging in living bacterial cells [J]. Sci Rep, 2015, 5 (1): 1-9.

Zhao H, Wang YS, Tang X, et al. An enzyme-free strategy for ultrasensitive detection of adenosine using a multipurpose aptamer probe and malachite green [J]. Anal Chim Acta, 2015, 887: 179-185.

Zheng J, Nicovich PR, Dickson RM. Highly fluorescent noble-metal quantum dots [J]. Annu Rev Phys Chem, 2007, 58 (1): 409-431.

Zikich D, Lubitz I, Kotlyar A, et al. Ag^+-induced arrangement of poly (dc) into compact ring-shaped structures [J]. Int Rev Biophys Chem, 2010, 1: 1-6.

13

四链体核酸

核酸作为生命体最重要的生物大分子，遍及所有生物体，其碱基序列、拓扑结构在生命体生长、遗传、变异等过程发挥着重要作用。1953年，Watson和Crick首次提出了DNA双螺旋结构，标志着分子生物学时代的到来。随着人们对核酸分子研究的逐步深入，各类生命活动的机制逐渐被发现，遗传信息的复杂构成也开始被逐渐了解。除了经典的DNA双螺旋结构之外，核酸还具有其他特殊二级机构，如发卡、十字形、双螺旋、三螺旋、i-motifs、G-四链体及其变体G-三链体等。核酸独特的二级结构赋予核酸独特的生理功能和使命，本章着重介绍了G-四链体、G-三链体和i-motif这3种DNA特殊二级结构，包括其结构组成、结构影响因素、特殊功能以及在生物传感、纳米材料、疾病治疗等方面的应用。希望本章内容能为功能核酸的进一步应用和研究提供理论基础和指导。

13.1 概述

对于核酸结构的定义，狭义上可分为 3 类：DNA 的一级结构是指分子中脱氧核糖核苷酸的排列顺序，即单个核苷酸通过磷酸二酯键连接起来（徐小为，2015）；DNA 的二级结构是指脱氧核糖核苷酸链通过氢键与其他核苷酸链配对或分子内周期性折叠形成的螺旋结构，即双螺旋结构和本文介绍的 DNA 特殊二级结构。最为常见的 DNA 二级结构为平行双螺旋，它是由两条反向平行的 DNA 链构成，中间由 A-T、C-G 碱基通过氢键进行互补配对，并形成两个沟槽。

核酸二级结构除了最常见的 Watson-Crick 双螺旋结构外，还有其他因碱基配对形成的特殊二级结构。这些 DNA 特殊二级结构在基因调控、核酸开关和细胞进化过程中起着重要的作用，它们分布在人类基因组的各个位置，与细胞的生长周期、功能和人类疾病等相关，并在各种传感装置中得到推广，例如，适配体传感和人工核糖开关等。Mergny 和 Hélène 在 1998 年首次提出了 G4s 与小分子化合物作用后具有抑制端粒酶的作用（Mergny 等，1998），由此也引发了研究人员对 DNA 特殊二级结构及其功能的关注，并将其应用到纳米智能材料、纳米分子机器、生物传感器等的研发中以及研究其生物学作用机制用于疾病的诊断与治疗。本章剖析了目前在 DNA 特殊二级结构的研究进展以及存在的问题与不足，并对今后的研究方向做出了展望，以期为 DNA 特殊二级结构在生物传感器、智能材料、分子医学等领域的应用提供理论支持。

13.2 四链体核酸的类型

13.2.1 G-四链体的结构

G4s 是由 4 个 G 通过 Hoogsteen 氢键配对形成的 DNA 三维二级结构（图 13.1）。不同于 Watson-Crick 键，Hoogsteen 氢键是 A 碱基的 N^7 和 C^6 上的 N 分别和 T 碱基的 N^3 和 C^4 上的 O 结合，G 碱基上的 N^7 和 C^6 上的 O 分别和 C 碱基上的 C 碱基上的 N^3 和 C^4 上的 N 结合，这种氢键的结合方式使得碱基的配对性极大丰富，为高级结构奠定基础。

G4s 的研究进程与端粒密不可分的，这是由于端粒的本质也是富含 G 的核酸序列。1962 年 Gellert 等通过 X 射线证明了 4 个 G 可以通过 Hoogeteen 氢键结合形成四分体的正方形平面结构（Gellert 等，1962）。随后，研究人员通过 X 射线衍射又进一步证明了 poly-G 形成的 G-四分体中每个鸟嘌呤之间通过 2 个 Hoogsteen 氢键结合，并且作用位点分别在碱基的 O^6 和 N^7 之间（Zimmerman，1975）。而两个或更多个 G 四分体在阳离子（尤其是钾）配位的情况下，可以通过 $\pi-\pi$ 堆叠形成 G4s 结构。20 世纪 80 年代，Blackburn 所在团队证明端粒是真核细胞里线性染色体末端的一小段 DNA 重复序列，并与蛋白质复合为非转录 DNA 提供缓冲物，保护染色体免于融合和退化（Blackburn，1991）。同时期，Henderson 等证明 G4s 在生物体中也具有重要作用（Henderson 等，1987）。随后，2009 年，Cheng 等发现了 G4s 与 hemin 结合具有类过氧化物酶活性，可

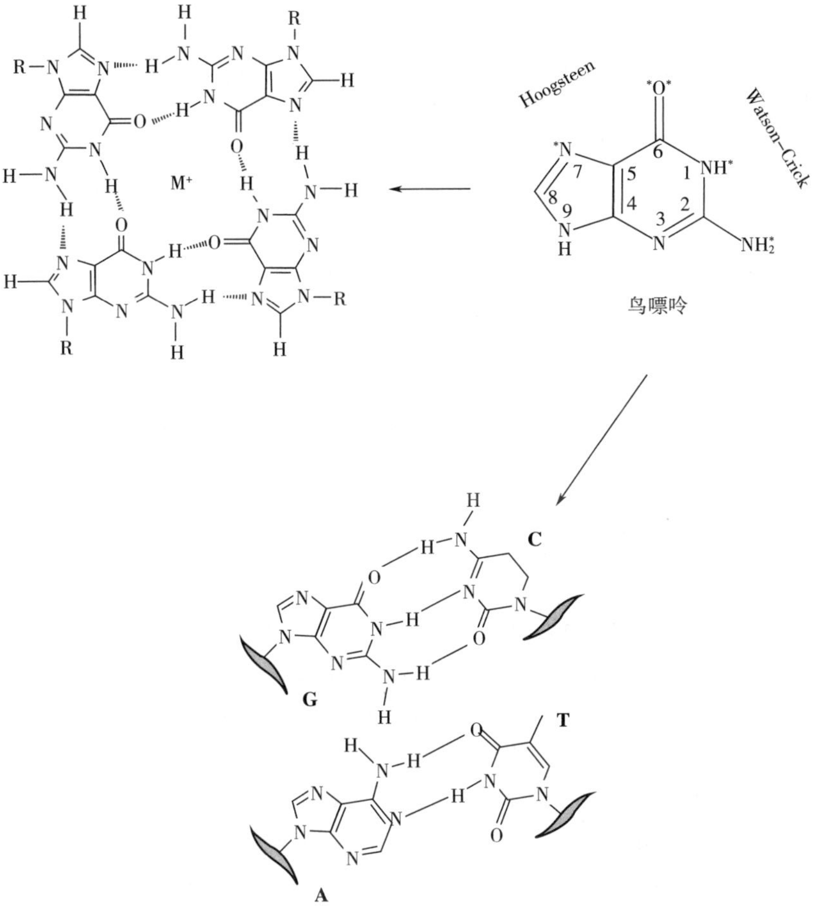

图 13.1 碱基体氢键配对方式

以催化 H_2O_2 和底物发生颜色反应，这又扩展了 G4s 的应用（Cheng 等，2009）。2017 年，Guo 等通过 G4s 链两端腺嘌呤的修饰形成一种耐高温的 G4s 结构，它可以与 hemin 在高温条件下结合，复合物具有过氧化物酶活性（Guo 等，2017）。这对于生物酶大多不耐高温的已知规律是一个完善与补充。

G4s 的拓扑结构可以根据核酸链的数量和方向进行分类（图 13.2）。根据 G4s 中链的数量可以分为分子内折叠和分子间折叠，分子内折叠是由一条链形成的四重折叠，分子间折叠是由两条链或四条链的聚合形成的四重折叠（Kwok 等，2017）。当 G4s 形成分子内折叠时，由于核酸浓度的不同，G4s 结构也可以在分子间折叠和分子内折叠相互转换。根据 G4s 中链的走向还可以将其分成平行、反平行、杂交。圆二色谱显示平行的 G4s 核苷酸键都是反式的，会在 265nm 处出现正峰，在 240nm 处出现负峰；反平行的 G4s 核苷酸键既有顺式又有反式，会在 295nm 处出现正峰，在 260nm 出现负峰（Silva，2007）。G4s 中也会有几种类型的回环（图 13.2），例如，对角环、横向环和螺旋桨环，取决于 G 主链之间的链接。通过对角线连接 G 主链的称为对角环，横向环和螺旋桨环分别连接相邻的反平行 G 主链和平行 G 主链。换言之，即为平行 G4s 具有三个螺旋桨回环，杂交和反平行 G4s 具有横向和对角环（Kwok，2017）。

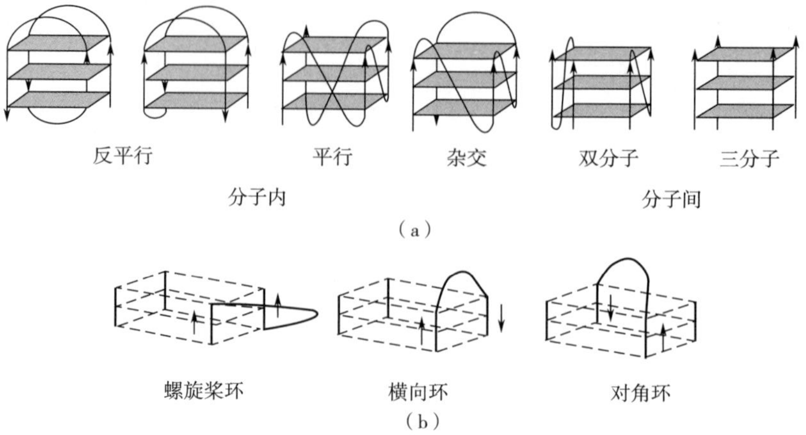

图 13.2 G4s 的结构
（a）G4s 的典型拓扑结构 （b）G4s 的回环结构

到目前为止，含有 1~7 个核苷酸环的常规 G4s 已被广泛研究。越来越多的实验证据表明，非常规 G4s，如含有长环的 G4s，通过形成稳定的结构，在基因组中发挥调节作用。其他二级结构，如环中的发夹，可能有助于长环 G4s 的稳定性（图 13.3）。先前的报道表明，G4s DNA 的稳定性和构象多态性受环的长度和核苷酸组成控制（Tippana 等，2014）。当 G4s 具有长度为 1~10nt 的环时，G4s 为正平行构象（Hazel 等，2004；Webba da Silva，2007；Guédin 等，2008）。基于这些规则，已经开发了几种预测工具来识别潜在的 G4 形成序列（Huppert 等，2005；Kikin 等，2006；Bedrat 等，2016）。这些工具中的大多数使用模式序列 $G_3N_{(1\sim10)}$ $G_3N_{(1\sim10)}$ $G_3N_{(1\sim10)}$ G_3 来预测任意给定序列中的 G4s 分值。但许多最近的研究表明，长于 10nt 的环也可以形成平行的 G4s（Agrawal 等，2014；Amrane 等，2012；Jodoin 等，2014；Lim 等，2014）。G4s 的高通量测序（G4-Seq）是基于 G4s 可以作为聚合酶进程的物理屏障的原理进行的（Chambers 等，2015）。通过在 G4s 稳定条件下进行测序，发现聚合酶暂停位点与 700000 个 G4s 形成序列重叠，其中超过 70%由长环（>10nt）和凸起组成（Chambers，2015）。由于大量的嵌套二级结构，如发夹，使得对具有更长环的 G4s 的研究变得更加复杂（Lim 等，2015）。发夹形成短长度单链 DNA 的能力和人类基因组中反向重复的普遍存在（Brázda 等，2011），使发夹这种二级结构成为最有可能在 G4s 环区域内形成的二级结构类型。考虑到环中含有发夹的 G4s 存在于基因组中（Lim，2015），故对发夹-G4s 进行深入和系统的研究对于全面理解 G4s 在基因组中的功能是必要的。基于此，Ravichandran 等对含有不同大小和结构的长环 G4s 模型进行了系统的生化研究，发现长环 G4s 比常规 G4s 更不稳定，但是当环形成发夹时，它们的稳定性增加（Ravichandran 等，2021）。此外，实验还证实了发夹 G4s 的生物学意义，从而有助于扩大 G4s 的范围和多样性，从而促进未来对 G4s 在人类基因组中的作用研究。

G4s 结构的多态性和特异性使得它在分析化学、分子生物学、生物医学中都显示出

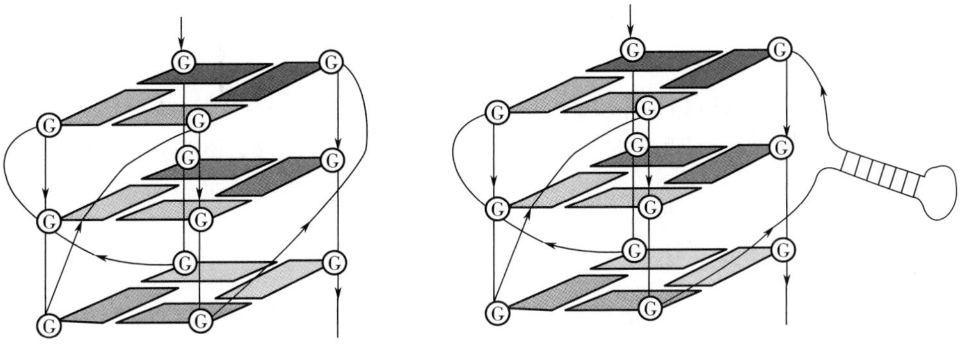

图 13.3 G4s 与 G4s 发夹结构

巨大的应用潜力，已被广泛用于各类传感器、细胞成像和癌症治疗。最近，作为一种重组 G4s 结构，劈裂 G4s 因其柔性结构和设计被应用于多个领域。在这种策略中，G4s 主要作为二元探针，其鸟嘌呤碱基分布在两条不同靶链上，并通过杂交连接在一起，再生的 G4s 结构可以诱导催化能力或使荧光增强。经典的劈裂 G4s 比例有 3∶9、6∶6、9∶3 三种，而非经典的 G4s 劈裂比例则为 2∶10、4∶8、5∶7（图 13.4）。劈裂 G4s 结构可以在 DNA 间隔区插入的 G4s 中产生。有研究发现，非经典的劈裂 G4s 结构（如

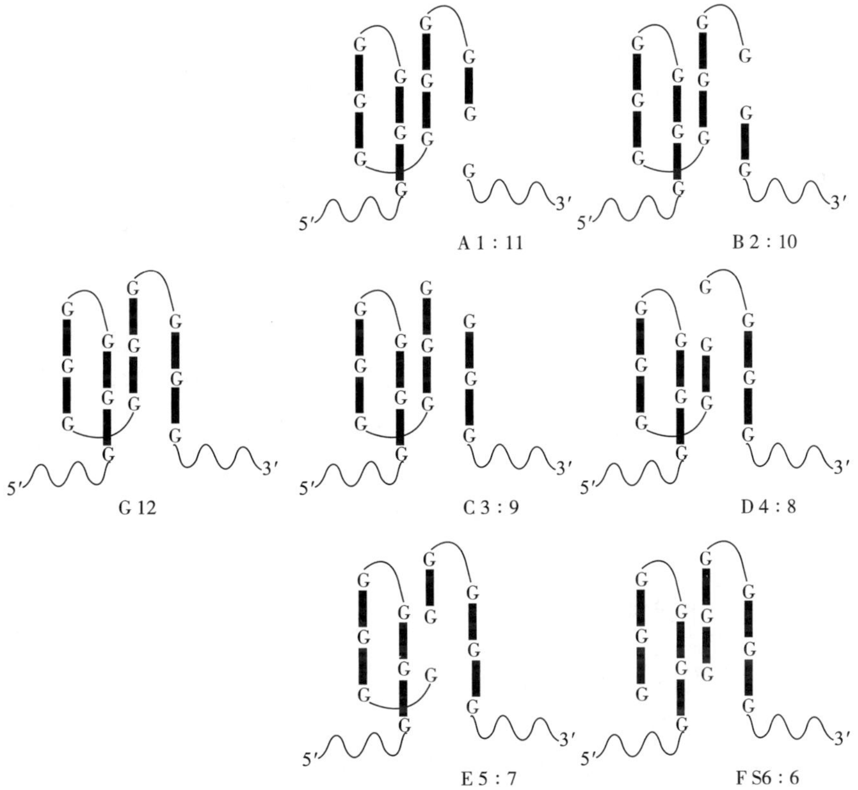

图 13.4 典型 G4s 劈裂模式

2：10、4：8 和 5：7）表现出比经典分裂链（3：9、6：6 和 9：3）更低的稳定性，这与连续鸟苷酸的完整性密切相关（Lv 等，2019）。Deng 等就通过 3：1 分割模式，将血红素 DNA 适配体分为两部分，研发出了一种可见的颜色信号来识别单核苷酸多态性的灵敏探针，该测定法最重要的特征是可以作为一种灵敏的探针，在室温下通过“肉眼”直接观察单核苷酸多态性，这使得它比依赖仪器的其他方法更方便（Deng 等，2008）。

13.2.2 G-三链体的结构

2013 年，Limongelli 等在探究结合金属离子形成四螺旋体结构的凝血酶适配体 DNA［d（GGTTGGTGTGGTTGG），TBA］时，发现 TBA 序列后面的“TTGG”核酸去掉后会形成的一种类似于 G4s 的 G-三链体结构（Limongelli 等，2013）。作为 G4s 结构的变体，G-三链体也有类似于 G-四分体的共平面三聚体，是由 3 个 G 之间通过 Hoogsteen 氢键相连形成的 G-三分体，2 个 G-三分体相互堆积形成 G-三链体（图 13.5）。但 G-三分体需要在较为苛刻的条件（70mmol/L KCl）下形成（Cerofolini 等，2014），一般没有 G4s 稳定。除了结构相似，G-三链体与 G4s 一样都具有类过氧化物酶活性（Wang 等，2013），这拓展了 G-三链体的应用范围。并且，2016 年，Xu 等首次发现 G-三链体与 Cu^{2+} 结合可以催化 Diels-Alder 反应，进一步扩大了其应用范围（Xu 等，2016）。

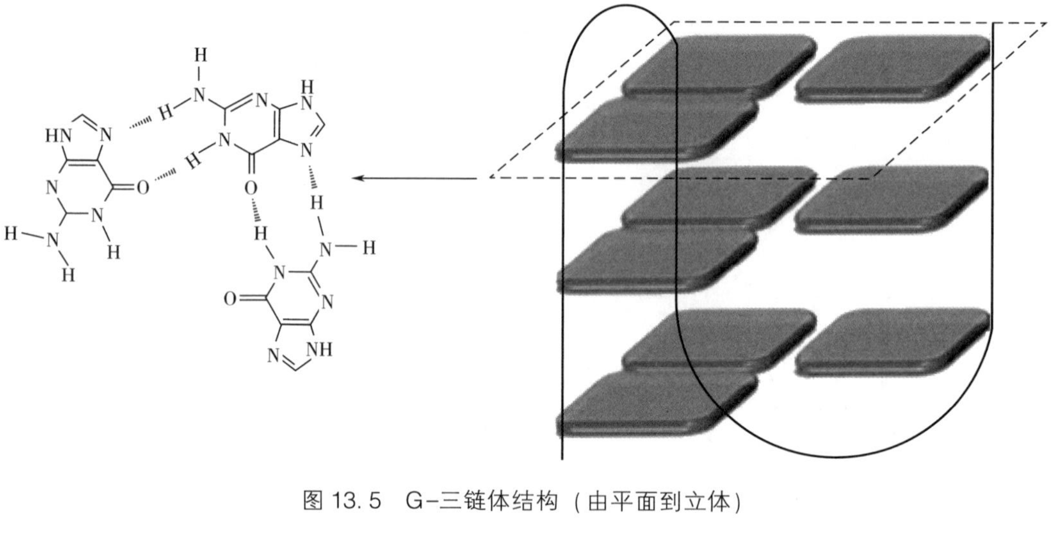

图 13.5 G-三链体结构（由平面到立体）

13.2.3 C-四链体的结构

生物体内基因富含 G，根据碱基互补配对原则，其互补序列中必然富含 C。1993 年，Gehring 等在研究 DNA 序列 d（TCCCCC）在弱酸条件下的二级结构时，利用核磁共振首次提出了 i-motifs 四链体结构（图 13.6）（Gehring 等，1993）。它是一种插层结构，即两条 C 链利用 C：C+配对形成一个平行双螺旋结构，和另外两条双螺旋链头尾交叉。1994 年，Manzini 等利用圆二色谱法证明（C3AT2）C3T 形成了 i-motifs 结构。

由于 i-motifs 结构需要在 pH 比较低的情况下形成，所以大部分关于 i-motifs 结构的研究都只是在体外进行（Manzini 等，1994）。2000 年，Phan 和 Leroy 得到了人端粒 DNA 序列在溶液中形成的 i-motifs 的晶体结构（Phan 等，2000）。

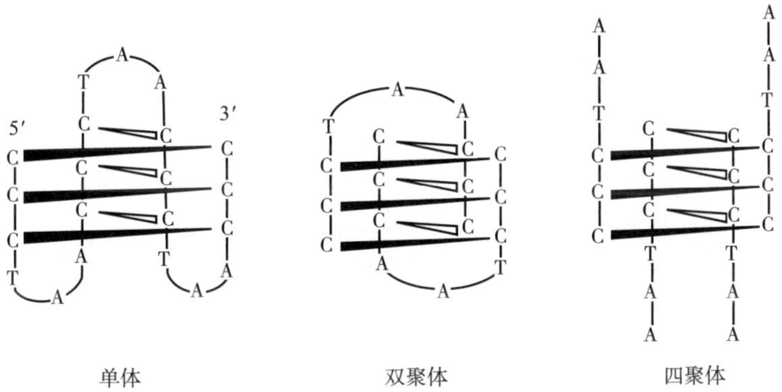

图 13.6　C-四链体结构

i-motifs 结构与 G4s 结构分类类似，通过 i-motifs 形成的核酸链可以分为单体 i-motifs［d（CCCTAACCCTAACCCTAACCC）］、双聚体 i-motifs［d（CCCTAACCC）］、四聚体 i-motifs［d（CCCTAA）］（朱燕平，2014）。如果由一条链经分子间折叠构成单体 i-motifs 结构时，会存在两种构型：5′ E 和 3′ E。当闭合的 C：C+碱基对在 5′端时形成的结构称作 5′ E，而在 3′ 端时称作 3′ E。而四聚体 i-motifs 有 S 型、R 型和 T 型之分，当温度在 15~50℃时，R 型最稳定，S 型次之，T 型最不稳定。RNA i-motifs 的结构不稳定，是由于它比 DNA i-motifs 结构少了一对 2-OH/2-OH 的排斥作用引起的。

13.3　四链体核酸结构的影响因素

G4s、G-三链体和 i-motifs 等核酸独特的拓扑构象会根据周围环境，如阳离子、pH 和拥挤程度等发生显著变化。因此，尽管具有相同序列，但还是可以观察到核酸二级结构不同的拓扑或构象，故在研究核酸独特二级结构的应用时，一定严格控制环境条件的变化。

13.3.1　G-四链体构象的影响因素

在构成 G4s 的共平面 G-四分体中，4 个 G 的 O^6 位于四分体的中心，每个平面之间需要结合金属离子进行稳定。Miles 和 Frazier 提出一个理论：每两个 G-四分体之间会形成一个类似笼子的结构，离子正好以稳定结构结合在笼子里（Miles 等，1978）。G4s 结构的稳定性受金属阳离子、pH、分子拥挤程度、碱基排布、氧化损伤以及与其结合的蛋白质、小分子配体等因素的影响（图 13.7）。

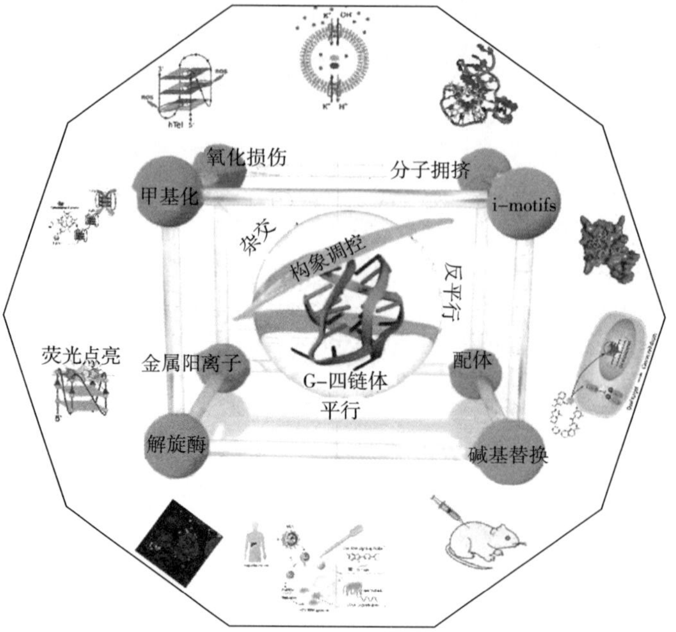

图 13.7　G-四链体的构型调控

13.3.1.1　阳离子

Na^+、K^+、Mg^{2+}和$NH_4{}^+$对于稳定 G4s 内部的 N 和 O 原子产生的负电位至关重要（Bugaut 等，2012）。G4s 结构的稳定性很大程度上取决于阳离子的种类、大小和浓度，如 K^+、Na^+、Mg^{2+}（Bugaut，2012）。一般公认的一价离子稳定 G4s 的能力为：$K^+ \gg Na^+ \gg NH_4^+ \gg Cs^+$（Guschlbauer 等，1990）。几个 G-四分体堆叠阵列形成 G4s，其通过配位鸟嘌呤的羰基以配位形式被适当的金属离子稳定。一般来说，就富含 G 的序列而言，所采用的优选 G4s 结构主要取决于阳离子的大小（Kim 等，2016）。G4s 构象和拓扑结构可以根据金属阳离子的直径而改变。此外，富含 G 的 DNA 序列可以在不同类型的离子条件下采用不同的 G4 拓扑结构，如 K^+、Na^+、Pb^{2+}（Yu 等，2018）。PW17 在 K^+存在下形成典型的平行 G4s，在 Pb^{2+}存在下形成反平行 G4s（Ma 等，2019）。有趣的是，在其他离子存在的情况下，K^+可以稳定杂交 G4 DNA 结构，因此可以为药物递送开发稳定的靶标（Ambrus 等，2006；Ma，2019）。通过改变金属阳离子的浓度和种类，可以促进 G4s 多聚体的形成（Yu 等，2016）。T30965 是针对整合酶的适配体，且在 Pb^{2+}存在下形成稳定的 G4s（Jing 等，1997）。Na^+可以诱导 Pb^{2+}-T30695 发生构象变化，由部分平行变为完全平行。然后，完全平行的 Pb^{2+}-T30695 通过 5′-5′堆积二聚化，使 Pb^{2+}结合在分子内 G4s 之间，Na^+结合在分子间 G4s 之间，实现多聚体的形成。G4s 一旦被金属阳离子稳定，就可以通过与其他种类的金属阳离子结合而改变其构象。当金属阳离子竞争性地与 G4s 结合时，就改变其拓扑结构。多聚体的形成便是在两种金属阳离子的存在下被促进，一种结合在分子内的 G-四分体之间，另一种结合在分子间的

G-四分体之间。目前，已经提出了单价和二价阳离子对 G4 稳定作用的大小排序，总的趋势是 Sr^{2+} > Ba^{2} + > K^{+} > Ca^{2+} > Na^{+}、NH^{4+}、Rb^{+} > Mg^{2+} > Li^{+} ≥ Cs^{+}（Largy 等，2016）。其中，Ca^{2+}对于 G4s 结构具有特殊作用，它首先能使反平行的 G4s 转变成平行的 G4s，然后将所有平行排列的 G4s 向 G-wire 结构转变。值得注意的是，由于 G4s 构象可以根据金属阳离子的种类和结合顺序而改变，G4 可以用作记忆周围环境的元件。显示不同构象的特定离子依赖性 G4s 被设计用于在 Pb^{2+}和 K^{+}存在下构建高选择性人工跨膜通道（Li 等，2020）。G4s 中的阳离子依赖性拓扑变化可以作为阳离子探针具有广阔的实际应用前景。

13.3.1.2 pH

在体内，pH 的变化起着许多重要的作用，是一种很好的调节剂，因为它比蛋白质结合、小分子结合和水合变化等其他触发因素更容易控制。一般来讲，G4s 在低 pH 下不稳定。

G4 形成序列的存在显示了 pH 依赖的多态性，这可用于构建生物开关。启动子区域中 SMARCA4 基因的 25 个主要核苷酸折叠成 pH 依赖的 G4s 结构（Benabou 等，2019）。以前的综述表明，富含 G 和 C 的端粒序列链可以明显地与双链 DNA 竞争，特别是在酸性条件下（Brooks 等，2010）。在 pH 5.3~7.0，温度低于 64℃时有利于 G4s 的解折叠和随后转变回双链 DNA（Kaiser 等，2017；Kendrick 等，2009）。相反，当 pH<5.0 时，低至中等温度（低于 55℃）比双链体更有利于 G4s 的形成。因此，由于 i-motifs 基序结构形成的驱动力，中等酸度 pH 水平可以将 DNA 双链稳定为 G4s 和 i-motifs 基序（Kendrick 等，2010）。

13.3.1.3 分子拥挤程度

稳定 G4s 结构一般在稀释的溶液中研究。而细胞质中却高度拥挤着各种生物分子，像蛋白质、核酸、脂类和多糖等大分子，它们占据了细胞内环境，质量浓度高达 0.4g/mL（Chen 等，2009），大约是细胞体积的 20%~40%，细胞中的这种拥挤状况被认为在体内发挥了一些作用。由于这种细胞内环境与体外的稀释条件有很大不同，因此有必要考虑体外的结果是否可以在细胞内环境中重现。在体内展开 G4s 形成拓扑结构并以特定的 G4s 基序为目标，对基于 G4s 识别的治疗策略有深远影响（Manna 等，2018）。PEG 的引入可以改变溶液的几个方面，例如，降低介电常数和水分活度、增加黏度和排除体积，这可能会影响 G4s 的稳定性。研究表明，G4s 的构象和稳定性受到分子拥挤的显著影响。例如，来自尖尾虫属（Oxy）、四膜虫属（Tet）和人类的端粒序列的 G4s 构象受到分子拥挤的影响（Miyoshi 等，2002）。在人端粒 G4s 中，PEG 模拟的分子拥挤条件会改变其构象，这表明晶体结构中的平行 G4s 并不是溶液中的主要结构（Li 等，2005）。氧化端粒序列在稀释条件下形成分子内反平行 G4s，但在拥挤条件下形成分子间平行 G4s。同时，虽然人类和 Tet 端粒序列只有一个碱基不同，但 Tet 端粒序列在拥挤条件下形成了很长的 G 线，而人类序列没有。在高 DNA 浓度下添加 PEG，可以驱动杂交 G4s 向平行拓扑结构的转变。因此，在评估配体分子对 G4s 结构稳定性的影响时，应考虑分子拥挤，以避免假阳性结果（Chen，2009）。分子拥挤条件也会影响 G4s 折叠/展开。在稀释条件下，端粒 DNA 通过 Watson-Crick 碱基对折叠成双链体。然而，在拥挤条件下，它们单独折叠成 G4s 和 i-motifs 结构。此外，分子拥挤还可以通过改变 G4s 的稳定性和构象或底物/端粒酶复合物中 DNA/RNA 杂合体的稳定性来影响端粒酶活性（Matsumoto 等，2020）。不可否认，分子拥挤对 G4s 的生化特性以及生物分子反应的速率、平衡和机制有着根本性的影响。

13.3.1.4 碱基替换

核酸碱基替换对四链体的结构和稳定性表现出位置依赖性的影响。修饰的环显示了结构的整体稳定性，而茎中的取代导致了四链体结构的完全不稳定。Tucker 等（Tucker 等，2018）证明，G4s 结构的热稳定性与端粒序列中存在的腺嘌呤的数量和位置直接相关。在 K^+溶液中，含有四个人类端粒变体 CTAGGG 重复序列的 DNA 序列形成一个新的反平行分子内 G4s，含有两个 G4s 和一个破坏的 G4s。或者，将 G4s 块堆叠在彼此的顶部，以适应由于原始 G4s 稳定性降低而产生的不同碱基。Maiti 等（Agarwal 等，2011）提出，四链体的几种修饰可能会破坏二级结构，干扰靶结合，从而降低治疗效果。

13.3.1.5 氧化损伤

在四种 DNA 核碱基中，鸟嘌呤由于其低氧化还原电位而最容易被氧化。氧化应激对 G4 构件的影响主要是有害的，因为鸟嘌呤是敏感的。一些人类端粒寡核苷酸序列可以耐受显著的氧化应激，这取决于 G4s 取代位点（ROS 的初级产物）（Bielskutė 等，2019）。对病变的调节可以通过较小的结构调整或较大的构象变化来实现。含有氧化损伤的 G4s 结构的稳定性降低很可能是由于氢键网络的改变导致的。结构变化和随之而来的对 G4s 结构的（去）稳定作用取决于寡核苷酸序列中 G4s 取代的位置，以及特定位点是否对应于亲代 G4s 结构中反式或顺式构象的鸟嘌呤。

13.3.1.6 结合蛋白（解旋酶）

G4s 解旋酶在复制中是必不可少的，它们的功能障碍可能直接导致基因组不稳定（Berroyer 等，2020）。迄今为止，已知 95 种不同的解旋酶，它们深度参与基因组监测和 DNA 损伤修复（Zell 等，2021）。大多数解旋酶至少在体外可以解开不同形式的 DNA/RNA 结构，但对一些特殊结构，如 G4s，表现出较高的识别能力。以前的综述讨论了三种不同的螺旋酶，它们在保护相关 G4s 免受损伤方面发挥着非常独特的作用（Lansdorp 等，2019）。不同的 G4s DNA 结构和特定基因组位置和端粒上的特定 G4s 解旋酶在调节基因表达和维持基因组稳定性中的重要作用已经得到重视。特别令人感兴趣的是，普遍报道解旋酶分解端粒 G4s 的作用受到 G4s 配体的抑制（Lansdorp，2019；Zell，2021）。

13.3.1.7 配体

单重复人类端粒序列（TTAGGG）的 G4s 结构具有四链体、磷酸沟以及侧面的环

(Maji 等，2014)。5′-G4s 表面相对更疏水，有利于 $\pi-\pi$ 堆积相互作用，而 3′-表面更适合静电相互作用（Betori 等，2020)。G4s 的两端和沟环区是设计 G4s 结合配体的潜在目标（Dhamodharan 等，2019；Liu 等，2018；Xu 等，2017)。除了末端堆积结合模式，一些配体还可以通过与环碱基堆积，形成分子间氢键，通过静电相互作用识别主链，或识别连续 G4s 嵌段之间的位置来识别环（Abraham Punnoose 等，2017；Cao 等，2017)。Haudecoeur 等设计了一种化合物，当它与 G4s 相互作用时，其结构可以重排，确保四链体选择性的高水平，从而控制其亲和力（Haudecoeur 等，2013)。RNA G4s 中的环在端粒重复 RNA（TERRA）与异质核核糖核蛋白 A1（hnRNP A1）的结合过程中至关重要，表明该结构取决于人类端粒的功能调节。此外，赋予配体的 G4s 的阴离子磷酸主链应该是缺电子的，以有效地稳定堆积相互作用。一般来说，不同的 G4s 识别模式总结如下：①堆积在 G4s 核心的末端；②通过氢键或疏水相互作用结合的凹槽；③核心中存在一条或多条链；④与主链（核心和环）的相互作用；⑤与环碱基的相互作用（Dhamodharan，2019)。

13.3.1.8 G4s 与 i-motifs 的相互影响

G4s 和 i-motifs 在自然、转录、复制、重组和修复中的相互影响导致显著的扭转应力（Brooks，2010)。DNA 的转变需要双螺旋的局部展开，这是为了减轻扭转应力。当双螺旋局部解链时，i-motifs 在生理条件下形成。近几年的研究开始阐明 G4s/i-motifs 元件作为调节转录开关的机制（Brown 等，2017)。二级 DNA 结构的形成“掩盖”了这些结合位点，阻止了它们在转录激活或抑制中的功能。这在二级 DNA 结构和双链 DNA 之间建立了一种动态平衡，双链 DNA 可以在稳定的细胞内蛋白质或小分子结合时向 G4s/i-motifs 的形成移动。至于 G4s 结构之间的相互影响，包含相邻 G4s 的序列的一个众所周知的例子是由原癌基因 KIT 代表的。开创性的研究表明，在同一条链的较长序列中，所有 G4s 单位之间存在结构和功能上的联系，当这些 DNA 基序作为抗癌药物靶点时，必须考虑这种联系（Ducani 等，2019)。

13.3.2 G-三链体构象的影响因素

G-三链体结构受核酸分子拥挤程度、金属离子浓度等的影响。金属离子对 G-三链体的稳定能力的顺序为 $Ca^{2+}>K^{+}>Mg^{2+}>Na^{+}$（Jiang 等，2015)。$Ca^{2+}$ 无论在稀溶液中还是在核酸分子拥挤溶液中，都会促使平行的 G-三链体的形成。即便 G-三链体在分子拥挤和 Ca^{2+} 同时存在的情况下，它由 2 个 G-三分体形成的结构熔解温度也比生理温度低；而由 3 个 G-三分体形成的结构熔解温度是非常高的，尤其是在 K^{+} 或 Ca^{2+} 和分子拥挤同时存在的情况下，这也暗示着 G-三链体可以在生理条件下存在。K^{+} 和 G-三链体结合是放热反应；Ca^{2+} 和 G-三链体结合是吸热反应。值得特别注意的是，Ca^{2+} 对生理活动是非常重要的金属离子，它对 G-三链体起到稳定作用，由此可以推测出 G-三链体对人体的生命活动也发挥着重要作用。

13.3.3 i-motifs 构象的影响因素

通常，i-motifs 结构是在酸性条件下物理诱导形成，因为 i-motifs 的形成需要半质子化胞嘧啶二聚体，富C序列在pH 5时折叠成C-四链体结构存在，而在pH 8的条件下去折叠。但也存在部分富G序列，例如，RET癌基因的近端启动子区域，可以在接近中性的条件下折叠，这种折叠和去折叠过程所用的时间约为100ms。pH改变其构象的典型结构便是i-motifs。pH是一个关键的生理参数，在各种细胞行为和生物过程的调节中起着至关重要的作用，包括细胞增殖和凋亡、细胞代谢、神经元活动、炎症和多药耐药性（Han等，2010；Hou等，2017；Simon等，1994；Webb等，2011）。异常pH是许多心肺和神经系统问题的典型标志，如心肌缺血（Liu等，2014）和阿尔茨海默氏病（Davies等，1993）。因此，监测和感知活生物体中的pH梯度对于了解细胞功能和更好地理解生理和病理过程至关重要。一般来讲，i-motifs在pH 4~5时是稳定的。关于i-motifs结构的其他影响因素，如环的长度，先前的研究表明折叠构象的稳定性取决于环的长度，较短的环比较长的环更稳定。i-motifs结构通常还受到温度、磷酸骨架结构、连续胞嘧啶的序列、分子拥挤环境以及羧基修饰的碳纳米管或石墨烯量子点等条件的影响。

13.4 核酸二级结构的表征

核酸的二级结构的分析方法包括核磁共振分析、圆二色性光谱学、X射线结构分析、微尺度热泳分析等。以G4s为例，由于G4s的不寻常结构和折叠，人们需要使用各种生物、物理技术来鉴定G4s的形成并研究、表征其结构特性。例如，G4s结构的拓扑可以通过监测特定波长下正或负圆二色性信号来确定（Kwok，2017）。圆二色谱显示平行的G4s核苷酸键都是反式的，会在265nm处出现阳性峰，在240nm处出现阴性峰；反平行的G4s核苷酸键既有顺式又有反式，会在295nm处出现阳性峰，在260nm出现阴性峰（Balagurumoorthy等，1992；Hardin等，1991）。最近，由人类端粒寡核苷酸形成的“混合”结构，在290nm处显示出一个强峰，在约270nm处有一个肩峰，在235nm和255nm处有一个低谷（Luu等，2006）。为了验证G4s的形成，可以在非G4s稳定化（Li^+）和G4s稳定化条件下（例如，K^+或具有G4s配体）进行圆二色性光谱实验，并扫描其远紫外区（180~230nm）。如果在一定温度范围内进行，圆二色性光谱也可用于观察G4s的解链，从而确定T_m、ΔH和ΔG_0等热力学参数，这是比较结构稳定性的重要信息（Balagurumoorthy等，1994；Balagurumoorthy，1992）。比如，G4s结构的热稳定性可以通过观察295nm处的UV信号来鉴定（Mergny等，1998）。在G4s解链时，295nm处的紫外吸收降低，导致减色位移，这是G4s结构的显著特征。

表征全细胞中G4s的方法也已经有了显著的进步。现在有两种结构特异性抗体可在一系列真核细胞和感染富含G4s病毒的细胞中促进G4s产生免疫荧光。与此同时，一系列“发光”化学探针正在迅速开发，已经发现某些染料，如苯并噻唑ThT和*N*-甲基中卟啉Ⅸ在与G4s结合时会发出荧光（Kreig等，2015；Renaud de la Faverie等，2014），提供了点亮的结构探针，可用于体外检测G4s。全细胞免疫荧光分析可能特别具有挑战性，因为染色质可以掩盖G4s表位，并且G4s可能是动态的，在体内仅瞬时折叠。

与前面提到的通过全细胞成像检测单 G4s 基序的挑战相反，下一代测序（NGS）的出现为在基因组/转录组水平上设计 G4s 特异性 NGS 方法提供了一个极好的机会，可以大致分为抗体介导的下拉方法和聚合酶停止两种。G4s 折叠的规则是复杂的、微妙的。因此，需要探索更多新的，具有优异的分辨率、通量和灵敏度的体内方法来研究 G4s 的时空形成、其结构折叠和动力学，以及细胞因子对细胞环境中普遍存在的 G4s 的影响。在过去的几年中，细胞成像方法取得了巨大的进步，但围绕解析单个 G4s 基序的可行性、G4s 在染色质环境中的相对可及性以及许多 G4s 在体内的潜在短暂性，仍然存在挑战。值得注意的是，G4s 在特定基因中的细胞定位和活细胞成像在很大程度上未经测试，这将需要序列特异性 G4s 抗体、寡核苷酸缀合的 G4s 探针，或免疫荧光测定和荧光原位杂交的组合。总之，随着科技的进步、技术的创新，解决与 G4s 在不同生物体中的流行、定位、多样性、动力学、相互作用和定位有关的生物学问题指日可待。

13.5 四链体核酸的功能

核酸独特二级结构的多种拓扑结构和良好的可编程性使其成为实现对核酸、蛋白质、酶活性、离子、小分子、外泌体、细胞和微生物等进行高选择、高灵敏和特异性检测的有效工具。序列决定结构，结构赋予性质及功能，功能给予应用，本节重点总结四链体核酸的性质及功能。

13.5.1 G-四链体的功能

13.5.1.1 亲和识别性

通过 SELEX 技术进化鉴定的适配体能够高选择性识别和结合小分子、金属离子和蛋白质等物质（Fang 等，2010）（解离常数 K_d 低至亚纳摩尔、纳摩尔量级）。大量的适配体在与其靶标结合后可以折叠成 G4s 结构用于检测金属离子（Chen 等，2015）、小分子、蛋白质等物质，在体内外实现广泛应用。

Yang 等结合 G4s 和 AuNP 设计了一种新的比率荧光纳米探针，称为基于适配体的 FRET 纳米耀斑，用于检测活细胞中的 K^+浓度（Yang 等，2016）。玉米素是细胞分裂素的一种主要类型，在高等植物中普遍存在，并参与调节广泛的发育过程。玉米素的高度特异性配体的开发将在植物生物学研究中非常有用。Qi 等针对反式玉米素产生的寡核苷酸适配体进行优化，研制了一种基于氧化石墨烯的荧光开启型玉米素传感器（Qi 等，2013）。这种适配体传感器的特异性分析显示对玉米素有良好的响应，而对生物样品中大量存在的腺嘌呤衍生物（玉米素类似物）没有响应。结果显示优化后适配体在玉米素的化学分析和生物学研究中的巨大潜力。

由于 G4s 具有稳定的结构、低免疫原性且细胞摄取优异，故可以使用含 G4s 的适配体作为疾病如癌症的治疗和诊断剂（Wu 等，2013；Zhan 等，2019）。细胞膜表面的 CD63、CD9、PTK7 和 MUC1 都是 G4s 靶向的识别位点。值得注意的是，在

Spinach 适配体的独特结构支架中发现了 G4s，该适配体已被定制用于配体结合和活细胞成像（Han 等，2013）。AS1411 适配体是一种富含 G 的寡核苷酸（5′-GGTGGTGGTGGTTGTGGTGGTGGTGG-3′），是临床研发的最常用的 G4s 适配体，可结合肿瘤细胞细胞膜中的核仁素，以改善癌症治疗方法。Feng 等在临床试验Ⅱ中使用适配体 AS1411 和功能化石墨烯实现了可重复、无标记的癌细胞检测，AS1411 及其互补 DNA 被用作纳米级锚定基底来捕获/释放细胞，基于此开发的电化学适配体传感器可以区分癌细胞和正常细胞，检测限低至 1000 个细胞（Feng 等，2011）。结缔组织生长因子（CTGF）是一种广泛应用的生物标志物，与糖尿病视网膜病变、糖尿病肾病、类风湿性关节炎等多种疾病有关，在人类恶性肿瘤中常过度表达。因此，需要敏感、特异、有效的检测 CTGF 的方法，以便早期诊断和评估预后。Gao 等通过 SELEX 技术获得了特异性结合 CTGF 的适配体 G4s-APT1M6T，并通过分子模拟建立了稳定的 APT1M6T-CTGF 复合物模型，阐明了 APT1M6T 和 CTGF 的分子识别机制，为 APT1M6T 的合理定点修饰提供了实验指导，并开发了基于 BLI 的酶联适配体夹心分析（BLI-ELASA）策略。该方法具有较高的选择性、重现性和稳定性，可用于血清和尿液样品中 CTGF 的分析（Gao 等，2019）。

形成 G4s 的适配体具有从小分子到蛋白质的各种靶标，因此，基于它们的适配体传感器已经开发出针对包括癌细胞在内的各种靶标。关于 G4s 作为用于蛋白质和酶识别的适配体的更多信息可以在以前的综述中找到（Lao 等，2015），表 13.1 总结了可亲和识别靶标的代表性 G4s 序列。

表 13.1　具有代表性的可亲和识别靶标的 G4s 序列

含 G4s/rG4s 适配体	靶标	适配体序列
T40214	STAT3	d（AGCGTCGAATACCACACGGGGGTTTTGGTGGGGGGGGCTGGGTTGTCTTGGGGGTGGGCTAATGGAGCTCGTGGTCAT）
3R02	VEGF	d（TGTGGGGGTGGACTGGGTGGGTACC）
ISIS 5320	HIV gp120	d（T * T * G * G * G * G * T * T）
AS1411	Nucleolin	
93del	HIV integrase	d（GGGGTGGGAGGAGGGT）
RT6	HIV reverse transcriptase	d（ATCCGCCTGATTAGCGATACTCAGGCGTTAGGGAAGGGCGTCGAAAGCAGGGTGGGACTTGAGCAAAATCACCTGCAGGGG）
ODN 93	HIV RNase H	d（GGGGGTGGGAGGAGGGTAGGCCTTAGGTTTCTGA）
ODN 112	HIV RNase H	
TBA	Thrombin	d（GGTTGGTGTGGTTGG）
RA-36	Thrombin	d（GGTTGGTGTGGTTGGTGGTTGGTGTGGTTGG）
Scl 2	Sclerostin	d（TTGCGCGTTAATTGGGGGGGTGGGTGGGTT）

续表

含 G4s/rG4s 适配体	靶标	适配体序列
R12	PrPC	
PPK2 G9	PPK2	d（AACACATAGGTTTGGTTAGGTTGGTTGGTTGAATTA）
Spinach	DFHBI	
Mango	TO1	r（UACGAAGGGACGGUGCGGAGAGGAGAGUA）
PS2. M	Hemin	d（GTGGGTAGGGCGGGTTGG）

13.5.1.2 荧光特性

伴随着人类对活细胞基因组中 G4s 拓扑结构的进一步探索研究，细胞成像技术不断发展且日趋成熟，实现了对 G4s 动态形成的实时监测和单分子可视化操作，具有内在荧光的 G4s 配体也被广泛发掘并应用于生物成像和检测领域，如黄连素-双喹啉复合物、*N*-甲基吗啡啉（NMOL/LM）、四氢噻吩（tetrahydrothiophene，THT）、噻唑橙（TO）、结晶紫（CV）、三苯甲烷（TPM）、三苯胺（TPA）等小分子物质。这些物质能够选择性地结合并稳定 G4s 结构，且它们的光物理性质可以随着 G4s 微环境的相互作用显著变化，而 G4s 则可以提供疏水环境来稳定染料分子，防止染料的自猝灭。因此，G4s 可以结合特定的荧光染料，大大增强其荧光强度。这一特性已被广泛用于鉴别细胞中是否存在 G4s，为 G4s 的可视化提供了一个强大的工具。此外，为了将适配体结合事件转变成读出信号，适配体通常在与靶结合时经历构象变化以激活传感机制。该策略将 G4s 识别元件整合到 DNA 中，作为能够控制构象变化的读出信号，并已广泛用于核酸生物传感器。

Liu 等基于 ThT 与特定 G4s 的构象变化设计了一个无标记“turn-on”生物传感器，用于检测生物硫醇的含量（Liu 等，2017）。2017 年，有研究报道了一种简单、快速且无标记的 ATP 检测方法，该方法利用 ThT 染料与富 G 的 ATP 适配体，设计了一款基于 G4s 形成的荧光 ATP 传感器（Liu 等，2017）。同年，He 等利用抗双酚 A（BPA）适配体和 Mo_2C 纳米管，开发了一种用于 BPA 检测的无标记低背景信号生物传感器（He 等，2017）。在 Help-DNA 的帮助下，抗 BPA 适配体会显著增加 NMOL/LM 的荧光信号。当 BPA 与抗 BPA 适配体互相作用时，会改变配体构象并阻止 G4s 的形成，导致荧光猝灭。

丝氨酸蛋白凝血酶（TBA）是一种凝血因子，在止血、血液疾病和癌症中发挥作用，是动脉粥样硬化、癌症、肿瘤等多种疾病的重要生物标志物。凝血酶适配体是一种 15 个碱基的单链 DNA，序列为 5′-GGTTGGTGTGGTTGG-3′。它可以通过两个平行的 G4s 结构与靶点结合。与 ATP 适配体不同，凝血酶结合适配体的折叠结构中没有双重区域。作为最早研究的适配体，TBA 具有在凝血酶存在下将其二级结构从随机卷曲变为反平行 G4s 的优点。但是，TBA 凝血酶的解离常数在纳摩尔范围内，不满足临床检测的皮摩尔范围需要。2017 年，Shen 等基于 TBA 诱导的手性超分子组装的新型信号放大策略大大提高了对凝血酶的检测灵敏度（Shen 等，2017）。他们设计了一种菁染料探针 3-乙基-2-［3-（3-乙基-3H-苯并硒偶氮-2-亚基）-2-甲基丙基-1-烯基］苯并硒偶氮溴化铵（DMSB），可以特异性地结合在 TBA 的 G4s 结构上并组装成手性 J-聚集体，极大地放大了检测信号。这种新型凝血酶检测方法可以高选择性地将凝血酶与其他非特异性类似蛋白区分开来，并可用于检测稀释的真实人血清样品中的凝血酶，在临床上快速检测凝血酶有巨大潜力。

除此之外，癌症标记蛋白，如高糖基糖蛋白化跨膜蛋白黏蛋白 1（MUC1）（Fan 等，2020）、唾球酸结合免疫蛋白样凝集素 5（Siglec-5）（Virgo 等，2003）、前梯度同源物 2（AGR2）蛋白（Wang 等，2016）、蛋白酪氨酸激酶-7（PTK7）（Zhou 等，2019）、甲胎蛋白（AFP）（Lv 等，2017）、癌胚抗原（CEA）（Yang 等，2018）和前列腺特异性抗原（PSA）（Shao 等，2018）等早已被证明在癌症进展或在癌组织中高表达，在肿瘤标志物的高效生物传感器应用中有着重要作用。G4s 结构与荧光染料的结合使得人们对靶蛋白的定位检测不断精确。如质膜蛋白（plasma membrane proteins，PMPs）的定量对于理解细胞信号系统及其相关疾病的基本原理至关重要。为此，Zhu 等设计了一种超四联支架来调节寡核苷酸接枝的免疫球蛋白的组装，以检测 PMPs（Zhu 等，2020）。他们首次通过点击化学将 AIEgen 连接到寡核苷酸的 3′-末端，合成了非荧光寡核苷酸接枝 AIEgen（Oligo-AIEgen）。同时，作为裂解元件和信号增强支架的四分子发夹共轭超四倍体（THP-G4）由三个元件组成：环区的 DNAzyme 底物序列、茎部的部分杂交区和形成 G-四倍体的 6 个 G。一旦 DNAzyme 通过适配体-蛋白识别锚定在特定的 PMP 上，DNAzyme 在辅助因子 Mn^{2+} 的帮助下切割 THP-G4s 环上的底物序列，使 THP-G4s 的构象转换为活化的 G4s 支架。后者可以组装寡核苷酸以产生聚集诱导发射增强，从而实现一种简单而灵敏的膜蛋白检测策略。

13.5.1.3 过氧化物酶活性

脱氧核酶于 1994 年首次合成。在稳定金属离子存在的情况下，富含鸟嘌呤的序列可以与血红素结合（一种含铁的卟啉）折叠成 G4s 并显著增强血红素的催化活性。G4s 与 hemin 共孵育后具有类过氧化物酶活性，可以催化 2,2′联氨-双（3-乙基-苯并噻唑啉-6-磺酸）二胺盐［2,2′-azino-bis（3-ethybenzothiazoline-6-sulfonic acid）diammonium salt，ABTS2-］、3,3′,5,5′-四甲基联苯胺（3,3′,5,5′-tetramathyl benzidine，TMB）等物质发生颜色变化，进而完成比色信号的输出。

Wu 等开发了一种简单、快速、基于距离可视化的 Hg^{2+} 检测策略，首次实现了在纸片表面整合 G4s/hemin DNAzyme（Wu 等，2020）。Hg^{2+} 的存在会诱导两个寡核苷酸通过 T-Hg^{2+}-T 碱基配对杂交形成 G4s，该碱基对还可以进一步结合血红素形成具有催化活性的 G4/血红素 DNAzyme，催化固定在样品区的沉淀——TMB 发生氧化反应，产生肉眼可见的色带，其长度与 Hg^{2+} 浓度呈正相关。该策略具有良好的重复性和令人满意的动态范围，检测限低至 0.23nmol/L，在护理点（POC）诊断中具有潜在应用价值。此外，Zhu 等开发了一种用于 Zn^{2+} 的灵敏比色测定方法，该方法使用辅助靶再循环的 Zn^{2+} 响应发夹 DNA 酶、杂交链式反应（HCR），以及 hemin/G4s DNA 纳米梯，实现了

对湖水中 Zn^{2+} 的可靠性检测（Zhu 等，2020）。该方法的检测限为 3.5nmol/L，回收率为 97.7%~108.3%。在此之前，该团队还开发了一种简易的级联信号比色 DNAzyme LAMP（dLAMP）传感器，该传感器整合了 LAMP 的扩增能力和 DNAzyme 固有的催化活性，用于简单和超灵敏的目标分析。随着 hemin 的加入，通过超声处理和 pPNA 释放的游离脱氧核酶片段可形成 G4s-hemin 缀合物，作为直接比色分析信号读出。并且该策略利用已经建立的一步级联信号放大策略可以检测出少于 0.5pg 的基因组 DNA。新的比色策略在 DNA 检测和 LAMP 的视觉灵敏度方面也表现出高保真度，为即时检测和其他基于 PCR 的比色分析奠定了基础。在概念验证实验中，肿瘤抑制基因 p53 经常被选为靶模型，因为它是每种癌症中最常见的异常靶点。调节癌症的基因 p53 可以抑制肿瘤的发生，故跟踪分析人血清中的 p53 表达至关重要。对于 p53 基因检测，Shen 等使用了涉及 4 个功能区的单个多功能回文片段——分子信标（PMB）（Shen 等，2018）。回文片段是从 5′端到 3′端读起来都完全一样的 DNA 序列，参与了各种 DNA 介导过程，包括基因表达、转录和染色体易位等。回文序列具有相互间杂交的独特性质，有作为引物的潜力。该 PMB 探针可以用作识别元件、引物和聚合模板，并包含一个在缺口位点和一个与 DNA 酶互补的富 C 区域。在聚合酶和切口酶的作用下，PMB 中富 C 的互补链将被切割，并在给出靶 DNA 时释放。游离探针在 hemin 存在下形成 G4s 结构，可以催化 ABTS 氧化为 $ABTS^{+}$，产生比色信号。

DNAzyme 不仅避免了天然蛋白质酶产生的不溶性沉淀，阻断了氧化还原探针的电子转移过程，而且还具备更好的热稳定性、更低的免疫原性、可调节的酶活性和良好的编程性，已成为高选择性和高灵敏性检测的通用工具。

13.5.1.4 交联特性

与其他核苷相比，G 包含多个氢键位点，可以同时充当氢键供体和受体，并通过分子间氢键相互作用形成独特的自组装结构。因此，G 及其衍生物形成稳定的水凝胶，具有普遍存在的功能特性，用于分子靶标的灵敏检测（Li 等，2019）。例如，RCA 产品被定制为优选的分子间 G4s，其可以为水凝胶的形成提供足够的交联力。与氯化血红素一起，生成的 G4s 水凝胶表现出高辣根过氧化物酶样催化能力，这已被广泛应用于比色生物分析（Huang 等，2017）。来自短的富含 G 的 DNA 寡核苷酸的自组装纳米结构又称 G 线（Mergny 等，2019）。有趣的是，富含 G 的序列即使是微小改变也常会导致其自组装特性的剧烈变化，从而导致涉及 DNA 自组装的纳米技术的显著变化。最近，通过多组分自组装形成的 G4s 水凝胶在药物控释、传感器和生物传感器的开发、去除有害离子的基质组装和形状记忆水凝胶的设计方面显示出极大的优势（Lu 等，2015）。

13.5.1.5 生物学调控性

许多研究都已经确定 G4s 在基因表达、染色质结构和基因组稳定性的调节中发挥着重要作用。2001 年，Schaffitzel 等首先使用特定的 G4 抗体证明了 G4 DNA 存在于棘尾虫的端粒末端（Schaffitzel 等，2001）。研究表明，细胞每分裂一次，染色体末端的端粒就会缩短一部分，当端粒缩短到临界长度，细胞开始凋亡（Yu 等，1990）。但在癌细胞中存在一种特殊的 DNA 聚合酶，即端粒酶，它可以稳定端粒长度使癌细胞永生化。而当端粒末端的 G-overhang 形成 G4s 时就可以抑制端粒酶的活性，甚至可以杀死癌细胞。端粒 DNA 底物中的 G4s 结构降低了端粒酶的活性，抑制了端粒的伸长。肿瘤发生过程中，端粒酶活性升高，端粒的维持对癌细胞的无限增殖至关重要。因此，基因组中的 G4s 是癌症治疗的一个潜在靶点。通过调节内源性 G4s 调节蛋白或利用外源性 G4s 稳定化合物，可下调癌细胞中端粒酶的活性、癌基因的表达和基因组稳定性。

解旋酶是一类关键的酶，具有结合和解开核酸的功能。G4s 特异性解旋酶在体内解开 G4s 结构以抑制端粒延长、G4s 相关的 DNA 损伤和复制停滞。研究发现，与 E6-AP 羧基末端（HECT）E3 连接酶同源的酶 HERC2 在其 G4s 抑制功能中与 RecQ DNA 解旋酶具有转换关系。因此，HERC2 缺陷导致的 G4s 积聚可能提供另一种新的基于 G4s 的治疗方法。RNA G-四链体（rG4s）是一种已知的控制 mRNA 翻译的癌症相关基因。Herviou 等（Herviou 等，2020）通过定量蛋白质组学筛选，确定了在折叠和未折叠构象中与标准 rG4s 相互作用的胞浆蛋白质，并将 hnRNP H/F 鉴定为重要的 RNA 结合蛋白（RBPs），用于调节 rG4s 的结构完整性，在调节癌细胞中 rG4s 去折叠和转录后的基因表达中起关键作用。在体外，解旋酶，如 FANJJ、PIF1、RECQ、BLM、WRN、染色质重塑器 ATRX 和 REV1 易位聚合酶可用于拆除 G4s，当然，也有相关研究表明以上因子在体内具有类似功能，这对于在 DNA 复制过程中保持基因组稳定性至关重要。

G4s 的动态折叠对于核酸在不同的生理状态下行使功能起到了重要的调控作用。因为 G4s 在结构上是动态和多样化的，它们可以折叠成许多拓扑结构，故 G4s 是小分子的潜在靶标，小分子可以调节它们的功能。为此，人们开发了多类小分子，并对它们结合和稳定这些独特结构的能力进行了研究。虽然它们中的许多可以通过双链 DNA 选择性地靶向 G4s，但由于 G4s 结构之间的微妙结构差异，只有少数能区分 G4s 的拓扑结构。G4s 特异性配体的设计和开发仍具有挑战性。此外，G4s 构型可以通过特定配体稳定，这些配体对 G4s 的结合特异性高于双链 DNA，例如，与 G4s 相互作用化合物 PDS，通过抑制病毒的复制和翻译从而杀灭冠状病毒的研究，得到越来越多的重视。

13.5.2 G-四链体的应用

13.5.2.1 体外

G4s 在体外有着广泛的应用，通常包括信号输出、适配体靶向、细胞成像、酶活性检测、水凝胶等多个方面。作为生物传感器，G4s 参与了用于区分具有不同类别和来源的各种靶标的分子工具的开发，如前文提到的金属离子 K^+、玉米素等。小分子荧光探针可以选择性地识别 G4s 结构，而 G4s 可以增强这种荧光探针的荧光强度用于细胞成像。利用 ThT 染料与富 G 的 ATP 适配体，Liu 等开发了一款基于 G4s 形成的荧光传感器（Liu，2017）。荧光配体还可以用来探测细胞中端粒 G4s 的形成和配体诱导的稳定。此外，G4s 还被广泛用于模拟辣根过氧化物酶的活性来检测酶的活性。Wang 等基于 Cu^{2+} G4s DNAzyme 的过氧化物酶活性完成了对焦磷酸酶（pyrophosphatase，PPase）的电化学检测（Wang 等，2018）。当然，DNA 水凝胶是近年来在生物分析领域出现的一种具有高度生物相容性和可编程性的生物材料。G4s 是由富含 G 的寡核苷酸折叠而成独特二级结构，可以为水凝胶的形成提供足够的交联力，是最有用的功能核酸之一。利用 DNA 的高稳定性、精确的碱基配对和人工进化的功能核酸等特点，可以合理地制备稳定和功能可调的 DNA 水凝胶。Zhong 等利用鸟苷和原硼酸钾之间的阳离子模板自组装与血红素/G4s DNAzyme 的形成搭建了一个基于人工酶水凝胶（AEH）的传感系统（Zhong 等，2018）。该系统通过 Pb^{2+} 诱导，使 AEH 活性降低从而实现对 Pb^{2+} 的高灵敏和高选择性检测。

13.5.2.2 体内

核酸在所有生物体中起着编码或调节遗传信息表达的作用。监测人体体液中与疾病相关的核酸序列是疾病早期发现、诊断和预后评估的一种快捷方法。G4s 是富 G 序列在一定条件下形成的特殊二级结构，G4s 的灵活结构促进了它在核酸检测中的广泛应用。G4s 独特的折叠拓扑结构、功能特性和生物学功能将有助于设计和开发一系列用于生物学应用的分子和化学工具，帮助人类在细胞成像、癌症治疗等方面取得更大的突破。

（1）抑制端粒酶活性　哺乳动物细胞中，吡立他汀类药物（PDS）稳定 G4s 会导致端粒蛋白复合体与端粒分离。PDS 被证明能在基因组位点触发复制和转录相关的 DNA 损伤，并具有预测的 G4s 形成潜力。这些发现强调了持续存在的 G4s 对端粒和基因组完整性的危害后果。同源重组（HR）因子，包括 BRCA2 和 RAD51，是促进端粒复制和终止端粒缩短所必需的。然而，目前尚不清楚端粒 G4s 的组装是否会导致 HR 缺陷细胞的端粒复制缺陷。研究认为，在 HR 缺乏的情况下，持续存在的 G4s 会加剧在 G4s 形成潜能区域复制过程中产生的细胞内在挑战，从而引发检查激活、G2/M 细胞周期停滞和细胞死亡。但幸运的是，G4s 结构在调节基因表达和转录中的重要作用已经逐渐被揭示。反过来，G4s 在转录和翻译水平上靶向基因调控的潜力，包括内源性和配体辅助的，也已经引起了越来越多的研究兴趣。

（2）适配体药物递送　G4s 适配体也被用作药物载体或药物递送系统的靶向剂（Roxo 等，2019）。近几年，AS1411 及其衍生物 AT11、AT11-LO 和 AT11-BO 就被用于癌细胞中选择性积累 G4s 配体（Carvalho 等，2019；Carvalho 等，2019；Figueiredo 等，2019）。AS1411 功能化的聚合物胶束用于鼠肿瘤模型中共递送 siRNAs 和阿霉素（Carvalho，2019）。在肺部肿瘤小鼠模型中，胶束被证明定位并积聚在肿瘤部位，促进了药物和基因在靶组织中快速、稳定的胞内释放（Carvalho，2019）。AT11、AT11-L0 和 AT11-B0 适配体同样有作为药物递送系统将 G4s 配体递送至癌细胞的潜力（Carvalho，2019；Figueiredo，2019）。

（3）细胞成像　G4s 通过共聚焦荧光显微镜甚至智能手机实现了活细胞、细胞器、核酸、细胞内离子和无机物的生物成像。G4s 本身在活细胞中的广泛存在使得体内 G4s 的可视化成为细胞成像的有效方法。此外，染料也能够通过进入细胞核并与 G4s 相互作用对活 PC3 细胞进行成像（Lu 等，2016）。研究人员基于线粒体 DNA 中普遍存在的

G4s 结构了开发了一种针对 G4s 的新的自噬检测方法。当自噬发生时，衰老和受损线粒体中的 G4s 将被自噬小体包装。随后，自噬小体与溶酶体融合，形成自溶酶体。在正常生理状态下，溶酶体不含 G4s。因此，研究人员选择了一种新的硫氰酸探针 DMOTY 来有效检测自溶酶体中的 G4s 结构，该探针具有低毒、结合能力强、发射强度增强和 G4 选择性强等特点（Chen 等，2019；Huang 等，2015）。

（4）疾病治疗　自从发现鸟苷酸具有折叠成高级核酸结构的能力已有百年历史，现在 G4 因其参与几个关键的生物学功能而得到认可，特别是在癌症中。癌基因 *MYC*、*BCL*-2 和 *ras* 的启动子中的 G4s 结构都被确定为潜在的治疗靶点（Allen-Petersen 等，2019；Ferino 等，2020；Sengupta 等，2017）。与正常细胞相比，癌症细胞中的 G4s 丰度增加，癌基因中的 G4s 结构富集已得到确认（Hänsel-Hertsch 等，2016）。因此，G4s 可以作为抗癌药物的靶点。为了促进 G4s 的形成，研究集中于可以与 G4s 稳定结合的小分子，进而对癌症的诊断治疗起作用。此外，富含鸟嘌呤的序列也在一些遗传背景中被鉴定，特别是在癌基因启动子区域。除了药物靶点外，G4s 核酸还被用作开发癌症治疗药物的宝贵工具。核酸适配体是单链 DNA 或 RNA 序列，能够识别和结合高亲和力细胞靶标，例如，蛋白质、小分子、离子，甚至整个细胞。值得注意的是，一些针对生物学相关靶标的适配体是富含鸟嘌呤的序列，可折叠成稳定的 G4s 结构。这可能是因为 G4s 核酸的负电荷密度明显高于双链 DNA，这有利于与带正电荷的蛋白质的相互作用。此外，G4s 元件可被视为中心核心，在环、凸起和 5′和 3′末端呈现特定的蛋白质识别元件。与非结构化序列相比，G4s 适配体具有多种优势，例如，热力学和化学稳定性、缺乏免疫原性、血清核酸酶抗性和增强的细胞摄取。适配体通常是通过 SELEX 技术对配体进行系统进化而开发的。其中最经典的例子就是 AS411，可特异性靶向核仁蛋白，用于疾病治疗。

13.5.3　G-三链体的功能与应用

G-三链体是一种潜在的新型 DNA 二级结构。与 G4s 类似，均具有氢键，π-π 堆叠以及沟槽结构。不同的是 G-三链体是由含三段连续 G 碱基的富 G 核酸序列折叠而成，且结构不如 G4s 稳定。研究普遍认为 G-三链体是 G4s 折叠过程中的一种中间结构，因此，它们可能与经典的 G4s 具有相似的生物学和化学功能。

（1）亲和识别性　近期研究结果表明，G-三链体具有 G4s 类似的结构，可以与小分子配体结合，形成功能化的核酸探针。Wu 等结合近期开发的 G-三链体核酸探针，设计了一种免标记的 G-三链体分子信标（MBG3）并构建了一种双链特异性酶（DSN）介导的信号放大体系（DSNSA），用于 miRNA 的高特异性检测（Wu 等，2019）。该检测方法具有以下特点：①MBG3 无需标记，大大降低了成本；②由于 MBG3 的茎部较短，因此能有效抑制 DSN 酶的降解，解决了传统 MB 或 G4s MB 用于 DSNSA 时易被 DSN 酶降解而产生假阳性信号的难题；③采用 MBG3 识别模式代替了传统 DSNSA 中的单链 DNA 探针识别模式，再结合 DSN 独特的错配碱基识别能力，使得该检测体系能显著区分单碱基差异的同源 miRNA 序列。在同等浓度条件下，使用该检测方法所测得的 miRNA-141 家族同源序列（包含单碱基差异序列）响应信号低于目标序列信号的 8%，说明该检测体系可有效区分单碱基差异的同源 miRNA 序列，G-三链体具有良好靶向性应用前景。

（2）酶活性 G-三链体的催化活性并不逊色于 G4s/hemin。Li 等将 G-三链体/hemin DNAzyme 作为信号探针，结合等温指数扩增技术（EXPAR），建立了一种简单灵敏检测 HIV-DNA 的比色新方法（Li 等，2019）。在该方法中，目标 HIV-DNA 与模板杂交引发 EXPAR 反应，生成大量富 G 短链，在 K^+诱导下，富 G 短链形成 G-三链体结构，G-三链体与 hemin 自组装形成具有过氧化物酶活性的 G-三链体/hemin DNAzyme，可以催化 H_2O_2 氧化 2，2-联氮联氮-二（3-乙基-苯并苯并噻唑-6-磺酸）二铵盐（ABTS），使体系产生颜色反应，进而检测出了不同浓度的 HIV-DNA，检测限为 4.7fmol/L。

（3）荧光性 最新的研究还表明稳定的 G-三链体可以与 ThT 结合，作为一种高效的荧光发光探针。与传统的基于 G4s 的探针相比，这种基于三链体的探针易于控制和激发。Zhou 等发现了一个可以在室温下形成稳定 G-三链体的序列（T_m 约 60℃），他们将该探针成功地应用于构建 miRNA 检测的无标记分子信标（Zhou 等，2018）。利用基于 G-三链体荧光探针的这些能力，Zhou 有效地解决了在设计基于 G-富序列的荧光生物传感器时所面临的挑战，这些发现为未来 G-三链体的运用提供了重要的信息。

（4）刺激响应性 Li 等基于 G-三链体的刺激响应性，利用 CRISPR-Cas12a 反式切割 G-三链体开发了一种灵敏的核酸检测平台（Li 等，2021）。他们筛选了两个典型的 G-三链体序列，TBA11（凝血酶结合适配体或 TBA 的截短形式）和端粒-G3，并研究了 Cas12a 对它们的切割活性。结果表明，CRISPR-Cas12a 在几分钟内即可反式切割两种 G-三链体结构且切割速率远高于 G4s。荧光光谱、圆二色性光谱、凝胶电泳和核磁共振等实验均验证了这种反式切割活性。由于 G-三链体对各种刺激有反应且可以被 Cas12a 系统快速降解，因此切割前后高阶结构的变化特性使其可以作为构建快速生物传感器的报告分子。

13.5.4 C-四链体的功能与应用

i-motifs 结构在 1993 年首次被发现，但转录调控的潜在作用直到最近才被提出。不同于在生理条件下是稳定单链模板的 G4s 体启动子，i-motifs 只有在酸性 pH 下才稳定，因为 C-C 碱基对构建基元需要半质子化。值得注意的是，DNA（而不是 RNA）可以形成 i-motifs，因为在 DNA 中脱氧核糖之间有密切接触，促进窄槽中的糖产生有利的范德华力。在负超螺旋条件下，i-motifs 可以由双链 DNA 形成，甚至在互补链没有 G4s 的情况下也可以形成。虽然已证实 i-motifs 在体外形成插层结构，但是在人类基因组内，这种四链体的 DNA 结构一直存在争议。因此，Daniel Christ 所在团队通过筛选得到了一个 i-motifs 结构的特异性抗体 iMab。该抗体对 i-motifs 结构具有高选择性和高亲和力，这是第一次直接可视化地证明了人类细胞核中存在 i-motifs 结构，并论证了 i-motifs 结构依赖于细胞循环周期和 pH，i-motifs 插层结构可以在体内形成，这为 i-motifs 结构在人类基因组的调控区域的形成提供了证据。i-motifs 的结构特点使其与 G4s

一样，已被广泛用作小分子配体靶向和稳定的支架结构，从而调节基因表达。迄今为止发现的大多数 G4s 都被归类为转录型抑制；相反，越来越多的证据表明 i-motifs 结构可能在基因调控中起相反的作用激活基因表达。这些非经典的结构是基因组调控重要的调控因子，它们动态的相互依赖关系控制着基因的调控。

（1）分子开关　2014 年，Kang 等提出用 i-motifs 充当基因调控表达的分子开关并证明了转录因子 hnRNP LL 可以识别并结合 *BCL2* 基序以激活转录（Kang 等，2014）。团队发现，*BCL2* 启动子中顺式调节元件的富 C 序列本质上是高度动态的，可以形成 i-motifs 或柔性发夹。在生理条件下，这两种二级 DNA 结构存在于平衡混合物中，可以通过添加捕获 i-motifs（IMC-48）或柔性发夹（IMC-76）的小分子来改变其构象。该发现为小分子基因表达控制非经典 DNA 结构的动态平衡提供了思路。Kendrick 等确定了一种孕醇衍生物和一类哌啶衍生物，同样可以稳定 i-motifs 或柔性发夹物种来差异调节基因表达（Kendrick 等，2016）。

事实上，尽管现在已有数千种化合物被证明可以靶向 G4s，但只有几类化合物被证明能结合 i-motifs。日光霉素（又称抗性霉素）是一种具有广谱生物活性的抗生素。但是其低水溶性和对其化学性质的不了解限制了这种天然产物的发展。Tikhomirov 等提出了一个在日光霉素 3 号、5 号和 7 号位引入氨基烷基胺残基的方案，并利用该方案制备了一系列新型水溶性衍生物（Tikhomirov 等，2021）。通过添加侧链显著改善了日光霉素与不同 DNA 二级结构的相互作用。其中一种衍生物，7-脱氧-7-（2-氨基乙基）氨基-10-*O*-甲基日光霉素就表现出了对 i-motifs DNA 序列较好的亲和力、稳定潜力和良好的选择性。因此，日光霉素衍生物有望作为 DNA i-motifs 的相互作用配体和潜在化疗剂，开发应用于分子支架。

（2）pH 探针　i-motifs 是一种在微酸性 pH 下可以形成四链体 DNA 结构，是生理 pH 传感的理想 H^+ 识别元件。针对肿瘤生成、发展过程中产生的酸性微环境，Ma 等（Ma 等，2021）巧妙地设计了一种用于双特异性肿瘤细胞成像和原位药物释放的 pH 和膜受体双活化适配体治疗剂 pH-Apt-MD。他们利用含发夹的 i-motifs 作为酸响应元件与肿瘤靶向适配体互补，实现了对靶细胞的精确药物释放和细胞杀伤。作为一种简便的双重刺激响应策略，pH-Apt-MD 在肿瘤细胞的精确诊断和治疗中具有广阔的应用前景。

到目前为止，已经开发了几种基于 i-motifs 的传感器用于探测细胞内 pH。Ying 等报告了一种用于细胞外 pH 检测的细胞表面锚定比率 i-motifs 传感器［图 13.8（a）］（Ying 等，2016）。该 pH 传感器根据 pH 利用①-②双链体和 i-motifs 结构之间的构象变化，将两种附着的染料分开或靠近，从而产生 FRET 信号，提供精确检测。传感器一般可通过链霉亲和素-生物素相互作用锚定在细胞表面。由于 pH 敏感 i-motifs 结构的优异性质，用该传感器检测细胞外 pH 具有高灵敏度和良好的可逆性。此外，比率读出策略可以最小化减弱复杂生物环境的影响，从而在细胞外 pH 成像显现出优异性能。该预期细胞表面锚定技术还可以应用于体外和体内的细胞生物学研究。

（3）刺激响应材料　DNA 分子还可以被广泛用作纳米材料（2D / 3D 结构和连锁组件）的原料，DNA 纳米结构可以通过 DNA 的可编程性进行功能化。其中多个 DNA

单元，如 G4s、i-motifs 被广泛用于 DNA 纳米技术。这些四链体具有共同的特点，即根据核酸序列和外界条件的变化，它们的折叠类型也会发生相应的改变，这使得它们可以作为通用的 DNA 纳米结构使用。Li 和 Famulok 通过调控 pH 控制 i-motifs 结构的收缩和扩张，使得纳米环自身收缩、两两相互作用或形成三聚环等，进而构建了不同的 DNA 纳米环，开辟了一种纳米结构形成的新方式，后续也可应用于生物传感器的构建［图 13.8（b）］（Li 等，2013）。

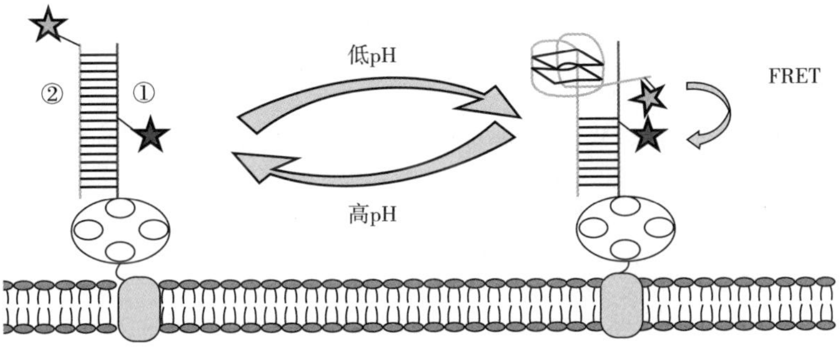

（a）

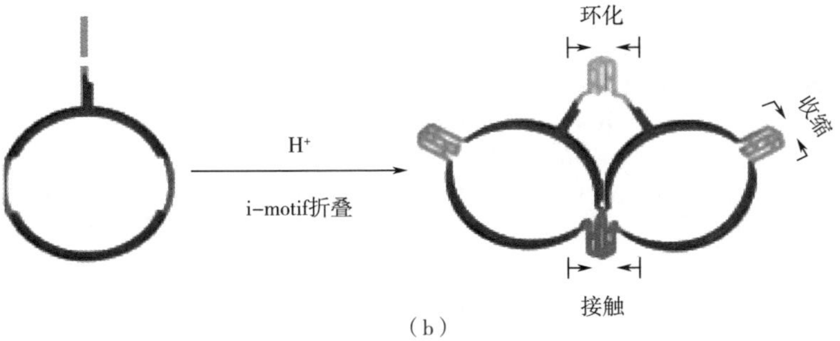

（b）

图 13.8　DNA 刺激响应元件

（a）一种用于细胞外 pH 检测的细胞表面锚定比率 i-motifs 传感器　（b）pH 调控 i-motifs 构建的 DNA 纳米环

13.6　总结与展望

目前，G4s、G-三链体、i-motifs 这 3 种 DNA 特殊二级结构不仅在体外适宜条件下得到了较为深入的研究，在体内的作用也经过了初步验证。尤其是在端粒末端、原癌基因启动子区域中 G4s 和 i-motifs 的普遍存在，间接说明这些特殊的二级结构具有调控基因翻译、转录以及作为抗癌药物靶点等的功能。目前，对于这些 DNA 特殊二级结构的研究也主要集中在调节机制、体外检测（如生物传感器）、体内基因调控和癌症的预防和治疗上。虽然研究人员已经对它们的结构进行了全面表征，并且证明了其具有在正常生理代谢中潜在的调控功能，但是由于碱基种类繁多，排列方式多样，目前发现的具有特殊结构及功能的核酸序列也仅仅是众多核酸中的一小部分，还有很多具有功能的核酸序列及其特殊的二级结构有待开发利用。同时，随着科技的进步、技术的创新，基于G4s、G-三链体、i-motifs结构对相关基因进行调节与药物的研发和递送，特别是它们在生物传感器中的应用，也会受到各相关研究领域的重视。

参考文献

Abraham Punnoose J，Ma Y，Li Y，et al. Adaptive and specific recognition of telomeric G-quadruplexes via polyvalency induced unstacking of binding units [J]. J Am Chem Soc，2017，139（22）：7476-7484.

Agarwal T，Kumar S，Maiti S. Unlocking G-quadruplex：effect of unlocked nucleic acid on G-quadruplex stability [J]. Biochimie，2011，93（10）：1694-1700.

Agrawal P，Lin C，Mathad RI，et al. The major G-quadruplex formed in the human BCL-2 proximal promoter adopts a parallel structure with a 13-nt loop in K^+ solution [J]. J Am Chem Soc，2014，136（5）：1750-1753.

Allen-Petersen BL，Sears RC. Mission possible：advances in MYC therapeutic targeting in cancer [J]. BioDrugs，2019，33（5）：539-553.

Ambrus A，Chen D，Dai J，et al. Human telomeric sequence forms a hybrid-type intramolecular G-quadruplex structure with mixed parallel/antiparallel strands in potassium solution [J]. Nucleic Acids Res，2006，34（9）：2723-2735.

Amrane S，Adrian M，Heddi B，et al. Formation of pearl-necklace monomorphic G-quadruplexes in the human CEB25 minisatellite [J]. J Am Chem Soc，2012，134（13）：5807-5816.

Balagurumoorthy P，Brahmachari SK. Structure and stability of human telomeric sequence [J]. J Biol Chem，1994，269（34）：21858-21869.

Balagurumoorthy P，Brahmachari SK，Mohanty D，et al. Hairpin and parallel quartet structures for telomeric sequences [J]. Nucleic Acids Res，1992，20（15）：4061-4067.

Bedrat A，Lacroix L，Mergny JL. Re-evaluation of G-quadruplex propensity with G4hunter [J]. Nucleic Acids Res，2016，44（4）：1746-1759.

Benabou S，Mazzini S，Aviñó A，et al. A pH-dependent bolt involving cytosine bases located in the lateral loops of antiparallel G-quadruplex structures within the SMARCA4 gene promotor [J]. Sci Rep，2019，9（1）：15807.

Berroyer A，Kim N. The functional consequences of eukaryotic topoisomerase 1 interaction with G-quadruplex DNA [J]. Genes，2020，11（2）：193.

Betori RC，Liu Y，Mishra RK，et al. Targeted covalent inhibition of telomerase [J]. ACS Chem Biol，2020，15（3）：706-717.

Bielskut ė S，Plavec J，Podbevšek P. Impact of oxidative lesions on the human telomeric G-quadruplex [J]. J Am Chem Soc，2019，141（6）：2594-2603.

Blackburn EH. Structure and function of telomeres [J]. Nature，1991，350（6319）：569-573.

Brázda V，Laister RC，Jagelská EB，et al. Cruciform structures are a common DNA feature important for regulating biological processes [J]. BMC Mole Biol，2011，12：1-16.

Brooks AT，Kendrick S，Hurley L. Making sense of G-quadruplex and i-motif functions in oncogene promoters [J]. The FEBS journal，2010，277（17）：3459-3469.

Brown RV，Wang T，Chappeta VR，et al. The consequences of overlapping G-quadruplexes and i-motifs in the platelet-derived growth factor receptor β core promoter nuclease hypersensitive element can explain the unexpected effects of mutations and provide opportunities for selective targeting of both structures by small molecules to downregulate gene expression [J]. J Am Chem Soc，2017，139（22）：7456-7475.

Bugaut A，Murat P，Balasubramanian S. An RNA hairpin to G-quadruplex conformational transition [J]. J Am Chem Soc，2012，134（49）：19953-19956.

Cao Q，Li Y，Freisinger E，et al. G-quadruplex DNA targeted metal complexes acting as potential anticancer drugs [J]. Inorg Chem Front，2017，4（1）：10-32.

Carvalho J，Lopes-Nunes J，Lopes AC，et al. Aptamer-guided acridine derivatives for cervical cancer [J]. Org Biomole Chem，2019，17（11）：2992-3002.

Carvalho J, Paiva A, Cabral Campello MP, et al. Aptamer-based targeted delivery of a G-quadruplex ligand in cervical cancer cells [J]. Sci Rep, 2019, 9 (1): 7945.

Cerofolini L, Amato J, Giachetti A, et al. G-triplex structure and formation propensity [J]. Nucleic Acids Res, 2014, 42 (21): 13393-13404.

Chambers VS, Marsico G, Boutell JM, et al. High-throughput sequencing of DNA G-quadruplex structures in the human genome [J]. Nat Biotechnol, 2015, 33 (8): 877-881.

Chen H, Sun H, Zhang S, et al. Monitoring autophagy in live cells with a fluorescent light-up probe for G-quadruplex structures [J]. Chem Commun, 2019, 55 (35): 5060-5063.

Chen Z, Tan L, Hu L, et al. Superior fluorescent probe for detection of potassium ion [J]. Talanta, 2015, 144: 247-251.

Chen Z, Zheng KW, Hao YH, et al. Reduced or diminished stabilization of the telomere G-quadruplex and inhibition of telomerase by small chemical ligands under molecular crowding condition [J]. J Am Chem Soc, 2009, 131 (30): 10430-10438.

Cheng X, Liu X, Bing T, et al. General peroxidase activity of G-quadruplex- hemin complexes and its application in ligand screening [J]. Biochemistry, 2009, 48 (33): 7817-7823.

Davies T, Fine R, Johnson R, et al. Non-age related differences in thrombin responses by platelets from male patients with advanced alzheimer's disease [J]. BioChem Bioph Res Co, 1993, 194 (1): 537-543.

Deng M, Zhang D, Zhou Y, et al. Highly effective colorimetric and visual detection of nucleic acids using an asymmetrically split peroxidase DNAzyme [J]. J Am Chem Soc, 2008, 130 (39): 13095-13102.

Dhamodharan V, Pradeepkumar P. Specific recognition of promoter G-quadruplex DNAs by small molecule ligands and light-up probes [J]. ACS Chem Biol, 2019, 14 (10): 2102-2114.

Ducani C, Bernardinelli G, Högberg B, et al. Interplay of three G-quadruplex units in the KIT promoter [J]. J Am Chem Soc, 2019, 141 (26): 10205-10213.

Fan X, Qin Y, Jiang B, et al. Target-induced autonomous synthesis of G-quadruplex sequences for label-free and amplified fluorescent aptasensing of mucin 1 [J]. Senso Actuat B-Chem, 2020, 304: 127351.

Fang X, Tan W. Aptamers generated from Cell-SELEX for molecular medicine: A chemical biology approach [J]. Acc Chem Res, 2010, 43 (1): 48-57.

Feng L, Chen Y, Ren J, et al. A graphene functionalized electrochemical aptasensor for selective label-free detection of cancer cells [J]. Biomaterials, 2011, 32 (11): 2930-2937.

Ferino A, Nicoletto G, D'Este F, et al. Photodynamic therapy for *ras*-driven cancers: targeting G-quadruplex RNA structures with bifunctional alkyl-modified porphyrins [J]. J Med Chem, 2020, 63 (3): 1245-1260.

Figueiredo J, Lopes-Nunes J, Carvalho J, et al. As1411 derivatives as carriers of G-quadruplex ligands for cervical cancer cells [J]. Int J Pharmaceut, 2019, 568: 118511.

Gao S, Hu W, Zheng X, et al. Functionalized aptamer with an antiparallel G-quadruplex: structural remodeling, recognition mechanism, and diagnostic applications targeting CTGF [J]. Biosens Bioelectron, 2019, 142: 111475.

Gehring K, Leroy JL, Guéron M. A tetrameric DNA structure with protonated cytosine-cytosine base pairs [J]. Nature, 1993, 363 (6429): 561-565.

Gellert M, Lipsett MN, Davies DR. Helix formation by guanylic acid [J]. P Natl A Sci, 1962, 48 (12): 2013-2018.

Guédin A, De Cian A, Gros J, et al. Sequence effects in single-base loops for quadruplexes [J]. Biochimie, 2008, 90 (5): 686-696.

Guo Y, Chen J, Cheng M, et al. A thermophilic tetramolecular G-quadruplex/hemin DNAzyme [J]. Angew Chem Int Edit, 2017, 56 (52): 16636-16640.

Guschlbauer W, Chantot JF, Thiele D. Four-stranded nucleic acid structures 25 years later: from guanosine gels to telomer DNA [J]. J Biomol Struct Dyn, 1990, 8 (3): 491-511.

Han J, Burgess K. Fluorescent indicators for intracellular pH [J]. Chem Rev, 2010, 110 (5): 2709-2728.

Han KY, Leslie BJ, Fei J, et al. Understanding the photophysics of the spinach-DFHBI RNA aptamerfluorogen complex to improve live-cell RNA imaging [J]. J Am Chem Soc, 2013, 135 (50): 19033-19038.

Hänsel-Hertsch R, Beraldi D, Lensing SV, et al. G-quadruplex structures mark human regulatory chromatin [J]. Nature genetics, 2016, 48 (10): 1267-1272.

Hardin CC, Henderson E, Watson T, et al. Monovalent cation induced structural transitions in telomeric DNAs: G-DNA folding intermediates [J]. Biochemistry, 1991, 30 (18): 4460-4472.

Haudecoeur R, Stefan L, Denat F, et al. A model of smart G-quadruplex ligand [J]. J Am Chem Soc, 2013, 135 (2): 550-553.

Hazel P, Huppert J, Balasubramanian S, et al. Loop-length-dependent folding of G-quadruplexes [J]. J Am Chem Soc, 2004, 126 (50): 16405-16415.

He MQ, Wang K, Wang J, et al. A sensitive aptasensor based on molybdenum carbide nanotubes and label-free aptamer for detection of bisphenol A [J]. Ana BioAnal Chem, 2017, 409: 1797-1803.

Henderson E, Hardin CC, Walk SK, et al. Telomeric DNA oligonucleotides form novel intramolecular structures containing guanine-guanine base pairs [J]. Cell, 1987, 51 (6): 899-908.

Herviou P, Le Bras M, Dumas L, et al. Hnrnp h/f drive RNA G-quadruplex-mediated translation linked to genomic instability and therapy resistance in glioblastoma [J]. Nat Commun, 2020, 11 (1): 2661.

Hou JT, Ren WX, Li K, et al. Fluorescent bioimaging of pH: from design to applications [J]. Chem Soc Rev, 2017, 46 (8): 2076-2090.

Huang WC, Tseng TY, Chen YT, et al. Direct evidence of mitochondrial G-quadruplex DNA by using fluorescent anti-cancer agents [J]. Nucleic Acids Res, 2015, 43 (21): 10102-10113.

Huang Y, Xu W, Liu G, et al. A pure DNA hydrogel with stable catalytic ability produced by one-step rolling circle amplification [J]. Chem Commun, 2017, 53 (21): 3038-3041.

Huppert JL, Balasubramanian S. Prevalence of quadruplexes in the human genome [J]. Nucleic Acids Res, 2005, 33 (9): 2908-2916.

Jiang HX, Cui Y, Zhao T, et al. Divalent cations and molecular crowding buffers stabilize g-triplex at physiologically relevant temperatures [J]. Sci Rep, 2015, 5 (1): 9255.

Jing N, Rando RF, Pommier Y, et al. Ion selective folding of loop domains in a potent anti-HIV oligonucleotide [J]. Biochemistry, 1997, 36 (41): 12498-12505.

Jodoin R, Bauer L, Garant JM, et al. The folding of 5'-UTR human G-quadruplexes possessing a long central loop [J]. RNA, 2014, 20 (7): 1129-1141.

Kaiser CE, Van Ert NA, Agrawal P, et al. Insight into the complexity of the i-motif and G-quadruplex DNA structures formed in the KRAS promoter and subsequent drug-induced gene repression [J]. J Am Chem Soc, 2017, 139 (25): 8522-8536.

Kang HJ, Kendrick S, Hecht SM, et al. The transcriptional complex between the BCL2 i-motif and hnRNP LL is a molecular switch for control of gene expression that can be modulated by small molecules [J]. J Am Chem Soc, 2014, 136 (11): 4172-4185.

Kendrick S, Akiyama Y, Hecht SM, et al. The i-motif in the BCL-2 p1 promoter forms an unexpectedly stable structure with a unique 8 : 5 : 7 loop folding pattern [J]. J Am Chem Soc, 2009, 131 (48): 17667-17676.

Kendrick S, Hurley LH. The role of G-quadruplex/i-motif secondary structures as cis-acting regulatory elements [J]. Pure Appl Chem, 2010, 82 (8): 1609-1621.

Kendrick S, Kang HJ, Alam MP, et al. The dynamic character of the BCl-2 promoter i-motif provides a mechainism for modulation of gene expression by compounds that bind seletively to the alternative DNA nairpin stucture [J]. J Am Chem Soc, 2014, 136 (11): 4161-4171.

Kikin O, D'Antonio L, Bagga PS. QGRS mapper: A web-based server for predicting G-quadruplexes in nucleotide sequences [J]. Nucleic Acids Res, 2006, 34 (suppl_2): W676-W682.

Kim BG, Long J, Dubins DN, et al. Ionic effects on VEGF G-quadruplex stability [J]. J Phys Chem B, 2016, 120 (22): 4963-4971.

Kreig A, Calvert J, Sanoica J, et al. G-quadruplex formation in double strand DNA probed by NMM and

CV fluorescence [J]. Nucleic Acids Res, 2015, 43 (16): 7961-7970.

Kwok CK, Merrick CJ. G-quadruplexes: prediction, characterization, and biological application [J]. Trends Biotechnol, 2017, 35 (10): 997-1013.

Lansdorp P, van Wietmarschen N. Helicases FANCJ, RTEL1 and BLM act on guanine quadruplex DNA *in vivo* [J]. Genes, 2019, 10 (11): 870.

Lao YH, Phua KK, Leong KW, Aptamer nanomedicine for cancer therapeutics: barriers and potential for translation [J]. ACS nano, 2015, 9 (3): 2235-2254.

Largy E, Marchand A, Amrane S, et al. Quadruplex turncoats: cation-dependent folding and stability of quadruplex-DNA double switches [J]. J Am Chem Soc, 2016, 138 (8): 2780-2792.

Li C, Chen H, Chen Q, et al. Lipophilic G-quadruplex isomers as biomimetic ion channels for conformation-dependent selective transmembrane transport [J]. Anal Chem, 2020, 92 (14): 10169-10176.

Li J, Correia JJ, Wang L, et al. Not so crystal clear: the structure of the human telomere G-quadruplex in solution differs from that present in a crystal [J]. Nucleic Acids Res, 2005, 33 (14): 4649-4659.

Li R, Liu Q, Jin Y, et al. G-triplex/hemin DNAzyme: An ideal signal generator for isothermal exponential amplification reaction-based biosensing platform [J]. Anal Chim Acta, 2019, 1079: 139-145.

Li T, Famulok M. I-motif-programmed functionalization of DNA nanocircles [J]. J Am Chem Soc, 2013, 135 (4): 1593-1599.

Li T, Hu R, Xia J, et al. G-triplex: A new type of crispr-cas12a reporter enabling highly sensitive nucleic acid detection [J]. Biosens Bioelectron, 2021, 187: 113292.

Li X, Cui Y, Du Y, et al. Label-free telomerase detection in single cell using a five-base telomerase product-triggered exponential rolling circle amplification strategy [J]. ACS sensors, 2019, 4 (4): 1090-1096.

Lim KW, Jenjaroenpun P, Low ZJ, et al. Duplex stem-loop-containing quadruplex motifs in the human genome: A combined genomic and structural study [J]. Nucleic Acids Res, 2015, 43 (11): 5630-5646.

Lim KW, Khong ZJ, Phan AT, Thermal stability of DNA quadruplex-duplex hybrids [J]. Biochemistry, 2014, 53 (1): 247-257.

Limongelli V, De Tito S, Cerofolini L, et al. The G-triplex DNA [J]. Angew Chem Int Edit, 2013, 52 (8): 2269-2273.

Liu H, Ma C, Ning F, et al. A facile label-free G-quadruplex based fluorescent aptasensor method for rapid detection of ATP [J]. Spectrochim Acta Part A, 2017, 175: 164-167.

Liu R, Liu L, Liang J, et al. Detection of pH change in cytoplasm of live myocardial ischemia cells via the ssDNA-swcnts nanoprobes [J]. Anal Chem, 2014, 86 (6): 3048-3052.

Liu W, Zhong YF, Liu LY, et al. Solution structures of multiple G-quadruplex complexes induced by a platinum (Ⅱ) -based tripod reveal dynamic binding [J]. Nat Commun, 2018, 9 (1): 3496.

Liu Z, Luo X, Li Z, et al. Enzyme-activated G-quadruplex synthesis for in situ label-free detection and bioimaging of cell apoptosis [J]. Anal Chem, 2017, 89 (3): 1892-1899.

Lu CH, Guo W, Qi XJ, et al. Hemin-G-quadruplex-crosslinked poly-*N*-isopropylacrylamide hydrogel: a catalytic matrix for the deposition of conductive polyaniline [J]. Chem Sci, 2015, 6 (11): 6659-6664.

Lu YJ, Hu DP, Zhang K, et al. New pyridinium-based fluorescent dyes: a comparison of symmetry and side-group effects on G-quadruplex DNA binding selectivity and application in live cell imaging [J]. Biosens Bioelectron, 2016, 81: 373-381.

Luu KN, Phan AT, Kuryavyi V, et al. Structure of the human telomere in K^+ solution: An intramolecular (3+1) G-quadruplex scaffold [J]. J Am Chem Soc, 2006, 128 (30): 9963-9970.

Lv M, Guo Y, Ren J, et al. Exploration of intramolecular split G-quadruplex and its analytical applications [J]. Nucleic Acids Res, 2019, 47 (18): 9502-9510.

Lv S, Zhang K, Lin Z, et al. Novel photoelectrochemical immunosensor for disease-related protein assisted by hemin/G-quadruplex-based DNAzyme on gold nanoparticles to enhance cathodic photocurrent on p-$CuBi_2O_4$ semiconductor [J]. Biosens Bioelectron, 2017, 96: 317-323.

Ma G, Yu Z, Zhou W, et al. Investigation of Na^+ and K^+ competitively binding with a G-quadruplex and discovery of a stable K^+-Na^+-quadruplex [J]. The Journal of Physical Chemistry B, 2019, 123 (26): 5405-5411.

Ma W, Sun H, Chen B, et al. Engineering a facile aptamer "molecule-doctor" with hairpin-containedi-motif enables accurate imaging and killing of cancer cells [J]. Anal Chem, 2021, 93 (43): 14552-14559.

Maji B, Bhattacharya S. Advances in the molecular design of potential anticancer agents via targeting of human telomeric DNA [J]. Chem Commun, 2014, 50 (49): 6422-6438.

Manna S, Sarkar D, Srivatsan SG. A dual-app nucleoside probe provides structural insights into the human telomeric overhang in live cells [J]. J Am Chem Soc, 2018, 140 (39): 12622-12633.

Manzini G, Yathindra N, Xodo L. Evidence for intramolecularly folded i-DNA structures in biologically relevant CCC-repeat sequences [J]. Nucleic Acids Res, 1994, 22 (22): 4634-4640.

Matsumoto S, Tateishi-Karimata H, Takahashi S, et al. Effect of molecular crowding on the stability of RNA G-quadruplexes with various numbers of quartets and lengths of loops [J]. Biochemistry, 2020, 59 (28): 2640-2649.

Mergny JL, Hélène C. G-quadruplex DNA: A target for drug design [J]. Nat Med, 1998, 4 (12): 1366-1367.

Mergny JL, Phan AT, Lacroix L. Following G-quartet formation by UV-spectroscopy [J]. FEBS letters, 1998, 435 (1): 74-78.

Mergny JL, Sen D. DNA quadruple helices in nanotechnology [J]. Chem Rev, 2019, 119 (10): 6290-6325.

Miles HT, Frazier J. Poly (Ⅰ) helix formation. Dependence on size-specific complexing to alkali metal ions [J]. J Am Chem Soc, 1978, 100 (25): 8037-8038.

Miyoshi D, Nakao A, Sugimoto N. Molecular crowding regulates the structural switch of the DNA G-quadruplex [J]. Biochemistry, 2002, 41 (50): 15017-15024.

Phan AT, Leroy JL. Intramolecular i-motif structures of telomeric DNA [J]. J Biomol Struct Dyn, 2000, 17 (sup1): 245-251.

Qi C, Bing T, Mei H, et al. G-quadruplex DNA aptamers for zeatin recognizing [J]. Biosens Bioelectron, 2013, 41: 157-162.

Ravichandran S, Razzaq M, Parveen N, et al. The effect of hairpin loop on the structure and gene expression activity of the long-loop G-quadruplex [J]. Nucleic Acids Res, 2021, 49 (18): 10689-10706.

Renaud de la Faverie A, Guedin A, Bedrat A, et al. Thioflavin T as a fluorescence light-up probe for G4 formation [J]. Nucleic Acids Res, 2014, 42 (8): e65.

Roxo C, Kotkowiak W, Pasternak A. G-quadruplex-forming aptamers—characteristics, applications, and perspectives [J]. Molecules, 2019, 24 (20): 3781.

Schaffitzel C, Berger I, Postberg J, et al. *In vitro* generated antibodies specific for telomeric guanine-quadruplex DNA react with stylonychia lemnae macronuclei [J]. P Natl A Sci, 2001, 98 (15): 8572-8577.

Sengupta P, Chattopadhyay S, Chatterjee S. G-quadruplex surveillance in BCL-2 gene: A promising therapeutic intervention in cancer treatment [J]. Drug Discovery Today, 2017, 22 (8): 1165-1186.

Shao K, Wang B, Nie A, et al. Target-triggered signal-on ratiometric electrochemiluminescence sensing of PSA based on MOF/Au/G-quadruplex [J]. Biosens Bioelectron, 2018, 118: 160-166.

Shen G, Zhang H, Yang C, et al. Thrombin ultrasensitive detection based on chiral supramolecular assembly signal-amplified strategy induced by thrombin-binding aptamer [J]. Anal Chem, 2017, 89 (1): 548-551.

Shen ZF, Li F, Jiang YF, et al. Palindromic molecule beacon-based cascade amplification for colorimetric detection of cancer genes [J]. Anal Chem, 2018, 90 (5): 3335-3340.

Simon S, Roy D, Schindler M. Intracellular pH and the control of multidrug resistance [J]. Proc Natl Acad Sci, 1994, 91 (3): 1128-1132.

Tikhomirov AS, Abdelhamid MA, Nadysev GY, et al. Water-soluble heliomycin derivatives to target i-motif DNA [J]. J Nat Prod, 2021, 84 (5): 1617-1625.

Tippana R, Xiao W, Myong S. G-quadruplex conformation and dynamics are determined by loop length and sequence [J]. Nucleic Acids Res, 2014, 42 (12): 8106-8114.

Tucker BA, Hudson JS, Ding L, et al. Stability of the Na^+ form of the human telomeric G-quadruplex: Role of adenines in stabilizing G-quadruplex structure [J]. ACS omega, 2018, 3 (1): 844-855.

Virgo P, Denning-Kendall PA, Erickson-Miller CL, et al. Identification of the CD33-related siglec receptor, Siglec-5 (CD170), as a useful marker in both normal myelopoiesis and acute myeloid leukaemias [J]. Brit J Haematol, 2003, 123 (3): 420-430.

Wang M, Mao Z, Kang TS, et al. Conjugating a groove-binding motif to an Ir (Ⅲ) complex for the enhancement of G-quadruplex probe behavior [J]. Chem Sci, 2016, 7 (4): 2516-2523.

Wang S, Fu B, Peng S, et al. The G-triplex DNA could function as a new variety of DNA peroxidase [J]. Chem Commun, 2013, 49 (72): 7920-7922.

Wang Y, Wu Y, Liu W, et al. Electrochemical strategy for pyrophosphatase detection based on the peroxidase-like activity of G-quadruplex-Cu^{2+} DNAzyme [J]. Talanta, 2018, 178: 491-497.

Watson JD, Crick FH. Molecular structure of nucleic acids: a structure for deoxyribose nucleic acid [J]. Nature, 1953, 171 (4356): 737-738.

Webb BA, Chimenti M, Jacobson MP, et al. Dysregulated pH: A perfect storm for cancer progression [J]. Nat Rev Cancer, 2011, 11 (9): 671-677.

Webba da Silva M. Geometric formalism for DNA quadruplex folding [J]. Chemistry, 2007, 13 (35): 9738-9745.

Wu C, Gao G, Zhai K, et al. A visual Hg^{2+} detection strategy based on distance as readout by G-quadruplex DNAzyme on microfluidic paper [J]. Food Chem, 2020, 331: 127208.

Wu J, Song C, Jiang C, et al. Nucleolin targeting AS1411 modified protein nanoparticle for antitumor drugs delivery [J]. Mol Pharmaceut, 2013, 10 (10): 3555-3563.

Wu Z, Zhou H, He J, et al. G-triplex based molecular beacon with duplex-specific nuclease amplification for the specific detection of microRNA [J]. Analyst, 2019, 144 (17): 5201-5206.

Xu H, Di Antonio M, McKinney S, et al. Cx-5461 is a DNA G-quadruplex stabilizer with selective lethality in BRCA1/2 deficient tumours [J]. Nat Commun, 2017, 8 (1): 14432.

Xu X, Mao W, Lin F, et al. Enantioselective Diels-Alder reactions using a G-triplex DNA-based catalyst [J]. Catal Commun, 2016, 74: 16-18.

Xu Y, Cheng N, Luo Y, et al. An exo Ⅲ-assisted catalytic hairpin assembly-based self-fluorescence aptasensor for pesticide detection [J]. Sensor Actuat B-Chem, 2022, 358: 131441.

Yang W, Zhao X, Zhang J, et al. Hydroxyphenylquinazolinone-based turn-on fluorescent probe for β-galactosidase activity detection and application in living cells [J]. Dyes and Pigments, 2018, 156: 100-107.

Yang Y, Huang J, Yang X, et al. Aptamer-based FRET nanoflares for imaging potassium ions in living cells [J]. Chem Commun, 2016, 52 (76): 11386-11389.

Ying L, Xie N, Yang Y, et al. A cell-surface-anchored ratiometric i-motif sensor for extracellular pH detection [J]. Chem Commun, 2016, 52 (50): 7818-7821.

Yu GL, Bradley JD, Attardi LD, et al. *In vivo* alteration of telomere sequences and senescence caused by mutated tetrahymena telomerase RNAs [J]. Nature, 1990, 344 (6262): 126-132.

Yu Z, Zhou W, Han J, et al. Na^+-induced conformational change of Pb^{2+}-stabilized G-quadruplex and its influence on Pb^{2+} detection [J]. Anal Chem, 2016, 88 (19): 9375-9380.

Yu Z, Zhou W, Ma G, et al. Insights into the competition between K^+ and Pb^{2+} binding to a G-quadruplex and discovery of a novel K^+-Pb^{2+}-quadruplex intermediate [J]. The Journal of Physical Chemistry B, 2018, 122 (40): 9382-9388.

Zell J, Sperti FR, Britton S, et al. DNA folds threaten genetic stability and can be leveraged for chemotherapy [J]. RSC Chem Biol, 2021, 2 (1): 47-76.

Zhan Y, Ma W, Zhang Y, et al. DNA-based nanomedicine with targeting and enhancement of therapeutic efficacy of breast cancer cells [J]. ACS Appl Mater Inter, 2019, 11 (17): 15354-15365.

Zhong R, Xiao M, Zhu C, et al. Logic catalytic interconversion of G-molecular hydrogel [J]. ACS Appl Mater Inter, 2018, 10 (5): 4512-4518.

Zhou H, Wu ZF, Han QJ, et al. Stable and label-free fluorescent probe based on G-triplex DNA and thioflavin T [J]. Anal Chem, 2018, 90 (5): 3220-3226.

Zhou N, Su F, Guo C, et al. Two-dimensional oriented growth of Zn-MOF-on-Zr-MOF architecture: A highly sensitive and selective platform for detecting cancer markers [J]. Biosens Bioelectron, 2019, 123: 51-58.

Zhu L, Li G, Shao X, et al. A colorimetric zinc (Ⅱ) assay based on the use of hairpin DNAzyme recycling and a Hemin/G-quadruplex lighted DNA nanoladder [J]. Microchim Acta, 2020, 187: 1-9.

Zhu L, Li Y, Zhang L, et al. Controlled assembly of aiegens based on a super-quadruplex scaffold for detection of plasma membrane proteins [J]. Anal Chim Acta, 2020, 1094: 130-135.

Zimmerman SB. An "acid" structure for polyriboguanylic acid observed by X-ray diffraction [J]. Biopolymers: Original Research on Biomolecules, 1975, 14 (4): 889-890.

徐小为. 针对核酸及核酸突变位点的荧光探针的设计, 合成及应用和基于 G-triplex 结构的 DNA 不对称催化 [D]. 武汉: 武汉大学, 2015.

朱燕平. i-motif 结构折叠与解折叠机理研究 [D]. 上海: 东华大学, 2014.

14

三螺旋核酸

三螺旋核酸作为功能核酸的有机组成部分，是在氢键形成的经典 Watson-Crick 双链核酸基础上，第三条寡核苷酸链以非经典的 Hoogsteen 氢键嵌入到双链大沟中形成的超分子核酸组装体。本章从三螺旋核酸的类型、序列特异性、pH 响应性、生物传感器与前沿应用等角度，对三螺旋核酸进行了归纳总结。希望本章内容能为三螺旋核酸的进一步研究与应用提供理论基础及指导，使三螺旋核酸成为生物分析与临床应用的有力工具，为跨学科应用打开新的大门。

14.1 概述

三螺旋核酸①作为功能核酸的有机组成部分，是在氢键形成的经典 Watson-Crick 双链核酸基础上，第三条寡核苷酸链以非经典的 Hoogsteen 氢键嵌入到双链大沟中形成的超分子核酸组装体（图 14.1）。三螺旋核酸首次发现于 1957 年，Felsenfeld 与 Davies 发现了多聚嘌呤链通过 Hoogsteen 键嵌入到 DNA 的大沟中形成了三螺旋结构（Felsenfeld 等，1957）。近年来，基于三螺旋核酸独特的结构与功能，三螺旋核酸在生物传感、单分子成像、精准递释、细胞调控与分析检测领域发挥了巨大作用，取得了令人瞩目的研究进展。

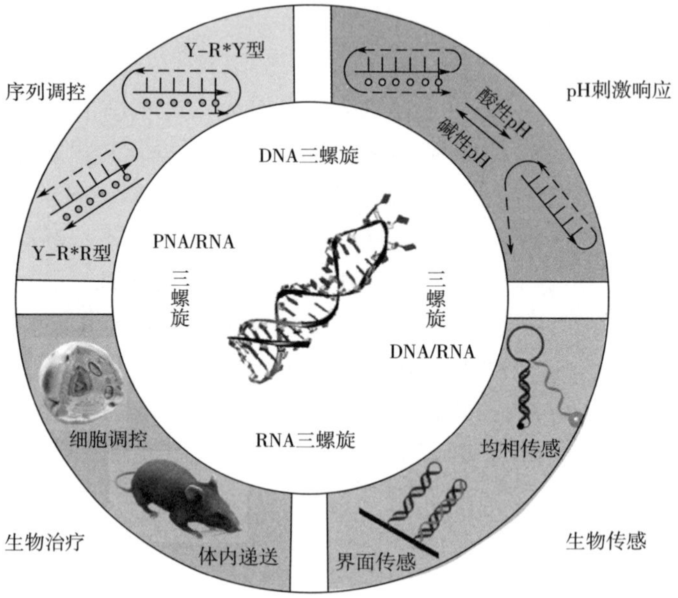

图 14.1　三螺旋核酸

14.2 三螺旋核酸的类型

按照碱基种类的差异，可将三螺旋核酸分为嘧啶-嘌呤 * 嘧啶型三螺旋与嘧啶-嘌呤 * 嘌呤型三螺旋；按照形成方式的不同，可将三螺旋核酸分为分子内三螺旋与分子间三螺旋；按照核酸类型的差别，可将三螺旋核酸分为 DNA 三螺旋、RNA 三螺旋、DNA/RNA 三螺旋与 PNA 三螺旋；按照第三链与双链形成三螺旋核酸的方向不同，可将三螺旋核酸分为平行结构与反平行结构。

---

① 三螺旋核酸常见的英文表述包括：triplex DNA，triple-helices，triple-helical DNA。

14.2.1 DNA 三螺旋

DNA 三螺旋是第三条 DNA 链以 Hoogsteen 氢键嵌入双链 DNA 的大沟中形成的三链 DNA 组装体［图 14.2（a）］。2010 年，Francesco Ricci 团队利用这种 DNA 三螺旋结构，将标记有电化学信号分子（甲基蓝）的第三链标记在金电极上作为识别元件识别特异的双链 DNA 靶标，当且仅当双链 DNA 靶标存在时，靶标 DNA 与固定化的第三链形成 DNA 三螺旋结构，阻碍甲基蓝靠近金电极并转移电子，实现电化学信号的输出，实现了双链 DNA 在复杂血清样本中特异、灵敏（10nmol/L）的电化学检测，构建了一种无试剂化、可重复利用的 DNA 三螺旋的检测策略（Patterson 等，2010）；但由于利用 C-G＊C 与 T-A＊T 的序列有效识别靶标 DNA 具有特异性，使目标 DNA 的检测缺乏广谱性与通用性。

DNA 茎环型三螺旋是受分子信标的结构启发，将茎环结构的环状（loop）区域改造成具有生物识别作用的单链核酸（如：核酸适配体等），将茎部（stem）区域由 DNA 双链改造成 DNA 三螺旋的结构元件［图 14.2（b）］。在生物传感策略的设计中，利用 loop 区域的核酸与靶标的特异性分子识别诱导 DNA 茎环型三螺旋发生构象变化，发挥信号转换作用。2011 年，谭蔚泓团队设计了一种基于 DNA 茎环型三螺旋的生物传感策略，通过适配体的特征识别机制使三螺旋分子开关发生结构转换，使第三链两端标记的芘分子靠近、发射高强度荧光，实现了 ATP、α-凝血酶（α-thrombin，Tmb）与 L-精氨酰胺（L-Argininamide，L-Arm）的通用型检测（Zheng 等，2011）。2014 年，王柯敏团队将 DNA 茎环型三螺旋搭载电化学传感平台，实现了 ATP（LOD＝60nmol/L）与 Tmb（LOD＝4.5nmol/L）的通用型、超灵敏检测（Ramezani 等，2015）。2015 年，伊朗 Khalil Abnous 团队设计了一种基于 DNA 茎环型三螺旋的传感平台，结合金纳米粒子的聚沉显色，实现了四环素的可视化、超灵敏（LOD＝266pmol/L）检测（Du 等，2014）。通过在 DNA 茎环型三螺旋的 loop 区域引入适配体区域，不仅将待测靶标从核酸类分子有效拓宽至非核酸类分子，而且已经发展成为了一种检测目标物的通用型传感策略。

DNA 夹钳型三螺旋是以一条两侧末端具有对称序列的单链 DNA 为探针，与存在对称序列互补区域的 DNA 先以 Waston-Crick 氢键杂交，再以 Hoogsteen 氢键形成三螺旋组装体的 DNA 三螺旋结构［图 14.2（c）］。在形态方面，DNA 夹钳型三螺旋与 DNA 茎环型三螺旋相比，loop 区域只起到连接作用，非分子识别作用；在识别特性方面，由于 Waston-Crick 键与 Hoogsteen 键共同发挥分子识别作用，使 DNA 夹钳型三螺旋具有更优越的特异性（Idili 等，2013）。2014 年，Francesco Ricci 团队将夹钳型 DNA 三螺旋传感元件与电化学检测平台结合，实现了有效的 DNA 单碱基错配区分（Idili 等，2014）。

DNA 单链三螺旋是由一条 DNA 链先形成分子内的 Waston-Crick 键，再形成分子内的 Hoogsteen 键组装而成的 DNA 三螺旋结构［图 14.2（d）］。2014 年，Francesco Ricci 团队利用双荧光基团标记的分子内三螺旋 DNA，实现了跨 5.5 个 pH 单位（pH 5.5～11.0）的传感检测（Antony 等，2002）。与 DNA 夹钳状三螺旋结构相比，DNA 单链三螺旋的自组装提高了 DNA 超分子组装体的结合效率、避免了分子间形成非三螺旋核酸的可能性。

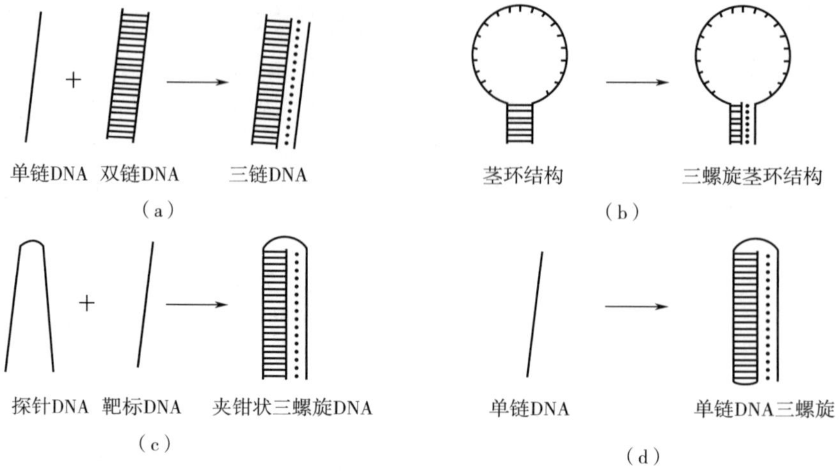

图 14.2 DNA 三螺旋核酸的四种类型

（a）DNA 三链三螺旋 （b）DNA 茎环型三螺旋 （c）DNA 夹钳状三螺旋 （d）DNA 单链三螺旋

14.2.2 RNA 三螺旋

RNA 三螺旋是以 RNA 链构成的三螺旋核酸。2016 年，Natalie Artzi 团队利用 U-A * U、C-G * U、A-U * A、U-G * U、U-G * C 等三螺旋碱基对，设计了一种基于三链 RNA 的双色荧光三螺旋组装体，该三螺旋 RNA 能够识别癌细胞内 miRNA，发挥抑制癌细胞 miRNA-221 与替换癌细胞 miRNA-205 的双重功能（Conde 等，2016），使研究者对三螺旋核酸的研究不再局限在 DNA 三螺旋。

14.2.3 DNA/RNA 三螺旋

DNA/RNA 三螺旋是以 RNA 链为第三链嵌入到双链 DNA 大沟中，形成三螺旋结构。1996 年，Ekambar Kandimalla 与 Sudhir Agrawal 合作研究了 DNA/RNA 三螺旋结构，发现以 T-A * U 碱基对替代 T-A * T 碱基对形成的三螺旋结构，在相同 pH 条件下，T_m 比对应的 T-A * T 三螺旋结构低 10℃ 左右，表明 DNA/RNA 三螺旋结构不稳定（Kandimalla 等，1996）。

14.2.4 PNA/DNA 三螺旋

肽核酸（peptide nucleic acid，PNA）是一类以多肽骨架取代糖磷酸主链的 DNA 类似物。PNA/DNA 三螺旋是以 PNA 与 DNA 杂交形成的三螺旋核酸结构。由于 PNA 与 DNA 的结合具有更强的亲和性，因此，PNA/DNA 三螺旋结构具有更高的结合特异性与结合稳定性。根据杂交链的组成，将 PNA/DNA 三螺旋分为如下类型：

（1）PNA/DNA/PNA 三螺旋 PNA/DNA/PNA 三螺旋是以一条多聚嘧啶 PNA 链与一条多聚嘌呤 DNA 链通过 Waston-Crick 氢键生成双链、另一条多聚嘧啶 PNA 链通过

Hoogsteen 键嵌入双链大沟、形成的三螺旋结构，其特征是 PNA 链与 DNA 链按 2∶1 结合［图 14.3（a）］（Betts 等，1995）。2006 年，Michael Bowers 团队率先发现了经过荧光基团标记的 PNA 与 DNA 序列特异性结合、形成的 PNA/DNA/PNA 三螺旋在加入特定的阳离子共轭聚电解质（cationic conjugated polyelectrolyte，CCP）后，通过 FRET 可以增强 PNA/DNA/PNA 三螺旋的荧光，证实了 PNA/DNA/PNA 三螺旋结构的生成（Baker 等，2006）。2009 年，Bin Liu 团队利用 PNA/DNA/PNA 三螺旋无法被 S1 核酸酶降解的特性，加入嵌入型噻唑橙染料后，显微弱荧光，再加入特定的 CCP 后，通过 FRET 增强荧光发射；而相应的含有单碱基错配的 DNA/PNA 三螺旋能够被 S1 核酸酶降解、无法产生荧光。因此，所建立的基于 PNA/DNA/PNA 三螺旋结构可以实现无标记、高选择性的单核苷酸多态性（single nucleotide polymorphism）的分析（LOD = 5μmol/L）（Li 等，2009）。

（2）DNA/PNA/DNA 三螺旋　DNA/PNA/DNA 三螺旋是单链 PNA 通过 Hoogsteen 键嵌入到双链 DNA 大沟中形成三螺旋结构［图 14.3（b）］。2006 年，Michael Bowers 团队研究发现：经过荧光基团标记的 PNA 与双链 DNA 的序列特异性结合、形成的 DNA/PNA/DNA 三螺旋在加入特定 CCP 后，通过 FRET 可以增强 DNA/PNA/DNA 三螺旋的荧光，建立了一种基于这类三螺旋的光学传感器（Baker 等，2006）。2013 年，Mohammad Saeid Hejazi 团队将 PNA 链固定在金电极上，通过 PNA 链特异性捕获特征双链 DNA 形成三螺旋结构导致的电信号变化，实现了对靶标 DNA 双链的检测（Hamidi Asl 等，2013）。

（a）PNA链　DNA链　PNA链　PNA-DNA-PNA三螺旋　（b）DNA链　PNA链　DNA链　DNA-PNA-DNA三螺旋

图 14.3　PNA/DNA 三螺旋的两种类型

（a）PNA/DNA/PNA 三螺旋　（b）DNA/PNA/DNA 三螺旋

14.3　DNA 三螺旋核酸的序列特异性

三螺旋核酸的形成主要依赖由嘧啶或嘌呤组成的第三链与 Waston-Crick 双链中的嘌呤链形成 Hoogsteen 氢键。三螺旋核酸与双链核酸一样，也是一种序列特异性的复合体，其序列设计具有一定的规则。按照三螺旋核酸的结构，可分为分子间三螺旋核酸与分子内三螺旋核酸。

分子间三螺旋核酸的形成依赖被称之为三螺旋形成寡核苷酸（triplex forming oligonucleotides，TFO）的第三链与双链 DNA 靶标序列的相互作用。因此，TFO 是一种可用于基因治疗的潜在基因药物，能够在体内模拟基因活性。TFO 是一种对双链 DNA 具有序列特异性识别的通用药物，它对靶标双链 DNA 的识别原则十分简单——基于双链中嘌呤链与 TFO 碱基间的 Hoogsteen 氢键配对。然而，这种识别模式的局限是需要优先识别双链中的多聚嘌呤-多聚嘧啶位点。

分子内三螺旋核酸是 H-DNA 的重要元素，形成于超螺旋 DNA 的同嘌呤-同嘧啶区域。分子内三螺旋核酸常在超螺旋应力作用下，通过同嘌呤-同嘧啶的镜像重复在体外形成三重复合体。分子内三螺旋常在体外形成，在没有 DNA 超螺旋的情况下也能够自发形成；在由于细胞内的负超螺旋不足以诱导 H-DNA 的形成，分子内三螺旋常在体内组装存在挑战，但却能够在体内被监测到。有迹象表明，分子内三螺旋核酸还能够终止体内的 DNA 复制。

三螺旋核酸的结构存在很大的差异，既可以由两条嘧啶链和一条嘌呤链（Y-R ＊Y）组成，也可以由两条嘌呤链和一条嘧啶链（Y-R ＊R）组成（图 14.4）。值得注意的是，在三螺旋核酸的序列设计中，当同源链（如：Y-R ＊Y 型三螺旋中的两条嘧啶链，Y-R ＊R 型三螺旋中的两条嘌呤链）具有反平行式结构时才能稳定存在。

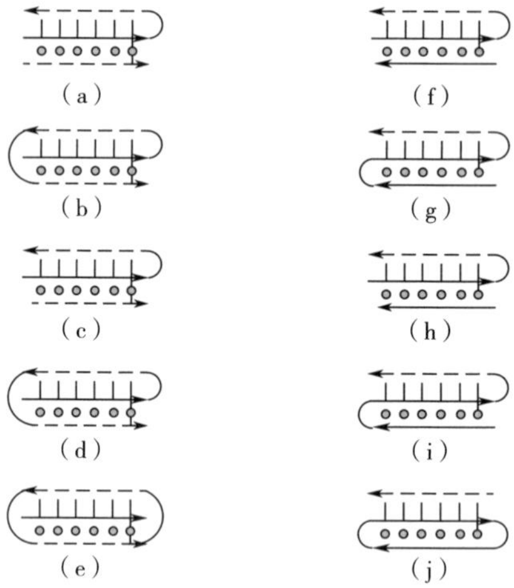

图 14.4 三螺旋核酸的组装方式

(a) ~ (e) Y-R＊Y 型三螺旋核酸 (f) ~ (j) Y-R＊R 型三螺旋核酸

实线—嘌呤链 虚线—嘧啶链 短竖线—Watson-Crick 氢键 圆点—Hoogsteen 氢键 箭头—DNA 链的极性

其中，Y-R ＊Y 型的三螺旋核酸主要由两种典型的碱基对 C-G＊C 与 T-A＊T 组成，以嘧啶组成的第三链需要与双链核酸中的嘌呤链形成 Hoogsteen 氢键嵌入双链 DNA 的大沟中。Y-R ＊Y 型三螺旋核酸的重要特征是 C-G＊C 的形成需要第三链中胞嘧啶 N^3 位点的质子化，因此，酸性条件有利于 Y-R ＊Y 型三螺旋核酸的形成。

Y-R ＊R 型的三螺旋核酸主要由两种典型的碱基对 C-G＊G 与 T-A＊A 组成，T-A＊T，C-G＊A^+也参与 Y-R ＊R 型三螺旋的组成。有趣的是，由 C-G＊G 与 T-A＊T 组成的三螺旋结构比 C-G＊G 与 T-A＊A 组成的三螺旋结构稳定。Y-R ＊R 型三螺旋核酸依赖二价金属阳离子稳定存在。

Y-R ＊Y 型与 Y-R ＊R 型的三螺旋核酸的相同之处有两点：①参与三螺旋形成的双链中，其中一条链需要由多聚嘌呤构成；②两条同源链的取向需要是反平行的。Y-

R ＊Y 型与 Y-R ＊R 型的三螺旋核酸的主要区别有三点：①酸性条件有利于 Y-R ＊Y 型三螺旋核酸的形成，而 Y-R ＊R 型三螺旋核酸的形成不需要质子化；②构成 Y-R ＊R 型三螺旋核酸的 C-G＊G、T-A＊ A 和 T-A＊T 之间需要反向的 Hoogsteen 基对才能形成合理的叠加作用；③Y-R ＊Y 型三螺旋核酸中，第三链的序列完全由双链 DNA 决定；但由于组成 Y-R ＊R 型三螺旋的三种碱基是 G、A、T，C-G＊A^+也存在于 Y-R ＊R 型三螺旋中，故第三链的序列不能由双链 DNA 决定。

14.4 三螺旋核酸的 pH 响应性应用

三螺旋核酸受外界刺激影响，可发生特异性响应，如 pH 响应性、金属离子响应性、化学响应性。如：Mg^{2+}通过稳定双链核酸的形成、促进三螺旋结构的形成（Antony 等，2002）；Ag^+通过与 C-G＊C 碱基对络合形成稳定的 C-G＊C Ag^+结构，稳定三螺旋 DNA 的存在（Ihara 等，2009）；氯化甲氧檗（Xi 等，2014）与二醚二酞酰亚胺化合物（Han 等，2006）发挥类黏合剂样作用，稳定三螺旋 DNA 的形成；稠环芳烃的菲与芘，可以作为连接子，连接第三链与双链，促进单链分子内三螺旋 DNA 与异质二聚体间三螺旋 DNA 的形成（Trkulja 等，2007）。然而，酸性条件促进胞嘧啶质子化，促进 C-G＊C 碱基对的稳定形成，从而促进三螺旋核酸的稳定形成；中性条件促进 T-A＊T 碱基对的稳定形成，从而促进三螺旋核酸的稳定形成（Idili 等，2014），因此由 C-G＊C、T-A＊T 组装的三螺旋 DNA 结构具有 pH 效应，是三螺旋核酸最重要、最受关注的特性。

14.4.1 pH 响应的三螺旋核酸等温扩增

pH 响应的三螺旋核酸等温扩增是以三螺旋核酸为 pH 响应元件介导的恒温分子扩增。2014 年，樊春海与 Francesco Ricci 合作研究了两种 pH 响应的 DNA 链置换扩增（strand displacement amplification，SDA）反应。一种是 OH^-激活的 SDA：在 OH^-诱导下，以 C-G＊C 为主要序列组成的三螺旋结构中的 Hoogsteen 键断裂形成双螺旋结构，加入侵入链（invading strand，IS）发生 SDA、产生游离的三螺旋第三链、发生后续的 SDA；另一种是 H^+激活的 SDA：带有两侧黏性末端的双链 S 首先与 IS 杂交结合，在 H^+诱导下，IS 与 abc 链形成三螺旋 DNA、释放 b＊c＊d＊链、发生后续的 SDA。利用标记在 DNA 链上的荧光供体基团与荧光受体基团表征 pH 响应的 SDA 传感器的搭建（Cai 等，1997）。

14.4.2 pH 响应的三螺旋核酸纳米开关

pH 响应的三螺旋核酸纳米开关是指以三螺旋核酸为 pH 响应元件、调控所构建的 DNA 纳米组装体发生结构变化，发挥开关（on-off）型作用、能够开启或关闭表征信号的两态分子开关。2004 年，Mao 的团队利用标记有罗丹明绿与 BHQ-1 的荧光探针 F、长链 DNA（L）与断链 DNA（S）进行双链自组装体与三链-镊子状自组装体的结构转换，通过改变溶液的 pH（5.0~8.0）、可逆性地改变三螺旋 DNA 的形成与解构，通过 FRET 与 PAGE 表征了所设计的纳米开关的镊子样非三螺旋-on 态与镊子样三螺旋-off 态（Yi 等，2004）。2014 年，Francesco Ricci 团队通过改变构成三螺旋结构的单链 DNA 的序列构成，且在单链 DNA 两侧分别标记荧光供体基团（Alexa Fluor 680，AF680）与荧光猝灭基团（BHQ-1），通过调节溶液 pH，使单分子三螺旋纳米开关在低 pH 条件下形成链内三螺旋结构、猝灭荧光，纳米开关处于 off 态；高 pH 条件下 Hoogsteen 键断裂形成双螺旋解构、AF680 恢复荧光发射，纳米开关处于 on 态。因此，所构建的单链 DNA 三螺旋纳米开关实现了跨 5.5 个 pH 单位（pH 5.5~11.0）的传感检测（Amodio，2014）。

14.4.3 三螺旋核酸介导的 pH 响应性酶促反应

三螺旋核酸介导的 pH 响应性酶促反应是指以通过酶促反应生成质子或消耗质子，调控三螺旋核酸的生成或解构、实现信号传感响应的过程。2015 年，Francesco Ricci 团队首先研究了酶促反应调控的单链 DNA 三螺旋纳米开关的 on-off 状态转换。以谷胱甘肽转移酶催化谷胱甘肽产生质子、调控 on 型三螺旋核酸纳米开关转换为三螺旋结构的 off 型；以脲酶催化尿素消耗质子、调控 off 型的三螺旋核酸纳米开关转换为双螺旋结构的 on 型。然后，研究者建立了酶促反应介导的链替代传感模型：利用脲酶催化尿素消耗质子，调控三螺旋核酸的 Hoogsteen 键断裂、生成双螺旋，再使用侵入链进行链替代反应、输出荧光信号。最后，研究者建立了酶促反应介导的配体释放/携带传感模型：利用乙酰胆碱酯酶催化乙酰胆碱释放质子，使与配体链杂交形成双螺旋 DNA 的单链 DNA 形成分子内三螺旋组装体、释放配体链；利用脲酶催化尿素消耗质子，破坏单链 DNA 形成的分子内三螺旋组装体，与配体链杂交生成双螺旋、携带配体链（Erica 等，2015）。将酶促反应与三螺旋核酸的 pH 效应组合传感，为拓展三螺旋核酸在体内的应用奠定了理论基础。

14.4.4 pH 响应的纳米粒子聚集与分散

pH 响应的纳米粒子聚集与分散是指通过 pH 变化调控三螺旋核酸的形成与解构、调控纳米粒子间的距离、使纳米粒子发生聚集或分散。2006 年，Kim 与 Choi 合作，预先分别在两种 AuNPs 表面标记两种不同的核酸链，形成偶联有分子内双链 DNA 的 AuNPs-A 与偶联单链 DNA 的 AuNPs-B。在酸性条件（pH 5.0）下，C 质子化形成 C-G * C 碱基对，促使两条 DNA 链形成分子间三螺旋结构，拉近 AuNPs-A 与 AuNPs-B 之间的距离，使 AuNPs 聚沉呈现蓝色。在中性条件（pH 6.5）下，C-G * C 碱基对中的 Hoogsteen 键断裂、三螺旋结构解体，AuNPs-A 与 AuNPs-B 之间的距离增大，使 AuNPs 分散呈现红色，实现了 pH 调控的 AuNPs 间可逆的聚沉与分散，通过颜色变化表征 AuNPs 之间的聚集与分散（Jung 等，2006）。

14.4.5 pH 响应的 DNA 折纸单元的低聚与分散

DNA 折纸单元作为一种新型的 DNA 纳米自组装结构单元，可以使用三螺旋核酸发挥桥连作用，实现 pH 响应的低聚与分散。2015 年，Itamar Willner 团队以三螺旋核酸作为 DNA 折纸单元的桥梁，构建了 DNA 折纸的二聚体（Erica 等，2015）。首先，在 DNA 折纸单元 T^3 与 T^4 上分别标记①链与②链，通过①链与②链的链杂交，使 T^3 与 T^4 形成二聚体；当体系 pH 调至 4.5，C 质子化形成 C-G＊C 碱基对，使①链形成分子内三螺旋结构，同时发挥桥连作用的分子间双链杂交解构，使二聚体 T^3/T^4 分散；当体系 pH 再次调至 7.0，C 去质子化导致 Hoogsteen 键断裂、三螺旋解构，T^3 与 T^4 重新形成二聚体，实现 DNA 折纸单元的可逆化的低聚与分散。然后，在 DNA 折纸单元 T^5 与 T^6 上分别标记③链与④链，通过③链与④链的链杂交，形成三螺旋发挥桥连作用，使 T^3 与 T^4 形成二聚体；当体系 pH 调至 9.5，T 去质子化导致 T-A＊T 碱基对的 Hoogsteen 键断裂、三螺旋解构，使二聚体 T^5/T^6 分散；当体系 pH 再次调至 7.0，促进 T-A＊T 碱基对与三螺旋结构的形成，T^5 与 T^6 重新形成二聚体，实现 DNA 折纸单元的可逆化的低聚与分散。

14.4.6 pH 响应的单链闭环 DNA 的低聚与分离

单链闭环 DNA 作为一种人工 DNA 纳米结构单元，可以在三螺旋核酸的桥连作用下，实现 pH 响应的低聚与分散。2016 年，Itamar Willner 团队以三螺旋核酸作为单链闭环 DNA 纳米结构单元的桥梁，构建了单链闭环 DNA 的二聚体（Jung 等，2006）。首先，分别合成单链 DNA 闭环 R1 与 R2，使 C1、F1 与 R1 链杂交，稳定 R1 的环状形态，同时使 C2、F2 与 R2 链杂交，稳定 R2 的环状形态；当体系 pH 调至 7.0，C 去质子化无法形成三螺旋结构，桥连链 L1 与 R1 链间杂交形成双螺旋、使 R1 与 R2 形成二聚体；当体系 pH 调至 4.5，C 质子化形成 C-G＊C 碱基对，使桥连链 L1 与 R2 形成分子间三螺旋结构，发挥去桥连作用，使二聚体 R1/R2 分离；当体系 pH 再次调至 7.0，C 去质子化导致 Hoogsteen 键断裂、三螺旋解构，桥连链 L1 重新与 R1 链间杂交形成双螺旋，使 R1 与 R2 重新形成二聚体，实现单链闭环 DNA 单元的可逆化的低聚与分离。然后，改变策略，使用桥连链 L2 与 L3 连接 R1 与 R2：当体系 pH 调至 7.0，促进 T-A＊T 碱基对的形成，L2、R1 与 L3 形成三螺旋结构，使 R1 与 R2 形成二聚体；当体系 pH 调至 10.0，T 去质子化导致形成 T-A＊T 碱基对中的 Hoogsteen 键断裂，三螺旋解构，使二聚体 R1/R2 分离；当体系 pH 再次调至 7.0，再次形成 T-A＊T 碱基对，L2、R1 与 L3 形成三螺旋结构，使 R1 与 R2 形成二聚体，实现单链闭环 DNA 单元的可逆化的低聚与分离。

14.4.7 pH 响应的三螺旋核酸微胶囊

近些年，微胶囊作为一种有效的药物载体，受到广泛关注。2016 年，Itamar Willner 团队利用碳酸钙（$CaCO_3$）微粒携带冷光量子点硒化镉/硫化锌（CdSe/ZnS），外部包被多聚烯丙胺盐酸盐（poly- allylamine hydrochloride，PAH）后，五条 DNA 链自组装，沉积在带正电的 PAH 外层形成微胶囊；并利用 pH 响应的三螺旋核酸调控了两种微胶囊的解组装（Liao 等，2016）。在酸性条件（pH 5.0）下，富含 CG 核酸自组装体的微胶囊核酸外层中的 C 质子化形成 C-G＊C 碱基对，形成分子内三螺旋结构，使微胶囊外部的 DNA 自组装体解组装，使微胶囊解组装释放 CdSe/ZnS 量子点，在 620nm

处发射荧光。在碱性条件（pH 9.0）下，富含 AT 核酸自组装体的微胶囊核酸外层中的 T 去质子化导致 T-A＊T 碱基对中的 Hoogsteen 键断裂、分子间三螺旋解构，使微胶囊外部的 DNA 自组装体解组装，使微胶囊解组装释放 CdSe/ZnS 量子点，在 560nm 处发射荧光。

14.4.8 pH 响应 DNA 瓦片的自组装与解组装

DNA 瓦片作为一种典型的 DNA 自组装体，常常被视作通过黏性末端杂交互补、形成 DNA 晶格与 DNA 管状结构的基本元素，在 DNA 纳米技术中举足轻重。2016 年，Hu 等将 pH 响应的三螺旋核酸-SDA 回路模块化，与 DNA 瓦片的自组装反应模块串联，实现了 DNA 瓦片的自组装（Hu 等，2016）：在碱性条件下，C 去质子化导致 C-G＊C 碱基对中的 Hoogsteen 键断裂、分子间三螺旋解构激活 SDA 回路、生成去保护链（Deprotector）；D 激活钝化的 DNA 瓦片单元（protected tile，PT）自组装形成超分子 DNA 管状结构，释放荧光信号。

14.5 三螺旋核酸生物传感器

14.5.1 基于三螺旋核酸的可视化生物传感器

基于三螺旋核酸的可视化生物传感器是以三螺旋核酸作为生物识别元件，对输入信号进行识别响应，以光学响应信号为基础，通过裸眼比较反应液中颜色的深浅变化，实现对目标物的裸眼辨别的传感方法。当 AuNPs 之间的距离改变时，其局域表面等离子共振吸收峰会产生相应的变化，引起溶液颜色的改变。2011 年，凌连生团队利用 Ag^+可以在弱碱性（pH 8.0）条件下稳定 C-G＊C 三螺旋结构的性质，使 AuNPs 上的两条链通过 C-G＊C Ag^+三螺旋结构有效拉近距离，发生颜色变化，从而实现 Ag^+的传感检测（Xiong 等，2011）。通过与 AuNPs 结合，使三螺旋核酸生物传感器具有可视化、简便、快速等优点，但由于 AuNPs 的聚沉容易受盐离子浓度、金属阳离子浓度的干扰，因此基于 AuNPs 的可视化 TNAs 生物传感器的稳定性有待于进一步研究。

14.5.2 基于三螺旋核酸的荧光生物传感器

基于三螺旋核酸的荧光生物传感器是以三螺旋核酸作为生物识别元件对输入信号进行识别响应，以荧光响应信号的强度变化，实现对目标物的传感响应的方法。最常使用的研究策略是根据荧光供体基团与荧光受体基团的距离变化诱导 FRET，发生正向的荧光增强或负向的荧光减弱，从而表征对目标物的传感响应。2014 年，姜玮团队利用荧光猝灭基团（Black Hole Quencher-1，BHQ-1）标记三核酸第三链并用荧光基团 6-羧基荧光素（6-carboxyfluorescein，6-FAM）标记双链 DNA，通过 Ag^+稳定三螺旋 DNA 的形成，同时 6-FAM 与 BHQ-1 发生 FRET 导致荧光猝灭。当存在转录因子（transcription factors，TFs）时，目标物 TFs 与双链结合释放 BHQ-1 标记的第三链，使双链 DNA 的 6-FAM 释放荧光信号，实现对 TFs 的定量检测（Zhu 等，2014）。除此之外，利用芘分子在单体状态与二聚体状态的荧光发射波长与荧光发射强度不同，也可对三螺旋核酸生物传感信号进行表征（Zheng，2011）。利用标记荧光基团建立的三螺旋核酸生物传感器通常能够实现目标物的灵敏检测，但由于标记荧光基团的高昂成本与技术制约，荧光三螺旋核酸生物传感方法的建立往往需要耗费更多的人力物力。

14.5.3 基于三螺旋核酸的 SERS 生物传感器

基于三螺旋核酸的 SERS 生物传感器是以三螺旋核酸作为生物识别元件对输入信号进行识别响应，以 SERS 响应信号的强度变化，实现对目标物的传感响应的方法。目前，常把 SERS 信号分子修饰在 DNA 链或纳米材料上构建 Raman 增强基底，实现对目标待测物的传感响应。2012 年，谭蔚泓团队利用目标物与 loop 区域的特异性亲和，诱导 DNA 三螺旋茎环的结构变化，实现了 SERS 信号分子罗丹明 6G（rhodamine 6G，R6G）标记的银纳米粒子（silver nanoparticles，AgNPs）在金膜表面的距离发生改变，导致 SERS 信号的传感响应（Zheng 等，2012）。2014 年，杨荣华团队利用目标物与 loop 区域的特异性亲和，诱导 DNA 三螺旋茎环结构变化，释放第三链，第三链被链霉亲和素包被的硅珠捕获后，促发带有活性巯基（—SH）末端修饰的链式杂交反应（HCR），HCR 自组装体与 Raman 信号分子 4-氨基苯硫酚（4-aminobenzenethiol，4-ABT）修饰的 AuNPs 共价偶联，实现 SERS 信号的传感响应（Zheng 等，2014）。

14.5.4 基于三螺旋核酸的电化学生物传感器

基于三螺旋核酸的电化学生物传感器是以三螺旋核酸作为生物识别元件对输入信号进行识别响应，以电化学响应信号的强度变化，实现对目标物的传感响应的方法。由于电化学传感平台具有制作成本低廉、操作简便、靶标范围广泛等优点，常将标记有电化学信号分子的核酸链固定在电极表面，依据有无待测物导致的固定化核酸链上信号分子传递电子的效率差别，实现电化学信号（电流、电阻抗、电位等）的表征。2015 年，李峰团队利用 G-四链体功能核酸作为免标记的电化学信号分子，使固定化的 DNA 探针与具有目标 DNA 互补区域的分子信标链形成茎环状 DNA 三螺旋，封闭探针链 G-四链体的类辣根过氧化物酶活性。当体系中出现目标 DNA，目标物与 loop 区域互补，诱导茎环状 DNA 三螺旋发生结构转换，暴露出固定化 DNA 探针链。在氯高铁血红素的诱导下，探针链形成有活性的 G-四链体结构，发挥类辣根过氧化物酶活性传递电子，实现电化学信号的输出与目标 DNA 链的检测（Hoo 等，2015）。

14.6 三螺旋核酸的前沿应用

14.6.1 基于三螺旋核酸的单分子成像

近些年，研究者将三螺旋核酸用于分子成像领域，并进行了初步探索。2015 年，Li 等将三螺旋核酸纳米传感元件应用于单分子成像（Li 等，2015）。研究使用 C-G * C 与 T-A * T 两种碱基对构建 TNAs 纳米结构，将靶标 DNA 链（1st-strand）与第三条

DNA 链（3rd-strand）分别标记在 DNA 折纸单元上，当体系中存在第二条 DNA 链（2nd-strand），通过 Waston-Crick 氢键与 Hoogsteen 键的共同作用形成 TNAs 结构，使用快速 AFM 成像技术，可以观察到 DNA 折纸单元的中心形成了 X 形的交叉节点，即三螺旋核酸结构，实现了将三螺旋核酸应用于单分子成像的首次尝试。

14.6.2 基于三螺旋核酸的配体递释

近些年，研究者将三螺旋核酸用于配体的携带与释放，并做出了初步探索。2016 年，Francesco Ricci 团队将三螺旋核酸结构与劈裂适配体结合，设计了一种通用型、模块化的 TNAs 传感方法，利用三螺旋核酸结构的形成调控目标小分子的携带与释放。首先，通过 TNAs 的形成拉近了劈裂 ATP 适配体的空间距离，在加入目标物 ATP 之后可以有效形成目标物/适配体的超分子聚合物，起到携带小分子目标物的作用；在加入三螺旋核酸结构中第三链的互补链之后，与第三链结合形成更稳定的双链 DNA，破坏三螺旋核酸结构，使目标物/适配体的超分子聚合物结合能力下降，从而释放 ATP，起到释放小分子目标物的作用。同时，由通用型、模块化的三螺旋核酸传感模块也可以用于调控单链 DNA 的携带与释放（Erica 等，2016）。

14.6.3 基于三螺旋核酸的细胞调控

2016 年，Natalie Artzi 团队研究了一种基于 RNA 序列的三螺旋核酸水凝胶（Conde 等，2016）。该三螺旋核酸水凝胶传感器利用特异的 RNA 序列识别癌细胞内 micro RNA（miRNA），发挥抑制癌细胞 miRNA-221 与替换癌细胞 miRNA-205 的双重功能，在体内调控癌细胞内源 miRNA 的表达，发挥了抗癌作用。

14.6.4 基于三螺旋核酸的检测分析

近年来，三螺旋核酸生物传感器广泛应用于各类目标物的检测，大大推动了快速检测领域的技术革新。基于核酸链的互补、三螺旋核酸的特异性结合以及适配体与目标物的特异亲和，目前，三螺旋核酸生物传感器用于检测的目标物类别主要包括：核酸类目标物、细胞类目标物、蛋白类目标物、金属离子类目标物、微生物类目标物、抗生素类目标物等（Du，2014）。

14.7 总结与展望

目前，受三螺旋核酸序列特异性的限制，主要利用 C-G * C 与 T-A * T 为主要组成的 Y-R * Y 型三螺旋设计生物传感器进行体外应用。然而，受制于体内的质子化环境，以 C-G * C 与 T-A * T 为主的 Y-R * Y 型三螺旋核酸难以在体内发挥作用。在今后的理论研究中，有必要扩展三螺旋核酸的序列设计，解析三螺旋核酸在体外与体内的形成规律；同时，在应用研究中，有必要以体外的生物传感经验为借鉴，应用到生物分析、胞内成像与药物递送等更为广阔的领域中。

参考文献

Amodio A, Zhao B, Porchetta A, et al. Rational design of pH-controlled DNA strand displacement [J]. J Am Chem Soc, 2014, 136 (47): 16469-16472.

Antony T, Subramaniam V. A molecular beacon strategy for real-time monitoring of triplex DNA formation kinetics [J]. Antisense & Nucleic Acid Drug Development, 2002, 12 (3): 145.

Antony T, Thomas T, Sigal LH, et al. A molecular beacon strategy for the thermodynamic characterization of triplex DNA: Triplex formation at the promoter region of *cyclin d1* [J]. Dev Genes Evol, 2001, 212 (8): 365-373.

Baker ES, Hong JW, Gaylord BS, et al. PNA/dsDNA complexes: site specific binding and dsDNA biosensor applications [J]. J Am Chem Soc, 2006, 128 (26): 8484-8492.

Betts L, Josey JA, Veal JM, et al. A nucleic acid triple helix formed by a peptide nucleic acid-DNA complex [J]. Science, 1995, 270 (5243): 1995, 1838-1841.

Cai X, Rivas G, Shirashi H, et al. Electrochemical analysis of formation of polynucleotide complexes in solution and at electrode surfaces [J]. Anal Chim Acta, 1997, 344 (1): 65-76.

Conde J, Oliva N, Atilano M, et al. Self-assembled RNA-triple-helix hydrogel scaffold for microRNA modulation in the tumour microenvironment [J]. Nat Mater, 2016, 15 (3): 353-363.

Du Y, Mao Y, He X, et al. A signal on aptamer-based electrochemical sensing platform using a triple-helix molecular switch [J]. Anal Methods-UK, 2014, 6 (16): 6294-6300.

Erica DG, Andrea I. Alessandro P, et al. A modular clamp-like mechanism to regulate the activity of nucleic-acid target-responsive nanoswitches with external activators [J]. Nanoscale, 2016, 8: 18057-18061.

Erica DG, Anne Marie D, Alexis VB, et al. Enzyme operated DNA-based nanodevices [J]. Nano Lett, 2015, 15 (12): 8407-8411.

Felsenfeld G, Davies DR, A Rich. Formation of a 3-stranded polynucleotide molecule [J]. J Am Chem Soc, 1957, 79 (8): 2023-2024.

HamidiAsl E, Raoof JB, Ojani R, et al. A new peptide nucleotide acid biosensor for electrochemical detection of single nucleotide polymorphism in duplex DNA via triplex structure formation [J]. J Iran Chem Soc, 2013, 10 (6): 1075-1083.

Han MS, Lyttonjean AK, Mirkin CA. A gold nanoparticle based approach for screening triplex DNA binders [J]. J Am Chem Soc, 2006, 128 (15): 4954.

Hu Y, Ren J, Lu CH, et al. Programmed pH-driven reversible association and dissociation of interconnected circular DNA dimer nanostructures [J]. Nano Lett, 2016, 16 (7): 4590-4597.

Idili A, Amodio A, Vidonis M, et al. Folding-upon-binding and signal-on electrochemical DNA sensor with high affinity and specificity [J]. Anal Chem, 2014, 86 (18): 9013-9019.

Idili A, Plaxco KW, Valléebélisle A, et al. Thermodynamic basis for engineering high-affinity, high-specificity binding-induced DNA clamp nanoswitches [J]. Acs Nano, 2013, 7 (12): 10863-10869.

Idili A, Vallée-Bélisle A, Ricci F. Programmable pH-triggered DNA nanoswitches [J]. J Am Chem Soc, 2014, 136 (16): 5836-5839.

Ihara T, Ishii T, Araki N, et al. Silver ion unusually stabilizes the structure of a parallel-motif DNA triplex [J]. J Am Chem Soc, 2009, 131 (11): 3826-3827.

Jung YH, Lee KB, Kim YG, et al. Proton-fueled, reversible assembly of gold nanoparticles by controlled triplex formation [J]. Angew Chem Int Edit, 2006, 45 (36): 5960-5966.

Hou T, Li W, Liu X, et al. Label-free and enzyme-free homogeneous electrochemical biosensing strategy based on hybridization chain reaction: A facile, sensitive, and highly specific microrna assay [J]. Anal Chem, 2015, 87 (22): 11368-1137.

Kandimalla ER, Agrawal S. Hoogsteen DNA duplexes of 3′-3′- and 5′-5′-linked oligonucleotides and trip formation with RNA and DNA pyrimidine single strands: experimental and molecular modeling studies [J]. Biochemistry, 1996, 35 (48): 15332-15339.

Li K, Liu B. Conjugated polyelectrolyte amplified thiazole orange emission for label free sequence specific

DNA detection with single nucleotide polymorphism selectivity [J]. Anal Chem, 2009, 81 (10): 4099-4105.

Li Z, Miao X, Xing K, et al. Enhanced electrochemical recognition of double-stranded DNA by using hybridization chain reaction and positively charged gold nanoparticles [J]. Biosens Bioelectron, 2015, 74: 687-690.

Liao WC, Riutin M, Parak WJ, et al. Programmed pH-responsive microcapsules for the controlled release of cdse/zns quantum dots [J]. ACS Nano, 2016, 10 (9): 8683-8689.

Patterson A, Caprio F, Valléebélisle A, et al. Using triplex-forming oligonucleotide probes for the reagentless, electrochemical detection of double-stranded DNA [J]. Anal Chem, 2010, 82 (21): 9109-9115.

Ramezani M, Danesh NM, Lavaee P, et al. A novel colorimetric triple-helix molecular switch aptasensor for ultrasensitive detection of tetracycline [J]. Biosens Bioelectron, 2015, 70: 181-187.

Trkulja I, Häner R. Monomeric and heterodimeric triple helical DNA mimics [J]. J Am Chem Soc, 2007, 129 (25): 7982-7989.

Xi D, Wang X, Ai S, et al. Detection of cancer cells using triplex DNA molecular beacons based on expression of enhanced green fluorescent protein (EGFP) [J]. Chem Commun, 2014, 50 (67): 9547-9549.

Xiong C, Wu C, Zhang H, et al. Gold nanoparticles-based colorimetric investigation of triplex formation under weak alkalic pH environment with the aid of Ag^+ [J]. Spectrochim Acta Part A, 2011, 79 (5): 956-963.

Yi C, Lee SH, Mao C. A DNA nanomachine based on a duplex-triplex transition [J]. Angew Chem Int Edit, 2010, 43 (40): 5335-5338.

Zheng J, Jiao A, Yang R, et al. Fabricating a reversible and regenerable raman-active substrate with a biomolecule-controlled DNA nanomachine [J]. J Am Chem Soc, 2012, 134 (49): 19957.

Zheng J, Li J, Jiang Y, et al. Design of aptamer-based sensing platform using triple-helix molecular switch [J]. Anal Chem, 2011, 83 (17): 6586-6592.

Zhu D, Zhu J, Zhu Y, et al. Sensitive detection of transcription factors using an Ag^+-stabilized self-assembly triplex DNA molecular switch [J]. Chem Commun, 2014, 50 (95): 14987-14990.

15

功能核酸自组装

核酸除了可以携带遗传信息外，通过碱基互补配对原则与其他荧光基团、纳米颗粒和功能核酸结构结合还可以组装构建出结构精确、生物相容性好、多功能的功能核酸纳米材料。本章着重对功能核酸自组装进行了归纳总结。介绍了功能核酸自组装的策略，一种是酶介导的自组装策略［包括滚环复制技术（RCR）、PCR］，一种是无酶参与的自组装策略［包括杂交链式反应（HCR）、超夹心自组装以及催化发卡自组装（CHA）］；概述了这些策略在自组装及生物分析中的应用。此外，还对典型的核酸自组装纳米材料及其应用进行了详细介绍。最后，讨论了功能核酸自组装的应用前景。希望本章内容能为功能核酸自组装技术的进一步研究及应用提供理论基础及指导，使该技术成为一种强有力的生物分析和临床应用工具，并为跨学科研究打开新的大门。

15.1 概述

核酸因其携带遗传信息而在所有的生命系统中发挥着重要的作用。但在纳米技术领域，核酸分子又可以作为高容量元件进行信息存储。更有趣的是，以核酸分子为原材料，通过碱基互补配对原则还可以构建出结构精确、生物相容性好、多功能的功能核酸纳米材料。DNA 纳米结构的成功合成可以追溯到 1982 年，Seeman 首次构建了除 DNA 反向双螺旋结构以外的十字架构型，后期又与具有碱基互补性黏性末端的支链 DNA 分子进行编程，运用“自下而上”的分子自组装法在纳米尺度上创建了特殊的 DNA 二维晶体（Seeman，1982），为后人利用 Watson-Crick 碱基配对原理的可编程性和精确性继续探索 DNA 自组装纳米技术领域提供了指导。随着 DNA 分子合成技术日趋成熟以及生物材料的不断更新，Watson-Crick 碱基互补配对原则开始逐渐融入高分子自组装领域，并与其他荧光基团、纳米颗粒以及功能核酸结构结合，这赋予了 DNA 纳米材料更为复杂的结构和功能，从而使 DNA 突破了分子生物学的学科边界而兼存于新型纳米材料的研究中，并在物理、化学、生物医学和计算机科学等领域有了一席之地。作者课题组在近年基于核酸自组装纳米载体在靶向药物传递和药物释放方面的研究进行了归纳总结，在 *Journal of Controlled Release* 期刊上发表了题目为“Insights intonucleic acid-based self-assembling nanocarriers for targeted drug delivery andcontrolled drug release”的英文综述（Chen 等，2022）。

图 15.1 功能核酸自组装

DNA 作为组装材料具有高度的自组装能力、精确的分子识别能力、便利的可编程性、充足的生物相容性和可降解性等特性。同时，DNA 分子的双螺旋结构在生理条件下通过碱基之间堆叠的氢键、离子键等维持稳定构象，这些相互作用强度较低的键同时赋予了 DNA 分子柔性，从而使其能响应温度、pH、离子等物理刺激。此外，序列定向杂交的能力也增加了 DNA 纳米结构的分子靶向属性，使 DNA 成为构建水凝胶的优良组装原件。

本章归纳总结了功能核酸自组装（图 15.1）策略，包括酶催化的核酸自组装策略和无酶核酸自组装策略，并对典型的核酸自组装纳米材料进行了详细介绍，概述了功能核酸自组装的应用，并讨论和展望了功能核酸自组装的应用前景。

15.2 功能核酸自组装策略

功能核酸自组装策略主要包括两种，一种是酶介导的核酸自组装策略，其中包括滚环复制技术（RCA 和 RCT）、PCR；一种是无酶参与的核酸自组装策略，包括 HCR、超夹心自组装以及 CHA。

15.2.1 酶催化核酸自组装策略及应用

15.2.1.1 滚环复制技术

RCR，包括 DNA 和 RNA 复制，是在一些噬菌体或类病毒中发现的用于复制 DNA 或 RNA 基因组的过程。这种自然现象的体外版本是 RCA 和 RCT，它们使串联的 DNA 和 RNA 的合成具有成本效益。

（1）滚环扩增技术

①常规 RCA：一个典型的 RCA 反应需要四个组成部分：DNA 聚合酶（例如，Phi29 DNA 聚合酶），包括一个合适的缓冲液；一条短的 DNA 或 RNA 引物；环状 DNA 模板；三磷酸脱氧核苷酸（dNTPs，RCA 产物的单体）。在 RCA 扩增中，聚合酶不断地将核苷酸添加到附在环状模板上的引物上，从而产生数十到数百个串联重复的长 ssDNA。Phi29 DNA 聚合酶是 RCA 最常用的 DNA 聚合酶，能够复制 Phi29 噬菌体的全长基因组。Phi29 DNA 聚合酶卓越的 RCA 性能归因于其持续合成能力和链置换能力强，使得即使在拓扑复杂的 DNA 模板存在的情况下，也可以产生长的连续的 DNA 产物。RCA 能够在恒温条件下（室温至 37℃），在溶液中、在固体支撑物上或在复杂的生物环境中（如细胞表面或细胞内部）反应，无需热循环反应器。其他可用于 RCA 的等温聚合酶包括 Bst DNA 聚合酶，Vent exo-DNA 聚合酶等。至于 RCA 引物，RNA 和 DNA 都可以达到这个目的，它们通常是人们想要检测的目标分子。事实上，目标 DNA 和 RNA 可以首先作为一个连接模板，将一个挂锁探针环状化，该探针用作 RCA 反应的环状模板。环状 DNA 模板（通常长度为 15~200nt）可以通过酶或化学方法合成，磷酸端和羟基端进行分子内连接。最常见的是，通过模板介导的酶连接（如 T_4 DNA 连接酶）[图 15.2（a）] 或使用特殊的 DNA 连接酶（如 CircLigase）进行无模板连接来合成环状 DNA 模板。通过设计环状模板和引物，RCA 产物的长度、序列、组成、结构和刚度可以被精细地调控，使 RCA 成为一种高度通用的技术。

②指数 RCA：RCA 的一个强大的属性是，可以设计环状模板，以便将来自单个结合事件的信号以指数方式放大 [图 15.2（b）~（g）]（Ali 等，2014）。通过使用与同一环杂交的多个引物，可以启动多个扩增事件，产生多个 RCA 产物 [多引物 RCA，图 15.2（d）]。一个环状模板可容纳的引物数量取决于引物的长度和环的大小。RCA 中使用的另一种指数扩增方法是所谓的超支化 RCA（HRCA）（或分支扩增），将 RCA 产物作为模板，使用第二和第三组引物进行进一步扩增 [图 15.2（e）]。需要注意的是，多引物和超支化 RCA [即图 15.2（d）（e）中的组合策略] 可以被集成以提高灵敏度，

特别是在检测低丰度靶标时。此外，Nilson 和他的同事已经证明，线性 RCA 产物可以通过限制性内切酶消化和模板介导的酶促连接转化为多个环。这些新的环使用第二个引物组进一步扩增［图 15.2（f)］。这种“环到环扩增”过程中的限制性消化、环化和扩增可以重复进行用于进一步的扩增。最后，Murakami 等已经证明，通过用切割酶处理 RCA 产物，RCA 可用于生成多个引物与第二组环状模板杂交［图 15.2（g)］。从这个切割酶反应得到的杂交引物/环状模板产物可以直接用于进一步的 RCA 扩增（Murakami 等，2009）。

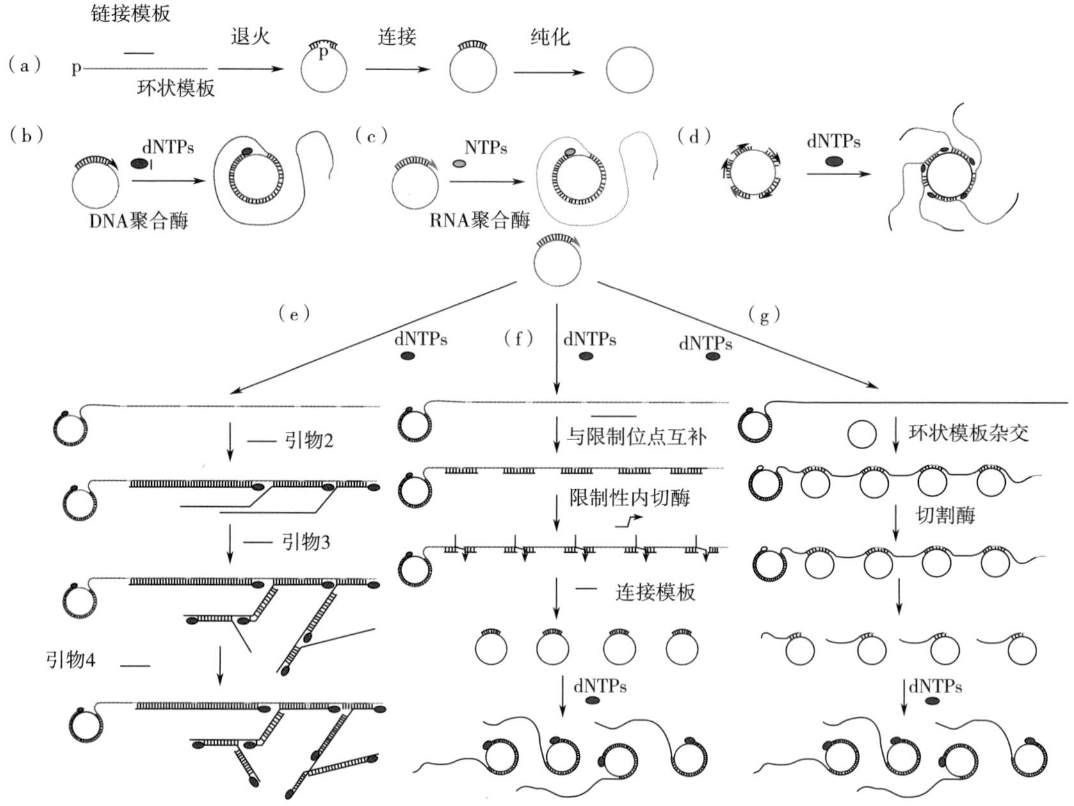

图 15.2　RCA 基本原理示意图

（a）通过模板介导的酶连接来形成 DNA 环　（b）线性 RCA 反应生成长 ssDNA　（c）线性 RCT 反应生成长 ssRNA
（d）多引物 RCA 从单个循环中生成多个 RCA 产物　（e）超分支 RCA 的 DNA 指数扩增
（f）DNA 指数扩增从 RCA 产物中产生多个环 17　（g）利用切割酶产生引物的 DNA 指数扩增

③RCA 在自组装方面的应用：由于 RCA 产物是数十到数百个串联重复的长 ssDNA，这一事实导致了对 RCA 在生物检测中广泛用于信号放大的研究。近年来，随着 DNA 纳米技术的发展，RCA 产物的聚合性能引起了人们的广泛关注。RCA 作为一种 DNA 扩增技术不仅为 DNA 的体外扩增提供了有力的支撑，同时，其产物的周期性、扩增产物的大量性也为 DNA 纳米技术提供了很好的原料。研究者们利用滚环扩增产物成功制备出 DNA 纳米线、DNA 纳米花、DNA 纳米管等。例如，Hamblin 等利用线性 RCA

制备出纳米管，以 RCA 产物为模板，结合有机骨架制成的三角形环和一些短链 DNA，经过退火程序，组装出 DNA 纳米管（Hamblin 等，2012）。这个纳米管可以更好地进入细胞，而不需要转染剂的存在，合成的纳米管有望作为载体负载药物进入细胞，这将为药物的靶向输送提供很好的载体。Yan 等基于 RCA 通过等温一锅法合成包裹了辣根过氧化物酶的 DNA 纳米花，其具有增强的生物催化活性（Yan 等，2018）。作者课题组使用含有 CD63 适配体的互补序列作为 RCA 的模板合成了 CD63 适配体纳米花用于侧流层析传感器的构建；与单链适配体相比，适配体纳米花由于其功能空间结构，显著增强了系统的生物识别能力，使得侧流层析试纸的灵敏度得到更大的提高（Tian 等，2020）。Shan 等利用 RCA 技术组装了一种负载大蒜素的 Adipo-8 适配体功能化的二元药物递送系统，可协同靶向脂肪细胞，用于治疗肥胖。带负电荷的大蒜素可将纳米花的直径从 770nm 调节到 380nm，吸收效率可提高至 118.7%（Shan 等，2022）。

另外，RCA 产物包含重复序列单元，与环形模板互补，也使其成为纳米物种在精确位置周期性组装的理想支架。例如，Simmel 和 Mao 的团队首次验证了使用 RCA 产物作为互补 DNA 功能化 AuNPs 周期性组装的一维模板（Beyer 等，2005）。Zhao 等还证明了 RCA 可以在 AuNP（13nm 大小）上进行，形成一个类似 3D 的支架，与第二组 AuNP 进行进一步周期性组装（Zhao 等，2006）。Willner 等采用类似的方法，将葡萄糖氧化酶（GOx）/AuNP 种子（1.4nm）结合在 RCA 产物上，生长金属纳米线（Wilner 等，2009）。GOx 与葡萄糖反应生成 H_2O_2，使 $AuCl_4^-$ 减少，并使种子 AuNPs 增大，生成长 1 ~ 5μm、宽约 150nm 的 Au 线。在另一项工作中，Cheglakov 等（Cheglakov 等，2008）证明了含有适配体序列（即凝血酶和溶菌酶适配体）的 RCA 产物可以通过适配体-蛋白质结合来组装多个蛋白质。Ali 等发现，在盐的存在下，组装在 RCA 产物上的 AuNPs（13nm 大小）会形成球状纳米结构，他们将其命名为 DNA 纳米岛（Ali 等，2011）。有趣的是，在组合的复合物中，AuNPs 彼此之间有特定的距离，这些复合物保持着红色。这一观察结果使他们开发了一种利用 RNA 切割变构 DNAzyme 进行 ATP 比色生物测定的方法。

此外，RCA 产物还是一种亲水性和可生物降解的聚合物，可用于组装制备控制药物释放的水凝胶。Lee 等使用改良版的 RCA 完善了大块 DNA 凝胶的合成（Lee 等，2012）。在传统的 RCA 仅使用一个引物进行扩增的基础上，增加了一个多引物链扩增过程，使用与每个进行中的 ssDNA 产物互补的两个额外引物。合成的凝胶的流变性能受 RCA 反应时间和水存在的影响。将模型药物 DOX 和胰岛素分别通过嵌插和包埋的方式加载到 DNA 凝胶中，DNA 凝胶作为药物的储药库，持续释放药物。

（2）滚环转录技术　与 RCA 不同，RCT 为了合成 RNA 产物，在环上加入一个与 T_7 启动子序列互补的序列。T_7 启动子作为引物，退火到环状模板上。然后，在存在三磷酸核苷酸（NTPs）而不是 dNTPs 的情况下，T_7 RNA 聚合酶进行转录［图 15.2（c）］（Ali，2014）。当然，在 RCT 反应中，小单链环状寡核苷酸可以作为 RNA 序列起始和延伸的有效模板，这可以在没有添加引物、RNA 启动子序列或双链结构的情况下发生。合成的环状 DNA 比酶本身要小得多，但它们却可以作为高效的模板，用于生产数千个核苷酸长度的重复 RNA 序列。DNA 模板的高度可编程性使 RCT 易于操作。RNA 灵活的碱基配对规则，例如，非规范碱基配对，使 RNA 纳米结构比其 DNA 对应物更具通用性和热稳定性，从而赋予 RNA 类似蛋白质的功能多样性。

RCT 在自组装方面常被应用于药物递送。RCR 的产物是具有极高分子质量的线性 ssDNA 或 RNA 链，在体外合成时更像普通材料而不是遗传材料。分子间和分子内杂交倾向于将这些线性链折叠成颗粒，其大小受聚合酶的选择和浓度、延伸时间等因素的影响。最近有报道称，合成过程中产生的焦磷酸镁，作为聚合核苷酸的副产物，是核酸颗粒结构完整性所必需的（Shopsowitz 等，2014）。

2012 年，在 Hammond 和他的同事的开创性工作中，首次利用滚环转录技术制备了 RNA 的海绵微球结构，并在表面包载一层带正电的聚乙烯亚胺（Polyethylenmine，PEI），球体从 2μm 被进一步压缩至 200nm，从而可被细胞更有效地摄取。被 PEI 包载后的纳米微球结构致密，可防止内部 siRNAs 的核酸酶降解。当纳米球进入细胞后，细胞质中的 dicer 酶将 poly-RNA 剪切成 siRNAs，从而发挥 siRNAs 对靶基因的沉默功能（Lee 等，2012）。2016 年，该课题组基于 RCT 技术，构建出多靶向 RNAi 海绵微球结构。研究人员通过控制环状 DNA 模板的类型和比例，利用 RCT 技术将靶向不同基因 poly-RNA 以精确的比例自组装成海绵微球结构，随后利用 PEI 将 RNAi 微球压缩成更加致密的纳米粒子，进而被细胞摄取。多序列的 siRNAs 微海绵球能够同时递送多种 siRNAs，因此可实现多个基因同时沉默（Roh 等，2016）。

互补滚环转录（cRCT）是研究者们对 RNA 滚环转录技术的延伸。2012 年，Lee 课题组首次提出互补滚环转录法。此方法是利用两个互补环状 DNA 模板，通过体外滚环转录得到 poly-RNA。poly-RNA 再通过进一步碱基互补配对自组装成海绵微球结构。海绵微球在阳离子载体辅助下被递送进细胞，并被 dicer 酶进一步剪切成活性 siRNAs，进而发挥基因沉默效果（Lee 等，2012）。

与 RCA 相似，RCT 也能制备水凝胶用于药物的控制释放。例如，在一个 RCT 反应体系中存在两个互补的模板，产生两个互补的 RNA 链并交联形成水凝胶。水分蒸发后，形成了一层较薄的 RNA 膜，其形态受核苷酸互补的影响。这种 RNA 膜作为酶（RNAse 或 dicer）的响应载体，用于 DOX 和 siRNAs 的可控释放。

15.2.1.2 聚合酶链式反应

PCR 是生物技术实验室的基本工具，在其他研究领域也变得越来越重要。过去获得的大量数据表明，PCR 与纳米级分散体的结合可以解决制备基于 DNA 的材料（包括无机和有机纳米级成分）中的问题。与传统的 DNA 杂交和抗体-抗原复合物不同，PCR 提供了一个新的、有效的组装平台，既增加了基于 DNA 的纳米材料的产量，也允许研究人员通过预先设计的参数（包括那些由计算机辅助和自动化的参数）来编程和控制组装。因此，这种方法允许研究人员优化 DNA 链的组合选择，以用于其纳米颗粒缀合物。

（1）PCR 自组装策略

①PCR 组装的生物纳米结构：DNA 聚合酶催化的纳米结构被报道用于 RCA，具有高保真度的 DNA 结构的酶促扩增的潜力。此外，还描述了在支架 DNA 寡聚体的帮助下

DNA 聚合酶合成的 ssDNA 折叠成八面体。除了这些受生物学启发的分支 DNA 结构外，还报道了几个共价和非共价连接的分支点，并证明了它们在纳米结构中的应用。然而，尽管有可能通过支架内的化学修饰引入额外的功能化，但这些策略仅很少用于酶促合成和操作。2008 年，Keller 等首次报道了可以通过 DNA PCR 来构建 3D DNA 网络（图 15.3）（Keller 等，2008）。该方法是基于共价连接的分支 DNA Y- motifs 的组合，在 PCR 中作为引物链。分支点之间的距离可以通过使用不同长度的模板来调整，从寡核苷酸到整个基因。该方法是灵活的，允许调整网络的网格通过改变模板大小；通过在 PCR 中使用化学修饰的核苷酸，可以引入功能和报告序列，从而进一步多样化。嵌段共聚物是一种具有可变和可预测形态的有吸引力的材料。有研究描述了用 PCR 方法将 DNA 共价连接到有机聚合物主链上的 DNA 嵌段共聚物组装过程。双生物素化双链 DNA 可以通过 PCR 合成，并进一步组装成 DNA -链霉亲和素线性结构，可用于检测应用。

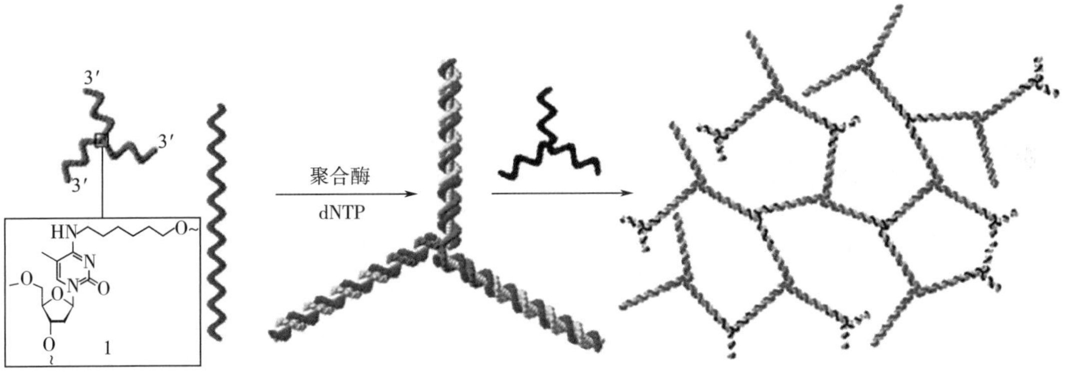

图 15.3　利用分支引物通过 PCR 扩增生成 DNA 网络的示意图

②基于 PCR 的纳米粒子组装：无机 NPs 组装在各种应用中变得越来越重要。尽管 NPs 间接组装，但可以指定两种 PCR 方法，即不对称 PCR 和对称 PCR。在非对称 PCR 中，NPs 只与一个引物结合，生成含有双链 DNA 的纳米粒子，包括 AuNPs、磁性 NPs 和共聚物 NPs。这种不对称 PCR 可以作为制备纳米颗粒-DNA 杂交的有效工具，用于进一步的应用，例如，作为纳米探针。对于对称的 PCR，在 PCR 组装的控制中，有三个参数可以调节，包括引物、循环数和模板 DNA。循环数（N）是控制组装的一个重要因素。随着 N 的增加，PCR 过程中聚集了更多的 NPs。引物在 NP 表面的密度是 PCR 组装的另一个因素，会影响组装的结构。对于一定的 N，参与组装的粒子数会随着起始模板 DNA 浓度的增加而增加。Zhao 等使用 PCR 从不均匀大小的金纳米颗粒产生复杂的超结构（Zhao 等，2012）。通过控制 PCR 周期数和引物密度，在不对称和对称 PCR 上分别组装了两个不同的超结构。随着 PCR 循环数量的增加，结构尺寸在 35~600nm 内相应增大。更重要的是，放大的金纳米颗粒超结构表现出可调的手性，这表明了不对称和对称 PCR 的显著差异。

③融合 RCR：有一种重叠延伸 PCR（OE-PCR），又称融合 PCR，它是利用两个具有互补末端的引物，使两段 PCR 产物末端产生重叠序列，然后通过重叠序列变性退火

形成互补双链，在 DNA 聚合酶的作用下进行延伸，最后再利用两端引物扩增产生完整的融合双链 DNA。该法操作简单、周期短、已经广泛应用于基因克隆、定点突变和基因拼接等研究中。OE-PCR 技术除需要依赖目的 DNA 片段末端序列产生重叠区外，整个 PCR 反应不受序列的限制，而且能够实现无痕连接，但却避免不了对 DNA 聚合酶高保真度的依赖。随着 DNA 片段长度的增加，PCR 反应效率逐渐降低，引入错误的概率也逐渐升高，因此，难以通过该技术组装较大的 DNA 片段。

（2）PCR 在自组装方面的应用　PCR 组装将不同的几何形状和信号模式与 DNA 的特定分子识别相结合。目前，PCR 在自组装方面的应用主要是 AuNPs 组装，其他组装方面的应用相对较少。上文提到，PCR 可以在纳米颗粒界面上反应进行自组装，形成超结构，可以对手性进行调控。超手性对于利用强偏振旋转的新型传感器很重要。Zhao 等构建了一种新型拉曼传感器用于 DNA 检测，基于 PCR 制备 Ag@ Au 核壳纳米颗粒组装体（Zhao 等，2014）。PCR 指数扩增与拉曼信号扩增相结合，实现了检测限低至 11.8amol/L 的 DNA 检测。

15.2.2　无酶核酸自组装策略及应用

15.2.2.1　杂交链式反应

（1）HCR 的分类

①常规 HCR：常规 HCR 的组成元件包括：引发探针（触发子）和两条可杂交互补并带有黏性末端的发夹型 DNA（H_1 和 H_2）。若无引发序列存在时，两条发夹型 DNA 可以稳定存在，一旦存在引发探针，发夹 H_1 的二级结构被引发探针打开，H_1 释放的茎端会将发夹 H_2 的二级结构打开，H_2 释放出的茎端与引发探针的序列相同，又会打开 H_1 的二级结构，H_1 和 H_2 如此循环往复地被相互打开，最后形成一条含有缺口的长双链共聚物。具体原理如图 15.4（Ikbal 等，2015）所示。

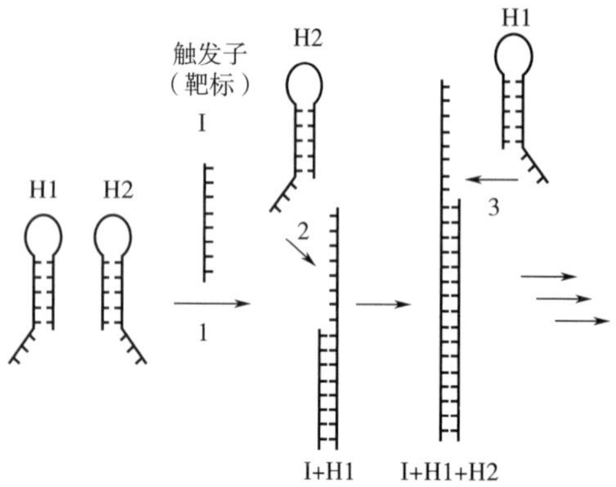

图 15.4　HCR 原理图

②HCR 变体：在 2007 年，有研究采用四向分支迁移构建 HCR 的一个变体，形成一个长切口的双螺旋（Venkataraman 等，2007）。这种自主聚合马达已被用于 DNA 交联聚丙烯酰胺凝胶的定向膨胀以及光动力、可控和动态 DNA 纳米结构或大规模 DNA 电路的构建。近年来，发夹型 DNA 被设计得越来越精巧，搭载了更为复杂非线性的 HCR，如支链 HCR、树状 HCR。与线性 HCR 相比，非线性 HCR 很容易实现二次或指数生长动力学，从而有助于构建具有超高灵敏度和优良选择性的放大生物传感平台。Chandran 等于 2013 年首次提出了树突状 DNA 纳米结构（Chandran 等，2013）。虽然该

体系可用于检测任意核酸类靶标，但是它的热处理过程、发夹泄露和需要相对较长的茎长，最终可能导致 HCR 呈线性增长而不是枝状生长。随后，Xuan 等开发了一种策略以两个双链 DNA 为底物（底物链 A 和底物链 B），两个 ssDNA 为辅助链（辅助链 A 和辅助链 B），底物链 A 和 B 有支点和凸起的环状区域（Xuan 等，2015）。当触发子 DNA 存在时，可以引发树枝状 HCR 级联反应的发生，使得双链底物通过指数增长自组装成树枝状的 DNA 结构。尽管上述两种靶标触发的非线性 HCR 策略可以实现核酸检测的指数放大和有效控制系统泄露，但是双链底物的引入使得需要纯化处理掉未反应的 ssDNA。Bi 课题组开发出了一种基于发夹的超支化 HCR（Bi 等，2015），该超支化的 HCR 由三部分组成：两个超级发夹（SH1 和 SH2）、两个发夹（H1 和 H2）和两个辅助 ssDNA（AS1 和 AS2）。在超发夹结构中，茎部有两个碱基对被事先设计成凸起的小环，使得茎被分成两个区域，这样可以有效避免在没有触发子存在的情况下超支化 HCR 的自发启动。在靶标 DNA 存在的情况下，触发超支化 HCR 的发生，自组装成超支化的有缺口的双链 DNA 结构。该超分支 HCR 具有指数生长动力学，对靶标 DNA 的检测限可达到 1×10^{-13}mol/L。Wang 课题组构建了一种 3D-HCR 水凝胶（Wang 等，2017），3D-HCR 中 H1 的黏性末端含有长度为 10nt 的回文序列，退火后，黏性末端互相结合形成 H1 二聚体结构。当体系中含有触发子时，触发子与 H1 结合并打开 H1 的发夹结构，从而使 H1 露出新的黏性末端，打开 H2 发夹。经过多次循环，复杂的分支状链接会形成 3D 网络结构，即 DNA 水凝胶。3D-HCR 水凝胶是一种多孔性结构，其孔隙可以束缚 AuNPs，最终形成一种可视化的 3D-HCR 水凝胶。

（2）HCR 在生物分析中的应用　HCR 由于其优良的扩增效率、无酶反应条件和灵活的序列设计，已经被用于核酸、蛋白质、小分子、金属离子甚至肿瘤细胞等多种靶标的灵敏检测。HCR 的传感应用可分为两类：被分析物直接用作触发子，或被分析物以某种方式转化为触发子。

作者课题组基于 HCR 进行了大量研究，构建了一系列生物传感器。主要通过利用适配体-配体相互作用和金属离子辅助的 DNAzyme，将非核酸分析物转化为核酸信号，HCR 作为一种信号放大方式，并结合 G4s/hemin 类过氧化物酶或 HRP 来实现靶标物质的灵敏可视化检测（Miao 等，2018；Xu 等，2017；Xu 等，2017；Zhu 等，2020）。在 2017 年构建了一种新型的基于未修饰的金纳米粒子和可切换的双链 DNA 串联体的二合一比色传感策略，该策略整合了靶标序列启动的串联体组装（HCR）和小分子靶标诱导的串联体解组装。一个传感装置可同时检测核酸和小分子靶标，免标记、无酶、无需复杂的仪器，两种靶标的检出限均在纳摩尔数量级以下（Zhu 等，2017）。作者课题组利用带缺口的 HCR 纳米结构构建分子门来控制纳米通道内的离子流信号实现最后的信号输出（Xu 等，2018；Zhu 等，2019）。另外，还使用 T-Hg^{2+}-T 碱基错配将 Hg^{2+} 靶标转化为 DNA 设计了 Hg^{2+} 响应的指数扩增反应，扩增产物诱导树枝状 HCR 水凝胶形成进行二次信号放大，AuNPs 被包裹在水凝胶网络中进行信号输出（Shao 等，2020）。Zhang 等构建了一个用于扩增检测癌细胞的无酶平台（Zhang 等，2015）。在这种方法中，靶细胞可以特异性地与适配体结合，释放另一个与适配体杂交的 DNA 来触发 HCR。HCR 也可用于酶活性的检测，以及生物成像（包括 RNA 成像、细胞成像、酶活力和细胞内小分子成像等）和生物医学（HCR 产物作为药物传递载体）。

15.2.2.2 超夹心自组装

三明治夹心法是免疫学中一种经典的检测方法，主要用于具有多个抗原表位的大分子抗原物质的分析检测。三明治夹心方法中经常用到两个抗体，一个是固定在酶标板上的抗体 1（Ab1），执行待检测抗原的捕获功能，常被称为捕获抗体；另一个抗体 2（Ab2），则是执行检测功能，称为检测抗体。在待检测抗原被捕获抗体固定到酶标板上时，检测抗体去识别被捕获的抗原，与捕获抗体形成 Ab1-抗原-Ab2 复合物，由于结构类似三明治形式，因此被称为双抗体三明治夹心分析方法，其中最常见的就是三明治夹心酶联免疫吸附方法。与此同时，核酸检测中也有一种类似于抗原抗体相互作用的三明治分析方法，且已成为检测寡核苷酸的主要方法。在这样的实验中，表面结合的捕获探针特异性与目标寡核苷酸序列的一个区域杂交。为了完成实验，第二探针、信号探针标记为荧光、酶或电活性信号片段，杂交到目标上的第二个区域，形成捕获探针-目标寡核苷酸-信号探针“三明治”。这种方法的实用性是双重的。首先，它不需要目标寡核苷酸以荧光、酶或以其他方式标记。第二，在没有目标的情况下，捕获和信号探测不会接近，这会降低背景信号（一旦靶标结合便会产生信号变化），保证特异性消除假阳性。

然而，传统三明治夹心分析方法的灵敏度相对较低，因为每个捕获探针只能捕获单个目标分子和信号探针。DNA 纳米结构的出现，为三明治夹心分析方法的灵敏度提升提供了思路。2010 年，Heeger 和 Plaxco 团队建立了一种基于超夹心 DNA 结构的电化学分析方法用于高灵敏特异性分析复杂基质中的 DNA（Xia 等，2010）。这种想法的提出是由于传统的 DNA 杂交分析中，一个靶标只能杂交一个信号分子。因此 Heeger 和 Plaxco 团队便根据这一缺陷设计改良了一种超夹心方法，具体是设计一种探针与靶标 DNA 的两个区域互补，由于可以与多个靶标分子杂交互补，因此会产生一种长链串联体，大大增强信号和降低检测限。该团队还利用升级得到的超夹心 DNA 结构设计了一种电化学传感器。在传感器的设计中，超夹心的捕获探针和信号探针是同一序列，不同的是信号探针末端修饰了信号分子。需要注意的是信号探针对靶标分子的亲和性要稍微高于靶标分子对捕获探针的亲和性（由于电极表面的空间位阻所致），因此，每当捕获探针被靶标分子占据时，它也就被一个三明治占据，而不仅仅是一个缺少信号探针的目标探测器。该传感器可以灵敏检测 100fmol/L 的靶标 DNA 分子。Chen 等团队注意到了当多个靶标的存在才能组装形成超夹心 DNA 串联体结构，这种大量的靶标消耗会极大地限制 DNA 超夹心自组装分析方法的检测灵敏度（Chen 等，2011）。他们设计了辅助探针对超夹心分析方法进行了改进，辅助探针可以与信号探针的两个不同区域杂交并组装成长的 DNA 串联体结构。因此，新型改良的超夹心分析方法只需要一个靶标便能触发搭载得到超夹心 DNA 纳米结构。将改良得到的超夹心体系与电化学分析方法对接，当有微量靶标存在时，超夹心 DNA 结构会在电极表面形成，产生大量的电化学信号。该分析方法的检测限可低至 100amol/L。

除此之外，电化学阻抗谱由于信号读出方便而在基于超夹心 DNA 结构的分析方法中十分常用。Zhou 等在超夹心实验基础上设计了一种无标记 DNA 检测方法，检测限低至 1.7nmol/L（Zhou 等，2012）。该法是一种信号点亮式分析方法，连接探针与靶标 DNA 的两个区域杂交创建包含多个靶标分子和连接子的长串联体，使信号增强、检测限降低。该方法中利用［Fe（CN）$_6$］$^{3-/4-}$作为外部氧化还原探针用于电化学阻抗测定。带负电荷的寡核苷酸在金电极上自组装会阻止电子转移。越多的寡核苷酸序列组装到金电极上电子越难接近电极表面。因此，“超级三明治”结构比传统夹心结构更能获得极大的电子转移阻力，通过 EIS 的测量，从而高灵敏地完成 DNA 的分析检测。Zhang 团队基于金纳米颗粒修饰的还原型石墨烯建立了一种超灵敏、超夹心电化学 DNA 生物传感器（Wang 等，2015）。设计中以亚甲基蓝标记的 ssDNA 作为信号探针，设计辅助探针与信号探针的两个不同区域杂交。

超夹心结构在蛋白分析中有着广泛的应用。应用主要有两种情况，一种是借助于抗原抗体夹心捕获的免疫分析方法，另一种是借助新型功能核酸，适配体双夹心的核酸分析方法。目前，借助抗原抗体结合的免疫学 DNA 超夹心分析方法较多。例如，Tang 等利用 G4s/hemin DNA 酶超夹心结构作为电催化剂放大电化学信号来制备的超夹心电化学免疫传感器对 IgG1 进行了灵敏检测（Tang 等，2012）。对于小分子和离子的检测，核酸适配体的核酸本质属性使得其易于编辑、程序化控制，极易作为小分子物质或者离子的靶标转换体触发超夹心 DNA 结构的组装与解组装，从而实现超夹心 DNA 分析方法的搭建。Yang 等基于靶标诱导的适配体替代反应建立了一种无标记、超灵敏的超夹心电化学传感器用于小分子腺苷的检测（Yang 等，2012）。相较于传统的夹心分析方法，该研究为了增强信号引入了两条报告子核酸链对杂交进行升级。在没有腺苷存在时，电极表面的探针可以与两个报告子链交替杂交形成超级夹心 DNA 结构。可以嵌入大量的外电化学指示剂［Ru（NH$_3$）$_6$］$^{3+}$（RuHex）产生大量的电信号。而当腺苷分子存在时，会发生适配体的链置换反应，从而破坏电极表面的超夹心结构，导致电化学信号急剧降低，而实现腺苷分子的超灵敏检测。基于超夹心分析法，作者课题组提出了“Hg 纳米梯”来实现 DNA 的扩增、信号识别和转换。纳米梯本质上是由 T-Hg^{2+}-T 错配支撑的 DNA 三明治结构用于 Hg^{2+} 的捕获和信号转换，GO 用于区分 Hg 纳米梯产生的荧光以及背景信号。在最佳条件下，对 Hg^{2+} 的检测限可低至 1.5nmol/L，检测时间小于 40min（Feng 等，2018）。另外，基于 GO 和适配体诱导的可拆卸超夹心 DNA 纳米结构，开发了一种用于检测 OTA 的高灵敏荧光生物传感器。为了提高这一策略的灵敏度，设计了错配碱基，对于基于错配碱基的超夹心结构，OTA 更容易结合其适配体序列，从而使纳米结构更彻底、更快地分离，检测限从 4.59nmol/L 降低至 0.1nmol/L（Shao 等，2019）。当然，超夹心 DNA 结构还可用于蛋白酶的活性及 DNA 的性质变化研究。Li 等建立了一种无标记的超夹心电致化学发光方法用于检测 DNA 甲基化和分析甲基转移酶活性（Li 等，2013）。

15.2.2.3 催化发夹自组装

（1）CHA 的分类

①常规 CHA：可以设计一个系统，不像 HCR 那样催化聚合物的形成，在该系统中，催化剂可以简单地催化两个发夹形成双链体，这是 Turberfield 及其同事首先提出

的概念，他们想设计一种由DNA制成的自主分子马达能够从亚稳态DNA燃料中提取能量（Green等，2006）。然后，Yin等在2008年的开创性工作中介绍了CHA的一般原理并且被Li等在2011年工程化，进行多重应用（Yin等，2008），其原理如图15.5所示。两个发夹探针H1和H2处于封闭状态，因而能够在溶液中稳定共存。当加入一段催化链C1时，C1与H1中一部分结合，打开H1发夹，暴露出H1中的一段单链序列。这段单链序列紧接着作为H2与H1杂交的“立足点”，使H1和H2发生杂交。由于H2/H1杂交比C1/H1杂交更为稳定，在H2与H1杂交的同时C1链被竞争下来，进入下一个催化组装循环。该放大反应的净结果是产生大量的H1/H2杂交双链。通过在H1或者H2中引入特定的序列或者基团，即可将CHA用于分析信号的产生和放大。CHA作为一种酶联免疫放大技术，克服了生物酶放大信号的缺陷，如：操作复杂、反应条件苛刻、价格昂贵、不稳定等。因此，该技术已被广泛应用于开发检测核酸、蛋白质和小分子的敏感生物传感器，并得以不断发展。

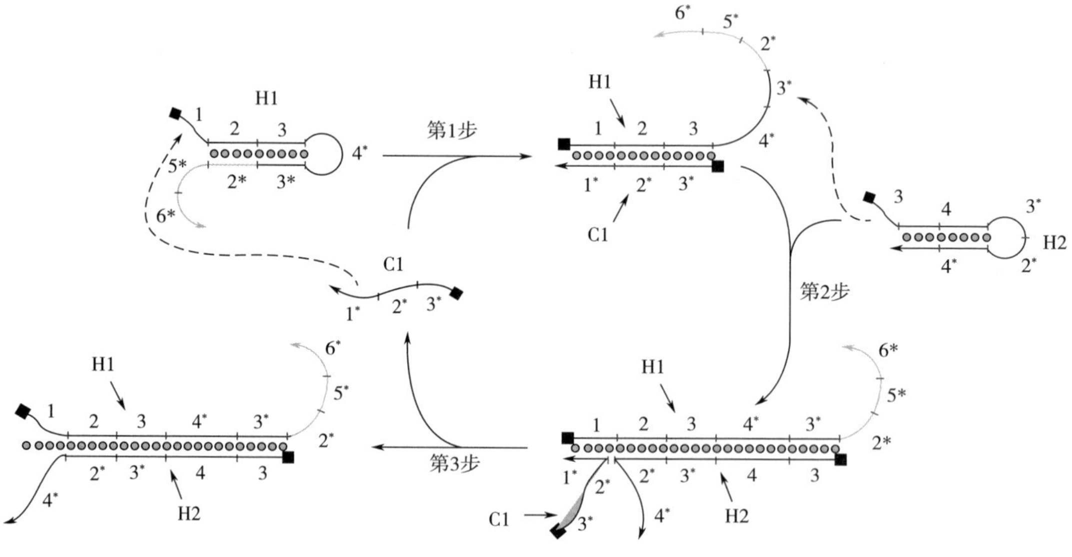

图15.5 CHA原理图

②CHA变体：考虑到CHA的分析应用，为了提高信噪比、检测灵敏度和扩增效率，出现了多种CHA反应，包括分支CHA、交叉CHA、双CHA、自复制CHA、双层CHA和局部CHA。分支CHA最早由Yin等提出（Yin等，2008），一个触发子可以催化多个亚稳态发夹之间的连续CHA反应，形成不同臂数的分支DNA结构。Yin等也提出了交叉CHA（Yin，2008），在这种情况下，触发子的存在可以触发H1/H2和H3/H4之间的催化反应循环发生，这是一种自催化的指数放大反应。Jung等研究了双层CHA，H1/H2双链可以触发第二个CHA形成H3/H4双链，但与交叉CHA相比，H3/H4双链不能反过来触发第一个CHA反应（Jung等，2014）。对于双CHA，捕获探针与H1/H2 CHA双链产物杂交释放出燃料探针，引发第二个CHA形成H2/H1，实现双CHA循环。自复制CHA，其中两个劈裂触发子DNA分别整合到H1和H2中。当触

发子 DNA 触发 CHA 形成双链 DNA 组装体 H1/H2 时，两条劈裂的触发子 DNA 序列将重新组合成与触发子 DNA 相同的 DNA 序列，该 DNA 序列也可以作为新的触发子单元来触发 CHA 反应，导致触发子 DNA 复制单元的形成迅速且显著增强。顾名思义，局部 CHA 反应发生在有限的空间中，如微粒子和金纳米粒子的表面，而不是在传统的均相溶液中。立足点介导的链置换和提高局部浓度的邻近效应是实现局部 CHA 的两个关键因素。

（2）CHA 在生物分析中的应用　和 HCR 一样，ssDNA 是 CHA 反应的引发剂。因此，基于 CHA 的检测方法通常可以分为两类，一类是核酸分析物直接触发反应，另一类是将分析物转化成特定的 DNA 序列参与发夹杂交。miRNA 检测在基于 CHA 的生物传感器中占绝大多数，miRNA 可以直接参与 CHA 反应，但由于其不稳定性和易降解，常被转化为 DNA 序列进行反应。对于非核酸分析物，适配体的出现拓宽了靶标的检测范围。对于蛋白质、致病菌、癌细胞，包括抗体和适配体在内的亲和配体可用于识别并将这些分析物转导为核酸信息。ATP、双酚 A 等小分子也可以利用适配体实现靶标转化。金属离子可以作为 DNAzyme 的辅因子、核苷酸之间的桥梁、适配体的配体或点击化学介质，触发 CHA 产物的积累，从而实现检测。本课题组基于核酸适配体以及 2-AP，构建了一种自荧光传感器，结合外切酶Ⅲ催化发夹组装技术（EACHA），以毒死蜱为靶标模型，实现对农药分子的高特异和超灵敏检测。EACHA 以适配体发夹识别靶物质后发生的空间构象变化为基础，驱动后续发夹组装，能够有效避免检测的假阳性。借助核酸外切酶Ⅲ，一方面释放 2-AP 实现自荧光检测，增强灵敏度，另一方面实现发夹循环组装，提高中间产物利用率（Xu 等，2022）。还开发了一种新型的基于 GO 的 CHA 和 HCR 双重信号放大系统用于活细胞中 circ-Foxo3 的成像（Li 等，2021）。

15.3　典型的核酸自组装纳米材料及应用

以核酸为原材料构建自组装功能核酸纳米材料的主要目的在于利用核酸的独特性质为物理学、化学和生物学的应用创造经人工合理设计、由简入繁的纳米结构。众所周知，核酸因其携带遗传信息而在所有的生命系统中发挥着重要的作用。然而，在纳米技术领域，核酸分子又可以作为高容量元件进行信息存储。更有趣的是，以核酸分子为原材料，还可以构建出结构精确、生物相容性好、多功能的功能核酸纳米材料。20 世纪 80 年代，自组装功能核酸纳米技术的先驱者——Nadrian Seeman，意识到可以以 DNA 分子的碱基互补配对原则为理论基础，以 DNA 分子为原材料，通过 ssDNA 分子的杂交互补形成双链，创建预先设计好的 DNA 接头，从而以自下而上的方式、有计划地生成纳米材料。第一种受到世人瞩目的自组装功能核酸纳米元件为结构类似瓦片状的 DNA 瓦片，而自组装功能核酸纳米技术出现跨越性的发展则始于 DNA 折纸技术的发明。目前，有越来越多的研究者在探寻利用计算机软件合理设计的核酸纳米结构和纳米机器进行广泛的应用。

15.3.1 DNA 折纸

15.3.1.1 DNA 折纸简介

在 21 世纪，自组装功能核酸纳米技术得到了更多的关注。2004 年，Shih 等构建了纳米级的 DNA 八面体结构，该 DNA 纳米结构完全是依靠核酸链经过高温变性和低温退火的步骤后自组装而成的［图 15.6（a）］（Shih 等，2004）。2006 年，Rothemund 的研究引发了自组装功能核酸纳米材料领域极大的变革，同时开启了 DNA 折纸技术的时代（Rothemund，2006）。Rothemund 将 7000 碱基长度的 ssDNA 作为“脚手架”，将其折叠成了与预期完全相符的 2D 形状，尺寸约为 100nm。“脚手架”ssDNA 的折叠借助于一组 20~60bp 长度的“铆钉”ssDNA。利用该组装原理，Rothemund 成功地构建了正方形、矩形、星形［图 15.6（b）］和圆盘形的 2D DNA 纳米结构。在实践中，DNA 折纸的大小和复杂程度往往受到脚手架 ssDNA 长度的限制。为了获得较长的 ssDNA 作为脚手架，Zhang 等通过 PCR 反应扩增得到双链形式的 λ-DNA（48502nt），然后利用选择性酶消化得到长的 ssDNA（Zhang 等，2012）。

Anderson 等开启了由 2D DNA 纳米结构向 3D DNA 纳米结构的发展（Andersen 等，2009），他们构建了著名的 3D DNA 盒子（42nm×36nm×36nm）［图 15.6（c）］，该盒子包含一个可以开启、关闭的盖子，盖子的开启与关闭由“钥匙”控制。将荧光基团标记到盒子与盖子的邻近位置，能够通过 FRET 检测盖子的开启与关闭。另外，Castro 等构建了结构更为紧凑的方形和蜂窝形 DNA 纳米元件用于构建更为精密、复杂的 3D DNA 自组装纳米结构［图 15.6（d）］（Castro 等，2011）。Dietz 等利用可编程的 DNA 自组装，构建了具有可控曲率的多层 3D 纳米结构［图 15.6（e）］（Dietz 等，2009）。

上述方法都是利用短链 DNA 对长链 DNA 进行折叠。与这种原理相反，Wei 等建立了一种高度模块化的方法来构建 2D DNA 纳米结构（Wei 等，2012）。如图 15.6（f）所示，42bp 长度的 ssDNA 瓦片完全由黏性末端相互连接，并与相邻的 ssDNA 相互作用形成一个大的矩形。以该矩形为分子画布，每个图块对应为 3nm×7nm 的像素点，通过对由目标图案覆盖的像素点处的 ssDNA 进行退火，在画布上逐个点地绘制所需要的形状。利用相似的原理，Ke 等进一步在 3D 空间里构建了模块化的 3D DNA 纳米结构（Ke 等，2012）。

除上述方法之外，一些研究者还利用了 3D 网格化技术来制备 DNA 纳米结构。Han 等率先展示了一种新型的网状 DNA 折纸技术（Han 等，2013），他们利用由四臂连接元件构成的双层框架“栅栏单元”，通过改变连接处的结构，制造了许多具有高度弯曲结构的 2D 和 3D DNA 纳米结构［图 15.6（g）］。

15.3.1.2 DNA 折纸纳米材料的应用

由于 DNA 折纸结构具有很好的生物相容性、精确的可寻址性以及稳定性等自身优势，这些 DNA 微观结构可以作为一种纳米材料应用在各个领域，如靶向递送、生物传感、动态纳米机器、纳米材料加工等。

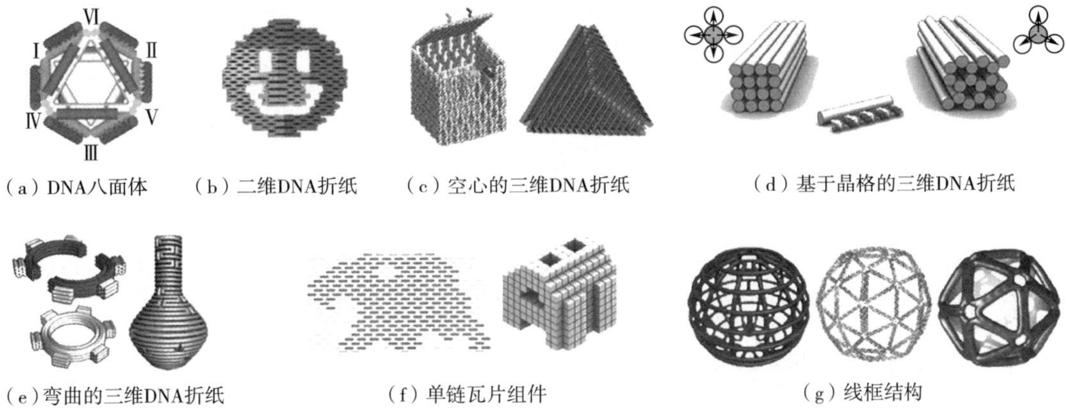

图 15.6　DNA 折纸技术构建结构

（a）DNA 八面体　（b）DNA 折纸纳米结构　（c）3D DNA 折纸纳米结构
（d）网格状 3D DNA 折纸纳米结构　（e）带有不同弯曲程度的 3D DNA 折纸
（f）ssDNA 瓦片在 2D 及 3D 空间内的自组装　（g）线框状 DNA 纳米结构

（1）医学诊断和靶向递送　在众多基于纳米颗粒系统的分子成像中，DNA 纳米结构由于可以结合许多功能团而提供了强有力的平台。这些可以设计的功能使得 DNA 纳米结构在分子成像中成为有效的纳米探针。一个非标记荧光平台被发展用来在癌症细胞中观察 DNA 折纸纳米结构（Shen 等，2012）。它通过二青蓝染料分子嵌入 DNA 结构来达到成像的目的。

在结构 DNA 纳米技术中，严格的碱基互补配对原则使得 DNA 分子成为很多纳米结构自组装的原材料。这为构建癌症探针和药物运输的载体提供了生物兼容性的平台。例如，Zhao 等通过将核酸适配体修饰在 DNA 纳米管的外侧，将凝血酶包裹在纳米管的内部，构建了一种 DNA 纳米机器人，通过与肿瘤细胞膜表面的靶标相互作用后打开纳米管，DNA 纳米机器人能够将凝血酶特异性地递送至与肿瘤相关的血管，并诱导血管内血栓形成，从而导致肿瘤坏死并抑制肿瘤生长。DNA 折纸结构为精确药物递送提供了一个新的策略（Li 等，2018）。

（2）DNA 纳米机器　最初 DNA 纳米机器仅存在于缓冲溶液中，后来随着 DNA 折纸技术的出现，它逐渐发展到 2D 或 3D 的 DNA 纳米结构上。2006 年 Rothemund 设计并合成了各种形状的 DNA 折纸，被认为是 DNA 自组装领域质的飞跃，也促进了相关领域的快速发展。Yan 课题组将经典的酶系统引入 DNA 折纸构建了 DNA 步行器（Lund 等，2010）。这个步行器的主体为一个链霉亲和素，其中三条腿是脱氧核酸酶，另外一条腿为捕获 DNA 链。轨道为具有特定序列的脱氧核酸酶底物，这个被作者命名为“蜘蛛”的步行器，通过脱氧核酸酶裂解底物 DNA 链，使得原本连接在轨道上的腿与轨道脱离，向前移动。

（3）生物传感　Subramanian 等利用 DNA 纳米技术在单分子水平上检测单碱基突变（Subramanian 等，2011）。这个方法结合 AFM 技术和 DNA 折纸图案产生了一个针对存在于探针序列的目标核酸的直接可视化的输出信号。设计的折纸包含所有四个核苷酸字母。含测试核苷酸身份的字母符号在加入探针序列之后消失。在这个方法中，单碱基检测的工作原理涉及到基于链迁移的动力学方法，链迁移已被成功用于溶液中的多 SNP 分析。

（4）纳米材料加工　由于金纳米颗粒可以通过与硫醇化寡核苷酸相互作用实现与 DNA 的偶联，所以利用 DNA 折纸结构能够精确控制位置的特性，金纳米颗粒可以实现一定排布的纳米组装。例如，Liedl 课题组巧妙地利用这一特性，使用 DNA 纳米棒将金纳米颗粒自组装形成左旋（右旋）的手性螺旋材料，并研究了其不同的光学特性（Kuzyk 等，2012）。

15.3.2　DNA 四面体

DNA 纳米材料具有笼状孔隙结构，表现出良好的机械性能，并富有结构弹性、可编程性和可控性；更为重要的是，该材料以人体固有的 DNA 作为原材料，具有很好的生物相容性和降解能力，对生物体无毒害作用；因而，DNA 纳米材料在分子感应、药物输送等方面具有很大的应用潜能。特别是 DNA 四面体结构纳米材料，作为一种最简单而又最牢固的金字塔形 3D 结构模型之一，具有高度的机械刚性和稳定性，功能化修饰位点丰富，制作过程简单，产率高；尤其是以 Turberfield 等合成模式为基础的 DNA 四面体结构纳米材料在生物检测、活体成像、基因载体、药物传送等方面显示出良好的应用前景。

15.3.2.1　自组装原理

DNA 四面体结构是通过巧妙的 DNA 序列设计，应用互补配对原则，各链自动杂交组合而成的具有四面体形状的 DNA 3D 纳米结构。如图 15.7 所示，每个 DNA 四面体结构至少由四条 ssDNA 组成，每条 ssDNA 又分成三个小片段，这三个小片段分别与其他三条 ssDNA 中的各个小片段杂交结合形成四面体结构的一个面，每两两杂交结合的小片段形成四面体具有双螺旋结构的一条边，每条 ssDNA 的 5′端和 3′端交汇于四面体的顶点处或在边上形成一个端口，该端口可以被连接酶结扎，也可以作为功能基团的修饰位点。其中，同一条 ssDNA 中相邻的两个小片段之间由两个不与其他任何序列配对的碱基隔开，从而作为铰链使得每相邻的两条边在四面体各顶点处形成一定的夹角，保证了四面体结构的韧性和弹性。考虑到结构的稳定性，组成每条边小片段的碱基数应该是 DNA 螺旋周期的整数，即为 10 个碱基对的整数倍，则每条边的长度为 3～4nm 的倍数。要合成 DNA 正四面体结构，各条 ssDNA 的每个小片段所含有的碱基数还须相等。

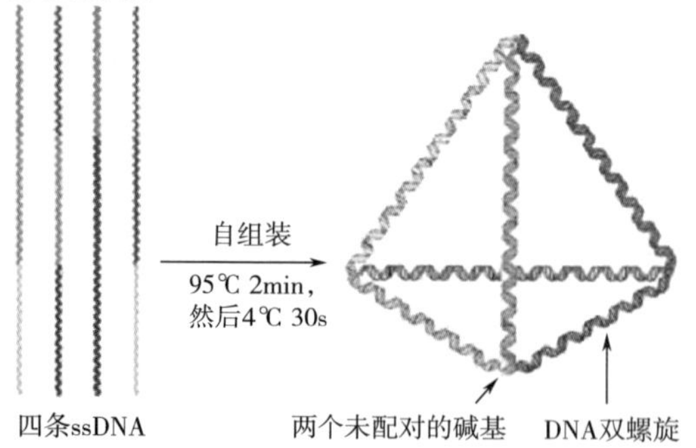

图 15.7　DNA 四面体结构的自组装示意图

在 DNA 四面体结构设计中，由

于过长的碱基序列易形成二聚体结构，同时考虑到核酸序列的合成产率和纯化效率，兼顾对四面体结构和功能的修饰以达到不同的应用要求，通常会将四条长链打开分成条数更多、碱基数更少的短链；或者先合成简单的基本元素如三点星状图案等，然后再进一步组合构成 DNA 四面体结构。这样会降低合成成本，增加合成产率和纯度，又便于 DNA 四面体结构的功能化或智能化，使 DNA 四面体结构材料的合成途径和应用领域多元化。

15.3.2.2 功能化和智能化

功能化是指对 DNA 四面体进行功能化修饰，包括荧光染料、生物配体分子、功能蛋白，甚至核酸分子等。根据修饰在 DNA 四面体结构的不同位置，功能基团或分子主要有四种不同的修饰方式：顶点型、胶囊型、镶嵌型和悬臂型。①顶点型是指将功能基团修饰在 DNA 四面体的顶点位置，如用于 DNA 四面体固定的氨基、巯基等基团的修饰，和用于分子识别的特异性序列或生物活性分子。用于合成这类修饰方式的四条 ssDNA 的 5′-端和 3′-端通常都交汇于四面体的顶点处，修饰的过程是在单链的合成时先将这些功能基团修饰在 ssDNA 的端点处，然后再自组装合成 DNA 四面体结构。②胶囊型是指将功能化修饰的分子包裹在 DNA 四面体内部的笼状结构内。先通过共轭配位将细胞色素 c 交联在四面体 ssDNA 的一端，然后再自组装形成四面体结构，通过位置调整可以将细胞色素 c 包裹在四面体的笼状结构内部；而包裹有金纳米颗粒的单体则可形成 DNA 四面体树突状大分子。③镶嵌型是将功能化分子或基团通过共轭的方式镶嵌在四面体 DNA 双螺旋结构的边上，例如，用于对 DNA 四面体进行荧光标记的 SYBR Green I、嵌入剂染料，或被用于输送的抗癌药物等。④悬臂型是将功能化分子或基团悬挂在四面体结构的边臂上，例如，通过结构设计使得合成四面体 ss-DNA 的 5′-端和 3′-端交汇在四面体的边上（中间或其他非顶点处），并将其中的一端向外延伸或形成发卡环结构用于悬挂适配体、siRNAs 等分子。

智能化是指通过结构设计，使 DNA 四面体结构能够对所处环境的刺激形成一种响应应答，当其所处溶液条件，如酸碱度、受不同波长的光激发、各组分及浓度等发生改变时（这些条件或组分的变化即是刺激因子，又为结构的变化提供能量和动力），DNA 四面体的结构能够自发地改变或重组。

15.3.2.3 DNA 四面体纳米组装体的应用

随着纳米技术的快速发展，不同实验室合成了各种具有不同的形状和大小的 DNA 四面体纳米结构，由于其优异的生物相容性和细胞渗透性，DNA 四面体为构建一系列生物传感器和药物传递系统提供了一个通用而有前途的平台。

（1）构建生物传感器　核酸是一种常见和必要的检测靶标分子，特别是 mRNA、miRNA 和病原体核酸，已被广泛用作与癌症相关的生物标记物的临床诊断和早期癌症检测。Zhou 等利用 DNA 四面体在生物相容性、非毒性和可控性方面的显著优势，以 DNA 四面体纳米结构为模型，建立了一种由细胞中 miRNA 引发的双色编码的 DNA 四面体纳米传感方法，该传感器可以有效地与 miRNA 进行荧光共振能量转移，实现荧光信号的恢复（Zhou，2016）。同时，双色纳米探针可以很容易地用多功能的分子识别元件进行重新设计，以实现对多重靶标分子的同时监测。基于 DNA 单链或 DNA 双链构建的纳米探针虽然容易固定在物质表面，但是其密度并不容易控制，且易发生探针之间的缠绕现象，这大大降低了检测探针的识别效率，因此，可以在 DNA 四面体纳米结构的顶端设计一段核酸适配体序列，以核酸适配体为检测探针，以 DNA 四面体为底座控制探针密度和取向，用于灵敏地检测各种靶标分子。Chen 等将一个顶端含有核酸适配体的 DNA 四面体纳米探针固定在硫-氮掺杂的还原氧化石墨烯上，再结合杂交链反应进行信号放大，开发了一种新型的凝血酶电化学检测方法，该方法的线性范围为 10^{-13}～10^{-8}mol/L，检出限达到 11.6fmol/L（Chen 等，2018）。

（2）药物运输　除了应用于生命分析检测领域，DNA 四面体纳米结构也可以作为制备合成疫苗的支架。Liu 等采用 DNA 四面体纳米结构作为支架来组装包含模型抗原和代表性佐剂的合成疫苗复合物，该疫苗复合物在大小和形状上都与天然的病毒颗粒相似，模型抗原和代表性佐剂都位于特定的位置（Liu 等，2012）。与天然的代表性佐剂相比，DNA 四面体纳米结构可以促进组装的抗原和佐剂向癌细胞进行传递，这也是诱导有效免疫反应的前提，同时，该合成疫苗复合物可以在小鼠体内引起强烈的、特异性的抗体反应，而小鼠本身不对 DNA 四面体纳米结构产生排斥反应。这一结果证明了 DNA 四面体纳米结构在合理设计和构建各种疫苗方面具有巨大的潜力。

15.3.3　DNA 水凝胶

DNA 水凝胶构建的基础方式是依据碱基互补配对原则，构建形成水凝胶的基础模块，再通过模块中留有的黏性末端相互杂交形成水凝胶网络的 3D 结构。但这种利用寡核苷酸级联自组装的方法存在着一些局限性，例如，在高浓度 DNA 的自组装过程中无法避免积累误差，需要大量 DNA 形成水凝胶的高成本问题也阻碍了它的实际应用。因此，目前将天然核酸提取及化学合成两种方式获得形成 DNA 水凝胶基础原料，并与核酸扩增技术相结合，包括变温扩增手段 PCR，等温扩增手段 RCA 和 LAMP 以及非酶依赖的恒温 HCR 和超夹心自组装等。同时，可以引入功能核酸序列设计出具有分子识别/催化和靶向治疗等生物应用的 DNA 水凝胶，例如，具有高度选择性的核酸适配体 DNAzyme、G4s 和 i-motifs 结构等，随后考虑设计要求再通过物理、化学交联形成水凝胶。作者课题组专门针对核酸水凝胶的智能和功能化发展进行了总结，在 *Advanced Science* 期刊上发表了“Smart and Functionalized Development of Nucleic Acid-Based Hydrogels：Assembly Strategies，Recent Advances”综述文章（Zhang 等，2021）。

15.3.3.1　DNA 水凝胶的交联方式

（1）物理交联方式　物理交联的纯 DNA 水凝胶是 DNA 链通过氢键支持、静电作用和分子间作用力等非共价键高度交联形成的三维网络。由于水凝胶的机械性能易受环境影响，包括 i-motif 结构的 pH 依赖性、PCR 扩增 DNA 链的温度依赖性等，导致整个成胶过程还会依赖外部物理刺激促进相变，同时也赋予了纯 DNA 水凝胶可切换的宏观变化。温度依赖型纯 DNA 水凝胶是由碱基序列间最简单的氢键物理交联而成，故当温度上升到80～90℃时，DNA双螺旋间的氢键会因为变性而断裂成两个无规卷曲的ssDNA，随着温度缓慢冷却又会恢复，因此，在成胶过程中温度应在熔点以下。磁响应DNA水凝胶在磁场变化下可以远程折叠各种形状或者发生移动。作者课题组通过在RCA产物中引入一对L型探针，依赖于DNA链间氢键的形成，开发了一种用于构建新型软刷DNA水凝胶的快速组装策略，1min即可成胶（Song等，2019）。

（2）化学交联方式 化学交联的纯DNA水凝胶不仅可以通过共价键连接DNA构建单元来获得更高的机械强度和环境稳定性，还可以通过有效的酶促反应实现水凝胶的交联，例如，限制酶内切核酸酶可以辅助切割DNA分子的特定位点，将其掺入水凝胶中时则会影响DNA水凝胶的溶胶-凝胶状态，极大地扩展纯DNA水凝胶的响应范围。此外，在纯DNA水凝胶的化学成胶过程中可以通过调节碱基序列将约22kDa的小分子和蛋白质等其他生物制剂包封在水凝胶中，随后经环境刺激发生酶促降解达到可控释放。根据酶的专一性，制备纯DNA水凝胶时既能利用连接酶交联已设计序列的DNA分子，又能在化学交联前通过聚合酶延长DNA分子。

15.3.3.2 纯DNA水凝胶的理化特性

纯DNA水凝胶的制备不仅能凭借其良好的生物相容性和可降解性设计DNA自身的可变序列来传递和响应环境信息，依靠其二级结构维持支架稳定性，并选择DNA链的刚性程度调节水凝胶的收缩与膨胀等，还兼具了水凝胶材料的柔软特性和遇水溶胀性。例如，作为体内药物递送的DNA水凝胶需要具有良好的生物相容性和生物降解性等性质使得药物能顺利通过血液并保证在有效时间内释放，同时不能对人体产生毒害。对其特性的研究将为实际应用中纯DNA水凝胶的设计参考提供重要依据。

（1）可变的尺寸大小及形貌结构 纯DNA水凝胶的尺寸大小和形貌特征依赖于DNA链的长短、浓度和序列设计，为了表征DNA水凝胶，可使用原子力显微镜和动态光散射来确定网状形态和平均粒径。在体积间相互作用存在时，利用刚性驻留长度表征DNA分子的形貌柔软性和分子构象。基于DNA分子的弯曲性和序列可变性容易设计出形状控制的DNA水凝胶。能对DNA构建单元进行调整的原因一是水凝胶的3D网络中以水为分散介质，通过亲水和疏水相互作用使得溶胀-收缩灵活，二是DNA链通过可设计的扩增过程调整长短、浓度使得网络结构的疏密程度不同，因此可用于药物的体内运输。

（2）机械性能和物理化学特性 作为水凝胶构建材料，DNA除了具有序列可设计性、精确识别能力、高度相容等特性外，还因dsDNA的刚性结构赋予材料优异的机械性能。可以通过调节DNA的浓度、膨胀率、黏度和交联剂比例等组装条件从而获得理想的机械强度。尽管纯DNA水凝胶的机械性能根据碱基序列和螺旋结构而变化，但在含水介质中依赖于离子浓度和交联剂的溶胀能力也能够辅助包埋物的释放和适应运输环境。

（3）特异性和靶向性 纯DNA水凝胶的特异性是指利用DNA可编程的碱基序列赋予其特定的遗传信息或识别功能而靶向性则通过识别靶细胞进行靶点作用，DNA水凝胶作为靶向基因的递送载体，可以选择癌细胞特异性DNA适配体作为靶向识别分子。在设计纯DNA水凝胶时既可对核酸本身设计精确的碱基序列也可设计出其他复杂的功能核酸序列，如具有优异分子识别特性的核酸适配体、DNAZyme、G4s、i-motifs等。同时也能通过pH、光、热、磁和金属离子等物理介导而在溶胶-凝胶状态之间快速切换，这于靶向控释有积极的意义。

（4）生物相容性和可降解性　生物相容性是生物材料应用于生物体最关键的考虑因素，对于纯DNA水凝胶而非杂化水凝胶来说其唯一组分是天然生物提取的DNA基因组，降解产物（即核苷酸）是人类所需的天然化合物，故其特点为在体内应用对宿主无毒无害，不引发任何刺激性炎症反应。基于DNA本身具有良好的生物相容性和可降解性，对于组织工程，有利的降解动力学可以允许细胞增殖和迁移或为血管浸润提供空间，对于药物控释，其良好的降解速率可控制药物能随时间释放。作为递送药物的载体，DNA在生物相容性，生物降解性方面优于常规聚合物。

（5）稳定性　纯水凝胶的稳定性不仅依赖于DNA稳定的双螺旋结构，还需要水凝胶本身的机械强度维持。dsDNA的稳定性来源于本身G和C的数值含量和互补碱基间的氢键，由于dsDNA易在高温下分解形成单链，导致水凝胶网络的解体，但是dsDNA链越长，破坏它所需能量越大，解链温度越高，因此，可以通过功能核酸形成特殊的空间结构稳定DNA水凝胶，也可以通过核酸扩增方法获得长链DNA，降低DNA水凝胶解链的可能。此外，水凝胶材料本身通过疏水或亲水作用交联的网络结构具有一定的稳定性因而能够包裹大量的水，但同样在外部刺激下，包括pH、温度、光照、磁和离子浓度等，会发生溶胶-凝胶的相变。

15.3.3.3　复合型DNA水凝胶

随着生物材料的快速发展，依赖于高浓度DNA形成的功能单一、机械强度较低的纯DNA水凝胶已经无法满足日新月异的市场及科研需求。因此，科学家们在积极开发低成本、高效组装的纯DNA水凝胶的同时，也挖掘了多种聚合物材料、新型功能纳米材料用于与DNA结合形成复合型DNA水凝胶，从而提升水凝胶的物理、化学特性，降低核酸所需浓度，进一步拓宽DNA水凝胶材料在分子检测与生物医学等领域的研究和应用。复合型DNA水凝胶，又称杂化DNA水凝胶，主要分为DNA-高分子化合物水凝胶和DNA-新型纳米材料水凝胶两种。前者指的是形成水凝胶的骨架或交联剂多由DNA与人工合成或天然存在的聚合物经化学或生物偶联反应获得，如研究较多的DNA-聚丙烯酰胺水凝胶；后者指的是DNA水凝胶经化学修饰能够与新型纳米材料自带或修饰的基团发生偶联反应或者通过相互间的物理作用进行偶联，使其包裹于材料外部或被包封于材料内部，如DNA -金纳米颗粒复合型水凝胶等。目前，复合型水凝胶在生物传感和生物医学领域，如生物成像、组织工程和药物包封、递送以及缓释等方面具有广泛的应用价值和发展前景。

15.3.3.4　DNA水凝胶的应用

（1）药物递送和靶向治疗　DNA分子高度交联形成的水凝胶作为重要的生物医用材料备受关注。在药物递送时负载药物可以通过化学附着或物理包裹结合到凝胶孔隙中，随后根据水凝胶引入功能核酸的刺激响应性，经历特定的物理、化学或生物变化后释放。Zhang 等将量子点作为“荧光标记”渗入 DNA 水凝胶中，在生理条件下快速形成量子点 DNA 水凝胶（Zhang 等，2017）。该水凝胶在体外 pH 5.0~9.0 环境内能够保持稳定。一旦进入哺乳动物细胞后接触核酸酶，由 DNA 组成的网状结构会被降解。此时，水凝胶转化为溶胶状态开始释放包埋药物。鉴于此他们将量子点 DNA 水凝胶用来递送药物阿霉素 DOX 到癌细胞，提高了 DOX 本身对抗癌细胞 9 倍的功效。同时在量子点上引入功能化适配体靶向特定细胞，通过 siRNAs 的传递来调节蛋白表达水平，随后还在动物实验中证明水凝胶的可追踪性和体内治疗功效。复合型 DNA 水凝胶对药物的包埋效果、递送至靶标处的精准度以及可控释放均具有较好的把控性，同时在对特殊纳米材料掺入的 DNA 水凝胶进行细胞实验或小鼠体内实验时，细胞毒性的评估结果同样关系到其今后投入实际应用的可能。

（2）生物传感　应用于生物传感器的快速响应型 DNA 水凝胶是监测生物医学和生物化学过程的一种具有便携、高灵敏度和高选择性等优势的新型纳米材料。通常检测物质包括离子、活细胞、蛋白质、病毒或细菌等。Zhang 等使用 AuNPs 和量子点作为指示剂包封在水凝胶中，设计 Y-DNA 和适配体接头，由于 Y-DNA 和接头中的“末端”彼此互补，因此 Y-DNA 和接头之间交联形成纯 DNA 水凝胶（Zhang 等，2013）。在没有靶标的情况下，将观察到上层溶液无色和下层含 AuNPs 的凝胶呈红色。加入凝血酶后，它将与接头适配体竞争性结合，导致 DNA 水凝胶的崩溃溶解，这时 AuNPs 从凝胶被释放到上层溶液用于视觉检测。同样，作者课题组开发 3D HCR 水凝胶用于超灵敏可视化检测 Hg^{2+}（Shao，2020），开发板块型荧光 RCA 水凝胶用于 miRNA 检测（Song 等，2020）。

（3）生物材料　长期以来，由于很难满足人工组织或器官结构的复杂性、精度、细胞活力和可扩展的构建要求，制备 3D 组织结构一直是组织工程上的挑战。Wang 等采取一种新的“砖到墙”策略，将靶细胞包封在由 Y-DNA 和接头组装的纯 DNA 水凝胶中，实现了 3D 组织结构的动态组装（Wang 等，2018）。基于纯 DNA 水凝胶出色的生物相容性和可调节的机械性能，其能提供与细胞外基质相当的渗透性环境以保证 3D 组织结构中的细胞活力。复合型 DNA 水凝胶在高分子聚合物或新型纳米材料的辅助下同样能够用于制备生物材料。Li 等制备了作为生物墨水 A 的多肽-DNA 与作为生物墨水 B 的 DNA 接头，依照碱基互补配对原则，二者能够相互交联形成多肽-DNA 水凝胶（Li 等，2015）。通过将两种生物墨水等量加入 3D 打印装置中，经层层组装获得模型细胞系 AtT-20 细胞。对该细胞的多项表征结果显示：3D 打印对其存活率和功能造成的损伤可以忽略不计。同时，细胞器动力学表面：打印获得的 AtT-20 细胞具有正常的 3D 形态并显示出多种细胞功能，如质子泵活性、代谢周转等。

（4）生物成像　生物成像是利用成像技术采集生物体内各种信息的手段。荧光成像是通过向体内引入荧光生物材料后采集生物体内的荧光信号进而获得信息的方法。通过将荧光生物材料和水凝胶结合，借助水凝胶良好的生物相容性和较低的细胞毒性的优势，荧光信号能够在细胞环境中稳定存在。通过监测这些信号，可以跟踪水凝胶在细胞体内的状态，进而对体内物质进行检测。Meng 等将 DNA 覆盖的 AuNP 及其互补的荧光 DNA 序列整合到多孔 3D 水凝胶网络中，其中加载了 DNA 发夹锁定的 DNAzyme 链和活性金属离子以同时用于活细胞中多重 miRNA 的成像（Meng 等，2018）。

（5）其他　功能核酸 DNA 水凝胶除上述方面的应用以外，还拓宽了在其他方面的应用价值，如蛋白质的生产、水处理和环境分析等多元化应用，为纯 DNA 水凝胶的发展开辟了新的方向。目前，DNA 水凝胶在水处理上已被用作吸附剂、催化剂、封装载体和传感器，实现了直接或间接处理或分析低浓度污染物，尤其是重金属和持久性有机污染物。

15.4　总结与展望

目前，RCR 自组装在材料科学中被广泛应用于构建高度有序的结构来传递各种治疗药物。尽管基于 RCR 的方法已经有了长足的发展，但它们的应用仍然面临着一些挑战。比如高纯度的环状 DNA 模板很难制备，虽然适配体序列可以很容易地整合到 RCR 产物中，但只有一小部分的适配体被选择用于生物标记物的特异性识别，这阻碍了基于适配体的靶向传递系统的发展。另外，一些基于 RCR 的结构，如纳米花，由于 DNA 的密集包裹，不适合药物的快速释放。PCR 组装策略为工程纳米颗粒组装和可控性和高灵敏度的传感器的构建提供了一种高效、直接的方法。化学修饰、引物/DNA 结构和酶工程使 PCR 组装具有连接复杂的、混合的纳米粒子的能力，使组装体具有多种功能和多传感能力，最终发展出新的诊断技术。如何将 PCR 组装技术在生物分析中进行更好的应用也是未来需要解决的问题。基于 HCR 或 CHA 的恒温扩增自组装反应的生物传感器是一种无需酶参与、在常温下就可以进行反应，简单、快速、高灵敏、低成本的生物传感器。它可以与多种检测技术相结合，用于高灵敏甚至超灵敏的核酸、蛋白质、细胞、小分子等生物分子检测，还可以用于活细胞中目标分子的监测。但目前急需开发出一个可以直接设计、筛选高扩增效率 HCR 和 CHA 的软件，降低实验的成本。开发新型的可以与 HCR 或 CHA 结合的材料，也将是未来 HCR 和 CHA 生物传感器的一个研究重点。此外，多开发一些如三链分子开关的新型功能核酸，基于这些新型功能核酸设计出通用型的 HCR 和 CHA 实现靶物质的多重高灵敏检测。对于超夹心结构，核酸超夹心很适用于制备一维 DNA 纳米结构用于超灵敏传感器的搭建。

到目前为止，一些研究者仍着力于开发新型的自组装功能核酸纳米技术，如构建复杂的、具有不同弯曲程度的三维 DNA 纳米结构，一些 DNA 纳米结构在构建过程中还存在形貌难以控制、性质不稳定的问题。为进一步促进自组装功能核酸纳米技术的发展，研究者应着力于研究提升核酸纳米结构的稳定性，实现核酸纳米材料高品质、可重复的批量生产，并将核酸纳米材料应用于更加广泛的领域。对于 DNA 四面体，在今后的研究过程中，以下几个方面仍然值得关注。首先，其合成模式比较单一，根据不同的应用选择不同的合成模式，或者探索新的合成模式。同时，在 DNA 四面体的功能化修饰领域仍然具有广泛的研究切入点，特别是在药物输送应用方面。其次，对 DNA 四面体结构在生物成像或分子输送与靶向给药的应用研究中，DNA 四面体结构纳米材料穿过细胞膜被细胞摄取的机制仍不明朗。其在活体细胞内是如何被降解的，是否与线性 DNA 的降解途径相同，是否对细胞的其他代谢途径有影响等，也是一个值得关注的方面。功能核酸 DNA 水凝胶作为一种新型的纳米功能材料已在生物医学领域有所建树。在考虑组装设计适用于多领域应用的 DNA 水凝胶材料的同时，也应考虑如何提高 DNA 智能设备和材料的可靠性和安全性，以便开发出一种在自组装过程中具有精确可控性的高效策略。可继续挖掘 DNA 水凝胶各方面的特性，以寻找新的应用领域。再者，通过调整 DNA 水凝胶中核酸的比例，降低 DNA 的合成成本以拓宽 DNA 水凝胶的应用也将是未来发展中值得关注的一点。

参考文献

Ali MM, Kanda P, Aguirre SD, et al. Modulation of DNA-modified gold-nanoparticle stability in salt with concatemeric single-stranded DNAs for colorimetric bioassay development [J]. Chem-A European J, 2011, 17 (7): 2052-2056.

Ali MM, Li F, Zhang Z, et al. Rolling circle amplification: A versatile tool for chemical biology, materials science and medicine [J]. Chem Soc Rev, 2014, 43 (10): 3324-3341.

Andersen ES, Dong M, Nielsen MM, et al. Self-assembly of a nanoscale DNA box with a controllable lid [J]. Nature, 2009, 459 (7243): 73-76.

Beyer S, Nickels P, Simmel FC, Periodic DNA nanotemplates synthesized by rolling circle amplification [J]. Nano Lett, 2005, 5 (4): 719-722.

Bi S, Chen M, Jia X, et al. Hyperbranched hybridization chain reaction for triggered signal amplification and concatenated logic circuits [J]. Angew Chem-Inter Edit, 2015, 54 (28): 8144-8148.

Xu Y, Cheng N, Luo Y, et al. An exo Ⅲ-assisted catalytic hairpin assembly-based self-fluorescence aptasensor for pesticide detection [J]. Sensor Actuat B-Chem, 2022, 358: 131441.

Castro CE, Kilchherr F, Kim DN, et al. A primer to scaffolded DNA origami [J]. Nat Methods, 2011, 8 (3): 221-229.

Chandran H, Rangnekar A, Shetty G, et al. An autonomously self-assembling dendritic DNA nanostructure for target DNA detection [J]. Biotechnol J, 2013, 8 (2): 221-227.

Cheglakov Z, Weizmann Y, Braunschweig AB, et al. Nanostructures-increasing the complexity of periodic protein nanostructures by the rolling-circle-amplified synthesis of aptamers [J]. Angew Chem-Inter Edit, 2008, 47 (1): 126-130.

Chen K, Zhang Y, Zhu L, et al. Insights into nucleic acid-based self-assembling nanocarriers for targeted drug delivery and controlled drug release [J]. J Controlled Release, 2022, 341: 869-891.

Chen X, Lin YH, Li J, et al. A simple and ultrasensitive electrochemical DNA biosensor based on DNA concatamers [J]. Chem Commun, 2011, 47 (44): 12116-12118.

Chen YX, Huang KJ, He LL, et al. Tetrahedral DNA probe coupling with hybridization chain reaction for competitive thrombin aptasensor [J]. Biosens Bioelectron, 2018, 100: 274-281.

Dietz H, Douglas SM, Shih WM, Folding DNA into twisted and curved nanoscale shapes [J]. Science, 2009, 325 (5941): 725-730.

Feng Y, Shao X, Huang K, et al. Mercury nanoladders: A new method for DNA amplification, signal identification and their application in the detection of Hg (Ⅱ) ions [J]. Chem Commun, 2018, 54 (58): 8036-8039.

Green SJ, Lubrich D, Turberfield AJ. DNA hairpins: fuel for autonomous DNA devices [J]. Biophys J, 2006, 91 (8): 2966-2975.

Hamblin GD, Carneiro KMM, Fakhoury JF, et al. Rolling circle amplification-templated DNA nanotubes show increased stability and cell penetration ability [J]. J Am Chem Soc, 2012, 134 (11): 5426.

Han D, Park Y, Nam H, et al. Enzymatic size control of RNA particles using complementary rolling circle transcription (CRCT) method for efficient siRNA production [J]. Chem Commun, 2014, 50 (79):

11665-11667.

Han DR, Pal S, Yang Y, et al. DNA gridiron nanostructures based on four-arm junctions [J]. Science, 2013, 339 (6126): 1412-1415.

Ikbal J, Lim GS, Gao Z. The hybridization chain reaction in the development of ultrasensitive nucleic acid assays [J]. TrAC, Trends Anal Chem, 2015, 64: 86-99.

Jung C, Ellington AD, Diagnostic applications of nucleic acid circuits [J]. Acc Chem Res, 2014, 47 (6): 1825-1835.

Ke Y, Ong LL, Shih WM, et al. Three-dimensional structures self-assembled from DNA bricks [J]. Science, 2012, 338 (6111): 1177-1183.

Keller S, Wang J, Chandra M, et al. DNA polymerase-catalyzed DNA network growth [J]. J Am Chem Soc, 2008, 130 (40): 13188-13189.

Kuzyk A, Schreiber R, Fan Z, et al. DNA-based self-assembly of chiral plasmonic nanostructures with tailored optical response [J]. Nature, 2012, 483 (7389): 311-314.

Lee JB, Hong J, Bonner DK, et al. Self-assembled RNA interference microsponges for efficient siRNA delivery [J]. Nat Mater, 2012, 11 (4): 316-322.

Lee JB, Peng S, Yang D, et al. A mechanical metamaterial made from a DNA hydrogel [J]. Nat Nanotechnol, 2012, 7 (12): 816-820.

Li C, Faulkner-Jones A, Dun AR, et al. Rapid formation of a supramolecular polypeptide-DNA hydrogel for in situ three-dimensional multilayer bioprinting [J]. Angew Chem-Inter Edit, 2015, 54 (13): 3957-3961.

Li H, Zhang B, He X, et al. Intracellular circRNA imaging and signal amplification strategy based on the graphene oxide-DNA system [J]. Anal Chim Acta, 2021, 1183.

Li S, Jiang Q, Liu S, et al. A DNA nanorobot functions as a cancer therapeutic in response to a molecular trigger *in vivo* [J]. Nat Biotechnol, 2018, 36 (3): 258-267.

Li Y, Luo X, Yan Z, et al. A label-free supersandwich electrogenerated chemiluminescence method for the detection of DNA methylation and assay of the methyltransferase activity [J]. Chem Commun, 2013, 49 (37): 3869-3871.

Liu X, Xu Y, Yu T, et al. A DNA nanostructure platform for directed assembly of synthetic vaccines [J]. Nano Lett, 2012, 12 (8): 4254-4259.

Lund K, Manzo AJ, Dabby N, et al. Molecular robots guided by prescriptive landscapes [J]. Nature, 2010, 465 (7295): 206-210.

Meng X, Zhang K, Dai W, et al. Multiplex microRNA imaging in living cells using DNA-capped-Au assembled hydrogels [J]. Chem Sci, 2018, 9 (37): 7419-7425.

Miao M, Tian J, Luo Y, et al. Terminal deoxynucleotidyl transferase-induced DNAzyme nanowire sensor for colorimetric detection of lipopolysaccharides [J]. Sensors and Actuators B-Chemical, 2018, 256: 790-796.

Roh YH, Deng JZ, Dreaden EC, et al. A multi-RNAi microsponge platform for simultaneous controlled delivery of multiple small interfering RNAs [J]. Angew Chem-Inter Edit, 2016, 55 (10): 3347-3351.

Rothemund PWK. Folding DNA to create nanoscale shapes and patterns [J]. Nature, 2006, 440 (7082): 297.

Seeman NC. Nucleic acid junctions and lattices [J]. J Theor Biol, 1982, 99 (2): 237-247.

Shan W, Sun J, Liu R, et al. Duplexed aptamer-isothermal amplification-based nucleic acid-templated copper nanoparticles for fluorescent detection of okadaic acid [J]. Sensor Actuat B-Chem, 2022, 352.

Shao X, Feng Y, Zhu L, et al. Three dimensional DNA nanotracks: A novel method for ultrasensitive and visible mercury (Ⅱ) detection [J]. Sensor Actuat B-Chem, 2020, 303.

Shao X, Zhu L, Feng Y, et al. Detachable nanoladders: A new method for signal identification and their application in the detection of ochratoxin A (OTA) [J]. Anal Chim Acta, 2019, 1087: 113-120.

Shen X, Jiang Q, Wang J, et al. Visualization of the intracellular location and stability of DNA origami with a label-free fluorescent probe [J]. Chem Commun, 2012, 48 (92): 11301-11303.

Shih WM, Quispe JD, Joyce GF, A 1. 2004, 7-kilobase single-stranded DNA that folds into a nanoscale octahedron [J]. Nature, 2004, 427 (6975): 618-621.

Shopsowitz KE, Roh YH, Deng ZJ, et al. RNAi-microsponges form through self-assembly of the organic and inorganic products of transcription [J]. Small, 2014, 10 (8): 1623-1633.

Song H, Zhang Y, Cheng P, et al. A rapidly self-assembling soft-brush DNA hydrogel based on RCA products [J]. Chem Commun, 2019, 55 (37): 5375-5378.

Song H, Zhang Y, Wang S, et al. Label-free polygonal-plate fluorescent-hydrogel biosensor for ultrasensitive microRNA detection [J]. Sensor Actuat B-Chem, 2020, 306.

Subramanian HKK. Chakraborty B, Sha R, et al. The label-free unambiguous detection and symbolic display of single nucleotide polymorphisms on DNA origami [J]. Nano Lett, 2011, 11 (2): 910-913.

Taku M, Jun S, Makoto K. Sensitive isothernal detection of nucleic-acid sequence by primer generation-rolling circle amplification [J]. Nudeic Acids Res, 2009, 37 (13): e19.

Tang J, Hou L, Tang D, et al. Hemin/G-quadruplex-based DNAzyme concatamers as electrocatalysts and biolabels for amplified electrochemical immunosensing of IgG1 [J]. Chem Commun, 2012, 48 (66): 8180-8182.

Tian J, Du Z, Zhu L, et al. Fluorescent detection of Cu (Ⅱ) ions based on DNAzymatic cascaded cyclic amplification [J]. Microchim Acta, 2020, 187 (8): 443.

Venkataraman S, Dirks RM, Rothemund PWK, et al. An autonomous polymerization motor powered by DNA hybridization [J]. Nat Nanotechnol, 2007, 2 (8): 490-494.

Wang J, Chao J, Liu H, et al. Clamped hybridization chain reactions for the self-assembly of patterned DNA hydrogels [J]. Angew Chem-Inter Edit, 2017, 56 (8): 2171-2175.

Wang J, Shi A, Fang X, et al. An ultrasensitive supersandwich electrochemical DNA biosensor based on gold nanoparticles decorated reduced graphene oxide [J]. Anal Biochem, 2015, 469: 71-75.

Wang Y, Zhu Y, Hu Y, et al. How to construct DNA hydrogels for environmental applications: Advanced water treatment and environmental analysis [J]. Small, 2018, 14 (17): e1703305.

Wei B, Dai M, Yin P. Complex shapes self-assembled from single-stranded DNA tiles [J]. Nature, 2012, 485 (7400): 623-626.

Wilner OI, Shimron S, Weizmann Y, et al. Self-assembly of enzymes on DNA scaffolds: En route to biocatalytic cascades and the synthesis of metallic nanowires [J]. Nano Lett, 2009, 9 (5): 2040-2043.

Xia F, White RJ, Zuo X, et al. An electrochemical supersandwich assay for sensitive and selective DNA detection in complex matrices [J]. J Am Chem Soc, 2010, 132 (41): 14346.

Xu W, Tian J, Luo Y, et al. A rapid and visual turn-off sensor for detecting copper (Ⅱ) ion based on DNAzyme coupled with HCR-based HRP concatemers [J]. Sci Rep, 2017, 7: 43362.

Xu W, Tian J, Shao X, et al. A rapid and visual aptasensor for lipopolysaccharides detection based on the bulb-like triplex turn-on switch coupled with HCR-HRP nanostructures [J]. Biosensor Bioelectron, 2017, 89: 795-801.

Xu W, Zhu L, Shao X, et al. An electrochemical biosensor based on nucleic acids enzyme and nanochannels for detecting copper (Ⅱ) ion [J]. Biosensor Bioelectron, 2018, 120: 168-174.

Xuan F, Fan TW, Hsing IM, Electrochemical interrogation of kinetically-controlled dendritic DNA/PNA assembly for immobilization-free and enzyme-free nucleic acids sensing [J]. Acs Nano, 2015, 9 (5): 5027-5033.

Yan Y, Li J, Li W, et al. DNA flower-encapsulated horseradish peroxidase with enhanced biocatalytic activity synthesized by an isothermal one-pot method based on rolling circle amplification [J]. Nanoscale, 2018, 10 (47): 22456-22465.

Yang X, Zhu J, Wang Q, et al. A label-free and sensitive supersandwich electrochemical biosensor for small molecule detection based on target-induced aptamer displacement [J]. Anal Methods, 2012, 4 (8): 2221-2223.

Yin P, Choi HMT, Calvert CR, et al. Programming biomolecular self-assembly pathways [J]. Nature, 2008, 451 (7176): 318-U314.

Zhang H, Chao J, Pan D, et al. Folding super-sized DNA origami with scaffold strands from long-range PCR [J]. Chem Commun, 2012, 48 (51): 6405-6407.

Zhang L, Jean SR, Ahmed S, et al. Multifunctional quantum dot DNA hydrogels [J]. Nat Commun, 2017, 8 (1): 381.

Zhang L, Lei J, Liu L, et al. Self-assembled DNA hydrogel as switchable material for aptamer-based fluorescent detection of protein [J]. Anal Chem, 2013, 85 (22): 11077-11082.

Zhang Y, Chen Z, Tao Y, et al. Hybridization chain reaction engineered dsDNA for Cu metallization: An enzyme-free platform for amplified detection of cancer cells and microRNAs [J]. Chem Commun, 2015, 51 (57): 11496-11499.

Zhang Y, Zhu L, Tian J, et al. Smart and functionalized development of nucleic acid-based hydrogels: Assembly strategies, recent advances, and challenges [J]. Adv Sci, 2021, 8 (14): 2100216.

Zhao WA, Gao Y, Kandadai SA, et al. DNA polymerization on gold nanoparticles through rolling circle amplification: towards novel scaffolds for three-dimensional periodic nanoassemblies [J]. Angew Chem-Inter Edit, 2006, 45 (15): 2409-2413.

Zhao Y, Liu L, Kuang H, et al. SERS - active Ag@ Au core - shell NP assemblies for DNA detection [J]. Rsc Advances, 2014, 4 (99): 56052-56056.

Zhao Y, Xu L, Kuang H, et al. Asymmetric and symmetric PCR of gold nanoparticles: A pathway to scaled-up self-assembly with tunable chirality [J]. J Mater Chem, 2012, 22 (12): 5574-5580.

Zhou LY, Zhang XY, Wang GL, et al. A simple and label-free electrochemical biosensor for DNA detection based on the super-sandwich assay [J]. Analyst, 2012, 137 (21): 5071-5075.

Zhou W, Li D, Xiong C, et al. Multicolor - encoded reconfigurable DNA nanostructures enable multiplexed sensing of intracellular microRNAs in living cells [J]. ACS Appl Mater Inter, 2016, 8 (21): 13303-13308.

Zhu L, Li G, Shao X, et al. A colorimetric zinc (Ⅱ) assay based on the use of hairpin DNAzyme recycling and a hemin/G-quadruplex lighted DNA nanoladder [J]. Microchim Acta, 2020, 187 (1): 26.

Zhu L, Miao M, Shao X, et al. A universal electrochemical biosensor using nick-HCR nanostructure as molecular gate of nanochannel for detecting chromium (Ⅲ) ions and microRNA [J]. Anal Chem, 2019, 91 (23): 14992-14999.

Zhu L, Shao X, Luo Y, et al. Two-way gold nanoparticle label-free sensing of specific sequence and small molecule targets using switchable concatemers [J]. ACS Chem Biol, 2017, 12 (5): 1373-1380.

16

功能核酸材料

随着核酸合成技术的不断成熟和纳米技术的快速发展，越来越多的核酸被引入了纳米技术，用于开发新型纳米材料。功能核酸纳米材料是由各种功能核酸和纳米材料组合而成的新型复合纳米材料，或功能核酸本身可控制和程序化的自组装。本章以功能核酸和纳米材料为核心，系统介绍了功能核酸材料的基础制备策略，以及具有代表性的功能核酸水凝胶材料和研究热点功能核酸纳米载体的组装方法、功能特性及其在生物分析与生物医学领域所具有的独特应用。

16.1 概述

核酸是生命最基本的组成部分，因其携带遗传信息而在所有的生命体中发挥着重要的作用。近几十年来，随着核酸合成技术的不断成熟和纳米技术的快速发展，越来越多的核酸被引入了纳米技术，用于开发更多新型纳米材料。功能核酸纳米材料是由各种功能核酸（包括 DNA 酶、适配体、三链 DNA 组装体、DNA 瓦片和 DNA 折纸等）和纳米材料（如金属纳米材料、碳和硅基纳米材料、生物纳米材料和复合纳米材料等）组合而成的新型复合纳米材料，或是功能核酸本身可控制和程序化的自组装（图 16.1）。纳米技术通常被定义为创造具有纳米级新性质和功能的材料，目前的纳米技术可以被分为将较大尺寸物质通过各种刻蚀手段获取所需的纳米结构的“自上而下”的方法，以及利用各种原料间相互作用组装形成相对较大且结构相对复杂结构的“自下而上”的方法（Bayda 等，2019；Xu 等，2019）。功能核酸和纳米材料的制备方式众多，其中，生物偶联和吸附作用是比较传统的制备方法，由于常见的叠氮基和炔基很容易在表面或 5′端和 3′端进行核酸修饰，因此效率和可靠性都很高的点击反应化学，成为了广泛使用的生物偶联方法。在吸附作用方面，腺嘌呤与金的亲和作用可以使得富 A 序列吸附在金纳米材料表面，这也是研究者们正在较多探索的一个材料制备途径。此外，功能核酸与纳米材料的异质结和功能核酸自组装纳米结构是未来功能核酸纳米材料发展中十分有潜力的方向。

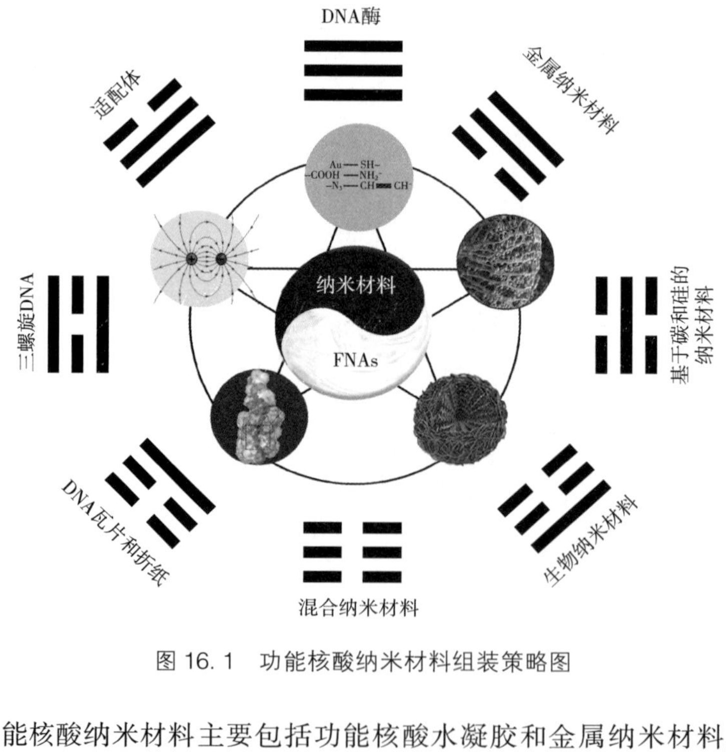

图 16.1 功能核酸纳米材料组装策略图

常见的功能核酸纳米材料主要包括功能核酸水凝胶和金属纳米材料。以核酸为原材料自组装构建的核酸水凝胶是一类高含水量且高度交联的多孔纳米材料，既具有核酸分子优越的高生物相容性、稳定性、精确的可编程性、构象柔韧性以及易合成与修饰等独特性质，同时还兼具自组装三维网络和多孔架构所赋予水凝胶材料本身的弹性、刚度和高渗透性等优异的机械、物理性能（Zhang 等，2021）。鉴于与天然组织的相似性及其强大的模拟生物力学特性，核酸水凝胶在免疫调节、食品安全、药物输送、仿生模拟和组织工程学等研究方向的多个子领域均具有应用前景（Guo 等，2020；Pandey 等，2020）。以核酸为模板定向生长的金属纳米材料在纳米光刻、能量转换和存储、催化、传感和生物医学工程等领域有着广泛的应用。目前，已开发出各种方法来制备以核酸为模板的金属纳米材料包括化学还原、光还原、电化学还原、通过还原基团修饰的核酸进行金属离子的位点特异性还原等。作为稳定金属纳米材料的支架，核酸不仅可以作为"遗传密码"对纳米粒子的形貌进行控制，还可以在三维空间中对金属纳米材料定位并对装配拆卸过程进行选择和动态控制，以满足需求或刺激（许文涛等，2021）。

功能核酸纳米材料主要利用功能核酸的靶向性、信号转换和放大能力以及纳米材料的稳定性和多功能性实现多个方面的应用，如生物成像、生物传感、包括早期疾病诊断和药物输送的生物医学和代表了功能核酸最先进的应用信息存储（Chen 等，2018；Hu 等，2021；Mo 等，2017；Panigaj 等，2019）。

16.2 功能核酸材料制备策略

16.2.1 生物偶联

在众多的功能核酸纳米材料制备中，生物偶联是最常见和应用最为广泛的一种方法。生物偶联过程是指在至少有一个分子是生物分子的两个分子实体之间形成共价或者定义明确的非共价连接的化学反应。其中的生物分子通常是天然获得或者通过像蛋白表达一样的遗传手段获得，生物偶联试剂则可以通过合成化学的方法进行设计和制备（Zhang 等，2019）。

因为在核酸链的 5′和 3′端进行巯基功能化较为容易，而且硫原子和金纳米材料表面可以发生强相互作用，所以 Au—S 键是核酸纳米材料在制备过程中最常见的一种高效生物偶联方法，可以用于在 AuNPs 表面偶联功能核酸使其的表面形成致密的寡核苷酸单分子层，许多 DNA 马达正是通过此原理进行组装（Chen 等，2017）。基于相似的原理，通过 Ag—S、Pt—S 等共价键，DNA 可以在多种金属纳米粒子的表面进行连接。通常 DNA 和金属纳米粒子的偶联数目是不可控的，为了解决这个问题，黄静团队 2019 年利用 3D 分子转移策略制备了一种 DNA 打印纳米金颗粒，实现了 AuNPs 表面的 DNA 数量和位置的可控，将 DNA 纳米技术的应用扩展到了纳米光刻（Xie 等，2019）。如图 16.2（a）所示，首先利用二硫醇标记的悬臂设计半二十面体，两个半二十面体可以组装形成一个完整的二十面体对一个 AuNP 进行封装，悬臂通过 Au—S 键与 AuNPs 表面耦合，实现了金表面 DNA 数目可控的连接。

由于碳纳米结构材料可以很容易地被—COOH 和—OH 等化学基团功能化，因此，功能核酸通常可以与碳基纳米材料通过氨基和羧基的相互作用进行生物偶联。常见的碳纳米结构包括氧化石墨烯、碳纳米管、还原氧化石墨烯和纳米金刚石等（Rasheed 等，2017）。如 16.2（b）所示，利用碳二亚胺介导的化学方法可以将单链核酸与石墨烯共价连接（Bonanni 等，2012），这种方法曾经在 DNA 和 RNA 检测中得到了应用，并表现出了高灵敏度和单碱基特异性（Chartrand 等，1995）。因此，功能核酸碳基纳米材料不仅具有功能核酸的靶向能力，还具有离子向电子的转化能力。

介孔二氧化硅同样是被广泛应用的一种纳米材料，其直径在 2~50nm，表面为孔径可调的多孔结构。介孔二氧化硅表面具有丰富的羟基基团，这使得其表面容易被—COOH、—NH_3、—Cl 等基团修饰，因此可以有效地与功能核酸进行偶联。这种偶联使得介孔二氧化硅微球具有了稳定的给药能力和在体内外更加精准的递送能力。如图 16.2（c）所示，—COOH 修饰的介孔二氧化硅颗粒与胺基修饰的 DNA 进行偶联，偶联的 DNA 可以形成 i-motif 结构作为药物释放的开关，该微球介孔二氧化硅具备了稳定的给药能力（Chen 等，2011）。

生物偶联的里程碑式事件是 2001 年美国化学家 Sharpless 对“点击化学”概念的提出，这使得生物分子的修饰更加高效和具有选择性（Kolb HC 等，2001）。点击化学是一种重要的生物偶联方法，其稳定、高效、反应条件适中，可以在较宽的 pH 范围内和各种缓冲条件下进行。利用点击基团标记的核酸链室温下可以在 2h 内与纳米材料稳定连接。由于效率较高，铜催化炔烃-叠氮化物环加成（CuAAC）反应是 DNA 点击化学的首选方法（Agalave 等，2011）。利用这种反应可以实现荧光染料、糖、肽和基团对寡核苷酸的标记，DNA 环化，以及产生碱基和骨架被修饰的 DNA 类似物等。如图 16.2（d）所示，Belal 等将劈裂适配体和 CuAAC 点击反应结合，实现了生物样本中的卡那霉素有效检测（Belal 等，2018）。点击化学的合成优势也被用于将几种实体连接在负载了寡核苷酸的固体上。Perrone 等首次报道了一种将肽与硫代磷酸酯寡核苷酸（PS-ON）有效偶联的方法（Perrone 等，2021）。

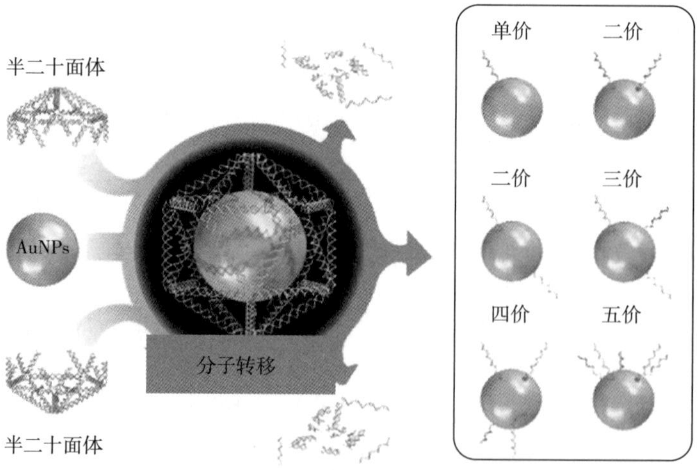

（a）

图 16.2 利用生物偶联制备功能核酸纳米材料

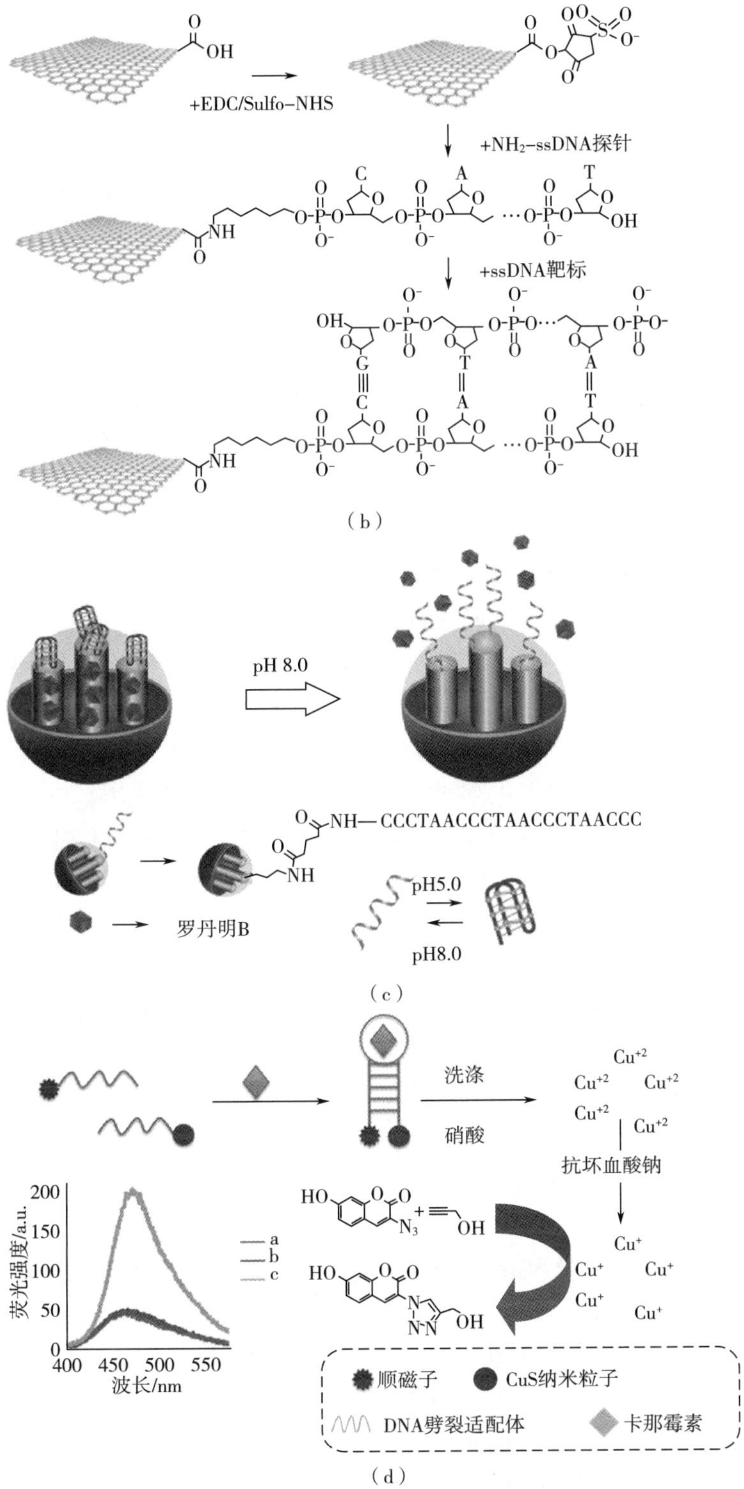

图 16.2　利用生物偶联制备功能核酸纳米材料（续）

（a）DNA 数目可控的纳米金颗粒　（b）碳二亚胺介导化学方法连接单链核酸与石墨烯　（c）—COOH 修饰的介孔二氧化硅颗粒偶联胺基修饰的 DNA　（d）劈裂适配体和 CuAAC 点击反应结合用于卡那霉素检测

16.2.2 吸附作用

由静电相互作用和范德华相互作用（$\pi-\pi$ 堆积相互作用）介导的吸附作用是极具前景的一种功能核酸纳米材料制备方法。

AuNPs 是一种典型的可以与核酸发生吸附作用的材料，虽然常见的 AuNPs 被柠檬酸盐包被的表面带有负电荷，会对 DNA 的阴离子骨架产生排斥作用，但是未经修饰的 DNA 依然可以与 AuNPs 发生吸附作用，利用 DNA 阻碍 AuNPs 聚集实现对多种物质进行检测的方法就是利用了这一原理（Shwetha 等，2013）。研究表明，DNA 与 AuNPs 吸附作用的存在是因为 DNA 碱基上的环氮、环外氨基等基团可以与 AuNPs 产生稳定的配位相互作用，在各种碱基中，腺嘌呤与 AuNPs 的结合亲和力最高，胸腺嘧啶最弱（He 等，2020）。部分利用十六烷基三甲基卤化盐制备的 AuNPs 表面带有正电荷，还可以使二者通过静电作用进行吸附（Lohse 等，2013）。由于双链 DNA 的碱基对被磷酸脱氧核糖主链掩盖，所以 AuNPs 对单链 DNA 的吸附能力更强。Zhu 等利用单链 DNA 和双链 DNA 的差异来调节 AuNP 聚集程度，设计了一种双目标检测方法（Zhu 等，2017）。如图 16.3（a）所示，使用两个燃料发夹（H1 和 H2）和一个功能发夹（FH）建立了扩增检测靶序列的方案，触发包含多个小分子结合位点的双链 DNA 连接物生成。当靶标存在时，适配体与其结合，双链 DNA 变为单链保护在 AuNPs 周围，阻碍其聚集，使 AuNPs 保持红色。

与金属材料相似，碳基纳米材料也可以与核酸发生吸附作用，由于功能核酸具有较大的比表面积、电荷特性和优异的电子转移能力，它们之间的作用力主要依靠芳香环之间 $\pi-\pi$ 堆积作用和疏水相互作用产生（Zheng 等，2003）。这种非共价的作用力使核酸与其之间的吸引力弱于 AuNPs。氧化石墨烯作为一种典型的碳基纳米材料，其表面具有大面积的二维方向结构，从而成为了核酸和其他物质吸附的理想物质，但是由于氧化石墨烯的表面不均一，既存在有利于 DNA 吸附的疏水区域也有排斥 DNA 的高度氧化区域，因此，DNA 在氧化石墨烯的不同区域存在不同的吸附能力（Jiang 等，2012）。同样，碳基纳米材料与单链和双链 DNA 之间的相互作用强度也存在较大的差异，氧化石墨烯可以通过与核苷酸碱基之间 $\pi-\pi$ 的堆叠相互作用来非共价地与单链 DNA 相互作用，但几乎不与刚性双链 DNA 或适配体与靶标的复合物相互作用。此外，与游离 DNA 探针相比，氧化石墨烯可以保护 DNA 免受酶的切割。利用这一特性，研究人员开发了许多基于功能核酸碳基纳米材料，用于快速检测转基因产品或 miRNA（Wang 等，2021）。如图 16.3（b）所示，Han 等报告了一个可以经济快速检测单碱基突变的荧光单标记 DNA 探针（Han 等，2019）。该策略是基于高效的猝灭效应和氧化石墨烯与单链 DNA 的结合优先于双链 DNA 的机制。此外，一种阳离子梳状共聚物（CCC），聚（l-赖氨酸）-接枝葡聚糖（PLL-g-Dex），显著加速了 DNA 杂交和链交换反应，放大了完美匹配 DNA 和不匹配 DNA 之间有效区分的动力学势垒。此外，体外实验表明，在 PLL-g-Dex 上培养的 RAW 264.7 细胞具有良好的生存和增殖能力，这使得该错配检测策略具有较高的敏感性和实用性。此外，一些研究人员还利用动物源的天然核酸构建了基于 $\pi-\pi$ 堆积作用稳定的氧化石墨烯-功能核酸水凝胶。如图 16.3

(c) 所示，片状石墨烯的 3D 自组装和原位形成的单链 DNA 形成了多功能水凝胶。高含水量（~99%）的复合自组装水凝胶不仅机械强度强，而且具有自愈性、高稳定性和染料负载能力。

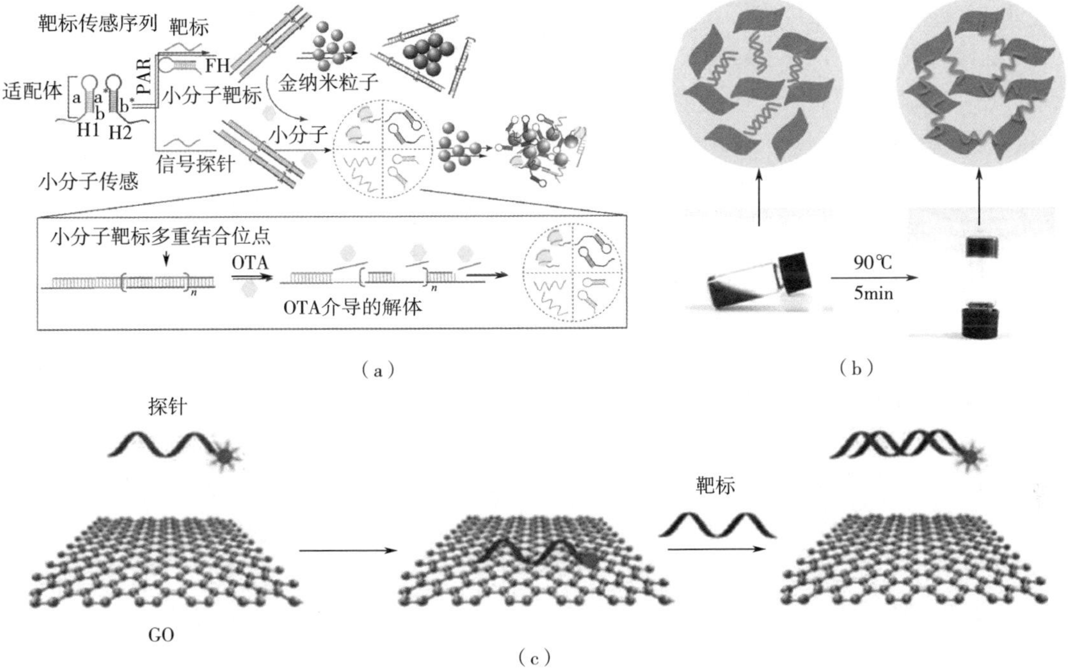

图 16.3 利用吸附作用制备功能核酸纳米材料

(a) 基于 AuNPs 与 DNA 吸附作用的双目标检测方法 (b) 基于核酸吸附检测单碱基突变的荧光单标记 DNA 探针 (c) 基于吸附作用稳定的氧化石墨烯-功能核酸水凝胶

16.2.3 功能核酸模板组装

核酸模板生成金属纳米团簇（NCs）背后的原理是核酸金属化过程。由于其极小的尺寸和较高的表面能，NCs 容易聚集，因此，必须使用稳定剂或基质对其进行分隔（Nagda 等，2019）。Dickson 团队首次证明使富含 C 的 DNA 稳定发荧光的 AgNCs 的存在，从而建立金属 NCs 和 DNA 之间的连接（Petty 等，2004）。C 的 N^3 位点与 Ag^+之间具有很强的特异性配位，而且富含 C 的 DNA 链对 Ag 纳米材料具有很高的亲和力。不断深入的研究对所有的核苷酸都可以参与金属 NCs 的结合进行了证明，且每个核苷酸至少有一个金属结合位点。进一步的研究发现，AgNCs 包含大致相同数量的中性 Ag 原子和 Ag^+，而且这些 Ag 通常排列成棒状结构，而不是平面或球状结构。当特定的碱基/Ag 相互作用引起棒材长度变化时可以产生不同的发光颜色（Zou 等，2019）。如图 16.4（a）所示，Ran 等以溶菌酶作为潜在指纹成像的模型靶点，利用多色富 C DNA 模板化的 AgNCs 对潜在指纹及其外源成分同时成像，建立了指纹中外源物质的定量检测策略（Ran 等，2016）。除了光学特性，核酸模板生成的金属 NCs 在抗菌方面也具有较好的效果，Rolband 等利用四种具有代表性的 DNA 发夹，模板化了具有四种不同颜色的 DNA-AgNCs 的形成，并研究它们的光学特性与不同 pH 下的抗菌活性的关系，以及与几种人类细胞系的细胞毒性的关系，发现 DNA-AgNCs 可以抑制细菌生长，且 DNA 模板除了可以作为 AgNCs 的合成模板还有助于生成溶解性和生物相容性更好的簇（Rolband 等，2021）。如图 16.4（b）所示，由于 C 对 Ag^+的高亲和力，富含 C 的单链 DNA 是模板化稳定 DNA-AgNCs 的适宜封盖剂，因此研究者采用了具有奇数个连续胞嘧啶（C^7、C^9、C^{11} 和 C^{13}）的发夹，发现 C13 抗菌活性最高，而 AgNCs 中 Ag 原子的数目在抗菌作用上不具有统计学意义。这项研究的结果表明，DNA-AgNCs 丰富的光学行为可能与这种新型纳米结构的抗菌性能紧密相关。激发-发射模式、发射态的相互转换及其与环境变化的关系是 DNA-AgNC 产生抑制作用机制的关键。

除了 AgNCs 外，以聚 T 链为模板的 CuNCs 也具有巨大的化学和生物应用潜力。与 AgNCs 相比，CuNCs 的形成速度更快，但可控性较低。此外，研究人员还发现，即使只有一个碱基不匹配，CuNCs 荧光也可能在 DNA 不匹配时显著增强。因此，研究 CuNCs 的产生和荧光强度变化机制对单碱基的检测具有很大的潜力。Dickson 团队报道了一种以 DNA 树枝状大分子为模板且具有聚集诱导发射增强（AIEE）特性的铜纳米组装体（Cu NASs）（Walia 等，2021）。如图 16.4（c）所示，树枝状大分子黏末端可以诱导 Cu NASs 的形成，其平均尺寸为 131~264nm，大小由 6 个碱基到 27 个碱基不等。与完全互补的 DNA 树枝状大分子相比，含有 27 个碱基的 DNA 树枝状大分子可实现近 6 倍的荧光增强。此外，该 DNA 树枝状分子 Cu NASs 在血清中表现出良好的稳定性，并可被 Pb^{2+}快速猝灭。

AgNCs 和 CuNCs 都有其特点。尽管 CuNCs 的形成有两个不同的步骤，但是 AgNCs 的生成时间还是比 CuNCs 长得多。在低离子浓度下，Cu^{2+}更倾向于通过非特异性静电吸引与主链磷酸盐负离子相互作用。随着浓度的增加，Cu^{2+}开始与 DNA 碱基结合，其亲和力远高于磷酸基，并进一步被抗坏血酸还原，形成荧光 CuNCs。此外，CuNCs 的产生在很大程度上依赖于聚 T 核酸序列，并且与核酸序列长度有明显的关系。

16.2.4 功能核酸材料异质结

功能核酸纳米材料异质结是一种新型的复合纳米结构，这种结构是通过在多种无机纳米材料（如介孔二氧化硅微球和 MOFs）表面制备均匀厚度的核酸水凝胶产生的（Yeh 等，2010）。这些 FNAs-纳米材料异质结纳米结构最典型的一个特点就是它们具有良好的药物递送能力，这种结构通常利用纳米材料作为载体，功能核酸作为控制释放的封装门。2018 年，Willner 等制备了一种基于核酸的聚丙烯酰胺水凝胶，并利用这种水凝胶包被了 MOF 纳米颗粒，实现了药物的包被和释放（Chen 等，2018）。如图 16.5（a）所示，在这种异质结纳米结构中，水凝胶通过交联两个聚丙烯酰胺链形成，并以核酸发夹功能化。同时，所得到的双桥接水凝胶，包括一个笼状结构的抗 ATP 适配体序列，将药物包裹在 MOF 的孔隙中。总之，功能核酸纳米材料异质结的构建提高了多孔纳米材料的载药能力，克服了药物的非特异性渗漏。此外，核酸水凝胶的形成和崩解是可控的，从而可以实现药物的靶向递送和缓释。Yang 的团队还制备了磁性功

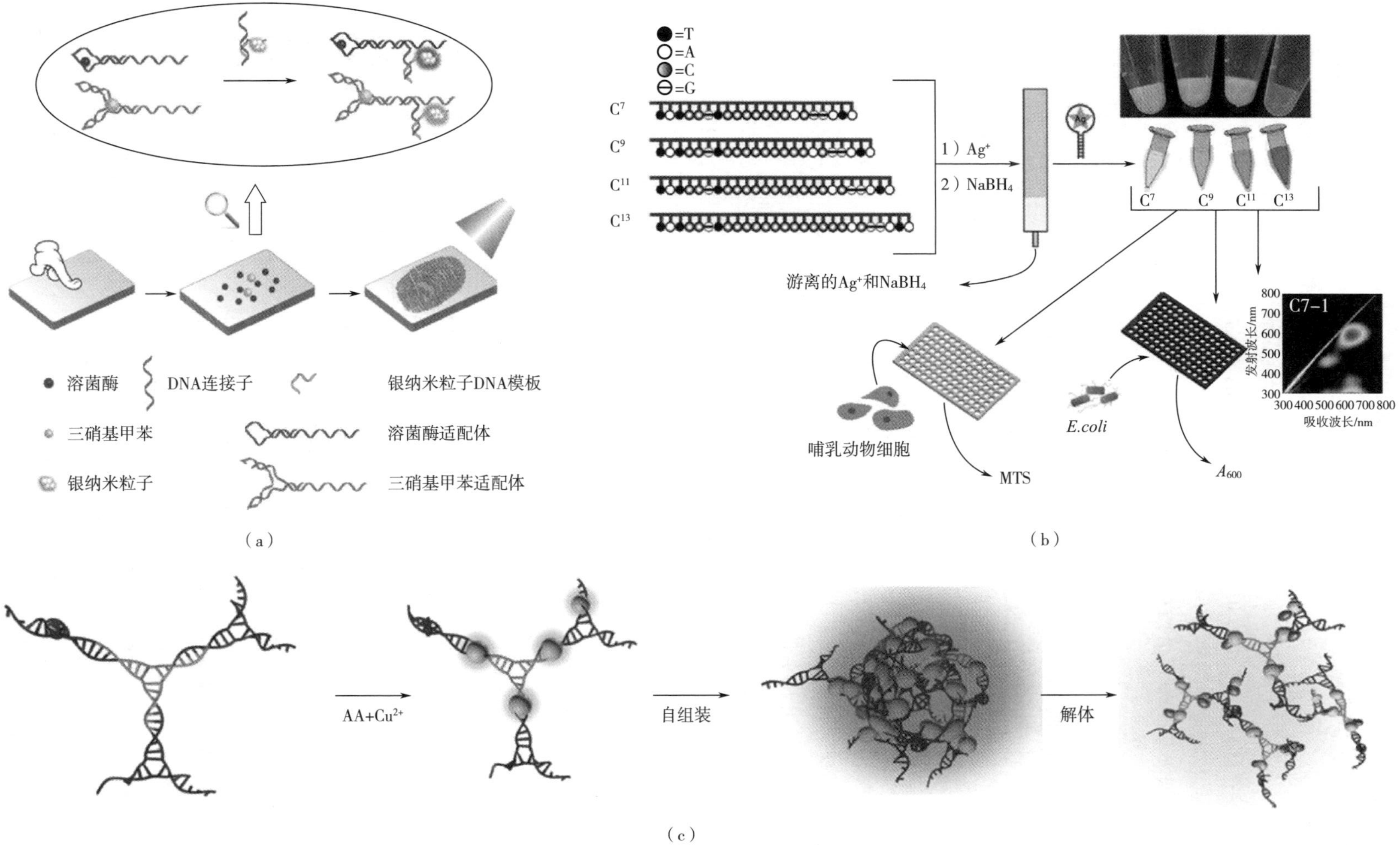

图16.4　核酸模板生成金属纳米团簇

（a）多色富C DNA模板化的AgNCs对潜在指纹极其外源成分同时成像　（b）DNA-AgNCs用于抗菌研究　（c）树枝状大分子黏末端可以诱导Cu NASs的形成

能核酸水凝胶-二氧化硅异质结纳米结构。与功能核酸水凝胶-MOF 纳米材料相似，DNA 水凝胶是在磁性二氧化硅复合纳米颗粒表面制备的（Yao 等，2018）。如图 16.5（b）所示，以一个线性单链 DNA 作为在 5′末端磷酸基的切断 Circ-DNA 模板，利用 T4 DNA 连接酶和作为引物的单链 DNA 在 RCA 的开始位点进行扩增。环状 DNA 可以通过静电作用附着在 AMNP 上。RCA 反应中，在 DNA 聚合酶的催化下合成了大量的长 ssDNA，并通过物理交联将其包覆在 AMNPs 上。阿霉素通过吸附在 DNA 的碱基上加载到 M-DNA 纳米凝胶中，该凝胶进入细胞后在 pH 和核酸酶等多种环境作用下实现了药物释放。

除了用于载药，功能核酸材料异质结还被用于生物传感（Song 等，2020）。2020 年，Fan 的团队报道了一种四面体 DNA 框架激活体酶异质结（BEH）策略来编程在电化学生物传感器界面上的多酶催化级联为早期前列腺癌的精准诊断提供了一种有潜力的检测方法。如图 16.5（c）所示，为了构建双酶电极，作者用两种类型的连接 DNA 标记酶对，然后在四面体 DNA 纳米结构修饰的电极上等物质的量混合后与两种独特的下垂连接器 UPL 1 和 UPL 2 杂交。在目标分子存在时，电子输入被应用到电极上，酶级联反应开始。第一种酶（E1，如肌氨酸氧化酶，SOX）对靶标的催化同时形成中间体，作为第二种酶（E2，如 HRP）的底物。电子传递介质将电子传送到电极上，产生转化为目标浓度的电化学信号。

16.2.5 功能核酸自组装

功能核酸自组装是通过特殊的设计，使不同结构的核酸链之间通过碱基互补配对原则最终形成特定的结构。利用“自下而上”的制造策略，基于自组装的 DNA 纳米技术提供了一个可以创建不同大小或形状的各种 2D 和 3D 结构的方法，如四面体、三角棱柱、八面体、二十面体和其他复杂的 DNA 折纸结构（Cao 等，2020；Sadowski 等，2014；Wang 等，2021）。这些设计的自组装 FNAs 纳米结构继承了核酸的优点，特别是它们的小尺寸、高可编程性、易于修饰以及优良的生物相容性（Xiang 等，2016；Xing 等，2011）。自组装功能核酸纳米材料最早出现在 Seeman 合成分枝 DNA 纳米结构的构建（Seeman 等，1983）。这四条序列特异性的寡核苷酸链上都有延伸的黏性末端，它们自组装成一个固定的四路连接点。然而，DNA 分枝连接的刚性较低，基于分枝连接的 DNA 组装往往不能形成规则的结构。因此，为了解决这些问题，研究人员建立了改良的分枝 DNA 连接来产生刚性和确定的纳米结构（Fu 等，1993；Labean 等，2000）。这些方法在制造 DNA 纳米结构方面取得了巨大的成功。2004 年，Rothemund 等首次将 DNA 折纸技术的强大灵活性和简单性引入到纳米材料领域（Rothemund 等，2004）。在发现每个 DNA 单元能够结合四个相邻的 DNA 单元后，3D DNA 组装技术蓬勃发展。设计并构建了多种 3D DNA 纳米结构。在这些纳米结构中，DNA 四面体是一个经典的 3D 框架（Goodman RP 等，2005）。除了 DNA 四面体外，其他 3D DNA 纳米结构也被制备和表征。2009 年，Andersen 等创造了一种可定位的 DNA 盒，这种 DNA 盒可以在互补碱基配对原理的外部提供的 DNA“钥匙”的存在下打开（Andersen 等，2009）。与此同时，DNA 盒子的闭合和打开机制启发了研究人员构建复杂的、多功能的 3D 纳米货物

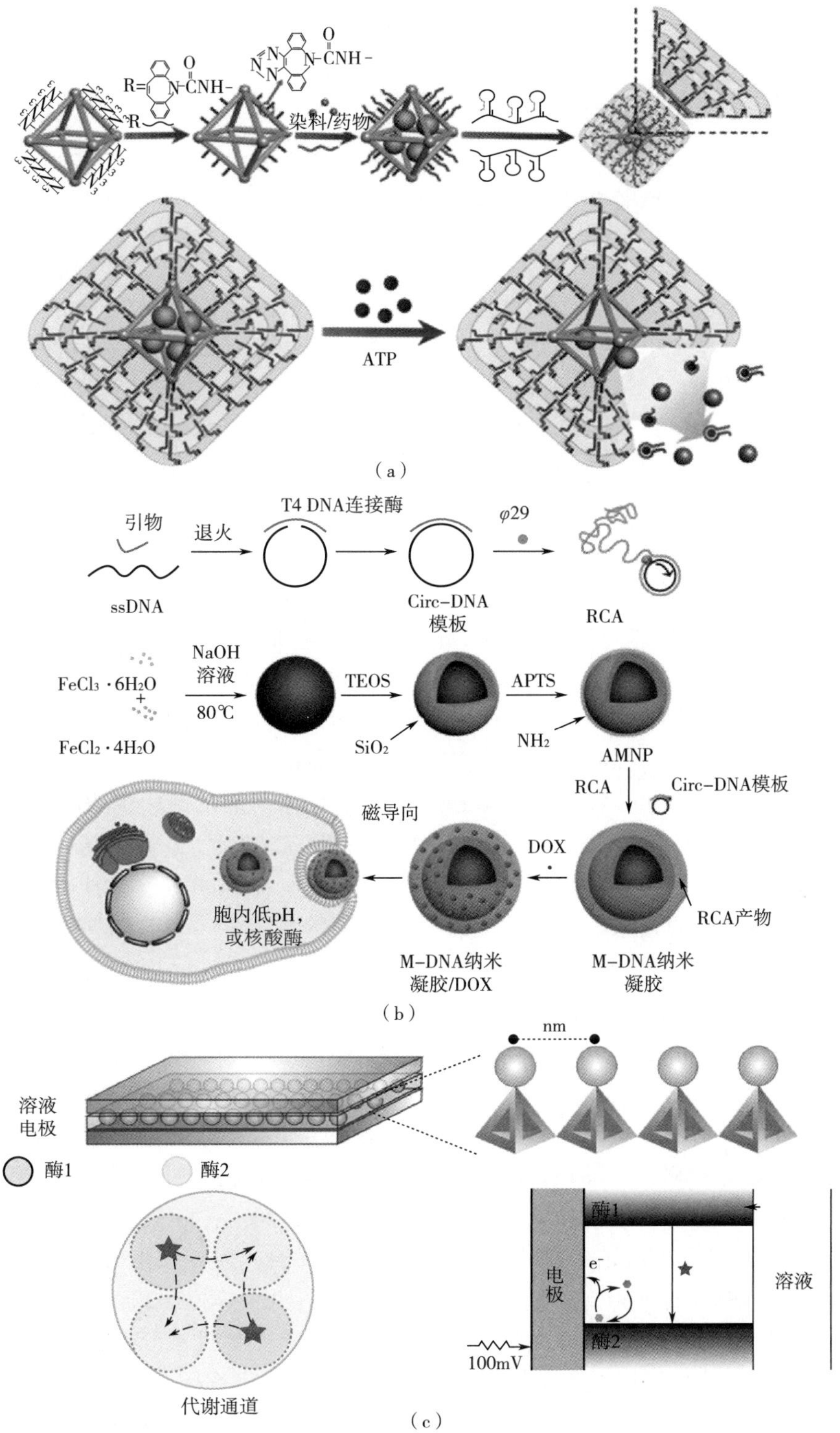

图 16.5　功能核酸材料异质结

(a) 功能核酸纳米材料异质结构建具有载药能力的多孔纳米材料　(b) 磁性功能核酸水凝胶-二氧化硅异质结纳米结构　(c) 电化学生物传感器界面上的多酶级联

和纳米机器人。

16.3 功能核酸水凝胶材料

16.3.1 功能核酸水凝胶简介

经过近40年的发展，DNA纳米技术推动了一系列子学科的产生和进步，特别是在生物材料科学方向上迈出了一大步（图16.6）（Laurence等，2013；Yong等，2019；Yu等，2017；Yu等，2018；Yu等，2016）。20世纪80年代初，Seeman的开创性研究为DNA纳米技术奠定了坚实的基础，他根据DNA的分子特性创建了可控的新型纳米结构和机制（Nadrian 1982；Neville等，1983）。从那时起，DNA不仅被视为生命的蓝图，也被视为创造纳米级结构和材料的通用元素。从最初的结构性DNA纳米技术到最近的功能性DNA纳米技术，尽管其子领域完全不同，但它们同时又相互渗透，交叉发展，形成了多样性中的统一模式。因此，一系列基于DNA组装的新型材料应运而生，如DNA折纸、纳米粒子-DNA胶体材料、聚合物-DNA材料等（Ebrahimin等，2019；Yong等，2019）。这些产品具有独特的DNA纳米结构和分子特性，并与其他聚合物和纳米材料相结合，以满足DNA纳米技术的发展需求和材料工程的应用。

DNA合成技术的进步、精确的DNA纳米结构的创新以及对DNA特性的深入了解，加速了新型核酸类生物材料的需求和出现（Praetorius等，2017；Eelkema等，2020；Kosuri等，2014）。从1996年第一个含DNA的聚合物水凝胶的诞生到2006年自支撑的纯DNA水凝胶研制成功（Nagahara等，1996；Um等，2006），DNA的多功能性激发了人们对水凝胶设计的兴趣，如强亲水性、生物相容性、结构可编程性、可控的生物降解性、营养渗透性、可调节的机械性能、对蛋白酶的稳定性、自我修复能力以及对水凝胶的刺激响应性（Li等，2015；Stoll等，2016；Frank-Kamenetskii等，1987；Tsuyoshi 1963）。然而，当时对DNA水凝胶的研究还处于初步阶段，只有其中一小部分涉及刺激触发的反应（Lin等，2004）。2004年以来，DNA水凝胶新的研究重点转向了功能特性的开发和提升，特别是通过实施不同的功能核酸来大力发展独特的刺激反应性。此外，部分研究还致力于探索DNA水凝胶的机械性能及其影响。随着人们对这些新型软质生物材料的好奇心和需求的增加，功能核酸水凝胶的智能化应用方向逐渐清晰，如将其用于组织工程、药物递送和生物传感（Gaanin等，2019；Li等，2016）。

FNAs是一类具有独立结构和特定生物学功能的天然或人工核酸序列，可通过体外裁剪策略灵活地适应不同的应用场景（Li等，2016；Xu等，2020；Xiao等，2019）。对于未来的研究，基于FNAs的纳米材料还面临两个主要挑战。首先，准确高效的FNAs-纳米材料的产生可以成为了解生命过程、检测各种生物标志物、治疗疾病的有力工具，这必须建立在综合研究FNAs和纳米材料之间相互作用的本质及其应用能力的基础上（Xu等，2020）。其次，复杂的结构、新颖的三维DNA模式和简明的生物传感器的构建依赖于FNAs裁剪策略的进展，包括优化FNAs序列功能、靶向和跟踪肿瘤中的药物释放、成像引导的病灶治疗以及治疗监测方面（Xiao等，2019）。此外，包括功能

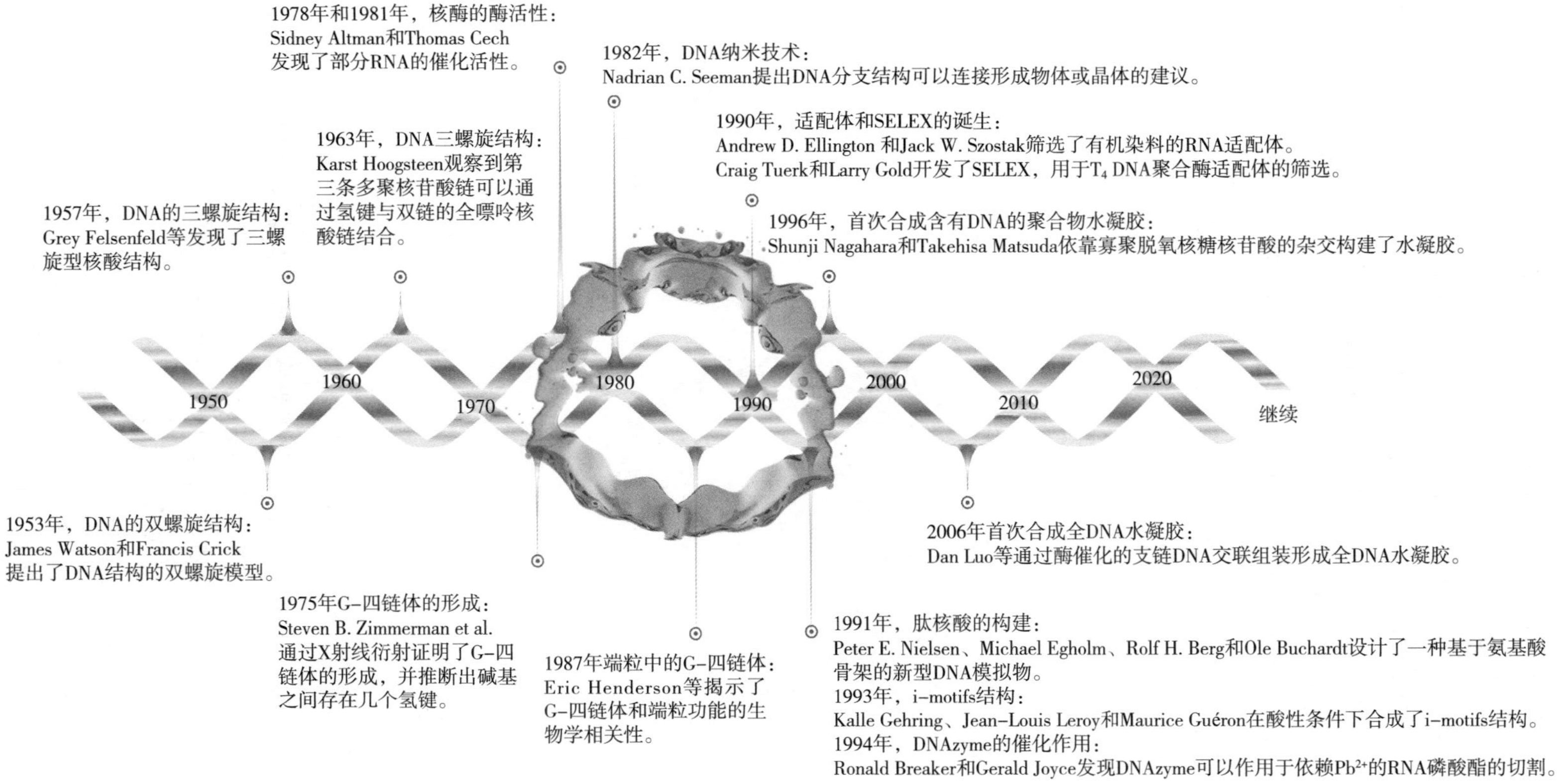

图16.6 FNAs推动DNA纳米技术发展和功能核酸水凝胶诞生的大事记

核酸水凝胶在内的一系列智能生物材料的研究正在迅速崛起，以紧跟DNA纳米技术和纳米材料的发展。根据Newnham和Ruschau的定义，智能材料是指一类既能执行传感功能又能执行驱动功能的材料，但不具备控制系统和信息处理功能（Newnham等，1991；Toshinori 1992）。因此，现阶段开发的智能水凝胶能根据其固有的结构、特性和对环境的感知提供自动反馈，而不依赖计算机大数据进行合成。如今，核酸和其他聚合物或材料的结构和功能单元不断更新，能助力智能水凝胶的成功开发（图16.7）。与此同时，研究人员更加关注如何协调水凝胶中的各种功能，同时探索在实际应用中触发反应的各种刺激组件。相信在开发具有功能化集成和灵敏响应能力的智能水凝胶中将找到答案。

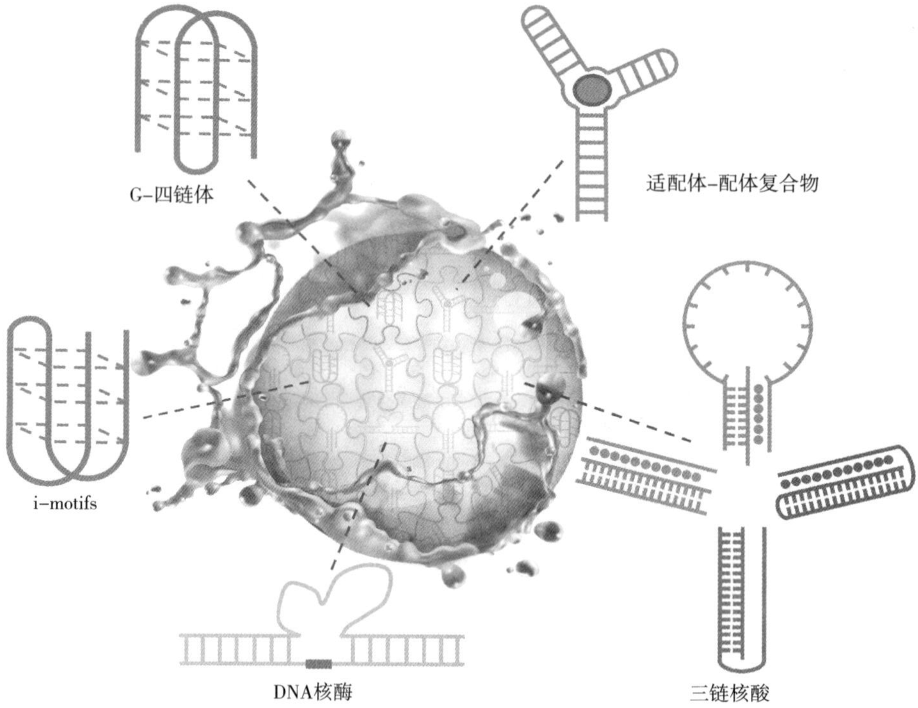

图16.7 DNA水凝胶中关键的FNAs单元

16.3.2 功能核酸水凝胶的组装策略

根据核酸与其他材料的相互作用，功能核酸水凝胶的组装策略以物理交联和化学交联为主。图16.8显示了DNA水凝胶的组装方案。化学交联以共价键为主，增强稳定性的同时可提高机械强度，而水凝胶网络结构的环境稳定性可防止化学键因外部因素而断裂。因此，可以说基于化学交联的水凝胶是永久性的（Huang等，2017）。一般策略是将官能团修饰的DNA链通过聚合反应、偶联反应或酶促反应共价固定在合成聚合物或生物大分子上（Nomura等，2018；Chen等，2012）。相对而言，基于超分子DNA的水凝胶主要由非共价键支持，包括氢键、静电相互作用和大环主客体相互作用，具有更大的灵活性、适应性和黏弹性（Du等，2015）。

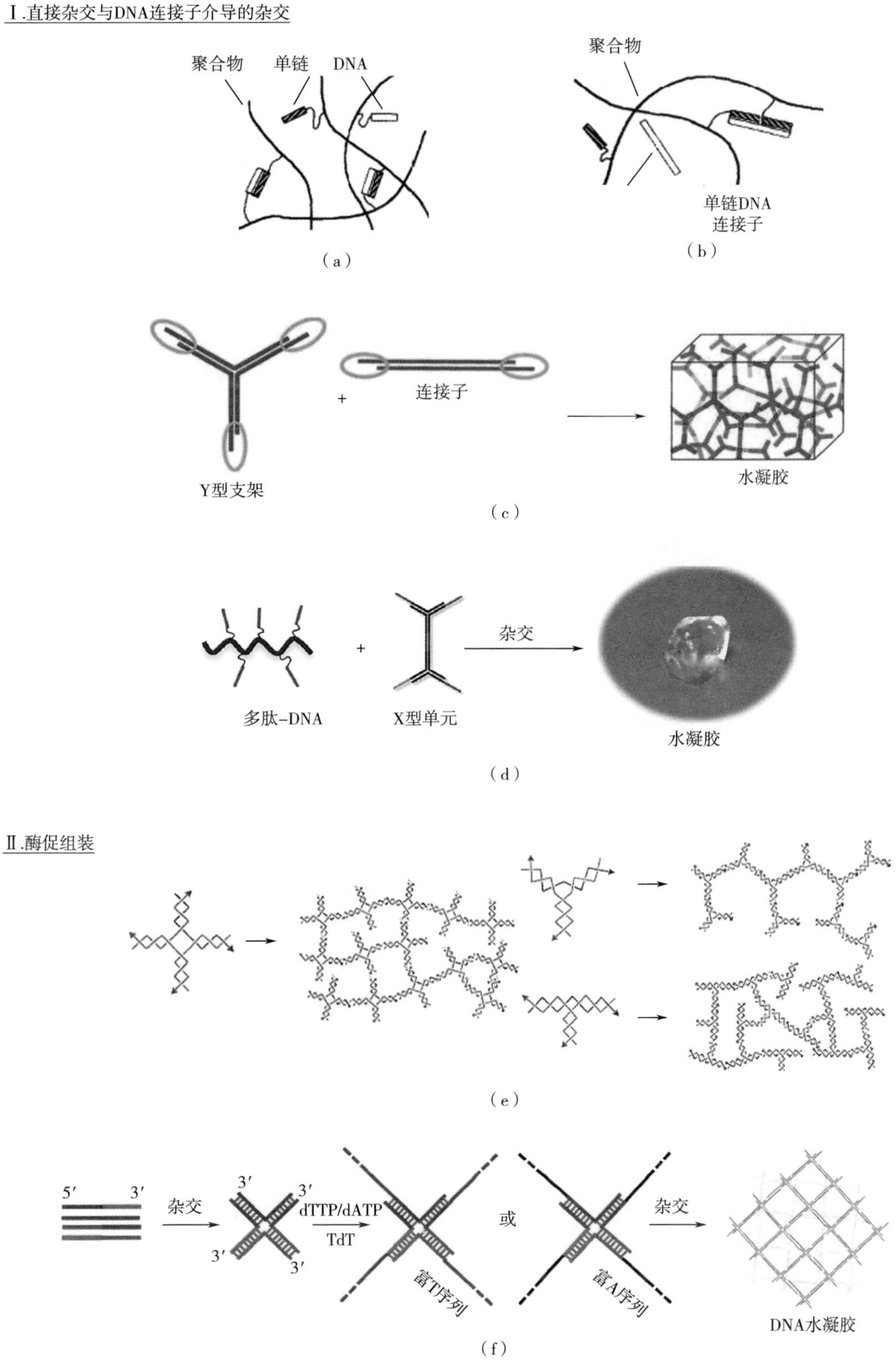

图 16.8 DNA 水凝胶的一般组装方案

Ⅲ.FNA-介导的组装

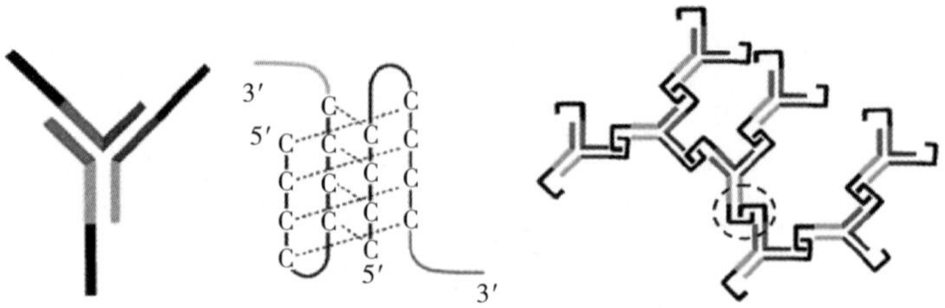

（g）

（h）

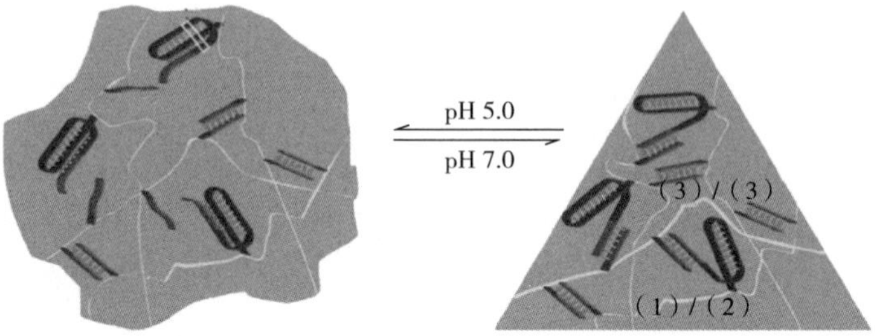

（i）

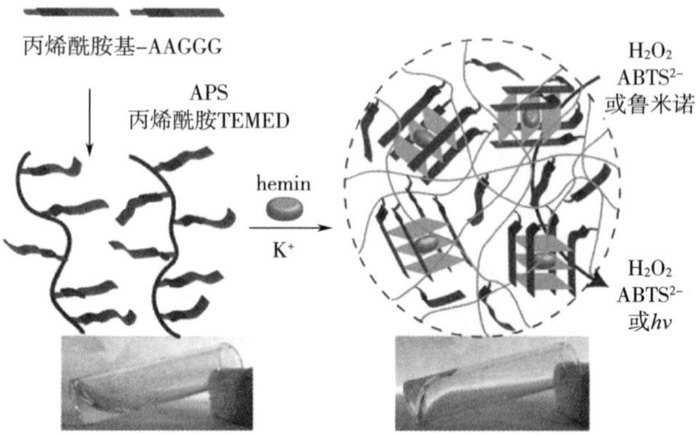

（j）

图 16.8 DNA 水凝胶的一般组装方案（续）

（a）直接杂交 （b）单链 DNA 接头介导的杂交（Nagahara 等，1996）（c）dsDNA 接头介导的杂交（Xing 等，2011） （d）“X”形状 DNA 接头介导的杂交（Li 等，2014） （e）T4 DNA 连接酶介导的催化反应（Um 等，2006） （f）末端脱氧核苷酸转移酶介导的催化反应（Xiang 等，2016） （g）作为交联剂的 i-motifs 结构（Cheng 等，2009） （h）作为交联剂的适配体（Zhu 等，2010） （i）作为交联剂的 C-G ·C⁺三联体（Hu 等，2016） （j）作为交联剂的 G4s（Lu 等，2013）

大多数功能核酸水凝胶是通过多种物理和化学交联作用稳定和合作的。在许多软质生物材料的构建策略中，核酸扩增技术、点击反应和客体-宿主相互作用是主要的构建方法，因为组装过程使它们更适合于功能单元的加入，以及方法本身可操作性强，成本低、效率高等。

（1）核酸扩增方法　用于获取大量构建功能核酸水凝胶原材料的传统方法主要涉及提取试剂盒或人工合成，但是这些方法在成本、纯度和合成技术方面都是有限的，因此不能持续地提供开发智能水凝胶所需的必要支持。这为核酸扩增技术的应用提供了一个新的方向。在合理设计核酸序列的过程中，选择适当的核酸扩增方法或具有延伸功能的特定酶，如 TdT 能高效合成高浓度的长 DNA 链，作为 DNA 水凝胶构建的骨架［图 16.8（f）］。目前，三种典型的体外核酸扩增技术被用来生产水凝胶构件，其中包括 PCR、RCA 和 HCR。

（2）点击化学和生物正交化学　点击化学自 2001 年由化学家 Sharpless、Kolb 和 Finn 首次提出以来，受到越来越多的关注。其目的是探索一系列可靠性高、选择性强和模块化的化学反应，并表现出通过碳-杂原子键（carbon-heteroatom bonds，C—X—C）的结合快速合成有用的新化合物和组合化学库的能力（Laurence 等，2013）。点击反应的主要特点包括：反应的起始原料和试剂容易获得；反应条件简单、温和，对氧气和水不敏感；反应的发生依赖于高热力学驱动力（>20kcal/mol），并且仅产生无害的副产物或可以通过非色谱方法去除（Kolb 等，2001）。以这些特征作为判断标准，点击反应大致涵盖了四类加成反应，其中包括环加成反应，如 1,3-偶极-环加成反应和 Diels-Alder 反应；亲核开环反应，如环氧化物、氮丙啶和环硫酸盐；羰基化反应，如肟醚、腙和芳香杂环的形成；表示环氧化、二羟基化和叠氮化物-膦偶联反应的 C—C 多键加成反应，例如，Staudinger 反应（Nwe 等，2009）。点击化学几乎渗透到现代化学和生物学的方方面面。值得注意的是，一些高效的点击反应已应用于生物材料科学中的分子自组装、材料表面功能化和生物分子的固定化，尤其是功能核酸水凝胶的智能化研究。因此，点击化学为 DNA 链和其他由水凝胶组成的材料提供了创新的交联方法和功能化策略。

（3）大环主客体相互作用　大环主客体相互作用作为非共价交联力，已被广泛用于合成各种基于生物分子的超分子水凝胶，并且直到最近才被用于生产功能核酸水凝胶（Nikhita 等，2017；Ping 等，2012；Tangxin 等，2018）。鉴于其出色的动态性质，由低分子质量凝胶剂或物理交联聚合物提供的主客体相互作用驱动 DNA 链之间或 DNA 分子与其他聚合物的自组装，形成具有出色物理化学特性的 DNA 超分子水凝胶，这些特性包括形状记忆、自修复能力和溶胀性质（Steed，2010；Steed，2011；Estroff 等，2004；Terech 等，1997；Ping 等，2012）。在超分子水凝胶中，多个水溶性大环主体已被引入到构建单元或支架中，如环糊精（cyclodextrins，CD）、瓜环（cucurbit［n］urils，CB［n］）、杯芳烃（calix［n］arenes）和柱状芳烃（pillar［n］arenes，PA［n］s）。值得注意的是，由于其固有的水溶性，CD 和 CB［n］都很容易与亲水性 DNA 分子反应，在水介质中与互补客体分子特异性结合（Appel 等，2012；Tangxin 等，2018）。可以说，大环主体与其互补客体之间的结合行为表现出高特异性、结合强度可调节性和动态特性，为设计或定制基于DNA的超分子水凝胶的功能提供了极好的机会（Tangxin等，2018）。通常，通过大环主客体相互作用介导的功能核酸水凝胶构成主要遵循一下三种方法：①将大环主体连接到聚合物链上；②将客体基团与聚合物链连接；③将两者都连接在聚合物链上（Tangxin等，2018）。Li等设计了一种结合物理互穿的超分子双网络水凝胶，具有基于DNA杂交和大环主客体相互作用的两个独立自组装水凝胶系统。尽管这两种水凝胶网络彼此之间没有交联相互作用，但在合并后，整个双网络水凝胶系统显示出增强的强度，并具有出色的弹性、延展性、剪切稀化和触变性。此外，在这种新型软质材料的每个水凝胶支架中嵌入了不同的特异性结合位点，使其能够选择性地实现对核酸酶、纤维素酶和小分子的酶促反应（Li等，2015）。据预测，以大环主客体相互作用为主的功能核酸水凝胶在分子识别、药物递送和组织工程方面具有应用前景。

16.3.3 功能核酸水凝胶的功能特性

16.3.3.1 生物物理特征

由于功能核酸水凝胶与天然组织的相似性和模拟生物学过程的能力，使其在体内和体外都显示出巨大的前景（Li等，2016；Hu等，2016）。功能核酸水凝胶的基本生物物理特性主要包括两个方面：核酸的基本特性，如生物相容性、稳定性以及易于合成和修饰，以及水凝胶基质微结构提供的力学性能和渗透性（Li等，2016；Eelkema等，2020）。

（1）生物相容性　生物相容性对于发展体内应用的生物材料至关重要。基于核酸的水凝胶的主要原料从天然生物中提取或人工合成获得，其毒性低、无害，几乎不会引起炎症。基于核酸本身优异的生物相容性和可降解性，其制备的水凝胶可用于调节组织工程中细胞增殖和迁移的活性，并使其达到体内稳定地缓释效果（Shimron等，2010；Um等，2006）。

（2）稳定性　一般而言，核酸分子在受到高温、压力和化学干预时仍保证其稳定性（Marmur等，1961）。除了核苷酸间的分配比例和分子链间氢键数量等关键因素外，基于核酸的水凝胶网络结构的稳定性还与核酸构建块的长度、浓度及其各种相互作用力有关。例如，引入G4s、i-motif或其他具有特定空间折叠结构的功能核酸的水凝胶在其网络交联程度和稳定性方面都有提升（Jasmina等，2019）。

（3）易于合成和修饰　现代核酸合成技术的发展允许以自动化固相技术为主的化学合成或以PCR扩增技术为首的酶促合成来快速制备大量核酸链（Praetorius等，2017；Eelkema等，2020；Kosuri等，2014）。多种官能团（如丙烯酸酯、氨基和硫醇）以及小分子（如生物素、二茂铁和FAM）可以通过DNA合成仪轻松地修饰在核碱基上，为功能核酸水凝胶的功能化提升奠定了基础（Eelkema等，2020）。

（4）机械性能　具有不同刚性和柔韧性的DNA分子为功能核酸水凝胶提供良好的弹性、黏度和可调节的机械性能。这些性能主要由组装条件来决定，如核酸分子的浓度、长度、折叠程度和各组件间的比例（Pan等，2016；Li等，2015）。再者，常规长度约为 2nm 的 ssDNA 比 50nm 左右的 dsDNA 更加灵活，使其弯曲或扭曲成环消耗的能量约为 dsDNA 的 1/50（Alemany 等，2014；Bustamante 等，1994；Bustamante 等，2003；Mitchell 等，2016）。相应地，具有特殊折叠的 FNAs 在特定条件下形成不同的 DNA 纳米结构会对水凝胶的机械性能有显著影响。因此，选择传统的 ssDNA、dsDNA 和独特的 DNA 纳米结构可以调整功能核酸水凝胶的机械强度以满足不同的应用要求，例如，药物输送和组织工程（Guvendiren 等，2012）。

（5）渗透性　由于其多孔结构，功能核酸水凝胶通常表现出高渗透性，这与水凝胶网络的孔隙率、密度和交联度以及受控药物释放的效果密切相关。通常，药物的控释通过扩散控制机制来理解，并且其速率取决于扩散系数（Lin 等，2006）。理想的药物控释效果可以通过降低扩散系数来实现，例如，减小网格尺寸或增强药物与凝胶基质之间的相互作用（Bae 等，2013）。现实情况是，渗透性作为一种特殊的扩散行为，已成为水凝胶应用中的一把双刃剑。水凝胶的高渗透性导致负载货物的快速释放，这不仅降低了释放物质的生物功效，还可能在体内引起严重的副作用（Soontorworajit 等，2010）。然而，高渗透性也可以促进水凝胶基质与特定刺激的充分接触，从而实现快速响应（Ji 等，2019）。因此在毛细管中添加特定物质可以诱导水凝胶微观结构的轻微变化，水凝胶膜的渗透性得以改变从而影响毛细管行为，超痕量的 DNA 水凝胶就能实现可卡因检测（Mao 等，2015；Li 等，2019）。

16.3.3.2 生物活性

除了水凝胶材料本身提供的生物物理性能，具有丰富的生物活性单元被不断探索和发现并引入水凝胶的制备中，以开发多功能的软生物材料。这些显著的生物活性多数源于 FNAs 或其他具有特殊功能的聚合物。

（1）目标特异性　功能核酸水凝胶可以通过精确地编程融合具有特定分子或位点识别特性的多重 FNAs（如适配体和 DNAzyme），在携带特定遗传信息的基础上能够使在反应位点识别并捕获靶标或充当靶向特殊基因位点的药物递送工具（Mao 等，2015）。

（2）生物催化活性　功能核酸水凝胶的生物催化活性是通过模拟 HRP 的 DNAzyme 或金属依赖性切口 DNAzyme 实现的。前者依靠 G4s 结构，在 K^+、Na^+或其他特定金属离子存在下与血红素结合，形成具有模拟 HRP 催化活性的 DNAzyme，催化 H_2O_2 氧化底物显色，有助于可视化催化反应进展（Lu 等，2013；Pu 等，2014；Li 等，2018；Zhu 等，2016；Huang 等，2017；Zhong 等，2018；Zhang 等，2018）。常见的底物包括 ABTS、TMB、多巴胺和 10-乙酰基-3，7-二羟基吩噁嗪（10-acetyl-3，7-dihydroxyphenoxazine，Amplex Red）（Zhang 等，2018）。另外各种纳米材料，如 AuNPs、Fe_3O_4 纳米颗粒、CeO_2 纳米颗粒、V_2O_5 纳米线、Co_3O_4 纳米颗粒和 TiO_2 纳米管，都表现出与 G4s 相同的模拟蛋白酶的生物催化活性（Zhu 等，2016）。同时基于 DNAzyme 的金属依赖性，还可以将其特殊序列编码在金属基纳米材料的 DNA 链中合成催化切割性质的水凝胶。通常，底物 DNA 链的末端分别用染料或者荧光团-猝灭剂标记。在辅因子金属离子存在的情况下，杂交 RNA-DNA 双链中的底物 DNA 链从切割位点分裂出来。同时末端标记的底物产生相应的响应信号以指示催化进程（Li 等，2018；Lilienthal 等，2015）。

（3）抗菌活性　功能核酸水凝胶为光敏剂或杀菌剂提供合适的基质，从而保留和发挥更有效的抗菌作用。一般，具有抗菌活性的小分子可以通过共价键化学交联或通过非共价键物理缠结在核酸链上，这样形成的功能核酸水凝胶材料可以通过调节渗透性和刺激响应能力实现抗菌性能（Praetorius 等，2017；Jiang 等，2019）。

16.3.4　功能核酸水凝胶的智能化策略

16.3.4.1　刺激响应特性

在智能化功能核酸水凝胶的开发过程中，其响应性被探索并广泛用于功能增强。刺激响应型 DNA 水凝胶泛指对外部刺激有反应，发生可切换相变过程，如凝胶到溶液或凝胶到固体的转变，并能根据颜色或荧光的视觉变化进行监测（Praetorius 等，2017；Willner 2017）。最常用的触发因素主要包括温度、pH、光、金属离子、酶和小分子（Wang 等，2017；Kahn 等，2017；Liu 2011；Xiong 等，2013）。近几年发现新型刺激，如氧化还原（Li 等，2020；Fadeev 等，2018）、磁场（Tokura 等，2018；Tokura 等，2016）、电场（Kahn 等，2017）和近红外辐射（Yan 等，2012）正逐渐被用来调节水凝胶的特性（Seeman，1982）。在功能核酸水凝胶的智能化策略中，FNAs、小分子和具有独特功能的聚合物提供功能响应元件。例如，Guo 等设计了一种温度响应型 DNA/聚-*N*-异丙基丙烯酰胺（poly-*N*-isopropylacrylamide，pNIPAM）水凝胶，该水凝胶是由富含胞嘧啶的 ssDNA 与丙烯酰胺（acrylamide，AM）和 pNIPAM 改性后共聚形成的 i-motifs（Guo 等，2014）。随着温度的变化，DNA/pNIPAM 水凝胶在凝胶和固态之间发生了可逆的转变。当温度上升到 45℃时，水凝胶转变为固体状态，网络结构解体。当温度下降到 25℃时，随着网络的重组，它又恢复到膨胀状态的水凝胶。Hu 等使用两个三螺旋 DNA 桥接单元，即 T-A-T 和 C-G-C^+碱基三联体，组装了一个 pH 响应性的 AM-DNA 水凝胶（Hu 等，2016）。在 pH 7.0 时，形成的水凝胶只是由 T-A-T 三螺旋 DNA 桥接单元支撑。在 pH 10.0 和 pH 5.0 时，水凝胶从凝胶状态过渡到准液体状态，分别发生了 T-A-T 三螺旋 DNA 桥接单元的解离和 C-G-C^+三螺旋 DNA 桥接单元的重组。根据这一机制，三种不同的 pH 条件下实现了 pH 响应性 AM-DNA 水凝胶的相变。Lee 等通过带有多个设计引物的超支链 RCA 构建了一个水响应性 DNA 水凝胶（Lee 等，2012）。随后的 DNA 水凝胶表现出不寻常的特性，因为水凝胶在物理环境中除去水后会变成类似液体的状态，表现出流动性，而在充满水的环境中又会迅速恢复到原来的固体状态。因此，基于 FNAs 独特的分子和环境反应特性，刺激反应型 DNA 水凝胶通过加入刺激响应元件，在生物传感、生物成像、药物输送、组织工程和新型软材料等方面实现智能化表现出广泛的应用前景。

16.3.4.2　形状记忆和自我修复能力

目前，已经开发了几种具有可逆特性的刺激响应型 DNA 水凝胶，它们的各种功能是通过水凝胶网络的相变和刚度变化来实现的，这是由一种或多种外部刺激同时引发的（Praetorius 等，2017）。在对智能聚合物的广泛关注中，具有形状记忆和自我修复特性的功能核酸水凝胶被认为是刺激响应软质生物材料的下一个智能途径（Liu 等，2013；Miyata 等，1999；Liu 等，2019；Xu 等，2016；Yan 等，2012）。

功能核酸水凝胶的形状记忆特性是在制造永久形状结构的原始基础上实现的。在有辅助触发器的情况下，这种结构会过渡到一个用“记忆代码”编程的暂时无形状结构，通过启动适当的反刺激可以恢复到原来的形状（Lu 等，2015；Guo 等，2015）。因此，能明显看出决定形状记忆特性的两个基本特征：一个是水凝胶系统的刺激反应循环相变，而另一个是设计有大量结构和功能编码信息的“记忆代码”（Praetorius 等，2017；Kosuri 等，2014；Tokura 等，2017；Tokura 等，2018）。具有形状记忆特性的功能核酸水凝胶的组装可以结合多种功能性交联单元，诸如双链/pH 响应 FNAs 单元，例如，i-motifs 或带有 T-A-T 或 C-G-C^+碱基结构的三联体（Kahn 等，2017；Heinen 等，2017；Xiong 等，2013；Hu 等，2016），K^+/冠醚形成，双链/G4s 的分离，适当的核酸链存在下的链置换（Lu 等，2015）以及与核酸相连的反式/顺式偶氮苯的光异构化等（Chen 等，2019；Peng 等，2012；Liu 等，2019）。例如，K^+/CE 反应的 AM-DNA 水凝胶是通过成为 G4s 和双螺旋结构的一部分来组装的。在水凝胶系统中加入 CE 后，通过破坏 G4s 而形成具有立体结构的水凝胶。当加入 K^+时，水凝胶随着 G4s 的重组而恢复到无定形结构（Ohnishi，1963）。目前，形状记忆功能核酸水凝胶作为智能软质生物材料的广泛应用包括药物的控释（Ren 等，2015）、可切换催化（Bustamante 等，1994；Liu 等，2019）和控制转运（Li 等，2015；Lei 等，2018）。

同样，功能核酸水凝胶的自我修复能力是由刺激反应性衍生出来的另一个相关功能特征。自修复水凝胶必须具备利用受损或切割区域现有结构的原始成分再生多个新键的能力（Burattini 等，2010）。通常，自我修复水凝胶由协同桥主导和稳定的。处于准液体状态的受损软质 DNA 水凝胶先由一个构建单元连接，随后通过触发第二个构建单元用于增强刚性，从而进一步恢复为完整的水凝胶（Burattini 等，2010；Liu 等，2019）。尽管诱导自我修复过程的触发器与刺激响应系统中常用的触发器相同，但大多数功能桥都是基于超分子动态交联建立的，如配体-受体相互作用（Nakahata 等，2011；Takahiro 等，2013）、共价酰基腙键（Yu 等，2015）、DNA 杂交的氢键（Li 等，2015；Yue 等，2019）、π-π 堆积和疏水相互作用（Zhao 等，2014）。目前，多种具有自愈能力的功能核酸水凝胶在生物黏附、组织工程和组织恢复的一些应用中已经表现出智能化趋势，例如，应用于原位 3D 多层生物打印的超分子多肽-DNA 水凝胶（Li 等，2015；Taylor 等，2016；Zhao 等，2014）。

16.3.5 功能核酸水凝胶的应用发展

随着 DNA 纳米技术的同步发展，核酸贡献了独特的遗传信息和卓越的属性，成为生物材料科学中创造性工作的有力支持。功能核酸水凝胶作为后起之秀，旨在智能和功能开发。刺激诱导的 DNA 水凝胶在特定因素的触发下发生体积、颜色和相位变化，已被研究用于设计生物传感器、药物输送系统、环境分析介质、细胞支架，以及生物分析和生物医学应用中的其他角色。此外，新型纳米材料的加入极大地丰富了水凝胶的功能并改善了其性能。值得注意的是，已发展成熟的技术或材料与功能核酸水凝胶的结合在拓宽其应用领域方面取得了重大进展，如低场核磁传感技术，表面增强拉曼散射技术和荧光 MoS_2 量子点（Pandey 等，2020；Si 等，2020）。尽管这些研究仍处于方法论建立阶段，但它们代表了功能核酸水凝胶的潜在应用前景。

尽管在开发功能核酸水凝胶方面取得了巨大进展，但为了进一步推动应用向前发展，还必须解决包括制备改进、功能提升和商业应用开发在内的几个挑战。

（1）提高功能核酸水凝剂的装配效率　为促进智能水凝胶在生产中的可持续发展，关键是要根据现实发展需要，不断调整和更新先进、经济、高效的制备和构建方法。一方面，探索更多的核酸修饰方法，以及引入其他技术来补充目前的核酸扩增技术，增加有利于水凝胶的组装方式和药物输送形式，以及发展体内降解期的可调整性。例如，CHA 是 HCR 的另一个无酶核酸激活链反应（Wang 等，2014；Turberfield 等，2003）。CHA 介导预设计的核酸发夹结构的组装，通过触发启动子链激活，产生稳定和先进的 dsDNA 纳米级组件。它已被开发用于放大传感和程序化纳米结构，并可能为制备功能核酸水凝胶提出另一种有前途的方法。另外，RNA 的引入将削弱水凝胶中 DNA 的主导地位。结合 RCT 技术、RNA 干扰（RNAi）技术，以及基于经典 Watson-Crick 和非经典碱基对的具有精确三维形状的折叠图案，RNA 水凝胶有望将功能核酸水凝胶材料推向新的高度（Morgan 等，2019）。另一方面，需要筛选和定制更丰富的基于 FNAs 的构建块，不同的研究对象或目标将从根本上促进 NAH 在组装和设计方面的丰富性、智能化和应用可行性。同时，值得研究的是，不同研究对象或目标的特定 FNAs 序列可能会对组装和应用过程产生意想不到的影响，如反应的促进或抑制、机械强度的变化、可见性能的减弱或增强等。

（2）实现功能核酸水凝胶的精确拆分　为了更好地发展体内的应用，有必要对功能核酸水凝胶的拆解方式进行研究。基于对交联机制、刺激响应机制和动力学的全面理解，水凝胶功能构建块的组装和拆卸将可以通过在微观或宏观尺度上的灵活操作，即可控地拆分成特定结构或形状。此外，这些功能部分的大小、表面电荷和疏水性以及其他物理化学性质也可以通过适当的微调来定制，以满足特定需求，例如，组装效率、靶向识别能力和药物释放率。

（3）开发可定制的智能水凝胶　实用功能核酸智能水凝胶的基本要素包括从生物材料和环境条件中获得各种构件、特性和刺激，这些构件可被视为工具箱中具有各自功能的不同类型的组件。未来可采用模块化设计和流水线方式，从这个内容丰富的工具箱中选择合适的组件，实现定制化生产，开发新型智能水凝胶。这与技术创新、纳米材料的结合以及对各种刺激和环境因素的研究密切相关。如今，刺激响应型水凝胶通过与新型纳米材料整合，如金属、半导体材料和碳基材料，可以使混合基质的硬度特性可控，可用于特定细胞生长所需的界面。在未来的研究中，核酸尤其是 FNAs，可以通过化学修饰与生物活性成分或小分子进一步结合，也可以通过封装或包埋与新型纳米材料结合。这可以直接降低核酸的消耗和成本，提高水凝胶基质的可塑性和稳定性，增强水凝胶的功能性和刺激响应性。例如，Li 等通过将特定适配体与脂质胶束或前药缀合，合成了几种不同的均匀球形核酸（Li 等，2018）。后者用于构建适配体-前药偶联物胶束，通过生物级联正交反应产生协同化学动力学治疗效果，而不依赖于内源性 H_2O_2 含量或强酸性条件（Xuan 等，2019）。这些先进的 FNAs 结构在功能核酸水凝胶的应用中仍然存在空白。此外，组装方法将从基本和简单的策略转变为逐层和复杂的策略。应用模式将不再主要在体外，而是更侧重于消除体内应用的固有局限性，包括但不限于细胞摄入、毒性消除、生物活性保护以及注射以外的口服和局部给药方法。

（4）通过技术融合建立跨学科合作，促进功能核酸水凝胶的发展　如今，跨学科研究的进展备受关注，而加强学科间的交流与合作对于功能核酸水凝胶的有效利用和创新发展是不可或缺的。以蓬勃发展的 CRISPR 的技术为例，它们已经发展成为从基础研究到临床应用的高效基因编辑工具。当然，这项优越的技术已经渗透到其他领域，例如，智能 DNA 水凝胶的开发。在 English 等发表的工作中，他们设计了一种具有 CRISPR 相关核酸酶响应性的智能 DNA 水凝胶（English 等，2019）。这种新型生物材料实现了对 Cas 酶的快速灵敏响应，促进了 DNA 水凝胶的模块化和通用性。类似的技术整合方式可以被模仿，以充分发挥双方的优势来开发功能核酸水凝胶，并进一步实现其在多个领域的相互渗透。此外，制造用于软机器人和 3D/4D 打印的水凝胶一直是生物材料科学研究的一个特别焦点。Hamada 等报告了一种由人工代谢驱动的动态材料，该材料采用了生化合成和耗散组装的同步过程，为创建具有动态、类似生命的"人造"生物系统提供了坚实基础（Hamada 等，2019）。

总体而言，通过学者和研究人员的努力，相信在 DNA 纳米技术向生物材料科学的演进过程中，功能核酸水凝胶的智能化和功能化将得到快速发展，在可预见的未来，功能核酸水凝胶应用将为人们带来切实的好处。

16.4　功能核酸纳米载体

16.4.1　功能核酸纳米载体简介

纳米技术的蓬勃发展对众多领域都产生了深远影响。纳米技术应用于药物递送系统可以较好的改善药物搭载效率和溶解性，进而影响其在体内的吸收、分布和代谢规律（Karimi 等，2017）。核酸是一种纳米级的多功能材料，由于其序列高度可编程，并且具有明确的二级结构，近年来多种多样的功能核酸被广泛研究和开发。由于功能核酸纳米材料具有出色的可控组装能力（Ding 等，2018）、极好的生物相容性（Li 等，2013），并且能够实现高选择性和特异性的分子识别（Jang 等，2015；Raniolo 等，2018），因此，基于功能核酸的组装载体已与多个学科交融发展，广泛用于药物递送（Kim 等，2016；Kohman 等，2016；Wang 等，2016）、细胞成像（Bhatia 等，2011；Walsh 等，2011）、生物传感（Xin 等，2019）和材料科学（Aldaye 等，2007）等领域。核酸纳米组装技术也为构建复杂结构的材料和纳米器件提供了一种卓越的方法。此外，药物在人类健康中发挥着至关重要的作用。多年来，研究者们已在重大疾病的药物研发方面取得了较大进展。然而，传统疗法的靶向性和治疗效果并不理想，在体内代谢过程中产生了较大的生理毒性和副作用。作为改进药物递送系统靶向性和生理毒性的有效途径之一，基于功能核酸组装技术构建的药物载体由于其理想的生物相容性、细胞摄取效率和低细胞毒性等特征，在药物递送领域的应用潜力极大（Hu 等，2019）。

通常，功能核酸纳米载体可以由 DNA（Kohman 等，2016；Li 等，2015；Ma 等，2018；Zhang 等，2019）、RNA（Conde 等，2016；Ma 等，2018）或复合材料（Hamner 等，2013；Wang 等，2018）实现组装，具有跨越体内生理屏障和实现可控的药物靶向递送功能，进而能够较大程度地提升药效，降低药物系统的生理毒性（Jang 等，2016；Wang 等，2018）。功能核酸纳米载体能实现多种药物的有效递送，如蛋白质药物（Kohman 等，2016；Wang 等，2016）、核酸药物（Wang 等，2016；Wu 等，2020）、小分子药物（Zhang 等，2019；Zhang 等，2017）和纳米药物（Wu 等，2018；Zhu 等，2013）。本节将从功能核酸纳米载体的组装策略及特性和应用等方面进行系统讨论，并针对目前该领域的局限和未来发展方向进行展望。

16.4.2 功能核酸 DNA 纳米载体

功能核酸 DNA 纳米组装体可以通过特定的编程设计实现刺激响应性的分子变构，且其形貌、大小易于控制，致使功能核酸 DNA 纳米载体能够在降低毒性的同时提高药物靶向递送效果及药效，目前已常用于药物递送领域。DNA 瓦片自组装、DNA 折纸术以及模块化 DNA 自组装方法常用于合成形貌各异的二维或三维功能核酸 DNA 纳米载体。

通过特定设计，DNA 瓦片自组装能够基于碱基互补配对原则使单链 DNA 分子折叠成分枝状结构单元，然后将重复的结构单元通过黏性末端组装成复杂的多维结构（Fu 等，1993；Li 等，1996）。利用 DNA 瓦片自组装策略能够实现序列可编程和形貌可控的核酸纳米结构组装，进而作为新一代生物可溶性载体平台实现药物递送。

2015 年，谭蔚泓团队（Li 等，2015）设计了多种类型的 DNA 瓦片单元，分别为 Y 形单体 A（YMA）、Y 形单体 B（YMB）和 DNA 连接子（linker）。Y 形单体和连接子通过其黏性末端杂交交联形成 DNA 水凝胶结构，该递送系统在 A549 细胞中观察到了有效的基因治疗作用［图 16.9（a）］。在此基础上，为了构建更先进的载体以实现理想的治疗效果，随后谭蔚泓团队（Wang 等，2020）通过层层自组装原理又成功实现多层功能核酸 DNA 纳米递送系统的组装。首先，6 个 DNA 瓦片单元实现了 DNA 八面体的合成，随后在其上搭载了化疗药物 CA4 及核酸适配体偶联物，形成壳核多维结构体［图 16.9（b）］。此外，一些药物可以通过非共价方式被搭载至核酸链中。2018 年，有研究人员设计了具有 3 个黏性末端的 Y 形瓦片，进一步成功组装了球形核酸纳米凝胶，氟尿苷可以插入核酸链中实现高效的药物搭载（Ma 等，2018）。同年，如图 16.9（c）所示，一种通过黏性末端共价连接组装的 DNA 二十面体被组装而成。DNA 二十面体的空腔结构能够用于铂纳米药物的高效封装（Ma 等，2018）。

基于 DNA 瓦片的功能核酸纳米载体具有可编程性和周期性的结构特点（Wang 等，2016）。然而，DNA 瓦片结构的制备过程相对复杂，需要精确的原料比例和温度控制，因此组装效率较低。并且，在 DNA 序列设计时，通常需要满足不同的分支序列间碱基最小互补性的原则，以避免错配引发的低组装效率。因此，在 DNA 瓦片技术的基础上，亟须一种更简洁、高效的组装方法来构建功能核酸 DNA 纳米载体（Li 等，2015）。

21 世纪，核酸自组装技术引起了越来越多的关注。2006 年，美国加州理工学院计算机生物工程师 Rothemund（Rothemund，2006）提出了 DNA 折纸技术，通过这种方法，一条较长的 DNA 单链被折叠成具有特定构象的多维形状。在 Rothemund 的研究中，单链脚手架（7000nt）在特定序列设计下被许多较短的寡核苷酸链（称为图钉链）按照预设的方式引导折叠成不同形状。基于这一原理，Rothemund 成功构建了正方形、矩形、星形和三角形等不同形状的二维 DNA 折纸纳米结构。DNA 折纸技术组装的纳米结构简单且相对准确，这使该技术自提出后迅速成为研究热点。然而，由于脚手架长度受限，一定程度上限制了早期 DNA 折纸结构的大小和复杂程度。随后，一系列扩增制成的长 DNA 单链被开发，这也将 DNA 折纸结构从二维扩展到三维，实现更加多元和复杂的 DNA 结构组装（Andersen 等，2009；Douglas 等，2009；Han 等，2011；Zhang 等，2012）。

2012 年，Douglas 等提出了一种六角桶形的 DNA 折纸纳米机器，该结构内部可搭载 AuNPs 或抗体（Douglas 等，2012）。组装结果表明，在图钉链的引导下，组装产率高达 97.5%。并且，通过引入基于核酸识别的“锁钥”单元，实现了功能核酸 DNA 纳米载体的智能响应调控［图 16.9（d）］。在体内层面，2018 年，赵宇亮团队开创性地制备了一种用于癌症治疗的管状 DNA 纳米机器人（Li 等，2018）。蛋白质药物与核酸偶联后进一步通过碱基互补配对作用共价连接至 DNA 纳米结构上，实现了蛋白药物的定点负载。并且该 DNA 纳米机器人可以在固定链存在时实现管状结构的折叠，以在体内循环中保护蛋白质药物不被降解。递送至靶位置时，癌症部位高表达的核仁素与固定链相互识别，实现载体变构，暴露内部的蛋白质药物，实现了药物的靶向递送及可控释放。

DNA 折纸技术可快速合成高级的功能核酸纳米结构，且该过程对核酸链序列的对称性没有严格的要求。此外，这种策略有效地避免了错配，从而确保了更高的自组装效率，推动了更多产品的开发。DNA 折纸技术的发展极大程度上推动了核酸纳米技术的发展。如今，该技术作为一种新兴技术在许多不同的领域都有广泛的需求，包括生物医学（Douglas 等，2012；Kohman 等，2016；Li 等，2018；Zhuang 等，2016）、生物传感（Liu 等，2015；Xin 等，2019；Yan 等，2014）、生物成像（Sannohe 等，2010；Sun 等，2017）和材料科学（Ding 等，2010；Endo 等，2011；Kuzuya 等，2015）等领域。然而，在药物递送领域，体内循环中的核酶降解作用与 DNA 折纸结构的高成本一定程度上阻碍了该技术在临床应用中的发展（Kielar 等，2018；Madhanagopal 等，2018；Okholm 等，2016）。

模块化 DNA 自组装使预先构建好模块单元组装成一个较大规模的复合结构，常用于构建结构稳定，形貌复杂功能核酸 DNA 纳米载体。该策略完美结合了 DNA 瓦片和 DNA 折纸的优点，既避免了 DNA 瓦片中核酸序列的复杂编程过程，又减少了 DNA 折纸中支架链的机械脆弱性引发的结构不稳定性。因此，这种自组装方法在制备大型复杂的 DNA 纳米结构方面颇具优势（Xing 等，2014）。2015 年，Zhang 等开发了一种可用于药物递送的 DNA 树突状纳米结构（Zhang 等，2015）。该 DNA 树状大分子通过 Y 形结构单元实现共价连接，成功将化疗药物阿霉素靶向递送至癌症部位［图 16.9（e）］。同年，Liu 等又通过层层自组装方法，基于多种不同的核酸模块构建了多层的 DNA 四面体结构（Liu 等，2015），组装过程如图 16.9（f）所示。总而言之，DNA 模块化自组装策略在一定程度上解释了结构形貌与稳定性的原理及调控关系，这对功能核酸纳米载体的后续发展具有重要意义。近年来，基于酶扩增反应的 DNA 自组装在药物递送中也显示出巨大的应用潜力（Li 等，2021；Zhao 等，2018）。未来，该种类型的功能核酸纳米载体可能因其出色的药物搭载效率、简单的设计以及低成本而受到更多关注。

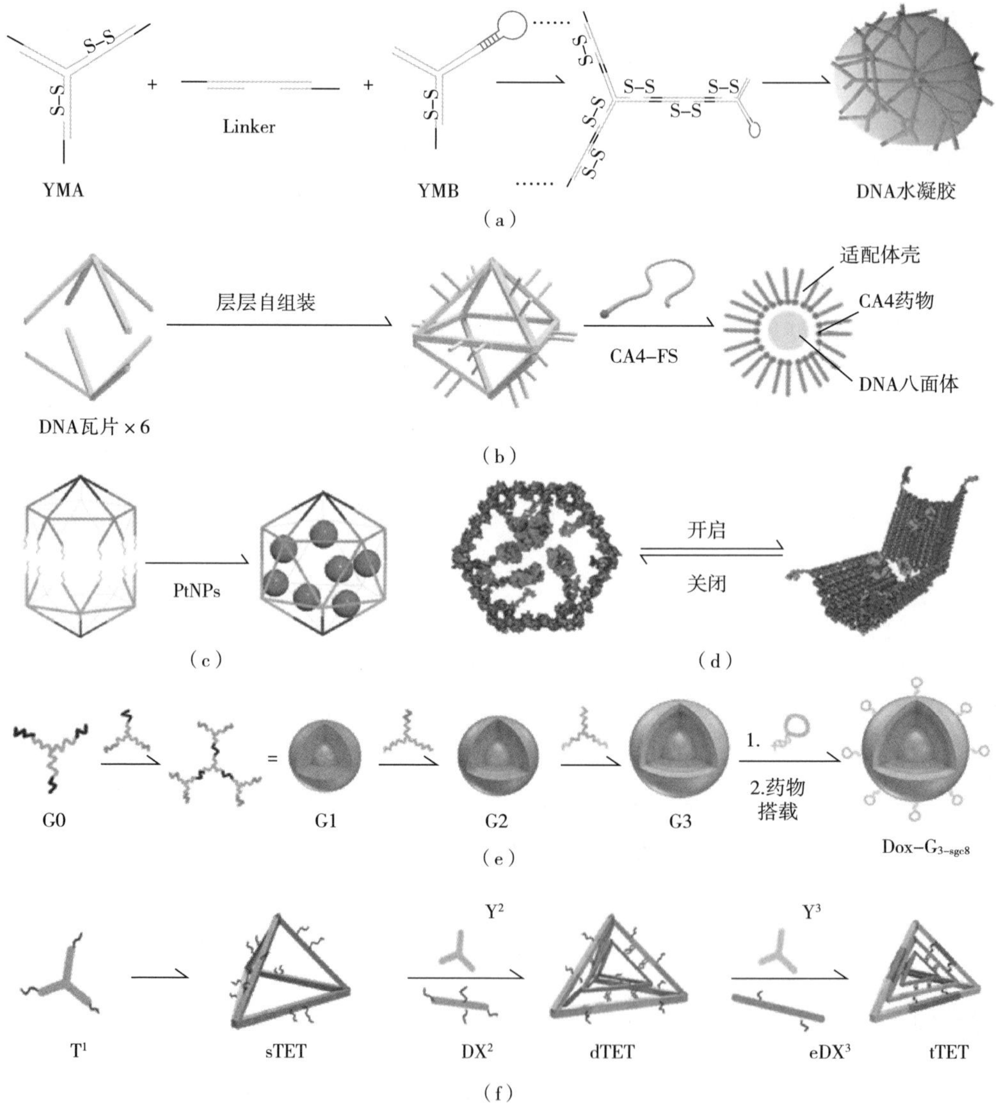

图 16.9　功能核酸 DNA 纳米载体的组装过程

16.4.3 功能核酸 RNA 纳米载体

由于 DNA 结构稳定且具有更强的碱基互补配对作用，因此到目前为止，功能核酸纳米载体的主要应用仍集中于 DNA 纳米组装体领域。但是近年来，RNA 纳米技术和 RNA 药物的迅猛发展极大程度上提升了 RNA 递送载体的应用潜力。功能核酸 RNA 纳米载体可以基于化学偶联作用或酶介导的扩增反应组装成形貌各异、结构紧凑的药物递送载体，其能够在血液循环中维持更长时间的稳定，为基因药物的负载和靶向递送提供了一个良好平台。

基于化学偶联的组装策略已广泛应用于功能核酸 RNA 纳米载体的组装构建之中，其中，RNA 的 3′端或 5′端硫醇基团修饰最为常用。2010 年，Mok 等通过动态二硫键的自交联作用构建了一种 siRNAs 多聚体，这种 RNA 纳米载体能形成相对稳定和紧凑的纳米复合物，在基因药物递送过程中呈现着低毒性、高药效的有益作用［图 16.10（a）］（Mok 等，2010）。此外，基于碱基互补配对原则，模块化的 RNA 三接头结构（Shu 等，2011）、四接头结构（Jaeger 等，2000；Jaeger 等，2001）以及其他由各种功能 RNA 单元组成的复合物（Nasalean 等，2006）也相继被报道，这些功能基序被广泛用于功能 RNA 的靶向递送，以调控影响疾病进程的基因表达（Cui 等，2015；Khisamutdinov 等，2016；Lee 等，2015），极大程度推动了 RNA 疗法的发展。

RCT 能够按照预先设计高效地合成 RNA 纳米材料（Guo 2012；Lee 等，2012）。2006 年，Seyhan 等首次提出 RCT 可以在特定条件下产生多聚体转录产物（Seyhan 等，2006）。利用该技术，如图 16.10（b）所示，Hammond 团队通过精准的模板序列的设计，开创性地使 RCT 产物在特定位点互补，高效负载双链 siRNAs，实现了紧凑的复合海绵状多孔结构（Multi-RNAi-MSs）的组装，可用于多个基因的同时调控（Roh 等，2016）。互补滚环转录技术（complementary rolling circle transcription，cRCT）策略由 Han 等于 2014 年首次提出（Han 等，2014）。该方法首先以两个互补的环状 DNA 序列为模板分别利用 RCT 技术获得多聚 RNA 分子，随后两种产物能够基于碱基互补配对原则自组装成 RNA 海绵状纳米结构。具体地，由 cRCT 制成的 RNA 纳米结构的大小可以通过 RCT 扩增时间或 T7 聚合酶浓度进行控制。当细胞摄取 RNA 纳米结构后，核酶可进一步将其切割成具有生理活性的 siRNAs，以实现精准的基因调控作用［图 16.10（c）］。在后续的研究中，DNA 模板与 T7 聚合酶的比例也被进一步优化，以更好地适用于药物递送领域，降低递送系统的细胞毒性（Han 等，2017）。

RNA 纳米技术因其独特的优势以及在新兴领域的多种应用引起了公众的广泛关注（Chakraborty 等，2014）。研究人员也对功能核酸 RNA 纳米载体的高效组装策略多加关注，并不断提出新的方法以平衡折叠动力学与形貌可控性之间的关系。此外，RNA 纳米载体的大规模组装和高效纯化也在一定程度上能够增强药物的功效。并且，溶酶体逃逸在功能核酸纳米载体领域仍然是一个需要长期关注的问题，进而实现体内外的理想治疗效果（Grabow 等，2014）。

16.4.4 功能核酸复合纳米载体

功能核酸纳米载体的可编程性和可预测性极大程度上促进了药物的靶向递送和智

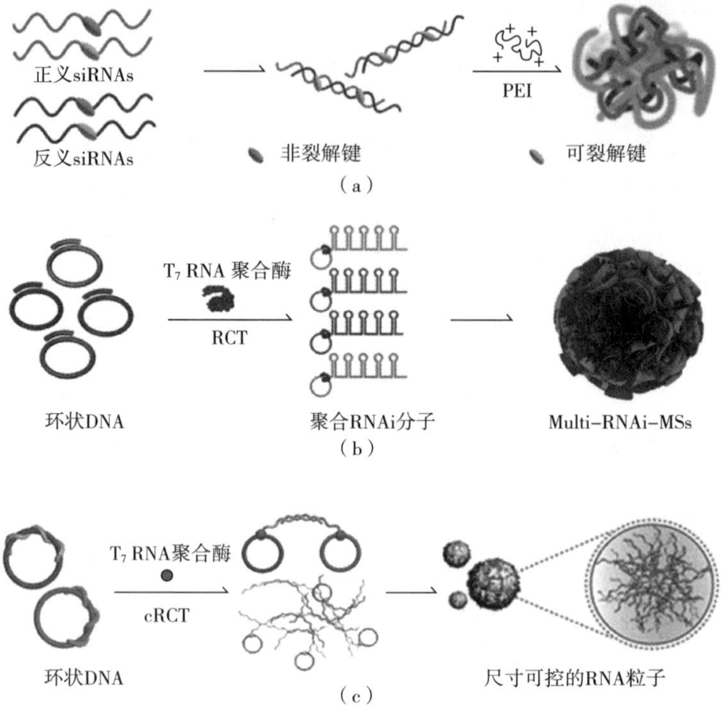

图 16.10 功能核酸 RNA 纳米载体的组装

(a) 基于化学偶连的 RNA 纳米载体 (b)(c) 基于 RCT 自组装反应的 RNA 纳米载体

能释放过程，而其他有机或无机纳米载体也能参与组装相对稳定且易于体内吸收的功能核酸复合纳米载体。根据药物性质的不同，可以选用适当类型的材料用于载体构建。目前，复合材料的种类被研究得越来越充分，一般可分为 DNA 和 RNA 组装、核酸和其他有机纳米材料及无机纳米材料的组装。这些功能核酸复合纳米载体能够携带各种药物或用于光热治疗（photothermal therapy，PTT）及 PDT，在药物递送领域展现了极大的应用前景。

DNA-RNA 复合纳米结构兼顾了 RNA 的功能特性和 DNA 的结构稳定性，并且具有较好的生物相容性，易于合成和修饰，在基因药物的高效负载方面独具优势。在分子水平上，可编程 DNA-RNA 复合结构实现了微纳尺度的精确可控，在多个领域取得了实质性进展（Monferrer 等，2019）。2016 年，Wang 等设计了能够以三角形方式互补杂交的 RNA 和 DNA，组装后的纳米颗粒高效负载磷脂酰肌醇（mTor）siRNAs 药物，并且其抑制 mTOR 表达的作用被成功验证［图 16.11（b）］（Wang 等，2016）。通过智能化的理性预设，Ren 等提出了一种带有“智能锁钥”机关的功能核酸纳米系统，siRNAs 能够在寡核苷酸纳米载体（ONV）中自组装，高效负载 RNA 药物并且能够实现刺激响应型释放，降低给药量的同时提高了药效［图 16.11（c）］（Ren 等，2016）。随后，2018 年，通过将两对 DNA/RNA 互补杂交链交替偶联至通过 RCA 产生的 DNA 支架上，研究人员有效地构建了具有良好热稳定性的 DNA 纳米机器（DNA nanomachine，

DNM）[图 16.11（d）]（Ren 等，2018）。总之，由 DNA 和 RNA 复合构建的功能核酸纳米载体能够短时间内在体内维持稳定结构，随后将药物有效递送至特异部位，在基因药物的体内递送方面具有独特优势。

功能核酸纳米载体还可以与其他有机材料融合，复合的药物递送系统除了具有出色的靶向性、生物相容性和智能的释放效果外，在结构稳定性和药物搭载效率方面也有着一定的优势。阳离子脂质体作为目前发展相对成熟的递送载体，通常可通过静电吸附作用与核酸材料共组装。适配体修饰的脂质体可以实现体内的药物靶向递送，能够在肿瘤细胞中观察到显著增强的药物内化作用，而药物对正常组织的毒副作用则明显降低（Zheng 等，2016）。此外，透明质酸（hyaluronic acid，HA）具有出色的生物相容性和生物可降解性，是用于构建药物载体的良好材料之一。2017 年，一种磁性富勒烯-DNA/透明质酸构建的药物递送纳米系统被报道。研究人员首先用修饰了 DNA 的表面活性剂对富勒烯进行磁化改性，随后利用 HA-SS-COOH 涂层包覆磁性富勒烯，包含的二硫键为递送载体提供了谷胱甘肽（glutathione，GSH）响应型的载体变构能力（Wang 等，2017）。环糊精也是一种具有良好装载能力的药物载体。最近，有研究利用 RCT 技术组装了包含不同功能基序的 RNA 单链，包括具有靶向定位作用的核酸适配体，用于基因治疗的 siRNAs 药物以及用于搭载环糊精的 DNA 探针。环糊精-核酸复合体能够通过静电吸附自组装形成球体结构。在主客体识别作用的介导下，抗癌药物索拉非尼被搭载至环糊精的空腔中。在多功能药物递送系统中，核酸材料为药物提供了靶向性和极高的搭载效率，进而实现强大的复合治疗效果（Chen 等，2020）。综上，核酸和其他有机物质的复合一定程度上避免了无机材料的生物毒性，提高生物安全性，而与纯核酸载体相比，复合组装又能提高给药载体的靶向性和稳定性，丰富了递送载体的组装多样性，这在医学诊断和治疗中意义非凡。

当核酸与无机材料复合组装时，药物递送载体的靶标识别特性、生物相容性及结构稳定性可同时被满足。金属纳米材料具有出色的表面修饰特性、稳定性、光热特性及易得性，其特殊的化学性质一定程度上助力了癌症治疗的发展（Vigderman 等，2012；Zhang 等，2016）。Mo 等开发了一种 DNA-石墨烯组装体，实现了 ATP 刺激响应型药物递送载体的构建。该载体由氧化石墨烯、单链 DNA 和 ATP 适配体组成，为化疗药物阿霉素（doxorubicin，Dox）提供了一个有效的递送平台 [图 16.11（a）]（Mo 等，2015）。此外，基于 DNA 折纸术构建的核酸结构能够较好地与金/银纳米材料复合，介导在靶部位的 PTT 和 PDT，便于构建肿瘤的低毒性、微创治疗的微创方法。一旦光敏剂被近红外光谱或可见光等辐射触发，光能转化为热量，从而实现有效的治疗。同样，研究结果证明 PDT 可有效治疗各种类型的癌细胞（Allison 等，2011；Eskiizmir 等，2017；Kostović 等，2012；Yavari 等，2011；Zhuang 等，2016）。由核酸和无机纳米材料组装而成的功能核酸复合递送载体具有优越的靶向识别能力及载体稳定性，可用于 PDT 和 PTT 或搭载无机纳米药物。但是在未来，研究人员应当着重降低无机材料在体内的生物毒性。

功能核酸纳米载体是一种新型的药物递送纳米载体，与脂质体或无机纳米颗粒等较为成熟的载体相比，其具有理想的生物相容性、高靶标效率和优越的生物安全性等

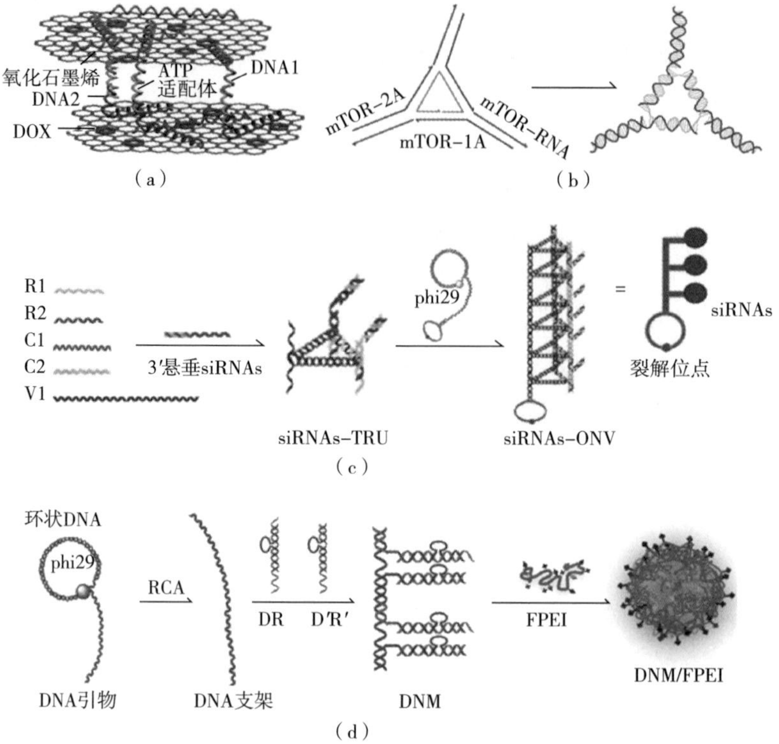

图 16.11　功能核酸复合纳米载体的组装

(a) 基于 DNA-石墨烯的响应型药物递送载体　(b) 三角形方式互补杂交的 RNA 和 DNA 纳米递送载体
(c) “智能锁钥” 机关的功能核酸纳米系统　(d) 基于 RCA 反应的 DNA/RNA 纳米机器

突出优点，但其在体内的稳定性有待进一步提高。就纯核酸纳米载体本身而言，DNA 纳米载体和复合纳米载体比 RNA 载体更稳定和经济。然而，RNA 纳米载体如今也被广泛用于核酸药物的递送，特别是 RNA 药物。如表 16.1 所示，本节对目前常用的药物递送载体进行了系统对比。

表 16.1　　不同药物递送系统的比较

药物递送系统	制备	尺寸控制	修饰	药物搭载效率	稳定性	靶向性	刺激响应性	细胞内化效率	生物安全性	成本
功能 DNA 纳米载体	易	易	易	高	极好	极好	高	高	极好	低
功能 RNA 纳米载体	易	易	易	中	好	极好	高	高	极好	高
功能核酸复合纳米载体	中等	易	易	高	极好	极好	中等	中等	好	低
蛋白质纳米载体	中等	难	易	中	较差	极好	中等	中等	极好	高
脂质体	易	中等	易	高	好	好	中等	高	好	低
无机纳米载体	易	中等	易	中	极好	较差	较差	低	较差	低
病毒载体	难	难	难	低	好	较差	较差	高	较差	高

16.4.5 功能核酸纳米载体的特性及应用

功能核酸纳米载体的多样性组装方式助力其在药物递送领域的多功能应用，能够实现有效的药物靶向递送和可控释放。

靶标识别是良好药物载体重要性质之一。通常，肿瘤部位存在高通透性和滞留效应（enhanced permeability and retention effect，EPR），诱导药物通过被动靶向在肿瘤组织中积累，而主动靶向作用是通过在纳米载体上整合特定靶向基团实现的。这些功能基团由于其独特的物化性质，将药物递送系统引导至目标位置，以减少对正常组织的毒性，减少成本。目前，功能核酸纳米载体通常与核酸适配体（Zhang 等，2021）、小分子配体（Shu 等，2011）和蛋白质（Setyawati 等，2016）等靶向基团偶联，以实现靶向功能化的药物递送（图 16.12）（Chen 等，2022）。

图 16.12 功能核酸纳米载体在药物递送中的靶向策略

此外，功能核酸纳米载体还具有响应特定刺激因子控制药物释放的能力，极大程度上满足了真实的治疗需求。多年来，核酸已被证明是变构型纳米系统的优良组装材料，当暴露于刺激信号时，功能核酸纳米载体可以实现自身结构的变化并发挥药物释放功能。在药物递送领域，刺激响应型功能核酸纳米载体能以高度可控的方式保护药物在体内循环中免受降解，直到被特定信号触发。在应用中，酸性环境（Kim 等，2018）、过表达的酶（Ma 等，2018）、特异性靶标（Li 等，2018）和还原环境（Wang 等，2021）等体内微环境信号和光照（Chen 等，2016）、温度（Hamner 等，2013）等体外信号都是调控功能核酸纳米载体释放药物的重要因素（图 16.13）。

基于以上重要的功能特性，功能核酸纳米载体在药物递送方面作用显著，可被用于基因治疗、化学治疗和免疫治疗等多种方法中。依据药物的性质不同，可以选用合适的功能核酸纳米载体进行搭载保护和有效递送。依据递送药物种类的不同，功能核酸纳米载体可递送蛋白质药物、核酸药物、小分子药物和纳米药物等。

功能核酸纳米载体能够保护蛋白质类药物在递送过程中保持活性和稳定，防止在

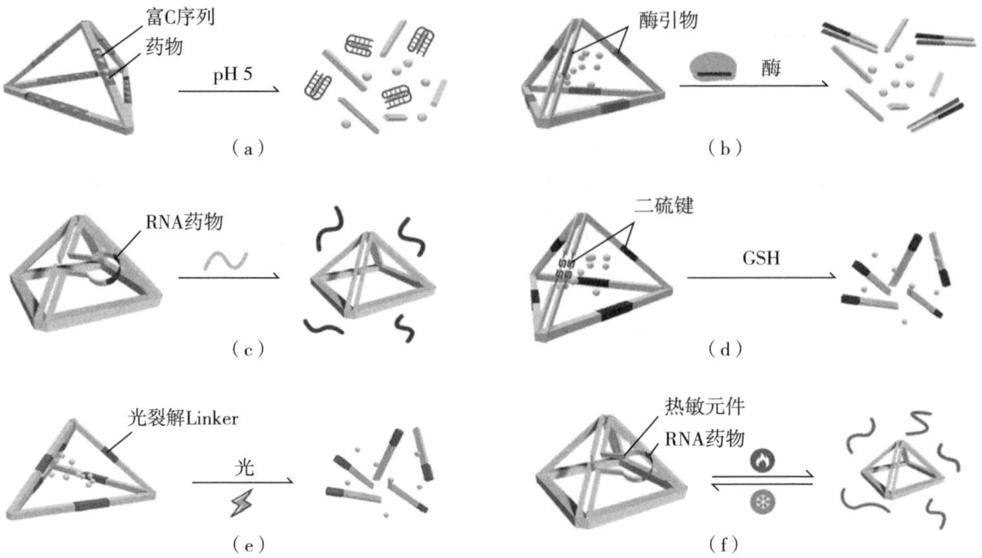

图 16.13　功能核酸纳米载体在药物递送中的刺激响应方式
（a）pH　（b）酶　（c）靶标　（d）还原剂　（e）光　（f）温度

体内循环中被酶解或破坏。目前，包括酶（Li 等，2018）、抗体（Wang 等，2016）和免疫蛋白（Liu 等，2012）等药物均可被核酸纳米载体有效递送。2018 年，Li 等利用带有核酸适配体的管状 DNA 折纸纳米机器人递送凝血酶（Li 等，2018）。DNA 纳米机器人能够被在靶部位高表达的核仁素触发，机械地打开管状体，暴露凝血酶药物至肿瘤部分的血管中。研究表明，基于该原理，蛋白药物的释放效率超过 70%，能够在乳腺癌和恶性黑色素瘤的动物模型中观察到良好的治疗效果［图 16.14（a）］。

此外，核酸可以作为载体材料，同时其本身也具有药物作用。核酸药物能够从基因水平实现特异性治疗功能，由于其优异的靶向性和良好的治疗效果而被广泛关注。核酸药物可以通过碱基互补配对原则搭载至核酸纳米递送载体中，或者可以直接被设计成组装系统的一部分。随着核酸纳米技术的发展，近年来，核酸药物的搭载效率显著增加（Roberts 等，2020），极大程度上推动了 siRNAs（Wang 等，2021）、CpG（Qu 等，2017）、miRNA（Conde 等，2016）、ASO（Wu 等，2013）等药物的递送效果。2020 年，Wang 等（Wang 等，2021）提出了一种新型管状功能核酸纳米载体，其可以在体内循环中保护包括 siRNAs 和 DOX 在内的复合药物，直到纳米载体被肿瘤微环境触发变构，该递送系统在体外和体内水平均实现了理想的靶基因沉默和癌症治疗效果［图 16.14（b）］。

功能核酸纳米载体还能实现以肿瘤化疗药物为首的小分子药物的靶向体内递送及药物可控释放，以克服治疗过程中对正常组织严重的毒性作用（Zhang 等，2019；Zhang 等，2020；Zhu 等，2013）。谭蔚泓团队发现，适配体纳米火车（AptNtr）可以由短的核酸基序扩增生成（Zhu 等，2013）。在其研究中，几种应用广泛的蒽环类抗癌药物通过嵌入作用被搭载至 AptNtr 中，以达到癌症治疗的目的［图 16.14（c）］。还有研究人员将 GC 碱基对整合到纳米晶体中，使 DOX 的搭载率提高至 66.7%，在酸性环境下，纳米晶体能够智能地释放化疗药物，实现低副作用的癌症治疗（Sun 等，2014）。

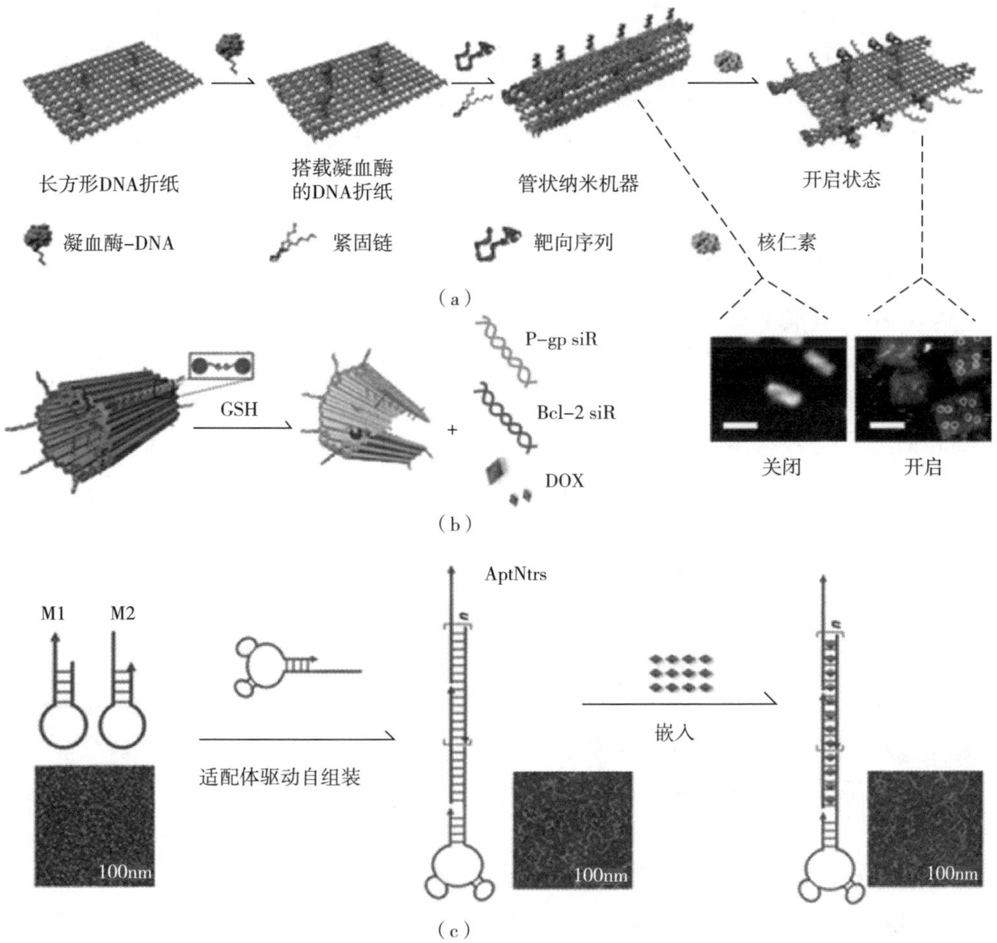

图 16.14 功能核酸纳米载体在药物递送中的应用

(a) 基于核酸适配体的管状 DNA 折纸纳米机器人 (b) 管状功能核酸纳米载体用于递送 siRANs 和 DOX (c) 适配体纳米火车多功能载药系统

近年来，纳米药物的相关研究也取得了显著进展，基于其突出的比表面积和稳定性，纳米药物被用于多种疾病的诊疗全过程。功能核酸纳米载体作为纳米药物的理想载体，在保留纳米药物的良好优势的基础上更能使其在靶部位积累，以减少无机材料对人体正常组织的毒性，实现理想的光动力或光热治疗效果（Song 等，2017；Wu 等，2018；Zhu 等，2013）。在实际应用中，含有 DOX 和金纳米棒的多功能靶向纳米系统通过偶联肿瘤特异性适配体实现了药物的靶向递送。在近红外光的激发下，化学治疗和 PTT 的协同作用使 MCF－7/ADR 细胞中癌症生成相关蛋白的表达降低（Song 等，2017）。此外，除了金纳米药物，Wu 等还利用核酸扩增反应开发了一种基于 DNA/银纳米簇的 PTT 和无标记细胞成像纳米平台（Wu 等，2018）。

16.4.6 功能核酸纳米载体的应用发展

在过去几十年中，核酸纳米技术的进步推动着自组装领域的快速发展。现如今，功能核酸纳米载体由于其强大的可编程性、出色的生物相容性以及较低的生物毒性等特点，在体外诊断、药物递送和材料科学等领域作用突出。其中，用于药物递送的功能核酸纳米载体已经取得了重大进展并被广泛报道。功能核酸纳米载体具有易于合成和修饰、组装效率高、稳定性强、生物相容性和安全性较高等特点，可用于多类药物的高效递送，包括蛋白质药物、核酸类药物、小分子药物以及纳米药物。此外，药物的靶向递送和智能响应释放也可以通过功能核酸纳米载体实现。作为新一代的药物递送载体，功能核酸纳米载体在化学治疗、基因治疗和免疫治疗领域具有广阔的应用前景，但在其发展过程中仍面临诸多挑战。

首先，功能核酸纳米载体的进一步发展需要充分的体内研究支持。目前所报道的功能核酸纳米载体在体内的研究仍旧不够充分，尚不清楚功能核酸纳米载体在体内进入体细胞的方式是否与体外研究相同。此外，某些复杂的功能核酸纳米载体具有严格的稳定性条件，这给重复组装带来了困难，也在一定程度上限制了功能核酸纳米载体的大规模组装和进一步应用。并且，研究人员还需要对递送系统在体内的循环和代谢途径、免疫反应、溶酶体逃逸等过程进行更充分的研究。

其次，基于功能核酸纳米载体实现的局部化学治疗仍有待完善。在临床治疗中，化学疗法的有效性与其伴随的强大生理毒性一直是一个亟待解决的问题。在未来，研究人员应该更加关注基于功能核酸纳米载体实现局部化疗的治疗策略，降低化疗的体内副作用。因此，有必要在这种考虑下进行更多的研究。

最后，功能核酸纳米载体应与核酸药物进行更多元和有机的结合。在药物递送领域，核酸既是一种载体材料，又能作为药物，实现相应的治疗功能。功能核酸纳米载体可以实现核酸药物的高效负载和靶向递送，并且通过特定设计在体内实现缓释。因此，基于功能核酸纳米载体实现的核酸药物精准递送策略在未来应被更广泛地研究和应用，以实现更好的药物疗效。

16.5 总结与展望

功能核酸纳米材料的构建和应用是核酸纳米技术的关键过程和目标。正如本章中广泛讨论的那样，功能核酸与纳米材料的恰当组合能够充分利用它们各自的优势。目前，功能核酸纳米材料在生物成像、生物传感、生物医学以及其他领域均得到了广泛的应用。本章中的大多数参考文献都提供了功能核酸纳米技术与材料应用的极好例子或观点。

功能核酸纳米材料的好处是多方面且显而易见的。首先，从字面上说，通过精确操作纳米材料与灵活的功能核酸相结合，能够生产出大量可定制的新型功能材料。这使得不同的纳米材料和功能核酸能够很容易地结合起来，并呈现出各自独特的优势。其次，考虑到功能核酸的纳米级定位精度，大量核酸的有序操作将极大地影响纳米材料的排列，并改变一些原始属性。再次，功能核酸自组装技术和纯核酸 2D、3D 纳米结构的自组装有望实现进一步突破，从而解决其他纳米材料的限制，以创造更精细和可控的纳米元件。

值得注意的是，功能核酸纳米材料领域的现正面临多个新趋势与挑战：①积极筛选、开发多种新型功能核酸，并进一步探究现有功能核酸的反应机制，例如，筛选多个金属离子依赖性 DNA 核酶，模拟适配体与其靶标之间的结合机制等；②探索更先进的组合方法和仪器，制备更灵活、均匀、可控和高效的功能核酸纳米材料，推动功能核酸作为配体直接参与纳米材料的合成，无需任何额外的修饰，这将有助于进一步简化制备和控制纳米材料的形态；③基于功能核酸优异的药物靶向能力，提高功能核酸纳米材料作为药物递送系统的靶向效率和体内复杂环境中的稳定性。

总之，以上优势和挑战为进一步研究和开发功能核酸纳米材料相互作用方法和应用提供了新的机遇。此外，亟待进一步深入了解功能核酸纳米材料的反应机制并克服其在体内面临酶抗性和多因素干扰时的稳定性问题，功能核酸纳米材料将有望成为理解生命过程、检测各种生物标记物和高水平治疗疾病的有力工具。

参考文献

Agalave SG, Maujan SR, Pore VS, Click chemistry: 1,2,3-triazoles as pharmacophores [J]. Chem Asian J, 2011, 6 (10): 2696-2718.

Aldaye FA, Sleiman HF, Modular access to structurally switchable 3D discrete DNA assemblies [J]. J Am Chem Soc, 2007, 129 (44): 13376-13377.

Alemany A, Ritort F. Determination of the elastic properties of short ssDNA molecules by mechanically folding and unfolding DNA hairpins [J]. Biopolymers, 2014, 101 (12): 1193-1199.

Allison R, Moghissi K, Downie G, et al. Photodynamic therapy (PDT) for lung cancer [J]. Photodiagn Photodyn, 2011, 8 (3): 231-239.

Andersen ES, Dong M, Nielsen MM, et al. Self-assembly of a nanoscale DNA box with a controllable lid [J]. Nature, 2009, 459 (7243): 73-76.

Appel EA, Barrio J Del, Loh XJ, et al. Supramolecular polymeric hydrogels [J]. Chem Soc rev, 2012, 41 (18): 6195-6214.

Bae KH, Wang LS, Kurisawa M. Injectable biodegradable hydrogels: progress and challenges [J]. J Mater Chem B, 2013, 1 (40): 5371-5388.

Bayda S, Adeel M, Tuccinardi T, et al. The history of nanoscience and nanotechnology: from chemical-physical applications to nanomedicine [J]. Molecules, 2019, 25 (1): 112.

Belal ASF, Ismail A, Elnaggar MM, et al. Click chemistry inspired copper sulphide nanoparticle-based fluorescence assay of kanamycin using DNA aptamer [J]. Spectrochim Acta A Mol Biomol Spectrosc, 2018, 205: 48-54.

Bhatia D, Surana S, Chakraborty S, et al. A synthetic icosahedral DNA-based host-cargo complex for functional *in vivo* imaging [J]. Nat Commun, 2011, 2 (1): 339.

Bonanni A, Ambrosi A, Pumera M. Nucleic acid functionalized graphene for biosensing [J]. Chemistry, 2012, 18 (6): 1668-1673.

Burattini S, Greenland BW, Chappell D, et al. Healable polymeric materials: A tutorial review [J]. Chem Soc Rev, 2010, 39 (6): 1973-1985.

Bustamante C, Bryant Z, Smith SB. Ten years of tension: single-molecule DNA mechanics [J]. Nature, 2003, 421 (6921): 423-427.

Bustamante C, Marko JF, Siggia ED, et al. Entropic elasticity of λ-phage DNA [J]. Science, 1994, 265 (5178): 1599-1600.

Cao HH, Abel GR, Jr, Gu Q, et al. Seeding the self-assembly of DNA origamis at surfaces [J]. ACS Nano, 2020, 14 (5): 5203-5212.

Carroll L, Evans HL, Aboagye EO, et al. Bioorthogonal chemistry for pre-targeted molecular imaging-progress and prospects [J]. Org Biomol Chem, 2013, 11 (38): 5772-5781.

Chakraborty S, Shaik S, Krishnan Y. The predictive power of synthetic nucleic acid technologies in RNA biology [J]. Acc Chem Res, 2014, 47 (6): 1710-1719.

Chartrand P, Harvey SC, Ferbeyre G, et al. An oligodeoxyribonucleotide that supports catalytic activity in the hammerhead ribozyme domain [J]. Nucleic Acids Res, 1995, 23 (20): 4092-4096.

Chen C, Pu F, Huang Z, et al. Stimuli-responsive controlled-release system using quadruplex DNA-capped silica nanocontainers [J]. Nucleic Acids Res, 2011, 39 (4): 1638-1644.

Cheng E, Xing Y, Chen P, et al. A pH-triggered, fast-responding DNA hydrogel [J]. Angew Chem Int Edit, 2009, 48 (41): 7660-7663.

Chen J, Zuehlke A, Deng B, et al. A target-triggered DNAzyme motor enabling homogeneous, amplified detection of proteins [J]. Anal Chem, 2017, 89 (23): 12888-12895.

Chen K, Zhang Y, Zhu L, et al. Insights into nucleic acid-based self-assembling nanocarriers for targeted drug delivery and controlled drug release [J]. J Control Release, 2022, 341: 869-891.

Chen N, Qin S, Yang X, et al. "Sense-and-treat" DNA nanodevice for synergetic destruction of circulating tumor cells [J]. ACS Appl Mater Interfaces, 2016, 8 (40): 26552-26558.

Chen P, Li C, Liu D, et al. DNA-grafted polypeptide molecular bottlebrush prepared via ring-opening polymerization and click chemistry [J]. Macromolecules, 2012, 45 (24): 9579-9584.

Chen WH, Liao WC, Sohn YS, et al. Stimuli-responsive nucleic acid-based polyacrylamide hydrogel-coated metal-organic framework nanoparticles for controlled drug release [J]. Adv Funct Mater, 2018, 28 (8): 1705137.

Chen W, Xia L, Verena W, et al. DNA-based hydrogels loaded with Au nanoparticles or Au nanorods: thermoresponsive plasmonic matrices for shape-memory, self-healing, controlled release and mechanical applications [J]. ACS Nano, 2019, 13 (3): 3424-3433.

Chen X, Chen T, Zhang L, et al. Cyclodextrin-mediated formation of porous RNA nanospheres and their application in synergistic targeted therapeutics of hepatocellular carcinoma [J]. Biomaterials, 2020, 261: 120304.

Conde J, Oliva N, Atilano M, et al. Self-assembled RNA-triple-helix hydrogel scaffold for microRNA modulation in the tumour microenvironment [J]. Nat Mater, 2016, 15 (3): 353-363.

Cui D, Zhang C, Liu B, et al. Regression of gastric cancer by systemic injection of RNA NANoparticles carrying both ligand and siRNA [J]. Sci Rep, 2015, 5: 10726.

Ding B, Deng Z, Yan H, et al. Gold nanoparticle self-similar chain structure organized by DNA origami [J]. J Am Chem Soc, 2010, 132 (10): 3248-3249.

Ding F, Mou Q, Ma Y, et al. A crosslinked nucleic acid nanogel for effective siRNA delivery and antitumor therapy [J]. Angew Chem Int Edit, 2018, 57 (12): 3064-3068.

Douglas S, Bachelet I, Church G. A logic-gated nanorobot for targeted transport of molecular payloads [J]. Science, 2012, 335: 831-834.

Douglas SM, Dietz H, Liedl T, et al. Self-assembly of DNA into nanoscale three-dimensional shapes [J]. Nature, 2009, 459 (7245): 414-418.

Du X, Zhou J, Shi J, et al. Supramolecular hydrogelators and hydrogels: from soft matter to molecular biomaterials [J]. Chem Rev, 2015, 115 (24): 13165-13307.

Ebrahimin A, Ravan H, Khajouei S. DNA nanotechnology and bioassay development [J]. TrAC-Trend Anal Chem, 2019, 114: 126-142.

Eelkema R, Pich A. Pros and cons: Supramolecular or macromolecular: What is best for functional hydrogels with advanced properties? [J]. Adv Mater, 2020, 32: 1906012.

Endo M, Yang Y, Emura T, et al. Programmed placement of gold nanoparticles onto a slit-type DNA origami scaffold [J]. Chem Commun, 2011, 47 (38): 10743-10745.

English MA, Soenksen LR, Gayet RV, et al. Programmable crispr-responsive smart materials [J]. Science, 2019, 365 (6455): 780-785.

Eskiizmir G, Ermertcan AT, Yapici K. Chapter 17-Nanomaterials: Promising structures for the management of oral cancer [M] //Andronescu E., Grumezescu A. M., Nanostructures for oral medicine [J]. Amsterdam Elsevier, 2017: 511-544.

Estroff LA, Hamilton AD. Water gelation by small organic molecules [J]. Chem Rev, 2004, 104 (3): 1201-1218.

Fadeev M, Davidson-Rozenfeld G, Biniuri Y, et al. Redox-triggered hydrogels revealing switchable stiffness properties and shape-memory functions [J]. Polym Chem, 2018, 9 (21): 2905-2912.

Frank-Kamenets Kii MD, Anshelevich VV, Lukashin AV. Polyelectrolyte model of DNA [J]. Soviet Physics Uspekhi, 1987, 30 (4): 317-330.

Fu TJ, Seeman NC, DNA double-crossover molecules [J]. Biochemistry, 1993, 32 (13): 3211-3220.

Gaanin J, Synatschke CV, Weil T. Biomedical applications of DNA-based hydrogels [J]. Adv Funct Mater, 2019, 30 (4): 1906253.

Goodman RP, Schaap IA, Tardin CF, et al. Turberfield aj [J]. Rapid chiral assembly of rigid DNA building blocks for molecular nanofabrication [J]. Science, 2005, 310 (5754): 1661-1665.

Grabow W, Jaeger L. RNA self-assembly and RNA nanotechnology [J]. Acc Chem Res, 2014, 47 (6): 1871-1880.

Guo P. Rolling circle transcription of tandem siRNA to generate spherulitic RNA nanoparticles for cell entry [J]. Molecular Therapy - Nucleic Acids, 2012, 1: e36.

Guo W, Lu CH, Qi XJ, et al. Switchable bifunctional stimuli-triggered poly-*n*-isopropylacrylamide/DNA hydrogels [J]. Angew Chem Int Ed Engl, 2014, 53 (38): 10134-10138.

Guo Z, Liu H, Dai W, et al. Responsive principles and applications of smart materials in biosensing [J]. Smart Mater Med, 2020, 1: 54-65.

Guvendiren M, Burdick JA. Stiffening hydrogels to probe short-and long-term cellular responses to dynamic mechanics [J]. Nat Commun, 2012, 3 (1): 792.

Hamada S, Yancey KG, Pardo Y, et al. Dynamic DNA material with emergent locomotion behavior powered by artificial metabolism [J]. Sci Robot, 2019, 4 (29): eaaw3512.

Hamner KL, Alexander CM, Coopersmith K, et al. Using temperature-sensitive smart polymers to regulate DNA-mediated nanoassembly and encoded nanocarrier drug release [J]. ACS Nano, 2013, 7 (8): 7011-7020.

Han D, Pal S, Nangreave J, et al. DNA origami with complex curvatures in three-dimensional space [J]. Science, 2011, 332 (6027): 342-346.

Han D, Park Y, Nam H, et al. Enzymatic size control of RNA particles using complementary rolling circle transcription (CRCT) method for efficient siRNA production [J]. Chem Commun (Cambridge, England), 2019, 50 (79): 11665-11667.

Huang Y, Xu W, Liu G, et al. A pure DNA hydrogel with stable catalytic ability produced by one-step rolling circle amplification [J]. Chem Commun, 2017, 53 (21): 3038-3041.

Han J, Wu J, Du J. Fluorescent DNA biosensor for single-base mismatch detection assisted by cationic comb-type copolymer [J]. Molecules, 2019, 24 (3): 575.

Han S, Kim H, Lee JB, Library siRNA-generating RNA nanosponges for gene silencing by complementary rolling circle transcription [J]. Sci Rep, 2017, 7 (1): 10005.

Heinen L, Heuser T, Stein shulte A, et al. Antagonistic enzymes in a biocatalytic pH feedback system program autonomous DNA hydrogel life cycles [J]. Nano Lett, 2017, 17 (8): 4989-4995.

He Z, Yin H, Chang CC, et al. Interfacing DNA with gold nanoparticles for heavy metal detection [J]. Biosensors (Basel), 2020, 10 (11): 167.

Hu B, Gao M, Boakye-Yiadom KO, et al. An intrinsically bioactive hydrogel with on-demand drug release behaviors for diabetic wound healing [J]. Bioact Mater, 2021, 6 (12): 4592-4606.

Hu Q, Li H, Wang L, et al. DNA nanotechnology-enabled drug delivery systems [J]. Chem Rev, 2019, 119 (10): 6459-6506.

Hu Y, Guo W, Kahn JS, et al. A shape-memory DNA-based hydrogel exhibiting two internal memories [J]. Angew Chem Int Ed Engl, 2016, 55 (13): 4210–4214.

Hu Y, Kahn JS, Guo W, et al. Reversible modulation of DNA-based hydrogel shapes by internal stress interactions [J]. J Am Chem Soc, 2016, 138 (49): 16112–16119.

Hu Y, Lu CH, Guo W, et al. A shape memory acrylamide/DNA hydrogel exhibiting switchable dual pH-responsiveness [J]. Adv Funct Mater, 2015, 25 (44): 6867–6874.

Hu Y, Niemeyer CM, From DNA nanotechnology to material systems engineering [J]. Adv Mater, 2019, 31 (26): 1806294.

Jaeger L, Leontis N. Tecto-RNA: one-dimensional self-assembly through tertiary interactions [J]. Angew Chem Int Edit, 2000, 39: 2521–2524.

Jaeger L, Westhof E, Leontis NB. Tectorna: modular assembly units for the construction of RNA nano-objects [J]. Nucleic Acids Res, 2001, 29 (2): 455–463.

Jang M, Han HD, Ahn HJ, A RNA nanotechnology platform for a simultaneous two-in-one siRNA delivery and its application in synergistic RNAi therapy [J]. Sci Rep, 2016, 6: 32363.

Jang M, Kim JH, Nam HY, et al. Design of a platform technology for systemic delivery of siRNA to tumours using rolling circle transcription [J]. Nat Commun, 2015, 6: 7930.

Jiang Q, Song C, Nangreave J, et al. DNA origami as a carrier for circumvention of drug resistance [J]. J Am Chem Soc, 2012, 134 (32): 13396–13403.

Jiang X, Li M, Guo X, et al. Self-assembled DNA-THPS hydrogel as a topical antibacterial agent for wound healing [J]. ACS Appl Bio Mater, 2019, 2 (3): 1262–1269.

Ji X, Wang J, Niu S, et al. A size-controlled DNA-cross-linked hydrogel coated silica nanoparticles served as ratio fluorescent probe for the detection of adenosine triphosphate in living cells [J]. Chem Commun, 2019, 55 (36): 5243–5246.

Kahn JS, Hu Y, Willner I. Stimuli-responsive DNA-based hydrogels: from basic principles to applications [J]. Acc Chem Res, 2017, 50 (4): 680–690.

Kakuta T, Takashima Y, Nakahata M, et al. Preorganized hydrogel: self-healing properties of supramolecular hydrogels formed by polymerization of host-guest-monomers that contain cyclodextrins and hydrophobic guest groups [J]. Adv Mate, 2013, 25 (20): 2849–2853.

Kallenbach NR, Ma RI, Seeman NC. An immobile nucleic acid junction constructed from oligonucleotides [J]. Nature, 1983, 305: 829–831.

Karimi M, Zangabad PS, Mehdizadeh F, et al. Nanocaged platforms: modification, drug delivery and nanotoxicity [J]. Opening synthetic cages to release the tiger [J]. Nanoscale, 2017, 9 (4): 1356–1392.

Khisamutdinov EF, Jasinski DL, Li H, et al. Fabrication of RNA 3D nanoprisms for loading and protection of small RNAs and model drugs [J]. Adv Mater, 2016, 28 (45): 10079–10087.

Kielar C, Xin Y, Shen B, et al. On the stability of DNA origami nanostructures in low-magnesium buffers [J]. Angew Chem Int Edit, 2018, 57 (30): 9470–9474.

Kim J, Jo C, Lim WG, et al. Programmed nanoparticle-loaded nanoparticles for deep-penetrating, 3D cancer therapy [J]. Adv Mater: 2018, e1707557.

Kim KR, Kim HY, Lee YD, et al. Self-assembled mirror DNA nanostructures for tumor-specificdelivery of anticancer drugs [J]. J Control Release, 2016, 243: 121–131.

Kohman RE, Cha SS, Man HY, et al. Light-triggered release of bioactive molecules from DNA nanostructures [J]. Nano Lett, 2016, 16 (4): 2781–2785.

Kolb HC, Finn MG, SKB. Click chemistry: diverse chemical function from a few good reactions [J]. Angew Chem Int Ed Engl, 2001, 40 (11): 2004–2021.

Kostović K, Pastar Z, Ceović R, et al. Photodynamic therapy in dermatology: current treatments and implications [J]. Collegium antropologicum, 2012, 36 (4): 1477–1481.

Kosuri S, Church GM. Large-scale de novo DNA synthesis: technologies and applications [J]. Nat Methods, 2014, 11: 499–507.

Kuzuya A, Kaino M, Hashizume M, et al. Encapsulation of a gold nanoparticle in a DNA origami container [J]. Polymer Journal, 2015, 47 (2): 177–182.

Labean TH, Yan H, Kopatsch J, et al. Construction, analysis, ligation, and self-assembly of DNA triple crossover complexes [J]. J Am Chem Soc, 2000, 122 (9): 1848-1860.

Lee JB, Hong J, Bonner DK, et al. Self-assembled RNA interference microsponges for efficient siRNA delivery [J]. Nat Mater, 2012, 11 (4): 316-322.

Lee JB, Peng S, Yang D, et al. A mechanical metamaterial made from a DNA hydrogel [J]. Nat Nanotechnol, 2012, 7 (12): 816-820.

Lee TJ, Haque F, Shu D, et al. RNA nanoparticle as a vector for targeted siRNA delivery into glioblastoma mouse model [J]. Oncotarget, 2015, 6 (17): 14766-14776.

Li C, Chen P, Shao Y, et al. A writable polypeptide-DNA hydrogel with rationally designed multi-modification sites [J]. Small, 2014, 11 (9-10): 1038-1043.

Li C, Faulkner-Jones A, Dun AR, et al. Rapid formation of a supramolecular polypeptide-DNA hydrogel for in situ three-dimensional multilayer bioprinting [J]. Angew Chem Int Edit, 2015, 54 (13): 3957-3961.

Li C, Rowland MT, Shao Y, et al. Responsive double network hydrogels of interpenetrating DNA and CB 8 host-guest supramolecular systems [J]. Adv Mater, 2015, 27 (21): 3298-3304.

Li F, Wang C, Guo W. Multifunctional poly-N-isopropylacrylamide/DNAzyme microgels as highly efficient and recyclable catalysts for biosensing [J]. Adv Funct Mater, 2018, 28 (10): 1705876.

Li F, Yu W, Zhang J, et al. Spatiotemporally programmable cascade hybridization of hairpin DNA in polymeric nanoframework for precise siRNA delivery [J]. Nat Commun, 2021, 12 (1): 1138.

Li F, Zhang X, Hu S, et al. Bioinspired mechanically responsive hydrogel upon redox mediated by dynamic coordination between telluroether and platinum ions [J]. Chem Mater, 2020, 32 (5): 2156-2165.

Li J, Fan C, Pei H, et al. Smart drug delivery nanocarriers with self-assembled DNA nanostructures [J]. Adv Mater, 2013, 25 (32): 4386-4396.

Li J, Mo Liu CH, et al. Functional nucleic acid-based hydrogels for bioanalytical and biomedical applications [J]. Chem Soc Rev, 2016, 45 (5): 1410-1431.

Li J, Song D, Wang L. Supramolecular polymer complexes based on specific molecular recognition: DNA and its synthetic mimics [J]. Curr Org Chem, 2015, 19 (11): 971-981.

Li J, Zheng C, Cansiz S, et al. Self-assembly of DNA nanohydrogels with controllable size and stimuli-responsive property for targeted gene regulation therapy [J]. J Am Chem Soc, 2015, 137 (4): 1412-1415.

Lilienthal S, Shpilt Z, Wang F, et al. Programmed DNAzyme-triggered dissolution of DNA-based hydrogels: means for controlled release of biocatalysts and for the activation of enzyme cascades [J]. ACS Appl Mater Inter, 2015, 7 (16): 8923-8931.

Lin CC, Metters AT. Hydrogels in controlled release formulation network design and mathematical modelling [J]. Adv Drug Deliv Rev, 2006, 58 (12-13): 1379-1408.

Lin DC, Yurke B, Langrana Na. Mechanical properties of a reversible, DNA-crosslinked polyacrylamide hydrogel [J]. J Biomech Eng, 2004, 126 (1): 104-110.

Li S, Jiang Q, Liu S, et al. A DNA nanorobot functions as a cancer therapeutic in response to a molecular trigger *in vivo* [J]. Nat Biotechnol, 2018, 36 (3): 258-264.

Liu JW. Oligonucleotide-functionalized hydrogels as stimuli responsive materials and biosensors [J]. Soft Matter, 2011, 7 (15): 6757-6767.

Liu K, Kang Y, Wang Z, et al. 25th anniversary article: reversible and adaptive functional supramolecular materials: noncovalent interaction matters [J]. Adv Mater, 2013, 25 (39): 5530-5548.

Liu S, Su W, Li Z, et al. Electrochemical detection of lung cancer specific microRNAs using 3D DNA origami nanostructures [J]. Biosen Bioelectron, 2015, 71: 57-61.

Liu X, Xu Y, Yu T, et al. A DNA nanostructure platform for directed assembly of synthetic vaccines [J]. Nano Lett, 2012, 12 (8): 4254-4259.

Liu X, Zhang J, Fadeev M, et al. Chemical and photochemical DNA "gears" reversibly control stiffness, shape-memory, self-healing and controlled release properties of polyacrylamide hydrogels [J]. Chem Sci, 2019, 10 (4): 1008-1016.

Liu Z, Tian C, Yu J, et al. Self-assembly of responsive multilayered DNA nanocages [J]. J Am Chem Soc, 2015, 137 (5): 1730-1733.

Li X, Figg CA, Wang R, et al. Cross-linked aptamer-lipid micelles for excellent stability and specificity in target-cell recognition [J]. Angew Chem Int Ed Engl, 2018, 57 (36): 11589-11593.

Li X, Yang X, Qi J, et al. Antiparallel DNA double crossover molecules as components for nanoconstruction [J]. J Am Chem Soc, 1996, 118 (26): 6131-6140.

Li Y, Ma Y, Jiao X, et al. Control of capillary behavior through target-responsive hydrogel permeability alteration for sensitive visual quantitative detection [J]. Nat Commun, 2019, 10 (1): 1036.

Lohse SE, Murphy CJ. The quest for shape control: A history of gold nanorod synthesis [J]. Chem Mater, 2013, 25 (8): 1250-1261.

Lu CH, Guo W, Hu Y, et al. Multitriggered shape-memory acrylamide-DNA hydrogels [J]. J Am Chem Soc, 2015, 137 (50): 15723-15731.

Lu CH, Qi XJ, Orback R, et al. Switchable catalytic acrylamide hydrogels cross-linked by hemin/G-quadruplexes [J]. Nano Lett, 2013, 13 (3): 1298-1302.

Madhanagopal BR, Zhang S, Demirel E, et al. DNA nanocarriers: Programmed to deliver [J]. Trends Biochem Sci, 2018, 43 (12): 997-1013.

Mansukhani ND, Guiney LM, Wei Z, et al. Optothermally reversible carbon nanotube - DNA supramolecular hybrid hydrogels [J]. Macromol Rapid Comm, 2017, 39 (2): 1700587.

Mao X, Simon AJ, Pei H, et al. Activity modulation and allosteric control of a scaffolded DNAzyme using a dynamic DNA nanostructure [J]. Chem Sci, 2015, 7 (2): 1200-1204.

Marmul J, Doty P. Thermal renaturation of deoxyribonucleic acids [J]. J Mol Bio, 1961, 3 (5): 585-594.

Ma Y, Liu H, Mou Q, et al. Floxuridine - containing nucleic acid nanogels for anticancer drug delivery [J]. Nanoscale, 2018, 10 (18): 8367-8371.

Ma Y, Wang Z, Ma Y, et al. A telomerase-responsive DNA icosahedron for precise delivery of platinum nanodrugs to cisplatin-resistant cancer [J]. Angew Chem Int Ed Engl, 2018, 57 (19): 5389-5393.

Mitchell JS, Glowacki J, Grandchamp AE, et al. Sequence-dependent persistence lengths of DNA [J]. Chem Theory Comput, 2016, 13 (4): 1539-1555.

Miyata T, Asami N, Uragami T. A reversibly antigen-responsive hydrogel [J]. Nature, 1999, 399 (6738): 766-769.

Mok H, Lee SH, Park JW, et al. Multimeric small interfering ribonucleic acid for highly efficient sequence-specific gene silencing [J]. Nat Mater, 2010, 9 (3): 272-278.

Mo L, Li J, Liu Q, et al. Nucleic acid - functionalized transition metal nanosheets for biosensing applications [J]. Biosens Bioelectron, 2017, 89 (Pt 1): 201-211.

Monferrer A, Zhang D, Lushnikov AJ, et al. Versatile kit of robust nanoshapes self-assembling from RNA and DNA modules [J]. Nat Commun, 2019, 10 (1): 608.

Morgan C, Kirill A. Smart - responsive nucleic acid nanoparticles (NANPs) with the potential to modulate immune behavior [J]. Nanomaterials, 2019, 9 (4): 611.

Mo R, Jiang T, Sun W, et al. Atp-responsive DNA-graphene hybrid nanoaggregates for anticancer drug delivery [J]. Biomaterials, 2015, 50: 67-74.

Nagahara S, Matsuda T. Hydrogel formation via hybridization of oligonucleotides derivatized in water-soluble vinyl polymers [J]. Polymer Gels and Networks, 1996, 4 (2): 111-127.

Nagda R, Shah P, Lee CS, et al. Structural influence on the post-clustering stability of DNA/AgNCs fluorescence [J]. Nanomaterials (Basel), 2019, 9 (5): 667.

Nakahata M, Takashima Y, Yamaguchi H, et al. Redox-responsive self-healing materials formed from host-guest polymers [J]. Nat Commun, 2011, 2 (1): 511.

Nasalean L, Baudrey S, Leontis N, et al. Controlling RNA self-assembly to form filaments [J]. Nucleic Acids Res, 2006, 34: 1381-1392.

Newnham RE, Ruschau GR. Smart electroceramics [J]. J Am Ceram Soc, 1991, 74 (3): 463-480.

Nomura D, Saito M, Takaha shi Y, et al. Development of orally-deliverable DNA hydrogel by microemulsification and chitosan coating [J]. Int J Pharmaceut, 2018, 547 (1-2): 556-562.

Nwe K, Brechbiel MW. Growing applications of "click chemistry" for bioconjugation in contemporary biomedical research [J]. Cancer Biother Radiopharm, 2009, 24 (3): 289-302.

Ohnishi T. Properties of double-stranded DNA as a polyelectrolyte [J]. Biophys J, 1963, 3 (6): 459-468.

Okholm A, Kjems J. DNA nanovehicles and the biological barriers [J]. Adv Drug Deliver Rev, 2016, 106: 183-191.

Pandey PK, Preeti, Rawat K, et al. Multifunctional, fluorescent DNA-derived carbon dots for biomedical applications: Bioimaging, luminescent DNhydrogels A, and dopamine detection [J]. J Mater Chem B, 2020, 8 (6): 1277-1289.

Pandey PK, Ulla H, Satyanarayan MN, et al. Fluorescent MoS_2 quantum dot-DNA nanocomposite hydrogels for organic light-emitting diodes [J]. ACS Appl Nano Mater, 2020, 3 (2): 1289-1297.

Panigaj M, Johnson MB, Ke W, et al. Aptamers as modular components of therapeutic nucleic acid nanotechnology [J]. ACS Nano, 2019, 13 (11): 12301-12321.

Pan W, Wen H, Niu L, et al. Effects of chain flexibility on the properties of DNA hydrogels [J]. Soft Matter, 2016, 12 (25): 5537-5541.

Peng L, You M, Yuan Q, et al. Macroscopic volume change of dynamic hydrogels induced by reversible DNA hybridization [J]. J Am Chem Soc, 2012, 134 (29): 12302-12307.

Perrone D, Marchesi E, Preti L, et al. Modified nucleosides, nucleotides and nucleic acids via click azide-alkyne cycloaddition for pharmacological applications [J]. Molecules, 2021, 26 (11): 3100.

Petty JT, Jie Z, Hud, et al. DNA-templated Ag nanocluster formation [J]. J Am Chem Soc, 2004, 126 (16): 5207-5212.

Praetorius F, Kick B, Behler KL, et al. Biotechnological mass production of DNA origami [J]. Nature, 2018, 552: 84-87.

Pu F, Ren J, Qu X. Nucleic acids and smart materials: Advanced building blocks for logic systems [J]. Adv Mater, 2014, 26 (33): 5742-5757.

Qu Y, Yang J, Zhan P, et al. Self-assembled DNA dendrimer nanoparticle for efficient delivery of immunostimulatory CPG motifs [J]. ACS Appl Mater Inter, 2017, 9 (24): 20324-20329.

Raniolo S, Vindigni G, Ottaviani A, et al. Selective targeting and degradation of doxorubicin-loaded folate-functionalized DNA nanocages [J]. Nanomedicine, 2018, 14 (4): 1181-1190.

Ran X, Wang ZZ, Zhang ZJ, et al. Nucleic-acid-programmed Ag-nanoclusters as a generic platform for risualization of latent fingerprints and exogenous substances [J]. Chem Commun, 2016, 52 (3): 557-560.

Rasheed PA, Sandhyarani N. Carbon nanostructures as immobilization platform for DNA: A review on current progress in electrochemical DNA sensors [J]. Biosens Bioelectron, 2017, 97: 226-237.

Ren J, Hu Y, Zu CH, et al. pH-responsive and switchable triplex-based DNA hydrogels [J]. Chem Sci, 2015, 6 (7): 4190-4195.

Ren K, Liu Y, Wu J, et al. A DNA dual lock-and-key strategy for cell-subtype-specific siRNA delivery [J]. Nat Commun, 2016, 7: 13580.

Ren K, Zhang Y, Zhang X, et al. In situ siRNA assembly in living cells for gene therapy with microRNA triggered cascade reactions templated by nucleic acids [J]. ACS Nano, 2018, 12 (11): 10797-10806.

Roberts T, Langer R, Wood M. Advances in oligonucleotide drug delivery [J]. Nat Rev Drug Discov, 2020, 19: 1-22.

Roh YH, Deng JZ, Dreaden EC, et al. A multi-RNAi microsponge platform for simultaneous controlled delivery of multiple small interfering RNAs [J]. Angew Chem Int Ed Engl, 2016, 55 (10): 3347-3351.

Rolband L, Yourston L, Chandler M, et al. DNA-templated fluorescent silver nanoclusters inhibit bacterial growth while being non-toxic to mammalian cells [J]. Molecules, 2021, 26 (13): 4045.

Rothemund P, Ekani-Nkodo A, Papadakis N, et al. Design and characterization of programmable DNA nanotubes [J]. J Am Chem Soc, 2004, 126 (50): 16344-16352.

Rothemund PWK. Folding DNA to create nanoscale shapes and patterns [J]. Nature, 2006, 440 (7082): 297-302.

Sadowski JP, Calvert CR, Zhang DY, et al. Developmental self-assembly of a DNA tetrahedron [J]. ACS Nano, 2014, 8 (4): 3251-3259.

Sannohe Y, Endo M, Katsuda Y, et al. Visualization of dynamic conformational switching of the G-quadruplex in a DNA nanostructure [J]. J Am Chem Soc, 2010, 132: 16311-16313.

Seeman NC, Kallenbach NR. Design of immobile nucleic acid junctions [J]. Biophy J, 1983, 1983, 44: 201-209.

Seeman NC. Nucleic acid junctions and lattices [J]. J Theoret Biol, 1982, 99: 237-247.

Setyawati M, Kutty RV, Leong DT. DNA nanostructures carrying stoichiometrically definable antibodies [J]. Small, 2016, 12 (40): 5601-5611.

Seyhan A, Vlassov A, Johnston B. RNA interference from multimeric shRNAs generated by rolling circle transcription [J]. Oligonucleotides, 2006, 16: 353-363.

Shu D, Shu Y, Haque F, et al. Thermodynamically stable RNA three-way junction for constructing multifunctional nanoparticles for delivery of therapeutics [J]. Nat Nanotechnol, 2011, 6 (10): 658-667.

Shwetha N, Selvakumar LS, Thakur MS, Aptamer-nanoparticle-based chemiluminescence for p53 protein [J]. Anal Biochem, 2013, 441 (1): 73-79.

Shimcon S, Elbaz J, Henning A, et al. Ion-induced DNAzyme switches [J]. Chem Commun (Cambridge, England), 2010, 46 (19): 3250-3252.

Si Y, Xu L, Wang N, et al. Target miRNA-responsive DNA hydrogel-based SERS sensor arrays for miRNAs-marked cancer screening [J]. Anal Chem, 2020, 92 (3): 2649-2655.

Song L, Jiang Q, Liu J, et al. DNA origami/gold nanorod hybrid nanostructures for the circumvention of drug resistance [J]. Nanoscale, 2017, 9 (23): 7750-7754.

Song P, Shen J, Ye D, et al. Programming bulk enzyme heterojunctions for biosensor development with tetrahedral DNA framework [J]. Nat Commun, 2020, 11 (1): 838.

Soontorworajit B, Zhou J, Shaw MT, et al. Hydrogel functionalization with DNA aptamers for sustained PDGF-BB release [J]. Chem Commun (Cambridge, England) 2010, 46 (11): 1857-1859.

Steed JW. Anion - tuned supramolecular gels: A natural evolution from urea supramolecular chemistry [J]. Chem Soc rev, 2010, 39 (10): 3686-3699.

Steed JW. Supramolecular gel chemistry: developments over the last decade [J]. Chem Commun (Cambridge, England), 2011, 47 (5): 1379-1383.

Stoll H, Steinle H, Stang K, et al. Generation of large-scale DNA hydrogels with excellent blood and cell compatibility [J]. Macromol Biosci, 2016, 17 (4): 1600252.

Sun L, Gao Y, Xu Y, et al. Real-time imaging of single-molecule enzyme cascade using a DNA origami raft [J]. J Am Chem Soc, 2017, 139 (48): 17525-17532.

Sun W, Jiang T, Lu Y, et al. Cocoon-like self-degradable DNA nanoclew for anticancer drug delivery [J]. J Am Chem Soc, 2014, 136 (42): 14722-14725.

Takagi T. A concept of intelligent materials and the current activities of intelligent materials in Japan [J]. First Eur Conf Smart Struct Mater, 1992, 1777: 177704.

Taylor DL, In Het Panhuis M. Self-healing hydrogels [J]. Adv Mater, 2016, 28 (41): 9060-9093.

Terech P, Weiss RG. Low molecular massgelators of organic liquids and the properties of their gels [J]. Chem Rev, 1997, 97 (8): 3133-3160.

Tokura Y, Harvey S, Chen C, et al. Fabrication of defined polydopamine nanostructures by DNA origami-templated polymerization [J]. Angewandte Chemie (International ed in English), 2017, 57: 1587-1591.

Tokura Y, Harvey S, Xu X, et al. Polymer tube nanoreactors by DNA-origami templated synthesis [J]. Chem Commun, 2018, 54: 2808-2811.

Tokura Y, Jiang Y, Welle A, et al. Bottom-up fabrication of nanopatterned polymers on DNA origami by in situ atom-transfer radical polymerization [J]. Angew Chem Int Edit, 2016, 128: 5692-5697.

Turberfield AJ, Mitchell JC, Bernard Y, et al. DNA fuel for free-running nanomachines [J]. Phys Rev Lett, 2003, 90 (11): 118102.

Um SH, Lee JB, Park N, et al. Enzyme-catalysed assembly of DNA hydrogel [J]. Nat Mater, 2006, 5 (10): 797-801.

Vigderman L, Khanal BP, Zubarev ER, Functional gold nanorods: synthesis, self-assembly, and sensing applications [J]. Adv Mater (Deerfield Beach, Fla), 2012, 24 (36): 4811-4841, 5014.

Walia S, Chandrasekaran AR, Chakraborty B, et al. Aptamer-programmed DNA nanodevices for advanced, targeted cancer theranostics [J]. ACS Appl Bio Mater, 2021, 4 (7): 5392-5404.

Walsh AS, Yin H, Erben CM, et al. DNA cage delivery to mammalian cells [J]. ACS Nano, 2011, 5 (7): 5427-5432.

Wang C, Sun W, Wright G, et al. Inflammation-triggered cancer immunotherapy by programmed delivery of CPG and anti-PD1 antibody [J]. Adv Mater, 2016, 28 (40): 8912-8920.

Wang D, Hu Y, Liu P, et al. Bioresponsive DNA hydrogels: beyond the conventional stimuli responsiveness [J]. Accounts of Chemical Research, 2017, 50 (4): 733-739.

Wang D, Peng R, Peng Y, et al. Hierarchical fabrication of DNA wireframe nanoarchitectures for efficient cancer imaging and targeted therapy [J]. ACS Nano, 2020, 14 (12): 17365-17375.

Wang F, Lu CH, Willmer I. From cascaded catalytic nucleic acids to enzyme-DNA nanostructures: controlling reactivity, sensing, logic operations, and assembly of complex structures [J]. Chem Rev, 2014, 114 (4): 2882-2941.

Wang J, Wen J, Yan H. Recent applications of carbon nanomaterials for microRNA electrochemical sensing [J]. Chem Asian J, 2021, 16 (2): 114-128.

Wang L, Wang Y, Hao J, et al. Magnetic fullerene-DNA/hyaluronic acidnanovehicles with magnetism/reduction dual-responsive triggered release [J]. Biomacromolecules, 2017, 18 (3): 1029-1038.

Wang P, Wu S, Tian C, et al. Retrosynthetic analysis-guided breaking tile symmetry for the assembly of complex DNA nanostructures [J]. J Am Chem Soc, 2016, 138 (41): 13579-13585.

Wang S, Xie X, Chen Z, et al. DNA-grafted, 3D superlattice self-assembly [J]. Int J Mol Sci, 2021, 22 (14): 7558.

Wang Y, Shang X, Liu J, et al. ATP mediated rolling circle amplification and opening DNA-gate for drug delivery to cell [J]. Talanta, 2018, 176: 652-658.

Wang Y, You Z, Du J, et al. Self-assembled triangular DNA nanoparticles are an efficient system for gene delivery [J]. J Control Release, 2016, 233: 126-135.

Wang Z, Song L, Liu Q, et al. A tubular DNA nanodevice as a siRNA/chemo-drug co-delivery vehicle for combined cancer therapy [J]. Angew Chem Int Edit, 2021, 60 (5): 2594-2598.

Wei Z, Yang JH, Zhou J, et al. Self-healing gels based on constitutional dynamic chemistry and their potential applications [J]. Chem Soc rev, 2014, 43 (23): 8114-8131.

Willner I. Stimuli-controlled hydrogels and their applications [J]. Acc Chem Res, 2017, 50 (4): 657-658.

Wu C, Han D, Chen T, et al. Building a multifunctional aptamer-based DNA nanoassembly for targeted cancer therapy [J]. J Am Chem Soc, 2013, 135 (49): 18644-18650.

Wu J, Li N, Yao Y, et al. DNA-stabilized silver nanoclusters for label-free fluorescence imaging of cell surface glycans and fluorescence guided photothermal therapy [J]. Anal Chem, 2018, 90 (24): 14368-14375.

Wu T, Liu Q, Cao Y, et al. Multifunctional double-bundle DNA tetrahedron for efficient regulation of gene expression [J]. ACS Appl Mater Inter, 2020, 12 (29): 32461-32467.

Wu Y, Wang D, Willner I, et al. Smart DNA hydrogel integrated nanochannels with high ion flux and adjustable selective ionic transport [J]. Angew Chem Int Edit, 2018, 57 (26): 7790-7794.

Xiang B, He K, Zhu R, et al. Self-assembled DNA hydrogel based on enzymatically polymerized DNA for protein encapsulation and enzyme/DNAzyme hybrid cascade reaction [J]. ACS Appl Mater Interfaces, 2016, 8 (35): 22801-22807.

Xiao T, Wang L. Recent advances of functional gels controlled by pillar [n] arene-based host-guest interactions [J]. Tetrahedron Lett, 2018, 59 (13): 1172-1182.

Xiao T, Xu L, Zhou L, et al. Dynamic hydrogels mediated by macrocyclic host-guest interactions [J]. J Mater Chem B, 2018, 7 (10): 1526-1540.

Xiao X, Zhu L, He W, et al. Functional nucleic acids tailoring and its application [J]. TrAC-Trend Anal Chem, 2019, 118: 138-157.

Xie N, Liu S, Fang H, et al. Three-dimensional molecular transfer from DNA nanocages to inner gold nanoparticle surfaces [J]. ACS Nano, 2019, 13 (4): 4174-4182.

Xing S, Jiang D, Li F, et al. Constructing higher-order DNA nanoarchitectures with highly purified DNA nanocages [J]. ACS Appl Mater Inter, 2014, 7 (24): 13174-13179.

Xing Y, Cheng E, Yang Y, et al. Self-assembled DNA hydrogels with designable thermal and enzymatic responsiveness [J]. Adv Mater, 2011, 23 (9): 1117-1121.

Xin L, Lu M, Both S, et al. Watching a single fluorophore molecule walk into a plasmonic hotspot [J]. ACS Photonics, 2019, 6 (4): 985-993.

Xiong X, Wu C, Zhou C, et al. Responsive DNA-based hydrogels and their applications [J]. Macromol Rapid Commun, 2013, 34 (16): 1271-1283.

Xuan W, Xia Y, Li T, et al. Molecular self-assembly of bioorthogonal aptamer-prodrug conjugate micelles for hydrogen peroxide and pH-independent cancer chemodynamic therapy [J]. J Am Chem Soc, 2019, 142 (2): 937-944.

Xu W, He W, Du I, et al. pH-stimulated DNA hydrogels exhibiting shape-memory properties [J]. Adv Mater, 2015, 27 (1): 73-78.

Xu W, He W, Du Z, et al. Functional nucleic acid nanomaterials: development, properties, and applications [J]. Angew Chem Int Ed Engl, 2020, 60 (13): 6890-6918.

Xu W, He W, Du Z, et al. Functional nucleic acids-nanomaterials: development, properties, and applications [J]. Angew Chem Int Ed Engl, 2019, 60 (13): 6890-6918.

Yan B, Boyer JC, Habault D, et al. Near infrared light triggered release of biomacromolecules from hydrogels loaded with upconversion nanoparticles [J]. J Am Chem Soc, 2012, 134 (40): 16558-16561.

Yan J, Hu C, Wang P, et al. Novel rolling circle amplification and DNA origami-based DNA belt-involved signal amplification assay for highly sensitive detection of prostate-specific antigen (PSA) [J]. ACS Appl Mater Inter, 2014, 6 (22): 20372-20377.

Yan X, Wang F, Zheng B, et al. Stimuli-responsive supramolecular polymeric materials [J]. Chem Soc Rev, 2012, 41 (18): 6042-6065.

Yao C, Yuan Y, Yang D. Magnetic DNA nanogels for targeting delivery and multistimuli-triggered release of anticancer drugs [J]. ACS Appl Bio Mater, 2018, 1 (6): 2012-2020.

Yavari N, Andersson-Engels S, Segersten U, et al. An overview on preclinical and clinical experiences with photodynamic therapy for bladder cancer [J]. Can J Urol, 2011, 18 (4): 5778-5786.

Yeh HC, Sharma J, Han JJ, et al. A DNA - silver nanocluster probe that fluoresces upon hybridization [J]. Nano Lett, 2010, 10 (8): 3106-3110.

Yue L, Wang S, Wulf V, et al. Stiffness-switchable DNA-based constitutional dynamic network hydrogels for self-healing and matrix-guided controlled chemical processes [J]. Nat Commun, 2019, 10 (1): 4774.

Yu F, Cao X, Du J, et al. Multifunctional hydrogel with good structure integrity, self-healing, and tissue-adhesive property formed by combining Diels-Alder click reaction and acylhydrazone bond [J]. ACS Appl Mater Inter interfaces, 2015, 7 (43): 24023-24031.

Yu X, Hu Y, Kahn JS, et al. Orthogonal dual-triggered shape-memory DNA-based hydrogels [J]. Chemistry, 2016, 22 (41): 14504-14507.

Zhang C, Vinogradova EV, Spokoyny AM, et al. Arylation chemistry for bioconjugation [J]. Angew Chem Int Ed Engl, 2019, 58 (15): 4810-4839.

Zhang H, Chao J, Pan D, et al. Folding super-sized DNA origami with scaffold strands from long-range

PCR [J]. Chem Commun, 2012, 48 (51): 6405-6407.

Zhang H, Ma Y, Xie Y, et al. A controllable aptamer-based self-assembled DNA dendrimer for high affinity targeting, bioimaging and drug delivery [J]. Sci Rep, 2015, 5: 10099.

Zhang J, Guo Y, Ding F, et al. A camptothecin-grafted DNA tetrahedron as a precise nanomedicine to inhibit tumor growth [J]. Angew Chem Int Ed Engl, 2019, 58 (39): 13794-13798.

Zhang J, Guo Y, Pan G, et al. Injectable drug-conjugated DNA hydrogel for local chemotherapy to prevent tumor recurrence [J]. ACS Appl Mater Interfaces, 2020, 12 (19): 21441-21449.

Zhang L, Jean SR, Ahmed S, et al. Multifunctional quantum dot DNA hydrogels [J]. Nat Commun, 2017, 8 (1): 381.

Zhang P, Ouyang Y, Sohn YS, et al. pH-and miRNA-responsive DNA-tetrahedra/metal-organic framework conjugates: Functional sense-and-treat carriers [J]. ACS Nano, 2021, 15 (4): 6645-6657.

Zhang W, Wang F, Wang Y, et al. pH and near-infrared light dual-stimuli responsive drug delivery using DNA-conjugated gold nanorods for effective treatment of multidrug resistant cancer cells [J]. J Control Release, 2016, 232: 9-19.

Zhang Y, Zhu L, Tian J, et al. Smart and functionalized development of nucleic acid-based hydrogels: assembly strategies, recent advances, and challenges [J]. Adv Sci, 2021, 8 (14): 2100216.

Zhang Z, Liu J. Intracellular delivery of a molecularly imprinted peroxidase mimicking DNAzyme for selective oxidation [J]. Mater Horiz, 2018, 5 (4): 738-744.

Zhao H, Yuan X, Yu J, et al. Magnesium stabilized multifunctional DNA nanoparticles for tumor-targeted and pH-responsive drug delivery [J]. ACS Appl Mater Inter faces, 2018, 10 (18): 15418-15427.

Zheng M, Jagota A, Semke ED, et al. DNA - assisted dispersion and separation of carbon nanotubes [J]. Nat Mater, 2003, 2 (5): 338-342.

Zheng T, Li GG, Zhou F, et al. Gold-nanosponge-based multistimuli-responsive drug vehicles for targeted chemo-photothermal therapy [J]. Adv Mater, 2016, 28 (37): 8218-8226.

Zhong R, Xiao M, Zhu C, et al. Logic catalytic interconversion of G-molecular hydrogel [J]. ACS Appl Mater Inter, 2018, 10 (5): 4512-4518.

Zhuang X, Ma X, Xue X, et al. A photosensitizer-loaded DNA origami nanosystem for photodynamic therapy [J]. ACS Nano, 2016, 10 (3): 3486-3495.

Zhu G, Zheng J, Song E, et al. Self-assembled, aptamer-tethered DNA nanotrains for targeted transport of molecular drugs in cancer theranostics [J]. Prac Natl Acad Sci, 2013, 110 (20): 7998.

Zhu L, Shao X, Luo Y, et al. Two-way gold nanoparticle label-free sensing of specific sequence and small molecule targets using switchable concatemers [J]. ACS Chem Biol, 2017, 12 (5): 1373-1380.

Zhu X, Mao X, Wang Z, et al. Fabrication of nanozyme@ DNA hydrogel and its application in biomedical analysis [J]. Nano Research, 2016, 10 (3): 959-970.

Zhu Z, Wu C, Liu H, et al. An aptamer cross-linked hydrogel as a colorimetric platform for visual detection [J]. Angew Chem Int Ed Engl, 2010, 122 (6): 1070-1074.

Zou R, Zhang F, Chen C, et al. DNA-programming multicolor silver nanoclusters for sensitively simultaneous detection of two HIV DNAs [J]. Sens Actuators B Chem, 2019, 296: 126608.

许文涛，杨敏，朱龙佼，等．功能核酸概念的内涵与外延［J］．生物技术进展，2021，11（04）：446-454.

17

核酸药物

核酸在生命活动中发挥着重要作用。核酸存在于所有的生命体中，是遗传信息的载体，是分子生物学的基础。鉴于核酸在生命活动中发挥的重要作用，以及对不同种类核酸作用机制的揭示，人们开始尝试在核酸水平进行药物的设计。核酸药物是指可用于治疗疾病的核酸本身或与之密切相关的化合物，包括天然核苷酸和经化学修饰的核苷酸。它们主要是通过Watson-Crick 碱基互补配对机制特异性识别内源性核酸序列发挥作用。相比于小分子药物和抗体药物，核酸药物具有靶点多、序列设计简单、合成方便、修饰方法成熟、价格低廉等优势。目前，已经上市的核酸药物主要包括寡义核苷酸药物、siRNAs 药物、适配体药物和 mRNA 疫苗。除此之外，也有大量的核酸药物进入了临床阶段。总体来说，核酸药物行业正处于井喷式的发展阶段，核酸药物也在成为医药界中的新星。

17.1 概述

17.1.1 核酸药物的定义

核酸在生命活动中发挥着重要作用。核酸存在所有的生命体中，被认为是遗传信息的载体，用于转录、翻译为蛋白质，因此核酸是生物的最基本组成物质和生物学研究的基础物质。随着分子生物学的发展，人们发现有些 DNA/RNA 并不被转录/翻译为蛋白质，但他们依然对生命活动发挥着重要的调控作用，如 DNA 中的启动子、增强子，RNA 中的核酶、miRNA、siRNAs、小激活 RNA（small activating RAN，saRNA）等。鉴于核酸在生命活动中发挥的重要作用，以及对不同种类核酸作用机制的揭示，人们开始尝试在核酸水平进行药物的设计，即为核酸药物（图 17.1）。

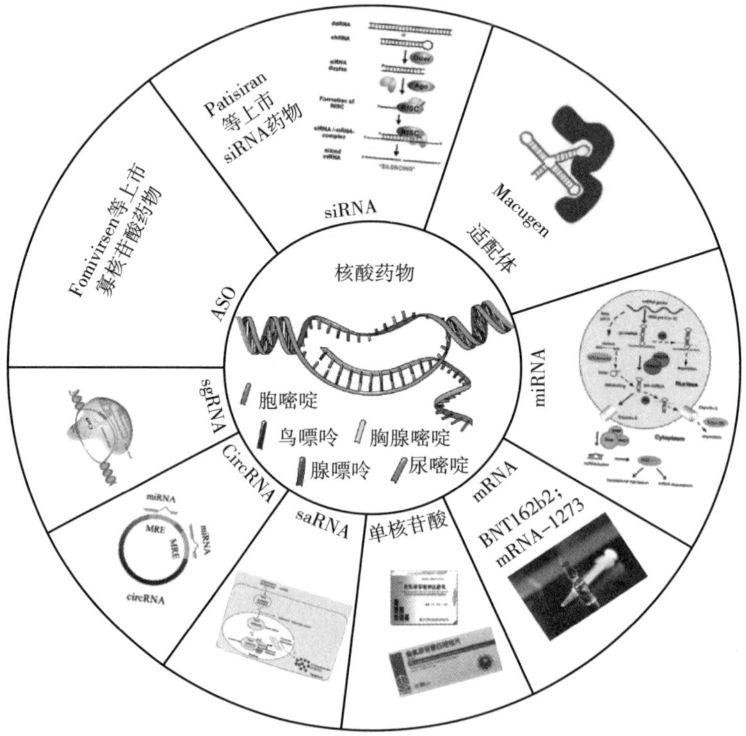

图 17.1 核酸药物

核酸药物是指可用于治疗疾病的核酸本身或与之密切相关的化合物，包括天然核苷酸和经化学修饰的核苷酸。虽然核酸药物的类型多种多样，但它们都有一个共同的作用机制，通过 Watson-Crick 碱基互补配对机制特异性识别内源性核酸序列，从而发挥作用（Seth 等，2019）。除基因治疗以外，用于治疗的核酸还可通过抑制 DNA 或 RNA 的表达，从而抑制与疾病相关的异常蛋白表达，且不影响其他蛋白的表达。与传统的小分子化药和抗体类药物在蛋白质层面发挥药理作用不同。

相比小分子化药物和抗体药物，核酸药物拥有明显优势。小分子化药和抗体药物通过与靶点蛋白结合发挥治疗作用，但可成药的靶点蛋白数量有限。以小分子药物为主，人类基因组编码的不到20000种的蛋白质中，仅有3000种是可以成药的，且只有700种有相应的药物研发出来。自20世纪80年代后，基于靶点的新药研发逐渐展开，并发现了大量的新药；传统的小分子化药和抗体药物均是通过与靶点蛋白结合而发挥药理作用，靶点蛋白可以是酶、受体、离子通道等。与小分子化药相比，抗体药物可作用的靶点蛋白种类更多，且可通过蛋白质工程技术提升其亲和性、降低毒性等。但是抗体类药物拥有分子结构更加复杂、生产成本更高、通常需通过注射给药等劣势。以上这些都从不同角度大大地限制了药物的开发进程。

相比之下，核酸类药物拥有明显的优势。核酸类药物可基于碱基互补原理对表达相关蛋白质的基因进行调节，而非与靶点蛋白质进行结合，且通过合适的递送系统可使其进入细胞内发挥作用，因此核酸药物可避免成药靶点限制的问题，还可实现对胞内外和细胞膜蛋白都发挥调节作用。同时，核酸药物还具有序列设计简单、合成方便、修饰方法成熟、价格低廉等优势，使得核酸药物成为医药界中的新星。

17.1.2 核酸药物的分类

核酸药物包括ASO、siRNAs、miRNA、saRNA、mRNA、适配体、单核苷酸、circRNA、引导RNA（sgRNA）等。核酸药物主要可以分为DNA药物和RNA药物。

DNA药物主要包括ASO和DNA适配体。ASO是长度为8~50bp的单链短序列，通过Watson-Crick碱基互补配对与目标mRNA结合，使目标mRNA被内源性的核糖核酸酶H降解或使目标mRNA因空间位阻而发生功能阻滞（Seth等，2019）。

适配体又称化学抗体，是合成长度在56~120bp的DNA序列。适配体的目标序列为蛋白编码序列，通常可作为诱饵，与目标序列的亲和力极高（Bala等，2018）。DNA适配体与ASO类似，都是单链短序列，可通过空间结构识别来有效结合目标序列。适配体具有无药物毒性、无免疫原性的特征，与单克隆抗体产品相比组织穿透能力更强，更易生产，体外修饰更简单，并且可以静脉或皮下注射，是未来替代单克隆抗体的更具潜力和吸引力的产品。

RNA类核酸药物主要包括mRNA、siRNAs、miRNA、RNA适配体、核糖酶以及circRNA等。RNA在细胞内的作用普遍被认为是蛋白合成过程中的遗传信息传递信使，直到20世纪80年代，RNA的其他功能才逐渐被揭开。

mRNA是由DNA的一条链为模板转录而来，是携带遗传信息，能指导蛋白质合成的一类单链核糖核酸。mRNA于20世纪60年代被发现，从将其看作是DNA转录翻译为蛋白质过程的中间物，到发现它是调节基因功能的多功能分子，人们对mRNA的理解一直在变化，基于这些变化，也研发出许多不同类型的基于mRNA的疗法。

siRNAs是一个长20~25个核苷酸的双链RNA。siRNAs序列与基因编码序列互补配对，诱导相应信使RNA降解，从而阻碍mRNA向蛋白质翻译，即为RNA干扰。RNA干扰通路是1998年由Fire等在线虫研究过程中发现。由于RNA干扰可以通过体外实验诱导发生，siRNAs的治疗对于由基因异常表达或基因突变引起的疾病，如癌症、病毒感染和遗传疾病等具有巨大的应用潜力。

miRNA 于 1993 年发现，从蠕虫基因组信息到与人类疾病相关，其功能逐渐被研究和发掘。miRNA 是非编码基因组的重要组成部分，由 15~22 个碱基组成，是转录后基因表达调控中关键的负调节因子（Cao 等，2018）。miRNA 的失调与人类多种疾病的发病机制相关，如糖尿病、阿尔茨海默病、帕金森病以及心血管和自身免疫性疾病等，这使得 miRNA 成为疾病研究的靶点之一。

RNA 适配体可以作为治疗药物在于它可以通过折叠为三维结构与靶蛋白集合并抑制靶蛋白，其作用机制类似于蛋白拮抗剂。其他类型 RNA 药物必须进入胞内才能与其靶标结合并发挥作用，RNA 适配体不仅可以进入细胞与胞内靶标结合，同时可以直接与胞外靶标相互作用。但 RNA 适配体本身对核酸外切酶比较敏感，需要对其末端进行修饰封顶，防止末端降解。

17.1.3 核酸药物的发展历程

核酸药物的研究和发现经历了较长的历程。mRNA 作为遗传信息传递的载体于 1961 年被发现，其由 DNA 转录而来并指导蛋白质的翻译；1978 年，哈佛大学科学家发现用一段互补的核苷酸链（即 ASO）可以抑制 RSV 病毒的复制活动；1990 年，*Science* 和 *Nature* 分别报道了在体外筛选出可以与目标蛋白分子亲和力较强的 RNA 链（RNA 适配体，RNA aptamer），同年，发现在给小鼠体内注射 mRNA 可以使其表达相应的蛋白；1998 年，第一款 ASO 药物获批，同年，RNA 干扰的作用机制被揭示；2004 年，第一款 RNA 适配体药物获批；2018 年 FDA 批准首个基于 RNAi 原理的 siRNAs 药物。经历了 40 余年的发展，小核酸药物产业化的大幕正在缓缓拉开。目前，全球上市的小核酸药物共有 14 款，包括 4 款 siRNAs 药物和 9 款 ASO，1 款核酸适配体，约 80% 的产品是 2015 年以后上市，绝大多数适应症为遗传病。

17.2 寡核苷酸药物研发

17.2.1 寡核苷酸的定义

寡核苷酸通常是由 20 个以内核苷酸（脱氧核糖核苷酸或核糖核苷酸）组成的短链核苷酸，可以通过 Watson-Crick 碱基互补配对原理与 DNA、mRNA 或者 pre-mRNA 配对而实现非常高的选择性，精准地抑制某些基因，让编码异常的基因保持“沉默”，从而阻止许多“错误”的蛋白质表达。虽然大多数的寡核苷酸疗法都专注于基因沉默，但是包括剪接调节和基因激活在内的等其他策略也正在研究中，这将可能的治疗靶点范围扩大到常规药物治疗的范围之外。

17.2.2 寡核苷酸的研发

寡核苷酸药物研发面临的最大的挑战是，寡核苷酸通常是大分子质量的亲水性聚阴离子（单链 ASO 为 4~10kDa，双链 siRNAs 约为 14kDa），这使得其较难通过质膜。

对于注射用寡核苷酸药物，必须抵抗细胞外核酸酶降解，绕过肾脏清除，避免某些血浆蛋白的非生产性隔离，避免网状内皮系统（即单核吞噬细胞、肝窦内皮细胞和库普弗细胞）（Dong 等，2019），在器官或组织内的靶细胞处通过细胞旁或跨细胞途径穿过毛细血管内皮、细胞质膜，在溶酶体降解前逃离内溶酶体系统或通过胞吐作用逃出细胞（Chen 等，2018），到达正确的细胞内作用部位，之后再发挥药物作用，这给寡核苷酸药物的应用带来了极大的挑战。寡义核苷酸药物想要应用于中枢神经系统（CNS）还存在另一个障碍，因为寡核苷酸通常无法穿过血脑屏障（blood-brain barrier，BBB）。

鉴于核酸药物在体内递送过程中遇到的局限，应用了多种措施以尝试解决上述问题，其中，化学修饰是增强寡核苷酸药物递送的最有效途径之一。核酸主链、糖基和碱基的修饰已被广泛应用，以改善寡核苷酸药物的类药性，从而提高药物的递送能力。具体来说，寡核苷酸的修饰可以改善其药代动力学、药效学和生物分布。某些治疗方式的功能也需要特定的修饰模式（例如 gapmers）。第二代 gapmer ASO 的大量化学修饰足以使其输送到各种组织，同时无需额外的递送剂（Roberts 等，2020）。

硫代磷酸酯键（PS）是最常用的一种骨架修饰，具体是将核苷酸间磷酸基团的非桥接氧原子之一用硫取代，广泛用于治疗性寡核苷酸。PS 骨架修饰还不会破坏 RNase H 活性。相比之下，在每个核苷酸连接处都包含 PS 修饰的 siRNAs 的活性低于等效的磷酸二酯（PO）siRNAs（Braasch 等，2003）。因此，包含 PS 的 siRNAs 通常仅在末端进行修饰。含有 PS 键或硫醇尾的硫酸化寡核苷酸分子，也被清道夫受体（例如稳定素 STAB1 和 STAB2）吸收，介导它们内化到肝脏等组织中（Bijsterbosch 等，1997；Ezzat 等，2015；Miller 等，2016）。PS 键的结合还具有双重作用，即赋予核酸酶抗性并促进与血浆和细胞内蛋白质的结合。寡核苷酸与血浆蛋白（Gaus 等，2019）的相互作用具有通过降低肾清除率、增加循环时间来改善药物药代动力学的作用。寡核苷酸的 PS 修饰还增加了与细胞内蛋白质（Brown 等，1994；Liang 等，2014；Liang 等，2015；Shen 等，2014）的相互作用，这些蛋白质会促进寡核苷酸在细胞核中的积累。PS 骨架修饰的一个缺点是会降低寡核苷酸对其目标的结合亲和力，但这可以通过加入其他类型的修饰来弥补。

核酸碱基的修饰目前也在研究之中。ASO 中会加入嘧啶甲基化（5-甲基胞苷和 5-甲基尿苷/核苷）修饰，这种修饰具有将寡核苷酸熔解温度提高约 0.5℃的效果。此外，无碱基核苷酸（即缺乏核碱基的核苷酸）已经被用于消除 miRNA 沉默，以及突变 HTT 和 ATXN3 转录物的等位基因特异性沉默。

末端修饰对于 siRNAs 引导链的活性至关重要，通常是 5′末端的磷酸化，因为磷酸基团与 AGO2 的 MID 结构域中具有重要的联系（Frank 等，2010；Schirle 等，2012）。因此，细胞磷酸酶去除该末端磷酸基团会降低 siRNAs 的效果。利用 5′-（E）-乙烯基膦酸酯修饰作为磷酸盐模拟物，可以防止核酸外切酶降解和体内增强的沉默（Haraszti 等，2017）。类似地，末端倒置的无碱基核糖核苷酸已被用于阻断核酸外切酶活性。

对核糖的修饰经常是在核糖的 2′位置进行修饰。DNA（2′-脱氧）和 RNA 碱基的组合对于 gapmer ASO 生成 RNase H 底物异源双链体从而产生活性至关重要，并用于某些 siRNAs 设计的 3′末端以赋予核酸酶抗性（Elbashir 等，2001）。2′-OMe、2′-MOE 和

2′-F 是最常用的 2′取代基。这些修饰通过取代未修饰 RNA 的亲核 2′-羟基来增加寡核苷酸核酸酶抗性，从而提高血浆稳定性、增加组织半衰期，延长药物作用。此外，这些修饰还通过促进核糖的 3′-endo pucker 构象来增强寡核苷酸对互补 RNA 的结合亲和力（Manoharan 1999；Southwell 等，2012）。这些 2′-核糖修饰与 RNase H 活性不兼容，这意味着它们通常用于空间封闭寡核苷酸，或用于 gapmer ASO 中的侧翼序列。虽然增强结合亲和力的 2′取代本身并不能改善递送，但它们可以通过增加药物活性来弥补药物的生物利用度。

17.2.3 上市的寡核苷酸药物

Fomivirsen 是 FDA 批准上市的第一个反义寡核苷酸类药物，由 Isis Pharmaceuticals 同 Novartis 联合研发。该药物由 21 个硫代脱氧核苷酸组成，核苷酸序列为 5′-GCGTTTGCTCTTCTTCTTGCG-3′，主要用于治疗艾滋病（AIDS）病人并发的巨细胞病毒（CMV）性视网膜炎。通过对人类 CMV mRNA 的反义抑制，发挥特异而强大的抗病毒作用，疗效维持久，给药次数少，不良反应轻。福米韦生被 FDA 批准作为 AIDS 病人并发的 CMV 视网膜炎的二线治疗药物，适用于对其他治疗措施不能耐受或没有效果或有禁忌的病人。

Pegaptanib 是一种特殊的 VEGF 异构体 165（VEGF165）拮抗剂，为一种化学合成的寡核苷酸序列，对 VEGF 具有高度亲和力。2004 年 12 月，被美国 FDA 批准进入临床使用。它能阻止血管生长，抑制新生血管形成，对任何大小和组成的近视性脉络膜新生血管（CNV）均有治疗作用，其钠盐用于治疗新生血管性年龄相关性黄斑病变。

Mipomersen 于 2013 年 1 月 29 日，被美国 FDA 批准用于纯合子型家族性高胆固醇血症（HoFH）患者，作为降脂药物和饮食的辅助药物，以降低低密度脂蛋白胆固醇（LDL-C）、载脂蛋白 B（Apo B）、总胆固醇（TC）和非高密度脂蛋白胆固醇（非 HDL-C）。Mipomersen 是 Kynamro 的活性成分，是一种以人类 Apo B-100 信使核糖核酸为靶点的反义寡核苷酸，而 Apo B-100 是 LDL 及其代谢前体极低密度脂蛋白的主要载脂蛋白。Kynamro 的代谢不影响常用处方药物代谢所涉及的细胞色素 P450 通路，因此发生药物相互作用的可能性很小。当 Kynamro 与华法林、Kynamro 与辛伐他汀或依折麦布同时使用时，未报告任何有临床意义的药代动力学相互作用。

Defibrotide 由 Gentium 研发，2013 年 10 月 18 日获得欧洲药品管理局（EMA）批准，2016 年 3 月 30 日获得美国 FDA 批准上市。Defibrotide 是一种具有纤溶酶特性的寡核苷酸混合物，能提高纤溶酶水解纤维蛋白凝块的酶活性，增加组织纤溶酶原激活物 t-PA 和血栓调节蛋白表达，减少血管性血友病因子 vWF 和纤溶酶原激活物抑制剂 PAI-1 的表达。该药批准用于治疗肝小静脉闭塞症伴随造血干细胞移植后肾或肺功能障碍。

Eteplirsen 由 AVI BioPharma 研发，于 2016 年 9 月 19 日获得美国 FDA 加速批准上市，成为首个获批治疗杜氏肌营养不良症（DMD）的药物。Eteplirsen 采用了一种新颖的磷酰二胺吗啉代寡核苷酸和外显子跳跃技术，目的是修复 mRNA 的阅读框来部分纠正遗传缺陷。作为一种反义 RNA，Eteplirsen 跳过外显子 51 表达，所以可以帮助患者合成一些有一定功能形式的抗肌萎缩蛋白。于是，这个较短形式的功能型抗肌萎缩蛋白可以延缓 DMD 病人行走和运动能力的退化。该新药略过的是第 51 个外显子，大约 13%的 DMD 症患者可能适合针对略过第 51 个外显子的治疗方案。

Nusinersen 是治疗脊髓性肌萎缩症儿童和成人的首个药物，于 2016 年 12 月 23 日获得美国 FDA 批准上市，2017 年 6 月 1 日获得欧洲 EMA 批准。脊髓性肌肉萎缩症由 SMN1 失活变异造成，但人体还有一个序列极其相近的 SMN2 基因。但这个基因表达时缺失 7 号外显子，导致蛋白略短，很快被降解。Nusinersen 和 SMN2 前 mRNA 结合，促进 7 号外显子编入 mRNA 中，因此产生功能类似 SMN1 的蛋白。

Patisiran 由美国 Alnylam 开发，是一种能特异性沉默 hATTR 表达的 siRNAs 药物，是世界上基于 2006 年诺贝尔获奖的 RNA 干扰技术原理研发而批准上市的首款 siRNAs 药物及首个非病毒给药系统的基因治疗药物。Patisiran 是一种脂质复合物注射液，将 siRNAs 包裹在脂质纳米颗粒（LNP）中，静脉输注后药物直接递送至肝脏细胞内，沉默 hATTR mRNA 的表达，减少产生 hTTR 蛋白，逐渐减少周围神经中淀粉样沉积物（hTTR）的积累，最终达到治疗疾病的目的。

Inotersen 是一种用于皮下注射的反义寡核苷酸，通过与运甲状腺素蛋白（TTR）mRNA 结合降解突变型和野生型 TTR mRNA，从而导致组织中血清 TTR 蛋白和 TTR 蛋白沉积的减少。于 2018 年在美国、欧盟和加拿大获得批准用于治疗由遗传性 TTR 淀粉样变性引起的多发性神经病的成年患者。

Givosiran 是一种用于治疗成人急性肝卟啉症（AHP）的药物。在 AHP 患者中，由于基因突变，肝脏中的血红素生成受阻。这个过程由氨基乙酰丙酸合酶 1（ALAS1）控制。当 ALAS1 被激活时，血红素的生产过程减缓。这会导致有毒物质氨基乙酰丙酸（ALA）和疏孔素原（PBG）积聚。Givosiran 可以减少肝脏中 ALAS1 的含量，从而降低毒素 ALA 和 PBG 的水平。

Golodirsen 由 Sarepta Therapeutics 研发，经美国 FDA 批准于 2019 年 12 月 12 日上市，用于治疗确诊为发生 53 外显子跳跃基因突变的 DMD 的患者。Golodirsen 53 是一种反义寡核苷酸，通过靶向肌营养不良蛋白而发挥作用。

Viltolarsen 由 Nippon Shinyaku Pharma 研发为反义寡核苷酸药物，经美国 FDA 加速批准于 2020 年 8 月 14 日上市，用于治疗可接受外显子 53 跳跃疗法的 DMD 患者。该药通过屏蔽（跳跃）抗肌萎缩蛋白（抗肌萎缩蛋白，Dys）基因中的外显子 53 来促进功能性抗肌萎缩蛋白的产生。

Lumasiran 由 Alnylam Pharmaceuticals 研发，是首个治疗原发性 1 型高草酸尿症（PH1）的药物，于 2020 年 11 月 23 日经 FDA 批准上市。Lumasiran 是一种靶向羟基酸氧化酶 1（HAO1）mRNA 的 RNAi 疗法，HAO1 参与编码乙醇酸氧化酶，而乙醇酸氧化酶是一种可导致 PH1 缺陷的上游酶。Oxlumo 通过降解 HAO1mRNA，减少乙醇酸氧化酶的合成，抑制草酸生成。

Casimersen 由 Sarepta Therapeutics 研发，为反义寡核苷酸药物，经美国 FDA 批准于 2021 年 2 月 25 日上市，用于治疗外显子 45 跳跃基因突变的 DMD 患者。

Inclisiran 由 Alnylam Pharmaceuticals 研发，是一种 siRNAs 药物，经美国 FDA 批准

于 2021 年 12 月 22 日上市。用于需要额外降低低密度脂蛋白胆固醇（LDL-C）的动脉粥样硬化性心血管疾病（ASCVD）或杂合子家族性高胆固醇血症（HeFH）的成人治疗。

Fitusiran 由 Alnylam Pharmaceuticals 研发，用于治疗甲、乙型血友病，已获美国 FDA 孤儿药资格认定。

17.2.4 临床研究中的寡义核苷酸药物

目前，多种寡核苷酸药物处于临床研究中，治疗涉及全身多种器官的多种疾病。以常见病为例，Anti-miRNA 药物 RG-101 和 AB-729 分别具有治疗丙肝和乙肝的潜力，前者由 Regulus Therapeutics 公司研发，靶标为肝中 miR-122，处于Ⅱ期临床研究，后者由 Arbutus Biopharma 公司研发，靶标为肝中的 Hepatitis B virus HbsAg，处于Ⅰ期临床研究；Sylentis 公司开发的 siRNAs 药物 Tivanisiran 通过靶向眼中的 TRPV1 治疗干眼病，处于Ⅲ期临床研究；Moderna 公司开发的 mRNA 药物 AZD8601 通过靶向心脏中的 VEGFA 治疗心力衰竭，处于Ⅱ期临床研究；Santaris 公司开发的 Anti-miRNA 药物 Miravirsen 通过靶向肝中的 miR-122 治疗丙型肝炎病毒（HCV）感染，处于Ⅱ期临床研究；Ionis Pharmaceuticals 公司开发的 ASO 药物 IONIS-MAPTRx 通过靶向脑中的 MAPT 治疗轻度阿尔兹海默病，处于Ⅰ期临床研究。

多种用于治疗不同癌症的寡核苷酸药物也处于研究之中。Mirage Therapeutics 公司开发的 Anti-miRNA 药物 MRG-106 可以用于治疗 B 细胞淋巴瘤，目前处于Ⅱ期临床研究。MiNA Therapeutics 公司的 saRNA 药物 MTL-CEPBA 目前处于Ⅰ期临床研究，具有抗炎抗肿瘤的功效。

寡核苷酸药物的主要治疗方向是罕见病的治疗。靶向脑部或者脊髓的 ASO 药物 IONIS-HTTRx、IONIS-C9Rx、WVE-120101、WVE-120102，前两者由 Ionis Pharmaceuticals 研发分别对应治疗显性亨廷顿氏病、肌萎缩侧索硬化症都处于Ⅱ期临床，后两者由 Wave Life Sciences 研发用于治疗亨廷顿氏病都处于Ⅰ期临床。ASO 药物 IONIS-DNM2-2.5Rx、Suvodirsen、SRP-5051 通过靶向肌肉分别对应治疗中枢透明肌病变、肌营养不良症和杜兴氏肌营养不良。肝脏也是寡核苷酸药物的主要靶点之一，如治疗转甲状腺素介导的淀粉样变的 ALN-TTRsc02、治疗 α-1 抗胰蛋白酶缺乏症的 ARO-AAT、治疗 β-地中海贫血的 SLN124、治疗 1 型原发性高草酸尿症的 DCR-PHXC，这几种都是 siRNAs 药物。

17.3 siRNAs 药物研发

17.3.1 siRNAs 药物的定义及研发

siRNAs 通常为含有 19~23bp 的短双链 RNA 片段，可包裹在脂质纳米颗粒中或者与 GalNAc 等递送配体共价缀合，特异性靶向肝脏等组织细胞内发挥基因沉默的作用。siRNAs 药物主要通过 RNAi 机制发挥作用。内源性或外源性 dsRNA 可被体内特定的核糖核酸酶（dicer）切割成长度为 21～23bp 的小双链片段。这些小的双链片段称为 siRNAs。siRNAs 双链可与 RNA 诱导的基因沉默复合物（RISC）连接在一起，并在与 RISC 结合后，靶向切割特定 mRNA 为 10～11bp 的小片段，从而中断特定 mRNA 的翻译过程，抑制和沉默目的基因的表达。也就是说，siRNAs 是高度特异性的生物分子，能抑制或沉默其互补基因的表达（Dong 等，2019）。与 ASO 药物更有效地沉默细胞核内转录本不同，由于 RISC 普遍存在于细胞质中，siRNAs 则更擅长于沉默细胞质中的转录本。

RNAi 最终要通过 siRNAs 片段与靶基因结合并使之降解，因此，确保高度同源于靶基因而绝无与其他基因同源的 siRNAs 序列，是决定 RNAi 特异性的关键所在，也是 siRNAs 设计的基本原则。从具有不同沉默效率的 siRNAs 序列中筛选出高效的 siRNAs 序列，需要经过严密的设计和不断的实验检验（Dong 等，2019）。siRNAs 设计要遵循一些原则：①序列在靶基因中的位置：从靶基因起始密码子 AUG 下游 50～100 个核苷酸开始搜寻理想的 siRNAs 序列，越靠近靶基因的 3′端，其基因沉默效果可能越好；②序列的起始碱基与长度：研究表明，27nt 或 29nt 的 siRNAs 与 21nt siRNAs 相比，27nt siRNA 对靶基因的最大抑制率可在相对低的浓度下得到；③3′端突出碱基的选择：可以用 dTdT 取代 3′端的 2 个碱基突出，以增强 siRNAs 双链复合体的稳定性；④ siRNAs 序列中 G/C 含量的选择：G/C 含量在 30%～52%的 siRNAs 序列，其沉默基因效果较好；⑤siRNAs 中应避免连续的单一碱基和反向重复序列。连续 2 个以上的 G 和 C 可以降低双链 RNA 的内在稳定性，从而抑制 RNAi 作用；连续 3 个以上的 U 和 A 可能终止由 RNA polymerase Ⅲ介导的转录。siRNAs 序列中的重复序列或回文结构可能形成发夹状结构，这种结构的存在可以降低 siRNAs 的有效浓度和沉默效率；⑥siRNAs 双链的内在稳定性：反义链 5′端的第一个碱基尽量为 A 或 U；siRNAs 正义链 5′端第一个碱基尽量为 G 或 C；⑦siRNAs 序列特异性：为确保对靶 mRNA 的有效抑制，针对每一个靶基因结合上述 siRNAs 设计原则选择靶点相差 25bp 以上至少 3 条序列。

siRNAs 的研发还有一个关键性的因素就是核酸药物的安全性和稳定性。基于早期 RNA 靶向药物的临床开发经验表明，避免药物所带来的细胞毒性是十分必要的，安全性问题是早期 RNA 靶向药物研发失败的主要原因。细胞毒性包括以下几个方面：免疫原性的毒性、递送系统的毒性、脱靶效应毒性、非靶组织累积的毒性等。研发过程中，科研工作者正试图通过化学修饰，寻找新型递送系统以及争取减小药物剂量等方式克服 siRNAs 药物研发过程中的弊端。

17.3.2 上市的 siRNAs 药物

截至 2021 年，全球已有 4 款 siRNAs 获得 FDA、EMA 等监管机构的批准上市。

2018 年 8 月，美国 FDA 批准了全球首个 siRNAs 药物 Patisiran。该药物可用于治疗遗传性甲状腺素介导的淀粉样变性的多发性神经病（hATTR）。hATTR 是由基因突变引起的，这种突变会影响体内运甲状腺素蛋白（TTR）的功能（Weng 等，2019）。TTR 蛋白主要在肝脏中产生，是维生素 A 的载体。当 TTR 发生突变时，人体内会积累异常的淀粉样 TTR（ATTR），对人体器官和组织（如周围神经和心脏等）造成损伤，引发难以治疗的外周感觉神经病变、自主神经病变或心肌病，严重影响生活质量且致死性高。此种疾病很难用传统药物控制，而 RNA 药物 Patisiran 则能实现靶向肝脏细胞用于遗传性转 hATTR 伴多发性神经病变的治疗。Patisiran 进行了 2′-OMe 的化学修饰，并采用脂质体的递送系统。该药物的上市也预示着 siRNAs 药物的发展步入了新时代。

2019 年 11 月，FDA 批准了第二款 siRNAs 药物 Givosiran 上市。该药物用于治疗 AHP 的成年患者。AHP 是一种罕见的遗传性疾病，由于血红素生成过程中代表性酶的缺陷，致使患者容易在特定诱发因素下出现具有神经毒性的卟啉前体异常高水平蓄积而发病。上市的 Givosiran 进行了 PS、2′-F 和 2′-OMe 的化学修饰，采用了 GalNAc 的偶联载体，可以实现肝脏的靶向递送。Givosiran 采用了皮下使用的 *N*-乙酰半乳糖胺结合 RNA 干扰疗法。Givosiran 的批准基于一项 94 例急性肝卟啉症患者参与的Ⅲ期临床试验（代码 ENVISION）：其中 48 例患者接受 Givosiran 治疗，46 例患者接受安慰剂治疗，结果通过需要进行紧急医疗保健或静脉输注血红素的卟啉症发作率来衡量。与接受安慰剂的患者相比，Givosiran 组卟啉症发作减少了 70%。值得一提的是，与安慰剂组相比，Givosiran 组患者发生不良反应的频率至少高 5%。较常见的副作用是恶心和注射部位反应，其次是皮疹、血清肌酐升高、转氨酶升高、易疲劳等不良反应。Givosiran 推荐剂量为 2.5mg/kg（剂量基于实际体重），每月一次皮下注射。FDA 建议使用该药物时，医生需定期监测患者的过敏反应和肾功能，患者在治疗之前和治疗期间也应定期进行肝功能检查。

2020 年 11 月，FDA 批准 Lumasiran 上市，用于儿童和成年人 PH1 的治疗。PH1 通常是由肝脏中乙醛酸代谢中特定酶的功能丧失导致的，草酸不能进一步代谢进而通过肾脏排泄，从而引起草酸积蓄。如果草酸排泄增加至 $>1mmol/1.73m^2/d$，即正常水平的 2 倍，就会导致复发性草酸钙肾结石、肾钙盐沉着症、尿路感染和肾衰竭。PH1 是由于肝脏代谢的先天性异常所引起的疾病，初期表现在肾脏和尿路，但一旦发生肾衰竭则可进展为多系统性疾病（全身性草酸累积症），危害患者生命。此方法以产生草酸前体或底物的乙醛酸代谢中的关键酶为靶点，下调乙醇酸氧化酶的活性，使乙醛酸的产量减少，最终导致草酸产生减少。Lumasiran 的 2 个临床试验（试验 1，入组 39 例；试验 2，入组 20 例），其结果均显示 Lumasiran 治疗 PH1 安全有效。Lumasiran 采用了 PS、2′-F 和 2′-OMe 的化学修饰，其采用 GalNAc 的偶联载体，可以实现肝脏的靶向递送。

2020 年 12 月，Inclisiran 获得 EMA 的批准上市。低密度脂蛋白胆固醇（LDL-C）与心血管疾病（CVD）之间的关系已被证实，降低 LDL-C 水平减少心血管事件是治疗的重点。前蛋白转化酶枯草杆菌蛋白酶/kexin9 型（PCSK9）是一种由 PCSK9 基因编码的丝氨酸蛋白酶，主要由肝脏产生。PCSK9 可与肝细胞表面的 LDL 受体（LDL-R）结合，使 LDL-R 降解，血浆 LDL-C 水平升高。PCSK9 抑制剂可干扰其与 LDL-R 的结合，使肝脏表达更多的 LDL-R，降低血浆 LDL-C 水平。Inclisiran 可抑制肝细胞内 PCSK9 的合成。Inclisiran 是一种双链 siRNAs，可利用 RNA 干扰内在过程并阻断 PCSK9 的肝细胞生成。Inclisiran 可与 PCSK9 的 mRNA 前体特异性结合，阻止其翻译和 PCSK9 的产生。PCSK9 蛋白的减少促进 LDL-R 的循环，增加血浆 LDL-C 的摄取和降解，从而降低血浆 LDL-C 水平。Inclisiran 每 6 个月皮下注射一次即可显示出持久的疗效，或有助于提高用药依从性。Inclisiran 进行了 PS、2′-F、2′-OMe 的化学修饰，采用了 GalNAc 的递送技术，可以实现肝脏的靶向递送。

17.3.3　临床研究中的 siRNAs 药物

截至 2021 年，除了上述上市药物以外，还有多种 siRNAs 药物进入临床研究阶段。

AGN211745 靶向 VEGFR，用于治疗年龄相关性黄斑变性引起的脉络膜新生血管疾病，目前已经进入Ⅱ期临床阶段。PF-04523655 除了靶向 VEGFR，还可以靶向 RTP801，用于治疗糖尿病黄斑水肿，也处于Ⅱ期临床阶段；QPI-1007 则靶向的是 Caspase 2，用于治疗非动脉性前部缺血性视神经病变，处于Ⅰ期临床阶段；TD101 靶向的是 KRT6A，可治疗先天性厚甲症，处于Ⅰ期临床阶段；QPI-1002 可靶向 p53，用于治疗慢性乙型肝炎、急性肾功能衰竭、急性肾损伤，对 3 种病症的研究分别处于Ⅱ期、Ⅰ期、Ⅱ期临床阶段。

此外，还有大量在研 siRNAs 药物用于治疗癌症相关疾病。siG12D 靶向 KRASG12D，用于治疗胰腺癌，处于Ⅰ期临床阶段；TKM-080301 靶向 PLK1，用于肝细胞癌和实体肿瘤的治疗，均处于Ⅱ期临床阶段；Atu027 靶向 Protein kinase N3，用于晚期实体肿瘤和胰腺癌的治疗，分别处于Ⅰ期和Ⅱ期临床阶段；DCR-MYC 靶向 MYC，可以用于治疗实体瘤、多发性骨髓瘤或淋巴瘤，处于Ⅰ期临床阶段；CALAA-01 靶向 RR2，也用于实体瘤的治疗，处于Ⅰ期临床阶段。

17.4　适配体药物研发

17.4.1　适配体药物的定义及研发

核酸适配体通常是利用 SELEX 技术，从核酸分子库中筛选得到的 20~70 个核苷酸的 DNA 或 RNA 分子，能够通过二、三级结构的折叠成类似抗体的三维构象与其靶标特异性结合。SELEX 是一个迭代的过程，从一个随机的核酸序列大库开始，与靶标一起孵育，结合靶标的核酸分子被分离出来扩增，并作为新的核酸库与靶标孵育，这个过程不断重复，直到分离出对目标蛋白具有高亲和力的库，最后对该核酸池进行测序和表征，以识别亲和力最高的适配体。核酸适配体具备多种优势，包括免疫原性低、生产成本低、具有高温稳定性等，此外，适配体的靶标范围十分广泛，包括蛋白质、细胞、病毒、小分子和多肽等（Banerjee 等，2013）。

核酸适配体可用作药物，1990 年 Sullenger 等发表了第一个研究，证明设计用于结合病毒蛋白质的 RNA 适配体可以阻止病毒 RNA-蛋白质结合，从而阻止病毒复制（Sullenger 等，1990）。从启动子中表达一个 TAR RNA 衍生的适配体作为诱饵，在 $CD4^+$ T 淋巴细胞中结合 Tat 和细胞周期蛋白 T1 蛋白。表达 TAR 适配体的细胞对病毒复制具有抗性，这表明 RNA 配体代表了潜在的治疗药物。适配体特异性结合其靶标如蛋白质、多肽、小分子等，从而抑制其生物学功能，影响其活性，达到治疗疾病的效果。

近年来，适配体药物已被应用于眼部疾病、肿瘤疾病、心血管类疾病、血液类疾病等诸多领域，显示出极大的潜能。

特别是自 2006 年，Cell-SELEX 被开发后（Tan 等，2006），它解决了当时技术在未知生物标记物捕获领域的限制，通过反向差异化筛选，将正常细胞及具有病理学研究意义的细胞从分子水平上完成识别，为疾病研究和早期诊断提供新思路；进一步地，随适配体优化改性技术的成熟，其针对细胞内存在调控功能的蛋白在结合位点上的干预及占位，也同时指明了适配体这种尺寸小、位阻小的核酸从充当药物治疗疾病的研究方向。此外，除自己充当药物核心干预成分外，适配体还可以充当运载体或靶向引导剂，为药物小分子的精准输送、胞内协同治疗助力。

然而，在核酸药物的开发中，核酸分子在体内的稳定性仍然是一个挑战。适配体很容易被人体循环系统中的血液核酸酶降解。此外，由于其平均直径（分子质量 6~30kDa）小于 5nm，适配体被肾小球滤过迅速去除，且结合亲和力不足，加剧了细胞特异性适配体的不稳定性，极大地限制了其临床应用。因此，修饰在适配体的应用中是必不可少的。适配体的改进可以通过两种方式来理解，一是稳定性，二是亲和力。细胞特异性适配体的稳定性主要通过修饰糖环、磷酸骨架和末端来实现，目的是抵抗核酸酶的降解，增加适配体的大小以抵抗肾脏清除。适配体的亲和力则主要是通过修饰核苷酸碱基来实现的。细胞特异性适配体的修饰可以分两个阶段进行，包括在 SELEX 之前修饰文库和在 SELEX 后修饰与验证。

为了提高细胞特异性适配体的稳定性，可以采用两种以目的为导向的化学修饰策略：抗核酸酶降解和抗肾清除。核酸酶抗性通常通过修饰糖环、磷酸二酯键和末端以及 spiegelmers 来实现。糖环修饰是提高几种适配体的核酸酶抗性的常用策略，包括 2′-F、2′-NH_2、2′-OMe、LNA 和 2′-脱氧-2′-氟-D-阿拉伯核酸（2′-F-ANA）（Thirunavukarasu 等，2017）。LNA 是核糖核苷酸的类似物，在糖环的 2′-O 和 4′-C 之间具有亚甲基键，它已被应用于显著提高适配体的体内稳定性，同时保持其结合特性。此外，肾清除阻力通常是通过修饰末端来实现的，适配体末端 3′端尾加脱氧胸苷终端帽可以增加对核酸外切酶的稳定性和抗性。为了提高适配体的肾脏清除阻力时，必须对庞大的部分进行修饰，因为小的适配体很容易通过肾小球滤过迅速排出体外。通常，末端 PEG、胆固醇和脂质修饰非常有效。高分子质量 PEG 与适配体的结合可以限制过滤速率，将半衰期延长至 24~48h（Da Pieve 等，2012）。

可以通过碱基修饰提高细胞特异性适配体的亲和力。大多数碱基修饰发生在嘧啶的 C^5 位和嘌呤的 N^7 位，修饰位点的疏水性替换是多种多样的，包括苄基、萘基、曲普氨基和异丁基等。SomaLogic 公司在“慢解离速率修饰适体”（SOMAmers）方面取得了重大进展，其中包含碱基修饰并被证明具有改善的结合动力学和结合亲和力。据报道，二硫代磷酸酯（PS2）取代是一种增加适配体亲和力的特殊策略，可将 RNA 适体单核苷酸的靶结合亲和力显著提高 1000 倍（Abeydeera 等，2016）。

适配体的持续筛选和修饰导致了用于各种应用的适配体的开发。它们不仅可以作为基于特定靶点识别的简单诊断成像和递送工具，而且还可以直接作为治疗剂，例如，通过激活或抑制下游效应的分子靶点，或作为拮抗剂阻断蛋白质-蛋白质或受体-配体相互作用等。许多有前途的适配体仍处于开发和测试的不同阶段。一些适配体已经进入临床试验，并且大多数都经历了各种类型的修饰。适配体经过广泛的药理学修饰，改变了亲和力、特异性和治疗半衰期，能够为每种药物量身定制特定的临床需要。

为更好推动适配体药物的临床及产业化，在提升亲和力和稳定性，即确保功效发挥的基础上，其在人体内的生物安全性和代谢模式一直缺少直观且量化的评价结果，然而这恰恰是药物成功转化所必需的。近日，Tan 等人将放射性元素^{68}Ga 镓标记靶向 SGC8 适配体的方式，首次结合人体临床试验，对适配体的药代动力学、生物遗传毒性、器官分布及累计等进行了系统研究，为适配体药物入体后的药代动力学模型搭建及个体化病程治疗预测提供全新平台（Tan 等，2023）。

17.4.2 上市的适配体药物

截至目前，共有 2 款适配体药物从临床研究走入大众医疗市场。2004 年，美国 FDA 通过全球第一个用于治疗老年湿性黄斑变性的核酸适配体药物 Macugen（Ng 等，2006）。适配体 Macugen 的 3′端进行 2′-F 嘧啶、2′-OMe 嘌呤修饰和脱氧胸苷终端帽修饰，5′端结合 40kDa 的 PEG，其通过每 6 周眼部玻璃体内注射与 VEGF165 的肝素结合区相互作用来抑制新生血管形成，从而阻止 VEGF165 与其受体结合，从而避免由受体激活引起的下游反应。Macugen 是最早获批用于眼科的抗 VEGF 类药物。但随着 2006 年 AMD 治疗领域迎来第二个抗 VEGF 药物雷珠单抗（Lucentis）获批后，随后融合蛋白药物的上市也使得 AMD 治疗领域的市场竞争越来越激烈，最终 Macugen 的商业化成功有限。

2023 年 8 月，由安斯泰来公司研发的 Avacincaptad pegol，别名 Anti-C5 aptamer、ARC-187、ARC-1905，被 FDA 作为突破性疗法通过优先审评，批准其成为治疗 AMD 及继发地图样萎缩（GA）的新药。以 RNA 适配体作为核心成分的该药物，以一种新型 C5 补体抑制剂的形式，可以抑制 C5 剪切为 C5a 和 C5b，进而有效减少了炎症相关的视网膜色素上皮（RPE）损伤，以临床试验高达 35%的观察有效率，开创了视网膜疾病转化性疗法的里程碑。

17.4.3 临床研究中的适配体药物

迄今为止，已有 72 种适配体药物处于药物发现、临床研发前等不同的临床研究阶段。这些适配体的治疗范围包括眼部疾病、凝血、肿瘤学和炎症等在内的，包括冠状动脉疾病、急性心肌梗死、血友病、急性髓细胞白血病、慢性淋巴细胞白血病、2 型糖尿病、白蛋白尿、慢性病性贫血等 97 个适应症。对应靶点已达 47 个。此类适配体通常通过某种类型的注射给药，静脉内、皮下或针对眼部疾病的特定玻璃体内注射。

适配体药物依然在治疗眼部疾病方面最为成熟，目前已有 16 种适配体被研发。在靶点选择方面，由于单独抗 VEGF 治疗可能无法防止由于周细胞相关的血管成熟导致的新血管退化，因此除了 VEGF、PDGF 外，在周细胞募集中发挥作用的 PDGF 和 C5 也成为了潜在的热点治疗靶点。

目前，有 4 种适配体正在进行与凝血相关的临床试验，分别是 REG1、ARC1779、

BAX499（ARC19499）和NU172。REG1抗凝系统由药物RB006（一种针对凝血因子Ⅸa的37个核苷酸修饰的适配体）和解毒剂RB007（一种17个核苷酸的解毒寡核苷酸）组成（Lincoff等，2016）。ARC1779识别vWF A1结构域，可以阻断vWF的A1结构域与血小板GPIb受体的自发相互作用，从而在冠状动脉狭窄和斑块破裂的高剪切条件下调节血小板的黏附、活化和聚集。BAX499，以前称为ARC19499，可阻断组织因子途径抑制剂（TFPI）对因子Ⅹa和组织因子/因子Ⅶa复合物的抑制，并可纠正血友病A和B血浆中的凝血酶生成。最后一种是NU172，是一种未经修饰的基于G-四链体的DNA适体，用于筛选凝血酶，在心脏病治疗中具有短效抗凝作用（Troisi等，2018）。

AS1411（ARGO100）是一种基于26个寡核苷酸G-四链体的DNA适配体，被认为是第一个进入临床研究的抗肿瘤核酸适配体。它与其他适配体的不同之处在于它不是通过传统的SELEX过程选择的（Mongelard等，2010）。AS14111现在是一种成熟的肿瘤治疗适配体，可有效抑制许多肿瘤细胞系的增殖。它首先与位于肿瘤细胞表面的核仁蛋白高度选择性和特异性结合，然后通过核仁素介导的内化作用与细胞质中的核仁蛋白结合，以抑制NF-κB并使抗凋亡B细胞淋巴瘤蛋白（BCL）-2蛋白mRNA不稳定，导致肿瘤细胞死亡。NOX-A12也已被证明对包括结直肠癌在内的多种癌症具有治疗作用。趋化因子C-X-C基序配体12（CXCL12）在促进肿瘤增殖和转移、促进血管生成和延缓肿瘤细胞凋亡中起关键作用。NOX-A12靶向CXCL12并结合CXCL12的2个重要结构域，从而抑制CXCL12与肿瘤细胞相互作用（Menne等，2017）。此外，NOX-A12也在调节肿瘤细胞微环境中发挥重要作用。

NOX-E36和NOX-H94两种抗炎适配体是由NOXXON开发的spiegelmers（Schwoebel等，2013）。NOX-E36识别趋化因子配体2（CCL 2）并通过与CCL2结合以减少白细胞募集来预防炎症，而NOX-H94靶向肽激素铁调素，调节铁稳态，并干扰铁调素与铁转运蛋白。这些适配体用于治疗和评估2型糖尿病和慢性贫血。

17.5 miRNA药物研发

17.5.1 miRNA药物的定义

miRNAs是一类长度为20~25个核苷酸的单链内源性非编码RNA分子，可以与靶mRNA互补结合，调节靶mRNA的翻译过程，在细胞内具有多种重要的调节作用。miRNA首次于1993年被Victor Ambros在秀丽隐杆线虫中识别为lin-4，它调控了lin-14蛋白的水平（Lee等，1993）。迄今为止，已有超过2000种miRNA在人类和哺乳动物中进行了实验验证，miRNA调节人类基因组中60%以上的蛋白质编码基因（Xu等，2020）。这种复杂的调节网络既可以通过一个miRNA调节多个靶基因，也可以通过几个miRNA的组合来精细调控单个mRNA。miRNA的合成始于RNA聚合酶Ⅱ的转录过程（O'Brien等，2018），在典型途径中，Drosha（一种2类核糖核酸酶Ⅲ酶）和辅因子蛋白DGCR8将初级miRNA（pri-miRNA）切割为发夹状的前体miRNA（pre-miRNA），随后在exportin 5-RNA·GTP复合体介导下，pre-miRNA完成核质转移过程。

在细胞质中 pre-miRNA 被 dicer 核酸酶切割成双链 RNA，argonaute（AGO）蛋白选择其中一条形成有活性的链，与其连接形成 RNA 诱导的沉默复合物（RISC），发挥多样性的调控功能。

研究中发现，多种疾病的发生与 miRNA 异常表达有关，如癌症、肝炎、心血管疾病等，因此通过 miRNA 可开发针对这些疾病的药物。目前，治疗公司已大量参与开发 miRNA 药物。miRNA 药物可分为两类：miRNA 的拮抗剂（miRNA antagonist）及 miRNA 类似物（miRNA mimics）。miRNA 拮抗剂可以与 miRNA 以碱基互补配对原则结合并通过 RISC 对 miRNA 进行降解，以抑制 miRNA 的功能。miRNA 类似物则与人体内 miRNA 功能类似，将其导入病理细胞可使其恢复正常的生理功能。

miRNA 药物的研发过程需要克服诸多挑战。其一，裸 miRNA 易降解。裸 miRNA 体循环的稳定性主要受血清 RNase A 型核酸酶和肾脏排泄的阻碍，RNase A 型核酸酶一旦进入血流，就会迅速降解核糖部分中具有未改变的 2′- OH 的裸 miRNA。其二，miRNA 的细胞膜穿透性差。由于具有负电荷，miRNA 组织穿透性最小，不能单独传递到目标组织，尤其是在血管是多孔的癌症治疗中。其三，存在内体逃逸和递送问题。当 miRNA 被递送时，它们首先进入初始溶酶体隔室（pH 为 5~6），输送到另一个具有高酸性微环境的隔间中，然后再将它们释放到目标组织中。溶酶体的酸性很强并包含多种促进 miRNA 降解的核酸酶。其四，miRNA 在从体内到达细胞质后还存在脱靶效应和不良毒性。miRNA 的 3′ UTR 因其不完全杂交而成为靶标，因此其他功能基因可能会被意外敲除。

3′修饰可以提高 miRNA 药物的稳定性。2009 年 Katoh 等设计了一种末端尿苷酰转移酶 2（TUTase 2），它引起 3′末端腺苷酰化，保护 miR-122 不被降解，从而增加其稳定性（Katoh 等，2009）。许多短 RNA（包括植物中的 miRNA 和动物中的 piRNA）也需要 Hua 增强子 1（HEN1）介导的 3′端 2′-OMe 修饰以确保其稳定性。糖环修饰是提高结合亲和力和核酸酶稳定性的极好方法，2′糖环修饰，包括 2′-F、2′ -OMe、2′-MOE 和 LNA 修饰都是比较常用且有效的修饰。除了提高药物分子的稳定性、延长其半衰期的化学修饰以外，胶囊技术的拓展也可以提高药物分子的输送效率。常用的输送系统包括自组装无机离子纳米颗粒、外泌体和基于脂质的纳米系统，如中性脂肪乳剂或靶向部分连接的树状大分子复合物等，载体大大提高了 miRNA 的转染效率和稳定性。

17.5.2 临床研究中的 miRNA 药物

20 余年来，对 miRNA 的研究已从实验室进入到临床阶段，虽然 miRNA 药物的治疗效果尚未真正转化到临床应用，但目前处于临床开发试验的各个阶段，有很多成功的Ⅰ期临床试验以及正在开展的Ⅱ期临床试验，miRNA 能够调节疾病的进展并作为诊断和预后生物标志物发挥作用。在美国国际临床试验注册中心、欧洲临床试验注册中心、中金研究网站上可以找到最新的可搜索 miRNA 药物临床试验数据库。这些数据库报告了超过 15 个处于临床开发各个阶段的 miRNA 药物。

miRNA 反义寡核苷酸包括与疾病进展、肿瘤起始、侵袭转移和癌症类型有关的

antagomiRs 和 antimiRs。在癌症治疗中，miRNA 反义寡核苷酸作为肿瘤抑制因子发挥作用，通常被称为拮抗剂，即 anti-miRNA。miRNA 反义寡核苷酸的临床应用包括 LNA、硫代磷酸酯修饰的反义寡核苷酸和抑制 miRNA 的 antagomiRs。这些 miRNA 拮抗剂是与内源性 miRNA 人工互补的寡核苷酸，使得其难以通过 RNA 诱导的沉默复合物进行加工，从而阻断基因转录或翻译。目前超过 11 种 miRNA 反义寡核苷酸处于临床试验的各个阶段。Miravirsen 是第一个在 HCV 感染患者中通过临床试验取得进展的 miRNA 药物（NCT01200420）。miR-122 与肝脏有关，这是治疗肝脏疾病的重要治疗靶点。而 Miravirsen 是采用 LNA 技术的一段 15nt 长的反义 RNA 链，能够同 miR-122 的 5′端互补治疗 HCV 感染。在啮齿类及非人灵长类动物模型中的临床前研究表明，Miravirsen 展现出良好的肝脏输送效率，并且能降低胆固醇积累量及减小 HCV 滴度，后续的Ⅱa 期 Miravirsen 在 36 例慢性 HCV1 型感染患者身上表现出长期剂量依赖性地减少 HCV RNA 水平的效应，且未出现病毒抵抗性。RG-101 是一类 *N*-乙酰-D-氨基半乳糖修饰的抗 miR-122 核酸片段，也用于了 HCV 感染患者的临床试验。miR-103/107 基因在肥胖小鼠模型及非酒精性脂肪性肝炎患者的肝脏中表达量明显上调，研究者开发了 RG-125，一种 *N*-乙酰半乳糖胺修饰的 miR-103/107 抑制分子，目前已进入非酒精性脂肪性肝炎治疗的临床探索阶段。此外，在胶质母细胞瘤中发现 miR-10 的表达比在正常脑组织中高，因此，Morong 等（Monroig-Bosque Pdel 等，2015）开发了 EXTH-64，这种抗 miR-10b 药物正在进行Ⅰ期临床研究，以探索其在胶质母细胞瘤治疗中的疗效。

此外，miRNA 模拟物也可以作为临床核苷酸药物。工程化的 miRNA 模拟物可作为替代疗法，它的上调能够在病变区域恢复失调的 miRNA。目前有超过五种 miRNA mimics 正在临床试验中，包括但不限于 miR-16、miR-34、miR-29 和 miR-124，用于治疗各种人类疾病。MRX34 是一种肿瘤抑制因子 miR-34a 模拟物，是第一个进入临床试验的 miRNA 药物（NCT01829971），作为肿瘤治疗领域进展最快的 miRNA 类似物，前期取得了良好的临床试验效果，但由于免疫相关的负面事件（包括患者死亡案例），该试验已经终止。Shen 及其同事对 20 名遗忘型轻度认知障碍患者和 24 名认知正常老年人进行了临床试验研究，表明 miR-10 在阿尔茨海默病发病机制中具有关键作用（NCT01819545）。Ko 等在最近的一项临床研究（NCT02534558）中揭示了 miR-29a 可减轻肩部僵硬。ABX464，一种由 Abivax 开发的 miR-124 模拟物，用于上调炎症性肠病和溃疡性结肠炎中 miR-124 的表达。该研究目前正在招募Ⅱa 期和Ⅱb 期临床试验，分别用于治疗克罗恩病和溃疡性结肠炎（NCT03760003）。

17.6 新冠 mRNA 疫苗的研发

自 1798 年 Jenner 应用牛痘苗预防天花开始，人工免疫拉开了序幕。截至目前，已经发展到第三代疫苗。其中，第一代疫苗大多为灭活疫苗和减毒活疫苗，是使用最为广泛的传统疫苗。第二代疫苗又称亚单位疫苗，是通过对病菌进行分解或根据基因工程原理获得的具有免疫活性的病菌特异性蛋白结构。第三代疫苗主要将编码某一抗原蛋白的基因作为疫苗，注射到人体中，通过正常的人类生理活动产生抗原蛋白，诱导机体持续产生免疫应答。第三代疫苗特异性更强，有效性更高，并且研发周期较快。mRNA 疫苗就属于第三代疫苗。

mRNA 复制了细胞核中双链 DNA 的一条链的遗传信息，随即离开细胞核在细胞质中生成蛋白质。在细胞质中，核糖体沿着 mRNA 移动，读取其碱基序列，并翻译成相应的氨基酸，最终形成蛋白质。因此，mRNA 在生命体内占据着极其重要的位置。1990 年，Wolff 等发现向小鼠肌肉组织中注射含有特定基因的质粒 DNA 或 mRNA，小鼠组织局部会产生该基因编码的蛋白产物，此后，mRNA 药物的研发也得到重视，尤其是 mRNA 疫苗的获批，预示着 mRNA 药物进入了蓬勃发展时期。疫苗的工作原理是通过“训练”人体识别并对病毒或细菌等致病生物所产生的蛋白质作出反应。传统的疫苗是由小剂量或灭活的整个致病生物体或其产生的蛋白质组成，将其导入人体，激发免疫系统作出反应。mRNA 疫苗是使用实验室中合成的 mRNA 指导体内细胞生成一种触发体内免疫应答的蛋白质（或者只是蛋白质片段），可以阻断病毒进入细胞（Gargano 等，2021）。尤其是在 2020 年全球新冠肺炎暴发的背景下，辉瑞生物科技和莫德纳公司研发两款 mRNA 疫苗获得上市批准。mRNA 疫苗是首批获准在美国使用的 COVID-19 疫苗之一。mRNA 疫苗在疫苗领域成功地占有了一席之地。

17.6.1 BNT162b2 疫苗

BNT162b2 疫苗是辉瑞生物科技公司研发的，在 2021 年 8 月 23 日获得了 FDA 批准。可以通过上臂肌肉注射进行接种。需要进行 2 次注射，间隔 21d，5 岁及以上的中度至重度免疫功能受损人群应在接种第二剂至少 28d 后接种初始疫苗额外针剂。疫苗成分主要包含 mRNA、脂质、盐和糖。其中 mRNA 的功能是提供指令，用于身体从 COVID-19 致病病毒中构建无害的蛋白质片段。这种蛋白质引起免疫反应，帮助保护身体在未来免于感染 COVID-19；脂质可以帮助 mRNA 进入细胞；盐和糖有助于在疫苗生产、冷冻、运输和储存的过程中，共同帮助保持疫苗分子的稳定，直到接种。

16 岁及以上人群中的临床试验证据显示 COVID-19 病毒感染的预防有效率为 95%。5~15 岁儿童的临床试验数据显示 COVID-19 感染的预防效力大于 90%，而 5~15 岁儿童中的免疫应答至少跟 16~25 岁人群中的免疫应答一样强有力。在临床试验中还显示，疫苗在不同年龄、性别、种族和族裔群体以及在患有基础疾病的人群中的 COVID-90 预防效力也大于 19%。

该疫苗接种后的安全数据显示，接种疫苗后 7d 内出现副作用是正常的，多为轻微症状。有些人出现副作用可能会影响其从事日常活动的能力。全身副作用（如发烧、寒战、疲劳和头疼）在接种第二剂疫苗后更为常见（Chagla，2021）。青少年和年轻人在接种 mRNA COVID-19 疫苗第二剂后出现罕见心肌炎和心包炎病例比接种第一剂后更为常见。这种报告很罕见，而 COVID-19 免疫接种的已知和潜在好处超过已知及潜在风险，包括可能的心肌炎或心包炎风险。

17.6.2 mRNA-1273

mRNA-1273 疫苗是莫德纳公司研发的，2022 年 1 月 31 日获得了 FDA 授权，用于

18 岁及以上人群，可通过上臂肌肉注射进行接种。需要进行 2 剂，相隔 28d，中度至重度免疫功能低下人群应在接种第二剂至少 28d 后接种额外初始针剂（第三剂）。疫苗成分主要包含 mRNA、脂质、盐、糖、酸稳定剂和酸。其中 mRNA 的功能是提供指令，用于身体从 COVID-19 致病病毒中构建无害的蛋白质片段。这种蛋白质引起免疫反应，帮助保护身体在未来免于感染 COVID-19；脂质可以帮助 mRNA 进入细胞；盐、糖、酸稳定剂和酸有助于在疫苗生产、冷冻、运输和储存的过程中，共同帮助保持疫苗分子的稳定，直到接种（Klimek 等，2021）。

在 18 岁及以上人群的临床试验显示，COVID-19 感染的预防有效率为 94.1%。此外，在临床试验中，疫苗也可以预防不同年龄段、性别、种族和族裔人群以及患有基础疾病人群的 COVID-19 感染。有证据表明，mRNA COVID-19 疫苗在实际使用中提供的保护与在临床试验环境中类似，能够在全剂量接种疫苗的人群中将感染 COVID-19（包括重症）的风险降低 90%或以上。

17.7 其他核酸药物研发

17.7.1 单核苷酸类药物

单核苷酸类药物是一种以单核糖核苷酸或脱氧核糖核苷酸为基础的，进行一定修饰的核苷酸类药物，可用于疾病的治疗，如脱氧核苷酸钠注射液和氟尿嘧啶。1999 年，脱氧核苷酸钠注射液上市。脱氧核苷酸钠注射液是一种复方制剂，其组成成分为脱氧核糖胞嘧啶核苷酸、脱氧核糖腺嘌呤核苷酸、脱氧核糖胸腺嘧啶核苷酸和脱氧核糖鸟嘌呤核苷酸钠盐。脱氧核苷酸钠注射液主要用于急、慢性肝炎，白细胞减少症，血小板减少症及再生障碍性贫血等的辅助治疗。目前由北京赛生药业有限公司生产。氟尿嘧啶，又称 5-氟尿嘧啶，是一种嘧啶类似物，属于抗代谢药的一种，主要用于治疗肿瘤。2015 年 9 月份，曲氟尿苷/替吡嘧啶获得美国 FDA 批准上市，适用于治疗转移性结直肠癌。2020 年 7 月，曲氟尿苷替匹嘧啶片在国内上市开售，是结直肠癌口服化疗新药。依赖于碱基修饰方式的单核苷酸类药物，正逐步走入人们的视野。

17.7.2 saRNA 药物

saRNA 是一种短的双链寡核苷酸，通过 RNA 激活发挥作用。其化学结构与 siRNAs 类似，但作用效果却完全相反。RNA 激活是由小分子 RNA 介导的基因表达上调机制。其中能够激活这种调控方式的 RNA 被称为小激活 RNA。saRNAs 通过将内源性转录复合物招募到靶基因，增加 mRNA 的表达并上调靶蛋白。目前，saRNA 药物主要研发公司为 MiNA Therapeutics，于 2008 年成立，是全球首家开发 saRNA 疗法的公司。该公司已经开发出强大的生物信息学平台，用于靶基因激活的 saRNA 的序列设计。saRNA 药物仍处于研发的初级阶段，但多个治疗领域新的靶点正在被发掘，未来可能会向临床开发和商业化发展。

17.7.3 circRNA 药物

circRNAs 是一类不具有 5′末端帽子和 3′末端 poly-A 尾巴，并以共价键形成环形结构的客观存在于生物体内的非编码 RNA 分子。1976 年 circRNA 分子被发现，经过 30 多年的沉寂后，在 2013 年一鸣惊人，并在随后几年时间里迅速成为新一代研究热点。circRNA 不仅是 mRNA 剪接的稳态副产物，还是新型调控的可变剪接的产物，具有强大的生物学功能。主要包括：①可以作为 miRNA 分子的海绵；②作为蛋白质分子的海绵；③引起机体的免疫响应；④少数具有编码的功能。此外，大量研究发现 circRNA 参与了多种疾病的发生。因此，circRNA 自身具有了治疗疾病的潜能。但目前对于 circRNA 药物的开发还只是处于研究阶段，尚未成为医药公司研发的重点对象。

17.7.4 sgRNA 药物

sgRNA 是 CRISPR 基因编辑工具的核酸部分。CRISPR/Cas9 是目前最热门的基因编辑工具之一，基因编辑系统主要包括了 Cas9 核酸酶和 sgRNA。sgRNA 可以引导 Cas9 核酸酶对特定位点的基因进行双链切割，以通过非同源性末端重组修复（non-homologous end joining，NHEJ）和同源重组修复（homology-directed repair，HDR）方式，引起基因突变，造成致病基因异常（Jiang 等，2017），达到治疗疾病的目的。sgRNA 编辑的 RNA 分子，长度是 60~80 个核苷酸，是由单独的基因转录的。sgRNA 有开发为核酸药物的潜质，主要是因为 CRISPR/Cas9 编辑系统的应用。目前，已经有多种相关药物处于研发阶段（PD-1 knockout CAR-T cells、CD34+ modified autologous hHSPCs、Surface CD7 knockout CD7- specific CAR-T cells 等）。然而，在 sgRNA 开发的过程中仍存在一些挑战需要克服，包括 sgRNA 的脱靶效应及其递送系统等，都存在一些对机体产生威胁的不可控因素。随着科技的发展，研究的深入，sgRNA 将会被开发成核酸药物用于疾病的治疗。

17.8 核酸药物递送载体

17.8.1 病毒类载体

核酸药物病毒类载体主要包括腺相关病毒（adenovirus-associated virus，AAV）、慢病毒（lentivirus）、腺病毒（adenovirus，Ads）和逆转录病毒（retrovirus）等。

慢病毒载体已成为用于基因治疗的离体转基因递送的首选工具之一。重组慢病毒载体由于能够转导非分裂细胞，例如树突状细胞，已被证明可以引发 B 细胞和 T 细胞介导的针对传染病和不同肿瘤的免疫（Rowe 等，2006），并且慢病毒载体大大减少了插入诱变。非整合慢病毒载体的优点是它们在活跃分裂的细胞中的瞬时表达，不需要持续的转基因表达。应用非整合慢病毒载体来规避针对基因组编辑工具（如 CRISPR/Cas）长期表达的免疫反应，促进了此类系统在治疗性基因编辑中的使用。整合酶缺陷型慢病毒载体已被设计为疫苗平台，用于针对流感和疟疾抗原的疫苗设计（Coutant 等，

2012；Gallinaro 等，2018）。此类慢病毒载体正在不断开发和优化，在未来的基因治疗中可能会有更广泛的应用。此外，通过光转换的非经典氨基酸开发更安全的载体，可以以空间和时间方式调节转基因表达，也是下一代慢病毒载体的发展方向（Wang 等，2019）。

AAV 和 Ads 也是目前应用较多的载体平台。Ads 基因组为双链 DNA，可插入相对较大的外源基因片段，且不会整合到宿主基因组中，可以瞬时表达。AAV 携带基因片段略小，是一种单链 DNA 病毒，一般认为不整合到基因组（天然 AAV 定点整合到 19 号染色体 AAVS1 上），可较长时间表达。AAV 靶向性较好，不同血清型特异性可分别用于不同适应证开发（Bulcha 等，2021）。临床研究开展得最多的方向是肝脏、横纹肌、中枢神经系统，这与递送载体直接相关（Wang 等，2019）。几乎所有天然 AAV 衣壳蛋白能够在肝脏中引发有效的转基因表达（肝脏过表达），AAV8 和 AAV9 衣壳蛋白能够靶向身体中的多种肌肉类型，静脉输入的 AAV9 和 AAVrh. 10 能够穿越血脑屏障。基于上述特性，AAV 被广泛用于在体内基因治疗，慢病毒在体外细胞的基因改造上广泛运用，Ads 则更多适用于在体内局部治疗。

17. 8. 2 非病毒类载体

脂质制剂是增强核酸递送的最常见方法之一。将聚阴离子核酸药物与脂质混合会使核酸凝聚成纳米颗粒，这些纳米颗粒具有更有利的表面电荷，并且大约 100nm 的直径足够触发内吞作用。脂质复合物是聚阴离子核酸和阳离子脂质之间直接静电相互作用的结果，通常是相对不稳定的复合物的异质群体。Lipoplex 配方需要在使用前不久制备，并且已成功用于本地递送应用（Kumar 等，2007）。脂质体包含脂质双层，核酸药物位于封装的水空间中。脂质体更复杂并且表现出比脂质复合物更一致的物理性质和更高的稳定性。例如，一些脂质纳米颗粒（LNP），又称稳定的核酸脂质颗粒，是含有一定比例的可电离脂质、磷脂酰胆碱、胆固醇和 PEG-脂质结合物的脂质体（Cavallaro 等，2017；Dzmitruk 等，2018），并已有多个成功应用案例。为核酸药物的封装提供了一种防止循环和内体中核酸酶消化的方法。此外，可电离的 LNP 还与载脂蛋白 E（Apo E）相关，通过 LDL-R 介导的内吞作用进一步促进肝脏摄取。

LNP 的一个缺点是它们的传递主要限于肝脏和网状内皮系统，因为该组织中的窦状毛细血管上皮提供了足够大的空间以允许这些相对较大的纳米粒子进入（Morrissey 等，2005；Wisse 等，2008）。然而，LNP 的局部递送也被用于脑室，注射后成功地将 siRNAs 递送至 CNS。同时，大尺寸的纳米颗粒可以避免肾脏的过滤（Seth 等，2019），并可以输送更高的有效载荷。LNP 可以用多肽（Endsley 等，2012）、PEG（Suk 等，2016）或其他赋予细胞特异性靶向的配体进一步功能化，例如，靶向肝细胞的 GalNAc（Akinc 等，2010；Tam 等，2013）、靶向肺肿瘤的茴香胺以及靶向肝星状细胞的维生素 A（Sato 等，2008）。但是 LNP 复杂性的增加使制造更加复杂并可能增加其毒性，这是限制其临床应用的主要问题。例如，LNP siRNAs 颗粒（如 Patisiran）需要使用类固醇和抗组胺药进行术前用药以消除不必要的免疫反应（Coelho 等，2013）。

外泌体是由多泡体向内出芽而产生的直径约 100nm 的异质、脂质双层包裹的囊泡

(Kalluri 等，2020)。研究认为，外泌体被所有细胞释放到细胞外空间，通过转移复杂的大分子，如核酸、蛋白质和脂质，促进细胞间通信（Skog 等，2008；Valadi 等，2007)。外泌体在寡核苷酸药物递送方面表现出许多有利的特性：外泌体，如 BBB255，能够穿过生物膜，由于标记蛋白 CD47 的存在保护外泌体免受吞噬作用，从而具有比脂质体更长的循环时间（Alvarez-Erviti 等，2011)；外泌体是无毒的，并已安全地用于移植物抗宿主病患者（Kordelas 等，2014)；外泌体有可能以自体方式产生；来自某些来源的外泌体已被证明具有固有的促再生和抗炎特性，可以增强治疗性寡核苷酸递送的效果（Lai 等，2010)；工程外泌体可以作为一个模块化平台，与靶向或治疗部分组合。

外泌体疗法的一个主要挑战是有效装载治疗性寡核苷酸货物。囊泡可以通过在生产细胞系中过表达目标物质实现内源性加载（Katakowski 等，2013)，或通过电穿孔(Mendt 等，2018)、超声处理（Skog 等，2008)、将 siRNAs 与胆固醇结合（Didiot 等，2016；Haraszti 等，2018)、共孵育等方法外源性加载核酸药物。此外，通过与结合 CD63 的 CP05 肽结合，用剪接开关 PMO 修饰外显体，可以实现外显体与 PMO 的负载(Didiot 等，2016)。

17.9 总结与展望

20 世纪 80 年代以后，各种核酸药的作用机制逐渐被发现，核酸药的研发有了很大的进步，但同时也面临了诸多挑战，如核酸药物递送系统（DDS)、体内核酸分子的不稳定性以及核酸药物不良反应等。

单链结构的核酸药物的系统传递相对容易。大部分的单链核酸药物被肝脏和肾脏吸收，但偶尔出现被其他组织吸收的情况，如视网膜神经节细胞可以直接吸收裸露的 siRNAs 分子。对于双链核酸药物来讲，其吸收会更具挑战性，其双链结构抑制了核酸药物中硫代磷酸主链增强吸收的能力。但脂质纳米载体的发展为双链结构核酸药物的发展创造了机会，脂质纳米载体因其体积、载药效率以及特异的物理化学性质能有效地提高核酸药物的稳定性，并完成药物的体内传递，避免药物体内降解和有效释放。

核酸药物通常包含 15~30 个单链或者双链的核苷酸。短的 DNA 或 RNA 分子对核酸内切酶都非常敏感，极易被降解。核酸药物被注入体内后，遇到的第一个生物屏障即血浆及组织中的核酸酶，通常 1h 内甚至几分钟就被完全降解。另外，肾脏对 siRNAs 分子的清除能力极强，这也导致了 siRNAs 在血液中的半衰期极短，一般只有几分钟。因此，通常需要对核酸药物进行化学修饰来增强其稳定性。利用化学修饰增强其与靶标结合的亲和力或提高生物利用度。例如，硫代磷酸化修饰虽然会降低核糖核酸与靶标之间的亲和力，但增强了其稳定性，提高了生物利用度。此外，硫代磷酸化后，核酸药物可以低亲和方式与血浆蛋白结合，从而降低了肾脏的清除率，进而提高肝脏等其他器官中药物的利用度。

对于核酸药物疗法，需要考虑两个方面的安全问题。一方面，应考虑序列特异性问题。对于以蛋白敲除为目的的核酸药物来讲，如果过度敲除目标转录本或编码蛋白，则会导致负面效果。同时，核酸药物的脱靶效应也是威胁因素之一。另一方面，核酸药物化学修饰相关的安全问题。不同的修饰有其自身的安全特性，同一化学性质的核酸药物通常安全表现相似。例如，硫代磷酸化主链是核酸药物毒性的主要诱因，通过改变药物的化学特性、药物的转运载体以及药物偶联物最终降低患者用药量，从而降低用药风险，减少副作用。

参考文献

Abeydeera ND, Egli M, Cox N, et al. Evoking picomolar binding in RNA by a single phosphorodithioate linkage [J]. Nucleic Acids Res, 2016, 44 (17): 8052-8064.

Akinc A, Querbes W, De S, et al. Targeted delivery of RNAi therapeutics with endogenous and exogenous ligand-based mechanisms [J]. Mol Ther, 2010, 18 (7): 1357-1364.

Alvarez-Erviti L, Seow Y, Yin H, et al. Delivery of siRNA to the mouse brain by systemic injection of targeted exosomes [J]. Nat Biotechnol, 2011, 29 (4): 341-345.

Bala J, Chinnapaiyan S, Dutta RK, et al. Aptamers in HIV research diagnosis and therapy [J]. RNA Biol, 2018, 15 (3): 327-337.

Banerjee J, Nilsen-Hamilton M, Aptamers: multifunctional molecules for biomedical research [J]. J Mol Med (Berl), 2013, 91 (12): 1333-1342.

Bijsterbosch MK, Manoharan M, Rump ET, et al. *In vivo* fate of phosphorothioate antisense oligodeoxynucleotides: predominant uptake by scavenger receptors on endothelial liver cells [J]. Nucleic Acids Res, 1997, 25 (16): 3290-3296.

Braasch DA, Jensen S, Liu Y, et al. RNA interference in mammalian cells by chemically-modified RNA [J]. Biochemistry, 2003, 42 (26): 7967-7975.

Brown DA, Kang SH, Gryaznov SM, et al. Effect of phosphorothioate modification of oligodeoxynucleotides on specific protein binding [J]. J Biol Chem, 1994, 269 (43): 26801-26805.

Bulcha JT, Wang Y, Ma H, et al. Viral vector platforms within the gene therapy landscape [J]. Signal Transduct Target Ther, 2021, 6 (1): 53.

Cao T, Zhen XC, Dysregulation of miRNA and its potential therapeutic application in schizophrenia [J]. CNS Neurosci Ther, 2018, 24 (7): 586-597.

Cavallaro G, Sardo C, Craparo EF, et al. Polymeric nanoparticles for siRNA delivery: production and applications [J]. Int J Pharm, 2017, 525 (2): 313-333.

Chagla Z. The bnt162b2 (biontech/pfizer) vaccine had 95% efficacy against covid-19 ≥7 days after the 2nd dose [J]. Ann Intern Med, 2021, 174 (2): Jc15.

Chen C, Yang Z, Tang X. Chemical modifications of nucleic acid drugs and their delivery systems for gene-based therapy [J]. Med Res Rev, 2018, 38 (3): 829-869.

Coelho T, Adams D, Silva A, et al. Safety and efficacy of RNAi therapy for transthyretin amyloidosis [J]. N Engl J Med, 2013, 369 (9): 819-829.

Coutant F, Sanchez David RY, Felix T, et al. A nonintegrative lentiviral vector-based vaccine provides long-term sterile protection against malaria [J]. PLoS One, 2012, 7 (11): e48644.

DaPieve C, Blackshaw E, Missailidis S, et al. Pegylation and biodistribution of an anti-MUC1 aptamer in mcf-7 tumor-bearing mice [J]. Bioconjug Chem, 2012, 23 (7): 1377-1381.

Didiot MC, Hall LM, Coles AH, et al. Exosome-mediated delivery of hydrophobically modified siRNA for huntingtin mRNA silencing [J]. Mol Ther, 2016, 24 (10): 1836-1847.

Ding D, Zaho H, Wei D, et al. The first-in-human whole-body dynamic pharmacokinetics study of Aptamer [J]. Research, 2023, 6: 0126.

Dong Y, Siegwart DJ, Anderson DG, Strategies, design, and chemistry in siRNA delivery systems [J]. Adv Drug Deliv Rev, 2019, 144: 133-147.

Dzmitruk V, Apartsin E, Ihnatsyeu-Kachan A, et al. Dendrimers show promise for siRNA and microRNA therapeutics [J]. Pharmaceutics, 2018, 10 (3): 126.

Elbashir SM, Harborth J, Lendeckel W, et al. Duplexes of 21 - nucleotide RNAs mediate RNA interference in cultured mammalian cells [J]. Nature, 2001, 411 (6836): 494-498.

Endsley AN, Ho RJ, Design and characterization of novel peptide-coated lipid nanoparticles for targeting anti-HIV drug to CD4 expressing cells [J]. AAPS J, 2012, 14 (2): 225-235.

Ezzat K, Aoki Y, Koo T, et al. Self-assembly into nanoparticles is essential for receptor mediated uptake of therapeutic antisense oligonucleotides [J]. Nano Lett, 2015, 15 (7): 4364-4373.

Frank F, Sonenberg N, Nagar B. Structural basis for 5′-nucleotide base-specific recognition of guide RNA by human AGO2 [J]. Nature, 2010, 465 (7299): 818-822.

Gallinaro A, Borghi M, Bona R, et al. Integrase defective lentiviral vector as a vaccine platform for delivering influenza antigens [J]. Front Immunol, 2018, 9: 171.

Gargano JW, Wallace M, Hadler SC, et al. Use of mRNA COVID-19 vaccine after reports of myocarditis among vaccine recipients: update from the advisory committee on immunization practices-United States, June, 2021 [J]. MMWR Morb Mortal Wkly Rep, 2021, 70 (27): 977-982.

Gaus HJ, Gupta R, Chappell AE, et al. Characterization of the interactions of chemically-modified therapeutic nucleic acids with plasma proteins using a fluorescence polarization assay [J]. Nucleic Acids Res, 2019, 47 (3): 1110-1122.

Haraszti RA, Miller R, Didiot MC, et al. Optimized cholesterol-siRNA chemistry improves productive loading onto extracellular vesicles [J]. Mol Ther, 2018, 26 (8): 1973-1982.

Haraszti RA, Roux L, Coles AH, et al. 5′-vinylphosphonate improves tissue accumulation and efficacy of conjugated siRNAs *in vivo* [J]. Nucleic Acids Res, 2017, 45 (13): 7581-7592.

Jaffe GJ, Eliott D, Wells JA, et al. A phase 1 study of intravitreous e10030 in combination with ranibizumab in neovascular age-related macular degeneration [J]. Ophthalmology, 2016, 123 (1): 78-85.

Jiang F, Doudna JA, CRISPr-Cas9 structures and mechanisms [J]. Annu Rev Biophys, 2017, 46: 505-529.

Kalluri R, LeBleu VS, The biology, function, and biomedical applications of exosomes [J]. Science, 2020, 367 (6478): eaau6977.

Katakowski M, Buller B, Zheng X, et al. Exosomes from marrow stromal cells expressing miR-146b inhibit glioma growth [J]. Cancer Lett, 2013, 335 (1): 201-204.

Katoh T, Sakaguchi Y, Miyauchi K, et al. Selective stabilization of mammalian microRNAs by 3′ adenylation mediated by the cytoplasmic poly (a) polymerase GLD-2 [J]. Genes Dev, 2009, 23 (4): 433-438.

Klimek L, Novak N, Cabanillas B, et al. Allergenic components of the mRNA-1273 vaccine for COVID-19: possible involvement of polyethylene glycol and iGg-mediated complement activation [J]. Allergy, 2021, 76 (11): 3307-3313.

Kordelas L, Rebmann V, Ludwig AK, et al. Msc-derived exosomes: A novel tool to treat therapy-refractory graft-versus-host disease [J]. Leukemia, 2014, 28 (4): 970-973.

Kumar P, Wu H, McBride JL, et al. Transvascular delivery of small interfering RNA to the central nervous system [J]. Nature, 2007, 448 (7149): 39-43.

Lai RC, Arslan F, Lee MM, et al. Exosome secreted by msc reduces myocardial ischemia/reperfusion injury [J]. Stem Cell Res, 2010, 4 (3): 214-222.

Lee RC, Feinbaum RL, Ambros V. The *C. elegans* heterochronic gene lin-4 encodes small RNAs with antisense complementarity to lin-14 [J]. Cell, 1993, 75 (5): 843-854.

Liang XH, Shen W, Sun H, et al. TCP1 complex proteins interact with phosphorothioate oligonucleotides and can co-localize in oligonucleotide-induced nuclear bodies in mammalian cells [J]. Nucleic Acids Res, 2014, 42 (12): 7819-7832.

Liang XH, Sun H, Shen W, et al. Identification and characterization of intracellular proteins that bind oligonucleotides with phosphorothioate linkages [J]. Nucleic Acids Res, 2015, 43 (5): 2927-2945.

Lincoff AM, Mehran R, Povsic TJ, et al. Effect of the REG1 anticoagulation system versus bivalirudin on outcomes after percutaneous coronary intervention (REGULATE-PCI): a randomised clinical trial [J].

Lancet, 2016, 387 (10016): 349-356.

Manoharan M. 2′-carbohydrate modifications in antisense oligonucleotide therapy: importance of conformation, configuration and conjugation [J]. Biochim Biophys Acta, 1999, 1489 (1): 117-130.

Mendt M, Kamerkar S, Sugimoto H, et al. Generation and testing of clinical-grade exosomes for pancreatic cancer [J]. JCI Insight, 2018, 3 (8): e99263.

Menne J, Eulberg D, Beyer D, et al. C-C motif-ligand 2 inhibition with emapticap pegol (NOX-E36) in type 2 diabetic patients with albuminuria [J]. Nephrol Dial Transplant, 2017, 32 (2): 307-315.

Miller CM, Donner AJ, Blank EE, et al. Stabilin-1 and stabilin-2 are specific receptors for the cellular internalization of phosphorothioate-modified antisense oligonucleotides (ASOS) in the liver [J]. Nucleic Acids Res, 2016, 44 (6): 2782-2794.

Mongelard F, Bouvet P. AS-1411, a guanosine-rich oligonucleotide aptamer targeting nucleolin for the potential treatment of cancer, including acute myeloid leukemia [J]. Curr Opin Mol Ther, 2010, 12 (1): 107-114.

Monroig-Bosque Pdel C, Rivera CA, Calin GA, MicroRNAs in cancer therapeutics: "from the bench to the bedside" [J]. Expert Opin Biol Ther, 2015, 15 (10): 1381-1385.

Morrissey DV, Lockridge JA, Shaw L, et al. Potent and persistent *in vivo* anti-HBV activity of chemically modified siRNAs [J]. Nat Biotechnol, 2005, 23 (8): 1002-1007.

Ng EW, Shima DT, Calias P, et al. Pegaptanib, a targeted anti-VEGF aptamer for ocular vascular disease [J]. Nat Rev Drug Discov, 2006, 5 (2): 123-132.

O′Brien J, Hayder H, Zayed Y, et al. Overview of microRNA biogenesis, mechanisms of actions, and circulation [J]. Front Endocrinol (Lausanne), 2018, 9: 402.

Roberts TC, Langer R, Wood MJA, Advances in oligonucleotide drug delivery [J]. Nat Rev Drug Discov, 2020, 19 (10): 673-694.

Rowe HM, Lopes L, Ikeda Y, et al. Immunization with a lentiviral vector stimulates both CD4 and CD8 T cell responses to an ovalbumin transgene [J]. Mol Ther, 2006, 13 (2): 310-319.

Sato Y, Murase K, Kato J, et al. Resolution of liver cirrhosis using vitamin A-coupled liposomes to deliver siRNA against a collagen-specific chaperone [J]. Nat Biotechnol, 2008, 26 (4): 431-442.

Schirle NT, MacRae IJ, The crystal structure of human argonaute2 [J]. Science, 2012, 336 (6084): 1037-1040.

Schwoebel F, vanEijk LT, Zboralski D, et al. The effects of the anti-hepcidin spiegelmer NOX-H94 on inflammation-induced anemia in cynomolgus monkeys [J]. Blood, 2013, 121 (12): 2311-2315.

Seth PP, Tanowitz M, Bennett CF, Selective tissue targeting of synthetic nucleic acid drugs [J]. J Clin Invest, 2019, 129 (3): 915-925.

Shangguan D, Li Y, Tang Z, et al. Aptamers evolved from live cells as effective molecular probes for cancer study [J]. Proc Natl Acad Sci USA, 2006, 103 (32): 11838-11843.

Shen W, Liang XH, Crooke ST, Phosphorothioate oligonucleotides can displace neat1 RNA and form nuclear paraspeckle-like structures [J]. Nucleic Acids Res, 2014, 42 (13): 8648-8662.

Skog J, Würdinger T, van Rijn S, et al. Glioblastoma microvesicles transport RNA and proteins that promote tumour growth and provide diagnostic biomarkers [J]. Nat Cell Biol, 2008, 10 (12): 1470-1476.

Southwell AL, Skotte NH, Bennett CF, et al. Antisense oligonucleotide therapeutics for inherited neurodegenerative diseases [J]. Trends Mol Med, 2012, 18 (11): 634-643.

Suk JS, Xu Q, Kim N, et al. Pegylation as a strategy for improving nanoparticle-based drug and gene delivery [J]. Adv Drug Deliv Rev, 2016, 99 (Pt A): 28-51.

Sullenger BA, Gallardo HF, Ungers GE, et al. Overexpression of TAR sequences renders cells resistant to human immunodeficiency virus replication [J]. Cell, 1990, 63 (3): 601-608.

Tam YY, Chen S, Cullis PR, Advances in lipid nanoparticles for siRNA delivery [J]. Pharmaceutics, 2013, 5 (3): 498-507.

Thirunavukarasu D, Chen T, Liu Z, et al. Selection of 2′-fluoro-modified aptamers with optimized properties [J]. J Am Chem Soc, 2017, 139 (8): 2892-2895.

Troisi R, Napolitano V, Spiridonova V, et al. Several structural motifs cooperate in determining the highly effective anti-thrombin activity of NU172 aptamer [J]. Nucleic Acids Res, 2018, 46 (22): 12177-12185.

Valadi H, Ekström K, Bossios A, et al. Exosome-mediated transfer of mRNAs and microRNAs is a novel mechanism of genetic exchange between cells [J]. Nat Cell Biol, 2007, 9 (6): 654-659.

Wang D, Tai PWL, Gao G. Adeno-associated virus vector as a platform for gene therapy delivery [J]. Nat Rev Drug Discov, 2019, 18 (5): 358-378.

Wang Y, Li S, Tian Z, et al. Generation of a caged lentiviral vector through an unnatural amino acid for photo-switchable transduction [J]. Nucleic Acids Res, 2019, 47 (19): e114.

Weng Y, Xiao H, Zhang J, et al. RNAi therapeutic and its innovative biotechnological evolution [J]. Biotechnol Adv, 2019, 37 (5): 801-825.

Wisse E, Jacobs F, Topal B, et al. The size of endothelial fenestrae in human liver sinusoids: implications for hepatocyte-directed gene transfer [J]. Gene Ther, 2008, 15 (17): 1193-1199.

Xu P, Wu Q, Yu J, et al. A systematic way to infer the regulation relations of miRNAs on target genes and critical miRNAs in cancers [J]. Front Genet, 2020, 11: 278.

18

核酸补充剂

核苷酸是构成核酸的单体，在生物体内，核苷酸在各种结构形式间转换，以维持机体生理活动的平衡。因此，核苷酸能够作为核酸合成的材料、能量转换的中介、外界刺激的信使、生化反应的调节者及辅酶等来发挥多种功能。随着对核苷酸的深入研究，发现膳食核苷酸在生物体的生长发育、免疫、新陈代谢、肠和肝脏等器官的调节和修复等方面起着重要作用。当生物体处在应激、亚健康、肝损伤、新陈代谢加速等特殊状态时，机体自行合成的核苷酸量不足以满足某些组织细胞的代谢需求，此时可以通过外源获取。本章介绍了核酸补充剂的来源、理化特性及分类，结合核苷酸的修饰与改造详细论述了核酸补充剂的功效与应用，并对其管理和安全性评价进行介绍，最后讨论核酸补充剂的应用前景。希望本章内容能为核酸作为营养补充剂在功能性食品等方面的应用提供理论依据，且帮助读者对核酸有更加深入的了解与认识。

18.1 概述

核酸类物质在生物体代谢、能量及免疫调节等方面有着重要的营养作用。由于核酸是核苷酸单体聚合形成的大分子物质，因此核酸营养通常研究的是核苷酸的营养作用。核苷酸在生物体内能够合成，所以它不是必需营养素。但食源核苷酸对脂质代谢、小肠的生长发育、免疫系统调节和延缓衰老等非常有益，因此，食源核苷酸被认为是“半必需”或“一定条件下必需”的营养素。当生物体内供应量不足以满足正常功能所需时，便需要摄入核酸作为补充剂，此时这些营养素也会变成必需的，但食物中如果缺乏它们是不会导致典型临床缺陷综合征的。核酸补充剂是指核酸类的物质进入生物体后被消化吸收并加以利用，从而实现为生物体提供能量和核酸合成材料并发挥调控因子的作用（梁兴国等，2019）。核苷酸的营养作用机制，不是就某一症状或某一疾病而论，而是通过改善体内细胞活力来增强机体各系统的功能及自我调节能力，进而达到最佳生理平衡和整体状态。其实，早在20世纪60年代，科学家就已开始了对核苷酸营养的研究（Kubota，1969）。研究表明，核苷酸补充剂对婴儿体重的增加率等方面具有一定的作用（Doo等，2017），故在1965年日本就开始尝试向乳粉中加入核苷酸（梁兴国，2019），20世纪80年代后西班牙和美国也开始倾向在乳粉中加入核苷酸，目前，许多婴幼儿配方乳粉中都添加了DNA和RNA的成分。

随着分子生物学和食品行业的发展，核苷酸及其衍生物逐渐成为国内外研究开发的热点。目前，食品中加入的核苷酸主要为5种核糖核苷酸，包括尿苷酸（5′-UMP）、鸟苷酸（5′-GMP）、胞苷酸（5′-CMP）、腺苷酸（5′-AMP）、肌苷酸（5′-IMP）。为了提高其溶解性能、改善产品的口感，核苷酸通常以二钠盐的形式加入到食品中。核苷酸及其衍生物已在婴幼儿配方乳粉、调味品等产品中得到了一定的应用（图18.1）。

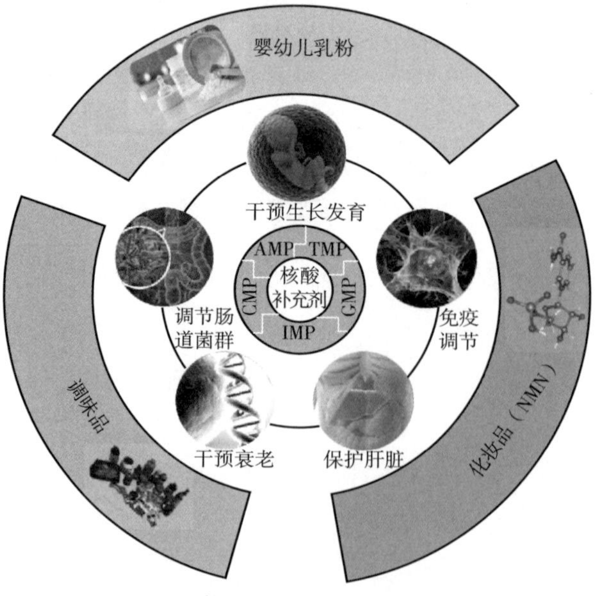

图18.1 核酸补充剂及其功效与应用

18.2 核酸补充剂的来源及理化特性

18.2.1 核酸补充剂的来源

核苷酸是构成核酸的基本结构单元，一定数量的游离核苷酸可通过磷酸酯键聚合形成核酸，直接影响着细胞 DNA 或 RNA 的合成。机体获得核苷酸的途径有两种，即从头合成和补救合成。从头合成是机体内核苷酸主要的合成方法，生物体利用氨基酸及单碳物质等化合物从头合成各种核苷酸，但是此合成过程复杂且耗能较高；补救途径，即细胞利用体内核酸降解和由小肠吸收来的外源碱基、核苷、核苷酸产物，经过简单的反应过程直接合成核苷酸，该反应途径能够反馈抑制从头合成从而发挥节能作用。

当生物体处在应激、亚健康、肝损伤、新陈代谢加速等状态时，机体自行合成的核苷酸量不足以满足某些组织细胞的代谢需求，此时必须由外源获取（Mohsen 等，2019）。鱼类、粮食作物、豆科籽实、家禽类等食物中均含有丰富的核苷酸及核酸。其中，外源核酸主要以核蛋白的形式存在，进入体内后在胃肠道酶和胃酸的作用下转化为核酸和蛋白质，核酸最终在核酸外切酶、核酸内切酶、肠道多聚核酸酶及磷酸酯酶的作用下降解为核苷酸。游离的核苷酸被降解为杂环碱基，在肝脏、肾脏和小肠中发挥其重要的生理功能。当机体处于妊娠、应激、亚健康等特殊情况时，外源核苷酸就能进入组织细胞中被利用从而维持机体正常的生理功能，尤其是体内重要的免疫细胞，如骨髓细胞、淋巴细胞等，由于缺乏各种合成核苷酸的酶，通常通过补救途径获得核苷酸。相比于从头合成，补救合成途径能够节约大量的能量和酶，对于特定的组织细胞及特殊的生理状态下更是无法替代的方式。因此，若机体内源性核苷酸水平不足，应从体外适量获取进行及时补充。

18.2.2 核酸补充剂的理化特性

核酸的前体物质核苷酸按照其分子碱基的不同可以分为四种核苷酸：5′-AMP、5′-UMP、5′-CMP 和 5′-GMP。实际应用中，四种核苷酸通常以钠盐形式存在，其形态是无色至白色的粉末或结晶状物质，均可溶于水，几乎不溶于乙醇、乙醚、丙酮等有机溶剂，相对分子质量为 300~400，具有旋光性，嘌呤类核苷酸在 100℃ 条件下能完全分解，而嘧啶类核苷酸则需在 200℃ 以上才可分解；除尿嘧啶核苷酸需要于 0℃ 以下保存，其余三种均需要在 0~5℃ 环境下保存。

此外，核苷酸分子中均具有杂环碱基，而这些杂环碱基都含有共轭结构，因此对 240~290nm 波段的紫外光有着强烈的吸收特性。不同的核苷酸紫外吸收特性不同，在一定条件下每种核苷酸都有特定的紫外吸收值（表 18.1）。

表 18.1　四种 5′核苷酸的紫外吸收特性

核苷酸	pH	$\lambda_{最大}$/nm	$\lambda_{最小}$/nm	A_{250}/A_{260}	A_{280}/A_{260}	A_{290}/A_{260}
5′-AMP	2	257	230	0.84	0.22	0.04
	7~12	259	227	0.79	0.15	0.01

续表

核苷酸	pH	$\lambda_{最大}$/nm	$\lambda_{最小}$/nm	A_{250}/A_{260}	A_{280}/A_{260}	A_{290}/A_{260}
5′-UMP	2~7	262	230	0.73	0.39	0.03
	11	261	241	0.80	0.31	0.02
5′-CMP	2	280	241	0.44	2.09	1.55
	7~11	271	249	0.84	0.98	0.33
5′-GMP	1	256	228	0.98	0.67	0.29
	7	252	224	1.18	0.66	0.29
	11	258	230	0.90	0.61	0.29

18.3 核酸补充剂的分类

18.3.1 具有天然结构的核酸类物质

核酸类物质包括生物大分子的 DNA 和 RNA、核苷酸（NT）、核苷（nucleoside, NS）及其衍生物等小分子物质。核酸类物质作为一类非常重要的生物分子，除参与遗传、基因表达与调控等多种生命活动外，在免疫系统调节、能量恢复、抗氧化及促进新陈代谢等方面也扮演着十分重要的角色。根据碱基的不同，具有天然结构的 NT 可分为 5′-AMP、5′-UMP、5′-CMP 和 5′-GMP；根据戊糖的不同，具有天然结构的 NT 可分为脱氧核糖核苷酸和核糖核苷酸；此外，既可以作为核酸合成前体，又可以担任生物体内的辅酶或能量载体的多磷酸核苷酸，如 ATP、IMP、NADH 等，在营养补充剂及功能食品的研发领域有着较好的应用前景。

18.3.2 天然结构核酸类物质的类似物及聚合物

自然结构核酸类物质的类似物和聚合物大部分是由天然结构的核酸类物质通过半合成法、酶解法、发酵法等方法形成的结构改造物，其主要包括叠氮胸苷（AZT）、三氟胸苷（F3TDR）、聚肌胞（Poly I：C）、阿糖腺苷、阿糖胞苷、三氮唑核苷等。目前，这些核酸类物质的结构改造物在临床药物研发及应用领域获得显著成效，由其制得的核酸类药物在治疗肿瘤和病毒引起的疾病中具有巨大的潜力。

18.4 核酸补充剂的修饰与改造

由于天然核酸类物质的种类有限，导致其生物利用度也受到限制，因此，对核酸进行修饰与改造是研究核酸分子新功能的重要方式。此外，天然核酸本身就存在一些不足，如细胞膜通透性差、生物利用度低、易被核酸酶降解等。对此，学术界开始了对天然核酸修饰与改造的研究，以改善核酸的物理化学性质，赋予其更多的生物学功能。

目前，相关核酸修饰的研究得到了迅速发展，被修饰的核苷酸能够有效改善机体的能量代谢和物质代谢，在免疫增强剂、供能剂等方面应用较多。针对核酸的结构，其具有三个可被修饰的位点，即磷酸骨架、五碳糖及核碱基处。核酸磷酸骨架、五碳糖修饰后所得产物的稳定性及跨越细胞膜的能力显著提高，核酸碱基修饰赋予了核酸更多的生物活性，在核酸营养补充剂方面存在巨大应用潜力。

18.4.1 基于核酸磷酸骨架的稳定性修饰

核酸内磷酸骨架上的非连接氧修饰或交联，替换连接氧或者整个磷酸骨架能够减少其所带有的负电荷，改变化学键的组成，增强磷酸骨架对于酶解时的稳定性，且能够丰富核酸补充剂的应用范围。

脱氧核苷三磷酸（dNTP）是天然的代谢激活剂，有助于加速受损组织的修复。而dNTP 的稳定性较弱，易被水解，dNTP 分子中三磷酸基团的水解从分子末端开始，首先分解成二磷酸物质，然后再继续水解成单磷酸物质，这说明三磷酸基团末端磷酸上的两个羟基是造成磷酸基团不稳定的首要原因（Reynolds 等，2008）。dNTP 的末端修饰分为如下几种：一是增加磷酸基团的个数。增加磷酸基团的个数就相当于把末端磷酸处的羟基变为磷酸酯键，这种方式不仅可以提高物质的稳定性，还可以增强生物活性，改善机体的物质代谢，其中在 dNTP 末端链接一个腺苷单磷酸（AMP）的结构［图 18.2（a）］，该修饰大幅度提高了分子的稳定性（Schnell 等，1997）。这种方式还包括修饰得到的五磷酸双头核苷酸结构，即 dNTP 核苷三磷酸后连接了另外一个 dNTP 核苷二磷酸分子［图 18.2（b）］（Mohsen，2019）。二是将三磷酸末端的羟基变成磷酰胺键。研究表明，在三磷酸脱氧核苷酸分子末端连接氨基修饰的基团，即合成磷酰胺化合物［图 18.2（c）］（Reynolds，2008），可以提高核苷酸对水解的抵抗性。此外，一些修饰的 ATP 类似物，在其末端磷酸后连接带有氨基、烷基及带氧原子的基团［图 18.2（d）］，可使核苷酸在 pH 3～12 条件下均保持稳定状态（Hacker 等，2012）；也有文献报道 dNDP［图 18.2（e）］同样可以促进机体内的新陈代谢，稳定性高于 dNTP。另外，将磷酸基团上的非连接氧用硼烷基或硫原子替换，能够提高核酸对核酶的抗性及跨越细胞膜的能力（Islam 等，2020；Johnson 等，2011；Wickstrom，2015）；将 P—O 键替换成 P—C 键而形成的 5′-亚甲基膦酸酯，结构更加稳定，并且目前已知的天然酶中不存在可以裂解 P—C 键的酶（Haraszti 等，2017；Lima 等，2012；Parmar 等，2018）；在保留磷酸骨架条件下，经硼烷酸酯（Li 等，2007）、膦酰乙酸酯、硫代膦酰乙酸酯（Yamada 等，2006）、甲氧基丙基磷酸酯（Migawa 等，2019）及甲基磷酸酯（Miller 等，1979）修饰的核苷酸对于酶解时均有着良好的抗性，且修饰这些基团后不会改变核苷酸原有的电子结构，使其仍然具有水溶性。

18.4.2 基于核酸五碳糖的稳定性修饰

呋喃核糖的修饰会对其空间结构产生影响，从而提高核酸的生物稳定性。糖环修饰是指在核酸呋喃糖环的各个位置处进行修饰，主要包括 2′-修饰：2′-OMe 修饰、

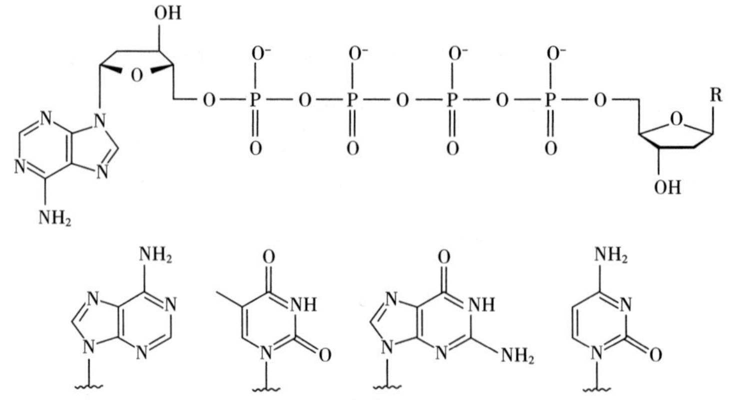

（a）

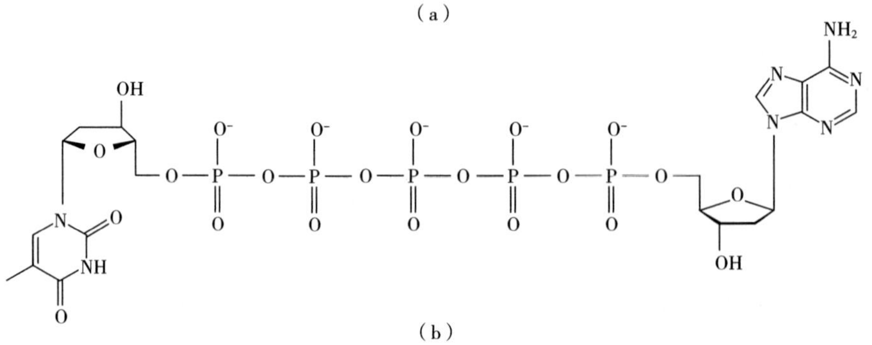

（b）

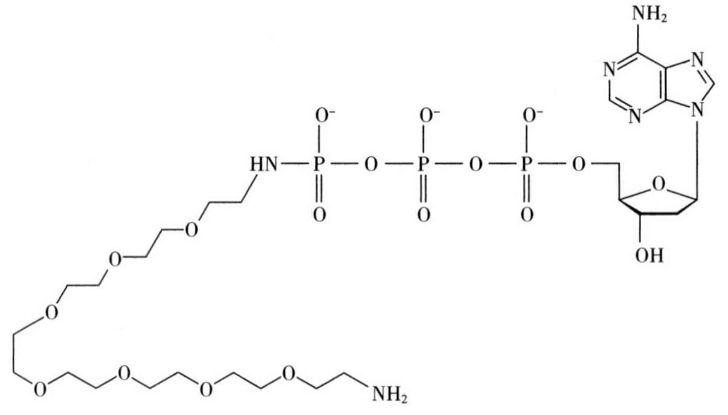

（c）

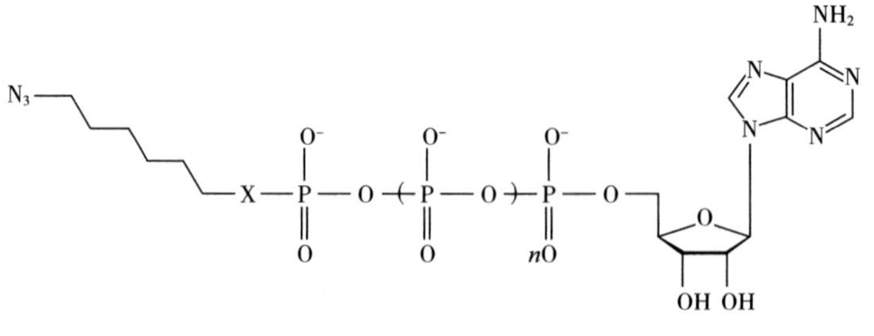

X=O，NH，CH
n=1，2

（d）

图 18.2 dNTP 修饰物

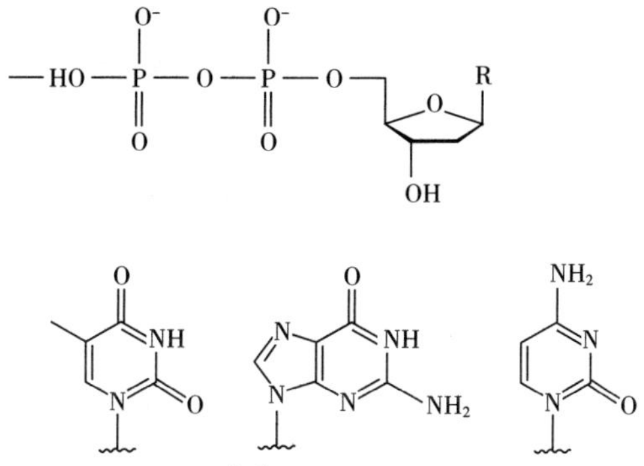

图 18.2 dNTP 修饰物（续）

2′-F、2′-NH_2、4′-S、5′-OMe，异构修饰：苏糖核酸修饰（TNA）、2′-氟拉比诺核酸修饰（FANA）、1,5-脱氢己醇核酸修饰（HNA）、LNA 及这些修饰的组合修饰（图 18.3）（Lipi 等，2016）。其中，异构修饰中研究较多的是 LNA 修饰，即在普通核苷酸糖环 2′-O 和 4′-C 的位置引入了亚甲基桥而形成锁状结构（Braasch 等，2001），以提高核苷酸的稳定性。

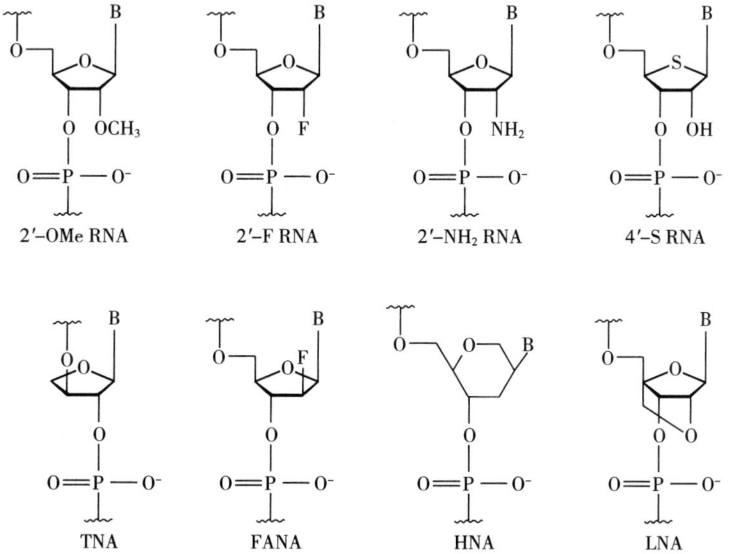

图 18.3 核苷酸五碳糖修饰

由于 DNA 和 RNA 之间除嘧啶碱基的微小结构差异外，主要区别在呋喃糖上的 2′取代基，因此，目前研究最多的是呋喃糖环 2′位置的修饰。2′-*O*-烷基核苷酸（Iribarren 等，1990）具有较高的生物稳定性，且核苷酸随着 2′-*O*-烷基链的增大，对蛋白酶及核酸酶的抗性也增大。考虑到 2′-*O*-烷基修饰的这两种性质，又开发出由乙二醇衍生的 2′-*O*-烷氧基取代基，例如，2′-MOE，2′-甲氧基-三乙氧基类似物（Altmann 等，

1996)，其稳定性与硫代磷酸酯修饰相当（Egli 等，2005）。

4′-修饰中最常见的是 4′-S 修饰，五碳糖 4′处的氧原子被硫原子代替。实际上，4′-S 修饰通常并不是以单独的修饰手段运用到核酸修饰上，而是与其他修饰手段如 2′-F，2′-OMe 等 2′-修饰方法组合使用。Kato 等合成了 2′-F-4′-硫代糖环修饰的 RNA（F-SRNA）和 2′-OMe-4′-硫代糖环修饰的 RNA（Me-SRNA），提高了核苷酸在生物体内的稳定性，能够用于免疫增强剂的研究与开发（Kato 等，2005）。

18.4.3 基于核酸碱基的生物活性修饰

碱基修饰主要分为嘌呤修饰、嘧啶修饰及碱基替换三种形式，主要包括 5-氟-2′-脱氧尿苷（5-F dU）修饰、5-溴-2′-脱氧尿苷（5-Br dU）修饰、5-甲基-2′-脱氧胞苷（5-Me dC）修饰（Ehrlich 等，1975）、5-溴-2′-脱氧胞苷（5-Br dC）修饰、5-丙炔基-2′-脱氧尿苷（5-Propynyl dU）修饰（Flanagan 等，1996）、2-氨基-2′-脱氧腺苷（2-NH_2 dA）修饰（Gryaznov 等，1994）、7-去氮-2′-脱氧鸟苷（dazG）修饰（Seela 等，1985）及 7-去氮-2′-脱氧腺苷（dzaA）修饰（Ono 等，1984）（图 18.4）。目前，研究较多的则是嘧啶碱基 5-位上的修饰，通常认为在 5-位进行的疏水性修饰可以提高核酸的生物活性。5-Br dU 及 5-F dU 修饰产物稳定性高，相比于天然代谢激活

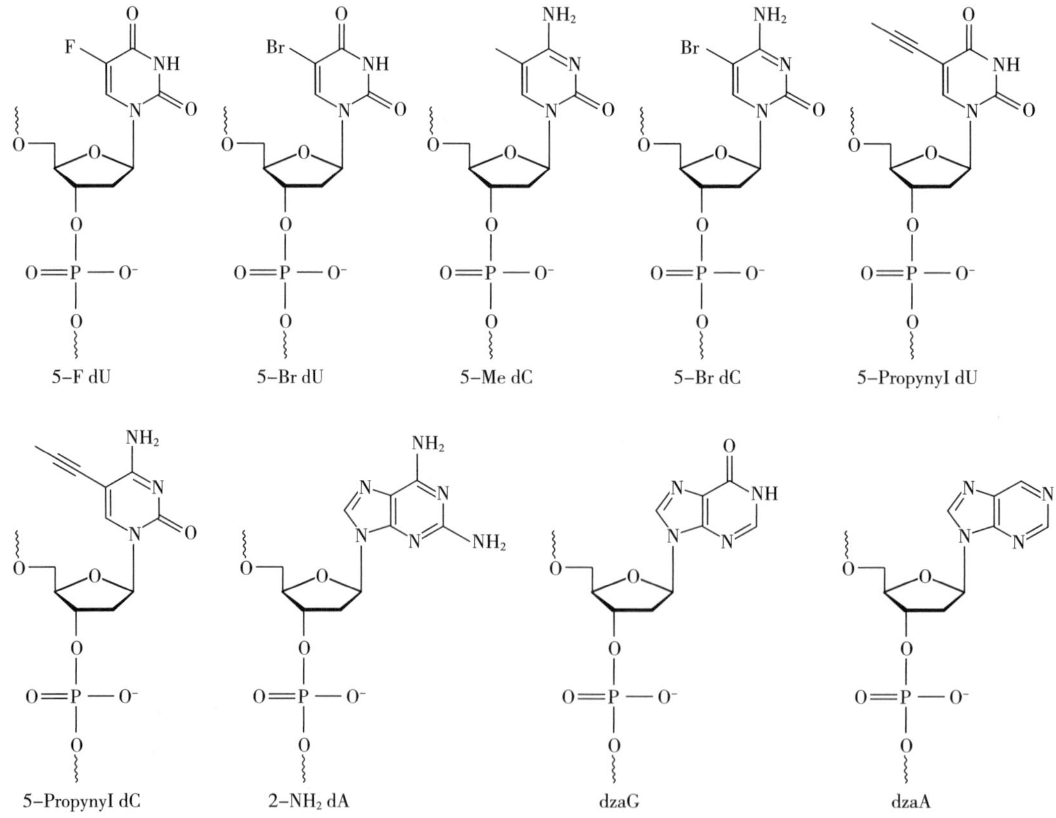

图 18.4 核苷酸的碱基修饰

剂尿苷，有着更高的生物活性，有助于改善机体的物质代谢（Kato，2005）。DNA 丰富的化学结构可使其与各种金属离子结合从而合成一系列的纳米材料，在嘌呤碱基处的环外氨基上修饰 α，β-不饱和醛或者戊二醛等还原基团，能够使金属离子在 DNA 上还原从而对 DNA 金属化（Chen 等，2018）。

18.5 核酸补充剂的功效与应用

18.5.1 核苷酸在婴幼儿乳粉中的应用

18.5.1.1 调节肠道菌群

研究发现，由母乳喂养的婴儿肠道内的主导菌为革兰氏阳性菌中的双歧杆菌，而食用配方乳粉的婴儿肠道内则是革兰氏阴性菌占主导地位。把五种单磷酸核苷分别放入培养基中，发现它们均可缓慢但显著地促进双歧杆菌的生长，当同时加入五种核苷酸时则会更大程度地促使双歧杆菌的生长。Barness 等用添加了核苷酸的配方乳粉喂养婴儿，发现婴儿粪便中双歧杆菌占据优势，其和母乳喂养婴儿的粪便相似；而利用无核苷酸的普通乳粉喂养的婴儿粪便中菌群以肠道杆菌为主，表明外源性核苷酸补充剂能够调节肠道微生物的组成（Barness，1994）。Tanaka 等进行的体外实验也说明加入了核苷酸的培养基一定程度上能促使双歧杆菌生长（Tanaka 等，1980）。而双歧杆菌的存在对婴幼儿表现出诸多潜在的益处，它们可将乳糖分解成乳酸，降低结肠的 pH，从而抑制肠道内病原菌的增殖，以减少婴幼儿腹泻的发生。Brunser 等以不足 6 月龄的婴儿为研究对象，一组用无核苷酸的普通配方乳粉喂养婴儿，另一组在相同乳粉中添加与母乳有相同浓度核苷酸水平的乳粉来喂养婴儿，结果显示两组各有 31.1%及 45.0%的婴儿没有出现任何腹泻症状，且核苷酸组的婴儿发生腹泻时的天数也更少（Brunser 等，1994）。因此，在婴幼儿饮食中添加适量核苷酸有益于调节肠道内微生物菌群，对婴幼儿胃肠道的发育及健康的维持有利，可以很大程度上减少婴儿腹泻的发生。

18.5.1.2 调节生长发育

随着研究的深入，人们发现在特殊情况下，如婴儿时期机体自身合成的核苷酸不足以满足代谢所需，此时对外源核苷酸的需求量大大增加。核苷酸在生物体内几乎参与所有的生化过程，有着许多重要的生理功能。一些研究表明，外源性核苷酸补充剂可能对婴幼儿的生长发育存在一定的促进作用。董文红等以 C57BL/6J 小鼠为研究对象，探究了外源核苷酸对孕期饮酒小鼠子代生长发育的影响，分别按照 0.01%，0.04%，0.16%的核苷酸剂量喂养干预组小鼠，同时以普通饲料喂养对照组小鼠，并于孕 6~15d 对酒精对照组和各干预组孕鼠进行 5g/(kg 体重）的酒精灌胃，观察各组所产子代小鼠生长发育及神经发育指标达标的时间（董文红等，2013）。结果显示，0.04%核苷酸干预组孕鼠子代小鼠出生后门齿萌出、平面翻正、睁眼时间、悬崖回避等神经反射达标的时间明显早于其他各组，孕期补充核苷酸一定程度上能够干预宫内酒精暴露所引起的子代生长发育迟缓。Cosgrove 等报道称在早产婴儿的食品中加入核苷酸，会使婴儿的平均身高、体重及头周径均高于对照组（Cosgrove 等，1996）。

18.5.1.3 促进免疫功能完善

外源核苷酸补充剂对机体免疫系统中几个主要组成部分的功能完善均起到促进作用。新生儿出生时的免疫系统相对来说不成熟，在婴儿早期阶段，体内淋巴器官迅速成熟增大，尤其是胃肠道处的淋巴器官，但淋巴细胞本身核苷酸缺乏，淋巴细胞在活化时则需更多的外源核苷酸。此时，体内合成的核苷酸不足以满足这些重要组织细胞的生长需要，而可以被利用的核苷酸在人乳中的含量非常丰富，乳粉中的含量却很低。Yau 等研究发现，用含有核苷酸的配方乳粉喂养的婴儿与对照组婴儿相比腹泻发生率明显下降，而免疫球蛋白 IgA 的含量却显著升高（Yau 等，2003）。Martínez 等实验得出 β-乳球蛋白的肠吸收率及糖的肠渗透性均没有被外源性核苷酸补充剂所改变（Martínez-Augustin 等，1997）。但以添加了核苷酸的乳粉喂养新生儿时，其血清中 β-乳球蛋白的 IgG 抗体浓度明显高于摄食普通乳粉的新生儿。这表明饮食中加入核苷酸能够影响新生儿体液免疫应答反应的成熟。由对照双盲实验（Carver 等，1991）得出，喂食加入核苷酸的婴儿配方乳粉的 2 月龄婴儿自然杀伤细胞的活力显著高于食用不添加核苷酸乳粉的婴儿，并与母乳喂养的婴儿相似。且相比于食用无核苷酸乳粉的婴儿，食用添加核苷酸乳粉组的婴儿体内经刺激后单核细胞所产生的白细胞介素-2（IL-2）更高。Cordle 等还通过研究发现，核苷酸补充剂可促进 T 细胞、Th2 细胞及嗜酸性粒细胞的生成，提高自然杀伤细胞的活性及巨噬细胞的吞噬能力（Cordle 等，2002）。

另外，有研究表明，外源性核苷酸在乳粉中的加入有益于婴幼儿体内脂蛋白的代谢。一些婴儿在出生 4 周后被分成三组，一组为母乳喂养，一组食用加核苷酸的乳粉，另一组则食用标准的不添加核苷酸的乳粉。一个月后，与食用传统配方乳粉组相比，母乳喂养组和食用添加核苷酸组的婴儿体内高密度脂蛋白与极低密度脂蛋白的水平几乎相同。这表明膳食核苷酸有助于肝脏或肠细胞内脂蛋白合成与代谢的调节，同时能够辅助预防早期动脉硬化症的发生（Sánchez-Pozo 等，1986）。

欧洲已发布有关乳粉中添加核苷酸的指导方针，欧洲、日本、韩国、美国等市场已销售添加核苷酸和核酸的乳粉。我国卫生部也于 2005 年正式发布公告，允许在婴儿乳粉中添加适量核苷酸，添加量为 0.12~0.58g/kg。

18.5.2 核苷酸在营养保健中的应用

18.5.2.1 外源核苷酸延缓衰老的作用

人体内核苷酸的供应包括两种方式，即从头合成和补救合成。已有研究表明，补充外源核苷酸，可使肝脏内核苷酸的合成减少至 5%，自幼补充高核酸和核苷酸的食物，肝脏核苷酸的合成能力便不会在 20 岁后开始逐年降低，有助于基因损伤的修复，且细胞的分裂与代谢也会保持正常状态，这对衰老的延缓具有积极的作用（王定昌，2008）。Xu 等以 SD 大鼠为研究对象，分别按照质量分数 0.01%，0.04%，0.16%，

0.64%的核苷酸饮食对大鼠进行喂养，记录了大鼠体重变化和食物消耗情况，同时观察大鼠死亡及濒死情况、皮肤状态、黏膜、眼睛、毛发、躯体活动及行为方式，结果表明，膳食核苷酸喂养组的大鼠相比于对照组大鼠的平均寿命显著延长且死于肿瘤性病变的比例更低（Xu 等，2013）。核苷酸是构成核酸的基本结构单元，由核苷及磷酸组成。生物体细胞内存在着多种游离的核苷酸，它们几乎参与细胞内所有的生化过程，是满足人体代谢十分重要的物质，而核酸也只有降解成小分子的核苷酸后才能被人体吸收和利用（Welin 等，2010）。核苷酸一定程度上通过营养来辅助修复人体衰老及受损的基因，激发细胞潜在的活性，从而调节身体机能，延缓衰老。

β-烟酰胺单核苷酸（β-nicotinamide mononucleotide，NMN）是一种有着生物活性的核苷酸，通过磷酸基和含有核糖与烟酰胺的核苷反应形成（Pan 等，2021）。NMN 存在两种不规则形式，即 α 和 β；β 异构体是 NMN 的活性状态（图 18.5），摩尔质量为 334.221g/mol。由于烟酰胺属于维生素 B_3，因此 NMN 属维生素 B 族的衍生物范畴，广泛参与人体内多项生化反应，与免疫、代谢等息息相关。在哺乳动物细胞内，NMN 是烟酰胺腺嘌呤二核苷酸（nicotinamide adenine dinucleotide，NAD^+）的生物合成前体，在细胞增殖和代谢等方面起着重要作用（Kiss 等，2019）。但由于 NAD^+分子较大，直接食用后无法吸收，因此主要通过补充 NMN 这种小分子前体来提升其含量。有研究表明，补充 NMN 能够增加机体内 NAD^+的含量（图 18.6），摄入外源 NMN 后，NMN 会在 Slc12a8 转运蛋白的帮助下直接进入人体细胞，并迅速被吸收，在 2~3min 的时间内，NMN 就会进入血液，通过血液逐渐输送至全身，在 NMNAT 酶作用下转化为 NAD^+，提升人体各组织细胞和器官中的 NAD^+水平（Marinescu 等，2018）。

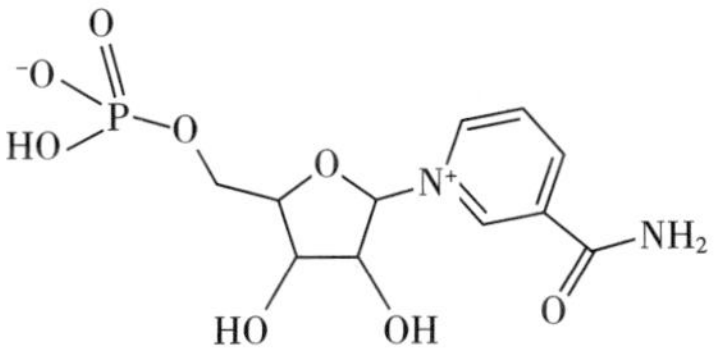

图 18.5　β-烟酰胺核苷酸的分子结构式

NMN 作为 NAD^+的关键前体，在改善、延缓衰老诱导的代谢紊乱、老年疾病等方面有着良好的促进作用（Das 等，2018；Li 等，2020；Li 等，2017；Okabe 等，2019；Rajman 等，2018；Zhang 等，2017），早在 2013 年，Sinclair 就发现了 NMN 具有干预衰老的功效，近年来 NMN 也逐渐成为了研究的热点课题。Mills 等以野生型 C57BL/6N 小鼠为研究对象，利用 NMN 喂食小鼠长达 12 个月，以探究 NMN 对小鼠正常衰老过程及身体机能的影响（Mills 等，2016）。研究表明，口服 NMN 能够增强 NAD^+的生物合成，有效缓解与小鼠年龄相关的生理衰退，增强能量代谢，改善胰岛素敏感性及眼功能相关疾病，且没有任何明显的毒性或有害作用。NMN 能够抑制代谢中与年龄相关的基因表达，改善骨骼肌线粒体的氧化代谢及核蛋白失衡。Uddin 等以葡萄糖耐量、肝脏脂肪代谢程度为依据，研究了 9 周跑步机锻炼和连续 18d 注射 NMN 对 C57BL6/J 肥胖雌性小鼠的影响，结果表明，注射的 NMN 在小鼠体内转化为 NAD^+改善代谢，相比于运动

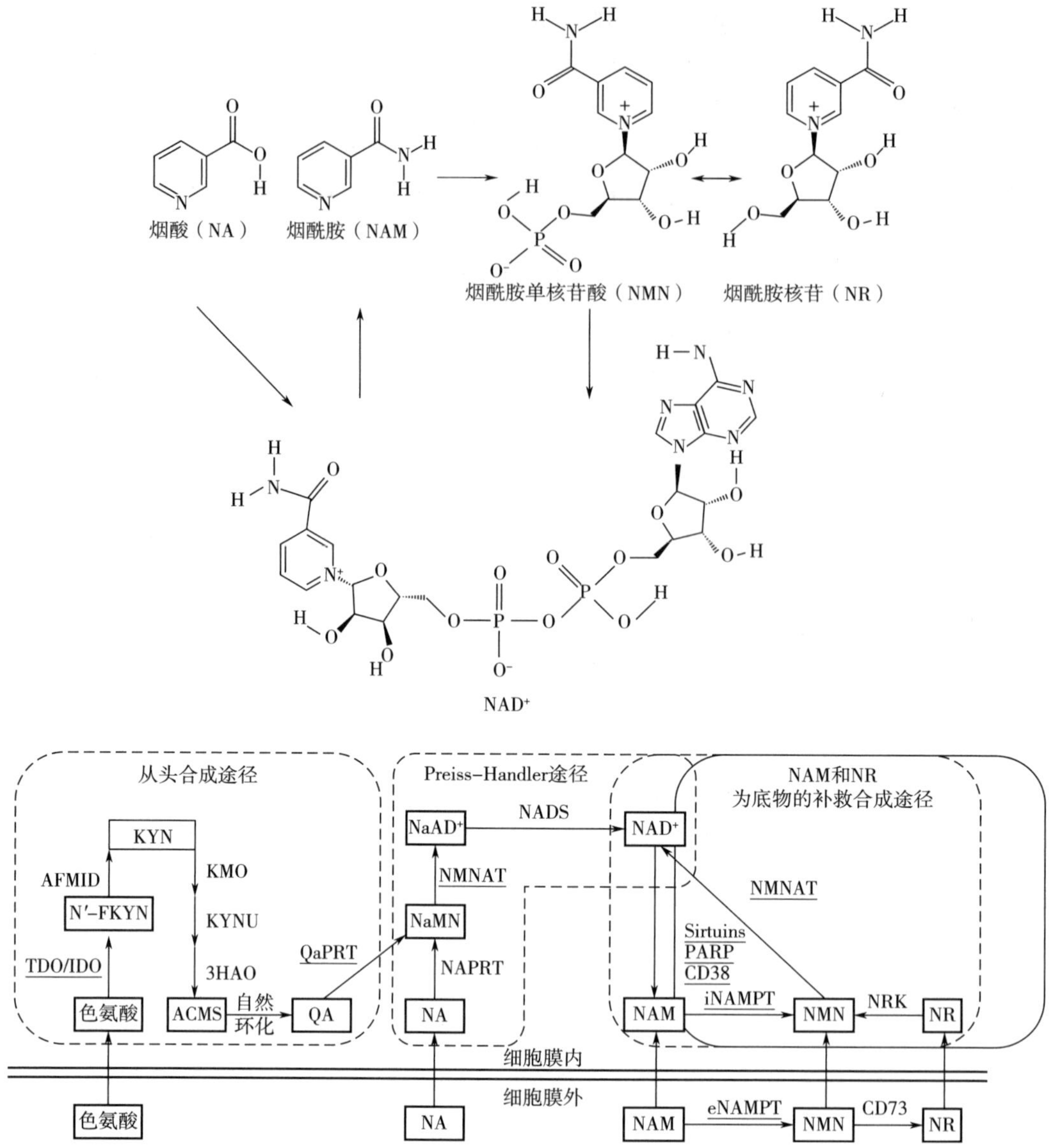

图 18.6 NAD$^+$合成途径

产生了更强的作用，能够有效逆转高脂肪饮食的一些负面影响（Uddin 等，2020）。Song 等的研究发现，NMN 在体外和体内均有效地促进了间充质干细胞（mesenchymal stem cells，MSC）的增殖（Song 等，2019）。体外增殖的骨髓间 MSC 可促进成骨，减少脂肪生成，此外，补充 NMN 能够保护小鼠免受衰老和辐射诱导的骨损伤。NMN 所具有的这些作用凸显了 NAD$^+$中间体在人类抗衰老方面的潜力。

人体可通过自身合成少量的 NMN（史海波等，2020），也可以通过摄食鳄梨、西蓝花等果蔬补充 NMN（Lin 等，2016）。但由于这些果蔬内 NMN 含量都较少，如果想仅通过食物来补充 NMN 实为困难。所以近年来，NMN 成为医药、功能性食品、化妆品等行业的密切关注的原料，2022 年 1 月 NMN 获我国国家药品监督管理局化妆品原料备案信息平台认可，但在我国还未获得保健食品、药品、食品添加剂及新食品原料的许可，目前主要作为跨境产品通过跨境电商平台进入我国（邓军等，2021；任丽梅等，2021）。

18.5.2.2 外源核苷酸提高免疫的作用

早在 1996 年，国际生命科学学会出版的《现代营养学》就已经把核苷酸作为免疫营养纳入了其中。在核苷酸对于机体内各系统的影响中，免疫系统是最为敏感、直接的系统。具体表现为：①核苷酸有助于机体内细胞免疫的进行。以细胞免疫中的淋巴细胞为例，淋巴细胞受抗原刺激被活化后对核苷酸的需求量增加，此时需要补充外源核苷酸为其提供活化所需能量及前体物质；②在饥饿及营养不良状态下诱导免疫抑制时，可通过补充核苷酸恢复机体正常免疫功能；③外源核苷酸能够促进淋巴细胞增生，提高自然杀伤细胞的活性及巨噬细胞的吞噬能力；④核苷酸能够有效调节体液免疫，从而增强免疫调节功能；⑤机体在特殊生理情况下（如烧伤、外科手术、正处于生长发育阶段等）补充外源核苷酸，不仅能够增强机体免疫功能，还能够部分解除免疫抑制；⑥免疫系统内组织细胞新陈代谢旺盛，且影响细胞分裂、成熟的主要物质也是核苷酸。因此，补充外源核苷酸有益于增强人体免疫力。有研究表明，采用无核苷酸饮食的小鼠抵御白色念珠菌和金黄色葡萄球菌的能力下降，这可能与小鼠细胞调节的免疫受损有关（Fanslow 等，1988；Kulkarni 等，1986）。与摄入标准含量核苷酸的小鼠相比，没有摄入核苷酸的小鼠在进行同种异体移植时存活时间明显延长（Rudolph 等，1984），这可能与 T 细胞需要适量补充外源核苷酸来完善其功能有关。

一些学者认为，核苷酸的营养作用机制是通过改善机体内细胞活力来增强机体各系统的自身功能及自我调节能力，进而达到最佳生理平衡和整体状态，产生稳定而广泛的营养保健作用。外源核苷酸的补充对促进手术病人身体的恢复，成年人抗病的提高、抗衰老能力的增强均具备一定的成效。

18.5.2.3 外源核苷酸保护肝脏的作用

机体内以核苷酸为原料进行核酸合成的有肝、肾，而大部分是在肝脏合成。因此，有研究认为外源核苷酸的补充在肝损伤等肝脏功能不足时会发挥显著作用。1997 年 Lopez-Navarro 等研究发现，外源性核苷酸有助于补充肝脏 RNA 池，核苷酸缺乏对肝脏 RNA 池的影响与饥饿的影响类似，且这种影响与年龄存在一定的相关性（Lopez-Navarro 等，1997）。2016 年 Cai 等以大鼠为研究对象，探究了核苷酸对于减轻机体肝脏损伤及调节肠道菌群方面的作用，发现外源核苷酸能一定程度上改善酒精中毒大鼠肠道内菌群的失调，抑制炎症反应的发生，减轻肝损伤，且外源核苷酸引发的保护作用可能部分归因于对机体 LPS-TLR4-NF-κB 信号通路的抑制（Cai 等，2016）。

18.5.3 核苷酸在调味品中的应用

一些核苷酸类物质存在强化食品风味的功能。其中，5′-AMP 及 5′-IMP（5′-GMP

的脱氨产物），因碱基在6位碳原子处具有羟基嘌呤碱，含有磷酸与戊糖上5位碳原子合成酯键的特殊结构而呈现鲜味，其鲜味分别相当于味精的40倍和160倍，而5′-GMP和5′-IMP与味精调合使用时鲜味特性有着显著的相乘增味效应（吴莉莉等，2000），且风味更佳。另外，5′-GMP和5′-IMP还能够与经过特殊工艺加工后的植物蛋白、动物蛋白及多种氨基酸混合，调配出各种风味的特鲜酱油、特鲜味精和方便汤料，生产出特色的鸡精、牛肉精等多种复合鲜味剂，以适应当前市场及消费者对食品调味剂的需求。在食品中加入呈味核苷酸还能起到消除或抑制异味的作用，目前主要应用于一些风味食品中，例如，应用于牛肉干、鱼干片、肉松中，以减少腥味及苦涩味；应用于酱类，以缓解生酱味；应用于肉类罐头制作中，以抑制铁锈味和淀粉味（崔桂友，2001）。

18.6 核酸补充剂的管理及安全性评价

目前，国内外对核酸和核苷酸营养价值的研究有很多，但同样也存在对核苷酸安全性的争议。

有学者认为，过量补充核酸将会造成机体氧自由基的产生及血尿酸浓度的升高，这些情况对机体是有不利影响的。在医学上解释痛风病和尿石症的病因均是摄入核酸量较多的食物。因此，2007年，国家食品药品监督管理局发布公告：为保证核酸类保健食品的食用安全，核酸类保健食品的不适宜人群由“痛风患者”更改为“痛风患者、血尿酸高者、肾功能异常者”。然而沈钧等研究发现，受试小鼠在摄食核苷酸后，各组间血清尿酸的含量差异无统计学意义（$P>0.05$）（沈钧等，2001）。这些不一致问题的出现，可能与在不同生长发育阶段的动物对不同添加水平的核苷酸的吸收、代谢和排泄情况不同有关。因此，关于核苷酸会引发痛风病的假说还需要更加深入的研究来证实。

一些学者对市售的核酸类产品进行了安全性评价。盛少虎等完成了核酸口服液急性毒性的测试试验，其最大耐受量测定结果表明在相当于成人用量的140倍剂量下无毒性反应，故认为该口服液毒性低，应用安全（盛少虎等，1999）。在60d的毒性试验过程中，各组动物不论活动、饮食还是血常规、尿常规等都没有出现异常，脏器系数各组间也无显著差异。赵超英等利用小鼠急性和亚慢性毒性试验及体内外致突变试验对受试物进行安全性评价，研究显示，受试物对受试动物不存在急性及亚慢性毒性，血清中尿酸含量也没有显著变化，表明其作为营养保健食品用于人体是安全的（赵超英等，2001）。

关于核酸类补充剂在食品中应用的标准已在GB 14880—2012《食品安全国家标准 食品营养强化剂使用标准》作出了明确规定；对于核苷酸在乳粉中的管理规定，我国卫生部于2005年正式发布公告，允许在婴儿乳粉中添加核苷酸，添加量为0.12~0.58g/kg。早在1991年，欧共体对婴儿食品配方中核苷酸的添加水平也规定了上限：每420kJ食品中加CMP 2.5mg、UMP 1.75mg、AMP 1.5mg、GMP 0.5mg、黄嘌呤单核苷酸1mg；GB 2760—2024《食品安全国家标准 食品添加剂使用标准》规定了对于调味品中核苷酸的加入量，应按照生产需要适量使用；对于 NMN，国家药品监督管理局已将其纳入化妆品原料行列，但在我国保健食品、药品、食品添加剂和新食品原料上仍未获得许可，目前主要作为跨境产品通过跨境电商平台进入国内。

18.7 总结与展望

外源性核酸主要以核蛋白的形式存在，进入体内后在胃肠道酶和胃酸的作用下转化为核酸和蛋白质，核酸最终在核酸外切酶、核酸内切酶、肠道多聚核酸酶及磷酸酯酶的作用下降解为核苷酸。核苷酸是核酸发挥营养作用的基本结构单元，在鱼类、粮食作物、豆科籽实及家禽类等食物中均含量丰富。核苷酸的营养作用机制是通过改善机体内细胞活力来增强机体各系统的功能及自我调节能力，进而达到最佳生理平衡和整体状态，产生稳定而广泛的营养保健作用。当生物体内核酸供应量不足以满足正常功能所需时，便需要核酸作为补充剂被摄入，外源性核酸也因其具有抗衰老、维护肠道健康、促进新陈代谢、增强免疫调节等重要生理功能，已在婴幼儿配方乳粉及调味品中有了一定的应用。

关于外源核苷酸类物质的功效与应用本章已经进行了介绍，目前，核苷酸已得到了许多欧美国家的高度重视，但我国对核酸补充剂还持审慎态度。随着生物科学与技术的发展，相信可以对外源核苷酸在人体内的作用作出更加充分和全面的回答，在目前认知水平的基础上更上一层台阶，开发出功效及安全性明确的核苷酸类补充剂。

参考文献

Altmann KH, Fabbro D, Dean NM, et al. Second-generation antisense oligonucleotides: structure-activity relationships and the design of improved signal-transduction inhibitors [J]. Biochem Soc Trans, 1996, 24 (3): 630-637.

Barness LA. Dietary sources of nucleotides--from breast milk to weaning [J]. J Nutr, 1994, 124 (1 Suppl): 128S-130S.

Braasch DA, Corey DR. Locked nucleic acid (LNA): fine-tuning the recognition of DNA and RNA [J]. Chem Biol, 2001, 8 (1): 1-7.

Brunser O, Espinoza J, Araya M, et al. Effect of dietary nucleotide supplementation on diarrhoeal disease in infants [J]. Acta Paediatr, 1994, 83 (2): 188-191.

Cai X, Bao L, Wang N, et al. Dietary nucleotides protect against alcoholic liver injury by attenuating inflammation and regulating gut microbiota in rats [J]. Food Funct, 2016, 7 (6): 2898-2908.

Carver JD, Pimentel B, Cox WI, et al. Dietary nucleotide effects upon immune function in infants [J]. Pediatrics, 1991, 88 (2): 359-363.

Chen Z, Liu C, Cao F, et al. DNA metallization: principles, methods, structures, and applications [J]. Chem Soc Rev, 2018, 47 (11): 4017-4072.

Cordle CT, Winship TR, Schaller JP, et al. Immune status of infants fed soy-based formulas with or without added nucleotides for 1 year: Part 2: Immune cell populations [J]. J Pediatr Gastroenterol Nutr, 2002, 34 (2): 145-153.

Cosgrove M, Davies DP, Jenkins HR, Nucleotide supplementation and the growth of term small for gestational age infants [J]. Arch Dis Child Fetal Neonatal Ed, 1996, 74 (2): F122-125.

Das A, Huang GX, Bonkowski MS, et al. Impairment of an endothelial NAD^+-H_2S Signaling network is a reversible cause of vascular aging [J]. Cell, 2018, 173 (1): 74-89. e20.

Doo EH, Chassard C, Schwab C, et al. Effect of dietary nucleosides and yeast extracts on composition and metabolic activity of infant gut microbiota in PolyFermS colonic fermentation models [J]. FEMS Microbiol Ecol, 2017, 93 (8): fix088.

Egli M, Minasov G, Tereshko V, et al. Probing the influence of stereoelectronic effects on the biophysical properties of oligonucleotides: comprehensive analysis of the RNA affinity, nuclease resistance, and crystal structure of ten 2′-o-ribonucleic acid modifications [J]. Biochemistry, 2005, 44 (25): 9045-9057.

Ehrlich M, Ehrlich K, Mayo JA. Unusual properties of the DNA from xanthomonas phage XP-12 in which, 5-methylcytosine completely replaces cytosine [J]. Biochim Biophys Acta, 1975, 395 (2): 109-119.

Fanslow WC, Kulkarni AD, Van Buren CT, et al. Effect of nucleotide restriction and supplementation on resistance to experimental murine candidiasis [J]. JPEN J Parenter Enteral Nutr, 1988, 12 (1): 49-52.

Flanagan WM, Kothavale A, Wagner RW, Effects of oligonucleotide length, mismatches and mRNA levels on *C*-5 propyne-modified antisense potency [J]. Nucleic Acids Res, 1996, 24 (15): 2936-2941.

Gryaznov S, Schultz RG. Stabilization of DNA: DNA and DNA: RNA duplexes by substitution of 2′-deoxyadenosine with 2′-deoxy-2-aminoadenosine [J]. Tetrahedron Lett, 1994, 35 (16): 2489-2492.

Hacker SM, Mex M, Marx A. Synthesis and stability of phosphate modified atp analogues [J]. J Org Chem, 2012, 77 (22): 10450-10454.

Haraszti RA, Roux L, Coles AH, et al. 5′-vinylphosphonate improves tissue accumulation and efficacy of conjugated siRNAs *in vivo* [J]. Nucleic Acids Res, 2017, 45 (13): 7581-7592.

Iribarren AM, Sproat BS, Neuner P, et al. 2′-o-alkyl oligoribonucleotides as antisense probes [J]. Proc Natl Acad Sci U S A, 1990, 87 (19): 7747-7751.

Islam MA, Fujisaka A, Kawakami J, et al. Different reactivity of Sp and Rp isomers of phosphorothioate-modified oligonucleotides in a duplex structure [J]. Bioorg Med Chem Lett, 2020, 30 (14): 127166.

Johnson CN, Spring AM, Sergueev D, et al. Structural basis of the RNAse H1 activity on stereo regular borano phosphonate DNA/RNA hybrids [J]. Biochemistry, 2011, 50 (19): 3903-3912.

Kato Y, Minakawa N, Komatsu Y, et al. New NTP analogs: The synthesis of 4′-thioUTP and 4′-thioCTP and their utility for SELEX [J]. Nucleic Acids Res, 2005, 33 (9): 2942-2951.

Kiss T, Balasubramanian P, Valcarcel-Ares MN, et al. Nicotinamide mononucleotide (NMN) treatment attenuates oxidative stress and rescues angiogenic capacity in aged cerebromicrovascular endothelial cells: a potential mechanism for the prevention of vascular cognitive impairment [J]. Geroscience, 2019, 41 (5): 619-630.

Kubota A. Nutritional study of nucleotide components in the milk [J]. NihonShonika Gakkai Zasshi, 1969, 73 (2): 197-209.

Kulkarni AD, Fanslow WC, Rudolph FB, et al. Effect of dietary nucleotides on response to bacterial infections [J]. JPEN J Parenter Enteral Nutr, 1986, 10 (2): 169-171.

Li C, Zhou Y, Rychahou P, et al. SIRT2 contributes to the regulation of intestinal cell proliferation and differentiation [J]. Cell Mol Gastroenterol Hepatol, 2020, 10 (1): 43-57.

Li J, Bonkowski MS, Moniot S, et al. A conserved NAD^+ binding pocket that regulates protein-protein interactions during aging [J]. Science, 2017, 355 (6331): 1312-1317.

Li P, Sergueeva ZA, Dobrikov M, et al. Nucleoside and oligonucleoside boranophosphates: chemistry and properties [J]. Chem Rev, 2007, 107 (11): 4746-4796.

Lima WF, Prakash TP, Murray HM, et al. Single-stranded siRNAs activate RNAi in animals [J]. Cell, 2012, 150 (5): 883-894.

Lin JB, Kubota S, Ban N, et al. Nampt-mediated NAD^+ biosynthesis is essential for vision in mice [J]. Cell Rep, 2016, 17 (1): 69-85.

Lipi F, Chen S, Chakravarthy M, et al. *In vitro* evolution of chemically-modified nucleic acid aptamers: pros and cons, and comprehensive selection strategies [J]. RNA Biol, 2016, 13 (12): 1232-1245.

Lopez-Navarro A, Gil A, Sanchez-Pozo A. Age-related effect of dietary nucleotides on liver nucleic acid content in rats [J]. Ann Nutr Metab, 1997, 41 (5): 324-330.

Marinescu CG, Popescu RG, Stoian G, et al. Beta-nicotinamide mononucleotide (NMN) production in *Escherichia coli* [J]. Sci Rep, 2018, 8 (1): 12278.

Martínez-Augustin O, Boza JJ, Del Pino JI, et al. Dietary nucleotides might influence the humoral immune response against cow's milk proteins in preterm neonates [J]. Biol Neonate, 1997, 71 (4): 215-223.

Migawa MT, Shen W, Wan WB, et al. Site-specific replacement of phosphorothioate with alkyl phosphonate linkages enhances the therapeutic profile of gapmer asos by modulating interactions with cellular proteins [J]. Nucleic Acids Res, 2019, 47 (11): 5465-5479.

Miller PS, Yano J, Yano E, et al. Nonionic nucleic acid analogues [J]. Synthesis and characterization of dideoxyribonucleoside methylphosphonates [J]. Biochemistry, 1979, 18 (23): 5134-5143.

Mills KF, Yoshida S, Stein LR, et al. Long-term administration of nicotinamide mononucleotide mitigates age-associated physiological decline in mice [J]. Cell Metab, 2016, 24 (6): 795-806.

Mohsen MG, Ji D, Kool ET, Polymerase synthesis of four-base DNA from two stable dimeric nucleotides [J]. Nucleic Acids Res, 2019, 47 (18): 9495-9501.

Okabe K, Yaku K, Tobe K, et al. Implications of altered NAD metabolism in metabolic disorders [J]. J Biomed Sci, 2019, 26 (1): 34.

Ono A, Sato M, Ohtani Y, et al. Synthesis of deoxyoligonucleotides containing 7-deazaadenine: recognition and cleavage by restriction endonuclease Bgl Ⅱ and Sau 3AI (nucleosides and nucleotides part 55) [J]. Nucleic Acids Res, 1984, 12 (23): 8939-8949.

Pan F, Kang S, Zhao Y, et al. Effect of β-nicotinamide mononucleotide on tumor formation and growth in a lung cancer mouse model [J]. Mater Chem Front, 2021, 5 (2): 995-1002.

Parmar RG, Brown CR, Matsuda S, et al. Facile synthesis, geometry, and 2′-substituent-dependent *in vivo* activity of 5′- (e) - and 5′- (z) -vinylphosphonate-modified siRNA conjugates [J]. J Med Chem, 2018, 61 (3): 734-744.

Rajman L, Chwalek K, Sinclair DA, Therapeutic potential of NAD-boosting molecules: the *in vivo* evidence [J]. Cell Metab, 2018, 27 (3): 529-547.

Reynolds B, Miller R, Williams JG, et al. Synthesis and stability of novel terminal phosphate-labeled nucleotides [J]. Nucleosi Nucleot Nucl, 2008, 27 (1): 18-30.

Rudolph FB, Kulkarni AD, Schandle VB, et al. Involvement of dietary nucleotides in T lymphocyte function [J]. Adv Exp Med Biol, 1984, 165 Pt B: 175-178.

Sánchez-Pozo A, Pita ML, Martínez A, et al. Effects of dietary nucleotides upon lipoprotein pattern of newborn infants [J]. Nutr Res, 1986, 6 (7): 763-771.

Schnell S, Mendoza C. Enzymological considerations for a theoretical description of the quantitative competitive polymerase chain reaction (QC-PCR) [J]. J Theor Biol, 1997, 184 (4): 433-440.

Seela F, Driller H. Solid-phase synthesis of the self-complementary hexamer d (c7GpCpc7GpCpc7Gpc) via the o-3′-phosphoramidite of 7-deaza-2′-deoxyguanosine [J]. Nucleic Acids Res, 1985, 13 (3): 911-926.

Song J, Li J, Yang F, et al. Nicotinamide mononucleotide promotes osteogenesis and reduces adipogenesis by regulating mesenchymal stromal cells via the SIRT1 pathway in aged bone marrow [J]. Cell Death Dis, 2019, 10 (5): 336.

Tanaka R, M Mutai. Improved medium for selective isolation and enumeration ofbifidobacterium [J]. Appl Environ Microbiol, 1980, 40 (5): 866-869.

Uddin GM, Youngson NA, Chowdhury SS, et al. Administration of nicotinamide mononucleotide (NMN) reduces metabolic impairment in male mouse offspring from obese mothers [J]. Cells, 2020, 9 (4): 791.

Welin M, Nordlund P. Understanding specificity in metabolic pathways-structural biology of human nucleotide metabolism [J]. Biochem Biophys Res Commun, 2010, 396 (1): 157-163.

Wickstrom E. DNA and RNA derivatives to optimize distribution and delivery [J]. Adv Drug Deliv Rev, 2015, 87: 25-34.

Xu M, Liang R, Guo Q, et al. Dietary nucleotides extend the life span in Sprague-Dawley rats [J]. J

Nutr Health Aging, 2013, 17 (3): 223-229.

Yamada CM, Dellinger DJ, Caruthers MH. Synthesis and biochemical evaluation of phosphonoformate oligodeoxyribonucleotides [J]. J Am Chem Soc, 2006, 128 (15): 5251-5261.

Yau KI, Huang CB, Chen W, et al. Effect of nucleotides on diarrhea and immune responses in healthy term infants in taiwan [J]. J Pediatr Gastroenterol Nutr, 2003, 36 (1): 37-43.

Zhang R, Shen Y, Zhou L, et al. Short-term administration of nicotinamide mononucleotide preserves cardiac mitochondrial homeostasis and prevents heart failure [J]. J Mol Cell Cardiol, 2017, 112: 64-73.

崔桂友. 呈味核苷酸及其在食品调味中的应用 [J]. 中国调味品, 2001 (10): 25-29+32.

邓军, 罗统有, 刘道甫, 等. 烟酰胺核苷酸临床研究进展及化学制备方法 [J]. 广东化工, 2021, 48 (12): 98-100+188.

董文红, 徐琳琳, 于永超, 等. 外源性核苷酸对孕期饮酒小鼠子代生长发育的影响 [J]. 现代预防医学, 2013, 40 (05): 818-821.

梁兴国, 李金, 黄丽丽, 等. 核酸代谢与营养研究及发展趋势 [J]. 中国海洋大学学报 (自然科学版), 2019, 49 (10): 64-78.

任丽梅, 王晓茹, 祁永浩, 等. β-烟酰胺单核苷酸功能与合成研究进展 [J]. 生物资源, 2021, 43 (02): 127-132.

沈钧, 管红琴, 王永明, 等. 市售核酸对小鼠生长发育及其血清尿酸的浓度影响 [J]. 天津医科大学学报, 2001, 7 (3): 4.

盛少虎, 张岫美. 核酸口服液的安全性研究 [J]. 中国生化药物杂志, 1999, 20 (2): 3.

史海波, 赵海, 周春松, 等. β-烟酰胺单核苷酸制备研究进展 [J]. 精细化工中间体, 2020, 50 (04): 1-5.

王定昌. 核苷酸的生产技术及应用前景 [J]. 粮油食品科技, 2008, (03): 65-66.

吴莉莉, 陈俊香. 双酶法降解核酸生产核苷酸食品增鲜剂——酵母深加工高附加值产品 [J]. 甘蔗糖业, 2000, (03): 32-36+41.

赵超英, 吴绪敏, 尤育洲, 等. 某保健核酸片的毒性及致突变性实验研究 [J]. 卫生毒理学杂志, 2001, 15 (2): 2.

19

DNA存储技术

DNA 存储以 DNA 为介质，通过编码、写入和读取等操作实现信息的储存和恢复。在信息量飞速增长的当代，DNA 存储因其高存储密度、高稳定性和低耗能的特性，受到了储存行业内外的广泛关注。为了给 DNA 存储的理论和应用研究提供有力的参考和思路，本章对 DNA 存储技术做了全面的介绍。首先，介绍了 DNA 存储的流程和优劣势，并初步从技术和成本发展角度论述了 DNA 存储的发展态势。其次，类比传统存储技术中涉及的编码和解码、写入、保存、读取及擦除和重写技术，对 DNA 存储的技术流程进行详细论述。在编码和解码层面，系统总结了 DNA 编码的几种框架，DNA 中的碱基信息、磷酸骨架信息和高级结构信息与计算信息的转化，以及压缩和纠错技术。再次，进行了写入层面涉及的合成、拼接和密码技术，以及读取层面的概览。数据保护部分，则介绍和分析了溶液、干粉、固定化、封装和活体细胞内保护技术。最后归纳了 DNA 的擦除和重写技术，并对 DNA 存储的研究方向进行了理性展望。

19.1 概述

随着互联网和大数据的发展，世界范围内信息呈现爆炸性增长，而传统存储设备的容量有限。在此背景下，DNA 这一古老存储介质得到大量关注，DNA 存储的实验验证在 20 世纪末就已展开，近几年更是进入高速发展期。DNA 存储的广泛关注源于 DNA 存储的优势，而其优势究其本质是（功能）核酸的多功能特性。功能核酸的分子尺寸和结构多样性决定了 DNA 存储的高存储密度；功能核酸的相对稳定性，以及与水溶液和其他复合材料的良好相容性，使 DNA 存储在特定条件下具有高稳定性；功能核酸的天然存在，且作为生物上亿年筛选后的遗传物质，意味着其对于环境更加友好，更易于仿生研究。上述优点中，高存储密度和高稳定性是存储介质的永恒追求，环境友好更契合世界范围内的可持续发展战略，仿生特性则让 DNA 作为存储介质更具有前瞻性。

有了“硬件基础”，再结合当今日趋完善的计算机信息技术，DNA 能够和传统存储介质一样进行信息的编码和解码、写入、保护、读取及擦除和重写（图 19.1）。编码和解码是 DNA 存储技术的第一步和最后一步，也是 DNA 信息和计算机信息转化之间的两个步骤。但这并不意味着编码和解码是四进制（4 种碱基）与二进制（0 和 1）的简单转化，还需要考虑到存储密度、压缩能力和纠错能力等。当然 4 种天然碱基外的人工碱基也可以运用到 DNA 存储中。而且，除了 DNA 碱基（一级结构）中包含的信息之外，二级结构、高级结构以及和其他材料复合的高级结构中都可以存储信息。编码之后的操作是数据的写入，涉及的主要技术是 DNA 合成，包括化学合成和新一代酶法合成，以及与微阵列技术结合的高通量合成方法。DNA 合成的链长有限，合成的短链 DNA 还可以通过连接和核酸扩增技术组装成更长的片段，或者在生物体中实现超长片段的组装。合成的过程中还可以有选择地对信息进行加密，可取的方法包括：PCR 引物作为密钥，设计 DNA 纳米开关和 DNA 动态折纸等。为了合成后 DNA 的长期保存，还需要采用溶液保存、干粉保存、固定化保存、封装保存或活体细胞内保存。保存的

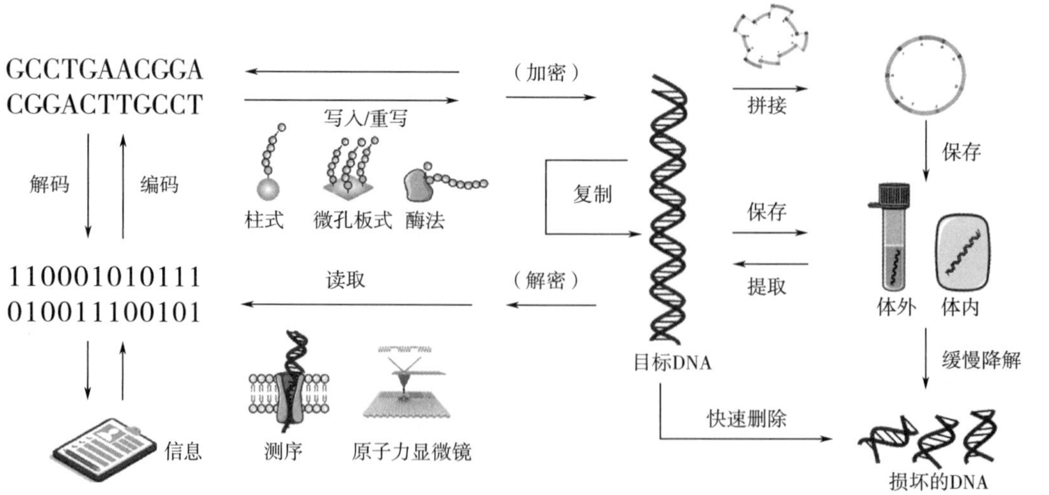

图 19.1　DNA 存储流程

最终目的是信息的读取，DNA 的读取主要依赖于二代和三代测序技术，一些特别的存储方式还可能依赖于原子力显微镜、荧光显微镜或琼脂糖电泳。与传统储存介质一样，数据写入和保存期间可能存在数据丢失的现象，这便需要在编码时设计好物理冗余，以及信息学上的纠错方法。除此之外，DNA 存储涉及的信息复制（DNA 扩增，主要为 PCR）和信息删除（DNA 分子破坏或分子间规律的破坏）也有一定的理论研究。

19.2 DNA 存储的研究进展与发展趋势

19.2.1 DNA 存储的流程及优劣势

与传统存储介质类似，DNA 存储可以进行信息的编码和解码、写入、保护、读取及擦除和重写。不仅如此，DNA 存储还具有存储密度高、保存时间长和环境友好等优势［表 19.1 和图 19.2（a）］。高存储密度源于 DNA 存储以 DNA 分子为单位。理论上 DNA 的存储密度高达 4.55×10^8TB/g，是主流存储设备的 10^6 倍（Extance 2016; Organick 等，2020）。在存储空间和技术不足与信息数据量爆炸之间的矛盾不断加深的当下（2025 年数据量预计达到 10^9TB），4g DNA 可以存储全球当前一年的信息，1kg DNA 即可存储人类目前所有的信息（Bonnet 等，2009）。DNA 自身的生物分子稳定性则保证了其在 DNA 存储过程中的高稳定性，如在化石中 DNA 的半衰期约为 521 年，而传统磁盘存储的寿命不超过几十年。同时 DNA 存储对环境更加友好。相比于传统存储介质，DNA 保存的能耗更低，且信息的存储不需要重金属和稀有元素，可以生物降解。当然，目前 DNA 存储的缺点也十分明显，如成本高昂、访问时间长和容量小。

表 19.1　　DNA 存储和传统存储的对比表

存储设备	存储时长	存储密度/（Bs/cm^3）	耗电量/（W/GB）	访问时间
DNA	>100 年	10^{19}	$<10^{-10}$	>1h
硬盘	9 年	10^{13}	0.04	7000μs
闪存	10 年	10^{16}	0.01~0.04	0.005μs
存储器	<64ms	10^{13}	0.1~0.4	0.06μs

19.2.2 DNA 存储的发展趋势

自 1964 年左右 Wiener 和 Neiman 提出 DNA 存储的概念（Neiman 等，1965；Wiener 等，1964），1996 年 Davis 首次进行实验演示，Clelland 等（Clelland 等，1999）和 Church 等（Church 等，2012）尝试体外 DNA 的存储和恢复，DNA 存储各阶段的重要研究进展（Ceze 等，2019）见图 19.2（b）。DNA 存储现已进入快速发展阶段，目前最大存储能力已经达到 200MB（Erlich 等，2017），相关领域的专利数量也在不断攀升［图 19.2（c）］（黄小罗等，2021；陈大明等，2021）。从 DNA 存储行业的风险投资情况来看［图 19.2（d）］，2011—2019 年的平均投资增长速率为 44%（2019 年数据截至 9 月 26 日）（Stanley 等，2020）。这种快速发展由两种技术驱动：用于“写入”的 DNA 合成和用于“读取”的 DNA 测序（Shendure 等，2017）。成本方面，测序成本已经大大下降，但合成成本还比较高昂。合成 DNA 的成本为 800～5000 美元/MB（Goldman 等，2013；Greenberg 等，2009），还需要下降 10^8 倍的成本才能与磁盘竞争（Meiser 等，2022）。随着美国情报高级研究计划局提出的分子信息存储技术（MIST）技术，DNA 存储的成本预计将得到大幅度的下降［图 19.2（e）］（韩明哲等，2021）。但截至 2020 年，商业 DNA 合成的成本没有大幅度下降（Meiser 等，2020）。不仅是成本的劣势，DNA 存储的读写速度也亟待提升，相比于传统读写介质，DNA 的写入速度需要提高 10^6 倍，读取速度需要提高 10^3 倍（Meiser 等，2022）。

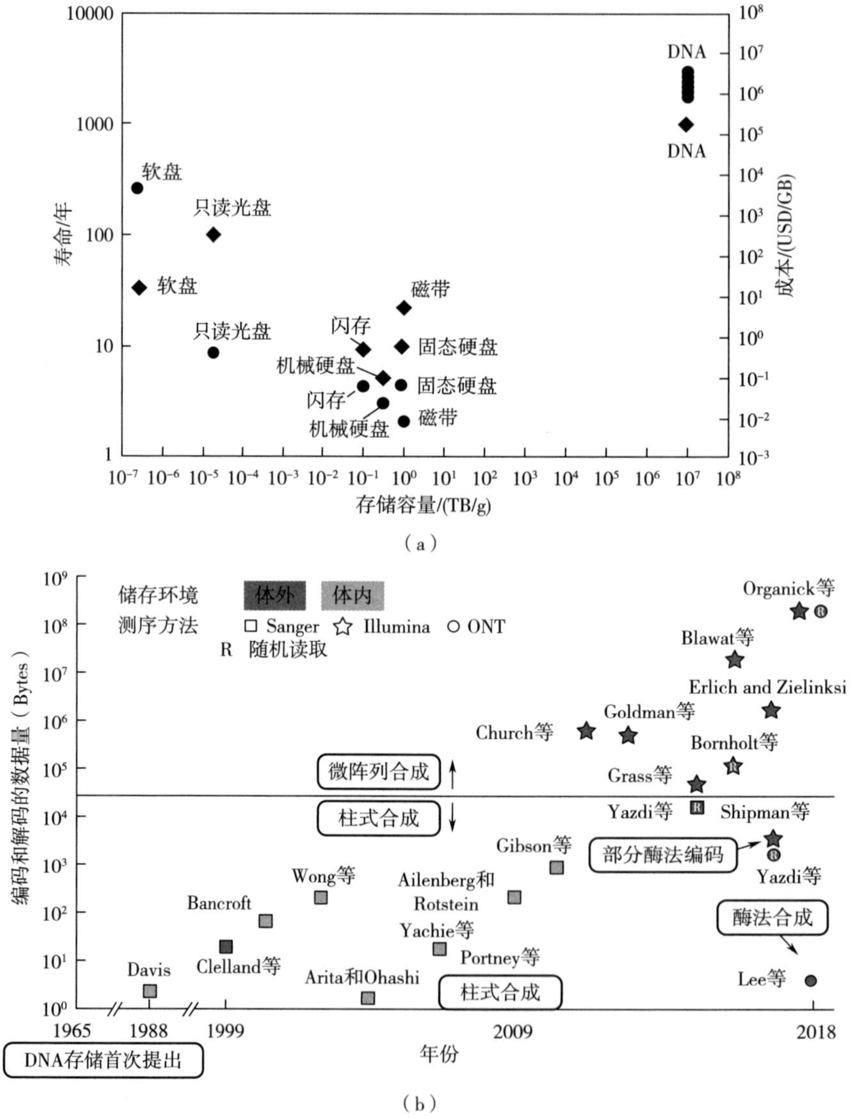

图 19.2　DNA 存储的发展趋势

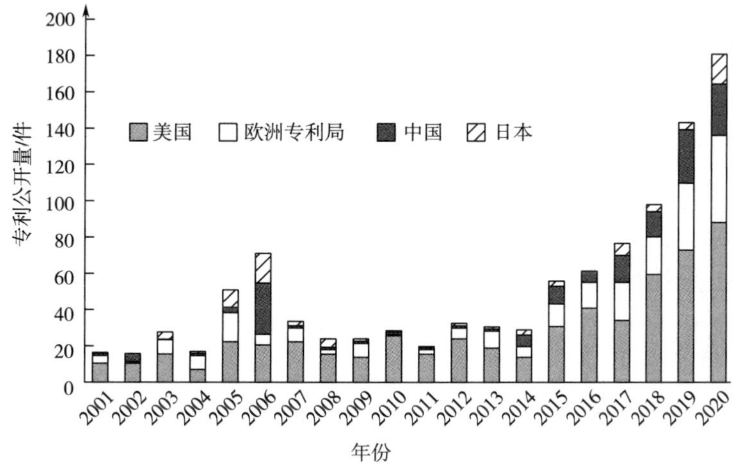

（c）

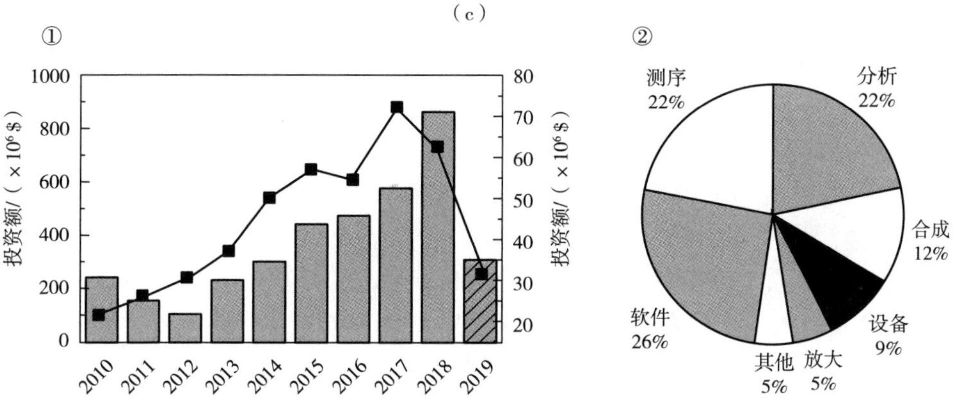

（d）

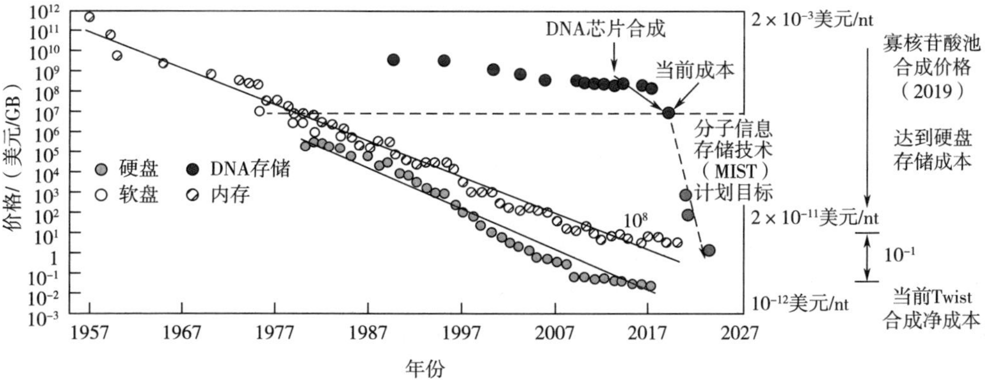

（e）

图 19.2　DNA 存储的发展趋势（续）

（a）各种存储系统的寿命和成本比较　（b）DNA 存储的重要研究进展，包括 DNA 数据的合成、存储和读取方式，以及检索是否支持随机访问　（c）全球 DNA 存储相关专利发展趋势　（d）DNA 投资发展趋势和布局图　（e）DNA 存储成本比较与预测

19.3 编码与解码技术

DNA 编码是将 DNA 蕴含的信息与二进制主导的数字信息衔接的第一步。在 DNA 中，信息可以存在于碱基的排列组合、磷酸骨架和二维结构中的分支、DNA 高级结构及其复合材料中可视化图案或蕴含的算法信息。为了模拟数字信息的写入、定位、识别和还原，同时确保信息的准确性和效率，还需要为之定制信息转化技术，特定的 DNA 框架结构及压缩和纠错技术。

19.3.1 转换技术

最常见的 DNA 信息转化是将传统 DNA 的 4 种碱基构成（A/T/C/G）转化为数字信息中的编码模型。首先要说明的是，这不是简单的四进制与二进制（0/1）之间的转换关系。因为 DNA 存储模型除了二进制模型（Church 等，2012），还包括三进制模型（Goldman 等，2013）、四进制模型（Erlich 等，2017）、混合模型（Organick 等，2018）和兼并碱基模型（Anavy 等，2019）[图 19.3（a）]（Ping，2019），不同模型对应的编码效率、序列 GC 含量要求和使用频率各不相同。就存储密度来说兼并碱基模型>四进制模型>混合模型>三进制模型>二进制模型。当然，天然碱基相对应的人工碱基也可以用于信息存储，并且可以增加单个碱基存储信息的能力。除了经典的 X（dNaM）和 Y（dTPT3 类似物）人工碱基的使用外（Malyshev 等，2014），Hoshika 等根据已报道的 Hachimoji DNA 引入了 4 种人工碱基：6-氨基-5-硝基吡啶-2-酮（Z）、5-氮杂-7-脱氮杂环嘌呤（P）、异胞嘧啶（S）和异鸟嘌呤（B）（Hoshika 等，2019）。

DNA 碱基中的信息依赖于特定 DNA 的合成，而利用磷酸骨架上蕴含的位置编码以及二维结构的信息则可以避免这一操作。Tabatabaei 等提供的思路是使用可编程的 Cas 9 切割酶制造 dsDNA 中的缺口，用缺口的“有/无”表示“0/1”的二进制信号（Tabatabaei 等，2020）。Chen 等则在磷酸骨架中每间隔 114bp 插入分支实现位置编码（Chen，2019）。具体来说有两种策略，一种是 dsDNA 分支“是/否”杂交有修饰有生物素标记的 10bp ssDNA 来表示“1/0”信号[图 19.3（b）]（Chen 等，2020），另一种则是在 dsDNA 中构造“8/16”bp 的发卡 DNA 分支表示“0/1”的信号[图 19.3（c）]（Chen 等，2019）。可变 DNA 纳米开关也可以用于存储信息，通过“off/on”逻辑表示“0/1”信息，Chandrasekaran 等设计了依赖凝胶电泳解码的 5 位 DNA 存储系统[图 19.3（d）]（Chandrasekaran 等，2017）。此外，在芯片结合 DNA 链置换和杂交技术，可以实现荧光开关，用于 DNA 的随机访问和重写（Nguyen 等，2018）。结合光裂解基团（2-硝基苄基键），以可编程方式产生多个短链，还能在芯片绘制可擦除的表面图案[图 19.3（e）]（Huang 等，2014）。

DNA 折纸和 DNA 瓦片可以不依赖于 DNA 序列合成，而是利用天然 DNA 分子直接在 DNA 纳米结构中嵌入文字、音符和图案等信息[图 19.3（f）]（Tikhomirov 等，2017）。DNA 折纸还可以通过引入盲文技术和建立不同折纸之间的特定联系，来增加该方法的存储密度（Zhang 等，2019）。除了直接可视化数据，DNA 折纸还具有可变构的

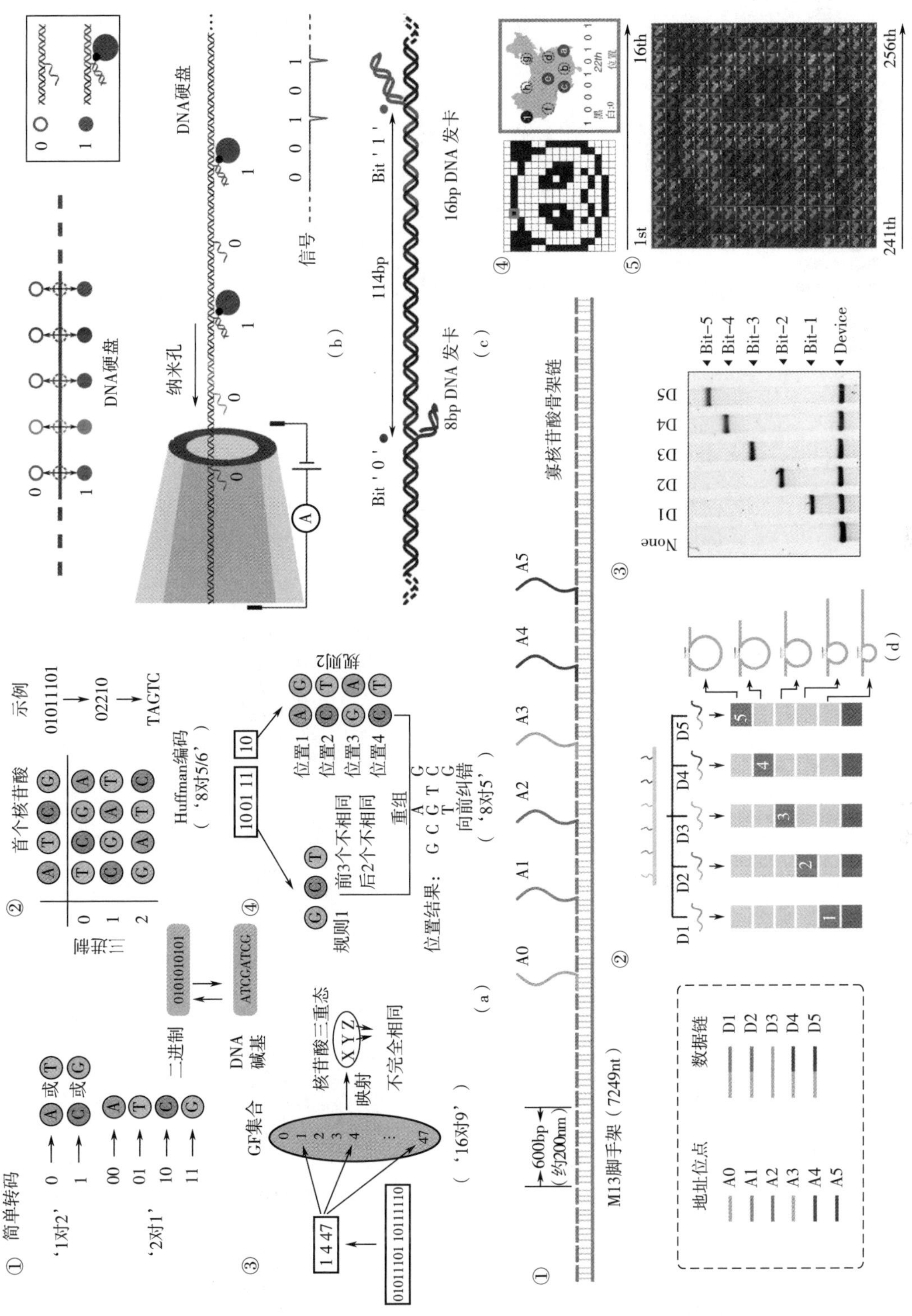

图19.3 DNA转化方法图

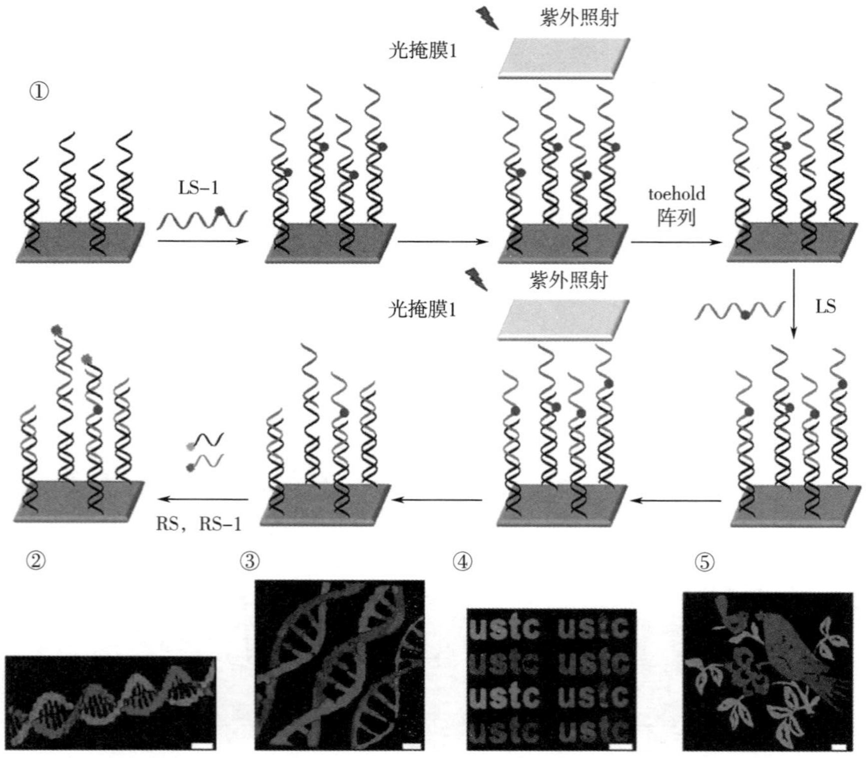

（e）

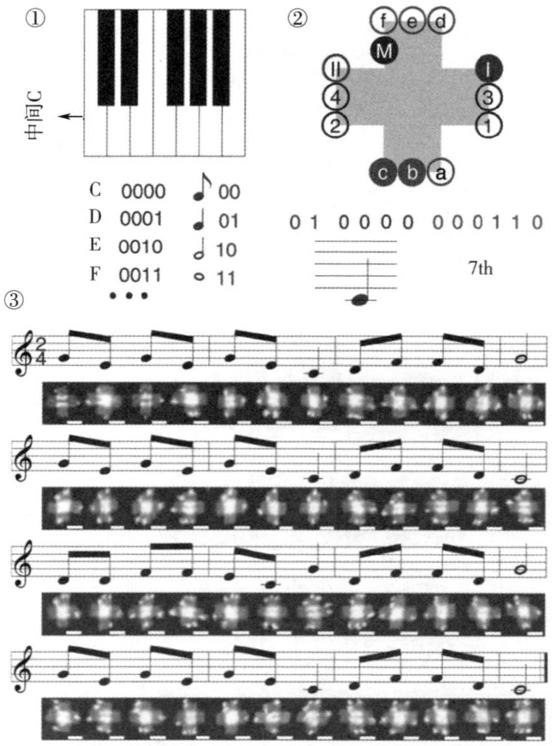

（f）

图19.3 DNA转化方法图（续）

（a）DNA碱基信息与计算机进制转化方法，①二进制，②三进制，③其他进制，④混合进制 （b）线性dsDNA构造分支的策略1 （c）线性dsDNA构造分支的策略2 （d）基于DNA纳米开关的策略图 （e）基于链置换和光裂解基团的策略图 （f）DNA折纸的可视化策略图二维结构——DNA 折纸多米诺骨牌（DNA origami domino array，DODA），用于 DNA 数据的动态存储，方便进行写入和擦除（Fan 等，2020）。DNA 折纸构造的纳米棒可以通过控制表面荧光基团的定位，实现 216 个不同的条形码，用于细胞标识（Lin 等，2012）。同样，DNA 折纸构造的纳米棒也可以金属化并和石墨烯材料复合，实现图案的编码和空间信息的传输（Jin 等，2013）。相比于 DNA 折纸，DNA 瓦片很适合构建生物逻辑电路（Woods 等，2019）。其具有结构周期性和唯一寻址性，不同结构单元通过不同算法的编码即可生成任意复杂的结构，从而存储信息（Woods 等，2019）。除此之外，Zhang 等将 DNA 与一维碳纳米管复合成不同构象的材料，通过材料表面的特征高和距离来记录数据（Zhang 等，2019）。结合 DNA 四面体和凯利树（Cayley）框架封装染料，可以实现 32 种颜色的编码，用于单分子的识别和细胞标识（Li 等，2020）。

19.3.2 框架技术

ssDNA、dsDNA 和 DNA 高级结构都可以用于信息存储，其中 DNA 一维结构（DNA 中的碱基信息）的运用是主流方法。从一维结构上看，DNA 序列一般为长度相同的短序列，其中包含引物、索引、纠错（序列间和序列内）和数据区域［图 19.4（a）］。引物序列用于后续序列的 PCR 扩增，索引序列用于序列的定位和查找，纠错序列用于纠正整条序列或单条序列内部的错误，数据序列则是真正包含有用信息的区域。此外，还有一种 DNA 序列框架，含 T7 启动子，在单链悬空域（ss-dsDNA）设置有索引区域、T7 启动子区域和数据区域［图 19.4（b）］（Lin 等，2020）。需要注意的是，由于 DNA 框架中包含多个非数据区域，所以 DNA 的长度越长，数据的利用效率越高，但是随之的是合成成本的提高。例如，DNA 长度达到 600nt 时，DNA 利用率将从 63%提升至 90%左右（Church 等，2012）。

19.3.3 压缩与纠错技术

压缩的目的是最大化 DNA 的序列利用。借鉴信息领域的压缩技术，目前霍夫曼编码、喷泉码和 Lempel-Ziv-Markov 链算法（LZMA）等编码技术已经在 DNA 存储领域有所应用，但总的来讲关于 DNA 压缩的研究较少。霍夫曼编码是基于最小冗余编码的无损压缩算法，使用较多，但对于部分数据可能压缩效果不佳（Goldman 等，2013）。喷泉码更有前景，但是也有解码复杂和更容易丢失数据的风险（Ping 等，2019）。LZMA 压缩方法比较耗时，不适合大量数据操作，因此使用较少（Yim 等，2014）。

数据的失真存在于 DNA 合成、复制和读取过程中。除了在上述三个过程中的技术层面减少错误的发生，还可以通过增加物理冗余（引入多序列）和编码冗余（DNA 纠错码）来更正数据［图 19.4（b）］（Ping 等，2019）。引入多条序列可以规避某条序列丢失的风险，理论上 DNA 链有 10 份拷贝可以在随机访问条件下实现数据完全恢复（Organick 等，2020）。但这也意味着存储密度的降低和成本的增加（Bornholt 等，2017）。DNA 纠错码包括有 RS 码（Grass 等，2015）、汉明码（Takahashi 等，2019）和 LDPC 码（Yim 等，2014）等方式。其中 RS 码使用最多，因为 RS 码够利用较小的冗余来恢复数据（Grass 等，2015）。

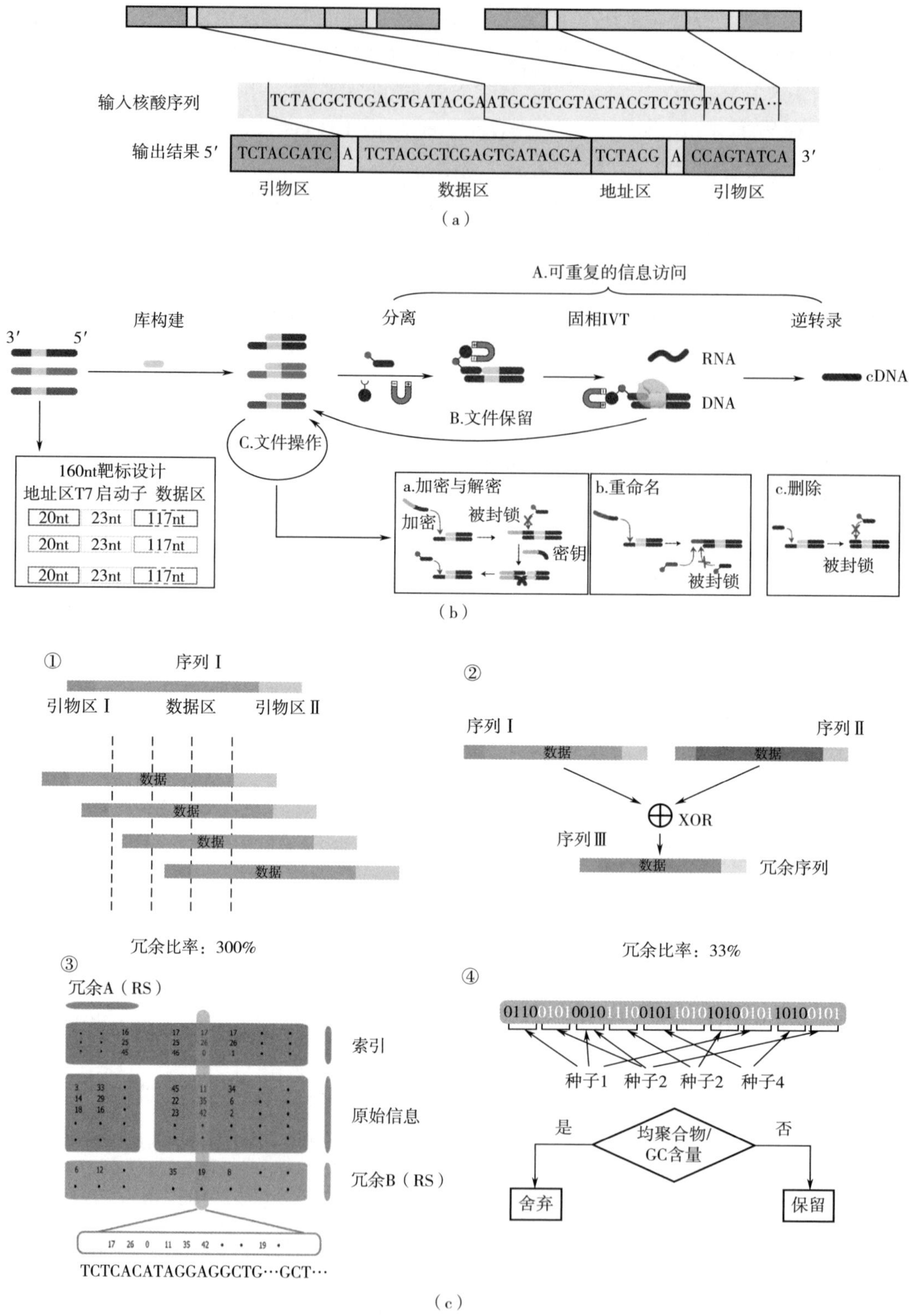

图 19.4 DNA 存储框架和纠错技术（Bornholt 等，2017）

（a）DNA 序列最常用框架 （b）包含 T7 启动子的另一种 DNA 序列框架 （c）DNA 纠错技术：①增加序列冗余 ②通过排他性或（异或）计算增加冗余 ③通过 RS 码纠错 ④通过喷泉码纠错

19.4 写入技术

19.4.1 从头合成技术

DNA 合成技术是 DNA 数据存储的基础技术和成本关键［图 19.5（a）］（Kosuri 等，2014）。目前，商业主流的寡核苷酸合成法是起源于 20 世纪 80 年代的固相亚磷酰胺化学合成法，通过循环的脱保护、偶联、盖帽和氧化这四个步骤逐个延伸合成［图 19.5（b）］（Caruthers 等，1983；McBride 等，1983；Kosuri 等，2014）。并在可修饰的多孔玻璃这种固相上进行，其内部的空腔允许试剂的流动、寡核苷酸的合成和洗脱（Alul 等，1991；Kozlov 等，2005）。这种柱式固相合成法可以通过调整合成柱的特性实现皮摩尔至毫摩尔量级的合成量，并且能把单碱基市售价格控制在 0.3~0.6 元（脱盐纯化法），但是也存在合成效率低（99.5%）、通量低和长引物（120bp），以及高纯度引物合成困难的缺点（Kosuri 等，2014；黄小罗等，2021）。

相比于柱式合成法，20 世纪 90 年代的 DNA 微阵列原位合成法则具有高通量（可多达数十万条）和低成本（柱式法的 $1/10^4 \sim 1/10^2$）的优势（Fodor 等，1993），但错误率和芯片边缘的合成均一度还有待改进（Kosuri 等，2014；Saaem 等，2010）。随着可逆修饰碱基和高效 TdT 的改进［图 19.5（c）］（Jesen 等，2018），新一代酶法合成得以建立（Minhaz Ud-Dean，2008）。这种以酶为基础的第三代 DNA 合成法将合成周期降低至 40s（比化学法快 6 倍），且每周期成本降低 1000 倍以上，其优势还将随着时间推移而加强（Caruthers 2013；Lee 等，2019）。

19.4.2 拼接技术

为了实现合成的寡核苷酸到长链 dsDNA 的转变，需要 DNA 拼接技术。最初，连接酶用于完全互补配对的 5′磷酸化的寡核苷酸之间的高保真连接。随后，大量基于 PCR 的组装方法被开发（Czar 等，2009；Hughes 等，2011；Xiong 等，2008），其中最常用的是聚合酶循环组装方法［图 19.5（d）］（Stemmer 等，1995；Czar 等，2009）。其他一系列新型连接方法都促进基因的组装。“鸟枪”连接法实现了多段 DNA 并行连接（Grundström 等，1985），连接酶链式反应提高了连接产物的产量（Barany 1991），基于等温聚合酶、限制内切酶和外切酶的等温延伸方法则降低了操作难度和规模化限制（林继伟等，2007），引物交换反应则能够编程化、原位和等温地拼接短核酸序列（Baccouche 等，2014；Kishi 等，2018）。当然，DNA 拼接可以与微阵列技术结合，甚至合成和组装的高通量一体化（Guye 等，2013；Ma 等，2012）。如果想要得到更长的基因（Kuijpers 等，2013），还需要将克隆筛选的基因（Guye 等，2013）或短片段（Gibson 2009）在细胞内进一步拼接。不过由于大质粒在（15kb 以上）大肠杆菌内复制不稳定的限制，商业的基因合成往往在 15kb 以内，但是前沿技术能实现数上百 kb 的片段组装（Kuijpers 等，2013）。

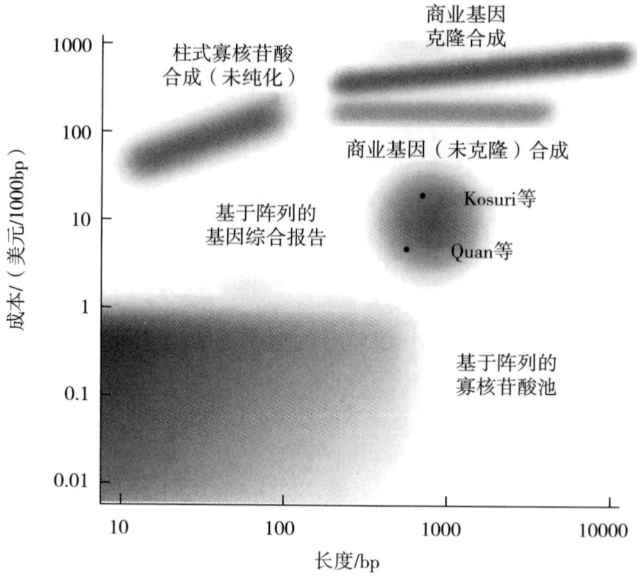

（a）

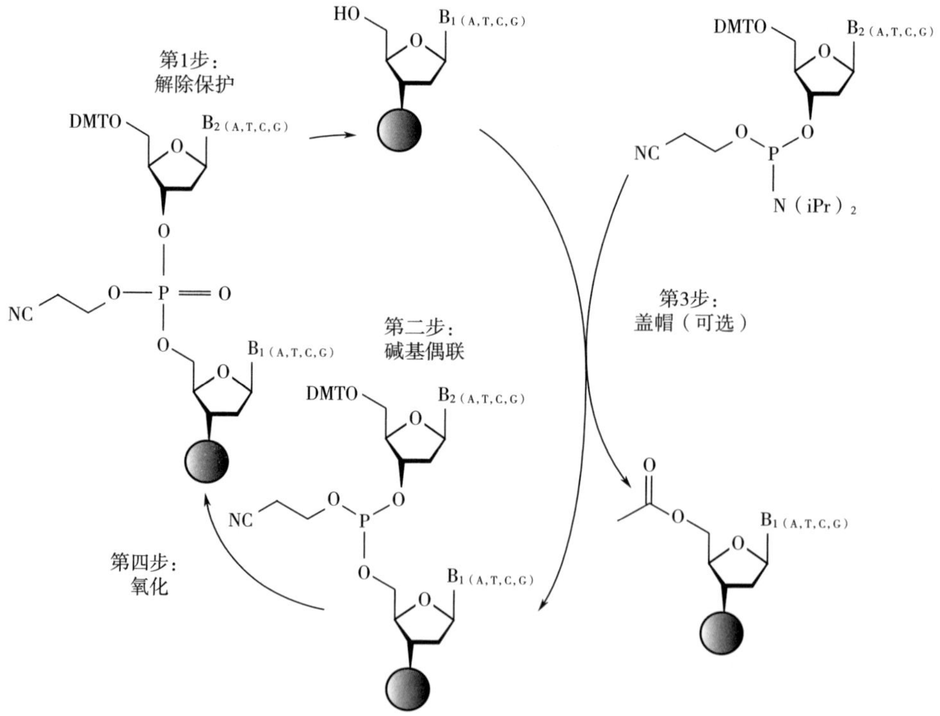

（b）

图 19.5 DNA 的从头合成与拼装示意图

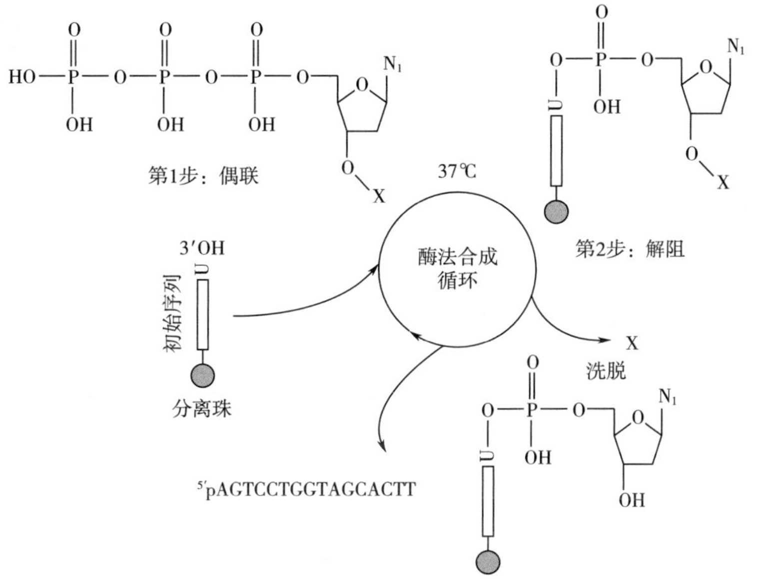

（c）

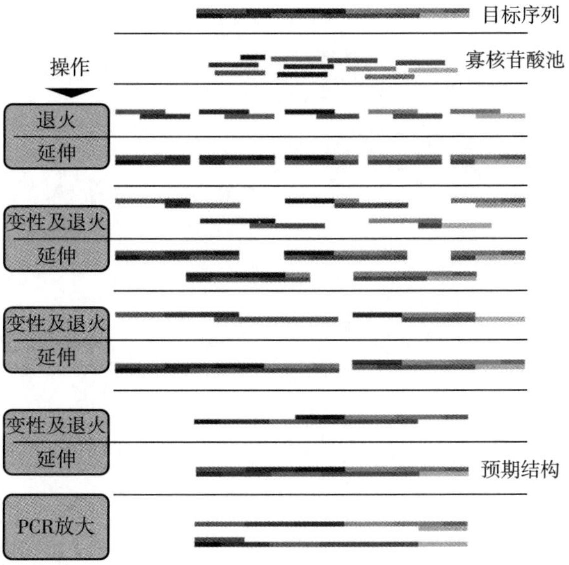

（d）

图 19.5　DNA 的从头合成与拼装示意图（续）

（a）合成/拼接成本与 DNA 长度的关系图　（b）化学合成法

（c）第三代酶法合成　（d）聚合酶循环拼接方法

19.4.3　密码技术

1999 年，Celland 等首先提出 DNA 微点隐写术策略和使用 PCR 特异性引物作为密码的方法（Clelland 等，1999）。在真 DNA 数据链中引入包含非密码引物的 DNA 数据链，只有收到引物序列的接收方才能解密 DNA 数据（Leier 等，2000）。如果使用随机引物来放大产物，在允许 3 个碱基错配的条件，还需要使用超过 10^{20} 个不同引物进行单独放大（Clelland 等，1999）。但是倘若引物序列泄露，信息将很容易被破解。为此 Li 等引入了一种 CRISPR/Cas12a 辅助的引物密码保护方法：在真密码引物的 3′端添加冗余序列来阻止，并混合一些假密码引物，当特定的 CRISPR/Cas12a 系统存在时将真密码引物的冗余序列切除（Li 等，2018）。

在加密方面，无论是静态还是动态 DNA 折纸具有天然优势。DNA 折纸合成的过程就是一个信息编码过程，其在自组装中依赖的订书链可以天然作为密钥（Zhang 等，2019）。静态 DNA 折纸可以承载可见模型信息，其信息的关联性可以作为密码的设计点，此外，还可以引入如盲文的编码技术［图 19.6（a）］（Zhang 等，2019）。前文基于 dsDNA 分支［图 19.3（b）］和 DNA 纳米开关的存储策略同样具有数据保护能力。动态 DNA 折纸则可以通过特定的订书链设置实现信息的隐写、激活和防伪［图 19.6（b）］（Fan 等，2020）。除了对 DNA 存储中的数据进行加密以外，DNA 还可以在负载信息的同时对物品进行标识和防伪。

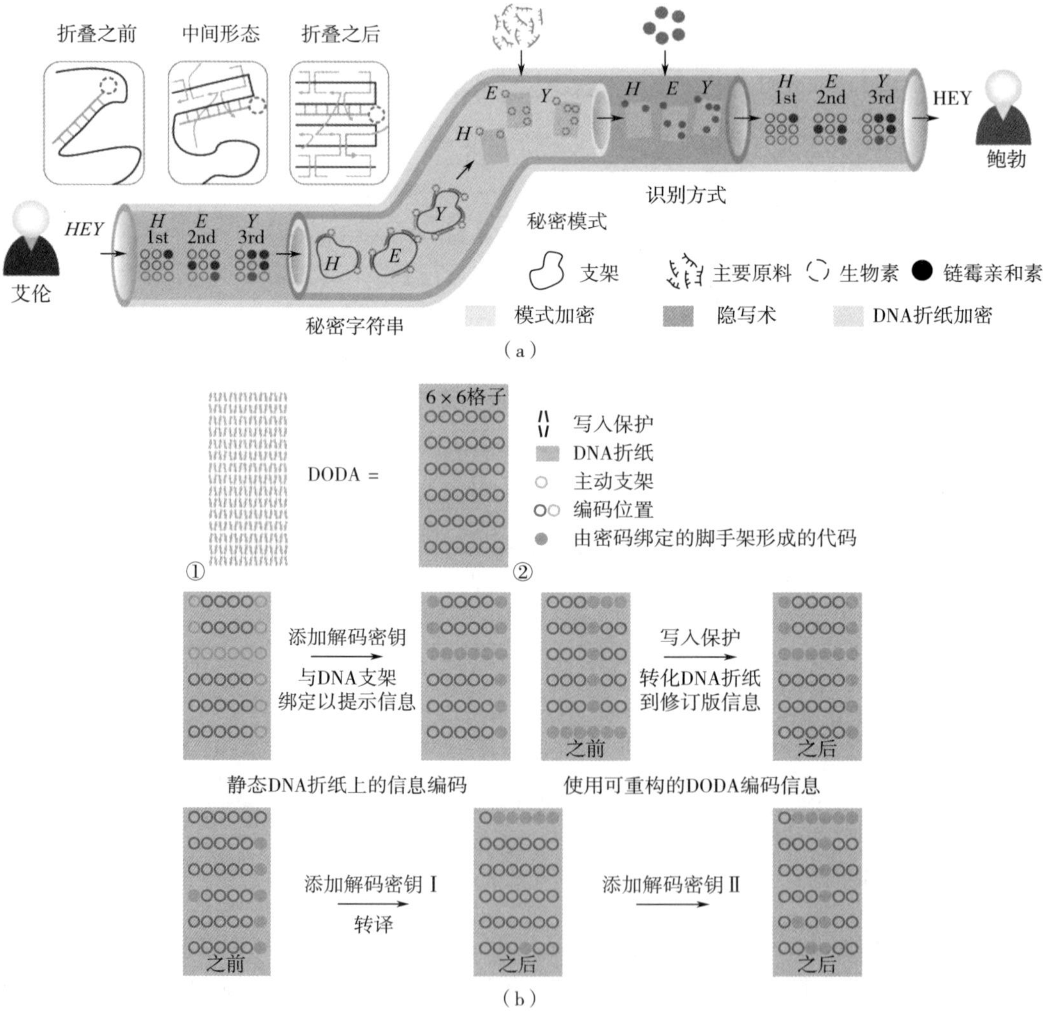

图 19.6　密码技术

（a）基于 DNA 折纸订书链和盲文的策略图　（b）基于 DNA 动态折纸的策略图

19.5 保存技术

DNA 在保存过程中和传统介质一样也会自发损耗，虽然维护成本相较后者可忽略不计。但天然 DNA 容易降解，其降解速度受到自身链长和存储环境的影响（Bonnet 等，2009）。链长方面，短链 DNA 更适合保存，如短链 DNA 的抗冻融能力更强（Baoutina 等，2019），在海藻糖存在的干粉条件下几乎不降解（500bp 以下）（Bonnet 等，2010），聚乙烯亚胺（PEI）封装保护下更加稳定（150bp 以下）（Chen 等，2019）。但即使短链 DNA 比长链更稳定，长时间的保存仍离不开适当的条件。为了确保数据在存储过程中的完整性，逐渐开发了溶液保护法、干粉保护法、封装保护法和细胞内保护法等方法。这些方法各有优缺点，互为补充。

19.5.1 溶液保护技术

在溶液中保存 DNA 是最常见的方法，DNA 存储在溶液中非常适合多次读取，但是保存时间较短，反复冻融容易降解且低温保存十分耗能。DNA 在不同温度的水溶液中保存时间各不相同，如-20℃条件下保存 2 年，4℃条件下保存 1 年，常温下 3~6 月（Baoutina 等，2019）。酸性环境会加速 DNA 的降解，所以 DNA 更适合保存在弱碱性的 TE 缓冲液中（Wan 等，2010）。而且冻融过程中形成的冰晶会切割 DNA 链，反复冻融会导致 DNA 发生指数速度的降解（一次冻融降解约 10%）（Baoutina 等，2019）。

19.5.2 干粉保存技术

干粉状态下，DNA 的寿命非常长（Bonnet 等，2010）。更为重要的是 DNA 干粉在复水之后能还原其二级结构，这种特性可以被海藻糖强化（Bonnet 等，2010）。迄今为止，DNA 干粉的制备技术有多种，使用最多的是冷冻干燥方法（Baust 等，2011）。实际运用中，干粉保存可以其他试剂辅助，如海藻糖（Bonnet 等，2010）和一些商用 DNA 稳定剂（Organick 等，2021）。

19.5.3 固定化保存技术

固定化不仅可以辅助 DNA 保存和隔离，还有利于高通量的数据搜索和长期频繁的数据访问，但是由于 DNA 只沉积到表面，存储密度相比于其他方法会较低（Xu 等，2021）。常用的固定相有纸（Burgoyne 1996）和玻璃（Newman 等，2019），DNA 则通过弱相互作用（静电吸附、疏水作用力和范德华力），或共价偶联（金硫键、酰胺键、氨基与羧基的反应）与界面结合（Chen 等，2019；Kim 等，2011；Nguyen 等，2018）。此外，生物素和链霉亲和素之间的配体-受体作用也广泛运用（Song 等，2018）。该方法需要注意的是，固相需要进行硅烷化或多聚物处理，以消除界面效应对 PCR 的影响。

19.5.4 封装保存技术

封装保存可以降低外界水、氧气和温度等对于 DNA 结构的影响，其中永久冻土

(Willerslev 等，2003)、琥珀（Poinar 等，1996）和化石（Oskam 等，2010）中密集的聚合萜烯或碳酸钙就是一类天然的封装剂。从化石中得到灵感，不少研究将二氧化硅作为封装剂。以四乙氧硅烷（TEOS）为硅源，并添加 DNA 电荷中和剂，可以将 DNA 层层组装在硅球的夹层中，并通过氢氟酸控制 DNA 的释放（Paunescu 等，2012）。上述方法封装的 DNA 在常温中可以保存上千年，但 DNA 的负载量只有 0.7%（Grass 等，2015）。为了提高负载量，Chen 等提供的方案是将硅珠核心替换成磁珠，引入 PEI 对 DNA 进行层层自组装，DNA 负载量达到 3.4%（包裹硅）或 7.8%（不包裹硅），加工时间也缩短为原来的 1/8（Chen 等，2019）。Koch 等则加强了纳米硅珠中 DNA 数据的稳定性，数据在 5 次传代后没有显示出信息退化（Koch 等，2020）。此外，二氧化硅可以对 DNA 折纸高级结构进行精准矿化（Liu 等，2018；Shang 等，2020）。碳酸钙（Liu 等，2020）、掺锶磷酸钙（Khalifehzadeh 等，2019）、寡聚氨酸（Anastassacos 等，2020）对于 DNA 的保护也均有报道，但是没有直接涉及 DNA 存储技术。

19.5.5 活体细胞内保存技术

DNA 在细胞内保存可以利用细胞自身的 DNA 复制和修复能力，但也存在存储成本、操作复杂性和稳定性方面的弊端（Organick 等，2018）。就长片段的 DNA 来说，许多研究将质粒作为 DNA 信息载体（Davis 1996；Hao 等，2020），近年来，支原体基因组（Gibson 等，2010）和从头合成的人工染色体（Chen 等，2021）也有在细胞内运用的报道。短片段 DNA 信息写入细胞基因组内的方法分为利用特异性重组酶和以 CRISPR-Cas 为代表的核酸酶两类（图 19.7）。重组酶不仅可以通过特定的诱导剂激活，多种特异性重组酶构建的系统还可以调整记忆信号的输入顺序（Friedland 等，2009；Grindley 等，2006），丝氨酸整合酶切除酶系统可以在细胞内构建可重写的重组酶可寻址数据模块（Bonnet 等，2012）。不过这种方法要求每个位点对应特定的重组酶，从而导致存储密度和写入效率降低（Roquet 等，2016）。相比之下，由于引导 RNA 提供的多样性和灵活性，CRISPR-Cas 系统具有更高的写入效率（Doudna 等，2014），还可以作为报告细胞群谱系历史并能够原位放大的 DNA 条形码（Kalhor 等，2017）。

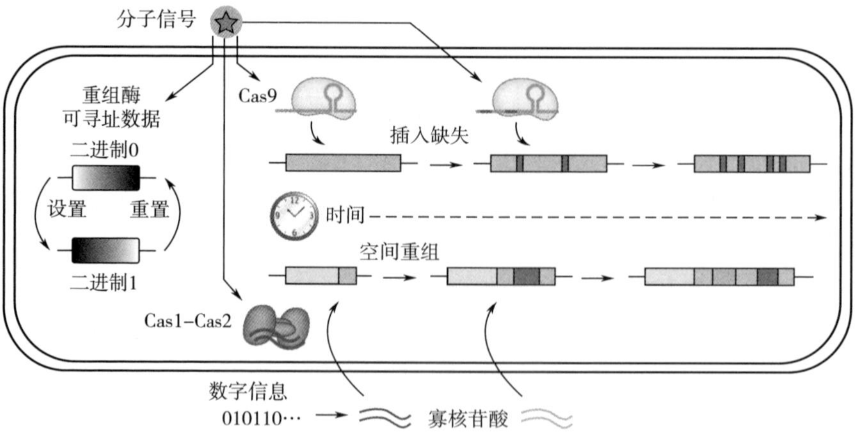

图 19.7 DNA 细胞内保护技术

19.6 读取技术

DNA 序列的数据读取方法依赖于第二代（大规模平行）和第三代 DNA（实时，单分子）测序技术。在测序应用上，这两代技术并行使用，且互为补充，但在 DNA 存储方面三代技术使用较少（Kuijpers 等，2013）。因为测序的高速和高准确度是 DNA 信息读取的两大重要因素，而三代测序在这两点上均不如二代测序。具体来说，高通量测序速度方面，三代纳米孔测序可达 56kB/s，二代测序读取速度可达 5~500kB/s，但仍落后于传统存储技术的速度（Organick 等，2020）。从准确度来说，三代技术的碱基错误率为 10%~15%（Travers 等，2010），二代技术的错误率在 1%~2%（Heckel 等，2019）。相比于线性 DNA 的读取，DNA 高级结构的读取要求更高，如 DNA 折纸（Zhang 等，2019）、DNA 瓦片（Tikhomirov 等，2017）以及一些 DNA 复合存储材料（Zhang 等，2019）等，需要使用原子力显微镜来成像。如果涉及荧光基团的使用，或者特殊的纳米开关设计，还可能需要荧光显微镜（Lin 等，2012）或凝胶电泳（Chandrasekaran 等，2017）作为读取设备。

19.7 修改与擦除技术

数据的存储更多情况下是动态的过程，其中最重要的环节就是数据的修改和重写入，以及数据的擦除。DNA 数据的可修改特性一方面提高了 DNA 存储的利用率，另一方面可会导致数据被篡改。信息能否写入后再次修改与最初存储系统构建相关，多数系统不能进行数据的修改。T7 启动子和单链悬空域的架构可以重命名数据的访问序列，具体操作为：加入一段包含原访问序列与新访问序列的长访问序列提取一次数据，此时原访问序列即可被修改为新访问序列（Lin 等，2020）。上文介绍的 dsDNA 分支结构策略［图 19.3（b）］、动态 DNA 纳米开关、DNA 动态折纸或基于链置换设计的系统在信息的修改和擦除方面同样具有天然优势（Fan 等，2020）。

相比于 DNA 数据修改的设计，DNA 擦除的方法则简单很多。紫外线、高温、活性氧或 DNA 酶都可以破坏 DNA 分子结构。但是 DNA 在 254nm 紫外线照射 2h 不足以完全破坏，DNA 在 100℃ 下短期稳定（PCR 也证明了这点），而脱氧核糖核酸酶 Ⅰ（Dnase Ⅰ）则很脆弱（Karni 等，2013；Kim 等，2020）。为了弥补传统方法对设备要求高且销毁 DNA 所需时间长的缺点，Kim 等对每个 DNA 文件设置一条真数据和至少一条假数据，真假数据分别与真假数据标签杂交，只有真数据与真数据标签杂交时才能显示原始信息（Kim 等，2020）。因为真数据与真数据标签的正确杂交与温度密切相关，当在 95℃ 加热 5min 后，真数据会与假数据标签错误杂交，从而擦除数据，如图 19.8 所示。

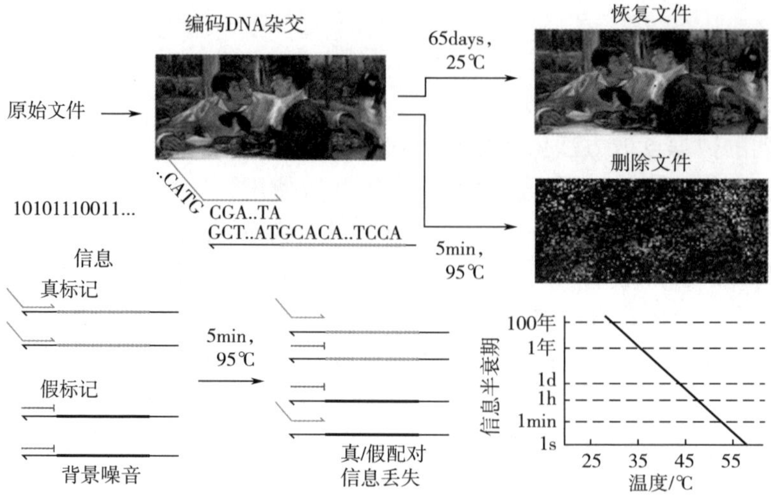

图 19.8 基于 DNA 杂交的删除策略

19.8 总结与展望

存储空间和技术不足与信息数据量爆炸之间的矛盾不断加深，DNA 存储因其高存储密度、高稳定性和低耗能的特性，有望取代传统存储介质。随着理论的深入和应用场景的磨合，DNA 存储技术高速发展。在备受关注和发展迅速的同时，DNA 存储的挑战也是前所未有的。

①DNA 存储研究的门槛高，要求多学科的交叉和多团队的深入合作。众所周知，合成生物学属于交叉领域，而 DNA 在细胞内的拼接以及存储更是合成生物学和计算机科学的融合。

②理论研究与实际应用存在距离。许多 DNA 存储的相关研究为理论构建，或相关技术的设备要求高。

③DNA 存储给信息安全带来新的挑战。DNA 的高存储密度和生物来源的特性，意味着在肉眼不可见的介质中，乃至生物体内都可能携带人为编码的信息。同时，DNA 不具有传统介质的电磁物理特性，这意味着传统的物理检测手段和信息破坏手段将失效。

④DNA 存储的性价比远低于传统存储技术，表现为成本有待下降，存储容量、读写速度和准确度有待提高。目前，DNA 测序的成本已经大大下降，合成成本成为 DNA 存储的最主要成本。合成成本的降低还需要依赖于第三代合成法和芯片合成法的发展。DNA 存储的能力往往在 100MB 以下，对于目前的海量数据来说是杯水车薪。读写速度则受到 DNA 从头合成以及测序速度的限制，远不如传统存储介质的性能。DNA 存储的准确度同样受限于合成和测序的错误率，而且还被核酸扩增的特性和纠错技术影响。

⑤DNA 存储的理论优势与实际优势有不小差距。DNA 存储的理论高存储密度是对于裸露 DNA 而言，DNA 保护外壳和复合材料的引入会大大降低其空间利用率。DNA 分

子本身的特性要求也会降低 DNA 碱基利用率，如 GC 和 AT 含量的要求，重复序列的要求。而不同存储框架也存在 DNA 利用率的问题。就使用最多的线性 DNA 框架来说，为了实现索引、复制和纠错等功能，在 DNA 分子中加入冗余序列、引物序列和索引序列，以及 DNA 分子的多拷贝。如利用其他框架如磷酸骨架、DNA 折纸和 DNA 瓦片存储信息，碱基利用率则更低。

正如磁存储在发展之初的低性能和发展过程中的高速度一样，DNA 存储也在历经它的成长之路。未来 DNA 存储的发展方向除了要重点解决上述存在的挑战之外，在以下方面也需要有所考虑。

①DNA 存储的流程大致借鉴传统存储介质的操作流程，尤其是编码和解码环节，借用了大量已有的信息处理技术。现有的数据存储技术为 DNA 存储提供了坚实的基础，但也可能成为 DNA 存储设计的绊脚石。所以如何实现 DNA 存储的最优化，需要在适当条件下跳出已有的框架，从仿生学中寻求灵感，实现新的突破。

②DNA 存储涉及到功能核酸的特性，所以功能核酸的理论突破将会带来 DNA 存储的性能提升。

③DNA 存储技术的主要载体是 DNA 分子，但不应局限于 DNA 及常用的修饰。其他分子或原子水平的新介质同样具有信息存储的前景，尤其是碳基存储介质（糖类和氨基酸）。并且其他新介质可能与 DNA 存储技术联用实现质的突破。

④DNA 框架的发展方向应该多元化，但最终目的应该是加速推动最优框架的统一化。

⑤许多技术的潜力不可忽视，如 DNA 保护在生物体和封装，具有可操作性的 DNA 折纸和瓦片，DNA 编码技术中的兼并碱基、喷泉码和 RS 码。此外，DNA 的逻辑运算能力和条形码标识能力也是未来重点发展方向。

参考文献

Alul RH, Singman CN, Zhang GR, et al. Oxalyl-CPG: a labile support for synthesis of sensitive oligonucleotide derivatives [J]. Nucleic Acids Res, 1991, 19 (7): 1527-1532.

Anastassacos FM, Zhao Z, Zeng Y, et al. Glutaraldehyde cross-linking of oligolysines coating DNA origami greatly reduces susceptibility to nuclease degradation [J]. J Am Chem Soc, 2020, 142 (7): 3311-3315.

Anavy L, Vaknin I, Atar O, et al. Data storage in DNA with fewer synthesis cycles using composite DNA letters [J]. Nat Biotechnol, 2019, 37 (10): 1229-1236.

Baccouche A, Montagne K, Padirac A, et al. Dynamic DNA-toolbox reaction circuits: A walkthrough [J]. Methods, 2014, 67 (2): 234-249.

Baoutina A, Bhat S, Partis L, et al. Storage stability of solutions of DNA standards [J]. Anal Chem, 2019, 91 (19): 12268-12274.

Barany F. The ligase chain reaction in a PCR world [J]. PCR Methods Appl, 1991, 1 (1): 5-16.

Baust JG, Corwin WL, Baust JM. Cell preservation technology [J]. Comprehensive Biotechnol, 2011, 1 (2): 179-190.

Bonnet J, Colotte M, Coudy D, et al. Chain and conformation stability of solid-state DNA: implications for room temperature storage [J]. Nucleic Acids Res, 2010, 38 (5): 1531-1546.

Bonnet J, Subsoontorn P, Endy D. Rewritable digital data storage in live cells via engineered control of recombination directionality [J]. P Natl A Sci, 2012, 109 (23): 8884-8889.

Bornholt J, Lopez R, Carmean DM, et al. Toward a DNA-based archival storage system [J]. IEEE Micro, 2017, 37 (3): 98-104.

Burgoyne LA. Solid medium and method for DNAstorage [P]. US: 5496562, 1996.03.05.

Caruthers MH. The chemical synthesis of DNA/RNA: Our gift to science [J]. Journal Biol Chem, 2013, 288 (2): 1420-1427.

Caruthers MH, Beaucage SL, Becker C, et al. Deoxyoligonucleotide synthesis via the phosphoramidite method [J]. Gene Amplif Anal, 1983, 3: 1-26.

Ceze L, Nivala J, Strauss K. Molecular digital data storage using DNA [J]. Nat Rev Genet, 2019, 20 (8): 456-466.

Chandrasekaran AR, Levchenko O, Patel DS, et al. Addressable configurations of DNA nanostructures for rewritable memory [J]. Nucleic Acids Res, 2017, 45 (19): 11459-11465.

Chen K, Kong J, Zhu J, et al. Digital data storage using DNA nanostructures and solid-state nanopores [J]. Nano Lett, 2019, 19 (2): 1210-1215.

Chen K, Zhu J, Bošković F, et al. Nanopore-based DNA hard drives for rewritable and secure data storage [J]. Nano Lett, 2020, 20 (5): 3754-3760.

Chen W, Han M, Zhou J, et al. An artificial chromosome for data storage [J]. Nat Sci Rev, 2021, 8 (5): 1-9.

Chen WD, Kohll AX, Nguyen BH, et al. Combining data longevity with high storage capacity—layer-bylayer DNA encapsulated in magnetic nanoparticles [J]. Adv Funct Mater, 2019, 29 (28): 1-8.

Church GM, Gao Y, Kosuri S. Next-generation digital information storage in DNA [J]. Science, 2012, 337 (6102): e1628.

Clelland CT, Risca V, Bancroft C. Hiding messages in DNA microdots [J]. Nature, 1999, 399 (6736): 533-534.

Czar MJ, Anderson JC, Bader JS, et al. Gene synthesis demystified [J]. Trends Biotechnol, 2009, 27 (2): 63-72.

Davis J. Microvenus [J]. Art Journal, 1996, 55 (1): 70-74.

Doudna JA, Charpentier E. The new frontier of genome engineering with CRISPR-Cas9 [J]. Science, 2014, 346 (6213): 770-779.

Erlich Y, Zielinski D. DNA fountain enables a robust and efficient storage architecture [J]. Science, 2017, 355 (6328): 950-954.

Extance A. How DNA could store all the world's data [J]. Nature, 2016, 537 (7618): 22-24.

Fan S, Cheng J, Liu Y, et al. Proximity-induced pattern operations in reconfigurable DNA origami domino array [J]. J Am Chem Soc, 2020, 142 (34): 14566-14573.

Fan S, Wang D, Cheng J, et al. Information coding in a reconfigurable DNA origami domino array [J]. Angew Chem Int Edit, 2020, 59 (31): 12991-12997.

Fodor SPA, Rava RP, Huang XC, et al. Multiplexed biochemical assays with biological chips [J]. Nature, 1993, 364 (6437): 555-556.

Friedland AE, Lu TK, Wang X, et al. Synthetic gene networks that count [J]. Science, 2009, 324 (5931): 1199-1202.

Gibson DG. Synthesis of DNA fragments in yeast by one-step assembly of overlapping oligonucleotides [J]. Nucleic Acids Res, 2009, 37 (20): 6984-6990.

Gibson DG, Glass JI, Lartigue C, et al. Creation of a bacterial cell controlled by a chemically synthesized genome [J]. Science, 2010, 329 (5987): 52-56.

Goldman N, Bertone P, Chen S, et al. Towards practical, high-capacity, low-maintenance information storage in synthesized DNA [J]. Nature, 2013, 494 (7435): 77-80.

Grass RN, Heckel R, Puddu M, et al. Robust chemical preservation of digital information on DNA *in silica* with error-correcting codes [J]. Angew Chem Int Ed Engl, 2015, 54 (8): 2552-2555.

Greenberg A, Hamilton J, Maltz D, et al. The cost of a cloud: research problems in data center networks [J]. Com Comm Rev, 2009, 39 (1): 68-73.

Grindley NDF, Whiteson KL, Rice PA. Mechanisms of site-specific recombination [J]. Annu Rev Biochem, 2006, 75 (1): 567-605.

Grundström T, Zenke WM, Wintzerith M, et al. Oligonucleotide-directed mutagenesis by microscale 'shot-gun' gene synthesis [J]. Nucleic Acids Res, 1985, 13 (9): 3305-3316.

Guye P, Li Y, Wroblewska L, et al. Rapid, modular and reliable construction of complex mammalian gene circuits [J]. Nucleic Acids Res, 2013, 41 (16): e156.

Hao M, Qiao H, Gao Y, et al. A mixed culture of bacterial cells enables an economic DNA storage on a large scale [J]. Commun Biol, 2020, 3 (1): 1-9.

Heckel R, Mikutis G, Grass RN, A characterization of the DNA data storage channel [J]. Sci Rep, 2019, 9 (1): 1-12.

Hoshika S, Leal NA, Kim MJ, et al. Hachimoji DNA and RNA: A genetic system with eight building blocks [J]. Science, 2019, 363 (6429): 884-887.

Huang F, Xu H, Tan W, et al. Multicolor and erasable DNA photolithography [J]. ACS Nano, 2014, 8 (7): 6849-6855.

Hughes RA, Miklos AE, Ellington AD. Chapter twelve-gene synthesis: methods and applications [M] //Abelson JN, Simon MI. Methods in Enzymology. San Diego: Academic Press, 2011: 277-309.

Jensen MA, Davis RW, Template-independent enzymatic oligonucleotide synthesis (TIEOS): its history, prospects, and challenges [J]. Biochemistry, 2018, 57 (12): 1821-1832.

Jin Z, Sun W, Ke Y, et al. Metallized DNA nanolithography for encoding and transferring spatial information for graphene patterning [J]. Nat Commun, 2013, 4 (1): 1-9.

Kalhor R, Mali P, Church GM, Rapidly evolving homing CRISPR barcodes [J]. Nat Methods, 2017, 14 (2): 195-200.

Karni M, Zidon D, Polak P, et al. Thermal degradation of DNA [J]. DNA and Cell Biology, 2013, 32 (6): 298-301.

Khalifehzadeh R, Arami H. DNA-templated strontium-doped calcium phosphate nanoparticles for gene delivery in bone cells [J]. ACS Biomater Sci Eng, 2019, 5 (7): 3201-3211.

Kim JW, Kim JH, Deaton R. DNA-linked nanoparticle building blocks for programmable matter [J]. Angew Chem Int Edit, 2011, 50 (39): 9185-9190.

Kim J, Bae JH, Baym M, et al. Metastable hybridization-based DNA information storage to allow rapid and permanent erasure [J]. Nat Commun, 2020, 11 (1): 1-8.

Kishi JY, Schaus TE, Gopalkrishnan N, et al. Programmable autonomous synthesis of single-stranded DNA [J]. Nat Chem, 2018, 10 (2): 155-164.

Koch J, Gantenbein S, Masania K, et al. A DNA-of-things storage architecture to create materials with embedded memory [J]. Nat Biotechnol, 2020, 38 (1): 39-43.

Kosuri S, Church GM, Large-scale de novo DNA synthesis: technologies and applications [J]. Nat Methods, 2014, 11 (5): 499-507.

Kozlov IA, Dang M, Sikes K, et al. Significant improvement of quality for long oligonucleotides by using controlled pore glass with large pores [J]. Nucleos Nucleot Nulc, 2005, 24 (5-7): 1037-1041.

Kuijpers NG, Solis-Escalante D, Bosman L, et al. A versatile, efficient strategy for assembly of multi-fragment expression vectors in *Saccharomyces cerevisiae* using 60 bp synthetic recombination sequences [J]. Microb Cell Fact, 2013, 12 (47): 1-13.

Lee HH, Kalhor R, Goela N, et al. Terminator-free template-independent enzymatic DNA synthesis for digital information storage [J]. Nat Commun, 2019, 10 (2383): 1-12.

Leier A, Richter C, Banzhaf W, et al. Cryptography with DNA binary strands [J]. Biosystems, 2000, 57 (1): 13-22.

Li J, Dai J, Jiang S, et al. Encoding quantized fluorescence states with fractal DNA frameworks [J]. Nat Commun, 2020, 11 (1): 1-10.

Li SY, Liu JK, Zhao GP, et al. Cads: CRISPR/cas12a-assisted DNA steganography for securing the storage and transfer of DNA-encoded information [J]. ACS Synth Biol, 2018, 7 (4): 1174-1178.

Lin C, Jungmann R, Leifer AM, et al. Submicrometre geometrically encoded fluorescent barcodes self-assembled from DNA [J]. Nat Chem, 2012, 4 (10): 832-839.

Lin KN, Volkel K, Tuck JM, et al. Dynamic and scalable DNA-based information storage [J]. Nat Commun, 2020, 11 (1): 1-12.

Liu X, Jing X, Liu P, et al. DNA framework-encoded mineralization of calcium phosphate [J]. Chem, 2020, 6 (2): 472-485.

Liu X, Zhang F, Jing X, et al. Complex silica composite nanomaterials templated with DNA origami [J]. Nature, 2018, 559 (7715): 593-598.

Ma S, Tang N, Tian J. DNA synthesis, assembly and applications in synthetic biology [J]. Curr Opin Chem Biol, 2012, 16 (3): 260-267.

Malyshev DA, Dhami K, Lavergne T, et al. A semi-synthetic organism with an expanded genetic alphabet [J]. Nature, 2014, 509 (7500): 385-388.

McBride LJ, Caruthers MH. An investigation of several deoxynucleoside phosphoramidites useful for synthesizing deoxyoligonucleotides [J]. Tetrahedron Lett, 1983, 24 (3): 245-248.

Meiser LC, Antkowiak PL, Koch J, et al. Reading and writing digital data in DNA [J]. Nat Protoc, 2020, 15 (1): 86-101.

Meiser LC, Nguyen BH, Chen YJ, et al. Synthetic DNA applications in information technology [J]. Nat Commun, 2022, 13 (1): 1-13.

Minhaz Ud-Dean SM. A theoretical model for template-free synthesis of long DNA sequence [J]. Sys Syn Biol, 2008, 2 (3): 67-73.

Neiman M. On the molecular memory systems and the directed mutations [J]. Radiotekhnika, 1965, 6 (1): 1-8.

Newman S, Stephenson AP, Willsey M, et al. High density DNA data storage library via dehydration with digital microfluidic retrieval [J]. Nat Commun, 2019, 10 (1): 1-6.

Nguyen HH, Park J, Hwang S, et al. On-chip fluorescence switching system for constructing a rewritable random access data storage device [J]. Sci Rep, 2018, 8 (1): 1-11.

Organick L, Ang SD, Chen YJ, et al. Erratum: random access in large-scale DNA data storage [J]. Nat Biotechnol, 2018, 36 (7): e660.

Organick L, Ang SD, Chen YJ, et al. Random access in large-scale DNA data storage [J]. Nat Biotechnol, 2018, 36 (3): 242-248.

Organick L, Chen YJ, Ang SD, et al. Probing the physical limits of reliable DNA data retrieval [J]. Nat Commun, 2020, 11 (1): 1-7.

Organick L, Nguyen BH, McAmis R, et al. An empirical comparison of preservation methods for synthetic DNA data storage [J]. Small Methods, 2021, 5 (5): 1-10.

Oskam CL, Haile J, McLay E, et al. Fossil avian eggshell preserves ancient DNA [J]. P Roy Soc B-Biol Sci, 2010, 277 (1690): 1991-2000.

Paunescu D, Fuhrer R, Grass RN. Protection and deprotection of DNA—high-temperature stability of nucleic acid barcodes for polymer labeling [J]. Angew Chem Int Ed Engl, 2012, 52 (15): 4269-4272.

Ping Z, Ma D, Huang X, et al. Carbon-based archiving: current progress and future prospects of DNA-based data storage [J]. GigaScience, 2019, 8 (6): 1-10.

Poinar HN, Höss M, Bada JL, et al. Amino acid racemization and the preservation of ancient DNA [J]. Science, 1996, 272 (5263): 864-866.

Roquet N, Soleimany AP, Ferris AC, et al. Synthetic recombinase-based state machines in living cells [J]. Science, 2016, 353 (6297): 242-248.

Saaem I, Ma KS, Marchi AN, et al. In situ synthesis of DNA microarray on functionalized cyclic olefin copolymer substrate [J]. ACS Appl Mater Inter, 2010, 2 (2): 491-497.

Shang Y, Li N, Liu S, et al. Site-specific synthesis of silica nanostructures on DNA origami templates [J]. Adv Mater, 2020, 32 (1): 1-5.

Shendure J, Balasubramanian S, Church GM, et al. DNA sequencing at 40: past, present and future [J]. Nature, 2017, 550 (7676): 345-353.

Song Y, Kim S, Heller MJ, et al. DNA multi-bit non-volatile memory and bit-shifting operations using addressable electrode arrays and electric field-induced hybridization [J]. Nat Commun, 2018, 9 (1): 1-8.

Stanley PM, Strittmatter LM, Vickers AM, et al. Decoding DNA data storage for investment [J]. Biotechnol Adv, 2020, 45 (1): 1-8.

Stemmer WPC, Crameri A, Ha KD, et al. Single-step assembly of a gene and entire plasmid from large numbers of oligodeoxyribonucleotides [J]. Gene, 1995, 164 (1): 49-53.

Tabatabaei SK, Wang BY, Athreya NBM, et al. DNA punch cards for storing data on native DNA sequences via enzymatic nicking [J]. Nat Commun, 2020, 11 (1): 1-10.

Takahashi CN, Nguyen BH, Strauss K, et al. Demonstration of end-to-end automation of DNA data storage [J]. Sci Rep, 2019, 9 (4998): 1-5.

Tikhomirov G, Petersen P, Qian L. Fractal assembly of micrometre-scale DNA origami arrays with arbitrary patterns [J]. Nature, 2017, 552 (7683): 67-71.

Travers KJ, Chin CS, Rank DR, et al. A flexible and efficient template format for circular consensus sequencing and snp detection [J]. Nucleic Acids Res, 2010, 38 (15): e159.

Wan E, Akana M, Pons J, et al. Green technologies for room temperature nucleic acid storage [J]. Curr Issues Mol Biol, 2010, 12 (3): 135-142.

Wiener N. Machines smarter than men? Interview with Dr. Norbert Wiener, noted scientist [J]. Usnational Library of Medicine, 1964, 56 (1): 84-86.

Willerslev E, Hansen AJ, Binladen J, et al. Diverse plant and animal genetic records from holocene and pleistocene sediments [J]. Science, 2003, 300 (5620): 791-795.

Woods D, Doty D, Myhrvold C, et al. Diverse and robust molecular algorithms using reprogrammable DNA self-assembly [J]. Nature, 2019, 567 (7748): 366-372.

Xiong AS, Peng RH, Zhuang J, et al. Chemical gene synthesis: strategies, softwares, error corrections, and applications [J]. FEMS Microbiol Rev, 2008, 32 (3): 522-540.

Xu C, Zhao C, Ma B, et al. Uncertainties in synthetic DNA-based data storage [J]. Nucleic Acids Res, 2021, 49 (10): 5451-5469.

Yim AK, Yu AC, Li JW, et al. The essential component in DNA-based information storage system: robust error-tolerating module [J]. Front Bioeng Biotechnol, 2014, 2 (49): 1-5.

Zhang Y, Li F, Li M, et al. Encoding carbon nanotubes with tubular nucleic acids for information storage [J]. J Am Chem Soc, 2019, 141 (44): 17861-17866.

Zhang Y, Wang F, Chao J, et al. DNA origami cryptography for secure communication [J]. Nat Commun, 2019, 10 (1): 1-8.

陈大明，张学博，刘晓，等. 从全球专利分析看 DNA 合成与信息存储技术发展趋势 [J]. 合成生物学，2021，2 (03): 399-411.

韩明哲，陈为刚，宋理富，等. DNA 信息存储：生命系统与信息系统的桥梁 [J]. 合成生物学，2021，2 (03): 309-322.

黄小罗，戴俊彪. 人工 DNA 合成技术：DNA 数据存储的基石 [J]. 合成生物学，2021，2 (03): 335-353.

林继伟，张晓东，曹雪雁，等. 一种新的等温单向生长基因合成法初步探索 [J]. 遗传，2007，(06): 765-770.

20

功能核酸纸基生物传感器

功能核酸是一类具有高亲和力或高催化活性的分子识别元件。由于其具有特异性识别、刺激响应性、序列可编程性、结构可裁剪性和易修饰性等多种功能，FNAs已被集成到纸基生物传感器中，以构建简单、可持续发展的生物传感器，用于快速、无抗体、低成本和用户友好的靶标检测。本章节对功能核酸纸基传感器中最具代表性的功能核酸侧流层析传感器（functional nucleic acid-based lateral flow assays，FNA-LFAs）进行系统全面的介绍。

20.1 概述

功能核酸是对一类功能超出核酸传统遗传功能的核酸分子的总称。人们发现它们还具有其他有趣的功能，例如，亲和识别结合和催化反应。功能核酸这个术语最早是由 Szostak 团队提出的，他们开创了体外筛选适配体和 Ribozyme 的先河，通过创新的 SELEX 技术，从随机 ssDNA/RNA 文库中筛选获得了高亲和力和特异性的适配体和 Ribozyme。经过几年的发展，FNAs 逐渐扩展到包括 DNAzyme、aptazyme 和核糖开关。由 Li 和 Lu 编写的专著 *Functional Nucleic Acids for Analytical Applications* 将 FNAs 划分为天然 FNAs（Ribozyme 和核糖开关）和人造 FNAs（适配体、Ribozyme 和 DNAzyme）。FNAs 包括适配体、核酶（DNAzyme 和 Ribozyme）和 aptazyme。大量 FNAs 的出现激发了科学界的热情，并激励了许多跨学科的研究人员探索其他潜在的 FNAs。迄今为止，反义寡核苷酸、异种核酸（XNAs）、碱基错配 DNA 和点击化学连接核酸由于其良好的生物相容性、识别能力和可编程结构，已被广泛应用于靶标检测、疾病治疗、细胞成像和纳米技术。作者团队也一直致力于研究新型 FNAs 在生物传感和纳米技术中的应用（Xu 等，2021；Xu 等，2018；Zhang 等，2021）。考虑到这些核酸也具有超越传统遗传作用的特殊功能，因此，将它们也归类为 FNAs。综上所述，FNAs 是具有特定识别和催化活性的天然或人造核酸，它们通过构象变化、分子杂交和特殊的化学键合发挥功能。目前的 FNAs 主要涵盖适配体、DNAzyme、Ribozyme、核糖开关、反义寡核苷酸、XNAs、碱基错配 DNA 和点击化学连接核酸。

侧流层析技术（LFA）因其快速、准确、低成本、易操作等优点，在传感领域受到了广泛的关注。从 1984 年，第一款家用妊娠 LFA 试纸产品上市以来，这种简单的纸基传感器已成为即时检测（point-of-care test，POCT）领域的主流趋势。迄今为止，LFA 已应用于多个领域，包括医疗诊断、食品安全、农业、兽医和环境健康。传统的免疫侧流层析技术（immunochromatographic assay，ICAs）普遍存在批间差、常温下保质期短、抗体制备的免疫原性限制以及动物福利等问题，在实际应用中有诸多限制。而 FNAs 具有高特异性、稳定性、小尺寸、低成本、易于化学修饰以及靶标类型广泛等优点，已被应用到 LFAs 构建中，包含适配体、DNAzyme、反义寡核苷酸、XNAs、碱基错配 DNA 和点击化学连接核酸。FNA-LFAs 为无抗体、低成本、高灵敏度和特异性的靶标检测提供了一种可持续的替代方法。

本章节从 FNAs 的多功能性角度出发，系统剖析了 FNA-LFAs 的整个构建流程，包括样本前处理、纸基包被、分子识别、信号放大和信号转导部分，介绍了 FNAs 在 LFA 中发挥的作用及其作用原理（图 20.1）。其次，列举了 FNA-LFAs 在 POCT 领域中的应用，主要包括医疗诊断，食品安全控制和环境卫生监控。最后，展望了功能核酸纸基生物传感器领域未来的研究方向，旨在为 FNAs 生物传感研究提供有益参考。

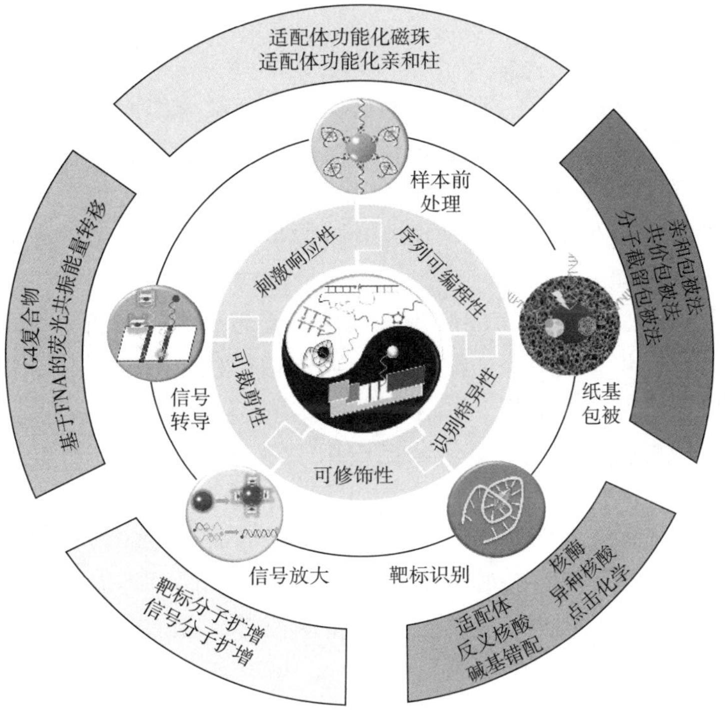

图 20.1 功能核酸的多功能性在侧流层析传感器中的应用

20.2 功能核酸纸基生物传感器的构建

为了使 FNA-LFAs 达到最佳性能，需要配备优良的硬件和软件。LFA 的硬件由样品垫、结合垫、硝酸纤维素（nitrocellulose，NC）膜、吸收垫和黏性背板组成。软件支持主要包括五个方面：①高效的样品前处理技术，在确保靶标有效提取的同时减少基质效应对后续实验的影响；②可靠的纸基包被技术，便于将捕获探针固定在 NC 膜上，以提供良好的线形和均匀的信号；③优越的识别元件，对靶标表现出高度的亲和力和选择性，并能够耐受复杂环境条件；④有效的信号放大策略，有助于放大痕量靶标或信号强度；⑤便捷高效的信号转导模式，有助于信号读取和灵敏度的提高。软件是 LFA 程序的“灵魂”，而 FNAs 则构成了软件的核心。FNAs 的多功能性使其能够在 LFA 传感器的上述五个步骤中均发挥有效作用。

20.2.1 样本前处理技术

在检测复杂样品（如食品和生物体液）之前，通常需要对靶标进行提取、纯化和浓缩，以提高后续 LFA 反应的灵敏度、准确性和重现性。目前，免疫亲和层析柱已商业化并被广泛使用，而基于适配体的样本前处理技术可作为抗体方法的补充，这是由于适配体在复杂极端的样本基质中（如高浓度的有机试剂）仍能表现出良好的稳定性以及再生和重复使用性。

20.2.1.1 适配体功能化磁珠

磁珠因其生物相容性良好、易于表面修饰、表面结合能力高且易于操作等优点在样品前处理中引起了广泛关注。适配体功能化磁珠（aptamer-functionalized magnetic beads，AFMBs）是将适配体通过共价或亲和作用固定在磁珠表面，其同时具备高选择性和磁分离优势，为复杂样品中靶标提取和富集提供了一种简单有效的方法，提高了后续检测方法的灵敏度。

在 FNA-LFAs 中，AFMBs 可同时用于靶标提取和检测。例如，当使用一对适配体检测大分子靶标时，将其中一个适配体修饰在 MBs 上构成 AFMBs 复合物，用于体系中靶标捕获和另一个适配体的富集，随后将靶标检测转换为另一个适配体扩增子的检测，提供了一种更灵敏的传感形式。该策略已应用于沙门氏菌、大肠杆菌 O157：H7 和副溶血性弧菌的超灵敏检测，无需烦琐的 DNA 提取，检测限低至 10CFU/mL。当使用单个适配体检测小分子时，基于竞争磁分离法，适配体与互补链杂交固定在磁珠上用于靶标捕获，靶标结合诱导适配体构象转变释放互补链，磁分离后，将溶液点样于试纸条上检测，该方法将靶标检测转换为互补链检测，将“turn on”信号转换为更直观和灵敏的“turn on”信号。

20.2.1.2 适配体功能化亲和柱

适配体功能化亲和柱（AFAC）结合了适配体和固相萃取的优点，能够在复杂样品中实现快速、高效和高选择性的目标提取和富集。根据色谱柱类型和吸附介质的不同，AFAC 可分为 4 类：适配体功能化材料填充柱（aptamer-functionalized material-packed column，AFMPC）、适配体功能化开管毛细管柱（aptamer-functionalized open tubular capillary column，AFOTCC）、适配体功能化旋转柱（aptamer-functionalized spin column，AFSC）和适配体功能化整体柱（aptamer-functionalized monolithic column，AFMC）。AFMPC 是将适配体修饰的吸附剂填充到空的 SPE 管中组装而成的，其萃取效率易受固相载体类型、连接方式、间隔臂长度、填料密度和液体流速的影响。此外，筛板的存在可能导致非特异性吸附和流动阻力。AFOTCC 通过将适配体偶联到熔融石英毛细管柱的内表面制备而成，然而有限的内表面积和较低的负载量极大地限制了该方法在样品制备中的广泛应用。AFSC 采用旋转柱作为 SPE 柱，将适配体通过链霉亲和素-生物素法固定在固相吸附剂上。该方法依赖于离心分离，需要重复的洗涤步骤。AFMC 的出现有效地克服了上述问题，该方法通过有机或无机方法在毛细管柱内原位聚合生成具有多孔结构的连续聚合物柱床，并将适配体通过合适方法修饰在柱床上制备而成。由于其具有高孔隙率、高渗透性、快速传质、易于修饰以及便于与分析方法串联等优点，AFMC 成为 AFAC 中应用最广泛的固相萃取方法之一。

AFAC 通常与液相色谱或液相色谱-质谱联用，表明该方法是一类高效和高选择性的样品前处理手段。但由于 AFAC 成本相对较高，柱容量有限，需要连续的孵育和洗涤步骤等，不适用于大规模样品的现场筛查，因此，目前在 FNA-LFA 中尚未应用。然而，AFAC 可以朝着自动化、集成化和高通量的方向发展，以满足 POCT 方法的要求。

除上述基于 FNA 的高特异样品前处理方法外，目前，许多商业化样品垫也能实现复杂生物体液（如尿液、唾液和全血）的初步净化。样品垫是 LFA 试纸条与样本接触的第一个部件，它能够控制样品的释放，并作为样品基质的过滤器以消除不同样品之间的成分差异。以滤血膜为例，它能够截留血细胞，使得血清畅通无阻地流过试纸条，实现了全血的直接检测。目前商业化的滤血膜有 Ahlstrom-Munksjö CytoSep、Whatman MF1、Cobetter PSM 系列和 JY 滤血膜 GF 系列等。样品垫因材料（纤维素、玻璃纤维）、厚度、质量和抗拉强度而异。应根据样品类型综合考虑上述属性，选择合适的 LFA 样品垫，并进一步用蛋白质、表面活性剂和糖类对样品垫进行处理，以减少基质干扰。

20.2.2 纸基包被技术

核酸无法通过简单的干燥法固定在 NC 膜上，其可能会随着样品流动而被冲出检测区域。因此，在制备 FNA-LFAs 试纸条时，首先要考虑 FNAs 在 NC 膜上的包被技术。可靠的包被方法既能保证 FNAs 在 NC 膜上的稳定分布，同时能保持识别元件的亲和力或催化活性。下面列举了三种常用的方法：亲和包被法、共价包被法和分子截留包被法。

（1）亲和包被法　亲和包被法是指通过具有高亲和力的链霉亲和素-生物素（streptavidin-biotin，SAB）系统将 FNAs 包被到 NC 膜上的过程。将生物素修饰的 FNA 以特定比例与链霉亲和素混合，以形成 SAB 活化的 FNA 复合物，该复合物基于蛋白质（链霉亲和素）和 NC 膜之间的静电相互作用、氢键和疏水相互作用固定在 NC 膜上。该方法已广泛应用于多种 FNA-LFAs 的构建（Shim 等，2014）。

生物素修饰对 FNAs 的亲和力和活性影响较小，桥连的方式也使得 FNAs 在固相界面上得到链霉亲和素的支撑，有助于保持其原有构象，减少对反应位点的负面影响。虽然该方法成本相对较高，但形成的线形均匀，信号稳定，是目前 FNA-LFAs 中应用最广泛的包被方法。

（2）共价包被法　共价包被法是在一定条件下通过官能团之间的共价交联反应将 FNA 固定在 NC 膜上的方法。在核酸印迹技术中，紫外辐照法（UV）可将核酸共价连接到 NC 膜或尼龙膜上。鉴于此，Wang 等使用紫外光照射，成功地将两个重复序列的单链 DNA 固定在 NC 膜上（Wang 等，2015）。检测线（T 线）和质控线（C 线）上的探针均能对互补链进行有效捕获，并表现出良好的线形。此外，研究者还对比了紫外辐照法固定的未标记和 5′-NH_2-C6 标记的适配体在 NC 膜上的检测性能。结果表明，只有氨基标记的适配体能够捕获病原菌，而未标记的适配体在 T 线上无可见信号。这可能是未标记的适配体被冲出膜外或倒伏在膜上，而末端的氨基修饰则为适配体直立在膜上提供了支点。该方法已成功用于 *E. coli* 8739 和 *E. coli* O157：H7 的检测。然而，氨基与 NC 膜共价交联的机制还没有得到进一步的研究和解释。此外，254nm 紫外光照射可能会诱导 T 二聚化从而导致适配体结构发生变化。因此，紫外辐照法可能不适用于所有的 FNAs 包被。

通过对 FNAs 和 NC 膜的合理修饰，共价包被法有望在不影响 FNAs 活性和构象的情况下，提供一条新的高效率、低成本的 FNAs 包被方法，但未来还需要进行更多的研究。

（3）分子截留包被法　分子截留包被是一种无蛋白的包被方法，它只依赖于捕获 FNAs 及其复合物的大小或分子质量。当尺寸或分子质量足够大时，FNAs 及其复合物可以稳定地截留在 NC 膜中而不影响其识别功能。Javani 等开发了一种不含 SAB 系统的 FNA-LFA 方法（Javani 等，2017）。该方法分别将捕获探针 DNA Ⅰ（17nt）和末端标记 40nt poly-A 序列的捕获探针 DNA Ⅱ（57nt）直接包被在 NC 膜上。结果显示，捕获探针 DNA Ⅰ条带上无信号，而捕获探针 DNA Ⅱ条带上出现红色条带。这可能是由于捕获探针 DNA Ⅱ 具有较高的分子质量从而防止该核酸探针从 T 线上侧向迁移。

此外，FNAs 可以自组装成超级结构，使其固定在 NC 膜上。作者团队报道了一种适配体纳米花介导的包被方法，该方法通过对特定适配体进行 RCA 以产生长链 DNA，并在 Cu^{2+} 辅助下进一步自组装形成纳米花形状的超级结构（3D DNA）（Cheng 等，2019）。随后将该适配体纳米花直接包被在 NC 膜上形成 T 线，与单链适配体检测相比，该方法具有更高的靶标捕获效率和检测灵敏度。值得注意的是，与适配体单体相比，3D DNA 表现出更高的表面密度、更好的截留效率、更强的核酸酶抗性，以及有效抑制非特异性蛋白质在 NC 膜上的吸附。

FNAs 与大尺寸纳米粒子形成的复合物也能够轻易地被 NC 膜截留固定。Özalp 等通过 sulfo-GMBS 交联剂合成了适配体-二氧化硅纳米颗粒复合物，其平均粒径为 185nm（Özalp 等，2016）。将其与丙烯酰胺溶液混合并沉积在 NC 膜上作为检测探针，当样品流过该区域时即可检测到相应荧光信号，证明了该包被方法的可行性。

20.2.3 靶标识别技术

靶标识别技术由 FNAs 和靶标类型共同决定，不同识别原理对检测方法性能具有显著影响。以下对 FNA-LFAs 中不同靶标识别技术进行系统介绍，并讨论它们对 LFAs 性能的影响。

20.2.3.1 基于适配体的识别体系

（1）夹心识别模式　夹心识别模式通常用于检测大分子靶标，如蛋白质、病原菌和病毒。它们通常具有多个结合位点，可以同时被一对适配体或适配体-抗体对结合，形成夹心结构。另一种特殊的夹心法基于劈裂适配体来检测小分子靶标。通常，在基于夹心识别的 LFA 中，一个识别元件作为捕获探针固定在 T 线上，另一个识别元件与信号分子偶联作为检测探针，当靶标存在时，三者结合形成“检测探针-靶标-捕获探针”夹心复合物，T 线信号呈“turn on”模式。大多数情况下，C 线通过互补序列杂交捕获多余的检测探针以验证方法的有效性。值得注意的是，通常将一对适配体中亲和力较高的作为捕获探针包被在 T 线上，便于在 LFA 快速反应过程中更有效地捕获靶标，从而提高检测灵敏度。基于以上原理，研究者们开发了用于牙源性成釉细胞相关蛋白（ODAM）、C 反应蛋白（CRP）、Vaspin、凝血酶、费氏弧菌和 H5N2 病毒的夹心 LFAs，实现了简单、快速和灵敏的靶标检测。除了适配体对，适配体和其他亲和识别元件

（如抗体、天然受体和胆固醇）的组合也可用于 LFA 的高性能检测。抗体，又称为免疫球蛋白，由于抗体-抗原识别具有快速的结合动力学，因此，将适配体（高选择性）和抗体（快速结合动力学）的优势整合，可用于开发高选择性和灵敏度的 FNA-LFAs 方法，在 POCT 应用中具有较大潜力，然而抗体的使用会在一定程度上增加 LFA 试纸条的成本。细胞表面受体是嵌入细胞质膜中的常见蛋白质，其通过识别和结合特定的细胞外分子参与细胞信号传导。适配体-受体对可用于检测双结合适配体的靶标，如霍乱毒素（CT），与使用单一适配体的竞争性形式相比，夹心检测显著提高了反应灵敏度（25.5 倍）。胆固醇是一种蜡质脂肪或脂质，是动物细胞膜的重要结构成分，它可以通过疏水作用插入到细胞膜的脂质双分子层中。基于此，作者团队开发了新型的适配体纳米花-胆固醇对用于外泌体夹心法检测（Cheng 等，2019），为生物分析提供了一种有前景的检测手段［图 20.2（a）］。此外，劈裂适配体也被用于小分子靶标的夹心法检测。Zhu 等构建了第一个基于劈裂适配体的夹心法 LFAs 用于 ATP 检测，该方法实现了小分子靶标灵敏和准确的现场检测（Zhu 等，2016）。

（2）竞争识别模式　竞争识别模式通常用于检测只有一个结合位点或一个适配体的小分子靶标，如真菌毒素、抗生素、农药和一些生化分子。在竞争 FNA-LFAs 中，靶标和竞争性分子竞争结合适配体信号探针，T 线信号为“turn off”模式。常见的竞争性分子包括标记半抗原、全抗原和互补序列，其中互补序列应用更为广泛，可能是由于其成本低且易于合成。与夹心法相比，竞争法的开发和优化过程更为复杂。在竞争法检测中，靶标和竞争分子与适配体探针的相对结合亲和力强弱十分重要。如果竞争分子对适配体的亲和力过强，则可能出现假阴性结果，亲和力过弱则可能导致假阳性结果。因此，在方法优化中，需要调节竞争分子的结构和序列，同时使用棋盘法优化适配体和竞争分子的浓度比例。C 线上通常固定互补序列或二抗以捕获多余的信号探针，验证该检测方法的有效性。然而，Zhu 等开发了一种包含“C 线竞争系统”的双重竞争 LFA（Zhu 等，2018）。靶标分别与结合亲和力较弱的全抗原（T 线）和结合亲和力较强的互补链（C 线）竞争结合适配体探针，使得 T 线和 C 线信号变化呈现相反的趋势，有效地提高了 LFA 检测灵敏度并拓宽了线性范围。

此外，作者团队结合 FRET 策略开发了一种新型的“turn on”竞争 LFA（Cheng 等，2018）。该方法中，靶标与互补链竞争结合适配体标记的金纳米星，当适配体被互补链捕获在 T 线上时，金纳米星和预先包被的量子点产生 FRET 现象，量子点荧光被猝灭。T 线荧光强度随靶标浓度的增加而增加，呈现“turn on”趋势，实现了简单、高灵敏的靶标检测［图 20.2（b）］。

（3）靶标诱导构象转变介导的识别模式　适配体通过折叠成特定的二级或三级结构来实现靶标识别。因此，通过合理设计适配体信号探针，即可通过靶标结合诱导的适配体构象变化使检测条带上发生特异性信号变化，实现简单高效的靶标检测。现有的方法可分为两种类型：适配体门控法和吸附-解吸法。适配体门控法将大量信号分子包封在介孔二氧化硅纳米粒子中，将适配体共价偶联在二氧化硅表面，形成“封闭的门”。当靶标存在时，适配体和靶标识别结合触发适配体构象变化，从而“开门”，释放信号分子，使 T 线上的信号发生变化，实现靶标的定量测定。基于此，Tasbasi 等合成了单核细胞增生李斯特菌特异性适配体门控二氧化硅纳米探针，其中装载有大量TMB并包被在结合垫上，同时将HRP包被在T线上，实现了“turn on”比色信号检测［图20.2（c）］（Tasbasi等，2019）。

此外，已有文献报道将液相溶液中经典的纳米金吸附-解吸反应转移到试纸条上。反应原理如下：将特定适配体吸附到纳米金上并与溶液中的靶标孵育，靶标结合诱导构象变化使适配体从纳米金表面解吸，随后将反应混合物滴加到试纸条上，裸金和纳米金-适配体复合物被分别捕获在相应位置，根据颜色信号可通过视觉判定检测结果。试纸条上用于捕获纳米金的探针主要基于静电吸附、Au—S配位键和SAB亲和系统。静电吸附作用借助不同电荷的蛋白质对不同金纳米粒子进行捕获，例如，使用带负电荷的BSA在T线上捕获裸金，带强正电荷的溶菌酶在C线上捕获所有纳米金（无论是否吸附适配体），实现了β-雌二醇（E2）的快速检测。Au—S配位键则利用巯基乙胺的游离巯基对纳米金进行捕获。Ranganathan等［图20.2（d）］使用链霉亲和素在T线上捕获剩余的生物素化适配体-纳米金复合物，同时使用带正电荷的聚二烯基丙二甲基氯化聚合物铵（PDDA）在C线上捕获裸金以检测HER2，产生“turn off”信号（Ranganathan等，2020）。该反应策略为多种靶标提供了一种新颖且通用的纸基检测模式。然而，由于适配体与金纳米粒子之间的强吸附作用，靶标诱导解吸过程耗时，且适配体解吸百分比极小，可能会影响检测灵敏度并延长反应时间。

20.2.3.2 基于核酶的识别体系

DNAzyme，特别是RNA切割DNAzyme，已广泛用于金属离子传感。它们具有相似的二级结构，包括具有3D结合口袋的酶链和具有由核糖腺苷（rA）碱基标记切割位点的底物链。在基于RNA切割DNAzyme的LFA中，靶标识别和结合酶链从而激活其催化活性，切割底物链上的RNA并释放出ssDNA，随后可通过直接捕获释放的ssDNA或检测其扩增子，以实现靶标检测。

首次开发的基于DNAzyme的LFA被用于Pb^{2+}检测，将特异性的8-17DNAzyme修饰以构建Enz-Sub AuNPs复合物，然后将其包被在结合垫上。当Pb^{2+}存在时，底物链被切割释放出ssDNA-AuNPs复合物，在T线上与互补链杂交被捕获；而未切割的Enz-Sub AuNPs复合物通过SA-B系统被捕获到C线上，产生“turn on”比色信号。此外，研究者们还开发了无标记的DNAzyme检测方法，以减少化学修饰对DNAzyme活性的影响。靶标存在时，释放的底物片段与信号探针和捕获探针杂交，在T线上形成夹心复合物，实现了灵敏准确的Cu^{2+}测定。除了仅检测底物片段的方法外，研究者们还提出了一种使用双信号探针和捕获探针的高灵敏检测策略，用于捕获切割反应后释放的所有底物和酶链。该方法提高了切割片段的利用效率，同时实现了更高的检测灵敏度（Wang等，2018）。此外，检测释放单链的扩增产物是另一种有效提高检测灵敏度的方法。目前，基于释放单链触发的toehold链置换反应（toehold-mediated strand displacement amplification，TMSDA）（Wang等，2019）和基于茎环结构的循环切割反应已被用于环境中痕量重金属污染物的灵敏检测。

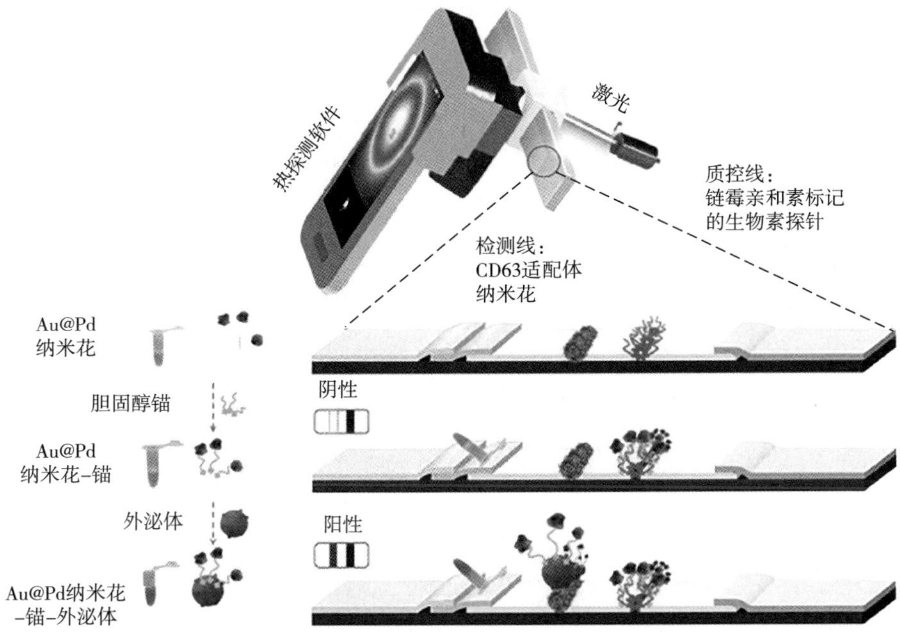

（a）

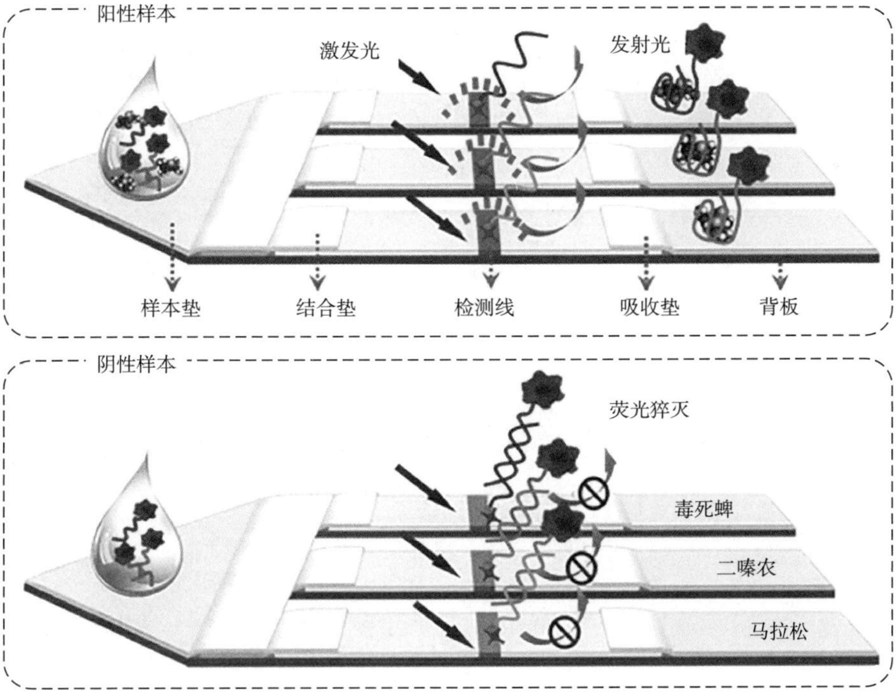

（b）

图 20.2　基于适配体的侧流层析传感器

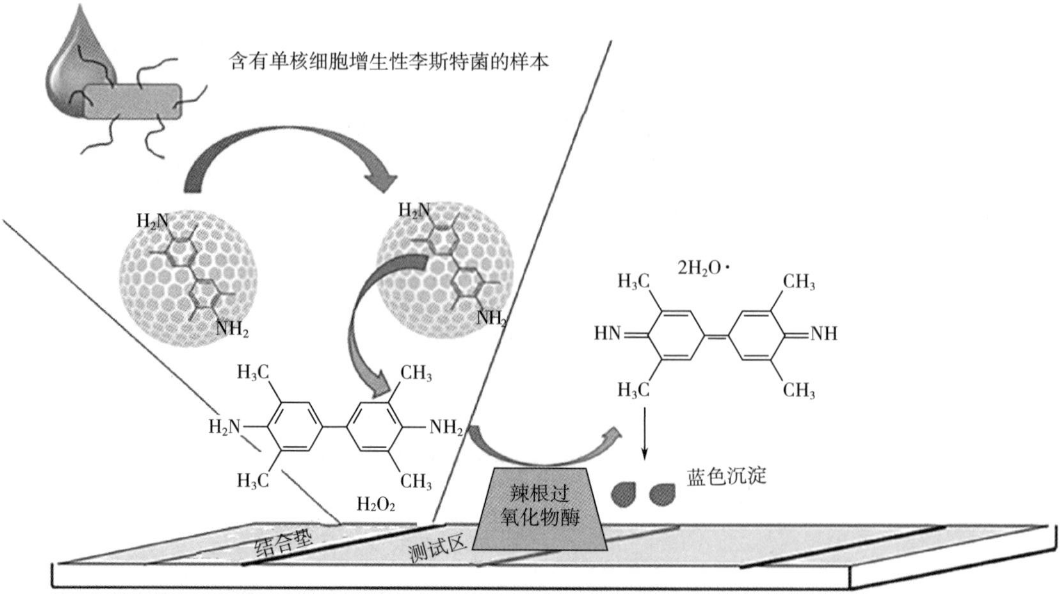

(c)

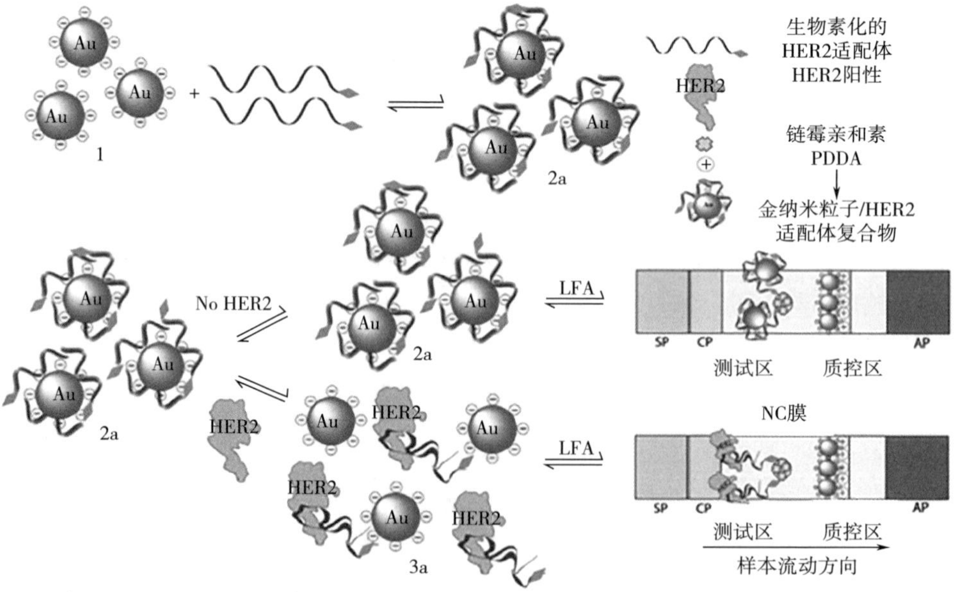

(d)

图 20.2 基于适配体的侧流层析传感器（续）

(a) 基于适配体纳米花和胆固醇的夹心法检测外泌体 (b) 基于 FRET 反应的竞争法检测农药
(c) 基于适配体门控检测单核细胞增生性李斯特菌 (d) 基于纳米金吸附-解吸法检测 HER2

20.2.3.3 基于反义核酸的识别体系

基于反义核酸的 LFA 通常用于基因组样本的检测，其识别原理为 Watson-Crick 碱基互补配对。传统的反义核酸 LFA 采用竞争和夹心法进行核酸检测。与竞争法相比，夹心法更为常用，这可能是由于其易于构建，且双探针识别具有更高的准确性。为提高检测方法的灵敏度，基于反义核酸的 LFA 通常与核酸扩增方法相结合，如重组酶聚合酶扩增（rRPA）、CHA、TMSDA，用于靶标扩增，同时也介导后续的检测分析。例如，Wang 等提出了一种 CHA 扩增辅助的 LFA，用于 microRNA-21 的检测（Wang 等，2019）。该方法中，在 AuNPs 表面修饰生物素的发夹 1 作为信号探针，其发夹结构的形成掩蔽了生物素基团。当体系中存在靶标和发夹 2 时，AuNPs 上的 CHA 扩增被激发，在发夹探针 1 和 2 之间产生了许多互补的 dsDNA，将生物素基团暴露在外部。随后，形成的生物素-dsDNA-AuNPs 探针被 SA 捕获在 T 线上，出现特异性的红色条带。

由于引物二聚体的形成，传统基于反义核酸的 LFA 在直接检测基因扩增产物时可能会产生假阳性信号。CRISPR/Cas 系统作为一种高效的基因编辑工具，具有出色 dsDNA 识别能力，将其整合到 LFA 中，能有效提高检测的准确性。目前应用较多的主要为 CRISPR/Cas9 和 CRISPR/Cas12 系统。CRISPR/Cas9 系统具有间隔-相邻基序 TTTN 依赖的 dsDNA 识别能力，在基于 CRISPR/Cas9 的 LFA 中，分别在 Cas9/sgRNA 系统和靶核酸扩增子上设计特定结合位点，当二者识别结合后，产生的扩增子-Cas9/sgRNA 复合物分别与信号探针和捕获探针结合形成夹心复合物被固定在 T 线上，产生“turn on”信号（Wang 等，2020）。CRISPR/Cas12 系统同时具有 dsDNA 识别能力和反式切割活性。Cas12/crRNA 系统识别靶标扩增子后切割体系中的 ssDNA 探针，使其不能被捕获在试纸条上，从而产生“turn off”信号（Mukama 等，2020）。此外，研究表明，7-mer DNA 延伸的 crRNA 能够增强 Cas12a 的反式切割活性，在检测 SARS-CoV-2 病毒时，该优化的 CRISPR/Cas12a-LFA 方法检测灵敏度提高了 23 倍。综上，基于 CRISPR/Cas 系统的 LFA 是一种创新且成功的跨学科应用，为基因组样本检测提供了高度准确和灵敏的策略。它的缺点是检测时间较长，通常需要 1h 或更长时间。

结合核酸扩增进行基因组样本检测的方法具有较高的灵敏度，但此类方法通常需要专业人员进行复杂烦琐的操作，严重限制了其广泛应用。因此，研究人员们利用高度集成化的微流控装置结合 LFA 试纸实现了快速的 sample-to-answer 检测。该装置包括核酸提取、纯化、扩增和检测步骤，其中，提取模块使用用于细胞裂解的商业 FTA 卡；纯化步骤依赖于纯化试剂和吸收垫；而等温扩增策略，如 LAMP、SDA 和 RPA 则集成在小型的纸基芯片上；检测模块通常使用简单的 AuNP 标记的反义核酸 LFA 试纸条。这些微流控生物传感器已应用于耐甲氧西林金黄色葡萄球菌、鼠伤寒沙门氏菌、大肠杆菌和肺炎链球菌（Choi 等，2016），以及 SARS-CoV-2 的快速检测（1h 内），为医疗诊断和食品安全控制提供了简单、快速、经济高效和用户友好的现场检测手段。

20.2.3.4 基于异种核酸的识别体系

XNA 是化学合成的核酸类似物，含有修饰的磷酸骨架或碱基，例如，PNA、LNA、吗啉核酸（morpholino nucleic acid，MNA）、乙二醇核酸（glycol nucleic acid，GNA）、苏糖核酸（threose nucleic acid，TNA）和己糖醇核酸（hexitol nucleic acids，HNA）。XNA -LFAs 遵循 Watson-Crick 碱基互补配对原理，但由于其含有修饰组分，XNA-DNA 杂交比传统 DNA-DNA 杂交显示出更高的亲和力、稳定性和选择性。目前，只有 PNA 和 LNA 应用到 LFA 中，用于靶标（DNA）的快速检测。

（1）PNA　PNA 是核酸（核碱基）和（假）肽（骨架）的嵌合体，其中核碱基通过亚甲基羰基键与 *N*-（2-氨基乙基）甘氨酸单元内的甘氨酸氮连接。由于不存在静电排斥，PNA 的中性骨架增加了 PNA/DNA、PNA/RNA 双链体之间的热稳定性。此外，PNA 还具有高结合亲和力、易于修饰和较强的单碱基区分能力等优势。因此，PNA 是一种适用于 DNA/RNA 生物传感的高性能生物识别元件。作者团队首次将 PNA 探针引入 LFA 中，用于特异性定量检测尿液中的 microRNA（Cheng 等，2017）和食源性病原菌（Xu 等，2018），基于夹心反应形式，靶标扩增子同时与信号探针和 T 线上包被的 PNA 探针结合形成了 AuNP-DNA-靶标 DNA 扩增子-PNA 复合物。该方法在实际样品检测中表现出高选择性和灵敏度，具有较好的 POCT 应用前景。此外，由于 PNA 的化学和酶稳定性，可将其用于模板化学。例如，将 PNA-DNA 杂交模板化的硒代半胱氨酸-硒代酯肽连接反应整合到 LFA 中，实现了快速灵敏地检测 microRNA，该方法为寡核苷酸检测提供了一种简单、快速且无酶的技术。此外，PNA 的静电中性骨架使其在电化学反应中能够最大限度地减少背景电流。Srisomwat 等结合吡咯烷基 PNA（acpcPNA）设计了一种延时电化学 LFA 装置（eLFA），用于乙型肝炎病毒（HBV）DNA 的快速检测（Srisomwat 等，2021）。NC 膜上特制的蜡印之字形通道延缓了 Au^{3+}的流速，使其在靶标 DNA 之后到达检测区，靶标 DNA 在检测区被 acpcPNA 捕获后被 Au^{3+}金属化，以产生电化学信号。该方法设计巧妙，实现了两步顺序反应，在 7min 内即可完成检测，且检测限低至 7.23pmol/L，具有快速、高灵敏度的优势（图 20.3）。

（2）LNA　LNA 是一种经过修饰的 RNA，LNA 中一部分核糖上的 2′氧与 4′碳连接在一起。由于含有 LNA 核苷酸的寡核苷酸具有较高的酶稳定性、结合亲和力以及碱基错配识别能力，因此，许多 DNA/LNA 嵌合探针已被用于生物传感。Rastogi 等（Rastogi 等，2012）使用 LNA-AuNP 复合物作为信号探针，基于夹心反应形式构建了 LNA-LFA，用于大肠杆菌 O157∶H7 检测，结果显示输出信号强度相比传统核酸检测提高了 3 倍。此外，LNA 修饰的 DNA 分子信标（MB）也用于构建结构响应型单探针 LFA，应用于 miRNA-21 模拟物的检测。靶标 miRNA 诱导生物素化 LNA/DNA 嵌合 MB-AuNP 探针的构象变化，暴露生物素基团，从而被 T 线上的 SA 捕获，产生可见信号。

20.2.3.5　基于碱基错配的识别体系

碱基错配识别基于特定碱基与金属离子配位形成的特异性金属-碱基对进行靶标检测。通常，富含 T/C 的 DNA 可以选择性地结合 Hg^{2+}/Ag^{+}以形成 T-Hg^{2+}-T 和 C-Ag^{+}-C 错配。由于其高选择性和稳定性，碱基错配已广泛应用在 LFA 中用于 Hg^{2+}和 Ag^{+}的快速检测。原理如下，通过靶标识别诱导碱基错配启动核酸扩增，使用 LFA 检测产生的

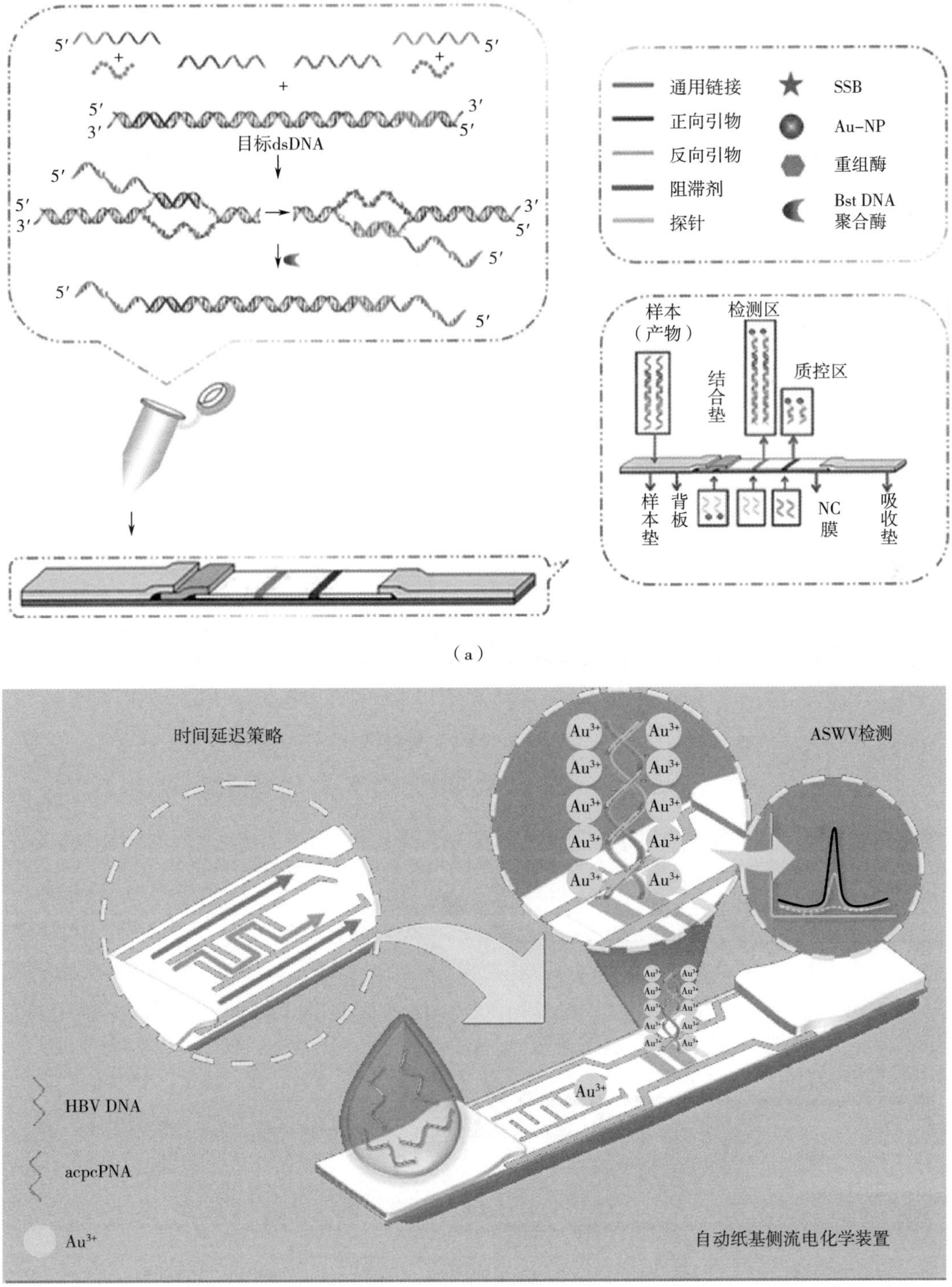

图 20.3 基于 PNA 的延时电化学侧流层析传感器

（a）结合重组酶聚合酶扩增的 PNA 侧流层析传感器 （b）基于 acpcPNA 的自动纸基侧流电化学装置

扩增子进行定量。例如，靶标结合触发的 toehold 结合和 Exo Ⅲ辅助的信号放大策略，以及 SDA 反应已用于 Hg^{2+}检测。该方法将靶标金属离子的检测转化为 ssDNA 扩增子的检测，实现了 pmol/L 水平的超灵敏检测。

虽然上述方法灵敏度较高，但基于酶催化的扩增反应增加了 LFA 的检测时间和成本。因此，研究者们开发了直接在试纸上检测金属离子的反应策略，包括竞争法和夹心法。作者团队在竞争性 LFA 中，分别建立了线上竞争模式（“competition on line”，模式 1）和纳米金上竞争模式（“competition on AuNPs”，模式 2）（Cheng 等，2017）。通过对两种模式进行系统比较，发现模式 1 具有较高的灵敏度。这是由于在存在过量 AuNPs 复合物时，即使是微量靶标也可以减少模式 1 中 T 线上的结合位点，使信号发生变化，而这种现象在模式 2 中不太明显（图 20.4）。此外，基于 FRET 的竞争性 LFA 也被用于水样中 Hg^{2+}的快速检测，该方法仅需 15min，检测限低至 0.13ng/mL。在夹心法 LFA 中，两条富 C 的寡核苷酸序列被用于靶标 Ag^{+}的夹心识别，实现了快速（15min）且灵敏（LOD=0.6ng/mL）的检测。然而，该方法中若信号探针上的富 C 序列设计不当，可能会导致与靶标结合后发生自杂交，从而导致该 LFA 方法产生假阴性结果。

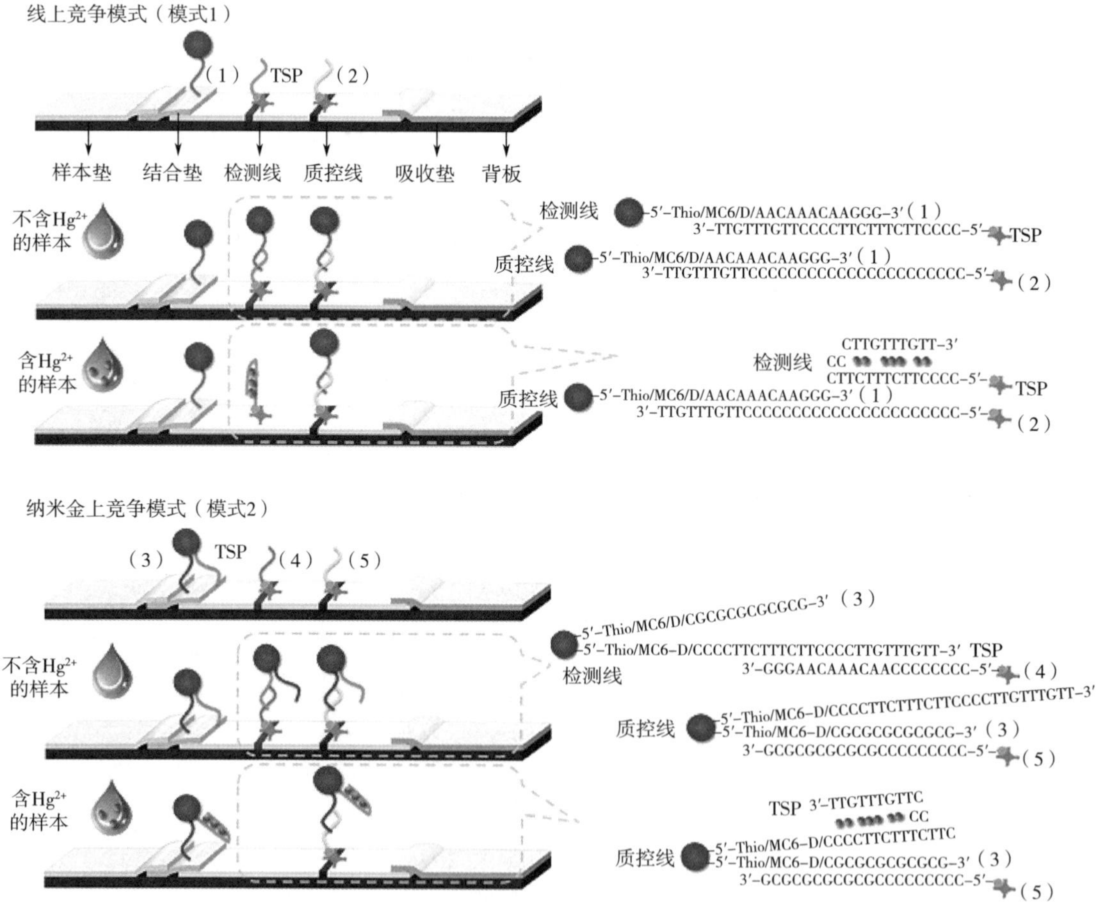

图 20.4 基于碱基错配的竞争型侧流层析传感器

20.2.3.6 基于点击化学的识别体系

点击化学连接核酸将 CuAAC 反应与核酸相结合。CuAAC 反应在生物传感中具有高选择性和催化活性，其他常见的重金属阳离子，如 Fe^{3+}、Zn^{2+}或 Hg^{2+}，均对 Huisgen 环加成反应无影响。此外，由于 CuAAC 反应过程中不消耗 Cu^{+}，因此可经过循环催化累计信号以检测到超低浓度的铜离子。与核酸相结合，CuAAC 反应可触发核酸的构象变化、核酸扩增或核酸杂交，以实现铜离子的高灵敏检测。在基于点击化学的 LFA 中，叠氮基和炔基修饰的两条寡核苷酸序列作为检测探针，Cu^{+}存在催化两条修饰序列连接，随后该序列通过互补杂交或 SA-B 系统（图 20.5）（Wang 等，2017）被捕获在 T 线上形成夹心复合物，以实现简便的靶标检测。

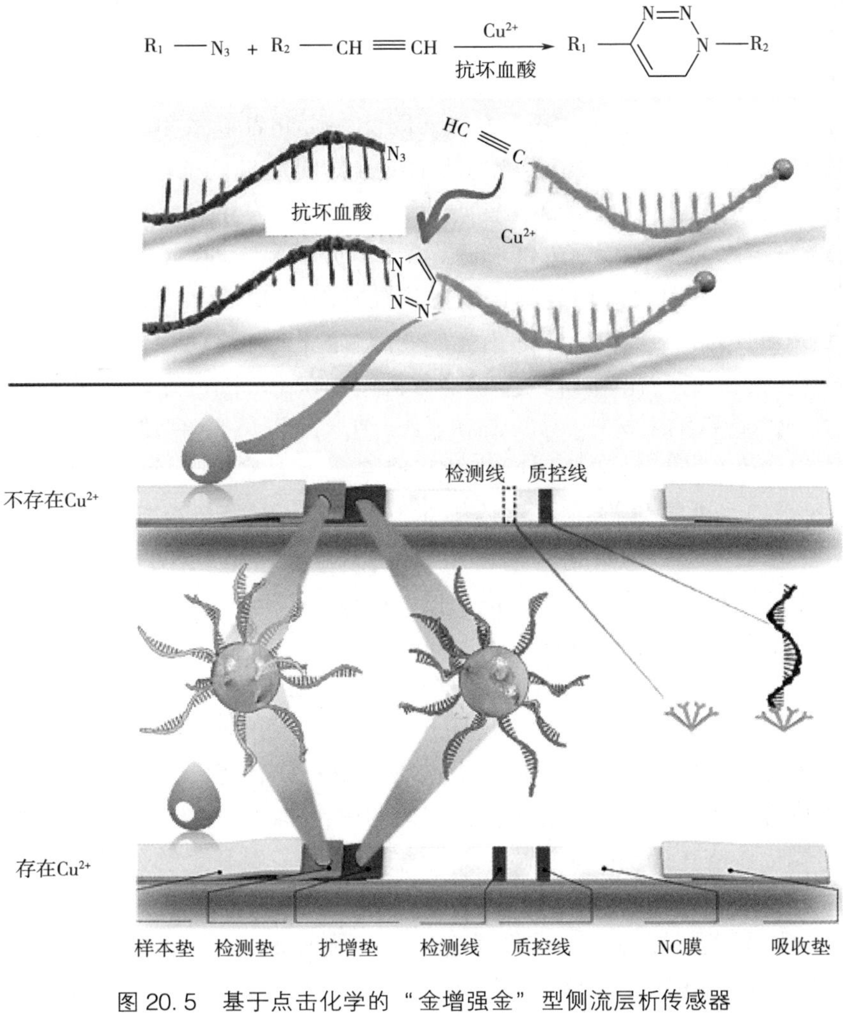

图 20.5 基于点击化学的“金增强金”型侧流层析传感器

20.2.4 信号放大技术

（1）变温扩增技术 PCR 是一种经典且广泛应用的核酸扩增方法。基于半保留复制原理，在 DNA 聚合酶和 dNTP 引物存在的情况下，通过变温驱动“变性-退火-延伸”循环，扩增 DNA 模板产生双链 DNA 扩增子。为便于 DNA 扩增子在 LFA 中的检测，通常使用标记引物为扩增子加上标签。例如，使用生物素标记的引物进行靶标 PCR 扩增，以产生生物素化的扩增子，这些扩增子随后被 NC 膜上的链霉亲和素捕获，产生可检测的信号。此外，许多升级版的 PCR 方法，如比例竞争定量 PCR（PCQ-PCR）、对流 PCR（cPCR）、双重超级 PCR（DSPCR）和超快光子 PCR（UPPCR），已被开发用于简便、精准的核酸扩增。作者团队首次将 PCQ-PCR 扩增与 FNA-LFA 相结合（Xu 等，2016）。在 PCQ-PCR 中，发夹引物与靶标序列互补后进行 PCR 扩增，该方法比传统 PCR 具有更高的特异性和单碱基差异识别能力，能够在 DNA 甲基化水平上进行灵敏准确的检测。

传统 PCR 方法通常需要专业的操作人员、较长的反应时间和昂贵的反应仪器，极大地限制了其作为一种高效现场筛选方法。因此，研究者们致力于将反应设备小型化并减少反应时间。cPCR 是一种依靠浮力驱动的自然对流进行核酸扩增的方法，该方法中，变性过程发生在毛细管的底部，而退火和延伸过程发生在毛细管顶部，整个扩增过程可在 30min 内完成，且无需外部电源。Gao 等开发了一种结合 DSPCR 的超快 FNA-LFAs 策略（Gao 等，2019）。通过简化加热装置并提高 DNA 聚合酶和引物浓度，可以加速传统 PCR 的热循环，在 2.5min 内完成 30 个循环。随后使用 LFA 试纸条对标记扩增子进行检测，检测时间在 5min 内。整个分析过程在 10min 内完成，无需大型仪器。

UPPCR 利用特殊纳米材料（如 AuNP、Au 纳米薄膜和 Fe_3O_4 纳米团簇）的光热效应，通过体积加热和非接触加热加速热循环速率，大大缩短了核酸扩增时间。Cheong 等将 UPPCR 扩增（通过磁性等离子体纳米粒子进行等离子体加热）与一锅法检测 SARS-CoV-2 相结合（Cheong 等，2020）。通过快速光子热循环可在 6min 内完成 40 个循环扩增，加上反转录和荧光检测步骤，整个过程在 17min 内完成，LOD 为 3.2 拷贝/μL，提供了一种快速、灵敏的 POCT 策略。

（2）恒温扩增技术 与变温扩增技术相比，恒温扩增方法具有省时、操作简便，不需要精密仪器等优点，增强了其便携性。现有的等温扩增方法可分为两类，分别为酶催化法和无酶法。基于酶催化的恒温扩增方法中，具有特殊活性的酶（如链置换和切口内切核酸酶活性）和具有特定序列和结构的引物/模板序列（如多位点引物对和环状模板）与靶标核酸在最佳反应温度下，扩增产生许多带有化学分子标签的单链或双链扩增子，例如，生物素、罗丹明、地高辛、FITC 和 hex 标签。这些扩增子通过互补杂交或抗体半抗原识别被捕获到试纸条上，产生强烈的信号。常见的恒温扩增方法，例如，LAMP、RCA、RPA、SDA、等温指数扩增技术（EXPAR）和 Exo Ⅲ介导的等温扩增反应已被整合到 FNA-LFAs 中用于信号放大。无酶恒温扩增方法通常基于靶标结合诱导构象变化和 toehold 链置换原理进行扩增，包括 CHA、toehold 介导的链置换反应和发夹触发的 DNAzyme 切割。与酶催化方法相比，无酶扩增技术具有低成本、模块化、易于放大，不需要蛋白质类酶的优势。

（3）信号分子富集技术　FNA-LFAs 中，信号分子可通过核酸杂交、标记生物素化 dUTP 的扩增子、介孔二氧化硅和功能化的病毒颗粒进行富集。这里仅对前两种基于核酸的策略进行介绍。AuNP 是一种常用的信号分子，但基于单信号探针的 LFA 灵敏度有限。因此，研究者们合成了双 AuNP 探针（信号探针和增强探针），并分别固定在两个结合垫上，当样品溶液流过时，通过互补杂交形成靶标-信号探针-增强探针的复合物，在检测区域被捕获后产生更深的红色信号。Liu 等基于类似方法设计了银纳米粒子（AgNPs）探针富集 AuNP 探针的方法，以实现信号增强（Liu 等，2018）。另一种信号分子富集策略是与核酸扩增方法相结合，将生物素化的 dUTP 添加到 PCR 体系中以生成具有多个生物素位点的扩增子。当扩增子流过结合垫时，SA 修饰的 AuNPs 与多个生物素位点结合。随后，这些复合物继续迁移到 NC 膜上被 T 线捕获，以实现信号增强效果。

（4）信号分子增强技术　信号分子增强主要通过酶催化显色反应来实现。具有 G4 结构的核酸序列与 hemin 结合后表现出类似于过氧化物酶的催化活性。该复合物可催化显色底物（如 ABTS、TMB、AEC、OPD 和 DAB），产生有色物质。作者团队将 G4 复合物的催化显色反应用于 FNA-LFAs 中 AuNP 信号的增强，首先在纳米金表面修饰 G4 序列，酶促反应产生的有色物质会沉积在 AuNPs 表面以实现信号增强（Cheng 等，2017）。这种方法有效地提高了 FNA-LFAs 的灵敏度，因为单个 AuNP 表面可以装载数百个 G4s DNAzyme。

20.2.5 信号转导技术

信号转导技术是通过使用各种可检测的信号来量化不可见的反应，包括比色信号、荧光信号、表面增强拉曼光谱、热信号和电化学信号等。在 FNA-LFAs 中，传统的信号转导通常采用化学分子或纳米材料实现，例如，AuNPs、HRP/TMB、纳米酶、荧光染料、染料掺杂纳米粒子和荧光纳米粒子。由于本章重点剖析 FNA 在 FNA-LFAs 中的多功能性，因此下面主要介绍基于 FNA 的信号转导技术。

（1）G4s 复合物　G4s 复合物已广泛用于生物传感中的信号转导，其主要基于两种不同原理。一方面，hemin/G4s-DNAzyme 复合物具有过氧化酶催化活性，可以催化底物产生比色或化学发光信号。另一方面，G4s 序列与特定荧光分子结合后会产生特异性荧光响应（主要是荧光增强），因此 G4s-荧光团复合物已被用作发光核酸探针。作者团队使用 hemin/G4s-DNAzyme 复合物催化 3-氨基-9-乙基咔唑（AEC）/H_2O_2 产生红色沉淀，沉积在 AuNPs 表面实现了纳米金信号增强（Cheng 等，2017）。除了最常见的比色信号，hemin/G4s-DNAzyme 还被应用于信号级联转导，主要为催化氧化产物介导的定时读数和化学发光驱动的光电化学系统。计时法通过 G4s-DNAzyme 催化氧化产生 poly-TMB 产物，改变 TMB 负载区的润湿性，使其由亲水性变为疏水性，从而延长红墨水溶液的流动时间，该时间变化与目标浓度呈现相关性。这种简单的计时法提供了一种低成本、便携且无需仪器的靶标检测方法。光电化学系统是基于 hemin/G4s-DNAzyme 催化鲁米诺/H_2O_2 体系产生化学发光，然后激发光活性材料产生电信号以实现靶标检测。该方法可实现 fmol/L 水平上的超灵敏检测。综上，基于 G4s 复合物的信号转导策略具有简单、易操作、灵敏、无需标记等诸多优点。目前，G4s-荧光团复合物尚未应用于纸基传感器。因此，未来的研究可在该类信号转导方法的进行深入探索和应用。

（2）基于 FNAs 的 FRET　当“供体”的发射光谱与“受体”的激发光谱存在重叠，且供体-受体对处于短距离（<10nmol/L）内时，就会发生 FRET 现象。基于 FNAs 的 FRET 方法可根据互补核酸的杂交/变性过程，和 DNAzyme 的切割反应来设计实现。在基于杂交的 FRET 方法中，通常将荧光分子-蛋白复合物和核酸检测探针混合包被在 T 线上，当检测探针与猝灭剂标记的互补核酸杂交后，即会发生 FRET 反应。作者团队基于适配体与互补链杂交诱导的量子点-金纳米星之间的 FRET 反应开发了高灵敏检测多重农药 LFA 方法（Cheng 等，2018）。其中，互补链的长度与荧光猝灭效果息息相关。基于 DNAzyme 切割的 FRET 反应主要源于 Li 的团队于 2003 年首创的一种新型 RNA 切割荧光 DNAzyme（RFD），该 DNAzyme 中底物链切割位点的两侧分别标记了荧光基团和猝灭基团。体系中无靶标时，探针处于荧光猝灭状态；当靶标存在时，酶链切割底物链，使得荧光恢复，荧光强度与靶标浓度呈正相关（Mei 等，2003）。基于该 RFD 探针，已经开发了用于快速检测大肠杆菌和肺炎克雷伯菌的纸基传感器。

20.3　POCT 领域中的应用进展

20.3.1　医疗诊断

生物体液（例如，血液、尿液、唾液和汗液）中各种生物标志物的快速检测对于疾病诊断和预后评估至关重要。常见的生物标志物可分为三种类型，包括生物小分子、蛋白质和核酸。生物小分子，如 ATP 和皮质醇，与体内的生理过程和功能密切相关，其通常基于适配体竞争反应模式进行检测。特别地，Zhu 等基于劈裂适配体建立一种新型的夹心法 LFA，用于快速和灵敏地测定 ATP 水平，并证实了该方法在加标尿液样本中的可行性（Zhu 等，2016）。蛋白质类酶、代谢相关蛋白、膜蛋白和细胞因子等蛋白质生物标志物是医学诊断的重要检测目标。它们的水平直接反映了人体的健康和疾病状况。蛋白质生物标志物通常具有多个表位，因此通常使用双重识别元件（如适配体对或适配体与其他识别元件的组合）基于夹心反应模式进行检测。例如，作者团队通过靶向 CD63 跨膜蛋白，开发了一种新型夹心法 LFA 用于外泌体检测（Cheng 等，2019）。该方法使用 CD63 适配体纳米花和胆固醇作为双重生物识别元件，以 Au@Pd 纳米花作为信号分子，使用手持式热敏检测器进行热信号测定，实现了外泌体的高灵敏检测，LOD 为 1.4×10^4 个/μL，灵敏度提高了 71 倍。虽然夹心法具有较高的准确性和灵敏度，但钩状效应的存在可能会对方法准确性和检测范围均产生影响。为了克服这个问题，研究者们设计了一种巧妙的 FNA-LFAs 方法，以凝血酶检测为例，他们在常规 LFA 试纸的 T 线和 C 线之间添加了一条额外的凝血酶线，在凝血酶浓度过低或过高的情况下，试纸条上均为 T 线弱、C 线强的信号，而凝血酶线却显示不同的信号

(低浓度时信号强，高浓度时信号弱)。基于此可对两种情况进行有效区分，避免假阴性结果，并将检测范围拓展到 1nmol/L ~100μmol/L。此外，许多其他蛋白质生物标志物，如 Vaspin、HER2、肌酸激酶 MB 和 ODAM，也已建立了相应的 FNA-LFAs 方法。此外，Mahmoud 等报道了一种光学多重检测策略，可以在同一条 T 线上对凝血酶和白细胞介素-6（IL-6）进行同时检测，该方法分别使用红色和绿色量子点标记作为信号探针，使用智能手机成像仪拍摄结果照片，通过分离彩色图片的 RGB 通道实现双重检测（Mahmoud 等，2021）。核酸类生物标志物的检测通常基于反义核酸-LFA 和 XNA-LFA，用于病毒识别和癌症诊断。由 SARS-CoV-2 病毒引起的疫病近年威胁世界各地的公共医疗系统和人类生命健康。因此，快速、准确的筛查对于控制其持续传播至关重要。Xiong 等开发了一种新型 CRISPR/Cas9 介导的 LFA，可以对 SARS-CoV-2 双基因进行同时检测，灵敏度可达 100 拷贝/25μL（Xiong 等，2021）。对于其他病毒，如人类免疫缺陷病毒 1 型（HIV-1）和人乳头瘤病毒（HPV），研究者们也已开发基于反义核酸的 LFA 以实现其快速检测。microRNA 是一类内源性非编码单链 RNA，是各种人类恶性肿瘤的诊断和预后指标。研究者们利用 FNA 的结构优势构建了基于 CHA 的 LFA 和结合 RCA 的 LFA 方法，用于 microRNA-21 快速灵敏地检测。为进一步提高检测准确性，LNA-LFA 和 PNA-LFA 也被陆续开发用于 microRNA 的测定。

20.3.2 食品安全控制

药物滥用和有害代谢物的产生均会导致严重的食品安全事故，对人类和环境健康产生不利影响。因此，开发快速、准确、高灵敏的现场检测方法对于食品安全监测具有重要意义。常见的食品安全风险因子包括兽药残留、农药残留、生物毒素和病原菌等。基于适配体竞争结合反应，一种蜂蜜、牛乳和乳粉中的卡那霉素快速检测的 LFA 方法被成功构建出来，结合“银增强金”策略，反应灵敏度大大提高。由于食品中风险因子通常以多重残留的方式存在，因此，作者团队设计了一种“三叉戟”型的 LFA 方法，用于多种农药的同时检测（Cheng 等，2018）。与利用 NC 膜空间分辨特性的方法不同，该方法集成了多条单重检测试纸条，有效避免了非特异性结合和交叉反应问题，有望成为一种快速、便携的多重 POCT 检测策略。

生物毒素是活细胞或生物体内产生的有害物质（小分子、肽或蛋白质），包括真菌毒素、植物毒素、细菌毒素和海洋毒素等。基于适配体的 LFA 能够完全满足生物毒素的检测要求。针对小分子毒素，研究者们设计了一种双重竞争 LFA，用于食品和饲料中 AFB1 的检测。该方法中 T 线和 C 线呈现相反的信号变化趋势，将 T/C 比值作为靶标的定量依据，有效提高了反应灵敏度。针对蛋白类毒素，例如，CT 毒素，研究者们以适配体和受体对可作为双重识别元件，使用脂质体进行信号转导，基于夹心反应模式，建立了快速检测 CT 毒素的 LFA 方法，该方法可在 20min 内完成，LOD 为 2ng/mL。羽扇豆中的β-凝集素是一种能够引起严重过敏反应的过敏原。Wu 等开发了一种超灵敏检测微量β-凝集素的 LFA 方法，该方法将 HRP 酶修饰在 Fe_3O_4@ Au 纳米颗粒上作为信号探针（Wu 等，2018），一方面，HRP 催化 TMB 产生蓝色物质进行信号放大；另一方面，将试纸条置于外部磁场环境中反应，有效降低了流速并增加了反应时间。

经过双重放大策略，该方法的 LOD 为 8fmol/L，灵敏度提高了 1000 倍。

大肠杆菌 O157：H7、沙门氏菌、单核细胞增生李斯特菌和金黄色葡萄球菌是导致大多数食源性疾病的主要病原菌。病原菌检测分为两种类型，直接检测病原菌细胞和检测病原菌基因组。病原菌细胞的检测通常使用适配体-LFA 方法。除了传统的夹心法 LFA 外，Tasbasi 等（Tasbasi 等，2019）开发了一种无标记 LFA，用于鸡肉中的单核细胞增生李斯特菌的检测。该方法基于适配体识别诱导结构转换，使得 TMB 分子从纳米孔中释放出来，迁移到试纸条上包被 HRP 的检测区域，通过氧化反应产生蓝色信号进行检测。该方法可在 5min 内完成检测，LOD 为 53 个细胞/mL。此外，研究者们还开发了一种结合磁珠富集和 SDA 扩增的方法，并成功应用于沙门氏菌、大肠杆菌 O157：H7 和副溶血性弧菌的灵敏检测，其 LOD 低于 10CFU/mL。在病原菌基因组检测中，Mukama 等（Mukama 等，2020）提出了一种结合 LAMP 扩增与 CRISPR/Cas12 识别的 LFA，用于铜绿假单胞菌的快速检测。crRNA/Cas 12 复合物识别靶标扩增子，触发反式切割活性，将体系中生物素修饰的 ssDNA 探针切断，使其无法通过互补杂交捕获到试纸条上，T 线信号强度与靶标浓度呈负相关。该方法不需要传统的 DNA 提取/纯化步骤和精密设备，即可检测低至单克隆的基因拷贝，具有较高的灵敏度。

20.3.3 环境卫生监测

环境污染会导致生态环境恶化，直接或间接危害人类健康。本节重点讨论重金属离子和内分泌干扰物（EDC）的监测。重金属离子，尤其是 Pb^{2+} 和 Hg^{2+}，是不可生物降解的剧毒物质。基于 RNA 切割 DNAzyme 的 LFA 方法已广泛用于 Pb^{2+} 的检测。此外，文献报道 Pb^{2+} 能够促进富 G 序列构象变化形成 G4 结构。因此，Wang 等构建了一种基于富 G 序列检测 Pb^{2+} 的 LFA 方法，无靶标时，富 G 序列可被 T 线探针捕获（Wang 等，2018）；当靶标存在时，富 G 序列形成 G4 结构不被 T 线捕获，T 线信号强度随靶标浓度的增加而减弱，通过比色卡对比可进行半定量分析。Hg^{2+} 检测基于 T-Hg^{2+}-T 碱基错配原理，由于 FNA 具有刺激响应性和序列可编程性，研究者设计了碱基错配触发扩增反应或竞争反应的 LFA 方法用于 Hg^{2+} 的灵敏检测。

EDC 是具有雌激素活性的天然或合成的外源性化合物，它们可以分子水平上模拟天然激素的作用，影响内分泌并严重破坏生殖系统等。当暴露在高浓度的 EDC 中，例如，雌二醇、BPA 和黄体酮（P4），会引发人体的各种健康问题。鉴于此，Alsager 的团队分别利用经典的纳米金吸附-解吸实验（Alsager 等，2017）和靶标识别诱导的双链撬开反应（Alnajrani 等，2019）构建了两种基于适配体的通用 LFA 方法，用于水样中 E2、BPA 和 P4 快速检测。该方法简单易行，同时具有较高的灵敏度。

20.4 总结与展望

FNAs 不仅在靶标识别中具有高亲和力和特异性，同时还表现出特殊的结构性质，例如，刺激响应性、序列可编程性、结构可裁剪性和易于修饰等性质。当应用到 LFA 方法构建时，FNAs 在 LFA 的全流程中（从样品前处理到信号转导）均表现出多种功能，有效提高了方法检测性能。现有的 FNA-LFAs 方法已广泛应用于 POCT 领域，如医学诊断、食品安全控制、环境卫生监测等，极大地推动了分析技术和跨学科研究的发展。FNA-LFAs 在科学研究和商业应用中都具有良好的发展前景。以下几点为未来可能深入研究的方向。

①FNA（适配体和 DNAzyme）筛选效率有待提高，未来的研究工作应侧重于开发更高效的结合序列分离方法、实时监控筛选进程的策略和自动筛选设备。

②功能核酸裁剪能够改善母本序列的性能，赋予其特殊功能，例如，劈裂适配体夹心法检测小分子物质。未来应利用剪裁策略开发 FNAs 的新特性以构建高性能的 LFA。

③不同识别元件具有不同的优势，例如，适配体和抗体的结合改善了靶标识别特异性和反应动力学，有效增强了 LFA 性能。因此，未来可探索 FNAs 与其他识别元件（如受体、分子印迹聚合物等）相结合，实现优势互补，以开发高性能 FNA-LFAs。

④在现有的研究中，FNA-LFAs 在实际样品检测中的可行性已得到初步验证。然而，距离 FNA-LFAs 商业化还有很长一段路要走。高效的样品前处理方法能减少基质效应对于下游 LFA 检测的不利影响。此外，对 FNA 进行工程化改造有望增加其在靶标识别过程中的抗干扰能力。

⑤发光 FNA，如发光适配体/荧光团复合物、G4/荧光团复合物、核酸模板化的贵金属纳米簇、Ru^{2+}与多吡啶基配体复合物等，均具有良好的生物相容性和特异性荧光。未来的研究可将发光核酸应用到 FNA-LFAs 中，用于靶标识别和信号转导。

⑥高通量检测是 FNA-LFAs 发展的主流趋势。除了多条带模式，未来还需要开发更强大的检测模式，同时开发相应的多通道和便携式读数设备。

参考文献

Alnajrani MN, Alsager OA, Lateral flow aptasensor for progesterone: competitive target recognition and displacement of short complementary sequences [J]. Anal Biochem, 2019, 587: 113461.

Alsager OA, Kumar S, Hodgkiss JM, Lateral flow aptasensor for small molecule targets exploiting adsorption and desorption interactions on gold nanoparticles [J]. Anal Chem, 2017, 89 (14): 7416-7424.

Cheng N, Shang Y, Xu YC, et al. On-site detection of stacked genetically modified soybean based on event specific TM-LAMP and a DNAzyme-lateral flow biosensor [J]. Biosens Bioelectron, 2017, 91: 408-416.

Cheng N, Song Y, Fu QQ, et al. Aptasensor based on fluorophore-quencher nano-pair and smartphone spectrum reader for on-site quantification of multi-pesticides [J]. Biosens Bioelectron, 2018, 117: 75-83.

Cheng N, Song Y, Shi QR, et al. Au@ Pd nanopopcorn and aptamer nanoflower assisted lateral flow strip for thermal detection of exosomes [J]. Anal Chem, 2019, 91 (21): 13986-13993.

Cheng N, Xu YC, Huang KL, et al. One-step competitive lateral flow biosensor running on an independent quantification system for smart phones based in-situ detection of trace Hg (Ⅱ) in tap water [J]. Food Chem, 2017, 214: 169-175.

Cheng N, Xu YC, Luo YB, et al. Specific and relative detection of urinary microRNA signatures in bladder cancer for point-of-care diagnostics [J]. Chem Commun, 2017, 53 (30): 4222-4225.

Cheong J, Yu H, Lee CY, et al. Fast detection of SARS-CoV-2 RNA via the integration of plasmonic thermocycling and fluorescence detection in a portable device [J]. Nat Biomed Eng, 2020, 4 (12): 1159-1167.

Choi JR, Hu J, Tang RH, et al. An integrated paper-based sample-to-answer biosensor for nucleic acid testing at the point of care [J]. Lab Chip, 2016, 16 (3): 611-621.

Gao W, Tian JJ, Huang KL, et al. Ultrafast, universal and visual screening of dual genetically modified elements based on dual super PCR and a lateral flow biosensor [J]. Food Chem, 2019, 279: 246-251.

Javani A, Javadi-Zarnaghi F, Rasaee MJ, Development of a colorimetric nucleic acid-based lateral flow assay with non-biotinylated capture DNA [J]. Appl Biol Chem, 2017, 60 (6): 637-645.

Liu J, Zeng JY, Tian YP, et al. An aptamer and functionalized nanoparticle-based strip biosensor for on-site detection of kanamycin in food samples [J]. Analyst, 2018, 143 (1): 182-189.

Mahmoud M, Ruppert C, Rentschler S, et al. Combining aptamers and antibodies: lateral flow quantification for thrombin and interleukin-6 with smartphone readout [J]. Sensor Actuat B-Chem, 2021, 333: 129246.

Mei SHJ, Liu ZJ, Brennan JD, et al. An efficient RNA-cleaving DNA enzyme that synchronizes catalysis with fluorescence signaling [J]. J Am Chem Soc, 2003, 125 (2): 412-420.

Mukama O, Wu JH, Li ZY, et al. An ultrasensitive and specific point-of-care CRISPR/Cas12 based lateral flow biosensor for the rapid detection of nucleic acids [J]. Biosens Bioelectron, 2020, 159: 112143.

Özalp VC, Cam D, Hernandez FJ, et al. Small molecule detection by lateral flow strips via aptamer-gated silica nanoprobes [J]. Analyst, 2016, 141 (8): 2595-2599.

Ranganathan V, Srinivasan S, Singh A, et al. An aptamer-based colorimetric lateral flow assay for the detection of human epidermal growth factor receptor 2 (HER2) [J]. Anal Biochem, 2020, 588: 113471.

Rastogi SK, Gibson CM, Branen JR, et al. DNA detection on lateral flow test strips: enhanced signal sensitivity using LNA-conjugated gold nanoparticles [J]. Chem Commun, 2012, 48 (62): 7714-7716.

Shim WB, Kim MJ, Mun H, et al. An aptamer-based dipstick assay for the rapid and simple detection of aflatoxin B1 [J]. Biosens Bioelectron, 2014, 62: 288-294.

Srisomwat C, Yakoh A, Chuaypen N, et al. Amplification-free DNA sensor for the one-step detection of the hepatitis B virus using an automated paper-based lateral flow electrochemical device [J]. Anal Chem, 2021, 93 (5): 2879-2887.

Tasbasi BB, Guner BC, Sudagidan M, et al. Label-free lateral flow assay for listeria monocytogenes by aptamer-gated release of signal molecules [J]. Anal Biochem, 2019, 587.

Wang D, Ge CC, Lv KP, et al. A simple lateral flow biosensor for rapid detection of lead (Ⅱ) ions based on G-quadruplex structure-switching [J]. Chem Commun, 2018, 54 (97): 13718-13721.

Wang D, Ge CC, Wang L, et al. A simple lateral flow biosensor for the rapid detection of copper (Ⅱ) ions based on click chemistry [J]. Rsc Adv, 2015, 5 (92): 75722-75727.

Wang HB, Ma LH, Fang BY, et al. Graphene oxide-assisted Au nanoparticle strip biosensor based on GR-5 DNAzyme for rapid lead ion detection [J]. Colloid Surface B, 2018, 169: 305-312.

Wang WJ, Nie AX, Lu ZC, et al. Catalytic hairpin assembly-assisted lateral flow assay for visual determination of microRNA-21 using gold nanoparticles [J]. Microchim Acta, 2019, 186 (9): 661.

Wang XS, Xiong EH, Tian T, et al. Clustered regularly interspaced short palindromic repeats/Cas9-mediated lateral flow nucleic acid assay [J]. ACS Nano, 2020, 14 (2): 2497-2508.

Wang YL, Wang LM, Xue JJ, et al. Signal-amplified lateral flow test strip for visual detection of Cu^{2+} [J]. PloS One, 2017, 12 (1): e0169345.

Wang YL, Wang LM, Zhang CZ, et al. A lateral flow assay for copper (Ⅱ) utilizing catalytic and stem-loop based signal amplification [J]. Microchim Acta, 2019, 186 (2): 82.

Wu ZZ, He DY, Xu EB, et al. Rapid detection of β-conglutin with a novel lateral flow aptasensor assisted by immunomagnetic enrichment and enzyme signal amplification [J]. Food Chem, 2018, 269: 375-379.

Xiong E, Jiang L, Tian TA, et al. Simultaneous dual-gene diagnosis of SARS-CoV-2 based on CRISPR/Cas9-mediated lateral flow assay [J]. Angew Chem Int Edit, 2021, 60 (10): 5307-5315.

Xu WT, Cheng N, Huang KL, et al. Accurate and easy-to-use assessment of contiguous DNA methylation sites based on proportion competitive quantitative-PCR and lateral flow nucleic acid biosensor [J]. Biosens Bioelectron, 2016, 80: 654-660.

Xu WT, He WC, Du ZH, et al. Functional nucleic acid nanomaterials: development, properties, and applications [J]. Angew Chem Int Edit, 2021, 60 (13): 6890-6918.

Xu YC, Wei YJ, Cheng N, et al. Nucleic acid biosensor synthesis of an all-in-one universal blocking linker recombinase polymerase amplification with a peptide nucleic acid-based lateral flow device for ultrasensitive detection of food pathogens [J]. Anal Chem, 2018, 90 (1): 708-715.

Zhang YZ, Zhu LJ, Tian JJ, et al. Smart and functionalized development of nucleic acid-based hydrogels: Assembly strategies, recent advances, and challenges [J]. Adv Sci, 2021, 8 (14): 2100216.

Zhu C, Zhang G, Huang Y, et al. Dual-competitive lateral flow aptasensor for detection of aflatoxin B_1 in food and feedstuffs [J]. J Hazard Mater, 2018, 344: 249-257.

Zhu C, Zhao Y, Yan MM, et al. A sandwich dipstick assay for ATP detection based on split aptamer fragments [J]. Anal Bioanal Chem, 2016, 408 (15): 4151-4158.

21

功能核酸细胞体系生物传感器

基于合成生物学理念构建的新型功能核酸细胞体系生物传感器完美体现了功能核酸的内涵本质与外延应用。功能核酸不仅携带遗传信息和合成蛋白质，还能实现分子识别及生物传感。作为生物传感器的创新分支，具备“开关”“阻遏”“编码”“翻译”的功能核酸结合细胞体系生物传感器能够感知外界环境的待测物质，并按照一定规律将其转换成特定的信号输出，在环境监测与食品安全、医疗诊断与监护等领域的检测应用中显现出巨大的应用潜力。本章首先结合传统细胞生物传感器提出新型功能核酸细胞体系生物传感器的概念。其次围绕合成生物学对功能核酸细胞体系生物传感器功能元件的挖掘、基因模块的构建、基因电路的组装进行详细阐述。最后对功能核酸细胞体系生物传感器结合纳米材料、DNA 信息存储、无细胞传感技术的未来应用及发展方向进行系统介绍。

21.1 概述

合成生物学是一门贯彻工程学设计理念构建具有不同功能生物体系的新型学科。作为其中一个分支，合成生物学传感技术将所需生物元件标准化，以基因回路的形式精简准确地组装集合，从而创建出具备传感功能的生物体系。目前，利用合成生物学传感技术构建的细胞体系生物传感器主要包括两种，分别为全细胞生物传感器和无细胞生物传感器（图 21.1）。全细胞生物传感器以微生物细胞和动植物细胞作为感受载体，可以感知各种外界刺激，并在物理、生理或基因转录过程中通过能量转导做出反应。在细胞破裂后，细胞提取物系统仍旧支持生物传感体系的运行，这种无细胞生物传感器为基于细胞系统的生物传感器的发展提供了新颖的视角（Silverman 等，2020）。这类生物传感体系的内核在于合成生物学基因回路上表达的感应元件与报告元件相互作用，将外界刺激收集后转化成可识别的光、电信号的检测装置（刘洋儿等，2019）。用于构建基因回路的元件虽然采用的是具备各种功能化的蛋白元件，如转录调节因子、荧光蛋白等，但其本质上表达的是功能化的核酸基因片段。将功能核酸按照合成生物学“图纸”进行串联和组装就形成了功能核酸细胞体系生物传感器。因其构建精巧、操作简单、成本低廉，已在食品检测、环境监测、医疗诊断等领域具有独特的优势（Wang 等，2017）。

随着功能核酸的深入研究，研究人员发现除了能够编译蛋白质或酶的核酸外，传统被大众解析为不编码蛋白质无意义的“垃圾”基因也在传感技术上扮演了不同的角色。例如，细胞中的 miRNA、核糖开关都是非编码“垃圾”基因合成的，它们参与到信号传导、功能调节与代谢调控等众多生物学过程中。经过筛选、优化和修饰后，具备优良特异性和稳定性的功能核酸逐渐作为传感元件用于构建细胞体系生物传感器。已有研究表明，功能核酸不仅能够嵌合在基因回路上作为感应元件识别小分子物质，还可以结合有机染料作为报告元件实现信号传导（Nguyen 等，2021）（图 21.1）。因此，功能核酸细胞体系生物传感器被重新定义，传感元件不仅包括间接编码识别、报告蛋白的基因片段，还包括了非编码具备功能化直接参与调控的核酸片段。现今的功能核酸序列较短（20~100nt），具有配体结合和酶促活性特定功能（包括适配体、核酶、G-四链体等），用于传感技术中无需蛋白翻译（Zhan 等，2016）。因此，以功能核酸作为传感元件构建的细胞生物传感器不仅具备传统细胞生物传感器的优势，还可以缩短时间实现快速的信号识别、传递和报告，解除细胞生物传感器的限制，扩大应用场景（Sande 等，2021）。

本章结合合成生物学，围绕功能核酸细胞体系生物传感器功能元件的挖掘、基因模块的构建、基因电路的组装进行详细阐述，同时对功能核酸细胞体系生物传感器结合纳米材料、DNA 信息存储、无细胞传感技术的未来应用及发展方向进行系统介绍。

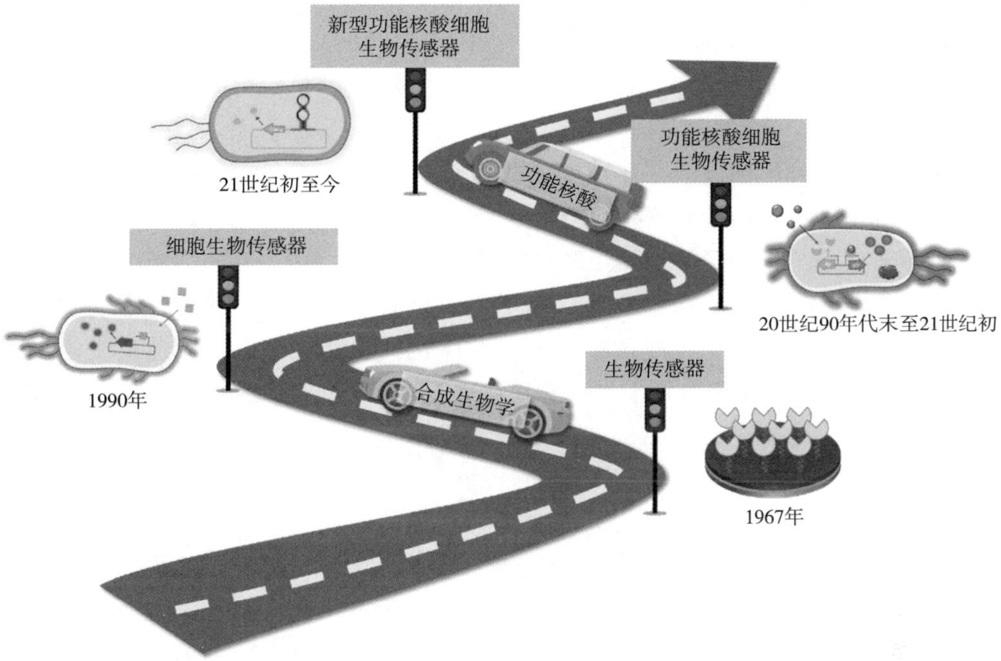

图 21.1　生物传感器的研究进展

1967 年研制出世界上第一个葡萄糖氧化酶电极，用于定量检测血清中葡萄糖含量。随着合成生物学的高速发展，1990 年利用合成生物学传感技术构建了细胞体系生物传感器。20 世纪 90 年代末至 21 世纪初，功能核酸编码的蛋白元件广泛应用于细胞生物传感器的构建。随着功能核酸的研究深入，具备“开关”“阻遏”“编码”“翻译”作用的核酸元件开始直接应用于新型功能核酸细胞生物传感器。

21.2　功能元件的挖掘

感应元件和报告元件是功能核酸细胞体系生物传感器的基本组成部分。感应元件可将待测物理信号或化学信号强度按一定规律转换成另一种能量形式；报告元件可接收感应元件的转换能量，并以人类便于测量的信号进行输出。长期以来，生物学家一直将蛋白质作为实现大多数细胞功能的主要分子。转录因子、荧光蛋白、萤光素酶等是构建细胞体系生物传感器常用分子砖。近几年发现，除了功能化蛋白质，功能核酸同样能够参与元件的设计并用于细胞体系生物传感器的构建。

21.2.1　感应元件

21.2.1.1　转录因子

转录因子调控结构是目前研究与应用最为广泛的基因回路传感元件，主要由转录因子（transcription factors）和含转录因子结合位点（transcription factor binding site，TFBS）的启动子构成（杨璐等，2021）。转录因子作为一种蛋白质，具有两个功能域用于靶标物质的识别及捕获：配体结合域（ligand-binding domain，LBD）为传感元件的信号接收模块，决定了配体的特异性与多样性，与操作范围密切相关，DNA 结合域（DNA-binding domain，DBD）为信号转换模块，可与转录因子结合位点的碱基对非共价作用进行特异性识别（De Paepe 等，2017；杨璐等，2021）。转录因子结合位点是一段特殊的具有功能化的 DNA 序列，通常具有对称性，多存在直接重复和回文序列。将转录因子结合位点插入到启动子序列的不同位置并本底表达转录因子是最常见的依赖于转录因子的全细胞生物传感器构建策略（杨璐等，2021）。目前已陆续成功开发了重金属、抗生素、小分子物质等依赖于转录因子调控结构的细胞体系生物传感器。

转录因子与含转录因子结合位点启动子均由核酸编码。为了获得稳定性和结合性更好的转录因子调控结构，经过预测、筛选及优化，功能核酸可以表达出更加多元化的感应元件。Guo 等在研究合理设计检测重金属基因回路的策略中，采用热力学模型设计了一系列用于转录因子调控结构的组成型启动子（Guo 等，2019）。在这项研究中，一系列组成型启动子用于表达 MerR 家族的转录因子。通过分析胞内转录因子的表达水平与重金属生物传感器线性之间的关系，得到一种抛物线基因回路设计策略。这种基于功能核酸-转录因子的设计策略能够作为最佳金属检测基因回路的指南，用于设计具有特定金属检测特性的生物传感器。除此之外，依托于功能核酸、大数据和基因工程手段，设计模拟天然转录因子的结构，或者利用天然转录因子结构的不同组合，可创造出天然不存在的转录因子（杨璐等，2021）。Tungtur 等率先尝试整合了 LacI 的 DNA 结合域和 PurR 的配体结合域，开启了人工转录因子构建的进程。虽然结构域重组不会改变独立域的功能，但两个结构在连接序列上的相互作用复杂，仍是研究者需要攻克的一大难点（Tungtur 等，2007）。

21.2.1.2 核糖开关

尽管细胞体系生物传感器的感应元件设计已经取得了实质性进展，但功能性蛋白的从头设计仍然存在困难（Ng 等，2019）。这意味着要开发的细胞体系生物传感器取决于可用的蛋白质元素，而合成生物学自上而下的设计难以实施（Langan 等，2019；Ng 等，2019）。功能核酸-核糖开关的出现解决了感应元件设计的瓶颈。

天然核糖开关是一类主要存在于细菌 mRNA 的 5′非编码区（5′ UTR）的顺式调节元件，它通过响应某些代谢产物产生构象变化改变下游基因的 ON/OFF 状态来调节各种代谢和信号传导途径。通常核糖开关由适配体和表达平台（expression platform）两个功能域组成：适配体域可特异性识别配体，进而诱发表达平台的别构作用通过转录起止、翻译起止和 mRNA 自剪切等机制控制基因的表达（杨璐等，2021）。核糖开关的这种属性也逐步被应用于生物传感器的构建中，特别是它的活性不依赖于其他蛋白，减少脱靶效应同时能够更好的实现物种跨越（Ma 等，2014）。利用天然核糖开关构建的传感器已经能够成功响应酶辅因子、氨基酸、核苷酸和金属离子（Berens 等，2015；Cromie 等，2006；Ma 等，2014；Thavarajah 等，2020；Wang 等，2021）。

然而，研究过程中逐步发现大多数天然的核糖开关可移植性弱，因此，人们开始对核糖开关的序列进行合成、筛选、精简、优化及修饰，应用到不同的宿主中进行基因调控。作为功能核酸的一种，合成的核糖开关理论上能够使用 SELEX 技术进行筛选。

然而在实际操作中，传统的 SELEX 技术更适合筛选适配体，想要在丰富的文库中找到具有核糖开关特性的核酸片段可能性极低，不得不增大工作量进行大规模的筛选工作（Groher 等，2018）。为了克服筛选合成核糖开关遇到的困境，Boussebayle 等（Boussebayle 等，2019）使用 Capture-SELEX 的技术，加快合成核糖开关的开发。该策略将文库固定于链霉亲和素磁珠上，与溶液中游离的靶标结合后发生构象变化从载体上脱落，因此只有结构转换的序列从磁珠上洗脱下来。这种方式提高了开发合成核糖开关的速度和效率，成功筛选到响应巴龙霉素的核糖开关，并将其用于细胞体系生物传感器的 NOR 逻辑门构建当中，实现对巴龙霉素和新霉素的双重响应。除此之外，细胞体系还为核糖开关的筛选提供了条件。前文提到的 Capture-SELEX 就是先在体外筛选之后，再将序列连接到红色荧光蛋白质粒载体上，并转化到大肠杆菌细胞内进行体内筛选，最终获得具有显著信号响应的核糖开关（Boussebayle 等，2019）。

相比于转录因子调控机制，核糖开关只由非编码 RNA 调控，不依赖于蛋白质，调控机制简单，不仅能够作为条件基因表达控制或合成遗传回路设计的工具，而且能够作为无创实时检测的生物技术应用的工具，有非常大的应用潜力。

21.2.1.3 toehold 开关

近几年，功能化的 toehold 开关也作为生物识别元件参与到基因回路的构建中。toehold 开关是模仿 mRNA 的合成 RNA，其工作是将信息从 DNA 传递到蛋白质合成机制。它们包含特定“输入”RNA 形式的特定刺激的识别序列（toehold），以及蛋白质合成机制（核糖体）需要结合以启动融合蛋白质编码序列到其编码蛋白质产物的翻译的识别序列。在没有“输入”RNA 的情况下，toehold 开关通过形成一个发夹结构来保持其 OFF 状态，该发夹结构使用部分“输入”识别序列和核糖体识别序列，而核糖体识别序列是不可访问的。当刺激性“输入”RNA 与 toehold 结合并诱导发夹结构打开时，toehold 开关被打开，使核糖体能够访问其识别序列以开始下游编码蛋白的合成。

toehold 开关是高度正交的，可以组合部署，以调节具有高特异性的合成基因网络中的不同步骤。或者，在功能强大的“核糖计算设备”中序列化 toehold 开关变体，可以对具有多个感应和禁止刺激的复杂环境进行逻辑计算，并在生物学相关条件下产生蛋白质。这种具有特殊功能的核酸片段，可设计成 toehold 开关传感器以结合识别几乎任何 RNA 序列。Wyss 研究所的研究人员将 toehold 开关构建成合成基因电路，这些基因电路在不同的材料（如纸张）上起作用，以准确、灵敏检测病原体作为廉价、快速和简单的诊断工具或在资源匮乏的环境中产生有价值的分子。活跃于合成生物学届的 James J. Collins 开始尝试无细胞体系生物传感器与 toehold 开关结合。2018 年，该团队提出了一个合成生物学平台——用于在纸基无细胞反应中使用 toehold 开关传感器对微生物组样品进行经济实惠、按需和简单的分析（Takahashi 等，2018）。传感器能够对 10 种影响人类健康的不同细菌和 4 种临床相关宿主生物标志物的 mRNA 特异性检测，建立了实现快速和廉价检测的新平台。之后该团队用深度神经网络来预测合成生物学的 toehold 开关，通过体内合成并表征了 23 个病毒基因组和 906 个人类转录因子的 91534 个 toehold 开关的数据集，预测 toehold 开关作为合成生物学中的经典 RNA 开关模型的功能（Angenent-Mari 等，2020）。前期的这些研究成果最后融合到细胞体系生物传感器的实际应用中，在 2021 年开发出基于 toehold 开关和无细胞体系基因回路的可穿戴设备。例如，能够检测液体中埃博拉病毒 RNA 的穿戴手环，以及检测茶碱的穿戴护腕（Nguyen 等，2021）。

21.2.2 报告元件

21.2.2.1 荧光蛋白

荧光蛋白是细胞体系生物传感器最常用的报告元件，它一般由单个基因表达，不需要任何底物也能产生稳定的荧光。除此之外，其表达和荧光强度基本不受底盘细胞代谢的影响，逐渐成为最理想的微生物传感器报告元件。现阶段，90%以上的合成生物学微生物传感器使用荧光蛋白作为报告元件。目前已发现的荧光蛋白种类繁多，按其荧光颜色可以分为深蓝色荧光蛋白、蓝色荧光蛋白、青色荧光蛋白、绿色荧光蛋白、黄色荧光蛋白、橙色荧光蛋白、红色荧光蛋白、深红色荧光蛋白和近红外荧光蛋白（Truong 等，2019）。在荧光蛋白的选择方面，细胞体系生物传感器的设计者需要考虑如下因素：第一，荧光蛋白在底盘细胞中能够有效并成熟表达，并且能提供足够强度的荧光信号；第二，荧光蛋白在检测过程中要保持光稳定性；第三，荧光蛋白对底盘细胞应是没有毒性的；第四，荧光蛋白应该对检测体系的环境因素不敏感。为了打消一部分顾虑，扩大荧光蛋白的可选库，提高荧光蛋白的光稳定性，研究人员开始对荧光蛋白进行设计和优化。Lam 等通过对 GFP 和 mRuby 发色团附近进行突变，顺利获得光稳定性更强的 Clover 和 mRuby2（Lam 等，2012）。像这种重新编码新的荧光蛋白的核酸片段也是功能核酸的一种。

21.2.2.2 荧光核酸

功能核酸中结合并开启各种小分子荧光团的几种 RNA 荧光适配体可用作细胞体系生物传感器的报告元件。荧光功能核酸是一种核酸或核酸复合物，通过与非核配体（通常是小分子或金属离子/偶联物）的共价修饰或非共价相互作用而获得荧光特性。根据核酸的特性将荧光功能核酸分为 8 种类型：①荧光核苷酸碱基类似物和修饰核苷酸碱基（碱基自发荧光）；②碱基位点（AP 位点）结合分子基荧光功能核酸（核酸序列中的 AP 位点与小分子结合后发出荧光）；③选择性发光适配体-荧光团复合物（特定核酸序列与配体结合以发出荧光）；④相容 G4-荧光团配合物（富 G 序列与配体结合形成 G 四链配体配合物以形成荧光）；⑤核酸模板化贵金属纳米簇（金属离子使用核酸作为模板形成 DNA-纳米簇以发出荧光）；⑥Ru^{2+}与聚吡啶配体（Ru 聚吡啶配合物相互作用，核酸发出荧光）；⑦DNA 敏化镧系元素（与核苷酸或核酸链相互作用以发出荧光）；⑧传统荧光功能核酸（核酸序列嵌入荧光染料或标记的荧光团以发出荧光）（Wang 等，2021）。

荧光功能核酸已成功用于无细胞体系生物传感器。无细胞体系提供了类似于体内的功能环境，但复杂性显著降低。在提取物制备过程中，细胞内源性的 DNA 和 mRNA

被消除，因此可以单独操作感兴趣的转录-翻译电路，而不会受到细胞宿主的干扰（Siegal-Gaskins 等，2014）。与荧光蛋白相比，荧光功能核酸具有快速、成熟、廉价和对光漂白抵抗力大的优势（Siegal-Gaskins 等，2014）。荧光 RNA 水平输出可以简化生物传感反应，从而产生比必须在更复杂的反应环境中翻译的蛋白质水平输出更快的信号。Jung 等使用 3WJdB 西蓝花适配体作为基因回路的报告元件用以快速检测水源中的污染物，发现其在几分钟内就能够产生与相同浓度的荧光素相当的荧光信号（Jung 等，2020）。Thavarajah 等也证明了报告元件 3WJdB 西蓝花适配体加速了传感器的响应（Thavarajah 等，2020）。在他们的测试中，3WJdB 在 30℃ 下于 12min 内就能产生可在背景上检测到的信号，是 sfGFP 所能达到的速度的两倍多。不仅如此，许多核糖开关与荧光功能核酸报告基因兼容，这对于构建完全核酸的细胞体系生物传感器而言是一个信号，预示着合成生物学生物传感器能够实现摆脱蛋白翻译带来的落后时效性。

21.2.2.3　气体报告元件

荧光蛋白作为光学报告元件，广泛用于细胞体系生物传感器。然而，这些光学报告元件在土壤、牛乳、污水等不透明介质的实地使用中受到限制。气体报告元件是细胞体系生物传感器的替代报告系统，与视觉报告元件不同，气体报告元件能够对不透明材料中的目标进行无损监测，因为气体可以自动从材料中逸出（Liu 等，2019）。气体报告元件已成功应用于监测土壤中革兰氏阴性细菌的群体感应（Cheng 等，2018）。功能核酸在执行普通的“翻译”职责的过程中，还能够通过修饰基因序列“编码”出适合跨物种的核酸片段。Liu 等选择改造后的功能核酸乙烯形成酶（*efe*）基因作为细胞体系生物传感器的报告元件，结合 MerR 家族识别元件，通过分解底物产生可被手持仪器检测的乙烯信号来识别 Hg^{2+} 污染（Liu 等，2020）。这种报告方式的获得途径简单，还能够依附于小型便携式仪器设备在采样现场实时检测，大大节约了时间和检测成本（图 21.2）。

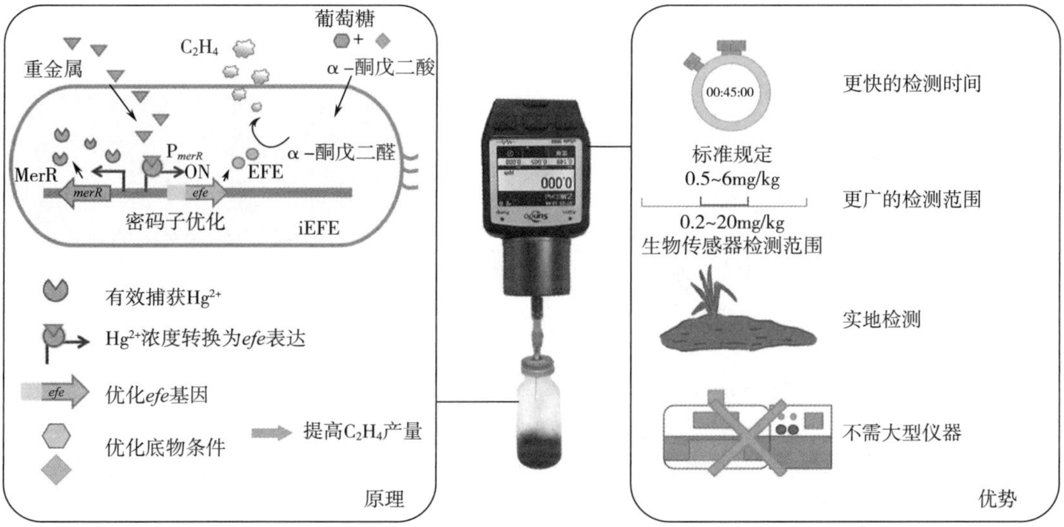

图 21.2　气体报告全细胞微生物生物传感器系统用于快速现场检测土壤中的汞污染

在合成生物学领域，功能核酸作为一种新颖的合成元件，能够调节基因表达，靶标识别以及信号报告（图 21.3）。序列、结构和功能之间表征良好的关系显著影响了功能核酸分子与代谢物和其他核酸的相互作用，使这种合成元件成为驱动可编程功能的可塑性和有吸引力的选择（Schmidt 等，2019）。SELEX 方法的发展可以快速筛选对任何特定靶物质具有高亲和力和强特异性的适配体，并且在核酸定制的帮助下（Schmidt 等，2019），这些适配体可以转化为转录调节因子结构、合成核糖开关、toehold 开关、变构荧光蛋白、荧光功能核酸、优化气体报告元件，充当起细胞体系生物传感器的设计元件（Alam 等，2017；Boussebayle 等，2019；Neubacher 等，2019；Truong 等，2019）。这些具备“开关”“阻遏”“编码”“翻译”的功能核酸元件，在细胞体系生物传感器中显示出快速调控基因表达的能力，并已成为构建基因回路的首选元素（Guo 等，2021）[图 21.3（a）]。

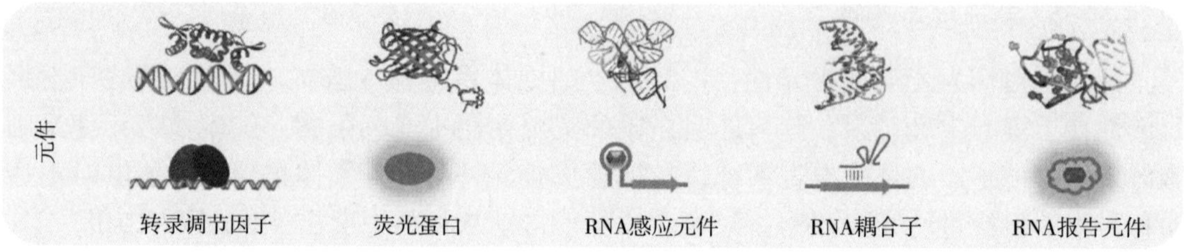

（a）

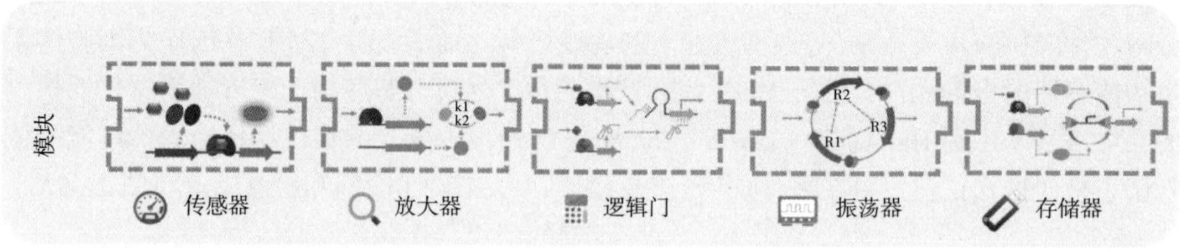

（b）

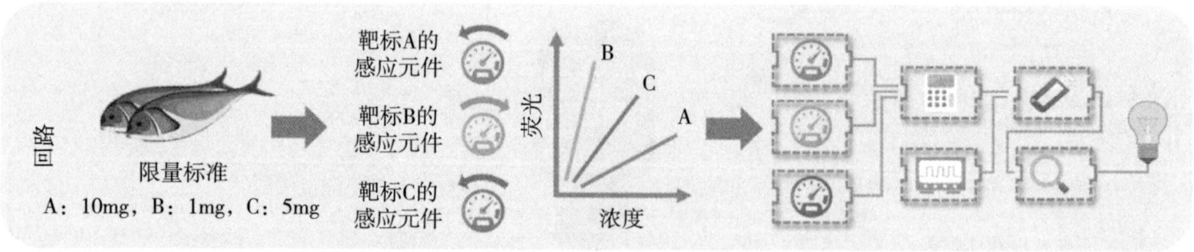

（c）

图 21.3 功能核酸在合成生物学领域对细胞体系生物传感器的贡献

（a）在遗传元件水平上，合成生物学提供了可编程的功能 RNA 元件，作为执行信号传感、计算和报告功能的传统蛋白质元件的替代品 （b）在遗传模块水平上，合成生物学构建了各种即插即用的电子启发的遗传模块。每个“电池形状”图代表一个遗传模块。传感器模块感应目标物质的浓度，放大器模块放大信号，逻辑门模块完成不同信号的逻辑计算和整合，振荡器模块产生周期性节奏信号，内存模块存储测定结果 （c）在遗传电路水平上，合成生物学回答了如何调节传感元件的检测阈值以及如何避免信号流短路的问题

21.3 基因模块的构建

利用转录因子、核糖开关、启动子等遗传元件构建单线程基因回路已得到广泛应用。然而，细胞需要感知各种各样的环境信号，信号的单一输入输出难以用于复杂条件的准确识别表达，需要进行组合处理以产生更为复杂的逻辑转换。在这种情况下，功能元件的模块化构建是一种更有效和智能的方法。

21.3.1 基因回路模块规范化

合成生物学的一大愿景是实现基因元件的即插即用，即通过对基因元件的排列组合实现复杂的网络调控。传统的模块化主要是指元件模块化，即对启动子、编码序列、终止子等功能序列定义其边界，将它们独立出来。除了在元件设计过程中的模块化，更高层次的功能回路模块化方案最近备受关注。功能回路模块化将功能回路看作一个功能单元，通过合理的设计使每一个实现特定功能回路的输入输出水平在插入到基因回路中不受外部参数影响而发生变化（Grunberg 等，2020）。控制理论中反馈控制和非协同前馈环（incoherent feedforward loop，iFFL）为功能模块化提供了思路（Mangan 等，2003），通过在原先的功能模块中加入一个控制器执行反馈调节功能或与原先模块组成一个非协同前馈环，实现复杂基因回路同时还能规避传统构建时会遇到的回溯效力。Du 等通过构建并比较了铅汞检测电路的三种基本模型，即反馈耦合模型、非耦合模型和半耦合模型，以探讨解耦传感电路拓扑对报告信号的影响（Du 等，2019）。研究结果表明，非耦合模型对铅（50nmol/L）和汞（1nmol/L）的灵敏度更高，而反馈耦合电路对汞的检测范围更广（10nmol/L～7.5μmol/L）（图 21.4）。这也从侧面反映出反馈控制对于功能模块化的意义。

21.3.2 基因回路模块组合化

另一种完善功能模块化的思路在于利用工程化思维、模块化组装设计不同的基因回路模型。在合成生物学领域，基本的功能核酸元件已被应用于受电子启发的遗传模块的合成构建，包括信号放大器（Tan 等，2020；Zeng 等，2018）、逻辑门（Bordoy 等，2019；Lee 等，2018）、振荡器（Potvin-Trottier 等，2016）、存储器（Yang 等，2014）等。以逻辑门为例，目前在细胞体系生物传感器中已成功构建了 OR、AND、NOT、XOR、NAND、NOR 等逻辑门的基因回路。OR/XOR 逻辑门要求至少存在一个输入信号即可驱动信号输出，在模块化单输入基因回路基础上，构建的多信号输入往往控制相同的一级输出基因，通过 RNAs、转录因子、伴侣蛋白等作用机制驱动或抑制二级信号的表达（Teo 等，2014）。AND 逻辑门需要所有输入信号才能打开输出，缺少任何一个输入将导致最终输出关闭。AND 逻辑门的构建将多个输入信号的不同一级输出偶联，协同驱动指导二级信号输出。Anderson 团队设计的 AND 逻辑门结构包括两个遗传元件，T7 RNA 聚合酶基因和无义抑制因子 tRNA *supD* 基因，共同指导表达 T7 RNA 聚合酶，当这两个部分都通过输入信号启动转录时，T7 RNA 聚合酶被表达，从而激活

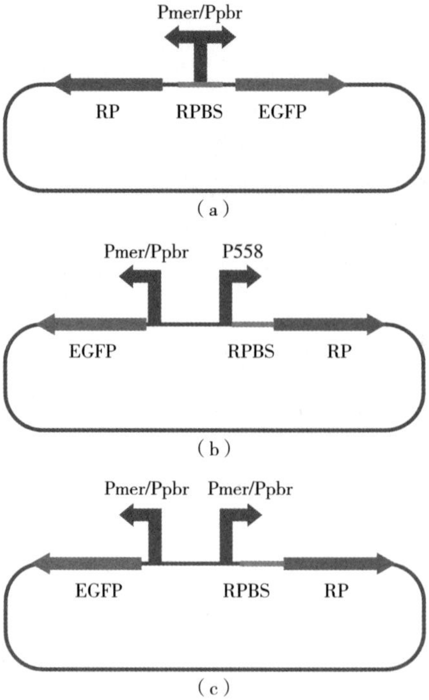

图 21.4 工程大肠杆菌生物传感器的构造电路

(a) 构建反馈结构的元素 (b) 构建非耦合结构的元素 (c) 构建半耦合结构的元素

了 T7 启动子输出（Anderson 等，2007）。在此基础上，通过简单逻辑门的模块化重组可创建更为复杂多层次逻辑门，例如，NOT 和 OR、AND 逻辑门进行联用可构建 NAND（Wang 等，2011）、NOR（Tamsir 等，2011）逻辑门。Green 等（Green 等，2017）报告了一种仅用 RNA 纳米元件构建以评估活细胞中复杂逻辑的策略。他们使用“核糖计算”系统，通过可预测和可设计的基础配对规则运行，从而可以在复杂的蜂窝环境中有效设计具有规定配置和功能的计算设备。具体而言，“核糖计算”设备由程序化 RNA 网络向电路提供输入信号，输出信号是在激活 gate RNA 时被翻译的蛋白质。gate RNA 包括设备的中央信号处理元件，采用模块化传感器域来检测输入 RNA 网络的自组装状态。输入 RNA 通过可预测的碱基配对与自身和 gate RNA 相互作用。与 gate RNA 上的单个传感器域结合的输入可以独立触发蛋白质产生，因此用于 OR 逻辑操作。输入 RNA 可以彼此协同作用以激活 AND 逻辑的 gate RNA，或者它们可以相互抑制 NOT 逻辑。

由于基因表达调控和功能核酸相互作用机制的普遍性，这些模块的构建和优化可以独立进行，而无需考虑相容性问题。研究人员可以将他们选择的传感和报告元件与这些即插即用模块相结合，以创建具有复合功能的遗传电路。

21.4 基因电路的组装

将不同功能的模块组装成基因电路是合成生物学设计人员面临的新挑战，信号感应的智能调节和信号传输的抗串扰是两个基本问题。当细胞体系生物传感器同时检测多种目标物质时，每种目标物质的检测阈值必须与该物质的有限浓度相匹配。因此，精确调谐每个传感元件是基因电路组装的第一步。

为了实现这一目标，已经提出了几种合成生物学方法，包括调整转录因子的启动子强度（Du 等，2019；Guo 等，2019），修饰核糖开关中的调谐区域（Rode 等，2015），以及构建杂交传感元件（Jang 等，2018）。前两种在前文中已经提到，现详细讲解杂交传感元件对基因电路组装的影响。Jang 等开发的 RNA-蛋白质杂交输入部分，结合了核糖开关和正交转录的阻遏蛋白（Jang 等，2018）。杂交输入部分包含核糖开关作为基于配体响应 RNA 的传感器和转录抑制剂作为基于蛋白质的调节剂。在没有配体的情况下，转录抑制因子被最大化表达并抑制其同源启动子-操作者下游的报告基因的表达。相反，在配体存在的情况下，抑制者的缺乏释放了同源的启动子-操作者，并且表达了报告元件。杂交输入成功地调节了输出的转录，以响应核糖开关检测到的输入信号，并且由于转录抑制因子的表达而导致信号反转。剂量-反应参数，包括折叠变化和半最大有效浓度，只需改变启动子强度即可轻松调节和放大。此外，杂交输入检测外源性和内源性信号，表明在代谢物传感中的潜在应用。考虑到组件的丰富多样性，这种杂交输入部分还可以实现高度扩展。

此外，与电流被限制在导线上的电子电路不同，遗传电路的信号流在没有空间隔离的情况下在细胞质中扩散，因此抗串扰策略至关重要。Brophy 和 Voigt 以逻辑门和振荡器为例，总结了导致信号串扰的七种常见故障模式，即不匹配的响应函数、启动子上下文、RBS 上下文、转录读通、部分结干扰、正交性和重组（Brophy 等，2014）。设计人员可以从这些涉及合成生物学的研究中获得经验，以提高遗传回路的效率。

21.5 结合纳米材料

一个成熟的系统通常需要动态模块和静态模块的精细配合。由遗传回路控制的生物材料，主要包括蛋白质或功能核酸，始终处于生产和降解的动态平衡，使其适用于构建动态元件，如检测模块、信号传输模块和报告模块。相反，在细胞外耦合的非生物纳米材料在细胞周期中表现出结构、功能和数量的稳定性。因此，对于一些功能模块在细胞体系生物传感器中需要发挥稳定和可持续的作用，纳米材料不仅能提供更好的效果，而且可以节省体系的能量（图 21.5）（Guo 等，2021）。

无论是生物材料还是非生物纳米材料，都可以实现细胞体系生物传感器的大部分功能模块。然而，在许多情况下，非生物纳米材料更方便，并且代表更广泛的应用范围。例如，为了实现细胞体系生物传感器的远程磁控制，一些方法试图将磁细菌的磁体相关基因转移到其他底盘细胞中，作为运动模块的遗传电路。在涉及的 29 个基因中，磁小体仅在磁细菌相关物种 *Rhodospirillum rubrum* 中产生（Kolinko 等，2014）。相比之下，通过在许多工程菌株（如大肠杆菌、酵母和藻类）的细胞外耦合磁性纳米颗粒，可以简单快速地实现磁化。

此外，如果细胞体系生物传感器仅使用遗传电路，消费者可以通过从产品中分离

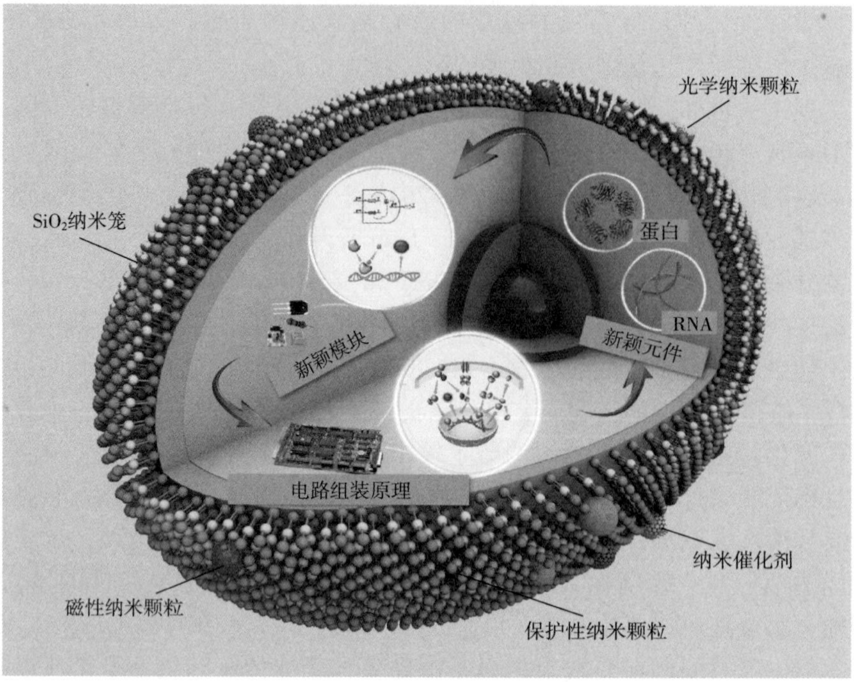

图 21.5　第三代全细胞传感系统

具有合成生物学内部和纳米材料外部。内部包含新颖的元件、模块及组装原理；
外部包覆着光学、磁性、保护性纳米颗粒、纳米催化剂或 SiO_2 纳米笼等纳米材料

和扩增细胞培养物来轻松复制产品。纳米材料的使用使得未经授权复制产品变得具有挑战性。因此，虽然纳米颗粒的使用会增加全细胞传感系统的生产成本，但它可以防止潜在的盗版并保护制造商的利益。

21.6　数据存储及遗传

DNA 是由 4 种碱基——A、C、T 和 G 按照特定顺序键合而成的功能核酸大分子聚合物。这种通过碱基互补形成双螺旋分子结构，承载着亿万生命的海量遗传信息。因 DNA 分子的存储密度高、耗能低、寿命长、无磨损等潜在优势，人们曾就 DNA 分子作为存储媒介的可行性展开讨论。然而，天然未受保护的 DNA 是一种非常脆弱的生物分子，易水解或者被氧化，有着特征性的半衰期（Bonnet 等，2010）。为了更有效地进行数据长期存储，国内外科研工作者发展了多种 DNA 保存的方法与策略，主要分为细胞外保存法和细胞内保存法。最普通的细胞外保存法就是将 DNA 溶液放置于冷冻条件下延长“保质期”（Baoutina 等，2019）。当然，科研人员也开发出塑料孔板、微流控芯片、二氧化硅颗粒等材料对体外 DNA 进行加固和保护。与体外 DNA 保存法相比，细胞内保存法可利用细胞内高效的 DNA 复制、校对和长链 DNA 修复机制，提供高效的随机访问路径和实时记录生物事件（Sheth 等，2018）。基于功能核酸的可编程性，能够利

用工程化细胞对 DNA 数据进行存储。比如利用 CRISPR-Cas 体系进行 DNA 数据存储（Xie 等，2018）。Cas9 蛋白是一种可编程 DNA 切割酶，被用于定位由多个相同靶点组成的 DNA 地址（Frieda 等，2017；McKenna 等，2016）。这种方法除大规模记录细胞谱系信息外，还可通过将 Cas9 表达与细胞信号耦合来记录模拟信号，如将非二进制的基因突变（数据信息）记录到 DNA 中（Kalhor 等，2016）。该功能化元件使模拟数据的存储密度更高，同时具有更直接的与宿主生理学接口。目前，细胞内保存法还不能充分利用细胞基因组，而且还存在着由于遗传不稳定性而造成信息丢失的风险（Lim 等，2021）。为了减少这种遗传不稳定性带来错误信息富集，德国汉堡工业大学（Song 等，2018）提出了一种用于活细胞正交信息编码、具有错误自我检测功能的三基块编码方案（SED3B）。SED3B 采用一种全新的方法在小数据基块中添加错误检测的碱基，可与 DNA 分子固有的冗余部分相结合，进行有效的纠错。研究结果表明，SED3B 在大肠杆菌中编码信息可连续复制超过 12000 年，仍能提供可靠的数据结果。

21.7　无细胞体系生物传感器

无细胞体系生物传感器与全细胞生物传感器相比，其工作方式大致相同：样本被直接加入到无细胞反应中，该反应被编程为只有在提供目标分析物时才有条件表达报告元件。然而，与细胞模式相比，无细胞系统提供了几个实用性的优势。首先，他们可以检测细胞壁不透性或细胞毒性分析物。其次，由于细胞裂解物缺失进化能力，无细胞生物传感器无需考虑细胞反复传代时产生的突变和质粒丢失等问题。最后，体外系统减少了监管足迹，因为不需要对工程有机体进行生物遏制。总而言之，这些好处为现场部署的生物传感提供了一个新的机会，无需在集中式检测设备中批量培养细胞并将测试样本运回实验室，而是可以将无细胞传感器直接带到采样位置，例如，在偏远地区检测患者血液样本中的感染。

功能核酸传感技术与无细胞生物传感技术具有优势互补性，一方面无细胞体系为功能核酸提供了稳定、无毒、可调控环境，便于功能核酸的筛选及作用；另一方面功能核酸可简化构建元件，缩短检测过程因蛋白表达产生的时间，弥补了传统细胞体系检测的短板。到目前为止，功能核酸无细胞体系生物传感器在检测致病病毒和细菌方面取得了关键进展。含有病原体的样本首先被处理以提取总 RNA，然后 RNA 被添加到无细胞反应体系中，该反应被编程为仅在目标核酸序列存在的情况下产生报告信号。在这种方法中，多采用基因编码的 toehold 开关作为感应元件，它的 5′端与被检测的病原体基因组特有的非结构化 RNA 触发序列具有序列的特异互补性。利用功能核酸无细胞生物传感器检测的优势性首先体现在能够实地进行等温扩增。如果目标核酸丰度较低，则在检测病原体之前通常需要进行触发扩增。对于现场部署方案，扩增步骤必须在没有热循环仪的情况下进行，因此，PCR 是不可行的。然而，基于核酸序列的扩增和逆转录-重组酶聚合酶扩增已被认为是有效的等温替代方法。RNA 可以从生物样本（血液、粪便或其他）中提纯，并通过顺序的核酸酶和病毒灭活加热步骤来保持其稳定性。总体而言，在 37℃孵育时，整个扩增和传感反应只需要 3h。其次，功能核酸无细胞生物传感器可以冷冻干燥在纸基质上，便于携带与保存。有研究表明，当把无细胞生物传感器干燥在纸基上时，它们的活性可以保持几个月，同时能够在不同环境温度内进行反应。由于是单一的质粒 DNA 模板等温进行的，所以功能核酸无细胞生物传感器通常更便宜，更容易多重检测，而且在实验室外更方便用户使用。因此，该战略已被用于检测埃博拉病毒、寨卡病毒、诺如病毒、黄瓜花叶病毒和一些肠道定植细菌，包括艰难梭菌（Nguyen 等，2021；Pardee 等，2016；Sun 等，2021；Suvanasuthi 等，2022）。

与核酸检测相比，小分子（例如环境毒素或细胞代谢物）的功能核酸无细胞检测进展较为缓慢。这其中的一个关键原因是，不存在类似于合成核酸转录调节的方法来构建针对任意小分子的传感器。大多数已成功报道的采用了天然的传感元件（例如转录调节因子），这些元件在细胞中广泛表征，然后转移到无细胞生物传感体系反应中。寻找、改造，以及后续富集和提纯传感元件都为功能核酸无细胞检测带来了时间和发展的挑战。不过小分子检测不需要复杂的样品处理步骤，所需的准备时间可以比检测核酸的准备时间更短。最近有报道称，纯化的转录调节因子与抗生素和重金属结合后，可以在冻干、无细胞、仅转录的反应中调节荧光 RNA 适配体的表达。由于在这种设置中消除了翻译和荧光团成熟的时间，ROSALIND 传感器通过使用高度进行性的 T7RNA 聚合酶在几分钟内产生可见的荧光输出（Jung 等，2020）。

21.8 总结与展望

综上所述，细胞传感技术和功能核酸传感技术具有优势互补性。建立以功能核酸为主要元件的新型细胞体系生物传感器，既可以结合蛋白质工程，又可以直接使用功能核酸调控，使功能核酸-基因电路能够响应靶标物质，减少串扰同时提高灵敏度（Jung 等，2020），为拓宽细胞体系生物传感器的实际应用做出突出贡献。

在功能核酸细胞生物传感器发展过程中还需要注意几个问题：①功能核酸可能存在胞内不适用性。功能核酸元件大多数在胞外环境进行筛选。当特异性良好的功能核酸转入胞内的基因电路时，由于在胞内无法正确折叠，从而丧失了与配体结合的能力（Hallberg 等，2017）。研究功能核酸胞内外折叠构象差异的形成机制，是实现这一设想的关键科学问题；②功能核酸细胞生物传感器的生物安全性。当前功能核酸细胞生物传感与各类学科进行交叉，结合多种材料和设备，比如有机荧光染料和纳米材料。这些创新给生物传感器带来了机遇，同时也带来了挑战和思考。例如，有机荧光染料在一定剂量下对人体有害；纳米材料在制造过程中具有未知的环境影响力，因为它们尺寸小，可以很容易地穿透植物和动物细胞。因此，在创建生物传感器的时候要考虑制备体系的生物安全性，不会对机体造成危害，也不会对环境造成破坏；③实现检测流程一体化。功能核酸细胞生物传感器的发展过程中，大多数待测样品的前处理过程相对复杂，比如重金属样品需要消解或者核酸样品需要提前裂解。当然，这并不是功能核酸细胞生物传感器特有的问题，而是生物传感器的通病。如何将待测样品前处理和检测过程合二为一将是功能核酸细胞生物传感器下一步发展重点考虑的一个问题。如果上述问题能够在后续研究中得到有效解决，功能核酸细胞生物传感器很可能成为生物检测应用实施的新趋势。

参考文献

Alam KK, Tawiah KD, Lichte MF, et al. A fluorescent split aptamer for visualizing RNA-RNA assembly *in vivo* [J]. ACS Synth Biol, 2017, 6 (9): 1710-1721.

Anderson JC, Voigt CA, Arkin AP, Environmental signal integration by a modular and gate [J]. Mol Syst Bio, 2007, 3 (1): 133.

Angenent-Mari NM, Garruss AS, Soenksen LR, et al. A deep learning approach to programmable RNA switches [J]. Nat Commun, 2020, 11 (1): 5057.

Baoutina A, Bhat S, Partis L, et al. Storage stability of solutions of DNA standards [J]. Anal Chem, 2019, 91 (19): 12268-12274.

Berens C, Groher F, Suess B. RNA aptamers as genetic control devices: the potential of riboswitches as synthetic elements for regulating gene expression [J]. Biotechnol J, 2015, 10 (2): 246-257.

Bonnet J, Colotte M, Coudy D, et al. Chain and conformation stability of solid-state DNA: implications for room temperature storage [J]. Nucleic Acids Res, 2010, 38 (5): 1531-1546.

Bordoy AE, O'Connor NJ, Chatterjee A. Construction of two-input logic gates using transcriptional interference [J]. ACS Synth Biol, 2019, 8 (10): 2428-2441.

Boussebayle A, Torka D, Ollivaud S, et al. Next-level riboswitch development——implementation of capture-SELEX facilitates identification of a new synthetic riboswitch [J]. Nucleic Acids Res, 2019, 47 (9): 4883-4895.

Brophy JAN, Voigt CA, Principles of genetic circuit design [J]. Nat Methods, 2014, 11 (5): 508-520.

Cheng HY, Masiello CA, Del Valle I, et al. Ratiometric gas reporting: A nondisruptive approach to monitor gene expression in soils [J]. ACS Synth Biol, 2018, 7 (3): 903-911.

Cromie MJ, Shi Y, Latifi T, et al. An RNA sensor for intracellular Mg^{2+} [J]. Cell, 2006, 125 (1): 71-84.

De Paepe B, Peters G, Coussement P, et al. Tailor-made transcriptional biosensors for optimizing microbial cell factories [J]. J Ind Microbiol Biot, 2017, 44 (4): 623-645.

Du R, Guo M, He X, et al. Feedback regulation mode of gene circuits directly affects the detection range and sensitivity of lead and mercury microbial biosensors [J]. Anal Chim Acta, 2019, 1084: 85-92.

Frieda KL, Linton JM, Hormoz S, et al. Synthetic recording and in situ readout of lineage information in single cells [J]. Nature, 2017, 541 (7635): 107-111.

Green AA, Kim J, Ma D, et al. Complex cellular logic computation using ribocomputing devices [J]. Nature, 2017, 548 (7665): 117-121.

Groher F, Bofill-Bosch C, Schneider C, et al. Riboswitching with ciprofloxacin—development and characterization of a novel RNA regulator [J]. Nucleic Acids Res, 2018, 46 (4): 2121-2132.

Grunberg TW, Del Vecchio D, Modular analysis and design of biological circuits [J]. Curr Opin Biotechnol, 2020, 63: 41-47.

Guo M, Du R, Xie Z, et al. Using the promoters of merr family proteins as "rheostats" to engineer whole-cell heavy metal biosensors with adjustable sensitivity [J]. J Biol Eng, 2019, 13 (1): 70.

Guo M, Huang K, Xu W. Third generation whole-cell sensing systems: synthetic biology inside, nanomaterial outside [J]. Trends Biotechnol, 2021, 39 (6): 550-559.

Hallberg ZF, Su Y, Kitto RZ, et al. Engineering and *in vivo* applications of riboswitches [J]. Annu Rev Biochem, 2017, 86 (1): 515-539.

Jang S, Jang S, Noh MH, et al. Novel hybrid input part using riboswitch and transcriptional repressor for signal inverting amplifier [J]. ACS Synth Biol, 2018, 7 (9): 2199-2204.

Jung JK, Alam KK, Verosloff MS, et al. Cell-free biosensors for rapid detection of water contaminants [J]. Nat Biotechnol, 2020, 38 (12): 1451-1459.

Kalhor R, Mali P, Church GM, Rapidly evolving homing CRISPR barcodes [J]. Nat Methods, 2016, 14: 195-200.

Kolinko I, Lohße A, Borg S, et al. Biosynthesis of magnetic nanostructures in a foreign organism by transfer of bacterial magnetosome gene clusters [J]. Nat Nanotechnol, 2014, 9 (3): 193-197.

Lam AJ, St-Pierre F, Gong Y, et al. Improving FRET dynamic range with bright green and red fluorescent proteins [J]. Nat Methods, 2012, 9 (10): 1005-1012.

Langan RA, Boyken SE, Ng AH, et al. De novo design of bioactive protein switches [J]. Nature, 2019, 572 (7768): 205-210.

Lee YJ, Kim SJ, Moon TS, Multilevel regulation of bacterial gene expression with the combined star and antisense RNA system [J]. ACS Synth Biol, 2018, 7 (3): 853-865.

Lim CK, Nirantar S, Yew WS, et al. Novel modalities in DNA data storage [J]. Trends Biotechnol, 2021, 39 (10): 990-1003.

Liu H, Fan K, Li H, et al. Synthetic gene circuits enable *Escherichia coli* to use endogenous H_2S as a signaling molecule for quorum sensing [J]. ACS Synth Biol, 2019, 8 (9): 2113-2120.

Liu Y, Guo M, Du R, et al. A gas reporting whole-cell microbial biosensor system for rapid on-site detection of mercury contamination in soils [J]. Biosens Bioelectron, 2020, 170: 112660.

Ma AT, Schmidt CM, Golden JW, Regulation of gene expression in diverse cyanobacterial species by using theophylline-responsive riboswitches [J]. Appl Environ Microb, 2014, 80 (21): 6704-6713.

Mangan S, Alon U. Structure and function of the feed-forward loop network motif [J]. P Natl A Sci, 2003, 100 (21): 11980-11985.

McKenna A, Findlay G M, Gagnon A J, et al. Whole-organism lineage tracing by combinatorial and cumulative genome editing [J]. Science, 2016, 353 (6298): aaf7907.

Neubacher S, Hennig S. RNA structure and cellular applications of fluorescent light-up aptamers [J]. Angew Chem Int Edit, 2019, 58 (5): 1266-1279.

Ng AH, Nguyen TH, Gómez-Schiavon M, et al. Modular and tunable biological feedback control using a de novo protein switch [J]. Nature, 2019, 572 (7768): 265-269.

Nguyen PQ, Soenksen LR, Donghia NM, et al. Wearable materials with embedded synthetic biology sensors for biomolecule detection [J]. Nat Biotechnol, 2021, 39 (11): 1366-1374.

Pardee K, Green AA, Takahashi MK, et al. Rapid, low-cost detection of zika virus using programmable biomolecular components [J]. Cell, 2016, 165 (5): 1255-1266.

Potvin-Trottier L, Lord ND, Vinnicombe G, et al. Synchronous long-term oscillations in a synthetic gene circuit [J]. Nature, 2016, 538 (7626): 514-517.

Rode AB, Endoh T, Sugimoto N. Tuning riboswitch-mediated gene regulation by rational control of aptamer ligand binding properties [J]. Angew Chem Int Edit, 2015, 54 (3): 905-909.

Sande MG, Rodrigues JL, Ferreira D, et al. Novel biorecognition elements against pathogens in the design of state-of-the-art diagnostics [J]. Biosensors, 2021, 11 (11): 1-30.

Schmidt CM, Smolke CD, RNA switches for synthetic biology [J]. C S H Perspect Biol, 2019, 11 (1): a032532.

Sheth RU, Wang HH, DNA-based memory devices for recording cellular events [J]. Nat Rev Genet, 2018, 19 (11): 718-732.

Siegal-Gaskins D, Tuza ZA, Kim J, et al. Gene circuit performance characterization and resource usage in a cell-free "breadboard" [J]. ACS Synth Biol, 2014, 3 (6): 416-425.

Silverman AD, Karim AS, Jewett MC, Cell-free gene expression: An expanded repertoire of applications [J]. Nat Rev Genet, 2020, 21 (3): 151-170.

Song L, Zeng AP. Orthogonal information encoding in living cells with high error-tolerance, safety, and fidelity [J]. ACS Synth Biol, 2018, 7 (3): 866-874.

Sun Q, Cao M, Zhang X, et al. A simple and low-cost paper-based colorimetric method for detecting and distinguishing the GII. 4 and GII. 17 genotypes of norovirus [J]. Talanta, 2021, 225: 121978.

Suvanasuthi R, Chimnaronk S, Promptmas C, 3D printed hydrophobic barriers in a paper - based biosensor for point-of-care detection of dengue virus serotypes [J]. Talanta, 2022, 237: 122962.

Takahashi MK, Tan X, Dy AJ, et al. A low-cost paper-based synthetic biology platform for analyzing gut microbiota and host biomarkers [J]. Nat Commun, 2018, 9 (1): 3347.

Tamsir A, Tabor JJ, Voigt CA, Robust multicellular computing using genetically encoded nor gates and chemical 'wires' [J]. Nature, 2011, 469 (7329): 212-215.

Tan SI, Ng IS, New insight into plasmid-driven T7 RNA polymerase in *Escherichia coli* and use as a genetic amplifier for a biosensor [J]. ACS Synth Biol, 2020, 9 (3): 613-622.

Teo WS, Chang MW, Development and characterization of AND-gate dynamic controllers with a modular synthetic gal1 core promoter in *Saccharomyces cerevisiae* [J]. Biotechnol Bioeng, 2014, 111 (1): 144-151.

Thavarajah W, Silverman AD, Verosloff MS, et al. Point-of-use detection of environmental fluoride via a cell-free riboswitch-based biosensor [J]. ACS Synth Biol, 2020, 9 (1): 10-18.

Truong L, Ferré-D'Amaré AR. From fluorescent proteins to fluorogenic RNAs: tools for imaging cellular macromolecules [J]. Protein Sci, 2019, 28 (8): 1374-1386.

Tungtur S, Egan SM, Swint-Kruse L, Functional consequences of exchanging domains between laci and purr are mediated by the intervening linker sequence [J]. Proteins, 2007, 68 (1): 375-388.

Wang B, Kitney RI, Joly N, et al. Engineering modular and orthogonal genetic logic gates for robust digital-like synthetic biology [J]. Nat Commun, 2011, 2 (1): 508.

Wang D, Zhao X, Gu Z. Advanced optoelectronic nanodevices and nanomaterials for sensing inside single living cell [J]. Opt Commun, 2017, 395: 3-15.

Wang X, Wei W, Zhao J. Using a riboswitch sensor to detect Co^{2+}/Ni^{2+} transport in *E. Coli* [J]. Front Chem, 2021, 9: 631909.

Wang XX, Zhu LJ, Li ST, et al. Fluorescent functional nucleic acid: principles, properties and applications in bioanalyzing [J]. TrAC-Trend Anal Chem, 2021, 141: 116292.

Xie ZX, Mitchell LA, Liu HM, et al. Rapid and efficient CRISPR/Cas9-based mating-type switching of *Saccharomyces cerevisiae* [J]. G3-Genes Genomes Genetics, 2018, 8 (1): 173-183.

Yang L, Nielsen AAK, Fernandez - Rodriguez J, et al. Permanent genetic memory with > 1 - byte capacity [J]. Nat Methods, 2014, 11 (12): 1261-1266.

Zeng J, Teo J, Banerjee A, et al. A synthetic microbial operational amplifier [J]. ACS Synth Biol, 2018, 7 (9): 2007-2013.

Zhan S, Wu Y, Wang L, et al. A mini - review on functional nucleic acids - based heavy metal ion detection [J]. Biosens Bioelectron, 2016, 86: 353-368.

刘洋儿，郭明璋，杜若曦，等. 乳酸菌在合成生物学中的研究现状及展望 [J]. 生物技术通报, 2019, 35 (8): 193-204.

杨璐，吴楠，白茸茸，等. 基因回路型全细胞微生物传感器的设计、优化与应用 [J]. 合成生物学, 2021, 2: 1-20.

22

功能核酸文献数据库

随着科技的不断发展，文献数据库的建立已经成为了一个重要的工作。文献数据库是指收集、整理和存储大量学术文献和研究成果的系统化平台。在这个信息爆炸的时代，人们需要更加方便快捷地获取到各种各样的文献资料。微信公众号作为一个新兴的信息传播平台，为文献数据库的建立提供了全新的可能性。本章重点介绍作者团队创建的“功能核酸”微信公众号的文献检索功能。

22.1 概述

文献数据库的存在对于学术研究和知识传播具有必要性。通过文献数据库，研究人员可以轻松地获取到大量的学术文献和研究成果，从而节省了查找资料的时间和精力。此外，文献数据库还可以帮助学者们跟踪最新的研究进展，促进学术交流和合作。

微信公众号作为一个信息传播的平台，具有较高的用户活跃度和传播效率。通过在微信公众号上建立文献数据库，可以更好地将学术研究成果传播给更广泛的受众群体，从而提高研究成果的影响力和知名度。微信公众号的互动性和便捷性也为文献数据库的建立提供了良好的平台。研究者可以通过微信公众号与读者进行实时互动，回答他们的问题，提供更多的研究资料和信息，从而更好地满足读者的需求。此外，微信公众号还可以为研究机构和学术期刊提供一个更加便捷和高效的渠道，将最新的研究成果和学术资讯传达给读者。这不仅可以帮助研究机构和期刊扩大影响力，还可以为读者提供更多的学术资源和信息，促进学术交流和合作。总之，随着微信公众号的流行和普及，建立文献数据库的必要性日益凸显。通过在微信公众号上建立文献数据库，可以更好地传播学术研究成果，满足读者需求，促进学术交流和合作，提高学术影响力和知名度。本章重点介绍作者团队创建的“功能核酸”微信公众号的文献检索功能。

22.2 功能核酸文献信息平台

“功能核酸”微信公众号（图 22. 1）自 2018 年 1 月创号以来，累计推送文献超 1000 篇（截至 2023 年 12 月），推送内容包括功能核酸的筛选与传感器的搭建、纳米材料的组装和应用、核酸营养与核酸药物的开发等方面，每篇原创公众号都从研究背景、研究内容和研究结果等方面对文献进行了全面的介绍，并在每篇公众号的最后对该研究进行了内容的总结和评价。除领域内优秀文献外，公众号还会不定期推送期刊征稿等信息（图 22. 2）。到目前为止，“功能核酸”微信公众号累计关注人数已超过 10000 人（截至 2023 年 12 月，图 22. 3）。

图 22. 1 “功能核酸”微信公众号图标

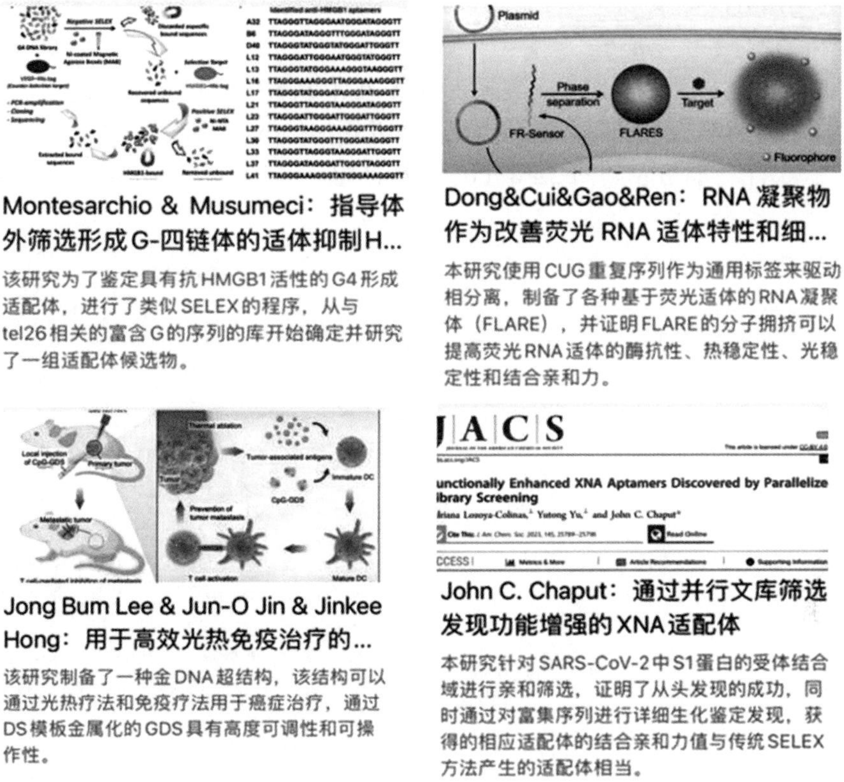

图 22. 2　微信公众号部分发布内容

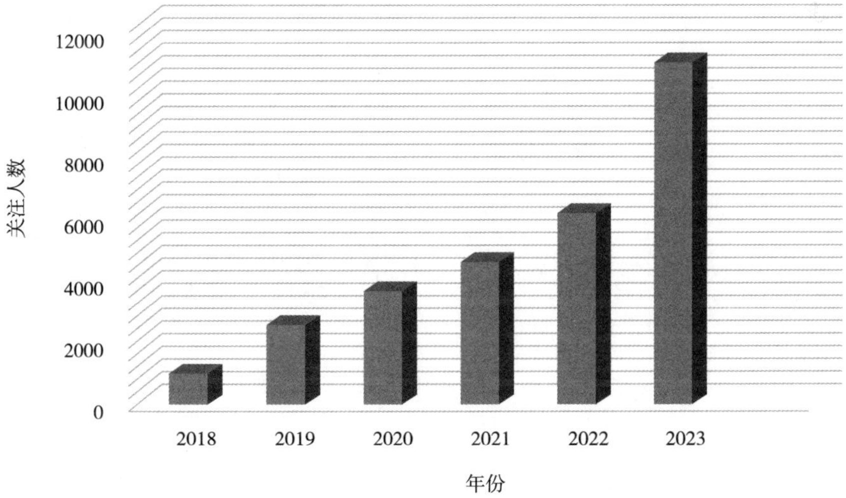

图 22. 3　微信公众号累计关注人数

对于文献合理的索引与分类在科研中具有十分重要的意义与价值。“功能核酸”微信公众号的使用方法如下。

①工具：智能手机一部。

②关注“功能核酸”微信公众号：首先在手机微信上点击“搜索”[图 22.4（a）]，选择“搜索公众号”[图 22.4（b）]，并输入“功能核酸”[图 22.4（c）]，点击“关注”，关注后即可看到图 22.4（d）所示界面。

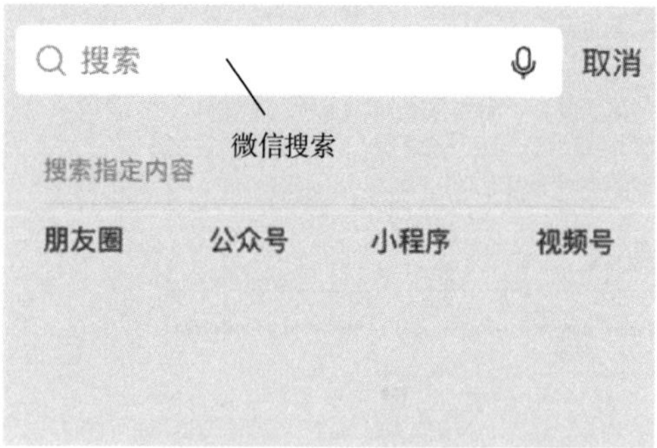

（a）

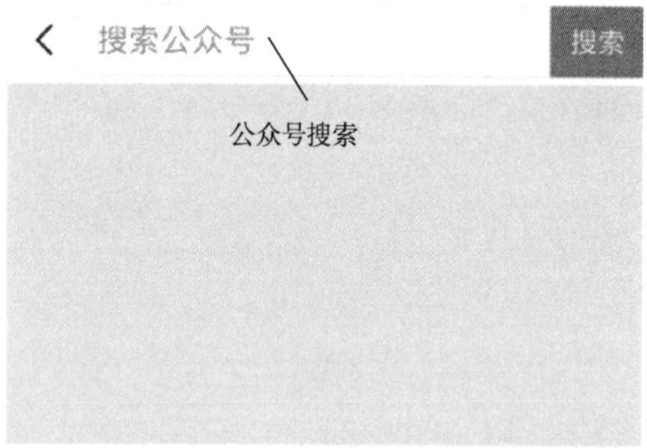

（b）

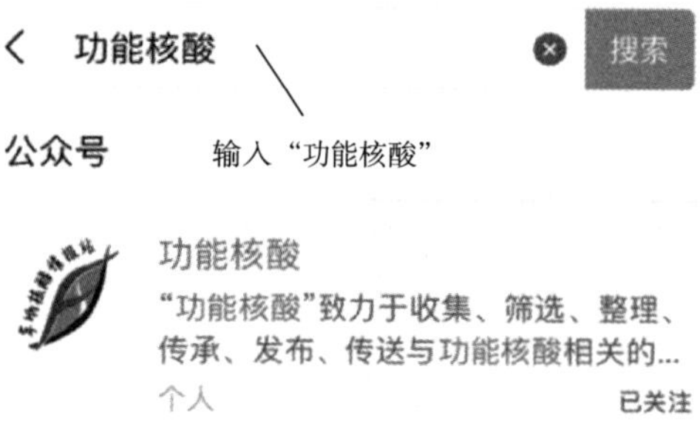

（c）

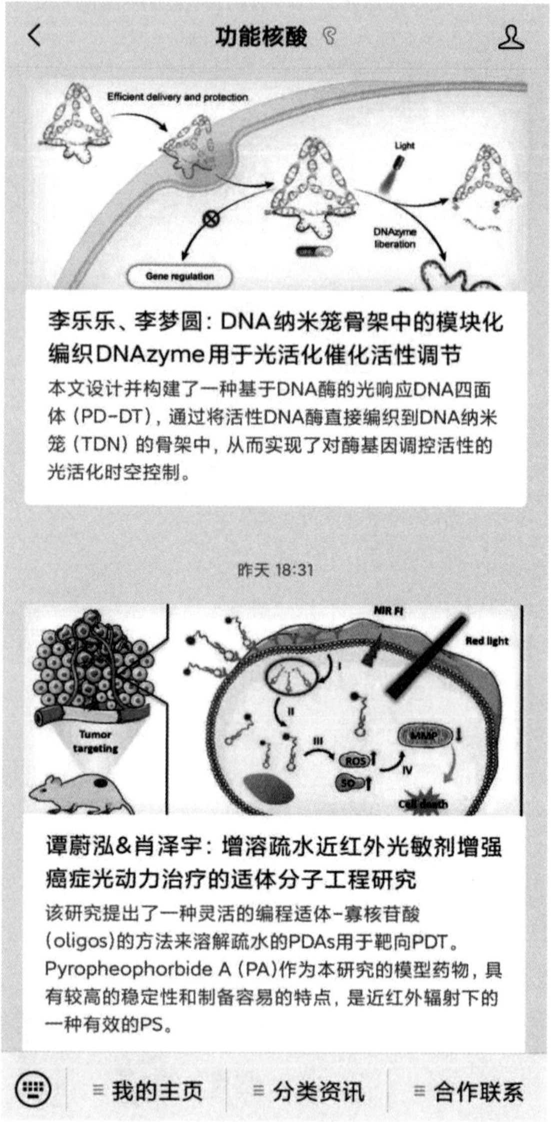

（d）

图 22.4 “功能核酸”微信公众号的关注步骤

（a）微信搜索界面 （b）公众号搜索界面 （c）“功能核酸”公众号的搜索

（d）“功能核酸”公众号的关注界面

③“功能核酸”微信公众号的文献搜索功能：该公众号发布的内容均以文献的中文标题以及通讯作者作为标题。因此，在搜索文献时，先确定想要搜索内容的关键词。如搜索适配体相关内容，可点击“功能核酸”公众号主页，点击搜索，将关键词“适配体”输入，即可看到在该公众号发布的标题中含有“适配体”的文献。此外，还可以通过输入通讯作者的姓名进行搜索（图 22.5）。

图 22.5　“功能核酸”微信公众号的文献搜索流程

本书彩图

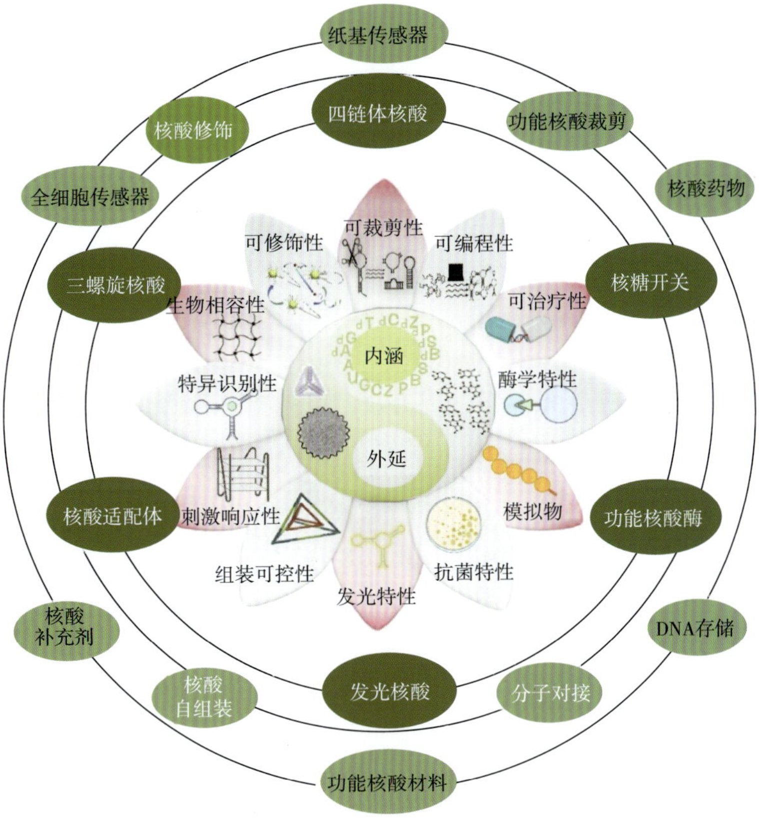

图 1.1　功能核酸的内涵与外延

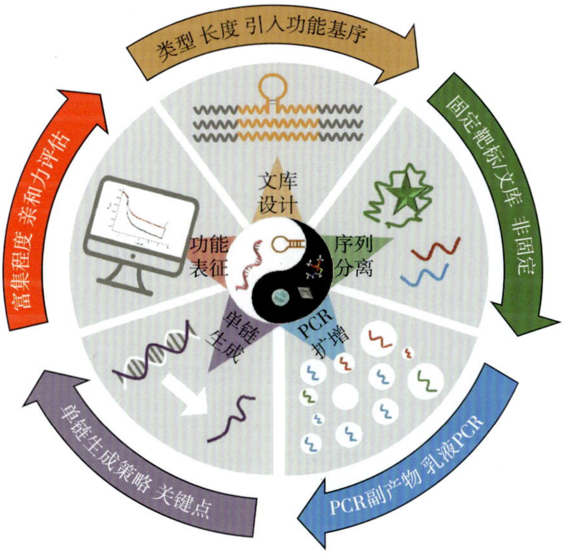

图 3.1　功能核酸的筛选

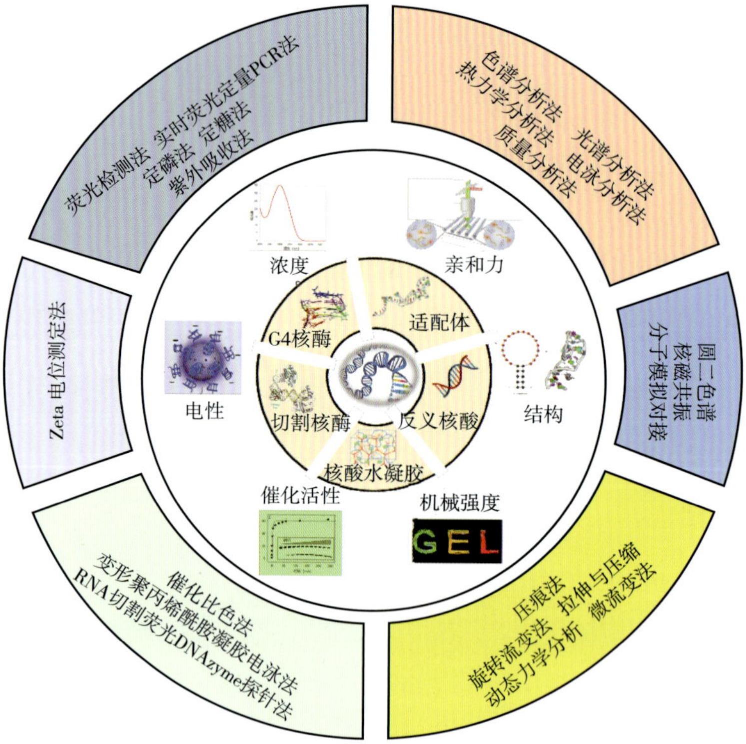

图 4.1　功能核酸的表征

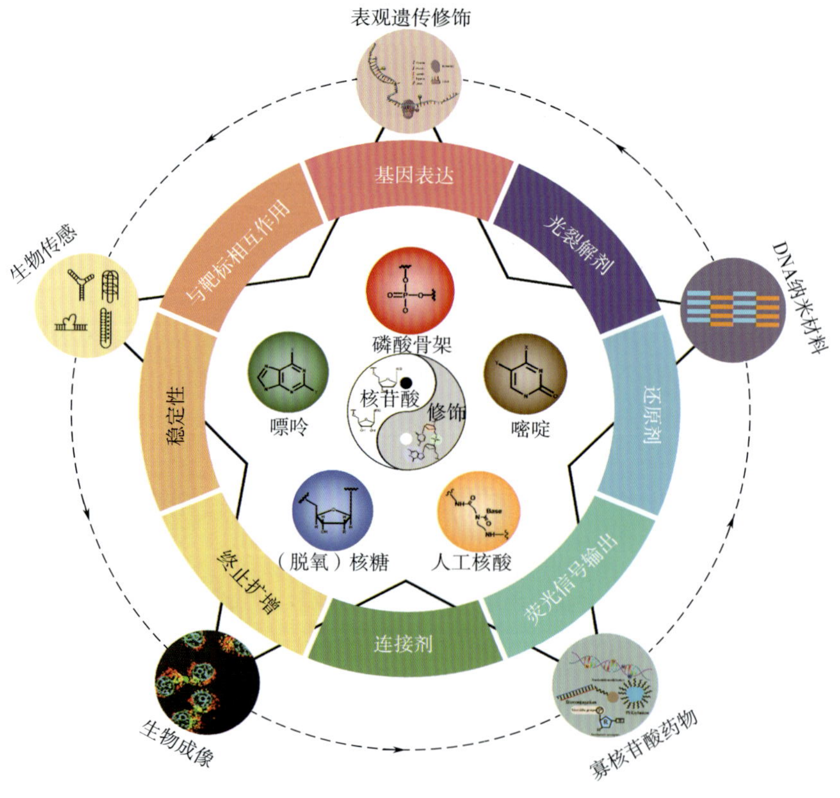

图 5.1　核酸修饰

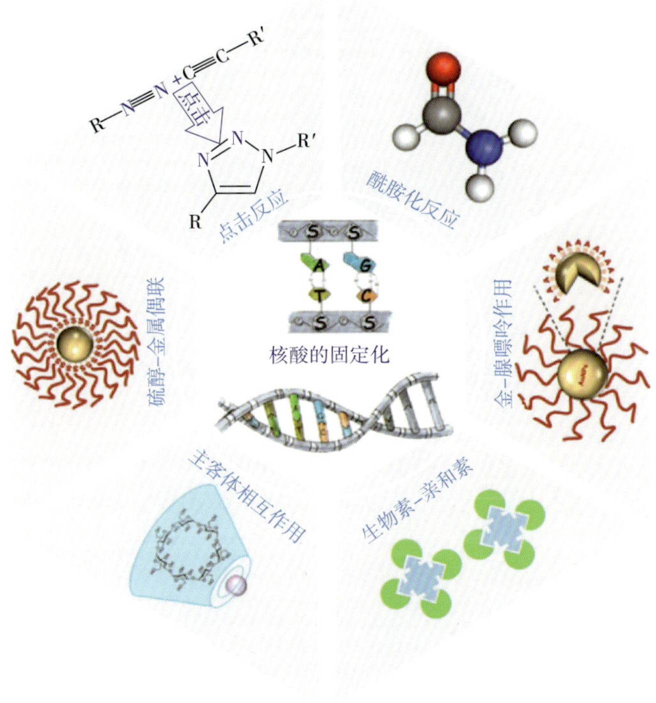

图 6.1　核酸的固定化

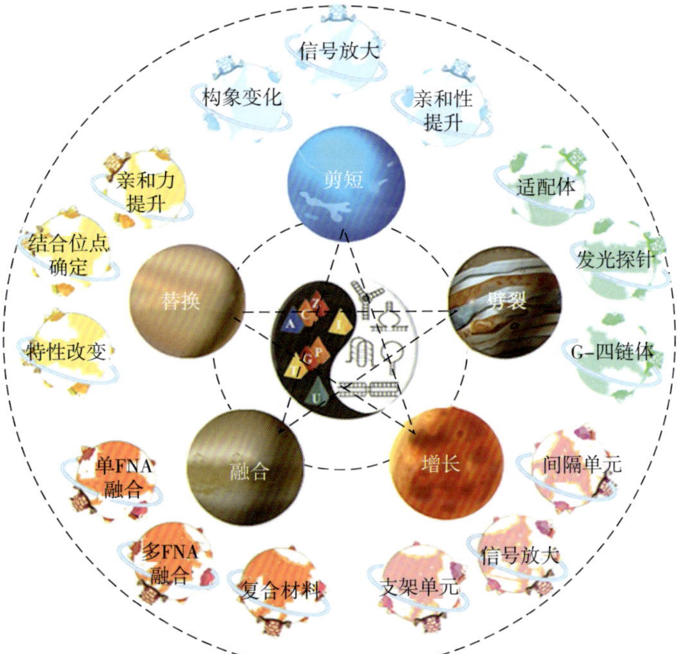

图 7.2　根据中国古代哲学构建出的裁剪策略“太极图”

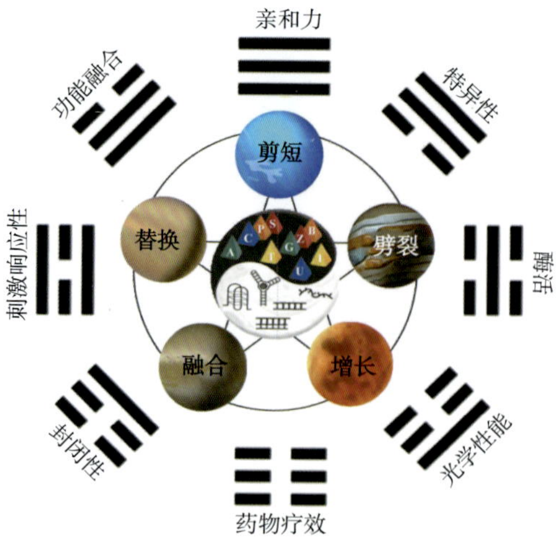

图 7.4　根据中国古代哲学构建出的高内涵裁剪策略“五行八卦图”

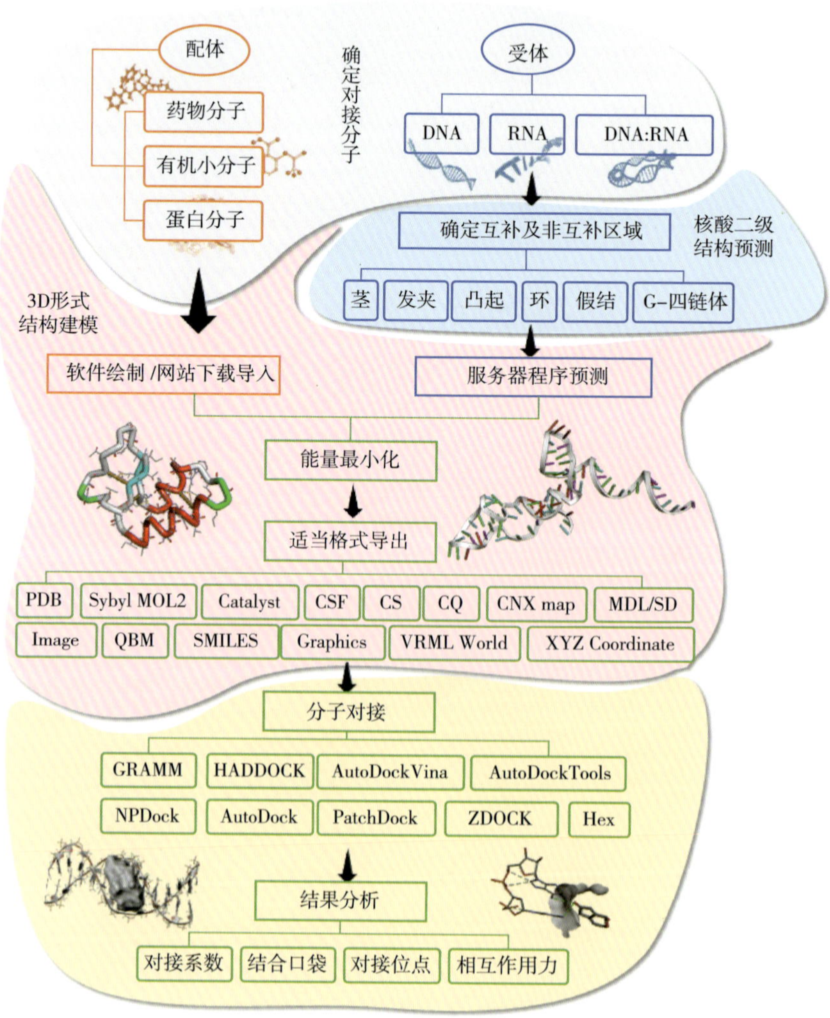

图 8.1　功能核酸分子对接

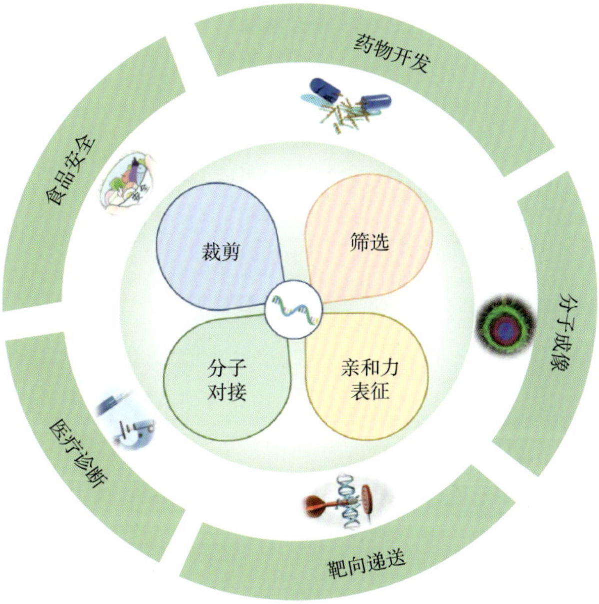

图 9.1 核酸适配体

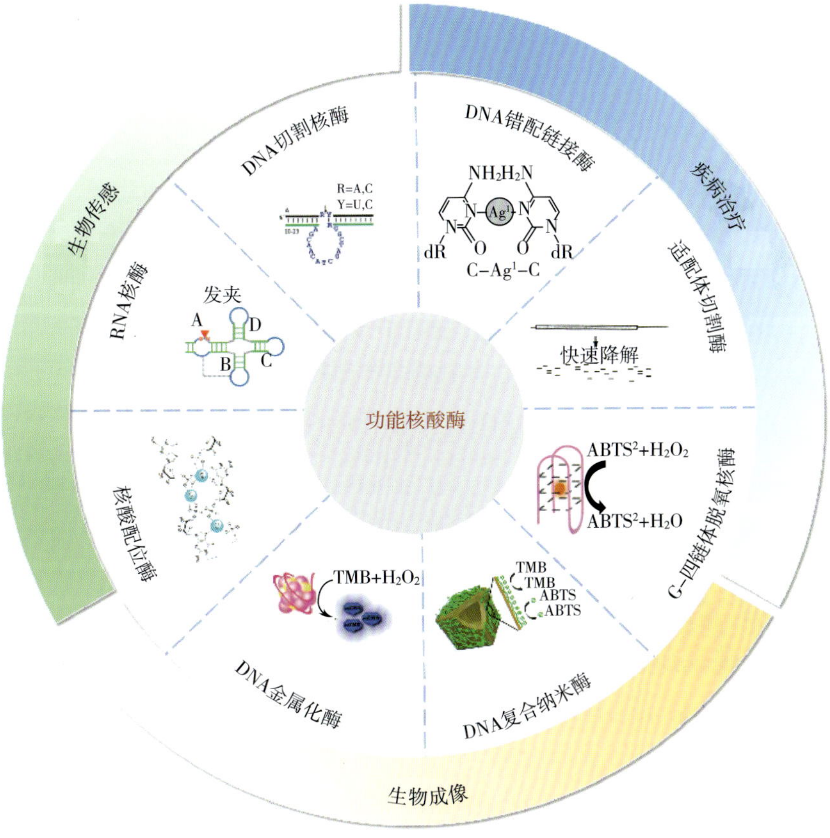

图 10.1 功能核酸酶的种类和作用

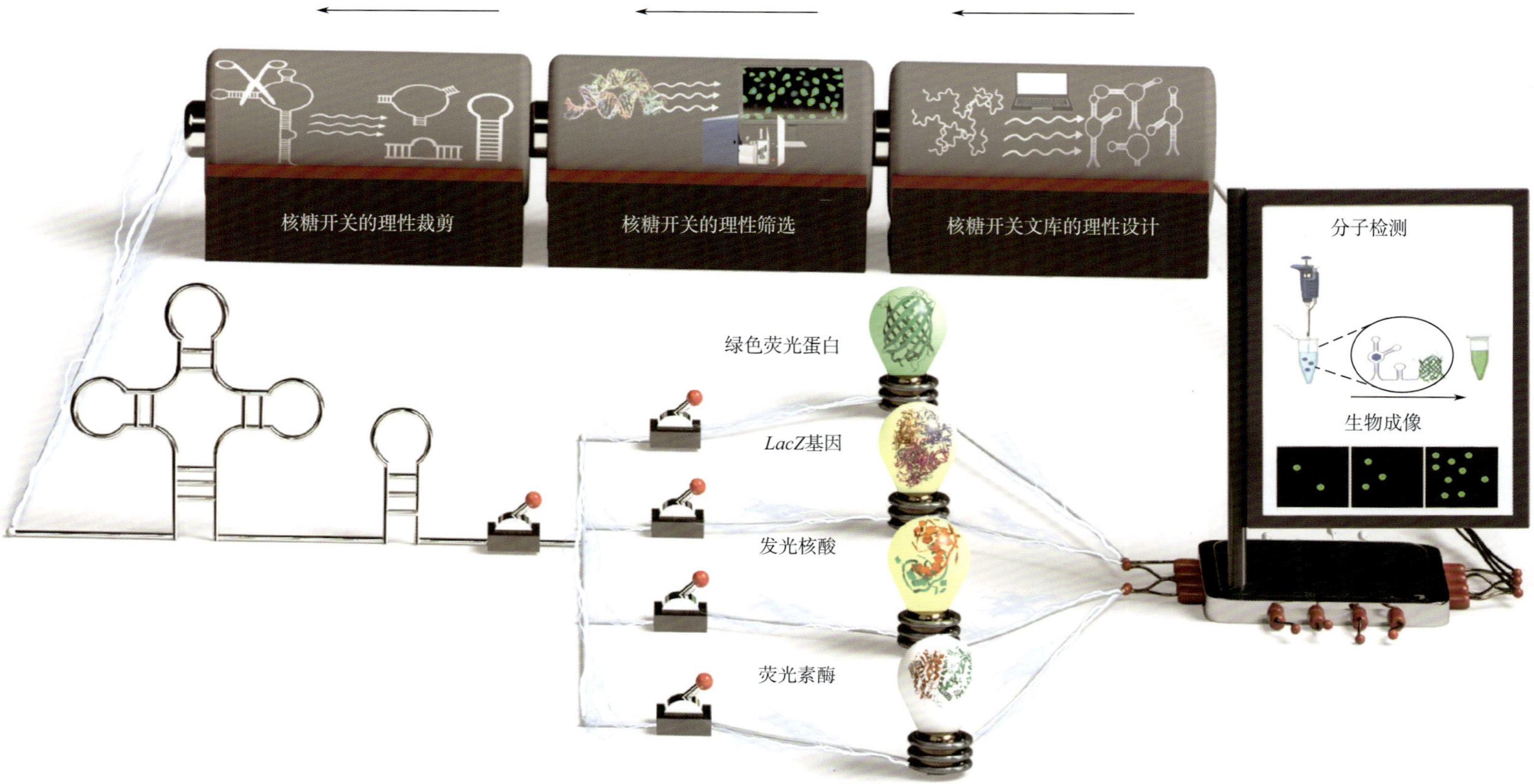
核糖开关的理性裁剪
核糖开关的理性筛选
核糖开关文库的理性设计
分子检测
生物成像
绿色荧光蛋白
*LacZ*基因
发光核酸
荧光素酶

图 11.1　核糖开关

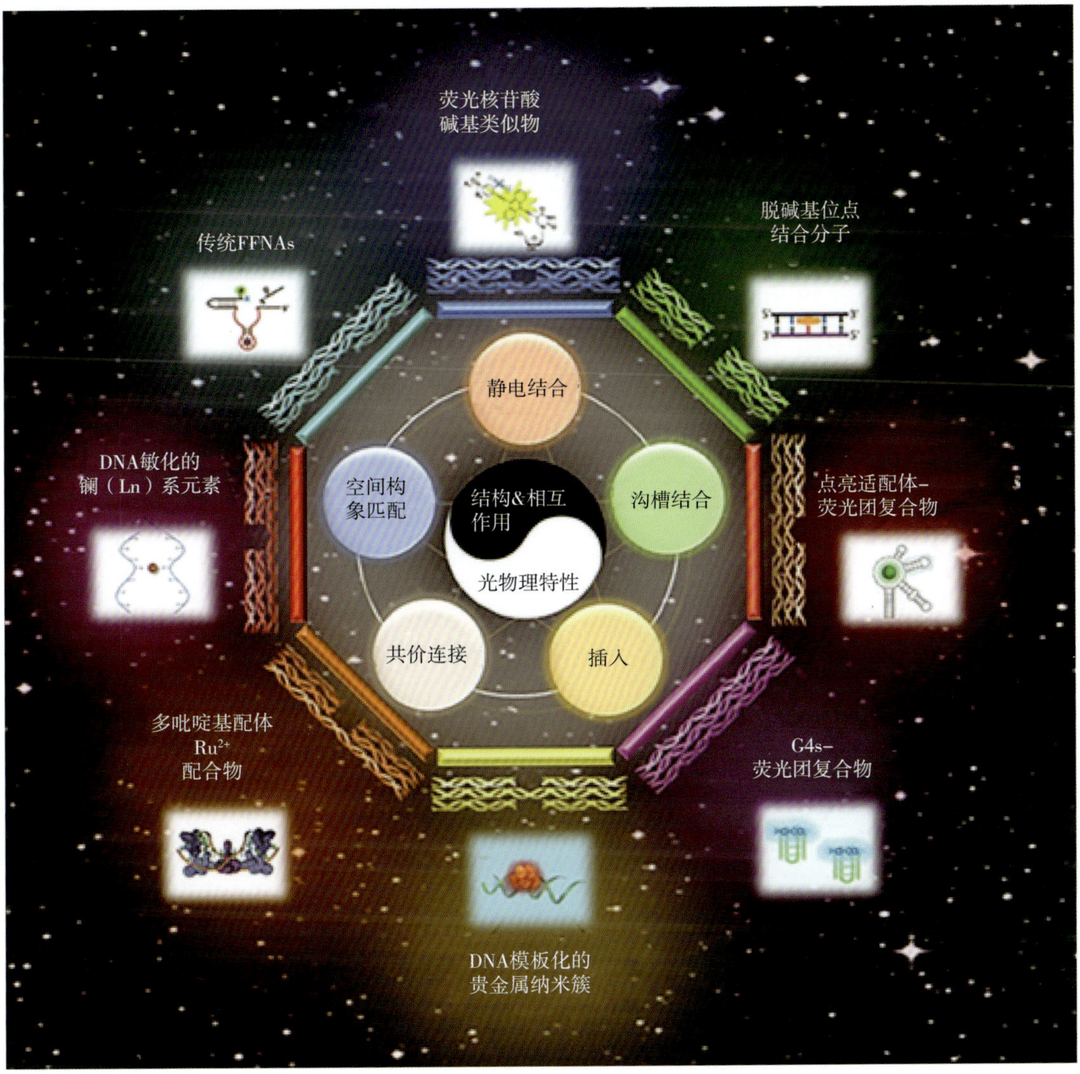

图 12.1　FFNAs 分类

根据中国古代哲学，在八卦、五行、阴阳太极中表现出八种 FFNAs：不同的 FFNAs 具有不同的光物理性质，其背后是核酸和配体的多样性以及它们之间的相互作用。这两个是 FFNAs 的本质特征，就像太极的阴和阳（核心的黑白两面）。五种相互作用（静电结合、沟槽结合、插入、共价连接、空间构象匹配）分别表现在五行上，即金、木、水、火、土（第二层的五个彩色圆球）。外层是八卦，正好代表了八种 FFNAs

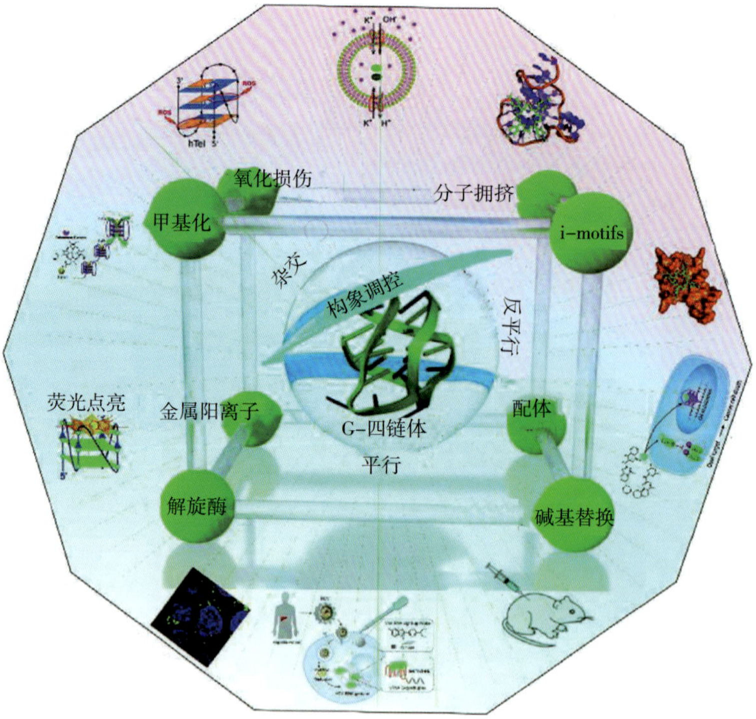

图 13.7　G- 四链体的构型调控

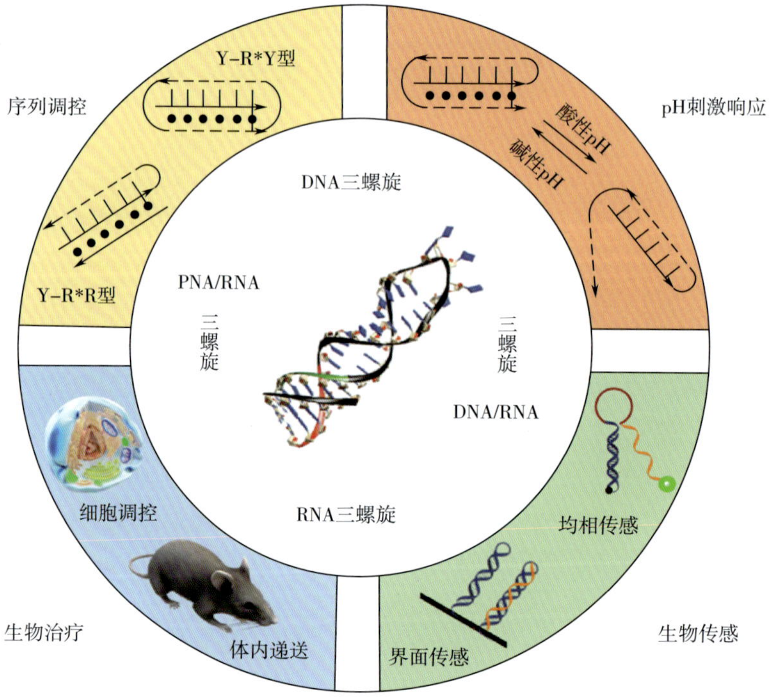

图 14.1　三螺旋核酸

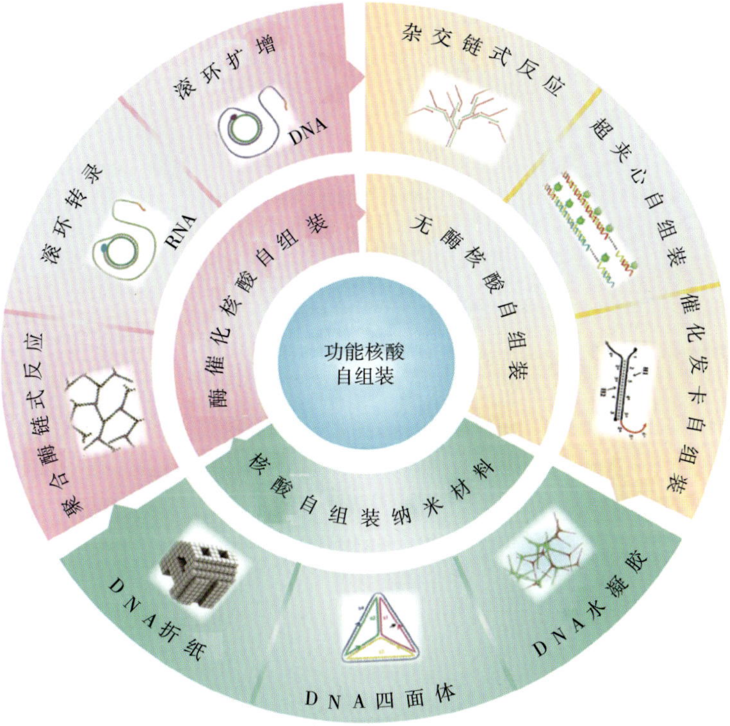

图 151　功能核酸自组装

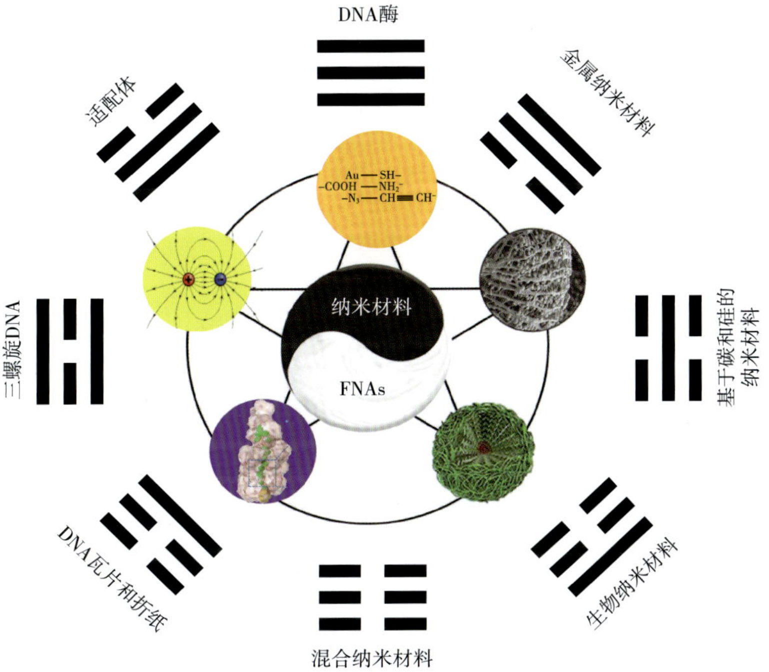

图 16.1　功能核酸纳米材料组装策略图

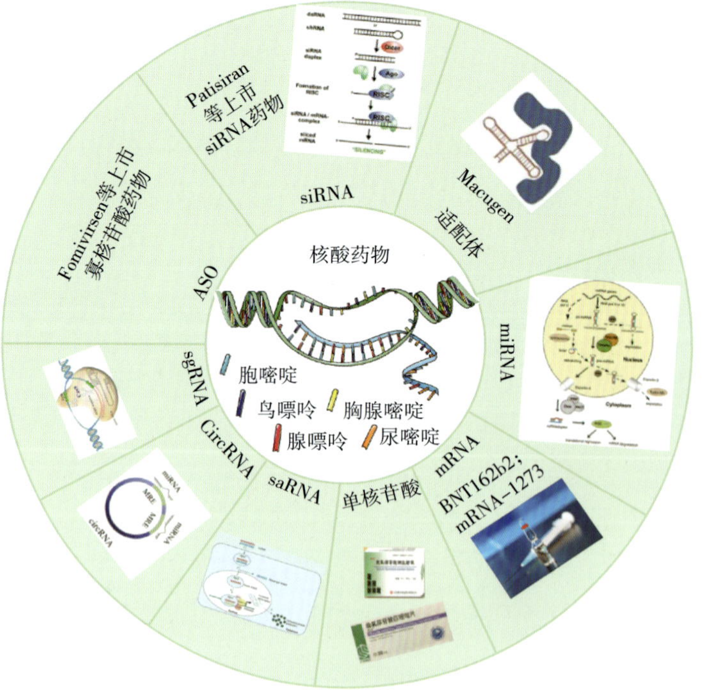

图 17.1　核酸药物

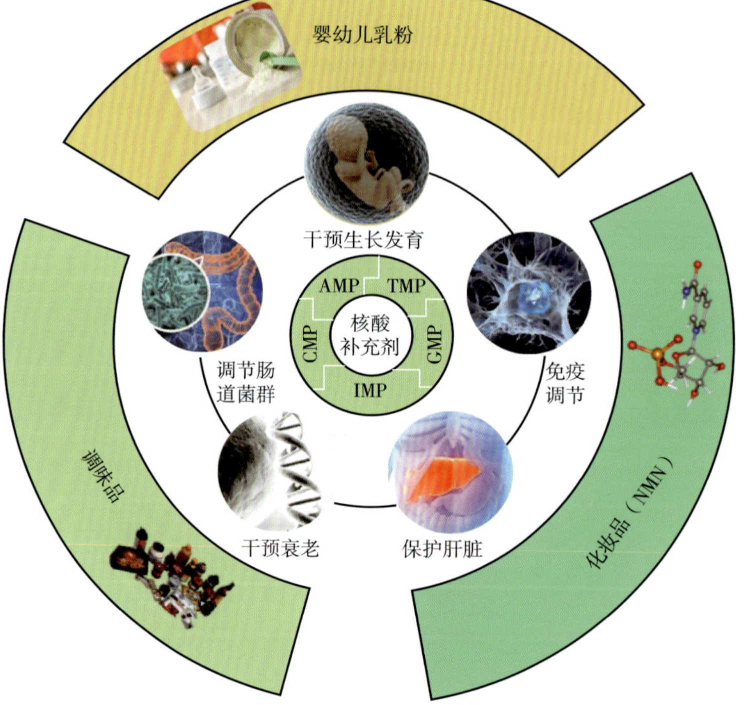

图 18.1　核酸补充剂及其功效与应用

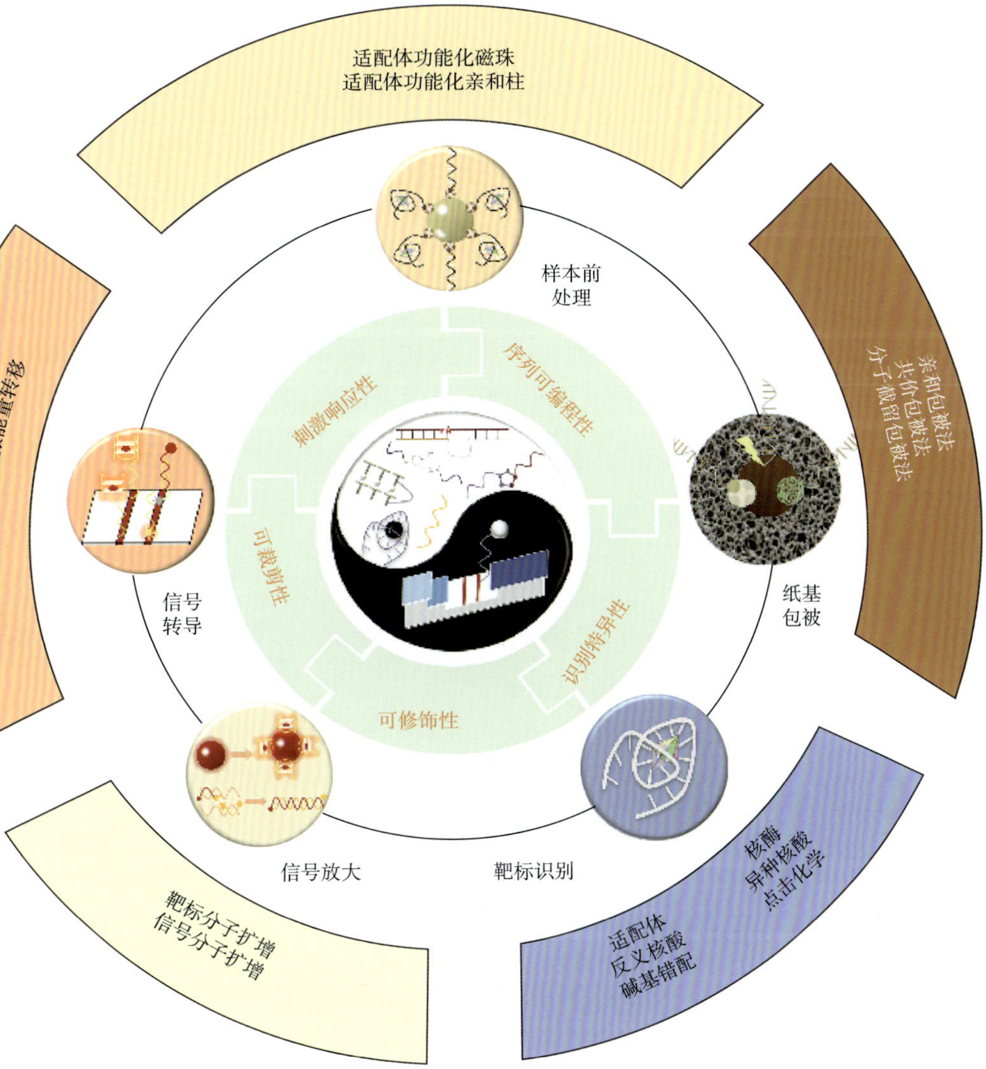

图 20.1　功能核酸的多功能性在侧流层析传感器中的应用

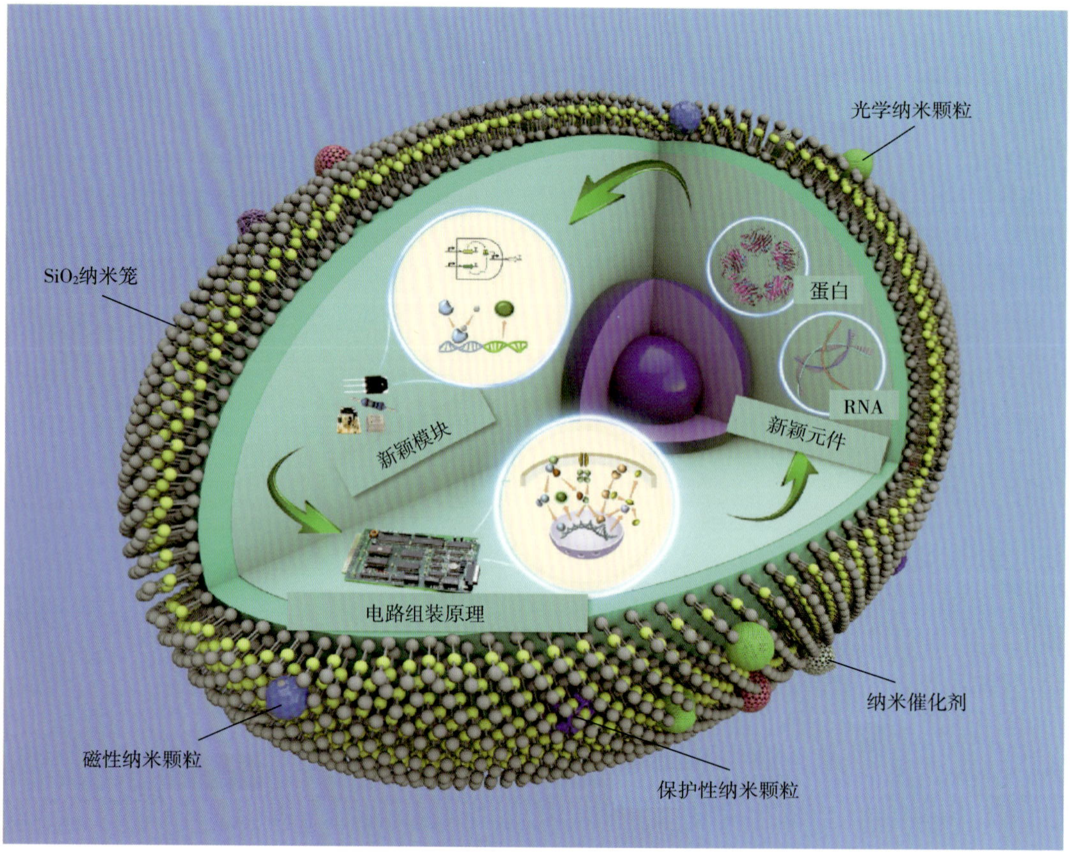

图 21.5　第三代全细胞传感系统

具有合成生物学内部和纳米材料外部。内部包含新颖的元件、模块及组装原理；外部包覆着光学、磁性、保护性纳米颗粒、纳米催化剂或 SiO_2 纳米笼等纳米材料

作者简介

许文涛　中国农业大学营养与健康系教授，博士生导师。入选“神农青年英才”、“教育部新世纪优秀人才”、“北京市科技新星”、中国农业大学“人才培育发展支持计划”青年新星A类及“功能核酸”青年科学家创新团队。担任农业农村部农业转基因生物安全评价（食用）重点实验室副主任、农业农村部农产品贮藏保鲜质量安全风险评估实验室（北京）副主任。担任国家乳业技术创新中心技术委员会副主任，国家市场监督管理总局特医食品注册审评核查专家、保健食品现场核查专家、婴幼儿配方乳品配方注册咨询专家、“三新食品”评审专家，第六届农业转基因安全委员会委员，北京理化分析测试技术学会核酸适配体交叉技术分会秘书长，北京市食品学会现代营养健康检测专业委员会主任委员，北京市现代农业产业技术体系岗位科学家，北京食品营养与人类健康高精尖创新中心岗位科学家，中华预防医学会食品卫生分会常务委员，中国中医药信息学会药食质量安全数字化检测分会副会长。连续入选ELSEVIER“全球前2%顶尖科学家”，担任*Journal of DNA and RNA Research*期刊主编，*Food Biomacromolecules*期刊副主编，*Toxins*、*Frontiers in Bioengineering and Biotechnology*、*Exploration*、《生物物理及生物化学进展》、《生物技术通报》、《生物工程学报》、《生物技术进展》、《分析测试学报》、《食品研究与开发》、《天津农业科学》、《防化研究》等期刊编委。

作者长期围绕功能核酸与营养健康开展一系列交叉融合的跨学科研究，三个主要研究方向：①功能核酸（筛选裁剪、生物传感、生物材料、纳米营养及药物靶向）；②功能食品（配方开发、机制挖掘、精准营养及功效评价）；③安全评价（农业生物技术及合成生物学产品分子特征及安全评价、安全风险因子精准检测及精准毒理机制解析）。近年来，主持国家自然基金面上项目、重大仪器专项、转基因重大专项等国家级科研项目20余项，省部级科研项目20余项，横向课题60余项；发表学术论文350余篇，H指数为52；以第一完成人获国家授权发明专利95项，国际发明专利2项，转化20余项。出版中英文专著4部；主编/参编专著及教材10余部。近年来加大科技成果转化进度及服务乡村振兴产业，在全国各地建有3个教授工作站、2个博士农场、3个科技小院。

专家推荐

自从核酸结构被人们解析后，“核酸”的内涵逐渐丰富。因此，急需一本著作对核酸千变万化的结构、性质和功能进行详细归纳、提炼与总结，以指导科技成果转化。文涛的《功能核酸》一书，从内涵和外延两个方面对“功能核酸”进行立体化梳理，包括概念定义、发展历史、特点以及应用价值。为了将功能核酸这一学科不断传承与延伸下去，文涛老师还创建了微信公众号“功能核酸”，应用信息技术手段作为同行学习交流的文献库。

本书内容全面、体系完整、引领前沿，填补了该领域的空白。为读者提供了一个立体化、多维度的功能核酸研究视角。

中国工程院院士庞国芳

“健康中国”战略的提出，将维护人民健康提升到国家战略的高度，疾病医疗、食品安全、生态环境污染等成为人民关注的焦点。

文涛老师在多年的科研与教学实践中凝练出超越传统遗传功能的“功能核酸”一词，在《功能核酸》这本书中，进一步对该内容进行丰富梳理。本书按照结构—性质—功能的顺序，层层递进，逐步深入，立足于功能核酸的基本结构，对其内涵进行溯源，对其外延进行拓展，为我们构建了一个以核酸为“骨架”的大世界。

如书中所述，“功能核酸”为环境污染、食品安全、疾病诊断和疾病治疗方面提供了全方位的技术支持。

中国工程院院士任发政